खरपतवार प्रबन्धन

– Weed Management –

(नींदा नियंत्रण)

लेखक परिचय

डॉ. ज्वाला प्रसाद तिवारी का जन्म 7 अगस्त, 1941 को मध्यप्रदेश में बुन्देलखण्ड जिला सागर के ग्राम भैंसा में हुआ। प्रारम्भिक शिक्षा चांदपुर तथा हायर सैकेण्डरी प्रमाण पत्र शासकीय कृषि उच्चतर माध्यमिक विद्यालय रहली में प्रथम श्रेणी में प्राप्त किया। कृषि स्नातक की उपाधि प्रथम श्रेणी में वर्ष 1965 में एवं स्नातकोत्तर की उपाधि प्रथम श्रेणी में ही कृषि वनस्पति विज्ञान में कृषि महाविद्यालय, जवाहरलाल नेहरू कृषि विश्वविद्यालय, जबलपुर से वर्ष 1967 में प्राप्त की। स्नातक व स्नातकोत्तर शिक्षा अवधि में मेरिट स्कॉलरशिप प्राप्त की। विद्यावाचस्पति की उपाधि जबलपुर विश्वविद्यालय से वर्ष 1979 में प्राप्त की। वर्ष 1968 में अनुसंधान सहायक के पद पर जवाहरलाल नेहरू कृषि विश्वविद्यालय में नियुक्त हुई। वर्ष 1970 में सहायक प्राध्यापक, 1985 में सहप्राध्यापक, 1988 में प्राध्यापक एवं 2001 में अधिष्ठाता के पद पर नियुक्ति हुई।

वर्ष 1978 से 1997 तक नींदा नियंत्रण की अखिल भारतीय समन्वित अनुसंधान परियोजना में विभिन्न पदों पर रहते हुये नींदा नियंत्रण की विधाओं पर अनुसंधान सम्पन्न कर देश की प्रमुख शोध पत्रिकाओं में 130 शोध पत्र प्रकाशित किये। नींदा नियंत्रण से संबंधित कार्यशाला व संगोष्ठियों में 200 से अधिक शोध पत्र प्रस्तुत किये जो संगोष्ठी स्मारिकाओं/संक्षेपिकाओं में प्रकाशित हुए। कृषि विस्तार पत्रिकाओं में नींदा नियंत्रण से संबंधित कृषकोपयोगी 100 से अधिक लेख प्रकाशित किये।

नींदा नियंत्रण व कृषि अनुसंधान से संबंधित स्नातकोत्तर (एम.एस.सी. व पी.एच.डी.) के 50 विद्यार्थियों का अनुसंधान व शोध ग्रंथ लेखन में मार्गदर्शन किया। अनुसंधान के साथ-साथ एम.एस.सी. व पी.एच.डी. के विद्यार्थियों को नींदा नियंत्रण से संबंधित विषयों का अध्यापन कार्य सम्पन्न किया। प्रदेश व देश के वैज्ञानिकों व कृषि विस्तार अधिकारियों को विभिन्न फसलों में नींदा नियंत्रण का प्रशिक्षण निरंतर प्रदान किया।

औषधीय व सगंध पौधों की चार परियोजनाओं के प्रमुख अनुसंधानकर्त्ता के रूप में वर्ष 1997-2001 तक विभिन्न औषधीय फसलों की कृषि कार्यमाला निर्मित की। औषधीय फसलों पर कृषि आधारित लेख प्रकाशित किये एवं औषधीय पौधे एवं कृषि उपयोग नामक पुस्तक प्रकाशित की।

वर्ष 2003 में अधिष्ठाता के पद से सेवानिवृत हुए। तदुपरान्त जयनारायण नेहरू कृषि विश्वविद्यालय के सस्य एवं औषधीय कार्यिकी विभाग में कन्सलटेन्ट के रूप में औषधीय जैव विविधता के विकास हेतु अनुसन्धान कार्य व मार्गदर्शन किया। इसके उपरान्त भारतीय खरपतवार अनुसंधान केन्द्र, जबलपुर में दो वर्ष तक कन्सलटेन्ट के रूप में आक्रामक खरपतवार निरीक्षण परियोजना में कार्य/मार्गदर्शन किया।

खरपतवार प्रबन्धन

– Weed Management –

(नींदा नियंत्रण)

डॉ. ज्वाला प्रसाद तिवारी

Retired Dean
Jawaharlal Nehru Krishi Vishwavidhyalaya,
Jai Prakash Nagar, H.No. 2460, Adhartal,
Jabalpur 482 004 (M.P.)

साइन्टिफिक
पब्लिशर्स

प्रकाशक

साइन्टिफिक पब्लिशर्स (इंडिया)

5–ए, न्यू पाली रोड
पोस्ट बॉक्स नं. 91
जोधपुर – 342 001 भारत

Print: 2025

ISBN: 978-93-88449-41-0

Visit the Scientific Publishers (India) website at
http://www.scientificpub.com

भारत में मुद्रित

भा.कृ.अनु.प. - खरपतवार अनुसंधान निदेशालय
ICAR - Directorate of Weed Research
जबलपुर - 482 004 (म.प्र.), भारत
Jabalpur - 482 004 (M.P.), India
ISO 9001 : 2015 Certified

डॉ. पी.के.सिंह
निदेशक (का.)
Dr. P.K. Singh
Director (A.)

F.No.: 9-129/PME/2018-19
Dated: 24/05/2018

प्राक्कथन

भारत दुनिया में दूसरा सबसे अधिक जनसंख्या वाला एक कृषि प्रधान देश है। जिसकी जनसंख्या २०२० तक १०३ अरब होने की सम्भावना है। इस बढ़ती आबादी की खाद्यान्न आवश्यकता को ध्यान में रखते हुए हमें कृषि उत्पादन को और बढ़ाने के लिए प्रयास करना है। कृषि उत्पादन को बढ़ाने में खरपतवार एक प्रमुख अवरोधक है, जो न केवल फसलों के साथ पोषक तत्व, नमी, प्रकाश एवं स्थान के लिए प्रतिस्पर्धा करके लगभग ३७ प्रतिशत उत्पादन को कम करते हैं, बल्कि उत्पाद की गुणवत्ता को भी प्रभावित करते हैं। विगत वर्षों में भारत में खरपतवार प्रबंधन की तमाम कम खर्चीली उन्नत तकनीकियों का विकास वैज्ञानिकों द्वारा किया गया है, जिसको सरल भाषा में लिपिबद्ध करके संबंधित लोगों विशेषकर कृषि एवं उद्यानिकी विज्ञान के छात्रों तक पहुँचाना है एक चुनौती है। इस क्रम में लेखक द्वारा प्रस्तुत पुस्तक **खरपतवार नियंत्रण** एक सराहनीय प्रयास है, जिसके माध्यम से कृषि/उद्यानिकी एवं वानिकी महाविद्यालयों के स्नातक व स्नातकोत्तर के अद्यतन पाठ्यक्रम के अनुसार सम्पूर्ण जानकारी को सरल हिन्दी भाषा में प्रस्तुत किया गया है। हिन्दी माध्यम में पढ़ने वाले छात्र-छात्राओं को नींदा नियंत्रण की सरल भाषा में पुस्तकों की अनुपलब्धता से जो कठिनाई होती है, उम्मीद है कि वह इस पुस्तक से दूर होगी। अंग्रेजी भाषा में अनेक पुस्तकें उपलब्ध है, परन्तु मातृभाषा में बहुत कम पुस्तकें मिलती है। जो विद्यार्थी हिन्दी माध्यम से पढ़ते हैं, उनके लाभार्थ हिन्दी भाषा में लिखित इस पुस्तक में नींदा नियंत्रण के सभी विषय वस्तुओं को एक जगह संकलित कर लिपीबद्ध किया गया है।

यह पुस्तक कृषि स्नातक व स्नातकोत्तर के विद्यार्थियों (सस्य विज्ञान, वनस्पति विज्ञान, उद्यानिकी विज्ञान, वानिकी विज्ञान एवं अन्य संकायों से संबंधित), प्राध्यापकों, अनुसंधानकर्ताओं के लिये उपयोगी होने के साथ ही कृषि विभाग, वन विभाग, उद्यानिकी विभाग, मत्स्य विभाग एवं पर्यावरण विभाग के मैदानी कार्यकर्ताओं व अधिकारियों को भी खरपतवार प्रबंधन से संबंधित अत्याधुनिक ज्ञान उपलब्ध करायेगी।

इस पुस्तक के माध्यम से बहुसंख्यक हिन्दी भाषी पाठकों को विभिन्न खरपतवारों की प्रवृत्ति एवं उनके प्रबंधन की विधाओं में आधुनिक अन्वेषणों के आधार पर नवीन जानकारी उपलब्ध होगी। जिससे कृषि के क्षेत्र में विभिन्न कारणों से बढ़ती हुई नींदा समस्याओं का फसलीय एवं गैर फसलीय क्षेत्रों में सक्षम तरीके से निदान हो सकेगा।

मुझे आशा ही नहीं पूर्ण विश्वास है कि इस पुस्तक के माध्यम से देश के बहुसंख्यक हिन्दी भाषी कृषकों को भी विभिन्न फसलों में नींदा नियंत्रण संबंधित तकनीकी ज्ञान उपलब्ध होगा, जिसके समुचित प्रयोग से नींदा प्रबंधन में लगने वाले समय, श्रम व व्यय में कमी आयेगी फलस्वरूप फसलों के उत्पादन एवं आय में वृद्धि होगी।

(पी.के. सिंह)

Phone: +91-761-2353786, 2353138, 2353001
Mobile: 9425388721
Website: www.dwr.org.in
Fax:+91-761-2353129
E-mail: drsinghpk@gmail.com, dirwsr@icar.org.in

PREFACE

According to ICAR in the recent estimate India losses farm produces worth \$ 11 billion to weeds every year (Dubey, 2018). For this estimated losses in yields are based on the nine major crops. If more crops are included the losses may be much greater than currently estimated. If the weeds could be managed these heavy losses can be saved. The farmers perform the several tillage operations right from field preparation till the harvest of the crop for managing the weeds and providing favourable condition for crop growth. These operations are mainly for weed control in which the farmers spend major time, energy and money. If there will be no weeds, the farmers could save the expenditure involved in field preparation mainly for weed control before sowing and after sowing during crop growth period.

With the modified agro-techniques and increased irrigation resources, it has become possible to grow two or three crops in a year, in the same piece of land. This resulted in increased weeds problems. Apart from this dissemination of new crop varieties from one place to another and importing of seeds/food grains from abroad also increased the new weed problem viz. *Parthenium hysterophorous, Phalasis minor, Avena fatua, Cenchrus tribuloides, Viola arvensis* etc.

The information provided in this book will help the students for developing proper understanding regarding the nature of the weeds, their competitiveness with crop plants and appropriate recent cultural, mechanical, biological, herbicidal and integrated technique for effective and economic weed control. The students and teachers will get the extended subject matter with more significant results of the recent explorations and researches that have revolutionized the weed science, particularly in the herbicidal weed management under various cropping situations.

In view of the above, the information covered in this book is as per syllabus of under graduate and post graduate courses. I hope that this book in Hindi Language would appeal not only to university students and their teachers but also to the wide range of the readers particularly field officials of the agriculture department, forest department, fishery department, gardeners and farmers of the Hindi speaking States.

J.P. Tiwari

ACKNOWLEDGEMENTS

The author is thankful to Indian Council of Agriculture Research, New Delhi for providing All India Coordinated Research Project (AICRP) on weed control to Jawaharlal Nehru Krishi Vishwa Vidyalaya, Jabalpur. I am also thankful to the Vice Chancellor of JNKVV, Jabalpur for posting me in the AICRP on weed control as Plant Physiologist and providing the opportunity to conduct the research work on various aspects of weed science. It gives me immense pleasure to place on record my deep sense of gratitude and indeptedness to professor Dr. D.K. Tiwari, Department of Agricultural/Botany and Dr. S.D. Choubey, Department of Agronomy for inspiration and all the necessary facilities for conducting research work, writing the scientific research papers and manuscript of the present book.

It is a pleasure to acknowledge the considerable help, I have received from my colleagues and friends viz. Professor Dr. R.P. Pandey, Dr. N.K. Khare, Dr. C.R. Bisen, Dr. S.P. Kurchania and Dr. H.C. Jain to all of these I owe my grateful thanks for help, suggestions, constructive criticisms and providing favorable environment to ensure the completion of this book.

I gratefully tender my most sincere thanks to Dr. V.M. Bhan, Director National Research Centre for Weed Science, Dr. V.N. Sarashwat, Project Director of AICRP on weed control and Dr. J.G. Varshney, Director, NRC for Weed Science, Jabalpur for the association and fruitful discussion in meetings, seminars and workshops through which I could extracted their knowledge for preparation of this book.

I also thank to the Mr. Tanay Sharma and staff of the Scientific Publishers (India), Jodhpur for their enthusiastic and helpful cooperation in publishing this book in mother language Hindi which is the present need of the students who study in Hindi medium.

J.P. Tiwari
Retired Dean
Jawaharlal Nehru Krishi Vishwavidhyalaya,
Jai Prakash Nagar, H.No. 2460, Adhartal,
Jabalpur 482 004 (M.P.)

अनुक्रमणिका

1. विषय परिचय (Introduction) 1
2. नींदा या खरपतवार (Weed) 12
3. नींदा के द्वारा हानि (Losses Due to Weeds) 20
4. नींदा-सस्या स्पर्धा (Weed-Crop Competition) 30
5. नींदा का वर्गीकरण (Classification of Weeds) 40
6. नींदापकिरण या नींदा का फैलना (Weed Dispersal) 59
7. बीजांकुरण, उद्भवन एवं प्रसुप्ति (Seed Germination & Dormancy) 72
8. पारिस्थितिकी अनुकूलन एवं नींदा से संबंध (Ecological Adaptation and Relationships to Weeds) 90
9. नींदा नियंत्रण की सस्य विधियाँ (Cultural Methods of Weed Control) 97
10. नींदा नियंत्रण की यांत्रिक विधियाँ (Mechanical Methods of Weed Control) 108
11. जैविक नींदा नियंत्रण (Biological Weed Control) 118
12. अलीलौपैथी या टेलीटाक्सीसिटी (Allelopathy or Teletoxicity) 130
13. एकीकृत नींदा नियंत्रण (Integrated Weed Control) 145
14. रासायनिक नींदा नियंत्रण (Chemical Weed Control) 147
15. नींदा नाशकों का रासायनिक वर्गीकरण (Chemical Classification of Herbicides) 159
16. मृदा निर्जमीकारक (Soil Sterilant) 178
17. नींदा नाशकों का संरूपण या व्यवस्थापन (Herbicide Formulation) 182
18. नींदा नाशक-सहायकों का वर्गीकरण (Classification of Adjuvants of Herbicide) 196
19. विषहर (Antidotes) 199
20. नींदा नाशकों का पौध-कार्यकी एवं जैव-रसायनों पर प्रभाव (Influence of Herbicides on Physiology and Biochemicals of Plants) 205
21. नींदा नाशक का पौधों में अवशोषण व अग्रेषण (Absorption and Translocation of Herbicides in Plants) 219
22. विभिन्न नींदा नाशकों का पौधों में अवशोषण, संवहन, क्रिया विधि तथा प्रभावित नींदा (Absorption, Translocation, Mode of Action of Different Herbicides and Affected Weeds) 229
23. पौधों में नींदा-नाशकों की वरणात्मकता (Selectivity of Herbicides in Plants) 244
24. नींदा-नाशक क्षमता पर पादप पारिस्थितिकी का प्रभाव (Effect of Plant Environment on Herbicidal Efficacy) 252
25. नींदा नाशक के अवशेष प्रदूषण एवं स्थायित्व (Herbicide Residues, Pollution and Persistance) 260
26. नींदा नाशक के निरंतर प्रयोग से नींदा में निरोधकता का विकास (Development of Resistance in Weeds after Repeated Application of Herbicides) 271
27. पौध वृद्धि नियामक एवं नींदा नाशक (Plant Growth Regulators and Herbicides) 279
28. सोयाबीन में नींदा नियंत्रण (Weed Control in Soybean) 286
29. तिलहनी फसलों में नींदा नियंत्रण (Weed Control in Oil Seed Crops) 301

30. दलहनी फसलों में नींदा नियंत्रण (Weed Control in Pulses) 332

31. धान्य फसलों में नींदा नियंत्रण (Weed Control in Cereals and millets) 344

32. व्यवसायिक फसलों में नींदा नियंत्रण (Weed Control in Commercial Crops) 381

33. बगीचों में नींदा नियंत्रण (Weed Control in Orchards) 395

34. चाय में नींदा नियंत्रण (Weed Control in Tea) 405

35. सब्जियों में रासायनिक नींदा नाशक दवाओं से नींदा नियंत्रण (Herbicidal Weed Control in Vegetables) 410

36. चारे की फसलों में नींदा नियंत्रण (Weed Control in Forage Crops) 419

37. बीजों व चारागाहों में नींदा नियंत्रण (Weed Control in Pastures and Graizing Land) 432

38. वनों के प्रमुख नींदा व नियंत्रण (Major Weeds of Forest and their Control) 445

39. दर्भक (लान), मैदानों, मार्गधिकार, औद्योगिक/अकृष्यकीय पड़ती क्षेत्रों में नींदा नियंत्रण (Weed Control in Turf, Grounds, Rights-of-way, Industrial areas and Non-agricultural Lands) 457

40. जलीय नींदा नियंत्रण (Aquatic Weed Control) 462

41. समस्याजनक नींदा का नियंत्रण (Control of Problem Weeds) 481

42. विशिष्ट नींदा का परिचय व नियंत्रण विधि (Description and Control of Special Weeds) 507

43. नींदा नाशक उपचार की विभिन्न विधियों में प्रयुक्त होने वाले यंत्र (Equipments used in Different Methods of Herbicidal Application) 526

44. नींदा नाशक छिड़काव करते समय ध्यान देने योग्य घटक (Point for Consideration During Herbicides Spraying and Precautions) 544

नींदा नाशक दवाओं का विक्रय/उत्पादन करने वाली कम्पनियों के नाम व पते 551

संदर्भ साहित्य 557

1

विषय परिचय
(Introduction)

जब से मनुष्य ने कृषि करना प्रारंभ किया है उसी समय से आज तक निरन्तर उसे नींदा या खरपतवार एक गंभीर समस्या के रूप में प्रतीत हुए हैं। अत: खरपतवार की समस्या उतनी ही पुरानी है जितनी कृषि है। जैसे-जैसे समय बढ़ता गया कृषि में प्रगति हुई और कृषक तथा खरपतवार में संघर्ष भी बढ़ता गया। बढ़ती हुई जनसंज्या के पोषण के लिए फसलों का अधिक उत्पादन करना अनिवार्य हुआ जिससे कृषि के विकास के साथ ही उसकी खरपतवार की समस्या भी बढ़ती गई। आज नींदा की समस्या कृषि उत्पादन की प्रमुख समस्याओं में से एक है जो कि कृषि उत्पादन को सर्वाधिक प्रभावित करती है।

विश्व में 25,000 से अधिक खरपतवारों की प्रजातियाँ पाई जाती हैं जिनमें से लगभग 250 प्रजातियाँ कृषि को प्रत्यक्ष रूप से प्रभावित करती हैं। ये अनावश्यक खरतपतवार फसलों, बगीचों, पानी के ज्रोतों तथा नहरों, जंगलों, चारागाहों, फैक्टरी या इमारतों के अहातों, खेल के मैदानों तथा सड़कों के किनारे आदि स्थानों पर उग कर अतिरिक्त हानि पहुँचाते हैं। ये खरपतवार मनुष्य को बहुत हानि पहुँचाते हैं क्योंकि ये फसलों के भोजन तत्त्व लेकर फसल की उपज तथा उसके गुणों को बहुत कम कर देते हैं। खरपतवारों के नियंत्रण के लिए अतिरिक्त मुद्रा, समय, मजदूर आदि की आवश्यकता भी होती है, जिससे उसकी शुद्ध आमदनी में कमी आती है।

बहुत से खरपतवार बहु-वर्षीय (Perennial), निरन्तर (Persistent), नाशक (Pernicious), आपत्ति जनक, हानिकारक या अनिष्ट कारक (Obnoxious), परजीवी (Parasite) तथा दृढ़ होते हैं जिनका नियंत्रण करना बहुत ही कठिन, परन्तु अत्यंत आवश्यक है। खरपतवार केवल फसलों को ही हानि नहीं पहुँचाते वरन् मनुष्यों व पशुओं के लिए भी घातक होते हैं। सरगुजा क्षेत्र में झुनझुनियाँ (*Crotolaria nanna*) नामक नींदा रागी, कोदों व कुटकी की फसलों में पैदा होता है जो फसल के साथ मनुष्यों को भी हानि पहुँचाता है। चटक चाँदनी या गाजर घास (*Parthenium hysterophorus*) नामक खरपतवार फसलों व चरागाहों में आर्थिक रूप से हानि तो पहुँचाता ही है साथ ही मनुष्यों के स्वास्थ्य पर भी विपरीत प्रभाव डालता है।

फसलों के खाद्य पदार्थ खनिज, जल, सूर्य की प्रकाश ऊर्जा तथा स्थान आदि लेकर ये खरपतवार फसलों की उपज कम करते ही है साथ ही ये फसलों में कीटों व रोगों को फैलाने में भी मदद करते हैं जिससे भी अप्रत्यक्ष रूप से फसलों को हानि पहुँचती हैं। कुछ खरपतवार जैसे जल-कुम्भी (Water hyacinth), सेलवीनिया आरीकुलेटा, टाइफा आदि नहरों व नालियों में उग कर पानी के बहाव को रोकते हैं तथा तालाबों व नालों में उग कर पानी को

अशुद्ध करते हैं एवं मछली पालन को भी प्रभावित करते हैं। चम्बल सिंचाई परियोजना जो 1.4 करोड़ एकड़ भूमि को सींचने हेतु बनी थी वहाँ पहले 5 वर्षों में ही जलीय खरपतवारों के कारण लगभग 80% जल का बहाव कम हो गया।

एक फसल से दूसरी फसल, एक खेत से दूसरे खेत तथा एक क्षेत्र से दूसरे क्षेत्र में खरपतवारों की समस्या अलग-अलग होती है। खरपतवार समस्या भूमि के प्रकार, पोषक तत्त्वों की उपलब्धता तथा उनके स्रोत, सिंचाई फसल तथा फसल चक्र, खेत की जुताई-बखराई, फसल उगाने की पद्धति, बीज की शुद्धता एवं मौसम आदि पर निर्भर करती है और ये सभी तत्त्व एक दूसरे को प्रभावित कर समन्वित रूप से प्रभावित करते हैं।

नींदा नियंत्रण का समय

साधारणत: खरपतवारों का विकास प्रारंभिक अवस्था में अधिक होता है तथा प्रारम्भ में ही फसलों को अधिक प्रभावित करते हैं। इसलिए फसलों की वृद्धि को सुचारू रूप से बनाए रखने के लिए इनको प्रारंभिक अवस्था में ही नियंत्रित करना आवश्यक है। इस अवस्था में ये सरलता से नियंत्रित हो जाते हैं। आधुनिक कृषि में उन्नत किस्मों तथा उर्वरक व सिंचाई का अधिक प्रयोग हो रहा है। अत: इसका पूर्ण लाभ लेने के लिए खरपतवारों को समय से पहले नष्ट करना अत्यावश्यक है। अन्यथा इन साधनों का उपयोग कर, खरपतवार, फसल उत्पादन में कमी कर कृषकों को हानि पहुँचाते हैं। यदि खरपतवारों को प्रारंभ में ही नियंत्रित नहीं किया गया तो उन्नत तकनीकी के उपयोग के बाद भी विपुल उत्पादन का लक्ष्य अधूरा रहेगा।

खरीफ मौसम में प्राय: सभी फसलों में 15 से 20 दिन की अवधि के भीतर नींदा को नियंत्रण करना आवश्यक है। नींदा नियंत्रण के बाद भी फसल उत्पादन में कमी आती है। कम अवधि वाली फसलों में 35 दिन के बाद निंदाई करने पर आधी से अधिक उपज कम हो जाती है। रबी फसलों में 20 से 30 दिन के अंदर निंदाई करना उचित है।

नींदा नियंत्रण तकनीकी में सुधार

आदिकाल से नींदा नियंत्रण हाथ से या कोई छोटे-मोटे साधारण हस्त यंत्रों से किया जाता रहा है। तब से आज तक नींदा नियंत्रण की विभिन्न विधियों का क्रमश: विकास हुआ है जैसे हाथ के बने यंत्र, ''हो'', बैलों से चलने वाले कल्टीवेटर, शक्ति से या ट्रेक्टर से चलने वाले कल्टीवेटर, कृषिक पद्धति, रासायनिक पद्धति ''जैविक पद्धति'' आदि पद्धतियों का विकास हुआ। अभी भी भारत की कृषि हाथ से निंदाई द्वारा ही होती है और निकट भविष्य में भी होती रहेगी। सामान्य तौर पर कहीं भी खेतों में पुरुष व महिलाएँ हाथ से निंदाई करते हुए दिखाई देते हैं। फसलों को कतारों में बोनी (बुआई) की पद्धति ज्ञात होने के बाद बहुत से ऐसे यंत्रों का विकास हुआ जिनसे फसलों में यांत्रिक विधि के द्वारा नींदा नियंत्रण संभव हो सका है।

जहाँ पर मजदूरों की कमी हो, मौसम के कारण निंदाई करना संभव न हो, खेत की मिट्टी की जल धारण करने की क्षमता अधिक होने से नींदा नियंत्रण के यंत्र चलाना कठिन हो एवं निंदाई करने पर बारिश होने से नींदा न मरते हों तो ऐसी परिस्थिति में नींदा नियंत्रण के लिए नींदा नाशक रासायनिक दवाएँ ही एक मात्र उपाय है। अन्य विकसित देशों की तरह हमारे देश में भी इन दवाओं का उपयोग किया जाने लगा है। कई कृषकों का पूरी फसल के समय का 20% भाग केवल फसल की निंदाई में ही खर्च हो जाता है।

पंजाब, हरियाणा, उत्तर प्रदेश आदि स्थानों पर गेहूँ और धान की सघन खेती होती है। गुजरात में जीरा व प्याज में नींदा नियंत्रण रासायनिक दवाओं द्वारा किया जाने लगा है परन्तु अभी इनके प्रयोग के लिए बहुत प्रशिक्षण की भी आवश्यकता है।

जैविक नींदा नियंत्रण केवल बहुवर्षीय खरपतवारों तथा पड़ती भूमि के खरपतवारों तक ही सीमित है। विशेष प्रकार के पौध-आच्छादन क्षमता वाली फसलों की विशेष किस्मों तथा नींदा नाशक दवाओं का प्रयोग अन्य शस्य विधियों के समन्वित तरीकों को अपनाकर नींदा नियंत्रण करना एक आदर्श विधि के रूप में उपयोगी सिद्ध हो रही है।

एकीकृत नींदा नियंत्रण

नींदा नियंत्रण का मात्र यह अर्थ नहीं है कि नींदा नाशक का उपयोग कर खरपतवार नष्ट किया जाए या केवल मजदूर लगाकर निंदाई करवाना अथवा मात्र मशीनों के उपयोग से नींदा नष्ट करना। वरन् इन सबका यथा समय, पारिस्थितिकी व फसल विशेष के आधार पर एकीकृत व निर्णायक उपयोग कर नींदा नियंत्रण करना है।

भारत में नींदा नाशक तकनीकी का अनुसंधान

भारत में रासायनिक नींदा नियंत्रण विधि का प्रचलन सबसे पहले 1944 में हुआ जब फिनाक्सी एसेटिक एसिड वृद्धि नियंत्रक के रूप में बनाए गए और उनको केवल वरणात्मक नींदा नाशक के रूप में सक्षम पाया गया तथा उनका विपरीत असर फसल व भूमि में नहीं पाया गया। कृत्रिम रासायनिक पदार्थ जैसे कैल्शियम सायनामाइड (1900), आर्सनीकल्स (1908) और सोडियम क्लोराइड पहले के रसायनों से अधिक सक्षम पाए गए। ये रासायनिक पदार्थ तुलनात्मक रूप से कम खर्चीले व कम मात्रा में अधिक प्रभावशील पाए गए। केवल वांछित (चिन्हित) नींदा को मारने वाले वरणात्मक नींदा नाशक जैसे 2,4-डी की खोज होने पर इस देश में रासायनिक नींदा नियंत्रण के प्रयोग में वृद्धि हुई है। 1960 के दशक में ट्राई-अजाइन (Triazine) और क्लोरोमेथाइल यूरिया (Chloromethyl urea) की खोज तथा उसकी व्यावसायिक उपलब्धता होने पर रासायनिक नींदा नियंत्रण की विधि को और अधिक बल मिला। 1970 के दशक में पैराक्वाट (Paraquat) की खोज होने पर भूमि की तैयारी करने तथा नींदा नष्ट करने के कार्यों में सुविधा मिली और एक नये सिद्धांत "शून्य भू परिष्करण" (Zero tillage) का अनुसंधान हुआ जिससे खेत की जुताई-बखराई भी कम करनी पड़े व खर्च में भी कमी हो। 1980 के दशक में ऐसे नींदा नाशकों का अनुसंधान हुआ जो अत्यधिक प्रभावशाली हैं जिनके केवल 75-100 ग्रा./हेक्टेयर छिड़काव से नींदा नियंत्रण किया जा सकता है। 1990 के दशक में 6-12 ग्रा./हे. दवा से नींदा नियंत्रण कर सकते हैं।

भारत वर्ष में सबसे पहले रासायनिक नींदा नियंत्रण का कार्य पंजाब में प्रारंभ हुआ जहाँ पर कारथेमस आक्सीकेन्था (*Carthamus oxyacantha*) को नष्ट करने में एक निर्जमी नींदा नाशक सोडियम आर्सिनेट का प्रयोग किया गया। सन् 1948 में 2, 4 डी भारत वर्ष में लाया गया और तब से बहुत से नींदा नाशक लाए गए व उनका प्रयोग किया गया जैसे ट्राइअजीन (Triazine)। क्लोरो मेथाइल यूरिया सन् छठवीं दशाब्दी में तथा डालापान, प्रोपेनिल, पेराक्वाट, डाइयूरान, ब्यूटाक्लोर, मेथाबेन्जथियाइजूरान, मेटाजुरान (Metaxuron), आसोप्रोटुरान (Isoproturon), आक्साडाइजान (Oxadiazon) हेलाक्सीफाप मिथाइल व ज़्लूजीफाफ-पी-बुटाइल आदि अभी हाल ही में लाए गए हैं जिन का प्रयोग किया जा रहा है व बहुत से नींदा नाशक का व्यापार भी होने लगा है।

यू.एस.ए. में हर तीसरे वर्ष नींदा नाशक दवाओं का उपयोग दुगुना हो जाता है। संसार में सबसे अधिक नींदा नाशक रसायनों का उपयोग जापान में होता है। कुल पेस्टीसाइड (Pesticides) लगभग 11 कि.ग्रा./है. उपयोग किए जाते हैं जिनमें से लगभग 30% केवल नींदा नाशक ही होते हैं। 1954 में भारत वर्ष में 3 ग्रा. औसत पेस्टीसाइड उपयोग होते थे जो कि वर्तमान समय में बढ़कर 430 ग्रा./हे. हो गया है। अपने देश में लगभग 70% नींदा नाशक केवल फल बगीचों व चाय के बगानों में ही उपयोग किए जाते हैं। धान और गेहूँ में पंजाब तथा प्याज और जीरा में महाराष्ट्र एवं गुजरात में नींदा नाशकों का प्रयोग तीव्र गति से बढ़ रहा है। जब मजदूरों की कमी प्रतीत होने लगी और फसलों के संसाधनों को अधिक सार्थक बनाने का संकल्प किया तब 1970 में भारत सरकार द्वारा नींदा नाशक तकनीकी पर गंभीर रूप से विचार किया गया।

भारत वर्ष में कुल पेस्टीसाइड का केवल 6.5% ही नींदा नाशक का उपयोग होता है जबकि दूसरे विकसित देशों में 40 से 50% नींदा नाशक का उपयोग होता है। विकासशील देशों में नींदा नाशकों की अपेक्षा कीट–नाशकों का मुज़्य रूप से अधिक उपयोग होता है क्योंकि इन देशों में मजदूरी की दर कम है तथा कीटों से हानि अधिक परिलक्षित होती है। दूसरा कीट नियंत्रण का कीट नाशक के अलावा कोई दूसरा सरल विकल्प नहीं मिलता। तीसरा कारण सरल, सुरक्षित व सस्ते नींदा नाशक का उपलब्ध न होना व नींदा नाशक उपयोग करने का पूर्ण ज्ञान न होना।

नींदा नाशक के द्वारा निंदाई करने में निज़्नलिखित लाभ है

(अ) रासायनिक नींदा नियंत्रण केवल एक बार ही करने की जरूरत पड़ती है।

(ब) नींदा नाशक विपरीत मौसम की स्थिति में भी उपयोगी सिद्ध हो सकता है जबकि यंत्र आदि हर समय नहीं चल सकते।

(स) नींदा नाशक उस स्थिति में अधिक उपयोगी होते हैं जब फसल के पौधों और नींदा के पौधों में कोई खास पहचान नजर नहीं आती है।

(द) फसल ऊगने के पहले नींदा नाशक का उपयोग कर कीमती खाद तत्त्वों को बचाया जा सकता है।

जैविक नींदा नियंत्रण

प्रथम बार जैविक नींदा नियंत्रण भारत में 19 वीं शताब्दी में हुआ जब नागफनी (*Opuntia vulgaris*) का नियंत्रण "कोचीनियल मीली बग" (*Dactylopius indicus*) नामक कीट से किया गया था जो ब्राजील से 1895 में प्राप्त किया था, 1940 में "लेस बग" (*Taleonemia scrupuloca*) नामक कीट को आस्ट्रेलिया से "लेनटाना" (*Lantana camara*) को नष्ट करने के लिए भारत में लाया गया। सन् 1963 में यूपेटोरियम एडीनोफोरम (*Eupatorium adenophorum*) नामक खरपतवार को "मेक्सीकन गाल ज़्लाई" (*Procecidochares utilis*) नामक कीट के द्वारा सफलता पूर्वक नियंत्रित किया गया।

भारत वर्ष में नींदा नियंत्रण अनुसंधान की प्रगति

भारतीय कृषि अनुसंधान परिषद ने 1952 में समन्वित नींदा नियंत्रण परियोजना के अन्तर्गत गेहूँ, धान व गन्ने की फसलों पर 11 राज्यों में चालू की। जिसका उद्देश्य देश के मुज़्य क्षेत्रों में विभिन्न खरपतवारों का अध्ययन

करना, नींदा नाशकों की क्षमता तथा उपयोगिता एवं आर्थिक स्थिति का अध्ययन करना था। इसी समय बागान फसल अनुसंधान संस्थाओं में (जैसे – टोक लाई चाय अनुसंधान केन्द्र) में नींदा नाशकों का अध्ययन शुरू हुआ। इस समय भारत में कुल नींदा नाशक का 60% केवल चाय बागानों में उपयोग किया जाता है। इसी दौरान सबसे पहले ''भारतीय कृषि अनुसंधान संस्थान'' के शस्य विज्ञान विभाग ने एक पूर्ण सज्जित ''नींदा नियंत्रण इकाई'' की स्थापना की। इसके बाद हरियाणा कृषि विश्वविद्यालय व अन्य बहुत से कृषि विश्वविद्यालयों व संस्थाओं में नींदा नियंत्रण के अनुसंधान के कार्य प्रारंभ हुए। सभी संस्थाओं में प्रमुख रूप से नींदा नाशकों का विभिन्न फसलों हेतु चयन का कार्य ही किया गया है तथा नींदा नाशकों का पौधों पर असर, भूमि व पौधों में नींदा नाशकों के हानि कारक अवशेषों, एकीकृत नींदा नियंत्रण, फसल चक्रों में नींदा नियंत्रण, यांत्रिक नींदा नियंत्रण, नींदा नाशक के एन्टीडोट, छिड़काव करने वाले यंत्रों का विकास, विभिन्न फसलों के अनुरूप नींदा नियंत्रण करने वाले सस्ते यंत्र, फसल-नींदा-स्पर्धा व नींदा का जीवन चक्र व वृद्धि सम्बन्धी अध्ययन विस्तृत रूप से नहीं हुआ है। विभिन्न फसलों में प्रयोग होने वाले नींदा नाशकों का लगातार उपयोग होने से खरपतवारों में होने वाले परिवर्तनों तथा वातावरण के प्रदूषण पर भी अध्ययन नगण्य है जिन पर अध्ययन होना आवश्यक है।

पी.एल-480 की मदद से सन् 1978 में भारतीय कृषि अनुसंधान परिषद ने ''अखिल भारतीय समन्वित नींदा नियंत्रण परियोजना'' की स्थापना 6 केन्द्रों में की जो देश की विभिन्न प्रकार की पारिस्थितिकी, जलवायु के क्षेत्रों में स्थित है, जिनमें नींदा नियंत्रण के विभिन्न उद्देश्यों पर अनुसंधान किए गए। दूसरे चरण में 22 केन्द्रों पर भा.कृ.अ.प. के अंतर्गत नींदा नियंत्रण की अखिल भारतीय समन्वित परियोजना प्रारम्भ की गई।

सन् 1968 में ''भारतीय नींदा विज्ञान संस्था'' बनी 1969 में संस्था ने नींदा नियंत्रण संबंधी अनुसंधान पत्रिका ''इंडियन जनरल आफ वीड साइन्स'' प्रकाशित की तथा प्रति वर्ष नींदा नियंत्रण अनुसंधान में संलग्न वैज्ञानिकों का सम्मेलन होता है जिसमें अनुसंधान कार्य की समीक्षा व प्रगति के सुझावों पर विचार किया जाता है।

सन् 1989 में ''नींदा नियंत्रण राष्ट्रीय अनुसंधान केन्द्र'' की स्थापना जबलपुर, मध्यप्रदेश में की गई जिसका प्रमुख उद्देश्य भारत वर्ष में विभिन्न नींदा नियंत्रण संबंधी समस्याओं पर आधारभूत-अनुसंधान करना है। इस केन्द्र के अनुसंधान का लाभ पूरे देश को उपलब्ध हो सकेगा। विगत दशाब्दी में नींदा नियंत्रण संबंधी अनुसंधान भारत में गेहूँ, धान, ज्वार, मक्का, दलहन व बगीचों की फसलों में अधिक हुआ। बहुत से फसल चक्र अपनाकर या दूसरी शस्य क्रियाओं के द्वारा नींदा के प्रभाव को कम किया जा सकता है और किया गया है। जैसे गेहूँ में ''चिरैया-बाजरा'' का प्रकोप कम करने हेतु गेहूँ की जगह बरसीम की फसल उगाकर कम किया जा सकता है। तीव्र गति से वृद्धि करने वाली फसलें व किस्में जो शीघ्रता से भूमि को आच्छादित करती हैं वे बहुधा नींदा की वृद्धि को कम कर देती हैं। अनाज की फसलों जैसे ज्वार, बाजरा, मक्का आदि के साथ दलहनी फसलों को उगाने से भूमि में नत्रजन की मात्रा में भी वृद्धि होती है तथा नींदा की बाढ़ भी रुकती है। दो कतारों के बीच के स्थान का समुचित उपयोग करने से नींदा की वृद्धि में कमी होती है तथा फसल उगाने में कम लागत लगती है व आमदनी भी अधिक मिलती है।

काँस के नियंत्रण का सबसे सरल तरीका है बरसात के दिनों में खेत में पानी भर कर रखना। इससे काँस के पौधे सड़कर नष्ट हो जाते है। मध्यप्रदेश में ''हवेली पद्धति'' के द्वारा काँस पर नियंत्रण किया गया है। धान के खेत में मचौआ करने से काँस तथा अन्य बहुवर्षीय नींदा नष्ट हो जाते हैं। परजीवी नींदा नियंत्रण हेतु कूट-फसलें (ट्रेप

क्राप) उपयोगी पाई गई है। जैसे कपास की फसल में अगिया (स्ट्राईगा) के बीज अंकुरित होने पर भी, वे कपास की जड़ों से भोज्य पदार्थ नहीं लेते (अगिया (स्ट्राईगा) एक मूल परजीवी खरपतवार है कपास की)। इसी प्रकार ओरोबेन्की (Orobanche) तम्बाकू का मूल-परजीवी है जिसका अंकुरण मिर्च, ज्वार व तिल की फसल के कारण हो जाता परन्तु इनकी जड़ों पर इस खरपतवार का आक्रमण नहीं होता व उससे भोजन भी नहीं ले सकता।

अमरबेल परजीवी बरसीम, अलसी, चना, उड़द-मूँग आदि फसलों में अधिक हानि पहुँचाती है ऐसे क्षेत्रों में अनाज फसलें जैसे ज्वार, गेहूँ, जौ आदि लेने से हानि कम होती है।

गेहूँ में चिरैया बाजरा *(Phalarus minor)* व जंगली जई *(Avena fatua, A. ludoviciana)* गेहूँ का मामा *(Lolium temulentum)* का प्रकोप बढ़ता जा रहा हैं जिसका प्रमुख कारण इन खरपतवारों के पौधों की गेहूँ के पौधे से समानता है जिन्हें पौध अवस्था में गेहूँ के खेत से सरलतापूर्वक पहचान कर नहीं निकाल सकते। इस परिस्थिति में नींदा नाशक दवाएँ ही लाभकारी सिद्ध हुई हैं। और उनके उपयोग हेतु पंजाब, हरियाणा, उत्तरप्रदेश, मध्यप्रदेश की कृषि कार्यमाला में समावेश हो गया है। इसी तरह धान, ज्वार, मक्का, गन्ना, कपास, सोयाबीन आदि फसलों हेतु नींदा नाशक दवाएँ उपयुक्त पाई गई हैं जो घास कुल व चौड़े पत्ते वाले नींदा को नष्ट कर सकती है।

कुछ ट्राईजीन नींदा नाशकों के द्वारा ज्वार व चारे की फसलों में प्रोटीन की मात्रा भी बढ़ जाती है। चाय की उपज नींदा के द्वारा 14 से 15% कम हो जाती है। यदि कांसी *(Imperata cylindrica)* और बन कोदों *(Paspalum conjugatum)* का पूर्ण नियंत्रण चाय बागानों में कर लिया जाए तो उपज में अधिक वृद्धि हो सकती है। चाय के बगीचों में नींदा नाशक दवाओं का उपयोग तीन दशाब्दियों से हो रहा है। नींदा नाशकों का उपयोग सघन बोई जाने वाली फसलों जैसे प्याज, जीरा आदि में बढ़ रहा है। ऐसे कई महत्त्वपूर्ण परिणाम निकले है जिनमें नींदा नाशकों से अत्यधिक लाभ मिला है तथा ऊर्जा का खर्च कम हुआ है। नगदी फसलों में भी नींदा नाशक दवाओं का प्रयोग बढ़ता जा रहा है।

भारत में नींदा नियंत्रण अनुसंधान का भविष्य में लक्ष्य

सदैव नई कृषि तकनीक अपनाने के साथ-साथ नई नींदा समस्या आती रहती है इससे नींदा नाशक द्वारा नींदा नियंत्रण की तकनीक का अनुसंधान आगे बढ़ाना जरूरी है तथा ज्यादा प्रभावशाली नए नींदा नाशकों की खोज चलते रहना भी आवश्यक है।

नींदा के जीवन चक्र व उसकी पारिस्थितिकी का ज्ञान नियंत्रण हेतु अतिआवश्यक है अतः इस क्षेत्र में अनुसंधान करना लाभकारी है। जैसे कि बीज की सुषुप्तावस्था, अंकुरण क्षमता, शिखर-वृद्धि, मौसमी, वार्षिक व बहुवार्षिक खरपतवारों का अध्ययन व इन पौधों का इकाई क्षेत्र में दबाव तथा इनकी संज़्या व किस्म में मौसम, कृषि क्रियाओं, जीन्स के परिवर्तन आधार पर आदि। इस प्रकार के अनुसंधान द्वारा खरपतवारों की अधिक नाजुक अवस्थाओं का ज्ञान प्राप्त कर उन्हें सही समय पर नियंत्रित किया जा सकता है। उनके अंकुरण को रोका जा सकता है अथवा दैहिकीय क्रियाओं की वृद्धि को भी रोका जा सकता है व फसलों को नींदा के कुप्रभाव से बचाया जा सकता है। इसी प्रकार जलीय खरपतवारों तथा वनों व चारागाहों के खरपतवारों का भी ज्ञान व अध्ययन होना आवश्यक है। खरपतवारों के द्वारा भूमि से विभिन्न तत्त्वों का अवशोषण तथा उनके सड़ने पर भूमि में अतिरिक्त तत्त्वों की मात्रा का अध्ययन भी आवश्यक है।

नींदा स्पर्धा क्रान्तिक अवस्थाओं पर अधिक होती है जिससे उपज बहुत प्रभावित होती है इसलिए फसलों की क्रांतिक अवस्था का ज्ञान होना अति आवश्यक है। प्रत्येक फसल में क्रांतिक अवस्था अलग-अलग होती है तथा खरपतवार के जीवन चक्र के आधार पर भी स्पर्धा में प्रभाव होता है। नींदा की वह संज़्या जो फसल को हानि पहुँचाती है निंदाई के लिए उस स्तर का ज्ञान प्रत्येक खरपतवार व फसल के लिए अत्यंत आवश्यक है जिससे आर्थिक लाभ अधिक हो सके तथा उसके अनुरूप निंदाई का तरीका अपनाया जा सके। फसलों की उपज में नींदा संज़्या के स्तर के आधार पर हानि का ज्ञान तथा विभिन्न पद्धतियों से नींदा नियंत्रण से लाभ की भी जानकारी जरूरी है।

अलीलोपैथी (Allelopathy) भी नींदा नियंत्रण में महत्त्वपूर्ण स्थान रखती है। इस क्षेत्र में भी गहन अनुसंधान की आवश्यकता है जिसमें एक प्रकार के पौधे कुछ रासायनिक पदार्थ विसर्जित करते हैं जो दूसरे प्रकार के पौधों की वृद्धि को प्रभावित करते हैं अथवा उनको समाप्त ही कर देते या अंकुरण रोक देते हैं। पौधे इस प्रकार के रसायन जड़ों या अन्य अंगों के माध्यम से भूमि में छोड़ते हैं। कई पौधों की पत्तियाँ या दूसरे अवशेष भी अन्य पौधों को प्रभावित करते हैं। इस क्षेत्र में अनुसंधान कर ऐसे खरपतवारों को या ऐसी फसलों की खोज करना आवश्यक है जो दूसरे पौधे को प्रभावित करते हों। पौध प्रजनन के माध्यम से फसलों में अलीलोपैथी पदार्थ का समावेश करना अति आवश्यक है जिससे फसलें स्वयं अपने नींदा नाशक पदार्थ भूमि में छोड़कर नींदा को नियंत्रित कर सकेंगे ऐसे कई उदाहरण खरपतवारों व फसलों में मिलते हैं जैसे अलसी, मक्का और लूपिन्स अलवस *(Lupins albus)* का अलीलोपैथिक प्रभाव होता है जो चिरैया बाजरा *(Phalaris minor)*, बथुआ *(Chenopodium album)* और चौलाई *(Amaranthus retroflexus)* को प्रभावित करते है। स्पर्धाशील फसलों का प्रजनन के द्वारा वर्धन करना भविष्य में कृषि विज्ञान में विशिष्ट उपलब्धि मानी जाएगी।

नींदा नियंत्रण का अर्थ केवल नींदा नाशक के द्वारा ही नींदा नियंत्रित करना है, इस विचार को पूरी तरह बदलना होगा। नींदा नियंत्रण के अभिप्राय को वृहत दृष्टिकोण से आधुनिक उन्नत कृषि तकनीक में प्रयुक्त करना चाहिए। जैसे रिले - फसल व बहु - फसली क्षेत्र में निदाई तकनीकी का अनुसंधान करना चाहिए अभी मात्र एक फसल के लिए तकनीकी का अनुसंधान हुआ है। नई पद्धति से बहु-फसल, समानांतर फसल तथा मिलवां - फसल उगाने की दशा में "नींदा नियंत्रण की एकीकृत पद्धति" का प्रयोग करना आवश्यक है। जिसमें समुचित शस्य क्रिया, यांत्रिक विधि व रासायनिक विधियों का यथा समय, स्थान व फसल के आधार पर प्रयोग किया जाना चाहिए जिससे प्रभावकारी नींदा नियंत्रण कम खर्च व कम समय में हो सके। इन पद्धति में जैविक नींदा नियंत्रण भी सज़्मिलित किया जाना चाहिए।

जैविक नींदा नियंत्रण विधि में अन्य घटकों को सज़्मिलित करना आवश्यक है जैसे :

1. नींदा की बीज उत्पादन क्षमता को कम करने हेतु उपाय तथा अंकुरण क्षमता को रोकना।
2. नींदा के बीजों की आयुष्यता (Longevity) कम करना।
3. बीज विकीर्णन को रोकना तथा नए खरपतवारों के बीजों का फसल के बीजों के साथ फैलाव को रोकना।

चूंकि भारत वर्ष में मिश्रित व अंतरवर्ती फसलों का अधिक प्रचलन होता है इसलिए इन मुद्दों पर प्राथमिकता से अनुसंधान कार्यों की आवश्यकता है। नींदानाशकों के कुप्रभाव को ध्यान में रखकर ऐसे जीवों का शोध करना

आवश्यक है जो विशेष नींदा की वृद्धि को कम कर सकें या उसके प्रगुणन को रोक सकें। भले ही इनका प्रभाव तात्कालिक न हो पर भविष्य में हानिकारक नींदा का उन्मूलन इन उपायों से करने की संभावनाओं का अन्वेषण करना अत्यंत आवश्यक है। विशेष परिस्थितियों में अनेक समस्या मूलक नींदा अन्य विधियों की तुलना में जैविक विधि के द्वारा सरलतापूर्वक नियंत्रित किए जा सकते हैं उदाहरणार्थ जंगल में खरपतवार नियंत्रण व जलाशयों में जलीय पौंधों का नियंत्रण।

समस्या जनक खरपतवार जैसे गाजर घास, जलकुंभी, नई दुलहन *(Ipomoea fistulosa)* आदि के नियंत्रण हेतु प्राकृतिक शत्रु के शोध होने से इनका नियंत्रण सरल हो सकेगा फलत: आर्थिक समस्या भी कम होगी। दूसरे पेस्टीसाइट्स जैसे कीटनाशी या रोगनाशी दवाओं के साथ नींदानाशकों को मिलाकर छिड़काव करने या उर्वरकों के साथ नींदा नाशकों की सज़्मिलन क्षमता (**Compatibility**) पर अनुसंधान करने की आवश्यकता है।

4. नींदा के बीजों का अंकुरण – उद्दीपक (**Germination stimulent**) का अध्ययन कर नींदा के बीजों को एक साथ अंकुरित कर नष्ट करने के उपायों की खोज करना।

उपयुक्त छिड़काव यंत्रों की कमी तथा कृषकों की आर्थिक अक्षमता को ध्यान में रखकर नींदा नाशक के उपचार की सरल व प्रभावी विधियों का विकास करना आवश्यक है। नींदा नाशकों के द्वारा प्रकृति में प्रदूषण, जल, मृदा तथा पौधों में नींदा नाशक के अवशेषों का पता लगाना तथा उनसे होने वाले कुप्रभाव का ज्ञान प्राप्त करना भी अत्यंत आवश्यक है। नींदा नाशकों का ईकोसिस्टम (**Ecosystem**) के घटकों पर प्रभाव का अध्ययन करना तथा कुप्रभावों से बचने के उपायों की खोज करना भी आवश्यक है।

अनावश्यक व हानिकारक खरपतवारों का सदुपयोग करने हेतु अनुसंधान करना जैसे जलकुंभी का प्रयोग बायो गैस में हुआ। इसी प्रकार कागज, बोर्ड, चटाई, छप्पर, रस्सी, टोकनी, प्रोटीन आदि या वनस्पति घी (**Fat**), या दवाओं के रूप में उपयोग की संभावनाओं पर अनुसंधान भी आवश्यक है।

अनावश्यक नींदाओं का अध्ययन कर इनका उपयोग भोज्य मूल्य के आधार पर जानवरों के चारे के रूप में तथा खेतों में खाद के रूप में, जल निकास व मृदाक्षरण रोकने में किया जा सकता है। औषधि में उपयोग होने वाले नींदा का ज्ञान बढ़ाना तथा उन नींदा को औषधि के रूप में विकास करना भी लाभकारी सिद्ध होगा।

नींदा नाशकों का पौधों में अवशोषण, प्रसारण, तथा नींदा नाशक प्रक्रियाओं को कोशिका एवं आर्गेनेल स्तर पर अनुसंधान आवश्यक है। पौधे नींदानाशक रसायनों को किन यौगिकों में परिवर्तित करते हैं तथा इन यौगिकों का क्या करते हैं इसकी खोज के लिए देशाभियानी (देशव्यापी) अध्ययन आवश्यक है। नींदा नाशकों की क्रियाशीलता पर मौसम, ऋतु, जल, तापक्रम, मृदा तत्त्व, जीवों आदि का क्या प्रभाव पड़ता है इन प्रभावों का विभिन्न दशाओं में न होने से इनका प्रभाव कम होता है या कुप्रभाव बढ़ जाता है इसके लिए इन घटकों के प्रभावों पर गहन अनुसंधान करना आवश्यक है।

नींदानाशकों के वरणात्मकता से संबंधित अनुसंधान जैसे –

(1) नींदाओं व फसलों के पौधों के प्रकार तथा एनाटामी व कायिकीय अध्ययन करना।

(2) पौधों में डिटाक्सीफिकेशन (**detoxification**) का अध्ययन करना।

(3) एड्जुवेन्ट, सर्फेक्टेन्ट, सालुवीलाइजर व एन्टीडोट का नींदा नाशकों से मिलकर परस्पर प्रभावों का अध्ययन करना।

निरंतर नींदा नाशकों के उपयोग से नींदा प्रजातियों में नींदा नाशक निरोधी क्षमता का विकास हो जाता है। इस क्षेत्र में अध्ययन से ऐसे नींदा नाशकों एवं नींदाओं का ज्ञान, नींदा नियंत्रण में प्रभावकारी सिद्ध होगा। नींदा नाशकों के स्थायित्व, भूमि व पौधों में नींदा नाशकों के अवशेषों तथा इन अवशेषों का अगली फसलों पर या जानवरों एवं मानव दैहिकी पर प्रभाव का अध्ययन करना जैसे बाओऐसे, व सूक्ष्म तत्त्व दर्शक उपकरण जैसे – स्पेक्ट्रोफोटोमीटर, गैसलिक्विड क्लोरोमीटर (GLC, HPLC) आदि के द्वारा शोध कार्य करना तथा अवशेषों का पता लगाना होता है।

मृदा जीवों पर जैसे कवक, बैक्टीरिया, निमेटोड, काई, केंचुए आदि पर नींदा नाशकों के प्रभाव का अध्ययन करना तथा रोग उत्पन्न करने वाले या हानिकारक जीवों की वृद्धि का, नींदा नाशक दवाओं के प्रभावों के परिप्रेक्ष्य में अध्ययन करना, नींदा नाशकों का वायुमंडल एवं जलीय संसाधनों पर होने वाले तात्कालिक और दूरगामी परिणामों का अध्ययन करना जो पर्यावरण को शुद्ध एवं अनुकूल बनाने में सहायक हो सके। पौध प्रजनन के द्वारा नींदा से अप्रभावित होने वाली किस्मों का विकास करना। ऐसी किस्मों का चयन करना जिसकी प्रकाश संश्लेषण क्षमता, पर्ण-वृद्धि दर एवं शुष्क भार वृद्धि दर प्रारम्भ से ही अधिक हो। परजीवी नींदा आदि की प्रतिरोधी किस्मों का विकास करना। रासायनिक नींदा नाशकों के प्रयोग से "जीरो टिलेज" एवं "कम से कम टिलेज" अपनाकर ऊर्जा समय व मजदूरी की बचत का अध्ययन करना एवं उसका कृषि के अन्य कार्यों में उपयोग कर उपज में वृद्धि की संभावनाओं का ज्ञान प्राप्त करना एकीकृत नींदा नियंत्रण के लिए अत्यन्त आवश्यक है। फसलों में जैविक नींदा नियंत्रण विधि पर अनुसंधान की आवश्यकता है क्योंकि अभी फसलों में इस विधि में नींदा नियंत्रण नगण्य ही है। फसलों में होने वाले नींदा को कीड़ों, कवक, बैक्टीरिया व विषाणुजन्य रोगों से नियंत्रित करने हेतु गहन अनुसंधान कार्यों की आवश्यकता है। इससे रासायनिक दवाओं के उपयोग में भी कमी होगी यद्यपि इस विधि से फसलों में पाए जाने वाले नींदा पूर्ण रूप से नियंत्रित नहीं हो सकेंगे तथापि यह पारथीनियम जैसे हानिकारक नींदा को जैविक विधि द्वारा नियंत्रित करने में लाभकारी सिद्ध हो सकेंगे। सूक्ष्म जीव, बीजांकुरण क्षमता तथा उनकी प्रस्तुति पर क्या प्रभाव डालते है इस क्षेत्र में अनुसंधान करना एक नई दिशा साबित होगी।

जलीय नींदा नियंत्रण हेतु अनुसंधान भी अत्यंत आवश्यक है तथा इस क्षेत्र में जैविक नींदा नियंत्रण अधिक कारगर सिद्ध होगा। घारा खाने वाली ग्रास कार्प मछली व स्नेल्स द्वारा जलीय नींदा नियंत्रण कर अनुसंधान करना भी आवश्यक है।

लम्बे समय तक नींदा नाशकों का एक ही खेत में उपयोग करने से उस क्षेत्र की फसल-चक्र, एकल फसल चक्र, द्वि-फसल चक्र, तीन-चार फसलें एक ही वर्ष में उगाने पर उनमें प्रयुक्त होने वाले नींदा नाशकों का एक का दूसरी फसल पर तथा इन सबका मिला जुला दूरगामी प्रभाव फसल चक्र में आने वाली फसलों पर क्या होगा इस क्षेत्र में अध्ययन की भी आवश्यकता अधिक है। नींदा नाशकों के सतत् प्रयोग से नींदा व ईकोसिस्टम में परिवर्तन का अध्ययन करना तथा परिवेश में बदलाव की जानकारी प्राप्त कर उस दृष्टिकोण से अनुसंधान करना व नींदा नाशकों की जानकारी प्राप्त कर उस दृष्टिकोण से अनुसंधान व नींदा नाशकों का चयन करना जो नए विकसित नींदा समूह को नियंत्रित कर सकें।

नींदा नाशक की अन्य सरल उपयोग की विधि जैसे सिंचाई के साथ देना, "हरबीगेशन" (Herbigation), उर्वरक के साथ मिलाकर देना हरबीलाइजर (Herbilizer) या कीटनाशक व रोग नाशक दवाओं के साथ मिलाकर छिड़काव करने पर दोनों के मिश्रण से गुणों तथा प्रभाव में क्या परिवर्तन होते हैं इस दिशा में अध्ययन करना भी

जरुरी है। अन्य सरल विधियाँ जैसे रेत, मिट्टी आदि के साथ मिला कर छिड़काव करने से नींदा नाशकों के प्रभाव का अध्ययन करना आदि।

ऐसे नींदा पौधों का अध्ययन करना जिनसे नींदा नियंत्रित हो सके एवं रासायनिक नींदा नाशक का उपयोग कम हो सके।

माइक्रोएन्वायरमेंट (Micro environment) लघु परिवेश के द्रुतगामी बदलाव जैसे - तापक्रम, वायु मंडलीय नमी, प्रकाश, गैसीय दबाव, हवा की गति, वर्षा, सूखा, मृदा जीवाश्म, आदि का नींदा नाशक की क्षमता पर अध्ययन करना तथा पौधों की दैहिकीय, एनाटामी व आकारिकी का विशेष परिवेश के परिपेक्ष्य में नींदा नाशकों की पौधों में विषाक्तता का अध्ययन करना नींदा नियंत्रण में आवश्यक है। सूक्ष्म जीवों द्वारा नींदा नाशकों का शीघ्र विखंडन रोकने से तथा नींदा नाशकों के क्रियाशील तत्त्व का मंद गति से मुक्त (Slow release) होने से फसल में नींदा अधिक समय तक नहीं उगेंगे। इस दिशा में जानकारी हेतु अध्ययन तथा नींदा नाशक के विकास की आवश्यकता है यदि डाइईथोलेट को ई.पी.टी.सी. व बुटाइलेट के साथ मिलाते हैं तो सूक्ष्म जीवों के द्वारा विखंडन नहीं होता है। दो या तीन प्रकार के नींदा नाशकों के मिश्रण जिससे, प्रायः सभी प्रकार के नींदा मर सकें, की आवश्यकता है इससे उन क्षेत्रों में जो अनेक प्रकार के नींदा से ग्रसित रहते हैं मुक्ति मिल सकेगी। ड्रिज़्ट व अन्य विधियों से नींदा नाशक अनावश्यक रूप से नष्ट होता है। अतः नींदा नाशकों के प्रयोग हेतु उपयुक्त यंत्र व स्प्रेयर जो अधिक क्षेत्र में सही ढंग से छिड़काव कर सके की अत्यंत आवश्यकता है। अभी हमारे देश में उपयुक्त स्प्रेयर जिनसे जलकण इलेक्ट्रोस्टेटिक आवेश (Electrostatic charge) उत्पन्न हो सके एवं जिससे जलकण केवल पौधों व पत्तियों द्वारा ही आकर्षित हो सके, की कमी है। शासन ने कीटनाशी दवाओं के छिड़काव में एअर-क्राफ़्ट का तो प्रयोग किया परन्तु नींदा नाशक दवाओं में इनका प्रयोग होना भी आवश्यक है। ऐसी तकनीकी का विकास लाभकारी सिद्ध होगा। नींदा नियंत्रण विज्ञान में शिक्षा, वैज्ञानिक एवं प्रसार कार्यकर्त्ता विश्वविद्यालयों में नींदा नियंत्रण विज्ञान का शैक्षणिक कार्य शस्य विज्ञान विभाग एवं वनस्पति विज्ञान के तहत होता है। अनुसंधान कार्य भी इन्हीं विभागों में प्रमुख रुप से किया जाता है। इसके अतिरिक्त कीटशाज़, पौध रोग, मृदा विज्ञान एवं हार्टीकल्चर विभाग भी इससे संबंधित अनुसंधान कार्य करते हैं। देश में विभिन्न फसलों पर आधारित राष्ट्रीय अनुसंधान संस्थान व केन्द्र भी नींदा नियंत्रण पर अनुसंधान कार्य करते हैं। नींदा नाशक बनाने वाली विभिन्न कज़्पनियाँ भी आधारभूत अनुसंधान करती है।

कीट नियंत्रण या रोग नियंत्रण की तुलना में नींदा नियंत्रण विज्ञान में शिक्षक एवं शोध कर्त्ताओं की बहुत कमी पाई जाती है, क्योंकि कृषि विश्वविद्यालयों में कीटशाज़ व पौध रोग विभाग दोनों पृथक-पृथक रुप से कार्यान्वित है जबकि नींदा विज्ञान का कोई पृथक रूप से विभाग नहीं है। यह शस्य विज्ञान विभाग का ही एक अंग है जिसमें बहुत ही कम शिक्षक व शोधकर्त्ता कार्य करते है। अतः नींदा नियंत्रण विज्ञान को प्रोत्साहन देने व फसलोत्पादन बढ़ाने हेतु यह आवश्यक है कि प्रत्येक कृषि विश्वविद्यालयों में नींदा नियंत्रण विज्ञान से संबंधित पूर्ण सुसज्जित विभागों की स्थापना की जाए जिसमें शिक्षण व स्थानीय नींदा समस्या पर शोध कार्य किया जा सकें।

नींदा नियंत्रण विज्ञान को कृषकों तक पहुँचाने के दृष्टिकोण से बहुत ही कम विस्तार कार्यकर्त्ता पाए जाते हैं। जैसे कि कीट व रोग नियंत्रण के विषय-वस्तु विशेषज्ञ विस्तार विभाग में कार्यरत है उस तरह नींदा नियंत्रण विशेषज्ञों का विस्तार सेवाओं में पूर्ण रूप से अभाव है। अतः नींदा नियंत्रण विज्ञान का समुचित लाभ कृषकों को

नहीं मिल पाता हैं एवं फसल नींदा स्पर्धा से प्रभावित हो जाती है और फसल में लागत का सदुपयोग भी नहीं हो पाता।

प्रशिक्षित विस्तार कार्यकर्त्ताओं की कमी होने के कारण कृषकों के खेतों पर नींदा नियंत्रण के प्रशिक्षण नहीं हो पाते हैं क्योंकि नींदा नाशक दवाओं का उपयोग करना उतना सरल नहीं है जितना कि उर्वरक, कीटनाशक, रोग नाशक दवाओं एवं उन्नतशील जातियों का है।

नींदा नाशकों के प्रयोग हेतु समुचित ज्ञान की आवश्यकता होती है जिस प्रकार मानव रोगों की जानकारी एक डाक्टर को होती है। अन्यथा नींदा नियंत्रण सही नहीं होगा व त्रुटि पूर्ण उपयोग करने से फसल पर भी कुप्रभाव पड़ेगा।

अत: रासायनिक एवं एकीकृत नींदा नियंत्रण हेतु विषय-वस्तु विशेषज्ञों के गहन प्रशिक्षण की आवश्यकता है। रासायनिक विधि व अन्य विकसित यंत्रों के द्वारा नींदा नियंत्रण एवं एकीकृत तकनीक का स्थानीय नींदा नियंत्रण विधि से आर्थिक तुलना कर मौसम व अन्य सामाजिक व्यवस्था का अध्ययन करना आवश्यक है।

सस्ते नींदा नियंत्रण यंत्रों का, जो विभिन्न परिस्थितियों में कार्य कर सकें, निर्माण एवं प्रदर्शन आवश्यक है। स्थानीय नींदा नियंत्रण तकनीकी व यंत्रों का सर्वेक्षण कर उनका प्रदर्शन करना नींदा नियंत्रण में अधिक प्रभावकारी सिद्ध होगा व कृषकों के द्वारा अपनाया भी जाएगा। इसी दिशा में बैलों से चलने वाले सरल यंत्रों का जो ग्रामीण कारीगर बना सकें, विकास एवं प्रसार करना आवश्यक है।

नींदा या खरपतवार
(Weed)

नींदा (Weed) को विभिन्न क्षेत्रों में तृणक, तृण, तण, कूड़ा, कचरा, घास, घास-पात, रोखड़ी आदि नामों से जाना जाता है। वस्तुतः ''वे पौधे जो किसी भी स्थान में अनावश्यक रुप से स्वयं बिना बोए उग आते हैं एवं मनुष्य को कृषि व अन्य क्षेत्रों में लाभ की अपेक्षा हानि अधिक पहुँचाते हैं, नींदा कहलाते है।'' कृषि क्षेत्र में बोनी के पहले या बोनी के बाद फसल में नींदा प्राकृतिक रुप से अंकुरित होते हैं व बढ़ते हैं तथा फसल को उपलब्ध होने वाले खाद्य तत्त्व, जल, हवा, प्रकाश-ऊर्जा व स्थान का उपयोग कर एवं कुछ विशेष ''विषाक्त रासायनिक पदार्थ'' (Allelochemicals) विनिसृत कर फसलों की दैहिकीय क्रियाओं को प्रभावित कर एवं उनकी प्रकाश संश्लेषणता कम कर उनकी वृद्धि व उपज को कम कर देते हैं।

जल संसाधनों, वनों, बगीचों, चरोखरों, खेल के मैदानों, आवासों, फेक्ट्री के अहातों तथा अन्य पड़ती स्थानों में प्राकृतिक रुप से उगने वाले अनावश्यक पौधे मनुष्यों के कार्यों में बाधक होते हैं व आर्थिक, सामाजिक, स्वास्थ्य, एवं प्राकृतिक सौंदर्य आदि की दृष्टि से हानिकारक माने जाते हैं।

पूर्व विद्वान विशेषज्ञों ने नींदा (Weed) के प्रचलित नाम को खरपतवार, शाक, तृण, घास-पात आदि नामों से संबोधित किया है। इसको नियंत्रण करने की क्रिया को निंदाई कहा गया है। प्रस्तुत पुस्तक में नींदा शब्द का ही प्रयोग, उचित माना गया है क्योंकि इसके नियंत्रण करने की क्रिया निंदाई शब्द का भी उद्गम इसी से हुआ है तथा नींदा संज्ञा का निंदाई क्रिया से मेल खाता है। संस्कृत में नींदा को निर्दय, तृणक या निरोना कहते हैं। अनावश्यक पौधों को नियंत्रण करने की क्रिया को निंदाई, निराई, नलाई करना, निर्दान, निराना, नींदना, निंदण आदि कहते है। जिस क्षेत्र में अधिक नींदा होते हैं तृणक युक्त, तृणकाच्छादित (Weedy) कहते हैं।

डॉ. बिल के अनुसार ''नींदा वह पौधा है जो किसी स्थान पर अनावश्यक रूप से उगता है'', ''Weed is a plant grown out of place'' इस परिभाषा में यह त्रुटि है कि नींदा की हानिकारक क्षमता का विवरण नहीं है।

डॉ. वेब्सटर के अनुसार ''नींदा वह पौधा है जिसकी हानिकारक क्षमताएँ अच्छाई की क्षमता से अधिक होती है।''

``A weed is a plant whose potentialities for harm are greater than its potentialities for good."

इसमें यह त्रुटि है कि नींदा की अन्य विशेषताओं का वर्णन लुप्त है।

डॉ. राबिन्स के अनुसार ''नींदा, पौधों की वे स्पीसीस हैं जो अनचाहे रूप से उगती है व जिनका उपयोग नहीं किया जा सकता है बहुधा बहुत फैलने वाली व स्थाई होती है, कृषि कार्यों में बाधक, मजदूरी बढ़ाती है और फसलोत्पादन कम कर देती है।''

``Weeds are that species of plants which grow unwanted or are not useful often profuse and persistent, interfere agricultural operations, increase labour cost and reduce the crop yield."

इसमें यह त्रुटि है कि नींदा को अनुपयोगी कहा गया है जबकि नींदा के पौधों के अनेक उपयोग हैं। कम्पोस्ट प्रत्येक पौधे से बन सकता है। अनेक नींदा औषधियाँ, रंग, रेशे, चारा, भोजन आदि में उपयोगी है।

नींदा की अंग्रेजी में अन्य परिभाषाएँ भी बतलाई गई है यथा -

"Weed plant may be defined as the most conspicuous and most deciduous enimies of the farmer".

"Weed may be defined as obnoxious, unwanted, nonuseful, often persistent plants that interfere with agricultural operations, increase labour, add to cost and reduce yield of crops".

"A plant not sown in the field by the farmer, is out of place and is called weed" such plants are undesirable. They not only compete with crop plant but also interfere agricultural operations, increase cost of labour and tillage, ultimately adversely affect the yield and quality of the product".

नींदा की विशेषताएँ

जो पौधे प्राकृतिक रूप से स्वयं बिना बोए उगते हैं उनकी कुछ विशेषताएँ होती हैं जिनके कारण वे अधिक फैलते हैं व वृद्धि करते हैं एवं अनुकूल परिवेश मिलने पर मानव के क्रिया कलापों पर समस्या जनक प्रभाव डालते हैं। नींदा की विशेषताएँ निम्नलिखित हैं।

1. अधिक बीज उत्पादकता (Higher seed production)

सामान्यतः नींदा के गौधों में बीज उत्पादन क्षमता अधिक होती है। ये पौधे असंज्य, सूक्ष्म बीज उत्पन्न करते हैं जो हवा के द्वारा दूर तक फैल जाते हैं उदाहरणार्थ - बथुआ *(Chenopodium album)*, सफेद मुर्गा *(Celosea argentia)*, चौलाई *(Amaranthus viridis)*, गाजर घास (*Parthenium hysterophorus*), चेंच (*Corchorus* spp.), अगिया *(Striga lutea)* आदि। अधिक बीज उत्पादन से उनकी संतति के अधिक फैलने की संभावनाएं भी बढ़ जाती हैं। अगिया के एक पौधे से 50 लाख बीज उत्पादित होते हैं जिनकी मृदा में आयुष्य अवधि 20 वर्ष तक होती है।

2. स्पोर्स के द्वारा वृद्धि (Reproduction by spores)

अनेक फर्न व जलीय नींदा स्पोर्स के द्वारा वर्धित होते हैं जैसे - फर्न, हार्सटेल, अजोला आदि।

3. बीजांकुरण दर (Germination rate)

नींदा के बीजों में अंकुरण दर अधिक होती है क्योंकि जो बीज बनते हैं उनमें अधिकांश का भ्रूण पूर्ण विकसित होता है वे फसलों के बीज की तुलना में शीघ्र अंकुरित होते हैं। उदाहरणार्थ - चकौड़ा *(Cassia tora)*, गाजर घास, सावां आदि। इससे इनके पौधे फसलों के पौधों पर (जो विलम्ब से अंकुरित होते हैं) दबाव डालकर हावी हो जाते हैं।

4. बीजांकुरण क्षमता एवं आयुष्यता (Seed viability and longevity)

नींदा के पौधों में अंकुरण क्षमता की आयुष्यता अधिक होती है। सामान्यतः इनमें प्रसुप्तावस्था की अवधि में भी विभेद होता है। जैसे - गोखरु के फल (Bur) में दो बीज होते हैं जिसमें एक शीघ्र अंकुरित होता है तथा दूसरा अनुकूल परिवेश मिलने पर भी अंकुरित नहीं होता है। सावां, गुरगेहुँआ (*Alysicarpus* spp.), बथुआ, अगिया आदि के बीजों की आयुष्यता लम्बी होती है।

5. बीज प्रसुप्ति (Seed dormancy)

जीवित दशा में अनेक वर्षों तक मृदा या जल में प्रसुप्त रहने से बीजों में आश्चर्यजनक क्षमता होती है। वे अनेक वर्षों तक मृदा में अनुकूल परिस्थितिकी न होने पर भी प्रसुप्त दशा में जीवित रह सकते हैं। प्रसुप्ति तीन प्रकार की होती है -

(i) आंतरिक (Innate) प्रसुप्ति

(ii) प्रेरित (Induced) प्रसुप्ति

(iii) बाध्य प्रसुप्ति (Enforced dormancy)

आंतरिक प्रसुप्ति बीज में स्वतः होती है जिससे वे बाह्य पारिस्थितिकी के अनुकूल होने पर भी अंकुरित नहीं होते। प्रेरित प्रसुप्ति किसी बाह्य कारण जैसे - कार्बन डाय आक्साइड गैस की अधिकता से बीज में प्रसुप्ति का प्रादुर्भाव हो जाना तथा बाद में अनुकूल परिस्थिति होने पर भी अंकुरित न होना है। बाध्य प्रसुप्ति-अनुकूल पारिस्थितिकी के न होने से अंकुरण नहीं होता हैं। जैसे - उपयुक्त नमी, आक्सीजन या ताप न होने से बीज अंकुरित नहीं होते हैं।

6. कलिका प्रसुप्ति (Bud dormancy)

अनेक नींदा के पौधे बहुवर्षीय होते हैं। उनके भूमिगत तनों में प्रसुप्त कलिकायें होती हैं जो प्रतिकूल पारिस्थितिकी में भी जीवित रहती हैं एवं अनुकूल दशाओं के मिलते ही ये कलिकायें प्रसुप्ति से मुक्त होकर वृद्धि करती हैं जैसे-गोंदला, कांस, केल *(Dichanthium annulatum)*, दूब, सिरसियम आदि। इस प्रकार के नींदा में केवल बीजोत्पादन पर ही संतति का वर्धन आधारित नहीं रहता वे प्रसुप्त कलिकाओं के द्वारा प्रतिवर्ष अपनी वृद्धि नए पौधों के रूप में करते रहते हैं। इस प्रकार के पौधों में बीज से भी नए पौधों की वृद्धि होती है। अतः जिस नींदा में बीज एवं वानस्पतिक दोनों विधि से नए पौधों की वृद्धि हो सकती है वे बहुत ही आक्रामक होते हैं व उन्हें

नियंत्रण करने में भी कठिनाई आती हैं। कुछ पौधे केवल स्पोर्स द्वारा ही विकसित होते है जैसे – जलीय नींदा, अजोला, लेमना आदि तथा फर्न एवं हार्स टेल के कुछ सदस्य। इनमें भी प्रसुप्ति पाई जाती है।

7. विकसित मूल तंत्र (Developed root system)

अधिकांश नींदा के पौधों में यह विशेषता होती है कि उनका मूल तंत्र अधिक विकसित होता है। जिससे वे जल व अन्य खाद्य तत्त्वों का अवशोषण अधिक गहराई से कर सकते हैं। उदा. चौलाई, हिरनचरी, घुड़चबा आदि।

8. पर्णरन्ध्र की बनावट (Structure of stomata)

नींदा की अनेक स्पीसीस के पर्णों पर सक्रिय पर्ण रन्ध्रों की संज्या अधिक पाई जाती है। पर्णों पर रन्ध्रों की ऐसी आकृति होती है जो शुष्क दशा में जल का वाष्पोत्सर्जन कम करते हैं एवं अधिक नमी वाले क्षेत्रों में वाष्पोत्सर्जन अधिक करते हैं तथा पौधों को जीवन चलाने में सहायता प्रदान करते है। जैसे विषखापरा *(Trianthema monogyana)*।

9. रक्षक अंग (Protective organs)

अनेक नींदा की स्पीसीस में अन्य जीवों से रक्षा करने हेतु (कुछ अंगों में विशेष परिवर्तन हो जाते हैं जैसे काँटों या तेज सूच्याकार नुकीली पर्णों से उनकी रक्षा होती है। उदाहरण – ऊंटकटारा (*Achinopes achinatus*), ब्रह्म दंडी (*Volluterella divaricata*), कटर्रा (*Argemone mexicana*), अड़न्नाथ (Agave), करोंदा (*Carissa spinera*) आदि।

10 बीज प्रकीर्णक अंग (Seed dispersal mechanism)

नींदा के बीजों में बीज प्रकीर्णक – अंगों के होने से उनका स्थानान्तरण अधिक होता है तथा स्थानांतरण रोकना बहुत कठिन होता है स्थानांतरण के विभिन्न साधनों जैसे हवा, जल व जीवों के द्वारा फैलते रहते हैं। हवा के द्वारा फैलने में अनेक सहायक अंग होते हैं जैसे –

सपक्ष (winged) रूमेक्स पल्चर (*Rumex* spp.) एवं अज्बेली फेरी के सदस्य

केशीय (Comate) उदाहरण – अक, टाइफा, ईपीलोबियम

वायुछत्र (Parachute) उदाहरण – टेराक्साकम वल्गेयर (*Taraxacum vulgare*), सान्कस

शिखी बीज (Plumed) रोमयुक्त वर्त्तिका उदा. क्लीमेटिस (*Clematis* spp.)

झिल्ली युक्त फल (Sacate) जंगली रस भरी

11. अंगों का रूपांतरण (Modification of parts)

प्रतिकूल परिवेश होने पर तथा नमी, शीत या ग्रीष्म के प्रभाव से बचाव हेतु पौधे अपने अंगों में विशेष परिवर्तन कर लेते हैं जैसे भूमिगत तनों का विकास कर उनमें भोज्य पदार्थ संचित कर प्रतिकूल समय में उससे अपना जीवन चक्र पूर्ण करना जैसे गोंदला, आक्सेलिस या प्रतिकूल समय आने के पहले बीज बनाकर अपनी संतति

चलाना। उदाहरण - अधिकांश मौसमी नींदा प्ररोह के पर्णों को गिरा कर अथवा निष्क्रिय बनाकर, उत्स्वेदन कम करके शेष अंगों की वृद्धि निलंबित कर देते हैं। जैसे पारथीनियम ग्रीष्म काल में अपनी वृद्धि निलंबित कर वर्षा ऋतु आने पर पुन: वृद्धि करता है।

12. बहु-परिवेश अनुकूलता (Wide adoptibility)

अनेक पौधे ऐसे होते हैं जो विभिन्न परिवेशों में भी सुचारू रूप से वृद्धि करते हैं। जैसे पारथीनियम शुष्क, सिंचित, फसली क्षेत्र तथा पड़ती क्षेत्र आदि में सभी ऋतुओं में वृद्धि करता है तथा ताप व प्रकाशावधि से कम प्रभावित होता है। ग्रीष्म काल में शुष्क क्षेत्र में नमी की अल्पता होने से अपने अंगों में परिवर्तन कर जीवन चक्र पूर्ण करता है। बेशरम (*Ipomoea carnia*) भी विभिन्न परिवेशों जैसे जलीय व शुष्क क्षेत्रों में वृद्धि करता है।

13. अनुकरणी या छद्मता (Mimicary)

कुछ नींदा के पौधे फसलों के पौधों से मिलते जुलते हैं (तालिका 2.1)। वे सरलता से पहचाने नहीं जा सकते। वे निंदाई करते समय छूट जाते हैं एवं फसल के साथ बढ़ते रहते हैं तथा बीज बनाकर फैल जाते हैं। ये केवल पुष्प व फल बनने पर ही सरलता से पहचाने जाते हैं। नींदा के बीज भी फसलों के बीज के समान ही होते हैं जिसमें वे फसल के बीज से छानकर पृथक नहीं किए जा सकते हैं।

14. कीट व रोग निरोधक क्षमता (Resistant to insect and Diseases)

नींदा की स्पीसीस में कीट एवं रोग निरोधक क्षमता फसलों की तुलना में अधिक होती है। इससे फसलों की अपेक्षा नींदा की वृद्धि अधिक होती है। मिर्च में थ्रिप्स जैसिड का अधिक प्रभाव होता है तथा सोलेनम नाइग्रम में इसका प्रभाव उसी परिवेश में नगण्य होता है। गेहूँ की अनेक किस्मों में गेरुआ (*Puccinia graminis tritici*) का अधिक प्रकोप होता है जबकि उसी के साथ घास कुल के नींदा जैसे चिरैया बाजरा (*Phalaris minor*) व गेहूँ का मामा (*Lolium temulentum*) तथा अन्य चौड़ी पत्ती वाले नींदा में इस गेरुआ का प्रभाव नहीं होता है।

15. कुटिल प्रकृति (Evasiveness nature)

कुछ नींदा ऐसे होते हैं जिनमें विशेष प्रकार की गंध आती है। इनमें काँटें व रोम अधिक होने से यह दुश्मनों से अपनी रक्षा करने में सक्षम होते हैं। पुवांर (*Cassia tora*), बन तुलसी (*Ocimum canum*), ममरा (*Anesomeles indica*) में गंध होने से जानवर इन्हें नहीं खाते हैं जिससे ये पौधे बढ़ कर बीज बना लेते हैं। भटकटैया (*Solanum xanthocarpum*) व कटर्रा (*Argemone mexicana*) में काँटे होने से उनकी रक्षा होती रहती है व फैलते रहते हैं।

16. अलीलोपैथिक प्रभाव (Allelopathic effects)

अनेक नींदा विशेष प्रकार का विषाक्त रसायन स्रावित करते हैं जिससे ये अन्य पौधों पर व फसलों पर अपना कुप्रभाव डालकर उनकी वृद्धि को कम कर देते हैं व स्वयं अपनी वृद्धि करते रहते हैं। उदा. वन-गोभी, पारथीनियम हिस्टीरोफोरस एवं चकौड़ा (*Cassia tora*) आदि।

तालिका 2.1. छद्मता वाले पौधे जो फसलों के समान हैं

नींदा के पौधे		फसल के पौधे
पसई या जंगली धान, करघा, सांवा, मुर्दी	–	धान
छोटी गोखरू *(Acanthospermum hispidum)*	–	तिल
जंगली तिल (*Sesamum* spp.)	–	तिल
वन भिण्डी (*Hibiscus* spp.)	–	भिन्डी
मकोई *(Solanum nigrum)*, लेसुआ *(Digera alternifolia)*	–	मिर्च
ज्यूमेरिया स्पी. व रेनुलकुलस स्पी.	–	धनिया
वनपालक *(Rumex dentatus)*	–	पालक
जंगली बरसीम *(Trifolium flagiferum)*	–	बरसीम
वनकोंदो *(Paspalum distichum)*	–	कोदों
वनसांवा *(Echinochloa crusgalli* var. *oryzichola)*	–	सांवा
जंगली रसभरी *(Physalis minima)*	–	रसभरी
जंगली जूट (*Corchorus* spp.)	–	जूट
चौलाई (*Amaranthus* spp.)	–	राजगिर
भटकटेरी, जंगली भटा	–	भटा
जंगली जई (*Avena fatua*), चिरैया बाजरा (*Phalaris minor*)	–	गेहूँ, जौ
गेहूँ का मामा (*Lolium temulentum*)	–	गेहूँ, जौ
रोनकट्टी (*Inula indica*)	–	रामतिल

17. वानस्पतिक वृद्धि (Vegetativo propagation)

नींदा के पौधों की वानस्पतिक वृद्धि विभिन्न रूपान्तरित अंगों से होती है। राइजोम रनर, सकर, आफसेट, बलबिल्स, पौध विखंडन आदि विधियों से वानस्पतिक गुणनवर्धन होता है। दूब का वानस्पतिक वर्धन रनर के द्वारा होता है तथा प्रत्येक पर्व-सन्धि से मूल को उत्पन्न कर मृदा में स्थायित्व प्रदान करता है। पर्व खंडित होने पर प्रत्येक खंड एक स्वतंत्र पौधे का कार्य करता है।

18. बहु विधि उत्पादक क्षमता (Miltiple reproductive ability)

अनेक नींदा बीजों के द्वारा तथा वानस्पतिक वृद्धि दोनों विधियों से अपनी संतति की वृद्धि कर सकते हैं। ये बहुत ही कठिन होते हैं जैसे कांस, दूब, व जान्सन घास (Johnson grass)।

19. स्वत: अंकुरण (Spontaneous Germination)

अनेक नींदा बीजों का स्वत: अंकुरण होता है। जब उपयुक्त वातावरण मिलता है तब नींदा के बीज स्वयमेव अंकुरित होने लगते हैं। क्योंकि नींदा के बीज मृदा में पहले से ही उपस्थित रहते हैं। वे फसल बोने के पहले ही अंकुरित हो जाते हैं तथा स्थान विशेष में फसल से पहले ही स्थायित्व प्राप्त कर लेते हैं। फसल के पौधे जो बाद में अंकुरित होते हैं नींदा के पौधों से कमजोर होने के कारण दबाव से मर जाते हैं या कमजोर रहते हैं।

20. न्यूनतर जलीय आवश्यकता (Low Water Requirement)

कुछ ऐसे नींदा होते हैं जो मृदा में बहुत कम नमी होने पर भी अपना जीवन यापन कर सकते हैं तथा अन्य ऐसी पारिस्थितिकी में जीवित भी नहीं रह सकते हैं। उदाहरणार्थ पारथीनियम हिस्टोरोफोरम एवं साइडा कार्पीनीफोलिया ग्रीष्म काल में भी शुष्क स्थानों पर अपनी पत्तियों में अनुकूल परिवर्तन कर जीवित रहते हैं व मंद वृद्धि करते रहते हैं। जैसे ही मानसूनी वर्षा प्रारज़्भ होती है इनकी वृद्धि तीव्र गति से होने लगती है। जबकि अन्य नींदा के बीज मानसून के प्रारज़्भ होने पर अंकुरित होते हैं व उनके पौधे प्रारज़्भ में ही पारथीनियम के द्वारा दबा दिए जाते हैं। अन्य नींदा जैसे सत्यानाशी, ब्रह्मदंडी, ऊंटकटारा, हिरनचरी, विषखापारा, पथरचटा, भटकाई आदि कम नमी में भी वृद्धि करने में सक्षम हैं। इससे ये फसल को दबा देते हैं।

21. अल्प खाद्य तत्त्वों की आवश्यकता (Low Nutrient Requirement)

नींदा के पौधों को फसल की तुलना में कम खाद्य तत्त्वों की आवश्यकता होती है। वे कम एन.पी.के. होने पर भी धान की तुलना में या गेहूँ की तुलना में अधिक वृद्धि करते हैं।

22. प्रकाश संश्लेषण क्षमता

अनेक नींदा की स्पीसीस में कई फसलों की तुलना में प्रकाश संश्लेषण क्षमता अधिक होती है। उनमें पेपकार्बाक्सीलेस (PEP Carboxylase) इन्जाइम अधिक सक्रिय होते हैं जिनसे कार्बन का C4 अज़्ल, जैसे आक्जिलीक व स्पार्टिक अज़्ल में संश्लेषण होता है तथा अधिक कार्बन संश्लेषित करने की क्षमता होती है जैसे चौलाई, सांवा (*Echinochloa crusgalli*) व कांस। जबकि उसी के साथ उगने वाली फसल धान या सोयाबीन में प्रकाश संश्लेषण की क्षमता कम होती है तथा इनमें राइबुलोस डाइफास्फेट कार्बक्सीलेज (*RUDP carboxylase*) इन्जाइम अधिक होता है एवं फास्फोग्लिस्रिक अज़्ल के रूप में कार्बन का संश्लेषण करने में सहायक है जिससे प्रकाश संश्लेषण की दर कम होती है।

23. निरंतरता (Persistence)

नींदा की अनेक स्पीसीस में निरंतरता क्षमता अधिक होती है किसी परिवेश में एक स्पीसीस की निरंतरता, उस परिवेश में उसकी अनुकूलन क्षमता का मापदंड होती है। जिसके फलस्वरूप वह उस परिवेश में लगातार उपस्थित रहती है। खेतों में टिलेज क्रियाओं का व चरागाहों में जानवरों का प्रभाव उस पर कम होता है। मौसम, मृदा व जैविक प्रभावों के द्वारा उसकी उपस्थिति सघनता एवं स्थायित्व में परिवर्तन हो सकता है। उदाहरण – पारथीनियम, लेन्टाना केमरा, कांस आदि।

सामान्यत: सभी स्थानों में नींदा का अंकुरण एवं वृद्धि वर्षा ऋतु में अधिक होती है तथा वर्षा समाप्त होते ही अधिकांश का जीवन चक्र पूर्ण हो जाता है अन्य ऋतु में नींदा की बहुत कम स्पीसीस अंकुरित होती हैं शीत एवं ग्रीष्म ऋतु में नींदा की सघनता सिंचित दशा में अधिक होती है। अत: कृषकों को वर्षा ऋतु में निंदाई करने में अधिक श्रम व धन व्यय करना पड़ता है। जो कृषक निंदाई कर नींदा को नियंत्रित करते हैं वे ही वर्षा ऋतु में फसलों से अधिक उत्पादन प्राप्त करते हैं।

नींदा एवं फसल की निंदाई का महत्त्व रामचरित मानस एवं महाभारत पुराण में भी वर्णित है।

महाकवि तुलसीदासजी ने रामचरितमानस के किष्किंधा काण्ड में वर्षा ऋतु में नींदा (खरपतवार) की अधिक बाढ़ का वर्णन किया है। साथ ही उन्होंने उस कृषक को उन्नतशील की संज्ञा दी है जो फसल में निंदाई करते हैं। उदाहरण –

वर्षा काल मेघ नभ छाए। गरजत लागत परम सुहाए।।

वरषहिं जलद भूमि नियराए। जथा नबहिं बुध विद्या पाए।।

हरित भूमि तृन संकुल, समुझिं परहिं नहिं पंथ। जिमि पाखंड बाढ़ तें, लुप्त होहिं सद्ग्रंथ।।

नव पल्लव भए विटप अनेका। साधक मन जस मिले विवेका।।

कृषि निरावहिं चतुर किसाना। जिमि बुध तजहिं मोह मद माना।।

ऊसर बरसई तृन नहीं जामा। जिमि हरिजन हियं उपज न कामा।।

तुलसीदास जी ने कांस को प्रमुखता दी है।

फूलें कांस सकल महि छाई। जनु वरषाँ कृत प्रगट बुढ़ाई।।

■■■■

3

नींदा के द्वारा हानि
(Losses Due to Weeds)

कृषि को हानि पहुँचाने वाली कृषि-व्याधियों को चार वर्गों में विभाजित किया है।

(1) जानवरों के रोग (Animal diseases) (2) पौध रोग (Plant diseases)

(3) कीड़े, चूहे, जंगली जानवर (Insect, rodents, rabits, wild animals)

(4) नींदा (खरपतवार) (Weeds)

इन सभी व्याधियों में नींदा के द्वारा सर्वाधिक हानि होती है। अन्य व्याधियाँ सामयिक होती हैं एवं किसी विशेष परिस्थितियों में ही फसलों को किसी विशेष मौसम में प्रभावित करती हैं परन्तु अनावश्यक नींदा (खरपतवार) का प्रत्येक ऋतु में क्रमश: उगना अवश्यंभावी है जो सभी फसलों को प्रभावित करते हैं। फसलों की बोनी करने तथा मृदा परिष्करण कर बीज अंकुरित होने में नींदा की बाहुल्यता एवं बाढ़ ही एक मात्र बाधा उत्पन्न करती है जिससे खेत में बीज की बोनी करने हेतु अनेक बार कृषि यंत्र हल, बखर (Plough and Harrow) चलाना आवश्यक होता है। इससे कृषक का समय, धन, ऊर्जा आदि का ह्रास होता है।

यदि खरपतवार न उगें तो कृषक अपने खेतों की बोनी बिना जुताई-बखराई किए ही कर सकता है। बोनी के पहले उसे हल-बखर चलाकर खरपतवारों को नष्ट करना आवश्यक है। उसके बिना वह खेत में बीज की बोनी नहीं कर सकता और फसल नहीं उगा सकता है।

नींदा रहित साफ खेत में बीज बोने के बाद भी अनेक प्रकार की नींदा फसल के बीज के साथ तथा बाद में उग आते हैं जो फसल के खाद्य तत्त्वों, जल, प्रकाश आदि का उपयोग कर अत्यधिक हानि पहुँचाते हैं। कृषि के अतिरिक्त नींदा से अन्य क्षेत्रों में भी अधिक हानि होती है।

नींदा से हानियाँ

(1) जल, प्रकाश, खाद्य तत्त्वों व स्थान के लिए स्पर्धा कर फसल की वृद्धि व उपज कम कर देते हैं।

(2) नींदा के कारण मजदूरी की लागत व समय बढ़ जाता है।

(3) यंत्रों के मूल्य में व लागत में भी बढ़ोतरी हो जाती है।

(4) नींदा फसल की गुणवत्ता भी कम कर देते हैं।

(5) नींदा का प्रभाव दुधारू गायों के स्वास्थ्य व दूध पर पड़ता है जिससे उत्पादन कम हो जाता है।

(6) नींदा के पौधे अनेक कीटों व रोगों को आश्रय देते हैं जो फसलों पर फैलते हैं।

(7) नींदा से ग्रसित भूमि का अवमूल्यन हो जाता है।

(8) मनुष्य के स्वास्थ्य पर नींदा कुप्रभाव डालते हैं।

(9) नींदा जल ज़ोतों को प्रभावित करते हैं।

(10) नींदा से जल-निकास-नालियाँ अवरुद्ध हो जाती है।

(11) औद्योगिक क्षेत्र में नींदा की वृद्धि से हानि होती है।

(12) रोड, रेल लाइन, टेलीफोन, बिजली लाइनों में भी नींदा से हानि होती है।

(13) वानिकी क्षेत्रों में तथा उद्यानों में अनावश्यक खरपतवारों से अतिरिक्त व्यय एवं हानि होती है।

नींदा - फसल स्पर्धा

फसलों के साथ जल, खाद्य तत्त्वों, प्रकाश एवं स्थान के लिए नींदा स्पर्धा करते हैं तथा आवश्यक तत्त्वों का स्वयं उपयोग करके फसलों को सबसे अधिक हानि पहुँचाते हैं।

सन् 1930 में यू.एस. चेज़्बर आफ कामर्स कृषि सेवा विभाग समिति ने विभिन्न प्रकार की हानियों में नींदा के द्वारा हानि को सबसे अधिक आंका है।

(1) जानवरों के रोग	–	250,000,000	डालर
(2) पौधों के रोग	–	1,190,000,000	डालर
(3) पौधों के कीड़े	–	1,250,000,000	डालर
(4) नींदा	–	3,000,000,000	डालर

सस्य फसलों, सब्जियों, फलों व बगीचों के कुल उत्पादन में नींदा के द्वारा औसत 10 प्रतिशत हानि होती है। विशेष परिस्थितियों में नींदा यदि नियंत्रित नहीं करते तो 50 से 80% तक हानि हो जाती है। विभिन्न खाद्य तत्त्वों, जल, प्रकाश आदि के लिए नींदा की विभिन्न फसलों के साथ स्पर्धा व उससे हानि का दूसरे खंड में उल्लेख वृहत रूप से किया गया है। विभिन्न फसलों का क्षेत्र, उपज एवं नींदा से अनुमानित औसत हानि तालिका 3.2 में दी गई है। भारत वर्ष में अधिकांश क्षेत्र असिचिंत है जिससे जल की कमी से उपज बहुत कम होती है। नींदा असिंचित क्षेत्र में जल का उपयोग कर इस कमी को और बढ़ा देते हैं तथा उपज कम कर देते हैं। जल की कमी से भूमि में उपलब्ध खाद्य तत्त्वों का पूरा उपयोग नहीं हो पाता है। सिंचित क्षेत्र में जल पर्याप्त होता है इसलिये नींदा के कारण जल की अधिक कमी तो नहीं हो पाती परन्तु खाद्य तत्त्वों की कमी हो जाती है तथा नींदा अधिक वृद्धि कर फसल पर छाया करते हैं एवं सूर्य ऊर्जा का उपयोग कर लेते हैं जिससे फसल की प्रकाश संश्लेषण की क्रिया कम हो जाती है। इससे पौधों की उचित वृद्धि नहीं होती, फसल में फल कम लगते है व उपज भी कम हो जाती है।

कुछ नींदा अपनी जड़ों व अन्य अंगों से ऐसे रासायनिक पदार्थ का ज़ाव करते हैं जिनसे फसल की वृद्धि कम हो जाती है या फसल मर जाती है। जैसे बन गोभी *(Launea splanifolia)* जिस खेत में हो जाती है उसमें चना,

मसूर, अलसी, गेहूँ की वृद्धि कम हो जाती है। इस प्रभाव को "अलीलोपेथिक" (Allelopathic effects) प्रभाव कहते हैं। इस का वर्णन पृथक अध्याय में किया गया है।

मजदूरी की लागत व समय में वृद्धि

जिस खेत में नींदा अधिक होते हैं उसमें बीज बोने योग्य खेत की तैयारी में मजदूरी अधिक लगती है। विशेष प्रकार के नींदा जैसे कांस (*Saccharum spontaneum*), दूब (*Cynodon dactylon*) कांसी (*Imperata cylindrica*), गोंदला (*Cyperus rotundus*) जो बहुवर्षीय होते हैं तथा जड़ें अधिक गहराई तक जाती हैं उनके नियंत्रण में विशेष प्रकार के यंत्रों का कई बार प्रयोग करना पड़ता है। इससे खर्च अधिक होता है तथा समय भी अधिक लगता है। कुछ मौसमी नींदा भी अधिक वृद्धि करते हैं जैसे चेंच (*Corchorus olitorius*), सिलामिली (*Sesbania aculeata*), गुरगेहुँआ (*Alysicarpus rugosus*), मुर्गा या बन केशर (*Celosia argentia*), आधा शीशी या आंधी (*Xanthium strumerium*), गुनेर (*Themeda caudata*), गरूं (*Coixlachryma jobi*) आदि। जब इनकी सघनता अधिक हो जाती है तथा उचित समय पर नियंत्रित नहीं हो पाते तो खेत की तैयारी करना बहुत कठिन हो जाता है हल बखर चलाने के पहले इनको काटकर अलग करना आवश्यक हो जाता है नहीं तो यंत्र चल नहीं पाते तथा खेत उचित बोनी के योग्य तैयार नहीं हो पाता है।

फसल के साथ उगे हुए नींदा की निंदाई कराने में खर्च बढ़ जाता है। एक दो बार निंदाई कराने पर भी किसी-किसी खेत में नींदा फिर से उग आते हैं जो फसल की कटाई में बाधा उत्पन्न करते हैं। कटाई का खर्च बढ़ जाता है। नींदा के पौधे भी फसल के साथ कट जाते हैं। इस प्रकार फसल में नींदा के बीज मिल जाते हैं। जिन्हें साफ करने को भी अतिरिक्त समय एवं विशेष यंत्रों व छन्नियों की आवश्यकता होती है। इस प्रकार नींदा से कटाई व सफाई का भी खर्च बढ़ जाता है।

पहली फसल के नींदा के डंठल आदि अवशेष, आगामी फसल बोने में भी बाधा उत्पन्न करते तथा खर्च बढ़ा देते हैं।

जलीय खरपतवार जल स्रोतों में उगकर जल बहाव प्रभावित करते हैं तथा जलाशयों की उपयोगिता घटा देते हैं जिन्हें साफ करने में अधिक व्यय व श्रम करना पड़ता है। रोड, अहातों, चरागाहों आदि में नींदा नियंत्रण में खर्च बढ़ जाता है।

यंत्रों की लागत बढ़ना

जिस कृषि क्षेत्र में विभिन्न प्रकार के नींदा होते हैं, उन्हें नियंत्रित करने हेतु कई प्रकार के कृषि यंत्रों को रखना आवश्यक होता है जिससे कृषकों को अतिरिक्त व्यय करना पड़ता है। मौसमी नींदा हेरो (बखर) से नियंत्रित हो जाते हैं। यदि कांस, कांसी, दूब एवं अन्य बहुवर्षीय नींदा हैं जिनकी जड़ें अधिक गहराई तक जाती हैं, खेत ग्रसित है तो मोल्ड बोर्ड प्लाउ (**Mold board plough**) की आवश्यकता होगी तथा इसको खींचने के लिए बड़े बैल या बड़ा ट्रेक्टर की आवश्यकता होगी जिसमें अतिरिक्त खर्च होगा। बहुवर्षीय नींदा अनेक बार जुताई-बखराई चाहते हैं तथा यंत्रों की टूट-फूट (**Wearing tearing**) भी अधिक होती है जिससे खर्च बढ़ता है। फसल में उगे हुए नींदा नियंत्रित करने हेतु विभिन्न प्रकार के "हो" की आवश्यकता होती है। रासायनिक नींदा नियंत्रण हेतु विभिन्न प्रकार

के स्प्रेयर, नींदा के बीजों को फसलों के बीज से पृथक करने हेतु अनेक गेज की छन्नियाँ एवं प्रोसेसिंग उपकरणों की आवश्यकता होती है। इन सभी कारणों से उत्पादन व्यय बढ़ जाता है।

नींदा से फसल की गुणवत्ता का कम होना

नींदा के पौधे जब फसल के साथ काट लिए जाते हैं तो नींदा के बीजों की भी फसल के साथ गाहनी (Threshing) हो जाती है। फसल के दानों के साथ नींदा के बीज मिल जाने से उत्पादन की गुणवत्ता कम हो जाती है। बाजार में फसल कम भाव से बिकती है। तालिका 3.1 में प्रमुख फसलों के साथ मिलने वाले नींदा के बीजों की जानकारी दी गई है।

तालिका 3.1. नींदा के बीज जो फसलों के बीज में मिले रहते हैं

फसल	वे नींदा जिनके बीज मिल जाते हैं
धान	– सावां *(Echinochloa)*, मुर्दी *(Sehima nurvosum)*, गरू *(Coixlachryma jobi)*
कोदों, कुटकी	– सावां, बन कोदों एवं झुनझुनिया *(Crotelaria nanna)*
सोयाबीन	– सावां, गरू, झुरझुरू *(Indigofera glandulosa)*, कनकी *(Commelina communis)*
मूँग-उड़द	– बन-मूँग *(Phaseolus trilobus)*, झुरझुरू, कनकी
चना, मसूर	– सेंजी *(Melilotus)*, अकरी *(Vicia sativa)*
मटर	– बनबटरी *(Lathyrus aphaca)* तेवड़ा *(L. sativa)*, बथुआ *(Chenopodium album)*, हिरन चरी *(Convolvulus arvensis)*
गेहूँ, जौ	– सेंजी, अकरी, बटरी, तेवड़ा, बथुआ, हिरनचरी, जंगली जई *(Avena fatua, A. ludoviciana)* चिरैया बाजरा *(Phalaris minor)* एवं गेहूँ का मामा *(Lolium temulentum)*
अलसी	– सेंजी, बथुआ, अकरी, बटरी एवं अमरबेल *(Cuscuta epilinum)*
बरसीम	– कासनी *(Cichorium intybus)*, अमरबेल, सेंजी, जंगली बरसीम *(Trifolium flagiferum)* करमेथा *(Medicago denticuta)*

बरसीम के हरे चारे के साथ जब कासनी व अन्य नींदा के पौधे भी काट लिये जाते हैं तो ऐसे चारे का बाजार भाव शुद्ध चारे के भाव से कम हो जाता है तथा चारे की पौष्टिकता भी कम हो जाती है।

गेहूँ के साथ नींदा के बीज मिल जाने से वे छन्नियों से भी पृथक नहीं होते क्योंकि अधिकांश बीज गेहूँ के दाने के बराबर ही होते हैं। यदि उन्हें हाथ से पृथक नहीं करते तो वे गेहूँ के साथ ही पिस जाते जो मनुष्यों या जानवरों को खाने में स्वादिष्ट नहीं लगते हैं। कभी-कभी हानिकारक भी हो जाते हैं।

पालतू जानवरों के स्वास्थ्य एवं दुग्धोत्पादन पर प्रभाव

कुछ नींदा जैसे वन-लहसुन (Wild garlic - *Allium vineale*), वन प्याज (wild onion - *A. canadense*), बिटर वीड (*Helenium tenuifolium*) आदि को गायें जब खा लेती हैं तो दूध में इन नींदा की गंध आने लगती है। ऐसे दूध का अवमूल्यन हो जाता है।

कुछ नींदा जैसे आधाशीशी (या गोखरू या गाडर गोटी) (*Xanthium strumerium*), छोटी गोखरू (*Acanthospermum hispidum*), कुत्ता या मेंदुली (*Triumfetta rotundifolia, T. rhombidea*), बघनखा (*Martinia annua*) आदि के फल पशुओं के बालों में लिपट जाते हैं तथा बाल ऐसे गुथ जाते हैं कि बालों से पृथक नहीं होते यदि बालों से निकालते हैं तो बाल भी उखड़ जाते हैं यदि नहीं निकालते तो बालों की गुणवत्ता कम हो जाती है। आधाशीशी के फल ऊन में मिल जाने से मूल्य कम हो जाता है।

कुछ पौधे विषैले (Poisonous plants) होते हैं जिनके खाने से पशु मर जाते हैं। कुछ पौधों के केवल बीज ही विषैले होते हैं जिनके खाने से जानवरों के स्वास्थ्य पर कुप्रभाव पड़ता है तथा अधिक खा लेने से मर जाते हैं जैसे ''गेहूँ का मामा'' (*Lolium temulentum*) के बीज यदि अधिक मात्रा में पशु खा लें तो मर जाते हैं। नींदा के कारण चरोखरों के घासों का उत्पादन कम हो जाता है। स्वादिष्ट घासों की क्रमशः कमी होती जाती है एवं अस्वादिष्ट खरपतवार बढ़ जाते हैं जिससे जानवरों को चारा कम मिलता है तथा स्वास्थ्य गिर जाता है एवं दुग्धोत्पादन में बहुत कमी हो जाती है। भारत में लेन्टाना (*Lantana camara*) एवं चकौड़ा (*Cassia tora*) से बहुत सी चरोखरों की दुर्दशा हो गई है। गाजर घास या चटक चांदनी (*Parthenium hysterophorus*) के द्वारा जानवरों के स्तनों में डरमेटाइटिस हो जाता है। कंटीली झाड़ियों से स्तन कट जाते हैं जिससे दुधारु पशु दूध देना बंद कर देते हैं।

विदेशों में भी पश्चिमी चरागाहों (*Range lands*) में अनावश्यक खरपतवारों की वृद्धि से चारा उत्पादन क्षमता पहले की अपेक्षा बहुत कम हो गई है।

दुधी (*Euphorbia supina*, Eng. *Prostrate sperge*) के खाने से गायों का पाचन क्रिया खराब होती है एवं उनका स्वास्थ्य गिर जाता है व दूध देना बंद कर देती हैं।

फसलों के रोगों व कीड़ों को आश्रय मिलना

नींदा की ऐसी अनेक स्पीसीस हैं जो फसलों में फैलने वाले फफूंदी रोगों (Fungus disease), बैक्टीरिया से फैलने वाले रोगों (Bacterial disease) तथा कीड़ों को आश्रय प्रदान करते हैं। ये व्याधियाँ इन खरपतवारों पर बढ़ती रहती हैं तथा फसलों की उपयुक्त अवस्था आने पर वे उन पर फैल जाती हैं। ऐसे विशेष रोगों व कीटों के नाम फसल जिन पर वे हावी होते हैं तथा वे खरपतवार जो इन्हें फैलाने में सहायक होते हैं तालिका संज़्या 3.2 में दर्शाए गए हैं।

भारत वर्ष में गेहूँ की फसल में लगने वाला अधिक हानिकारक गेरुआ रोग फफूंद पक्सीनिया (*Puccinia graminis tritici*) बारबेरी की झाड़ियों पर जो हिमालय पर पाई जाती है अपना जीवन चक्र पूरा करती है। शीत ऋतु में पक्सीनिया के बीजाणु (spores) हवा के द्वारा हिमालय की तराई में उड़ कर आते हैं। यदि वायुमंडल में उपयुक्त नमी होती है तो ये गेहूँ की पत्तियों पर अंकुरित हो जाते हैं तथा क्रमशः बढ़ कर पूरे भारत वर्ष में फैल कर गेहूँ की फसल को अत्यधिक हानि पहुँचाते हैं।

यदि ऐसे खरपतवार जो रोगों व कीड़ों को आश्रय प्रदान करते हैं नियंत्रित कर लिये जाएं तो बहुत से रोग व कीड़ों का नियंत्रण अपने आप हो जाएगा एवं फसल प्रभावित नहीं हो सकेगी।

खेत की मेढ़ों पर अनावश्यक नींदा बढ़ने से अनेक प्रकार के कीड़ों को रहने, खाने व छुपने के लिए अवसर मिलता है। उसी पर वे अपनी प्रजाति का परिवर्धन करने हेतु अंडे देते हैं तथा अपना जीवन चक्र पूरा करने हेतु प्रतिकूल मौसम में निष्क्रिय पड़े रहते हैं अनुकूल वातावरण में उनकी वृद्धि होने लगती है तथा फसलों में फैल जाते हैं। कीटों व रोगों को फैलाने वाले नींदा की सूची तालिका 3.2 में दी गई है।

तालिका 3.2. रोगों व कीटों को फैलाने वाले नींदा

Bacterial Disease		
Weed species	Bacterial bean blight	Bean
Phaseolus spp.	been blight	Bean
Fungal disease		
Berberry	Black rust	Wheat
Quack grass (*Agropyron repens*)	black stem rust	Barley
Wild oats	"	Oats
Wild Mustard	Black leg of cabbage	Cabbage
	Club root of cabbage	"
Lactuca scariola	Downy mildew of lettuce	Lettuce
Sonchus oleraceus	"	"
Viral disease		
Solanum nigrum (black night shade)	Aphids, Leaf roll of potato	Potato
Plantago major	Six spotted leaf hopper, Aster yellows'	Aster
Atriplex elegans (Salt bushes)	beet leaf hopper Curly top of sugar beet	Beet
A. wright	Eutettix tenellus	
Salsola kali var tenuifolia	"	"
Solanum douglasi (night shade)	Pepper weevil	Pepper
Hibiscus pondriformis	Pink bollworm of cotton	Cotton
Convolvulus arvensis (Wild morning glory)	Sweet potato weevil	Sweet potato
Wild carrot	Carrot weevil	Carrot
	Carrot rust fly	"
Ragweed (*Ambrosia* spp.)	Onion thrips	Onion
Mustard	"	"
Datura	Redspider	Cotton
	Cotton aphid	Cotton
	Potato Flea bettle	Potato
Rumex	Citrus thrips	Citrus
	Grape leaf hopper	Grapes
	Apple leaf hopper	Apple
Chloroxylon swaetania	Lemon Butterfly *Papilio demolius*	Citrus

नींदा ग्रसित खेत का अवमूल्यन होना

जो खेत नींदा से अधिक प्रभावित होते हैं उनका मूल्य कम हो जाता है तथा क्रय-विक्रय में नींदा की किस्म के आधार पर भी खेत का मूल्याँकन किया जाता है। विशेषत: ऐसे खेत जो बहुवर्षीय नींदा जैसे - कांस (*Saccharum spontaneum*), मूंज (*S. munja*), कुश (*Desmostachea bipinnatus*), कांसी (*Imperata cylindrica*), रीड़ (*Phrigmitis*), रामबाण (*Typha latifolia*), तथा झाड़ियाँ जैसे झरबेरी (*Zizyphus rotundifolia*), (*Camelorum odoratus*), लेन्टाना (*Lantana camara*) आदि से प्रभावित होते हैं उनका मूल्यांकन केवल मौसमी नींदा वाले खेतों की तुलना में कम होता है। इन खरपतवारों को नियंत्रित करने में अतिरिक्त व्यय करना पड़ता है। दो-तीन वर्ष में पूर्ण उपाय अपनाने के बाद इन खरपतवारों से छुटकारा मिल पाता है तब तक फसलोत्पादन कम होता है।

मनुष्य के स्वास्थ्य पर कुप्रभाव

अनेक नींदा के पौधे, बीज, फल, कंद, पराग आदि मनुष्यों के स्वास्थ्य पर हानिकारक प्रभाव डालते हैं। कुछ तो इतने विषैले होते हैं जिनसे मनुष्य मर भी जाते हैं। मध्यप्रदेश के सरगुजा जिले में झुनझुनियाँ (*Crotaleria nanna*) कोदों कुटकी के खेतों में नींदा के रूप में उगता है। उसके बीज फसल के साथ मिल जाते हैं इसके खाने से अनेक लोगों के मरने की सूचना अखबारों में प्रकाशित हो चुकी है। गाजर घास (*Parthenium hysterophorus*) पराग कणों के द्वारा भी यह पौधा वायुमंडल को दूषित करता है। धतूरा के बीज भी विषाक्त होते हैं।

अनेक खरपतवारों के पराग कणों से मनुष्यों में एलर्जी हो जाती है जिससे बुखार, अस्थमा आदि हो जाते हैं। संयुक्त राज्य अमेरिका में हजारों व्यक्ति पराग से फैलने वाले बुखार (Hay fever) से पीड़ित होते हैं। मिसीसिपी नदी के पूर्ववर्ती क्षेत्र में एम्ब्रोसिया (*Ambrosia* spp.) एवं पश्चिमी चट्टानीय पर्वतीय क्षेत्र में आरटीमीसिया (*Artemisia* spp.), फ्रान्सीरिया (*Franceria* spp.) तथा आइवा (*Iva* spp.) के पराग कणों से बुखार (Hay fever) फैलता है।

जलीय संसाधनों में अवरोध

सिंचाई के तालाबों, नहरों आदि में जलीय खरपतवार बढ़ जाते हैं। जिनसे जल का वाष्पन अधिक होता है, जिससे जल प्रवाह में अवरोध उत्पन्न होता है तथा सिंचाई की क्षमता भी कम हो जाती है। नहरों व जलाशयों की निंदाई-सफाई में बहुत खर्च बढ़ जाता है।

समुद्री किनारों, झीलों, ताल, तलैयों, नदियों आदि में नींदा के पौधे मछली उद्योग में हानि पहुँचाते हैं तथा तैराकी एवं नाविकों के आवागमन में अवरोध होता है। दैनिक जीवन के उपयोग में तथा पशुओं को जलीय नींदा से अवरोध उत्पन्न होता है तथा अनेक जलीय पौधों के कारण पशुओं व मनुष्यों में रोग उत्पन्न हो जाते हैं। तरणताल (स्वीमिंग पूल) आदि में जलीय पौधों, काई आदि से जल दूषित हो जाता है।

जल संयंत्रों में जल शोधन कार्य का खर्च बढ़ता है तथा टंकियों में जलीय पौधों की बाढ़ से पीने के जल की गुणवत्ता भी कम हो जाती है।

जलीय नींदा का वर्णन पृथक अध्याय में विस्तृत रूप से किया गया है।

जल-निकास नालियों का अवरुद्ध होना

शहरी क्षेत्रों में जल निकास हेतु बनी नालियों में खरपतवार की वृद्धि से दूषित जल एकत्रित हो जाता है तथा प्रदूषण फैलता है। प्रदूषित जल के समुचित निकास हेतु इन नालियों में उगे खरपतवारों का नियंत्रित करना आवश्यक हो जाता है, जिसके फलस्वरूप धन व समय का अपव्यय होता है।

औद्योगिक क्षेत्र में नींदा से हानि

औद्योगिक क्षेत्रों के अहातों में अनावश्यक खरपतवार बढ़ने से कार्य में अवरोध उत्पन्न होता है तथा आग लगने का भी भय रहता है। विशेषकर पेट्रोल-डीजल संग्रहालयों तथा पेट्रोल पम्पों के पास खरपतवारों से हमेशा आग का खतरा बना रहता है।

रेल, रोड, हवाई अड्डों आदि पर नींदा से हानि

रेल-यार्ड, रेल पटरियों के किनारें, सड़कों के किनारे, टेलीफोन-बिजली की लाइन आदि खरपतवारों से अधिक प्रभावित होते हैं जिससे उनकी कार्य क्षमता कम हो जाती है व इनके नियंत्रण में व्यय भी अधिक होता है।

वानिकी में नींदा से हानि

अनावश्यक खरपतवार वानिकीकरण में बाधक होते हैं तथा रोपे गए पौधों की वृद्धि कम कर देते हैं। अनेक प्रकार की लताएँ व झाड़ियाँ बड़े पेड़ों पर चढ़ जाती हैं और उन पर आच्छादित होकर वृद्धि कम कर देती है। जिनमें लेंटाना (*Lantana camara*) प्रमुख है। वानिकी में बाधक खरपतवारों का वर्णन पृथक अध्याय में किया गया है। वानिकी नर्सरी में नींदा से अधिक हानि एवं खर्च भी होता है।

उद्यान में नींदा से हानि

उद्यानों में नींदा के कारण अधिक क्षति होती है। इनके नियंत्रण में बहुत धन, श्रम व समय का व्यय होता है। प्रमुख नींदा, गोंदला (*Cyperus rotundus*), दूब (*Cynodon dactylon*), खट्टी-बूटी (*Oxalis latifolia*, *O. corniculata*), नोनिया (*Portulaca oleracea*) एवं महकौआ (*Ageratum conyzoides*) व घासें प्रमुख हैं।

नींदा की वृद्धि से लॉन, क्रीड़ा-स्थल, सार्वजनिक स्थान तथा शासकीय भवनों के रिक्त अहातों आदि स्थानों के सौंदर्य में कमी होती है। आवागमन में व्यवधान होता है तथा उसे नियंत्रित करने में खर्च होता है।

नींदा के कारण समय का अपव्यय

नींदा नियंत्रण में कृषकों का अधिकांश समय लग जाता है। यदि वह इस समय का उपयोग अन्य कार्यों में करें तो इससे उनकी कार्य क्षमता में वृद्धि हो जाएगी।

तालिका 3.2 (अ). कृषि को विभिन्न माध्यम से हानि

	वार्षिक हानि x 1000 डालर	कुल हानि का %
मृदा-हानि	1,512,000	13.6
मृदा-दूषण या मृदाक्षय	750,000	
मृदाक्षरण	2050000	
बाढ़-जल	557,000	
पौध-कीड़े	1,065,727	9.6
सस्य व चारा फसलें	752,502	
सब्जियाँ एवं शोभाकारी पौधे	21674	
सभी फल	97,051	
पौध रोग	2,912,601	26.3
सस्य व चारा फसलें	2,382,692	
सब्जियाँ शोभाकारी पौधे	435,599	
फल	94,310	
पालतू जानवरों के रोग	1,847,904	16.7
दूध-मांस	669,65	
सूअर	539,615	
भेड़, ऊन	12,077	
मुर्गी पालन	627,147	
नींदा		
केवल कृषि-क्षेत्र	3,747,036	33.8

नींदा की बाढ़ के कारण खरीफ ऋतु में खेतों का रिक्त रहना

खरीफ ऋतु में नींदा की समस्या अधिक होती है। कृषक अपनी क्षमता के अनुसार जितने क्षेत्र में उनके परिवार के सदस्य निंदाई कर सकते हैं केवल उतने क्षेत्र में ही वे खरीफ की फसल बोते हैं। शेष क्षेत्र वे खरीफ में रिक्त रखते है तथा उसमें समय-समय पर हल बखर चलाकर नींदा नियंत्रित करते हैं। इसे ''बरानी'' कहते हैं अथवा पानी भर कर रखते हैं जिससे नींदा मर जाए इस पद्धति को ''हवेली'' पद्धति कहते हैं। इससे वर्ष में केवल एक फसल ही ''रबी'' में लेते हैं।

तालिका 3.2(ब). कीड़े, रोग एवं नींदा नियंत्रण में खर्च

	वार्षिक खर्च x 1000 डालर
कीट नियंत्रण में खर्च	
कृषि क्षेत्र, घरु एवं अन्य	400,000
पौध रोग नियंत्रण में खर्च	118,000
छिड़काव व भुरकाव	72,000
बीजोपचार	14,000
निरोग पौध व बीज	24,000
मृदा धूमीकरण – निमेटोड हेतु	8,000
नींदा नियंत्रण में खर्च	1,486,351

भारत वर्ष के कृषि विश्व विद्यालयों में पौध संरक्षण एवं कृषि की विभिन्न व्याधियों को समझने, नियंत्रण करने, शोध एवं शिक्षा कार्य में संलग्न शोध कर्त्ताओं एवं शिक्षकों की संज़्या पौध कीट एवं पौध रोग शाखा की तुलना में नींदा-विज्ञान एवं नियंत्रण से संबंधित शोधकर्त्ता एवं शिक्षक बहुत कम है। जबकि अनावश्यक नींदा से फसलों में सबसे अधिक हानि होती है एवं नियंत्रण खर्च अधिक होता है।

कृषि विश्व विद्यालय एवं अन्य संस्थायें	**शोध, शिक्षण, विस्तार में संलग्न व्यक्ति**		
	कीट शाज़ विभाग	**पौध रोग विभाग**	**नींदा विज्ञान**
जवाहरलाल नेहरू कृषि विश्वविद्यालय जबलपुर	12	16	4
इन्दिरा गांधी कृषि विश्वविद्यालय, रायपुर	10	14	3

■■■■

4

नींदा-सस्य स्पर्धा
(Weed-Crop Competition)

"प्रकृति में विभिन्न या एक ही प्रकार की स्पीसीस के दो या दो से अधिक जीवों में, सीमित प्राकृतिक घटकों का एक स्थान में एक साथ अधिकाधिक उपयोग करने व परस्पर प्रभाव डालने या किसी समान लक्ष्य की प्राप्ति हेतु प्रयत्न करने की प्रवृत्ति को स्पर्धा कहते हैं।"

"सस्य - पारिस्थितिकी तंत्र में सस्य के साथ उगने वाले नींदा की एक या एक से अधिक स्पीसीस के पौधों के द्वारा सस्य को उपलब्ध होने वाले स्थान, मृदा, जल व खाद्य तत्त्व, प्रकाश-ऊर्जा, कार्बन-डाइ-आक्साइड आदि का स्वयं उपयोग कर या अलीलौपैथिक रसायन विनिसृत कर अधिक वृद्धि करने व परस्पर प्रभाव डालने की प्रवृत्ति को नींदा-सस्य स्पर्धा कहते हैं।"

स्पर्धा को अंग्रेजी में विभिन्न वैज्ञानिकों ने इस प्रकार परिभाषित किया है।

Aspinall and Milthorpe (1959) **:** The interaction between plants and environment. Plants during growth modify the environment around them and the modified environment in turn influences the growth of the constituent plants.

Bleasdale (1960) **:** Two plants are in competition with each other when the growth of either one or both of them is reduced or their form modified as compared with their growth or form in isolation.

Mather (1961) **:** Competition implies the presence of one individual as an effective part of the others environment and a similarity of need or activities so their impact on each other is prospectively detiremental.

Milne (1961) **:** Competition is the endeavor of two (or more) animals to gain the measure each wants from the supply of a thing when that supply is not sufficient for both (or all).

Birch (1955) **:** Competition occurs when a number of animals (of the same or different species) utilizes the common resources the supply of which is short of, if the resources are not in short supply competition occurs when the animals seeking that resources nevertheless harm one or the other in the process.

पौधों की स्पर्धा क्षमता बहु-जीन (Polygene) नियंत्रित होती है। यह आनुवांशिक गुण है जो पर्यावरण से प्रभावित होता है (Sakai, 1961) स्पर्धा क्षमता को वानस्पतिक वृद्धि दर या उत्पादन दर से मापा जा सकता है। किसी एक पौधे के पास में दूसरे पौधे की उपस्थिति (उसी स्पीसीस का या अन्य स्पीसीस) से उन दोनों पौधों के

स्वरूप व उत्पादन क्षमता में परिवर्तन हो जाता है। यदि सघनता अधिक हो तथा खाद्य तत्त्वों में कमी हो तो वृद्धि व उपज दोनों में क्षति होती है। अधिक सघनता बढ़ाने से पौधे तीन प्रकार से प्रभावित होते हैं।

1. मृत्यु दर (Mortality rate) बढ़ जाती है।
2. आकार में परिवर्तन एवं
3. उत्पादन क्षमता में कमी।

पृथकत्व में एक पौधे के लक्षण, आकार व उत्पादन क्षमता अनेक पौधों के समूह में सघनता होने के कारण विभिन्न होती है।

ब्लीस्डेल (1960) ने एक पौधे के साथ स्पर्धा करने वाले कारकों का वर्णन किया है। किसी परिवेश में सघनता, स्थापन क्रम, अवधि, एवं स्पर्धा करने वाली स्पीसीस व खाद्य तत्त्वों की उपलब्धता पर किसी एक पौधे के साथ स्पर्धा की सीमा आधारित रहती है।

एक पौधे के साथ स्पर्धा की सीमा को प्रभावित करने वाले कारक (ब्लीसडेल 1960)

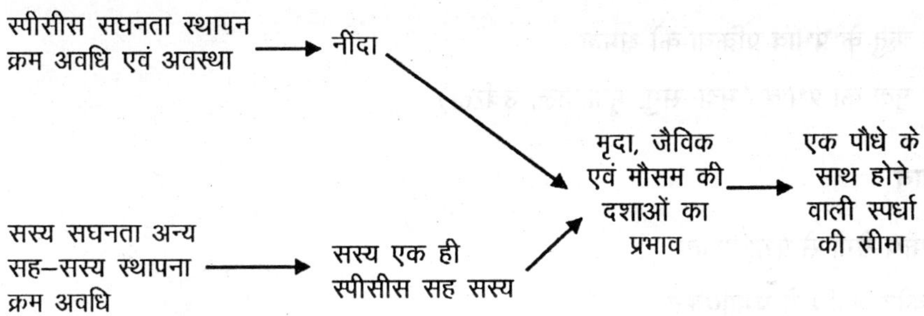

सस्य-नींदा स्पर्धा को प्रभावित करने वाले कारक

(1) नींदा की स्पीसीस के प्रकार (मौसमी, बहुवर्षीय)

(2) नींदा का अंकुरण समय व वृद्धि दर

(3) नींदा की सघनता

(4) नींदा की ऊंचाई, पर्ण क्षेत्र, विन्यास

(5) नींदा से विनिसृत रसायन के प्रभाव

(6) स्थापना क्रम

सस्य से संबंधित

(1) सस्य के प्रकार व किस्म (Genotype)

(2) अंकुरण क्षमता व वृद्धि दर (Germination potential and growth)

(3) सघनता (Population density)

(4) स्थापन क्रम (Distribution, planting geometry)

(5) सह-सस्य (Mixed cropping or intercropping)

(6) ऊँचाई, पर्ण क्षेत्र, विन्यास (Height, leaf area, geometry)

(7) बोनी का समय, (अगेती, मध्य, पछेती) भू-परिष्करण

(8) सस्य चक्र (Crop rotation)

(9) सस्य से विनिसृत रसायन का प्रभाव (Allelochem)

(10) सस्य में प्रकाश, कार्बन, जल व नत्रजन उपयोग करने की क्षमता

(11) सस्य में प्रकाश-संश्लेषण क्रिया में कार्बन उपयोग करने का माध्यम (3-कार्बन यौगिक या 4-कार्बन यौगिक में कार्बन स्थिरीकरण चक्र) एवं प्रकाश संश्लेषण करने वाली कोशिकाओं में विकारों की बाहुल्यता (विशेषकर रिबूलोज डाइफास्फेट कार्बाक्सीलेज (RuDP Carboxylase) एवं फास्फोइनूलोज फास्फेट कार्बाक्सीलेज (Phosphoenulose Phosphate Carboxylase)

(12) सस्य में प्रकाश-श्वसन (Photorespiration)

(13) ऋतु के प्रभाव प्रक्रिया की क्षमता

(14) मृदा का प्रभाव (मृदा-समु, मृदा जल, उर्वरता)

जैविक प्रभाव

(1) पौध रोगों से प्रभाविकता

(2) कीट व्याधि से प्रभाविकता

(3) जानवरों के द्वारा चराई का प्रभाव

भू-परिष्करण का प्रभाव

भू परिष्करण का प्रभाव सस्य-नींदा स्पर्धा पर अधिक होता है।

स्पर्धाशील फसलें

स्पर्धाशील फसलों का चयन कर फसलों में नींदा स्पर्धा को कम किया जा सकता है। स्पर्धाशील फसलें जैसे खरीफ में सोयाबीन, रामतिल, ज्वार, मक्का एवं रबी में गेहूँ, जौ, जई व मटर अधिक स्पर्धाशील हैं। स्पर्धाशील फसलों व प्रजातियों के विशिष्ट गुणों का वर्णन **नींदा नियंत्रण की सस्य विधियाँ** अध्याय में किया गया है।

स्थान हेतु स्पर्धा (पौध सघनता का फसल-नींदा स्पर्धा पर प्रभाव)

प्रति इकाई क्षेत्र में फसलों की पौध संख्या यदि कम होती है तो रिक्त स्थान में नींदा की वृद्धि होती है व फसल के साथ स्पर्धा अधिक करते हैं व उस पर आच्छादित होकर अधिक कुप्रभाव डालते हैं। जैसे-जैसे फसल के

पौधों की सघनता बढ़ाते हैं नींदा के पौधों की वृद्धि कम होती जाती है व स्थानाभाव होने से नए नींदा भी अंकुरित नहीं हो पाते हैं क्योंकि फसल की शाखाएँ व पर्ण पूर्ण रूप से रिक्त स्थान को आच्छादित कर लेते हैं। फसल की सघनता का सीधा संबंध पर्ण वितान से है। फसल का पर्ण क्षेत्र सूचक (Leaf area index) अधिक होने से नींदा को प्रकाश-ऊर्जा कम उपलब्ध होती है जिससे उनकी वृद्धि मंद हो जाती है एवं प्रकाश के अधिक अभाव में वे पीले पड़ कर कमजोर हो जाते हैं या मर जाते हैं। सोयाबीन के 60 पौधे प्रति वर्ग मी. 30 से.मी. कतारों में तथा गेहूँ के 400 पौधे प्रति वर्ग मी. क्षेत्र में 20 से.मी. कतारों में होने से नींदा के पौधों को स्थान बहुत कम मिलता है और वे दब जाते हैं। इन फसलों की वृद्धि दर, नींदा के पौधों से अधिक होती है।

धान में नींदा सघनता अधिक होती है तथा नींदा स्पर्धा से उपज में अधिक कमी हो जाती है। यह कमी बीज से बोई जाने वाली छिटकवाँ विधि की धान में अधिक होती है।

रोपा पद्धति की धान में प्राय: नींदा कम होते हैं परन्तु किसी किसी खेत में रोपने के बाद भी अधिक नींदा उगते हैं जो उपज में कमी कर देते हैं। रिग्रेशन विश्लेषण से रोपा पद्धति की धान में मोथा, बिल्जा, अमानिया, जल कुम्भी एवं सांवा का एक पौधा प्रति वर्ग मी. क्षेत्र में होने से उपज में क्रमश: 22.88, 21.71, 16.35, 11.43, 1.13 एवं 6.15 कि.ग्रा./हे. कमी पाई गई है। कुल नींदा का 1 क्विं. शुष्क भार/हे. बनने पर उपज में 37.53 कि.ग्रा./हे. कमी पाई गई।

नींदा का रिग्रेशन विश्लेषण करने से ज्ञात हुआ है कि गेहूँ की फसल में प्रति वर्ग मी. एक करमेथा (*Medicago denticulata*) के पौधे से गेहूँ की उपज में 41.07 कि.ग्रा./हे. कमी हो सकती है। इसी प्रकार सेंजी, जंगली बरसीम, व चिरैया-बाजरा के एक-एक पौधे से क्रमश: 39.48, 25.19 और 3.56 कि.ग्रा. /हे. उपज कम हो सकती है। इन नींदा का एक कि.ग्रा. शुष्क भार/हे. बनने से गेहूँ के दानों में 0.62 कि.ग्रा./हे. की क्षति होती है।

एक अन्य अध्ययन से विदित हुआ कि गेहूँ के 575 कल्ले प्रति वर्ग मी. होने पर गेहूँ की उपज 82 कि.हे./ होती है तथा गेहूँ के साथ प्रति वर्ग मी. क्षेत्र में 100,200, 300 एवं 400 चिरैया बाजरा के पौधों से स्पर्धा करने पर क्रमश: 10.4, 25.8, 26.3 एवं 27 प्रतिशत उपज कम होती है। करमेथा के द्वारा 10.2, 14.7, 16.7, एवं 20 प्रतिशत कमी तथा जंगली बरसीम के साथ स्पर्धा से बहुत कम (4.9, 6.6, 10.6 एवं 10%) उपज में हानि पाई गई जबकि चिकौरी के साथ स्पर्धा से सबसे अधिक हानि (23.3, 24.6, 30.6, 36.7%) उन्हीं पौध सघनताओं पर हुई। स्पर्धा से गेहूँ के पर्ण क्षेत्र, प्रति बाल दानों की संज़्या व वजन एवं पौधों के शुष्क भार में कमी होने से उपज में भी कमी हुई। रिग्रेशन विश्लेषण से 1.45, 2.39, 3.41 व 4.1 कि.ग्रा./हे. उपज में कमी जंगली बरसीम, करमेथा, चिरैया बाजरा व चिकौरी के एक पौधा प्रति व.मी. क्षेत्र में होने से हो सकती है।

नींदा की स्पीसीस के आधार पर पाया गया कि जिसमें पर्ण-क्षेत्र उत्पादन क्षमता एवं शुष्क भार-वृद्धि दर अधिक होती है वे स्पीसीस अधिक स्पर्धा करती हैं। इस अध्ययन में चिकोरी में ये दोनों गुण होने से हानि अधिक हुई तथा जंगली बरसीम में पर्ण क्षेत्र व शुष्क भार, संश्लेषण दर कम होने से हानि बहुत कम हुई।

जवाहर लाल नेहरू कृषि वि.वि. के एक अध्ययन से विदित हुआ कि सरसों में चिरैया-बाजरा एवं अन्य नींदा (1007/वर्ग.मी.) की स्पर्धा से उपज में 41 प्रतिशत कमी हो जाती है। जिस प्रखंड में नींदा स्पर्धा रही उसकी उपज मात्र 821 कि.ग्रा./हे. तथा जिसमें नींदा नहीं थे उसकी उपज 1400 कि.ग्रा./हे. मिली। प्रति वर्ग मी. क्षेत्र में नींदा का

1 पौधा होने से 698 ग्रा./हे. उपज कम हो जाती है तथा नींदा के 1 कि.ग्रा. शुष्क भार/हे. बढ़ने से 490 ग्रा./हे. उपज कम हो जाती है।

तालिका 4.1. प्रति इकाई क्षेत्र में विभिन्न स्पीसीस के साथ स्पर्धा करने से फसलों में हानि का आँकलन (रिग्रेशन एनालाइसिस के आधार पर)

फसल	नींदा	उपज में कमी कि.ग्रा./हे.
सोयाबीन	नींदा का शुष्क भार 1 कि.ग्रा./हे.	0.552
	कुल नींदा की संज्या का एक पौधा/व मी.	2.461
	सांवा 1 पौधा/व.मी.	3.722
	डिजिटेरिया/व.मी.	4.698
	हजारदाना/व.मी.	7.858
	गोंदला/व.मी.	12.509
धान (रोपा)	नींदा का शुष्क भार 1 क्विं./हे.	37.53
	कुल नींदा का 1 पौधा/व मी.	3.36
	मोथा का एक पौधा/ब.मी.	22.88
	बिल्जा का एक पौधा/व.मी.	21.71
	घमरा का एक पौधा/व मी.	16.35
	अमानिया का एक पौधा/व.मी.	11.43
	जल कुम्भी का एक पौधा/व.मी.	1.13
	सावां का एक पौधा/व.मी.	6.15
गेहूँ	जंगली-बरसीम एक पौधा/व.मी.	1.45
	करमेथा एक पौधा/व.मी.	2.39
	चिरैया बाजरा एक पौधा/व.मी.	3.41
	चिकौरी एक पौधा/व.मी.	4.10
	नींदा का शुष्क भार 1 कि.ग्रा./हे.	0.62
कुसुम	नींदा का एक पौधा/वर्ग मी.	0.440
	नींदा का शुष्क भार 1 क्विं./हे.	14.38
सरसों	चिरैया बाजरा का 1 पौधा/वर्ग मी.	0.698
	चिरैया बाजरा व अन्य नींदा के साथ शुष्क भार 1 कि.ग्रा./हे.	0.490

खाद्य तत्त्वों के प्रति स्पर्धा

जल की अपेक्षा खाद्य तत्त्वों के प्रति नींदा अधिक स्पर्धा करते हैं। वेन्गरिस व साथियों के अनुसार नींदा खाद्य तत्त्वों को अधिक स्पर्धा करते हैं जिससे मक्का की उपज व उच्च उर्वरता पर भी कम हो जाती है।

सोयाबीन के खेत में अनियंत्रित नींदा के प्रक्षेत्र में 96.4:18.5:98.5 कि.ग्रा./हे. नत्रजन: स्फुर: पोटाश फसल लेती है तथा 45:11:152 कि.ग्रा. (एन.पी.के.) नींदा उपयोग कर लेता है। शुद्ध फसल में जिसमें नींदा स्पर्धा नहीं होती उसमें खाद्य तत्त्व उपयोग की क्षमता अधिक होती है (218:39:184 कि.ग्रा./हे. एन.पी.के.)।

नींदा द्वारा नत्रजन, स्फुर व पोटाश का उपयोग भू-परिष्करण क्रियाओं पर भी आधारित रहता है तथा नींदा नियंत्रक दवाओं के प्रयोग से कम किया जा सकता है।

तालिका 4.2. सोयाबीन में भू-परिष्करण क्रियाओं का नींदा द्वारा खाद्य तत्त्व ग्रहण करने की क्षमता पर प्रभाव (कि.ग्रा./हे.)

	नत्रजन	स्फुर	पोटाश
बिना निंदाई			
शून्य भू-परिष्करण (नींदा नियंत्रित नहीं किए गए)	76.1	19.6	273.3
एक बार भू-परिष्करण से नींदा नियंत्रित किए गए	32.3	8.0	106.2
दो बार भू-परिष्करण से नींदा नियंत्रित किए गए	28.0	6.4	76.8
आक्साडायजान (1 कि.ग्रा./हे.) से उद्भवन् पूर्व उपचार			
शून्य भू-परिष्करण (नींदा नियंत्रित नहीं किए गए)	30.72	10.7	137.7
एक बार भू-परिष्करण से नींदा नियंत्रित किए गए	17.8	8.2	40.8
दो बार भू-परिष्करण से नींदा नियंत्रित किए गए	8.7	1.9	20.9

प्रकाश हेतु स्पर्धा

पारिस्थितिकी तंत्र में प्रकाश हेतु स्पर्धा अधिक होती है। अन्य घटक जैसे जल या खाद्य तत्त्व पौधों को आवश्यकतानुसार सघनता के आधार पर घटाएँ-बढ़ाएँ जा सकते हैं। परन्तु अधिक पौध संज़्या होने पर एक स्पीसीस के पौधे या विभिन्न स्पीसीस के पौधों के पर्ण एक दूसरे को आच्छादित कर देते हैं जिससे निचले स्तर के पर्णों को प्रकाश-संश्लेषण हेतु आवश्यक प्रकाश की किरणें उपलब्ध नहीं हो पाती हैं। इनका अधिक घनत्व होने कारण, अन्य घटकों के समान, प्रकाश को कृत्रिम विधि से भी उपलब्ध नहीं किया जा सकता है। अत: प्रति इकाई क्षेत्र में एक निश्चित पौध सघनता से अधिक पौध होने से, प्रकाश संश्लेषण की क्रिया कम होने से, पौधे पीले पड़ जाते हैं। जो अधिक आच्छादित रहते हैं वे अंतत: मर जाते हैं। स्टेहलर (1948), डोनाल्ड (1958), ब्लेकमेन व ब्लेक (1959), हेस्कैथ व माँस (1963) एवं स्टर्न व डोनाल्ड (1962) आदि वैज्ञानिकों ने भी यह प्रतिपादित किया कि जल व खाद्य तत्त्वों की प्राप्ति हेतु स्पर्धा के कृत्रिम विधि से पूर्ण किया जा सकता है परन्तु अधिक सघन पौध पारिस्थितिकी में प्रकाश की पूर्ति को कृत्रिम विधि से पूर्ण नहीं किया जा सकता।

प्रारम्भिक अवस्था में फसलों व नींदा के मध्य प्रकाश के लिये स्पर्धा नहीं होती। जैसे-जैसे पौधों की वृद्धि होती है तथा पर्ण क्षेत्र में वृद्धि होती है एवं पर्ण क्षेत्र सूचक लगभग एक से अधिक हो जाता है उस अवस्था से प्रकाश हेतु स्पर्धा प्रारम्भ हो जाती है। जब तक एक पर्ण दूसरे पर्ण से आच्छादित नहीं होता प्रकाश के लिए स्पर्धा, नहीं होती है जैसे ही पर्ण छाया में आ जाते हैं उनमें प्रकाश के लिए स्पर्धा प्रारम्भ हो जाती है। जैसे जैसे पर्ण क्षेत्र सूचक बढ़ता है प्रकाश की आवश्यकता भी बढ़ जाती है। अधिक पर्ण क्षेत्र सूचक होने पर उच्च वृद्धि दर (शुष्क भार संचयन दर) हेतु अधिक प्रकाश की आवश्यकता होती है।

प्रकाश हेतु स्पर्धा को प्रभावित करने वाले घटक

अ. पौधे के विशेष गुण

1. पौधे की ऊँचाई
2. शाखाओं की क्षमता व शाखा विन्यास
3. पर्ण संज़्या पर्ण क्षेत्र व पर्ण विन्यास
4. पौध ज्यामिति -शाखाओं व पर्णों का कोण

ब. पारिस्थितिकी तंत्र की संरचना

1. पारिस्थितिकी तंत्र में स्पीसीस की संज़्या
2. कतारों की दिशा
3. विभिन्न स्पीसीस की सघनता
4. विभिन्न स्पीसीस का क्रम स्थापना या रचना

प्रकाश स्पर्धा में पौधे की ऊँचाई का अधिक महत्त्व है जिन फसलों की ऊँचाई अधिक होती है तथा शीघ्र बढ़ती है उनकी प्रकाश अवशोषण क्षमता, उनके साथ उगे कम ऊँचाई वाले पौधों की तुलना में अधिक होती है। चिरैया-बाजरा (*Phalaris minor*) के साथ गेहूँ, जौ एवं मटर की फसल अधिक स्पर्धा करती है जबकि अलसी, चना व मसूर कम ऊँचाई होने के कारण चिरैया-बाजरा के साथ प्रकाश हेतु स्पर्धा में सफल नहीं होती एवं 45 दिन के बाद क्रमश: प्रकाश कम उपलब्ध होने से इन फसलों की वृद्धि प्रभावित होने लगती है।

पेन्डेल्टन व सीफ (1962) ने अधिक ऊँची मक्का की किस्म में कम ऊँचाई किस्म की अपेक्षा प्रकाश का अधिक लाभ पाया। मूलानी व स्लिफ (1960) एवं मूलानी व साथियों (1964) ने भी ऊंचाई का प्रकाश स्पर्धा में अधिक महत्त्व प्रतिपादित किया। पारिस्थितिकी तंत्र में जिस स्पीसीस का अधिक पर्ण क्षेत्र सूचक (Leaf area index) होने पर भी शाखा व पर्ण विन्यास, ऊँचाई व सघनता के आधार पर ''प्रकाश संचार अनुपात'' (Light transmission ratio, LTR) अधिक होगा उसमें प्रकाश-स्पर्धा क्षमता अधिक होगी। ''प्रकाश संचार अनुपात'' पर्ण वितान (Canopy) की सतह पर उपलब्ध होने वाले प्रकाश की मात्रा एवं पर्ण वितान के निचले स्तरों के पर्णों को उपलब्ध होने वाले प्रकाश की मात्रा का अनुपात है जिसे इस सूत्र द्वारा दर्शाया जा सकता है।

$$LTR = \frac{I_1}{I_0}$$

I_0 = पर्ण वितान के ऊपर प्रकाश की मात्रा

I_1 = पर्ण वितान के निचले स्तर पर प्रकाश की मात्रा

नींदा द्वारा प्रकाश ऊर्जा का उपयोग करने से फसल में प्रकाश ऊर्जा का संचयन कम हो जाता है व उपज कम हो जाती है। भू-परिष्करण से नींदा नियंत्रण होता है। जिससे प्रकाश ऊर्जा फसल को अधिक प्राप्त होती है।

तालिका 4.3. सोयाबीन नींदा तंत्र में भूपरिष्करण का नींदा द्वारा ऊर्जा संचयन पर प्रभाव (लाख, कि.ग्रा./हे.)

भू-परिष्करण	नींदा में ऊर्जा संचयन	सोयाबीन फसल में ऊर्जा संचयन
1. शून्य भू-परिष्करण नींदा नष्ट नहीं किए	322	121
2. एक बार भू-परिष्करण कर नींदा नष्ट किए	125	318
3. दो बार भू-परिष्करण कर दो बार नींदा नष्ट किए	88	235

जल हेतु स्पर्धा (Competition for water)

जल का महत्व सभी जीवों को अधिक है। पौधों की कार्यिकी पर जल की कमी का अधिक प्रभाव पड़ता है। फसल के साथ नींदा के उगने से वे फसल को उपलब्ध होने वाले जल का स्वयं उपयोग कर फसल से स्पर्धा करते हैं। मिलथोर्पे (1961) के सिद्धान्त के अनुसार एक पौधे की अधिक पत्तियों के प्रसार के पूर्व ही मूल तंत्र का अधिक विकास हो जाता है जिससे वह जल की कमी से कम प्रभावित होता है। अधिक पौध सघनता पर पौधों की आकृति छोटी होती है एवं जल की कमी होती है। यदि अधिक सघनता पर जल व खाद्य तत्त्वों को अधिक मात्रा में उपलब्ध कराया जाता है तो उस पारिस्थितिकी में पौधों के तने पतले हो जाते हैं एवं हवा के झोंकों से गिर जाते हैं। इससे लक्षित उपज नहीं मिल सकती है।

स्लेटयर (1955) ने कपास, मूँगफली एवं ज्वार में जल आवश्यकता संबंधी अध्ययन कर यह पाया कि इन फसलों की जल अवशोषण क्षमता भिन्न होती है। कपास में मूल तंत्र लगभग 60 से.मी. की गहराई तक होने से जल अवशोषित कर पाता है तथा अक्षम आंतरिक जल विनिमय (Internal water regulation) एवं अधिक उत्स्वेदन से जल की अधिक कमी होती है। ज्वार में मूल तंत्र का विकास अधिक गहराई तक होता है तथा उत्स्वेदन पर भी नियंत्रण होने से जल की कमी नहीं हो पाती है। अतः ज्वार के पौधे कपास के पौधों से जल की स्पर्धा वाली पारिस्थितिकी में अधिक सफल होते हैं।

जल में सफल होने वाली फसलों या नींदा के पौधों की कुछ विशेषताएँ होती हैं जैसे (1) अधिक वृद्धि दर (2) प्रारम्भिक अवस्था में अधिक जल आवश्यकता (3) शीघ्र मूल तंत्र का विकास।

शुष्क पारिस्थितिकी में फसल की कम पौध संज़्या तथा नम क्षेत्र में अधिक पौध संज़्या रखते हैं तथा बीजदर मृदा नमी के आधार पर कम या अधिक होती है। पारिस्थितिकी तंत्र में तीन प्रमुख घटक (जल, प्रकाश व खाद्य तत्त्व) परस्पर एक दूसरे पर प्रभाव कर पौध वृद्धि को प्रभावित करते हैं। किसी एक घटक के प्रभाव का अध्ययन करना बहुत कठिन होता है।

लोफ (1976) के अनुसार होर्डियम मूरीनम (*Hordeum murinum*) में कम जल अवशोषण क्षमता है जबकि फैलेरिस माइनर (*Phalaris minor*) में अधिक है। तथा जल बचत करने वाला होर्डियम अधिक जल खर्च करने वाले फैलेरिस के पौधों के द्वारा दब जाता है। परन्तु होर्डियम में अधिक फैलने वाले कल्ले व प्रारंभिक वृद्धि दर अधिक होने से, सींकुर (Awns) संश्लेषण क्षमता, परिपक्वता शीघ्र होने से कम नमी में फैलेरिस से अधिक स्पर्धा करता है।

तालिका 4.4. गेहूँ-नींदा-तंत्र में नींदा व फसल में जल-उपभोगिता (से.मी.) पर सिंचाई व नींदा नियंत्रण का प्रभाव

उपचार	फसल के शुष्क भार में	सभी नींदा के शुष्क भार में	फैलेरिस के शुष्क भार में	गेहूँ के दानों के शुष्क भार में
सिंचाई का प्रभाव				
125 सी.पी.ई. (2)	22.2	3.72	2.8	9.8
100 सी.पी.ई. (3)	24.4	3.9	3.8	10.8
75 सी.पी.ई. (4)	24.4	2.8	2.8	11.6
किरीट मूल व गाँठ की अवस्था पर 2 सिंचाई	23.5	3.5	2.9	10.3
किरीट मूल, गाँठ, गभोट, फूल की अवस्था पर 4 सिंचाई	26.8	3.5	2.4	12.3
नींदा नियंत्रण विधि का प्रभाव				
अनियंत्रित	21.3	10.4	7.9	8.7
खुरपी के द्वारा	25.5	1.7	1.2	12.3
आइसोप्रोटुरान 1.0 कि.ग्रा. (उगने के पूर्व)	24.1	0.9	0.4	11.1
आइसोप्रोटुरान 1.0 कि.ग्रा. (उगने के 20 दिन बाद)	26.8	1.72	1.2	11.9

जहाँ पर जल के लिए स्पर्धा अधिक होती है वहाँ हिरन खुरी (*Convoluulus arvensis*) सभी फसलों से अधिक स्पर्धा करती है। स्टेहलर ने भी 1948 में यही निष्कर्ष निकाला था। मक्का, ज्वार, सांवा (*E. crusgalli*), गोखरू (*Xanthium pensylvanicum*) एवं डिजिटेरिया सेंग्यूनेलिस की वृद्धि नम मृदा में अधिक होती है। शुष्क क्षेत्र में इनकी वृद्धि कम होती है। गोखरू सबसे अधिक सूखी मृदा में सूख जाती है। कोचिया स्कोपेरिया (*Kochia scoparia*), सल्सोला काली (*Salsola kali*), सोलेनम रोस्ट्रेटम (*Solanum rostratum*) की वृद्धि नम मृदा में उपर्युक्त नींदा की तुलना में कम होती है परन्तु शुष्क मृदा में अधिक वृद्धि होती है। टमाटर के साथ चौलाई (*Amaranthus retroflexus*) जल के लिए अधिक स्पर्धा करता है। सिंचित क्षेत्र में गेहूँ के साथ फैलेरिस माइनर (*Phalaris minor*), जंगली जई (*Avena ludoviciana*), पोआ एनुआ (*Poa annua*), पालीपोगान (*Polypogon*), चिकोरी (*Cichorium intybus*), व बन पालक (*Rumex dentatus*) जल के लिये अधिक स्पर्धा करते हैं। असिंचित क्षेत्र में इनका प्रभाव कम होता है। फैलेरिस मानर, मेडीकेगो डेन्टीकुलाटा, ट्राइफोलियम फ़्लेजीफेरम, चिनोपोडियम अल्बम, मेलीलोटस स्पीसीस एवं पोरचुलाका ओलेरेसिया सभी मिलकर गेहूँ के सिंचित

इकोसिस्टिम में 1 क्रिग्रा./हे. कुल शुष्क भार संचित करते हैं। भट्ट व तिवारी (1990) के अनुसार गेहूँ के जिस क्षेत्र में निदाई की गई उस क्षेत्र के गेहूँ की जल उपभोगिता (Consumptive use of water) मात्र 25.05 से.मी. पाई गई, जबकि उपर्युक्त नींदा से ग्रसित गेहूँ के क्षेत्र की जल उपभोगिता 31.72 से.मी. हो गई। इन नींदा में लगभग 10. 4 से.मी. जल का उपयोग हुआ। केवल फैलेरिस माइनर से 7.89 सेमी. उपभोग हुआ। नींदा से ग्रसित क्षेत्र में गेहूँ की जल उपयोगिता 21.33 से.मी. तथा जिसमें आइसो प्रोटूरान 1.0 कि.ग्रा./हे. (उगने के पूर्व से उपचारित कर नींदा नियंत्रित किए गए उस क्षेत्र में 26.86 से.मी. जल उपभोग हुआ)।

अत: स्पष्ट है कि नींदा स्पर्धा से गेहूँ में जल उपभोगिता कम हो जाती है।

स्पर्धा में अलीलोपैथिक रसायन का महत्त्व

पारिस्थितिकी तंत्र में जब अनेक स्पीसीस एक साथ वृद्धि करती है तो खाद्य तत्त्वों, जल, प्रकाश, स्थान आदि के लिए स्पर्धा के अतिरिक्त भी अनेक स्पीसीस साथ में उगने वाले दूसरी जाति या प्रजाति के पौधों से स्पर्धा करने हेतु अलीलोपैथिक रसायन (Allelopathic chemicals) का रिसाव करती है। इन रसायनिक पदार्थों से साथ में उगने वाली अन्य स्पीसीस का अंकुरण अवरुद्ध हो जाता है या अंकुरण के बाद उनकी वृद्धि दर कम हो जाती है या शनै: शनै: वृद्धि कम करके वह पूर्ण रूप से मर जाती हैं, इससे एक स्पीसीस को पर्याप्त खाद्य तत्त्व, जल, प्रकाश स्थान आदि उपलब्ध होने पर भी दूसरी स्पीसीस के अलीलोपैथिक रसायन के कारण उसे मरना पड़ता है। जैसे बन गोभी (*Launea asplinifolia*) से विनिसृत रासायनिक पदार्थ मसूर, चना व गेहूँ की वृद्धि कम कर देते है एवं अंतत: उन्हें मार देते हैं। अलीलोपैथिक का प्रभाव वन पारिस्थितिकी में भी अधिक होता है। रायमुनिया (*Lantana camara*) के अलीलोपैथिक प्रभाव से अनेक उपयोगी पौधों का अंकुरण व वृद्धि अवरुद्ध हो जाती है। इसी प्रकार कुछ फसलें भी अलीलोपैथिक रसायन का ज़ाव करती हैं जिनसे अन्य फसलों व नींदा के पौधों की वृद्धि या अंकुरण कम हो जाता है। जैसे अलसी की मूल से सायनोजीनिक ग्लाइकोसाइड-लाइनेमेरिन (Cyanogenic glycoside-Linamarin) का ज़ाव होता है। जो विखंडन होने पर हाइड्रोसायनिक अज़्ल बनाता है। जिसका कुप्रभाव गेहूँ, मसूर व नींदा पर पड़ता है। जई (oat) की मूल से स्कोपेलिन ग्लूकोसाइड-स्कोपेलिन (Scopelin glucoside scopelin) का ज़ाव होता है जिसका अन्य पौधों पर इसका कुप्रभाव पड़ता है। अलीलोपैथिक प्रभाव का विस्तृत वर्णन पृथक अध्याय में किया गया है।

■■■■

5

नींदा का वर्गीकरण
(Classification of Weeds)

प्रकृति के विभिन्न परिवेशों में विभिन्न उद्देश्य से उगाए जाने वाले उपयोगी पौधों को बिना बोए गए अनेक प्रकार के अन्य पौधे प्रभावित करते हैं जिनका नियंत्रण आवश्यक है। उचित नींदा नियंत्रण हेतु, नींदा की किस्म, प्रकृति (Habit), आवास (Habitat), उसकी आकारिकी (Morphology), दैहिकीय (Physiology), आंतरिक रचना (Histology), अंकुरण क्षमता, ऋतु का प्रभाव, नींदा का अंकुरण व पकने का समय, मृदा की दशा, परिवेश को प्रभावित करने वाले कारक एवं फसलों के आधार पर नींदा (Weeds) में भिन्नता होती है। नींदा की ओज, स्पर्धा क्षमता व उपयोगिता के अनुसार नींदा नियंत्रण की उचित विधियों को जैसे सस्य विधियाँ, यंत्रों का उपयोग या रासायनिक नींदा नाशक दवाओं का उपयोग कर उपयुक्त नींदा नियंत्रण किया जा सकता है।

विभिन्न कारकों व उद्देश्य के आधार पर नींदा को निम्न वर्गों में वर्गीकृत कर सकते हैं -

वानस्पतिक वर्गीकरण के आधार पर नींदा का वर्गीकरण
(Weeds Based on Botanical Classification)

(1) पुष्पीय नींदा (Flowering weeds)

आवृत्त बीजी या अनग्न बीजधारी (Angeospermic weeds) जैसे अनेक द्विबीजपत्री व एक बीज पत्री पौधे जो अति लघु रूप से लेकर बहुत बड़े होते हैं, वे सभी परिवेशों में पाए जाते हैं।

अनावृत्त बीजी या नग्न बीजधारी (Gymnospermic weeds) वे पौधे जिनके बीजों में बीज चोल नहीं होता।

उदाहरणार्थ एफिड्रा (Aphedra gerardiana) इसके तने से एफीड्रीन नामक औषधि निकाली जाती है।

(2) अपुष्पीय नींदा (Nonflowering weeds)

टेरीडो फाइटा (Pteridophyta)

सिलेजीनेला (Selaginella): अधिकांश जातियाँ जमीन पर रेंगती हैं कुछ तनों पर चढ़ जाती है। तना द्विभाजी शाखित तथा मूल राइजोफर के सिरे से निकलती है। ये नम व छायादार स्थानों में उगते हैं।

थेलोफाइटा (Thalophyta)

शैवाल (Algae) : इनमें क्लोरोफिल होता है तथा स्वयं पोषी (autotrophic) होते हैं व प्रकाश संश्लेषण कर अपना भोजन बनाते हैं। कोशिका भित्ति सेल्यूलोज की बनी होती है। यह नम स्थानों अथवा जल में पाए जाते हैं। इनका शरीर पैरिन्काइमेटस (Parenchymatous) कोशिकाओं का बना होता है। वास स्थान के आधार पर 7 वर्गों में बाँटा गया है।

(1) अलवणीय शैवाल (Fresh water algae) : तालाबों, नदियों, जलाशयों के स्थिर जल में पाए जाने वाले शैवाल जैसे रिबूलेरिया (Rivularia), ग्लिओट्राइका (Gleotrichia) तथा कारा (Chara) आदि तथा बहते जल में पाए जाने वाले वैक्ट्रोकोस्परमम (Bactrochospermum), क्लेडोफोरा (Cladophora) तथा हाइड्रो डिक्टियान (Hydrodictyon)

(2) समुद्री शैवाल (Marine algae) : समुद्र जल में पाए जाने वाले शैवाल जैसे एक्टोकार्पस (Actocarpus), सरगासम (Sargassum) आदि।

(3) बर्फीली शैवाल (Snow algae) : बर्फीले स्थानों पर उगने वाले जैसे क्लैमाइडोमोनास (Chlamydomonas)

(4) थर्मल शैवाल (Thermal algae) : अधिक तापमान वाले स्थानों पर उगने वाले शैवाल।

(5) पाषाण उद्भिद शैवाल (Lithophytic algae) : जैसे सरगासम (Sargassum) समुद्री चट्टानों पर उगते हैं।

(6) उपरिरोही शैवाल (Epiphytic Algae): दूसरे पौधों पर उगने वाले जैसे कैल्डोफोरा

(7) परजीवी शैवाल (Parastic algae) : चाय की पत्तियों पर परजीवी शैवाल पाए जाते हैं। जैसे सिफैलूरस (Cephaleuras) आदि।

(8) अंत: पादपी शैवाल : कुछ पौधों के शरीर में पाए जाते हैं।

(9) सहजीवी शैवाल (Symbiotic algae) : जैसे लाइकेन यह एक कोशिकीय शैवाल कवकों के साथ सहजीवी होते हैं।

कवक (Fungi)

इनमें क्लोरोफिल का अभाव होता है अत: ये परजीवी (Parastic), परोपजीवी (Saprophytic) या सहजीवी (Symbiotic) होते हैं। ये पट्ट युक्त (Septate) या पट्ट रहित (Aseptate) होते हैं। भोजन ग्लायकोजिन (glycogin) अथवा वसा (fats) के रूप में संचित करते हैं तथा कोशिका भित्ति काइटिन (Chitin) की होती है। इनसे पौधों से अनेक प्रकार के रोग उत्पन्न होते हैं जैसे गेरूआ, कंडुवा, भभूतिया रोग आदि।

ब्रायोफाइट्स (Broyphytes)

ये नम तथा छायादार परिवेश में उगते हैं। इनमें मूलों (Roots) एवं संवहनपूल (Vascular bundles) का अभाव होता है। ये राइज्वाइड्स द्वारा जल का अवशोषण करते हैं। पौधे स्वपोषी एवं मृतोपजीवी होते हैं। 4.5 से.मी. से 30 से.मी. तक लम्बाई के होते हैं। ये स्थलीय (Terrestrial) व कुछ जलीय होते हैं जैसे (*Riccia fluitans*) रिक्सिया फ़्लूटेन्स। पौधे गेमीटोफाइट (*Gametophytes*) होते हैं तथा गेमीट्स का निर्माण बिना अर्धसूत्री विभाजन के होता है।

इनके दो वर्ग है : **(1) लिवरवर्टस (Liver warts):** जैसे 1. मारकेन्शिया (Marchantia), रक्सिया (Riccia) एन्थोसिरोस (Anthoceros)

(2) काई अथवा मासेज (Mosses) जैसे : 1. स्फेगनम (*Sphagnum aculifolium*), 2. पोलीट्राइकम (*Polytrichum commune*) मासेज में यह सबसे अधिक विकसित है।

अति सूक्ष्म नींदा (Micro-weeds)

ये अति सूक्ष्म पौधे हैं जो उपयोगी पौधों की दैहिकीय संरचना को प्रभावित कर हानि पहुँचाते हैं। इन सूक्ष्म जीवों के अधिकांश गुण पौधों से मिलते हैं।

(1) जीवाणु (Bacteria): सूक्ष्म जीव (ल. 0.5-2.5 चौ. 0.3-1.5 ज़्यू) जिनका शरीर एक कोशीय होता है तथा क्लोरोफिल एवं सत्य केन्द्रक (Truenucleus) अंत: प्रद्रव्यी माइटोकोन्ड्रिया का अभाव होता है। इन सूक्ष्म जीवों की अनेकों स्पीसीस होती है जो मानव जाति को अत्यधिक लाभकारी हैं। परन्तु ऐसी भी अनेक स्पीसीस हैं जो मानव शरीर में रोग उत्पन्न करती हैं जैसे टी.बी., हैजा (Cholera), डिप्थीरिया (*Diphtheria bacterium*), न्यूमोनिया (Pneumonia), डिसेन्ट्री (Dhysentry) आदि। पौधों में भी इनके द्वारा अनेक रोग उत्पन्न होते हैं जैसे बैक्टीरियल, ब्लाइट, बैक्टीरियल विल्ट (Bacterial wilt), टमाटर व भटा में लगने से हानि करते हैं। गेहूँ की बालों का जीवाणु गलन रोग (Bacterial rot of wheat ears)।

(2) विषाणु (Virus) : ये अतिसूक्ष्म होते हैं जो जीवाणु फिल्टर से निकल जाते हैं। जिन्हें अल्ट्रा सूक्ष्म दर्शी द्वारा देखा जा सकता है। ये अनिवार्य परिजीवी (Obligate parasite) जो केवल जीवित कोशिकाओं पर वृद्धि करते हैं। ये रवेदार केन्द्रक प्रोटीन (Nucleo protein) होते हैं जिसमें एक ही प्रकार का आनुवांशिक अम्ल आर.एन.ए. अथवा डी.एन.ए. पाया जाता है। वसा, मंड, इंजाइम का अभाव होता है। श्वसन व कोशिका भित्ति का भी अभाव होता है। ये तीन प्रकार के होते हैं जैसे पादप विषाणु, जंतु विषाणु एवं बैक्टीरियोफेग।

(3) माइको प्लाज्मा (Mycoplasma) : ये सबसे सूक्ष्म पौधे का स्वरूप है जो अचल होते हैं इनमें कोशिका भित्ति नहीं होती किन्तु 3 स्तरीय प्लाज्मा झिल्ली होती है। ये उन फिल्टर से भी निकल जाते हैं जिनमें से विषाणु नहीं निकल पाते। इनके द्वारा पौधों की कार्यिकी में विकार उत्पन्न हो जाता है जिससे उनमें पीत रोग उत्पन्न हो जाता है। पौधों में इससे लगभग 40 रोग उत्पन्न होते हैं। इससे पर्ण छोटी, पीत या धब्बेदार अथवा लाल रंग की तथा कड़क हो जाती है। असंज्य कलिकायें बनती है।

जीवन चक्र के आधार

एक मौसमी नींदा (Seasonal weeds)

ये नींदा अपना जीवन चक्र एक ऋतु में ही पूरा कर लेते हैं। ये अंकुरण, वृद्धि, पुष्पन व बीज परिपक्वता एक ही ऋतु में पूर्ण कर अपना जीवन सम्पन्न करते हैं। ये प्रमुख रूप से तीन प्रकार के होते हैं।

1. खरीफ के नींदा (Kharif weeds)

ये नींदा वर्षा प्रारज़्भ होने पर अंकुरित होते हैं तथा ऋतु के समाप्त होने तक अपने बीज परिपक्व कर अपना जीवन चक्र सज़्पन्न कर लेते हैं। ये नींदा सामान्यत: अन्य ऋतुओं में नहीं उगते हैं और यदि उग भी जाएँ तो उनकी वृद्धि सामान्य नहीं होती है।

उदाहरणार्थ : सावां (*Echinochloa crusgalli*), गोखरू (*Xanthium strumerium*), मौसमी मोथा (*Cyperus* spp.)

2. रबी के नींदा (Rabi weeds)

ये नींदा वर्षा समाप्त होने पर जब रबी फसलें बोई जाती है उसी समय अंकुरित होते हैं तथा फसल पकने के समय ग्रीष्म काल प्रारज़्भ होने के पहले अपने बीज परिपक्व कर जीवन चक्र सज़्पन्न कर लेते हैं। सेंजी, बथुआ, अकरी, चिरैया-बाजरा, जंगली जई आदि।

3. जायद के नींदा

ग्रीष्म कालीन फसलों में पाए जाने वाले अनावश्यक पौधों को जायद के नींदा कहते हैं। इनमें कुछ रबी व कुछ खरीफ के नींदा होते हैं। देखिये ग्रीष्मकालीन फसलें।

एक वर्षीय नींदा (Annual) : ये नींदा अपना जीवन चक्र दो मौसम या दो ऋतुओं में सज़्पन्न करते हैं जैसे शेवरा या गुरगेहुआ (*Alysicarpus vaginalis*)। यह वर्षा ऋतु में उगता है तथा फरवरी मार्च में समाप्त होता है।

द्विवर्षीय नींदा (Biennial weeds) : ये नींदा दो वर्षों में अपना जीवन सज़्पन्न कर लेते हैं। ये पहले वर्ष में अंकुरित होकर उसी वर्ष बीज बना लेते हैं परन्तु इनके पौधे मरते नहीं हैं तथा दूसरी वर्ष पुन: वृद्धि कर बीज बनाकर जीवन सज़्पन्न करते हैं। कुछ नींदा पहले वर्ष केवल वानस्पतिक वृद्धि करते हैं व दूसरे वर्ष बीज बनाते हैं। यदि जंगली गाजर को उपयुक्त मौसम नहीं मिलता है तो वह दूसरे वर्ष बीज बनाकर समाप्त हो जाती है।

बहुवर्षीय (Perenniel weed) : ये नींदा अनेक वर्षों तक जीवित रहते है। प्रत्येक वर्ष बीज बनाते हैं।

1. काष्ठीय (Woody weeds): ये बहुवर्षीय नींदा काष्ठीय होते हैं तथा नियंत्रण करना कठिन होता है। झाड़ियाँ या पेड़ों के छोटे पौधे इस वर्ग में आते हैं। झरबेरी (*Zizyphus* spp.), करोंदा (*Carissa carandis*), बबूल।

2. शाकीय (Herbacious): ये बहुवर्षीय होते हैं तथा वर्ष के अंत में इनके बीज बनने के बाद ऊपर का भाग सूख जाता है तथा प्रतिकूल मौसम में जीवित रहने के लिए अपनी आकारिकी में परिवर्तन कर लेते हैं। जैसे रूपान्तरित भूमिगत तना में भोजन संचित कर प्रतिकूल ऋतु में प्रसुप्त रहते हैं तथा अनुकूल परिवेश मिलने पर पुन: वृद्धि करने लगते हैं। उदाहरण कांस, दूब, गोंदला, हिरनचरी (*Convolvulus arvensis*)।

बीज पत्र के आधार (Based on cotyledons)

एक बीज पत्री नींदा (Monocotyledonous weeds)

वे नींदा जिनके बीज में केवल एक बीज पत्र (Single cotyledon) होता है उन्हें एक बीज पत्री नींदा कहते हैं। जैसे घासें (grasses), मोथा (*Cyperus* spp.), कनकौआ (*Commelina* spp.), रामबाण, (*Typha ungustata*) आदि। इनकी झकड़ा जड़ होती है तथा पत्तियाँ संकरी व लज़्बी होती है।

द्विबीज पत्री नींदा (Dicotyledonous weeds)

वे नींदा जिनके बीज में दो दाल या दो बीज पत्र (Two cotylendons) होते हैं उन्हें द्विबीज पत्री नींदा कहते हैं। जैसे चौलाई, सफेद मुर्गा, लेसुआ, सेंजी, अकरी। इनकी मूसला जड़ होती है तथा पत्तियाँ अधिकतर चौड़ी होती हैं।

प्रजनन की विधियों के आधार (Based on mode of propagation)

1. बीज के द्वारा उत्पन्न होने वाले नींदा (Seed propagated weeds)

ये नींदा बीज से उत्पन्न होते हैं। ये नींदा अधिक संज्या में बीज उत्पन्न करते हैं। इनकी अंकुरण क्षमता व जीवन काल अनेक वर्षों का होता है। उदाहरण चिरैया बाजरा, बथुआ, सांवा आदि इन नींदा का नियंत्रण सरल होता है।

2. वानस्पतिक विधि से उत्पन्न होने वाले नींदा (Vegetatively propagated)

ये नींदा पौधों के विभिन्न अंगों से उत्पन्न हो सकते हैं। वानस्पतिक उत्पादन हेतु इनमें कुछ विशेषताएँ होती है जिनके आधार पर ये चार प्रकार के होते है जैसे –

अ. भूमिगत रूपान्तर तनों से उत्पन्न होने वाले नींदा (Propagated by modified under ground stems) : वे नींदा जो भूमिगत रूपांतरित तनों से उत्पन्न होकर फैलते हैं जैसे – कांस (*Saccharum spontaneum*), गोंदला (*Cyperus rotundus*)।

ब. उपर्भूमिक वायवीय तनों से उत्पन्न होने वाले नींदा (Weed propagated by arial stems) : ये नींदा उपर्भूमिक वायवीय तनों से फैलते हैं। इनमें तनों की पर्व संधियों पर कलिकाएँ होती हैं जो मृदा के संपर्क में आने पर नए पौधों को जन्म देती हैं। दूब (*Cynodon dactylon*), जलदूब (*Paspalum distichum*), कनकी (*Commelina communis* L.)।

स. पत्तियों से उत्पन्न होने वाले नींदा (Weeds propagated by leaves) : ये नींदा पत्तियों के द्वारा फैलते हैं उनकी पत्तियों में कलिकायें होती है जो भूमि के संपर्क में आने पर एक नए पौधे को जन्म देती है। जैसे - *Bryophyllum*।

द. बीज व वानस्पतिक दोनों से उत्पन्न होने वाले नींदा (Weeds propagated by seeds as well as vegetatively) : वे नींदा जो बीज से एवं वानस्पतिक दोनों विधियों से उत्पन्न होते हैं जैसे – कांस, दूब, गोंदला आदि।

तने की वृद्धि के आधार पर (Based on stem growth)

सीधे बढ़ने वाले नींदा (Erect weed)

ये नींदा बिना किसी सहारे के सीधे खड़े रहते हैं इनका तना मजबूत होता है तथा अधिक शाखा युक्त नहीं होता है। जैसे : चौलाई, बथुआ, वन पालक, पुवार, वन भिण्डी आदि।

अर्धभूशायी (Decumbent weeds)

इस नींदा का तना कमजोर होता है जिससे पौधा भूमि पर पड़ा रहता परन्तु अग्र भाग सीधा खड़ा हो जाता है। उदाहरणार्थ : गोरखमुंडी (*Sphaeranthus indicus*)।

भू-शायी नींदा (Prostrate) अथवा भू-प्रस्तारी

इन पौधों के तने कमजोर होते हैं जिससे पूरा पौधा भूमि पर पड़ा रहता है परन्तु इनके तनों से जड़ें नहीं निकलती है। जैसे - पथरचटा, नौनिया, दुधी।

भूस्तारी (Creeping)

इस प्रकार के नींदा के तने भी कमजोर होते हैं तथा भूमि पर लेटे रहते हैं तथा वृद्धि करते हैं। इनमें यह विशेषता होती है कि तने की प्रत्येक पर्व संधि से जड़े निकल कर मृदा में स्थापित हो जाती है जिससे तने का प्रत्येक भाग एक नए पौधा जैसा कार्य करने में सक्षम हो जाता है। उदाहरणार्थ - दूब, जलदूब, दुरकुनू (Merimia), कनकी आदि।

आरोही नींदा (Climbing)

इस वर्ग के नींदा के तने निर्बल होते हैं जो बिना सहारे सीधे खड़े नहीं हो सकते हैं। यह आसपास के पौधों पर चढ़ते हैं तथा प्रकाश व हवा प्राप्त करते हैं। चढ़ने के लिए इनके अंगों में विशेष परिवर्तन हो जाते हैं। इन परिवर्तनों के आधार पर निम्न वर्गों में विभक्त किए जा सकते हैं। तंतु युक्त आरोही नींदा (Climbing by tendrils) वे नींदा है जो तन्तुओं (टेंड्रिल) जो पत्तियों का परिवर्तित रूप होता है, के सहारे चढ़ते हैं उदाहरण जंगली मटर (*Lathyrus aphaca*)। किसी नींदा में शाखाएँ जैसे पैसीज़्लोरा (Passiflora) व किसी में पुष्प कलिकायें तन्तुओं में बदलकर पौधों को चढ़ने में सहायता प्रदान करते हैं। जैसे - एन्टीगोनन (*Antigonon*)।

लता (Twiner)

वे बेलवाले नींदा जो अन्य पौधों के तने के चारों ओर घूम कर लिपटते हुए ऊपर चढ़ते हैं। ऊपर चढ़ने हेतु विशिष्ट प्रकार के रूपान्तरित अंग नहीं होते हैं। जैसे - हिरनचरी, गुठला (*Ipomoea* spp., *Ipomoea pestigradis*) आदि।

झाड़ी (Shrubs)

ये बहुवर्षीय, काष्ठीय नींदा होते हैं। इनकी जड़ें बहुत मजबूत व गहराई तक जाती हैं। कृषि कार्य में अधिक बाधक होती हैं। चरोखरों व वनों में प्रमुख रूप से फैलते हैं। उदाहरणार्थ - झरबेरी, लेनटाना आदि।

पेड़ (Trees)

इस प्रकार के नींदा भी बहुवर्षीय एवं काष्ठीय होते हैं तथा नियंत्रण करना बहुत कठिन होता है। अनावश्यक पेड़ बहुधा कुओं के पनघटों, मकानों की दिवारों व छतों की दरारों में उग कर उन्हें क्षतिग्रस्त कर देते हैं। उदाहरणार्थ - पाकर, पीपल, बरगद, गूलर आदि।

परिवेश के आधार पर नींदा (Based on Habitats)

1. शुष्कोद्भिद/मरूद्भिद नींदा (Desert or Xerophytic weeds) : वे पौधे जो कम नमी, मृदा व वायुमंडल दोनों की शुष्कता को सहन कर सकते हैं। ये नींदा बहुवर्षीय, मूल तंत्र अधिक विकसित, पत्तियाँ छोटी-छोटी या कांटों में परिवर्तित या मोटी होती है। स्टोमेटा धंसे हुए होते हैं। जैसे - नागफनी, करील, आक (*Calotropis* spp.)।

2. शुष्कक्षेत्र के नींदा (Arable weeds) : वे नींदा जो शुष्क क्षेत्रों में पाए जाते है। जैसे वन मूँग (*Phaseolus trilobus*), सफेद मुर्गा (*Celosia argentia*), बन रागी (*Eleusine indica*) आदि।

3. जलोद्भिद् या जलीय नींदा (Aquatic weeds) : वे अवांछित पौधे जो जलाशयों, नहरों, नदी, नालों, ताल-तलैयों में पाए जाते हैं तथा जल को प्रदूषित करते हैं और जल प्रवाह को अवरुद्ध कर उसकी उपयोगिता कम कर देते हैं। इन पौधों में विशेष आंतरिक रचना होती है जैसे एरिन्काइमा टिशूज एवं तैरने वाली मूल (Floating roots) जिनमें एरिन्काइमा अधिक विकसित होती है। जैसे - जल कुंभी, वन सिंघाड़ी, काई, अजोला, पसाई धान, करघा आदि।

4. दलदली भूमिक नींदा (Weeds of morshy land) : वे नींदा जो दलदली भूमि में उगते हैं जैसे - सरपट या राम बाण (*Typha ungustata*), तालमखाना (*Hygrophylla spinosa*) आदि।

मृदा के आधार पर

5. अम्लीय मृदा के नींदा (Weeds of acidic soil) : वे नींदा जो अम्लीय मृदा (acidic soil) में उगते है उदाहरणार्थ - कंधी (*Abutilon indicum*)।

6. क्षारीय मृदा के नींदा (Weeds of saline soils): वे नींदा जो क्षारीय मृदा (0.8-1.5% लवण एवं अधिक पी.एच.) में भी उगते हैं वे अपना आस्माटिक पोटेन्सियल (OP) मृदा के ओ.पी. के बराबर बढ़ा लेते हैं। वे अपने अंगों में अधिक लवण (10.1%) जमा कर सकते हैं, सक्सन फोर्स अधिक होता है। प्रोटोप्लाज्म में अधिक इलास्टीसिटी होती है। उदाहरण - सेलीकोरनिया (*Salicornia herbacea*) (*Artemisia maritimaa* salina), (*Halocnemum strobilaceum*)।

वानिकी क्षेत्र के नींदा

वनों में पाए जाने वाले अनावश्यक हानिकारक पौधे जो वनोपयोगी पेड़-पौधों को हानि पहुँचाते हैं, वानिकी क्षेत्र के नींदा होते हैं। उदाहरण - लेन्टाना केमरा (*Lantana camara*), क्लोरोडेन्ड्रान इन्फार्चूनेटन, बेलें, आदि।

चरोखोरों के नींदा (Grass lands weeds)

वे मौसमी व बहुवर्षीय नींदा जो चरोखरों में उगकर उपयोगी घास व स्वादिष्ट द्विदलीय पौधों की वृद्धि को कम करते हैं। उदाहरण - चकोड़ा या पुवार (*Cassia tora*), आधाशीशी (*Xanthium strumerium*), लेन्टाना केमरा, करोंदा आदि।

पड़ती भूमि के नींदा (Fallow land weeds)

ये नींदा जो रिक्त स्थानों, पड़ती भूमि (Fallow land), खेल के मैदानों, रेल आहतों तथा पर्यावरण को दूषित कर मनुष्यों व उसके कार्य कलापों को हानि पहुँचाते हैं जैसे पारथीनियम, अद्धाझारा, चकोड़ा, बरयारी, छोटी गोखरू आदि।

खेतों के नींदा (Weeds of cultivated fields)

वे नींदा जो खेतों में पाए जाते है तथा फसलों से स्पर्धा कर उनकी उपज व गुणवत्ता कम करते हैं खेतों के नींदा कहलाते हैं। सांवा, कनकौआ, सेंजी, बथुआ, चिरैया बाजरा विभिन्न फसलों के आधार पर भी वर्गीकृत करते है।

जैसे - धान के नींदा, ज्वार-बाजरा के नींदा, सोयाबीन के नींदा, सब्जियों के नींदा, गेहूँ के नींदा आदि।

पहाड़ी क्षेत्र के नींदा (Hilly Weeds)

वे नींदा जो पहाड़ी पर पाए जाते हैं और फसलों व वनों को प्रभावित करते हैं।

समुद्री नींदा (Sea weeds or Mangroves)

फियोफाइसी वर्ग के अनेक शैवाल समुद्र में अधिक मात्रा में ऊगते हैं जो जहाजों पर तथा अन्य समुद्री जन्तुओं में शरीर पर चिपक जाते हैं जिससे समुद्री जल मार्ग में रुकावट हो जाती है।

इमारतों के नींदा (Weeds of buildings)

यह देखा जाता है कि वर्षा के दिनों में नील हरित शैवालों के सदस्य जैसे क्रूकोकम *(Chrococcum)*, टोलीपोथ्रिक्स *(Tolypothrix)* इमारतों पर पाए जाते हें जो हानि करते हैं। इसी प्रकार पीपल, बरगद आदि भी हानि पहुँचाते हैं।

नींदा की पत्ती के आधार पर

(1) चौड़ी पत्ती वाले नींदा (Broad-leaf weeds)

इस वर्ग में अनेक नींदा आते हैं। ये नींदा चौड़ी पत्ती वाले होते हैं तथा इनके बीज द्विबीज पत्री होते हैं जैसे चौलाई, आधाशीशी, चेंच आदि। कुछ एक बीज-पत्री नींदा भी चौड़ी पत्ती वाले होते हैं। जैसे - कनकौआ *(Commelina bengalensis)* कनकी, जलकुम्भी आदि।

(2) संकरी पत्ती वाले (Narrow-leaf weeds)

इस वर्ग के नींदा की पत्तियाँ लम्बी व संकरी होती हैं तथा डंठल नहीं होते हैं। इनकी जड़ें रेशेदार होती हैं तथा इनके बीजों में एक बीज-पत्र होता है। इन्हें दो प्रकार से विभक्त कर सकते हैं।

घासें (Grasses) : इनमें घास कुल के नींदा जैसे घासें आती हैं जो मौसमी जैसे चिरैया बाजरा, सांवा, मुर्दी आदि तथा बहुवर्षीय जैसे कांस, दूब, जलदूब आदि आते हैं।

गोंदला (मोथा) (Sedges) : इस वर्ग के नींदा साइप्रेसी कुल के होते हैं। पत्ती लम्बी, संकरी तथा आधार पर मृदा के पास होती हैं तना के शेष भाग में पत्तियाँ नहीं होती है। तना में पर्व संधि नहीं होती तथा तिकोने होते हैं। ये भी मौसमी जैसे मोथा *(Cyperus iria)* तथा बहुवर्षीय जैसे गोंदला *(Cyperus rotundus)* होते हैं।

नींदा के भोज्य पदार्थ ग्रहण करने के आधार पर

ये दो प्रकार के होते हैं -

1. परपोषी
2. स्वयं पोषी

(1) परपोषी (Heterotrophic)

अ. परजीवी (Parasite) - ये अन्य पौधों से अपना भोजन ग्रहण करते हैं इनमें क्लोरोफिल नहीं होता है तथा अपना भोजन अतिथेय पौधों से अपनी चूषक मूल (Haustoria) के द्वारा भोज्य पदार्थ चूसते हैं। ये दो प्रकार के होते हैं -

मूल परजीवी (Root parasite) : ये नींदा फसलों के मूल तंत्र में अपनी चूषक मूलों को प्रवेश कर उनसे भोजन का अवशोषण करते हैं। इनमें पूर्ण मूलपरजीवी जैसे : ओरोबेन्की *(Orobe-nche cernua)* तथा आंशिक-मूल परजीवी जैसे अगिया *(Striga lutea)* होते हैं।

तना परजीवी (Stem parasite) : ये अतिथेय पौधों के तना तंत्र पर फैल कर चूषक मूल से भोजन प्राप्त करते हैं। उदाहरण अमर बेल (*Cuscuta* spp.)

ब. मृतोपजीवी (Saprophytic weeds) : ये अजीवित सूखे पेड़ पौधों से या सड़े गले जीवों से अपना भोजन प्राप्त करते हैं।

स. सहजीवी या सिम्ब्रायटिक नींदा (Symbiotic weeds) : ये नींदा नत्रजन स्थिरीकरण करते हैं। फसलों को हानि के साथ-साथ वायुमंडल की नत्रजन स्थिर करते हैं और यदि इनको मृदा में दबा दिया जाए तो लाभकारी सिद्ध होते हैं। उदाहरण: झुरझरू (*Indigofera* spp.), क्रोटेलेरिया स्पीसीस (*Crotalaria* spp.), चिपकनू (*Desmodium triflorum*) आदि।

ईपीफाइट (Epiphytic weeds) : ये पौधे दूसरे पौधों पर उगते हैं परंतु उनसे भोजन नहीं चूसते। केवल उन पौधों की छाल में चिपकने वाली मूल (Clinging roots) से स्रावित रसायन से आमों के पेड़ों की छाल को सड़ा कर Humus में बदल देते हैं जिससे ये पेड़ क्रमशः सूख जाते हैं। उदाहरण : आरकिड (Banda) आम व महुआ के पेड़ों पर उगा कर हानि पहुँचाता है। इनमें मूल हवा में झूलती रहती है जो वायुमंडलीय नमी को अवशोषित करती हैं। इनमें विशेष प्रकार की टिश्यूज होती है जिन्हें वैलामिन (Vellamen) कहते हैं जो जल का अवशोषण करती हैं।

2. स्वयं पोषी (Autotrophic)

इनमें क्लोरोफिल होता है तथा अपना भोजन स्वयं निर्माण करते हैं। इन्हें कार्बन संश्लेषण के आधार पर तीन वर्गों में विभक्त करते हैं।

कार्बन संश्लेषण की विधि के आधार पर (Based on Carbon assimilation path ways)

अ. प्राथमिक रूप से 3-कार्बन यौगिक बनाने वाले नींदा (Weeds with C_3 path way) : प्रकाश संश्लेषण की क्रिया में इस प्रकार नींदा के पौधे कार्बन डाइआक्साइड (CO_2) ग्रहण कर फास्फोग्लिस्रिक अम्ल बनाते हैं। इस अम्ल में कार्बन के 3 तत्त्व होते हैं इस कारण इस प्रकार के पौधों को 3 कार्बन यौगिक बनाने वाले पौधे या नींदा कहते हैं। इस क्रिया में राइबूलेज डाइफास्फेट कार्बाक्सीलेज (Ru DP Carboxylase) विकर (Enzyme) कार्य करता है।

ब. प्राथमिक रूप से 4-कार्बन यौगिक बनाने वाले नींदा (Weeds with C_4 Pathway): इस प्रकार के नींदा प्रकाश संश्लेषण की क्रिया में कार्बन डाइआक्साइड ग्रहण कर आक्सेलो एसिटिक अम्ल (Oxalo acetic acid) प्राथमिक रूप से बनाते हैं। यह क्रिया फास्फो इनोल पायरूविक कार्बाक्सीलेज विकर (Enzyme) की उपस्थिति में होता है बाद में मैलिक अम्ल (Maleic acid) अथवा स्पार्टिक अम्ल (Spartic acid) बनता है। इस प्रकार के नींदा में ट्रापिकल घासें जैसे सांवा (*Echinochloa* spp.) डिजीटेरिया (*Digitaria* spp.) आदि मोथा (*Cyperus* spp.), चौलाई (*Amaranthus* spp.) आदि आते हैं। इनकी प्रकाश संश्लेषण क्षमता एवं वृद्धि दर अधिक होती है तथा इनकी पर्ण रचना में संवहन पूल की वंडल-सीथ की कोशिकाओं में क्लोरोप्लास्ट होता है। यह 3-कार्बन यौगिक बनाने वाली स्पीसीस में नहीं होता है।

स. क्रेसुलेसियन अम्ल चयापचय वाले नींदा (CAM Weed) : इस प्रकार के नींदा प्रकाश संश्लेषण में क्रेसुलेसियन अम्ल का निर्माण करते हैं। इन पौधों की पत्तियाँ व तना माँसल (Eucculent) होते हैं। विशेषत: ये पौधे क्रेसुलेसी कुल से संबंधित रहते हैं।

मूल स्थान के आधार पर (Based on origin of weeds)

देशी नींदा (Native weeds)

वे नींदा जो आदि काल से एक देश में उगते हैं। जैसे बथुआ, सेंजी आदि भारत वर्ष में गेहूँ में आदि काल से उग रहे हैं।

विदेशी नींदा (Exotic weeds)

वे नींदा जो एक देश में अन्य देश से कुछ समय पहले प्रसारित हुए हैं, जैसे पारथीनियम भारत में अमेरिका से कुछ वर्ष पूर्व (1955) प्रसारित हुआ।

विदेशी आक्रामक नींदा (Alien invasive weeds)

ऐसे नींदा जो विदेशों से आकर दूसरे देश के नींदा व अन्य वनस्पति को या फसलों को दबा देते हैं वे स्वयं स्थापित हो जाते हैं।

फसल नींदा के संबंध के आधार पर (Based on crop weed relationship)

इस वर्ग में वे नींदा हैं जो प्राथमिक रूप से हानिकारक होते हैं तथा वे भी सज़्मिलित किए गए जो वास्तविक रूप से नींदा नहीं होते हैं परन्तु एक फसल के साथ विगत फसल के अनचाहे पौधे स्वत: आ जाते हैं या फसल के अशुद्ध बीज बोने से आ आते हैं। ये बोई गई फसल को हानि पहुँचाते हैं तथा बीज अशुद्ध कर देते हैं। अत: इनको भी नींदा के पौधों के अनुसार नियंत्रित किया जाता है। इस वर्ग को भी निज़्न वर्गों में विभक्त किया गया है।

एब्सोल्यूट नींदा (Absolute weeds)

इस वर्ग में वे सभी पौधे सज़्मिलित किए हैं जो वास्तविक रूप से नींदा के पौधे हैं जिन्हें फसल के रूप में कभी भी नहीं बोया जाता है। ये कृषक के लिए हमेशा हानिकारक होते हैं तथा इन्हें नियंत्रित करते हैं।

रिलेटिव नींदा (Relative weeds)

वे पौधे जो फसलों के लिये भी उगाए जाते हैं परन्तु खेत में पूर्व फसलों के पौधे बिना बोये स्वयं ही उग आते हैं इन्हें रिलेटिव नींदा कहते हैं। जैसे गेहूँ के साथ में पूर्व में बोए गए सोयाबीन के पौधे या विगत सरसों की फसल लेने से, सरसों के पौधे गेहूँ में नींदा जैसा प्रभाव डालते हैं अत: समुचित स्थान न होने के कारण इनकी निंदाई करते हैं।

सूक्ष्म परिवेश के नींदा (Weeds of specific microclimate)

ये नींदा विशेष परिवेश में ही बढ़ते हैं जो किसी विशेष फसल के लिए अनुकूल होता है व अन्य फसल का परिवेश उनको अनुपयुक्त होता है जैसे – बरसीम के साथ कासनी *(Cichorium intybus)*, गेहूँ के साथ चिरैया बाजरा एवं जंगली जई, भटे, टमाटर के साथ ओरोबन्की *(Orobenche cernua)* आदि। सामान्य रूप से ये इन्हीं फसलों के साथ बढ़ते व पकते हैं। इनके बीज फसल के साथ मिल जाते हैं।

छद्म या रोग (Rogue)

जब एक फसल के साथ उसकी ही दूसरी किस्म (Variety) के पौधे स्वयं उग आएँ या खलियान में बीज के साथ मिल जाए व बोनी करने के बाद दूसरी किस्म के पौधे उग आएँ तो ऐसे पौधों को रोग कहते है। बोई गई किस्म की शुद्धता बनाए रखने हेतु उसी फसल की अन्य किस्म के पौधों को बाल या फल आने पर पहचान कर उखाड़ देते हैं, इस निंदाई को रोगिंग कहते हैं। उदाहरणार्थ सोयाबीन की गौरव किस्म में ''दुर्गा'' के पौधे उगने पर दुर्गा के पौधों को चुनकर उखाड़ देते हैं।

नींदा की उपयोगिता के आधार पर (Based on utility of weeds)

(1) मनुष्यों के भोजन के रूप में उपयोगी नींदा - चौलाई, कनकौआ, चेंच, चकौड़ा, लेसुआ (तालिका 5.1)।

(2) घास चारे में उपयोगी नींदा - खरीफ ऋतु में मोथा को छोड़कर प्राय: सभी नींदा (अस्वादिष्ट नींदा को छोड़ कर) एवं रबी के अधिकांश नींदा पशुओं के चारे के रूप में उपयोगी हैं।

(3) दवाइयों के रूप में प्रयुक्त होने वाले नींदा दवाइयों में भी उपयोगी हैं (तालिका 5.2)।

(4) मृदाक्षरण अवरुद्ध करने वाले दूब, काँस, कांसी व खस (*Vetivaria zizanoides*) मृदा क्षरण रोकने हेतु उपयोगी हैं।

(5) तेल या अन्य पदार्थ में उपयोगी नींदा।

(6) वाड़ी (Fencing) में उपयोगी नींदा-नागफनी, बेशरम, करोंदा, आदि बाड़ या बाड़ी लगाने के काम आते हैं।

(7) फांसू नींदा (Trap weeds) - ये नींदा फसलों में लगने वाले कीड़ों को आकृष्ट कर लेते हैं तथा फसल को हानि से बचा लेते हैं। उदा. वन भिण्डी के पौधे कपास में लगने वाले "रेड काटन बग" आकृष्ट कर लेते हैं।

(8) छप्पर के काम आने वाले नींदा - बेशरम, वरयारी, लेन्टाना, रीड (Phrigmites) आदि।

(9) औद्योगिक महत्त्व के नींदा - ऐसे नींदा जिससे रस्सी, झाड़ू, कागज, कपड़े, रंग आदि बनाए जाते हैं (तालिका 5.3)।

(10) धार्मिक महत्त्व के नींदा - बोबई, बन-तुलसी (*Ocimum canum*)

(11) खाद में उपयोगी नींदा - अनेक नींदा से हरी खाद बनती है तथा ये मृदा में जीवांश व नत्रजन का स्थिरीकरण करते हैं उदाहरणार्थ - ढेंचा (*Sesbania acculiata*), इंडीगोफेरा, स्पीसीस, नील हरित शैवाल (*Aulosira fertilissima*) ओलोरीरा, धान में नाइट्रोजन देती है।

(12) ईंधन के रूप में उपयोगी नींदा - गरीब जनता लेंटाना, बेशरम, अनीसोमेलिस, आक, पुवार, गोखरू (आधा शीशी) पारथीनियम आदि को शहरों के आस-पास ईंधन के रूप में उपयोग करते हैं। अन्य उपयोगी नींदा का कांडी कोयला के रूप में भी प्रयोग होता है। जलकुम्भी (*Eichhornia crassipes*) आदि नींदा बायोगैस के रूप में उपयोगी होते हैं।

अन्य आधारों पर

प्रभागीय नींदा (Facultative)

वे नींदा जो प्राथमिक रूप से पड़ती भूमि में पाए जाते हैं परन्तु जब ये स्पीसीस खेतों में पहुँच जाती हैं तो वहाँ पर भी फसलों के साथ उग कर उनसे स्पर्धा करने लगते हैं। उदाहरणार्थ - छोटी गोखरू (*Acanthospermum hispidum*)।

अविकल्पी नींदा (Obligate Weeds)

वे नींदा जो खेतों में या अन्य रिक्त स्थानों के नींदा से स्पर्धा नहीं करते उन्हें अविकल्पी नींदा कहते हैं।

अनिष्टकारी या आपत्ति जनक नींदा (Obnoxious Weed)

वे अवांछनीय नींदा जो मनुष्यों के लिए हानिकारक होते हैं, उनकी वृद्धि, गुणन क्षमता तथा हानिकारक प्रभाव अन्य नींदा की तुलना में अधिक होती है। इनका नियंत्रण करना बहुत कठिन होता है तथा नियंत्रण के प्रयास भी निष्फल हो जाते हैं और वे निरंतर बढ़ते रहते हैं। उदाहरणार्थ गाजर घास *(Parthenium hysterophorus)*, गोंदला *(Cuperus rotundus)*, दूब कांस आदि।

नींदा नाशक नींदा (Weeds having weedicidal properties)

कुछ नींदा के विभिन्न अंगों से कुछ ऐसे रासायनिक पदार्थ (Allelochem.) स्त्रावित होते हैं जिनका अन्य नींदा पर नींदा नाशक दवाओं जैसा प्रभाव होता है और उनकी वृद्धि कम हो जाती है अथवा शनैः शनैः मर जाते हैं जिसे अलीलोपैथी कहते हैं। पारथीनियम के पौधों का रस जल-कुम्भी पर डालने से वह मर जाती है। जंगली गोभी का अन्य नींदा पर कुप्रभाव पड़ता है, जिससे उनकी वृद्धि नियंत्रित होती है।

कीटनाशक नींदा (Weeds having insecticidal properties)

अनेक प्रकार के नींदा से ऐसे रासायनिक पदार्थ विनिसृत होते हैं जिनके प्रभाव से कीड़े मर जाते हैं। जैसे गुमची *(Abrus precatorious)* से मच्छर, एकेलाइफा इंडीका *(Acalypha indica)* से बालों वाली इल्ली *(Euproctis fraterna)*, बसाका *(Adhatoda vasica)* से संग्रहीत अनाजों के कीड़े *(Rhizopertha dominica, Tribolium castaneum)* तथा महकौआ *(Ageratum conyzoides)* से कपास का स्टेनर *(Dysolercus)* घरेलू मक्खी, एवं ड्रोसोफिला मेलेनोगेस्टर *(Drosophylla melangoster)* नियंत्रित हो जाते है।

कवक नाशक नींदा (Weed having fungicidal properties)

कुछ नींदा फसलों के कवक जन्य रोग को नियंत्रित करते हैं जैसे सूरन *(Amorphophyllus)* व कंटीली चौलाई *(Amaranthus spinosus)* से धान का भूरा पर्ण धब्बा रोग *(Helminthes-porium)* नियंत्रित हो जाते हैं।

सूत्रिका नाशक-नींदा (Weeds having nematicide properties)

कुछ नींदा जैसे जंगली कुसुम *(Carthamus oxyacantha)*, गोंदला *(Cyperus rotundus)*, घमरा (*Eclipta alba*), कटर्रा (*Argemone mexicana*), महकौआ (*Ageratum conyzoides*) निमेटोड नियंत्रित करते हैं।

तालिका 5.1. मनुष्यों के भोजन के रूप में उपयोगी नींदा

गतीघुसी *Alternanthera sessilis*	कोमल तना व पत्ती	भाजी
चौलाई *Amaranthus* spp.	''	''
कनकौआ *Commelina bengalensis*	कोमल तना व पत्ती	''
चेंच *Corchorus* spp.	''	''
पुवार *Cassia tora*	''	''
सफेद मुर्गा *Celosia argentea* L.	''	''
लेसुआ *Digera alternifodia*	''	''
बथुआ *Chenopodium album*	''	''
खरतुआ *Chenopodium murale*	''	''
नोनिया *Portulaca oleracea*	''	''
विषखापरो *Trianthema monogyana*	''	''
नारी भाजी *Ipomoea aquatica*	''	''
गुठला *Ipomoea* spp.	पुष्प वृन्त	साग
करघा *Oryza sativa*	बीज	चावल
पसाईधान *Oryza sativa* L. *spontanea*	बीज	चावल
वटटा-सांवा *Echinochloa* spp.	बीज	चावल
कुरकुरी, बंदरा, बंदरी Sateria spp.	बीज	रोटी
बनरागी *Eleusina indica*	बीज	रोटी
वनकोदों *Paspalum* spp.	बीज	रोटी
झुरझुरू *Indigofera glandulosa Foilld*	बीज	रोटी
भुई ज्वार *Indigofera linifolia Ret.*	बीज	रोटी
अद्धाझारा *Achyranthus aspera* L	बीज	रोटी (साधु)
खट्टी बूटी *Oxalis corniculata* L.	पत्ती	चटनी व भाजी (अफीम का जहर व सिर दर्द मिटाती है)
तीकुर *Curcuma* spp.	कंद	नाश्ता
अगीठा *Dioscoria bulbifera*	कंद	नाश्ता
बैचांदी *Dioscoria hispida*	कंद	नाश्ता
कुलिया कांदा		

पड़ोरा *Momoradica dioca* Roxb.	फल	साग
शिलककरी *Cocumis trigonus* Roxb.	फल	फल
सेमा *Canavalia ensiformis* DC	फल	साग
करोंदा *Carissa carandis* L.	फल	फल
झरबेरी *Zizyphus rotundifolia*	फल	फल
मोरचैला एस्कूलेंटा *Morchella esculenta*	पूरापौधा	साग
मोरचैला डेलीसिओसा *Morchella deliciosa*	,,	साग
मशरूम (खुम्भी) एगेरीकस *Agaricus bisporus*	,,	,,
,, *A. silivicola*	,,	,,
,, *A. silivaticus*	,,	,,
,, *Lepista saevum*	,,	,,
,, *L. nuda*	,,	,,
शैवाल - समुद्री *Porphyra tenera*	पूरा पौधा समुद्र में इसकी खेती की जाती है।	चावल के साथ खाना। सूप बनाया जाता (यूरोप में)।
Ulva lactuca	पूरा पौधा	सूप
Laminaria succharina	पूरा पौधा	भोजन
Chondrus crispus	पूरा पौधा	आइसक्रीम
शैवाल ताजेपानी *Chlorella ellipsoidea*	पूरा पौधा	आटा बनाकर बिस्कुट बनाए जाते हैं।
नील हरित शैवाल *Nostoc commune*		भोजन के रूप में (जावा व चीन में)

चारे के लिए उपयोगी नींदा

कुछ नींदा को छोड़कर जिनमें गंध, विषैलापन या रोम व कांटे होते हैं शेष सभी प्रकार के नींदा को पालतू गाय, भैंस, भेड़, बकरी आदि खाती है।

खरीफ में पारथीनियम हिस्टोफोरस, चकौड़ा या पुंवार (*Cassia tora, C. occidentalis*), दुधी (*Euphorbia hirta*) तथा रबी में यूफोरविया ड्रेकनकुलाईडियस तथा क्रोजोफोरा खेतों के प्रमुख अस्वादिष्ट नींदा है। इनको छोड़कर अन्य नींदा पशु खाते हैं।

शैवाल

लेमीनेरिया (Laminaria) पूरा पौधा गायों व भेड़ों को अधिक दूध देने हेतु ज़्यूकस (Fucus) सांवा, (*Echinochloa* spp.), मुर्दी (*Sehima nervosum*), डिजिटेरिया (*Digitaria adscedens*), बनरागी

(*Dactyloctenium aegyptiacum*), (*Chloris barbata*), लिदरा (*Brachiaria reptens*) आदि प्रमुख घासें तथा शेवरा (*Alysicarpus vaginalis, A. rugosus, A. monilifera, A. longifolia*) चिपकनू (*Desmodium gangeticum, D. diffusum*) बनमूँग, बक्ची (*Psoralea carolifolia*) भुंई गुली (*Indigofera annaephylla*) आदि दलहनी वर्ग के नींदा खरीफ ऋतु में प्रमुख चारे के रूप में उपयोगी नींदा हैं।

रबी ऋतु के नींदा जैसे चिरैया बाजरा (*Phalaris minor*), जंगली जई (*Avena fatua*), सेंजी (*Melilotus* spp.), बन बरसीम (*Trifolium flagiferum*), करमेथा (*Medicago denticulata*), बन वटरी (*Lathyrus aphaca*), अकरी (*Vicia sativa*), वन गोभी (*Launea spleniifolia*), हिरन चरी (*Convolvulus aevensis*) बथुआ आदि चारे के लिए प्रयोग किए जाते हैं।

तालिका 5.2. औषधियों के रूप में प्रयुक्त होने वाले नींदा

नाम	कुल	पौधे अंग	रोग
एकोनाइट *Aconitum napelus*	रेननकुलेसी	कंद मूल	फोड़ों, गठिया कोढ़, बुखार, हैजा
गुलअब्बास *Mirabilis jalapa* L.		पत्ती, कंद	बुखार, टानिक
पथरचटा *Boerhaavia repens* L.		पत्ती	बिच्छू के काटने पर
सर्पगंधा *Rauwolfia serpentina*	ऐपोसाइनेसी	जड़ें	पागलपन, मस्तिष्क विकार, रक्त चाप
		पत्ती का सत्व	आंखों का उपचार
वेलाडोना *Atropa belladena*	सोलेनेसी	जड़ें	शरीर का दर्द, दमा, खांसी
अश्वगंधा *Withania somnifera*	सोलेनेसी	जड़ें	शारीरिक कमजोरी, त्वचीय रोग
कोल्चिकम *Colchicum luteum*	लिलियेसी	जड़ें	बुखार, तिल्ली, यकृत, गठिया
महेबार *Anisomeles ovata*			दशमूल
अनंत मूल *Tylophora asthmatica*	एक्सलपियेडेसी	पत्ती	दमा में पत्ती चबाना
भांग *Cannabis sativa*	केनाबिनेसी	पत्ती	गेचिश, अपच्च, मूत्र रोग संबंधी
धीग्वार *Aloe barbedensis*	लिलियेसी	पत्ती	बुखार, यकृत, प्लीहा, बवासीर, पीलिया
बनप्सा *Viola odorata*	भाइयोलेसी	पुष्प	खांसी, वृक्क, यकृत रोग
गुलेचिन *Plumeria acutifolia*		दूध	स्केबीज, बीज से रक्तप्रवाह रोकना
कुचला *Strychnus nuxvomica*	लोगेनियेसी	बीज	टॉनिक तथा उत्तेजक लच, नाड़ियों के विघटन
जमाल गोटा *Croton tiglium*		बीज का तेल	जुलाब कराने में
केशर Saffron/*Crocus sativus*	डरीडेसी	पुष्प की शुष्क वर्तिका	बुखार, दमा, उदरशूल, हिस्टीरिया, लिकोरिया
रूलिया *Ruellia prostrata*		पत्ती का रस	कान का दर्द

नाम	कुल	पौधे अंग	रोग
अडूसा *Adhatoda vasica*		पत्तियाँ	दमा, खांसी, गठिया
किरयात *Andrographis paniculata*		बीज, पत्ती, जड़ें	सुजाक, पीलिया, गठिया
शैवाल			
कोडियम डाइजीनिया *Codium digenia*		किडनी, फेफड़े	
भूरी शैवाल *Brown algae*			घेंघा
कारा *Chara*			मच्छर नियंत्रण हेतु
नाइटेला *Nitella*			जीवाणु नष्ट करने
क्लोरेला *Chlorella*			'एन्टीबायोटिक्स' में क्लोरेलिन का प्रयोग
लालगुमची *Abrus precatorius*		पत्ती	आवाज बंद करने
सिकाकाई *Acacia concina*		फल	तेल
गंध बबूल *Acacia farnesiana*		मूल, पुष्प	तेल, दवा
अद्धाझारा *Achyranthes bidenta*		बीज	कफ
सतावर *Asparagas plumosus*		जड़	डायबिटीज
मसाला, तेजराज *Carum stictocarpum* var. *heavycarpa*			
सफेद मूसली *Chlorophytum tuberosum*		जड़	टानिक
टरोटा *Cassia occidentalis*		बीज	चर्मरोग
पुवार *Cassia tora*		बीज	चर्मरोग
काली मूसली *Curculago orchioides*		मूल	टानिक
मालकंगनी *Celastrus paniculata*		बीज	गठिया रोग में
धतूरा *Datura fastuosa*		पत्ती	दमा
कंद *Dioscoria oppositifolia*		कंद	परिवार नियोजन में
अगीठा कंद *Dioscoria floribunda*		,,	,,
दूधी *Euphorbia thymifolia*		दूध	त्वचा रोग में
वायविरंग *Embelia ribes*		पौध	बुखार में
विष्णुकान्त *Evolvulus alsinoides*		पौध रस	बुखार में
चिरायता *Exacum bicolour*			
घमरा *Eclipta alba* Hassk.		रस	बुखार, बिच्छू के काटने, बाल झड़ने पर

नाम	कुल	पौधे अंग	रोग
ताल मखाना *Hygrophylla spinosa* T.A.		बीज	डायबिटीज में
अनन्त मूल *Hemidesmos indicus*		,,	डायबिटीज
कुरची *Holarrhena antidysentrica*		जड़	आंव में
कुम्मा *Leonotis nepetaefolia*		,,	दशमूल में
मेंदू *Leucos aspera*		,,	बिच्छू के काटने पर
बधनखा *Martyna diandra*		,,	हड्डी के जोड़ने में
दुरकुनू *Merimia emarginata*		,,	वात, गठिया वात
किवांच *Mucana pruriens*		,,	शक्तिदायक
बनतुलसी *Ocimum canum* Sims.		,,	कीड़े मारने के लिए, शक्तिदायक
हजार दाना *Phyllanthus niruria* L.		बीज	बुखार
Phyllanthus urinari L.		बीज	डाइयूरेटिक (मूत्रवर्धक)
काला फेटरा *Rundia uliginosa*		फल	मछली मारने
सफेद फेटरा *Rundia domatorum*		फल	मछली मारने
रेनुनकुलुस *Ranunculus aquatalis*		पौधा	गठिया, दमा, बुखार
बावची *Psoralia corylifolia* L.		बीज का तेल	चर्मरोग
अक्लकरा *Spilanthes acmella* L.		फल	दांत दर्द
गोरख मुंडी *Sphaeranthus indicus* L.		पूरा पौधा	आँख, अस्थमा, गठिया
उन्हाली *Tephrosia purpurea* Baker		जड़	काढ़ा
केवटी *Ventilago denticulata*		पत्ती	बैलों में चोट का उपचार
डोकरवेला *Vitis repanda* W & A		बेल	बैलों में चोट का उपचार
रामदातौन *Smilax zeylanica*		मूल	वात, आंव
शिवलिंगी *Bryonopsis laciniosa* L.		फल	भ्रूण में लिंग परिवर्तन
गोकर्नी *Cletoria ternatea*		मूल	मूमल, जुलाब
लजालू *Biophytum sensitivum* DC		जड़	टानिक
गोखरू *Tribulus terrestris* L.		फल	टानिक
कुत्ता, फनूली *Urena lobata* L.		जड़	टानिक
अत्रिलाल *Peristrophe bicalyculata*		जड़	सांप कांटने पर
नोनिया *Portulaca oleracea*		पूरा पौधा	रतौंधी

नाम	कुल	पौधे अंग	रोग
कटर्रा *Argemone mexicana* L.		पौधे का रस	जुलाब
हुरहुर *Cleome viscosa*		पत्ती	सर्दी
गुरबेल *Tinospora cordifolia*		लता	बुखार
झुनझुनिया *Crotalaria retusa* L.		पौधा	लीवर–सिरोसिस पैदा करना
विलजा *Caesulia axillaris* Roxb.		पौधा	फफोला,
ऐंठनी मुरादशेन्ग *Helicteres isora* L.		फल	दस्त का उपचार
नागफनी *Opuntia dillinii* Hawx.		तना, फूल	स्तन के फोड़ा का पोल्टस
बनरामतिल *Pulicaria ungustifolia* C.		पौधा	कफ
आधाशीशी *Xanthium strumarium* L.		फल	सिरदर्द, कान दर्द
ऊंटकटारा *Echinopese chinatus* DC		जड़	सर्प दंश व बिच्छू दंश का उपचार
बनगोभी *Launea nudicaulis* Less.		भाजी	रक्त शुद्धि, चर्मरोग
गोजिह्वा *Trichodesma indica*		पत्ती	घाव लगने पर

तालिका 5.3. औद्योगिक महत्त्व के नींदा

शैवाल		उपयोग
लेमीनेरिया *Laminaria*		
मेक्रोसिस्टिस *Macrosystis*	अल्गीनिक अम्ल	कपड़ा, कागज, रबर,
लेसोनिया *Lessonia*	प्राप्त होता है	प्रिटिंग, स्याही, पालिश
डरवीलिया *Durvillea*	आयोडीन उद्योग	आयोडीन प्राप्त करना
लेमिनेरिया डिजिटेटा *Laminaria digitata*		
फ़्यूकस बेसी कुलोसस *Fucus vasiculosus*		
डाइएटम्स *Diatoms*	कोशिका में वसा	पेट्रोलियम
कोन्ड्रस *Chondrus*		क्रीम पाउडर, शेज़्यू पालिश
सरगासम *Sargassum*	ऊन उद्योग	कृत्रिम ऊन
स्पाइरोगायरा *Spirogyra*	लेन्स पेपर	चश्मा व अन्य प्रकाश संबंधी उपकरणों को साफ करने में उपयोग
ग्रेसीलेरिया वेरूकोसा *Gracilaria verrucosa*	अगर–अगर	कवक तथा जीवाणुओं के कल्चर में मीडियम का उपयोग

■■■■

6

नींदापकिरण या नींदा का फैलना (Weed Dispersal)

नींदा की उत्पत्ति स्थान से दूसरे स्थान तक विभिन्न माध्यमों के द्वारा पहुँचने की क्रिया को नींदा का अपकिरण कहते हैं।

नींदा के बीज या अन्य वानस्पतिक अंग जो नए पौधों की उत्पत्ति कर सकते हैं प्राकृतिक या अप्राकृतिक रूप से अपने मातृ पौधों से दूर-दूर तक विभिन्न माध्यमों से फैलते रहते हैं। नए स्थान पर अनुकूल पारिस्थितिकी में अंकुरित होकर वहाँ वृद्धि करते हैं तथा अपनी जाति की अधिक वृद्धि कर उस स्थान के अन्य पौधों की वृद्धि को अवरुद्ध कर देते हैं। नींदा का अपकिरण फसलों के बीज के साथ बहुत अधिक होता है जो एक बहुत बड़ी समस्या बनी हुई है। नए नींदा के बीज निंदाई की विशेष समस्या उत्पन्न कर खर्च बढ़ा देते हैं। अनावश्यक खरपतवारों के बीज बहुधा खाद्यान्न अथवा बीज के साथ एक देश से दूसरे देश में पहुँच कर फसलों में नए नींदा की समस्या उत्पन्न करते हैं। जैसे: गाजर घास (*Parthenium hysterophorus*) जो खाद्यान्न के साथ अमेरिका से 1955 में भारत वर्ष में आया एवं पूना में सबसे पहले देखा गया। उसके बाद वह पूरे महाराष्ट्र में व पूरे कर्नाटक में फैल गया। उसके बाद मध्यप्रदेश, उत्तरप्रदेश व पूरे देश में व्यापक रूप से फैल गया। अब यह खेतों तथा रिक्त स्थानों के लिए एक जटिल समस्या बन गया है। इसकी अधिक बीज उत्पादन क्षमता, अधिक अंकुरण क्षमता, हल्के तथा सूक्ष्म बीज जो कि हवा या पानी द्वारा आसानी से परिवहित होते हैं, के कारण इसका तीव्र गति से विस्तार हुआ है।

नींदा नियंत्रण की दृष्टि से नींदा के फैलाव के विभिन्न माध्यम व नींदा की ऐसी विशेषताएँ जो नींदा के बीज व अन्य उत्पादक, अंगों को फैलाने में मदद करते हैं आदि का ज्ञान होना आवश्यक है। इस ज्ञान के अभाव में नींदा का विस्तार नहीं रोका जा सकता।

नींदापकिरण के माध्यम (Weed Dispersal agencies)

नींदा के बीज के फैलाव के प्रमुख माध्यम हवा, जल, जीव-जन्तु व मनुष्य एवं उसके विभिन्न क्रिया कलाप हैं।

हवा : बहुत से नींदा के बीज हवा के द्वारा बहुत दूर तक उड़कर पहुँच जाते हैं। हवा के द्वारा फैलने वाले बीजों में अनेक विशेष गुण होते हैं जो नींदा के बीजों को फैलने में सहायता करते हैं। कम्पोसिटी कुल के नींदा के बीजों में ऐसी विशेषताएँ पाई जाती है। हवा से विस्तारित बीज वजन में बहुत हल्के होते हैं या उनमें कुछ ऐसे

परिवर्तित अंग होते हैं जो हवा में उड़ने में सहायक हैं ये परिवर्तन अनेक प्रकार के होते हैं जैसे सपक्ष, पेराशूट, पेपस, कोमेट, प्लूम, सेकेट (Saccat) एवं चेफी (Chaffy) जो बीज या फल में होने से हवा द्वारा फैलाव में सहायक होते हैं।

सपक्ष (Winged) : फलों अथवा बीजों में पंख की आकृति के समान पतले-पतले अंग बढ़ जाते हैं या पूरा फल या बीज इस आकृति में परिवर्तित हो जाता है जो हवा के साथ बहुत दूर तक उड़कर पहुँच जाते हैं जैसे वन पालक (*Rumex* spp)।

पेराशूट : ऐसे फल जिनमें रूऐं (Hairs) का गुच्छा या झिल्ली नुमा पत्ती के समान कोई आकृति जो बीज या फल को दूर-दूर तक उड़ने में सहायक होते हैं। उदाहरणार्थ : कम्पोसिटी कुल के नींदा जैसे सांकस आरवेन्सिस (*Sonchus arvensis* L.), बलूमिया स्पीसीज आदि।

प्लूम-फल : ऐसे फल जिनमें वर्तिका (Style) लम्बी शाखाओं में परिवर्तित हो जाती है तथा फल को हवा में दूर तक उड़ा ले जाती है जैसे : क्लीमेटिस स्पीपीस (*Clematis* spp.)।

कोमेट (Comate): ऐसे बीज लम्बे सिल्क जैसे बालों या केपीलरी वालों जैसी संरचनाओं से आच्छादित रहते हैं जो बीजों को हवा में उड़ाने में सहायक होते हैं। ये बहुधा एस्किलीपियेडी कुल के पौधों जैसे अक (*Calotropis procera*) तथा टाइफेसी कुल के रामबाण (*Typha ungustata, T. latifolia*) आदि में पाए जाते हैं। सालिक्स (*Salix* spp.) एवं ईपीलोबियम स्पी. (*Epilobium* spp.) में भी ऐसी ही रचनाएँ पाई जाती हैं जो बीज को उड़ाने में सहायक होती हैं।

सेकेट : ऐसे फल जिनमें अंखुड़ी (*Saccate fruits*) एक चौड़ी झिल्ली नुमा आकृति में परिवर्तित होकर फल के ऊपर फैल जाती है जो कि फल को दूर-दूर तक उड़ाने में सहायक होती है परन्तु इस प्रकार की संरचना बहुत ही कम नींदा के पौधों में पाई जाती है जैसे जंगली रस भरी (*Physalis minima*), इसके फल तेज हवा में ही अधिक उड़ सकते हैं।

हवा के द्वारा अन्य प्रकार के बीज भी जो मृदा की सतह पर गिर जाते हैं विशेषकर ग्रेमिनी कुल की घासों (Grasses) व साइप्रेसी कुल के मोथा (Sedges) के बीज जो बहुत ही हल्के होते हैं तेज हवा के साथ उड़ जाते हैं। जब तेज हवा चलती है तो परिपक्व नींदा के पौध जो शाकीय होते हैं टूट कर फल सहित उड़ जाते हैं व बीजों को रास्ते में गिराते जाते हैं।

प्रस्फुटन : नींदा के फल परिपक्व होने पर उनके बीज के फल भित्ति पर अंदर से अधिक दबाव डालते हैं तथा फल भित्ति के स्फुटन से बीज दूर तक फैल जाते हैं। उदा. आक्सेलिस कारनीकुलाटा।

जल : जल के माध्यम से अनेक प्रकार के खरपतवारों के बीज स्थानान्तरित होते हैं। जलीय नींदा व अन्य भू-स्तरीय नींदा के बीज जल प्रवाह के साथ बहुत दूर-दूर तक पहुँच जाते हैं। जल-निकास, नाला, नदी, नहरों, सिंचाई व साधारण वर्षा के जल प्रवाह व बाढ़ आदि के द्वारा नींदा के बीज, समूल नींदा के पौधे या अन्य कोई वानस्पतिक अंगों को बहुत दूर-दूर तक प्रवाहित कर ले जाते हैं व जगह जगह पर छोड़ देते हैं। नदी-नालों के किनारे अनेक प्रजातियों के नींदा पाए जाते हैं जो विभिन्न स्थानों से जल प्रवाह के साथ आते हैं और किनारों पर उग आते हैं। नींदा के बीज से दूषित जल से सिंचाई करने पर ये खेतों में पहुँच जाते हैं। सीवरेज जल में नींदा के बीज अधिक होते हैं। नींदा सर्वेक्षण द्वारा ज्ञात हुआ है कि शहरों के जल निकास के नालों से सिंचाई करने पर चटक चाँदनी

(*P. hysterophorus*) बड़ी शीघ्रता से शहरों के आसपास के खेतों में फैल रही है। उदाहरणार्थ जबलपुर क्षेत्र में सीवेज जल से सिंचाई करने पर यह नींदा खरीफ व रबी दोनों में अधिक समस्या बन गया है।

पारथीनियम के बीज नदियों के किनारे के खेतों में तेजी से फैल रहे हैं। मध्यप्रदेश में नर्मदा एवं उसकी सहायक नदियों जैसे हिरन, तवा, दुधी आदि के किनारों व कछारों में इसका प्रसार जल द्वारा हो रहा है। महाराष्ट्र व कर्नाटक प्रांतों में भी जल द्वारा बहुत प्रसारित हो गया है। नहरी क्षेत्रों में नींदा की अधिक प्रजातियाँ पाई जाती हैं क्योंकि जल के साथ बीज व नींदा के पौधे प्रवाहित होते रहते हैं।

जल कुंभी (*Eichhornia crassipes*) के बीज व पौधे दोनों ने ही नहरों व नालों में प्रवाहित जल के साथ धान के खेतों में पहुँचकर समस्या पैदा कर दी है। वर्षा ऋतु में तो प्राय: सभी प्रकार के नींदा के बीज जल के द्वारा स्थानान्तरित होते हैं परन्तु प्रमुख जलीय नींदा जो नहरों या नालों द्वारा धान के खेतों में पहुँचते हैं वे इस प्रकार हैं:

तालिका 6.1. नहरों या नालों द्वारा धान के खेत में प्रसारित होने वाले जलीय नींदा

(i)	*Alisma*	–	जल केला
(ii)	*Eichhorina*	–	जल कुंभी
(iii)	*Echinochloa*	–	सांवा
(iv)	*Lemna*	–	पतेरी
(v)	*Monochoria*	–	जल कुंभी
(vi)	*Oryza sativa* L. *spontanea*	–	पसई धान
(vii)	*Polygonum* spp.	–	पाली गोनम
(viii)	*Sagittaria*	–	सेजीटेरिया
(ix)	*Spirodella*	–	स्पारोडेला
(x)	*Setaria megna*	–	सेटेरिया मेगना
(xi)	*Sehima nervosum*	–	मुर्दी
(xii)	*Typha latifolia*	–	रामबान
(xiii)	*Ranunculus*	–	रेनकुलस

नींदा के कुछ बीज जल में तैरते रहते हैं कुछ डूब जाते हैं। जो बीज डूब जाते हैं उनका विस्तार तैरने वाले बीज या पौधों की तुलना में कम होता हैं।

जल के द्वारा प्रसारित होने वाले नींदा में कई प्रकार की अनुकूलतायें (Adaptation) पाई जाती हैं जो जल के द्वारा प्रसारित करने में सहायक होती है। जैसे "सेजीटेरिया" (*Sagittaria* spp.) के बीज में कार्की पक्ष (Corky wings) व वनपालक (*Rumex* spp.) के बीज में पक्ष के अतिरिक्त एक कार्क नुमा अंग की वृद्धि होती है जो तैरने में सहायक होती हैं। ऐसे पूरे फल जल पानी में डालने पर तैरते रहते हैं जो प्रसारण में सहायक होते हैं। पारथीनियम हिस्टीरोफोरस (*P. histerophorus*) एवं छोटी गोखरू (*Achanthospermum hispidum*) के बीज भी जल में तैरते हैं एवं जल के द्वारा प्रसारित होते हैं। कम्पोसिटी व घास कुल के नींदा के बीज पानी में तैरते

रहते हैं लेनटाना, जंगली पालक, बथुआ आदि के बीज भी जल में डूबते नहीं हैं तथा प्रसारण में सहायक होते हैं। कम्पोजिटी कुल के बीजों में अक्षयी पेपस होते हैं, या कार्की बीज चोल या कांटे होते हैं जो तैरने में सहायक होते हैं।

तालिका 6.2. जल पर तैरने वाले नींदा के बीज (Floating types of weed seeds)

नींदा हिन्दी नाम	बाटनीकल नाम
खरीफ	
छोटी गोखरू	*Acanthospermum hispidum*
अद्धाझारा	*Achyranthus aspera*
महकौआ	*Ageratum conyzoides*
गतीधुसी	*Alternanthera sessilis*
कालेर	*Bothriochloa pertusa*
फुलरा	*Blumea* spp.
बिलजा	*Caesulia axillaris*
मोथा	*Cyperus triceps*
चिपकनू	*Desmodium gangaticum*
गुंदली	*Fimbristylis milleacea*
लेन्टाना	*Lantana camara*
घमेर, लतजीरा	*Lagacea mollis*
मालभेस्ट्रम	*Malvastrum coromandelianum*
चटक चांदनी	*Parthenium hysterophorus*
कांस	*Saccharum spontaneum*
सेजीटेरिया	*Sagittaria guayanens*
समाई	*Setaria intermedia*
वरयारी	*Sida carpinifolia*
अगिया	*Striga lutea*
आधाशीशी, आंधी	*Xanthium strumarium*
रबी	
बथुआ	*Chenopodium album*
दुधी	*Crozophora parviflora*
करमेथी	*Medicago denticulata*
वनपालक	*Rumex dentatus*

जानवर : पालतू व जंगली जानवर भी नींदा के बीजों को प्रसारित करने में सहायक होते हैं। जिन खरपतवारों के फल या बीज रोमिल होते हैं वे पशुओं के अंगों में चिपक जाते हैं या बीजों में हुक जैसे अंग या कटीली फल भित्ति होती है जो जानवरों के शरीर पर बालों में उलझकर प्रसारित होते हैं। जैसे – आँधी आधाशीशी (*Xanthium strumerium*), छोटी गोखरू (*Acanthospermum hispidum*), वन कपास (*Urena lobata*), बघनखा (*Martinia annua*), अद्धाझारा (*Achyranthus aspera*) एवं कूसर घास (*Heteropogon contortus*)। जानवर अनेक प्रकार के नींदा के बीज, घास के साथ खा जाते हैं। उनमें से अधिकांश बीज मल के साथ सुरक्षित निकल आते है तथा उनमें से अधिकांश की अंकुरण क्षमता पर कोई प्रभाव नहीं पड़ता। ये बीज गोबर में पड़े रहते हैं तथा अनुकूल परिस्थितियों में अंकुरित हो जाते हैं। हाइमिनोफाइसा प्यूवेसेन्स (*Hymenophysa pubescence*) गाय के गोबर के साथ ही फैलता है। घोड़े की लीद के साथ कैमिल्स थार्न (*Alhagi camelorum*) के बीज फैलते हैं। जंगली बेर (*Zyzyphus rotundifolia*) के बीज इसी तरह सियार के द्वारा प्रसारित होते हैं। पक्षियों के पाचन संस्थान में से भी बीज सुरक्षित मल द्वारा बाहर निकल जाते हैं व प्रसारित होते रहते हैं। रसीले व गूदेदार फल पक्षियों को अधिक आकर्षित करते हैं तथा उनका रस-गूदा तो वे पचा लेते हैं परन्तु बीजों की अंकुरण क्षमता अप्रभावित रहती है। फाइकेसी कुल के पौधों के बीज जैसे बरगद, पीपल, गूलर आदि के बीज चिड़ियों द्वारा प्रसारित होते हैं ये बीज मकानों, कुओं, उपयोगी फलदार वृक्षों आदि पर पहुँच जाते हैं तथा वहीं अंकुरित होकर बढ़ते हैं व नियंत्रण के लिए एक समस्या बन जाते हैं।

मनुष्य : नींदा व अन्य पौधों के प्रसारण में मनुष्य के क्रिया-कलापों का अधिक योग दान हैं। प्रमुख रूप से फसलों के बीज एक कृषक से दूसरे कृषक को हस्तान्तरित होते रहते हैं बहुत से नींदा के बीज फसलों के बीज के साथ मिल जाते हैं। इस प्रकार एक खेत से दूसरें खेत तक फैल जाते हैं। नए बीज एक प्रदेश से दूसरे तक तथा एक देश से दूसरे तक बीज निगम, अन्य विपणन संस्था व शासकीय माध्यमों से कृषक प्राप्त करते हैं। राम तिल, अलसी व बरसीम के बीज के साथ, अमर बेल का बीज फैला है। चिरैया बाजरा का बीज गेहूँ के साथ पंजाब से अन्य प्रान्तों में फैला है इसी तरह कासनी का बीज बरसीम के बीज के साथ तथा सांवा व मुर्दी का बीज धान के बीज के साथ फैल रहा है। अन्य फसलों के साथ भी नींदा के बीज फैल रहे हैं।

शोभाकारी पौधों को मनुष्य एक देश से दूसरे देश में ले जाते हैं परन्तु कुछ में इतनी प्रसारण क्षमता होती है कि वे वहाँ पर नींदा के रूप में स्वतः परिवर्तन करते हैं। जैसे लेन्टाना व जल कुम्भी (*Eichhornia crassepes*) शोभाकारी पौधों के रूप में भारत वर्ष में विदेशी लाए परन्तु वे यहाँ पर नींदा के रूप में फैल कर समस्याजनक खरपतवार बन गए हैं।

अनाजों के साथ भी विदेशों से खरपतवार भारत वर्ष में आए जैसे पारथीनियम गेहूँ के साथ अमेरिका से आया। बहुत से नींदा जो अमेरिका व केनेडा में पाए जाते हैं, वे यूरोप से फैले हैं। इस प्रकार मनुष्य की असावधानी, अदूरदर्शिता व अकर्मण्यता से नींदा एक देश से दूसरे देश में प्रसारित होते रहते हैं। नींदा के बीजों का एक देश से दूसरे देश में प्रवेश करने में प्रतिबंध लगना आवश्यक हैं इसके लिए बीज नियम कड़े बनना व पालन करना आवश्यक हैं जब अनाज दूसरे देशों से आयात किया जाता हैं, तब यह अत्यन्त आवश्यक है कि वह नींदा के बीजों से पूर्णरूपेण मुक्त हो।

कृषि यंत्रों व वाहनों द्वारा

नींदा के बीज कृषि यंत्रों के द्वारा भी एक खेत से दूसरे तक पहुँच जाते हैं। नींदा के बीज टायरों, हल-बखर, कल्टीवेटर आदि में मिट्टी के साथ चिपक जाते हैं जो दूसरे खेतों में गिर जाते हैं। मोटर, ट्रक, रेल आदि के पहियों में भी छोटे-छोटे बीज चिपक जाते हैं तथा प्रसारण में सहायक होते हैं। पारथीनियम के बीजों का प्रसारण इन माध्यमों से बहुतायत से हुआ है। राष्ट्रीय सड़क मार्ग व रेल पटरियों के किनारों में पूरे भारतवर्ष में पारथीनियम छोटी गोखरू आदि का बीज फैल चुका है। गोखरू *(Tribulus terristeris)* के बीज भी मोटर टायर में चिपक जाते हैं वे गैरिज या पेट्रोल पंपों आदि के पास बहुधा पाए जाते हैं।

कम्बाइन हार्वेस्टर के प्रचलन से नींदा के बीज फसल के बीज के साथ ही काटकर गाहे जाते हैं इससे अनेकों प्रकार के नींदा फसल के बीज के साथ मिश्रित हो जाते हैं।

छानन में नींदा के बीज (Weed seeds in screenings)

बड़े कृषि फार्म, कृषि उपज मंडियों, व सीड प्रोसेसिंग प्लांट आदि स्थानों में खाद्यानों की छनाई होती है जिससे नींदा के बीज पृथक किए जाते हैं ये नींदा के बीज अधिक मात्रा में एकत्रित हो जाते है जो एक समस्या बन जाते हैं। मध्यप्रदेश के बावई कृषि फार्म पर गेहूँ की छनाई करने पर हजारों बोरे बथुआ (*Chenopodium album* L.) के बीज एकत्रित देखे गए जिसकी नियंत्रित व्यवस्था करना कठिन कार्य हो जाता है।

जबलपुर व सागर मंडी के गेहूँ, चना, मसूर के छानन का अध्ययन करने पर सेंजी (*Melilotus* spp.), बनबटरी (*Lathyrus aphaca*), अकरी (*Viciav sativa*), तेवड़ा (*Lathyrus sativa*) दुधी (*Euphorbia dracunculoides*), हिरन-चरी (*Convolvulus arvensis*), बथुआ, चिरैया बाजरा (*Phalaris minor*), जंगली जई (*Avena fatua*) आदि नींदा के बीज बहुतायत से पाए गए।

घास-चारे में नींदा के बीज : बहुधा घास-चारे के साथ नींदा के पौधे भी पालतू पशुओं के भोजन के रूप में काट लिए जाते हैं। इस प्रकार के नींदा युक्त घासों का स्थानांतरण करते समय व संग्रहण करने व उपयोग करने के रास्ते में नींदा के बीज फैल जाते है। नींदा के बीज पशुओं के पाचन संस्थान से भी सुरक्षित मल के साथ निकल आते हैं जो कहीं भी मल त्याग करने से प्रसारित होते रहते हैं।

नींदा के अपकिरण व प्रवेश रोकने के प्रतिबंधक उपाय
(Preventive measures of weed dispersal and Introduction)

नींदापकिरण रोकना नींदा नियंत्रण का एक प्रतिबंधक उपाय है। यदि नींदा के बीज कृषि प्रक्षेत्र में नहीं पहुँचेंगे, तो समस्या अपने आप ही हल हो जाएगी। नए परिवेश में किसी भी नींदा का प्रवेश रोकने हेतु नींदा की उत्पत्ति विधि, बीज-उत्पादन दर, अंकुरण क्षमता व सुषुप्तावस्था की जानकारी आवश्यक है। ऐसे माध्यमों जिनके द्वारा बीज का विकीर्णन होता है उनका ज्ञान होना भी बहुत आवश्यक है। नींदा के फैलाव को रोकने के लिए कृषि प्रक्षेत्र प्रबंध, परिवेश, कृषि-तंत्र, सामाजिक व आर्थिक व्यवस्था तथा आपूर्ति का ज्ञान होना भी अति आवश्यक है।

नींदा विस्तार रोकने के प्रतिबंधक उपाय

(1) शुद्ध बीज का प्रयोग

(2) शुद्ध खाद का प्रयोग - नींदा मिश्रित खाद को उसमें मिले नींदा के बीज सड़ने के बाद उपयोग करना चाहिए।

(3) कृषि यंत्रों की सफाई - कृषि यंत्रों को मिट्टी के साथ चिपके नींदा के बीजों को साफ करके प्रयोग करना चाहिए।

(4) बीज छानने की छन्नियों में, हार्वेस्टर, कम्बाइन एवं अन्य कृषि यंत्रों में नींदा के बीज चिपके रहते हैं। अतः इन्हें प्रयोग से पहले अच्छी तरह साफ करना चाहिए।

(5) नींदा युक्त मिट्टी रेत, कंकड़-पत्थर आदि का उपयोग नींदा रहित क्षेत्र में नहीं करना चाहिए।

(6) सिंचाई की नहरों व नदी-नालों के किनारे साफ रखें।

(7) बाड़ी, बांऊडरी लाइन, सड़क मार्ग, रेल मार्ग आदि के किनारे नींदा न बढ़ने दें।

(8) पशुओं को नींदा युक्त क्षेत्र से ऐसे स्थानों में जहाँ नींदा न हों, न ले जाएँ।

(9) खाद्यान्नों व बीजों के छानन (Screenings) जिनमें नींदा के बीज हों, पशुओं को न खिलाएँ। उसे पिसवा कर पशुओं को खिलाएँ।

(10) नर्सरी के पौधों के स्थानांतरण के समय मिट्टी के साथ नींदा के बीजों के प्रसार को रोकना चाहिए।

(11) गमले आदि स्थानान्तरित व हस्तांतरित करते समय नींदा के प्रसार को रोकें।

(12) मनुष्य स्वयं यह ध्यान दें कि उनके जूतों व कपड़ों व बालों के माध्यम से नींदा प्रसारित न हों।

(13) बीज प्रमाणीकरण में सतर्कता रखें तथा बीज स्थानांतरण व प्रवेश (Introduction) के नियमों का पालन किया जाए।

(14) अतिआवश्यक होने पर ही बीजों का आयात किया जाए अन्यथा स्वयं बनाए गए बीजों का प्रयोग करें। आयातित बीज पूर्ण रूप से शुद्ध हो।

(15) यदि खेतों में नींदा के पौधे दिखाई दें तो नींदा के पौधों को बीज बनने के पहले ही उखाड़ दें।

शुद्ध बीज

नींदा नियंत्रण का प्रथम सिद्धांत है कि शुद्ध बीज का प्रयोग किया जाए। बहुधा नींदा के बीजों का प्रसारण फसलों के अशुद्ध बीज के साथ ही होता है। व्यावसायिक बीज जो एक प्रदेश से दूसरे में या एक देश से दूसरे देश में भेजे जाते हैं। उनमें नींदा के बीज का होना बहुत ही हानिकारक है। ऐसे बीजों का प्रमाणीकरण शत प्रतिशत शुद्धता के आधार पर करना चाहिए। वर्तमान में जो बीज व्यवसाय के नियम हैं, वे इतने दृढ़ नहीं हैं कि नींदा का प्रसारण रोका जा सके क्योंकि, एक प्रतिशत नींदा के बीज होने पर भी फसलों के बीजों का प्रमाणीकरण हो जाता है। एक प्रतिशत नींदा के बीज बहुत ही अधिक हैं जो नए स्थान में पहुँचकर वहाँ नयी समस्या उत्पन्न कर देते हैं।

जैसे चिरैया बाजरा (*P. minor*) व ''जंगली जई'' का बीज गेहूँ के बीज के साथ ऐसे क्षेत्रों में समस्या बन गए है, जहाँ ये पहले नहीं पाए जाते थे। फसलों के प्रमाणित बीजों में भी नींदा के बीज मिले रहते हैं एवं वे कुछ हद तक क्षज़्य होते हैं इससे ये नींदा के बीज यद्यपि बहुत कम मात्रा में होते हैं फिर भी कालान्तर में वे समस्या बन जाते हैं। कृषि मंत्रालय, भारत शासन की अनुज्ञप्ति 18/9/88 एवं भारत शासन के द्वारा ''न्यूनतम बीज प्रमाणीकरण मानक 1988'' (Minimum seed certification standard) 1988 के तहत ''प्रजनक बीज'' (Breeder seed) 100 प्रतिशत शुद्ध होना चाहिए। विभिन्न फसलों के ''आधार-बीज'' (Foundation seed) एवं ''प्रमाणीकृत बीज'' (Certified seed) के साथ नींदा के बीजों की कुछ संज़्या क्षज़्य की गई है उसे तालिका 6.3 में दर्शाया गया है। यदि नींदा के बीजों की संज़्या अधिक होती हैं तो ऐसे बीज न्यूनतम बीज प्रमाणीकरण मानक के नियमों के विरुद्ध मानकर उन्हें प्रमाणीकृत नहीं किया जाता है। इन प्रमाणीकृत बीजों में नींदा के बीजों की संज़्या यद्यपि बहुत ही कम प्रतीत होती है परन्तु नींदा के प्रसारण हेतु एक बीज ही 100 क्विंटल बीज में पर्याप्त है। अतः यह ''न्यूनतम बीज प्रमाणीकरण मानक'' बहुत शिथिल है। इस मानक के रहते नींदा के बीज अधिक फैलेंगे। अतः इस नियम में संशोधन की आवश्यकता है।

तालिका 6.3. विभिन्न फसलों के प्रमाणित बीज एवं आधार बीज में नींदा के बीजों की क्षज़्य संज़्या (नींदा बीज की संज़्या/कि.ग्रा. फसल का बीज)

फसल		प्रमाणित बीज	आधार बीज
गेहूँ	Wheat	20	10
धान	Rice	20	10
मक्का	Maize	05	00
ज्वार	Sorghum	10	05
संकर ज्वार	Hybrid sorghum	10	05
बाजरा	Pearl millet	20	10
कोदों	Paspalum	20	10
उड़द	Black gram	10	05
मूँग	Green gram	10	05
चना	Bengal gram	00	00
बरवटी	Cowpea	00	00
	Bean gram	10	05
सेम	Country bean	10	05
तेवड़ा	Lathyrus	10	05
मसूर	Lentil	20	10
मोठ	Moth	10	05

फसल		प्रमाणित बीज	आधार बीज
मटर	Peas	00	00
अरहर	Pigeon pea	10	05
फ्रेन्चबीन	French bean	00	00
अंडी	Castor	00	00
मूँगफली	Groundnut	00	00
सरसों	Mustard	20	10
अलसी	Linseed	10	05
रामतिल	Niger	20	10
कुसुम	Safflower	10	05
तिल	Sesamum	20	10
सोयाबीन	Soybean	10	05
सूर्यमुखी	Sunflower	10	05
कपास	Cotton	10	05
बरसीम	Berseem	20	10
	Andropogon	40	20
अंजन घास	*Cenchrus ciliaris*	40	20
दीनानाथ घास	*Penisetum pedicilatum*	40	20
चरी	Forage sorghum	10	05
ग्वार	Guar	00	00
गिनीघास	Guinea grass	20	10

शुद्ध खाद का प्रयोग

शहर का कम्पोस्ट खाद तथा कृषकों द्वारा बनाया गया कम्पोस्ट व गोबर की खाद या फार्म यार्ड मेन्योर (Farm yard manure) अनेक प्रकार के नींदा के बीजों का प्रसारण करते हैं। जो खाद्यान्नों के साथ नींदा के बीज शहर में पहुँचते हैं वे छान कर कूड़ा दान में फेंक दिए जाते हैं। अन्य घास-फूस जो शहर के पास होता है उसे भी कचरे में फेक दिया जाता है जो अन्त में एक स्थान पर एकत्रित हो जाता है। इसको कृषक क्रय करके अपने खेतों में डालते हैं।

कृषक भी जानवरों को जो सूखा चारा खिलाते हैं उसमें भी अनेक प्रकार के नींदा व घासों के बीज होते हैं। शेष बचे चारे को घूरे में या कम्पोस्ट गड्ढे में गोबर के साथ जमा कर देते हैं। ये बीज खेत में खाद के साथ पहुँच जाते हैं। कुछ बीज पशुओं के गोबर में भी सुरक्षित निकल आते हैं तथा खेत तक पहुँच जाते हैं।

ऐसे खाद का जिसमें अवांछनीय नींदा के बीज हों उसे उचित ढंग से अधिक समय तक सड़ने देना चाहिए, जिससे अधिकांश नींदा के बीजों की अंकुरण क्षमता नष्ट हो जाए। लगभग 3-4 वर्षों तक खाद गड्ढे में ही सड़ने दी जाए उसके बाद ही खेतों में डाली जानी चाहिए।

हारमोन एवं कीम (1934) ने नींदा के बीजों को घोड़े की लीद एवं गाय के गोबर में 1, 2, 3 व चार महीनों दबाकर रखने के बाद अंकुरण क्षमता का अध्ययन किया। इससे यह पता चला कि हिरनचरी, सेंजी, वनपालक, आधाशीशी, गोखरू व कंधी की अंकुरण क्षमता 2 से 3 महीने बाद पूर्ण रूप से नष्ट हो गई। इसका घोड़े व गाय के गोबर का तापक्रम दो सप्ताह में क्रमशः 168° फे. व 150° फे. हो गया जिससे अंकुरण क्षमता का ह्रास शीघ्र हो गया। गोबर के ऊपर चारे की तह जमाकर रखना फिर, गोबर की तह जमाकर रखना, ऐसे क्रम में रखने पर चारे के साथ जो नींदा के बीज होते हैं वे सड़ जाते हैं। इसको गड्ढे में रखना आवश्यक है। गीला रहने पर बीजों की अंकुरण क्षमता शीघ्र समाप्त होती है। परन्तु सूखा तथा अधिक दबा होने पर अंकुरण क्षमता का ह्रास कम होता है।

गड्ढे में सड़ने के कारण नींदा के बीजों का बीजांकुरण इसलिए कम हो जाता है क्योंकि सड़ने से कार्बनिक अम्ल बनते हैं जो नींदा के बीजों पर शीघ्र प्रभाव डालकर उनकी अंकुरण क्षमता नष्ट कर देते हैं। गड्ढे में तापक्रम व नमी भी अधिक होने से नींदा के बीजों की अंकुरण क्षमता नष्ट हो जाती है।

तालिका 6.4. बीज अंकुरण क्षमता (%) पर घोड़े की लीद व गाय के गोबर का असर (हारमोन एवं कीम)

	घोड़े की लीद				**गाय का गोबर**				**दबाने के पहले**
	1.	**2.**	**3.**	**4.**	**1.**	**2.**	**3.**	**4.**	
	महीना				**महीना**				
1. हिरन चरी *Convolvulus arvensis*	6.0	8.0	0.0	0.0	40	22.0	1.0	0.0	84.0
2. कंथी *Abutilon* spp.	2.0	0.0	0.0	0.0	0.0	0.0	0.0	0.0	52.5
3. वन पालक *Rumex acetosella*	0.0	0.0	0.0	0.0	0.0	0.0	0.0	0.0	86.0
4. आधाशीशी *Xanthium* spp.	0.0	0.0	0.0	0.0	0.0	0.0	0.0	0.0	60.0
5. गोखरू *Tribulus terrestris*	0.0	0.0	0.0	0.0	0.0	0.0	0.0	0.0	52

साइलेज बनाकर नींदा के बीज अंकुरण क्षमता नष्ट करना

सूखे चारे (Hay) की अपेक्षा साइलेज बनाकर पशुओं को खिलाएँ। साइलेज बनाते समय अधिकांश नींदा के बीजों की अंकुरण क्षमता कम हो जाती है। वुडवर्ड (1940) ने अपने अध्ययन से यह सिद्ध किया कि साइलेज बनाते समय 29 नींदा के बीजों में से 26 नींदा के बीजों की अंकुरण क्षमता समाप्त हो गई उदाहरणार्थ – बन रागी *(Eleusine indica)* चौलाई *(Amaranthus* spp.), केब्र घास (*Digitaria adscendens*), बंदरा बंदरी (*Set-*

aria spp.), सेंजी (*Melilotus* spp.), सरसों (*Brassia juncea*), सांकस (*Sonchus arvensis*), चरी (*Sorghum halepense*), जंगली करडी (*Cirsium arvense*), मकोई (*Solanum carolinense*), दुधी (*Euphorbia* spp.) आदि। परन्तु हरिनचरी (*Convolvumlus arvensis*), लेस्पीडीजा (*Lespedeza*) व ड्रकोसिफेलम (*Dracocephalum parviflorum*) आदि की अंकुरण क्षमता पर साइलेज बनाने का प्रभाव नहीं हुआ।

पूर्व में टिलडेसले (1937) ने यह पाया कि साइलेज बनते समय कोई ऐसे रासायनिक पदार्थों का स्राव होता है जो नींदा के बीजों की अंकुरण क्षमता समाप्त कर देते हैं।

साफ-स्वच्छ कृषि यंत्रों का प्रयोग

सभी प्रकार के कृषि यंत्र विशेष कर हेरो, हल (Plough) एवं हारवेस्टर एक खेत से दूसरे में नींदा प्रसारित करते हैं। इन यंत्रों को स्थानांतरित करते समय पूर्ण रूप से स्वच्छ कर लेना चाहिए। बड़े व महंगे कृषि यंत्र सभी कृषक खरीदने में समर्थ नहीं होते। वे सक्षम कृषकों या संस्थाओं से किराये पर लेकर इन कृषि यंत्रों का उपयोग करते हैं। बहुधा यह देखा गया है कि कम्ब़ाइन हार्वेस्टर पंजाब से मध्यप्रदेश, उत्तरप्रदेश व अन्य प्रदेशों में कटाई व गाहनी करने आते हैं। यदि इन यंत्रों को साफ नहीं किया तो पंजाब के नींदा अन्य प्रदेश में एवं वहाँ के पंजाब में फैल जाएंगे। पंजाब में गेहूँ के क्षेत्र में चिरैया बाजरा के फैलने में, इन कृषि यंत्रों ने प्रमुख रूप से भी मदद की है। अतः इन यंत्रों को सावधानी पूर्वक उपयोग करना आवश्यक है।

गिट्टी, मुरम, रेत व मिट्टी का स्थानांतरण शुद्ध रूप में हो

बहुधा यह पाया गया है कि जंगलों से बोल्डर, गिट्टी, मुरम व मिट्टी आदि तथा नदी से रेत आदि को जब स्थानान्तरित करते हैं तो इनके साथ अनेक प्रकार के नींदा के बीज भी बहुत दूर तक पहुँच जाते हैं। अतः इनका स्थानांतरण करते समय सावधानी रखें कि इनके साथ नींदा के बीज स्थानांतरित न हों। रेलों के माध्यम से गिट्टी स्थानांतरित करते समय विशेष ध्यान रखने की आवश्यकता है। जहाँ पर गिट्टी आदि एकत्रित की जाती है उस स्थान को नींदा रहित रखना चाहिए व समय समय पर देखते रहें कि कोई भी नींदा यहाँ अंकुरित न हों। इससे गिट्टी, नींदा के बीजों से अशुद्ध न होगी व दूसरे स्थान पर फैलाव भी न होगा। मिट्टी का स्थानांतरण करने से नींदा का प्रसार रोका जा सकता है।

नहरों की सफाई

नींदा के पौधों के बीज नहरों के द्वारा खेतों तक प्रसारित होते हैं। अतः यह आवश्यक है कि नहरों के किनारे पूर्णरूप से साफ रखे जाएँ। उप नहरें व खेतों की नालियाँ कृषक नींदा रहित रखें परन्तु वे इनको नींदा रहित तभी रख सकते हैं जब सब मिलकर सफाई रखें व नींदा के बीज पकने ही न दें तथा मुज्य नहर पर नींदा के बीज न बनने दें। इसके लिए शासन को अधिक सावधानी रखनी चाहिए अन्यथा उप नहरों या सिंचाई नाली को साफ नहीं रख सकते हैं। राम-बान (*Typha latifolia*), चटक चाँदनी (*Parthenium hysterophorus*) व जलकुंभी (*Eichhornia crassepes*) नहरों के द्वारा अधिक फैल रहे हैं। यदि प्रतिबंधक उपाय न अपनाए गए तो भयानक समस्या बन जाएगी।

जल निकास में नींदा न जाने दें

जल निकास में भी सावधानी की आवश्यकता होती है क्योंकि हल्के बीज जल के साथ एक खेत से दूसरे खेत तक फैलते हैं। अशुद्ध नींदा युक्त जल को दूसरे खेतों में जाने से रोकना चाहिए। जल निकास नालियों में छन्नियों का प्रयोग कर नींदा का प्रसार रोका जाए।

सड़क, रेल मार्ग, बाउंडरी व रिक्त स्थानों में नींदा को न बढ़ने दें

सड़क व रेलमार्ग के किनारों पर तथा बाड़ी (Fence lines) व रिक्त स्थानों में अनावश्यक खरपतवार बढ़ते रहते हैं। ये प्रमुख रूप से खेतों तक विभिन्न माध्यमों से प्रसारित हो जाते हैं। इनमें मौसमी खरपतवार अधिक होते हैं। इन खरपतवारों को बीज बनने के पहले ही नष्ट करना आवश्यक है। यदि इन्हें बीज बनने के पहले नष्ट नहीं किया तो ये गुणित होते रहते हैं व कृषि क्षेत्रों में प्रसारित होते रहते हैं। इनसे आग लगने का भी बहुत भय रहता है, जो राहगीरों की लापरवाही से भयानक रूप धारण कर लेती। इन स्थानों में नींदा नियंत्रण का दायित्व शासन व अन्य संस्थाओं का होता है। चटक चांदनी *(Parthenium hysterophorus)* छोटी गोखरू *(Acanthospermum hyspidum)*, लेनटाना आदि का प्रसार कृषि क्षेत्र में इन्हीं स्थानों से हो रहा है। जब तक इनका नियंत्रण इन स्थानों में नहीं किया जाएगा, कृषि क्षेत्र में नियंत्रण करना कठिन कार्य है। इन स्थानों से प्रति वर्ष कृषि क्षेत्र में नींदा पहुँचते रहते हैं।

पशुओं का स्वछंद विचरण रोकना

पशुओं को एक स्थान से दूसरे स्थान पर ले जाने से नींदाओं के बीज प्रसारित होते हैं। ये पशु एक स्थान पर चारे के साथ नींदा के बीज खा लेते हैं जो दूसरे स्थान में जाकर गोबर के साथ बाहर निकाल देते हैं। जैसे पंजाब हरियाणा से मुर्रा भैंसे और हरियाणा नस्ल की गायों का भारत देश के अन्य प्रदेशों में जाना तथा वहाँ पर गोबर के साथ नींदा के बीजों को फैलाना।

इन पशुओं के बालों में व खुरों में मिट्टी के साथ नींदा के बीज फैल जाते हैं। रास्ते में जो पशु चरते हुए स्थानांतरित होते हैं उनके द्वारा बहुत मात्रा में नींदा के बीज फैलते हैं जैसे आधा शीशी *(Xanthium strumarium)* व छोटी गोखरू *(Achanthospermum hispidum)* के बीज ऐसे पशुओं के द्वारा बहुत फैल रहे हैं। इस प्रकार के स्थानांतरण एवं स्वछंद प्रवेश को रोकना आवश्यक है जब ये पशु पूर्ण रूप से नींदा मुक्त हो तभी उनका स्थानांतरण करना चाहिए। इस संदर्भ में नए नियम बनाना आवश्यक है।

छानन व चारे के साथ नींदा के बीज पशुओं को न खिलाएँ

ऐसे अनेक उदाहरण है जहाँ पर अनाज के छानन को पशुओं को खिला देते हैं। इस छानन में अनेक प्रकार के नींदा के बीज होते हैं जो पशुओं के पाचन संस्थान से गोबर के साथ निकलकर खेतों को प्रभावित करते हैं। ऐसे छानन को पीस कर या उबाल कर ही पशुओं को खिलाना चाहिए। यह सावधानी रखने से नींदा का प्रसारण कम होगा।

पाचन संस्थान से निकले हुए नींदा के बीजों की अंकुरण क्षमता

एक प्रयोग में मि. बीच ने जर्सी गाय को नींदा के बीज खिलाए तथा गोबर के साथ निकले बीजों में 4 से 5% तक अंकुरण क्षमता पाई गई। चौलाई, बथुआ *(Chenopodium album)* व बंदरा-बंदरी *(Setaria viridis)* के बीजों पर पाचन संस्थान की क्रिया का कम प्रभाव होता है। चौलाई का बीज पाचन संस्थान में 47, 59, 63 व 97 घंटे रहने पर बीजों की अंकुरण क्षमता क्रमश: 36%, 29%, 4% एवं 3% रहती है। हारमोन व कीम (Harmon and Keim) ने औसत 14.2% अप्रभावित बीज, गाय, बछड़ा, घोड़ा, भेड़, मुर्गी को खिलाकर गोबर में प्राप्त किया जिनकी औसत अंकुरण क्षमता 6.7% मिली। यदि छानन खिलाते हैं तो गोबर को एकत्रित करें व उसे लगभग 1-2 वर्ष तक सड़ने दें।

शुद्ध पौध का उपयोग करना

रोपणी या पौधशाला (Nursery) को यदि असावधानी पूर्ण बनाया गया तो उसमें नींदा अधिक होंगे जिससे नींदा के पौधे एवं बीज भी पौध के साथ स्थानांतरित होते हैं। उदाहरणार्थ खट्टी-बूटी *(Oxalis corniculuta)*, नोनियाँ *(Portulaca oleracea)*, दूब *(Cynodon dactylon)* व गोंदला *(Cyperus rotundus)* आदि के बीज अथवा पौधे रोपणी के पौध के साथ ही दूसरे स्थान को जाते हैं। धान की रोपणी में सावाँ *(Echinochloa crusgalli* var. *oryzichola)* व मुर्दी की पौध भी धान की पौध के साथ उखाड़ ली जाती है व उसी के साथ रोप दी जाती है। अत: यह अति आवश्यक है कि रोपणी नींदा रहित हो तथा जो भी पौध रोपणी से बाहर जाए उसके साथ नींदा के पौधे या बीज न आए। गमलों में शोभाकारी पौधे गमले सहित स्थानांतरित होते हैं। अत: ये गमले पूर्ण रूपेण नींदा रहित होना चाहिए। जो पौधे खरीदते हैं उन्हें पूर्ण रूप से परीक्षित कर नींदा रहित करना चाहिए।

■■■■

बीजांकुरण, उद्भवन एवं प्रसुप्ति
(Seed Germination Emergence and Dormancy)

बीज (Seed) पौधे की एक विचित्र रहस्यमय इकाई है, जिसकी दैहिकीय क्रियाओं के संबंध में पूर्ण ज्ञान नहीं है। पौधों की एक अन्य इकाई जैसे कलिका (Bud) की वृद्धि भी अत्यधिक रहस्यमय है, जो पर्वसंधि पर प्रसुप्त अवस्था में रहती है तथा अनुपयुक्त पारिस्थितिकी जैसे सूखा, ताप, शीत से बचाव करती है तथा उपयुक्त वातावरण में वर्धनशील हो जाती है। वैज्ञानिकों के मतानुसार (अवराल एवं मकलार्थ, 1966) बीज व कली की प्रसुप्तावस्था में आंशिक रूप से निर्जलीकरण (Partial dehydration) हो जाता है तथा श्वसन क्रिया (Respiration) बहुत ही मंद हो जाती है।

बीज एवं कली की प्रसुप्ति अवस्था में कुछ समय के लिये वृद्धि व अन्य दैहिकीय क्रियाओं का निलंबन (Suspended state) हो जाता है।

बीजांकुरण (Seed germination)

अनुकूल पारिस्थितिकीय कारकों की उपस्थिति में स्वस्थ बीज (Viable seed) एक नए पौधे को जन्म देने के लिए निष्क्रिय अवस्था (inactive stage) से सक्रिय (Active) होकर मूलांकुर (Radicle) एवं प्रांकुर (Plumule) को बढ़ने हेतु विभिन्न परिवर्तन कर एक नवोद्भिद् (Seedling) बनने तक की क्रिया को बीजांकुरण कहते हैं।

विभिन्न प्रकार के बीजों में अंकुरण की आवश्यकताएँ भिन्न होती हैं। किसी पौधे के बीजों को अधिक ताप व जल की आवश्यकता होती है जैसे खरीफ ऋतु में अंकुरित होने वाले खरपतवार (Monsoon weeds), अन्य पौधों को कम नमी व कम ताप की आवश्यकता होती है जैसे रबी के खरपतवार (Winter weeds)। यदि उनको उपयुक्त कारक नहीं मिलते तो वे स्वस्थ (Viable) होते हुए भी अंकुरण नहीं कर पाते हैं।

बीजांकुरण हेतु आवश्यक बाह्य दशाएँ
(Necessary environmental conditions for germination)

सभी बीजों के अंकुरण हेतु निम्नलिखित बाह्य दशाएँ आवश्यक हैं इनके उपयुक्त न होने पर बीज जीवित होने पर भी अंकुरित नहीं होते हैं।

(1) उचित जल (Optimum water) (2) उचित आक्सीजन (Oxygen)

(3) उचित ताप एवं कई बीजों के अंकुरण हेतु (4) प्रकाश

इन बाह्य दशाओं में से यदि एक भी उपयुक्त नहीं होती तो अंकुरण नहीं होता है व बीज निष्क्रिय ही पड़ा रहता है।

जल (Water)

उपयुक्त जल की उपस्थिति में ही बीज अंकुरित होते हैं कुछ बीजों के अंकुरण हेतु मृदा नमी 12 से 20% का होना आवश्यक है। अधिक नमी होने पर या जल मग्न दशा में ये बीज अंकुरित नहीं होते हैं।

कुछ जलीय पौधों के बीज जल मग्न दशा में अंकुरित होते हैं जैसे- जलकुम्भी *(Monochoria vuginalis)*, मोथा *(Cyperus defformis)* अंकुरण के समय बीज, नमी अवशोषित कर (Imbibition) फूल जाते हैं, उनका ताजा भार (Fresh weight) बढ़ जाता है तथा कई स्पीसीस में बीज चोल फट जाता है। भोज्य पदार्थों का हाड्रोलाइसिस होता है और वे सरल घुलनशील भोज्य पदार्थों में बदल जाते हैं तथा काटीलिडन अथवा एंडोस्पर्म से भ्रूण में स्थानांतरित होते हैं। अनेक वृद्धि कारकों का सृजन (Synthesis) एवं स्राव (Secretion) होता है जिससे भ्रूण में स्थित जीन्स को वृद्धि की प्रेरणा मिलती है। इस प्रकार मूलांकुर (Radicle) एवं प्रांकुर (Plumule) भोज्य पदार्थ का उपयोग कर वृद्धि करता है। जल की उपयुक्त मात्रा होने पर बीज में श्वसन क्रिया तीव्र हो जाती है।

अत्यधिक जल की मात्रा होने पर कई स्पीसीस के बीज अंकुरित नहीं होते हैं। ऐसा माना गया है कि अंकुरण में रुकावट जल की अधिकता से नहीं वरन् जल के आधिक्य से आक्सीजन की कमी हो जाने के कारण होती है।

आक्सीजन

बीजांकुरण के समय विभिन्न जैविक क्रियाओं को संचालित करने हेतु उर्जा की आवश्यकता होती है जो श्वसन के द्वारा मिलती है। श्वसन में, घुलनशील शर्करा का आक्सीकरण होता है जिससे ऊर्जा बनती है जो भ्रूण अपनी जैविक प्रक्रियाओं में उपयोग करता है। आक्सीकरण हेतु आक्सीजन की आवश्यकता होती है। यदि बीज को उपयुक्त आक्सीजन उपलब्ध नहीं होती है तो उस स्थिति में बीज जल मिलने पर फूल तो जाएगा परन्तु वह अंकुरित नहीं हो सकेगा। यही कारण है कि जो बीज भूमि में अधिक गहराई पर दब जाते हैं वहाँ पर्याप्त आक्सीजन न मिलने पर, नमी होते हुए भी वे अंकुरित नहीं होते हैं।

जंगली-जई *(Avena fatua)* एवं जंगली सरसों *(Brassica kaber)* के बीजों को मृदा में दबा दिया जाए (Soil compaction) तो अंकुरित बहुत कम होते हैं। जुताई-बखराई करने पर जंगली-जई का 6 गुना एवं जंगली-सरसों का दुगना अंकुरण बढ़ जाता है। जुताई-बखराई से मृदा में रिक्त स्थान बढ़ते हैं जिससे आक्सीजन का संचार भी बढ़ जाता है।

उचित ताप

सभी स्पीसीस के बीज कोई भी एक ताप पर अंकुरित नहीं होते हैं। विशेष स्पीसीस के बीजों को अंकुरित होने के लिए निश्चित ताप की आवश्यकता होती है। वे उसी सीमित ताप की दशा में ही अंकुरित होते हैं।

सामान्यत: बहुत कम ताप जैसे 0° से 5° सें. तथा बहुत अधिक जैसे 45° सें. से अधिक ताप की दशा में बीज अंकुरित नहीं होते हैं। इसका कारण यह है कि कोशिका द्रव्य (Cytoplasm) एक निश्चित ताप सीमा पर ही क्रियाशील (Functional) रहता है।

प्रकाश (Light)

कुछ स्पीसीस के बीजों का अंकुरण प्रकाश से प्रभावित होता है (तालिका 6.1)। ऐसे बीज 'फोटोब्लास्टिक' (Photoblastic) कहलाते हैं। जिन बीजों में अंकुरण हेतु प्रकाश की आवश्यकता होती है तथा ये अंधेरे में अंकुरित नहीं होते हैं। ऐसे बीज 'पॉजीटिव फोटोब्लास्टिक' कहलाते हैं उदाहरणार्थ धतूरा (*Datura alba*)। कुछ स्पीसीस प्रकाश की उपस्थिति में अंकुरित नहीं होते हैं। ऐसे बीज 'नेगेटिव फोटोब्लास्टिक' कहलाते हैं उदाहरण लेमियम एज़्लेक्सीक्यूल *(Lamium amplexicaule)*, बथुआ *(Chenopodium album)*, भटा, टमाटर व प्याज। लिलियेसी की कुछ स्पीसीस के बीजों पर प्रकाश का अंकुरण-रोधक प्रभाव होता है। अधिकांश नींदा के बीज (weed seeds) प्रकाश की उपस्थिति में ही अंकुरित होते हैं। जिन नींदा के बीज को, भूमि में गहराई पर होने से या घनी छाया होने से प्रकाश नहीं मिलता, उनका अंकुरण नहीं होता है। बन-पालक *(Rumex dentatus)* के बीज पर प्रकाश का मात्रक (Quantitative) प्रभाव होता है।

इकूमा एवं थिमन (Ikuma and Thimann) के अनुसार प्रकाश की ग्राह्यता बीज-पत्र में होती है। किन्तु ईभनरी (Evenori, 1957) के अनुसार बीज चोल में प्रकाश ग्राह्य पिगमेंट होते हैं जो अंकुरण को प्रभावित करते हैं। ज़्लिंट एवं मक्एलिस्टर (1935, 37) ने लेट्यूस के बीज पर प्रकाश की विभिन्न रंग की किरणों का परीक्षण किया। उनके अनुसार प्रकाश का लाल क्षेत्र (Red region) (650 nm) सबसे अधिक बीजांकुरण में सहायक है तथा परा-लाल (Infrared - 'Far Red' (अवरक्त क्षेत्र) (730 nm), बीज का अंकुरण रोकता है।

वर्थविक एवं हेंडरिक्स (Worthwick and Hendricks) के अनुसार लाल एवं परालाल (अवरक्त) किरणों को अवशोषित करने वाला पिगमेंट दो स्वरूपों में रहता है। पहला P 650 जो लाल किरणों को अवशोषित करता है तथा दूसरा P 730 जो परा-लाल किरणों को अवशोषित करता है। जब पी. 650 लाल किरणों को अवशोषित कर लेता है तो वह पी. 730 के स्वरूप में बदल जाता है तथा पी. 730 की अधिकता होने से अंकुरण प्रारज़्भ हो जाता है। जब परालाल (अवरक्त) किरणें पी. 730 द्वारा अवशोषित होती हैं तो यह पी. 730 पिगमेंट, पी. 650 स्वरूप में बदल जाता है। यह स्वरूप अंकुरण प्रारज़्भ करने में अक्षम है। इसका तात्पर्य यह है कि यदि परा-लाल किरणें अधिक अवशोषित हो रही हैं तो पी. 730 पिगमेंट की कमी हो जाएगी तथा पी. 650 का बाहुल्य हो जाएगा। यह पी. 650 स्वरूप अंकुरण की प्रक्रिया प्रारंभ करने में सहायक नहीं है।

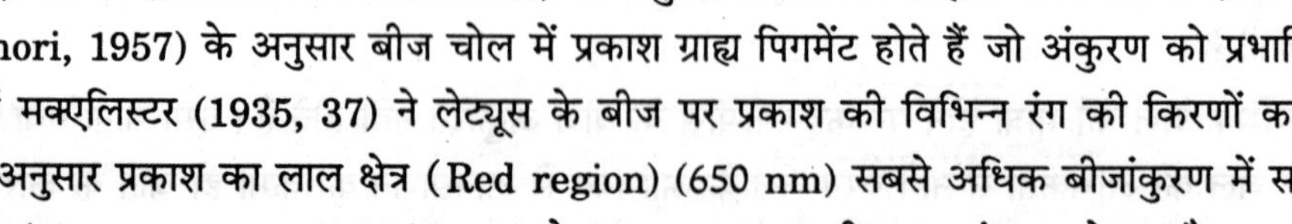

तालिका 7.1. फोटो ब्लास्टिक स्पीसीस (Photoblastic species)

अ - अंकुरण हेतु प्रकाश की आवश्यक दशा

Positively Photoblastic (Germination promoted by Light-red light)

Amaranthus retroflexus	*Betula* spp.
Bidens tripartitus	*Capsella bursa pastoris*
Datura alba	*Digitalis purpurea*
Echium vulgare	*Epilobium hirsutum*
Eschololtzia spp.	*Fragaria virginiana*
Juncus spp.	*Kalanchoe blossfeldiana*
Lactuca sativa	*Lipidium virginicum*
Lythrum salicoria	*Nicotiana tabacum*
Paeonia spp.	*Perilla ocymoides*
Phleum pratense	*Poa* spp.
Primula spp.	*Rumex* spp.
Verbascum thapus	

ब - स्पीसीस जिनमें प्रकाश के द्वारा अंकुरण नहीं होता है। 'नेगेटिव फोटो ब्लास्टिक'

(Negatively Photoblastic species (Inhibition of germination by light-far red)

Chenopodium album	*Helleborus niger*
Lamium amplexicaule	*Lycopersicon esculentum*
Nemophila insignis	*Nigella damascena*
Phacelia tanacctifolia	*Silene armeria*
Solanum melongina	

बीजांकुरण के समय जैवरासायनिक परिवर्तन
(Biochemical changes in seed during germination)

नमी उपलब्ध होने पर बीज जल का प्रचूषण (Imbibition) कर फूल (Swell) जाते हैं। कई बीजों में फूलने के कारण बीज चोल फट जाते हैं। इससे आक्सीजन एवं कार्बनडाईआक्साइड का आदान-प्रदान सरलता से होता है एवं श्वासोच्छवास क्रिया तीव्र हो जाती है। बीजों में स्थित मंड (Starch), प्रोटीन (Proteins) तथा वसा (Lipids) के हाड्रोलाइजिंग विकर सक्रिय होकर इन पदार्थों को सरल एवं घुलनशील भोज्य पदार्थों में बदल देते हैं जो भ्रूण (Embryo) की वृद्धि में उपयोगी होते हैं। भ्रूण में उपस्थित विकर बीज-पत्र (Cotyledon) अथवा भ्रूणपोष (Endosperm) में पहुँच जाते हैं। बीजपत्र अथवा भ्रूणपोष में मंड, प्रोटीन, वसा आदि अघुलनशील भोज्य पदार्थ संचित रहते हैं। जो विकरों द्वारा घुलनशील सरल पदार्थों में बदल दिये जाते हैं जिसे भ्रूण उपयोग कर सकता है।

वसीय अम्ल (Fatty acids)

लाइपेज विकर (Lypase emzymes) की उपस्थिति में घुलनशील शर्करा में बदल दिए जाते हैं। बीज पत्र या भ्रूणपोष में स्थित ये सभी अघुलनशील पदार्थ जब विकरों द्वारा घुलनशील भोज्य पदार्थों में बदल दिए जाते हैं तब ये भ्रूण की ओर स्थानांतरित हो जाते हैं जहाँ पर भ्रूण की विस्तृति वृद्धि (Elongation growth), नई कोशिकाओं के सृजन एवं श्वसन में उपयोग होते हैं। हाड्रोलाइजिंगविकर जैसे इनवरटेज (Invertase), माल्टेज (Maltase), डाइस्टेज (Diastase) आदि अघुलनशील मंड (Starch) को घुलनशील शर्करा में बदल देते हैं।

प्रोटीन भी अघुलनशील होते हैं अत: इनको उपयोग करने हेतु प्रोटियेजेस विकरों (Proteases enzymes) के द्वारा अमीनों अम्लों में बदल देते हैं। ये घुलनशील होते हैं जिसे भ्रूण उपयोग कर सकता है।

अत: ''अंकुरण वह क्रिया है जिसके द्वारा बीज में जल का अवशोषण (Imbibition) होना, पहले से संश्लेषित (Synthesised) विकरों का मुक्त होकर स्रवित होना, तत्पश्चात् भोज्य पदार्थों का भ्रूण तक स्थानांतरण होना तथा जिसका भ्रूण उपयोग कर नए प्रोटीन एवं आर.एन.ए. (Ribonucleic acid) का सृजन कर विस्तृति-वृद्धि (elongation growth) करता है जिससे बीज के अंकुर की संकुचित एवं घनीकृत कोशिका (Condensed cells) की वृद्धि होती है।'' इस मत का प्रतिपादन पी.एफ. वारींग (Waring, 1969), ल्यूपोल्ड एवं क्रीडमेन (1981) ने किया है। प्रसुप्त बीजों में प्रोटीन एवं आर.एन.ए. की संश्लेषण क्षमता तब तक नहीं रहती जब तक वे प्रसुप्त रहते हैं। यदि प्रसुप्ति जी ए (Gibberellic acid) के उपचार से दूर कर दी जाए तो यह क्षमता उनमें आ जाती है।

डेविडसन (Davidson, 1966) के अनुसार डी.एन.ए. का संश्लेषण (Synthesis) एवं कोशिका विभाजन अंकुर (Radicle) के उद्भवन (Emergence) के पश्चात् प्रारम्भ होता है। डी.एन.ए. संश्लेषण अंकुरण (Germination) का अंगभूत (Component) नहीं है। लेट्यूस के बीज बोने के 12-14 घंटे बाद जब रेडीकल बीज के बाहर दिखाई देता है उस समय कोशिका विभाजन (Cell division) एवं कोशिका-विस्तृति (Cell elongation) प्रारम्भ हो जाती है (Evenari *et al.,* 1957)। मक्का के बीज में प्रारम्भिक वृद्धि कोलोराइजा की प्राथमिक कोशिकाओं की विस्तृति-वृद्धि में सन्निहित है। बीज के अंकुरण हेतु उपयुक्त दशा मिलने के 2 से 4 घंटे के बाद श्वसन क्रिया तीव्र हो जाती है। श्वसन कोसेन्ट RQ (Respiratory quotient) एक स्पीसीस से दूसरी में भिन्न होता है क्योंकि बीज चोल की विशेषता पर O_2 एवं CO_2 के आदान-प्रदान पर असर होता है। मटर के अंकुरण के प्रारम्भिक समय में अनाक्सीकृत श्वसन (Anaerobic) होता है क्योंकि बीज चोल के कारण आक्सीजन उपलब्धि में बाधा होती है। एथिल एल्कोहल अंकुरणशील बीज में आक्सीजन की अनुपस्थिति में एकत्रित हो जाती है। ग्लाइकोलायसिस (Glycolysis) हेतु विकर पाए जाते हैं। (Hatcher & Turner, 1958) आक्सीश्वसन के समय पायरूविक अम्ल (Pyruvic acid) जो ग्लाईकोलाइसिस के समय बनता है उसका ट्राइकार्बोक्सीलिक अम्ल-चक्र (Tricarboxylic acid (TCA) Cycle) के द्वारा CO_2 एवं H_2O में विघटन हो जाता है। इस क्रिया में उपयोगी विकर माइटोकोंड्रिया (Mitochondria) में स्थित रहते हैं। अंकुरणशील बीज की तुलना में शुष्क बीज में माइटोकोंड्रिया की क्रिया बहुत ही मंद रहती है। सेम (Bean) के शुष्क बीज में आक्सीडेटिव फास्फोरीलेशन नहीं होता या बहुत कम होता है तथा ए.टी.पी. नहीं बनता परंतु जल अवशोषित (Imbibition) होने के बाद ए.टी.पी. बनता है।

साइटोक्रोम आक्सीडेज (Cytochrome oxidase) मटर के अंकुरणशील बीज में पाया जाता है एवं इलेक्ट्रान ट्रांसपोर्ट सिस्टम (Electron transport system) जिसमें पिरीडीन न्यूक्लियोटाइड (Pyridine nucleotide), ग्लूटाथियोन (Glutathione), एस्कार्बिक अम्ल (Ascarbic acid) एवं एस्कार्बिक अम्ल आक्सीडेज (Ascarbic acid oxidase) उपस्थित पाए गए। ये शुष्क बीज में नहीं पाए गए (Mapson and Moustaffe, 1957)।

यद्यपि कुछ विशेष विकरों की उपस्थिति एवं क्रियाशीलता (Activity) शुष्क बीजों में प्रतिपादित की गई है। परन्तु प्रमुख रूप से विकरों की तीव्र क्रियाशीलता अंकुरण के समय ही पायी जाती है। निष्क्रिय विकर अंकुरण के समय सक्रिय हो जाते हैं। कुछ विकरों का ताजा सृजन (de novo synthesis) होता है। भारनर एवं चन्द्रा (1964) के परीक्षणों से विदित हुआ कि जौ से अल्फा-एमाइलेज (amilase) का ताजा सृजन होता है। अंकुरण के समय भ्रूण के द्वारा जी.ए. का स्राव होता है जो एमाइलेज का संश्लेषण (Synthesis) करता है। यदि भ्रूण रहित एल्यूरोन को जी.ए. से उपचारित करें तो अल्फा एमाइलेज बनता है। अतः सिद्ध होता है कि विकरों का संश्लेषण वृद्धि कारकों से नियंत्रित होता है। अल्फा एमाइलेज का संश्लेषण साइक्लोहेक्सीमाइड के द्वारा रुक जाता है इससे यह सिद्ध होता है कि उसे प्रोटीन की आवश्यकता होती है। तथा एक्टीनोमाइसिन डी (Actinomycin-D) के द्वारा भी अल्फा एमाइलेज का बनना रुक जाता है इससे यह निष्कर्ष निकलता है कि उसे आर.एन.ए. की आवश्यकता होती है।

इंगले एवं हेगमैन (Ingle & Hageman, 1964) ने सिद्ध किया कि बीजांकुरण के समय आर.एन.ए. का संश्लेषण होता है। अंडी के बीजांकुरण के समय राइबोसोम की उपस्थिति पाई गई। बीज के पकने पर राइबोजोम्स लगभग या पूर्णतया एन्डोस्पर्म से गायब हो जाते हैं परन्तु अंकुरण के समय इनकी क्रिया एन्डोस्पर्म में तीव्र हो जाती है।

गेहूँ के भ्रूण में अवशोषण (इम्ब्राइबीसन) के 30 मिनट पश्चात् क्रियाशील पालीराइबोजोम्स (Ribosomes messenger RNA complexs) का संश्लेषण शीघ्र होता है तथा ^{14}C ल्यूसिन (^{14}C Leucine) दिया जाए तो वह प्रोटीन संयोग कर लेते हैं। यह क्षमता शुष्क बीज के राइबोजोम में नहीं होती है या बहुत कम होती है (Marcus & Feeley, 1966)।

अंकुरण की प्रारम्भिक अवस्था में प्रोटीन संश्लेषण, दीर्घायु एम आर एन ए ('Long lived' m RNA) की प्रेरणा से होता है। यह शुष्क परिपक्व बीज में रहता है एवं न तो शीघ्र समाप्त होता है और न ही शीघ्र संश्लेषित होता है।

उद्‌भवन (Emergence)

अंकुरण की क्रिया के फलस्वरूप बीज के विभिन्न अंग जैसे मूलांकुर या रेडीकल (Radicle), बीज पत्राधार या हाइपोकाटिल (Hypocotyl), बीज पत्र (Cotyledon), बीज पत्रोपरिक या ईपीकाटिल (Epicotyl) तथा प्रांकुर (Plumule) की वृद्धि दर व समय प्रत्येक पादप स्पीसीस में एक जैसा नहीं होता है। किसी में हाइपोकाटिल की शीघ्र अधिक वृद्धि होती है एवं इपीकाटिल की कम होती है तथा बाद में प्रारम्भ होती है। इन बीजों के बीज पत्र भूमि के ऊपर आ जाते हैं। किसी में ईपीकाटिल की वृद्धि शीघ्र होती है व हाइपोकाटिल की वृद्धि बहुत कम होती है इससे बीज पत्र भूमि में ही रहते हैं व प्रांकुर भूमि के ऊपर आ जाता है। ''प्रांकुर अथवा बीज पत्राधार एवं बीजपत्र सहित प्रांकुर का भूमि के ऊपर निकलने को उद्‌भवन कहते हैं।''

उद्भवन के प्रकार

पूर्व वैज्ञानिकों ने उद्भवन (Emergence) के प्रकार को ही बीजांकुरण के प्रकार बतलाया है। वास्तविक रूप से यह उद्भवन है।

(1) उपरिभूमिक उद्भवन (Epigial Emergence)

(2) अधोभूमिक उद्भवन (Hypogial emergence)

(3) विविपेरी उद्भवन (Vivipary Emergence)

(1) उपरिभूमिक उद्भवन (Epigial Emergence)

इस प्रकार के उद्भवन में बीजपत्राधार या हाइपोकाटिल (Hypocotyl) की वृद्धि अन्य अंगों की तुलना में शीघ्र व अधिक होती है जिससे बीज पत्र एवं प्रांकुर मृदा की सतह के ऊपर आ जाते हैं। उदाहरणार्थ सेंजी *(Melilotus)*, कासनी *(Cichorium intybus)*।

(2) अधोभूमिक उद्भवन (Hypogial)

इस प्रकार के उद्भवन में बीज पत्र भूमि के ऊपरी सतह के नीचे ही रहते हैं तथा बीज पत्रोपरिक ईपीकाटिल (Epocotyl) की शीघ्र वृद्धि होती है एवं प्रांकुर भूमि के ऊपर आ जाता है। उदाहरणार्थ कनकौआ, *(Commelina bengulensis)*, सावां (*Echinochloa crusgalli*), गरूं (*Coixlachryma jobi*) कई छोटे बीज जो अधिक गहराई (2.5 से 5 से.मी.) पर जुताई के कारण पहुँच जाते है उनमें अधोभूमिक उद्भवन हेतु मीजोकाटिल (Mesocotyl) की अधिक वृद्धि होती है तथा ईपीकाटिल एवं प्रांकुर को भूमि की ऊपरी सतह तक पहुँचाने में सहायता करता है। उदाहरणार्थ चिरैया बाजरा (*Phalaris minor*) अंकुर एवं प्रांकुर संधि (Root-shoot Junction) भू स्तर के पास आ जाती है क्योंकि कोलियोप्टाइल छोटी होने से प्रांकुर ऊपरी सतह तक आने में असमर्थ होता है।

तालिका 7.2. विभिन्न अंगों से अवशोषित होने वाले नींदा नाशक

फ़्लूक्लोरेलिन	–	मूलतंत्र
क्लोर प्रोफाम	–	वर्धनशील कोलियोपटाइल एवं मूलतंत्र
बेन्टा जोन	–	पर्ण
आलाक्लोर एवं बूटा क्लोर	–	(1) मुज़्यतः उद्भवनशील तना तंत्र (2) मूल तंत्र
ऐसीफ़्लोर फैन	–	मृदा से पौधों में शीघ्रता से अवशोषित नहीं होता।
डालापान	–	मूलतंत्र एवं तना तंत्र
डाइयूरान	–	प्रमुख रूप से मूल तंत्र से, बहुत कम पत्ती व तने से

लीनूरान	–	मूल तंत्र से शीघ्र तथा तना तंत्र से कम
आक्सीडायजान	–	मूल तंत्र से शीघ्र एवं तना तंत्र से कम
आक्सीज़्लोरफेन	–	वर्धनशील तना तंत्र से अधिक
टरबूट्रिन	–	मूल व तना तंत्र
ट्राइज़्लेरेलिन	–	अंकुरण की दैहिकीय क्रियाओं को प्रभावित

नींदा नियंत्रण में उद्‌भवन का महत्व

रासायनिक नींदा नियंत्रण में उद्‌भवन के प्रकार का अधिक महत्त्व है तथा इसके आधार पर उद्‌भवन पूर्व प्रयुक्त किये जाने वाले अधिकांश नींदा नाशकों का प्रभाव व वरणात्मकता आधारित रहती है। क्योंकि कुछ नींदानाशक का अवशोषण केवल एक्सिस से होता है किसी का अंकुर या रेडीकल (Radicle) से होता है तो किसी का केवल बीज पत्राधार अथवा प्रांकुर से होता है किसी नींदा नाशक का केवल तना-तंत्र अथवा मूलतंत्र से होता है (तालिका 7.2)। अत: उपचारित मृदा की सतह से जो अवशोषित करने वाला अंग सम्पर्क में आवेगा तभी वह नींदा मरेगा। अन्यथा दूसरे अंग जिनसे वह अवशोषित ही नहीं होता तो संपर्क में आने पर भी प्रभावित नहीं होगा।

तालिका 7.3. उपरिभूमिक उद्‌भवन वाले नींदा एवं अधोभूमिक उद्‌भवन वाले नींदा की स्पीसीस

उपरिभूमिक उद्‌भवन **(Epigial emergence)**	अधोभूमिक उद्‌भवन **(Hypogial emergence)**
Ageratum conyzoides	*Avena fatua*
Agremone mexicana	*Avena ludoviciana*
Cichorium intybus	*Brachairia, Coix lachryma jobi*
Chenopodium album	*Cynodon dactylon*
Cassia tora	*Digitaria adscendens*
Melilotus alba	*Dactyloctenium agyptium*
Melilotus indica	*Echinochloa crusgalli*
Medicago denticulata	*Phalaris minor*
Portulaca oleracea	*Commelina communis*
Parthenium hysterophorus	*Lathyrus aphaca*
Physalis minima	*Vicia hirsuta*
Phaseolus trilobus	*Vicia sativa*
Sida carpinifolia	
Xanthium strumarium	

प्रसुप्ति (Dormancy)

अंग्रेजी में एक कहावत है कि "वन ईयर सीडिंग सेवन ईयर वीडिंग" (One year seeding seven year weeding) अर्थात् खेत में एक वर्ष बीज गिर गए तो वे सात वर्ष तक अंकुरित होते रहते हैं व निंदाई करते रहना पड़ेगा। कुछ पौधों के परिपक्व बीज फलों से पृथक होकर अनुकूल परिस्थिति मिलने पर शीघ्र अंकुरण कर सकते हैं, इन बीजों को "अप्रसुप्त" बीज (Non-dormant seed) कहते हैं परन्तु कुछ पौधों के बीज पकने के बाद फलों से पृथक होने पर एवं उन्हें उपयुक्त परिस्थितिकी जैसे जल, ताप, प्रकाश आदि मिलने पर भी वे कुछ अवधि तक अंकुरित नहीं हो सकते हैं ऐसे बीजों को प्रसुप्त बीज (Dormant seed) कहते हैं। अप्रसुप्त व प्रसुप्त दोनों जीवित बीज (Viable seed) होते हैं। जिन बीजों की अंकुरण क्षमता का ह्रास आयुकाल समाप्त होने के कारण होता है उन्हें मृत बीज (non-viable) कहते हैं। जीवित बीजों का आयुकाल (Longevity of seed) कुछ महीनों से लेकर कई वर्षों तक रहता है। सिल्वर मेपल के बीजों में प्रसुप्ति नहीं होती है एवं एक महीने में ही उनका आयुकाल समाप्त हो जाता है।

बीज आयुकाल (Seed longevity)

वह समय जिसके पश्चात् बीज का भ्रूण अंकुरित होने व बढ़ने की क्षमता समाप्त कर देता है बीज का आयुकाल कहलाता है। जिन बीजों के बीज-चोल (Seed coat) कठोर होते हैं या कार्की होते हैं उनका आयुकाल अधिक होता है जैसे मोथमुलन (Mothmulin)। खरपतवार के बीजों को बोतल में यदि सुरक्षित रखें तो उनका आयुकाल दस वर्ष तक होगा और वे अंकुरित हो सकते हैं। भारतीय कमल *(Victoria rigea)* के बीजों का आयुकाल 60 वर्ष से भी अधिक होता है। चकोड़ा (*Casia tora*) बनमूँग (*Phaseolus trilobus*) नींदा के बीजों का आयुकाल अधिक होने के अनेक कारण हो सकते हैं।

प्रयोगशाला में अनेक स्पीसीस के बीजों के बोतलों में 10 वर्ष संग्रहित करने के बाद भी यह पाया कि किसी भी स्पीसीस के बीज में कीटों या फफूंद का आक्रमण नहीं है (तिवारी, 1989)। इससे भ्रूण की अंकुरण क्षमता पर कुप्रभाव नहीं होता है। इजिप्तयन कब्र (Egyptian tomb) की खुदाई में मिले बीजों का हजारों वर्ष बाद भी अंकुरण पाया गया है।

कब्र के बीजों में अंकुरण क्षमता बनाए रखने का सञ्बन्ध बहुतायत से ममी (Mummies) (मसाला लगाकर सुरक्षित किया हुआ मृतक शरीर) बनाने की योग्यता पर आधारित रहता है। ममी सुरक्षित रखने का कारण है कि सभी कीटाणु, बैक्टीरिया आदि जो सड़ने में सहायक होते हैं अनुपस्थित रहते हैं। इससे बीज भी सड़ने गलने से बच जाते हैं। मंचूरिया की झील की तली में दबे कमल के बीजों का अंकुरण 1000 वर्ष बाद भी पाया गया। रेडियो एक्टिव कार्बन डेटिंग तकनीक (Radio-Active Carbon Dating Technique) के द्वारा इन बीजों की उम्र 1040 ± 210 वर्ष आंकी गई (Libly, W.F., 1951, Science 114 : 291-296)। दूवेल (Duvel) ने बीजों का आयुकाल ज्ञात करने के लिए 107 स्पीसस के बीजों को मिट्टी के छिद्रित घड़े (Porous clay pot) में रख कर 20, 55 एवं 105 से.मी. की गहराई पर मिट्टी में गाड़ दिया तथा घड़ों को क्रमशः कुछ वर्षों में खोदकर अंकुरण ज्ञात किया तथा कुछ घड़ों को गड़ा रहने दिया। दूवेल के इस परीक्षण के परिणामों को टूले एवं ब्राऊन (Toole and Brown, 1946) ने इस प्रकार प्रकाशित किया।

1 वर्ष बाद	71 स्पीसीस के बीज अंकुरित हुए
6 वर्ष बाद	68 स्पीसीस के बीज अंकुरित हुए
10 वर्ष बाद	68 स्पीसीस के बीज अंकुरित हुए
20 वर्ष बाद	57 स्पीसीस के बीज अंकुरित हुए
30 वर्ष बाद	44 स्पीसीस के बीज अंकुरित हुए
38 वर्ष बाद	36 स्पीसीस के बीज अंकुरित हुए

38 वर्ष बाद कुछ स्पीसीस की अंकुरण क्षमता इस प्रकार रही।

91% जिमसन के बीजों का अंकुरण हुआ, धतूरा *(Datura stramonium)*, 41% मुलीन *(Vervascum thapsus)*, 38% भेल्भेटलीफ कंधी *(Abutilon theophra)*, 17% ईवनिंग प्रामइरोज *(Oenothera laciniata)*, 7% बथुआ *(Chenopodium album)*, 1% ग्रीन फाक्स टेल *(Setaria viridis)*, 1% कर्ली डाक-वनपालक *(Rumex crispus)* के बीज का अंकुरण हुआ।

बीज के आयुकाल पर विभिन्न गहराईयों का कोई विशेष प्रभाव नहीं हुआ परन्तु जो बीज 105 से.मी. की गहराई पर थे उनका आयुकाल कुछ लम्बा था यदि 20 से.मी. से कम गहराई रखी गई होती तो आयुकाल में विशेष अंतर आता क्योंकि ऊपरी सतह पर ऑक्सीजन, प्रकाश आदि का अधिक प्रभाव पड़ता है।

एक दूसरे परीक्षण में 20 स्पीसीस के बीजों को रेत में मिलाकर बोतल में भर कर कार्क न लगाकर उल्टा करके गाड़ दिया। परिणाम इस प्रकार रहा।

20 वर्ष बाद	11 स्पीसीस के बीज अंकुरित हुए
40 वर्ष बाद	9 स्पीसीस के बीज अंकुरित हुए
70 वर्ष बाद	2 स्पीसीस के बीज अंकुरित हुए
Vervascum thapsus	*Oenothera laciniata*

अधिकांश नींदा के बीज जब गहराई में गाड़ दिए जाते हैं तो उनका आयुकाल 40 वर्ष से भी अधिक हो जाता है। गहराई में गाड़ने से ऑक्सीजन की कमी हो जाती है, जिससे उनका आयुकाल बढ़ जाता है। यदि इनको ऊपरी सतह पर ला दिया जाए तो ऑक्सीजन, प्रकाश व अन्य आवश्यकताएँ पूर्ण होने पर बीज अंकुरित हो जाते हैं। इस प्रकार बार-बार जुताई करने पर सतह के बीज अंकुरित हो जाते हैं तथा उनकी संज्या बहुत कम हो जाती है। यदि खेत पड़ती कर दिया जाए तो वह साधारणत: जंगल में बदल जाएगा। यदि लगभग 30-100 वर्ष बाद फिर खेत में बदला जाए तो वही नींदा पुन: खेत में अंकुरित हो जाएगा यह इसलिए होता है कि नींदा के बीज गहराई में प्रसुप्त पड़े रहते हैं।

प्रसुप्ति के प्रकार एवं कारक

अनेक पौधों के बीज पकने के बाद आंतरिक कारकों के कारण (Intrensic factors), अंकुरण के लिए उपयुक्त वातावरण मिलने पर भी शीघ्र अंकुरित नहीं हो पाते और वे निष्क्रिय अवस्था में ही पड़े रहते हैं इस अवस्था को प्रसुप्ति (Dormancy) कहते हैं। यह दो प्रकार की होती है

प्राथमिक प्रसुप्ति (Primary dormancy)

यह प्रसुप्ति वह अवस्था है जब बीज को प्रारंभ से (फल से पृथक होते ही) सभी दशाएँ उपलब्ध होने पर भी वह अंकुरित नहीं हो पाता है। इसके कई कारण है जैसे बीज अपरिपक्वता, बीज चोल का कड़ापन आदि।

द्वितीयक प्रसुप्ति (Secondary dormancy)

ऐसे बीज जो पकने के बाद फल से पृथक होते ही अंकुरण की क्षमता तो रखते हैं, परन्तु उनको उपयुक्त परिस्थिति न मिलने के कारण वे प्रसुप्ति अवस्था में प्रवेश कर जाते हैं। जो प्रसुप्ति एक प्रकार के प्रेरण से उत्पन्न होती है उसे द्वितीयक प्रसुप्ति कहते हैं। द्वितीयक प्रसुप्ति भ्रूण या बीज चोल में परिवर्तन के कारण होती है जो प्रकाश की अनुपस्थिति, बहुत कम ताप अथवा कार्बनडाइआक्साइड की उच्च सांद्रता आदि के द्वारा प्रेरित होती है।

(1) अंत: कारण (Intrensic factors)

जिनके द्वारा बीज के अंदर ही विशेष दैहिकीय विकार हो जैसे

1. भ्रूण अपरिपक्व हो
2. कठोर बीज चोल।

(2) बाह्य कारण (Extrinsic factors)

इसमें बीज स्वयं आंतरिक रूप से स्वस्थ व अंकुरण के योग्य होता है परन्तु अंकुरण क्रिया के लिए आवश्यक किसी भी एक कारक का अभाव होने से अंकुरित नहीं हो पाता।

बीज प्रसुप्ति के कारण (Causes of seed dormancy)

(1) बीज चोल की जल के लिए अपारगम्यता (Impermiability of seed coat to water)

बीज चोल कठोर होने से बीजों के अंदर जल का अवशोषण नहीं हो पाता जिससे भ्रूण अक्रियाशील रहता है। ये कई दिन तक जल में रहने पर भी नहीं फूलते हैं। इन्हें कठोर बीज (Hard seed) कहते हैं। ऐसे बीज लेग्यूमिनोसी व मालवेसी कुल के पौधों में अधिक पाए जाते हैं।

इस प्रकार के कठोर बीजों का अंकुरण बीज चोल के सड़ने या कृषि कार्य करते समय रगड़ने से टूटने के कारण कुछ समय बाद होता है। अम्लों की अभिक्रिया से भी कठोर बीजों के बीज चोलें आंशिक रूप से घुल जाते हैं व बीज अंकुरित हो जाते हैं। कठोर बीज जब किसी पक्षी या पशु के पाचन संस्थान में रहकर निकलते हैं तो उनका अंकुरण हो जाता है। इन पौधों के बीजों की सूची (Vander Pijl, 1969) ने दी है। भूमि में बीजों के चोल की सड़न क्रिया (decaying) कम ताप पर मंद गति से होती है। सड़न क्रिया सूक्ष्म जीवाणुओं (Micro organisms) के द्वारा होती है।

कुछ बीजों में पतले बीज चोल भी अंकुरण के लिए यांत्रिक रुकावट करते है लेग्यूमिनोसी, माल्वेसी, चिनोपोडियेसी, कनवालव्यूलेसी एवं सोलेनेसी कुल की अनेक स्पीसीस के बीजों के बीज चोल जल के लिए अपारगम्य होते हैं जो पकने के बाद तब तक अंकुरित नहीं होते जब तक कोई सूक्ष्म जीव या यांत्रिक विधि से बीज चोल नहीं फटता।

बीज चोल का छिद्र का बंद होना (Closure of micropile)

कुछ बीजों में उपयुक्त नमी मिलने पर अंकुरण इसलिए नहीं होता क्योंकि उन बीजों में हाइलम (Hilum) के पास का बीज चोल छिद्र (Micropile) बंद रहता है। छिद्र पर एक कपाट (Valve) होता है जो बाह्य वातावरण में अधिक नमी होने पर बंद हो जाता है। बाह्य वातावरण में कम नमी होने पर कपाट खुल जाता है एवं बीज शुष्क हो जाता है।

2. बीज चोल की ऑक्सीजन के लिए अपारगम्यता (Impermiability of seed coat to oxygen)

ऑक्सीजन के अभाव में बीजांकुरण नहीं होता अत: जिन बीजों के बीज चोल व झिल्ली (Testa and tegmen) में से ऑक्सीजन अंदर प्रवेश नहीं कर सकती उनमें भ्रूण वृद्धि नहीं कर सकता। अत: सभी आवश्यक कारक होते हुए भी बीज प्रसुप्त रहेगा। आधाशीशी (Xanthium) के फलों में दो बीज होते है। जिनमें से एक बीज नीचे होता है तथा झिल्ली पतली होती है और शीघ्रता से अंकुरित हो जाता है तथा दूसरा बीज ऊपर होता है एवं चोल कुछ मोटा होता है जिससे सभी पारिस्थितिक दशाओं के उपलब्ध होते हुए भी वह अंकुरित नहीं होता है।

ऑक्सीजन की उपलब्धता

उचित नमी व ताप होने पर भी बीज अंकुरित नहीं होता क्योंकि उसे श्वसन हेतु ऑक्सीजन की आवश्यकता होती है। ऑक्सीश्वसन हेतु स्वतंत्र ऑक्सीजन की अधिक आवश्यकता है। कुछ बीजों में ऑक्सीजन की अनुपस्थिति में भी अंकुरण प्रारम्भ हो जाता है। परन्तु आगे की वृद्धि के लिए ऑक्सीजन की आवश्यकता होती है जो बीज चोल के फटने पर पूर्ण होती है।

मृदा में आक्सीजन की मात्रा पर मृदा पर मृदा रन्ध्र, मृदा में बीज की गहराई एवं ऑक्सीजन ग्रहण करने वाले सूक्ष्म जीवों तथा पौधों की जड़ों की सघनता आदि का प्रभाव पड़ता है। धान के मचौआ खेत (Swampy puddled field) में 1%, ताजा हरी खाद वाली मृदा में 6 से 8% एवं मक्का के खेत में 8 से 9% आक्सीजन हो सकती है कार्बन की मात्रा 5 से 15% हो सकती है। जो सामान्यत: 0.03% होती है।

विभिन्न किस्मों के बीजों के अंकुरण हेतु आक्सीजन की मात्रा भिन्न होती है। गेहूँ के बीज के अंकुरण हेतु 3.0 मि.ग्रा./वर्ग मी./घंटे संचार की आवश्यकता होती है। यदि 1.5 मि.ग्रा./वर्ग मी./घंटे संचार है तो अंकुरण नहीं होगा। धान का बीज 0.5 मि.ग्रा. दर होने पर अंकुरित हो जाते हैं। रामबाण (*Typha latifolia*) एवं अन्य जलीय नींदा का अंकुरण हवा में सामान्य आक्सीजन की मात्रा से बहुत कम मात्रा पर अच्छा होता है।

3. परिपक्वता के पश्चात् न्यून ताप (Low temperature after maturation)

शीत आवासों के पौधों के अनेक बीजों में अंकुरण उस समय तक नहीं होता जब तक न्यून तापक्रम नहीं मिलता। न्यून ताप पर इन बीजों के अंदर चयापचयी परिवर्तन (Metabolic changes) होते हैं और परिवर्तनों की समाप्ति के बाद बीज में अंकुरण क्षमता बढ़ती है।

4. ताप (Temperature)

बीजों में अंकुरण उस समय तक नहीं होता जब तक भ्रूण को उपयुक्त ताप नहीं मिलता। उपयुक्त ताप मिलने पर भ्रूण प्रसुप्ति से विमुक्त हो जाता है। तापमान में एकान्तरण (Alteration in temperature) जिसमें कुछ बीज उच्च ताप और न्यून ताप अथवा न्यून और उच्च ताप मिलने के बाद ही अंकुरित होते हैं। कुछ पौधों के बीजों को 30° से. ताप 6 से 8 घंटे व 20° से. ताप 16 से 18 घंटे आवश्यक होता है जिससे बीज के कुछ गैसीय दाब में परिवर्तन होते हैं उसके पश्चात् बीज में अंकुरण क्षमता आ जाती है। कुछ बीजों जैसे लाइकोपस (*Lycopus curopaeus*) को रात्रि के कम ताप व दिन के अधिक ताप की आवश्यकता होती है जिसमें 15° सें. का अंतर हो (जैसे 6° से. रात्रि 21° सें.) दिन का अत्यधिक ताप सामान्यत: प्रसुप्ति बढ़ाता है। लेट्यूस के बीज जो कम ताप पर अंकुरित हो जाते हैं वे 30 से 35° सें. पर प्रसुप्त हो जाते हैं। कुछ बीजों में प्रसुप्ति विमुक्ति हेतु कुछ समय के लिए हिमांक के करीब ताप की आवश्यकता होती है तो किसी में दो शीत ऋतुओं के बाद ही प्रसुप्ति का निवारण होता है।

जी.ए. से उपचार के द्वारा ताप की आवश्यकता को पूरा किया जा सकता है।

ब्राउन (Brown, 1940) के अनुसार अधिक ताप पर बीजों में झिल्लियों की वायु पारगम्यता अधिक बढ़ जाती है। टूले व सहयोगियों (Toole *et al.*, 1955) के मतानुसार KNO_3 के बीजोपचार से अंकुरण होने के लिए एकान्तरण ताप की आवश्यकता नहीं रहती। ज्यूजी (Fujii, 1961) के अनुसार प्रकाश की लाल किरणों से रूमेक्स (*Rumex crispus*) के बीजों का उपचार करने से एकान्तरण ताप की आवश्यकता नहीं रहती है।

5. प्रकाश (Light)

कुछ किस्म के बीजों की प्रसुप्ति पर प्रकाश का कोई प्रभाव नहीं होता। कुछ किस्मों में बीजों में प्रकाश से प्रसुप्ति आ जाती है तो अनेक किस्मों के बीजों की प्रसुप्ति प्रकाश के द्वारा दूर की जा सकती है।

अधिकांश खरपतवारों के बीजों (Weed seeds) का अंकुरण प्रकाश के द्वारा प्रभावित होता है। लोबिया इन्फ्लेटा (*Lobia inflata*) के बीजों के अंकुरण हेतु प्रकाश की आवश्यकता होती है वे अंधेरे में अंकुरित नहीं होते हैं। इसी प्रकार भूमि की सतह पर रहने वाले कुछ बीज शीघ्रता से अंकुरित होते हैं। दबे हुए बीजों में अंकुरण नहीं हो पाता है। किन्हीं बीजों में प्रकाश के कारण अंकुरण नहीं होता है उनके अंकुरण के लिए अंधेरा होना चाहिए। सिट्रूलस (*Citrulus*) के अंकुरण में नीली व हरी प्रकाश किरणें अधिक बाधक है।

जब फसल की अधिक वृद्धि हो जाती है तथा भूमि को आच्छादित कर लेती है तो कुछ नींदा के बीज अंकुरित नहीं होते। इसी प्रकार जो नींदा शीघ्र बढ़ कर आच्छादित हो जाते है तो देर से अंकुरित होने वाले नींदा का अंकुरण नहीं हो पाता जैसे सांवा (*Eichinochloa crusgalli*) अथवा चकोड़ा (*Cassia tora*) वर्षा प्रारम्भ होते ही अंकुरित हो जाता है एवं आच्छादित होकर अन्य देर से अंकुरित होने वाले नींदा का अंकुरण रोक देते हैं। जैसे बिलजा (*Caesulia axillaris*)।

फ्लिन्ट एवं मैकेलिस्टर (Flint and McAlister, 1937) के अनुसार लेटूस के बीजों की प्रसुप्ति नष्ट करने हेतु प्रकाश की लाल किरणों की आवश्यकता होती है। परा-लाल (अवरक्त) किरणें (Far Red light) अंकुरण

के लिए अति हानिकारक होती है। अंकुरण एक पिगमेन्ट (Pigment) से नियंत्रित होता है जो दो रूप में बदलने वाला होता है एक लाल किरणें सोखने वाला रूप तथा दूसरा परा लाल किरणें सोखने वाला रूप। इस पिगमेंट को ''फाइटोक्रोम'' (Phytochrome) कहते हैं।

केवल विशेष प्रकाश किरणें ही अंकुरण को प्रभावित नहीं करती हैं वरन् दीप्तिकाल (Photo-period) भी प्रसुप्ति को प्रभावित करता है। दीर्घ दीप्तिकाल एराग्रासटिस फेरूजीनिया (*Eragrostis feruginea*) के बीज की प्रसुप्ति दूर करने में सहायक है। वेरोनिका परसीका (*Veronica Persica*) के बीज की प्रसुप्ति लघुदीप्ति काल के द्वारा दूर होती है। प्रकाश की तीव्रता व अवधि से ताप भी संबंधित है अत: दोनों के मिले जुले प्रभाव से बीज के अंदर वृद्धि कारकों को प्रभावित कर प्रसुप्ति दूर करता है।

6. अंकुरण निरोधक (Germination inhibitors)

कुछ पौधों के बीजों में ऐसे रासायनिक पदार्थ होते हैं जो बीज का अंकुरण रोक देते हैं। प्रमुख अंकुरण निरोधक कौमरिन (Caumerin), अमोनिया (Ammonia) तथा परआस्कार्बिक अज़्ल (Per ascarbic acid) एवं एब्सकार्बिक अज़्ल (Abscarbic acid) हैं।

बीजांकुरण निरोधक प्राय: बीज चोल में पाए जाते हैं। बीज के अंकुरण निरोधक प्रभाव को जी.ए. (जिब्रेलिक अज़्ल) के द्वारा कम किया जा सकता है और बीज अंकुरित किए जा सकते हैं। बेनेस व सहयोगियों (Benes *et al.* 1965) के मतानुसार साइटोकाइनिन के द्वारा भी काष्ठीय पौधों में प्रसुप्ति दूर की जा सकती है। इथीलीन के द्वारा भी बहुत से कार्म, ट्यूबर, बल्व, क्लोन व काष्ठीय पौधों की प्रसुप्ति से मुक्त किया जा सकता है।

अपरिपक्व भ्रूण (Immature embryo)

किसी विशेष परिस्थिति में या किसी किस्म के बीज का भ्रूण पूर्ण रूप से परिपक्व नहीं हो पाता और बीज पक जाते हैं। जैसे जामिया (Zamia) के बीज के अंदर या तो केवल निषेचित अंड होता या नर मादा केन्द्रक पृथक होते है जिनका ज़्यूजन कुछ दिन के उपरान्त होता है। इस प्रकार के बीजों का अंकुरण कई दिनों के पश्चात् होता है।

प्रसुप्ति का जीव - रासायनिक दृष्टिकोण (Biochemical aspects of Dormancy)

पूर्व अनुसंधान के अनुसार प्रसुप्ति का जीव रासायनिक कारण इन्जाइम जैसे केटेलेज (Catalase), पर-आक्सीडेज (Perodase) एवं लाइपेज (Lipase) में परिवर्तन माना है, परन्तु इनके परिवर्तनों मात्र से प्रसुप्ति का ठोस कारण ज्ञात नहीं हो सका है। अनेक शोधकर्ताओं ने प्रसुप्त एवं अप्रसुप्त बीजों की श्वसन क्रिया का अध्ययन किया इससे उनको विशेष अंतर मिला तथा प्रसुप्त बीजों में अप्रसुप्त बीजों की तुलना में आक्सीजन की कमी पाई गई। अधिकांश बीजों में प्रसुप्ति का यह कारण अभी भी सही एवं तर्क संगत है। वेगिस (Vegis, 1964) के अनुसार यदि बीज या कलिका में आक्सीजन की कमी रहती है विशेषकर अधिक ताप पर, तो एसिटिल को-एन्जाइम ए (Acetyl coenzyme A) का आक्सीकरण रुक जाता है या बहुत ही कम हो जाता है जिसके फलस्वरूप यह एन्जाइम एवं यौगिकों का क्रेबसाइकिल के द्वारा पूर्ण आक्सीकरण न होकर अन्य क्रियाओं (Pathways) के द्वारा वसीय अम्ल (Fatty acids) एवं लाइपिड (Lipids) बनते हैं। पोलक एवं ओल्वे (Pollock and Olney, 1959) ने पाया कि चेरी (Prunus cerasus) के बीज की प्रसुप्ति शीतोपचार से दूर होती है जिससे भ्रूण में फास्फोरस की मात्रा बढ़ जाती है। इस तरह भ्रूण अधिक ऊर्जा उपलब्ध होने से प्रसुप्ति दूर हो जाती है।

तौन एवं बोनर (Taun and Bonner, 1964) के अनुसार न्यूक्लियिक एसिड (RNA, DNA) का संश्लेषण आलू की प्रसुप्ति कलिकाओं में बहुत कम होता है परन्तु इथीलीन से उपचारित अप्रसुप्त कलिकाओं या बीजों में आर.एन.ए. एवं डी.एन.ए. का संश्लेषण किसी भी तरह अवरुद्ध हो जाता है। अतः न्यूक्लियिक एसिड का संश्लेषण वृद्धि कारकों के द्वारा संपन्न हो सकता है जैसे जी.ए. के उपचार से आर.एन.ए. के संश्लेषण को नियंत्रित किया जा सकता है। प्रसुप्त आलू से तैयार क्रोमेटिन (dioxyribonucleo protein) इन विट्रो (*In vitro*) आर.एन.ए. का संश्लेषण करने में अक्षम है जबकि अप्रसुप्त कलिकाओं से तैयार क्रोमेटिन आर.एन.ए. (Polymerase) की उपस्थिति में RNA का संश्लेषण करने में सक्षम है।

प्रसुप्ति निवारण की विधियाँ (Methods of breaking dormancy)

प्रसुप्ति दूर करने के लिए प्रसुप्ति के कारणों को समझना आवश्यक है तदनुसार उपाय कर प्रसुप्ति दूर करने में सरलता होती है।

(1) बीजों को खुरचना (Scarification of seeds)

इस विधि से कठोर बीजों की प्रसुप्ति दूर की जा सकती है। अपारगज़्य बीज चोल को खुरचने से भ्रूण को जल एवं वायु उपलब्ध हो जाएगी। बीजों को खुरदरी छन्नियों पर रगड़ने से बीज चोल पारगज़्य हो जाता है।

(2) शीतोपचार (Startification or Chilling treatment)

शीतोपचार में बीजों को 0° से. से 6° से. ताप पर रखा जाता है। लकविल (Luckwill, 1952) के अनुसार शीतोपचार से अंकुरण निरोधकों का स्तर कम हो जाता है। उदाहरणार्थ एपिल के बीज में स्टोक्स (Stokes, 1952) के अनुसार शीतोपचार से अधिकांश भोज्य पदार्थ एन्डोस्पर्म से भ्रूण में पहुँच जाते हैं। फिने एवं बारटन (1958) के अनुसंधान से विदित हुआ कि प्योनी (Peony seed) बीज के प्रसुप्त भ्रूण में एमीनो अम्ल की मात्रा बहुत कम थी परन्तु शीतोपचार के बाद वृद्धि हो गई। इसका पहले भी विवरण कर चुके हैं। क्रोकर (1948) के अनुसार कुछ स्पीसीस में यदि बीज चोल निकल जाए तो शीतोपचार जैसा ही प्रभाव होता है और बीज अंकुरित हो जाते हैं जैसे एलिसमा प्लांटेगो एक्वेटिका (*Alisma plantago aquatica*) एवं अन्य जलीय पौधों व घासों में।

(3) वृद्धि नियंत्रकों से उपचार (Growth regultors treatment)

जिब्रेलिक अम्ल (Giberellic acid, GA) के बीजोपचार से प्रसुप्ति समाप्त हो जाती है। जी.ए. से अमीनो अम्ल (Amino acid) की भ्रूण में वृद्धि हो जाती है।

तालिका 7.4. पौधों की वे स्पीसीस जिनमें बीजांकुरण हेतु शीतोपचार (Chilling) आवश्यक है।

अ – काष्ठीय स्पीसीस (Woody species)	
एसर सेक्रम	*Acer saccharum*
बेटुला स्पीसीस	*Betula* spp.
कोरनस फ़्लोरीडा	*Cornus florida*
कोरीलस अमेलाना	*Corylus avellana*
क्यूप्रेसस	*Cupressus macrocarpa*
फ्रेक्सनिस	*Fraxinus exelsior*
पाइनस	*Pinus* spp.
पाईरस	*Pyrus* spp.
गुलाब	*Rosa* spp.
थूजा	*Thuja* spp.
अँगूर	*Vitus* spp.
ब – शाकीय स्पीसीस (Herbaceous species)	
जलकेला	*Alisma plantago aquatica*
गौलथीरिया	*Gaultheria procumbens*
जेनटियाना	*Gentiana* spp.
आरिस	*Iris versicolor*
पालीगोनम	*Polygonum* spp.
सरपत	*Scirpus compestris*
रामबाण	*Typha latifolia*

(4) रासायनिक उपचार (Chemical treatment)

बीजों की प्रसुप्ति दूर करने तथा बीजों का अंकुरण बढ़ाने में पोटेशियम नाइट्रेट बहुत प्रभावकारी है। इसके उपचार से जी.ए. की प्रभाविता बढ़ जाती है। पोटेशियम थायोसल्फेट (Potassium thiosulphate), या थायोयूरिया (Thiourea) से उपचारित कर प्रसुप्ति अवस्था को दूर किया जा सकता है। आजकल बीजों के उपचार हेतु ईथर, क्लोरोफार्म, इथाइल आयोडाइड आदि का उपयोग किया जाता है।

(5) प्रकाश (Light)

कुछ बीजों में जैसे धतूरे के बीज तीव्र प्रकाश में अंकुरित होते हैं। लोबेलिया इनफ़्लेटा (Lobelia inflata) के बीज 30 से 35 दिन तक अंधेरे में रखने से अंकुरित नहीं होते। बीजों को 10 से 25 दिन तक सूर्य के प्रकाश में रखने से अंकुरण हो जाता है।

(6) हवा का दाब (Air pressure)

अल्फा – अल्फा एवं क्लोबर के बीजों को हवा के दाब में रखने पर उनमें अंकुरण शीघ्र होता है। इनके बीजों को 18° सें. पर 200 वायुमंडलीय दाब उपयुक्त पाया गया है। अनुपचारित की तुलना में 100 से 150% अधिक अंकुरण होता है।

(7) बहु कारकों की आवश्यकता (Multiple cueing)

कुछ बीजों की प्रसुप्ति दूर करने हेतु अनेक प्रकार के कारकों की आवश्यकता होती है जैसे प्रकाश एवं ताप की प्रक्रिया लेपीडियम बीज (*Lepidium*) के लिए आवश्यक है। खरोंचना एवं ताप कालावधि अनेक नींदा के बीजों के अंकुरण के लिए आवश्यक है। कुछ बीजों के अंकुरण हेतु दो शीत ऋतुओं की आवश्यकता होती है यह गुण उनकी अनेक प्रकार की आवश्यकता दर्शाता है। ट्रिलीयम (*Trillium*) के बीज के अंकुरण हेतु एक शीत ऋतु की आवश्यकता मूलांकुर की पश्चात् परिपक्वता (After ripening) दूसरी ग्रीष्म में मूलांकुर निकलता है एवं मृदा में स्थित होता है परन्तु प्रांकुर प्रसुप्त रहता है तथा इसकी प्रसुप्ति मुक्त होने को दूसरी शीत ऋतु की आवश्यकता होती है। Crocker and Barton (1957) ने द्विवर्षीय प्रसुप्ति वाले बीजों का वर्णन किया है।

कलिकाओं की प्रसुप्ति निवारण हेतु उपचार

(1) यांत्रिक उपचार (Mechanical treatment)

अध्ययन से यह विदित हुआ है कि यदि भूमिगत तनों को चोट द्वारा घायल किया जाए या वायवीय तना (Areal shoot) काट दिया जाए तो भूमिगत प्रसुप्त कलिकायें वर्धनशील हो जाती हैं। वायवीय तनों में भी घाव करने से कलिकाओं की प्रसुप्ति दूर हो जाती है।

(2) ताप (High temperature treatment)

मोलिश ने ताप के द्वारा कलिका की प्रसुप्ति दूर कर दिखाया यदि 9-12 घंटे तक 30-35° से. गर्म पानी में कलिका को रखा जाए तो कलिका की प्रसुप्ति का निवारण हो जाएगा।

(3) शीत उपचार (Chilling treatment)

काष्ठीय पौधों की प्रसुप्त कलिकाओं पर शीतोपचार का अधिक प्रभाव होता है। कोविले (Coville, 1920) ने ब्ल्यू बेरी (Blue berry) के आधे भाग को ग्रीन हाऊस के गर्म कोष्ठ में रखा एवं आधे भाग को शीत कोष्ठ में रखा। जो भाग केवल शीत कोष्ठ में था उसमें कलियाँ प्रसुप्ति मुक्त होकर वृद्धि करने लगी।

आक्सीजन तथा कार्बनडाइआक्साड का उपचार

थार्नटन के अनुसार 20 प्रतिशत आक्सीजन तथा 10 प्रतिशत कार्बनडाईआक्साइड की उपस्थिति में 20° सें. पर आलू को रख कर कलियों की प्रसुप्ति दूर कर सकते हैं।

वृद्धि नियंत्रकों के द्वारा (Growth regulator)

इथीलीन, जी.ए. एवं काइनेटिन के उपचार से नींदा के बीजों व कलिकाओं की प्रसुप्ति मुक्त कर सकते हैं।

रासायनिक उपचार

क्लोरोहाइड्रिन, डाइनाइट्रोफिलोज, ईथर, क्लोरोफॉर्म आदि से कलियों की प्रसुप्ति दूर कर सकते हैं। गोदला (*Cyperus rotundus*) में भूमिगत तनों की कलिकाओं की प्रसुप्ति पोटेशियम थायोसल्फेट (Potassium thiosulphate) का उपचार करने से दूर हो जाती है।

प्रसुप्ति के कार्य

(1) प्रसुप्ति के कारण नींदा व अन्य पौधे विशेष ऋतु में ही उगते हैं। जैसे चिरैया बाजरा (*Phalaris minor*) एवं बथुआ (*Chenopodium album*) ग्रीष्म व वर्षा ऋतु में अंकुरित नहीं होते एवं शीत ऋतु में अंकुरित होते हैं। तथा मुर्दी (*Sehima nurvosum*), मोथा (*Cyperus iria*) वर्षा ऋतु में अंकुरित होते हैं। शीत काल में अंकुरित नहीं होते हैं।

(2) दीप्ति काल पर आधारित बीज या कलिकायें केवल शीत ऋतु या ग्रीष्म ऋतु या वर्षा ऋतु के प्रारम्भ होने तक प्रसुप्त रहते हैं।

(3) यांत्रिक विधि से खुरचना जिन बीजों के लिये आवश्यक होता है वे मृदा में उस समय तक प्रसुप्त रहते हैं जब तक यांत्रिक विधि से मृदा का भू-परिष्करण नहीं होता। मृदा को परिष्कृत करने से नींदा के बीजों का बीज चोल छिल जाते हैं या खुरच जाते हैं तथा मृदा में हवा का संचार अच्छा हो जाने पर ही बीज प्रसुप्ति से मुक्त होकर अंकुरित होते हैं।

(4) बीज में प्रसुप्ति होने से बीज के प्रसार (dispersal) में अत्यधिक सहायक है। साधारण रूप से जंगली टमाटर (Wild tomato) के बीज अंकुरित नहीं होते परन्तु जब वे कछुए के पाचन संस्थान से बाहर निकल आते हैं तो शीघ्रता से अंकुरित हो जाते हैं। (Rick and Bownan, 1961) फलों के बीज जैसे अमरूद, टमाटर व गूलर के बीज मनुष्यों के पाचन संस्थान से बाहर मल के साथ निकल कर अंकुरित हो जाते हैं। इसी तरह अन्य कई प्रकार के बीज जब तक वे किसी पक्षी, गिलहरी या अन्य जन्तु के पाचन संस्थान से नहीं गुजरते वे प्रसुप्त ही रहते हैं। अतः इस प्रकार बीज प्रसुप्ति बीज के वितरण में अधिक सहायक है अन्यथा वे शीघ्र ही अंकुरित हो जाते व प्रसारित नहीं हो पाते हैं।

■■■■

8

पारिस्थितिकी अनुकूलन एवं नींदा से संबंध
(Ecological Adaptation and Relationships to Weeds)

कोई भी जीव किसी विशेष पारिस्थितिकी तंत्र में अपनी जैविक क्रियाओं को सुचारू रखने एवं जीवन चक्र पूर्ण करने हेतु, उस पर्यावरण के अनुसार स्वयं के अंगों व क्रियाओं में विशेष परिवर्तन करने या अन्य को प्रभावित कर पाने की क्षमता को, पारिस्थितिकी अनुकूलन (Ecological adaptation) कहते हैं।

पारिस्थितिकी अनुकूलन के आधार पर खरपतवारों में विशेष गुण होते हैं जो पारिस्थितिकी कारकों (Ecological factors) द्वारा उत्पन्न एवं प्रभावित होते हैं। जलवायु (Climatic), मृदा (Edaphic), जैविक (Biotic), भौगोलिक (Geographical) एवं पावक (Pyric) प्रमुख कारक हैं जिन पर पौधों का अनुकूलन आधारित रहता है। पारिस्थितिकी अनुकूलन के आधार पर खरपतवारों को निम्न प्रकार से विभाजित किया जा सकता है।

(1) मीजोफाइट (Mesophyte)

(2) हाइड्रोफाइट या जलोद्भिद (Hydrophyte)

(3) जीरोफाइट या शुष्कोद्भिद (Xerophyte)

(4) हेलोफाईट (Halophyte)

(5) एम्फ़ीबियस (Amphibious)

मीजोफाइट

इस समूह के खरपतवारों में जल-मग्नता और अधिक शुष्कता सहन करने की क्षमता नहीं होती है। यह सामान्य मृदा पर वृद्धि करने में ही सक्षम है। इस प्रकार के खरपतवारों के पर्णों में उत्स्वेदन रोकने की विशेषता नहीं होती तथा जल में वृद्धि करने की भी क्षमता नहीं होती है। खेतों, वनों व रिक्त स्थानों, गांवों व शहरों के आस-पास ये पौधे वृद्धि करते है। ये शीत कटिबंधीय (टेम्परेट) व उष्ण कटिबंधीय (ट्रॉपीकल) दोनों दशाओं में पाए जाते हैं। ये सिंचाई को सहन तो कर सकते हैं परन्तु इनका जल निकास भी आवश्यक है।

प्रमुख मीसोफाइटिक खरपतवार (Mesophytic weed) गेहूँ, ज्वार, बाजरा, तिलहनी, दलहनी फसलों, बगानों एवं चरोखरों में पाए जाते हैं। जैसे वन-रागी (*Eleusine indica*), फिरकतन्नी (*Dactyloctenium eagyptium*), सांवा (*Echinochloa crusgalli*), शेवरा (*Alysicarpus rugosus*), सफेद मुर्गा (*Celosea argentia*), लेसुआ (*Digera alternifolia*), बंदरपुंछा (*Eragrostis dirrhena*), दुधी (*Euphorbia geniculata*), आंधी (*Xanthium strumarium*), पुवांर (*Cassia tora*), बथुआ (*Chenopodium album*), सेंजी (*Melilotus alba*, *M. parvifolia*), वन वटरी (*Lathyrus aphaca*), अकरी (*Vicia sativa*) आदि।

जलोद्भिद (Hydrophytes)

वे जलीय खरपतवार जो पूर्ण रूप से (Emergent) या आंशिक रूप से पानी के अंदर रहते हैं या तैरते (Floating) रहते हैं, जलोद्भिद या हाइड्रोफाइट (Hydrophyte) कहलाते हैं। इन पौधों में यांत्रिक ऊतक (Mechanical tissues) तथा कन्डक्टिंग ऊतक (Conducting tissues) कम विकसित होते हैं। ऐसे पौधों की कोशिकाओं में वायु स्थान (Air space, Arenchyma) अधिक होते हें जो वायु विनिमय (Gaseous exchange) तथा जल में तैरने में सहायक होते हैं। जलीय स्थानों जैसे तालाब, झील, नदी, नहरों, झरनों, डबरों तथा धान के क्षेत्रों व ''हवेली'' पद्धति के खेतों में ऐसे खरपतवार पाए जाते हैं। कुओं, पानी की टंकी आदि में भी ये पाए जाते हैं। जलीय पौधों के प्रमुख उदाहरण है, जलकुंभी (*Eichhornia cressipes*), वन सिंघाड़ी (*Pistia*), पोटेमोगेटान (*Potamogeton*), लौंगार (*Ceratophyllum demersum*), नारी भाजी (*Ipomoea aquatica*), कथीरा (*Azola*), पतीरा (*Lemna* spp.), फीता (*Valishneria*), तालिमखाना (*Hygrophylla spinosa*) आदि। इन पौधों का विस्तृत अध्ययन आकारकीय अनुकूलन (Morphological adaptation) एवं नियंत्रण विधि पृथक अध्याय में दी गई है।

एज़्फ़ीमिरल खरपतवार

वे पौधे जो जलीय स्थानों तथा मीसोफाइटिक आवास दोनों में रह सकते हैं एज़्फ़ीमिरल या एमफीबियस पौधे कहलाते हैं। उथले तालाबों, झीलों, नहरों के किनारों आदि स्थानों में उगने वाले पौधे पानी सूखने पर भी वृद्धि करते रहते हैं तथा अपना जीवन चक्र पूर्ण करते हैं। कुछ ऐसे पौधे मीजोफाइटिक स्थिति में भी वृद्धि यथावत करते हैं। गरू (*Coixlachryma jobi*), सांवा (*Echinochloa colonum*), पसाई धान (*Oryza sativa* L. *spontanea*), सरपट (*Typha latifolia*), मुर्दी (*Sehima nervosum*), जलदूब (*Paspalum distichum*), गोंदला (*Cyperus difformis*), रेननकुलस (*Rananculus aquatalis*), गोरखमुंडी (*Sphaeranthus indicus*), करई चेंच (*Ludwigia parvifolora*), जल-चेंच या जूट (*Corchorus capsularis*) ये जल का स्तर कम होने से जलीय आवास मीजोफाइटिक पारिस्थितिकी दशा के सदृश्य हो जाता है परन्तु इन पौधों में कुछ विशेष ऊतकों की उपस्थिति से ये दोनों दशाओं में अपनी जैविक प्रणाली पूर्ण कर लेते हैं।

एज़्फ़ीमिरल पौधों की विशेषताएँ

1. इनका मुज़्य तना जल के ऊपर होता है।

2. अधिकांश पौधों में जल की मात्रा कम होने पर मूल की वृद्धि अधिक होती है।
3. इनकी पत्तियों में पर्ण रंध्र (Stomata) होता है।
4. क्यूटिकल की तह पत्तियों पर होती है।
5. यांत्रिक ऊतक (Mechanical tissue) अधिक विकसित होते हैं।
6. जाइलम व फ़्लोइम का विकास अधिक होता है।
7. एरिनकाइमा (Aerinchyma) का विकास मीजोफाइट की तुलना में अधिक होता है।
8. अंतर कोशीय वायु स्थान (Air cavities) होते हैं।
9. पत्तियों में मीसोफिल ऊतक पेलीसेड (Pallisade) होते हैं।
10. पत्तियाँ कुछ माँसल होती हैं।
11. एन्डोडर्मिस (Endodermis) मोटी होती है।
12. कुछ पौधों के तने भूमिगत होते हैं जो जल की अनुपस्थिति में वृद्धि में सहायक होते हैं।

मरूद्भिद या शुष्कोद्भिद (Xerophyte)

वे पौधे जो शुष्क स्थानों में कम नमी होने पर भी जैविक क्रियाएँ संपन्न कर जीवन चक्र पूर्ण कर लेते हैं, शुष्कोद्भिद या मरूद्भिद कहलाते हैं। इन पौधों में मरूस्थलीय तथा शुष्क स्थानों (Physiological dry habitats) में वृद्धि करने हेतु विशेष अनुकूलन अंग उत्पन्न हो जाते हैं जिनसे ये नमी की कमी को सहन कर सकते हैं या उसके प्रभाव से बचने हेतु नमी का संग्रह कर सकते हैं।

नागफनी *(Opuntia dillenii, O. inermis)*, आक *(Colotropis procera)* कटीली झाड़ियाँ जैसे झरबेर *(Zizyphus rotundifolia)* अंग्रेजी बबूल *(Prosopis juliflora)*, खेजरी *(Prosopis specigera)*, खैर (कत्था) *(Acasia catachu)*, कौंस थूहर (*Euphorbia* spp.), केक्टस *(Cactus)*, करोंदा (*Carissa carandis, C. spinarum*), सतावर (*Asparagus plumosus*), धतूरा (*Datura metel*), बैलेडोना (*Jatropha baladona*) आदि झाड़ियाँ प्रमुख हैं। कुछ मौसमी खरपतवार जैसे ऊंटकटारा *(Echinopes echinatus)*, भट्टकटाई *(Solanum xanthocarpum)*, कटर्रा *(Argemone mexicana)*, दुधी *(Euphorbia hirta)* गाजर घास *(Parthenium hysterophorus)*, क्रोटन *(Croton bonplandianum)*, गोखरू *(Tribulus terriestris)*, पुवार *(Cassia tora)*, पथरचटा *(Boerohaavia diffusa)*, क्रोजोफोरा *(Chrozophora paravifolia)*, विषखापरों *(Trianthema monogyana)* आदि हैं।

शुष्कोद्भिद की विशेषताएँ

इन पौधों में इकोलाजीकल अनुकूलन के दृष्टिकोण से ये विशेषताएँ पाई जाती है।

(1) उत्स्वेदन पर नियंत्रण (Control on transpiration)

(2) जल अवशोषक तंत्र की अधिक वृद्धि (Increased growth of water absorption system)

(3) संग्रहकारी तंत्र का अधिक विकास (More development of storage system)

(1) उत्स्वेदन पर नियंत्रण

ऐसे पौधे कम नमी वाले स्थानों में भी अपनी जैविक क्रिया सुचारू रखने हेतु उत्स्वेदन की क्रिया कम करते हैं। यह कमी वे इन निम्न विशेषताओं से करते हैं -

(अ) एनाटोमीकल (Anotomical features)

1. पर्ण रंध्र (Stomata) धंसे हुए (Sunken) होते हैं।
2. पर्ण रंध्र के ऊपर रोम (Hairs) होते हैं।
3. कोशिका का आकार (Cell size) छोटा हो जाता है।
4. एपीडरमिस (Epidermis) कई पर्तों में होती है।
5. यांत्रिक ऊतक (Mechanical tissue) पूर्ण विकसित होती है।
6. तने (Stem) पर कार्क उपस्थित होती है।
7. क्यूटीकल (Cuticle) की मोटी परत तना व पत्तियों में होती है।
8. मोम (Wax) की मोटी तह इन पौधों पर पाई जाती है।
9. क्लोरोफिल अधिक होता है।
10. वृद्धि दर कम होती अतः पौधे बौने (dwarf) रह जाते हैं।

(ब) उत्स्वेदन सतह का कम होना (Reduction in transpiring surface)

यह दो प्रकार से होता है -

(क) अस्थाई रूप से कम होना (Temporary reduction)

सूखा पड़ने के कारण होता है।

1. जीरोफाइटिक पौधे सूखा पड़ने से पूर्व सभी पर्णों को गिरा देते हैं व नमी मिलने पर यह पुनः नवीन पत्तियाँ धारण कर लेते हैं।
2. कुछ पौधों में बल्ब या कंद युक्त भूमिगत तने होते हैं, जिनमें भोजन व जल संग्रहीत होता है जिसका उपयोग वे प्रतिकूल वातावरण में भी कर सकते हैं।
3. कुछ पौधों में नमी की कमी से पत्तियाँ छोटी और मुड़ जाती हैं, जिससे उत्स्वेदन सतह कम होती है।

(ख) उत्स्वेदन सतह का स्थाई ह्रास (Permanent reduction in transpiring surface)

1. पर्णों का प्रारम्भिक अवस्था में ही गिर जाना तथा तना चौड़ा होकर पर्णों का कार्य करता है, जिसे फिल्लोक्लैड (Phylloclade) कहते हैं। उदाहरणार्थ नागफनी और कोकोलोबा (*Opuntia* and *Cocoloba*)

2. संयुक्त पर्ण की मध्यशिरा (Midrib) चौड़ी होकर पर्ण का रूप ले लेती है तथा लीफ लेट्स गिर जाते हैं इसे फाइलोड (Phyllode) कहते हैं। उदाहरण आस्ट्रेलियन बबूल अकेसिया आरीकुलीफारमिस (*Acasia auriculiformis*)।
3. पर्णों का गिर जाना तथा शाखाओं का पत्तियों के रूप में बदलना जिसे क्लेडोड (Cladode) कहते हैं। जैसे सतावर (*Asparagus plumosus*)।
4. पर्णों का बहुत संकरा हो जाना जैसे पाइनस (Pinus)।
5. पर्णों एवं प्रपत्रों का कांटों (Spines) में बदल जाना जैसे – नागफनी, बेर।
6. पर्णों की संज़्या कम हो जाना जैसे केजुरीना (*Casuarina*), झरबेरी।

(ग) पर्णों पर पड़ने वाले प्रकाश को कम करना

जीरोफाइटिक पौधे अपनी शाखाओं व पर्णों को इस कोण (Angle) पर फैलाते हैं जिससे प्रकाश कम पड़े व ताप कम मिले इससे इन पौधों में उत्स्वेदन कम होता है। कुछ पौधों में पर्ण मुड़ (Rolling) जाते हैं जैसे अमोफिला अरूयेरिया घास (*Ammophila areuaria*)।

जल अवशोषक तंत्र की अधिक वृद्धि (Increased growth of water absorption system)

शुष्क मृदा से भी मृदा जल से अधिक अवशोषण हेतु शुष्कोद्भिद खरपतवारों के मूल तंत्र की अधिक वृद्धि होती है। मूल तंत्र अधिक गहराई तक जाकर जल का अवशोषण कर इनकी जैविक क्रियाओं को संचालित करता है। जो मीजोफाईट शुष्क पारिस्थितिकी में उगते हैं, उनमें भी सभी विशेषताएँ उत्पन्न हो जाती हैं जिससे वे जीवित रहते हैं। उदाहरणार्थ चौलाई (*Amaranthus viridis*) व पथरचटा (*Boerhaavia diffusa*)।

तना तंत्र की विशेषताएँ

तना – तंत्र में ऐसी विशेष रचना का विकास होता है जिससे वे या तो जल को अधिक समय तक धारण करती हैं या वायु मंडल की नमी को अवशोषित करती हैं जिससे शुष्कोद्भिद् जल की कमी को पूर्ण करते हैं। उदाहरणार्थ –

(1) कन्वालवुलस लेनेटस (*Convolvulus lanatus*) की ऊपरी सतह पर विशेष किस्म के रोम (Hairs) होते हैं जो वायुमंडल में उपस्थित वाष्प को अवशोषित करते हैं।

(2) आर्किड (Orchid) में दो प्रकार की जड़ें होती हैं। एक प्रकार की वे जड़ें जो आर्किड को दूसरे पौधे पर स्थिर रखती हैं (Fixing roots) तथा दूसरी विशेष प्रकार की जड़ें वायु में झूमती रहती हैं इन्हें वायवीय जड़ें (Aerial roots) कहते हैं इनमें वेलामिन (Velamin) होते हैं जिनके द्वारा वायुमंडलीय वाष्प अवशोषित करते हैं।

(3) कुछ खरपतवारों की पर्णों की सीथ (Sheath) अधिक विकसित होती है जो वर्षा जल एवं ओस जल अधिक दिनों तक धारण कर जल की पूर्ति करती है।

(4) एरिनकोलस (Arencolous) की ऊपरी सतह पर स्पंजी रचनाएँ होती हैं जो वर्षा या ओस का जल सोख लेती हैं व लम्बे समय तक पौधों को उपलब्ध कराती है।

3. जल संग्राहक ऊतकों का विकास (Development of water storage organs)

शुष्कोद्भिद खरपतवारों में कुछ विशेष प्रकार के अंगों का निर्माण होता है जो जल संग्राहक का कार्य करते हैं। इन खरपतवारों में यह कार्य पेरेनकाइमा ऊतक (Parechymatous tissue) द्वारा होता है। ऊतक वर्षा ऋतु में आवश्यकता से अधिक जल संग्रह कर लेते हैं जिसका उपयोग शुष्क ऋतु में शनैः शनैः करते हैं। उदाहरणार्थ अगेव अंगस्टीफोलिया (*Agave ungustifolia*), अलोय (*Aloe*), केक्टस (*Cactus*) एवं नागफनी (*Opuntia*)।

दैहिकीय अनुकूलन (Physiological adaptation)

शुष्क वातावरण में उगने वाले खरपतवारों की दैहिकीय प्रक्रियाओं में विशेष गुण पाए जाते हैं विशेषकर -

(अ) प्रसारण दाब की अधिकता (High osmotic pressure) अधिक प्रसारण-दाब का महत्त्व उस परिस्थिति में विदित होता है जब उत्स्वेदन अधिक होता है तथा अधिक उत्स्वदेन होने पर भी जीरोफाइटिक खरपतवारों में मुर्झान (Drooping) नहीं होती है। यह प्रसारण-दाब अधिक होने के कारण होता है। पौधों में 30% जल रहने पर ये मुर्झाते नहीं है तथा प्रकाश संश्लेषण की क्रिया बहुत देर तक बंद नहीं होती है। प्रोटोप्लाज्म में बाउंड-जल (Bound water) अधिक होता है कुछ शुष्कोद्भिद पौधों के पर्ण रन्ध्र (Stomata) रात्रि में खुलते हैं एवं दिन में बंद रहते हैं। इस विशेषता से दिन में उत्स्वेदन की क्रिया नहीं हो पाती अतः इन पौधों में जल की हानि कम होती है।

लवणोद्भिद (Halophyte)

जो पौधे अत्यधिक खनिज लवण (Mineral salt) वाली पारिस्थितिकी में उगते हैं, लवणोद्भिद (Halophytes) कहलाते हैं। उदाहरणार्थ राइजोफोरा (Rhizophora)। यह पौधा समुद्री तट पर बढ़ता है इसके समुदाय (Community) को मेन्ग्रोव (Mangrove) कहते हैं। हेलोफाइट की कुछ विशेषताएँ होती है जैसे -

(1) हेलोफाइट के पर्ण मोटे व चमकीले होते हैं। किन्हीं में पर्ण बहुत कम होते हैं तथा किसी-किसी में पर्ण होते ही नहीं हैं।

(2) एपीडरमिस के ऊपर क्यूटिकिल की परत (Cuticle layer) होती है।

(3) मीजोफिल (Mesophyll tissue) में पेलीसेड (Palisade parenchyma) स्पष्ट रहता है।

(4) किन्हीं हेलोफाइट के पेलीसेड कोशिकाओं में स्टोन कोशिकाएँ (Stone Cells) होती हैं। उदाहरणार्थ राइजोफोरा।

(5) दलदली पारिस्थितिकी होने के कारण उसमें ओषजन का अभाव होता है। इस अभाव की दशा में हेलोफाइट में श्वसन मूल (Pneumatophore) बनती हैं। ये खूंटीनुमा भूमि से ऊपर आ जाती हैं और वायुमंडल की ओषजन को अवशोषित करती हैं। श्वसन जड़ों के ऊपर निकले भाग में छोटे-छोटे अधिक रन्ध्र होते हैं जिनसे ओषजन अंतरकोष स्थान (Intercellular space) में पहुँचती है।

(6) विविपरी अंकुरण (Vivipary germination) हेलोफाइट के बीजों में सुसुप्तावस्था (Dormancy) नहीं होती। इनमें बीजांकुरण उसी समय हो जाता है, जब फल वृक्ष में ही लगा रहता है। इस प्रकार के अंकुरण को विविपरी अंकुरण कहते हैं। अंकुरण हो जाने पर रेडीकल फलभित्ति के बाहर निकलकर वृद्धि करता है कुछ समय बाद यह तीर की भाँति सीधा दलदली भूमि में गिर कर खड़ा रहता है एवं पार्श्व जड़ें फैलाकर नए पौधे के रूप में स्थापित हो जाता है।

परजीवी नींदा (Parasitic weeds)

वे पौधे जो अतिथेय पौधों (Host plants) पर अपने भोज्य तत्त्व प्राप्त करने के लिये पूर्ण रूप से या आंशिक रूप से आश्रित रहते हैं। इस तरह ये पौधे दो प्रकार के होते हैं -

1. पूर्ण परजीवी (Total parasite)

इनमें पर्ण हरिम (Chlorophyll) का अभाव होता है जैसे अमर वेल (*Cuscuta reflexa*) एवं ओरोबेन्की (*Orobanche*)। ये चूषक-मूल (Haustoria) अतिथेय पौधों की रस वाहिनियों में प्रविष्ट कर तैयार भोजन ग्रहण करते हैं।

2. अर्ध-परजीवी (Partial parasite)

इनमें पर्णहरिम होता है और ये भोजन बना सकते हैं परन्तु जल व अकार्बनिक खाद्य तत्त्वों के लिए ये आतिथेय पौधों पर आश्रित रहते हैं जैसे अगिया (*Striga lutea*) एवं लोरेन्थस या बांदा (*Loranthus* or *Banda*)।

इन परजीवियों में से अमरबेल एवं बांदा तना परजीवी (Stem parasites) तथा ओरोबेन्की एवं अगिया मूल-परजीवी (Root parasite) हैं।

इन परजीवी खरपतवारों का विस्तृत वर्णन पृथक अध्याय में दिया गया है।

■■■■

9

नींदा नियंत्रण की सस्य विधियाँ
(Cultural Methods of Weed Control)

फसलोत्पादन में यदि उन्नत तकनीकी अपनाई जाती है तब नींदा नियंत्रण में कम खर्च होता है। सस्य विधियों को अपनाने से अधिकांश क्षेत्र में नींदा नियंत्रण नहीं करना पड़ता है। सस्य विधियों को अपनाने से नींदा में अधिक कमी हो जाती है एवं यदि निंदाई नहीं भी करते हैं तो निंदाई न करने से लगभग आधी हानि होती है।

अतः परिवेश के अनुसार फसल चक्र अपनाकर, स्टेलसीड-बेड तैयार कर, बढ़वार किस्म के शुद्ध बीज अधिक दर पर सघन कतारों में, उपयुक्त समय पर बोनी कर, उचित उर्वरक कतारों में प्रयुक्त करने एवं यथा संभव मिश्रित या समानांतर फसलें उगाने से फसलों की वृद्धि नींदा की तुलना में अधिक होती है एवं नींदा की स्पर्धा कम होती है। निंदाई से मिलने वाले लाभ की तुलना में लगभग आधा लाभ इन विधियों को अपनाने से मिल जाता है। यदि फसलों की वृद्धि किसी कारण से कम होती है तो नींदा की वृद्धि अधिक हो जाती है तथा फसल से स्पर्धा कर, वृद्धि कम कर देते हैं जिससे उपज में कमी हो जाती है।

जब सस्य विधियाँ नहीं अपनाई जाती हैं उस दशा में फसल कमजोर होती है निंदाई का खर्च अधिक बढ़ जाता है। निंदाई समय से नहीं हो पाती है एवं उत्पादन में अधिक कमी हो जाती है। अतः सस्ता एवं उपयुक्त नींदा नियंत्रण हेतु सस्य विधियाँ अपनाना आवश्यक हैं।

परिवेश को फसल के अनुकूल करना

सामान्यतः किसी भी परिवेश में फसलों की तुलना में नींदा अधिक वृद्धि करते हैं व फसलों के साथ स्पर्धा कर अधिक क्षति पहुँचाते हैं। किसी भी फसल को बोने के पहले उस खेत का परिवेश फसल विशेष की वृद्धि के अनुकूल होना आवश्यक है अन्यथा फसल की वृद्धि उचित नहीं होगी। परन्तु उस परिवेश में जो नींदा अनुकूलित (Acclamatised) हैं, उनकी वृद्धि सहज रूप से अधिक होती है। इस असमानता को दूर करने हेतु परिवेश में ऐसा परिवर्तन करना आवश्यक हो जाता है जो फसल के अनुकूल हो या ऐसी फसल बोए जो उस परिवेश - विशेष के अनुरूप हो तथा नींदा के प्रतिकूल हो जिससे फसल नींदा से स्पर्धा कर आगे बढ़ जाए।

खाद

उपयुक्त सड़ी गोबर की खाद या कज़्पोस्ट जिसमें नींदा के बीज न हो खेत में डालने से उसकी उर्वरा शक्ति में वृद्धि होती है। जिस खेत की उर्वरता कम हो जाती है उसमें खाद देना आवश्यक हो जाता है। जिससे मृदा की

संरचना में (Structure) परिवर्तन हो जाता है। गोबर की खाद, कम्पोस्ट व हरी खाद के सड़ने गलने से मृदा में कार्बनिक अम्ल बनते हैं। इन अम्लों का अनेक खरपतवारों के अंकुरण तथा भूमिगत तनों, कंदों आदि पर प्रतिकूल प्रभाव पड़ता है तथा उनकी वृद्धि कम होती है।

जैविक खाद

जैविक खाद जैसे दलहनी फसलों में राइजोबियम कल्चर (*Rhzobium* Culture) का उपयोग कर जड़ों में ग्रंथियों का विकास कर नत्रजन फसलों को उपलब्ध कराना। धान में नील-हरित शैवाल (blue-green algae), अजोला (*Azolla*) व गेहूँ में एजेटोबेक्टर (*Azotobacter*) का प्रयोग करने से फसलों की वृद्धि अधिक होती है। इस प्रकार नींदा से स्पर्धा करने की क्षमता में वृद्धि होती है।

उर्वरक

फसलों के अनुसार उपयुक्त उर्वरक चुनकर पर्याप्त मात्रा में खाद्य तत्त्व फसल को सही समय पर देना आवश्यक है। उर्वरक पूरे खेत में ही छिड़के। उनको कतारों में दें, बीज के साथ भी बोनी कर सकते हैं। इससे खाद्य तत्त्व फसल को अधिक मिलेंगे तथा नींदा को कम, जिससे नींदा की वृद्धि कम होगी व फसल उसे दबा देगी। जब टाप ड्रेसिंग (Top dressing) करते हैं तब भी यदि उर्वरक कतारों या फसल के पौधों के चारों ओर दिया जाता है तो फसल को अधिक लाभ मिलेगा।

मृदा सुधारकों का प्रयोग (Use of soil amendments)

मृदा-सुधारक जैसे जिप्सम, केल्सियम कार्बोनेट आदि का प्रयोग क्षारीय एवं लवणीय मृदा में मृदासमु (Soil pH) को फसल उगाने के उपयुक्त करने हेतु प्रयोग करते हैं। इन मृदा सुधारकों से मृदा की रासायनिक, भौतिक एवं जैविक दशाओं में फसल उगाने के अनुकूल परिवर्तन हो जाता है। इससे फसलों की वृद्धि अधिक होती है तथा नींदा से स्पर्धा करने की क्षमता बढ़ती है। लवणीय मृदा का सुधार हो जाने से लवणीय परिवेश के नींदा स्वयमेव समाप्त हो जाते हैं। उदाहरणार्थ लवणीय मृदा में बाढ़ के जल के साथ लवण घुल कर निकलने से राइजोफोरा (*Rhizophora*) नामक नींदा धान के खेतों से बिना प्रयास समाप्त हो जाता है।

मृदा कीट व कवक उपचार

कुछ रोग व कीड़ों का आवास खेत में ही होता है। अतः बोनी के बाद फसल की रक्षा करने हेतु मृदा को कीट व रोग रहित करने हेतु उपयुक्त कीट नाशक व कवक नाशक दवाओं से उपचार करना आवश्यक है। बीज बोने के पूर्व एग्रोसान जी एन, सेरेसान, मोनोसान या केप्टान से बीजोपचार करने से अनेक रोग नियंत्रित हो जाते हैं। अन्यथा फसल की वृद्धि कम होगी एवं नींदा के पौधे अधिक स्पर्धा करेंगे।

निर्मूल बीज क्यारी या स्टेल सीड बेड (Stale seed bed)

जिस खेत में स्वाभाविक रूप से अधिक नींदा उगते हैं उस खेत में बोनी करने के पूर्व नींदा को सिंचाई करके उगाएं व उसे कम गहराई पर ब्लेड हैरो या बखर चलाकर निर्मूल या नष्ट करने के बाद बोनी करने की विधि को

''निर्मूल बीज क्यारी'' बनाना कहते हैं। यदि सिंचाई का साधन नहीं है उस दशा में खरीफ फसलों की, वर्षा प्रारंभ होने के बाद जब नींदा उग आए तो उन्हें बखर या अन्य यंत्र (जो कम गहराई पर चले) चलाकर नष्ट करने के बाद बोनी करें। यदि यांत्रिक विधि से नींदा नष्ट करने में मृदा की उपयुक्त दशा न हो तो रासायनिक विधि से ''निर्मूल बीज क्यारी'' तैयार की जा सकती है। ग्रेमोक्जोन (Gramoxone, Paraquat) 1 से 2 लि./हे. की दर से ऊगे हुए नींदा पर छिड़काव करने से मर जाएगें। इस विधि से बोनी करने पर फसल के पौधों के साथ नींदा के पौधों की स्पर्धा प्रारंभिक अवस्था में नहीं होगी। जो नींदा बाद में अंकुरित होंगे वे फसल के आच्छादित हो जाने से प्रकाश के अभाव में वृद्धि नहीं कर पाएंगे व मर जाएंगे या कमजोर रहेंगे जिससे फसल के साथ स्पर्धा नहीं कर पाएंगे। यह ध्यान रहे कि निर्मूल बीज क्यारी तैयार करने में बोनी अनावश्यक रूप से पिछड़े न अन्यथा उपज कम हो जाएगी।

निर्मूल बीज क्यारी बनाकर सोयाबीन, धान, तिल आदि की बोनी करने पर निंदाई करने में कम खर्च होता है तथा नींदा स्पर्धा कम होती है। रबी की फसलों में ''निर्मूल बीज क्यारी'' बनाकर गेहूँ, जौ, मटर, चना आदि की बोनी करने से बाद में निदाई की आवश्यकता नहीं होती। परन्तु ऐसे नींदा जिनके पूरे बीज एक साथ नहीं उगते उस दशा में यह विधि सफल नहीं होती जैसे चिरैया बजरा (*Phalaris minor*) को यदि एक बार मारकर बोनी करें तब भी वह गेहूँ के साथ पुन: उसी संज़्या में अंकुरित होता है जो पहले था।

प्रमाणित शुद्ध बीज

बोनी के लिये नींदा रहित शुद्ध बीज का प्रयोग करना आवश्यक है ऐसे अशुद्ध बीज जिसमें नींदा के बीज हैं बोने से खेत में नींदा के पौधों की वृद्धि होती है। कुछ फसलों के बीज अशुद्ध होते हैं। जैसे गेहूँ के बीज के साथ जंगली जई, चिरैया बाजरा, अकरी, बथुआ आदि के बीज मिले रहते हैं। इसी प्रकार बरसीम के साथ चिकोरी व अमरबेल के बीज प्रसारित होते रहते हैं।

बीज की दर/पौध संज़्या

बीज की मात्रा अधिक बोनी चाहिए। यदि किसी कारणवश फसल का अंकुरण कम हुआ तो उपयुक्त पौध संज़्या नहीं होगी जिससे नींदा बढ़ने को अधिक स्थान उपलब्ध होगा व फसल से स्पर्धा अधिक करेंगे। यदि फसल का अंकुरण अच्छा है व पौध संज़्या उपयुक्त है तो फसल नींदा के पौधों पर अधिक दबाव डालकर स्वयं की वृद्धि अधिक करेगी। फसल की प्रत्येक किस्म की बीज दर उसके बीज भार एवं बीजांकुरण के आधार पर निश्चित करना चाहिए (देखिये सोयाबीन में नींदा नियंत्रण)।

बीजोपचार

फसल का अंकुरण अधिक हो तथा शीघ्र वृद्धि हो जिससे प्राथमिक अवस्था में ही नींदा के पौधों से फसल की वृद्धि अधिक हो। उचित अंकुरण प्राप्त करने हेतु वृद्धि नियंत्रक रसायनों से उपचारित करते हैं। जैसे जिब्रेलिक अज़्ल से उपचारित करने पर अंकुरण अधिक होता है व वृद्धि भी अधिक होती है।

बीज का अंकुरण अनेक फफूँद या कवक के कारण प्रभावित होता है या प्रारज़्भिक पौध सड़न रोग उत्पन्न कर उन्हें मार देती है इनसे रक्षा करने हेतु भी फफूँद नाशक दवाओं से बीज को बोनी के पूर्व उपचारित करना आवश्यक होता है। जैसे एग्रासन, सेरेसान, डाइथेन एम-45, केप्टान आदि का बीजोपचार हेतु उपयोग करना आवश्यक है।

दलहनी फसलों को राइजोबियम कल्चर (*Rhizobium*) तथा अनाज की फसलों को एजेटोबेक्टर (*Azatobactor*) से भी बीजोपचार करने पर फसल की वृद्धि अधिक होती है।

स्पर्धाशील फसलों का चयन

जिन खेतों में नींदा का अधिक प्रकोप होता है उनमें अधिक बढ़वार फसलें, जिनकी वृद्धि दर अधिक होती है उनको बोना चाहिए। इससे नींदा की वृद्धि कम होगी, जैसे ज्वार, मक्का, रामतिल, लोबिया, सोयाबीन, सन आदि फसल अधिक स्पर्धाशील हैं। रबी की फसलों में गेहूँ, जौ, सूरजमुखी व मटर अधिक स्पर्धाशील हैं। इन फसलों में सामान्यत: कुछ विशेष गुण होते हैं जैसे :

(1) अंकुरण क्षमता अधिक होती है तथा नींदा की तुलना में शीघ्र अंकुरित होती है।

(2) प्रारंभिक अवस्था से ही वृद्धि दर व प्रकाश संश्लेषण क्षमता अधिक होती है।

(3) जड़ों का फैलाव सतह पर एवं अधिक गहराई तक होता है जिससे खाद्य तत्त्वों का अधिक अवशोषण करती हैं।

(4) इन फसलों में कल्ले अथवा शाखाएँ अधिक होती हैं।

(5) पत्तियों की सँख्या एवं आकार अधिक होता है तथा उनका कोण धरातल के समानान्तर होता है जिससे कतारों के बीच की जगह को आच्छादित करती हैं।

(6) फसल की ऊँचाई परिवेश विशेष में ऊगने वाले नींदा की तुलना में अधिक होती है।

(7) परिवेश में अचानक प्रतिकूल परिवर्तनों एवं विषमताओं को सहन करने की फसलों में क्षमता हो, जैसे ताप, जल, प्रकाश व खाद्य तत्त्वों की कमी या आधिक्य हो जाने से फसल विशेष रूप से कम प्रभावित हो।

(8) फसल का जीवन काल नींदा की तुलना में अधिक हो इससे नींदा का जीवन काल पहले ही समाप्त हो जाता है।

(9) फसल में अलीलोपैथिक क्षमता हो, जिससे स्त्रवित रासायनिक पदार्थ (Allelochem) नींदा पर कुप्रभाव डालकर उसे नष्ट कर दें या उसकी वृद्धि रोक दें।

(10) फसलों में रोग व कीट व्याधियों को सहन करने की क्षमता हो।

बढ़वार स्पर्धाशील किस्मों का चयन

विभिन्न उन्नतशील उपजाऊ किस्में नींदा से अधिक स्पर्धा नहीं कर पाती। अत: यह आवश्यक है कि नींदा से प्रभावित क्षेत्र में केवल बढ़वार किस्म ही बोएँ। जैसे सोयाबीन की जे.एस. 75-46, कालीतूर (जे.एस. 205) अन्य किस्मों की तुलना में अधिक स्पर्धाशील है। गेहूँ की किस्मों में डब्लू एच. 147, तथा मटर में जवाहर मटर अधिक स्पर्धाशील है। फसलों की किस्में ऐसी हो जो रोग व कीट निरोधक हो या कम प्रभावित हों। (तालिका 9.1) अन्यथा उनकी वृद्धि कम होगी व नींदा उन किस्मों पर हावी हो जाएगें।

करघा (*Oryza sativa*, L. *Spontanea*) उन्मूलन हेतु प्रभावित क्षेत्र में धान की बैंगनी पत्तियों वाली किस्म नागकेशर, आर 2270 की अनुशंसा की जाती है।

उचित समय पर बोनी

अनुकूल समय पर ही बोनी करें अन्यथा फसल की वृद्धि कम होगी तथा नींदा की वृद्धि अधिक होती है। बोनी का समय प्रत्येक परिवेश में भिन्न-भिन्न होता है। जिस खेत में नींदा अधिक होते हैं उसमें फसल को या तो पहले बोएं या नींदा उगने के बाद उन्हें मारकर कुछ समय बाद बोएं। इससे नींदा स्पर्धा कम होगी। उदाहरणार्थ मक्का, कपास व सोयाबीन को यदि बोनी के समय के पहले सिंचाई कर नींदा के ऊगने के पहले बोनी करें तो फसल की वृद्धि अधिक होगी व फसल का पर्णोच्छादन हो जाने से अधिकांश नींदा अंकुरित नहीं होते हैं। इसी प्रकार गेहूँ की बोनी देरी से करने पर अनेक रबी के नींदा कम हो जाते हैं, खरीफ ऋतु में धान की बोनी या रोपाई 15 दिन बाद करने से नींदा स्पर्धा लगभग आधी हो जाती है।

कपास, सोयाबीन, मक्का, मूँगफली आदि की फसल खरीफ ऋतु में वर्षा प्रारंभ होने के 15-20 दिन पहले पलेवा (सिंचाई) देकर, नींदा उगाकर एवं उन्हें मारकर बोनी करने से अधिक नींदा नियंत्रित हो जाते हैं एवं उपज में वृद्धि होती है।

तालिक 9.1 रोग प्रतिरोधी किस्में

फसल	किस्म	रोग	अन्य किस्मों हेतु उपचार
रागी	आई.ई. 28 आई 901 शारदा	झुलसन	थीरम या आरगेनोमरक्यूरियल कम्पाउन्ड 2.5 ग्रा./किग्रा. बीज की दरसे बीजोपचार
धान	समृद्धि, आशा, रत्ना, जया, ऊषा, बाला, कृष्णा	अंगमारी रोग (बैक्टीरियल लीफ ब्लाइट)	0.25% एग्रोमाइसिन या स्ट्रेप्टोसाइक्लिन के घोल में 12 घंटे डुबाकर 30 मि. 50° से.ग्रे. पानी में डुबाना
	जया, बाला, पंकज, प्रगांत, गरिमा, उन्नत सोना, उन्नत साबरमती	झुलसन (ब्लास्ट आफपेडी)	बेन लेट 0.3% 500 ग्रा. से 1.0 कि.ग्रा./हे.
कपास	खंडवा 2, बदनावर 1 जे.के.एस. 1	ब्लेक आर्मरोग	स्ट्रेप्टोसाइक्लिन 0.1% घोल (1 ग्रा. दवा 1 लि. पानी में) 1 घंटे तक डुबाकर बीजोपचार करें।
अरहर	एन.पी. (डब्लू आर)-15 एन.पी. 38	उक्ठा	
चना	जे.जी. 315	उक्ठा	
		कीट प्रति रोधी किस्में	
धान	आशा, ऊषा, समृद्धि आर. 35-275 बंगोली - 2, 3, 5, 6 सुरेखा, फाल्गुना	गंगई	मोनोक्रोटोफास 36 ई.सी. 1.0 लि./हे.

फसल	किस्म	रोग	अन्य किस्मों हेतु उपचार
	आर 34-2578 (दीप्ति) रत्ना, आई आर - 20 साकेत-4	तना छेदक	फोरेट 10% दाने 10 किग्रा. मोनो क्रोटोफास 36% 0.75 लि./हे.
	सी.आर. 94, एम.आर. 1550 आई.ई.टी. 7943, 7575	भूरा फुदका	मोनोक्रोटोफास 0.75 लि./हे. या नुवाक्रान 36% 0.75 लि./हे.
अरहर	नं. 148 एवं जे.ए. 5 (कम प्रभावित होती है)	पिच्छक पतंगा पाड ज्लाई, फल्ली का मत्कुण, चने की इल्ली	डाइमेथोयेट 0.03% (रोगर 30 ई.सी.) मोनोक्रोटोफास 0.04%

कतारों में बोनी

कम दूरी पर बोनी कतारों में करें। इससे खेत में रिक्त स्थान (Gaps) कम होंगे। समान रूप से पौध संज़्या पूरे खेत में उपयुक्त होगी जिससे नींदा की स्पर्धा कम होगी। कतारों की दूरी कम करने से नींदा पर फसल का अधिक दबाव होगा। नींदा नियंत्रण हेतु यांत्रिक विधियों का प्रयोग सरलता से हो सकता है। गेहूँ की बोनी छटका विधि की तुलना में कतारों में बोई गई फसल में अधिक उपज प्राप्त होती है। 20 से.मी. की तुलना में 15 से.मी. कतारों के बीच में अंतर रखने से अधिक उपज प्राप्त होती है। सोयाबीन में 30 से.मी. की तुलना में 20 से.मी. के अंतर पर कतारों में बोने से अधिक उपज होती है।

बोनी की विधि

बोनी की विधि में हेरफेर करने से भी नींदा पर अधिक दवाब पड़ता है तथा उनकी स्पर्धा कम होती है। गेहूँ की बोनी यदि आड़ी खाड़ी कतारों में करते हैं तो सीधी एक दिशा में बोई गई कतारों की अपेक्षा नींदा पर अधिक दबाव पड़ता है एवं उपज अधिक होती है।

धान में छिड़काव विधि की तुलना में कतारों में बोई गई धान में अधिक नींदा नियंत्रित होते हैं व लाभकारी उपज होती है। तथा ''लेही'' एवं रोपा ''पद्धति से बोई गई धान में छिड़का व कतारों में बोई गई धान की अपेक्षा अधिक नींदा नियंत्रित हो जाते हैं व लाभ अधिक होता है।''

फसल चक्र (Crop rotation) : एक ही खेत में विभिन्न वर्षा एवं ऋतुओं में विभिन्न फसलों के उगाने के क्रम को फसल चक्र कहते हैं। एक विशेष फसल के साथ कुछ विशेष नींदा उगते हैं तथा लगातार एक खेत में एक ही फसल लेने से एक विशेष प्रकार के नींदा की वृद्धि हो जाती है। वे नींदा फसल चक्र अपनाने से सरलता से नियंत्रित हो जाते हैं। फसल चक्र से, फसल से संबंधित नींदा (Crop associated weeds) एवं फसल पर आधारित नींदा (Crop bound weeds) नियंत्रित करने में सफलता मिलती है। जैसे गेहूँ में चिरैया बाजरा व जंगली जई का प्रकोप रोकने हेतु गेहूँ के बाद आलू, बरसीम या चना की फसल उगाने से नियंत्रण में सरलता होता है। बरसीम बोने से तीन वर्ष के बाद चिरैया बाजरा व जंगली जई नियंत्रित हो जाते हैं। वहाँ पर अमरबेल व कासनी का प्रकोप हो जाता है। फसल चक्र अपना कर इनका नियंत्रण किया जा सकता है।

जैसे – गेहूँ – बरसीम या लूसर्न, या आलू, या मटर

बरसीम – गेहूँ, मटर

उपरिभूमि धान – सोयाबीन

ज्वार – सोयाबीन

कपास – ज्वार + अरहर

सोयाबीन – कपास या मक्का

जहाँ पर चौड़ी पत्ती वाले नींदा का प्रकोप अधिक हो वहाँ पर अनाज वाली फसलें बोएँ जैसे मक्का, ज्वार, धान, गेहूँ या जौ। इन फसलों में चौड़ी पत्ती वाले नींदा 2, 4-डी या एम.सी.पी.ए. से सरलता से नियंत्रित किए जा सकते हैं। जिन खेतों में घासों का प्रकोप हो वहाँ पर दलहनी या तिलहनी फसलें बोएँ जिससे घासें ज्यूजीलेड या गैलेंट के छिड़काव से नियंत्रित की जा सके।

जब खेत में अत्यधिक नींदा का प्रकोप हो जाता है तब उसे उस ऋतु में रिक्त रखते हैं व टिलेज क्रियाओं से नींदा नियंत्रित करते हैं तथा आगामी ऋतु में फसल बोते हैं। परिवेश के आधार पर किसी विशेष क्षेत्र की प्रमुख फसल पर आधारित फसल प्रणाली (Cropping pattern) पर ही फसल चक्र अपनाए जा सकते हैं।

धान पर आधारित फसल प्रणाली

देश के विभिन्न राज्यों में लगभग 30 प्रकार की धान फसल – प्रणालियाँ प्रचलित है। उदाहरण –

मेघालय में : धान-कपास, सब्जियाँ।

आसाम, बंगाल, बिहार, उड़ीसा, आंध्रप्रदेश में : धान, जूट।

पं. बंगाल में : धान-दलहन, मक्का।

बिहार में : धान-जूट, मक्का, गन्ना या गेहूँ।

उत्तरप्रदेश में : धान-दलहन, मूँगफली, बाजरा, ज्वार या गन्ना।

आंध्रप्रदेश, तामिलनाडू, केरल में : धान-दलहन, मूँगफली, ज्वार मक्का।

महाराष्ट्र में : धान-रागी, दलहन, मूँगफली तिलहन, गन्ना, ज्वार (रबी)।

मध्यप्रदेश में : धान – कोदों, कुटकी, दलहन, मूँगफली, सोयाबीन

मक्का पर आधारित फसल-प्रणाली

12 प्रकार की मक्का प्रणाली है : कुछ उदा.

उत्तरप्रदेश, बिहार में : मक्का – धान, बाजरा, मूँगफली, दलहन, रागी, गन्ना खरीफ में, गेहूँ रबी में।

मध्यप्रदेश में : मक्का-ज्वार व कुछ क्षेत्र में, धान, मूँगफली, सोयाबीन

पंजाब, हरियाणा में : मक्का – मूँगफली, चारे की फसल, गेहूँ रबी में।

ज्वार पर आधारित फसल प्रणाली

17 प्रकार की ज्वार फसल प्रणाली है :

महाराष्ट्र में : ज्वार – कपास, दलहन, मूँगफली, रागी

मध्यप्रदेश में : ज्वार – सोयाबीन, कपास, मूँगफली, गेहूँ, चरी

राजस्थान में : ज्वार – कपास, बाजरा, गेहूँ , मक्का

आंध्रप्रदेश में : ज्वार – मूँगफली, कपास, दलहन, तिलहन

बाजरा पर आधारित फसल प्रणाली

20 प्रकार की बाजरा फसल प्रणाली है उदा. बाजरा–मिश्र फसल, दलहन, मूँगफली, तिलहन, ज्वार (खरीफ)

मूँगफली पर आधारित फसल प्रणाली

9 प्रकार की मूँगफली फसल प्रणाली है : उदा.

गुजरात में : मूँगफली – बाजरा, खरीफ ज्वार, कपास, दलहन

आंध्रप्रदेश, तामिलनाडु में : मूँगफली–धान (सिंचित क्षेत्र में), बाजरा, ज्वार, कपास रागी, दलहन, असिंचित क्षेत्र में।

कपास पर आधारित फसल प्रणाली

16 प्रकार की कपास फसल प्रणालियाँ हैं उदा. महाराष्ट्र, आंध्रप्रदेश, कर्नाटक में : कपास – ज्वार, मूँगफली, रागी, दलहन गुजरात में : कपास – धान, मक्का, तम्बाकू (सिंचित क्षेत्र), ज्वार, बाजरा (असिंचित क्षेत्र में)

मध्यप्रदेश में : कपास – सोयाबीन, मूँगफली, ज्वार, दलहन

सोयाबीन पर आधारित फसल प्रणाली

मध्यप्रदेश में : (सिंचित) सोयाबीन – गेहूँ, चना, तिलहन

असिंचित – सोयाबीन – कपास, ज्वार, मूँगफली, चना, गेहूँ

गेहूँ पर आधारित फसल प्रणाली

19 प्रकार की गेहूँ फसल प्रणाली है कुछ उदाहरण उत्तर प्रदेश : गेहूँ (सिंचित) – मक्का, धान, ज्वार, मूँगफली (खरीफ) चना (रबी) मध्यप्रदेश : गेहूँ (सिंचित) – सोयाबीन, धान, मूँगफली, ज्वार, कपास, चरी (खरीफ) चना, मसूर, मटर, बरसीम (रबी)

पंजाब, हरियाणा : गेहूँ सिंचित – धान, मक्का, बाजरा, चारे, कपास

राजस्थान में : गेहूँ – चना, तिलहन

महाराष्ट्र, मध्यप्रदेश (असिंचित) क्षेत्र में : खरीफ रिक्त गेहूँ – चना, मसूर, तिलहन

चना पर आधारित फसल प्रणाली

7 प्रकार की चना फसल प्रणालियाँ विभिन्न क्षेत्र में प्रचलित हैं कुछ उदाहरण

मध्यप्रदेश में असिंचित क्षेत्र में : चना – सोयाबीन, मूँगफली, ज्वार, कपास

रिक्त – चना – गेहूँ, रबी तिलहन, मटर, मसूर

सिंचित – चना – सोयाबीन, मूँगफली, ज्वार-गेहूँ

ग्रीष्म काल में खेत रिक्त रखना

जिन खेतों में बहुवर्षीय नींदा का बाहुल्य होता है, उनमें ग्रीष्मकाल में फसल न उगाएँ। बहुवर्षीय नींदा जैसे कांसी, कांस, दूब, गोंदला आदि जिनमें भूमिगत तना व कंद होते हैं। इनमें ये भोजन संचित रखते हैं तथा उपयुक्त परिवेश मिलने पर वृद्धि करने लगते हैं। ग्रीष्म काल में खेत रिक्त रख कर मिट्टी पलटने वाले हल (Mould board plough) से गहरी जुताई करने से भूमिगत तने व कंद ऊपर आ जाते हैं तथा अप्रैल-मई में तापक्रम अधिक (45° सें.) होने से इनके तने, कंद व प्रसुप्त कलिकायें सूख जाती हैं। एक या दो बार हैरो चलाने से दबे हुए शेष तने सूख जाते हैं। यदि इन खेतों में ग्रीष्म काल में फसल लेते हैं तो सिंचाई होने से ये बहुवर्षीय नींदा नहीं मरते हैं वरन् भूमिगत तनों से इनकी निरंतर वृद्धि होती रहती है। सघन कृषि में जहाँ पर एक वर्ष में 3 से 4 फसलें एक ही खेत में लेते हैं वहाँ पर बहुवर्षीय नींदा की वृद्धि हो जाती है। अतः ग्रीष्म काल में इन खेतों को रिक्त रखकर बहुवर्षीय नींदा नियंत्रण करते हैं। ग्रीष्म में जुताई व बखराई से नींदा नियंत्रण के अतिरिक्त अन्य लाभ भी होते हैं जैसे भूमि में छिपने वाले कीड़े उदाहरण फौजी कीट (Army worm) की शंखी आदि नष्ट हो जाती हैं।

मिश्रित फसलें (Mixed cropping)

जब दो या दो से अधिक फसलें एक साथ एक ही खेत में बिना किसी निश्चित कतारों की दूरी पर बोई जाती है तो, उसे मिश्रित फसलें कहते हैं। इसमें दो या दो से अधिक फसलों के बीज को मिलाकर बोनी करते हैं। मिश्रित फसलें उगाने से किसी न किसी फसल की सफलता का बीमा हो जाता है। इसके साथ-साथ नींदा नियंत्रण में भी सहायक सिद्ध होती है, क्योंकि नींदा को बढ़ने हेतु कम स्थान मिल पाता है।

अंतरवर्ती फसलें (Intercropping)

जब दो या अधिक फसलें (विभिन्न) एक साथ एक ही खेत में बोते हैं, जिसमें एक प्रमुख (आधार) फसल होती है जिसकी पौध संज़्या व कतारों में कोई विशेष परिवर्तन किए बिना अन्य फसलों को रिक्त स्थान में पृथक कतारों में बोते हैं जिससे अतिरिक्त पौध संज़्या उसी क्षेत्र विशेष में समाहित होती है। जिससे सूर्य ऊर्जा व परिवेश के अन्य घटकों का अधिक उपयोग होता है तथा नींदा पर अधिक दबाव पड़ता है एवं नींदा की वृद्धि कम होती है।

जैसे ज्वार या मक्का की कतारों के बीच की रिक्त जगह में लोबिया, सोयाबीन आदि की एक या दो कतारों को लगाने से नींदा कम वृद्धि करते हैं व आय भी अधिक होती है। अरहर या कपास की कतारों के बीच सोयाबीन,

मूँगफली या मूँग-उड़द बोने से नींदा नियंत्रित होते हैं। अब परीक्षणों से यह पाया गया है कि ज्वार की पक्तियों के बीच की दूरी 60 से.मी. तक पैदावार कम किए बिना बढ़ाई जा सकती है, बीज की मात्रा वही रहती हैं, पौधों की संज़्या 1.5 से 1.8 लाख प्रति/हे. रखते हैं। ज्वार की दो कतारों के बीच सोयाबीन, मूँग, मूँगफली या लोबिया या अरहर की एक कतार बोने से नींदा नियंत्रित होते हैं व उपज भी अधिक होती है। इस विधि से फसलोत्पादन में यांत्रिक नींदा नियंत्रण विशेष कर ट्रेक्टर से चलने वाले यंत्रों को चलाने में असुविधा होती है। नींदा नाशक दवाओं व हैंड हो के द्वारा नींदा आसानी से नियंत्रित हो जाता है।

फसल की कटाई

ऐसी फसलें जो कई बार काटी जाती हैं जैसे चारे की फसलें, ज्वार, मक्का, बरसीम, लूसर्न आदि को नींदा से ग्रसित क्षेत्र में उगाने से नींदा नियंत्रित हो जाते हैं। उदा. बरसीम 4-5 बार काटी जाती है। इसके साथ नींदा के पौधे कटने से उनमें बीज नहीं बन पाते व उनका जीवन बरसीम पकने के पहले ही समाप्त हो जाता है। उदाहरणार्थ चिरैया बाजरा, सेंजी, बथुआ आदि बरसीम बोने से नियंत्रित हो जाते हैं।

उचित जल प्रबंध (Proper water management)

नींदा की समस्या, फसलों की आवश्यकता तथा क्षेत्रीय परिषमताओं के आधार पर जल प्रबंध करने से नींदा नियंत्रण में सहायता मिलती है।

अ. हवेली पद्धति

वर्षा ऋतु में निरंतर अधिक वर्षा होने के कारण भारी भूमि में नींदा नियंत्रण करना बहुत कठिन हो जाता है। इस कारण कृषक खेतों के चारों ओर ऊँची मेढ़ें बनाकर वर्षा काल में खेत में पानी भर कर रखते हैं जिससे नींदा (Weeds) मर जाते हैं। वर्षा समाप्त होने पर 15 सितम्बर के आसपास खेतों से पानी निकाल कर केवल रबी में शून्य भू-परिष्करण (Zerotillage) की दशा में बोनी करते हैं। यह विधि म.प्र. में जबलपुर, नरसिंगपुर, होशंगाबाद, मंडला, सागर, दमोह में प्रचलित है।

ब. जल निकास एवं पुनः जल भरना

अनेक जलीय नींदा जो पानी में वृद्धि करते हैं जल निकास करने से मर जाते हैं। जैसे धान में जलकुम्भी (*Monochoria vuginalis*) जल निकास करने से मर जाती है। कुछ दिन उपरान्त पुनः धान में जल भर देना चाहिए। नहरों, नालियों व जलाशयों में भी जल निकालने से जलीय नींदा मर जाते हैं। धान में रोपने के बाद या लेही के बाद जब नींदा के पौधे 2-4 पत्ती की अवस्था में हों उस समय खेत में जल भरने से नींदा मर जाते हैं।

स. जल की आवश्यकतानुसार फसलें उगाना

मृदा-जलधारण क्षमता मृदा के अनुसार भिन्न-भिन्न होती है। अतः उसी प्रकार की फसल उगाना आवश्यक है। अधिक जल धारण क्षमता वाली भूमि में खरीफ ऋतु में धान एवं रबी में गेहूँ उगाना चाहिए। नमी की कमी होने पर सिंचाई करनी चाहिए जिससे फसल की वृद्धि उचित हो एवं नींदा से स्पर्धा कर सके।

अन्य फसलों में जल निकास का उचित प्रबंध हो अन्यथा फसल की वृद्धि नहीं होगी एवं नींदा फसल पर हावी हो जाएगी। रबी में असिंचित क्षेत्र में नींदा की संज़्या कम होती है उनमें मसूर, चना, अलसी की फसलें बोने से नींदा स्पर्धा की समस्या का हल हो सकता है।

सिंचाई की नालियों की व्यवस्था

सिंचाई हेतु बनाई गई नालियों में अनेक प्रकार के नींदा उगते हैं, जो खेत में फैलते हैं। इन नालियों के नींदा को, बीज बनने के पूर्व ही समाप्त करना आवश्यक होता है। इससे बीज खेत में नहीं फैल पाते। खेत में उप-नालियों को अधिक जगह नहीं देना चाहिए यदि सम्भव हो तो इन्हें प्रति वर्ष तोड़कर नया बनाना चाहिए। इससे नींदा नियंत्रित हो जाते हैं। विशेषकर बहुवर्षीय नींदा जैसे दूब, कांस, जलदूब व गोंदला जिनके भूमिगत तनों का विकास होता है व अधिक फैलते हैं। यदि नालियों को प्रति वर्ष नहीं तोड़ा जाता तो वे नींदा क्रमशः नाली से फैलते जाते हैं।

■■■■

10

नींदा नियंत्रण की यांत्रिक विधियाँ
(Mechanical Methods of Weed Control)

कृषि में नींदा नियंत्रण की क्रिया पूर्वकाल से चली आ रही है। मनुष्य ने जब से कृषि करना प्रारम्भ किया संभवतः उसी समय से उसने अनावश्यक पौधों को नियंत्रित करना प्रारम्भ कर दिया। हाथ से नींदा उखाड़ना लगभग 10,000 बी.सी. में प्रारम्भ हो गया था। इसे कृषि के क्षेत्र में दुर्भाग्य कहा जाए या उपेक्षा कहा जाए कि आज भी हमारे अधिकांश कृषक हाथ से ही नींदा उखाड़ते हैं। जबकि अन्य क्षेत्रों में यंत्रों का अधिक उपयोग एवं विस्तार हुआ है। उदाहरणार्थ पूर्व में हाथ चक्कियों से गेहूँ पीसना पड़ता था परन्तु अब मशीन से आटा बनने लगा है। इसमें श्रम, समय व खर्च की बचत हुई है। फसलों में नींदा नियंत्रण की विधियों में भी क्रमशः सुधार हुआ है परन्तु उसको इतना सरल व सुलभ, प्रचलित कर सर्व साधारण को तकनीकी ज्ञान उपलब्ध नहीं हो सका।

क्रमशः यांत्रिक विकास में खुर्पी का उपयोग प्रारंभ हुआ उसी समय 600 बी.सी. के लगभग हँसिया एवं अन्य यंत्रों जैसे गेंती, कुदाली, फावड़ा व धारदार हथियार का नींदा नियंत्रण में प्रयोग होने लगा।

खुरपी से क्रमशः हाथ से चलाए जाने वाले यंत्रों का विकास होकर आधुनिक ''हेंड हो'' उन्नत ''डबल व्हील हो'' आदि विकसित हुए जिनकी क्षमता हाथ की निंदाई से कई गुनी अधिक है।

जब कृषि का विकास हुआ एवं फसलें कतारों में बोई जाने लगी तब जेथ्रोतुल ने 1731 में निंदाई करने हेतु सर्व प्रथम घोड़े से चलने वाला यंत्र ''घोड़ा हो'' (Horse Hoe) का अनुसंधान किया। इसके द्वारा मक्का, ज्वार, कपास व गन्ना आदि फसलें जिनमें कतारों की दूरी अधिक होती है हाथ की निंदाई के स्थान पर यह यंत्र चलाया जाने लगा। उसके बाद से क्रमशः जानवरों से चालित यंत्रों में विकास हुआ एवं आधुनिक ''हेरो'' व कल्टीवेटर का अनुसंधान हुआ। 1920 में जब ट्रेक्टर का उपयोग कृषि में होने लगा तब आधुनिक ट्रेक्टर चालित ''कल्टीवेटर'', ''ब्लेड हेरो'', फिंगर वीडर, ''रोटरी हो'', ''राड वीडर'' आदि का विकास हुआ जो फसल व मृदा के प्रकार के अनुसार उपयोग में लाए जाते हैं।

नींदा नियंत्रण में प्रयोग होने वाले यंत्र

आधुनिक समय में नींदा नियंत्रण हेतु अनेक यंत्रों का प्रयोग होता है जो सफल कृषि हेतु आवश्यक है। यथार्थ में नींदा नियंत्रण हेतु प्रयोग होने वाले यंत्रों को प्रमुख रूप से दो भागों में विभक्त किया जा सकता है।

(1) फसल बोने के पहले नींदा नियंत्रण करने वाले यंत्र।

(2) फसल बोने के बाद नींदा नियंत्रण करने वाले यंत्र।

फसल बोने के पहले प्रयुक्त होने वाले यंत्र

फसल बोने के पहले खेत में जो अनावश्यक नींदा होते हैं उनको नियंत्रित करना आवश्यक होता है अन्यथा बोए हुए बीज का अंकुरण व पौधों की वृद्धि उपयुक्त नहीं होगी। नींदा की किस्म खेत की दशा, जल की उपलब्धता, भूमि के प्रकार व पूर्व में ली गई फसल आदि के आधार पर इन यंत्रों का प्रयोग होता है। देशी हल, बखर, उन्नतशील लोहे के हल, बैलों या ट्रेक्टर से चलने वाले मिट्टी पलटने वाले हल, कल्टीवेटर, डिस्क हैरो (Disc harrow), पंजा (Duck foot harrow) का बोनी के पूर्व नींदा नियंत्रित करने हेतु आवश्यकतानुसार प्रयोग करते हैं। पड़ती भूमि को आबाद करने की दशा में झाड़ियों व पेड़ों के नियंत्रण हेतु बुलडोजर में प्रयुक्त हेने वाले मृदा काटने वाले पट्टिका (Soil cutting blade) का प्रयोग करते हैं। बहुवर्षीय नींदा नियंत्रण हेतु बोनी के पहले ट्रेक्टर से चालित मिट्टी पलटने वाले हल (Mold board plough) से गहरी (22-25 से.मी.) जुताई ग्रीष्म काल में करते हैं (चित्र 10.1) इसे प्राथमिक टिलेज कहते हैं। इससे बहुवर्षीय नींदा जैसे कांस, कांसी, गोंदला, छोटी झाड़ियाँ आदि नियंत्रित करते हैं। इनके भूमिगत तने (Rhizome) भूमि के ऊपर आ जाते व ताप से सूख जाते हैं। इसके बाद द्वितीय टिलेज करते हैं जिसमें हेरो चलाकर दबे हुए भूमिगत तनों के टुकड़े ऊपर लाते हैं। मौसमी नींदा के जो बीज सतह पर होते वे भी मिट्टी पलटने वाले हल से जुताई करने पर अधिक गहराई में पहुँच जाते है जिससे उनका अंकुरण नहीं हो पाता। कुछ नींदा के बीज ही अंकुरित हो पाते हैं जो सतह पर होते हैं। वे बहुवर्षीय नींदा जिनकी जड़ें उथली होती हैं जैसे दूब, केल आदि, केवल हैरो के द्वारा ही नियंत्रण हो जाते हैं। इनको ग्रीष्म ऋतु में नियंत्रित करना आवश्यक है।

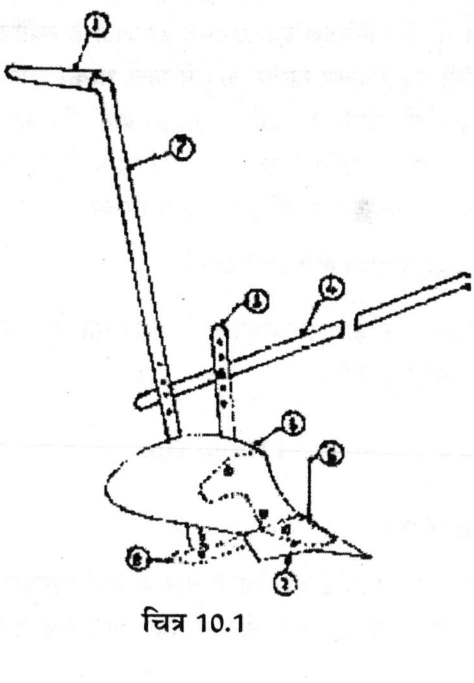

चित्र 10.1

मौसमी नींदा को बोनी के पहले नियंत्रित करने हेतु प्राथमिक टिलेज की आवश्यकता नहीं होती। इनके नियंत्रण में कल्टीवेटर, डिस्क हैरो, ब्लेड हैरो या पंजा (डक फुट हैरो) का उपयोग करते हैं। इनमें पंजा व ब्लेड हेरो अधिक उपयुक्त हैं। गरीब कृषक देशी हल, लोहे के उन्नत हल या बखर से नियंत्रित करते हैं। जब नींदा छोटे होते हैं (2-10 से.मी.) तब इन यंत्रों से सरलता पूर्वक नियंत्रण हो जाते हैं। यदि नींदा बड़े हो गए हो, व उनकी जड़ें अधिक फैल गई हो तो वे हैरो चलाने से शीघ्र नहीं सूखते क्योंकि जड़ों के कारण ढेले बन जाते हैं जो शीघ्र नहीं सूखते। इस स्थिति में हैरो या बखर चलाने के बाद यदि खूँटीदार हैरो चलाया जाए तो ढेले के टुकड़े-टुकड़े हो जाएगें और नींदा शीघ्र सूख जाएगें। बीज की बोनी हेतु उपयुक्त खेत तैयार करने (Seed bed) में जो भी जुताई-बखराई की जाती है वह प्रमुख रूप से नींदा नियंत्रण हेतु करते हैं क्योंकि यदि नींदा की उपस्थिति में बीज बोया जाएगा तो उसका अंकुरण उपयुक्त नहीं होगा। अंकुरण के बाद भी नींदा के पौधे जो पहले से ही खेत में हैं वे फसल के पौधों को आच्छादित कर उनकी वृद्धि रोक देंगे।

शून्य भू-परिष्करण (Zero tillage)

खेतों में यदि नींदा न हों तो "सीड बेड" तैयार किये बिना ही बोनी की जा सकती है जिससे खेत की जुताई बखराई की आवश्यकता नहीं होती है। जिस विधि में नींदा नियंत्रण हेतु खेत की जुताई - बखराई नहीं करते हैं और सीधी बोनी करते हैं उसे शून्य भू-परिष्करण कहते हैं। इस विधि में बोनी के पहले यदि नींदा खेत में है तब नींदा नाशकों का उपयोग कर नींदा नियंत्रित करते हैं। बोनी के बाद नींदा का अंकुरण रोकने हेतु नींदा नाशक से उपचार करते हैं। या फसल के साथ उगे हुए नींदा को 20-30 दिन बाद नींदा नाशक से उपचार कर नियंत्रित करते हैं।

हवेली पद्धति (Haweli System)

मध्य प्रदेश में नर्मदा के कछार में अधिक भारी भूमि होने से तथा अधिक वर्षा (1250-1500 मि.मी.) होने से इस क्षेत्र में खरीफ मौसम में नींदा नियंत्रण एक समस्या हो जाती है क्योंकि यंत्र कार्य नहीं करते हैं। इस कारण कृषक खेत के चारों ओर ऊँची मेढ़ बनाकर खरीफ ऋतु में पानी भरकर जलमग्न रखते हैं जिससे नींदा नहीं उगते। रबी में बिना खेत तैयार किए सीधी बोनी (direct seeding) करते हैं। यह भी शून्य भू-परिष्करण की ही स्थिति है। इस विधि को इस क्षेत्र में "हवेली पद्धति" कहते हैं। जहाँ पर पानी की गहराई बहुत कम होती है वहाँ पर कुछ नींदा उग आते हैं उनको हाथ से उखाड़कर या हँसिया से काटकर वहीं खेत में डालकर सड़ा देते हैं।

बोनी के बाद नींदा नियंत्रण हेतु प्रयुक्त होने वाले यंत्र

बोनी के बाद नींदा नियंत्रण हेतु हाथ से चलाने वाले सरल यंत्र जैसे खुरपी आदि से लेकर बैलों व ट्रेक्टर से चलने वाले निंदाई यंत्र प्रयोग में लाए जाते हैं।

हस्त चलित उन्नत निंदाई यंत्र (Improved Hand Operated Weeding Implements)

टाउंची गुरमा (Touchy gurma)

यह रोपा पद्धति से या कतारों में बोई जाने वाली धान में नींदा नियंत्रण करने के लिए उपयुक्त यंत्र है। नींदा की प्रारंभिक अवस्था (4-6 पत्ती) में चलाने से नींदा नियंत्रण अच्छा होता है। जब नींदा बड़े व कड़े हो जाते हैं

तथा जड़ों का फैलाव अधिक हो जाता है तब इसकी क्षमता कम हो जाती है। नींदा अधिक बड़े हो जाने पर यह नहीं चल सकता। इसको चलाते समय खेत में कम से कम 5-10 से.मी. पानी अवश्य भरा हो। यदि पानी नहीं भरा होता तब यह नहीं चल सकता है क्योंकि इसके दांतों में मिट्टी व नींदा फंसते हैं। यह लोहे का यंत्र होता है जापानी डिजाइन से बना है (चित्र 10.2)। इसे ''रोटरी पेडी वीडर'' भी कहते हैं। ये दो प्रकार के होते हैं।

(1) एकल कतार नियंत्रक (Single row weeder)

(2) दोहरी कतार नियंत्रक (Double row weeder)

एकल कतार नियंत्रक से एक मजदूर द्वारा 12 घंटे में लगभग 0.5 हे. क्षेत्र में निंदाई की जा सकती है।

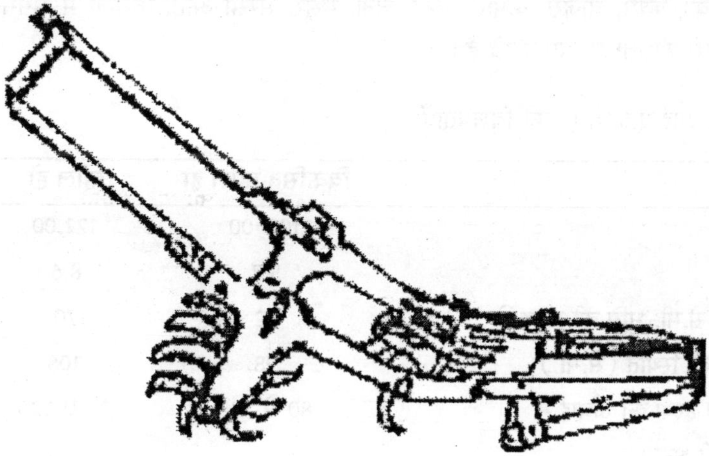

चित्र 10.2

व्हील हो (Wheel hoe)

इसमें दो हत्थे एक पहिया एवं एक टाइन जिसमें 2 शावेल (Shovel) या तिफन-फोर्क (x-sprong fork) लगा होता है (चित्र 10.3) यह हस्त चलित ''हो'' है जो मजदूरों के द्वारा कतारों में चलाया जाता है। यह केवल छोटे क्षेत्रों में जैसे साग-सब्जियों में उपयुक्त है।

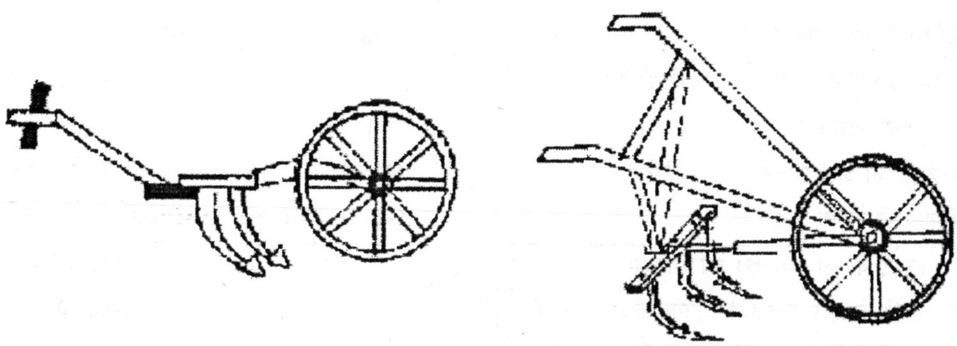

चित्र 10.3

उन्नत व्हील हो (Improved wheel hoe)

केन्द्रीय कृषि अभियांत्रिकी संस्थान भोपाल (म.प्र.) के द्वारा "उन्नत व्हील हो" बनाया गया है (चित्र 10.4) इसकी कीमत कम है तथा कार्य क्षमता अधिक है। इसमें नींदा कटर ब्लेड को कतारों की दूरी के अनुसार चौड़ा या संकरा परिवर्तित कर सकते हैं। पूरे यंत्र का वजन मात्र 5.7 किग्रा. होता है। इससे 78% नींदा नियंत्रित हो जाते हैं तथा यंत्र के चलाने से फसल को 1% क्षति होती है। इस "हो" को मजदूर की ऊँचाई के अनुसार व्यवस्थित कर सकते हैं। हेंडिल की ऊँचाई पेट के बराबर रखते हैं जिससे धक्का देने में कम शक्ति लगती है। इस यंत्र की उपयुक्तता तथा अनुकूलता अन्य "हेन्ड हो" की तुलना में अधिक है। कृषक इसके द्वारा सोयाबीन, मूँग, उड़द, तिल, मूँगफली, मक्का, ज्वार, बाजरा, कपास, मटर, चना, मसूर, सरसों आदि फसलों में सुगमता पूर्वक निंदाई कर सकते हैं व कृषक इसे शीघ्रता से अपना रहे हैं।

तालिका 10.1 सी.आई.ए.ई.वीडर की विशेषताएँ

रचनात्मक गुण	विकसित व्हील हो	व्हील हो	पेग टाइप हो
1. कीमत रू./नग	100=00	122.00	160
2. वजन कि.ग्रा.	5.7	8.6	6.1
3. हत्था की चौड़ाई से.मी. भूमि की सतह से	52	70	68
4. हत्था की पकड़ की स्थिति (से.मी.)	98	106	10
5. भूमि की सतह से हत्था की ऊँचाई में परिवर्तन करने की क्षमता	80 से 135	95 से 125	97 से 125
6. पहिये की चौड़ाई से.मी.	12.0	7.0	14.5
7. पहिये का व्यास से.मी.	22	32	24
8. ब्लेड की नोक से पहिये के मध्य तक अंतर से.मी.	23	40	16
9. कटिंग ब्लेड की चौड़ाई से.मी.	21	24	17
कार्य क्षमता			
1. फील्ड केपेसिटी हे./दिन	0.08	0.05	0.05
2. औसत निंदाई क्षमता %	78	69	71
3. औसत कार्य के झटकों की आवृत्ति/मिनिट	23	19	20
4. पौधों की औसत क्षति %	1	5	2
5. मजदूरी की आवश्यकता पुरुष-घंटे/हे.	103=40	161=00	160=50
6. निंदाई की लागत रु./हे.	595=00	945=00	927=50

हाथ से निंदाई के लिए मजदूरी की आवश्यकता पु.घंटे/हे. 423=70

स्थानीय विधि के द्वारा निंदाई की लागत रु./हे. 2467=00

(रु. 35.00/मजदूर/दिन, 6 घंटे/दिन कार्य (1996)

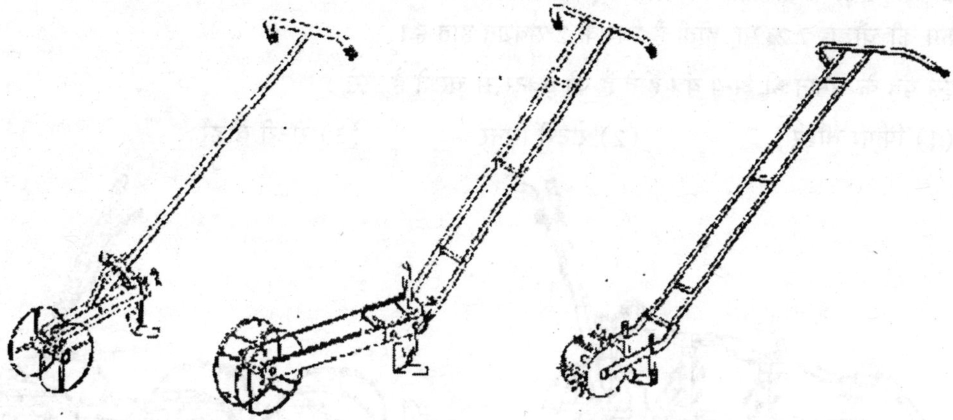

चित्र 10.4

बैलों व ट्रेक्टर से चलने वाले निंदाई-यंत्र

डोरा या कोल्पा (Blad harrow)

यह बैलों से चलने वाला सबसे सरल एवं उपयुक्त निंदाई करने वाला स्थानीय यंत्र है। इसको गाँव के साधारण कारीगर बना लेते हैं। इसका प्रचलन कतारों में बोई जाने वाली फसलों में नींदा नियंत्रण हेतु मध्यप्रदेश, दक्षिणी राजस्थान, महाराष्ट्र एवं तमिलनाडू में है। फसलों के आधार पर दो कतारों के मध्य की दूरी आधारित रहती है। अतः कतार की दूरी के अनुसार पांस (Blade) की लम्बाई 15 से.मी. से 45 से.मी. हो सकती है। एक बैल जोड़ी से निंदाई करने की इसकी क्षमता आधा हेक्टेयर से 1 हे./प्रतिदिन है। इसकी ब्लेड कतारों के बीच उगे हुए नींदा को 5-6 से.मी. गहराई पर जड़ से काट देती है जिससे नींदा सूख जाता है। यदि बरसात निरन्तर होती रहती हो तब इरा विधि का उपयोग नहीं कर सकते हैं।

चौड़ी ब्लेड के यंत्र को बखर ''गुटाका'', ''डोरा'' या ''डन्तुला'' भी कहते हैं। इसका प्रयोग फसल बोने के पहले भी उगे हुए नींदा को मारने हेतु करते हैं। इसमें त्रुटि यह है कि इसकी ब्लेड मिट्टी की परत काटती है उसको पलटती नहीं है इससे नींदा यथा स्थान रहते हैं। यदि मिट्टी सूखती नहीं है तो वे पुनर्जीवित हो जाती हैं।

खूंटीदार हैरो (Spike tooth harrow)

''खूंटीदार हैरो'' को ड्रेग हेरो भी कहते है। एक लकड़ी या लोहे के फ्रेम में कीले लगे रहते है। कीले 5-10 से.मी. के अंतर से लगे रहते हैं (चित्र 10.5)। 1-5 से.मी. गहराई तक मृदा की परत को कुरेदता है। जिससे ऊगते हुए नींदा एवं 3-4 पत्ती की अवस्था वाले नींदा उखड़ जाते हैं तथा तेज धूप के कारण सूख जाते हैं। इस यंत्र का उपयोग फसल उगने के बाद 20 दिन की अवस्था तक कभी भी कर सकते हैं। इसका उपयोग कपास, मक्का, ज्वार, सोयाबीन, मूँगफली आदि की फसलों में मध्यप्रदेश, महाराष्ट्र, तमिलनाडु व राजस्थान में होता है। कतारों में बोई गई फसलों में यदि इसका उपयोग ठीक समय पर किया जाता है तो मौसमी नींदा का अच्छा नियंत्रण हो जाता

है। एक बैल जोड़ी से आसानी से चलने हेतु इस यंत्र के फ्रेम की चौड़ाई 1 से 1.2 मी. रखते हैं। ट्रेक्टर से चलने वाले फ्रेम की चौड़ाई 7.2. मी. होती है जिसके 2 सेक्शन होते हैं।

इस यंत्र के समान ही अन्य यंत्र होते हैं जो ट्रेक्टर से चलते है जैसे :

(1) फिंगर वीडर (2) रोटरी थिनर (3) रोटरी वीडर

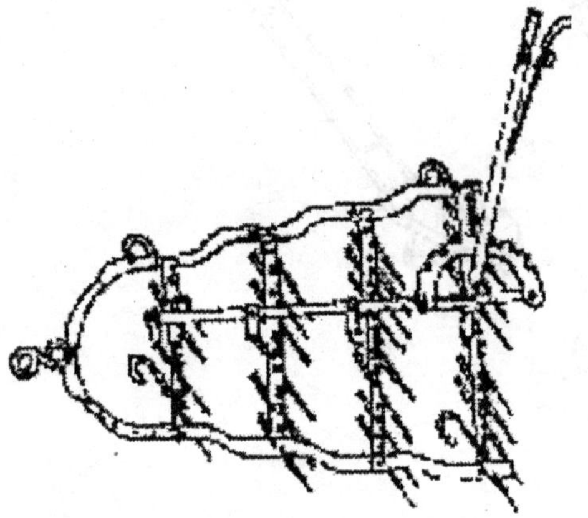

चित्र 10.5

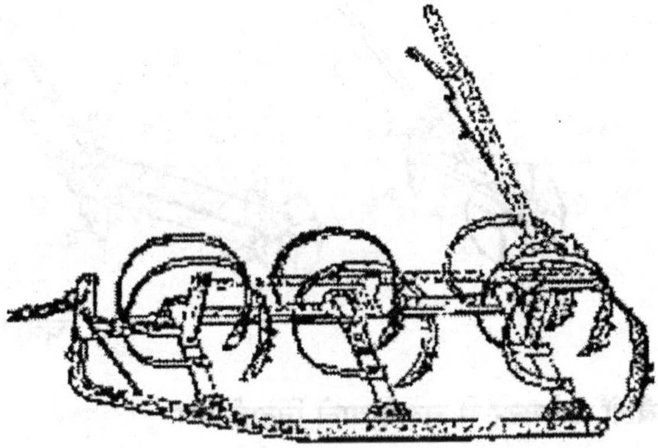

चित्र 10.6

स्प्रिंग टाइन हैरो (Spring tine harrow)

''स्प्रिंग टाइन हैरो'' में स्प्रिंग के समान टाइन एक तिकोने फ्रेम में लगे रहते हैं। टाइन के स्वतंत्र सिरे पैने होते हैं (चित्र 10.6)। यह कपास, ज्वार, मक्का आदि फसलों में कतारों के मध्य बैलों के द्वारा चलाया जा सकता है यह मिट्टी कुछ अधिक गहराई तक कुरेदता है। गहराई को कम या अधिक भी किया जा सकता है। जब नींदा बड़े हो जाते हैं तब अधिक गहराई करने पर उचित नियंत्रण होता है।

रोटरी हो कल्टीवेटर (Rotary hoe cultivator)

यह ट्रेक्टर से चलने वाला यंत्र है। रोटरी हो कल्टीवेटर में दो गेंग (एक के पीछे एक) होती है। प्रत्येक गेंग में कतार इकाईयाँ होती हैं जिससे अनेक कतारों के बीच नींदा नियंत्रण हो जाते हैं। यह बोनी के बाद, यदि वर्षा हो जाती है तो बीज के ऊपर बनी मृदा की कड़ी परत तोड़ने का कार्य भी करता है तथा अंकुरणशील नींदा को मारता है। यह बोनी के बाद 15-20 दिन तक कभी भी उपयुक्त समय पर चलाया जा सकता है इससे कतारों के बीच के नींदा फसल के पास से नियंत्रित हो जाते हैं।

कल्टीवेटर (Horse hoe or cultivator)

कल्टीवेटर प्राथमिक रूप से द्वितीय टिलेज का यंत्र है जो सीड बेड बनाने के लिए उपयोग में लाया जाता है। बहुत से कल्टीवेटर की बनावट ऐसी होती है कि वे कतारों की अधिक दूरी पर निंदाई के कार्य में भी उपयुक्त होते हैं। विश्व के विकासशील देशों में व भारत में लकड़ी के देशी हल वास्तविक रूप से ''कल्टी वेटर'' ही हैं जो

''सीड़ बेड'' तैयार करने एवं निंदाई करने का कार्य करते हैं। परन्तु आधुनिक समय में लोहे के ''बहु-फाल'' (Multi tined) कल्टीवेटर का निर्माण हो गया है। दो से पाँच फाल के ''कल्टीवेटर'' या ''हार्स हो'' बेलों से चलते हैं। पाँच फाल वाले कल्टीवेटर से आधा से एक हेक्टेयर क्षेत्र में एक बैल जोड़ी से निंदाई हो जाती है। ट्रेक्टर से चलने वाले कल्टीवेटर से लगभग पाँच हेक्टेयर क्षेत्र में निंदाई हो सकती है। फालों के बीच की दूरी फसलों में कतारों की दूरी के अनुसार घटा-बढ़ा सकते हैं।

नींदा जब छोटे होते हैं उस समय कल्टीवेटर से निंदाई करना अधिक सरल व सफल होता है। इस अवस्था में कतार के पास के नींदा मिट्टी की परत टूटने से एवं कुछ मिट्टी नींदा के ऊपर चढ़ने से नियंत्रित हो जाते हैं। जब फसल व नींदा बड़े हो जाते हैं तब कतार के पास के बड़े नींदा के पौधों को नियंत्रित नहीं किया जा सकता है। पहली बार कल्टीवेटर से निंदाई 15 से 20 से.मी. की फसल की अवस्था पर करना उपयुक्त है उसके बाद दो तीन बार आवश्यकतानुसार चलाकर फसल की पूरी अवस्था तक नींदा नियंत्रित कर सकते हैं।

कल्टीवेटर के फाल में स्वीप (Sweeps) आवश्यकतानुसार चौड़ी, मध्यम या संकरी कतारों के अनुसार बदल सकते हैं। फाल या शावेल (Shovel) को निकाल कर उसके स्थान पर स्वीप लगा देते हैं। यह यंत्र भारत में अनेक फसलों में जैसे ज्वार, मक्का, सोयाबीन, कपास, गन्ना आदि में आसानी से उपयोग किया जा सकता है। कुछ विकसित कृषकों ने इसका उपयोग करना प्रारम्भ कर दिया है।

पावर टिलर चलित निंदाई यंत्र

पंक्तियों के बीच अधिक अन्तर वाली फसलों जैसे कपास, ज्वार, मक्का, अरहर, सोयाबीन, चना, मटर आदि में निंदाई करने हेतु केन्द्रीय कृषि इंजीनियरी संस्थान भोपाल के द्वारा विकसित ''पावर टिलर'' से चलने वाले बीज एवं उर्वरक वपित्र को निंदाई-गुड़ाई के लिए प्रयोग करने हेतु उसके खूंडकारियों (Furrow openers) को निकाल कर उसकी जगह प्रसर्प (Sweep) लगा दिए जाते हैं। फसल की बढ़वार एवं पंक्तियों के अंतर के अनुसार 10 से 15 से.मी. के चौड़ाई वाले प्रसर्प प्रयोग किये जाते हैं। बीज वपित्र के परिवहन पहियों का कतारों के बीच अन्तर के अनुसार समायोजित करने में असुविधा होती है अतः उन्हें भी निकाल देते हैं। इस यंत्र के द्वारा कार्योत्पादन आँकड़े इस प्रकार है -

प्राचल (Parameter)	मान
प्रभाव क्षेत्र क्षमता (सोयाबीन 45 से.मी.) हे./घंटा	0.22
जुताई की गहराई से.मी.	6.00
प्रचालन की गति कि.मी./घंटा	2.00
निंदाई दक्षता प्रतिशत	51.00
डीजल की खपत ली./घंटा	70
प्रचालन व्यय रू./हे.	80.00
मानव श्रम में बचत (व्हील हो की तुलना में)मानव घन्टा/हे.	35.00

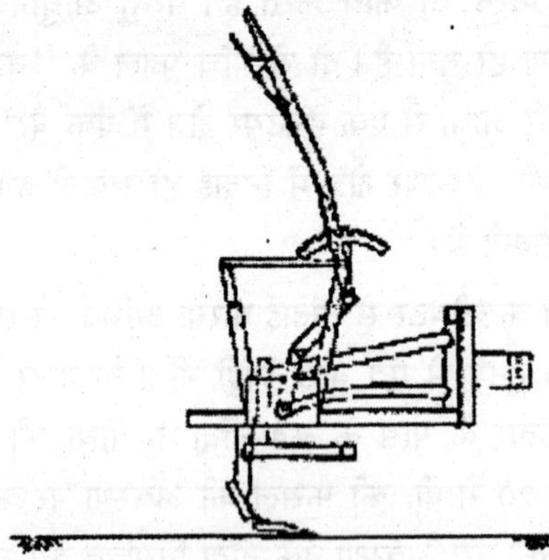

चित्र 10.7

मोवर (Mower)

सभी प्रकार की वनस्पति घास व नींदा को मृदा सतह के बराबर एक विशेष यंत्र जिसे मोवर (Mower) कहते हैं से काट दिया जाता है। इस यंत्र में एक तेज धार का कटर होता है जो रोलर के सहारे घूमता है। जो पौधे इस कटर व एक स्थिर पट्टी के बीच में आ जाते हैं वे कट जाते हैं। इससे कटाई की विधि को मोइंग (Mowing) कहते हैं। मोवर हस्त चालित, बेलों से चालित या शक्ति चालित होते हैं। इनका उपयोग सामान्यतः बगीचों में लान की घास व नींदा काटने, खेल के मैदानों आदि जिनमें फसलें नहीं उगाई जाती हैं उनमें नींदा नियंत्रिण हेतु उपयोगी है। यह केवल छोटे नींदा व जो सीधे खड़े रहते हैं उनको नियंत्रित करने में उपयोगी है।

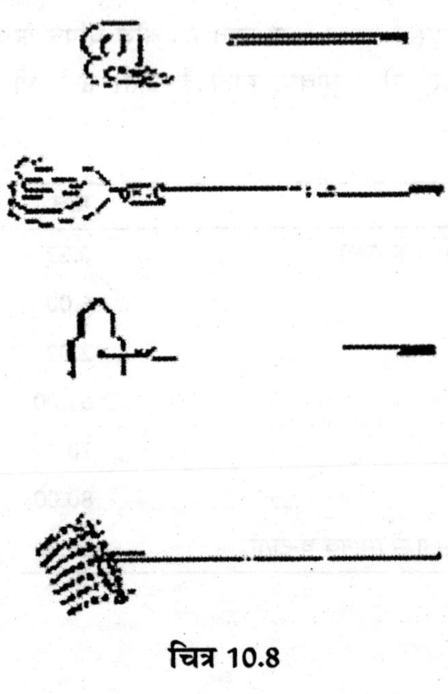

चित्र 10.8

कटाई यंत्र (Cutting implements)

सामान्यत: झाड़ियों, पेड़ों व कड़े नींदा जब बड़े हो जाते हैं तब इनकी कटाई आवश्यक हो जाती है। इन्हें काटने हेतु अनेक यंत्र उपयोग किये जाते हैं। जैसे - हसियाँ (sickle), आरी (Saw), तलवार (Sword), कुल्हाड़ी आदि का उपयोग करते हैं। अन्य यंत्र केबलिंग (Cabling or chaining) व बुलडोजिंग (Dozing) भी झाड़ियों व पेड़ों के नियंत्रण में उपयोगी है।

कटाई करने से झाड़ियाँ पुन: जीवित हो जाती है यह स्थाई रूप से नियंत्रण नहीं होते हैं। स्थाई नियंत्रण हेतु झाड़ियों व पेड़ों को जड़ों से खोदना आवश्यक है। अत: कुदाली, गेंती व फावड़ा की सहायता से 30 से 45 से.मी. की गहराई पर इन पेड़ों को जड़ों से काटने पर स्थाई रूप से नियंत्रित हो जाते हैं। उदा. रेन्झा (*Acacia lucophloea*), झरबेरी (*Zizyphus rotundifolia*) आदि को खोदकर जड़ से काटने पर नियंत्रित किया जाता है।

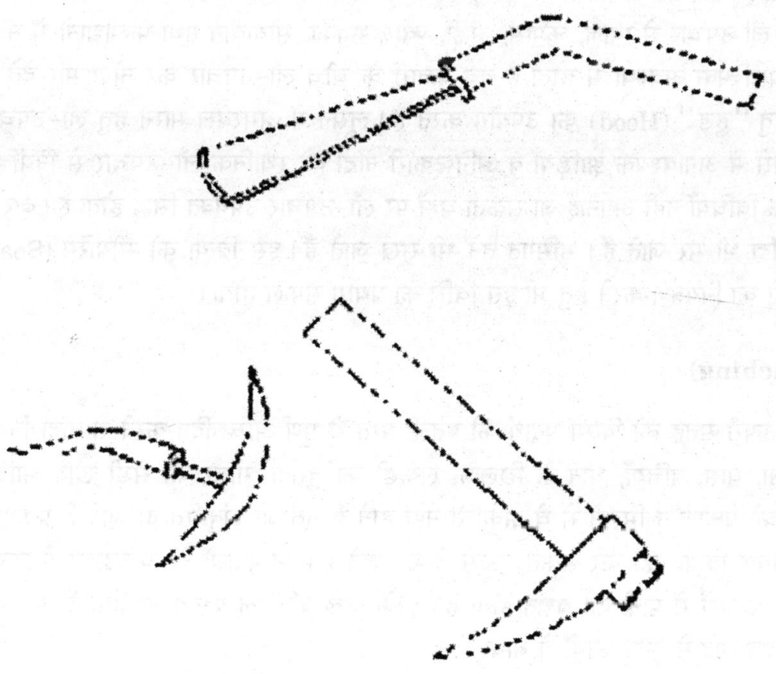

चित्र 10.9

जलाकर नींदा नियंत्रण करना (Weed control by Firing)

यह सरल व सस्ती विधि है। घास के मैदानों, पड़ती, रिक्त स्थानों, खेल के मैदानों, रेल, रोड़ के किनारों, बिजली के खम्बों, फैक्ट्री के आसपास, खेतों की मेड़ों पर जो अनावश्यक पौधे उग जाते हैं जिनको न तो पालतू जानवर खाते हैं और न वे उपयोग में आते हैं। ये जब सूख जाते हैं तब इनकी सफाई हेतु आग लगाकर इनकी सफाई कर देते हैं। जब खरपतवारों की मात्रा अधिक होती है तो इनके बीज भी जल जाते हैं। यह विधि अपनाने में सावधानी रखना आवश्यक है अन्यथा जंगलों या रहवासी स्थानों में आग फैलने का भय रहता है।

इस विधि का उपयोग खेतों में भी नींदा नियंत्रण हेतु करते हैं। उदाहरणार्थ जब गन्ना की फसल कट जाती है तब नींदा व गन्ने की पत्तियाँ साफ करने की बजाए उन्हें वहीं पर जला दिया जाता है। धान की रोपड़ी की जगह को नींदा नियंत्रण हेतु, घास-फूस डालकर खेत तैयार करने के पहले जला देते हैं इसका प्रमुख उद्देश्य यह है कि नींदा के बीज जो खेत में हैं वे जल जाएंगे तथा कुछ खाद्य तत्त्वों की वृद्धि हो जाएगी। अन्य फसलों के खेतों में भी यदि बोनी के पहले घास-फूस अधिक हैं तो उसे जला देते हैं। फसल काटने के बाद भी फसलों के डंठल व सूखे नींदा जला दिये जाते हैं।

लौ-उपचार (Flaming)

फ़्लेम-गन से लौ उत्पन्न कर हरे नींदा को मारते हैं। फ़्लेमगन से उच्च ताप (100 से.) की लौ निकलती है जिसे नींदा के संपर्क में लाने से नींदा की कोशाओं का प्रोटोप्लाज्म विकृत हो जाता है एवं नींदा मर जाते हैं। कुछ पश्चिमी देशों में लौ उपचार से प्याज, कपास, अंडी, ज्वार, मक्का, सोयाबीन तथा फलोद्यानों में नींदा नियंत्रित करते हैं। जब नींदा प्रारम्भिक अवस्था में होता है तब कतारों के बीच लौ-उपचार कर नींदा मार देते हैं। इसमें लक्षित उपचार करने हेतु ''हुड'' (Hood) का उपयोग करते हैं। लूसर्न में अमरबेल मारने हेतु लौ-उपचार उपयोगी सिद्ध हुआ है। चरोखरों में अनावश्यक झाड़ियाँ व अनिष्टकारी नींदा को स्थानिक लौ-उपचार से नियंत्रित करते हैं। जहाँ पर अन्य यांत्रिक विधियाँ नहीं अपनाई जा सकती वहाँ पर लौ-उपचार उपयुक्त सिद्ध होता है। बार-बार लौ-उपचार से बहुवर्षीय नींदा भी मर जाते हैं। भूमिगत तने भी सूख जाते हैं। इस क्रिया को सीयरिंग (Searing) कहते हैं। काँटेदार झाड़ियों का नियंत्रण करने हेतु भी इस विधि का प्रयोग सफल होगा।

मल्चिंग (Mulching)

मृदा की ऊपरी सतह को किसी पदार्थ की पतली परत से पूर्ण आच्छादित करने से नींदा नियंत्रित हो जाते हैं। उदाहरणार्थ भूसा, घास, पत्तियाँ, धान के छिलके, लकड़ी का बुरादा, गोबर की सड़ी खाद आदि की पतली परत बनाने से नींदा को प्रकाश न मिलने से वे अंकुरित नहीं होते हैं एवं जो अंकुरित हो जाते हैं प्रकाश की अनुपस्थिति में प्रकाश संश्लेषण क्रिया नहीं कर सकते, इससे वे मर जाते हें। इन पदार्थों के आच्छादन से वाष्पोत्सर्जन भी रुक जाता है जिससे फसलों में पानी की बचत होती है। इनके कुछ प्रतिकूल प्रभाव भी होते हैं जैसे कीड़ों व रोगों को आश्रय मिलना एवं बाद में कृषि कार्यों में बाधा होना।

यदि कृत्रिम पदार्थों जैसे काले कागज, प्लास्टिक, पालीथीन की चादर आदि से मृदा सतह आच्छादित करने से प्रकाश नींदा को नहीं मिलता तथा ये पुनः उपयोग में लाई जा सकती हैं। जबकि प्राकृतिक मल्च एक बार के उपयोग में सड़-गल जाती है। यह विधि सब्जियों व फलों की खेती में उपयुक्त है। कागज की परत से पालीथिन की परत अधिक लाभकारी है। ये फसल उगने के बाद कतारों के बीच बिछा देते हैं या बोने के पहले बिछा कर उपयुक्त दूरी पर छेद करके बोनी कर देते हैं।

ग्रीष्म काल में खेत की जुताई करने के बाद पालीथिन के परत बिछाने से मृदा का तापक्रम 4-5 डिग्री से.ग्रे. अधिक हो जाता है जिससे नींदा के बीजों की अंकुरण क्षमता समाप्त हो जाती है। साथ में निमेटोड भी मर जाते हैं। इस विधि को ''मृदा रश्मिकरण'' (Soil Solarisation) कहते हैं।

जलीय नींदा नियंत्रण में यांत्रिक विधि

ड्रेजिंग (Dredging) : यह विधि जलीय नींदा नियंत्रण हेतु उपयोग में लाते हैं इस विधि में यंत्र के द्वारा जलीय पौधे जड़ से उखड़ जाते हैं कम गहराई के भूमिगत तने भी निकल जाते हैं।

चेनिंग (Chaining) : इस विधि में नहरों या छोटे ताल-तलैयों के जलीय नींदा नियंत्रित किए जाते हैं। लोहे की एक भारी सांकल (Chain) दो ट्रेक्टरों के द्वारा नींदा के ऊपर घुमाते हुए खींचते हैं। एक ट्रेक्टर नहर के एक किनारे पर तथा दूसरा दूसरे किनारे पर चलता है। चेन दोनों ट्रेक्टरों से संलग्न रहती है।

कटाई (Cutting) : जलीय पौधों को जल के अंदर चलने वाले कटर से पानी से लगभग एक मीटर की गहराई से काट देते हैं।

यांत्रिक नींदा नियंत्रण से लाभ (Advantages of mechanical weeding)

कतारों के मध्य हस्त चालित, बैलों या शक्ति चालित निंदाई यंत्रों से फसलों को नींदा नियंत्रण के द्वारा होने वाले लाभ जैसे खाद्य तत्त्वों व जल की बचत, उपयुक्त प्रकाश, वायु व स्थान की उपलब्धता तथा नींदा के पौधे से ज़वित रसायनों के कुप्रभावों से रक्षा होती है। नींदा नियंत्रण के अतिरिक्त परोक्ष रूप से गुड़ाई भी हो जाती है। अनेक फसलों को अन्य लाभ भी हो होते हैं। जैसे -

(1) मृदा भुरभुरी हो जाती है जिससे फसल के मूल तंत्र को वायु संचार अधिक होता है तथा वृद्धि दर अधिक हो जाती है। वर्षा से या अन्य क्रियाओं से मृदा पिट कर सख़्त हो जाती है जिससे वायु का संचार कम हो जाता अतः यंत्र चलाने से गुड़ाई भी हो जाता है व वायु का संचार बढ़ जाता है।

(2) मृदा का भुरभुरा होने के साथ-साथ कुछ मिट्टी कतारों में फसल के पौधों के आधार पर चढ़ जाती है जिससे वे गिर नहीं पाते तथा कल्ले अधिक निकलते हैं। उदाहरणार्थ - भारी भूमि में गन्ना की फसल में यदि नींदा अन्य विधियों से नियंत्रित हो जाए तब भी कतारों के मध्य यंत्र चलाकर मिट्टी को भुरभुरा करने से अधिक लाभ होता है।

(3) मृदा की ऊपरी सतह में उर्वरक मिलाने में लाभकारी है। यह सिंचाई व वर्षा के जल से मिलकर भी मृदा में मिल सकता है। परन्तु अत्यधिक वर्षा हो जाने से उर्वरक बहने का भय रहता है। विशेषकर खलियों को यंत्रों के द्वारा मृदा में मिलाना आवश्यक है।

(4) यह पुरानी विचारधारा है कि कतारों के मध्य यंत्र चलाकर मिट्टी को भुरभुरी बनाकर रखने से मल्च का कार्य करती है जो वाष्पोत्सर्जन अवरुद्ध कर जल की हानि को रोकती है। अब अनुसंधानों से अधिकांश मृदा में असत्य सिद्ध हो गई है। क्योंकि, अधिकांश मृदा में रासायनिक विधि से नींदा नियंत्रण में व यांत्रिक विधि से नींदा नियंत्रण में मल्च बनाकर रखने से मृदा की जल धारण क्षमता में भिन्नता नहीं होती।

यद्यपि भारी भूमि में असिंचित दशा में जब बड़ी व गहरी दरारें फट जाती है उस स्थिति में कतारों के बीच यंत्र चलाकर मिट्टी को भुरभुरी बनाकर मल्च (Mulch) बनाने से जल-केपीलरी टूट जाती है व वाष्पोत्सर्जन से जल हानि बहुत कम होती है। (गुप्ता व सिंह, 1967)।

फसलों में यांत्रिक नींदा नियंत्रण से हानियाँ
(Disadvantages of mechanical weeding in crops)

(1) इस विधि में नींदा नियंत्रण क्षमता 60 से 80% है क्योंकि कतारों के नींदा नियंत्रित नहीं होते हैं व हाथ से निंदाई करना भी आवश्यक हो जाता है।

(2) यंत्रों से निंदाई करने में फसलों को क्षति होती है। शाखाएँ, पत्तियाँ एवं पूर्ण पौधे भी यंत्रों एवं बैलों से टूट जाते हैं।

(3) मूल-तंत्र कट जाता है जिससे खाद्य तत्त्वों का अवशोषण कम हो जाता है। दलहनी फसलों में निंदाई से नत्रजन स्थिरीकारक ग्रथियाँ टूट जाती हैं, जिससे पौधों में नत्रजन की कमी हो जाती है।

(4) यंत्रों को चलाते समय प्रतिकूल दशा में मृदा पिट जाती है, जिससे लाभ की अपेक्षा हानि अधिक होती है।

(5) प्रतिकूल मौसम में यंत्रों द्वारा निंदाई नहीं हो सकती क्योंकि मृदा के अधिक गीला या अधिक सूखा होने पर यंत्र सुचारू रूप से कार्य नहीं कर सकते।

(6) यंत्रों से निंदाई करने के बाद यदि मृदा सूखती नहीं है तो वे मरते नहीं है तथा निंदाई करना व्यर्थ हो जाता है।

(7) यांत्रिक निंदाई करने हेतु मृदा में उपयुक्त नमी होना आवश्यक है इस दशा की प्रतीक्षा करते-करते नींदा अधिक बड़े हो जाते हैं। जब यंत्र चलाने का अवसर मिलता है। उस समय तक फसल की क्रान्तिक अवस्था प्रभावित हो जाती है।

(8) जब नींदा अधिक ऊँचे व कड़े हो जाते हैं व उनकी जड़ें अधिक फैल जाती है तब अधिकांश नींदा नियंत्रण के यंत्र विफल हो जाते हें।

(9) यदि उपयुक्त समय पर मृदा की दशा में सफल नींदा नियंत्रित किया जाता है तब भी रासायनिक विधि से नींदा नियंत्रित फसल की तुलना में उपज कम हो जाती है। उदाहरण - सोयाबीन की फसल में यांत्रिक विधि से नींदा नियंत्रण करने से रासायनिक विधि की तुलना में 11% उपज कम हो जाती है।

यांत्रिक विधि से नींदा नियंत्रण में हानि से यह तात्पर्य नहीं निकालना चाहिए कि यह विधि हानिकारक है। उस क्षेत्र से जिसमें नींदा नियंत्रण नहीं किया जाता उसकी तुलना में यांत्रिक विधि से नींदा नियंत्रित क्षेत्र में अधिक उपज होती है।

■■■■

11

जैविक नींदा नियंत्रण
(Biological Weed Control)

जैविक माध्यम जैसे जन्तु, कवक, जीवाणु या पौधों के द्वारा हानिकारक पौधों को नष्ट करने या वृद्धि कम करने की विधि को जैविक नींदा नियंत्रण करना कहते हैं। जैविक नियंत्रण पौधों या जन्तुओं दोनों में से कोई भी हो सकता है। जैविक माध्यम से फसलों में प्रायोगिक रूप से जन्तुओं द्वारा सभी नींदा को नियंत्रित करने में सफलता नहीं मिली है। वनों एवं जलाशयों में कुछ विशेष नींदा नियंत्रण हेतु जैविक विधि अधिक सफल सिद्ध हुई है। फसलों में नियंत्रण हेतु केवल स्पर्धाई बढ़वार फसलें ही जैविक नियंत्रण में अधिक सफल है। प्राकृतिक पारिस्थितिकी तंत्र में संतुलन बनाए रखने हेतु कुछ विशेष अनावश्यक पौधों का नियंत्रण प्राकृतिक जीवों के माध्यम से ही होता रहता है। यह ''जीव जीवस्य भोजनम्'' के सिद्धांत पर होता है। इसका अध्ययन वैज्ञानिकों ने किया एवं ऐसे जीवों को खोज कर उनको प्रयोगशाला में गुणित कर अनावश्यक लक्षित पौधों को नियंत्रित करने के उद्देश्य से उन पर छोड़ दिया। इन जीवों ने उन पौधों को अपने भोज्य के रूप में या अतिथेय के रूप में उपयोग कर नियंत्रित कर दिया। इस प्रकार कीट शाज्ञियों व पौध रोगविदों ने इस दिशा में अनेक हानिकारक नींदा के नियंत्रण हेतु अनुसंधान प्रारम्भ किए, परन्तु सफलतापूर्वक नियंत्रण बहुत कम नींदा का हो पाया। इस क्षेत्र में अनुसंधान करने की महत्ती आवश्यकता है। भारत में जैविक माध्यम से जल कुंभी व सिल्वानिया के नियंत्रण हेतु शोध कार्य में सफलता मिली है।

उद्देश्य (Objectives)

जैविक नींदा नियंत्रण के प्रमुख उद्देश्य –

1. अनावश्यक हानिकर नींदा का प्राकृतिक शत्रु या बायोएजेंट के द्वारा कम खर्च व कम प्रयास से नियंत्रण करना।
2. रासायनिक नींदा नाशकों के अनावश्यक हानिकारक रासायनिक अवशेषों से पर्यावरण को दूषित करने से रोकना।
3. प्राकृतिक शत्रु (जन्तु) एक बार पारिस्थितिकी में अनुकूलित हो जाता है तो वह स्वत: बढ़ता रहता है व कई वर्षों तक नियंत्रण करने में सक्षम रहता है।

जैविक-माध्यमों का चुनाव करने के सिद्धांत (Principles of selecting the bio-agents)

जब बायोएजेंट कीट या रोग जनक सूक्ष्म जीव होते हैं तब उनके प्रसार करने के पहले विशेष गुणों का अध्ययन करना चाहिए। किसी भी सफल जैविक माध्यम का चुनाव करते समय निज़्नलिखित छ: गुणों का अध्ययन करना आवश्यक है।

1. हानिकर अतिथेय वरणात्मक (Host specificity)
2. नई पारिस्थितिकी तंत्र को सहन करने की क्षमता (Tolerant to new Ecosystem)
3. शीघ्र गुणित होने की क्षमता (Ability for fast multiplication)
4. हानिकर अतिथेय पौधे को शीघ्र नियंत्रित करने की क्षमता (Ability for fast control of host)
5. एक से अधिक हानिकर पौधों को नियंत्रित करने की क्षमता (Ability to control more than one target weeds)
6. परजीवी (Parasites) व शिकारी कीड़ों (Predators) से बचाव की क्षमता।

(1) अतिथेय वरणात्मक

जैविक नियंत्रण में उपयोगी जन्तु या रोगों की ऐसी स्पीसीस हो जो केवल लक्षित हानिकारक नींदा को ही प्रभावित करें। अन्य उपयोगी पौधों व फसलों को हानि न पहुँचाये। अतिथेय पौधा न मिलने पर वह दूसरे पौधों को न खाएं एवं न ही रोग ग्रस्त करें। अत: कोई भी कीड़े या रोग उत्पन्न करने वाले कवक (Fungi), बेक्टीरिया (Bacteria) या विषाणु (Virus) जब किसी हानिकारक पौधे के नियंत्रण हेतु छोड़े जाएँ और उसका नियंत्रण हो जाने के बाद भूख से पीड़ित होकर भी निराहार (Starvation) रह कर मरना पसंद करें पर दूसरे उपयोगी पौधों को प्रभावित न करें। इन जीवों को छोड़ने के पहले प्रयोगशाला में ''विशेष आहार उपलब्ध न होने पर निराहार रहकर मरना'' (Starvation) का परीक्षण कर लेना आवश्यक है।

जो कीट किसी विशेष नींदा नियंत्रण हेतु छोड़े जाएं वे अन्य उपयोगी पौधों या फसलों पर कुप्रभाव न डालें। उदाहरणार्थ घोंघा या स्नेल्स (*Marsia* sp.) अनेक जलीय पौधों को नियंत्रित कर सकता है फिर भी इसका उपयोग विस्तृत रूप से नहीं कर सकते क्योंकि वह सिंघाड़े व धान के छोटे पौधे को हानि पहुँचाता है। जुसिया (*Jussiaea* sp.) एक जलीय नींदा है जो ब्ल्यू बीटिल (*Haltica cynea*) के द्वारा नियंत्रित किया जा सकता है परन्तु यह बीटिल सिंघाड़ा को हानि पहुँचाने वाला कीट है।

2. नई पारिस्थितिकी-तंत्र को सहन करने की क्षमता

नई पारिस्थितिकी - तंत्र में जो नींदा नियंत्रक जीव छोड़े जाते हैं तब उन जीवों में उस पारिस्थितिकी तंत्र को सहन करने की क्षमता होना चाहिए। अन्यथा वहाँ के ताप, प्रकाश, हवा, आर्द्रता आदि के अनुकूल न होने से उसकी वृद्धि नहीं हो सकेगी और व मर जाएंगे। उसमें भोजन के अभाव में स्थानांतरित होकर अधिक समय तक जीवित रहने की क्षमता होनी चाहिए।

3. शीघ्र गुणित होने की क्षमता

नींदा नाशक जीवों में शीघ्र ही अपनी संतति को अधिक संज़्या में बढ़ाने की क्षमता हो, जो लक्षित नींदा को शीघ्रता से नियंत्रित कर सकें। प्राकृतिक आवास (Natural habitat) में तथा जिस नए आवास (New habitat) में ये जीव छोड़े जाते हैं वहाँ पर उनकी वृद्धि दर अधिक होनी चाहिए। प्रयोगशाला में भी इनकी वृद्धि अधिक हो जिससे वे अधिक मात्रा में उत्पन्न किए जा सकें व लक्षित क्षेत्र में पर्याप्त मात्रा में छोड़े जा सकें। मछली की नस्ल कामन कार्प व चायनीस कार्प जो जलीय नींदा नियंत्रण में सक्षम हैं नई संतति की वृद्धि दर बहुत कम है। यद्यपि कृत्रिम दशा में इन मछलियों की नई संतति की उत्पत्ति दर पर्याप्त है। जब ये कार्प मछलियाँ जलाशयों में छोड़ी जाती हैं तो कुछ दिनों में नींदा को भोजन के रूप में ग्रहण कर समाप्त कर देती हैं। उसके बाद वे नींदा उसमें वृद्धि नहीं करते। इसलिए इन मछलियों को अन्य जलाशयों में छोड़ना आवश्यक हो जाता है वरन वे भोजन के अभाव में मर जाएगी।

4. हानिकर अतिथेय (नींदा) को शीघ्र नियंत्रित करने की क्षमता

जैविक - माध्यमों (बायोएजेंट्स) में अतिथेय (नींदा) को शीघ्रता से खाने की क्षमता होना चाहिए। जीवों की विशेषत: कीटों के खाने के स्वभाव की जानकारी आवश्यक है। पुष्पों या फलों को खाने वाले कीट तथा तना या मूल को खाने वाले कीट नींदा नियंत्रण करने में अधिक सक्षम हैं उन कीटों की तुलना में जो केवल पत्तियों को खाते हैं। अत: इन जीवों के खाने के स्वभाव पर नींदा नियंत्रण की शीघ्रता आधारित रहती है, जो जीव पौधों को शीघ्रता से विकृत कर नष्ट कर देते हैं वे अच्छे ''जैविक माध्यम'' माने जाते हैं।

5. एक से अधिक नींदा को नियंत्रित करने की क्षमता

एक ''जैविक-माध्यम'' (Bio-agent) को विकसित करने में अधिक खर्च होता है। यदि यह जीव केवल एक ही हानिकारक नींदा को नियंत्रित करता है तो वह आर्थिक रूप से लाभकारी नहीं हो सकता क्योंकि प्रकृति में एक साथ अनेक हानिकारक पौधे पाए जाते हैं। उन सबको यदि पृथक रूप से एक-2 बायोएजेन्ट छोड़ा जाए तो इसमें बहुत अधिक खर्चा होगा जो अन्य नींदा नियंत्रण की विधियों से कई गुना अधिक होगा। जैसे कि एक ही रासायनिक नींदा नाशक से अनेक नींदा नियंत्रित हो जाते हैं। अतः ऐसे जीव विकसित किये जाएँ जो कई हानिकारक नींदा को नियंत्रित कर सकें।

6. परजीवी एवं शिकारी कीटों से रक्षा की क्षमता

नींदा नियंत्रण में सक्षम कीट (Bioagents) परजीवियों (Parasites) एवं शिकारी कीटों (Predators) से प्रभावित न हों। यदि इन कीड़ों से बायोएजेन्ट की संज़्या कम हो जाती है तो उनकी नींदा नियंत्रण की क्षमता कम हो जाएगी। अत: ऐसे बायोएजेन्ट्स विकसित करना आवश्यक है जिसका कोई प्राकृतिक परजीवी या शिकारी कीट न हो।

जैविक नींदा नियंत्रण की सीमाएँ (Limitations in biological weed control)

यदि कीटों या कवक को जैविक नींदा नियंत्रण हेतु प्रयोग करना है तो निज़्लिखित प्रमुख व्यवधान होते हैं-

(1) इस विधि से फसलों में प्रत्येक नींदा को नियंत्रित नहीं कर सकते। एक कीट से कोई एक नींदा नियंत्रित होता है।

(2) हानिकारक नींदा जिसे नियंत्रित करना है वह विशिष्ट कोटि का होना आवश्यक है उसकी समानता में अन्य उपयोगी पौधे न हो अन्यथा उस क्षेत्र में कीड़े उनको भी खा जाएंगे।

(3) यदि नींदा एक उपयोगी पौधा भी है तो कीड़ों को नींदा के रूप में पौधों पर नहीं छोड़ सकते क्योंकि वे पास में जो अन्य उद्देश्य से उगाये गए पौधे है उन पर आक्रमण करेंगे।

(4) प्राकृतिक वास - स्थान से कीड़ों को नए परिवेश में छोड़ने पर उनको मौसम की अनुकूलता न होने से वृद्धि कम होती है। कम संज्या होने से नींदा नियंत्रित नहीं होते।

(5) नींदा नियंत्रक - बायो ऐजेन्ट का यदि कोई परजीवी या शिकारी कीड़ा नए परिवेश में है तो उनकी वृद्धि दर बहुत कम हो जाती है।

(6) विषैले पौधों पर यह विधि प्रभावी नहीं है।

(7) आपूर्ति एवं माँग (Supply and demand) के मूल नियम के अनुसार जब कीड़ों को नींदा पर छोड़ा जाता है तब नींदा उपलब्ध होने के कारण उनकी वृद्धि बढ़ जाती है। परन्तु जब नींदा नियंत्रित हो जाते है तब कीड़ों की संज्या भी शनैः शनैः कम होकर समाप्त हो जाती है। परन्तु नींदा के बीज मृदा में होने के कारण नींदा पुन: फैल जाता है। उस समय कीड़ों की पर्याप्त संज्या प्राप्त करना कठिन कार्य हो जाता है।

(8) प्राकृतिक आवास जो अन्य देश से संबंधित होते है वहाँ से कीड़ों का आयात करने के नियमों के कारण यथा समय नींदा नियंत्रित नहीं किए जा सकते।

(9) इस विधि को कृषक अपनाने में सफल नहीं हो सकते क्योंकि हमारे देश में उनकी भूमि सीमित है (Less Holding) तथा कृषक विभिन्न फसलें एक ही क्षेत्र में बोते हैं।

(10) यह विधि जटिल है व इसके लिए तकनीकि तथा साधनों का अभाव है।

जैविक नींदा नियंत्रण में उपयोगी जैविक माध्यम (Useful bioagent for biological weed control)

जैविक नींदा नियंत्रण के अनेक माध्यम हैं जैसे कीड़े, कवक, जीवाणु विषाणु, मछली, घोंघे, पक्षी, जंगली व पालतू जानवर, नींदा व फसलें (तालिका 11.1)।

कीड़े (Insects)

विशेष हानिकारक नींदा को नियंत्रण करने हेतु अन्य जीवों की तुलना में कीड़ों का अधिक उपयोग किया गया है तथा उन्हीं पर अधिक अनुसंधान किया गया है। हवाई में इस दिशा में अनुसंधान सबसे पहले (1902) किया गया तथा लेन्टाना (*Lantana camara*) के नियंत्रण हेतु बग-क्रोसीडोसमा लेनटाना (*Crosidosema lantana* Busck) का उपयोग किया गया। तब से कीड़ों के द्वारा नींदा नियंत्रण पर अधिक शोध कार्य हुआ है। कुछ विशेष हानिकर नींदा का नींदा नियंत्रण कीड़ों के माध्यम से नियंत्रण में कुछ हद तक सफलता प्राप्त हुई है।

तालिका 11.1. विभिन्न जैविक माध्यम जिनसे नींदा नियंत्रण किया जा सकता है।

जीव	वैज्ञानिक का नाम	स्थान	नियंत्रित होने वाली नींदा की स्पीसीस
कीड़े			
1.	क्रोसीडोस्मा लेनटाना *Crocidosema lantana*	हवाई	लेन्टाना केमरा *Lantana camara*
2.	एग्रोमाइजा लेटानी *Agromyza lantanae*	,,	,,
3.	हाइपीना जसालिस *Hypena jussalis*	,,	,,
4.	आक्टोटोमा स्केब्रीपीनिस *Octotoma scabripennis*	आस्ट्रेलिया	,,
5.	यूरोप्लेटा गिरारडी *Uroplata girardi*	,,	,,
6.	टीलियोनीमिया स्क्रु पुलोसा *Teleonemia scrupulosa*	,,	,,
7.	केक्टोब्लास्टिस केक्टोरम *Cactoblastis cactorum*	आस्ट्रेलिया	नागफनी *Opuntia* spp.
8.	डेक्टीलोपियस टोमेन्टोसस *Dactylopius tomentosus*	भारत	नागफनी *Opunia dillenii*
9.	एलीगेटर फ़्ली बीटिल *Agasiches hygrophila*	फ़्लोरीडा	एलीगेटर *Alternanthera philoxeroides*
10.	थ्रिप्स *Aminothrips andersoni*	,,	,,
11.	माथ *Vogtia malli*	,,	,,
12.	नियोचेतीना आइकार्नी वीटिल *Neochtina eichhorni*	भारत	जलकुम्भी *Eichhorinia crassipes*
		भारत	सेल्वीनिया *Salvinia molesta*
13.	लियोथ्रिप *Liothrips urichi*	फिजी, हवाई	क्लीडेमिया हिरटा *Clidemia hirta*
माइट			
	स्पाइडर माइट Spider mites	आस्ट्रेलिया	नागफनी (*Opuntia* spp.)
	गाल माइट Gall mites	,,	कान्ड्रीला जन्सिया (*Condrilla juncia*)
	तना छेदक माथ Bactra spp.	भारत, पाकिस्तान	गोंदला (*Cyperus rotundus*)
	धुनू *Microlarius liperiformis*	यू.एस.ए. हवाई, भारत	गोखरू (*Tribulus terristeris*)
	गालमिज प्रोसेसीडोकेयर्स *Procecidochares utilis*	हवाई, भारत	यूपेटोरियम (*Eupatorium adenophorum*)

जीव	वैज्ञानिक का नाम	स्थान	नियंत्रित होने वाली नींदा की स्पीसीस
	एपियन *Apion antiquum* Gyll.	हवाई	ईमेक्स (मौसमी नींदा) (*Emex spinosa* (L.) Camp.)
मछली			
1.	चाइनीस ग्रास कार्प (*Ctenopharyngodon idella* Vol.)	भारत व अन्य देश	जलीय पौधे
2.	कामन कार्प (*Cyprinus carpio* L.)	"	"
3.	कांगो टिलापिया (*Tilapia melanopleara* Dumeril.)	"	"
	सिल्वर डालर *Metynnis roosevet* Eig	"	जलीय नींदा
4.	घोंघे *Marsia cornuarietis*	"	शैवाल, हाइड्रिला
5.	बतख	भारत (केरल)	धान के नींदा
6.	हंस	केलीफोर्निया	कपास के नींदा
कवक			
	पक्सीनिय कोन्ड्रीला	आस्ट्रेलिया	कोन्ड्रीला जन्सिया *Chondrilla juncea*
	पक्सीनिया जेन्थाई *Puccinia xanthi*	"	गोखरू *Xanthium strumarium*
	सरकोसपोरा यूपेटोराई	आस्ट्रेलिया	यूपेटोरियम एडीनोफोरम *Eupatorium adenophorum*
परजीवी पौधे			
	अमरबेल (*Cassatha* sp.)	भारत	लेन्टाना
स्पर्धाशील फसलें Competitive crops			
	सोयाबीन	भारत	हजार दाना, व अन्य
	लोबिया		कम ऊँचाई के नींदा
	मूँग		
	ज्वार, रामतिल सनई	भारत	कांस व मौसमी नींदा
	गेहूँ, जौ एवं मटर	"	कृष्ण नील, बथुआ, सेंजी
स्पर्धाशील पौधे			
	Eleocharis acicularis		कुल जलीय पौधे
	मोथा (*Cyperus iria*)		धान के नींदा

जीव	वैज्ञानिक का नाम	स्थान	नियंत्रित होने वाली नींदा की स्पीसीस
	चकोड़ा (*Casia tora, Casia cerasia*)		गाजर घास व अन्य
	चराई करने वाले जानवर गाय, भैंस, बकरी आदि		अनेक मौसमी नींदा व झाड़ियाँ।

लेनटाना (*Lantana camara*)

इस झाड़ी का उत्पत्ति स्थान मध्य अमेरिका है वहाँ से यह अन्य देशों में फैली है। हवाई में वह एक शोभाकारी झाड़ी के रूप में पहुँची और वहाँ पर इसका प्रकोप नींदा की तरह हो गया। प्रकोप रोकने हेतु पर्किन्स (Perkins) ने अनुसंधान किए एवं कीड़ों की आठ स्पीसीस का लेन्टाना पर परीक्षण किया। मेक्सीको व मध्य अमेरिका में लेन्टाना की पत्ती को खाते हुए 23 स्पीसीस को अल्वर्ट कोवेले (A. Koebele) ने देखा तथा उन्हें पर्किन्स को परीक्षण हेतु हवाई भेजा था। इनमें से एक माथ ''क्रोसीडोसमा लेनटाना'' की इल्ली प्रमुख रूप से लेन्टाना के पुष्प व फलों को खा जाती है इस प्रकार लेन्टाना का प्रसारण रोकने में पर्किन्स व स्पेजी (1924) ने सफलता प्राप्त की। बीज की मक्खी ''एग्रोमाइजा लेन्टानी'' (*Agromyza lantanae*) की इल्ली इसके फलों को खा जाती है। जिससे इसका प्रसारण रुकता है।

इनमें से एक माथ हाइपीना जुस्सालिस (*Hypena jussalis*) लेन्टाना की पत्तियों को खा जाती है। इसके बाद पर्किन्स ने हवाई में और अध्ययन किये तथा लेन्टाना को नियंत्रित किया।

आस्ट्रेलिया में दो बीटिल (1) आक्टोटोमा स्केब्रीपेनीस (2) यूरोप्लाटा गिरारडी तथा एक हिंजिड बग - टीलियोनीमिया स्क्रूपुलोसा के द्वारा लेन्टाना का नियंत्रण किया। भारत में कीड़ों के द्वारा इस झाड़ी का सफल नियंत्रण नहीं किया जा सका तथा यह बृहत रूप से फैल रही है।

नागफनी (*Opuntia* spp.)

आस्ट्रेलिया में नागफनी की सात स्पीसीस नींदा के रूप में फैली (स्वीटमेन 1936)। नागफनी की सात स्पीसीस *Opuntia inermis, O. stricta, O. aurantiaca, O. monocantha, O. streptacan-tha, O. imbricata* and *O. tomentosa* बाड़ी व शोभाकारी के रूप में आस्ट्रेलिगा में लाई गई थी तथा 14 मिलियन हे. क्षेत्र में नागफनी (*O. enrmis*) को केक्टोब्लास्टिस केक्टोरम नाम की माथ (तना छेदक) की इल्ली से नियंत्रित किया (Dodd, 1940)। वह कीट अर्जेण्टाइना से लाकर छोड़ा गया। भारत में 40,000 हे. क्षेत्र में नागफनी (*Opuntia dillenii*) को डेक्टीलोपियस टोमेन्टोसस (*Dactylopius tomentosus*) जो एक झिल्ली कीट (Scale insect) है, को छोड़ कर नियंत्रित किया। नारायनन (1954) के अनुसार यह अन्य नागफनी की स्पीसीस नियंत्रित नहीं करता।

हाईपेरीकम परफोरेटम (*Hypericum perforatum* L.)

यह केलीफोर्निया (यू.एस.ए.) में घास के मैदानों का प्रमुख नींदा है। क्राइसोलीना क्वाड्रीगेमीना (*Chrysolina quadrigemina* Suff.) कीड़े को इसके नियंत्रण हेतु 1945 में छोड़ा तथा एक वर्ष बाद इस का 99 प्रतिशत नियंत्रण हो गया। अन्य कीड़े जो जैविक नींदा नियंत्रण में उपयोगी हैं तालिका 11.1 में दिए गए हैं।

जलकुम्भी (*Eichhornia crassipes*)

बैंगलोर में जलकुम्भी का नियंत्रण "नियोचेतीना आइकार्नी" नामक वीविल से सफलतापूर्वक किया गया।

माईट (Mites)

ऑस्ट्रेलिया में नागफनी (*Opuntia stricta* Haw.) को नियंत्रित करने में स्पाइडर माइट (*Tetranychus desertorum*) को 1922-23 में सक्षम पाया गया परन्तु उसके बाद इस कीड़े से अधिक सक्षम कीड़ों की खोज हो जाने से इसका महत्त्व कम हो गया। ऑस्ट्रेलिया में ही गाल माइट (*Aceria chondrillae*) से कोन्ड्रीला जन्सिया (*Chondrilla juncea* L.) नींदा को नियंत्रित करने में सक्षम पाया।

कवक (Fungi)

कवक या फफूंद (Fungi) की अनेकों स्पीसीस ऐसी हैं जो अनावश्यक खरपतवारों में रोग उत्पन्न कर उनकी या तो वृद्धि कम कर देती है या उन्हें पूर्ण रूप से नियंत्रित कर देती हैं। हवाई में ओवरेरो ने यह सिद्ध किया कि अकेसिया ग्लावका (*Acacia glauca*) को सिफेलोस्पोरियम स्पीसीस के स्पोर्स के घोल का इन्जेक्शन लगाने से नियंत्रित किया जा सकता है। कोन्ड्रीला जन्सिया (*Chondrilla junces* L.) को गेरुआ (*Puccinia chendrillina*) से आस्ट्रेलिया में सफलतापूर्वक नियंत्रित किया गया। गोखरु (*Xanthium* spp.) को गेरुआ (*P. xanthi* Schw.) के द्वारा नियंत्रित करने का शोधकार्य चल रहा है।

जीवाणु (Bacteria)

जिस प्रकार फसलों पर जीवाणु रोग उत्पन्न होने से मर जाते हैं, उसी प्रकार अनेक नींदा भी जीवाणुओं के द्वारा नियंत्रित हो जाते हैं।

विषाणु (Virus)

विषाणुओं से तम्बाकू मोजिक विषाणु (Tobacco mosaic virus) रोग अनेक नींदा में लगता है जिनसे उनकी वृद्धि कम होती है तथा बीज नहीं बनते हैं।

फसलों के रोगजनक (Pathogen) का जैविक नियंत्रण

फसलों में अनेक किस्म के ऐसे सूक्ष्म पौधे (Pathogens) जो रोग उत्पन्न करते है, उनका जैविक विधि से नियंत्रण किया जा सकता है। इस विधि में रोग जनक की विभिन्न क्रियाओं को दूसरे जीव धारियों (Organisms) के द्वारा कम कर नियंत्रण किया जाता है। दूसरे जीव, रोगजनकों (Pathogens) पर आक्रमण कर उनका विनाश कर फसलों को रोग मुक्त कर देते हैं। गैरट (Garrett, 1965) के अनुसार ऐसी क्रिया जिसके द्वारा रोग जनकों का प्रभाव दूसरे जीवों द्वारा कम कर दिया जाए या नष्ट कर दिया जाए तथा पादप रोगों में कमी हो जाए। सेनफोर्ड (Sanford, 1926) ने खेतों में हरी खाद (Green manure) देकर मृतोपजीवी जीवाणुओं (Saprophytic bacteria) की संज्या बढ़ाकर स्ट्रेप्ट्रोमासिस स्केबीज (*Streptomyces scabis*) द्वारा आलू का स्कैब (Potato scab) रोग नियंत्रित किया। रोगजनक के जैविक नियंत्रण की क्रिया विधि (Mechanism of biological control of pathogen) में एन्टागुनिज्म (Antagonism) का महत्त्वपूर्ण योगदान होता है। (Jackson, 1965, Park, 1965)। उदाहरणार्थ -

(1) एन्टी बायोसिस (Antibiosis): इसमें एक जीव द्वारा ज्वित रासायनिक पदार्थ दूसरे जीवों की वृद्धि रोक देता है।

(2) एक्सप्लायटेशन (Exploitation): इसमें एक जीव दूसरे जीव पर परजीवी होता है।

(3) प्रतिस्पर्धा (Competition): कुछ रासायनिक पदार्थों की उपलब्धता कम होने के कारण उनको प्राप्त करने में जीवों में संघर्ष होता है। गैरिट (1970) के अनुसार संघर्ष की मृतोपजीवी योग्यता (Saprophytic ability) जैविक नियंत्रण में सहायक होती है।

मछली (Fishes)

मछली की दो जातियाँ प्रमुख रूप से जलीय नींदा नियंत्रण में उपयोगी हैं।

(1) कामन कार्प (Common carp)

(2) चाइनीस ग्रास कार्प (Chenopharyngodon idella val.)

भारत में ग्रास कार्प को जलाशयों में नींदा नियंत्रण के उद्देश्य से उपयुक्त पाया गया है। यह मछली उन जलाशयों में नहीं छोड़ी जा सकती जहाँ पर सिंघाड़ा की फसल ली जाती है। यह मछली प्रतिदिन स्वयं के शरीर-भार के तुल्य जलीय खरपतवारों को खाती है। इस मछली का एक वर्ष में लगभग 5 कि.ग्रा. भार हो जाता है तथा पूर्ण विकसित होने पर 50 कि.ग्रा. से भी अधिक भार हो जाता है। प्रमुख नींदा जो इस मछली के द्वारा नियंत्रित किए जा सकते हैं वे है - हाइड्रिला, (*Hydrilla verticillata*), नाजस (*Najas indica*), सरेटोफाइलम (*Ceratophyllum dermersum*), वुल्फिया (*Wolffia*), लेमना (*Lemna trisulaca* L.), स्पाइरोडेला (*Spirodella polyrhiza*) आदि अधिक जानकारी हेतु जलीय नींदा नियंत्रण अध्याय देखिए।

घोंघे (Snails), मारीसा (*Marisa cornuarietis* L.) अनेक आप्लावित नींदा (Submerged weeds) जैसे लांगोर (*Ceratophyllum demersum* L.), इलोडिया (*Elodea densa*), हाइड्रिला (*Hydrilla verticillata* Royle), पोटामोगेटान (*Potamogeton* spp.) तथा काई (Algae) आदि को खाता है। क्लेक्वर्न एवं एन्ड्रेस (1968) के अनुसार मारीसा जलकुम्भी (*Eichhornia crassipes*) एवं वन सिंघाड़ा (*Pistia stratioties* L.) की जड़ों तथा साल्विनिया की पत्तियों को भी खाता है।

बत्तख (Ducks) : केरल में धान के अनेक जलीय नींदा का नियंत्रण इनसे होता है।

हंस (Geese) : कपास के नींदा को केलीफोर्निया में नियंत्रित किया गया है।

वरणात्मक चराई (Selective grazing)

कुछ अनावश्यक नींदा को वरणात्मक चराई करवा कर नियंत्रित किया जा सकता है और उनकी वृद्धि को कम किया जा सकता है। उदाहरणार्थ घास के क्षेत्र में अनावश्यक कंटीली झाड़ियों जैसे झरबेरी (*Zizyphus rotundifolia*), करोंदा (*Carissa spinarum*) आदि को बकरियों के द्वारा चराई कर नियंत्रित कर सकते हैं।

अवरणात्मक चराई (Nonselective grazing)

पालतू पशुओं विशेषकर भैंस व गायों के द्वारा अवरणात्मक चराई करने से नींदा नियंत्रित किए जा सकते है। जैसे कुछ स्वादिष्ट नींदा जिनकी वृद्धि घास से अधिक होती है परन्तु कुल उत्पादन घास से कम होता है उनकी घास के साथ चराई कराने से नियंत्रित हो जाते है तथा घास बहु वर्षीय होने से पुनः वृद्धि करने लगती है। घमेर या कड़ुजीरा (*Lagascea mollis*), अद्धाझारा (*Achyranthus aspera*), चेंच (*Corchorus* spp.) आदि को घास के साथ पालतू पशुओं के द्वारा चराई करवाने से उनमें बीज नहीं बन पाते जिससे वे नियंत्रित हो जाते हैं। खेतों में फसल काटने के उपरान्त, फसलों के डंठल पत्ती व नींदा को अवरणात्मक चराई के द्वारा नियंत्रित कर खेत की सफाई में सहायक सिद्ध होती है। फसल बोने के पहले भी उपस्थित नींदा की चराई करने से नियंत्रण में सहायता होती है तथा पशुओं को चारा मिल जाने से खर्च कम हो जाता है।

स्पर्धाई फसलें (Competitive crops)

नींदा से स्पर्धा करने वाली फसलों को भी नियंत्रण में प्रयोग करते हैं। जो फसल नींदा पर विषाक्त रसायन छोड़कर (Allelopathic effects) दूसरे नींदा को नहीं बढ़ने देती है, उनका उपयोग नींदा नियंत्रण में किया जाता है। विस्तृत अध्ययन हेतु अलीलोपैथी अध्याय में देखिए। कुछ फसलों की वृद्धि दर तथा पर्ण-विकास नींदा के पौधों की तुलना में तीव्र गति से होता है जो शीघ्र ही नींदा के साथ स्पर्धा कर उसकी वृद्धि अवरुद्ध कर देते हैं। इससे कुछ कम वृद्धिशील नींदा नियंत्रित हो जाते हैं उदाहरण ज्वार, मक्का, लोबिया, मूँग, रामतिल, सनई खरीफ ऋतु के अधिकांश नींदा नियंत्रित करने में सक्षम है। रबी फसलों में गेहूँ, जौ व मटर अन्य फसलों की तुलना में अधिक स्पर्धाशील हैं। मौसम, मृदा तथा क्षेत्र की उपयोगिता के आधार पर इन फसलों को उगा सकते हैं।

ये फसलें शीघ्र अंकुरित होती हैं। इनकी वृद्धि दर नींदा से अधिक होती है। प्रकाश, जल, खाद्य तत्त्व, हवा व स्थान में से किसी भी एक कारक या सभी कारकों को स्पर्धाशील फसलें शीघ्रता से उपयोग कर लेते हैं तथा नींदा को वंचित कर उनकी वृद्धि को नियंत्रित कर देती हैं। लूसर्न व बरसीम की फसल भी नींदा नियंत्रण में सक्षम है क्योंकि इनकी जड़ों की अधिक वृद्धि होती है। ऊपरी भाग अधिक सघन होने से नींदा दब जाता है तथा बार-बार कटाई होने से नींदा कट जाता है जिनमें पुनर्वृद्धि की क्षमता नहीं होती तथा वे मर जाते हैं।

स्पर्धाशील नींदा (Competitive weeds)

कुछ नींदा ऐसे भी होते हैं जिनका महत्त्व औषधियों के रूप हो सकता है, यदि ऐसे नींदा की अधिक बाढ़ हो व स्पर्धाशील हो तथा अन्य हानिकारक नींदा को नियंत्रित कर सकता हो तो इन विशेष गुणों का उपयोग हानिकारक नींदा को नियंत्रित करने में कर सकते हैं जैसे - चकोड़ा (पुवांर) (*Cassia tora*, *C. cerasia*) के द्वारा गाजर घास जो अत्यंत हानिकारक नींदा है से स्पर्धा कर उस की वृद्धि कम कर देता है।

कुछ नींदा ऐसे होते हैं जो दूसरों की तुलना में कम हानिकारक हैं परन्तु उनकी वृद्धि दर अधिक होती है एवं वे अन्य नींदा को दबा देते हैं, जैसे इलियोकेरिस एसीकुलेरिस (*Eleocharis acicularis*) एक जलीय पौधा है जिसकी वृद्धि दर बहुत तीव्र होती है तथा इसका जीवन चक्र शीघ्र समाप्त हो जाता है। यह अनेक जलीय पौधों की वृद्धि को रोक देता है।

परजीवी नींदा (Parasitic weed)

ऐसे पौधे जो परजीवी होते हैं तथा अपने भोजन को आतिथेय पौधों पर आश्रित रहते हैं उनके द्वारा विशेष हानि कारक नींदा नियंत्रित किए जा सकते है। उदाहरणार्थ चरोखरों में लेन्टाना (*Lantana camara*) की झाड़ियों पर अमरबेल (*Cassatha* spp.) को फैलाकर लेन्टाना की वृद्धि कम की जा सकती है तथा बीज बनने से रोक सकते है। तिवारी (1985)। झरबेरी (*Zizyphus rotundifolia*) को भी अमरबेल से नियंत्रित कर सकते हैं।

जंगली जानवर (Wild Animals)

जंगली जानवरों में कुछ विशेष प्रकार के पौधों को खाने की आदत (Habit) होती है। वे उस पौधे को खोजकर वरणात्मक रूप से खाकर नियंत्रित कर देते हैं। उदाहरणार्थ जंगली सुअर (Wild pigs) गोंदला (*Cyperus rotundus*) के भूमिगत तना (गठानों) को मुँह से भूमि खोद कर उन्हें खा जाते हैं। इस प्रकार वानिकी पारिस्थितिकी तंत्र एवं चरोखर पारिस्थितिकी तंत्र में जंगली सुअरों द्वारा गोंदला नियंत्रित हो जाता है। गाँव के आस-पास रिक्त स्थानों में पालतू सुअर भी इस नींदा को नियंत्रित करने में सहायक हैं।

बायोएजेन्ट द्वारा नींदा नियंत्रण का ढंग (Mode of Control of weeds by Bioagents)

जीव (बायोएजेन्ट) अनेक प्रकार से आतिथेय पौधों की दैहिकीय (Physiological) प्रक्रियाओं में परिवर्तन कर या उससे किसी मर्म अंग (Vital part) को खाकर या पूरे पौधे को निपर्ण कर उसको समाप्त कर दें। इनकी विशेषताएँ निम्न प्रकार है –

(1) पौधों में विषाक्त पदार्थ उत्पन्न करना।

(2) पौधों की कोशाओं में पुष्टिकर रसायन प्रणाली (Hormone system) में परिवर्तन कर वृद्धि के प्रतिकूल करना।

(3) पौधों की कोशाओं में विकर प्रणाली (Enzyme system) में परिवर्तन कर उनकी वृद्धि को अवरोधित करना।

(4) संवहन पूल (Vascular system) में परिवर्तन कर रसाकर्षण में व्यवधान करना।

(5) उपरोक्त विकृतियों से अन्य दैहिकीय प्रक्रियाओं में गतिरोध होना।

(6) नींदा के विशेष मर्म अंग (Vital part) को क्षति पहुँचाना, जिससे पूरा पौधा मर जाए या जड़ काट देना, तना काटना या पूर्ण रूप से पत्तियाँ खा कर पौधों को नष्ट करना।

(7) पुष्प, फल व बीज खा जाना या रोगों, कीटों द्वारा दैहिकी में इस प्रकार परिवर्तन करना जिससे इन अंगों का सृजन ही न हो।

(8) पौधों में रोग उत्पन्न कर उनमें पर्ण हरिम कम कर या कीटों द्वारा चूसकर प्रकाश-संश्लेषण की क्रिया कम कर व ओज कम करके स्पर्धा कम करना।

जैविक नींदा नियंत्रण में विश्व के विभिन्न भागों में प्रेषित नींदा के दुश्मन कीटों/रोगों के द्वारा नियंत्रण

नींदा की स्पीसीस	प्रकोप का स्थान	प्रेषित दुश्मन		
		वैज्ञानिक नाम	उद्गम स्थल	
प्रिक्लीपियर केक्टस	आस्ट्रेलिया	केक्टोब्लास्टिस केक्टोरस	अर्जेंटिना	अ
	आस्ट्रेलिया	डेक्टीलोपियस	अर्जेंटिना	स
	आस्ट्रेलिया	डेक्टीलोपियस टोमेन्टोसस	केलीफोर्निया	स
	आस्ट्रेलिया	डेक्टीलोपियस सीलोकस	अर्जेंटिना	ब
	सीलोन	डेक्टीलोपियस टोमेन्टोसस	केलीफोर्निया	ब
	सीलोन	डेक्टीलोपियस टोमेन्टोसस	केलीफोर्निया	स
	द.भारत	डेक्टीलोपियस टोमेन्टोसस	केलीफोर्निया	ब
	प. इन्डीस	केक्टोब्लासस्टिस केक्टोरम	अर्जेंटिना	ब
	केलीफोर्निया	क्राइसोलीना	फ्रान्स में	अ
	यू.एस.ए.	क्वान्ड्रीजीमीना	आस्ट्रेलिया के द्वारा	
	यू.एस.ए.	क्राइसोलीना हाइपेरीसी	इंग्लैंड में आस्ट्रेलिया के द्वारा	स
यलो टोडज़्लेक्स	केनेडा यू.एस.ए.	जिमनीट्रान एन्ट्रीनी	यूरेसिया	स
लेन्टाना	हवाई	टीलियोनीमिया स्क्रूपुलोसा	यूरोप	स
	हवाई	टीलियोनीमिया स्क्रूपुलोसा	मेक्सीको	ब
	हवाई	एग्रोमाइजा लेन्टीनी	मेक्सीको	स
	हवाई	ईपीनोटिया लेन्टाना	मेक्सीको	स
लेन्टाना	आस्ट्रेलिया	टीलियोनीमिया स्क्रूपुलोसा	मेक्सीको में फिजी के द्वारा	स
	हवाई	प्रोसेसीडोकेयर्स यूटीलीस	मेक्सीको	अ
गोखरू	काआई	माइक्रोलेरीनस	इटली में	अ
	हवाई	लेरीनाई	केलीफोर्निया के द्वारा	

■■■■

12

अलीलौपैथी या टेलीटाक्सीसिटी
(Allelopathy or Teletoxicity)

अनेक पौधों के विभिन्न अंगों से विशेष प्रकार के रासायनिक पदार्थ विनिसृत (Secreted) या उत्सर्जित (Excreted) होते हैं जो अन्य किस्म के पौधों पर कुप्रभाव (Toxic effects) या सुप्रभाव (Favourable effects) डालते हैं एवं अंकुरण प्रतिबंधक (Germination inhibitor), वृद्धि रोधक (Growth retardent), उत्प्रेरक (Stimulatory), वृद्धि नियंत्रक (Growth hormone), वृद्धि-वर्धक (Growth promoters), आत्मघाती (Autotoxin) या परस्पर लाभकारी (Synergistic) प्रभाव डालते हैं। इस प्रकार के रासायनिक प्रभावों को अलीलोपैथी (Allelopathy) या टेलीटाक्सीसिटी (Teletoxicity) कहते हैं।''

अलीलोपैथी अध्ययन के उद्देश्य

1. खरपतवारों या फसलों की विभिन्न स्पीसस के अंगों से ज़वित क्रियाशील रसायनों (Biologically active chemicals) का अध्ययन करना।
2. ऐसे पौधों को पहचानना जो परिवेश (इकोसिस्टिम) के दूसरे पौधों का अंकुरण या वृद्धि को अवरुद्ध कर दे या दर कम कर दे।
3. एक स्पीरारा के ज़वित रसायनों का अन्य स्पीसीस के अंकुरण या वृद्धि पर उत्तेजक (Stimulatory) या सुप्रभावों (Synergism) का अध्ययन करना।
4. एक स्पीस के ज़वित रसायनों का उसी स्पीसीस पर होने वाले कुप्रभावों (Autotoxity) का अध्ययन करना।
5. विभिन्न स्पीसीस के पौधों के अवशेषों के रासायनिक विखंडन (Chemical decomposition) से निर्मित रसायनों का उसी स्पीसीस या अन्य स्पीसीस पर होने वाले प्रभावों का अध्ययन करना।

प्राकृतिक रूप से विभिन्न पौधों में स्पर्धा होती है एवं किसी विशेष गुण के कारण एक स्पीसीस के पौधे अन्य स्पीसीस के पौधों की वृद्धि कम करके स्वयं की वृद्धि अधिक करते हैं। विभिन्न स्पीसीस के पौधों की मूल से विशेष प्रकार के विषाक्त रासायनिक पदार्थ (Toxins) विसर्जित होते हैं तथा वर्षा के जल से पर्ण-छालन (Leaf leachates) होता है। मृदा में पौधों के अवशेषों (Plant residue) के अपघटन के द्वारा विषाक्त रसायनों

(Toxins) या अन्य वृद्धि नियंत्रक (Growth regulator) रसायन बनते हैं। एक स्पीसीस द्वारा विषाक्त या विनिसृत फाइटोटाक्सीन रसायन, अन्य स्पीसीस के बीज अंकुरण को रोक देता है, या वृद्धि दर घटा देता है या शनैःशनैः मार देता है। ऐसे अलीलोपैथिक प्रभाव का नींदा नियंत्रण में अधिक महत्त्व होता है।

महत्व

(1) वनस्पति जगत में किसी भी स्पीसीस की सफलता में अलीलोपैथी का अधिक महत्व होता है। वे स्पीसीस अधिक सफल होती हैं जो विषाक्त रसायन छोड़कर अन्य स्पीसीस की वृद्धि कम कर देती हैं या उसे पूर्ण रूप से मार देती हैं जिससे उस रसायन का स्वयं की वृद्धि पर प्रभाव नहीं होता है।

(2) अलीलोपैथी का महत्त्व कृषि में भी अधिक होता है। कई खरपतवार विषैले रसायन छोड़ते हैं, जिससे अन्य खरपतवार नियंत्रित किए जा सकते हैं। अनेक खरपतवारों का विषैला प्रभाव फसलों पर भी होता है जिससे उनकी वृद्धि कम हो जाती है। किसी विशेष खरपतवार (Weed) की अधिकता होने से फसल के पौधे मर भी जाते हैं। अनेक फसलों के पौधे भी विषैला रसायन छोड़ते हैं जिनसे अन्य फसलों के पौधे एवं नींदा के पौधों की वृद्धि कम हो जाती है या अंकुरण कम हो जाता है।

(3) किसी स्पीसीस के पौधे के मृदा में अवशेषों से जो अपघटित रसायन बनते हैं वे उसी स्पीसीस के पौधों को विषाक्त करते हैं तथा उनकी दूसरी संतति की वृद्धि भी कम करते है ऐसे स्वयं के विषाक्त रासायनिकों को आत्मघाती रसायन (Autotoxin) कहते हैं। ऐसा पाया गया है कि एक ही फसल को निरंतर एक ही क्षेत्र में उपजाने से उसकी उपजाऊता कम हो जाती है, इसका प्रमुख कारण यही है कि उस फसल के जड़ों या अन्य अंगों से ज़्वित रसायन तथा अवशेषों के अपघटन के द्वारा विनिर्मित रसायनों के अधिक संग्रहित होने से उनका कुप्रभाव उसी फसल के पौधों पर होता है। इस कुप्रभाव को खाद व उर्वरक आदि देने पर भी दूर नहीं किया जा सकता परन्तु फसल चक्र अपनाने से दूर किया जा सकता है।

उत्तर अमेरिका एवं यूरोप के बागवानों को सेब (Apple) व पीच (Peach) के बगीचों में पुनः रोपण से मृदा-रूग्णता (Soil sickness) की समस्या का सामना करना पड़ता है। सेब के पुनः रोपण की समस्या सेब की मूल के सूखे छिलके की सड़न से अपघटन क्रिया में बने विषैले रसायन (Phytotoxin) के द्वारा होती है। ये रसायन फीनोलिक कज़्पाउंड होते हैं। सेब की मूल सड़ने से पाँच प्रकार के फीनोलिक कज़्पाउंड बनते हैं। जैसे - ज़्लोरीजिन (Phlorizin), ज़्लोरीटिन, ज़्लोरीग्लूसीनोल (Phloroglucinol) पी-हाइड्राक्सी हाइड्रोसिनामिक अज़्ल (P-hydroxyhydro cinnamic acid) एवं पी-हाइड्राक्सीबेन्जोइक अज़्ल (P-hydroxybenzoic acid) मृदा में ये सभी ज़्लोरीजिन के अपघटन से बनते हैं।

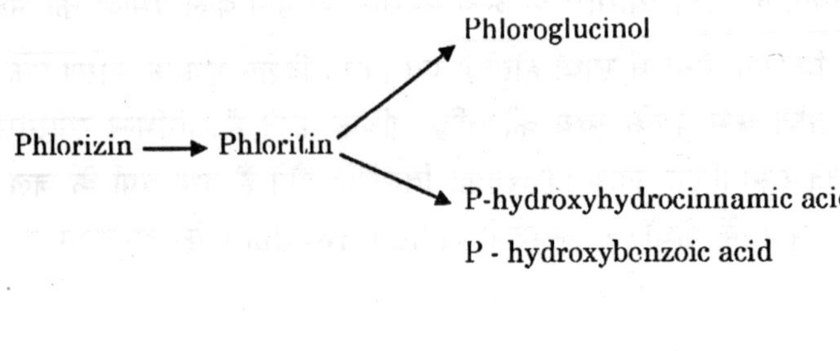

नए सेब के पौधों की मूल की वृद्धि में ज्लोरीजिन एवं ज्लोरीटिन अधिक घातक सिद्ध हुए हैं।

अलसी (*Linum usitatissimum*) की मूल के द्वारा साइनोजीनिक ग्लाकोसाइड लाइनेमेरिन (Cyanogenic glycoside-Linamarin) स्रावित होता है। अत: अलसी की फसल एक खेत में लगातार कई वर्षों तक बोने से उसमें उक्त रसायन की अधिकता हो जाने से फसलें कमजोर होती हैं। अलसी के साथ अन्य फसलों को बोने से उनकी वृद्धि कम होती है, इसका भी यही कारण है। मसूर (Lentil) की फसल अलसी के साथ बोने से कमजोर हो जाती है। अलसी के साथ अन्य खरपतवार जैसे मेडीकेगो डेंटीकुलाटा, बथुआ, सेंजी, चिरैया बाजरा आदि की भी वृद्धि कम हो जाती है। ज्वार (*Sorghum bicolour*) का बथुआ (*Chenopodium album*), डिजीटेरिया, सेटेरिया एवं अन्य नींदा पर कुप्रभाव होता है।

मसूर की फसल पर बन गोभी (*Launia splaniifolia*) का विषाक्त प्रभाव होता है तथा वृद्धि दर कम कर देती है। दूब का सरसों की फसल पर कुप्रभाव होता है। अंकुरण व वृद्धि दर बहुत कम हो जाती है।

वानिकी में महत्त्व

अलीलोपैथी का वानिकी में अधिक महत्त्व है। प्राकृतिक वन्य इकोसिस्टिम में जो क्लाईमेक्स वन हैं वे (संज़भवत:) अलीलोकेमीकल विनिसृत करके अन्य स्पीसीस की वृद्धि अवरुद्ध कर या मंद कर सबसे आगे बढ़ गये। वे वन्य पेड़ अधिक सफल होते हैं जो दूसरे का खाद्य तत्त्व ले लें, साथ में बढ़ रहे पौधों में खाद्य तत्त्वों का अवशोषण अवरुद्ध कर दें या मंद कर दें अथवा अन्य क्रियाओं को प्रतिबंधित कर दें या मंद कर दें। जिन लेग्यूमिनस पौधों में नाड्यूल नहीं बनते है जैसे केसिया स्पी. वे पौधे अन्य पौधों में नाड्यूल का बनना प्रभावित करते हैं। (Plant research & Agroforestry, PA. Husley, 1983, PP 559-60).

अलीलोकेम का कार्यिकी पर प्रभाव विधि
(Mechanism of action of Allelochem on Physiology)

राइस (1974) के अनुसार पौधों पर अलीलोकेम के द्वारा पौधों की कार्यिकी पर निज़्नलिखित प्रभाव पड़ता है–

1. कोशा विभाजन एवं कोशा वृद्धि का प्रतिबंधित होना।
2. जिब्रेलिन या इन्डोल एसेटिक एसिड से उत्प्रेरित वृद्धि का प्रतिबंधित होना।
3. खनिज अवशोषण में कमी होना।
4. प्रकाश संश्लेषण प्रक्रिया कम होना।
5. श्वासोच्छवास अधिक होना या कम हो जाना।
6. पर्ण–रन्ध्र बंद करना या अधिक खोलना।
7. प्रोटीन सिंथेसिस, लाइपिड व आर्गेनिक अज़्ल का चयापचय अवरुद्ध होना।
8. हिमोग्लोबिन का सिन्थेसिस प्रतिबंधित होना तथा नाड्यूल की वृद्धि कम होना।

उत्प्रेरक प्रभाव

अनेक पौधों के बीजों के अंकुरण हेतु दूसरे स्पीसीस के पौधों की मूल से ज़्वित रसायन की आवश्यकता होती है क्योंकि वे अंकुरण हेतु सभी आवश्यक कारकों के उपस्थित होते हुए भी तब तक अंकुरित नहीं होते जब तक उनको दूसरी स्पीसीस से ज़्वित रासायनिक पदार्थ नहीं मिल जाते। उस रसायन से बीजों के भ्रूण में स्थिति निष्क्रिय डी.एन.ए. को अंकुरण हेतु प्रेरणा मिलती है और बीज अंकुरित हो जाते हैं। उदाहरणार्थ मूल परजीवी ओरोबेंकी स्पीसीस (Orobenchae) के बीज आतिथेय पौधों के अभाव में भूमि में ही अनेक वर्षों तक प्रसुप्त पड़े रहते हैं और जब आतिथेय पौधे जैसे बैंगन (Brinjal) उस भूमि में उगाए जाते हैं तो उनकी मूल से ज़्वित रसायन के प्रभाव से ओरोबेन्की के बीज प्रेरित होकर अंकुरित हो जाते हैं।

कृषि एवं जीव विज्ञान में अलीलोपैथी का क्षेत्र

अलीलौपैथी विषयक अध्ययन, अनुसंधान, ज्ञान एवं प्रयोग अधोलिखित क्षेत्रों में महत्त्वपूर्ण हैं –

सस्य विज्ञान

(अ) फसल चक्र (ब) मिश्रित फसल

(स) नींदा नियंत्रण (द) एकल–सस्य प्रणाली

(क) सस्य विषयक, सस्य वानिकी/सस्य उद्यान।

मृदा विज्ञान

(अ) अलीलो रसायन के परिप्रेक्ष्य में कीट निरोधकता।

(ब) अलीलोकेमीकल्स के द्वारा फसलों में पत्तियों का प्रभाव कम होना।

(स) अलीलोकेमीकल्स का कीटनाशक के रूप में प्रयुक्त होना।

सूत्रिका विज्ञान

(अ) निमेटोड निरोधक फसलों का चयन

(ब) ऐसी फसलों का चयन जो निमेटोड को नियंत्रित करती है।

(स). अलीलोकेमीकल्स जो निमेटोड नाशक का कार्य करें।

पौध रोग विज्ञान

(अ) अलीलोकेमीकल्स के परिप्रेक्ष्य में फसलों में रोग निरोधकता।

(ब) कवक नाशक अलीलोकेमीकल्स

(स) कवक की ऐसी स्पीसीस का चयन करना, जिनका अलीलोकेमीकल्स जैसा प्रभाव हो।

अनुवांशिकी व पौध संवर्धन

(अ) कीट, रोग निरोधक फसलों के संवर्धन के परिप्रेक्ष्य में अलीलोकेमीकल्स

(ब) सस्य जर्म प्लाज्म का नींदा स्पर्धा, एवं रोग व कीट नियंत्रण हेतु चयन।

सस्य-वानिकी

(अ) यूकेलिप्टस, पोपलर, सागौन आदि का फसलों पर अलीलोपैथिक प्रभाव।

(ब) क्षेत्रीय वृक्ष जैसे बबूल, नीम, खेजरी (Prosopis) आदि का फसलों पर अलीलोपैथिक प्रभाव

(स) सस्य वानिकी वृक्षों का फसलों पर अलीलोपैथिक प्रभाव हेतु चयन।

हार्टीकल्चर

(अ) फल-वृक्षों का अंतरवर्ती फसलों पर अलीलोपैथिक प्रभाव।

(ब) फलोद्यान में नींदा नियंत्रण तथा कीटों पर कुप्रभाव डालने वाली अलीलोपैथिक फसलों का चयन।

(स) फसलों के अवशेषों को नर्सरी में नींदा नियंत्रण हेतु प्रयोग।

(द) अलीलोकेमीकल्स का वृद्धि नियंत्रक, वृद्धि वर्धक जैसा प्रयोग करना।

(क) सस्य अवशेषों का फल वृक्षों के कीटों का नियंत्रण।

साग-भाजी फसल

(अ) रोग, कीट व निमेटोड निरोधकता के परिप्रेक्ष्य में अलीलोकेमीकल्स

(ब) फसल चक्र

(स) अंतरवर्ती फसलें

(द) वृद्धि नियंत्रक जैसे साग-भाजी में अलीलोकेमीकल्स का प्रभाव

(क) सस्य अवशेषों का नींदा नियंत्रण में प्रयोग।

बायोसाइंस (जीव विज्ञान)

बायोटेक्नोलॉजी

(अ) फसलों में नींदा नियंत्रक जीन्स को पहचानना तथा उचित किस्म में ऐसी जीन्स का स्थानांतरण करना।

(ब) कवक का टाक्सिन तथा किण्वन से उत्पन्न पदार्थों का नींदा नाशक दवाओं जैसा प्रयोग करना।

वनस्पति विज्ञान व पौध दैहिकीय

(अ) अलीलोकेमीकल्स का पौध दैहिकीय प्रक्रियाओं जैसे सुषुप्त अवस्था, बीजांकुरण, वृद्धि आदि पर प्रभाव।

(ब) अलीलोकेमीकल्स का वृद्धि नियंत्रक जैसा प्रभाव।

रसायन शाज़ व जैव रसायन विज्ञान

(अ) विभिन्न पौधों से अलीलोकेमीकल्स का पृथकीकरण, पहचानना तथा गुणों के अनुकूल वर्गीकरण करना। जैसे - फसलों, साग-भाजी, औषधियों के पौधे, फल-वृक्ष तथा सस्य वानिकी के वृक्ष।

(ब) अलीलोकेमीकल्स का जैव रसायन प्रक्रियाओं का प्रभाव।

माइक्रोबायलाजी

(अ) ऐसे सूक्ष्म जीवाणुओं का शोध करना जो अलीलोकेमीकल्स उत्पन्न करते हैं।

(ब) ऐसे बैक्टीरिया का शोध करना जो अलीलोकेमीकल्स से बहुत ही कम प्रभावित होते हैं।

अलीलोपैथी के क्षेत्र में शिक्षा व अनुसंधान के विस्तार के उद्देश्य से भारत वर्ष के वैज्ञानिकों ने ''इन्डियन सोसायटी आफ अलीलोपैथी'' की स्थापना 1990 में हरियाणा कृषि विश्वविद्यालय में की है। यह सोसायटी अलीलोपैथी विषय पर वर्ष में दो पत्रिकाएं प्रकाशित करती है। इस विषय पर एक पुस्तक भी पृथक रूप से प्रकाशित की गई है।

अलीलोपैथिक प्रभाव डालने वाले पौधे (Plants having allelopathic properties)

अलीलोपैथिक प्रभाव डालने वाले पौधे		प्रभावित होने वाले पौधे
गुमची	*Abrus precatorious*	1. *Ambrosia artemisifolia*
महाकौआ	*Ageratum conyzoides*	2. *Cerastium vulgatum*
कपास पेड़	*Antiaris toxicaria*	3. *Chenopodium album*
पीच	*Prunus persica*	4. *Digitaria adscendens*
राई घास	*Secale cereale*	5. *Polygonium persicaria*
		6. *Setaria viridis*
गेहूँ	*Triticum aestivum*	ऊपर लिखे सभी छः पौधे।
ज्वार	*Sorghum bicolour*	ऊपर लिखे सभी छः पौधे।

नींदा नाशक गुण वाले पौधे (Plants having herbicidal properties)

नींदा नाशक गुण वाले पौधे (Plants with herbicidal pro)		वे पौधे जो नियंत्रित होते हैं। (Weeds controlled)
दिन का राजा	*Cestrum diurnum*	*Amaranthus spinosus*
	Cestrum occidentalis	*Amaranthus spinosus*
कॉफी	*Coffea arabica*	*Amaranthus spinosus*
		Echinochloa colonum

		Echinochloa crusgalli
जंगली क्रोटन	*Croton bonplandiunum*	*(Kala bhangra)*
		Cyperus rotundus
क्रोटन	*Croton flavens*	
लोफोटेलम	*Lophopetalum pallidium*	
	Lophopetalum toxicum	
मेलीनिस	*Melinis minutiflora (Molasses grass)*	*(General weeds)*
वन तुलसी	*Ocimum canum*	*Cyperus rotundus*
सालविया	*Salvia leucophylla (Purple salivia)*	
ज्वार	*Sorghum bicolour*	1. *Ambrosia artemisifolia* 2. *Cerastium vulgarum* 3. *Chenopodium album* 4. *Digitaria sanguinalis* 5. *Poligonium persicaria* 6. *Setaria viridis*

मनुष्य एवं जानवरों को प्रभावित करने वाली स्वास्थ्य हेतु हानिकारक वनस्पति

ऐसे अनेक प्रकार के पौधे हैं जो मनुष्य एवं जानवरों के स्वास्थ्य पर कुप्रभाव डालते हैं। कुछ पौधे तो ऐसे होते हैं जिनका सज़्पर्क ही त्वचा में अनेक चर्म रोग उत्पन्न कर देता है। कुछ के कारण त्वचा कट जाती है व घाव हो जाते हैं। कंटीले खरपतवार व झाड़ियों से मनुष्य एवं जानवरों को हमेशा हानि होती है। जैसे झरबेरी (*Zizyphus rotundifolia*), बबूल, गंध-बबूल, रेंझा (*Accasia nilotica*, *A. fernaciana*, *A. Luecophloea*), ऊंट कटारा (*Echinops echinatus*), ब्रह्म दंडी (*Volutarella divaricata*), भटकटाई (*Solanum xanthocorpum*), कटर्रा (*Argemone mexicana*), गोखरू (*Tribulus territeris*), लज़्पा या कूसर घास (*Hetoropogon contortus*) आदि कंटीले होते हैं जो शारीरिक हानि पहुँचाते हैं।

विषैले पौधे

अभी तक सज़्पूर्ण वनस्पति जगत के पौधों में विषैलेपन का विश्लेषण नहीं हो पाया है। अभी तक लगभग 600 से अधिक विषैले पौधे पाए गए हैं।

विषैले पौधे, जो जानवरों के स्वास्थ्य को प्रभावित करते हैं

जो जानवरों के स्वास्थ्य पर कुप्रभाव डालते हैं वे पौधे मनुष्यों के लिए भी विषैले होते हैं।

पादप जगत के सभी वर्गों में विषैले पौधे पाए गए हैं जैसे वायरस (Virus), बैक्टीरिया (Clostridium), शैवाल (Blue green algae and dinoflagillates), कवक, कुकुरमुत्ता (Mushrooms, molds), गेरूआ

(Rust), हार्सटेल (Horsetailes), फर्न (Ferns), जिम्नोस्पर्म (Gymnosperms) एवं एनजियोस्पर्म (Angiosperms)।

भारत वर्ष में अभी हाल ही में (1978) झुनझुनिया (Crotalaria nanna) नामक खरपतवार जो सरगुजा (म.प्र.) क्षेत्र में कोदों-कुटकी के खेत में पाया जाता है एवं इसके बीज फसल में मिल जाए तो उनको खाने से विषाक्त हो जाती है, इसी से संबंधित आदिवासियों के मरने की खबर प्रकाशित हुई थी। विषैले पौधे हर क्षेत्र में पाए जाते हैं। इसके लिए कोई विशेष परिवेश की आवश्यकता नहीं होती है जैसे –

आर्कटिक	-	Water hemlock
भूमध्य रेखा	-	Precatory bean
जंगल	-	Squirrel-corn; *Dicentra canadensis*
सड़क	-	Poison hemlock
खेत (गेहूँ)	-	Tar weed; *Amsinckja* spp
सुरक्षित वन	-	Oak; *Quercus* spp.
दल-दल	-	False hellebore
रेगिस्तान	-	Grease wood
दफ़्तर	-	Dumbcane; *Dieffenbachia* spp.
घर	-	Poinsettia; *Euphorbia pulcherrima*

इसी प्रकार पौधों का कोई भी अंग विषैला हो सकता है जड़, तना, पत्ती, पुष्प, फल, बीज या इनका कोई अंश।

पौधों में विषाक्तता का वर्गीकरण तीन प्रकार से हो सकता है।

(1) भौतिक (Physical)

(2) रासायनिक (Chemical)

(3) दैहिकीय (Physiological)

सामान्यत: ये सभी उक्त तत्त्वों का मिश्रण होता है जैसे –

(1) अल्क्लाइड्स (Alkaloides) ट्रोपेन, पायरोलीजीडीन (Pyroolizidine), पायरीडीन (Py-ridine), आइसोक्यूनोलीन (Isoquinoline), इन्डोल (Indole), एवं पालीसाइक्लिक डायटरपीनायड (Polycyclin diterpinoid)

(2) पालीपेप्टाइड (Polypeptides)

(3) अमाइन (Amines)

(4) ग्लाइकोसाइड (Glycosides), सायनोजीनिटिक नाइट्राइल ग्लाइकोसाइड (Cyonogen-etic nitril glycosides), गोइस्ट्रोजैनिक पदार्थ (Goistrogenic substances), तेल (Irritant oils), कॉमरिन ग्लाइकोसाइड (Caumarin glycoside) एवं स्टीराइड व ट्राइटरपीनायड ग्लाइकोसाइड (Steroide and triterpinoide glycosides cardia glycoside on saponin)

(5) ऑक्सेलेट (Oxalate)

(6) रेजिन (Resins or Resinoides)

(7) फाइटोटाक्सीन (*Phytotoxins toxalbumins*)

(8) खनिज विषाक्तता (Miniral poisonings) ताँबा, जस्ता, केडमियम, फ़्लोरीन, मेगनीज, नाइट्रोजन (नाइट्राइट, नाइट्रेट, नाइट्रोसस, नाइट्रोजन डाइआक्साइड, नाइट्रोजन टेट्रोसाइड), सेलेनियम एवं मालिब्डेनम।

(9) प्रकाश प्रभाविताकारक यौगिक (Compound causing photosensitivity) प्राथमिक प्रकाश प्रभाविता एवं हेपेटोजीनिक प्रकाश प्रभाविता।

(10) अनोखी विषाक्तता - थियामिनेज (Thiaminase unique poisonings) हाइड्रोक्यूनोन (Hydroquinone), टरमीटोल (termitol), ईस्ट्रोजीन (Estrogenes)

इनमें से कुछ रासायनिक पदार्थ जैसे कि नत्रजन के गैसीय औषिद के सूंघने के शीघ्र बाद ही जीव प्रभावित हो जाते हैं। कुछ पदार्थ मुँह या पाचन संस्थान के सम्पर्क में आने से विषाक्तता उत्पन्न करते हैं। विषाक्तता का प्रभाव जुगाली करने वाले जानवर (Ruminant) एवं बिना जुगाली करने वाले जानवरों पर भिन्न-भिन्न होता हैं। विशेषत: साइनाइड एवं नाइट्राइट विषाक्तता जुगाली करने वाले जानवरों में सरलता से हो जाती हैं क्योंकि रूमेन (Rumen) शीघ्रता से पौधों के अप्रभावी सायनोजीनेटिक ग्लाइकोसाइड के विषाक्त सायनाइड या पौधों के नाइट्रेट को विषाक्त नाइट्राइट में बदल देते हैं।

इसी प्रकार से जानवर जो सरलता से उल्टी करते हैं जैसे मनुष्य, सूअर एवं कुत्ते अल्प प्रयास से उल्टी कर देते हैं। जुगाली करने वाले जानवर एवं घोड़े बहुत कठिनाई से उल्टी करते हैं। पौधों में थायमिनेज पाया जाता है जो भोजन के पूरा थायमिन को विघटित कर देता है और जुगाली न करने वाले जानवरों में थायमिन की न्यूनता हो जाती है और यदि उसे समय पर उपचारित नहीं किया गया तो मृत्यु हो जाती है। यद्यपि गायों में थायमिन न्यूनता उत्पन्न नहीं हो पाती। बेक्टीरिया के द्वारा रूमेन में थायमिन उत्पन्न हो जाती है जो पाचन संस्थान में मुक्त कर दी जाती है जहाँ पर थायमिनेज क्रियाशील नहीं रहता। इस प्रकार थायमिन की न्यूनता उत्पन्न हो पाती। विषाक्त पदार्थ जो संस्थान में पहुँचते हैं या खाद्य पदार्थ के साथ पाचन संस्थान में पहुँचने के बाद बनते हैं वे हमेशा जलन उत्पन्न करते हैं तथा पाचन संस्थान की अंतड़ियों का दर्द उत्पन्न करते हैं इनसे स्टेटिस (Statis) एवं आटोटाक्सीमिया (Autotoximia) ब्रसिका नेपस (*Brassica napus* L.) से, हेमोरेज (Hemorrhuge) दुधी (*Euphorbia* spp.) से, दस्त (Purging diarrhia), व निर्जलीकरण (Dehydration), पोक वीड (Poke weed) से उत्पन्न हो जाते हैं।

पाचन क्रिया के द्वारा उत्पन्न विषाक्त पदार्थ रक्त संचालन तंत्र में मिलकर प्रथम वे यकृत (Liver) में प्रवेश करते हैं। जिससे अनेक प्रकार के रोग हो जाते हैं। उदाहरणार्थ सेनेसियो (Senecio) के अल्कालाइड से यकृत की कोशिकायें विस्तृत (Cell enlargement) हो जाती हैं। जिसे मेगालोसायटोसिस (Megalocytosis) कहते हैं, ओक्लूसन ऑफ हेप्टिक केपीलरीस (Occlussion of heptic cappilaries) एवं हेप्टिक न्यूनता (Heptic insufficiency) हो जाती है। दूसरे अन्य लीवर के विषाक्त पदार्थ जैसे (horse brush Tetradymia glabrate)

से लीवर के स्राव की क्षमता का ह्रास होता है तथा क्लोरोफिल के पाचन से उत्पन्न पदार्थों की मात्रा बाइल (Bile) रस में कमी हो जाती है।

संचालन चक्र में जब ये पदार्थ बाह्य त्वचीय कोशाओं में पहुँचते हैं, तो इन पर प्रकाश का प्रभाव होता है। जिससे त्वचा के नीचे जो वाहिनियाँ होती है उनसे सीरम (serum) रिसने (Leak) लगता है जिससे जलीय-सूजन (Water swelling edema) हो जाती है और अंततः त्वचा नष्ट हो जाती है।

पौधों के ऐसे अणुओं से जो पाचन संस्थान में परिवर्तित नहीं होते तथा त्वचा की कोशाओं तक पहुँच जाते हैं उनसे भी प्रकाश प्रभावित (Phytosensitization) हो सकती है। ऐसे अणुओं में हाईपरसीन (Hypercine) जो Johns wort का एक नेफ्थोडायनथ्रोन (Naphthodianthrone) डेरिवेटिव (उत्पाद) है बनता है।

जो विषाक्त पदार्थ शरीर में संचालित होते हैं वे विशेष अंगों पर प्रभाव डालते हैं। ओक (*Quercus* spp.) से निकला विषाक्त पदार्थ गुर्दों (Kidney) पर प्रभाव डालता है। अल्कलायड सामान्यतः मध्य नर्वस सिस्टम (Central nervus system) पर प्रभाव डालते हैं जो अल्कलायड की किस्म व मात्रा पर आधारित रहता है। जैसे इरगॉट अल्कलायड (*Claviceps purpurea* (Fr.) Tulsane) के द्वारा तंत्रिका तंत्र द्वारा प्रभावित होने वाली वाहिनियों के अंत की कोशिकाओं तक रक्त कम पहुँचने से कोशिकायें मृत हो जाती हैं और गेंगरीन (Gangrene) नामक रोग हो जाता है। *Poison Hemlock* (*Conium maculatum* L.) कोई अल्कलाइड से नर्वस से संचालित श्वासोच्छवास के विफल होने से अथवा हृदय में परिसंचालन (Circulation) अवरुद्ध होने से अस्वस्थता (Depression) एवं मृत्यु हो जाती है।

कई प्रकार के पौधों से रक्त में अनेक प्रकार की कमी हो जाती है। पौधे के एक विशेष विष के कारण रक्त-जमाव (Clotting) प्रक्रिया के विफल होने से अस्थि-मज्जा (Bone marrow) विघटित हो जाता है।

मोल्डेड सफेद सेंजी (Molded white sweet clover (*Melilotus alba* Desr.) से निकले पदार्थ से रक्त जमाव की क्रिया पर प्रभाव होता है। पौधों के नाइट्रेट जब शरीर में नाइट्राइट में बदलते है तो उससे हीमोग्लोबिन (Hemoglobin) मेथोमोग्लोबिन (Methemoglobin) मे परिवर्तित हो जाता है, जिससे रक्त के साथ आक्सीजन के संचालन व्यवस्था की क्षमता समाप्त हो जाती है। सायनाइड की विषाक्तता कोशाओं में श्वासोच्छवास इन्जाइमों को अक्रियाशील बना देता है। ट्रेमेटॉल विषाक्तता से कोशाओं में प्राथमिक कार्बोहाइड्रेट की प्राथमिक चयापचय क्रिया अव्यवस्थित कर देती है।

जब उपयुक्त चारा न मिलने पर अवांछनीय पौधों को अभाव की स्थिति में अधिक मात्रा में जानवर खा लेते हैं तो इस प्रकार की विषाक्तता से प्रभावित हो जाते हैं। ग्रीष्म ऋतु में हरी घास न मिलने पर अनेक ऐसे अवांछनीय पौधों को भी जानवर खा लेते हैं, जिन्हें वे साधारण दशा में छोड़ देते हैं इनसे भी उनके स्वास्थ्य पर कुप्रभाव पड़ता है व अधिक मात्रा में ग्रहण करने से उनकी मृत्यु तक हो जाती है।

बेशरम-आइपोमिया कारनिया (*Ipomea carnea*) को भूख से पीड़ित जो जानवर अधिक खा लेते हैं तो उनकी मृत्यु तक हो जाती है। कुछ पौधे एक विशेष अवस्था में ही विषाक्त होते हैं जैसे ज्वार मक्का, परन्तु कुछ पौधे हर अवस्था में विषाक्त होते हैं। कुछ पौधे परिपक्वतावस्था आने पर और सूखने पर विषाक्त होते हें और इस दशा में अल्प मात्रा में खाने से भी मृत्यु हो जाती है।

विषाक्त पौधे चारे व साइलेज में मिल जाते हैं तथा खाद्यान्न में भी मिल जाते हैं। कभी-कभी खाद्यान्न, खली, या कृषि के अन्य स्त्रोतों जैसे बिनौला, सड़ी मूँगफली, सड़े जौ, मक्का, अण्डी आदि से बने दाने (Meals) के द्वारा विषाक्त हो जाती है, तथा स्वास्थ्य पर कुप्रभाव डालती हैं। सन् 1926 में दक्षिण अफ्रीका में गोखरू (*Tribulis terristeris*) के खाने से 6,00,000 भेड़ों के मरने का प्रमाण है। पश्चिमी संयुक्त राज्यों में हेलोगेटान (Halogeton) के खाने से बड़ी संज़्या में जानवर मर गए। इडाहो में पौधों के विषाक्तता से अधिक संज़्या में भेड़ें मर गई। एक दिन में ही 1620 भेड़ें मरी। कई ग्वालों का धंधा ही समाप्त हो गया। अत: विषाक्त पौधों से जानवरों व धन की हानि अधिक होती है जिसका अनुमान लगाना सरल नहीं है।

मनुष्य व जानवरों के विषाक्तता कारक पौधे
(Plants toxic to man and animals (Known Toxicity))

	Botanical Name	English Name	Family
गुमची	*Abrus precatorius*	Red bean vine	Papilionatae
अणिपरागाशय	*Acokanthera abyssinica*	Poison tree genus	Apocyanaceae
अणिपरागाशय	*A. longiflora*	Poison bush	Apocyanaceae
विषा	*Aconitum anthora*	Helmet flower	Ranunculaceae
पाश्चात्य विषा	*A. barbatum*	Monks hood	Ranunculaceae
दीर्घपर्ण मान कंद	*Alocasia longiloba*	Siplam kijany	Aracaceae
सामान्य सूरण	*Amorphophallus*	Campanulatus	Aracaceae
सामान्य वल्कल	*Antiaris toxicaria*	(Upastree)	Moraceae
सीरिया कांकतुंषी	*Asclepia syriaca*	(Common milkweed)	Asclepiadaceae
बनसरसों	*Brassica napus* L.	-	Cruciferae
अक	*Calotropis gigantea*	(AK)	Asclepidiaceae
श्वेत आक	*Calotropis procera*	(AK)	
	Calvicep purpuria (Fr.)	Tulsane	-
खड्गशिञ्बी	*Canavalia maritima*	-	Fabaceae
खड्गशिञ्बी	*C.ensiformis*	(Jack bean)	-
कासमर्द	*Cassia hirsuta*	-	Caesalpinoidae
सदाबहार	*Catharanthus roseus*	-	Apocynaceae
कचु	*Colocasia indica*	(Taro)	Araceae
	Chondodendron candicans	-	Menispermaceae
	Conium maculatum L.	-	-
कर्कटी	*Cucumis maudinianus*	(Kololo)	Cucurbitaceae
तिखाडी (सुवासतृण)	*Cymbopogon citratus*	Lemongrass	Graminae

	Botanical Name	English Name	Family
	Datura candida	(Safford)	Solanaceae
रोमी धतूरा	*Datura metel*	(Angel trumpet)	Solanaceae
धतूरा	*Datura stramonium*	(Jimson weed)	Solanaceae
आलुक	*Dioscorea deltoidea*	(Kilari)	Dioscorcaceae
आलुक	*Dioscorea macabiha*	-	Dioscoreaceae
आलुक	*D. sansibariensis*	-	Dioscoreaceae
	Elaeophorbia drupifera	(Baga)	Euphorbiaceae
जलिवजवाया	*Eupatorium maculatum*	(Snake root)	Astraceae
दुधी	*Euphorbia edinochlova*	-	Euphorbiaceae
	E. candelabrum	-	Euphorbiaceae
	E. cotinifolia	-	Euphorbiaceae
रक्तबिन्दु दुधी	*E. hirta*		Euphorbiaceae
	E. kamerunica	-	Euphorbiaceae
शोभावर्ण दुधी	*E. pulcherrima*	(Calpata)	Euphorbiaceae
	Gliricoda sepium	(Madre)	Fabaceae
कलिहारी	*Gloriosa superba*	(Glorylily)	Liliaceae
कपास	*Gossypium hirsutum*	(Upland cotton)	Malvaceae
	Hippomane mancinella	(Manchineel)	Euphorbiaceae
	Hura crepitans	(Monkey's dinnerbell)	Euphorbiaceae
	Iberis cymosa	-	Aquifoliaceae
	Indigofera simplifolia	-	Fabaeae
	Indigofera lespedezoides	-	Fabaceae
	Ipomoea altissima	-	Convolvulaceae
बेशरम	*Ipomoea carnea*	-	Convolvulaceae
	Jatropha multifida	(Tortora)	Euphorbiaceae
	Kalmia latifolia	(Laurel)	Ericaceae
	Lasianthus maingay	-	Rubiaceae
	Lobelia cardinalos	(Indian Pink)	Campanalaceae
	Lobelia inflata	(Indian tobacco)	Campanalaceae
	Lophopetalum toxicum	-	Calastraceae
	Menabea venenata	-	Asclepiadaceae
	Metroxylon sagu (Sago palm)	Arecaceae	
सफेद सेंजी	*Melilotus alba*	-	Fabaceae
	Mimosops djave	-	Sapotaceae

	Botanical Name	English Name	Family
कनेर	*Nerium indicum*	(Oleander)	Apocynaceae
कनेर	*Nerium oleander*	(Conmon oleander)	Apocynaceae
	Nicotiana glauca	(Mustard tree)	Solanceae
	N. sylvestria	-	Solanceae
तम्बाकू	*N. tabacum*	tobacco	Solanceae
	Pachyrhizus tuberosus	Yam bean	Fabaceae
	Parkia bussel	-	Legumunosae
चटक चाँदनी	*Parthenium hysterophorus*	(Carrot grass)	Asteraceae
	Phyllanthus engleri	-	Euphorbiaceae
	Plumbago indica	(Laurel)	Plumbaginaceae
	Psychotria sarmentosa	-	Rubiaceae
ओक जलधनियाँ	*Quercus* spp.	(Oak)	Known
	Ranunculas sceleratus	(Blister buttercup)	Ranunculaceae
	Rhus toxicodendron	(Poison ivy)	Ancistrocladaceae
	Rhynchosia phaseolordes	-	Leguminosae
	Rurea glabia	-	Connaraceae
	Salvia divinorum	-	Salvadorceae
	Sarcolobus narcoticus	-	Asclepiadaceae
	Schoenocaulon drummodii (Poison ivy)	Liliaceae	
	Solanum dulcamara	(Bitterseet)	Solanceae
मकोई	*S. mavnmosum*	(Love apple)	Solanceae
ज्वार	*Sorghumbicolear*	(Sorghum)	Poaceae (Graminae)
	Strombosia kombre	-	Oleaceae
	Strychnos colubrina	(Snake root)	Loganiaceae
	Tephrosia vistita	-	Fabaceae
	Tetradymia glabrata A.	-	Known
पीली कनेर	*Thevetia peruviana*	(Yellow oleader)	Apocynaceae
गोखरु	*Tribulis terristeris*	-	-
गुड़रिया	*Tridax procumbens*	(Coat buttons)	Astraceae
	Zamia pumila	(Plonida arrow root)	Zamiaceae

मनुष्यों पर विषाक्त प्रभाव डालने वाले पौधे

ऐसे अनेक पौधे हैं जो मनुष्यों के स्वास्थ्य पर कुप्रभाव डालते है तथा किसी-किसी पौधों द्वारा मृत्यु भी हो जाती है। अभी तक सभी पौधों की जानकारी विदित नहीं हो सकी है, क्योंकि इनसे पीड़ित व्यक्ति यह नहीं समझ

पाता कि पीड़ा किसी रोग के द्वारा है या किसी पौधे के कारण है। डाक्टर भी न तो पौधों को पहचानते हैं और न ही पौधों से होने वाली बीमारियों की जानकारी में पूर्ण दक्ष होते हैं और न ही उन सभी का तत्कालिक निदान करने हेतु औषधियों का निर्माण कर पाए हैं। इसका प्रमुख कारण है ऐसे पौधों की जानकारी पूर्णरूप से न होना, जिनसे कुप्रभाव होता है। प्रत्येक वर्ष हजारों व्यक्ति ऐसे विषाक्त पौधों से पीड़ित होते हैं एवं अधिकांश की सही चिकित्सा न मिलने से मृत्यु हो जाती है।

धतूरा (*Datura strumonium*) के मादक बीज नशेबाज मनुष्य चिलम में पीने (Smoking) में उपयोग करते हैं। असावधानी पूर्वक या लड़ाई झगड़े से पीड़ित व्यक्ति धतूरे के बीज खाने से मर जाते हैं। बच्चों में विषैले पौधों का ज्ञान न होने से उनके सम्पर्क में आने से या खाने से पीड़ित हो जाते हैं।

मध्य प्रदेश के छत्तीसगढ़ क्षेत्र में तेवड़ा या खेसरी (*Lathyrus sativa* L.) खाने वाले आदिवासियों में लंगड़ापन (Posterior paralysis) को दूर करने में डाक्टरों को अधिक सफलता नहीं मिली है।

एलर्जी उत्पन्न करने वाले पौधे

मनुष्यों में एलर्जी उत्पन्न करने वाले पौधों को दो वर्गों में विभक्त किया जा सकता है। पहला वे पौधे जिनका शारीरिक संपर्क होने से रोग उत्पन्न होते है। दूसरे वे जिनके किसी भाग सामान्यत: पराग से श्वसन तंत्र में एलर्जी पैदा करना होता है।

वे पौधे जो संपर्क में आने से रोग उत्पन्न करते हैं, उनमें विषैला आइवी (Poison ivy), विषैला ओक (Poison Oak) एवं सूमक (Sumac) तथा एनथीमिडी (Anthemideae) कुल के पौधे प्रमुख हैं। इनके तैलीय पदार्थ अथवा पराग से एलर्जी होती है। इनकी क्रिया से, संपर्क में आने के 15-48 घंटे बाद मंद हाइपर सेंसिटिविटी (Hypersensitivity) हो जाती है।

ऐसे पौधे जो श्वासोच्छवास तंत्र में एलर्जी करते हैं उनके पराग कण असंज्य होते हैं तथा हल्के होने से हवा में सरलता पूर्वक बहुत दूर तक उड़कर वातावरण को दूषित करते हैं। इनमें विद्यमान एलर्जिक रसायन में प्रसारण के समय में कोई परिवर्तन नहीं होता है। इनके प्रभाव से "तीव्र" हाइपर सेन्सीटिविटी होती है। पराग का एलर्जिक पदार्थ जल में घुलनशील होता है तथा प्रभावित मनुष्य के सीरम में एन्टीबाडीज उत्पन्न हो जाती है।

प्रभावित मनुष्य की त्वचा में खरोंच लगाकर पराग का घोल लगाने से 15 मिनट में क्रिया हो जाती है। पराग से एलर्जी करने वाले पौधों की सूची तालिका में दर्शाई है।

पराग से एलर्जी उत्पन्न करने वाले पौधे

बबूल	*Acacia* spp.	Acacia
	Acnida lamariscina (Nutt.) Wood	Wester water hemp
	Agrostis verticillata Vill.	Bent grass
चौलाई	*Amaranthus graecizans* L.	Prostrate pig weed
चौलाई	*Amaranthus palmeri, S. wats.*	palmer Amaranth
चौलाई	*Amaranthus retroflexux* L.	Red root pigweed

	Anthemis cotula L.	May weed
	Anthoxanthum odoratum L.	Sweet vernal
	Ambrosia artimissiifolia L.	Common rag weed
	Ambrosia psilostachya D.C.	Western rag weed
	Artiemisia californica Less.	Hill sage
	Artiemisia canescens (Pursh) Nutt.	Fourwing salt bush
	Atriplex spp.	Salt bush
	Bromus spp.	Brom grass
	Bromus secalinus L.	Cheat
बथुआ	*Chenopodium album* L.	Common lambsqunters
दूब	*Cynodon dactylon* Pers.	Bermuda grass
	Dactylis glomerata L.	Orchard grass
	Festuca spp.	Fescue grass
	Franseria acanthicarpa Coville.	Annual bur sage
	Holcus lanatus L.	Velvet grass
	Iva axillaris Rursh	Poverty weed
कोचिया	*Kochia scoparis* (L.) Roth.	Kochia
गेहूँ का मामा	*Lolium perene* L.	Perennial rye grass
लूसर्न	*Medicago sativa* L.	Alfalfa
गाजरघास	*Parthenium hysterophorus*	Carrot grass
	Phleum pratense L.	Timothy
बन केला	*Plantago lanceolata* L.	Buckhorh plantain
	Poa spp.	Blue grasses
	Robinia pseudoacacia L.	Black locust
बनपालक	*Rumex acetocella* L.	Red sorrel
बनपालक	*Rumex crispus* L.	Curly dock
	Rhus radicans L.	Poison ivy
	Rhus diversiloba Torr. & Gray.	Poison Oak
	Rhus vernix L.	Poison summac
	Trifolium spp.	Clover
	Xanthium spinosum	Spiny cocklebur

■■■■

13

एकीकृत नींदा नियंत्रण
(Integrated Weed Control)

कुछ विशेष पारिस्थितिकी को छोड़कर अनेक सामान्य फसल नींदा-तंत्र (Crop-Weed-Ecosystem) में अनेक प्रकार की नींदा की जातियाँ, विभिन्न समय में अंकुरित होकर फसल को प्रभावित करती हैं। नींदा के सर्वेक्षण से विदित होता है कि एक ही फसल में विभिन्न स्थानों में, विभिन्न प्रकार के नींदा फसल एक साथ बढ़ते हैं। उदाहरणार्थ सोयाबीन की फसल में काँस, दूब, गोंदला, सांवा, गुरगेहुँआ, बिलजा, चेंच, सफेदमुर्गा, लेसुआ, कनकौआ, कनकी आदि प्रमुख रूप से उगते हैं। इससे किसी भी नींदा नियंत्रण की एक ही विधि को अपना कर सोयाबीन में सफल एवं लाभकारी नींदा नियंत्रण नहीं कर सकते हैं। अतः ''सफल नींदा नियंत्रण हेतु नींदा नियंत्रण की सस्य विधियाँ, यांत्रिक विधियाँ, जैविक विधियाँ एवं रासायनिक विधियाँ पारिस्थितिकी एवं नींदा की जातियों व फसल को ध्यान में रखकर सभी मिली जुली विधियों का समुचित प्रयोग होना चाहिएँ। सफल व लाभकारी नींदा नियंत्रण करने की ऐसी विधि को, एकीकृत नींदा नियंत्रण कहते हैं''।

जिन खेतों में काँस, दूब, गोंदला आदि बहुवर्षीय नींदा होते हैं उनमें मोल्ड बोर्ड प्लाऊ, ग्रीष्मकाल में चलाकर इन्हें नष्ट करें। बोनी के पूर्व उगे हुए नींदा को स्टेल-सीड बेड बनाकर उन्हें नष्ट करें। सभी सस्य विधियाँ जैसे शुद्ध बीज का प्रयोग, अधिक बीज दर, बढ़वार फसलें व किस्म जो नींदा से प्रतिस्पर्धा कर सकें, अधिक अंकुरण क्षमता वाला बीज, अधिक पौध संज़्या तथा कतारों की दूरी कम करना, कतारों में उर्वरक का प्रयोग करना एवं नींदा के बीज रहित सड़ी गोबर की खाद या कज़्पोस्ट का प्रयोग करना। इन सभी सस्य विधियों को बोनी के पूर्व अपनाना आवश्यक है। इससे फसल की पौध संज़्या अधिक होगी तथा नींदा के पौधों पर अधिक दबाव होगा जिससे वे कमजोर होकर मर जाएंगे। जिस खेत में नींदा अधिक होते हैं उसमें स्पर्धाशील फसलों को ही बोएं।

इन सभी विधियों को अपनाने के उपरान्त भी फसल के साथ-साथ एवं फसल उगने के बाद भी अनेक नींदा अंकुरित होते हैं जैसे सांवा, मोथा, चेंच, लेसुआ, कनकी, गुरगेहुँआ, सफेद मुर्गा, बिलजा आदि। इनको मारने हेतु कतारों के बीच में ''डोरा, (बैलों से चलने वाला ब्लेड हेरो), ''हेंड हो'', ''व्हील हो'' चलाकर या खुर्पी से निंदाई करें परन्तु अनेक परिस्थितियों में यह सज़्भव नहीं हो पाता क्योंकि मौसम व मृदा की दशा उचित नहीं होती है। यदि यह हो भी जाए तो पूर्ण रूप से नींदा नहीं मरते क्योंकि कतारों के बीच के नींदा नियंत्रित हो जाते हैं पर जो कतार में ही होते हैं, वे नियंत्रित नहीं होते हैं। अतः उन्हें नियंत्रित करने हेतु हाथ से निंदाई की जानी चाहिए। हाथ से भी निंदाई करने पर छोटे नींदा खेत में रह जाते हैं और यदि निंदाई के बाद वर्षा हो जाए तब निंदाई प्रभावहीन हो जाती है क्योंकि उखड़े हुए नींदा पुनः स्थापित हो जाते हैं। अतः यांत्रिक एवं हाथ की विधि भी सभी नींदा का निदान करने में सक्षम नहीं हो पाती परन्तु यांत्रिक विधि बहुत ही आवश्यक है तथा सस्ती भी होती है।

जिस दशा में सस्य एवं यांत्रिक विधि से पूर्ण रूपेण नींदा नियंत्रित नहीं हो पाते वहाँ पर रासायनिक विधि का समावेश करना आवश्यक हो जाता है परन्तु इस विधि से भी सभी प्रकार के नींदा नहीं मरते हैं। अतः यह भी पृथक रूप से अकेले ही सभी नींदा नियंत्रण करने में सक्षम नहीं हैं। अन्य सस्य व यांत्रिक विधियों के साथ ही रासायनिक विधि को अपनाकर सफल नींदा नियंत्रित किया जा सकता है। जैसे कि कांस, दूब व अन्य नींदा की बोनी के पूर्व यांत्रिक विधि से नष्ट करें तथा बोनी के पूर्व सस्य विधियों को अपनाएँ जिससे नींदा की वृद्धि कम हो। फसल के साथ उगने वाले नींदा का अंकुरण रोकने हेतु फ़्लूक्लोरेलिन 1.0 कि.ग्रा./हे. को बोनी के पूर्व मृदा में मिला दें या पेन्डीमिथेलिन 1.0–1.5 कि.ग्रा./हे. से उद्भवन पूर्व उपचार करें। इससे अधिकांश मौसमी नींदा नहीं उगेंगे। यदि इसके बाद भी जिस खेत में नींदा उगते हैं तो उसमें हाथ से निंदाई करें या बैलों के द्वारा चलाए जाने वाले ''डोरा'' या हाथ से चलाए जाने वाले ''हेंड हो'', ''व्हील हो'' आदि को चलाकर नींदा नष्ट करें। यदि ये नहीं चल सकते हो उस स्थिति में खेत में यदि घासें अधिक हो, तब फ़्लूयेजीफाप-पी बुटाइल 0.25 कि.ग्रा./हे. का छिड़काव बोनी के बीस दिन बाद करके, उन्हें नष्ट करें। यदि चौड़ी पत्ती वाले नींदा व मोथा हैं तब बेन्टाजोन 1.0 कि.ग्रा./हे. का छिड़काव बोनी के बीस दिन बाद करें। यदि तीनों वर्ग के नींदा हैं तो फ़्लूयेजीफाप-पी-बुटाइल एवं बेन्टाजोन दोनों से उपचार कर उचित नींदा नियंत्रण किया जा सकता है।

शून्य भू-परिष्करण (**Zero tillage**) में केवल रासायनिक नींदा नाशकों से नींदा नियंत्रण किया जा सकता है। परन्तु केवल रासायनिक विधि से नींदा नियंत्रण करना बहुत महंगा पड़ेगा एवं निरंतर इस विधि के उपयोग से बहुवर्षीय नींदा की वृद्धि हो जाएगी। अन्य प्रतिरोधक नींदा की जातियाँ बढ़ जाने से यह विधि प्रभावकारी नहीं रहती है। अतः यांत्रिक विधि से नींदा नियंत्रण आवश्यक हो जाता है। परन्तु नींदा के अनुसार जिन खेतों में कोई विशेष जाति का प्रकोप होता है जैसे किसी खेत में केवल घासें हैं, उस दशा में फ़्लूक्लोरेलिन से ही बोनी के पूर्व छिड़काव कर सक्षम नींदा नियंत्रित कर सकते हैं या उद्भवन बाद फ़्लूएजीफाप-पी-बुटाइल 0.25 से उपचार कर घासों का पूर्ण नियंत्रण किया जा सकता है। जब घासें व चौड़ी पत्ती वाले नींदा दोनों फसल में उगते हों उस स्थिति में आलाक्लोर या मेटोलाक्लोर 2.0 कि.ग्रा./हे. उदभवन पूर्व उपचार कर फसल की पूरी अवधि तक नींदा नियंत्रित रख सकते हैं। खड़ी फसल में जब निंदाई करने का उपयुक्त समय होता है उस समय पर मजदूर उपलब्ध न होने से या मजदूरी अधिक महंगी होने से, या मजदूर उपलब्ध होने पर भी खेत की दशा वर्षा होने से इस स्थिति में नहीं रहती कि ''डोरा'' या ''हो'' से निंदाई की जा सके उस स्थिति में नींदा नाशक दवाओं से नियंत्रण ही एक मात्र ऐसा साधन है जिससे निंदाई की जा सकती है। जब अधिक क्षेत्र में फसल होती है उसमें इतने मजदूर उपलब्ध नहीं हो पाते जिनसे पूरे खेतों की निंदाई एक साथ की जा सके। इससे फसल नींदा की स्पर्धा से प्रभावित हो जाती है तथा बाद में निंदाई करने का लाभ नहीं मिलता। इस लिए रासायनिक विधि के प्रयोग से नींदा नियंत्रण एक साथ किया जा सकता है। अतः किसी एक विधि पर कृषक को आश्रित नहीं रहना चाहिए। परिस्थिति के अनुकूल यांत्रिक, सस्य व रासायनिक विधियों का समावेश कर फसलों में क्रान्तिक अवस्था पर नींदा नियंत्रित किया जा सकता है। रासायनिक विधि का यांत्रिक विधि के साथ उपयोग करने से समय की बचत हो सकती है जो अन्य कृषि कार्यों में उपयोग कर सकते हैं तथा हाथ से निंदाई महीनों करते रहने की कष्टदायी प्रचलित विधि का प्रयोग कम किया जा सकता है।

■■■■

14

रासायनिक नींदा नियंत्रण
(Chemical Weed Control)

वरणात्मक (चुनकर) व अवरणात्मक नींदा नाशक (Selective and nonselective herbicide)

वरणात्मक (चुनकर) नींदा नाशक (Selective herbicide)

ये नींदा नाशक कुछ प्रजातियों के लिए अस्थाई व कम हानिकारक होते हैं तथा अन्य प्रजातियों के पौधों पर अधिक प्रभाव डालते हैं। ये अधिक विषाक्त होते हैं तथा इनसे एक ही कुल की कुछ प्रजातियाँ नहीं मरती वरन् अन्य प्रजातियाँ व दूसरे कुल के पौधे भी मर जाते हैं या उनकी वृद्धि रुक जाती है। ऐसे नींदा नाशक वरणात्मक या ''चुनकर'' नींदानाशक कहलाते हैं। इनके प्रयोग से फसलें नहीं मरती परन्तु नींदा मर जाते हैं जैसे 2,4-डी, घासों को नहीं मारता तथा चौड़ी पत्ती वाले नींदा व मोथा कुल के पौधों को मारता है। क़्लौजीफाप-बुटाइल व हेलाक्सीफाप-मिथाइल घासों को मारते हैं तथा चौड़ी पत्ती वाले व मोथा कुल के पौधों को नहीं मारते। आइसोप्रोटुरान गेहूँ को नहीं मारता तथा गेहूँ जैसे दूसरे नींदा जैसे चिरैया बाजरा व ''जंगली जई'' तथा अन्य चौड़ी पत्ती वाले नींदा को मारता है। धान में सावां को बूटाक्लोर व थायोबेनकार्ब मारते हैं। इसी प्रकार अन्य फसलों में चुनकर नींदा नष्ट करने हेतु नींदा नाशकों का अनुसंधान हो गया है।

अवरणात्मक नींदा नाशक (Nonselective herbicide)

सामान्य नींदा नाशक प्राय: सभी प्रजातियों के पौधों को मारता है। जब इसका छिड़काव अनेक प्रकार की वनस्पति पर एक साथ किया जाता है तो प्राय: सभी कुलों के पौधे मर जाते हैं। जैसे पेराक्वाट, डालापान, ग्लाईफोसेट। ये नींदा नाशक सभी प्रकार की वनस्पति को मारने हेतु कल-कारखानों, रेल्वे यार्डों, खेल के मैदानों व रिक्त स्थानों में सफाई रखने के लिए प्रयोग किए जाते हैं। ये नींदानाशक खेतों में फसल बोने के पहले या बोते समय उगे हुये नींदा को मारने के लिए प्रयुक्त किए जाते हैं। कभी-कभी जिन फसलों का अंकुरण बहुत देर से होता है और उनमें नींदा जल्दी उग जाते हैं तो उन्हें मारने के लिए भी इनका प्रयोग कर सकते हैं जैसे ''नो टिलेज'' में पैराक्वाट का छिड़काव बोनी के समय उगे हुए नींदा को मारने हेतु प्रयोग करते हैं। आलू में नींदा नियंत्रण हेतु आलू की बोनी के 18-20 दिन के अंदर उगे हुए नींदा को पैराक्वाट का छिड़काव कर मारते हैं। ''चुनकर'' नींदा नाशक जब उच्च दर पर प्रयोग किए जाते हैं तब उनका प्रभाव क्षेत्र बढ़ जाता है व ये सभी प्रकार की वनस्पति को प्रभावित करते हैं। जैसे अट्राजिन 1 से 2.0 कि.ग्रा./हे. की दर से चुनकर नींदा नाशक का कार्य करता है तथा ज्वार, बाजरा,

गन्ना व अन्य फसलों में नींदा मारने के लिए बोनी के तुरन्त बाद या उगने के 20-25 दिन बाद छिड़काव करने पर नींदा को मार देता है तथा फसलें नहीं मरती। यदि इसी नींदा नाशक को 8 से 10 कि.ग्रा./हे. की दर से छिड़काव किया जाए तो प्राय: सभी प्रकार के पौधे मर जाएंगे अत: इसका प्रयोग सामान्य नींदा नाशक या अवरणात्मक नींदा नाशक के सदृश्य किया जा सकता है।

संस्पर्शी या संपर्क एवं क्रमिक सर्वांगी नींदा नाशक (Contact and systemic herbicides)

संस्पर्शी या संपर्क नींदा नाशक (Contact herbicide)

वे नींदानाशक जो पौधों पर छिड़काव करने पर पौधे की उपचारित कोशिकाओं या अंग से अन्य कोशिकाओं तक रसाकर्षण या अन्य विधि द्वारा नहीं पहुँच पाते। केवल उपचारित कोशिकाओं की दैहिकीय क्रियाएँ प्रभावित होती हैं तथा उपचारित भाग अपना कार्य बंद कर देता है व मर जाता है। उसके अभाव से पौधे में अन्य अंग अपना कार्य बंद कर देते हैं, इस प्रकार पूरा पौधा मर जाता है। उदाहरणार्थ - पैराक्वाट, डायक्वाट, प्रोपेनिल आदि।

सर्वांगी या क्रमिक नींदा नाशक (Systemic herbicides)

वे नींदा नाशक जो पौधे को उपचारित करने के बाद उपचारित कोशिकाओं से प्रसारित होकर क्रमबद्ध रूप से अन्य अनुपचारित अंगों की कोशिकाओं में भी रसाकर्षण या अन्य विधि के द्वारा फैल जाते हैं एवं वहाँ पहुँच कर उन पर प्रभाव डालकर उनकी वृद्धि को रोक देते हैं और अंतत: पूरा पौधा ही मर जाता है। इन नींदा नाशकों को कम पानी की मात्रा में भी छिड़काव कर सकते हैं क्योंकि ये उपचारित अंग से अनुपचारित अंग तक पहुँच सकते हैं।

मृदा-नींदानाशक व पर्ण-नींदा नाशक (Soil applied herbicides and foliar herbicides)

मृदा-नींदानाशक (Soil applied herbicides)

वे नींदा नाशक जिनका प्रयोग मृदा पर किया जाता है किसी नींदा नाशक को मृदा में समावेशन (मिश्रित) कर दिया जाता है और किन्हीं को मृदा की सतह पर ही प्रयोग करते हैं। ये विभिन्न खरपतवारों के बीजों का अंकुरण रोकते हैं या अंकुरण होने के बाद उद्भवन को रोकते हैं जिससे छोटे पौधे ही मर जाते हैं। ये भूमिगत कंद, आकंद व प्रकंद के वर्धन को भी रोकते हैं तथा उन पर क्रिया कर नष्ट कर देते हैं। दर व किस्म के आधार पर नींदा नाशकों का प्रभाव भूमि में 1 से 3 माह तक रहता है जिससे फसलों में नींदा-स्पर्धा प्रारंभ से ही नहीं हो पाती व फसल की वृद्धि तथा उपज अधिक होती है। उदाहरण के रूप में फ़्लूक्लोरेलिन ट्राईफ़्लूरेलिन आदि मृदा में मिश्रित किए जाते हैं तथा आलाक्लोर, बूटाक्लोर, आक्सीफ़्लोरफेन आदि मृदा की सतह पर प्रयुक्त किए जाते हैं। मृदा नींदा-नाशकों का फसलों पर कम या नगण्य प्रभाव होता है।

पर्ण नींदा-नाशक (Foliar herbicides)

वे नींदानाशक जो खरपतवारों की पत्तियों पर उद्भवन के पश्चात् प्रयोग किए जाते हैं। साधारणत: नींदा की प्रारम्भिक अवस्था में पत्तियों पर नींदानाशक की कम मात्रा से ही नींदा नियंत्रित हो जाते हैं। जैसे-जैसे नींदा की आयु बढ़ती जाती है वैसे-वैसे नींदा-नाशक की अधिक मात्रा लगती है। पूर्ण विकसित नींदा को मारने के लिए नींदा

नाशक की अधिक मात्रा का प्रयोग करना पड़ता है। उदाहरणार्थ एमसीपीए, 2, 4-डी, 2-4 डीबी, ग्लौजीफाप-बुटाइल, हैलाक्सीफाप मिथाइल, पेराक्वाट, डायक्वाट आदि। ये नींदा नाशक पत्तियों द्वारा अवशोषित होते हैं तथा नींदा नाशक पौधे के अन्य अंगों में प्रसारित होकर पौध दैहिकी क्रियाओं में बाधा उत्पन्न कर उनको मार देते हैं या उनकी वृद्धि स्थगित कर देते हैं।

मृदा व पर्ण - नींदा नाशक (Soil and foliar herbicides)

कुछ नींदा नाशक ऐसे होते हैं जिनका प्रयोग मृदा में भी किया जा सकता है अथवा पर्णों पर भी कर सकते हैं। ये दोनों प्रकार से नींदा मारने में प्रभावी होते हैं। उदाहरणार्थ जैसे गेहूँ में नींदा मारने हेतु आइसोप्रोटुरान, टरबूट्रिन, मेथाबेन्जथियाजूरान आदि को बोनी के तुरन्त बाद तथा अंकुरण के पहले मृदा में उपयोग करते हैं जिससे नींदा नहीं उगते। इन्हीं नींदा-नाशकों का फसल व नींदा उगने के बाद पर्णों पर छिड़काव करने से भी नींदा मर जाते हैं तथा फसल भी प्रभावित नहीं होती।

अवशिष्टी-नींदा नाशक एवं अनावशिष्टी नींदा नाशक (Residual and Non-residual herbicides)

अवशिष्टी नींदा नाशक (Residual herbicides)

ऐसे नींदा नाशक जिनका मृदा में विषैला अस्तित्त्व प्रयोग करने के उपरान्त 4 से 8 सप्ताह या अधिक लब्बे समय तक रहता है एवं ये नींदा का अंकुरण लब्बे समय तक नहीं होने देते। कभी-कभी इनका अस्तित्त्व आगामी फसलों तक रहता है जो नींदा को भी नियंत्रित करते हैं व फसल चक्र में असहनशील फसलों को भी प्रभावित करते हैं। जिन नींदा नाशकों का अवशिष्ट अधिक समय तक रहता है, उनका प्रयोग फसल चक्र को ध्यान में रखते हुए करना चाहिए अन्यथा फसल प्रभावित होने का खतरा रहेगा। मृदा में नींदा नाशकों का अवशिष्ट, मृदा के किस्म, तापक्रम, जीवांश, वर्षा आदि पर आधारित रहते हैं। उदाहरणार्थ आक्साडायजान, आक्सीफ्लोरफेन, अट्राजिन, सिमाजिन आदि। तालिका 25.2 में विभिन्न नींदा नाशकों की मृदा में विषैले अस्तित्त्व की अवधि दर्शाई गई है।

अनावशिष्टी नींदा नाशक (Non-Residual herbicides)

ऐसे नींदा नाशकों का उपचार करने बाद मृदा में विषैला अवशिष्ट नहीं रहता या बहुत ही कम समय तक रहता है एवं ये नींदा नाशक उपस्थित नींदा को शीघ्र मारने के लिए उपयोगी होते हैं। जैसे तेल, डीजल, पेराक्वाट, डायक्वाट, अमीट्राल, डी.एस.एम.ए. आदि नींदा नाशक मृदा के संपर्क में आने के तुरंत या कुछ सप्ताह बाद अक्रियाशील हो जाते हैं। इनका प्रयोग बोनी के तुरन्त पहले या बोनी के तुरन्त बाद नींदा को मारने के लिए किया जाता है जिससे प्रथम अंकुरण चक्र के नींदा ही मरते हैं बाद में अंकुरित हुए नींदा नहीं मरते हैं। इनका विषैला प्रभाव अगली फसल पर नहीं होता है।

घास मारने वाले नींदा नाशक (Grass-Killers)

ये नींदा नाशक केवल घासों को मारते है इनका प्रभाव उद्भवन बाद 2-4 पत्ती की अवस्था से लेकर पुष्पन के पहले तक होता है। ये दलहनी, तिलहनी, प्याज, सब्जियों व बगीचों में केवल घासों के मारने में बहुत उपयोगी है।

इनसे मौसमी व बहुवर्षीय घासें मर जाती है। बहुवर्षीय घासों को मारने हेतु इनकी अधिक मात्रा प्रयोग करना पड़ती है। इनकी दर 0.1 से 1.0 कि.ग्रा./हे. है। उदाहरणार्थ -

नींदा नाशक		ट्रेड नाम
1. हेलाक्सीकाफ मेथाइल	-	गेलैट 24% ई.सी.
2. फ़्लूयेजीफाप-पी-बुटाइल	-	फ़्यूजीलेड 12.5% ई.सी.
3. डिक्लोकाफ	-	
4. पाइरीफिनाप (Pirifinop)	-	
5. सेथाक्सीडिम (Sethoxydim) (2-1) इथाक्सीइमीनो- बुटाइल 5- 2 - (इथिलथायों) - प्रोपिल 3- हाइड्राक्सी - 2 साइक्लो हेक्सेन - 1 (वन)	-	पोस्ट18.4% ई.सी.
6. सोडियम अलाक्सीडिम (Sodium alloxydim)		
7. साइक्लाक्सीडिम	-	फोकस Focus 20% लेसर Lacer स्ट्राटोज Stratos

इसके अतिरिक्त साइक्लोहेक्सेन (Cyclohexane) एवं फ्राक्सी- फेनाक्सी अल्कोनोइक (Phe-noxy-Phenoxy alcanoic) समूह के अनेक प्रकार के घास नाशकों का अनुसंधान चल रहा है।

मोथा मारने वाले नींदा (Sedge Killers)

ऐसे नींदा नाशक जो केवल मोथा वर्ग के नींदा को मारने वाले होते हैं तथा जिनसे घासें नहीं मरती है, वरणात्मक होते हैं। इनका प्रयोग घास कुल की फसलों जैसे धान, ज्वार, मक्का आदि में मोथा वर्ग के नींदा मारने हेतु किया जाता है। इनसे कुछ चौड़ी पत्ती वाले नींदा भी मरते हैं। परन्तु अनेक दलहनी फसलों में इनका प्रयोग किया जा सकता है। उदाहरण - बेन्टाजोन (बासाग्रान 48% ए.एस.) इसका 0.75 कि.ग्रा./हे. उद्भवन बाद प्रयोग करते हैं परन्तु भारी किस्म की मृदा में तथा शुष्क वातावरण में 1.2 से 2.4 कि.ग्रा./हे. की दर से छिड़काव करने से प्रभावी नियंत्रण होता है।

चौड़ी पत्ती वाले नींदा मारने वाले नींदा नाशक (Broad-Leaf Weed Killers)

ऐसे नींदा नाशक जो केवल चौड़ी पत्ती वाले नींदा मारते हैं वे घासों को नहीं मारते हैं। इनका प्रयोग घास कुल की फसलों जैसे धान, ज्वार, मक्का, गेहूँ, जौ आदि में चौड़ी पत्ती के नींदा मारने हेतु प्रयुक्त किया जाता हैं।

इनसे कुछ मोथा वर्ग के नींदा भी मर जाते हैं। उदाहरण -

1. 2,4 डी 0.75 से 1.0 कि.ग्रा./हे. उद्भवन बाद
2. एम.सी.पी.ए. (Methyl chlorophenoxy acid)
3. फ़्लूराक्सीपिर (Fluroxypyr, starane - 20% EC)

ब्राड स्पेक्ट्रम नींदा नाशक (Broad spectrum herbicides)

ऐसे नींदा नाशक जो घास, मोथा व चौड़ी पत्ती वाले समूह के अनेक स्पीसीस को चुनकर मारते हैं तथा फसल के लिए वरणात्मक होते है।

डाइयूरान	–	कारमेक्स 50%
आइसोप्रोटूरान	–	ग्रेमीनान 50%
आक्साडायजान	–	रोनस्टार 25%
अट्राजीन	–	अट्राट्राफ 50%
क्विनक्लोरेक (Quinclorac)	–	फेसिट (Facet)

झाड़ियाँ व पेड़ मारने वाले नींदा नाशक (Bush Killers)

ऐसे नींदा नाशक बहुवर्षीय एवं काष्ठीय झाड़ियों एवं पेड़ों को मारने हेतु प्रयुक्त किए जाते हैं। उदाहरणार्थ 2,4–डी, 2,4,5,–टी, सिल्वेक्स, पिकलोराम, डाइकेज़्बा आदि एवं इनका मिश्रण।

मृदा निर्बीजीकारक या निर्जर्मीकारक (Soil sterilants)

मृदा निर्बीजीकारक वे नींदा नाशक है जो मृदा में उपस्थित सभी पौधे व बीजों को विषाक्त करके उनकी वृद्धि व अंकुरण रोक देते हैं। इनका प्रभाव अस्थाई लगभग 16 सप्ताह तक या स्थाई 2 वर्ष या अधिक समय तक होता है।

मृदा धूमक (Soil Fumigants)

ये अस्थाई निर्बीजीकारक (Volatile) यौगिक होते हैं जिनका अस्थाई विषाक्त प्रभाव कम समय में ही वाष्प के रूप में मृदा से निकल जाता है ऐसे निर्बीजीकारक धूमक (Fumigant) कहलाते हैं। उदाहरणार्थ मेथाम (Metham), डेजोमेट (Dazomet) और मिथाइल ब्रोमाइड (MB) बहुधा धूमक (ज़्यूमीगेट) के रूप में रोपणी एवं गमलों में नींदा नियंत्रण के लिए उपयोग किए जाते हैं। पानी की वाष्प या अत्यधिक ताप के द्वारा भी मृदा का निर्बीजीकरण किया जाता है। इनका प्रयोग ग्रीन हाऊस या गमलों में संभव है। इनसे गैस निकलती है अतः इनके उपचार के बाद ढ़कना आवश्यक है। स्थाई निर्बीजीकारकों का प्रयोग रिक्त पड़ती स्थानों, बाड़ों, औद्योगिक संस्थानों के अहातों, रेल्वे आदि में किया जाता है जहाँ पर स्थाई रूप से खरपतवारों का नियंत्रण आवश्यक होता है। इससे खरपतवारों के द्वारा आग लगने का भय नहीं रहता। ट्राइजीन्स जैसे एट्राजिन, मेट्रीब्यूजिन, आर्सनिकल्स, सब्स्टीट्यूटेड यूरिया (Substituted ureas) जैसे डाईयूरान, मोनूरान, सोडियम क्लोरेट्स एवं बोरेट्स आदि प्रमुख नींदानाशक हैं जो अधिक मात्रा में प्रयोग करने से मृदा में प्रायः एक दो वर्ष तक नींदा अंकुरित नहीं होते हैं।

नींदा नाशक प्रयोग करने की विधियाँ

नींदा नाशक का प्रयोग करने की अनेक विधियाँ हैं जो प्रमुखतः नींदा नाशक के गुण व कार्य विधि तथा वरणात्मकता पर आधारित हैं। नींदानाशक का फार्मूलेसन जैसे द्रव, कणिकायें या पाऊडर, वातावरण, मौसम, प्रयोग

करने का यंत्र, नींदा नाशक की कीमत व प्रयोग करने में खर्च आदि ऐसे घटक हैं जिनके आधार पर नींदा नाशक प्रयोग करने की विधि पर आधारित रहती है।

नींदा एवं फसल के अंकुरण एवं उद्भवन के परिप्रेक्ष्य में नींदा नाशक से उपचार की प्रमुख दो विधियाँ हैं जैसे-

(i) उद्भवन पूर्व या निर्गमन पूर्व (Pre emergence application)

(ii) उद्भवनोपरान्त या निर्गमनोत्तर उपचार (Post emergence application)

उद्भवन पूर्व उपचार - इस उपचार में नींदा नाशक दवाओं को (अ) फसल के बोने के पूर्व अथवा (ब) फसल की बोनी के बाद एवं नींदा व फसल उगने के पहले उपचार करते हैं। इस विधि में नींदा नाशक दवाओं से मृदा को उपचारित किया जाता है। जिससे नींदा के बीज अंकुरित नहीं होते या अंकुरित होने के बाद उपचारित मृदा के संपर्क में आने से नींदा के पौधे मर जाते हैं। जो फसलें देर से अंकुरित होती हैं उनमें फसल के उद्भवन पूर्व तथा नींदा के उद्भवनोपरान्त भी उपचार करते हैं, जैसे आलू व गन्ना की फसल में। उद्भवन पूर्व के उपचार में मृदा को नींदानाशक दवाओं से अनेक प्रकार से उपचारित करते हैं जैसे मृदा की सतह पर, ऊपरी सतह के नीचे समावेशन कर, सम्पूर्ण क्षेत्र या पट्टियों में उपचारित करना। नींदा नाशक दवाओं को शुद्ध जल में घोल बनाकर स्प्रेयर द्वारा या अन्य माध्यमों से छिड़काव करते हैं। नींदा नाशक को रेत या उर्वरक के साथ मिलाकर भी छिड़काव करते हैं। कणिकाओं का छिड़काव बिना किसी माध्यम के हाथ से या ग्रेन्यूल एप्लीकेटर (Granule applicator) के द्वारा करते हैं।

उद्भवनोपरान्त उपचार - इस विधि में नींदा व फसल दोनों के पौधे उगने के बाद खड़ी फसल में पर्णोपचार किया जाता है। किन्हीं विशेष परिस्थितियों जैसे नींदा नाशक को नींदा की मूल या कोमल तना अवशोषित करने में सक्षम होते हैं तब मृदा उपचार भी उद्भवनोपरान्त किया जाता है। उद्भवनोपरान्त पर्णोपचार करने की अनेक विधियाँ हैं, जैसे समस्त क्षेत्र का या आच्छादित उपचार (Blanket application), निर्देशित या लक्षित उपचार (Directed spraying), स्थानिक उपचार (Spot treatment), रक्षित उपचार, (Protected treatment) आदि।

नींदा नाशक का मृदा में प्रयोग करने की विधि (Soil application)

1. सतह पर प्रयोग (Surface application)

ऐसे नींदा नाशक, मृदा के माध्यम से अंकुरणशील नींदा के बीजों पर क्रिया कर उन्हें मारते हैं और उनसे मृदा की सतह का उपचारित कर, मृदा में ही मिला देते हैं। जिससे मृदा नमी के कारण 2.5 से 5 से. मी. गहराई तक प्रसारित हो जाती, परिणामस्वरूप नींदा का अंकुरण अवरुद्ध किया जा सकता है या अंकुरण के बाद भी छोटा पौधा मारने में सक्षम होते हैं। मृदा की सतह पर प्रयुक्त होने वाले नींदा नाशकों में आलाक्लोर, बूटाक्लोर, थायोबेनकार्ब, पेंडीमिथेलिन आदि हैं। इनको मृदा में नहीं मिलाते हैं एवं सतह का उपचार करने के बाद मृदा, पर कोई जुताई-बखराई या अन्य हलचल नहीं करते जिससे नींदा की परत (Film) न टूटे। नींदा नाशक से बोनी के तुरन्त बाद उपचारित करते है। अत: मृदा पर नींदा नाशक की एक चादर सी चढ़ जाती है जिससे नींदा अंकुरित नहीं हो सकते हैं या अंकुरित होते भी हैं, तो नींदा नाशक की चादर में से निकलने पर मर जाते हैं।

कुछ नींदा नाशक जो मृदा में छिड़के जाते हैं उनका छिड़काव करने के बाद मृदा में 5–7 से.मी. सतह पर कल्टीवेटर या बखर चलाकर समावेशन कर देते हैं। उदाहरणार्थ फ़्लूक्लोरेलिन, ट्राइफ़्लूरेलिन, नाइट्रेलिन, बेनीफिन, इ.पी.टी.सी., वरनोलेट, प्रेबूलेट आदि नींदा नाशकों को सतह पर छिड़काव करने के बाद मृदा में मिला देते हैं। ये बोनी के तुरन्त पहले छिड़के जाते हैं व मिट्टी में मिलाने के बाद बोनी करते हैं। डाइअलेट एवं ट्राइअलेट को 2.5 सें.मी. गहराई तक मिलाते हैं। कई नींदा नाशक सिंचाई के साथ मृदा में मिलाए जाते हैं। उदाहरणार्थ ई.पी.टी.सी. सतह पर अनेक विधियों से उपचारित करते हैं जैसे –

1. ई.सी. एवं पाउडर फार्मूलेशन को पानी में घोल कर स्प्रेयर द्वारा छिड़काव।
2. ई.सी. एवं पाउडर फार्मूलेशन को मिट्टी, रेत या उर्वरक के साथ मिलाकर छिटकना।

2. सतह के नीचे प्रयोग करना (Sub surface application)

कुछ नींदा नाशकों को मृदा की ऊपर सतह में न मिलाकर केवल सतह के नीचे यांत्रिक विधि से मिलाते हैं। चुकंदर में साइकोलेट (Cycolate) एवं तम्बाकू में बुटाइलेट (Butylate) को 7 से 10 से.मी. सतह के नीचे विशेष स्वीप (Sweep) के द्वारा छिड़काव करते हैं। ये नींदा नाशक पट्टियों (Bands) में छिड़के जाते हैं जो फसल की कतार में ही होती हैं। उसके बाद बोनी करते हैं।

3. संपूर्ण क्षेत्र का उपचार व पट्टिकाओं में उपचार

जिन फसलों में यांत्रिक विधि से नींदा नियंत्रित नहीं हो सकता उनमें संपूर्ण क्षेत्र को छिड़काव (Blanket spray) कर उपचारित करते हैं।

जिन फसलों में यांत्रिक विधि से दो कतारों के मध्य नींदा नियंत्रित कर सकते हैं उनमें नींदा नाशक का केवल पट्टिकाओं में फसल की कतार के ऊपर ही बोनी के समय छिड़काव (Bands treatment) करते हैं। कतारों के मध्य स्थान पर छिड़काव नहीं करते। इस विधि में नींदा नाशक दवाओं में खर्च कम होता है क्योंकि संपूर्ण क्षेत्र को उपचारित नहीं करना पड़ता केवल पट्टियों में नींदा नाशक का खर्च होता है।

मृदा धूमक की उपचार विधि

मृदा धूमक के गुणों के अनुसार उनको (1) मृदा में इन्जेक्शन (Soil injection) के द्वारा जैसे क्लोरोपिकरिन। (2) उपचार के बाद मृदा में हल बखर चलाकर मिलाना व तुरन्त बाद पॉलीथीन की चादर से उपचारित क्षेत्र को 6 दिन तक ढक देना। उदाहरणार्थ डेजोमेट, मिथाइल ब्रोमाइड। (3) सतह पर उपचार विधि, कुछ नींदा नाशक का छिड़काव कर मृदा की सतह को उपचारित कर धूमीकृत करते हैं जैसे मेथाम।

नींदा नाशक की पर्णोपचार विधि (Method of foliar application of herbicide)

समस्त क्षेत्र का निरंतर या आच्छादित उपचार (Blanket application): इस विधि में नींदा नाशक पूरे क्षेत्र में फसल व नींदा के पर्णों को उपचारित करते हैं। इसमें कोई भी क्षेत्र अनुपचारित नहीं होता है। वरणात्मक नींदा नाशकों का छिड़काव इसी विधि से करते हैं। इसमें फसल के पौधे नहीं मरते, जबकि नींदा के पौधे मर जाते हैं।

उदाहरणार्थ आइसोप्रोटुरान, 2, 4-डी, एम.सी.पी.ए., आदि का गेहूँ की खड़ी फसल में निरन्तर या आच्छादित उपचार (Blanket application) करते हैं। एम.सी.पी.बी. मटर में, 2, 4-डी डी.बी बरसीम में व पिक्लोरम का गन्ने में, सिनमिथेलिन, प्रोपालिन व 2, 4-डी का धान में ब्लेंकेट उपचार करते हैं। इस विधि में हस्त-चालित या पदचालित या पावर स्प्रेयर से छिड़काव करते हैं।

निदेशित या लक्षित उपचार (Directed treatment)

इस विधि में फसल के पौधों को छोड़कर केवल नींदा के पौधों को उपचारित करते हैं। जिन फसलों में दो कतारों के मध्य अधिक अंतर होता है उस स्थान पर नींदा नाशक का लक्षित छिड़काव कर नींदा मारते हैं। उदाहरण कपास, मक्का, ज्वार, गन्ना में उगे हुए नींदा मारने हेतु पेराक्वाट का लक्षित उपचार करते हैं। इसमें नोजल की ऊँचाई मृदा सतह से कम होती है तथा क्षत्र (हुड) का उपयोग करते हैं जिससे फसल के पौधों पर छिड़काव नगण्य होता है। वरणात्मक व अवरणात्मक दोनों प्रकार के नींदा नाशकों का लक्षित उपचार कर सकते हैं। इससे फसल के पौधों पर नींदा नाशकों का कुप्रभाव कम होता है।

रक्षित उपचार (Protected treatment)

रक्षित उपचार शोभाकारी पौधों, बगीचों आदि के पौधों को पॉलीथीन, टीन की टोकरी आदि से ढककर अवरणात्मक नींदा नाशकों का छिड़काव करते हैं। इस प्रकार उपयोगी पौधों की रक्षा हो जाती है व नींदा मर जाते हैं।

स्थानिक उपचार (Spot treatment)

इसमें पूरे क्षेत्र में उपचार न कर केवल समस्या जनक नींदा से प्रभावित स्थान को ही विशेष नींदा नाशक से उपचारित करने की विधि को स्थानिक उपचार कहते हैं। जैसे कि एक खेत में कांस (*Saccharum spontaneum*) या काँसी (*Imperata cylindrica*) से ग्रसित स्थान को खोज कर पृथक रूप से ग्लेाइफोसेट या अन्य प्रभावी नींदा नाशक से उपचारित करना। इसका प्रमुख उद्देश्य यह है कि महंगे नींदा नाशक का उपयोग केवल समस्या मूलक नींदा को मारने में ही हो तथा उनका कुप्रभाव फसल पर न हो। स्थानिक उपचार नींदा की स्पीस के अनुसार खड़ी फसल में भी करते हैं। जैसे सोयाबीन में जिस स्थान पर केवल घास कुल के नींदा हैं वहाँ पर फ़्लूऐजीफाप-पी-बुटाइल का उपचार करते हैं व उस स्थान को छोड़ देते हैं जिसमें चौड़ी पत्ती वाले नींदा होते हैं।

ले-बाय-एप्लीकेशन-(Lay-by-application) - इस विधि में फसल में अन्तिम कर्षण कार्य करने के बाद नींदा नाशक दवा से उचारित किया जाता है जैसे गन्ना की खड़ी फसल में अंतिम बार मिट्टी चढ़ाने के बाद अट्राजीन या 2, 4-डी का छिड़काव करना।

झाड़ियों व पेड़ों को मारने हेतु उपचार (Treatment for control of bushes and trees)

अनावश्यक झाड़ियों व पेड़ों के नियंत्रण हेतु नींदा नाशक के उपचार की आठ विधियाँ हैं।

(1) आधार मृदा उपचार (Basal soil treatment)

(2) आधार तना उपचार (Basal trunk treatment)

(3) परिवर्तित आधार उपचार (Modified basal treatment)

(4) पर्णोपचार (Foliar treatment)

(5) फ्रिल विधि (Frill method)

(6) घाव या कप विधि (Notch or cup method)

(7) ठूंठ काट उपचार (Cut stump treatment)

(8) इन्जेक्शन विधि (Injection method)

अनावश्यक झाड़ियों व पेड़ों को चरोखरों में व वनों में नियंत्रित करना आवश्यक है। अत: इन विधियों का विस्तृत वर्णन वनों में नींदा नियंत्रण अध्याय में किया गया है।

जार विधि (Jar method)

बहुवर्षीय नींदा जिनकी जड़ें बहुत गहराई तक जाती हैं जो कम नमी वाले क्षेत्रों में उगते हैं उनको नियंत्रित करने हेतु जार विधि का प्रयोग करते हैं। इस विधि में उपयुक्त नींदा के घोल को कांच के एक जार में भर लेते हैं एवं नींदा के ऊपरी भाग को मोड़ कर जार के घोल में डुबा देते हैं। नमी की कमी के कारण पत्तियाँ नींदा नाशक के घोल को अवशोषित करती हैं, जो जड़ों तक स्थानांतरित हो जाता है। इस प्रकार नींदा मर जाते हैं।

मोमपट्टे विधि (Waxbar method)

नींदा नाशक युक्त मोम के पट्टे (Wax Bar) को नींदा के पौधों के ऊपर से घिसते हैं जिससे कुछ नींदा नाशक युक्त मोम नींदा की पत्तियों में लग जाती है और नींदा मर जाते हैं। 2, 4-डी इस विधि से चौड़ी पत्ती के नींदा मारने में सक्षम हैं।

टाट विधि (Gunny bag method)

इस विधि में एक ड्रम में नींदा नाशक घोल बना लेते हैं। टाट या बोरा (Gunny bag) को घोल में डुबाकर, बोरे को नींदा के ऊपर घसीट देते हैं। इससे नींदा नाशक का घोल नींदा की पत्तियों के संपर्क में आ जाता है तथा नींदा मर जाते हैं। धान में बोनी के 20 दिन बाद चौड़ी पत्ती के नींदा व मोथा को मारने हेतु 2, 4-डी के घोल में बोरे को डुबाकर नींदा व फसल के ऊपर बोरे को घसीटने से नियंत्रित हो जाते हैं।

नींदा नाशक की मल्चिंग करना (Herbicide mulching)

नींदा नाशक से युक्त एक विरले बुने हुए कपड़े (टाट का) को जहाँ पर नींदा नियंत्रित करना होता है, बिछा देते हैं। सिंचाई करने पर या वर्षा होने पर नींदा नाशक दवा घुल कर मृदा में पहुँच जाती है जिससे नींदा अंकुरित नहीं होते हैं। यह विधि नगदी फसलों में ही संभव हो सकती हैं क्योंकि यह महंगी विधि है।

नींदा नाशकों के छिड़काव की समय के आधार पर विधियाँ व उनके लाभ व हानियाँ –

नींदा नाशक दवाओं का कृषि में नींदा नियंत्रण हेतु प्रयोग करने से भूमि को कम से कम जोतना-बखरना पड़ता है व निंदाई-गुड़ाई नहीं करनी पड़ती इस कारण मृदाक्षरण बहुत कम होता है।

फसल उत्पादन में नींदा नियंत्रण करने हेतु नींदा नाशक दवाओं के प्रयोग करने की 4 विधियाँ (समय के अनुसार) हैं जैसे कि -

(1) बोनी के पूर्व नींदा नाशक दवाओं का छिड़काव कर उनको बखर द्वारा मृदा में मिलाना। (Pre plant soil application)

(2) बोनी के बाद एवं फसल व नींदा उगने के पहले नींदा नाशक दवाओं का मृदा पर छिड़काव करना। (Pre emergence)

(3) फसल व नींदा उगने के बाद नींदा नाशकों का पौधों पर छिड़काव करना। (Post emergence to crop & Weeds)

(4) बोनी के बाद फसल उगने के पहले व नींदा उगने के बाद जैसे गन्ना व आलू में। (Pre em. to crop and post em. & weeds)

बोनी के पूर्व नींदा नाशकों को मृदा में मिलाने की विधि में हानियाँ (Disadvantages of pre plant app. as compared post emergence application)

(1) मृदाक्षरण को प्रोत्साहन मिलता है।

(2) मृदा में नींदा नाशक मिलाने हेतु यंत्र की जरूरत पड़ती है।

(3) अधिक शक्ति, समय व पैसों की आवश्यकता होती है।

(4) बोनी की क्रिया में विघ्न आता है और कभी-कभी वर्षा के कारण बोनी भी चूक सकती है।

(5) मृदा में बतर आने की स्थिति तक प्रतीक्षा करना पड़ती है तभी नींदा नाशकों को भूमि में मिला सकते हैं।

(6) बोनी के पूर्व नींदा नाशकों को मिलाने में अतिरिक्त बखरनी करना पड़ती है उससे उपयुक्त नमी का भी ह्रास हो जाता है।

(7) सीड-बेड की मृदा भुरभुरी व ढीली हो जाती है जिससे मृदा-क्षरण के मौके बढ़ जाते हैं।

(8) बोनी के पूर्व मृदा उपचार हवाई उपकरणों के द्वारा संभव नहीं है। बोनी के पूर्व उपचार ठीक तरह से (व्यावहारिक रीति से) सामान्य तौर पर किसान नहीं कर पाते।

(9) पट्टियों में उपचार करना (Band treatment) बहुत धीमा व काफी खर्चीला होता है।

(10) जिन फसलों को मेड़ (Ridge) पर बोते हैं उस स्थिति में इस विधि से प्रयोग किए जाने वाले नींदा नाशक प्रभावशाली नहीं हो पाते।

(11) फसलों की जड़ें प्रभावित होती हैं इससे फसलों की बाढ़ कम होती है व रोग ग्रस्त भी हो जाते हैं।

(12) मृदा में मिलाने के बाद यदि किसी कारण वश जिस फसल को बोना था वह नहीं बो सकते, तो उस स्थिति में दूसरी उपयुक्त फसल जो उस उपचारित भूमि में उगाई जा सके बोने में कठिनाई व अतिरिक्त खर्च उठाना पड़ेगा।

लाभ – बोनी के पूर्व नींदा नाशक प्रयोग करने से मात्र यह लाभ है कि यदि बोनी करने को कुछ देर है और कृषक के पास पर्याप्त समय है तो उस समय का बोनी के पहले सदुपयोग कर सकते हैं। तथा उस स्थिति में जब बोनी के बाद पानी लगातार बरसता रहता है तो नींदा नाशक के प्रयोग से वंचित रह सकता है।

बोनी के बाद एवं फसल व नींदा उगने के पहले नींदा नाशकों से भूमि उपचारित करने की विधि में हानियाँ (Disadvantages of pre emergence as compared to post emergence application)

(1) यदि ट्रेक्टर द्वारा सीड ड्रिल के पीछे छिड़काव का उपकरण लगाकर छिड़काव करते हैं, तो बोनी की गति कुछ कम हो जाती है।

(2) यदि बोनी के बाद छिड़काव करते हैं, तो किसी भी अनावश्यक व्यवधान आने के कारण छिड़काव में विलंब हो सकता है जिससे फसल को हानि हो सकती है।

(3) नींदा नाशक को अधिक क्रियाशील बनाने के लिए हल्की वर्षा या सिंचाई की आवश्यकता होती है। जिसके उपलब्ध न होने पर नींदा नाशक का प्रभाव कम होता है।

(4) अत्यधिक वर्षा यदि छिड़काव करने के बाद हो जाती है तो नींदा नाशक के बह जाने के कारण इसका प्रभाव कम हो सकता है या फसल को नींदा नाशक के सम्पर्क में आने से क्षति हो सकती है।

(5) टिलेज क्रियाओं के अनुरूप भूमि का बनना व नींदा नाशकों के छिड़काव की विधि से मेल नहीं होने से भी प्रभाव कम हो जाता है।

(6) भूमि में उपयुक्त नमी न होने से प्रभाव कम होता है।

(7) भूमि में ढेले अधिक होने से नींदा नाशक दवाओं का छिड़काव समान रूप से नहीं होता व उनकी सम-परत नहीं बन पाती तथा जो स्थान ढेले के कारण उपचारित नहीं हो पाता वहाँ पर नींदा उग आते हैं व नींदा नाशक का प्रभाव कम हो जाता है।

(8) जिन खेतों में फसलों के तनों व ठूंठों के टुकड़े अधिक होते हैं उनसे भी नींदा नाशक का प्रभाव कम हो जाता है क्योंकि नींदा नाशक समान रूप से भूमि में नहीं मिल पाता और खरपतवार पूर्ण रूप से नियंत्रित हो नहीं पाते।

फसल व नींदा उगने के बाद छिड़काव करने की तुलना में बोनी के पूर्व व बोनी के तुरन्त बाद नींदा नाशक के उपचार में हानि (Disadvantages of ppi and pre over post emergence)

(1) बोनी के पहले या बोनी के तुरन्त बाद उपचारित करने के लिए प्रायः पूरे खेत को उपचारित करना पड़ता है परन्तु नींदा उगने के बाद उपचार केवल वहीं पर करते हैं जहाँ पर नींदा अधिक होता है।

(2) बोनी की हुई कतार में नींदा नाशक पहुँच सकते हैं व फसल के अंकुरण को कम कर सकते हैं।

(3) मृदा-कणों की आकृति के आधार पर नींदानाशक का प्रभाव कम या अधिक हो सकता है।

(4) मृदा में अम्लीयता या लवण की सान्द्रता के कारण नींदा नाशकों की क्रिया प्रभावित होती है।

(5) सिंचाई की विभिन्न विधियों और नींदा नाशक के उपचार में अनुरूपता नहीं होती है।

(6) फसल के पौधों की उपयुक्त संज़्या स्थापित होने के पहले ही नींदा नाशकों का उपचार करना आवश्यक होता है। यदि किन्हीं दूसरे कारणों जैसे रोग, कीट, अधिक वर्षा, ओला, बाढ़, ठंड या अधिक तापक्रम से फसल की उपयुक्त संज़्या प्राप्त नहीं होती अथवा फसल असफल हो जाती है तो नींदा नाशक दवाओं का खर्च भी व्यर्थ हो जाता है जो खड़ी फसल में नींदा नष्ट करने में संभावित नहीं होता क्योंकि यदि फसल की उपयुक्त पौध संज़्या नहीं है तो नींदा नाशक का प्रयोग नहीं करेंगे व खर्च से बच जाएंगे। नींदा नाशक उसी स्थिति में प्रयोग करेंगे जहाँ पर फसल सही है व नींदा से फसल की वृद्धि में हानि की संभावना है।

(7) फसल व नींदा उगने के बाद नींदा पर उपचार करने से वर्तमान नींदा तो नष्ट हो जाते हैं। परन्तु उसके बाद दूसरे नींदा उग आते हैं। दूसरे इसका असर भूमि में नहीं होता या बहुत ही कम रहेगा क्योंकि इनका छिड़काव पत्तों पर ही होता है। जबकि फसल उगने के पहले का उपचार भूमि पर किया जाता है जिसका असर लज़्बे समय तक रहता है। उस मौसम के विभिन्न समय पर उगने वाले नींदा को भी रोकता है। यह दूसरे मौसम के खरपतवारों पर भी असर डालता है व उनका अंकुरण रोक देता है तथा कभी-कभी इनका असर दूसरे मौसम की फसल तक रहता है।

(8) अधिकांश नींदा क्रमशः उगते हैं एक समय उगे हुए नींदा एक बार के उपचार से तो नष्ट हो जाते हैं परन्तु इनके नष्ट होने के बाद दूसरे नींदा उग जाते हैं जो फसल के साथ बढ़ते हैं। इनको नष्ट करने के लिए फिर उपचार करना आवश्यक हो जाता है। परन्तु फसल उगने के पहले का उपचार मृदा में होने के कारण उसका असर लज़्बे समय तक रहता है। नींदा नाशक दवा का प्रभाव गुण, मौसम व मृदा के गुण के आधार पर भूमि में 1 महीने से 1-2 वर्ष तक रहता है।

(9) नींदा नाशक दवाओं के अवशेषों की अधिकता फसल में हो सकती है क्योंकि फसल उगने के बाद का उपचार सीधा पौधों पर किया जाता है। यह संभावना मृदा पर उगने के पूर्व उपचार करने में बहुत कम हो जाती है।

(10) फसल उगने के बाद खड़ी फसल पर नींदा नाशक का उपचार करने से नींदा तो मर जाता है क्योंकि उस पर फसल की तुलना में अधिक प्रभाव होता है। परन्तु नींदा नाशक का खड़ी फसल पर कुप्रभाव भी पड़ता है, जिससे उसकी वृद्धि कम हो जाती है। यदि गेहूँ में आइसोप्रोटूरान का उपरचार उद्भवन पूर्व किया जाता है तब उद्भवन उपरान्त उपचारित फसल की तुलना में गेहूँ की वृद्धि व उपज अधिक होती है।

■■■■

15

नींदा नाशकों का रासायनिक वर्गीकरण (Chemical Classification of Herbicides)

किसी भी नींदा नाशक को तीन नामों से जाना जाता है। जैसे कि 2, 4-डी का

1. सामान्य नाम (Common Name) 2, 4-डी
2. रासायनिक नाम (Chemical Name) 2, 4-डाइक्लोरो फिनाक्सी एसेटिक एसिड
3. व्यावसायिक नाम (Trade Name) फरनाक्जोन, बीडोन, एग्रोडान आदि।

सामान्य नाम एवं रासायनिक नाम बदलते नहीं हैं परन्तु एक नींदा नाशक के व्यावसायिक नाम अनेक हो सकते हैं। व्यवसाय करने वाली कम्पनी जो उस नींदा नाशक को बनाती हैं वे अपनी कम्पनी का नाम देते हैं। जैसे आइसोप्रोटुरान सामान्य नाम है इस नींदा नाशक को अनेक कम्पनियाँ अपने ट्रेड नाम से बनाती हैं जेसे "नोसिल" ने इसे "नोसिलान" 50% पाउडर (Nocilon) "मे एन्ड वेकर" ने इसे "टोल्कन" (Tolkan) 50% तथा अन्य कम्पनियों ने इसे एरीलान 75%, डारलान 50%, टोरस 75% एवं धार 50% के नाम से बनाया। इनमें क्रियाशील अंश (रासायनिक पदार्थ) की मात्रा भिन्न-भिन्न होती है।

कभी-कभी सामान्य एवं रासायनिक नाम भी एक से अधिक होते हैं जो प्राधिकृत संस्था से अनुमोदित होते हैं जैसे "अमेरिकन नेशनल स्टेंडर्ड इन्स्टीट्यूट (ANSI) "ब्रिटिश स्टेंडर्ड इन्स्टीट्यूट" (BSI), "इन्टरनेशनल आर्गनाइजेशन फार स्टेन्डर्डाइजेशन" (IOS) एवं वीड साइन्स सोसायटी आफ अमेरिका (WSSA) आदि।

नींदा-नाशकों का रासायनिक वर्गीकरण (Chemical Classification of herbicides)

बहुधा अनेक नींदा नाशकों के संरचनात्मक सूत्रों (Structural formulae) में कुछ समानतायें होती हैं। उनमें बहुत से आधार संरचना के होमोलाग्ज (Homologues) एवं एनालाग्ज (Anologues) होते हैं। वे नींदा नाशक जो एक ही कुल (Family) से संबंधित होते हैं उनकी पौधों पर क्रिया-विधि तथा मृदा में उनका प्रभाव प्राय: एक सा होता है परन्तु कुछ नींदा नाशकों का प्रभाव भिन्न भी हो सकता है। इस कारण से इन नींदा-नाशकों को वर्गीकृत करने में तथा नए नींदा नाशकों का अन्वेषण करने में सहायता मिलती है। ऐसे नींदा नाशक जिनकी रसायनिक संरचना - सूत्र किसी दूसरे नींदा नाशकों से नहीं मिलता तथा गुण एवं क्रिया विधि भिन्न होती है उनको किसी भी फेमिली में या रासायनिक समूह में नहीं रखा जाता है। उन्हें "अवर्गीकृत समूह" (Miscellaneous group) में रखा जाता है। कुछ नींदा नाशक जो प्राधिकृत नियमों के आधार पर उपयोग के लिए पंजीकृत नहीं होते

हैं उन्हें उनके कोड नम्बर से जाना जाता है ये परीक्षणों के बाद ही प्राधिकृत संस्थाओं के द्वारा उपयोग हेतु पंजीकृत होते हैं।

(1) सब्स्टीट्यूटेड बेन्जीन्स (Substituted benzenes)

ट्राइक्लोरो बेन्जीन्स (Trichlorobenzenes)

घोलक नेप्थास (Solvent Napthas)

(मिथाइल बेंजीन्स, परन्तु मुख्यतः जायलीन आइसोनर्स) व एरोमेटिक घोलक (Aromatic solvent) मिथाइल एवं क्लोरोबेन्जीन परन्तु मुख्यतः जाइलीन आइसोमर्स

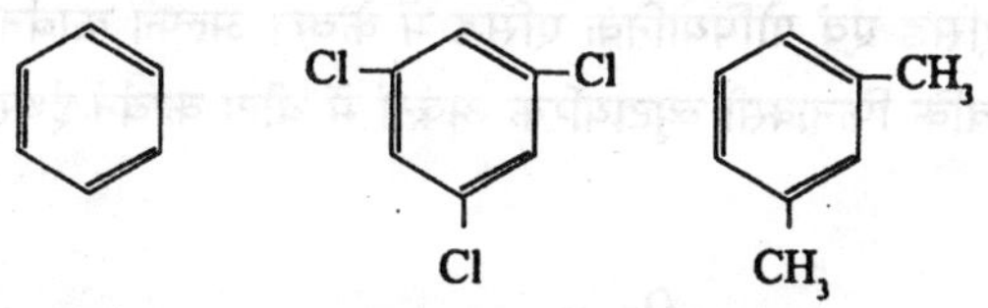

Benzene **Trichloro Benzene** **Xylene**

(2) सब्स्टीट्यूटेड फिनॉल्स (Substituted phenols)

I. नाइट्रो सब्स्टीट्यूटेड फिनॉल्स (Nitro-substituted phenols)

डाइनोसाम	-	Dinosam-2-(1methyl-n-butyl-4-6-dinitro phenol
डी.एन.ओ.सी.	-	DNOC-4, 6-dinitro-o-Cresol
डाइनोसेब	-	Dinoseb-2, Sec-butyl -4, 6-dinitro phenol

II. क्लोरो-सब्स्टीट्यूटेड फिनॉल्स (Chloro-substituted phenols)

PCP - Pento chloro phenol

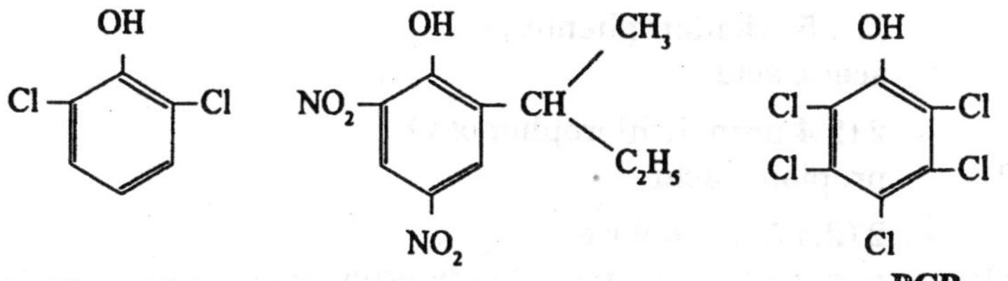

Phenol Ring **Dinoseb** **PCP**

(3) फिनॉक्सी एल्कानोइक अम्ल (Phenoxy alkanoic acids)

इस वर्ग के नींदा नाशकों का अन्वेषण 1940 के दशक में हुआ तभी से अधिक प्रयोग में लाए जाते हैं। इस वर्ग के नींदा नाशकों के फिनॉक्सी एल्कोनोइक अम्ल संरचना में एक बेंजीन रिंग होती है जो एल्कानोइक अम्ल से

ईथर लिंकेज (Ethar linkage) के द्वारा संलग्न होती है। इस संरचना पर आधारित बहुत से होमोलाग्ज (Homologues) एवं एनालाग्ज (Analogues) अधिकतर नींदा नाशक के रूप में प्रयुक्त होते हैं। सामान्यतः एसेटिक अज़्ल (Acetic acids), प्रोपियोनिक अज़्ल (Propionic acids) एवं ब्यूटायरिक अज़्ल (Butyric acids) प्रमुख नींदा नाशक पदार्थ हैं।

ये नींदा नाशक संरचनाएं अल्कानोइक अज़्ल श्रृंखला (Alkanoic acids chain) पर कार्बन की स्थिति के आधार पर अल्फा (α) एवं बीटा (β) फिनॉक्सी अल्कानोइक अज़्लों में विभक्त किये गए हैं। बीटा (β) से तात्पर्य है कि अज़्ल की शृंखला (Acid chain) पर अंतिम एल्किल कार्बन जबकि अल्फा (α) संरचना में कार्बोक्सिल समूह (Carboxyl group) के पास प्रथम एल्किल कार्बन होती है।

फिनाक्सी ऐसेटिक एसिड एवं प्रोपियोनिक एसिड में केवल अल्फा कार्बन ईथर लिंकेज फिनॉक्सी यौगिक में नींदा नाशी गुण होता है जबकि फिनाक्सी ब्यूटायरिक अज़्लों में बीटा कार्बन ईथर लिंकेज फिनाक्सी यौगिक में नींदा नाशी गुण होते हैं।

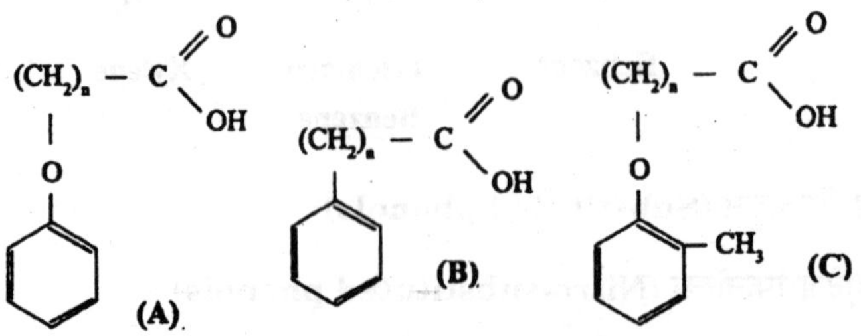

Molecular structure of
(A) Phenoxy alkanoic acid (B) Phenyl alkanoic acid (c) tolyl oxy-alkanoic acids

(अ) अल्फा फिनाक्सी एल्कानोइक अज़्ल

(i) 2, 4-D - (2,4 - dichlorophenoxy) acetic acid

(ii) MCPA - ((4 -5-Chloro-o-teyl)oxy) acetic acid

(iii) 2,4,5-T - (2,4,5-trichlorophenoxy) acetic acid

(iv) Dichlor (2,4-DP) - 2 (2,4 prop dichlorophenoxy) propionic acid

(v) Silvex (2,4,5 TP) - 2 (2,4,5,-tricholore phenoxy) propionic (Phenoprop) acid

(vi) Mecoprop (MCPP) - 2 (4-chloro-o-tolyl) oxy propionic acid

(vii) Erbon - 2 (2,4,5- trichloro phenoxy) ethyl 2, 2-dichloropropionate

(viii) 2,4-DEP - tris (2-(2,4dichlorophenoxy) ethyl) phosphite

(ix) 2,4-DEB - 2 (2,4-dichlorophenoxy) ethyl - benzoate

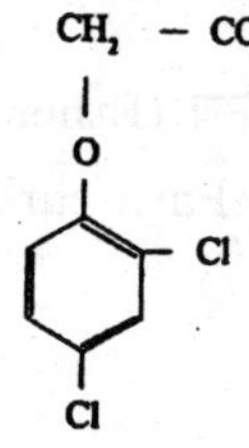

2, 4 - D

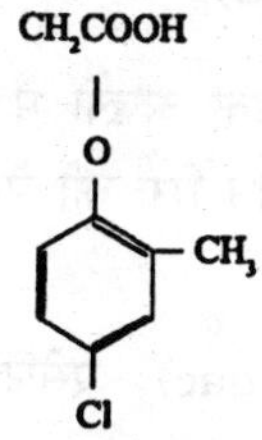

MPCA

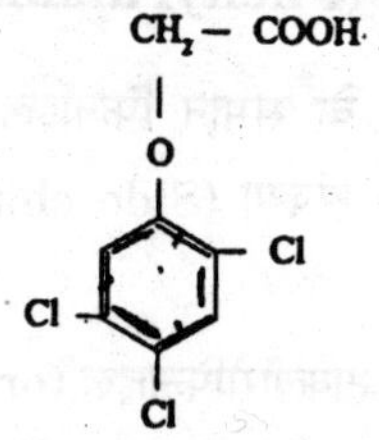

2, 4, 5 - T

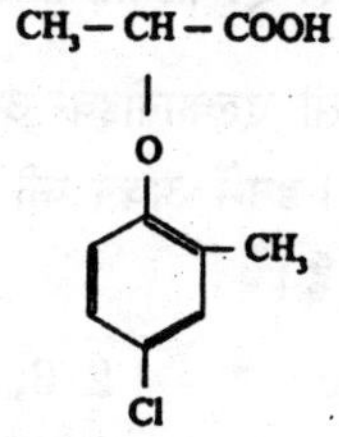

MECOPROP

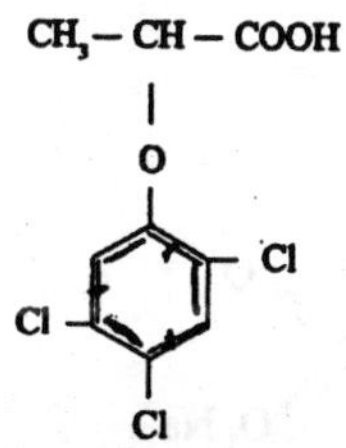

SILVEX
(2, 4, 5 - TP)

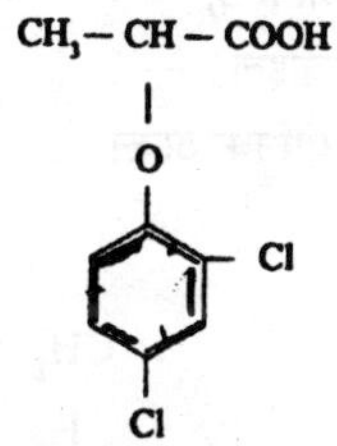

DICHLORPROP
(2, 4 - DP)

(ब) उमेगा (ω) फिनॉक्सी एल्कानोइक अम्ल

इमनें कार्बन शृंखला के यौगिकों में कार्बन की सम-संज्या होती है जो अम्ल शृंखला (Acid chain) में 8 से अधिक नहीं होती है नींदा नाशक के गुण रखते हैं। उमेगा फिनाक्सी एल्कोनोइक अम्ल की विषम संज्या कार्बन अम्ल शृंखला का पौधों में बीटा (β) आक्सीडेशन के द्वारा विघटन (degradation) होकर फिनॉल (Phenol) संरचनाओं में परिवर्तन हो जाता है जो पौधों को हानिकारक नहीं होती है। सम संज्या (Even number) कार्बन शृंखला का बीटा (β) आक्सीडेशन होने पर प्रभावी पौधों में उमेगा फिनाक्सी एल्कानोइक अम्ल से हानिकारक एसेटिक अम्ल (Acetic acid) बन जाता है। जिससे वे पौधे मर जाते हैं।

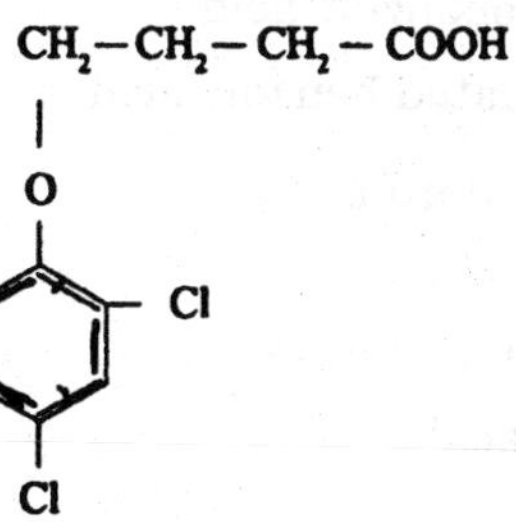

2, 4, - DB

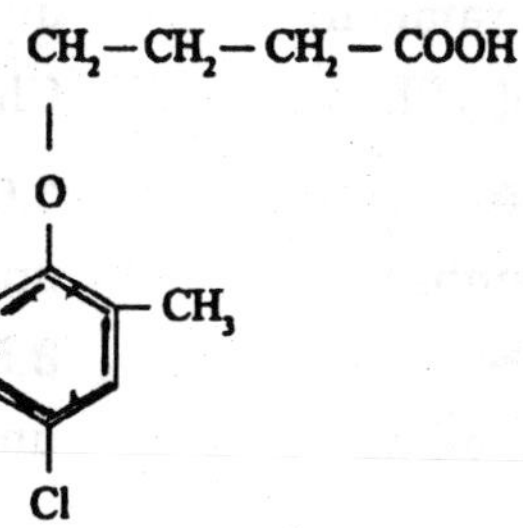

MCPB

2, 4 - DB	-	ω (2, 4-dichlorophenoxy) butyric acid
MCPB	-	ω (4-chloro-o-tolyl) oxy) butyric acid

(4) फिनाइल एल्कानोइक अम्ल (Phenyl alkanoic acid)

फिनाक्सी एल्कानोइक अम्लों के समान फिनाइल एल्कानोइक अम्लों में ईथर लिंकेज (Ether linkage) नहीं होती है। इनमें अम्ल की पार्श्व संज्या (Side chain) बेन्जीन रिंग की पेरा कार्बन (Para carbon) से ही संलग्न रहती है।

फेनेक Fenac - 2, 3, 6 – ट्राक्लोरोफिनाइल (or chlor fenac) एसेटिक अम्ल
2,3,6 - trichloro phenyl)
acetic acid

मेथाक्लोर फेनप्राप - मेथाइल ईथर आफ 3,
(4–क्लोरो फिनाइल) –
2 क्लोरो प्रोपियोनिक अम्ल

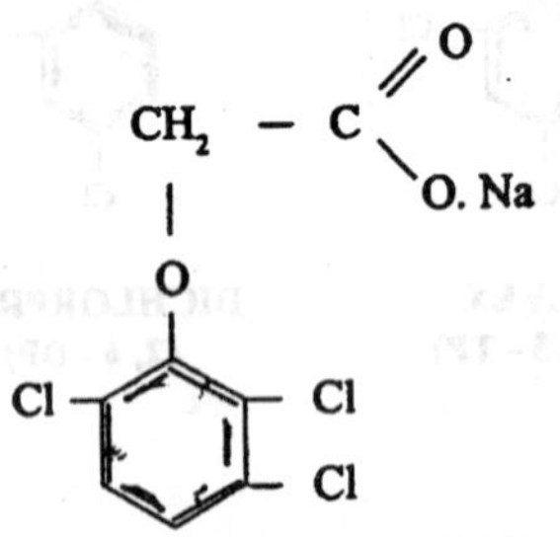

FENAC

(5) सब्स्टीट्यूटेड एरोमेटिक अम्ल (Substituted aromatic acids)

बेंजोइक एवं एनीसिक अम्ल

2,3,6, टी.बी.ए. (2,3,6 TBA)	-	2,3,6 - trichloro benzoic acid
क्लोरेम्बेन (Chloramben)	-	3 - amino - 2,5-dichlorobenzoic acid
पी.बी.ए. (PBA)	-	Chlorinated benzoic acid
डाइकेम्बा (Dicamba)	-	3,6, dichloro-o-anisic acid
ट्राइकेम्बा (Tricamba)	-	3,5,6 - trichloro-o-anisic acid

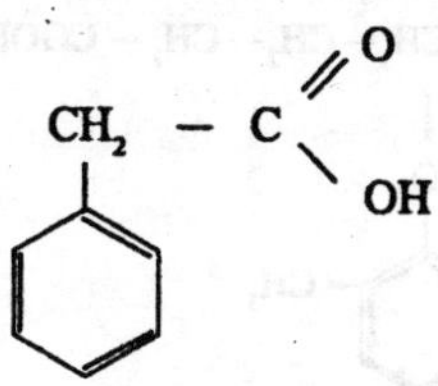

BENZOIC ACID

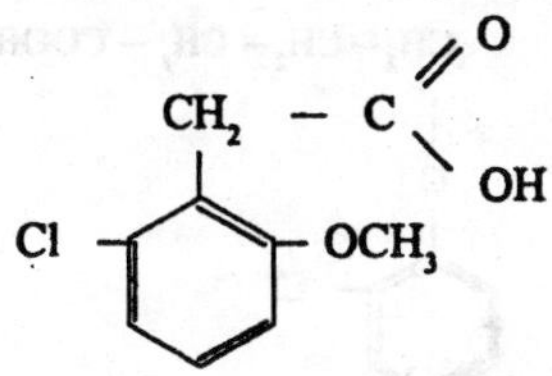

O-ANISIC ACID

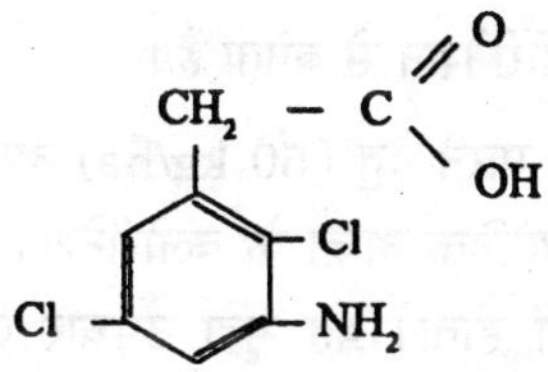

CHLORAMBEN

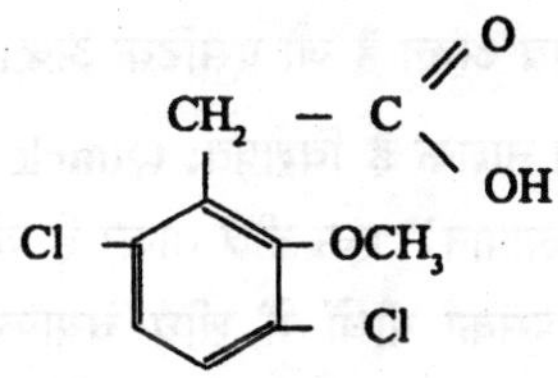

DICAMBA

थेलिक अम्ल (Phthalic acids)

Endothall	-	7-oxabicyclo (2,2,1) haptane 2, 3 - dicarboxybic acid
DCPA	-	Dimethyl tetra chloro terephthalate

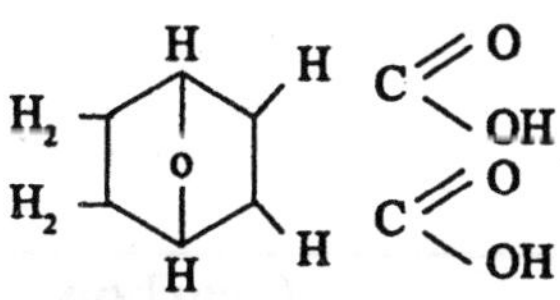

ENDOTHALL

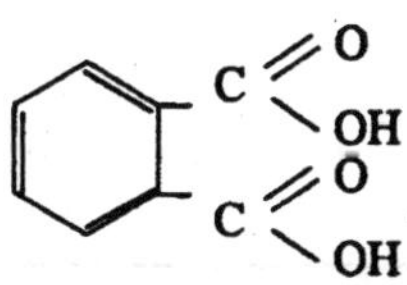

PHTHALIC ACID

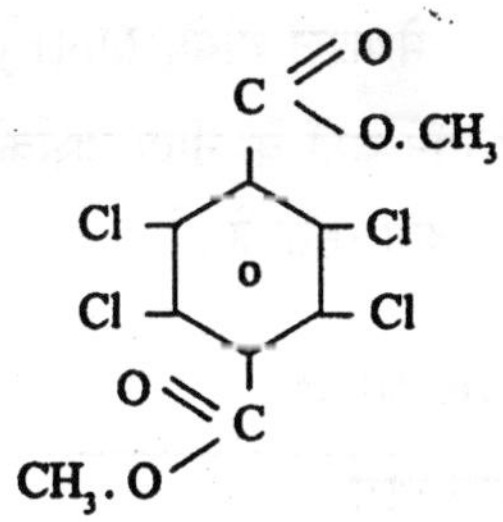

DCPA

(6) विस्थापित क्लोरीनेटेड एलीफेटिक अम्ल

(Substituted Chlorinated Aliphatic Acid Herbicides)

टी.सी.ए. (TCA)	-	trichloroacetic acid
डालापान (Dalapan)	–	2, 2 - dichloropropionic acid

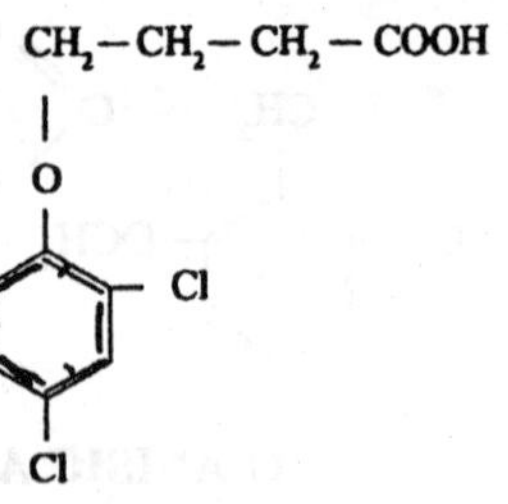

2, 4, - DB

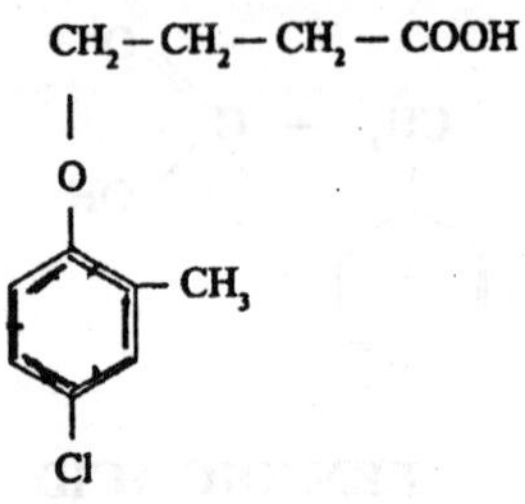

MCPB

''टी सी ए'' एक तीव्र अम्ल है जो एसेटिक अम्ल के क्लोरीनेशन से बनता है।

यह प्रभावकारी नींदा नाशक है विशेषत: Quack grass मारने हेतु (50 kg/ha) उपयुक्त है यह प्रोटीन को अवक्षेपित करता है। ''डालापान'' एक तीव्र अम्ल है जो प्रोपियोनिक अम्ल के क्लोरीनेशन से बनता है। यह पौधा में स्थानांतरित होता है। इसका पौधों में शीघ्र चयापचन नहीं होता। यह मृदा उपचार एवं पर्णोपचार दोनों में प्रभावकारी नींदा नाशक है। डालापान बहुवर्षीय घासों पर भी प्रभावकारी है।

सिमेट्रीकल ट्रायजीनस (Symmetrical triazines)

सिमेट्रीकल्स ट्रायजीन्स ऐसे हेटेरोसाइकिलिक नत्रजन यौगिक हैं जिनमें नत्रजन के 3 परमाणु (Atoms) एवं कार्बन के 3 तीन परमाणु एकांतर रूप से केन्द्रीय रिंग (Central ring) में होते हैं। रिंग के कार्बन परमाणु से दो अमीनो सब्स्टीटुएन्ट (Amino subsituents) संलग्न रहते हैं। एवं तीसरे कार्बन परमाणु पर चार प्रकार के सब्स्टीटुएन्ट होते हैं जैसे Cl, $O.CH_3$, S. CH_3 and - C - N = N = N इन सब्सटीचुएन्ट के आधार पर एस-ट्रायजीन्स नींदा नाशकों को और पाँच वर्गों में वर्गीकृत किया गया है। जैसे कि क्लोरो (Chloro), मेथाक्सी (Methoxy), मेथाइल थायो (Methylthio) एवं एमीडो यौगिकों में।

पहले तीन वर्गो के नींदा नाशकों के सामान्य नामों के अन्त में क्रमश: अजीन्स (azines), टोन (tone) एवं ट्रिन (tryn) लगा रहता है।

Substituents at

	सामान्य नाम		2-carbon	4 carbon	6-carbon
1.	**Chloro-S-Triazines**				
	अट्राजीन	Atrazine	Chloro	ethylamino	isopropylamino
	क्लोराजीन	Chlorazine	"	diethylamino	diethylamino
	साईप्राजीन	Cyprazine	"	cyclopropylamino	isopropylamino
	आईपाजीन	Ipazine	"	diethyl	isopropyl
	प्रोपाजीन	Propazine	"	isopropyl	isopropyl
	सिमाजीन	Simazine	"	ethylamino	ethylamino
	ट्राइटाजीन	Trietazine	"	diethylamino	ethylamino

2. Methoxy-s-triazines				
अट्राटोन	Atratone	ethylamino	isopropylamino	methoxy
प्रोमेटोन	Prometone	isopropylamino	isopropylamino	methoxy
सिमेटोन	Simetone	ethylamino	ethylamino	methoxy
3. Methylthio-s-triazines				
अमेट्रिन	Ametryn	ethylamino	isopropylamino	methylthio
डेसमेट्रिन	Desmetryn	isopropylamino	methylamino	methylthio
प्रोमेट्रिन	Prometryn	isopylamino	isopropylamino	methylthio
सिमेट्रिन	Simetryn	ethylamino	ethylamino	methythio
टरबूट्रिन	Terbutryn	tert-butylamino	ethylamino	methylthio
4. Ethylthio-s-triazines				
डाइप्रोपेट्रिन	Dipropetryn	ethytlhio	isopropylamino	isopropylamino

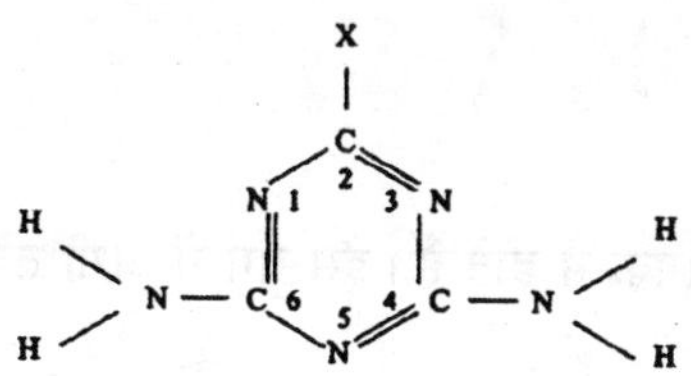

A SYMMETRICAL AMINO TRIAZINE RING

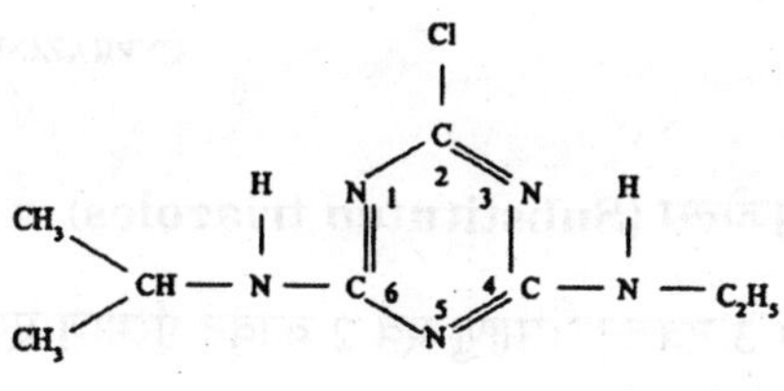

ATRAZINE

2-CHLORO - 4 (ETHYL AMINO) - 6 (ISOPROPYL AMINO - S - TRIAZINE)

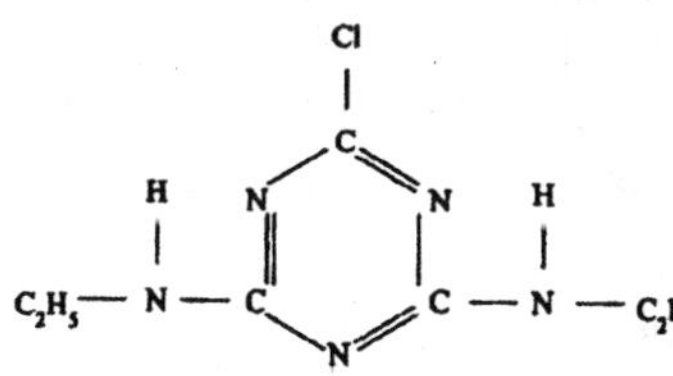

SIMAZINE

2-CHLORO - 4, 6 - (ETHYLAMINO) - S - TRIAZINE

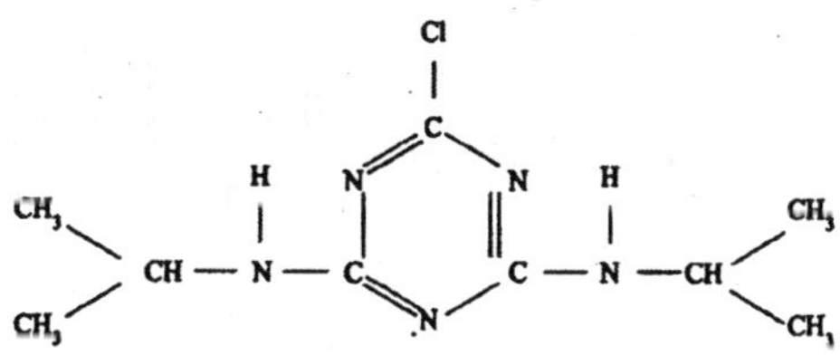

PROPAZINE

2, CHLORO - 4, 6 - BIS (ISOPROPYLAMINO) - S - TRIAZINE

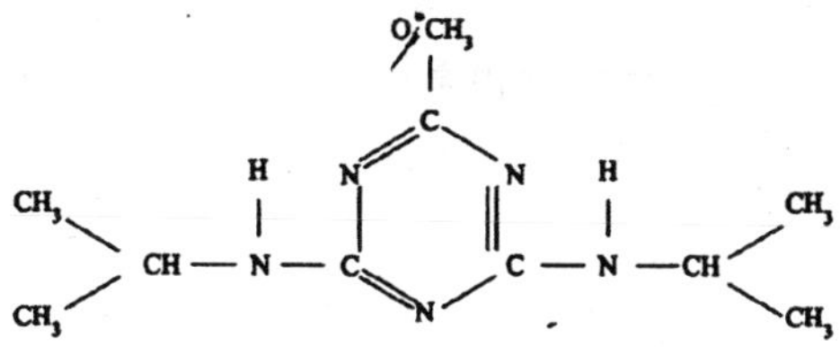

PROMETON

2, 4 - BIS (ISOPROPYLAMINO)-6 - METHOXY - S - TRIAZINE

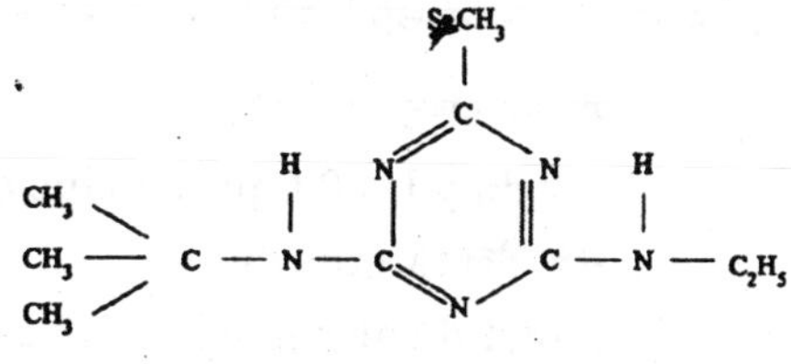

TERBUTRYN

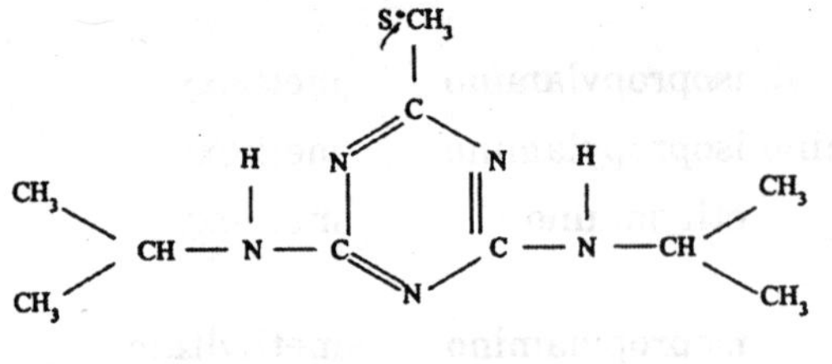

PROMETRYNE

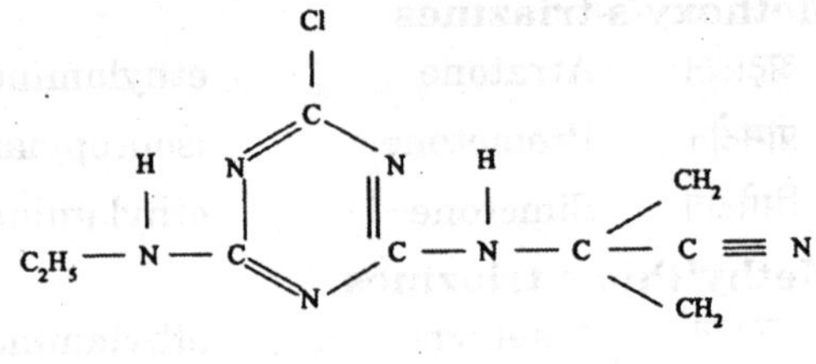

CYNAZINE

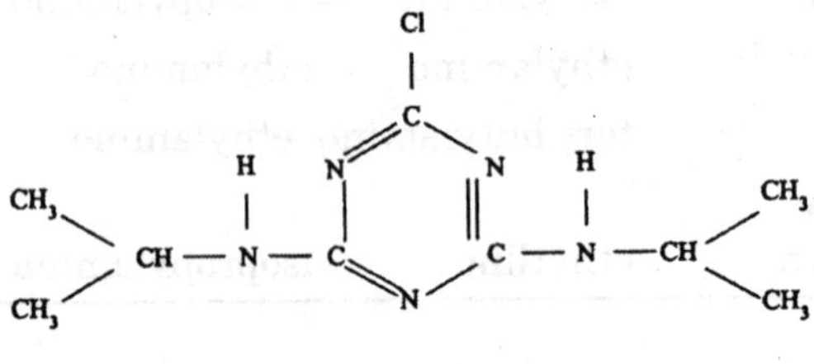

CYPRAZINE

सब्स्टीट्यूटेड ट्रायजोल्स (Substituted triazoles)

ट्रायजोल्स में 3 नत्रजन परमाणु एवं 2 कार्बन परमाणु एक रिंग यौगिक में होते हैं। इस वर्ग में अभी तक एक ही नींदा नाशक अमीट्रोल है।

अमीट्रोल (Amitrol) = 3 amino-s-triazole

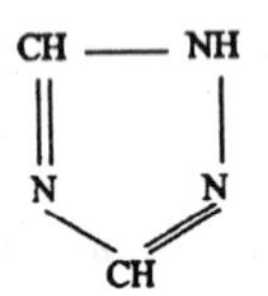

1, 2, 4 - TRIZOL

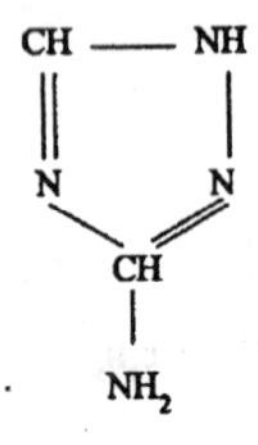

AMITROLE

सब्सटीट्युटेड डायजीन्स (Substituted diazines)

डायजीन्स के यौगिक में चार कार्बन एवं दो नत्रजन परमाणु एक रिंग में होते हैं।

मेलिक हाइड्राजाइड (Meliec hydrazide) MH

1,2,dihydro-3,6 pyridazine dione

मेथाजोल (Methazole)

2-(3,4-dichlorophenyl-1,2,4-oxadiazolidine-3,5-dione)

पायराजोन (Pyrazon, PCA)

5- amino-4-chloro-2-phenyl-3(2-4) Pyridazinone

डाजोमेट (Dazomet, DMTT)
tetrahydro-3,5-dimethyl-2H-1,3,5-thiadiazine-2-thione)
बेन्टाजोन (Bentazon)
3-isopropyl-1H-2,1,3-benzothiadiazin (4)
3H-one 2,2-dioxide

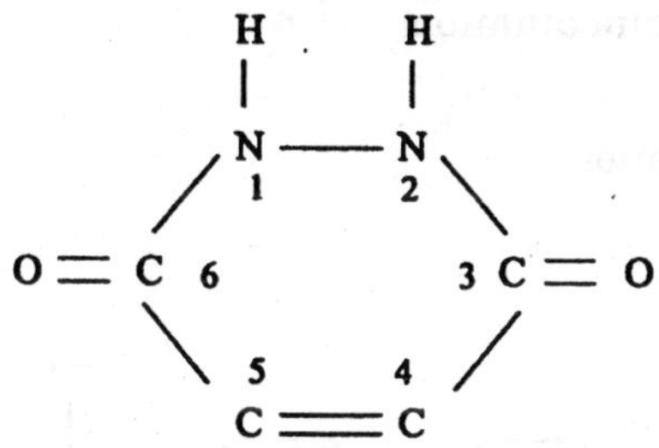

MH

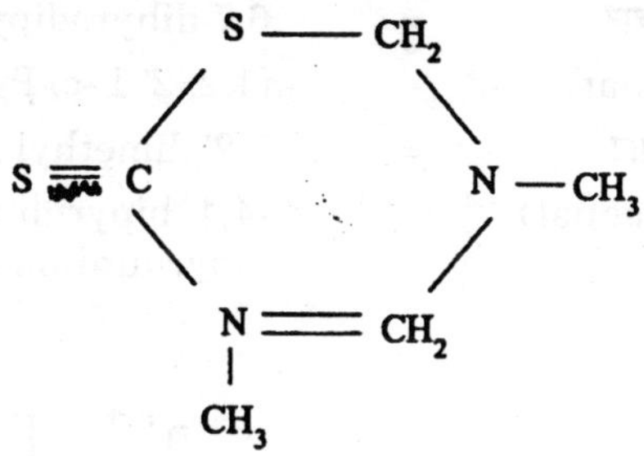

DAZOMET

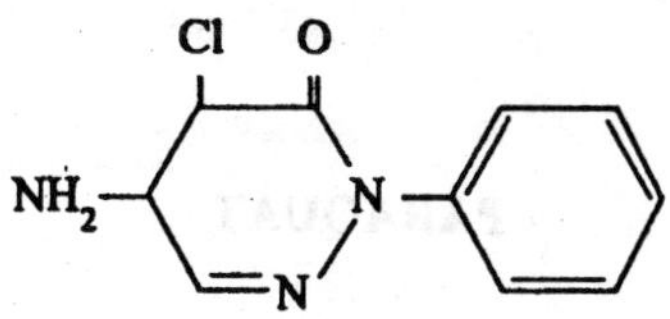

PYRAZON

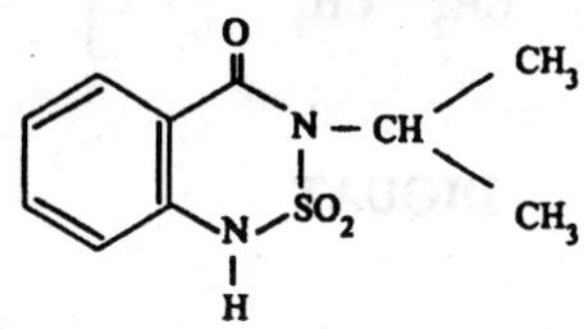

BENTAZON

सब्स्टीट्यूटेड पाइरीडीन (Substituted pyridine)

सब्स्टीट्यूटेड पाइरीडीन पाँच कार्बन एवं एक नत्रजन परमाणु के रिंग यौगिक होते हैं। पाइरीडीन रिंग का कार्बोक्सीलिक अम्ल, पिकोलीनिक अम्ल कहलाता है।

पिक्लोराम (Picloram) = 4 amino - 3,5,6 trichloro picolinic acid)

PYRIDINE

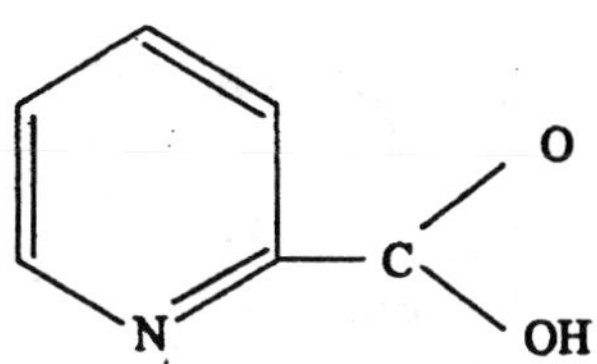

PICOLINIC ACID

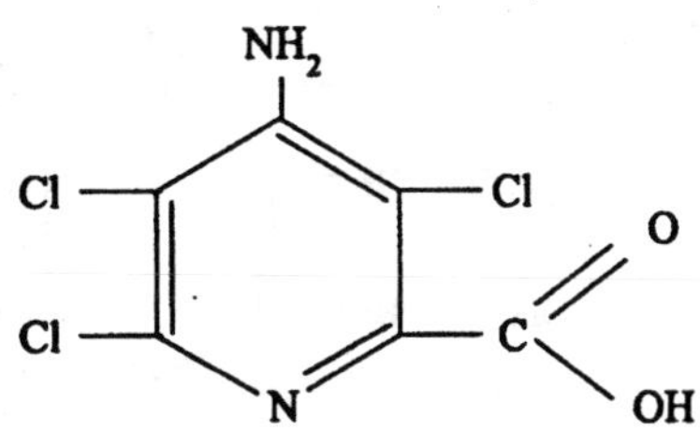

PICLORAM

डाइपायरीडिल्स नींदा नाशक (Dipyridyls) या (क्वाटरनरी अमोनियम कम्पाउंड)

अमोनियम मूलक (NH_4) के सभी हाइड्रोजन परमाणु विस्थापित होने के परिणामस्वरूप बने यौगिक को क्वाटरनरी अमोनियम यौगिक कहते हैं। इनमें अमोनियम के सदृश्य धनात्मक आवेश होता है। इस प्रकार के नींदा नाशक का गुण केटायनिक (Cationic) होता है। इनमें डाईक्वाट एवं पेराक्वाट प्रमुख हैं।

डाईक्वाट	=	6,7-dihyrodipyridel
(Diquat)		(1,2, 2' 1'-c) Pyrazinediumion
पेराक्वाट	=	1,2' dimethyl
(Paraquat)		-4,4- bipyridiniumion bipyridinium ion

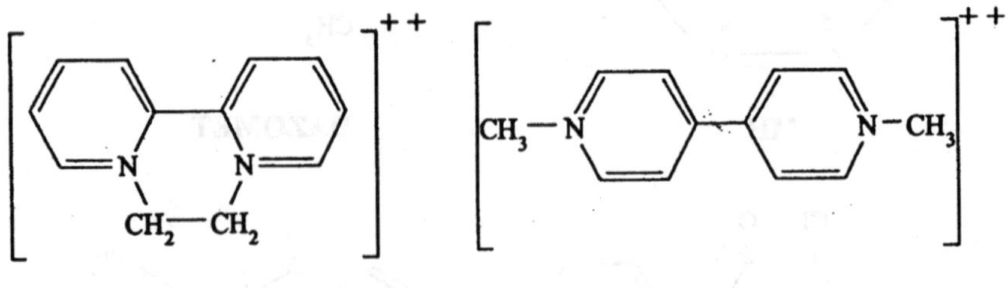

DIQUAT PARAQUAT

सबस्टीट्यूटेड यूरेसिल (Substituted uracils)

ये नींदा नाशक 1962 में अन्वेषित हुए यूरेसिल नींदा नाशक की आण्विक संरचना (Molecular structure) डायजान के सदृश्य ही होती है। परन्तु इनमें हिटेरीसाइक्लिक रिंग के दूसरे व चौथे स्थान पर दो आक्सीजन के अतिरिक्त परमाणु होते हैं।

ब्रोमेसिल (Bromacil)	=	5-bromo-3-sec-butyl 6-methyl uracil
टरबेसिल (Terbacil)	=	3-tert-butyl-5-chloro-6-methyl uracil
आइसोसिल (Isocil)	=	5-bromo-3-isopropyl-6-methyl-uracil

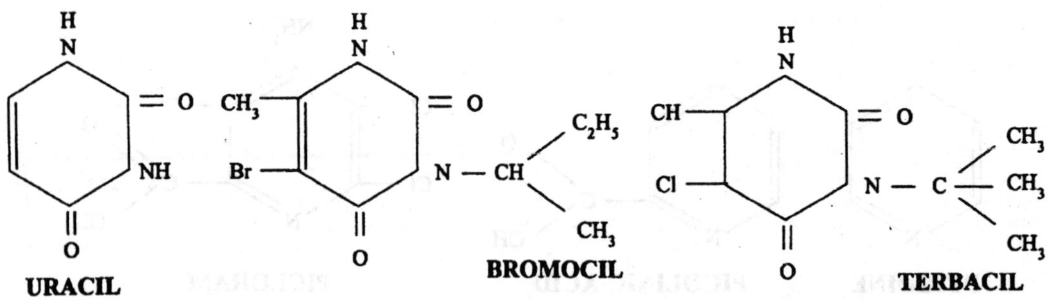

URACIL BROMOCIL TERBACIL

सब्स्टीट्यूटेड एलीफेटिक आर्गेनिक नाइट्रोजन डेरीवेटिव या सब्स्टीट्यूटेड यूरिया (Substituted Aliphatic organic Nitrogen or Substituted ureas)

विस्थापित यूरिया नींदा नाशक (Substituted urea herbicides)

यूरिया अणु को विस्थापित फिनाइल एवं एल्किल (Alkyl moieties) से विस्थापित करने से अनेक प्रकार के उपयोगी नींदा नाशक प्राप्त होते हैं। इनमें कुछ डाई सब्स्टीट्यूटेड जैसे सेडूरान एवं कुछ ट्राई सब्स्टीट्यूटेड जैसे फेनूरान होते हैं।

मुज्य विस्थापित यूरिया नींदा नाशक (Alkyl Group at position)

Common name		
Buturon	(P-chlorophenyl)	(methyl), (1-methyl-2-propnyl)
Cycluron	Cyclooctyl	dimethyl
Chloroxuron	[P-(p-chlorophenoxy Phenyl)	dimethyl
Chlorobromuron	4-bromo-3-chlorophenyl-	(methoxy), (Methyl)
Diuron	3,4-dichlorophenyl	dimethyl urea
DCU	(2,2,2-trichloro-1-hydoxy methyl)	(2,2,2-trichloro-1-hydroxy phenyl
Fenuron	Phenyl	dimethyl
Fluometuron	a,a,a,-trifluoro-m-totyl	dimethyl
Isoproturon	3-(4-isopropylphenyl)-1, 1	dimethyl urea
Karbutilate-tert butyl carbamic easter with	(m-hydroxy phenyl)	dimethyl
Linuron	(3,4-dichlorophenyl)	(methoxy), (methyl),
Monolinuron	(P-chlorophenyl)	(methoxy), (methyl)
Monuron	(P-chlorophenyl)	(dimethyl)
Morea (nunuron)	hexa hydro-4,7-metha noindan-5 yl	dimethyl
Tebuthioron	methyl	(methyl), 1-(5-tert-butyl 1,3,4 thiadiazol- 2-yl)
Metobromuron	(P-bromophenyl)	(methoxy), (methyl)
Siduron	Phenyl	(2-methyl cyclohexyl)
Tebuthiuron	methyl	(5-(1,1-dimethyl ethyl)-1,3,4 thiadiazol-2-yl), (methyl)

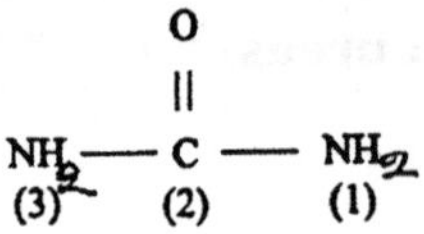

UREA

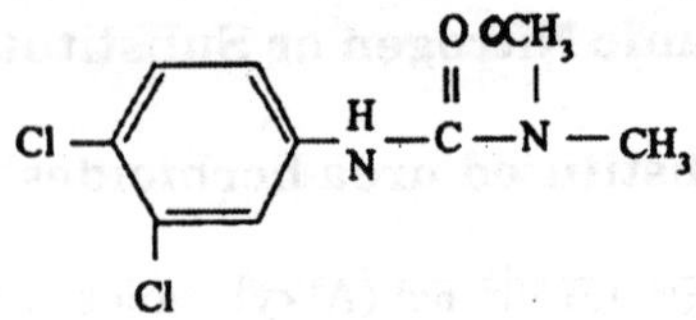

LINURON

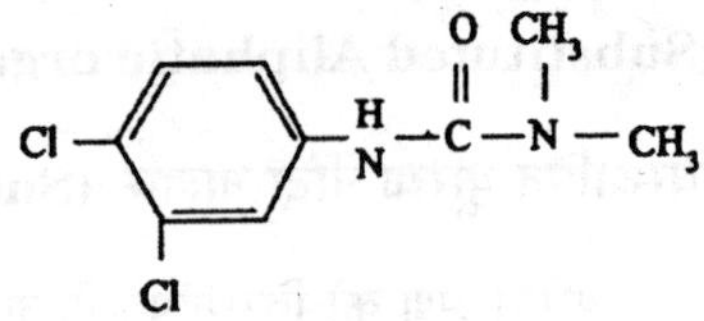

DIURON

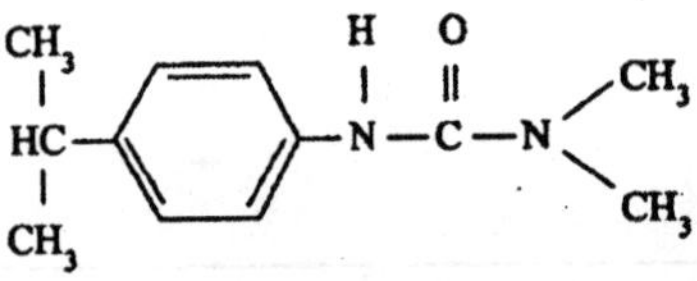

ISOPROTURON

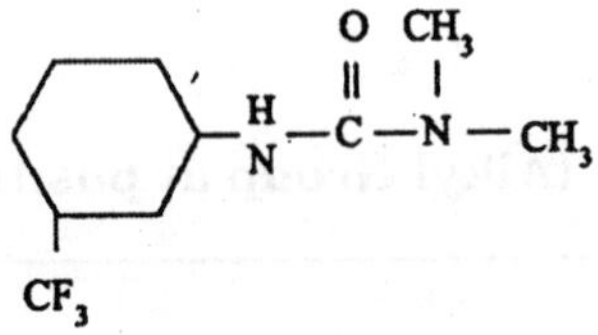

FLUOMETURON

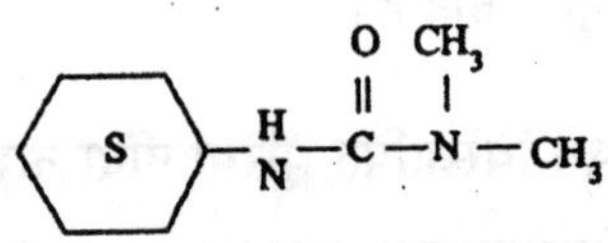

CYCLURON

कार्बोनीलेट एवं कार्बामेट नींदा नाशक (Carbonilate and carbamate herbicides)

बहुत से नींदा नाशक कार्बामिक एवं कार्बानिलिक अज़्ल से अमाइन एवं कार्बाक्सीलिक मायोटीस विस्थापित करने से बनते हैं। कार्बानीलेट में उसके कार्बामिक अज़्ल की एमाइन मायोटिस पर फिनाइल रिंग विस्थापक (Phenyl ring substituent) होती है। इस कारण से यह नींदानाशक कार्बामेट से भिन्न होता है। इसके रासायनिक नामकरण कार्बाक्सीलिक मायोटी पर विस्थापक की शुरूआत से होता है।

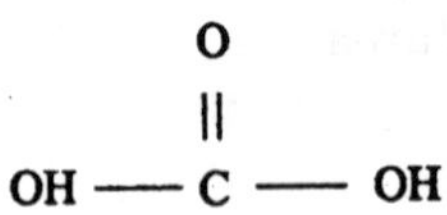

CARBONIC ACID

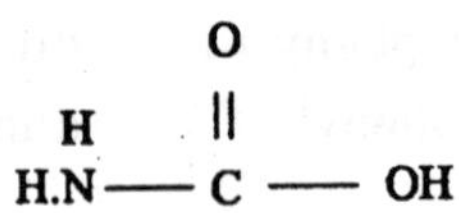

CARBOMIC ACID

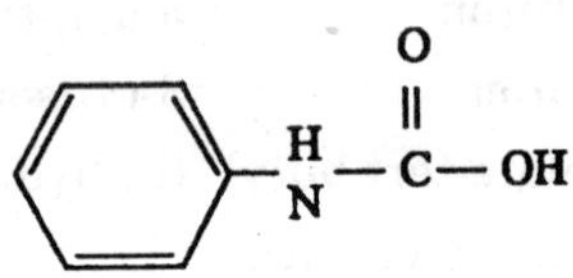

CARBANILIC ACID

कार्बानीलेट नींदा नाशक (Carbanilate herbicides)

बारवन (Barban) = 4-chloro-2-butynl m- chlorocarbanilate

बी.पी.सी. (Bi.P.C. (chlorobufan) = 1-butynl m- Chlorocarbanilate

कार्बाटामाइड (Carbatamide) = D-N-ethylactamide carbanilate (ester)

क्लोर प्रोफाम (Chlorpropham) = isopropyl-m-hydroxy carbanilate (CIPC)

डेसमेडीफाम (Desmedipham) = ethyl m-hydroxy carbanilate carbanilate (ester)

फेनमेडीफाम (Phen. medipham) = methyl m-hydroxy carbanilate m-methyl carbanilate

प्रोफाम (Propham) = Isopropylcarbanilate

स्वीप (Sweep) = methyl 3,4 dichlorocarbanilate

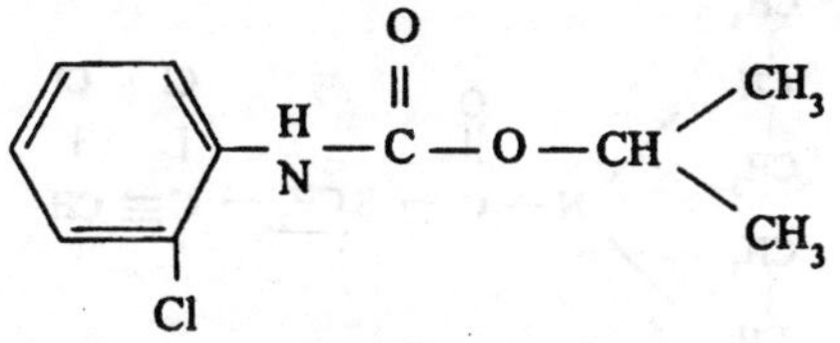

CHLORPROPHAM

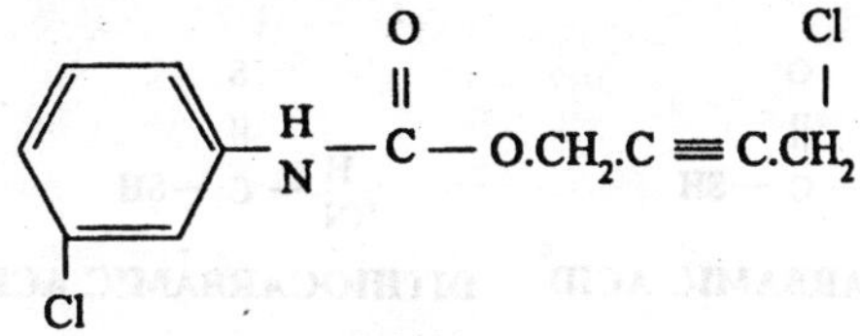

BARBAN

एल्किल कार्बामेट नींदा नाशक (Alkyl Carbamate Herbicides)

असुलम (Asulam) - methyl sulfanilyl carbamate

डाइक्लोरमेट (dichlormate) - 3,4-dichlorobenzyl methyl carbamate

टरबूटाल (Terbutol) - 2,6- di-tert-butyl-p-tolyl methyl carbamate

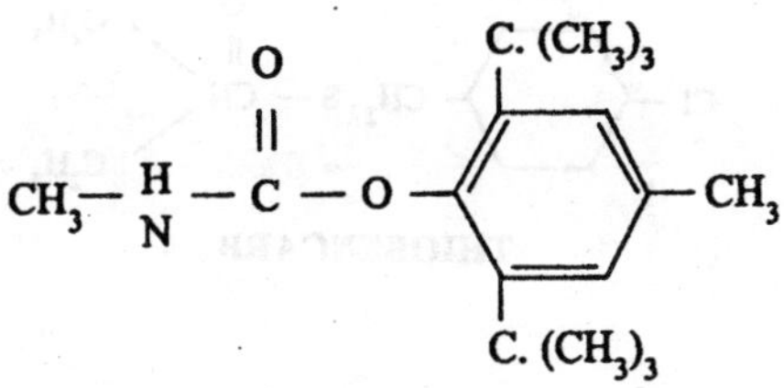

TERBUTOL

थायो एवं डाइथायो कार्बामेट नींदानाशक (Thio and dithio carbamate herbicides)

थायोकार्बामेट (Thicarbamates)

1. बुटाईलेट (Butylate) - S-ethyl di isobutyl thio carbamate
2. साइक्लोएट (Cycloate) - S-ethyl N-ethyl thiocyclohexane carbamate
3. डायलेट (Diallate) - S-(2,3-dichloroallyl) N, N-diisopropyl thiocarbamate
4. ई.पी.टी.सी. (EPTC) - ethyl N,N-dipropyl thiocarbamate
5. इथियोलेट (Ethiolate) - S-ethyl diethyl thiocarbamate
6. मोलीनेट (Molinate) - S-ethyl hexahydro-1 Hazepine-1- carbthiolate
7. पेबूलेट (Pebulate) - S-propyl butylethyl thiocarbamate
8. ट्रायलेट (Triallate) - S-(2,3,3-trichloroallyl), -diisopropyl thiocarbamate
9. वरनोलेट (Vernolate) - S-propyl dipropylthiocarbamate

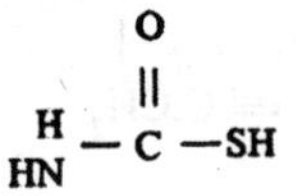

THIOCARBAMIC ACID

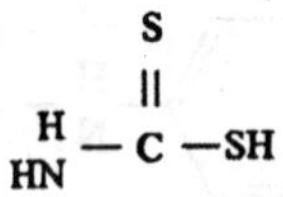

DITHIOCARBAMIC ACID

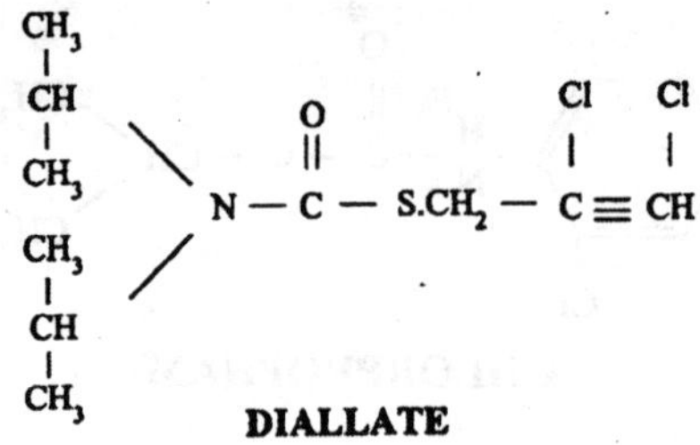

DIALLATE

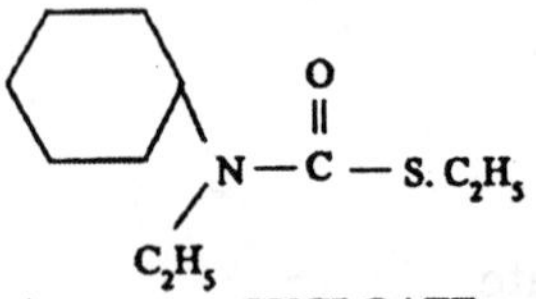

CYCLOATE

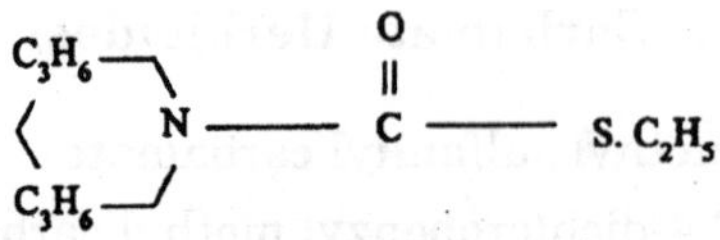

MOLINATE

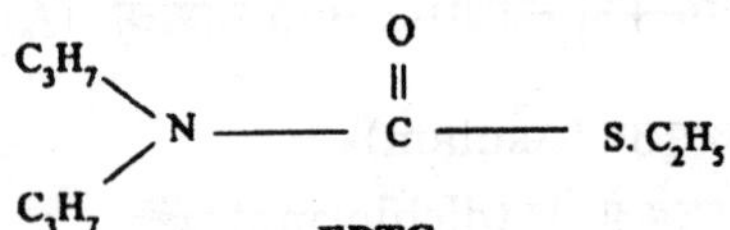

EPTC

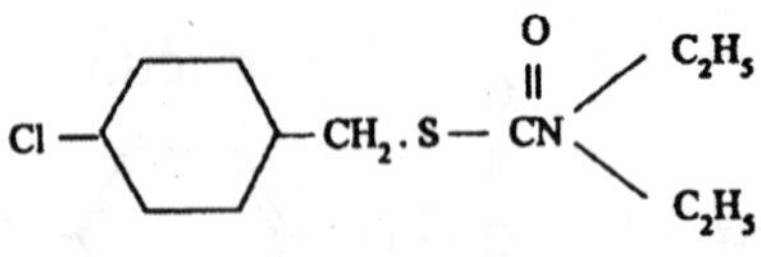

THIOBENCARB

डाइथायो कार्बामेट

सी.डी.ई.सी. (CDEC)	=	2-Chloroallyl diethyl dithio-carbamate
मेथाम (Metham or SMDC)	=	Sodium methyl dithiocarbamate

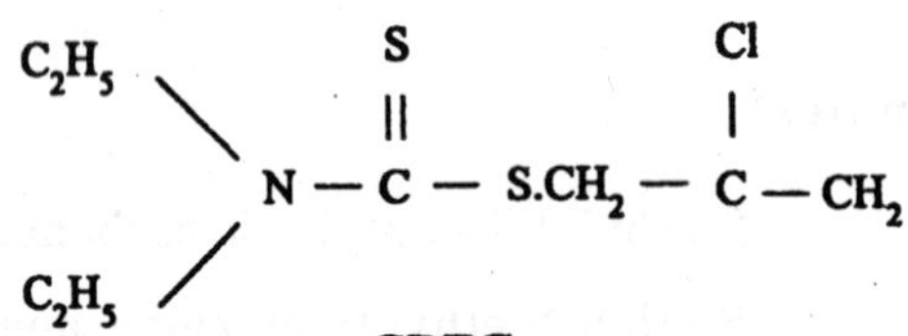

CDEC

विस्थापित अमाइड एवं अनीलाइड्स (Substituted Amide and Anilides)

जब आर्गेनिक अम्ल का हाइड्राक्सिल (-OH) समूह अमीनो समूह (-NH_2) के द्वारा विस्थापित होता है तो एमाइड बनता है अत: एसेटिक अम्ल से एसिटामाइड (Acetamide) एवं एक्रीलिक अम्ल (Acrylic acid) से एक्रीलामाइड बनता है।

जब एमाइड का विस्थापन फिनाइल रिंग से होता है तो एनीलाइड बनता है। अमाइड व एनीलाइड समूह के नींदा नाशक वरणात्मक होते हैं।

विस्थापित अमाइड (Substituted amide)

बेन्सूलाइड (Bensulides)	=	Q-Q-diisopropyl phosphoro-dithioate-S-ester with N-(2 mercaptoethyl benzenesulfonamide
बेन्जीप्राम (Benzipram)	=	N-benzyl-N-isopropyl-3, 5-dimethyl benzamide
सी.डी.ए.ए. (CDAA)	=	N,N-diallyl-2 chloroacetamide
डाइफिनामिड (Diphenamid)	=	N,N-dimethyl -2, 2- diphenylacetamide
कार्सिल (Karsil)	=	N-(3,4-dichlorophenyl) -2-methyl pentanamide
नेप्रोपामाइड (Napropamide)	=	2-(a-naphthoxy-N,N diethyl propanamide
ओराइजालिन (Oryzalin)	=	3,5-dinitro-N4N4 -dipropyl sulfanilamide
प्रोनामाइड (Pronamide)	=	N-(1,1-dimethyl propanil) 3, 5-dichlorobenzamide
परफ़्लयूडोन (Perfluidone)	=	1,1,1-trifluoro-N-(2 methyl-4 (Phenylsulfonyl) Phenyl methane sulfonamide
सोलन (Solan)	=	3, Chloro -2-methyl-P valeroteluidide

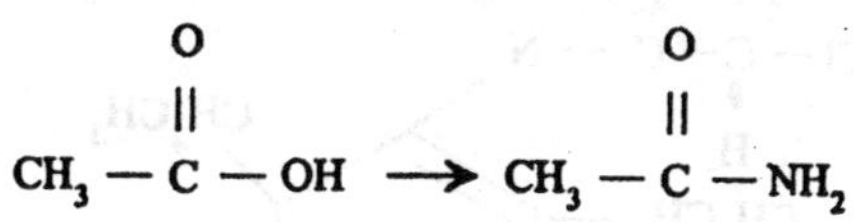

ACETIC ACID ACETAMIDE

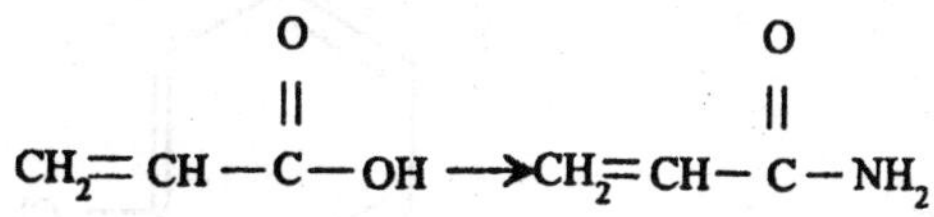

ACRYLIC ACID ACRYLAMIDE

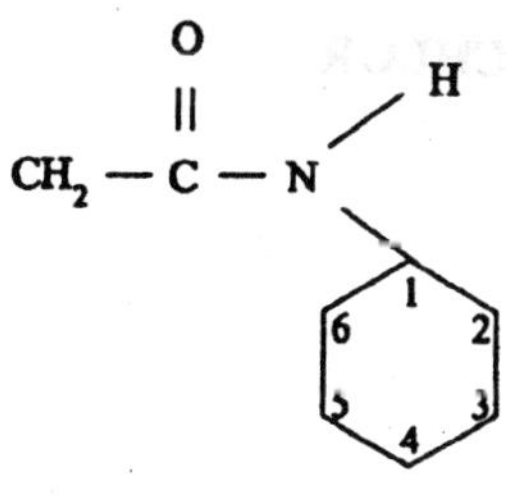

ACETANILIDE

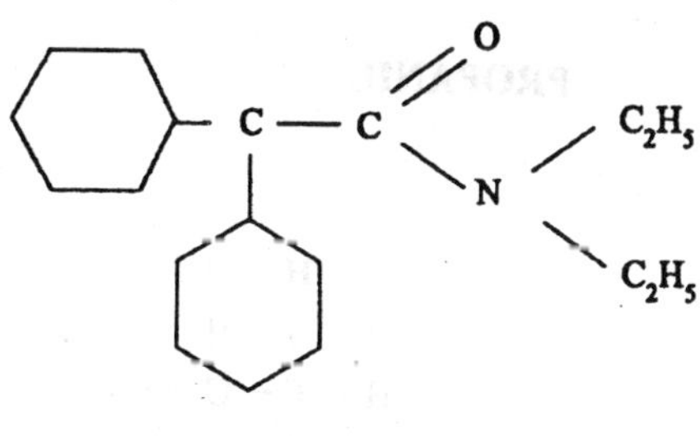

DIPHENAMID

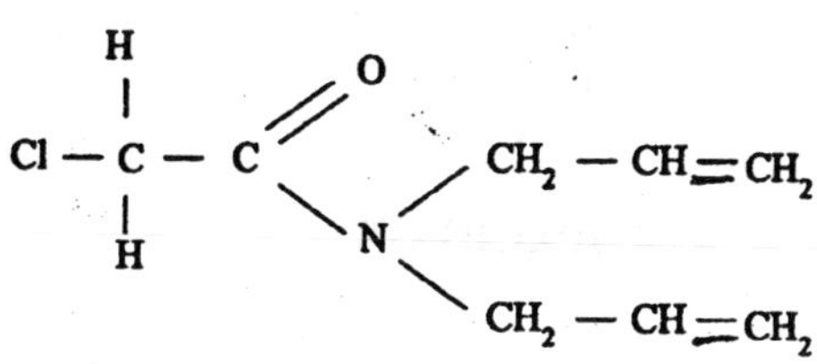

CDAA

विस्थापित एनीलाइड (Substituted anilides)

आलाक्लोर (Alachlor)	=	2-chloro-2', 6'-diethyl-N (methoxymethyl) acetanilide
बूटाक्लोर (Butachlor)	=	N- (butoxymethyl)-2-chloro 2',6' diethylacetanilide
साइप्रोमिड (Cypromide)	=	3'4'- dichloro-cyclo propane Carboxanilide
डेलाक्लोर (Delachlor)	=	2,Chloro-N(isobutoxy methyl)-2'6-acetoxylidide
डाइक्रिल (Dicryl)	=	3,4-dichloro-2 methylacrylanilide
प्रोपाक्लोर (Propachlor)	=	2-chloro-N-isopropionanilide
प्रीनाक्लोर (Prynachlor)	=	2-chloro-N-(1-methyl-2 propanil) Acetanilide
प्रोपानिल (Propanil)	=	3, 4' - dichloropropionanilide

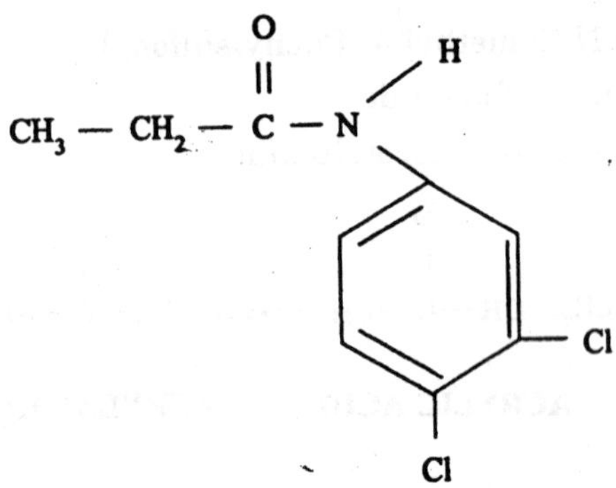

PROPANIL

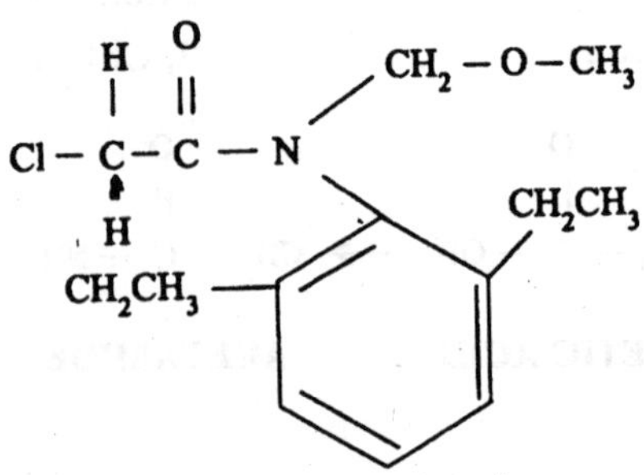

ALACHLOR

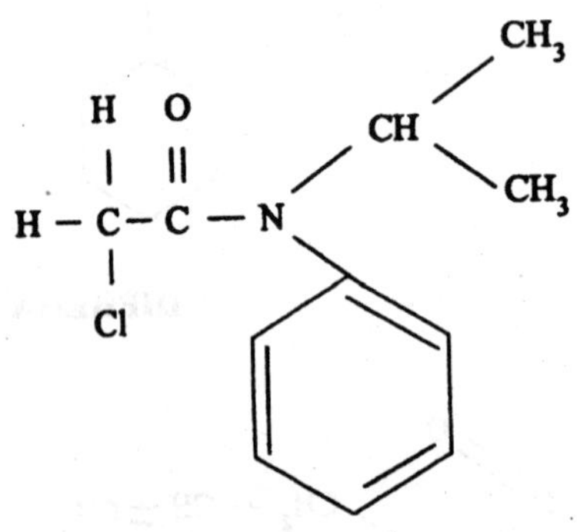

PROPACHLOR

बेन्जोनाइट्रिल (Benzonitriles)

इनमें डिक्रोबेनिल अंकुरण नाशक है। दो हेलोजिनेटेड फीनोलिक बेन्जोनाइट्रिल भी प्रभावकारी नींदा नाशक हैं, जैसे आक्सीनिल एवं ब्रोमाक्सीनिल डिकलोबेनिल (Dichlobenil) = 2,6 - dichlorobenzonitrile

ब्रोमाक्सीनिल (Bromoxynil) = 3,5- dibromo-4-hydroxy benzonitrile

साइनाजिन (Cyanazine) = 2-((4-chloro-6 (ethylamino) S- triazin-2yl) amino) -2 methyl propionitrile

आक्सीनिल (Ioxynil) = 4-hydroxy - 3,5 diiodobenzonitrile

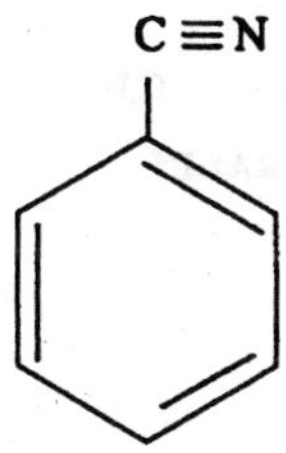

BENZONITRILE

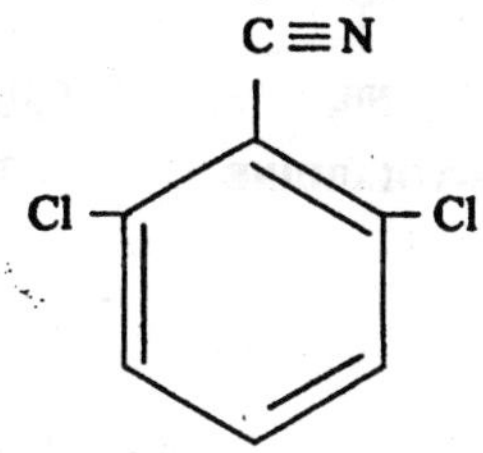

DICHLOBENIL

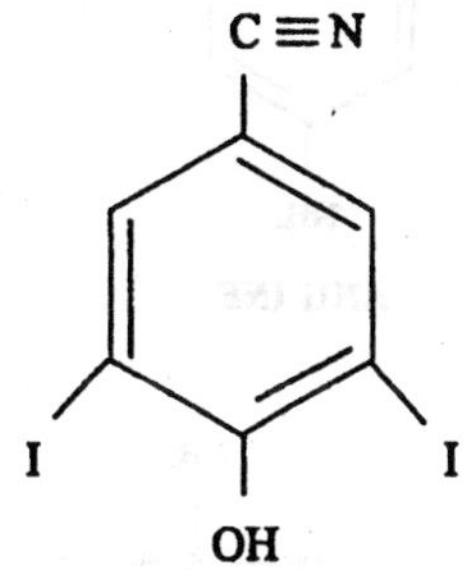

IOXYNIL

एनीलीन एवं टोल्यूडीन (Anilines and Toluidines)

बेनीफिन (Benefin) = N=butyl-N-ethyl-a,a-trifluoro-2, 6 dinitro-p toluidine

आइसोप्रोपालिन (Isopropaline) = 2,6-dinitro-N,N-dipropyl cumidine

क्लोरनीडीन (Chlornidine) = N,N-(2-Chloroethyl)-2,6-dinitro-4-methylaniline

डाइबूटालिन (Dibutaline) = N-sec-butyl-tert-butyl-2,6 dinitroaniline

डाइनाइट्रामाइन (Dinitramine) = N^4,N^4-diethyl -a,a,a trifluoro-3,5-dinitro-toluene -2,4 - diamine

फ्लूक्लोरोलिन (Fluchloralin) = N-(2-Chloroethyl)-2,6 dinitro-N-propyl-4 (trifluoromethyl)amiline

प्रोफ्लूरेलिन (Profluralin) = N- (Cyclopropylmethyl) a,a,a-trifluoro-2,6-dinitro N-propyl-p-toluidine

नाइट्रालिन (Nitralin) = 4 (methylsufonil)-2,6-dinitro-N,N-dipropylaniline

ट्राइफ्लूरेलिन (Trifluralin) = a,a,a-trifluoro-2,6-dinitro N,N-dipropyl-p-toluidine

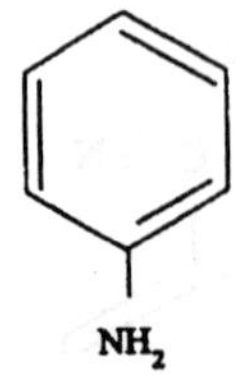

ANILINE

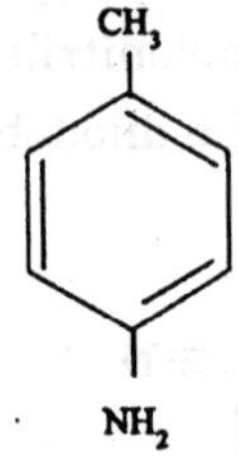

P-TOLUIDINE

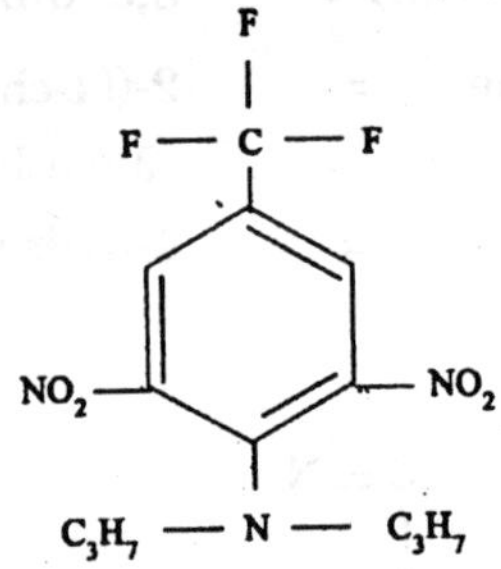

TRIFLURALIN

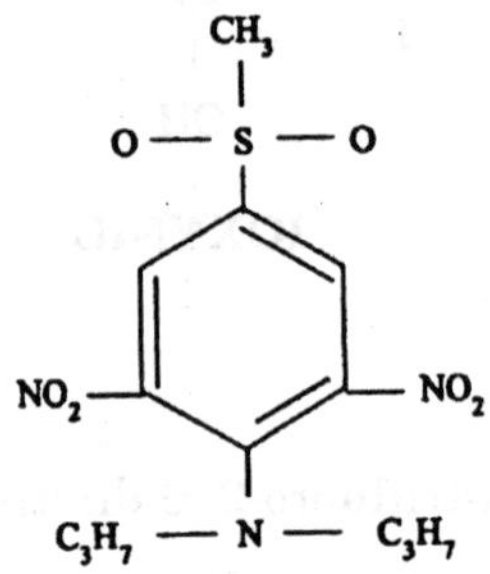

NITRALIN

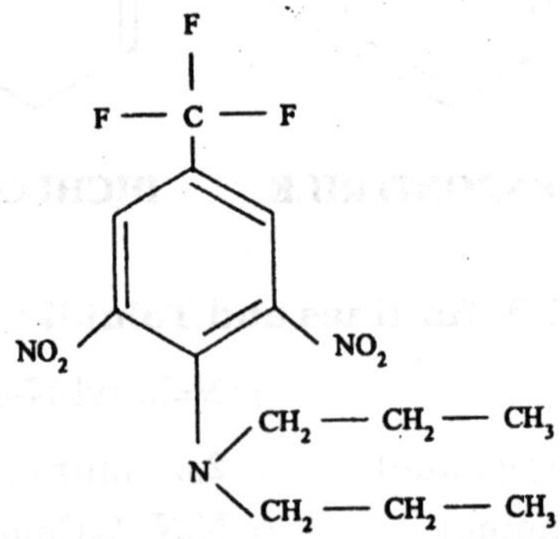

FLUCHLORALIN

आर्गेनिक आर्सेनीकल नींदा नाशक (Organic Arsenical Herbicides)

इस समूह में दो प्रकार के नींदा नाशक अधिकतर प्रयोग में आते हैं।

(1) आर्सोनिक अम्ल

(2) आर्सीनिक अम्ल

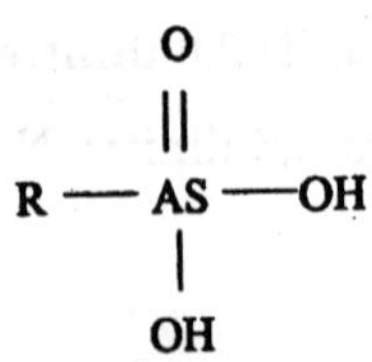

ARSONIC ACID

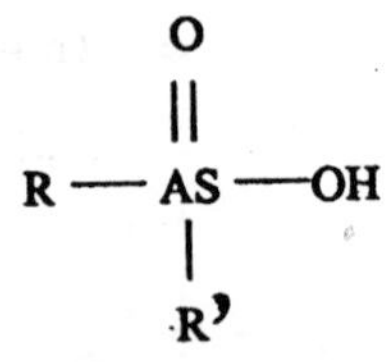

ARSINIC ACID

R एवं R' आर्गेनिक समूह का द्योतक है। इन दो अम्लों से अनेक प्रकार के नींदा नाशक हैं परन्तु दो प्रकार के अम्ल केकोडीलिक अम्ल एवं उसके सोडियम साल्ट तथा मीथेन आर्सेनिक अम्ल एवं उसके साल्ट अधिकतर उपयोग में लाए जाते हैं।

एम.ए.ए. MAA	-	Methanearsonic acid (or methylarsonic acid)
सी.एम.ए. CMA	-	Calcium methane arsonate
डी.एस.एम.ए. DSMA	-	Disodium methane arsonate
एम.ए.एम.ए. MAMA	-	Monoammonium methane arsonate
एम.एस.एम.ए. MSMA	-	Monosodium methane arsonate
केकोडीलिक अम्ल (Cacodylic acid)	-	hydroxy dimethyl arsine oxide (or dimethylaorsinic acid)
सोडियम केकोडीलेट (Sodium cacodylate)	-	Sodium dimethyl arsinite

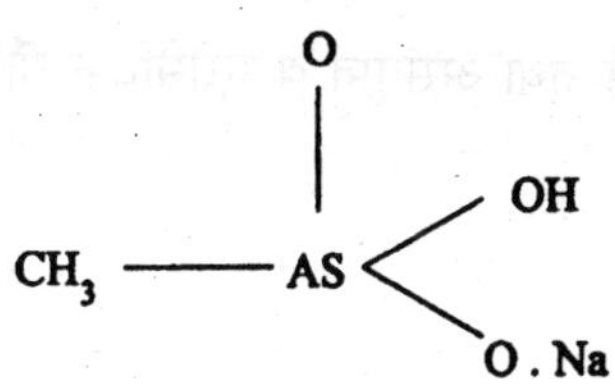

MSMA

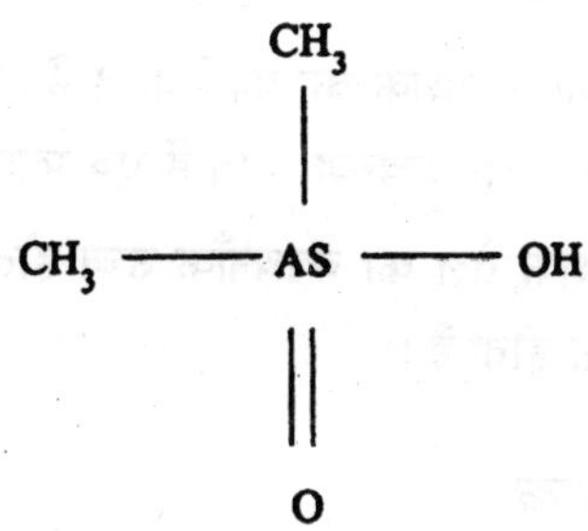

CACODYLIC ACID

ईथर यौगिक (Ether compounds)

फ्लोरोडीफेन (Fluorodinfen)	-	P-nitrophenyl, a,a,atrifluoro- 2-nitro-p-tolyl-ether
नाट्रोफेन (Nitrofen)	-	2,4 - dichlorophenyl-P nitrophenyl ether
बाईफिनाक्स (Bifenox)	-	methyl 5-(2,4 dichlorophenoxy) - 2- nitrobezoate

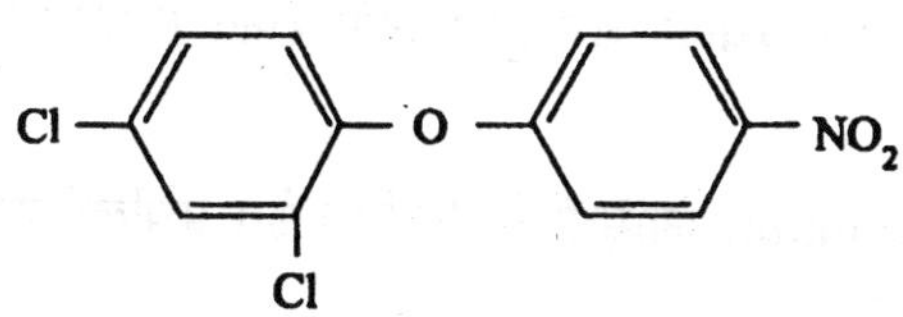

NITROFEN

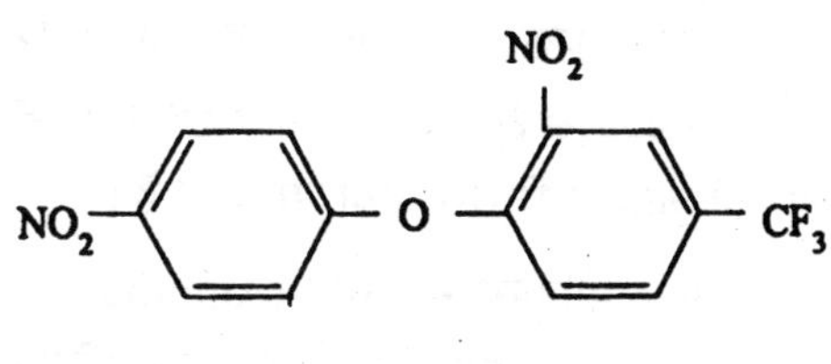

FLUORODIFEN

सायनामिड (Cyanamide or Cyanates)

सोडियम थायो सायनेट Sodium thiocyonate	-	NaCNS
अमोनियम थायोसायनेट Ammonium thiocyanate	-	NH_4CNS

केल्सियम सायनामाइड Calcium cynamide	-	$CaCN_2$
पोटेशियम सायनेट Potassium cyanate	-	KOCN

पेट्रोलियम तेल (Petrolium Oils)

पेट्रोलियम तेल, हाइड्रोकार्बनों का नत्रजन एवं सल्फर युक्त यौगिकों की सूक्ष्म मात्रा के साथ जटिल सम्मिश्रण होते हैं। इस मिश्रण में हाइड्रोकार्बन की एल्केन शृंखला, असंतृप्त शृंखला यौगिक एलीसाइक्लिक यौगिक एवं एरोमेटिक हाइड्रोकार्बन्स होते हैं। पेट्रोलियम तेल के विभिन्न ग्रेड जैसे गैसोलीन (Gasoline), केरोसीन (Kerosene), डीजल तेल (Diesel Oil) एवं बंकर ईधन (Bunker fuel) आदि आसवन एवं दूसरी शुद्धीकरण विधि से बनाए जाते हैं।

ये तेल संपर्क नींदा - नाशक का कार्य करते हैं। साधारण रूप से कुछ स्पीसीज को छोड़कर सभी को मारते हैं। ये पौधों में वायु का संचार अवरुद्ध करते हैं एवं प्लाज्मा झिल्ली को विकृत करते हैं।

सामान्य नींदा नाशक तेल का क्वथनाँक उच्च होता है तथा असंतृप्त व एरोमेटिक यौगिकों का अनुपात दूसरे तेलों की अपेक्षा अधिक होता है।

अकार्बनिक नींदा नाशक

रासायनिक नींदा नियंत्रण में अकार्बनिक नींदा नाशक ही सर्वप्रथम प्रयोग में लाए गए। उदाहरणार्थ भस्म (Ashes), साधारण नमक (NaCl) एवं (bittern) का प्रयोग ईसा पूर्व से कृषि में होता रहा है। उन्नीसवीं सदी में पौधों के भोज्य तत्त्वों पर गहन अध्ययन हुआ तथा लीबिग (Leibig) के अनुसंधानों जिनसे पौधों के उपयोगी तत्त्वों का ज्ञान हुआ तथा कृत्रिम उर्वरक का प्रचलन हुआ। तदुपरांत कीट नाशक के अनुसंधानों के साथ-साथ नींदा नाशक के अनुसंधान की प्रेरणा मिली। सर्वप्रथम बोनेट (Bonnet) ने सन् 1896 में कापर सल्फेट का वरणात्मक नींदा नाशक के रूप में एक बीज पत्री फसलों में Charlock के मारने हेतु उपयुक्त पाया। उन्नीसवीं सदी के प्रारम्भ में सोडियम आर्सेनाइट का अधिक प्रयोग बढ़ा जो लगभग 1960 तक चलता रहा। आर्सेनिक का ट्रोवेलेन्ट रूप (AS^3) नींदा नियंत्रण में अधिक प्रभावशाली मिला। आर्सेनिक ट्राइआक्साइड भूमि के निर्वीजीकरण के लिए प्रयुक्त हुआ। अधिक मात्रा (400 से 800 कि.ग्रा./हे.) लगने के कारण इसका प्रचलन कम हुआ इनके प्रभाव से पौधों में प्रोटीन अवक्षेपित हो जाता है जिससे पौधा मर जाता है।

1942 में अमोनियम सल्फेमेट (Amonium sulphamate) झाड़ियों के नियंत्रण हेतु प्रचलित हुआ। यह कुछ हद तक उपचारित अंग से दूसरे अंग तक पहुँच सकता है।

इसके बाद बहुत से अकार्बनिक साल्ट जैसे - अमोनियम थायो सायनेट, अमोनिया नाइट्रेट, अमोनियम सल्फेट, आइरनसल्फेट, एवं कापरसल्फेट का प्रयोग पर्णोपचार के द्वारा नींदा के मारने में हुआ। इनसे प्लाज्मोलिसिस एवं डेसीकेसन होने के कारण पौधे मर जाते हैं।

इस समय बोरेट्स का भी नींदा नाशक में प्रयोग होता रहा। इनका प्रयोग लम्बे समय तक निर्बीजीकर अवरणात्मक नींदा नाशक के रूप में होता रहा। इनके उपचार से जड़ों के द्वारा यह अवशोषित होकर प्रजननात्मक

अंगों का एक बड़ा कण बनाकर वृद्धि अवरुद्ध करता है। इसके बाद सोडियम क्लोरेट का पर्ण नींदा नाशक के रूप में प्रयोग हुआ।

एक बीज पत्री फसलों एवं प्याज में सल्फ्यूरिक अम्ल का प्रयोग इस शताब्दी के प्रारम्भ से मौसमी खरपतवारों को मारने के लिए होता रहा।

पारिद (Mercuric compounds)

पी.एम.ए. PMA - acetato phenylmercury

बोरेट एवं क्लोरेट (Chlorates and borates)

1. अमोनियम बोरेट - $(NH_4)_2 B_2O_4$
2. सोडियम क्लोरेट - $NaClO_3$
3. सोडियम मेटा बोरेट - $Na_2B_2O_4$ (in its 4 and 8-hydrate forms)
4. सोडियम टेट्राबोरेट - $Na_2B_4O_7$ (in its 5 and 10 hydrateforms)

आर्सेनीकल (Arsenicals)

1. आर्सेनिक ट्राइआक्साइड - As_2O_3
2. हेक्सा फ्लूरेट
3. सोडियम आर्सेनाइट - $NaAsO_2$

सल्फामेट (Sulphamates)

ए.एम.एस. Ammonium sulphamate - $NH_4 NH_2 SO_3$

कापर सल्फेट - $CuSO_4 . 5H_2O$

इनार्गेनिक अम्ल

1. आर्सेनिकल अम्ल - 0.5 to 1.0% arsonic trioxide + sulphuric acid (H_2SO_4)
2. ब्राउन तेल - (Brown oil of vitrioil) 77% sulphuric acid

अवर्गीकृत नींदा नाशक (Miscellaneous herbicides)

एक्रोलीन Acroline 2- propanal or acrylaldehyde

एलिल एल्कोहल Allyl alcohol - 2-propen -1-01

अनीलोफांस Anelophos

सिनमेथेलीन (Cynmethalin)

ग्लाईफोसेट (Glyphosate)

हेलाक्सी फाप मिथाइल Haloxyfop - methyl

फ्लूएजीफाप-पी-बुटाइल Fluazifop-p-butyl

फ्लूराक्सीपिर Fluroxypyr

ट्रिडीफेन Tridifen

मेट्रब्यूजिन Metribuzin -
4 amino-6-tert-butyl-3-(methyl thio) as*-triazine-5-(4H) one

मेथाबेन्जथियाजूरान Methabenzthiazuron -
1,3-dimethyl-3-2-benzo-thiazolyurea

मेटाजुरान Metazuron

क्लोरटोलूरान Clortoluron -
N'- (3-chloro-4-methyl phenyl)-N, N-dimethyl urea

आइसोनोरूरान Isonoruron -
N'(1 or 2 hexahydro-4,7-methanoin danyl), N,N dimethyl urea

आक्साडायजान (Oxadiazon) -
2-tert-butyl-4-2 (2,4-dichloro-5-isopropoxyphenyl) -1,3,4 -oxadiazoline-5-one

पाइप्रोफास Piprophos -

प्रीतोलाक्लोर Pretilachlor

डाइफेन्जाक्वाट Difenzaquat -
1,2-dimethyl-3,5-diphenyl 1H-pyrazolium salts

पेंडीमिथेलिन Pendemethalin -
(N-(ethyl propyl)-3,4 dimethyl-2, 6-dinitrobenzamine

सिरमेट Sirmat -
3,4-dichlorobenzil methy carbamate plus
2,3-dichlorobenzyl methyl carbamate

■■■■

16

मृदा निर्जमीकारक
(Soil Sterilant)

नींदा नियंत्रण की दृष्टि से मृदा निर्जमीकारकों के प्रयोग से मृदा में सब प्रकार के पौधे नियंत्रित हो जाते हैं। यहाँ तक कि अनेक मृदा निर्जमीकारकों से कवक, रोगाणु, कीटाणु व हरे पौधों के बीज, पेड़-पौधे भी मर जाते हैं।

''हरित ग्रहों'', काँच ग्रहों, रोपणियों, गमलों, नालियों, नहरों, खेत के स्थानिक समस्या मूलक नींदा नियंत्रित करने में एवं बहुत से औद्योगिक संस्थानों के अहातों, सड़क, रेल की पटरियों, टेलीफोन व बिजली के खम्भों की रास्ता, वनों में दावानल अवरोधक (Fire break), वनोपज के डिपो, खेल के मैदानों व पेट्रोलियम के संग्रह स्थानों में अनावश्यक वनस्पति की वृद्धि को इच्छित समय तक रोकने हेतु मृदा निर्जमीकारकों का उपयोग किया जाता है।

वर्गीकरण

चार प्रकार के मृदा निर्जमीकारक हैं –

अस्थायी मृदा निर्जमीकारक :

(1) जिनकी विषाक्तता के अवशेष नहीं रहते। इस प्रकार के रासायनिकों की विषाक्तता उपचार के 48 घंटे में समाप्त हो जाती है। इस अवधि के बाद बोनी या पौधों की रोपाई की जा सकती है।

(2) अल्प स्थायी मृदा निर्जमीकारक : वे रासायनिक पदार्थ, जिनके उपचार से उनका विषाक्त प्रभाव दो दिन से अधिक परन्तु एक महीने से कम रहता है।

(3) अर्ध स्थायी मृदा निर्जमीकारक : वे रासायनिक पदार्थ, जिनका विषाक्त प्रभाव कम से कम चार महीने व अधिक से अधिक दो वर्ष तक रहता है।

(4) स्थायी मृदा निर्जमीकारक : वे रासायनिक पदार्थ, जिनका पौधों पर विषाक्त प्रभाव दो वर्ष से अधिक रहता है।

विभिन्न निर्जमीकारकों की मृदा में विषाक्तता की अवधि परिवेश की दशाओं पर आधारित रहती है। सामान्यत: भारी मृदा, जिस मृदा में रिसन कम या नहीं हो, कम तापक्रम एवं शुष्क मौसम में अधिक होती है। मृदा में अधिक जल या जल-लगन, दलदली मृदा में नींदा नाशक का विघटन मंद गति से होता है। विभिन्न नींदा नाशकों की साधारण अनुशंसा की दर पर मृदा में स्थायित्व की अवधि सारिणी 25.2 में दी गई है।

प्रमुख निर्जमीकारक

मृदा निर्जमीकारक के रूप में उपयोग होने वाले प्रमुख रासायनिक पदार्थ।

(1) मिथाइल ब्रोमाइड (Methyl bromide)
(2) सोडियम क्लोरेट (Sodium chlorate)
(3) विस्थापित यूरिया (Substituted ureas)
(4) ट्राइजीन्स (Triazines)
(5) इरबान (Erbon)
(6) आरसीनीकल्स (Arsenicals)
(7) बोरेट (Borate)
(8) डेजोमेट (Dezomate)
(9) वाष्प व ताप (Steam and heat as soil sterilant)

ऐसे निर्जमीकारक जो गैस के रूप में प्रयुक्त होते हैं या गैस उत्पन्न करते हैं व मृदा में बीजों व पौधों को मारे, मृदा धूमक कहलाते हैं। मृदा धूमक, निर्जमीकारक होते हैं परन्तु सभी मृदा निर्जमीकारक धूमक नहीं होते हैं।

मिथाइल ब्रोमाइड

मिथाइल ब्रोमाइड से बगीचे की मृदा, हरित-गृह, काँच-गृह, गमलों, रोपड़ीं तथा क्यारियों की मृदा को निर्जमीकृत किया जाता है। यह मृदा धूमक है। इसके द्वारा प्राय: सभी प्रकार के बहुवर्षीय नींदा, अधिकांश नींदा के बीज, सूत्रकृमि, मृदाजन्य रोग तथा कीड़े नियंत्रित हो जाते हैं।

सामान्यत: बोनी या रोपाई 48 घंटे के बाद की जा सकती है। खेत में प्रयोग करते समय (1) एप्लीकेटर (2) वायु अवरोधक चादर (3) बोरे या अन्य जिनमें भूसा आदि भरकर चादर को दबा सके। अच्छे परिणाम हेतु मृदा में इतनी नमी हो जिससे बीज अंकुरित हो सके तथा तापक्रम 15-16° से.ग्रे. या अधिक हो। यदि मृदा अधिक शुष्क या अधिक गीली होगी तो नींदा के बीज का अंकुरण कम प्रभावित होगा क्योंकि अधिक गीली मृदा में रिक्त स्थानों में जल भर जाने के कारण गैस प्रवेश नहीं कर पाती। भुरभुरी मृदा में गैस का प्रवेश सरल व अधिक होता है। क्यारी के चारों ओर नाली बना देना चाहिए जो पालीथीन के चादरों से कम दूरी पर हो। गैस का ड्रम मध्य में रख कर उसमें से गैस की नलियाँ लगाकर मृदा के अंदर कर गैस को प्रवाहित करें तथा पालीथीन चादर से ढंक कर रखें जिससे गैस बाहर न जा सके। इसके लिए पालीथीन के किनारे नाली में मिट्टी से दबा कर रखें। मिथाइल ब्रोमाइड के साथ कार्बनडाई सल्फाइड मिलाने से अस्थायी मृदा निर्जमीकारक का कार्य करती है। मिथाइल ब्रोमाइड जहरीली होती है अत: सावधानीपूर्वक उपयोग करना चाहिए।

सोडियम क्लोरेट

यह रसायन 400 से 800 कि.ग्रा. क्रियाशील अंश/हे. क्षेत्र में प्रयोग करते हैं। इसका स्थानिक उपचार (Spot treatment) करते हैं। खतरनाक बहुवर्षीय नींदा जैसे जान्सन - घास, जंगली कुसुम (*Cirsium arvense*), दूब (*Cynodon dactylon*), गोंदला (*Cyperus rotundus*), हिरन चरी (*Convolvulus arvensis*) आदि इससे 6 माह से 1 वर्ष तक नियंत्रित हो जाते हैं।

जहाँ आग लगने का खतरा नहीं होता वहाँ पर इसका जल के साथ छिड़काव करते हैं। जहाँ पर आग से खतरा हो वहाँ पर इसके दानों को बिखेरते हैं।

विस्थापित यूरिया

मोनूरान एवं डाइयूरान 10 से 40 कि.ग्रा./हे. की दर सम्पूर्ण वनस्पति को मारने व जहाँ पूर्ण सफाई रखने की आवश्यकता होती है वहाँ की जाती है। नींदा नाशक तेल जैसे डीजल आयल को इनके साथ मिला कर उपचार करने से इनका प्रभाव दुगुना हो जाता है। ये नींदा नाशक 2,4-डी एवं डालापान के साथ या 2,4 -डी एवं टी.सी.ए. के साथ मिश्रण के रूप में उपयोग करने से भी क्षमता बढ़ जाती है तथा प्ररोह (Shoot) को मारने में सरलता होती है। इसका प्रभाव लम्बे समय तक होता है। मोनूरान एवं टी.सी.ए. का मिश्रण डीजल में उपचार करने से सामान्य निर्जमीकारक का कार्य करता है।

मोनूरान व टी.सी.ए. की मिश्रित कणिकायें 100 से 200 कि.ग्रा./हे. की दर से उपचार करने पर निर्जमीकरण हो जाता है।

डाइयूरान 20 कि.ग्रा./हे. के उपचार से एक वर्ष तक मौसमी नींदा नहीं उगते हैं।

ट्राइजीन्स

अट्राजिन व सिमाजिन भी मोनूरान व डाइयूरान की तरह निर्जमीकरण हेतु प्रयुक्त किया जाते हैं।

आर्सेनीकल्स

आर्सेनिक के विभिन्न रूपों को निर्जमीकारक के रूप में उपयोग कर सकते हैं। उनमें सोडियम आर्सेनाइट एवं आर्सेनिक ट्राइ-आक्साइड (As_2O_3) बहुत उपयोगी हैं। सोडियम आर्सेनाइट जल में विलय होने के कारण छिड़काव करने में उपयोगी है। आर्सेनिक ट्राइ-आक्साइड जल में अविलय होने के कारण रवों का उपचार किया जाता है। ये दोनों रसायन जानवरों एवं मनुष्यों के लिए जहरीले होते हैं। सोडियम आर्सेनाइट का नमकीन स्वाद होने से जानवर इससे उपचारित वनस्पति को चाव से खाते हैं यह खतरा आर्सेनिक ट्राइआक्साइड में कम होता है।

पर्णोपचार का प्रभाव मूलोपचार की तुलना में अधिक होता है। सोडियम आर्सेनाइट का 800 कि.ग्रा./हे. की दर से उपचार करने पर निर्जमीकरण प्रभाव होता है।

आर्सेनिक ट्राइआक्साइड (As_2O_3) सफेद आर्सेनिक व भूरा आर्सेनिक के नाम से भी जाना जाता है। 600 से 1200 कि.ग्रा./हे. की दर से उपचार करने पर 5 से 8 वर्ष तक मृदा निर्जमीकृत हो जाती है। इसका अच्छा परिणाम तभी मिलता है जब रसायन रिस कर मूल क्षेत्र में पहुँचता है। कभी-कभी वर्षा कम होने से दूसरे वर्ष इसका प्रभाव होता है। इस दशा में सिंचाई करना आवश्यक हो जाता है।

डाइयूरान

डाइयूरान का निर्जमीकारक के रूप में प्रयोग करने हेतु 10 कि.ग्रा./हे. जुलाई के प्रारंभ में स्प्रेयर द्वारा जल में घोल बनाकर (500 लि./हे.) छिड़काव करते हैं। 15 दिन बाद पुन: 10 कि.ग्रा. का छिड़काव करने से लगभग 2 वर्ष तक मौसमी नींदा नहीं उगते। बहुवर्षीय घासें भी 1 वर्ष तक नियंत्रित रहती है।

इर्बान

मृदा निर्जमीकारक के रूप में इसका प्रयोग 120 से 160 कि.ग्रा. क्रियाशील अंश/हे. की दर से करते हैं। इसका प्रयोग जल के साथ पर्ण छिड़काव के रूप में करते हैं। इसके द्वारा सभी वनस्पति एवं बहुत से काष्ठीय वृक्ष भी मर जाते हैं।

बोरेट

बोरेट पौधों को आवश्यक खाद्य तत्त्वों में से एक है। जहाँ पर बोरान की कमी होती है वहाँ पर 20 कि.ग्रा./हे. बोरेट देने से फसलों की वृद्धि एवं उपज बढ़ जाती है। किन्तु अधिक मात्रा में बोरान का प्रयोग करने पर नींदा नाशक जैसा कार्य करता है। जब बोरेट का नींदा नाशक के रूप में प्रयोग करते हैं तब बोरेट (94%) के साथ (4%) मोनूरान को मिला कर मिश्रण के रूप में प्रयोग करते है। इस मिश्रण के द्वारा 400 से 800 कि.ग्रा./हे. की दर से उपचारित करते हैं।

डेजोमेट (वासामिड)

डेजोमेट एक अत्यंत आधुनिक मृदा धूमीकारक है जो मृदा निर्जमीकारक का कार्य करता है। 20 ग्रा. बासामिड/100 वर्ग मी. की दर से मृदा को उपचारित करते हैं। इससे नींदा, कवक, निमेटोड, बेक्टीरिया व कुछ कीट नियंत्रित होते हैं।

वाष्प व ताप निर्जमीकारक (Steam or Heat as Soil Sterilant)

गर्म वाष्प एवं ताप का गमलों एवं काँच-गृहों में मिट्टी को जीव रहित करने में उपयोगी है। यदि 100° से.ग्रे. तापक्रम 30 मिनिट तक रखा जाता है तब लगभग सभी हरे पौधे, बीज व रोगाणु निर्जीव हो जाते हैं। मृदा के भीतरी ताप की अधिकता व समय प्रमुख रूप से निर्जमीकरण हेतु आवश्यक है।

मृदा की कम मात्रा जो गमलों आदि में भरी जाती है वह बड़े आटोक्लेव या ओवन के द्वारा निर्जमीकृत की जा सकती है।

वाष्प से निर्जमीकरण करने पर मृदा में सभी प्रकार के जीव मर जाते हैं। यहाँ तक की रोगजनक, सूक्ष्म जीव जैसे कवक, रोगाणु व सूत्रकृमि भी निर्जीव हो जाते हैं। निर्जमीकरण के बाद मृदा में विशेष प्रकार के जीव समूह पुनः मृदा में फैलते हैं जो मृदा जीवांश के विघटन की क्रिया करते हैं। मृदा जीवांश के विघटन से बने पदार्थ संग्रहीत हो जाते हैं। ये पदार्थ जब अधिक मात्रा में एकत्रित हो जाते हैं तो पौधों के लिये हानिकारक भी हो सकते हैं।

■■■■

17

नींदा नाशकों का संरूपण या व्यवस्थापन
(Herbicide Formulation)

नींदा नाशक की क्रिया संरूपण के आधार पर भी बहुत निर्भर करती है। तकनीकी रसायन के साथ अन्य निष्क्रिय पदार्थ, इमल्सीफायर्स, स्टेविलाइजर्स व एडुजुवेन्ट्स मिलाकर कम्पनियाँ बेचने योग्य संरूपण बनाते हैं। पौधों पर नींदा नाशक की क्रिया दो चरणों में होती है। प्रथम जैविक अणु कोशा झिल्ली के अंदर प्रवेश, तत्पश्चात् ग्राही स्तर पर प्रभाव होता है, जहाँ नींदा-नाशक की क्रिया का अनुभव होता है एवं जैविक क्रिया प्रभावित होती है। नींदा नाशक के प्रथक अणु का एक गुण लिपिड जल विलेयक जैसा तथा दूसरा गुण हेमेट सिगमा का कान्स्टेंट (Hammett sigma constant) का होता है परन्तु जब कोई भी निष्क्रिय पदार्थ (Innert matter) जैविक क्रियाशील पदार्थ (Active ingradient) के सम्पर्क में आता है। (जैसे कि नींदा नाशक के क्रियाशील अंश के साथ) उपरोक्त गुण में परिवर्तन आ जाता है, जिससे नींदा नाशक की कार्य क्षमता में भी परिवर्तन आ जाता है। संरूपण या व्यवस्थापन से नींदा नाशक की 'घुलनशीलता', 'उड़नशीलता', 'परिवर्तनशीलता', 'अवशोषण' व 'रसाकर्षण' तथा 'घातक-कार्य' क्षमता में परिवर्तन हो जाता है।

नींदा नाशक का व्यवस्थापन हो जाने से उसका प्रयोग करते समय किसी भी प्रकार के खतरे से बच सकते हैं जैसे कणिकाओं को हाथ से प्रयोग करने में नींदा नाशक का हाथ पर प्रभाव नहीं होता। कम मात्रा को अधिक क्षेत्र में प्रयोग करने में सहायता मिलती है। इसमें प्रसारक, धारक आदि मिलाने से उसकी कार्यक्षमता 5 से 10 गुना अधिक बढ़ जाती है। परन्तु नींदा नाशक जैविक क्षमता में परिवर्तन नहीं होता है। विभिन्न प्रकार के उपयोग हेतु अधोलिखित पदार्थ मिलाते हैं।

(1) विलेयक (Solvent) इससे जल में नींदा नाशक की घुलनशीलता बढ़ जाती है। हाइड्रोकार्बन, ईस्टर, पेट्रोलियम पदार्थ आदि मिलते हैं।

(2) तनुकारक पदार्थ (Diluent) सक्रिय पदार्थ को अधिक विस्तार से फैलाने एवं विषाक्तता को कम करने हेतु ये पदार्थ मिलाए जाते हैं। जैसे सिलीका जैल, हाइड्रेटेड अलुमीनियम आक्साइड, सिंथेटिक कैल्शियम सिलीकेट, टेल्क, केओलीनाइट, बेन्टोनाइट आदि पदार्थ मिलाए जाते हैं।

(3) सहायक पदार्थ (Adjuvant) जो नींदा नाशक की कार्य क्षमता बढ़ाने, अधिक फैलाने, ड्रिफ़्ट को रोकने, संग्रह करने, सतह पर चिपकने आदि गुणों की वृद्धि करने हेतु नींदा नाशक का संरूपण (Product) बनाने वाली कम्पनी, नींदा नाशक के सक्रिय तत्त्व में इन पदार्थों को मिलाती है। निर्माताओं के द्वारा नींदा नाशक के निम्नलिखित संरूपण बनाए जाते हैं।

द्रव संरूपण (Liquid formulations)

(1) तेलयुक्त सान्द्र (Oil concentrates)

तेल युक्त सान्द्र (Oil concentrates) तेल से तनु किया जाता है तथा नींदा नाशक तेल में विलय होता है या तेल में ठीक से मिल जाता है। इस प्रकार की रचना वाला नींदा नाशक अल्ट्रा लो वाल्यूम (Ultra low volume) छिड़काव के काम आता है या डीजल से तनु करने पर छिड़काव के काम आता है।

तेल क्रियाशील अंश के विभाजन गुणांक (Partition coefficient) पर प्रभाव डालता है। बहुत प्रकरणों में तो ये सान्द्र पत्तियों में अच्छी तरह से प्रवेश कर जाते हैं। परन्तु द्रव संवहन धारा में इनका मुक्त होना प्रभावित होता है परिणामत: मूल (Roots) नियंत्रित नहीं होती है।

(2) तैलीय सान्द्र (Emulsifiable concentrates)

तैलीय सान्द्र वे होते हैं जिनका क्रियाशील अंश ऐसे विलेयक में घोला जाता है जिसमें पृष्ठ भागीय द्रुत कार्य साधक होते हैं। पृष्ठ भागीय द्रुत कार्य साधक या इमल्सीफायर (Emulsifier) साधारणत: ऋणायनिक (Ionic) और अनायनित (Non-ionic) का मिश्रण होता है जो लगभग 5% भार के होता है। ये संरूपण सामान्यत: जल सांद्रित होते हैं व जल में घोल कर छिड़काव किया जाता है। उदाहरणार्थ MCPA, आक्साडायजान (रोनस्टार 25 EC), ज़्लूयेजीफाप-पी-बुटाइल (ज़्यूजीलेड 124 ई.सी.), ज़्लूक्लोरेलिन (बासालिन 45 ई.सी.) पैराक्वाट (ग्रेमोक्जोन 20 ई.सी.)

(3) नमी युक्त चूर्ण (Wettable powder)

इस पाऊडर में ठोस पदार्थ के सूक्ष्म कण जिनका व्यास 3 माइक्रान से कम होता है जो सरलता से जल में अवलम्बित (Suspension) हो सकते हैं। इन पदार्थों के कण जल में सरलता से विलय नहीं होते हैं। कुछ नमीयुक्त चूर्ण जल में विलेय भी होते हैं। इस प्रकार के संरूपण को वातावरण की नमी से बचाव करना चाहिए। इन्हें उपचार करते समय जल को चलाते रहना चाहिए अन्यथा चूर्ण नीचे एकत्रित हो जाता है। उदाहरणार्थ आइसोप्रोटूरान, (ग्रमीनान 50% WP), (टोल्कन 50%), डाइयूरान (कारमेक्स 50 WP)

(4) घुलनशील पाऊडर (Soluble powder)

घुलनशील पाऊडर भी नमीयुक्त चूर्ण के सदृश्य होते हैं परन्तु इनके सक्रिय तत्त्व तनुकारक पदार्थ व सहायक पदार्थ जल में विलेय होते हैं। उदाहरण – डी.सी.ए., डालापान, 2,4-डी (सोडियम साल्ट आदि)।

(5) कणिकायें (Granules)

कुछ नींदा नाशक कणिकाओं व छोटी गोलियों (Pellets) के रूप में व्यवस्थापित होते हैं। इनमें क्रियाशील पदार्थ के ऊपर अक्रियाशील पदार्थ की परत होती है जिससे हाथ के द्वारा उपयोग करने में आसानी होती है।

(6) नींदा नाशक युक्त मोम की छड़ी (Herbicides in wax bar)

नींदा नाशक के सक्रिय तत्त्व को मोम में मिलाकर छड़ी तैयार कर प्रयोग करते हैं नींदा के ऊपरी भाग में छड़ी घिसकर नींदा नियंत्रित करते हैं। उदाहरण 2, 4-डी की छड़ी।

(7) घुलनशील मल्च नींदा नाशक (Soluble mulch herbicides)

ढीले बुने हुए कपड़ों को नींदा नाशक से उपचारित कर उसको मल्च के रूप में प्रयोग करते हैं। नींदा नाशक सिंचाई या वर्षा जल में घुलकर नींदा को नियंत्रित करते हैं।

नींदा नाशक निर्माण की विभिन्न कम्पनियाँ एक ही नींदा नाशक के विभिन्न संरूपण उत्पाद बनाती है। उनमें सक्रिय अंश तथा अन्य सहायकों की मात्रा भिन्न हो सकती है। वे अपने ट्रेड नाम से उत्पाद का व्यापार करते हैं उदाहरणार्थ विभिन्न कम्पनियों के आइसोप्रोटूरान के उत्पाद इस प्रकार हैं।

(1)	टोल्कन 50%	डब्लू. पी.	रोन्पोल्निक
(2)	ग्रेमीनान 50%	–''–	सीबा गायगी आफ इन्डिया
(3)	एरीलान 75%	–''–	एग्रीवो
(4)	डारलान 75%	–''–	कोरोमंडल इन्डेग
(5)	टोरस 75%	–''–	रेलिस इन्डिया लि.
(6)	रक्षक 50%	–''–	ल्यूपिन लेवोरेटरीस लि.
(7)	नोसिलान 50%	–''–	नोसिल
(8)	धार 50%	–''–	रेलिस इन्डिया लि.
(9)	टोल्कन द्रव 50%	–''–	रोन पोल्निक
(10)	आइसोगार्ड 50%	–''–	घरडा एग्रो केमीकल

एक ही कम्पनी, एक ही नींदा नाशक के सक्रिय अंश के विभिन्न उत्पाद भी बनाती है। जैसे एग्रोमोर लिमिटेड 2, 4-डी के निम्न उत्पाद बनाती है।

1. वीडोन 18%	डब्लू. पी.	ईथाइल ईस्टर आफ 2, 4-डी (Ethyl ester of 2, 4-D a.e. 18%)
2. वीडार 36%	कन्सेन्ट्रेट	ईथाइल ईस्टर आफ 2, 4-डी (Ethyl ester of 2, 4-D a.e. 36%)
3. वीडार 96%	तरल	डाईमिथाइल अमाइन आफ 2, 4-डी (Dimethyl amine of 2, 4-D a.e. 72%)
4. वीडेक्स 4%	कणिकायें	इथाइल ईस्टर आफ 2, 4-डी Ethyl ester of 2, 4-D a.e. 4%

नींदा नाशक की रचना के आधार पर जैसे ई.सी. (तरल), पाऊडर या कणिकाओं की क्षमता प्रत्येक पारिस्थितिकी में एक समान नहीं होती जैसे थायोबेनकार्ब तरल की क्षमता कतारों में बीज के द्वारा बोई गई

उपभूर्मिधान पर अच्छा प्रभाव होता है। परन्तु थायोनकार्ब कणिकाओं की क्षमता उपभूर्मिधान में कम हो जाती है क्योंकि कणिकाओं के घुलने हेतु भरे हुए जल की आवश्यकता होती है। इससे इसका प्रभाव कम नमी में बहुत कम होता है। इसी प्रकार 2,4-डी की कणिकायें (वीडेक्स 4%) का धान में उपयोग करने के 24 घंटे तक लगभग 5 से.मी. जल स्तर रहना आवश्यक है।

मिश्रित नींदा नाशक (Mixed herbicides)

एक विशेष नींदा नाशक कुछ विशेष जाति के नींदा पर प्रभावी होता है जिससे कुछ किस्मों को ही नष्ट कर पाते हैं। जैसे 2,4-डी व एम.पी.पी.ए. केवल चौड़ी पत्ती वाले नींदा ही मारते हैं व घास कुल के नींदा प्रायः नहीं मरते हैं। ऐसे भी नींदा नाशक हैं जो उन स्पीसीस को नष्ट करते हैं जो 2,4-डी या एम.सी.पी.ए. से नहीं मरती हैं जैसे डाइकाम्बा (Dicamba), फ्लूएजीफाप-पी-बुटाइयल व हेलाक्सीफाप मिथाइल। कुछ नींदा नाशक ऐसे भी हैं जो अधिकांश मौसमी एक बीज पत्रीय व द्विबीज पत्रीय खरपतवारों को नियंत्रित करते हैं परन्तु बहुवर्षीय पौधों को नहीं मारते।

अतः निम्न उद्देश्यों से दो या दो से अधिक नींदा नाशकों का संरूपण (Formulation) किया जाता है या उपचार के समय मिश्रित कर छिड़काव करते हैं।

(1) विभिन्न स्पीसीस के नींदा को एक साथ मारने हेतु तथा ऐसी स्पीसीस जो नियंत्रण करने में कठिन हैं। जैसे डालापान + 2, 4-डी, सामान्य नींदा नियंत्रण हेतु, आइसोप्रोटुरान + 2, 4-डी गेहूँ में नियंत्रण हेतु, प्रोपाक्लोर + अट्राजिन मक्का में नियंत्रण हेतु।

(2) सहप्रक्रिया उद्दीप्त करने (For synergistic action): अट्राजीन + पेराक्वाट, अट्राजीन + पोटेशियमथायोसाइनेट अमीट्राल + अमोनियम थायोसाइनेट, 2, 4-डी + 2, 4, 5-टी

(3) तीव्र विषाक्तता वाले उत्पादों का अपघटन मंद करना- (To reduce rapid detoxification of more active toxicant formulation) 2, 4-डी के साथ बोरान को मिलाना क्योंकि बोरान, 2, 4-डी का जीवाणु अपघटन रोकता है। डालापान के साथ अमीट्राल को इसलिए मिलाते हैं क्योंकि अमीट्राल के द्वारा डालापान का पौधों में चयापचय कम होता है।

(4) अन्यगुणों को अनुकूल करना (To improve other properties) :

(1) सोडियम क्लोरेट के साथ ए.एम.एस. मिश्रित करने से सोडियम क्लोरेट से आग लगने से हानि को कम करता है।

(2) आर्सेनिक ट्राइआक्साइड व सल्फ्यूरिक अम्ल के मिश्रण से गंधक की क्षयकारी क्रिया (Corrosive action) कम करता है।

(5) नींदा नाशक की दर को कम करने हेतु दो नींदा नाशक को मिश्रित करने से उनकी सह क्रिया उद्दीप्त कर नींदा की स्पीसीस को कम दर पर मारना।

नींदा नाशकों के मिश्रण बनाने एवं उपयोग में कुछ बाधाएँ भी हैं।

(1) दो वरणात्मक नींदा नाशकों को मिश्रित करने से वे अवरणात्मक बन सकते हैं। उनका पृथक-पृथक उपयोग करने से फसल अधिक विषाक्त हो सकती है, अतः इस प्रकार सामान्य रूप से सहिष्णु फसल असहिष्णु भी हो सकती है।

(2) यदि दो नींदा नाशक विरुद्ध प्रक्रिया करते हैं तो दोनों का मिश्रित प्रभाव कम हो जाएगा।

(3) दो नींदा नाशकों को मिश्रित करने से उनकी भौतिक दशा में अनुरूपता न होने से समस्या उत्पन्न हो जाती है।

इन समस्याओं को दृष्टिगत कर ऐसे मिश्रित नींदा नाशकों का अन्वेषण किया गया है जिनका प्रभाव अनेक कारणों से लाभकारी हो।

मिश्रित नींदा नाशक के प्रकार

दो प्रकार के नींदा नाशक मिश्रण होते हैं -

(1) टेंक मिश्रण : दो या दो से अधिक नींदा नाशकों को छिड़काव करते समय एक ही टेंक (बर्तन) में विलयन बना लेते हैं। उदाहरण - आसोप्रोटुरान व 2,4-डी को एक साथ मिलाकर छिड़काव करने से अधिक नींदा नियंत्रण होते हैं।

(2) निर्माताओं द्वारा इच्छित नींदा नाशक का मिश्रित संरूपण बनाकर किसी एक व्यावसायिक नाम से बेचना। जो अनेक स्पीसीस के समूह को मारने हेतु उपयुक्त होता है।

विश्व में मिश्रित नींदा नाशक के कई संरूपण बने हैं। जो अभी बाजारों में उपलब्ध हैं उदाहरणार्थ -

अमीट्राल + सिमाजिन, अमीट्राल + लीनूरान,

अट्राजीन + मेटोलाक्लोर, अट्राजीन + प्रोपाक्लोर,

अट्राजीन + प्रोमेट्रिन, अट्राजीन + अमीट्राल,

ब्रोमेक्सिल + अमीट्रोल + फेनेक, ब्रोमेक्सिल + डाइयूरान, ब्रोमेक्सिल + टी.बी.ए.,

ब्रोमेक्सिल+डाइयूरान+टी.सी.ए.+2,3,6 टी.बी.ए., ब्रोमेक्सिल+एम.सी.पी.ए., डाइकेज़्बा+2,4-डी

डालापान + एम.एस.एम.ए., 2,4-डी + 2,4, 5-टी

ग्लाईफोसेट + 2,4-डी, लीनूरान + प्रोपाक्लोर

पैराक्वाट + डाइयूरान, पेराक्वाट + 2,4-डी

पैराक्वाट + एम.एस.एम.ए., पैराक्वाट + आक्सीज़्लोरफेन

प्रोमेट्रिन + पी.सी.पी., ज़्लूक्लोरेलिन + 2,4-डी, बेन्टाजोन + प्रोपेनिल

बेन्टाजोन + एट्राजिन, एनीलोफास + 2,4-डी (अनीलोगार्डप्लस)

आइसोप्रोटुरान + 2, 4-डी (आइसोगार्डप्लस)

उपचार के समय टेंक में मिश्रित करके छिड़काव करने वाले नींदा नाशक जैसे आइसोप्रोटुरान + 2, 4-डी, गेहूँ में, बेन्टाजोन + अट्राजिन, बेन्टाजोन + सायनाजिन ज्वार व मक्का के लिए, बेन्टाजोन + एम.सी.पी.ए. अलसी के लिए (बासाग्रान 1.5 लि./हे. + एम.सी.पी.ए. (17%) 1.5 लि./हे.), क्विनक्लोरेक (फेसिट) + बेन्टाजोन, क्विनक्लोरेक + पेन्डीमिथेलिन, अनीलोफास + 2, 4-डी (अनीलोगार्ड प्लस) धान के लिए उपयुक्त है।

सारिणी 17.1. मिश्रित नींदा नाशकों के कुछ संरूपण व उपचारित की जाने वाली फसलें

मिश्रित नींदा नाशक के संरूपण	सक्रिय अंश Active ingredients	दर कि.ग्रा./हे. सक्रिय अंश	उपचारित की जाने वाली फसलें
Aniten C (44%)	Butyl ester of 9-hydroxy fluorene-9 Carboxylic acid (Flurecol-n-butylester) (100 g/ litre) + MCPA in form of dimethylamine salt (337 g/lit)	0.9 1.3 उद्भवन के उपरान्त	गेहूँ, जौ wheat barley at tillering
अनीटेम–एम Anitem M (33%)	Flurecol-n-butylester (79 g/ litre) + MCPA in the form of isooctyl ester (25 g/litre)	0.7 to 1.0 उद्भवन के उपरान्त	गेहूँ, जौ Spring wheat and Barley
बनलेन–एम Banlen M (27%) EC	MCP + dicamba dimethyl amine salt	1.1 से 2.2 उद्भवन उपरान्त	गेहूँ, जौ, जई, राई Wheat, Rye, Oat, Barley
डायमेट डी (Diamet D) (44.6%)	Dimethylamine salt of 2-methoxy-3,6-dichlorobenzoic acid (2.7%) + Dimethyl amine salt of 2-methyl-1-4	1.1 से 1.75 उद्भवन उपरान्त 2.5 लि.	धान
डायमेन्ट (Diamant)	Chlorophenoxy acetic acid (41.9%)	1.25 लि.	गेहूँ, मक्का
बासग्रान पी.एल. – 2 Basagran-PL2 EC	Bentazon 160 g/l + atrazine 340 g/l	7 लि./हे. नींदा की 3–4 पती की अवस्था उगने के (10 दिन बाद)	धान, बीज व रोपा वाली
लेडाक Laddok SC	Bentazon 200 g/l + atrazine 200 g/l	3 से 5 लि./हे. 2 से 4 पत्ती की अवस्था पर या बोनी के पूर्व, या उगने के पूर्व	मक्का, ज्वार
प्रोडिक्स Prodix (WP)	आइसोप्रोटूरान 25% + नेबूरान 25%	उद्भवन पूर्व या उद्भवन बाद	गेहूँ, जौ
टोल्कन एस Tolkan S (EC)	आइसोप्रोटूरान 210 ग्रा./लि. + डाइनोटर्व 190 ग्रा./लि. (डाइमिथाइल अमाइन साल्ट के रूप में)	उद्भवन बाद कल्ले निकलने की अवस्था पर	गेहूँ, जौ
अनीलोगार्ड प्लस ई.सी.	अनीलोफास 24% + 2, 4-डी 32%	उद्भवन पूर्व या उद्भवन के बाद	धान
आइसोगार्ड प्लस डब्ल्यू.पी.	आइसोप्रोटूरान 40% + 2,4-डी 10%	उद्भवन बाद	गेहूँ

नींदा नाशक व उर्वरक की परस्पर क्रिया (Interaction of herbicides and fertilizers)

सफल नींदा नियंत्रण में नींदा नाशक दवाओं व उर्वरकों की परस्पर क्रिया का ज्ञान होना आवश्यक है। ब्राडी (1970) ने प्रकाशित किया कि 2,4,5–टी (आइसोआक्टिल ईस्टर) के विलयन के साथ यदि अमोनियम नाइट्रेट (0.1%) मिला देते हैं तो 2,4–5 टी का पेड़ों की पत्तियों में अवशोषण बढ़ जाता है। अमोनियम आयन से पोस्ट ओक (*Quercus stellata*) में 2,4,5–टी के अवशोषण की गति बढ़ जाती है परन्तु अन्य स्पीसीस में नहीं बढ़ती।

राव व रहमान (1978) एवं राव व कोटोकी (1979) ने ग्लाइफोसेट के साथ अमोनियम सल्फेट (0.5% डब्लू/व्ही.) मिलाने से कांसी *(Imperata cylindrica)* का अधिक नियंत्रण पाया। इसी प्रकार 2,4–डी के साथ अमोनियम सल्फेट को टेंक में मिलाने से भी अधिक नींदा नियंत्रण क्षमता पाई।

टर्नर एवं लोडर (1980) ने भी ग्लाइफोसेट (0.2 से 0.5 कि.ग्रा./हे.) के साथ अमोनियम सल्फेट (1-10%) मिलाने से एग्रोपाइरान (Agropyron repens) का अधिक नियंत्रण पाया। अमोनियम सल्फेट एवं लाइपोज़्लिक सरफेक्टेंट का ग्लाइकोसेट के साथ मिश्रण का अधिक प्रभाव रहता है। डाल व साथियों (1970) ने अधिक फास्फोरस की उपस्थिति में मक्का व कद्दू की वृद्धि पर अमीबेन या अट्राजीन का कुप्रभाव पाया। सेलमन व अपचर्च (1970) ने अधिक फास्फोरस की उपस्थिति में मूँगफली की वृद्धि पर अमीट्राल का विषाक्त प्रभाव पाया गया। फास्फोरस की मात्रा एवं अमीट्राल की विषाक्तता का गेहूँ, ज्वार, सोयाबीन पर सीधा प्रभाव पड़ता है। विल्सन व स्टेवर्ट (1973) ने टमाटर की मूल वृद्धि पर फास्फोरस व ट्राइज़्लूरेलिन की परस्पर क्रिया का कुप्रभाव पाया। अमेरिका में लगभग 10% नींदानाशक द्रव उर्वरकों के साथ मिलकर मक्का में प्रयोग किए गए (मर्फी 1971)। मेयर व साथियों (1973) ने आलाक्लोर, आलाक्लोर + अट्राजिन, बुटाइलेट + अट्राजिन, नोरिया + अट्राजिन, ट्राइज़्लूरेलिन, को उर्वरक के साथ मिलाकर उपयोग करने से उनके प्रभाव में कोई कमी नहीं पाई। वोवोभा (1980) ने बताया कि एन.पी.के. की पूरी खुराक देने से अट्राजिन का अवशोषण पौधों में कम होता है। केवल फास्फोरस व पोटाश की उपस्थिति में अट्राजिन का अधिक विषाक्त प्रभाव होता है उसकी तुलना में जहाँ पर नाइट्रोजन एवं फास्फोरस या नत्रजन व पोटाश होता है। इसका कारण यह है कि नत्रजन की अनुपस्थिति में अट्राजिन का पौधों में अवशोषण बढ़ जाता है। नींदा नाशक पौधों में खाद्य–तत्वों के अवशोषण को प्रभावित करते हैं। लेडोनिन व साथियों (1980) ने मटर के पौधों में 2, 4–डी व डाइकेज़्बा के द्वारा 55 से 64% नाइट्रोजन के अवशोषण में कमी पाई।

तिवारी व साथियों ने (1990) आइसोप्रोटूरान के पाऊडर को यूरिया + सुपरफास्फेट + ज़्यूरेट आफ पोटाश के मिश्रण के साथ बोने के पूर्व गेहूँ में प्रयोग कर सारगर्भित नींदा नियंत्रण पाया। सामान्य उपचार विधि से नींदा नियंत्रण की तुलना में विशेष कमी नहीं हुई। धान व सोयाबीन की फसल में बूटाक्लोर ई.सी. संरूपण सुपरफास्फेट के साथ मिश्रण बनाकर बोनी के पूर्व छिटकने से नींदा नियंत्रण हो जाता है तथा उपज में सामान्य विधि की तुलना में विशेष कमी नहीं होती।

नींदा नाशक व कीटनाशक दवाओं की परस्पर क्रिया

फसलों में नींदा नियंत्रण हेतु नींदानाशक तथा कीट नियंत्रण हेतु कीटनाशक दवाएँ एक साथ या एक के बाद एक कुछ समय बाद प्रयोग करते हैं। पौधों की सहनशीलता इनकी परस्पर क्रिया के कारण बदल सकती है। कपास

में मोनूरान एवं डाइयूरान का फोरेट कीटनाशक दवा की उपस्थिति में कुप्रभाव पड़ता है। नास (1968) ने जई में डाइयूरान का प्रयोग डाइसल्फोटान या फोरेट कीटनाशक दवा के साथ प्रयोग करने से जई पर अधिक कुप्रभाव पाया। ट्राइज्लूरेलिन के साथ फोरेट या डाइसल्फोटोन के साथ प्रयोग करने से एंटीगोनेस्टिक क्रिया होती है। जिसके प्रभाव से कपास की मूल वृद्धि अधिक होती है तथा उपज बढ़ जाती है। पार्क्स और साथियों (1970) ने प्रकाशित किया कि फोरेट कीटनाशक की उपस्थिति में फ्रेंचबीन के पौधे में प्रोमेट्रिन का अवशोषण बढ़ जाता है। जान्सन (1970) ने बतलाया कि सोयाबीन की वृद्धि पर लिनूरान व क्लोरेज़्बिन का कुप्रभाव फोरेट एवं डाइसल्फोटान की उपस्थिति में बढ़ जाता है। आर्गनोफास्फेट कीटनाशक दवाएं अट्राजिन के साथ मिलाने पर अट्राजिन का अवशोषण एवं संवहन प्रभावित करती है। हेस व साथियों (1979) ने सोयाबीन पर मेट्रीब्यूजिन का फोरेट के साथ या डाइसल्फोटोन के साथ प्रयोग करने से सिनरजिस्टिक प्रभाव पाया जिससे उनकी क्रियाशीलता बढ़ गई। जिसके कारण अधिक विषाक्तता से पौध संज्ञा एवं उपज में कमी हो गई परन्तु लीनूरान के साथ फोरेट या डाइसल्फोटोन का प्रयोग करने से सोयाबीन पर कोई प्रभाव नहीं मिला। डेल रोसारियों एवं फुटनम (1973) ने प्रकाशित किया कि जब लीनुरान को कार्बरिल के साथ मिलाकर गाजर पर छिड़काव करते हैं तो गाजर पर कुप्रभाव होता है। यदि प्रत्येक का एक दिन के अंतर से छिड़काव करते हैं तब भी कुप्रभाव होता है। कार्बरिल के कारण लीनूरान का पत्तियों में अधिक अवशोषण होता है तथा लीनूरान का चयापचय कार्बरिल की उपस्थिति में कम हो जाता है।

हमील व पेनर (1973) ने कार्बोज्यूरान कीटनाशक से बीजोपचार कर आलाक्लोर का छिड़काव करने से जौ पर कुप्रभाव पाया गया परन्तु मक्का पर कोई प्रभाव नहीं पाया गया। कार्बोज़्यूरान के बीजोपचार से आलाक्लोर का बीज में अवशोषण बढ़ गया जिससे जौ का अंकुरण प्रभावित हो गया।

जौ व मक्का में कार्बोज़्यूरान का चयापचय आलाक्लोर के द्वारा अवरुद्ध नहीं होता परन्तु बुटाइलेट के द्वारा मक्का की जड़ों में कम हो जाता है। चेंग व साथियों (1971) ने 6 नींदा नाशकों का कार्बरिल, फोरोफास एवं मेलाथियान के चयापचय का अध्ययन टमाटर की पत्तियों पर किया जिससे विदित हुआ कि पायराजान व प्रोनामिड का कोई प्रभाव नहीं होता परन्तु लीनूरान के द्वारा सभी कीटनाशकों का चयापचय अवरुद्ध हो जाता है।

इन अध्ययनों से विदित होता है कि नींदा नाशक दवाओं को यदि उचित कीटनाशक दवा के साथ नहीं मिलाते हैं या एक के बाद दूसरे का छिड़काव सही नहीं है तो परस्पर क्रिया का फसल के अंकुरण या वृद्धि पर कुप्रभाव हो सकता है तथा उपज कम हो सकती है। यह कुप्रभाव नींदा नाशक या कीट-नाशक दवा या दोनों का अधिक समय तक पौधों में चयापचय न होने के कारण हो सकता है। मृदा उपचारित नींदा नाशक व कीटनाशक के साथ अधिक समस्या होती है।

बासाग्रान-पी.एल.2 के साथ कार्बामेट्स व आर्गनोफास्फेट्स का छिड़काव नहीं करना चाहिए। 10 दिन का अंतर इन कीट नाशक के छिड़काव में होना आवश्यक है।

नींदा नाशक व कवक नाशक की परस्पर क्रिया

नींदा नाशक व कवक नाशक दवाओं को मिश्रित कर उपचार करने से उनमें परस्पर क्रिया होती है तथा दोनों का रोग-कारक कवक या पौधों पर प्रभाव हो सकता है। अट्राजीन नींदा नाशक का डिक्सान (Dexon) कवक नाशक के साथ उपचार करने से अनेक स्पीसीस पर विपरीत क्रिया होती है (Corbin and Sheets, 1968)। इस

मिश्रण के कारण मक्का, ककड़ी व सोयाबीन के पौधों में डिक्सान की उपस्थिति में अट्राजीन का अवशोषण कम हो जाता है।

डाइनोसेव के द्वारा मूँगफली में तना-गलन (Stem root) रोग कम हो जाता है (Chapplel and Miller, 1956) बग्गा व साथियों (1970) के अनुसार क्लोरोजुरान के द्वारा राइजोक्टोनिया की उपस्थिति में मटर पर कुप्रभाव होता है परन्तु मृदा में राइजोक्टोनिया न होने से कुप्रभाव नहीं होता है।

बेक्सेन व साथियों (1977) के अनुसार मूँगफली में आक्साडायजान नींदा नाशक की उपस्थिति में स्क्लेरोसियम रोल्ज़्साई के द्वारा होने वाला तना गलन रोग नहीं होता।

डाइयूरान व अट्राजीन के उपचार से पौधे TMV विषाणु रोग से अधिक प्रभावित होने लगते है।

एक ही नींदा नाशक के विभिन्न उत्पाद, एक ही स्पीसीस के नींदा को मारने की विभिन्न क्षमता रखते हैं। यह भिन्नता सक्रिय पदार्थ के साथ मिलाए गए अन्य सहायकों की किस्म तथा उनकी मात्रा पर आधारित रहता है।

नींदा-रोग-कीट-नाशक

ऐसे नींदा-नाशक भी हैं जिनका प्रभाव नींदा नाशक, कीट-नाशक एवं रोग-नाशक जैसा भी होता है तथा तीनों का नियंत्रण एक ही नींदा नाशक से हो सकता है। डेजोमेट (Dazomet) इसका प्रमुख उदाहरण है। डेजोमेट (Commercial Basamid granular) एक मृदा धूमीकारक दवा (Fumigant) है जिसका उपयोग काँच-गृह, हरितगृह, गमलों व साग भाजी तथा शोभाकारी उद्यानों एवं रोप-सस्य (Cash crops) में किया जा सकता है। जिस क्षेत्र में सघन फसलोत्पादन कार्यक्रम चलता है वहाँ पर अनेक मृदा-वासी रोग, कीड़ों व नींदा को आश्रय मिलता है। जिससे कालान्तर में फसल की वृद्धि कम हो जाती है तथा उत्पादन घट जाता है। इस दशा को मृदा रुग्णता (Soil sickness) कहते हैं।

अत: ऐसी दवाओं का शोध हुआ है जो मृदा के हानिकारक कवक, बैक्टीरिया, निमेटोड्स व नींदा के बीज तथा कीड़ों को नियंत्रित कर सके तथा उपचार के बाद फसलों पर कुप्रभाव न डालें। इस दिशा में अनेक धूमीकारक दवाओं का आविष्कार हुआ है जो लम्बे समय तक मृदा में प्रभाव छोड़ते हैं तथा फसल बोने के लिए अधिक समय तक प्रतीक्षा करनी पड़ती है परन्तु आधुनिकतम दवा डेजोमेट (Dazomet-com-Basamid granular) जिसके द्वारा मृदा धूमीकरण से कीट-रोग व नींदा नियंत्रित कर सकते हैं। विश्व में इसका सबसे अधिक उपयोग मृदा धूमीकरण में होता है। जब डेजोमेट मृदा में जल के सम्पर्क में आता है तब उसका निर्जमीकारक का प्रभाव होता है। इससे जो गैस निकलती है वह मृदा में ऊपर की ओर फैलती है तथा कीट, फफूंद, निमेटोड या नींदा के बीज के सम्पर्क में आती है उसे निर्जीव कर देती है। मृदा को 20 ग्रा./वर्ग मी. बासामिड ग्रेनूलर से उपचारित करते हैं। इसके उपचार के समय ''सीड बेड'' अच्छा तैयार हो। तापक्रम 15 से 20° एवं उपचार के समय व बाद में मृदा में पर्याप्त नमी हो। डेजोमेट को मृदा में लगभग 20 से.मी. गहराई तक रोटरी कल्टीवेटर (जिसमें फिंगर रोटर लगे हों) से मिश्रित कर देना चाहिए। उसके बाद मृदा को पाटा चलाकर पेक कर देना चाहिए, जिससे गैस कम उड़े। उसके बाद स्प्रिंकलर के द्वारा सिंचाई करें व फिर से रोलर चलाऐं। तत्पश्चात् पालीथीन की चादर से आच्छादित कर दें। फिर चादर के ऊपर सिंचाई करें जिससे चादर मृदा से चिपक जाए। उसे 5-7 दिन तक आच्छादित रहने दें। एक दो सप्ताह के बाद चादर हटा कर फिर से रोटरी कल्टीवेटर चलाए जिससे गैस निकल जाए व उसके बाद शुद्ध पौध एवं जल, यंत्र आदि का प्रयोग करें जिससे रोग न लगें।

डेजोमेट के उपचार से नियंत्रित होने वाले रोग

निमेटोड	
पौधों में परजीवी निमेटोड	मूल ग्रंथि (Root knot nematodes)
स्वतंत्र निमेटोड (Free living nematodes)	मेलोइडोजीन - *Meloidogyne* spp.
प्रेटीलेन्कस *Pratylenchus* spp.	(Cyst nematodes)
होपलोलेमस *Hoplolaimus* spp.	ग्लोबोडेरा (*Globodera*)
रोटीलेन्कस *Rotylenchus* spp.	rosthochiensis
टाइलेन्कोरराइन्कस *Tylenchorrhynchus* spp.	हेटेरोडेरा *Heterodera*
पेरा टाइलेन्कस *Paratylenchus* spp.	Schachtii
जिफीनेमा *Siphinema* spp.	*H. glycines* तना व पत्ती के निमेटोड
टाइलेन्कस *Tylenchus* spp.	डाइटीलेन्कस *Ditylenchus* spp.

मृदा कवक

गलन व उकटा रोग उत्पन्न करने वाले कवक व जड़-सड़न रोग

Pathogen causing damping off and wilt diseases, root rot

अफेनोमाइसीस	*Aphanomyces* spp.
पिथियम डेबरीयनम	*Pythium debaryanum*
पिथियम स्पीसीस	*Pythium* spp.
फाइटोज़्थोरा	*Phytophthora cactorum*
फाइटोज़्थोरा निकोटियनी	*P. nicotianae*
पैरोनोसपोरा स्पीसीस	*Peronospora* spp.
थीलाविओपसिस बेसीकोला	*Thielaviopsis basicola*
वरटीसीलियम अल्बो-एट्रम	*Verticillium albo-atrum*
डाइडीमेला	*Didymella*
लाइकोपरसीकी	*Lycopersici*
ज़्यूजेरियम स्पीसीस	*Fusarium* spp.
फोमा स्पीसीस	*Phoma* spp.
अल्टरनेरिया टेनुइस	*Alternaria tenuis*
पाइरिनोक्याटा लाइकोपरसीकी	*Pyrenochaeta lycopersici*
प्लास्मोडियोफोरा ब्रसिकी	*Plasmodiophora brassicae*

ज़्यालोफोरा स्पीसीस	*Phialophom* spp.
राइजोक्टोनिया स्पीसीस	*Rhizoctonia* spp.

मृदा बेक्टीरिया

क्राऊन	*Agrobacterium tumefaciens*
गाल रोग	Crowngill

मृदा कीट

तन्तुकृमि	Wire worm	Elateridae
श्वेतजातक	White grub	Scarabeidae
कटुआइल्ली	cutworms	(Agrostis spp.)
इल्ली	Prodenia worms	

अन्य नींदा

मौसमी घासें, मौथा व चौड़ी पत्ती वाले नींदा नियंत्रित होते हैं। गोंदला, दूब, कांस का प्रभाव भी कम होता है।

अट्राजिन के द्वारा कुछ कवक (Fungi) व सूत्रिका कृमि (Nematodes) का विनाश हो जाता है परन्तु कीटों पर प्रभाव नहीं होता है।

विभिन्न उत्पादों की क्षमता व आंकलन

एक ही नींदा नाशक के विभिन्न कम्पनियों के उत्पादों की प्रभाविता का आंकलन निम्न तथ्यों से किया जा सकता है।

(1) नींदा नियंत्रण क्षमता एवं फसल पर वरणात्मक प्रभाव।

(2) वाष्पन, रिसाव, ड्रिफ्ट, स्थायित्व, वर्षा द्वारा पर्ण निछालन आदि की सहनशीलता।

(3) उपयोग कर्त्ता के लिए सुरक्षा।

(4) संग्रहीत करने की अवधि के बाद प्रभाविता।

(5) मृदा व पौधों में विषाक्त तत्त्वों के अवशेषों की मात्रा।

(6) प्रयोग करने में सरलता, उपकरणों को प्रभावित करने की क्षमता।

(7) विभिन्न पारिस्थितिकी में जैसे ताप, वर्षा, आर्द्रता, मृदा के प्रकार एवं जैविक प्रभाव का आँकलन।

नींदा नाशक दवाओं का प्रयोग करते समय पूर्ण सावधानी रखें अन्यथा उनके प्रभाव उपयुक्त नहीं मिलते हैं। नींदानाशक बनाने वाली कम्पनियाँ केवल नींदा नाशक पदार्थ की गुणवत्ता का ही आश्वासन देती है। उसके प्रभाव की जिम्मेदारी नहीं होती है क्योंकि इन दवाओं का उपयोग उनके नियंत्रण में नहीं होता है।

नींदा नाशक की दर/हे.

नींदा नाशक की प्रति हे. मात्रा अनेक परिस्थितियों पर आधारित रहती है। नींदा नाशक की मात्रा पारिस्थितिकी के अनुसार उपयुक्त होना आवश्यक है अन्यथा नींदा नियंत्रण उचित नहीं होगा या फसल पर कुप्रभाव होगा या दोनों भी हो सकता है। नींदा नाशक की कम मात्रा में नींदा नियंत्रित नहीं होंगे तथा अधिक मात्रा में फसल पर असर होगा और उपज कम होगी।

प्रत्येक पारिस्थितिकी दशाओं में नींदा की सही मात्रा का ज्ञान होना आवश्यक है। प्रयोग करते समय इन निम्न तथ्यों का ज्ञान होना भी आवश्यक है।

1. नींदा की किस्म व घनत्व
2. मृदा की भौतिक व रसायनिक संरचना, रेतीली, मृदा में कम मात्रा का उपयोग करें।
3. जीवांश की मात्रा - अधिक जीवांश होने पर अधिक मात्रा
4. तापक्रम
5. आर्द्रता
6. मृदा में नमी की मात्रा
7. नींदा नाशक प्रयोग की विधि जैसे उद्भवन पूर्व या उद्भवन बाद।
8. फसल व नींदा की अवस्था तथा वरणात्मकता क्योंकि नींदा की अवस्था अधिक होने से नींदा नाशक की मात्रा अधिक लगती है।

समाश्वासन (Warranty)

प्रत्येक उत्पादों के बारे में कम्पनियाँ स्पष्ट लिखती हैं कि हमारे उत्पादों का उपयोग हमारे नियंत्रण के बाहर है इसलिए इसकी एक समान गुणवत्ता के अलावा अन्य किसी प्रत्यक्ष या अप्रत्यक्ष हानि का उत्तरदायित्व अपने या वितरक के ऊपर नहीं ले सकते हैं।

लेबिल पर अंकित अंतर्वस्तुओं के अतिरिक्त इस उत्पाद (Product) की निर्माता अथवा विक्रेता कोई गारंटी या वारंटी अथवा कोई अभिवेदन नहीं देता। निर्देश के अनुसार अथवा उसके बिना, उत्पाद के प्रयोग से संभूत, अनाज, भूमि, व्यक्ति अथवा जायदाद की किसी भी प्रकार की हानि के लिए विक्रेता उत्तरदायी नहीं है इस पर ग्राहक पूर्ण सहमत होगा।

प्रायः यह अवलोकन किया गया है कि नींदा नाशक के लेबिल या पत्रक पर प्रत्येक उत्पाद बनाने वाली कम्पनियाँ अपने उत्पाद की अधिक बिक्री हेतु नींदा नाशक की वरणात्मकता अनेक फसलों में अनुशंसा करते हैं उनमें भी जो नींदा के विषाक्त प्रभाव से प्रभावित हो जाती है। BASF कम्पनी के द्वारा बासालिन (Fluchloralin) की अनुशंसा गेहूँ में भी नींदा नियंत्रण हेतु की है। जबकि वह गेहूँ का अंकुरण बहुत कम कर देता है। अतः वैज्ञानिकों की अनुशंसा पर ही उपचार किए जाए। फसलों में नींदा नाशक प्रयोग करते समय निम्नलिखित बिन्दुओं पर ध्यान देना आवश्यक है।

(1) फसलों के अनुरूप वरणात्मक नींदा नाशक का ही प्रयोग करें। जैसे गेहूँ में आइसोप्रोटूरान, 2,4-डी, तथा मक्का में सिमाजिन, कपास में डाइयूरान आदि।

(2) उपयुक्त मात्रा का प्रति इकाई क्षेत्र में समान रूप से छिड़काव किया जाए।

(3) उपयोग करने की सही विधि का चुनाव करें उद्भवनपूर्व या उद्भवन बाद अनुशंसा के अनुरूप प्रयोग करें अन्यथा प्रभाव कम हो जाएगा।

(4) वाहक - पदार्थ (Carrier) जैसे जल की उपयुक्त मात्रा का प्रयोग करें। जिससे नींदा नाशक का समान छिड़काव हो।

(5) न्यून आयतन (Low volume) स्प्रेयर से कम मात्रा की आवश्यकता होती है तथा उच्च आयतन स्प्रेयर से अधिक घोल की मात्रा का छिड़काव होता है। उद्भवन बाद छिड़काव करने में 50-60 लि. पानी की आवश्यकता होती है।

(6) चूर्ण व्यवस्थापन (Powder formulation) का उपयोग करने में नींदा नाशक का निलम्बन (Suspension) होता है जो कुछ समय बाद नीचे बैठ जाता है। अत: छिड़काव करते समय घोल को हिलाते रहना चाहिए।

(7) उद्भवन से पूर्व नींदा नाशक का प्रयोग उचित नमी होने पर करें।

(8) उद्भवन के बाद पर्णोपचार करने वाले नींदा नाशक के लेबिल को ठीक से पढ़कर देख लें कि उसमें पृष्ठद्रुत कार्य साधक (adjuvant) जैसे टीपाल आदि मिलाना हो तो छिड़काव के पहले घोल में मिला दें। इससे नींदा नाशक का प्रभाव उचित होगा।

(9) नींदा नाशक का किसी भी स्थान पर बार-बार (Repeatition) छिड़काव न हो तथा कोई भाग अनुपचारित न रहें।

(10) छिड़काव करते समय घोल की ड्रिफ्ट दूसरी फसल पर न उड़े।

नींदा नाशक के पैकेट या डिब्बों पर निम्नलिखित प्रविष्टियों का निरीक्षण करें।

निर्माण लाइसेंस नं.

बैच संख्या

निर्माण तिथि

अवसान तिथि

अधिकतम मूल्य

(स्थानीय कर अतिरिक्त)

■■■■

18

नींदा नाशक-सहायकों का वर्गीकरण
(Classification of Adjuvants of Herbicide)

प्रसारक (Spreader)

"प्रसारक" वे पृष्ठीय-द्रुत कार्य साधक (Surface active agent) हैं, जो टँकी में ही छिड़काव के घोल में मिलाए जाते हैं। ये पत्तियों पर छिड़काव के घोल की बूदों के चिपकने व फैलाने के लिए मिलाए जाते हैं। प्रसारक का गुण प्रायः अनायनित (Non-ionic) होता है और नोनिल फिनाल के तुल्य होते हैं जिनमें 10 मोल इथीलीन आक्साइड जुड़ी होती है। ये 13 से 52 मि.ली. प्रति 1 ली. घोल की दर से मिलाए जाते हैं।

प्रसारक नींदा नाशक की कार्य क्षमता में बहुत कम असर डालता है।

प्रसारक-धारक (Spreader sticker)

प्रसारक-धारक भी वही कार्य करते हैं, जो प्रसारक करते हैं परन्तु इनमें एक धारक भी मिला होता है जिसके कारण छिड़काव की बूंद पानी बरसने पर गीली अवस्था में भी पत्तियों से चिपकी रहती हैं। नींदा नाशक धुलने से सुरक्षित रहता है। धारक अधिकतर वसीय अम्ल (Fatty acid), पॉलीमराइज्ड वसीय अम्ल (Polymerised fatty acid) या कृत्रिम पालीमरलेटेक्स (Synthetic polymerlatex) ही हैं।

ये प्रसारक की दर से ही मिलाए जाते हैं तथा इनके मिलाने से नींदा नाशक की कुछ जैविक प्रक्रिया कम हो जाती है क्योंकि पत्ती में इनका प्रवेश कम हो जाता है।

धारक (Stickers)

धारक हमेशा पृष्ठीय द्रुत कार्य साधक के साथ नहीं मिलाया जाता परन्तु कभी-कभी विशेष गुण के कारण अकेला ही मिलाया जाता है। यह वर्षा की संभावना हो तब इसलिए मिला देते हैं कि छिड़काव किया गया पदार्थ पत्तियों से चिपका रहे व पानी के साथ धुल कर न बहे।

धारक का गुण प्रायः पालीमेरिक (Polymeric) होता है पानी में कम घुलनशील होते हैं तथा चिपकने की क्षमता अधिक होती है यदि इनकी सांद्रता उपयुक्त है तो ये नींदानाशक की कार्यक्षमता कम नहीं करते हैं। अधिकता होने पर पत्तियों में नींदा नाशक के प्रवेश को कम कर देता है।

फुहार घनत्व कारक (Spray thickeners for reducing spray drift)

छिड़काव के पंप, नोजल तथा पंप में वायु दबाव आदि के कारण छिड़काव की बूंदें कई माप की बनती हैं। बहुत ही छोटी बूंदें (10 मिली माइक्रान या कम) पत्तियों पर ठीक से चिपकती है। परन्तु ये छोटी बूंदें हवा के साथ कई कि.मी. दूर चली जाती हैं और जहाँ पर छिड़काव करना है वहाँ पर फुहार नहीं गिरती। इसलिए ऐसे पदार्थ टंकी में ही मिला दिया जाते है जिनसें बूंदों का माप 50 मिली. ज़्यू या अधिक हो जाए। इस माप की बूंदें साधारण रूप से हवा के द्वारा नहीं उड़ पाती और लक्षित स्थान पर पहुँचती हैं। फुहार के ज़ोत से दूर बहने (drift) को प्रतिबंधित करने वाले यौगिक जल में विलय या प्रसारीय, जल ग्राही पालीमर हैं। जब ये सांद्र घोल में मिलाए जाते हैं, तो रसायन व जल का 50 गुना भार अवशोषित करते हैं। परिणामत: एक जल कण बन जाएगा जो ज़ोत से उड़कर दूर नहीं पहुँच पाएगा।

झागकारी (Foaming agent for reducing drift)

एक नवीन विधि जिसमें झागकारी पदार्थ घोल में मिला देने से फुहार का ज़ोत से दूर बहना प्रतिबंधित हो जाता है, इससे जल-बूँद हवा के साथ मिलाकर एक बड़ा भाग का बुलबुला बना लेते हैं और ऐसे अनेक मिल जाते हैं इनका पौधों की दैहिकीय क्रियाओं पर क्या असर होता इसका अभी पूर्ण ज्ञान नहीं है।

पौधों के दैहिकीय संस्थान में सरफेक्टेंट (Surfactant) की संभावित व क्रमिक प्रक्रियायें

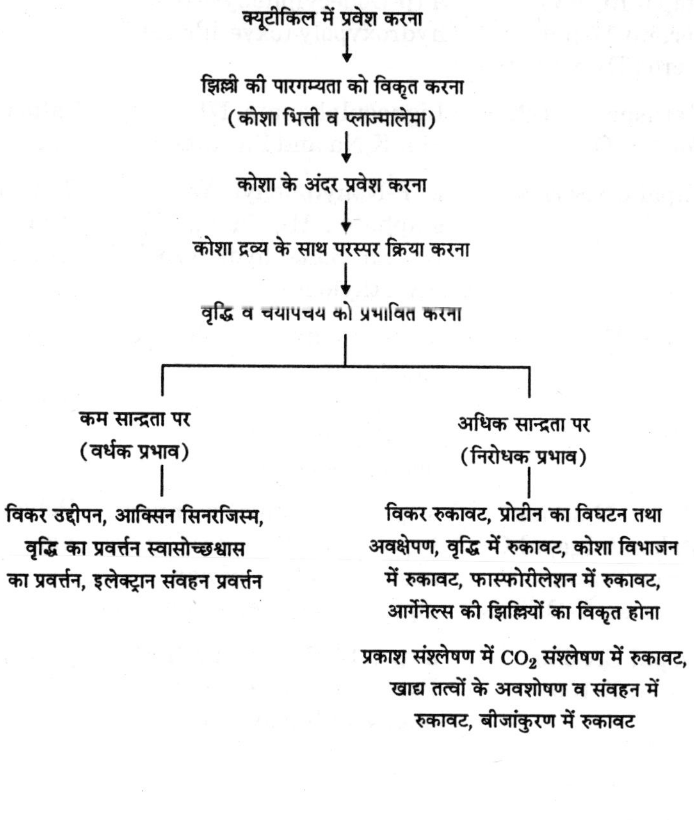

नींदा नाशक सहायकों के सामान्य, व्यापारिक व रासायनिक नाम, वर्ग तथा किस्म

Common, trade and Chemical names of adjuvants and their classes and types

Common name	Trade name	Chemical name	Class
Albenate	Nacconol 88 SA, Caksoft F90, DDBSA Bantomerse No. 3	Alkyl (C_{18} C_{14}) benzone sulphomic acid and its salts.	Alkylarylsulphonate
Alfos	Emocol PS-131	Alkyl (C_{10}-C_{16})-W-hydroxypoly (oxyethylene) mixture of dihydrogen phosphate	Polyoxyethylene alkyl Phosphate ester
Alinate	Sipon ES	Lauryl-W-hydroxypoly (oxyethylene) sulphate indicate PCE content	Lauryl polyoxyethylene sulphate salt.
Allinol	Neodol 25-3 Alfonio 1014-40	a-Alkyl (C_{11}-C_{15})-W-hydroxypoly (oxyethylene)	C_{11}-C_{15} liniar, primary alcohol ethoxylate
Diocusate	Triton GR-5 Aerosol OT	Sodium dioctyl sulfosuccinate	Dioctyl sodium sulfosuccinate
Dooxynol	Igapal RC-630. Tergito 12-p-9 Sterox Dseries	a-(p-Dodecylphenyl)-W-hydroxypoly (oxyethlene)	
Ligsolate	Marasperse N-22 Polyfon O	Lignosulphonate, NH_4, Ca, Mg, K,Na and Zn salts	Salts of lignosulfomo acid
Nofenate	Alipal Co Series	a-(P-Nonylphenyl)-W-sulphate NH_4, Ca, Mg, K, Na, Zn, Salts. hydroxypoly (oxyethylene)	Salts of sulphate ester of nonylphenoxypoly (ethyleneoxy) ethanol.
Nonfoster	Gafac RM	a-(P-Nonylphenyl)-W- hydro-xypoly (oxyet-hylene) mixture of dihydrogen phosphate and monophosphate esters	Polyoxyethylene nonylphenol phosphate esters.
Nonoxynol	Sterox N-series Makon 6 Igepal Co series Triton N-series T-DET-N	a-(p-nonylphenyl)-w- hydro-xypoly (oxyethylene) Conde-nsation product of non-ylphenol with ethylene oxide	Polyoxyalkylene nonylphenyl.
Oxtoxynol	Igepal CA-630 Triton-X-100	a-(p-1,1,3,3-Tetramethyl Polyoxyethylene butyl phenyl) W-hydroxypoly	octyl phenol

Common name	Trade name	Chemical name	Class
		(oxyethylene) condensation product of o-(1,1, 3,3 - tetramethyl butyl) phenol with ethylene oxide.	
Oxycastal	Emulphor EL-719 Emulphor EL-620 Trylox Co-40 T-DET-C- 40	Caster oil, Polyxy-ethylated	Ethoxylated Castor oil
Oxysorbic	Atlox 1045 Drewmu-lse POE-STS Tween series G-1045	Polyoxyethylated sorbitol fatty acid esters	Polyoxyethylated sorbitol fatty acid esters
Talloil	Ariz S.A. Agent 305	Tall oil, fatty acids more than 58% resin acid not more than 44% unsaponifiable not more than 8%	Tall oil
Thalestol	Triton 3-1956	Polyglycerol phthalate esters of coconut oil fatty acid	Modified phthalic glycerol alkyl resin

■■■■

19

विषहर
(Antidotes)

विषहर या विषनिवारक वह रासायनिक पदार्थ है जो नींदानाशक या कीट-नाशक दवाओं के कुप्रभावों को पौधों (फसलों) या मनुष्य या अन्य जीवों पर कम कर दे या पूर्ण रूप से नष्ट कर दें।

फसलों हेतु नींदा नाशक के विषहर (Herbicides antidotes for crops)

फसलों में नींदा नाशक के कुप्रभाव कम करने या रोकने हेतु विषहर (Antidotes) रासायनिकों का अनुसंधान बहुत कम हुआ है। मक्का में प्रयोग होने वाले "विषहर" का उपयोग होने लगा है। ईपीटीसी नींदा नाशक का हानिकारक प्रभाव रोकने हेतु "प्रोटेक्ट" (1, 8-नेज़्थेलिक एनहाईड्राइड 4.40 ग्राम/कि.ग्रा.) से मक्का का बीज उपचारित करते हैं। इस एन्टीडोट से बोनी करने के पहले कभी भी उपचार कर सकते हैं। इपीटीसी का बाद में छिड़काव करने से भी हानि कारक प्रभाव नहीं होता। इस एन्टीडोट को गल्फ केमीकल कम्पनी बेचती है।

एक दूसरा एन्टीडोट आर-25788 (एनएन डाइअलिल-2, 2- डाईक्लोरो एसीटेमाइड) को इपीटीसी के साथ ही मिलाकर छिड़काव करते हैं या बीजोपचार भी कर सकते हैं। इसको "स्टाफरकेमीकल कंपनी" बनाती है। इसका भी मक्का में ईपीटीसी के कुप्रभाव को रोकने हेतु उपयोग करते है।

इस एन्टीडोट के उपचार से मक्का पर बुटाइलेट का भी कुप्रभाव नहीं होता है। एन्टीडोट से उपचार न करने से मक्का का अंकुरण कम हो जाता है तथा जो पौधे उग जाते हैं, उनकी वृद्धि भी नींदा नाशक के कुप्रभाव से कम होती है।

एक्टीवेटेड चार कोल (Activated Charcoal)

एक्टीवेटेड चारकोल नींदा नाशकों का एक सक्षम अवशोषक है। बूटाक्लोर, डाईयूरान, ट्राइफलूरेलिन, नाइट्रेलिन, सिमाजिन, प्रोपालाक्लोर, पाईराजोन, क्लोरज़्बिन, 2, 4-डी., 2, 4, 5-टी व इटीपीसी आदि नींदा नाशकों को अवशोषित करने में सक्षम है। बीज को या छोटे पौधों को या मूल को रोपने के पहले चारकोल से उपचारित करने पर नींदा नाशकों का कुप्रभाव नहीं होता। बीज बोने के पहले परत चढ़ा देते हैं। उपचारित खेत में रोपने के पहले जड़ों को एक्टीवेटेड चारकोल के घोल (पानी) में डुबाकर लगाने से नींदा नाशक का कुप्रभाव पौध पर नहीं होता (रॉबिनसन, 1965)। यदि एक्टीवेटेड चारकोल को रोपने के स्थान पर डाल दिया जाए उसके बाद बीज या

पौध लगाई जाए तब भी नींदा नाशक का कुप्रभाव नहीं होता। बीज बोने के बाद पूरी कतार में बीज के ऊपर एक्टीवेटेड चारकोल की 2.5 से.मी. परत 130 कि.ग्रा./हे. की दर से क्लेलोम मृदा में एवं 390 कि.ग्रा./हे. की दर से रेतीली मृदा में उपचार करने से नींदा नाशक का कुप्रभाव फसल के बीजांकुरण व वृद्धि पर नहीं होता (Jordan and Cole, 1972, Burr *et al.*, 1972)। वर्तमान में बीज पर एक्टीवेटेड कार्बन की पतली परत चढ़ाकर (Seed pelleting) उपचारित करते हैं। गोंद या पाली विनाइल एसीटेट का उपचार करने में प्रयोग करते हैं, जिससे एक्टीवेटेड चारकोल बीज से चिपक जाए। बरबटी व मक्का को चारकोल से उपचारित करने से इपीटीसी को तथा धान को उपचारित करने से, क्लोरब्रिन, बूटाक्लोर तथा ई.पी.टी.सी. की वरणात्मकता बढ़ जाती है (नागजू व प्लक्नेट, 1972, निरनवाल, 1974)। बरसीम के बीज पर एक्टीवेटेड चारकोल की परत चढ़ाने से बूटाक्लोर की वरणात्मकता बढ़ जाती है।

मनुष्यों हेतु एन्टीडोट्स

मनुष्यों पर नींदा नाशक के प्रभावों को नष्ट करने या कम करने हेतु विषहर (Antidotes) का प्रयोग करना चाहिए। सभी नींदा नाशकों के प्रभावी विषहर अभी पूर्ण रूप से विकसित नहीं हुए हैं। कुछ नींदा नाशकों के विषहर ज्ञात किए जा चुके हैं, जो प्रभावित व्यक्तियों के उपचार हेतु प्रयोग किए जा सकते हैं। अधोलिखित नींदा नाशकों के विषहर तथा उपचार की विधि बतलाई गई।

अनीलोफास : 2 मि.ग्रा. एट्रोपीन सल्फेट अंतर शिरा दीजिए। जरूरत पड़ने पर इसे हर 15 मि. बाद दोहराएँ। जब तक नाड़ी तेज नहीं होती व पुतलियों में तनाव घट नहीं जाता । अट्रोपीन लेने के बाद दो पीपीएम प्रालीडोक्सीम अंतर शिरा 0.5 या 1.0 ग्रा. की मात्रा में दीजिए। आँखों को 3% सोडियम वाइकार्बोनेट विलियन छिड़किये एवं 1-2 बूंदें 1% होमाप्रटोपिन विलियन डालिये। निगलने पर 5% सोडियम बाईकार्बोनेट या एनीमल चारकोल से गेस्ट्रिक लेवेज दीजिए एवं 200 मि.ली. पेराफिन तरल दीजिए। श्वास नलिका की जाँच कीजिए और मशीन के द्वारा फेफड़ों से बलगम निकालें व आक्सीजन दीजिए।

आमीट्रिन : लेबेज विधि से पेट साफ कीजिए। सेलाइन लेक्सेटिप दीजिए व लक्षणानुसार उपचार कीजिए।

अट्राजिन : कोई विषहर नहीं है। लेबेज दीजिए व लक्षणानुसार उपचार कीजिए।

क्लोरप्रोफाम : कोई विषहर विदित नहीं हैं। प्रामाणिक व लक्षणानुसार उपचार कीजिए।

डेजोमेट : गर्म नमक व घोल पिलाकर उल्टी करवाना। एक्टीवेटेड चारकोल की थोड़ी खुराक देना। उसके 3,4 घंटे बाद सोडियम सल्फेट की केथेरेटिक के रूप में अधिक खुराक दी जाए। लेबेज विधि से पेट साफ कीजिए।

एन्डोथाल : संपर्क में आए अंगों को पानी में अनेक बार साबुन से साफ करें, नहाइये। ठंडा दूध या ठंडा पानी पिलाएँ। डाक्टर की सहायता तुरन्त लें।

ग्रमोक्सोन : 24% : 15% फुलर्स मिट्टी का पानी के घोल एवं उचित जुलाब (उदाहरण - मेनीटाल 20% जलीय विलयन, मेग्नीशियम सल्फेट) हीमोडायलासिस, हीमोपरज़्यूजन की आवश्यकता हो सकती है।

2, 4-डी : गेस्टरिक लेबेज विधि से पेट साफ कीजिए। यह दवा यदि निगली गई हो, तो एक गिलास गर्म पानी में बड़ी चज़्मच भर साधारण नमक घोलिए और इसे पिलाकर पीड़ित व्यक्ति को उल्टी (कै)

करवाइए। कपड़ों पर दवा लगने से कपड़े बदल दें। त्वचा को साबुन व पानी से अनेक बार धोएँ। आँख पर दवा पड़ने से भरपूर पानी में आँख 5 मिनट तक धोंए। रगपुट्ठों के कंपन और हृदय प्रवेशत्रों के तंतु ह्रास की रोकथाम के लिए पीड़ित व्यक्ति को चिनिडाईन सल्फेट दें। साथ में सहायकी व लक्षणानुसार उपचार करें।

विष बाधा के लक्षण

कमजोरी, शिथिलता, भूख मर जाना, दस्त, मुँह तथा अन्य अवयवों के रगपुट्ठों का तनाव, स्नायु कंपन और हृदय की गति मंद हो जाना। ज्यादा खराब स्थिति में बहुत ही तेज बुखार व नस-नस में छुटपुट पीड़ा भी होती है।

डालापान

कोई विषहर विदित नहीं है। लक्षणानुसार उपचार करें।

थायोबेन्कार्ब

पीड़ित व्यक्ति को 2-4 ग्रा. एट्रोफीन देकर एट्रोफिनाईज करें। 2-पी.पी.एम. इन्ट्रावेनस इंजेक्शन मंद गति से 5 से 10 मिनट में एडमिनिस्टर करें। मारफीन, थियोफाइलीन एवं अमीनोफाइलीन का उपयोग न करें।

बूटाक्लोर

आंख व त्वचा से संपर्क होने पर अनेक बार धोना चाहिए। डाक्टर की सलाह से लक्षणानुसार उपचार कीजिए।

बेन्टाजोन

लक्षणानुसार उपचार कीज्ञिए।

बेन्सूलाइड

एट्रोफीन दीजिए व लक्षणानुसार उपचार करें।

आलाक्लोर

पीड़ित व्यक्ति को उल्टी कराईए व प्रमाणिक उपचार करें।

फेनूरान

अधिक पानी से संपर्क में आए अंगों को साफ करें, सामान्य विषाक्तता का उपचार करें व ग्रेस्ट्रिक लेबेज दें। उल्टी न करवाएँ।

फ्लूयेजीफाप बुटाइल

कोई विषहर विदित नहीं है लक्षणानुसार उपचार करें।

फ़्लूक्लोरेलिन

लक्षणानुसार उपचार करें।

फ़्लूमेटूरान

कोई विषहर विदित नहीं है। प्रभावित अंगों को पानी साबुन से साफ करें। सेलाइन लेक्सेटिव दीजिए व लक्षणानुसार उपचार करें।

ग्लाइफोसेट

कोई विषहर ज्ञात नहीं है। त्वचा के संपर्क में न आने दें। त्वचा को अधिक पानी से साफ करें। डाक्टर से तुरन्त उपचार कराएँ।

लीनूरान

कोई विषहर विदित नहीं है। लक्षणानुसार उपचार करें।

मेटोलाक्लोर

कोई विषहर विदित नहीं है। पेट का लेबेज दीजिए, सेलाइन लेक्सेटिव दीजिए तथा प्रामाणिक उपचार करें।

मेट्रीब्यूजिन

पहले एक गिलास गर्म पानी में 1 चज़्मच नमक का घोल पिलाकर उल्टी कराएँ। दूध या पानी पिलाएँ व पुनः उल्टी करवाए जब तक साफ पानी उल्टी में नहीं आने लगता। यदि त्वचा संपर्क में आए तो बहते हुए पानी में 15 मिनट तक साफ करें।

मोनूरान

त्वचा के संपर्क में आने से त्वचा को पानी से कई बार साफ करें। निगलने के प्रकरण में सामान्य विषाक्तता का उपचार गेस्टरिक लेबेज करें। उल्टी न करवाएँ।

आक्साडायजान

कोई विषहर ज्ञात नहीं है, लक्षणानुसार उपचार करें।

आक्सीफलोरफेन

कोई विषहर ज्ञात नहीं है, उल्टी न करवाएँ। तुरन्त डाक्टर से उपचार करवाएँ।

पिक्लोराम

विषहर ज्ञात नहीं है संपर्क में आने से त्वचा को जल से अनेक बार साफ करें। आँख में प्रवेश करने की दशा में कई बार पानी से साफ करें व डाक्टर को दिखाएँ।

प्रोमेट्रिन

इसका विषहर ज्ञात नहीं है। निगलने के प्रकरण में पेट का लेबेज दीजिए। सेलाइन लेक्सेटिव एवं प्रामाणिक उपचार दें। यदि आँख में चला गया हो तो जल से 15 मिनट तक साफ करें।

प्रोनामिड

त्वचा के संपर्क में आने पर प्रभावित अंगों को जल व साबुन से साफ करें। निगलने के प्रकरण में गले में अँगुली डालकर उल्टी करवाएँ। अधिक मात्रा में जल पिलाएँ। गेस्ट्रिक लेबेज के लिए डाक्टरी उपचार करवाना आवश्यक है।

प्रोपालाक्लोर

त्वचा के संपर्क में आने से उसे जल व साबुन से साफ करें। त्वचा के एलर्जी के प्रकरण में पाइजन आइवी (Poision ivy) के प्रकरण जैसे उपचार करें। निगलने के प्रकरण में उल्टी करवाएँ। आँख में पड़ने पर 15 मिनट तक जल से साफ करें।

प्रोपेनिल

निगलने के प्रकरण में उल्टी करवाएँ या गेस्ट्रिक लेबेज दें। जैसे ही उल्टी का तरल साफ निकलने लगे रोगी को अधिक से अधिक दूध पिलाएँ सोडियम या मेग्नेशियम सल्फेट (15–30 ग्रा.) जल में घोल बनाकर सेलाइन लेक्सेटिव के रूप में पिलाएँ। घी, तेल व अल्कोहल या एपीनफ्रीन का उपयोग न करें।

सिमाजिन

विशिष्ट विषहर नहीं है। इमेसिस (Emesis) पेट का लेबेज दीजिए। अधिक जल पिलाएँ व सेलाइन लेक्सेटिव दें तथा प्रामाणिक उपचार करें। आँख में गिरने से जल से साफ करें व डाक्टरी उपचार करें।

टी.सी.सी.ए.

इसका कोई विषहर ज्ञात नहीं है। त्वचा पर पड़ने पर अधिक जल से साफ कीजिए। यदि त्वचा पर कोई प्रभाव होता है तो डाक्टरी उपचार करवाएँ। आँख में पड़ने पर 15 मिनट तक जल से साफ करें व उपचार करवाएँ।

टरबूट्रिन

इसका कोई विषहर ज्ञात नहीं है। यदि निगल लिया गया है तो इमेसिस, गेस्ट्रिक लेबेज दें। सेलाइन लेक्सेटिव एवं प्रामाणिक उपचार करें।

(Ref. Herbicide Hand Book)

■■■■

20

नींदा नाशकों का पौध-कार्यकी एवं जैव-रसायनों पर प्रभाव (Influence of Herbicides on Physiology and Biochemicals of Plants)

नींदा नाशक पदार्थ जब पौधों में प्रवेश करते हैं तब वे जैविक क्रियाओं जैसे प्रकाश-संश्लेषण, श्वसन, खाद्य तत्त्वों व जल का अवशोषण एवं संवहन, कोशा विभाजन आदि प्रभावित करते हैं। जिनसे पौधों में अनेक प्रकार की विकृतियाँ उत्पन्न हो जाती है। अत: जैव रसायनों में असंतुलन होने से चयापचय पर कुप्रभाव पड़ता है। नींदा नाशक के इन प्रभावों से प्रत्यक्ष रूप से अनेक लक्षण परिलक्षित होते हैं। जैसे –

(1) हरिमाहीनता (Chlorosis)
(2) ऊतक क्षय (Necrosis)
(3) लटकना (Drooping)
(4) वृद्धि अवरोधन (Stunting)
(5) पर्ण-पतन (Defoliation)
(6) पौध क्षय (Stand reduction)
(7) पर्ण-किनारों का झुलसन (Leaf margin burning)
(8) सूखना या झुलसन (Drying)
(9) अधोकुंचन (Epinasty)
(10) पर्ण-प्याली (Cupping of leaves)
(11) विरूपण (Distortion)
(12) मंद अंकुरण व उद्भवन (Delayed germination and emergence)
(13) अंकुरण अवरोधन (Germination inhibition)
(14) विकृति (Malformation)
(15) मूल विकास अवरोधन (Root growth inhibition)
(16) पुष्पनहीनता (Inhibition of flowering)
(17) शिखर कलिका वृद्धि अवरोधन (Inhibition of terminal bud growth)

इन लक्षणों की स्पष्टता एवं अधिकता नींदा नाशक का गुण, मात्रा, उपचार की विधि एवं अवस्था, पौधों की स्पीसीस, सहिष्णुता एवं पारिस्थितिकी पर आधारित रहती है। पौधों में नींदा नाशक रसायन के अवशोषण के बाद उसका संवहन मर्मांग (Vital part) तक होता है, जहाँ पर उसका प्रभाव जीवन को स्थिर रखने वाली अति आवश्यक दैहिकीय क्रियाओं (Physiological processes) पर होता है। जिन्हें वह अवरुद्ध करता है या धीरे कर देता है। जिससे पौधों का जीवन समाप्त हो जाता है या उसकी वृद्धि बहुत मंद गति से होती है परिणाम स्वरूप पारिस्थितिकी तंत्र में वह पौधा सफल नहीं हो पाता या बीज बनाने में असमर्थ हो जाता है।

नींदा नाशक रसायन के द्वारा प्रभावित पौध दैहिकीय एवं जैव रसायन क्रियाएँ

प्रमुख रूप से प्रभावित होने वाली क्रियाएँ इस प्रकार हैं –

(1) श्वसन (2) प्रकाश संश्लेषण

(3) प्रोटीन एवं न्यूक्लियक अम्ल (4) पौध विकरों की क्रिया

(5) विभाज्य ऊतक, गुणन (6) पुष्पन एवं प्रजनन

(7) जल एवं खाद्य तत्त्वों का अवशोषण व संवहन

श्वसन (Respriration)

पौधों में विभिन्न क्रियाओं को संपन्न करने में ऊर्जा की आवश्यकता होती है। यह ऊर्जा कोशिकाओं में श्वसन क्रिया से प्राप्त होती है जो निरन्तर चलती रहती है। इस क्रिया में कार्बनिक पदार्थों (कार्बोहाइड्रेट, प्रोटीन, लिपिड) का ग्लाइकोलायसिस एवं क्रेब चक्र की क्रियाओं में अपघटन होता है जिसमें एडिनोसाइनडाईफास्फेट (ए.डी.पी.) + अकार्बनिक फास्फेट से एडिनोसाइन ट्राइफास्फेट (ए.टी.पी.) का संश्लेषण होता है। इस क्रिया को आक्सीकारक फास्फोरीलीकरण कहते हैं, यह महत्त्वपूर्ण क्रिया कोशिका के माइटोकान्ड्रिया में सम्पन्न होती है।

माइटोकान्ड्रिया की झिल्ली (क्रिस्टी) में होने वाली इस क्रिया को नींदा नाशक रसायन अनकपलिंग के द्वारा प्रभावित करते हैं जिससे ए.टी.पी. का निर्माण नहीं हो पाता है एवं इलेक्ट्रान संवहन एवं ऊर्जा स्थानांतरण प्रभावित होता है। नींदा नाशक माइटोकान्ड्रिया की झिल्ली को विकृत कर देते हैं, जिससे इलेक्ट्रान का रिसन (Leakage) से क्षय हो जाता है। परिणामतः ए.टी.पी. के संश्लेषण हेतु ऊर्जा संचित नहीं हो पाती। इसके अतिरिक्त अनकपलर्स माइटोकॉन्ड्रिया में श्वसन को उद्दीप्त कर देते हैं। ए.टी.पी. का हाइड्रोलायसिस बढ़ा देते हैं या अन्य क्रियाएँ जो माइटोकोन्ड्रिया में होती हैं उनको अवरुद्ध कर देते हैं। श्वसन क्रिया इस सूत्र से दर्शाई जा सकती है।

$$n\,(CH_2O) + n\,O_2 + n\,H_2O = n\,CO_2 + NH_2 + ATP$$

इस क्रिया में ग्लूकोस के एक अणु से 38 ए.टी.पी. ऊर्जा प्राप्त होती है।

श्वसन प्रक्रिया को अवरुद्ध करने वाले सशक्त नींदा नाशकों का पर्णोपचार किया जाता है एवं वे संस्पर्श से पौधों को मारते हैं। इनका सामान्यतः पर्ण से मूल तक संवहन नहीं होता, क्योंकि ये फ्लोयम के ऊतकों के संवहन तंत्र को भी निर्जीव कर देते हैं। इनका दूसरी क्रियाओं पर अपरोक्ष रूप से प्रभाव होता है जैसे सतह की कोशिकाओं में श्वसन अवरुद्ध होने से पर्ण-रन्ध्र बंद हो जाते हैं। पर्ण-रन्ध्र बंद होने से कार्बन द्विओषिद का प्रवेश न होने से

प्रकाश संश्लेषण क्रिया मंद या अवरुद्ध हो जाती है। पर्ण-रन्ध्र बंद होने से उत्स्वेदन भी बंद या मंद हो जाता है। जिसके कुप्रभाव से पौध-ताप में वृद्धि हो जाती है व अन्य क्रियाएँ जैसे जल व खाद्य तत्त्वों का अवशोषण एवं उत्स्वेदन के द्वारा जल खिंचाई न होने से संवहन प्रभावित हो जाता है।

नींदा नाशक रसायन से प्रभावित श्वसन क्रिया का माइटोकोन्ड्रिया में गैस परिवर्तन (ओषजन ग्रहण करना एवं कार्बन द्विऔषिद विसर्जन) की मात्रा का अध्ययन ''वारबर्ग मेनोमीटर'' (Photo Warburg apparatus) के द्वारा किया जाता है।

प्रकाश संश्लेषण (Photosynthesis)

नींदा नाशक रसायनों का प्रभाव प्रकाश संश्लेषण की क्रिया पर होता है। अतः इन प्रभावों को समझने हेतु प्रकाश संश्लेषण की क्रिया को समझना आवश्यक है। प्रकाश संश्लेषण पौधों में सम्पन्न होने वाली अनोखी क्रिया है, जिससे जीव जन्तु सक्रिय हैं। इसके बिना जीवन असंभव है। इस क्रिया में प्रकाश ऊर्जा (प्रकाश क्वांटम या फोटान) को पर्णहरिम (Chlorophyll) अवशोषित कर प्रकाश रसायनिक ऊर्जा (Photo Chemical energy) में परिवर्तित करता है जो जटिल कार्बनिक यौगिकों (ग्लूकोज, स्टॉर्च, प्रोटीन, तेल) में स्थिर हो जाती है। जीवन की विभिन्न क्रियाओं को संचालित करने में यही ऊर्जा का एक मात्र स्रोत है।

प्रकाश संश्लेषण में 0.4 से 0.7 माइक्रो ज्यू प्रकाश संश्लेषण क्षेत्र से क्लोरोफिल और ऊर्जा (Photon-hv) अवशोषित कर जल को हाइड्रोजन (H^+) एवं हाइड्राक्सिल (OH^-) आयन में (OH^-) से अंत में जल एवं आक्सीजन विश्लेषित (Photolysis of water) करता है ऊर्जा को साइटोक्रोम के माध्यम से प्रवाह कर ए.टी.पी. एवं अनाक्सीकृत निकोटिनामाइड एडीनीन डाइन्यूक्लियोटाइड फास्फेट (NADPH2) का निर्माण होता है। (प्रकाश संश्लेषण की इस क्रिया को हिल अभिक्रिया या प्रकाशिक अभिक्रिया (Hill reaction or light reaction) कहते हैं। ये दोनों अति ऊर्जा युक्त यौगिक कार्बन डाइआक्साइड का स्थिरीकरण विकरों (Ru DP Carboxylase, PEP carboxylase) की सहायता से प्रारम्भिक अवस्था में फास्फोग्लिसरिक अम्ल या स्पार्टिक अम्ल अथवा मेलिक अम्ल का निर्माण करते हैं। प्रकाश संश्लेषण की इस क्रिया को तिमिर अभिक्रिया या ब्लेकमैन अभिक्रिया (Dark reaction or Blackman reaction) कहते हैं। ये अम्ल शीघ्र ही अन्य विकारों की सहायता से ग्लूकोज, प्रोटीन एवं अन्य जटिल शर्कराओं सेलूलोज, सुक्रोज, प्रोटीन एवं वसाओं में परिवर्तित हो जाते हैं।

प्रकाश अभिक्रिया (Light reaction or Hill reaction)

प्रकाश संश्लेषण में प्रथम चरण की हिल अभिक्रिया या प्रकाश अभिक्रिया क्लोरोप्लास्ट के ग्रेना में प्रकाश की उपस्थिति में होती है। जिसमें जल हाइड्राक्सिल (OH^-) तथा हाइड्रोजन (H^+) आयनों में विश्लेषित हो जाता है। हाइड्रोजन आयन ऊर्जा ग्राही यौगिक जैसे एन.ए.डी.पी. (N.A.D.P.) द्वारा ग्रहण कर लिया जाता है जो अनाक्सीकृत एन.ए.डी.पी. (N.A.D.P. H_2) अति ऊर्जायुक्त यौगिक में बदल जाता है। इलेक्ट्रान (e^-) के एक स्थान से दूसरे स्थान तक स्थानांतरण के समय जो ऊर्जा निकलती है, वह एडीनोसाइन डाइ फास्फेट (ए.डी.पी.) तथा अकार्बनिक फास्फेट (Pi) की उपस्थिति में एडीनोसाइन ट्राइ फास्फेट (ए.डी.पी.) में संचित हो जाती है।

A.T.P. एवं N.A.D.P.H_2 का निर्माण प्रकाश एवं क्लोरोफिल के द्वारा जल के विघटन से होता है। यह दोनों यौगिक ऊर्जा संचयक एवं ऊर्जा वाहकों का कार्य करते हैं।

जल + ए.डी.पी. + अकार्बनिक स्फुर + एन.ए.डी.पी.	प्रकाश ⟶ क्लोरोफिल	हाइड्रोजन आयन हाइड्राक्सिल आयन जल आक्सीजन एन.ए.डी.पी. अनाक्सीकृत ए.टी.पी.

$$12H_2O + A.D.P. + Pi + 6\ NADP \xrightarrow[\text{Chlorophyll}]{\text{Light}} 6\ NADP\ H_2 + ATP + 6H_2O + 3O_2 + e^-$$

तिमिर अभिक्रिया या ब्लैकमैन अभिक्रिया (Dark reaction or Blackman reaction)

प्रकाश संश्लेषण की दूसरे चरण की क्रिया में प्रकाश की आवश्यकता नहीं होती है इसलिए इसे अप्रकाशिक या तिमिर अभिक्रिया कहते हैं परन्तु इसका तात्पर्य यह नहीं है कि यह अंधेरे या रात्रि में ही सम्पन्न होती है। प्रकाश में भी यह क्रिया चलती रहती है। इस क्रिया में कार्बन डाइआक्साइड का अनाक्सीकरण होकर कार्बन एवं ऊर्जा का ए.टी.पी. एवं एन.ए.डी.पी. (अनाक्सीकृत) की सहायता से फास्फोग्लिसरिक अम्ल (Calven and Bensin) या अन्य अम्लों (स्पार्टिक या मैलिक अम्लों) (Hatch and Slack) में विकरों की उपस्थिति में स्थिरीकरण होता है जिसे इस सूत्र से दर्शाया जा सकता है।

कार्बन डाइऑक्साइड + एन.ए.डी.पी. (अना.) + ए.टी.पी. + एन.ए.डी.पी.	राइबूलोज डाइफास्फेट कार्बाक्सीलेज पी.ई.पी. कार्बाक्सीलेज	पी.जी.ए. मैलेट स्पार्टेट + एन.ए.डी.पी. + ए.डी.पी. + अकार्बनिक स्फुर

CO_2 + NADP H_2 + ATP + H+

$$\xrightarrow[\text{PEP Carboxhylase}]{\text{RuDP Carboxylase/}}$$ PGA or Malate + NADP + ADP or Pi Spartate

Calvin and Bension Calvin cycle (C_3 Pathway)

Spartate Hatch and Slack - Hatch & Slack Pathway (C_4 Pathway) प्रकाश संश्लेषण की प्रथम क्रिया प्रकाश अभिक्रिया में क्लोरोफिल - ए एवं क्लोरोफिल - बी प्रमुख रूप से प्रकाश को अवशोषित करते हैं। इनके अतिरिक्त अन्य प्रकार के क्लोरोफिल जैसे कैरोटिनोइड (Carotinoids) एवं फाइकोबीलिन्स (Phycobilins) व अन्य भी प्रकाश को कम मात्रा में अवशोषित कर सकते हैं परन्तु इनसे अवशोषित ऊर्जा क्लोरोफिल को ही प्रेषित की जाती है जो प्रकाश संश्लेषण की क्रिया में मुज्य रूप से उपयोगी है।

इसमें फोटॉन की क्वान्टम ऊर्जा से क्लोरोफिल उत्तेजित हो जाता है। क्वान्टम अवशोषण की क्षमता क्लोरोफिल की रचना पर आधारित रहती है। किसी यौगिक की प्रकाश ''अवशोषण स्पेक्ट्रम'' प्रकाश किरण लम्बाई की अनुपात में प्रकाश संश्लेषण क्षमता है।

जब एक फोटान किसी क्लोरोफिल अणु से टकराता है तब उसके कुछ इलेक्ट्रान ऊर्जा अवशोषित हो जाती हैं एवं उनमें ऊर्जा का उत्थान हो जाने से वे उत्तेजित हो जाते हैं। अत: इस उच्च ऊर्जा युक्त अणु को उत्तेजित अवस्था (Excited stage) कहते हैं। प्रकाश के द्वारा अणु की उत्तेजना बहुत शीघ्र एवं अल्प समय के लिए होती है। यह उत्तेजित अणु शीघ्र ही अपनी पूर्वावस्था (ऊर्जा की स्थिति) (Ground stage) में लौट आता है साथ ही अतिरिक्त ऊर्जा इलेक्ट्रान (e^-) को प्रकाश के रूप (Fluorescene) में या ताप (Heat) या दोनों के रूप में विसर्जित करते हैं या शीघ्रता से यह ऊर्जा किसी अन्य अणु से अभिक्रिया कर उसमें ऊर्जा संचित हो जाती है। इस प्रकाश रसायन अभिक्रिया में उत्तेजित अणु एक इलेक्ट्रान को क्रिया के दूसरे अणु में विभक्त करता है। हरित लवक में इस विमुक्त इलेक्ट्रान को ग्रहण करने वाले अनेक इलेक्ट्रान ग्राही होते हैं जैसे फेरीडाक्सीन (Ferredoxin), विटामिन के. (Vitamin K) आदि।

विभिन्न लम्बाई की प्रकाश तरंग को अवशोषित करने की क्षमता के आधार पर क्लोरोफिल के दो क्रम होते हैं प्रकाश क्रम-1 (PS I) एवं प्रकाश क्रम -2 (PS II)

प्रकाश क्रम - 1

ऐसे क्लोरोफिल जो प्रकाश को 700 एन.एम. (Nenometer) लम्बी तरंग क्षेत्र में सर्वाधिक अवशोषित करने की क्षमता रखते हैं उनको पी. 700 कहते हैं। यह क्लोरोफिल में होता है। अन्य क्लोरोफिल अणु में प्रकाश फोटान की क्वान्टम ऊर्जा (Quantum energy) अवशोषित होकर पी-700 की ओर अग्रेषित होती है। क्लोरोफिल की इस रचना को प्रकाश क्रम-1 (Photo system-I=PS I) कहते हैं। प्रकाश क्रम-1 एवं प्रकाश क्रम - 2 दोनों में क्लोरोफिल-ए एवं क्लोरोफिल-बी होते हैं परन्तु प्रकाश क्रम-1 में प्रकाश की लम्बी तरंग (700 nm) को अवशोषित करने वाले अणु प्रकाश क्रम-2 की अपेक्षा अधिक होते हैं।

प्रकाश क्रम-2

प्रकाश को अवशोषित करने वाले दूसरे क्लोरोफिल-ए के अणु प्रकाश को कम लम्बी (680 नेनो मी.) प्रकाश तरंग क्षेत्र में अवशोषित करते हैं, इसे प्रकाश क्रम-2 (Photosystem II - PS - II) कहते हैं। क्लोरोफिल के द्वारा अवशोषित ऊर्जा, जल का अपघटन ओषजन एवं उदजन में करता है। यहाँ से इलेक्ट्रान को प्लास्टोक्यूनोन अवशोषित करता है उसके बाद साइटोक्रोम बी, साइटोक्रोम-एफ, प्लास्टो साइनिन के माध्यम से स्थानांतरित होकर ऊर्जा प्रकाश क्रम-1 (PS-I) के पर्ण हरिम से संयुक्त होती है। साइटोक्रोम-बी एवं साइटोक्रोम-एफ के मध्य ए.डी.पी. + अकार्बनिक फास्फेट को अति ऊर्जा वाले ए.टी.पी. में बदल देते हैं। इस क्रिया में क्लोरोफिल-ए (PS-II) से उत्सर्जित इलेक्ट्रान प्रकाश क्रम-2 को पुनः वापिस नहीं आता। इस कारण इसे अचक्रिक प्रकाश फास्फोरीलेशन (non-cyclic Photo phosphorilation) कहते हैं। इस क्रिया में जल का अपघटन होने से हाइड्रोजन आयन (H^+) तथा हाइड्राक्सिल आयन (OH^+) बनते हैं। इन दोनों आयनों में से हाईड्रोजन आयन (H^+) एन.ए.डी.पी. द्वारा ग्रहण कर लिया जाता है जिससे एन.ए.डी.पी.एच.2 ($N.A.D.P.H_2$) बनता है। जल का हाइड्राक्सिल आयन (OH^+) विखंडित होकर OH^- मूलक (Radical) तथा इलेक्ट्रान (e) में बदल जाता है जिससे आक्सीजन का उत्पादन होता है।

यही आक्सीजन वायु मण्डल में विमुक्त होती है एवं कुछ अंश कोशिका के श्वसन में उपयोग हो जाता है। इस क्रम में इलेक्ट्रान के प्रवाह में ऊर्जा मुक्त होती है जिसके द्वारा ए.टी.पी. (A.T.P.) का निर्माण होता है।

प्रकाश क्रम-1 (PS-I) से अवशोषित ऊर्जा फेरीडाक्सीन रिड्यूसिंग पदार्थ तक पहुँचती है, उससे फेरीडाक्सीन इलेक्ट्रान को ग्रहण करता है तथा इसके बाद एन.ए.डी.पी. ग्रहण करता है जिससे अनाक्सीकृत एन.ए.डी.पी. बनता है। यदि फेरीडाक्सीन पहले से ही इलेक्ट्रान ग्रहण कर चुकी है एवं वह विमुक्त नहीं हो पाया है, उस स्थिति में फेरीडाक्सीन रिड्यूसिंग पदार्थ से इलेक्ट्रान साइट्रोक्रोम-ब के माध्यम से प्लास्टो क्वीनोन पर पुनः लौट आता है एवं प्रवाह में ए.डी.पी. को ए.टी.पी. में परिवर्तित कर देता है तथा उसी माध्यम से प्रकाश क्रम-1 तक पुनः प्रवाहित होता है। फेराडाक्सीन रिड्यूसिंग पदार्थ से लौटते समय भी फास्फोरीलीकरण की क्रिया को चक्रिक प्रकाश फास्फोरीलेशन कहते हैं। इस क्रिया में ए.टी.पी. के दो अणु बनते हैं।

चित्र 20.1 में डी.ई. मोरलेंड एवं जे.एल. हिल्टन (1976) के अनुसार क्लोरोप्लास्ट लेमेली (Chloroplast lamellae) में प्रकाश से उत्प्रेरित इलेक्ट्रान संवहन (Photo induced elec. transport) एवं फास्फोरीलेशन की क्रिया पर नींदा नाशक के प्रभाव के बिंदु रिक्त तीर प्रकाश प्रतिक्रिया (Light reaction) एवं बिंदु युक्त तीर तिमिर प्रतिक्रिया दर्शाते हैं। खंडित रेखा चक्रिक पथ दर्शाती है। बिन्दु 1 अ, ब, 2, 3 एवं 4 नींदा नाशक के संभावित प्रभावों को दर्शाता है।

PS I = Phtosystem I, P 700 = Reaction centre in chlorophyll of PS I,
PS II = Photosystem II, Cha = Chlorophyll a,
Y-Postulated electron donor for PSII,
Q = Primary-Unknown electron ecceptor for PSII, PQ = Plastoquinones,
Cyt b = Cytochrome B Type,
Cyt. F. = Cytochrome f, PC = Plastocyanin, FRS = Ferredoxin NADP oxydoreductase, FeCy = Ferrecyanide, asc=ascorbate,
Dpip = 2,6- dichlorophenolindophenol.

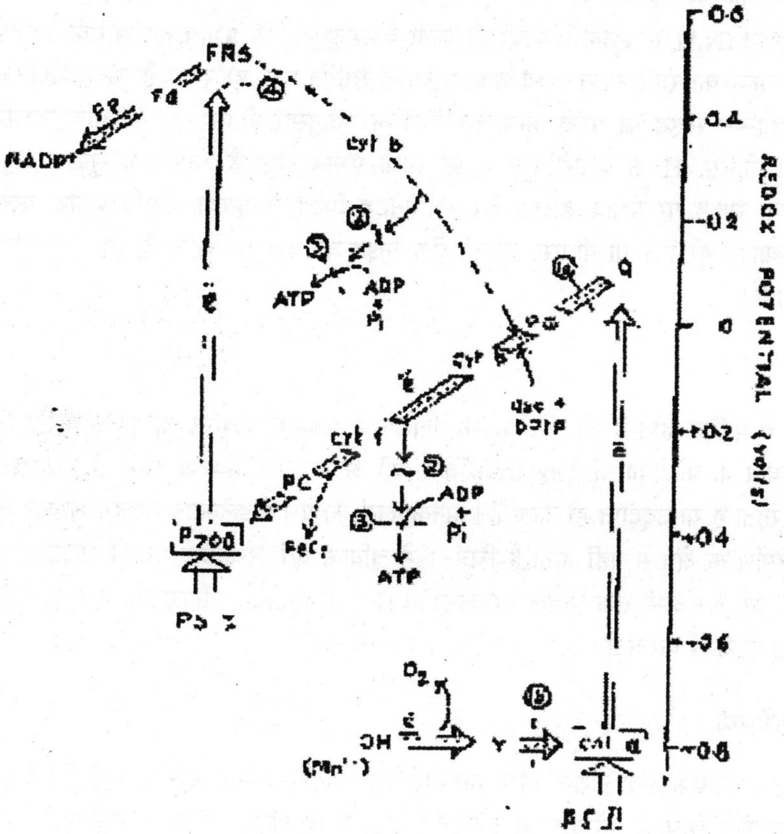

चित्र 20.1

अनेक वर्षों तक ऐसे नींदा नाशक क्लोरोप्लास्ट में प्रकाश पर आधारित प्रतिक्रियाओं को अवरुद्ध करते थे उनको सामान्यतः हिल रियेक्शन अवरुद्धकारी नींदा नाशक कहते थे। कुछ वर्षों पूर्व अधिक गहन अध्ययनों (मोरलैंड व हिल्टन, 1976) से विदित हुआ कि क्लोरोप्लास्ट में नींदा नाशक के प्रभाव से प्रकाश पर आधारित चार प्रतिक्रियाएँ अवरुद्ध हो सकती है। उसके आधार पर ऐसे नींदा नाशकों को पाँच वर्गों में विभाजित कर सकते हैं।

(1) इलेक्ट्रान ट्रान्सपोर्ट अवरुद्धकारी
(2) अनकपुलर्स
(3) ऊर्जा स्थानांतरण अवरुद्धकारी
(4) इन्हीबीटरी अनकपुलर्स
(5) इलेक्ट्रान ग्राही

इलेक्ट्रान ट्रान्सपोर्ट

एक या अधिक अंतरीय इलेक्ट्रान संवाहक (intermediate electron carrior) को अक्रियाशील करने या पृथक करने के कारण इलेक्ट्रान का संवहन नहीं हो पाता। ऐसे नींदा नाशकों का प्रभाव पी.एस. II से संबंधित रहता

है। फलस्वरूप प्राथमिक इलेक्ट्रान संवहन एवं इलेक्ट्रान डोनर-जल से अचक्रिक इलेक्ट्रान का संवहन इलेक्ट्रान ग्राही फेरीसाइनाइड या ($NADP^+$) तक अवरुद्ध हो जाती है। डाइयूरान के प्रभाव का अधिक अध्ययन किया गया है। यद्यपि इसके प्रभाव का सही स्थान अभी तक संतोषप्रद विदित नहीं हो सका है कुछ वैज्ञानिकों के अनुसार पी.एस. II के रिड्यूसिंग साइड पर परन्तु अन्य वैज्ञानिकों के मतानुसार पी.एस. II के आक्सीडाइजिंग साइड पर प्रभाव होता है या पी.एस. II के क्लोरोफिल-ए पर सीधा प्रभाव होता है। अन्य के सुझाव अनुसार डाइयूरान पी.एस. II के दोनों साइड पर प्रभाव डालता है। क्लोरीनेटेड फिनाइल यूरिया, बिसकार्बामेट, क्लोरीनेटेड एस-ट्राइजीन्स एवं विस्थापित यूरेसिल भी पी.एस. II की एक साइड को प्रभावित करते हैं तथा मेट्रीव्यूजिन पी.एस. II को प्रभावित करता है।

अनकपुलर्स

अनकपुलर्स वे यौगिक होते हैं जो फोटोफास्फोरीलेशन में इलेक्ट्रान संवहन को पृथक कर देते हैं। चक्रिक व अचक्रिक दोनों प्रकार के फोटोफास्फोरीलेशन की क्रिया को अनकपुलर्स अवरुद्ध करते हैं परन्तु इलेक्ट्रान संवहन या तो अप्रभावित रहता है या उद्दीप्त हो जाता है। अनकपुलर्स का प्रभाव इलेक्ट्रान संवहन शृंखला के पास होता है परन्तु ए.टी.पी. निर्माण के क्षेत्र में नहीं होता है चित्र-1 में चक्रिक एवं अचक्रिक पथ में साइट-2 पर अनकपुलर्स का प्रभाव दर्शाया गया है। अभी तक केवल परज़्लयूडोन (Perfluidone) नींदानाशक एक आदर्श अनकपुलर है जो 8.0 समु (pH) पर कार्य करता है।

ऊर्जा संवहन अवरोधक

ऊर्जा संवहन अवरोधक नींदा नाशक सीधे फास्फोरीलेशन प्रतिक्रिया को अवरुद्ध करते हैं। ये इलेक्ट्रान संवहन एवं फास्फोरीलेशन दोनों क्रियाओं को अवरुद्ध करते हैं। 1, 2, 3, थियाडियाजोलिल - फिनाइल यूरियास (1, 2, 3, Thiadiazolyl phenylureas) फोटोफास्फोरीलेशन में ऊर्जा संवहन अवरोधक का कार्य करता है। चित्र - 1 में ऊर्जा संवहन अवरोधक का स्थान - 3 पर चक्रिक एवं अचक्रिक फास्फोरीलेशन में दर्शाया गया है।

अवरोधक अनकपुलर्स

अवरोधक अनकपुलर्स के द्वारा इलेक्ट्रान संवहन अवरोधक एवं अनकपुलर्स दोनों के प्रभावों जैसा प्रभाव होता है। चक्रिक व अचक्रिक फोटोफास्फोरीलेशन को अवरुद्ध करते हैं। एन.ए.डी.पी. रिडक्शन की क्रिया अवरुद्ध नहीं होती है। अवरोधक अनकपुलर्स चित्र-1 में साइट-1 एवं 2 को प्रभावित करते हैं। डाइनोसेब, एन-फिनाइल कार्बामेट्स, एसिल एनीलाइड्स, हेलोजिनेटेड बेन्जोनाइट्रिल्स आदि नींदा नाशक इस समूह में आते हैं।

इलेक्ट्रान ग्राही

कुछ यौगिक इलेक्ट्रान संवहन पथ में इलेक्ट्रान ग्रहण कर अनाक्सीकृत (Reduced) हो जाते हैं। फेरीसाइ-नाइड, पी.एम.एस. एवं एफ.एम.एन. इस प्रकार का प्रभाव डालते हैं। डाइक्वाट एवं पैराक्वाट पी.एस.-1 में साइट - 4 (चित्र 20.2) पर इलेक्ट्रान को ग्रहण करने में प्रतिस्पर्धा करते हैं। इससे प्रकाश संश्लेषण अवरुद्ध हो जाता है।

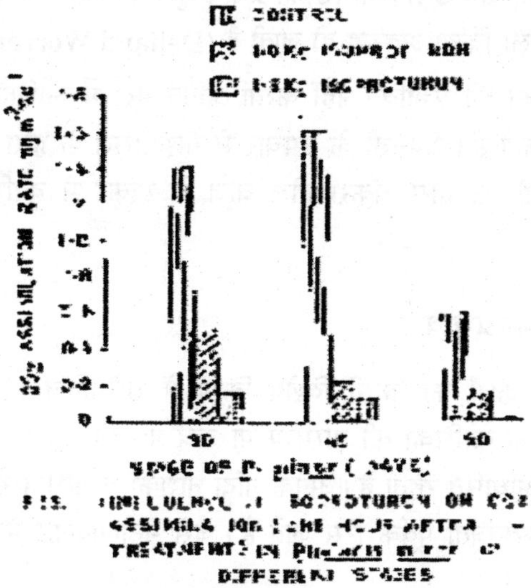

चित्र 20.2

न्यूक्लियक अम्ल एवं प्रोटीन का चयापचय

नींदा नाशकों के प्रभाव से पौधों में न्यूक्लियक अम्ल एवं प्रोटीन का चयापचय उद्दीप्त या मंद हो जाता है अथवा अवरुद्ध हो जाता है। 2, 4, डी के उपचार से आर.एन.ए., डी.एन.ए. एवं प्रोटीन की मात्रा मूल एवं तना में तीव्रता से बढ़ती है। 2, 4 डी के उपचार से बहुत सी सुषुप्त जीन क्रियाशील हो जाती हैं। इससे विकरों का संश्लेषण तीव्र हो जाता है। फलस्वरूप चयापचय की क्रिया की दर अत्यधिक तीव्र हो जाती है परन्तु सीमित भोज्य पदार्थ मिलने से संपूर्ण क्रिया विकृत हो जाती है एवं अंत में पौधा मर जाता है।

अमीट्रोल के उपचार से फ्रेन्चबीन में आर.एन.ए. एवं राइबोफलोविन का संश्लेषण मंद हो जाता है। प्रोपाक्लोर के उपचार से मूल शिखर में प्रोटीन संश्लेषण की क्रिया विकृत हो जाती है क्योंकि संभवत: अमीनोएसिल एस-आर.एन.ए. का स्थानांतरण वर्धनशील पालीपेप्टाइड शृंखला तक नहीं हो पाता। मोरेलेन्ड (1967) एवं मोरेलेन्ड व साथियों (1969) के अनुसार प्रोपेनिल के द्वारा आर.एन.ए. एवं प्रोटीन संश्लेषण की क्रिया समाप्त हो जाती है।

सोडियम क्लोरेट से कोशिका में भारी धातुओं के स्वतंत्र रेडीकल्स बनते हैं जिससे प्रोटीन विकृत हो जाता है। सल्फ्यूरिक अम्ल के उपचार से कोशिका प्रोटोप्लाज्म, क्लोरोफिल एवं न्यूक्लियस विकृत हो जाते हैं। टी.सी.ए. के उपचार से पौधों में प्रोटीन अवक्षेपण शीघ्र हो जाता है तथा प्लाज्मा झिल्ली की चयनित पारगम्यता समाप्त हो जाती है।

विभाज्य ऊतक गुणन पर प्रभाव (Effect on meristematic tissues)

मूल एवं प्ररोह के शिखर पर स्थित कोशिका विभाजन क्षेत्र अनेक नींदा नाशकों से प्रभावित हो जाते हैं जिससे कोशिका विभाजन या तो अवरुद्ध हो जाता है या अत्यधिक कोशिका विभाजन होता है जिससे संपूर्ण चयापचय की

क्रियाएँ प्रभावित होकर बंद हो जाती हैं। डाइफिनामिड का प्रभाव मूल की विभाज्य कोशिकाओं पर होता है। जिससे माइटोसिस के द्वारा गुणित होने वाली क्रिया अवरुद्ध हो जाती है (Deliand Worren, 1970)।

बेन्सुलाइड कोशिका विभाजन को प्रभावित नहीं करता अपितु मूल में कोशिका वर्धन को अवरुद्ध करता है जिससे विरूपन होकर पौधे मर जाते हैं। 2,4-डी के उपचार से माइटोसिस के द्वारा कोशिका विभाजन अप्रत्याशित रूप से बढ़ जाता है। ई.पी.टी.सी. के द्वारा अंकुरणशील बीज के प्रांकुर में कोशिकाओं की वृद्धि (लम्बाई व चौड़ाई) अवरुद्ध हो जाती है।

कोशिका झिल्ली की गुणवत्ता पर प्रभाव

कोशा में जैव रसायनिक पदार्थों का किसी विशेष क्रिया में सम्मिलित होना एवं चयनित विधि से एक कोशिका से दूसरी में संवहित होना कोशिका की पारगज़्य या अर्ध पारगज़्य या चयनित पारगज़्यता (Selectively permiablemembrane) पर आधारित रहता है। अनेक नींदा नाशकों के प्रभाव से कोशिका का यह गुण समाप्त हो जाता है जिससे जैव रसायन स्वतंत्रता पूर्वक रिस जाते हैं। जैसे मेटोलाक्लोर के प्रभाव से झिल्ली प्रभावित हो जाती है।

पौध वृद्धि नियंत्रकों के संश्लेषण एवं संवहन पर प्रभाव

कई नींदा नाशकों के उपचार से पौधों में वृद्धि नियंत्रकों का स्राव एवं संवहन बढ़ जाता है व अन्य के द्वारा इनका संश्लेषण व संवहन अवरुद्ध हो जाता है जिससे पौधों की सामान्य क्रिया अवरुद्ध हो जाती है या मंद हो जाती है जिससे उपचारित पौधे मर जाते हैं। 2,4-डी के उपचार से इथीलीन का स्राव अधिक होता है। मार्गन व हाल (1962) एवं मार्गन व साथी (1968) के अनुसार कपास में 2,4-डी के उपचार से इथीलीन का अधिक स्राव हुआ जिससे माइटोकोन्ड्रिया एवं श्वसन क्रिया बढ़ गई तथा प्ररोह में आई.ए.ए. का अधोसंवहन अवरुद्ध हो गया ऊतक आई.ए.ए. को अधिक सहिष्णु हो गई परिणामस्वरूप पौधा मर गया। अंकुरणशील कद्दू के बीज पत्र के अक्ष में आक्सीन का संश्लेषण एवं संवहन ब्रोमाक्सीनिल एवं डिक्लोबेनिल के उपचार से अवरुद्ध हो जाता है।

पौध-विकरो की क्रियाओं पर प्रभाव (Effect on activities of enzymes)

नींदा नाशकों के प्रभाव से पौधों में किसी विकर का प्रभाव व संवहन अवरुद्ध हो जाता है। जिसके परिणाम स्वरूप सामान्य दैहिक क्रियाएँ प्रभावित हो जाती है। डिक्लोबेनिल एवं ब्रोमाक्सीनिल के प्रभाव से अंकुरणशील कद्दू के बीज पत्र में प्रोटोलाइटिक विकर का संश्लेषण नहीं होता है। अंकुरणशील जौ के बीज में अमाइलेज विकर की क्रिया मंद हो जाती है। 2,4-डी कोशिकाभित्ति विकर (Cell wall enzyme) क्रिया को उद्दीप्त कर देता है जिससे उपचारित पौधों में परिपक्व ऊतकों को भी विस्तारित कर देता है फलस्वरूप कोशिका भित्ति दाब कम हो जाता है। इस कारण से कोशिका में अनियंत्रित रूप से जल का अवशोषण होता है। फलस्वरूप ऊतक विरूपित हो जाती है। 2,4-डी के द्वारा एस्कार्बिक एसिड आक्सीडेज़ विकर की क्रिया मंद हो जाती है तदुपरान्त उसकी क्रिया तीव्र हो जाती है। जिसके फलस्वरूप प्रोटीन सल्फाहाइड्रिल का संश्लेषण बढ़ जाता है जो कोशिका विभाजन की क्रिया को तीव्र कर देता है। इससे फ्लोइम की ऊतक विरूपित हो जाती है। पौधों में पाए जाने वाले विभिन्न विकरों पर नींदा नाशक के प्रभावों को तालिका में दर्शाया गया है।

पौधों के विभिन्न विकरों पर नींदा नाशकों का प्रभाव

विकर Enzymes	विकर का स्रोत Source of enzymes	नींदा नाशक Herbicide	प्रभाव Effect
केटालेज Catalase	मक्का Corn resistance .	अट्राजीन Atrazine	+
	मक्का Corn susceptible	अट्राजीन Atrazine	×
ईस्टरेज	आरटीचोक कंद Articoke tuber	2, 4-डी 2, 4-D	o
इमाइडाजोल ग्लिसराल फास्फेट डिहाड्रेटेज Imidazoleglycenol Phosphate dehydratase	सालमोनेला *Salmonella typhimurium*	अमीट्राल Amitrole	×
नाइट्रेटरिडक्टेज Nitrate reductase	मक्का Corn	सिमाजिन Simazine	+
पेक्टीनमिथाइल ईस्ट्रेज Pectinmethyl estrase	आर टी चोक	2, 4-डी	+
पराक्सीडेज़ Peroxidase	जौ Barley	2, 4-D	
	मक्का Corn	अट्राजीन	+
	सफेद सरसों	2, 4 - डी, 2,4,5 टी टी	+
	White mustard	एम.सी.पी.ए.	×
पेन्टोथिनेट विकर Pentothenate enzyme	जौ	डालापान Dalapan	×
	राईघास Ryegrass	डालापान	×
	जई	डालापान	×
फास्फोरीलेज ए.एम.पी. स्वतंत्र आक्सीडेज Phosphorylase AMP independent isozymes	आसीलेटोरिया Oscillatoria	अमीट्रोल	×
पालीफिनाइल आक्सीडेज़ Polyphenol oxidase	सफेद सरसों	2, 4-डी 2,4,5,टी एम.सी.पी.ए.	+
डाइपेपटीडेज़	एक्वास-बीज	डाइकेज़्बा	×
अल्फा अमाइलेज	जौ बीज	—"—	×
अल्फा अमाइलेज	जौ एवं स्क्वास	क्लोरज़्बिन	×
राइबो न्यूक्लियेज़	सोयाबीन	2, 4 - डी	+

+ = activation or induction — उद्दीपन या प्रादुर्भाव

× = repression or inhibition — दबाना या अवरुद्ध

O = No effect — प्रभावहीन

नींदा नाशकों का वृद्धि पर प्रभाव (Effect of herbicides on growth)

प्राय: सभी रासायनिक ''नींदा नाशक (Herbicides) पौध वृद्धि नियामक (Plant growth regulators) हैं जो एक विशेष स्पीसीस पर वरणात्मक रूप से प्रभाव डाल कर उसकी वृद्धि, नियंत्रित, अवरुद्ध या परिवर्तित करते हैं। ये सामान्यत: अंकुरण, कोशा विभाजन, अवशोषण, संवहन, प्रकाश संश्लेषण, श्वासोच्छवास, पुष्पन, फल धारण, फल परिपक्वन, जरायुता आदि दैहिकीय क्रियाओं को प्रभावित करते हैं। जब इन नींदा नाशक रसायनों को अधिक मात्रा में उपयोग किया जाता है तब ये पौधों की वृद्धि को पूर्ण रूप से अवरुद्ध कर उन्हें सुखा देते हैं। अत: नींदा नियंत्रण में अधिक मात्रा का उपयोग करते हैं परन्तु जब उसी रासायनिक नींदा नाशक की बहुत ही सूक्ष्म मात्रा से उसी स्पीसीस को उपचारित किया जाता है तब उसका प्रभाव वृद्धि पर अत्यंत लाभकारी होता है। उसे वृद्धि नियामक जैसा उपयोग करते हैं। वरणात्मकता के आधार पर एक ही मात्रा पर एक स्पीसीस के पौधे मर जाते हैं तथा दूसरी स्पीसीस के पौधे नहीं मरते वरन् उसकी वृद्धि पर लाभकारी प्रभाव होता है। उदाहरणार्थ आक्साडायजान 1.00 कि.ग्रा./हे. से रागी, कुसुम, धान, गेहूँ एवं अलसी में नींदा नियंत्रण हेतु प्रयोग करने पर वृद्धि नियामक का कार्य करता है। धान को उद्भवन पूर्व थायोबेनकार्ब से उपचारित करने पर पर्णों की लम्बाई व चौड़ाई बढ़ जाती है।

नींदा नाशक रसायनों का विभिन्न फसलों पर वृद्धि नियंत्रक जैसा प्रभाव एवं उपयोग पृथक अध्याय में दिया गया है।

जल एवं खाद्य तत्त्वों के अवशोषण एवं संवहन पर प्रभाव

सामान्यत: नींदा नाशक रसायन पाँच प्रमुख विधियों से संवहन को प्रभावित करते हैं -

(1) कोशिकाओं एवं ऊतकों का स्थानिक अपक्षय एवं निर्जीव हो जाना।

(2) अत्यधिक तथा अव्यवस्थित कोशिका विभाजन होने से ज़्लोइम में व्यवधान उत्पन्न होना जैसे 2, 4-डी के द्वारा।

(3) शिराओं में केलोज (Callos) बनने के कारण संवहन अवरुद्ध होना जैसे डिक्लोबेनिल एवं एन्डोथाल के द्वारा सेम एवं ककड़ी की पत्तियों की शिराओं में केलोज बनना (Maestri, 1967)

(4) जैव-कोषों (Metabolic sinks) की क्रिया अधिक सक्रिय होना या निष्क्रिय हो जाना।

(5) उत्स्वेदन (Transpiration) प्रभावित होना।

संस्पर्शी नींदा नाशक संवहन पूल की आकृति विकृत कर देते हैं जिससे खाद्य तत्त्वों, जल एवं संश्लेषित कार्बनिक पदार्थों का संवहन अवरुद्ध हो जाता है। जैव-स्रोत एवं जैव-कोष (Metabolic source and sink) का समन्वय असंतुलित हो जाता है जिससे भी संवहन प्रभावित हो जाता है। मेक्लिओड (1964) ने विसिया फाबा (*Vicia faba*) की पत्ती को एम.सी.पी.ए. से उपचारित करने पर यह पाया कि उपचारित पत्ति में अनुपचारित की तुलना में शर्करा 10 गुना अधिक बढ़ गई जो संवहन अवरुद्ध होने के कारण हुआ एवं यही अधिक बढ़ी हुई असाधारण मात्रा एकत्रित रहने से घातक प्रभाव हुआ।

बहुत से वैज्ञानिकों ने ट्रायजीन्स का खाद्य तत्त्वों के अवशोषण पर प्रभाव पाया। सामान्यत: नत्रजन, स्फुर एवं पोटाश की मात्रा बढ़ाने से ट्रायजीन्स की विषाक्तता बढ़ जाती है परन्तु अनेक तत्त्वों का अवशोषण बढ़ जाता है।

एन.पी.के. की अधिक मात्रा देने पर मक्का में अट्राजीन के उपचार से एन.पी.के. का उपयोग अधिक बढ़ गया (Sosnovya, 1971) मोनूरान के उपचार से पर्ण के द्वारा पोटाश का अवशोषण कम हो गया। लीनूरान के उपचार से सोयाबीन में मूल के द्वारा पोटाश का अवशोषण अवरुद्ध हो गया।

जल अवशोषण

फिनाक्सी नींदा नाशकों से जल अवशोषण एवं उत्स्वेदन कम हो जाता है। यूरिया एवं ट्रायजीन्स नींदा नाशकों से जल अवशोषण कम हो जाता है।

उत्स्वेदन

क्लोरप्रोफाम, फिनाइल मरक्यूरिक एसिड, 2,4,5,-टी एवं 2,4,-डी के पर्णोचार से स्टोमेटा आंशिक रूप से या पूर्ण रूप से बंद हो जाते हैं। इसके प्रभाव से उत्स्वेदन में जल ह्रास कम हो जाता है तथा प्रकाश संश्लेषण भी प्रभावित होता है।

पुष्पन एवं पुष्पक्रम पर प्रभाव

नींदा नाशकों का पुष्पन पर प्रभाव पड़ता है। पुष्पन का अवरुद्ध होना या अत्यधिक पुष्पन होना, पुष्प की आकृति छोटी-बड़ी होना तथा पुष्प विन्यास एवं पुष्प के विभिन्न अंगों के विन्यास में परिवर्तन हो जाना आदि नींदा नाशक के प्रभाव के प्रमुख लक्षण हैं।

पुष्पों के अंग कम या अधिक होना

नींदा के अत्यधिक प्रभाव से पुष्प के अंगों का बनना एवं वृद्धि अवरुद्ध हो जाना जैसे कैनेडा थिसिल में एम.सी.पी.ए. के उपचार से हो जाता है (Weaver and Nyland, 1965)। कई अंग बनते ही नहीं है।

पुष्पों के अंगों का युग्मन हो जाना

पुष्प के विशेष अंग जैसे पंखुड़ियाँ एक ही में जुड़ जाना या पंखुड़ियों का एक ही साथ जुड़ जाना। जैसे टमाटर के पुष्प में पंखुड़ियों का जुड़ना व पुष्प के आकृति में परिवर्तन होना।

पुमंग की रचना में परिवर्तन हो जाना

इनकी संज़्या कम हो जाना या आकृति में परिवर्तन हो जाना। 2, 4-डी के द्वारा एम्ब्रोसिया (Ambrosia) में परागकण मुक्त नहीं होते हैं परन्तु पौधे की वृद्धि होती रहती है।

जायांग की वृद्धि में परिवर्तन हो जाना

अंडप (कार्पिल) एक दूसरे से जुड़ सकती है या विकृत हो सकती है या एक कार्पिल अनेकों में विभक्त हो सकती है। जैसे 2, 4-डी के द्वारा।

पुष्प का लिंग परिवर्तन

ककड़ी (*Cucumis sativus*) के पर्ण अक्ष (leaf axil) आक्सीन (एन.ए.ए.) के उपचार करने से मादा पुष्पों की संज़्या नर पुष्पों से अधिक हो जाती है। 2, 4-डी की सांद्रता के आधार पर हेम्प़ (Hemp) के पौधों में नर या मादा पुष्प उत्पन्न किए जा सकते हैं नर पुष्पों को अवरुद्ध करना पौध संवर्धन में अधिक महत्व रखता है।

पुष्प विन्यास पर प्रभाव

जौ के पुष्प क्रम पर एम.सी.पी.ए. के प्रभाव से रेकिस की संधियों के मध्य अंतर कम हो जाता है तथा लम्बाई कम हो जाती है या पार्श्व पुष्प बढ़ते ही नहीं हैं। बालियाँ शाखित होना, गुच्छित होना या विपरीत विन्यास होना (Opposite instead of alternate spikelets on rachis) या विरलीकरण होना (Tweaked ears) या अधूरी बालियाँ निकलना आदि प्रमुख लक्षण आक्सीन प्रकार के नींदा नाशकों जैसे 2, 4-डी एवं एम.सी.पी.ए. के द्वारा उत्पन्न होते हैं।

अनेक नींदा नाशकों के उपचार से पौधे वानस्पतिक दशा (Vegetative phase) में प्रवेश करते हैं। उदाहरण पाइनएपिल में 2, 4-डी के उपचार से पुष्पन शीघ्र हो जाता है। पिक्लोराम के उपचार से फ्रेन्चबीन (*Phaseolus vulgaris*) में पुष्पन में विलंब हो जाता है। नींदा नाशकों से पुष्पों की संज़्या में भी कमी या वृद्धि की जा सकती है। फल का बनना भी नींदा नाशक से प्रभावित होता है तथा आकृति विकृत हो जाती है।

सुषुप्तावस्था एवं अंकुरण पर प्रभाव

अनेक नींदा नाशकों के प्रभाव बीजों एवं कलियों की प्रसुप्तावस्था समाप्त हो जाती है एवं वे अंकुरित होने लगते हैं परन्तु कुछ स्पीसीस में प्रसुप्तावस्था बढ़ जाती है। किसी किसी स्पीसीस का अंकुरण नींदा नाशकों से अवरुद्ध हो जाता है जैसे अट्राजिन, डिक्लोबेनिल, ट्राइफ़्लूरेलिन, फ़्लूक्लोरेलिन आदि। इनका वर्णन नींदा नाशक की क्रिया विधि में तथा प्रसुप्ति एवं अंकुरण के अध्याय में किया गया है।

नींदा नाशकों का मृदा जीवाणुओं पर प्रभाव

नाइट्रोजन ट्रांस्फारमेशन (Nitrogen transformation)

एन्डरसन (Anderson, 1978) ने यह निष्कर्ष निकाला कि मृदा में प्रयोग होने वाले प्रायः सभी समूह के पेस्टीसाइड से अमोनीफिकेशन (Ammonification) क्रिया में लाभ होता है। नींदा नाशकों से नाइट्रीफिकेशन (Nitrification) एवं डिनाइट्रीफिकेशन (Denitrification) क्रियाओं में उद्दीपन (Stimulation) होता है तथा कोई विपरीत प्रभाव नहीं होता है। मार्स व ग्रीव्स (Marsh and Greaves, 1979) के अनुसार एक नींदा नाशक अमोनीफिकेशन को उद्दीप्त कर सकता है तथा नाइट्रीफिकेशन को रोक सकता है। इससे अमोनियम व नाइट्रेट आयन्स के मध्य संतुलन बदल सकता है। इस पर अभी अध्ययन होना है कि इस प्रकार के असंतुलन से फसलों या किसी विशेष स्पीसीस की वृद्धि पर क्या प्रभाव होता है।

नत्रजन स्थरीकरण Nitrogen fixation

यह सिद्ध हो चुका है कि मृदा में बहुत से जीवाणु स्पीसीस स्वतंत्र रूप से वायु मण्डल की नत्रजन को स्थिर कर सकते हैं। जेन्सन (Jensen, 1965) के अनुसार मृदा में कार्बन व ऊर्जा स्रोत की कमी से स्वतंत्र जीवाणुओं की नत्रजन स्थिरीकरण क्षमता में कमी होती है।

■■■■

21

नींदा नाशक का पौधों में अवशोषण व अग्रेषण
(Absorption and Translocation of Herbicides in Plants)

मृदा या पर्णोपचारित नींदा नाशक का पौधों में विषाक्त प्रभाव हेतु यह आवश्यक है कि छिड़काव के बाद उसका मूल या पर्णों में अवशोषण हो एवं मूल या पर्णों से वर्धनशील कोशाओं तक स्थानांतरण हो। यदि ये क्रियाएँ मंद गति से होती हैं तो पौधों पर कुप्रभाव भी मंद गति से एवं कम होगा। जिन पौधों के मूल या पर्णों में अवशोषण अथवा स्थानांतरण या दोनों अवरुद्ध हो जाते हैं और नींदा-नाशक रसायन वर्धनशील अंग तक नहीं पहुँच पाता तो उन पौधों में इसका विषाक्त प्रभाव नहीं होता है।

पौधों में नींदा नाशक व अन्य रसायनों तथा जल का अवशोषण व स्थानांतरण अनेक कारणों से प्रभावित होता है (चित्र 21.1)। नींदा नाशकों को पर्ण के विभिन्न माध्यम से होते हुए क्रियाशील कोशाओं तक पहुँचना अनिवार्य है, जहाँ पर अभिक्रिया कर पौधे की वृद्धि रोकते हैं। विभिन्न माध्यमों में अनेक बाधाओं के कारण अवशोषण प्रभावित होता है जिसका ज्ञानार्जन उपयुक्त नींदा नियंत्रण हेतु आवश्यक है।

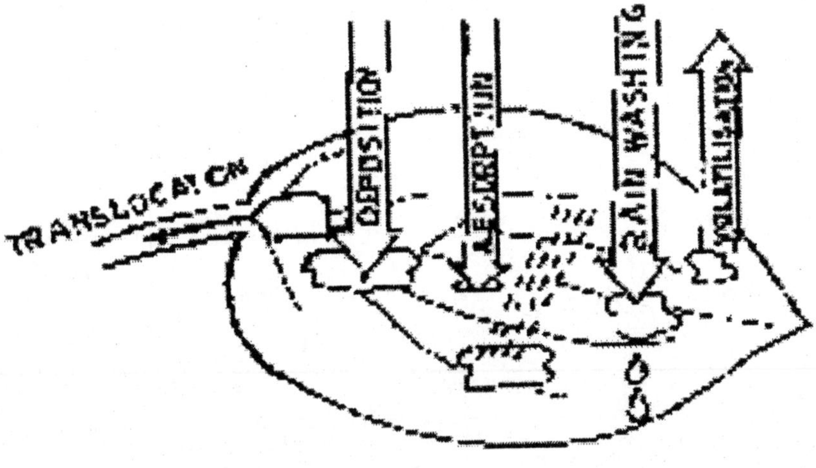

चित्र 21.1

अवशोषण (Absorption)

नींदा नाशक के अवशोषण से तात्पर्य है कि मूल या पर्ण या पौधे की किसी भी ऊपरी सतह पर रसायन का क्रियाशील आयन या अणु का बाह्य त्वचा की कोशाओं के अंदर जीव-द्रव्य तक पहुँचना है।

अवशोषण कई प्रकार से होता है।

अवशोषण की क्रिया में प्रमुख पाँच बाधाएँ उपस्थित होती हैं।

1. मूल रोम व रोम (Root hairs and trichome) 2. उप-त्वचा (Cuticle)
3. छाल (Bark) 4. कोशिका भित्ति (Cell wall) 5. प्लाज्मालेमा (Plasma lema)

(1) रोम

पर्णों पर रोम होने से जो छिड़काव के कण पत्ती पर गिरते हैं, वे रोमों के ऊपर ही अधर में लटके रहते हैं तथा सतह तक नहीं पहुँच पाते हैं। इससे नींदा नाशक के अवशोषण होने में बाधा उत्पन्न होती है। रोम भी लाइपोफिलिक होते हैं तथा अवशोषण में बाधक होते हैं।

(2) मोम (Wax)

पौधों के पर्णों पर मोम जमा हो जाने के कारण नींदा नाशक का अवशोषण अवरुद्ध हो जाता है। जिन किस्मों में अधिक मोटी तह जमा हो जाती है उनमें नींदा नाशक का अवशोषण बहुत कम होता है। जिनमें तह पतली होती है उनमें अवशोषण में कम बाधा होती है। एक ही किस्म के पौधों में, सूर्य के प्रकाश में अधिक मोटी तह जमा होती है उन पत्तियों की तुलना में जो छाया में रहती हैं। बहुधा मोम उपचर्म के अंदर तक पहुँच जाती है जिसे उपचर्मीय मोम कहते हैं।

जिस सतह पर मोम जमी होती है वह भींगती नहीं है व उस पर नींदा नाशक चिपकता नहीं है, क्योंकि मोम लाइपोफिलिक होती है। अत: नींदा नाशकों में स्टिकर (Sticker) एवं स्प्रेडर (Spreader) मिश्रित करते हैं जिससे वे सतह से गिर न सकें।

(3) उपचर्म (Cuticle)

उपचर्म का गुण भी लाइपोफिलिक होता है तथा पर्णों व शाखाओं से उत्स्वेदन को रोकने में सहायक होते हैं। पौधों में चयापचय की क्रिया में अनावश्यक उत्सर्जी पदार्थ निकलते हैं जो बाह्य चर्म की ऊपरी सतह पर जमा हो जाते हैं जिसे उपचर्म कहते हैं। ये प्रमुख रूप से क्यूटिन (Cutin) का बना होता है। क्यूटीकिल 18 या अधिक कार्बन-हाड्राक्सी वसीय अज़्लों एवं अल्कोहलों का अर्द्ध वसीय (Semi lipoidal) आक्सीकारक होता है, जिससे इसमें वसा स्नेही या लाइपोफिलिक (CH_2CH_3) एवं जल स्नेही या हाइड्रोफिलक (OH COCH) दोनों गुण होते हैं। इसके कारण क्यूटीकिल का हेमीहाइड्रोफिलिक गुण हो जाता है क्यूटीकिल का सबसे ऊपरी स्तर अन्दर के स्तरों की तुलना में अधिक आक्सीकृत रहता है। इसके कारण अणु की ध्रुवता (Polarity) में भिन्नता उत्पन्न हो जाती है ऊपरी स्तर जो अधिक लाइपोफिलिक होता है वह उपचर्म विशेष (Cuticle proper) एवं अन्दर के स्तरों

को जो बहुत कम लाइपोफिलिक होते हैं उपचर्मीय स्तर (Culticle layer) कहते हैं। उपचर्मीय स्तर में क्यूटिन एवं कुछ मोम के अतिरिक्त हेमीसेलूलोज एवं पेक्टिन भी होते हैं। पर्ण क्यूटीक्लि में ऋणात्मक आवेश होता है।

पर्ण सतह का क्यूटीक्लि, पर्ण-रन्ध्र गुहा (Stomatal cavity) के अंदर तक पहुँच जाता है जिसे आंतरिक क्यूटीकिल कहते हैं। यह सतह के क्यूटीकिल की अपेक्षा पतला होता है। पर्ण रंध्र (स्टोमेटा) की रक्षक कोशिकाओं (Guard cells) में क्यूटीकिल नहीं होता है।

क्यूटीकिल की संरचना के आधार पर यह स्पष्ट हो जाता है कि यह हाइड्रोफिलिक (ध्रुवीय) एवं लाइपोफिलिक (अध्रुवीय) दोनों प्रकार के पदार्थों को पारगज़्य है। नींदा नाशक का क्यूटीकिल में प्रवेश या तो वसीय अज़्लों की शृंखला के प्रोक्यूटिन एवं बहुलीकृत (पालीमराइज्ड) बड़े कणों (Macro molecules) के मध्य स्थित सूक्ष्म रिक्त स्थानों या ताप के प्रभाव से क्यूटिन के लिपिड में बने बड़े रिक्त स्थानों में से होता है। क्यूटीकिल में दरारों, कीड़े के द्वारा बनाए छिद्रों, हवा व ताप के प्रभाव से उत्पन्न रिक्त स्थानों के माध्यम से भी क्यूटीकिल में नींदा नाशक दवाओं का प्रवेश होता है। चूंकि ये दशाएँ हमेशा उपस्थित नहीं रहती हैं, इसलिये यह प्रवेश का सही माध्यम नहीं है।

पत्तियों में क्यूटीकिल की विभिन्न मोटाई के आधार पर नींदा नाशक की प्रभाविता आधारित रहती है। नींदा नाशक छिड़काव का पत्तियों को गीला करने की क्षमता में भी भिन्नता रहती है। क्यूटीकिल की मोटाई पौधों की स्पीसीस, एक ही स्पीसीस की विभिन्न किस्मों में, एक ही स्पीसीस में पत्तियों की अवस्था तथा परिवेश में भिन्न होती है।

सामान्यत: कम उम्र की पत्तियों में तथा जो छाया में बढ़ती है उनमें क्यूटीकिल की सतह पतली होती है। पौधों की मूल में क्यूटीकिल नहीं होता, इसलिये वे हाइड्रोफिलिक पदार्थों की तुलना में शीघ्रता से अवशोषित करती है।

पर्ण रन्ध्र (Stomata)

पत्तियों का अवशोषण क्षेत्र उनमें उपस्थित पर्ण रन्ध्रों की संज़्या एवं उनके क्षेत्र से बढ़ जाता है। पत्तियों पर छिड़काव किये गए नींदा नाशक घोल की बूंदें आंतरिक क्यूटिकिल की सहायता से अंदर प्रवेश करती हैं। पर्ण रन्ध्र वायु गुहा (Air cavity) बूंदों को सूखने से बचाव करती है इस कारण इनकी सहायता से अवशोषण बढ़ जाता है। साधारण अवस्था में पर्णरन्ध्र के माध्यम से अवशोषण में कठिनाई होती है क्योंकि इनमें अधिक समय तक गैसें भरी रहती हैं।

कोशिका भित्ति (Cell wall)

प्ररोह में क्यूटीकिल को पार करने के बाद तथा मूल में नींदा नाशक का घोल सीधे बाह्य त्वचा की कोशिकाओं की कोशिका भित्ति के सज़्पर्क में आता है। प्राथमिक कोशिका भित्ति पेक्टीन एवं सेलूलोज की बनी होती है। अत: ये क्यूटीकिल की अपेक्षा अधिक जल ग्राही होती हैं। द्वितीय कोशिका भित्ति प्राथमिक कोशिका भित्ति के नीचे होती है। यह रेशेदार ऊतक की बनी होती है कोशिका भित्ति में जलग्राही पदार्थ (hydrophyllic) अन्य जल अवक्षेपी पदार्थों (hydrophobic) की तुलना में सरलता से प्रवेश पाते हैं।

प्लाज्मालेमा (Plasma lema)

प्लाज्मालेमा लाइपोइडल विभेदक-पारगज़्य झिल्ली (Differentially permeable membrane) होती है जो कोशिका भित्ति के नीचे होती है। इस झिल्ली में से कुछ विशेष विलेय पदार्थ व विलेयक पार कर कोशिका के साइटोप्लाज्म में जा सकते हैं तथा अन्य पार नहीं कर सकते हैं। कोशिका में नींदा नाशक के प्रवेश में यह झिल्ली सबसे अंतिम अवरोधक है। इसको पार करने के बाद नींदा नाशक के आयन व अणु साइटोप्लाज्म में पहुँचते हैं। विभेदक पारगज़्यता के कारण पौधों की स्पीसीस में वरणात्मक प्रभाव होता है।

मृदा से नींदा नाशक का अवशोषण करने वाले पौधों के अंग

मृदा से नींदा नाशकों का अवशोषण सामान्यत: मूल के द्वारा होता है। परन्तु फूले बीज (Soaked seed), अंकुरणशील बीज की कोलियोप्टाइल (Coleoptile), ईपीकाटिल (Epicotyl), हाइपोकाटिल (hypocotyl) एवं अक्ष (Axis) के द्वारा भी नींदा नाशकों का अवशोषण होता है। वेरिन्टाइन व वेरिन (1971) के अनुसंधानों से ज्ञात हुआ है कि अंकुरण होने पर प्ररोह तंत्र का तना भी बहुत से नींदा नाशकों का अवशोषण करता है। मक्का व मटर में ई.पी.टी.सी., क्लोरप्रोफाम एवं ट्राइफ़्लूरेलिन का अवशोषण मृदा के पास तने से होता है। परन्तु 2,4-डी, सिमाजिन आदि मूल तंत्र से अवशोषित होते हैं। चिरैया बाजरा (*Phalaris minor*) में आइसोप्रोटूरान का अवशोषण मूल तंत्र, प्ररोह तंत्र एवं अंकुरणशील बीज से होता है।

बहुवर्षीय नींदा के कंदों (tubers), राइजोम (Rhizomes) व स्टोलन (Stolen) के द्वारा कोशिका में नींदा नाशक का अवशोषण होता है। घासों में क्राउन मूल क्षेत्र के द्वारा भी अनेक नींदा नाशकों का अवशोषण होता है। जबकि अनेक स्पीसीस में केवल सेमीनल मूल तंत्र के द्वारा नींदा नाशक अवशोषित होता है।

नींदा नाशक अवशोषण की प्रक्रिया

वैज्ञानिकों के मतानुसार नींदा नाशक दवाओं का अवशोषण उसी प्रक्रिया से होता है जैसे अन्य खाद्य तत्त्वों का होता है। अभी नींदा नाशक के अवशोषण पर गहन अध्ययन नहीं हुआ है।

विसरण (Diffusion) - क्यूटीकिल एवं कोशिका भित्ति में हाइड्रोफिलिक अणु व आयन विसरण की क्रिया से प्रवेश करते हैं।

(Solublizing action) - लाइपोफिलिक पदार्थ क्यूटीकिल एवं कोशिका भित्ति में गलाव करके प्रवेश करते हैं। जब लाइपोफिलिक नींदा नाशक घोल का छिड़काव किया जाता है तब वे क्यूटीकिल के लिपिड एवं एपीडरमल भित्ति का गलाव (Solublize) करते हैं एवं पार कर जाते हैं। नींदा नाशकों में सालूबिलाइजर (Solublizers) मिलाने से यह क्रिया शीघ्र होती है।

गलाव की क्रिया (Solublization) विसरण (Diffusion) क्रिया से अधिक सक्रिय है। बहुत से ऐसे पदार्थ नींदा नाशक दवाओं के साथ मिलाए जाते हैं। जो छिड़काव घोल को लाइपोफिलिक गुण प्रदान करते हैं तथा हाइड्रोफिलिक पदार्थों को क्यूटीकिल व कोशिका भित्ति में प्रवेश होने में सहायता प्रदान करते हैं।

आयनिक (oinic) नींदा नाशक की तुलना में परमाणु, अणुरूप (Molecular form) में नींदा नाशक अधिक अवशोषित होते हैं।

क्यूटीकिल एवं बाह्य त्वचा की कोशिका भित्ति के द्वारा अवशोषित नींदा नाशक वर्षा होने पर उनसे बाहर भी निकल जाते हैं। वे नींदा नाशक जो प्लाज्मा लेमा झिल्ली पार कर लेते हैं उनका प्राच्छलन नहीं होता या कम मात्रा में प्राच्छलन (washing) होता है।

प्लाज्मा झिल्ली के माध्यम से अवशोषण

प्लाज्मा झिल्ली दो प्रकार की होती है। जैसे प्लाज्मालेमा (Plasmalemma) एवं टोनोप्लास्ट (Tonoplast)। ये झिल्लियाँ लिपिड एवं प्रोटीन की बनी होती है तथा लाइपोफिलिक गुण होता है। लाइपोफिलिक नींदा नाशक जैसे नींदा नाशक तेल, व तेल इमल्सन इन झिल्लियों में से सुगमता से पार कर लेते हैं इनकी पारगज्यता की दर साधारणतः उनमें वसा की घुलनशीलता पर आधारित है।

हाइड्रोफिलिक यौगिकों की पारगज्यता इन झिल्लियों के माध्यम से बड़ी जटिल है। हाइड्रोफिलिक नींदा नाशक प्लाज्मालेमा झिल्ली में से होकर प्रोटोप्लाज्म में पहुँचने के दो विधियाँ हैं जैसे –

1. निष्क्रिय अवशोषण (Passive absorption) 2. सक्रिय अवशोषण (Active absorption)

1. निष्क्रिय अवशोषण

जब रासायनिक पदार्थ कोशिका में प्लाज्माझिल्ली जैसे प्लाज्मालेमा व टोनोप्लास्ट को साधारण विसरण के द्वारा पार कर अवशोषित होता है तथा विद्युत रसायन विभवांतर (इलेक्ट्रोकेमीकल पोटेन्सियल ग्रेडिएन्ट) (Electro chemical potential gradient) के द्वारा नियंत्रित होता है। इस प्रकार के अवशोषण को पेसिव अवशोषण कहते हैं।

2. सक्रिय अवशोषण

सक्रिय अवशोषण की प्रक्रिया में ऊर्जा की आवश्यकता होती है। इस प्रक्रिया में विशेष भारी रासायनिक ''वाहक'' (Carrier) अणु जिनमें प्राथमिक प्रोटीन एवं फास्फोलाइपिड होता है तथा इनमें धनात्मक एवं ऋणात्मक दोनों ध्रुव होते हैं। ये ''वाहक'' अणु प्लाज्मा झिल्ली में पाए जाते हैं। ये रासायनिक वाहक अणु, रासायनिक अणु अथवा नींदानाशक ऋणायन, धनायन एवं अन-अपघटित अणुओं को प्लाज्मालेमा झिल्लियों को पार करके साइटोप्लाज्म में स्थानान्तरण करने में सहायक होते हैं। टोनोप्लास्ट या रिक्तिका झिल्ली में भी प्लाज्मालेमा की तरह अवशोषण की प्रक्रिया होती है। जिससे एक झिल्ली में साइटोप्लाज्म में अवशोषित नींदा नाशक रसायन के अणु रिक्तिकाओं (Vacuoles) में स्थानांतरित होते हैं। परन्तु टोनोप्लास्ट का वाहक तंत्र प्लाज्मालेमा के वाहक तंत्र की तुलना में बहुत कमजोर होता है जिससे अवशोषित नींदा नाशक का अणु रिक्तिकाओं में नहीं पहुँचता व साइटोप्लाज्म के द्वारा ही दूसरी कोशिका में पहुँच जाता है जिससे नींदा नाशक अणु के अवशोषण में शीघ्रता होती है।

"वाहक अणु" की संरचना एवं उनकी क्रियाशीलता हेतु उच्च ऊर्जा फास्फेट बाँड वाले यौगिकों की आवश्यकता होती है जैसे एडिनोसाइन डाइफास्फेट (ADP) एवं माइटो कोन्ड्रिया में आक्सीडेटिव, फास्फोरीलेशन की क्रिया से उत्पन्न होते हैं यद्यपि "वाहक" सिद्धांत का सीधा संबंध पौधों में नींदा नाशक के अवशोषण की जानकारी उपलब्ध नहीं है (क्रेज़्ट, 1975)। वर्षा होने पर नींदा नाशक के अवशोषण की क्रिया प्लाज्मालेमा में विपरीत दिशा में भी हो सकती है।

नींदा नाशक की रचना में भिन्नता होने से पौधे की एक स्पीसीस में अवशोषण की गति भिन्न होती है। नींदा नाशक का फारमुलेशन अवशोषण की गति को प्रभावित करता है। उदाहरणार्थ बिगलीफ मेपिल (Acer macrophyllum) में 2, 4-डी के चार फारमुलेशन के अवशोषण की तीव्रता के आधार पर उनका क्रम निम्नानुसार पाया - ईस्टर, अम्ल, अमाइन साल्ट, सोडियम साल्ट। प्रोपियोनिक अम्ल फिनाक्सी नींदा नाशक उनके ऐसेटिक डेरीवेटिव की तुलना में मेपिल की पत्ती में शीघ्रता से अवशोषित होता है। इसी प्रकार ट्राइक्लोरोफिनाक्सी अल्किल अम्लों की तुलना में मंद गति से अवशोषित होते हैं।

नींदा नाशक का पौधों में अग्रेषण Translocation of herbicide

नींदा नाशक का विभिन्न अवरोधों को पार कर मूल या तने की कोशिका के साइटोप्लाज्म में पहुँचने के बाद उसका वल्कुट (Cortex) की कोशिकाओं के माध्यम से संवहन पूल तक पहुँचने को नींदा नाशक का अग्रेषण (Translocation of herbicide) कहते हैं। प्रथम कोशिका से नींदा नाशक "एपोप्लास्ट" एवं "सिमप्लास्ट" के माध्यम से संवहन पूल तक पहुँचता है। एपोप्लास्ट (Apoplast) का अर्थ है कि कोशिका का निर्जीव माध्यम जैसे कि एक दूसरे से मिलती हुई कोशिका भित्ति तथा अंत: भित्ति-रिक्त स्थान, हवा या पानी सहित एवं जाइलम वाहनियाँ का निर्जीव भाग सम्मिलित है। सिमप्लास्ट (Symplast) का अर्थ है कोशिकाओं का सजीव माध्यम जिसमें प्रोटोप्लाज्म जो एक दूसरी कोशिकाओं में प्लास्मोडेस्मेटा से निरंतरता रखता है इसमें रिक्तिकायें (Vacuoles) सम्मिलित नहीं है। नींदा नाशक दोनों माध्यमों में विसरण (Diffusion) की विधि से आगे बढ़ता है। सिमप्लास्ट में नींदा नाशक आयन व अणु साइटोप्लाज्मिक स्ट्रीमिंग (Cytoplasmic streaming) एवं सक्रिय रूप से विद्युत रसायन विभव की सांद्रता के विरुद्ध (Against the electrochemical potential gradient) अग्रेषित होता है।

नींदा नाशक का संवहन Translocation of herbicides

नींदा नाशक का संवहन से तात्पर्य यह है कि वल्कुट की विभिन्न कोशिकाओं को पार करने के बाद जाइलम (Xylum) या फ्लोइम में पहुँच कर वाहिनियों द्वारा पौधे के संवर्धनशील शिखाओं, फलों या अन्य संग्रहणकारी अंगों (Storage organs) तक पहुँचना। वे नींदा नाशक जो संवहन-पूल की वाहनियों तक पहुँचते हैं उनके माध्यम से अनुपचारित अंगों तक पहुँच जाते हैं उन्हें संवहनशील नींदा नाशक (Translocated herbicides) कहते हैं। ऐसे नींदा नाशक पूरे पौधे में फैल जाते हैं। यहाँ तक कि भूमिगत तनों, कंदों व मूलों में भी प्रसारित हो जाते हैं। इससे इनके उपचार से नींदा के पौधों की पुनर्वृद्धि नहीं हो पाती है। कुछ पौधों में पर्व-संधि व आकंद आदि में विशेष ऊतक रचना होने के कारण इनका संवहन अवरुद्ध हो जाता है या कम होता है जिससे अनेक भूमिगत अंग पुनर्वृद्धि करने लगते हैं उदा. मूल की वल्कुट में एन्डोडर्मिस की कोशिकाओं में सुब्रिन की केस्परियन

पट्टी (Casparian strip) होने से नींदा नाशक के आयन (जैसे 2, 4-डी, MH) जाइलम में नहीं पहुँच पाते हैं। परन्तु कुछ अन्य नींदा नाशकों के आयन जैसे विस्थापित यूरिया, सिमाजिन अदि को पार करने में बाधा नहीं होती है क्योंकि वे सुब्रिन में घुल जाते है (चित्र 21.2)। नींदा नाशकों को वल्कुट जाइलम में पहुँचने के लिए ऊर्जा की भी आवश्यकता होती है। कुछ नींदा नाशक जैसे आई.पी.सी., अमीट्राल आदि वल्कुट की कोशिकाओं में ही रिक्तिकाओं में रह जाते है एवं जाइलम में नहीं पहुँच पाते। नींदा नाशक से उपचारित कोशिकाओं को यदि मेटाबोलिक इनहीबीटर जैसे नाइट्रोजन गैस, डी.एन.पी., डेमेटान, (Dematon) या डाइनोसेब आदि से उपचारित करने पर मूल में स्थानान्तरित न होने वाले नींदा नाशक जैसे मेलिक हाइड्राजाइड, अमीट्राल आदि को संवहनशील कर देते हैं। इससे यह स्पष्ट हो जाता है कि मेटाबोलिक इनहीबीटर ऊर्जा जनित अवरोधक प्रक्रिया को रोक देते हैं एवं नींदा नाशक के आयन स्थानांतरित होने लगते हैं।

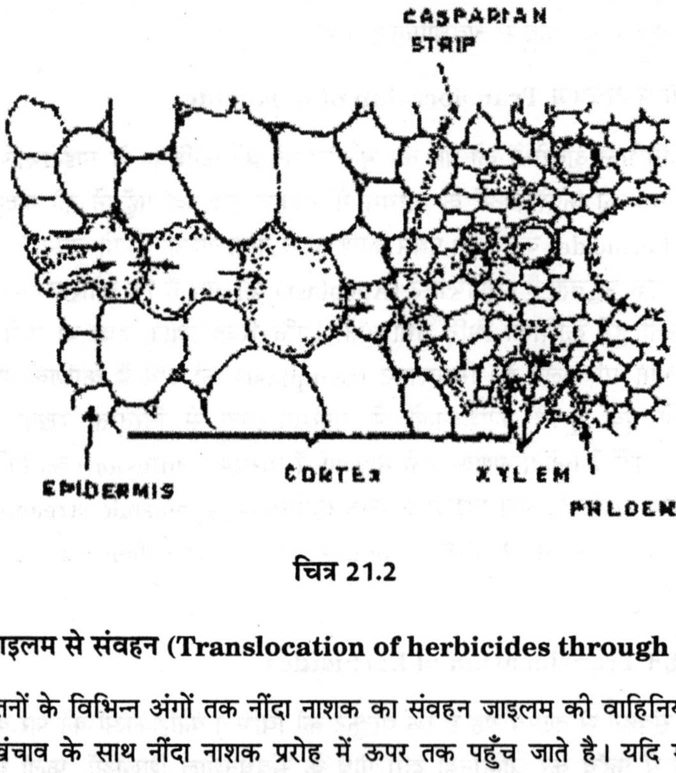

चित्र 21.2

नींदा नाशक का जाइलम से संवहन (Translocation of herbicides through Xylem)

मूल से ऊपर तनों के विभिन्न अंगों तक नींदा नाशक का संवहन जाइलम की वाहिनियों में होता है। पर्णों में उत्स्वेदन से जल खिंचाव के साथ नींदा नाशक प्ररोह में ऊपर तक पहुँच जाते है। यदि मूल को आइसोटोपिक (Labeled) नींदा नाशक से उपचारित करते हैं तो पत्तियों में इसकी उपस्थिति रेडियो आटोग्राफ से ज्ञात की जा सकती है। चूंकि उत्स्वेदन सभी पत्तियों से होता है इसलिए नींदा नाशक सभी पत्तियों तक पहुँच जाता है। जाइलम में संवहन केवल नीचे से ऊपर की ओर (Acropital) ही होता है। परन्तु कुछ नींदा नाशक जैसे पिक्लोराम से जब मूल को उपचारित किया जाता है तो वह नीचे से ऊपर की ओर प्रसारित होता है तथा क्राऊन तक पहुँचने के बाद वह फ्लोइम में पहुँच जाता है। वहाँ से वह ऊपर की ओर (Acropital) या नीचे की ओर (Basipetal) दोनों प्रकार से स्थानांतरित हो सकता है तथा परिपक्व पत्तियों को छोड़कर सक्रिय संग्रहकों (Sink) तक पहुँचता है।

वे नींदा नाशक जो जाइलम के द्वारा संवहित होते हैं यदि उनको प्ररोह तंत्र पर उपचारित किया जाता है तो वे एपोप्लास्ट के माध्यम से स्थनान्तरित होकर जाइलम में पहुँचते है। वहाँ से वे ऊपर की ओर (Acropetal) ही संवाहित होते है। तथा फ़्लोइम में उनका संवहन नहीं होगा। जब नींदा नाशक के आयन रिसकर फ़्लोइम में पहुँचते है तब उनका नीचे की ओर अधोवर्ती (Basipetal) संवहन भी होने लगता है। यदि अट्राजिन, डाइयूरान आदि जाइलम में संवहन होने वाले नींदा नाशकों को घासों के प्ररोह पर उपचारित किया जाता है तो वे केवल प्ररोह को ही मारते है तथा मूल, भूमिगत कलिकायें तथा एक्सिस तक न पहुँचने के कारण नहीं मरते, क्योंकि ये नींदा नाशक स्थानांतरित नहीं होते हैं ये केवल संपर्क नींदा नाशक जैसा कार्य करते हैं। यदि इन्हें मृदा उपचारित करते हैं तो ये नींदानाशक मूल के द्वारा अवशोषित होते हैं तथा वहाँ से जाइलम के द्वारा रसाकर्षण के साथ संवहित होकर वर्धनशील ऊतकों, कलिकाओं तथा पत्तियों तक पहुँच जाते है एवं पूरे पौधों को मार देते हैं।

जाइलम में विपरीत दिशा में संवहन

अत्यधिक शुष्क परिवेश में उगने वाले पौधों को उपचारित करने पर नींदा नाशक जाइलम वाहिनियों में ऊपर की ओर न जाकर प्ररोह तंत्र से जाइलम के द्वारा नीचे की ओर मूल तंत्र की ओर संवहित होने लगते हैं। आर्सेनिक ट्राइआक्साइड, बोरेक्स, सोडियम क्लोरेट, अमोनियम थायोसायनेट आदि जाइलम के द्वारा संवाहित होते हैं। ये जार विधि से उपचारित किए जाते हैं। पत्तियों को जार के घोल में डुबाकर उपचारित करते हैं तथा पत्तियों के विकृत हो जाने से यह घोल जाइलम के द्वारा मूल तंत्र तक संवहित होता है। इस विधि से केमिलथार्न के पौधे आर्सेनिक घोल से नियंत्रित हो जाते है तथा इसके मूल तंत्र से संबंधित अन्य पौधे भी नियंत्रित हो जाते है। हिरनचरी (*Convolvu lus arvensis*) में भी जाइलम के द्वारा संवहन होता है। कुछ नींदा नाशक मूल तंत्र से उत्सर्जित होते हैं जैसे 2, 4-डी, एम.सी.पी.ए., डालापान, डाइकेम्बा, पिक्लोराम आदि (Helling *et al.* 1971)। गेहूँ में 2, 4-डी का उपचार करने के बाद यदि कपास की फसल लगाते हैं तो मृदा में मूल के द्वारा उत्सर्जित 2, 4-डी का प्रभाव पड़ता है।

नींदा नाशक का फ़्लोइम के द्वारा संवहन (Translocation of herbicides through Phloem)

प्ररोह तंत्र को उपचारित करने पर फ़्लोइम में संवहित होने वाले नींदा नाशक फ़्लोइम वाहिनियों में प्रकाश संश्लेषित मेटाबोलाइट जैसे अमीनों एसिड, शर्करा आदि के साथ पर्णों से वर्धनशील अंगों जैसे कलिकाओं नवीन पर्ण, पुष्प, फलों एवं संग्रहित करने वाले अंगों की ओर संवहित होते हैं। फ़्लोइम में संवहन प्रक्रिया के अनेक वाद (Theory) हैं। इनमें मासफ़्लो (Mass flow) वाद सबसे अधिक मान्य है क्योंकि इस वाद, से नींदा नाशक व अन्य खाद्य रसों का उर्ध्ववर्ती (Acropetal), अधोवर्ती (Basipetal) एवं द्विदिशावर्ती (Bidirectlonal) संवहन की प्रक्रिया स्पष्ट समझ में आती है। सामान्य दशाओं में से 2, 4-डी 1.6 मी./घंटे की गति से पौधों में संवहित हो सकता है। नींदा नाशक केवल स्वस्थ एवं सक्रिय फ़्लोइम वाहिनियों में ही संवहित होता है। जब कुछ कारणों से जैसे कीटों के द्वारा हानि पहुँचना या नींदा नाशक के द्वारा शीघ्र क्षति होने के कारण सामान्य रूप से फ़्लोइम में संवाहित होने वाले नींदा-नाशकों का भी संवहन अवरुद्ध हो जाता है। उदाहरणार्थ डालापान जब 0.2 से 0.5% सान्द्रता पर घासों के प्ररोह तंत्र पर प्रयोग किया जाता है तब यह सुगमता से मूल तंत्र तक पहुँच जाता है यदि इसकी सान्द्रता 1 से 2% तक बढ़ाकर उपचार करते हैं तो उसका मूल तंत्र तक उचित संवहन नहीं होता है (Foy, 1961, 1962)। पैराक्वाट व डायक्वाट नींदा नाशकों से यदि कम सान्द्रता पर ही प्ररोह को उपचारित करते हैं तो प्रकाश में

शीघ्रता से पर्णों की कोशिका में क्षति होने से वे संवहित नहीं हो पाते हैं। अत: ये केवल सम्पर्क नींदा नाशक जैसा ही कार्य करते हैं। फ़्लोइम में नींदा नाशक संवहन के प्रमुख दो आधार हैं।

(1) पत्तियों में बनाए गए मेटाबोलाइट पदार्थों के साथ नींदा नाशक पौधों के अन्य अंग जहाँ पर ये संचित या वृद्धि में उपयोग होते हैं पहुँच जाते हैं पौधों में जहाँ पर मेटाबोलाइट का संश्लेषण होता है उद्गम (Source) तथा जहाँ पर उपयोग अथवा संचित होते है सिंक (Sink) कहलाता है।

(2) फ़्लोइम में संवहन के समय नींदा नाशक परिपक्व पत्तियों में नहीं जाता है क्योंकि परिपक्व पत्तियाँ भोजन संश्लेषित करती हैं तथा उसको दूसरे अंगों को भेजती हैं। वे संश्लेषित पदार्थ ग्रहण नहीं करती हैं। इसलिए फ़्लोइम में संवाहित होने वाले नींदा नाशक केवल उन्हीं पत्तियों व अंगों में जाते है जो वर्धनशील होते हैं तथा जिन्हें संश्लेषित पदार्थों की आवश्यकता होती है। क्रेज़्ट (1958) ने आइसोटोपिक अमीट्राल से जेद्रीना की एक पत्ती को उपचारित किया तथा आटोरेडियोग्राफ से विदित किया कि अमीट्राल परिपक्व पत्तियों में नहीं गया परन्तु छोटी उम्र की पत्तियों तथा मूल तंत्र में पहुँच गया परन्तु जो नींदा नाशक फ़्लोइम से रिस कर जाइलम में पहुँच जाते हैं, वे परिपक्व पत्तियों में भी जाइलम के द्वारा रसाकर्षण के माध्यम से पहुँच जाते हैं। उदाहरणार्थ मैलिक हाइड्राजाइड फ़्लोइम से रिस कर जाइलम में पहुँच जाता है एवं पूरे पौधे की पत्तियों में उत्स्वेदन द्वारा रसाकर्षण के साथ फैल जाता है। यह नींदा नाशक का फ़्लोइम से जाइलम में पहुँचना परिभ्रमण (Circulation) कहलाता है। मूल एवं प्ररोह की शिखा संवहनशील नींदा-नाशक का अंतिम सिंक (Sink) होती है। परन्तु संवहन शील नींदा नाशक भी वाहिनियों में विशेष कर परिपक्व पर्व-संधि के पास अवरुद्ध हो जाते है तथा सिंक तक नहीं पहुँच पाते हैं। क्रेज़्ट (1967) के अनुसंधानों से विदित हुआ है कि जब अमीट्राल, एम.एच. एवं 2,4-डी से सोयाबीन के पौधों की पत्तियों को उपचारित किया। आटोरेडियोग्राफ करने के उपरान्त अमीट्राल पूरे पौधे में, तथा मूल एवं प्ररोह शिखा पर उपस्थित पाई। तथा एम.एच. एवं 2,4-डी शिखाओं पर बहुत कम प्रदर्शित हुए तथा प्ररोह की लम्बाई के साथ क्रमश: न्यून होते गये।

सामान्य संवहनशील नींदा नाशक

नींदा नाशकों में संवहनशीलता का गुण उनकी संरचना के आधार पर भिन्न होती है तथा विभिन्न स्पीसीस में एक ही प्रकार के नींदा नाशक का संवहन भी भिन्न होता है। इस आधार पर पाँच प्रकार के संवहनशील नींदा नाशक विदित हुए हैं।

(1) प्ररोह तंत्र में असंवहनशील नींदा नाशक (Shoot immobile herbicides)

वे पर्णोपचारित नींदा नाशक जिनका केवल जाइलम में ऊर्ध्ववर्ती संवहन होता है। इनका पत्तियों से मूल तंत्र में संवहन नहीं होता है। जैसे डाइयूरान, अट्राजिन आदि।

(2) प्ररोह तंत्र में संवहनशील नींदा नाशक (Shoot mobile herbicides)

वे पर्णोपचारित नींदा नाशक जिनका संवहन फ़्लोइम में ऊर्ध्ववर्ती तथा अधोवर्ती दोनों दिशाओं में होता है। ये प्ररोह तंत्र तथा मूल तंत्र दोनों तक पहुँच जाते है। जैसे अमीट्राल, सिल्वेक्स, डालापान, पिक्लोराम आदि।

(3) परिभ्रमणशील नींदा नाशक (Circulatory herbicides)

वे पर्णोपचारित नींदा नाशक हैं, जिनका संवहन ज़्लोइम व जाइलम दोनों में होता है जैसे एम.एच., डालापान, 2, 3, 6-टी.बी.ए.

(4) जाइलम के विपरीत संवहनशील नींदा नाशक

वे पर्णोपचारित नींदा नाशक जो जाइलम के द्वारा मूल तक पहुँचते हैं, यह प्रक्रिया तब होती जब मृदा में जल की बहुत कमी होती है। उदाहरणार्थ आर्सेनिक ट्राइआक्साइड, सोडियम क्लोरेट आदि।

(5) मूल संवहनशील नींदा नाशक (Root translocated herbicides)

वे नींदा नाशक जिनसे मूल उपचारित होती है तथा जाइलम के द्वारा पौधे के संपूर्ण प्ररोह तक फैल जाते हैं। उदाहरणार्थ, अट्राजिन, डाइयूरान डाइकेज्वा आदि।

नींदा नाशकों के संवहन पर वैज्ञानिकों के अध्ययन

क्रेज़्ट (1967) ने आइसोटोपिक 2, 4-डी, मोनूरान, अमीट्राल, मेलिक हाइड्राजाइड से सोयाबीन के बीजपत्र, ईपीकाटिल तथा प्रारज़्भिक पत्तियों को उपचारित किया तथा आटोरेडियोग्राफ तैयार किया। इस अध्ययन से यह निष्कर्ष निकाला कि मोनूरान, जाइलम के द्वारा संवहित होता है तथा 2, 4-डी एवं अमीट्राल, ज़्लोइम के द्वारा जबकि एम.एच. जाइलम एवं ज़्लोइम दोनों के द्वारा संवहित होता है। परन्तु आर्द्र-क्षेत्रों में 2, 4-डी का संवहन जाइलम के द्वारा भी होता है। अधिक आर्द्र परिवेश में 2, 4-डी पत्तियों में एकत्रित होकर ज़्लोइम को अवरुद्ध कर देता है तथा जाइलम में अपना रास्ता निकाल लेता है। जहाँ से वह पत्तियों में प्रसारित हो जाता है व पौधों को शीघ्र मार देता है।

फाय ने डालापान का संवहन कपास एवं ज्वार में अध्ययन कर यह निष्कर्ष निकाला कि मूल एवं प्ररोह दोनों ही डालापान को अवशोषित एवं संवहन करते हैं। डालापान का परिभ्रमणीय (Circulatory) संवहन भी होता है। डालापान कम सक्रिय सिंक (Sink) से वापिस भी हो सकता है तथा अधिक सक्रिय सिंक की ओर संवहित होने लगता है।

फोर्डे (Forde, 1966) ने अमोनियम थायोसायनेट का अमीट्राल के साथ सिनर्जिस्म (Synergism) का अध्ययन किया। इससे यह विदित हुआ कि पहले 24 घंटे तक उसका संवहन अवरुद्ध हो जाता है उसके बाद अमीट्राल का उपचारित प्ररोह से संवहन मूल तंत्र की ओर बहुत तीव्र हो गया। अमोनियम थायोसाइनेट पहले 24 घंटे में अमीट्राल के अणु को अधिक संवहनशील बना देते हैं।

शीट्स (Sheets, 1961) ने कपास में सिमाजिन के संवहन का अध्ययन किया, जिससे यह विदित हुआ कि पत्तियों को उपचार करने के बाद नींदानाशक को संचित करती है। जिससे यह मूल तक नहीं पहुँच पाता।

पुटनम एवं रीस (Putnum and Ries, 1968) ने एग्रोपाइरान रेपिन्स (*Agropyron repens*) में पैराक्वाट (संपर्क नींदा नाशक) के संवहन का अध्ययन किया। जिससे उन्हें विदित हुआ कि पर्णोपचार करने पर अंधेरे में

भूमिगत राइजोम को भी क्षति हुई परन्तु प्रकाश में पर्णोपचार करने पर पैराक्वाट केवल पर्णों को क्षति पहुँचा सका वह राइजोम तक संवहित नहीं हुआ। इससे यह सिद्ध हुआ कि पैराक्वाट से पर्णोपचार करने पर प्रकाश में पर्णों की ज्लोइम वाहिनियाँ शीघ्रता से क्षति ग्रस्त हो गई, जिससे संवहन अवरुद्ध हो गया एवं राइजोम तक नींदा नाशक नहीं पहुँच सका।

डॉ. बी.एम. भान व साथियों (1970) ने गोंदला (*Cyperus escalentus*) के अवशोषण का अध्ययन कर यह पाया कि पत्तियों में इसका अवशोषण मंद गति से होता है परन्तु संवहन तीव्र गति से होता है। जो नीचे राइजोम तक पहुँच जाता है।

डॉ. जे.पी. तिवारी (1987) ने गोंदला (*Cyperus rotundus*) का 2,4-डी अमाइन से पर्णोपचार कर भूमिगत राइजोम की शृंखला में संवहन का अध्ययन किया। जिससे विदित हुआ कि पर्णों के माध्यम से 2, 4-डी उसी तने के राइजोम तक पहुँच जाता है जिससे कलिकायें मर जाती है। परन्तु उसी राइजोम की शृंखला से संबंधित अन्य राइजोम में इसका संवहन नहीं हो पाता है।

तिवारी ने (1979) ने पारथिनियम के पौधे में 2, 4-डी के संवहन का अध्ययन किया जिसमें विभिन्न पर्णों, अक्ष एवं शिखर कलिकाओं को उपचारित किया। इस अध्ययन से यह निष्कर्ष निकला कि पर्ण या किसी एक अंग के उपचार करने से पूरे पौधे में 2, 4-डी नहीं पहुँचता तथा पूरा पौधा नहीं मरता केवल उपचारित अंग ही मरता है।

■■■■

22

विभिन्न नींदा नाशकों का पौधों में अवशोषण, संवहन, क्रिया विधि तथा प्रभावित नींदा
(Absorption, Translocation, Mode of Action of Different Herbicides and Affected Weeds)

विभिन्न संस्पर्श एवं सर्वांगी नींदा नाशकों की क्रिया विधि, अवशोषण, संवहन एवं उनकी दर/हे. एवं प्रयोग विधि पृथक-पृथक होती है। प्रमुख नींदा नाशकों का वर्णन यहाँ पर किया गया है।

संस्पर्शी नींदा नाशक (Contact herbicides)

एक्रोलीन

कोशिकाओं में मर्मांग-विकर क्रम भंग करता है दर 0.78 कि.ग्रा./हे. नहरों में जल मग्न नींदा नियंत्रण हेतु (मत्स्य पालन में हानि कारक)।

एसीज़्लोरफेन

नींदा नाशक की क्रिया को प्रकाश की आवश्यकता होती है। प्ररोह तन्त्र से अवशोषित होता है।

दर : 0.19 से 1.12 कि.ग्रा./हे. उद्भवनोपरान्त, 0.5 से 2.5 कि.ग्रा./हे. उद्भवन पूर्व दलहनी एवं तिलहनी फसलों में चौड़ी पत्ती वाले नींदा मारने हेतु।

बेन्टाजोन

अवशोषण के बाद बहुत ही कम संवहन होता है। हिल अभिक्रिया एवं प्रकाश संश्लेषण प्रभावित होता है। यह मोथा एवं चौड़ी पत्ती वाले अनेक नींदा को मारता है।

मोथा एवं चौड़ी पत्ती वाले नींदा मारने हेतु धान एवं दलहनी फसलों में प्रयोग करते हैं।

दर : 1.0 से 2.0 कि.ग्रा./हे. उद्भवनोपरान्त

ब्रोमेसिल

लगभग 15% संवहन होता है मूल से अधिक अवशोषित होता है तथा पर्णों से कम। यह प्रकाश संश्लेषण का बहुत ही तीव्र अवरोधक है।

दर : 1.5 से 5.5 कि.ग्रा./हे. उद्‌भवन पूर्व या उद्‌भवन पूर्व के बाद सक्रिय वृद्धि के समय मौसमी नींदा मारने बगीचों में तथा 5 से 10 कि.ग्रा./हे. बहुवर्षीय नींदा मारने तथा 13 से 27 कि.ग्रा./हे. बहुवर्षीय कठिन नींदा जैसे दूब, कांस, जान्सन घास, गोंदला आदि को पड़ती क्षेत्र में मारने हेतु प्रयोग किया जाता है।

डायक्वाट

यह संस्पर्शी होता है परन्तु कुछ विशिष्ट परिस्थितियों में जाइलम द्वारा स्थानिक संवहन होता है। शीघ्रता से पर्ण अवशोषित करते हैं तथा वर्षा का प्रभाव बहुत ही कम होता है। डायक्वाट केटायन की विलक्षण अभिक्रिया जिसमें एक स्वतंत्र इलेक्ट्रान का रिडक्सन होकर सांद्र विलियन में एक स्थिर स्वतंत्र मूलक बनता है। ऐसा विश्वास है कि यह स्वतंत्र मूलक उपचारित पौधे में बनता है, जो नींदा नाशक का कार्य करता है। शीघ्रता से वायुमण्डल की आक्सीजन से यह पुनः आक्सीकृत (Oxydised) होकर डायक्वाट बनता है उसी समय अत्यंत क्रियाशील मूलक जैसे परआक्साइड को पौधों की कोशिकाओं में मुक्त करता है। इसका चयापचय पौधों में नहीं होता है। पौधों की सतह पर प्रकाश से विघटित होता है।

दर : 2 से 4.5 कि.ग्रा./हे. जलीय पौधों को एवं पड़ती भूमि में सभी नींदा मारने हेतु तथा कटाई के पहले फसलों की पत्ती सुखाने।

ईथिलफ़्लूरेलिन

सारगर्भित अवशोषण एवं संवहन नहीं होता। इसका प्रयोग मृदा में मिलाकर उद्‌भवन पूर्व करते हैं जो बीजांकुरण को प्रभावित करता है। इसका चयापचय नहीं होता।

दर : 1 से 2.5 कि.ग्रा./हे. बोनी पूर्व मृदा में सम्मिश्रण करना, घास एवं चौड़ी पत्ती वाले नींदा मारने हेतु।

आक्साडायजान

पर्ण के द्वारा सक्रिय अवशोषण नहीं होता है बहुत अधिक सहिष्णु जातियों में यह पर्णोपचार करने से मूल तक संवहित हो सकता है। इसकी क्रिया विधि संस्पर्श होती है उद्‌भवन पूर्व उपचार करने से जब उपचारित मृदा में से छोटा पौधा निकलता है या उद्‌भवन बाद पर्ण उपचार से संस्पर्श होने के कारण पौधा मर जाता है।

दर : 0.75 से 1.0 कि.गा./हे. उद्‌भवन पूर्व या शीघ्र उद्‌भवन बाद। घास, मोथा एवं चौड़ी पत्ती वाले अधिकांश नींदा मारने हेतु।

आक्सीफ़्लोरफेन

प्ररोह तथा मूल में संवहन बहुत ही कम होता है। इसकी क्रिया विधि संस्पर्श है तथा क्रिया के लिए प्रकाश की आवश्यकता होती है। मूल की तुलना में प्ररोह के सम्पर्क होने से अधिक प्रभाव होता है सहिष्णु पौधों में इसका अपचय शीघ्र नहीं होता है। मूल से कम मात्रा में अवशोषित होने से इसके अवशेष पौधों में बहुत कम होते हैं।

दर : 0.14 से 0.20 कि.ग्रा./हे. उद्‌भवन पूर्व फसलों में, 0.2 से 1.0 कि.ग्रा./हे. बगीचों में उद्‌भवन पूर्व या उद्‌भवन बाद घासों व चौड़ी पत्ती वाले व मोथा वर्ग के नींदा मारने हेतु।

पैराक्वाट

यह शीघ्रता से पर्णों द्वारा अवशोषित हो जाता है तथा उपचार के बाद वर्षा से प्रभावित कम होता है। इसका स्थानिक संवहन (Local systemic action) कुछ विशेष दशाओं में जाइलम के द्वारा होता है। इसकी क्रिया विधि पूर्ण रूप से पैराक्वाट धनायन (Paraquat cation) पर आधारित है एवं संलग्र ऋणायन (Anion) की प्रकृति से प्रभावित नहीं होता क्योंकि विलयन में अधिकांश धनायन इलेक्ट्रोफिलिक रिएजेन्ट की तरफ स्थिर होता है परन्तु पाईरीडीन रिंग की 2, 2 स्थिति पर न्यूक्लियोफाइल रिंग खुल जाती है जिससे कि शीघ्रता से क्रिया होने से रिंग सिस्टम टूट जाता है। आक्सीजन की उपस्थिति में धनायन के प्रकाशीय अपघटन से सर्वप्रथम एन मिथाइल आइसोनिकोटौनिक एसिड (Methyl isonicotinic acid) एवं अंत में मिथाइल अमाइन बनता है पैराक्वाट धनायन की क्रिया से एक इलेक्ट्रान रिडक्सन से विलियन में स्थिर स्वतंत्र रेडीकल विमुक्त होता है। यह स्वतंत्र रेडीकल उपचारित पौधों में बनता है। जिससे नींदा नाशक जैसी क्रिया होती है। जो वायुमण्डल की आक्सीजन से शीघ्रता से पुनः आक्सीडाइजड होकर पैराक्वाट बनाता है। उसी समय अल्प अवधि का किन्तु एक सशक्त रेडीकल ''पैरीआक्साइड'' पौधों की कोशिकाओं में विमुक्त करता है। पैराक्वाट का पौधों में चयापचय नहीं होता।

दर : 0.28 से 0.84 कि.ग्रा./हे. उद्भवन बाद सामान्यतः सभी नींदा नियंत्रित होते हैं।

पेन्डीमिथेलिन

इसका अवशोषण पर्णों से बहुत ही कम मात्रा में होता है। मृदा उपचार में भी बहुत कम मात्रा का अवशोषण एवं संवहन होता है। इसके द्वारा कोशिका विभाजन एवं वृद्धि प्रभावित होती है। मृदा एवं पौधों में इसका चयापचय बेन्जीन रिंग पर 4-मिथाइल समूह का आक्सीडेसन तथा एन-1 ईथिल प्रोपाईल समूह (N-1-ethyl propyl group) का अमाइन मोइटी में आक्सीडेसन होने से होता है।

दर : 1.0 से 1.5 कि.ग्रा./हे. उद्भवन पूर्व या बोनी के पूर्व, मृदा में सम्मिश्रित कर या उद्भवन बाद शीघ्र ही उपचारित कर घासें, मोथा व चौड़े पत्ते वाले नींदा मारने हेतु।

मूँगफली, दलहनी फसलें, सोयाबीन, धान, गेहूँ, आदि में प्रयोग करते हैं।

प्रोपानिल

इसके अवशोषण हेतु 4 से 8 घन्टे की आवश्यकता होती है। यह पर्ण से वर्धनशील कोशिकाओं तक पहुंचता है। उसके बाद अन्य पर्णों में जाता है। इसकी कार्य विधि संस्पर्श होती है तथा आर.एन.ए. एवं प्रोटीन संश्लेषण एवं हिल अभिक्रिया को अवरुद्ध करता है। प्रतिरोधी पौधों जैसे धान में इसका पूर्ण रूप से अपचय हो जाता है। धान में एरिल-एसिल-अमाइन आमइडो हाइड्रोलेज (Aryl acylamine amidehydrolase) विकर की अधिकता से प्रोपेनिल को हाइड्रोलाइज करके 3,4 हाइड्राक्लोरो अमाइन एवं प्रोप्योनिक अम्ल बनाता है जो विषाक्त नहीं होते हैं। असहिष्णु (Susceptible) सांवा (*Echinochloa* spp.) में धान की (Resistant) तुलना में केवल 1/60 वां भाग इस विकर का होता है।

थायोबेनकार्ब

अंकुरणशील मूलतंत्र एवं प्ररोह तंत्र के द्वारा अवशोषित होता है। यह अंकुरण अवरुद्ध करता है।

दर : 2 से 3 कि.ग्रा./हे. मौसमी घास, मोथा वर्ग एवं चौड़ी पत्ती वाले नींदा मारने हेतु धान एवं सोयाबीन में प्रयोग करते हैं।

ट्राइफ्लूरेलिन

सारगर्भित अवशोषण एवं संवहन नहीं होता। यह अंकुरण की वृद्धि कारक क्रियाओं को प्रभावित करता है। परन्तु प्रत्यक्ष रूप से अंकुरण को प्रभावित नहीं करता है। इससे उपचारित क्षेत्र में मूल जो संस्पर्श करती है उसी भाग में इसके अवशेष पाए जाते हैं।

दर : 1.0 से 1.5 कि.ग्रा./हे. बोनी या उदभवन पूर्व मृदा में मिश्रित कर घासों, मोथा एवं चौड़ी पत्ती वाले नींदा मारने हेतु सोयाबीन में प्रयोग करते हैं।

अनीलोफास

यह मुख़्यत: मूलतंत्र के द्वारा अवशोषित होता है। कुछ अंश अंकुरणशील प्ररोह एवं छोटी पत्तियों द्वारा भी अवशोषित होता है। इसके द्वारा कोशिका विभाजन एवं वृद्धि अवरुद्ध हो जाती है जिससे पौधों की वृद्धि नहीं होती वं अंत में मर जाते हैं।

दर : 0.45 से 0.60 कि.ग्रा./हे. उद्‌भवन पूर्व या शीघ्र उद्‌भवन बाद मौसमी घासों को मारने हेतु धान या सोयाबीन में प्रयुक्त करते हैं।

सर्वांगी या संवहनशील नींदा नाशक

आलाक्लोकर

मुख़्यत: अंकुरण्शील प्ररोह तथा मूल के द्वारा अवशोषित होता है। प्रभावित पौधों में प्रोटीन संश्लेषण को अवरुद्ध करता है।

दर : 1.68 से 2.5 कि.ग्रा./हे. उद्‌भवन पूर्व, मका, कपास, सोयाबीन, दलहनी फसलें, मूँगफली, सूरजमुखी, तम्‍बाखू, गन्ना आलू, बन्दगोभी में मोथा, घासें व चौड़ी पत्ती वाले नींदा मारने हेतु।

अमीट्रिन

क्लोरोफिल निर्माण तथा कालिकाओं की वृद्धि अवरुद्ध करता है।

दर : 2 से 12 कि.ग्रा./हे. पर्णोपचार, चौड़ी पत्ती एवं घासों को पड़ती भूमि में उद्‌भवन बाद या जलीय पौधों में प्रयोग करते हैं।

असूलम

पर्णों एवं मूल से अवशोषित होता है शिखर कालिकाओं में कोशिका विभाजन एवं कोशिका वृद्धि प्रभावित होती है।

दर : 1 से 7 कि.ग्रा./हे. उद्‌भवनोपरांत बहुवर्षीय घासों को मारने हेतु पड़ती क्षेत्र या चरागाहों या वनों में उपयोग करते हैं।

आट्राजीन

मूल एवं पर्णों से अवशोषित होने के बाद ऊर्ध्वगामी संवहन होता है। यह प्रकाश संश्लेषण प्रभावित करता है परन्तु अन्य क्रियाओं को भी प्रभावित करता है। जैसे - अंकुरण अवरुद्ध करना।

दर : 1 से 2 कि.ग्रा./हे. उद्‌भवन पूर्व या उद्‌भवनोपरान्त मोथा, घास व चौड़ी पत्ती वाले नींदा मारने हेतु मका, ज्वार, गन्ना में तथा अधिक मात्रा का प्रयोग पड़ती क्षेत्र में करते हैं।

बूटाक्लोर

मुज्यतः अंकुरणशील प्रांकुर से अधिक अवशोषित होता है। मूल से भी अवशोषण होता है पर अपेक्षाकृत कम होता है। यह संभवतः प्रोटीन उपापचय को प्रभावित करता है। इस दिशा में शोध कार्य अधूरा है।

दर : 2 से 2.5 कि.ग्रा./हे. उद्‌भवन पूर्व मौसमी नींदा मारने हेतु धान, सोयाबीन, दलहनी व तिलहनी फसलों एवं सब्जियों में प्रयोग करते हैं।

बुटाईलेट

सामान्यतः मूल से अवशोषित होता है। यह पर्ण से भी अवशोषित होता है। इसकी क्रिया विधि का ज्ञान नहीं है परन्तु घासों में वर्धक ऊतकों की वृद्धि करता है।

दर : 3-7 कि.ग्रा./हे. मृदा समावेशन कर घास, मोथा, चौड़ी पत्ती वालें नींदा मारने हेतु मक्का में प्रयोग करते हैं।

क्लोरंबिन

आक्सिन नींदा नाशकों जैसा प्रभाव होता है, इसके प्रभाव से पर्णों में अधोकुंचन होता है छोटे पौधों की मूल व प्रोरोह की वृद्धि रुक जाती है। कोशिका विभाजन एवं वर्धन शीघ्रता से होता है। माइटोकोन्ड्रिया में आक्सिजन का अवशोषण अवरुद्ध होता है।

क्लोरप्रोफाम

छोटे पौधों में कोलियोपटाइल तथा बड़े पौधों में मूल एवं पर्णों से अवशोषित होता है। इसका उर्ध्व संवहन एवं अधो संवहन होता है। सामान्य कोशिका विभाजन गड़बड़ा जाता है आर.एन.ए. एवं प्रोटीन संश्लेषण अवरुद्ध हो जाता है यह आक्सीडेटिव फास्फोरीलेशन एवं प्रकाश संश्लेषण, इपीकाटिल की वृद्धि, श्वसन एवं उत्स्वेदन को अवरुद्ध करता है। वीटा अमाइलेज़ की प्रक्रिया भी अवरुद्ध हो जाती है।

दर : 1-3.5 कि.ग्रा./हे. उद्‌भवनपूर्व या शीघ्र ही उद्‌भवन बाद मौसमी घासें व चौड़ी पत्ती वाले नींदा उद्‌भवन बाद अमरबेल को मारने आतिथेय पौधों से लिपटने के पहले उपचार करना।

2, 4 – डी

मूल के द्वारा 2,4-डी पोलर (साल्ट) संरूपण का अवशोषण शीघ्रता से होता है, जबकि पर्णों के द्वारा नानपोलर (ईस्टर) संरूपण का अवशोषण शीघ्रता से होता है। 2,4-डी का संवहन भोज्य पदार्थों के साथ फ्लोइम में होता है। मूल से अवशोषण होने पर इसका उत्स्वेदन-खिंचाव के द्वारा संवहन होता है। 2, 4-डी मूल एवं प्ररोह की वर्धनशील ऊतकों में एकत्रित होता है, यह कोशिका विभाजन को अत्यधिक बढ़ा देता है। जिससे भोज्य पदार्थ न मिलने से असामान्य वृद्धि होने लगती है। इससे श्वसन भी प्रभावित होता है। मूल के द्वारा खाद्य तत्त्व एवं जल अवशोषण क्षमता तथा पर्णों की प्रकाश संश्लेषण क्षमता समाप्त हो जाती है। टोनो-प्लास्ट, प्लाजमालेमा तथा क्लोरोप्लास्ट एवं माइटोकोंड्रिया की झिल्लियाँ फट जाती हैं जिससे जैविक क्रियाएँ समाप्त हो जाती हैं।

2, 4-डी की कम मात्रा का प्रभाव आक्सीन वृद्धिवर्धक जैसा होता है तथा अधिक मात्रा का प्रभाव नींदा नाशक जैसा होता है। यह अधिक मात्रा पर जैव रसायनिक क्रियाओं को अत्याधिक उद्दीप्त कर देता है परिणामत: पौधों में सामान्य उपापचय विकृत हो जाता है तथा पौधा मर जाता है। सोयाबीन के हाइपोकाटिल में आर.एन.ए. की मात्रा 48 घण्टे में दुगुनी हो जाती है। (क्रिस्पील व हेन्सन 1962) तथा प्राथमिक क्रिया स्थल केन्द्रक होता है। ओ. ब्रीन व साथियों (O' Brein *et al.*, 1968) के अनुसार 2,4-डी के द्वारा सोयाबीन के हाइपोकाटिल में आर.एन.ए. पालीमरेज (R.N.A. Polymerase) विकर का संश्लेषण उद्दीप्त होता है जो अंतत: जीन (Genes) को भी प्रभावित करता है। जैसे - mR.N.A., rR.N.A., sR.N.A., tR.N.A. तथा डी.एन.ए. एवं राइबोन्यूक्लियेज को प्रभावित करता है। यह प्रोटीन उपापचय प्राथमिक रूप से तथा आक्सीडेटिव फास्फोरीलेशन व हिल अभिक्रिया को द्वितीयक रूप से प्रभावित करता है।

दर : 0.25 से 2.5 कि.ग्रा./हे. 2 से 4 सप्ताह उद्‌भवनोपरान्त, चौड़ी पत्ती वाले एवं मोथा वर्गीय स्पीसीस को धान्य फसलों में वरणात्मक नियंत्रण करने हेतु प्रयोग करते हैं।

डालापान

अवशोषण मूल एवं पर्णों के द्वारा होता है। शिखर कोशिकाओं की गुणन क्षमता अवरुद्ध हो जाती है। ग्लूकोज़ का उपापचय प्रभावित होता है जिससे क्रेब चक्र अवरुद्ध हो जाता है।

दर : 1.0 से 2.2 कि.ग्रा./हे. या पड़ती क्षेत्र में इससे भी अधिक उद्‌भवनोपरान्त पर्णोपचार मौसमी एवं बहु वर्षीय घासों को मारने हेतु।

डेजोमेट

उपचार के 10-15 मिनिट में इसका रासायनिक विघटन होता है जिससे मिथाइल आइसोथाइसायनेट, फार्मल्डिहाइड, हाइड्रोजन सल्फाइड एवं मोनोमिथाइल अमीन बनता है, जो प्रतिक्रिया करते हैं जिससे रसायन का अत्यधिक कुप्रभाव होता है।

दर : 85 से 112 कि.ग्रा./हे. बोनी के 3 सप्ताह पूर्व मृदा समावेशन, सभी नींदा व कवक मारने हेतु निर्जमी कारक के रूप में प्रयोग करते हैं।

2, 4 - डी.बी.

पर्णों से अवशोषित होता है। अत्यधिक वर्धनशील ऊतकों को प्रभावित करता है व शीघ्रता से संवहित होता है।

दर : 0.22 से 2.25 कि.ग्रा./हे. उगने के 2 से 4 सप्ताह बाद चौड़ी पत्ती वाले नींदा को मारने हेतु चौड़ी पत्ती वाली फसलों में वरणात्मक नियंत्रण करने हेतु प्रयोग करते हैं।

डाईकैज़्बा

क्लोरंबिन जैसा प्रभाव होता है। गोंदला के पर्णों में एवं माइटोकोन्ड्रिया में आक्सीजन का अवशोषण अवरुद्ध करता है। यह ए.टी.पी. की क्रिया को मंद कर देता है तथा जी.ए. से उत्प्रेरित अल्का अमाइलेज़ संश्लेषण क्रिया का जौ के बीज में अवरुद्ध करता है प्रभावी पौधों के पर्णोपचार से पर्णों में आर.एन.ए. एवं प्रोटीन की मात्रा बढ़ जाती है जिससे डी.एन.ए. से हिस्टोन का पृथकीकरण प्रभावित होता है। इसका अवशोषण मूल एवं पर्णों से होता है तथा संवहन एपोप्लास्ट एवं सिज़्लास्ट माध्यम से होता है।

डिक्लोबेनिल

यह विभाज्य कोशिकाओं की क्रिया एवं अंकुरण को अवरुद्ध करता है। वर्धनशील बिन्दुओं तथा मूल-शिखर को प्रभावित करता है। इसके द्वारा एक बीज-पत्री एवं द्विबीज-पत्री नींदा का अंकुरण तथा छोटे पौधों की वृद्धि अवरुद्ध हो जाती है। मौसमी व बहुवर्षीय नींदा के नए कल्ले भी मर जाते हैं। प्रभावित पौधों में मूल तना व पर्णवृंत फूल जाते हैं व विवर्ण होकर अंत में मर जाते हैं। इसका मूल से अवशोषण होता है तथा पर्णों तक संवहन होता है। पर्ण से भी गैसीय माध्यम से अवशोषित होता है।

दर : 4.5 से 17 कि.ग्रा./हे. उद्‌भवनपूर्व एक बीज पत्री एवं द्विबीज पत्री नींदा मारने हेतु।

डिफेन्जोक्वाट

संवहन उर्ध्वगामी होता है तथा कुछ दूरी पर संचित हो जाता है यद्यपि इसका पौधों में चयापचय शीघ्र नहीं होता परन्तु इसकी मिथाइलेशन की क्रिया एवं फोटोलायटिक की क्रिया से मोनोमिथाइल पाइराजोल बनता है जो वाष्पित हो जाता है।

दरः 0.75–1.25 कि.ग्रा./हे. उद्‌भवन बाद जंगली जई, घासें मारने हेतु गेहूँ, जौ में प्रयोग करते हैं।

डाइयूरान

इसका अवशोषण मूल से अधिक होता है तथा पर्ण एवं तना से कम। यह हिल क्रिया का सशक्त अवरोधक है इसका संवहन जाइलम में ऊर्ध्वगामी होता है।

दर : 0.7 से 7 कि.ग्रा./हे. फसल व मृदा के अनुसार संपूर्ण नींदा मारने 4.5 से 18 कि.ग्रा./हे. उद्‌भवन पूर्व मोथा, घासें एवं चौड़ी पत्ती वाले नींदा नियंत्रण करने हेतु। कपास में 1 कि.ग्रा./हे. उद्‌भवन पूर्व।

ई.पी.टी.सी.

इसका मूल के द्वारा शीघ्रता से अवशोषण होकर ऊर्ध्वगामी संवहन तना व पर्णों तक होता है। यह घासों में वर्धंनशील ऊतकों को प्रभावित करता है। इसका पौधो में शीघ्रता से अपचयन होकर कार्बन द्वि ओषिध एवं प्राकतिक पौध यौगिकों में परिणित हो जाता है।

दर : 2 से 7 कि.ग्रा./हे. उद्‌भवन पूर्व मौसमी एवं बहुवर्षीय घासों एवं द्विबीज पत्री तथा गोंदला को मारने हेतु उपयुक्त है।

फेनूरान टी.सी.ए.

प्राथमिक तौर पर जाइलम के माध्यम से इसका संवहन उर्ध्वगामी होता है। पर्णों से भी इसका अवशोषण व संवहन होता है। यह प्रकाश अभिक्रिया का सशक्त अवरोधक है। टी.सी.ए. प्रोटीन अवक्षेपण करता है तथा वृद्धि अवरुद्ध करता है।

यह बड़े पेड़ों, झाड़ियों तथा गहरी जड़ों वाले अवांछनीय पौधों के मारने हेतु उपयोगी है।

दर : 20–30 कि.ग्रा./हे. बिखेरना

ज़्लूयेजीफाप-पी-बुटाइल

यह शीघ्रता से पर्णो के द्वारा अवशोषित होता है तथा यदि एक घण्टे बाद वर्षा हो तो भी इसकी बहुत कम मात्रा ही धुलती है, इसका घासों में जाइलम एवं ज़्लोइम के द्वारा संवहन पर्णों से मूल एवं भूमिगत तना प्रकंदों तक होता है। चयापचय से यह पौधों में शीघ्रता से ज़्लूयेजीफाप में हाइड्रोलाइज हो जाता है। इसकी क्रिया विधि का अभी सही ज्ञान नहीं है।

दर : 0.14 से 0.5 कि.ग्रा./हे. उद्‌भवन बाद घासों को मारने वरणात्मक रुप से दलहनी व तिलहनी फसलों में प्रयोग करते हैं। सब्जियों में भी घासों को मारने हेतु उपयुक्त है।

ज़्लूक्लोरेलिन

मूल के द्वारा अवशोषित होता है तथा ऊर्ध्वगामी संवहन संपूर्ण पौधे में होता है।

पर्णो के द्वारा इसका अवशोषण बहुत कम या नगण्य होता है। यह बीजाकुंरण तथा उससे संबंधित वृद्धि को प्रभावित करता है। अवशोषण के बाद इसका चयापचय पौधों में शीघ्र हो जाता है।

दर : 0.5 से 1.5 कि.ग्रा./हे. बोनी के पूर्व मृदा में समावेशन कर घासों को एवं कुछ द्वि बीज-पत्री (मौसमी) नींदा को मारने, दलहनी एवं तिलहनी फसलों में प्रयोग करते हैं।

ग्लाइफोसेट

यह पर्णों के द्वारा अवशोषित होता है। संपूर्ण पौधों में एवं बहुवर्षीय पौधों के भूमिगत तनों तक अधोगामी संवहन होता है। उपचार के 2 घण्टे बाद तेज वर्षा होने से इसका प्रभाव कम हो जाता है। मृदा में उपचार से इसका

विघटन हो जाता है। इसकी क्रिया विधि का पूर्ण ज्ञान अभी नहीं है, किन्तु सम्भावित रुप से एरोमेटिक अमीनो एसिड संश्लेषण को अवरुद्ध करता है तथा क्लोरीस्मेट ज़्यूटेज एवं या प्रीफेनेट डिहाइड्रेटेज को रोक या दवा सकता है।

दर : 1.12 से 2.24 कि.ग्रा./हे. पर्णोपचार कांस, गोंदला मौसमी एवं बहुवर्षीय नींदा पड़ती खेत में या लक्षित उपचार हेतु बागवानी में प्रयोग करते हैं।

लीनूरान

यह पर्ण के द्वारा कम एवं मूल के द्वारा शीघ्रता से अवशोषित होता है। इसका संवहन जाइलम के द्वारा ऊपर की ओर होता है। यह प्रकाश अभिक्रिया को अवरुद्ध करता है।

दर : 0.5 से 3.4 कि.ग्रा./हे. अंकुरण पूर्व फसल एवं मृदा के प्रकार के अनुसार मौसमी नींदा को नियंत्रण हेतु एक बीज पत्री एवं द्वि बीज पत्री फसलों में।

एम.सी.पी.ए.

2, 4–डी के सदृश्य ही इसका अवशोषण पर्णों व मूल से होता है। भोज्य पदार्थो के साथ संवहन होता है तथा जहाँ पर भोज्य पदार्थो का संचयन, या वर्धनशील कोशाओं में उपयोग होता है, वहाँ यह अधिक प्रभावित करता है। इसका हारमोन जैसा प्रभाव होता है। कार्बक्सीलेशन के द्वारा इसका चयापचय होता है संभवतः प्रोटीन्स के द्वारा कांजूगेशन होता है।

दर : 0.13 से 1.25 कि.ग्रा./हे. अंकुरण बाद या अंकुरण पूर्व चौड़ी पत्ती वाले नींदा मारने हेतु अनाज वाली फसलों में।

एम.सी.पी.बी.

पर्ण व मूल के द्वारा अवशोषित होता है तथा सम्पूर्ण पौधों में संवहन होता है। चौड़ी पत्ती वाले नींदा का चौड़ी पत्ती वाली फसलों में जैसे – मटर में वरणात्मक नियंत्रण होता है।

दर : 0.5 से 1.5 कि.ग्रा./हे. उद्भवन बाद जब नींदा की वृद्धि 1 से 3 पत्ती की हो।

आइसोप्रोटूरान

यह प्रमुख रुप से मूल तंत्र के द्वारा अवशोषित होता है परन्तु पर्ण एवं अन्य अंगों से भी अवशोषित होता है। इसका संवहन ऊर्ध्वगामी एवं अधोगामी होता है। यह प्रकाश संश्लेषण अवरुद्ध करता है। इसका प्रभाव चिरैया बाजरा (*Phalaris minor*) व अन्य नींदा पर अधिक नमी में अधिक होता है। असिंचित दशा में प्रभाव नगण्य होता है। इसका विघटन तीन विधियों से होता है (1) एन–डीअल्कीलेशन (N-dealkilation) (2) आइसोप्रोपाइल समूह के आक्सीकृत होने से टरसियरी अल्कोहल बनना (3) हाइड्राक्सी प्रोपाइल समूह का सीधा या फिनॉल रिंग को तोड़कर आक्सीकृत होकर अंत में कार्बन डाइ आक्साइड बन जाना। मृदा या पौधों में कोई सारगर्भित अवशेष नहीं रहते।

दर : 0.75 से 1.00 कि.ग्रा./हे. उद्भवन पूर्व या उद्भवन बाद घासों एवं चौड़ी पत्ती के नींदा गेहूँ में नियंत्रण करने हेतु, उद्भवन पूर्व अन्य रबी की फसलों में।

मेटोलाक्लोर

इसका अवशोषण अंकुरित हो रहे एक बीज पत्रीय पौधों में बीज पत्र के ऊपरी तने से तथा द्वि बीज पत्रीय पौधों में मूल एवं तने दोनों से होता है। इसकी क्रिया विधि से न्यूक्लियक एसिड तथा प्रोटीन संश्लेषण अवरुद्ध होता है, जिससे मूल वृद्धि अवरुद्ध हो जाती है तथा असहिष्णु नींदा के पौधों का उद्भवन नहीं हो पाता। परन्तु इनसे अंकुरण प्रभावित नहीं होता। क्लोर एसेटामाइड नींदा नाशक सामान्य वृद्धि अवरोधक है विशेषत: मूल की वृद्धि रुक जाती है। इसके प्रभाव से कोशिका झिल्ली की गुणवत्ता कम हो जाती है जिससे विशेष रूप से उपयोगी मेटाबोलाइट्ट्स का कोशिकाओं से रिसाव हो जाता है। इसके प्रभाव से लिपिड संश्लेषण अवरुद्ध होता है। इसका चयापचय पौधों में एसेटिल क्लोरो समूह के साथ कान्जूगेशन तत्पश्चात् हाइड्रोलाइसिस होकर ईथर समूह से अभिक्रिया कर सुगर कान्जूगेट बनाता है। उसके बाद डिकान्जूगेशन एवं हाइड्रोलायसिस से विखंडित हो जाता है तथा डिएसिलेटेड, थायो एवं अंत में मार्फोलीन डिराइवेटिव बनता है।

दर : 1.8 से 3.36 कि.ग्रा./हे. उद्भवन पूर्व या बोनी पूर्व एक बीज पत्री एवं द्वि-बीज पत्री नींदा मारने हेतु सोयाबीन, दलहनी व तिलहनी फसलों में प्रयोग करते हैं।

मेट्रीव्यूजिन

इसका अवशोषण मूल के द्वारा शीघ्रता से होता है। पर्णों के द्वारा भी अवशोषण होता है। इसका संवहन जाइलम के द्वारा ऊर्ध्वगामी होता है। अधोगामी संवहन नहीं होता है। इसके द्वारा प्रकाश संश्लेषण प्रभावित होता है। इसका विघटन आक्सीकरण के द्वारा जल में विलेय कान्जुगेट बनता है।

दर : 0.3 से 0.5 कि.ग्रा./हे. गन्ने में 1 से 1.5 कि.ग्रा./हे. उद्भवन पूर्व या शीघ्र नींदा के उद्भवन बाद एक बीज पत्रीय एवं द्वि-बीज पत्री नींदा के मारने हेतु सोयाबीन, अरहर, टमाटर आदि में प्रयोग करते हैं।

मोलीनेट

मूल से अवशोषित होकर ऊर्ध्वगामी संवहिन पर्णों तक होता है। इसकी क्रिया से पर्ण अवतरण (Leaf initiation) एवं वृद्धि अवरुद्ध होती है। यह पौधों में चयापचय से कार्बन द्वि-ओषिद एवं सामान्य पदार्थों में बदल जाता है।

दर : 2 से 3.0 कि.ग्रा./हे. उद्भवन पूर्व या उद्भवन बाद सांवा व अन्य नींदा मारने हेतु धान में प्रयोग करते है।

मोनूरान टी.सी.ए.

मुज़्यत: यह मूल से अवशोषित होता है तथा पर्णों से भी कुछ मात्रा में अवशोषित होता है।

दर : 20 से 75 कि.ग्रा./हे. पड़ती क्षेत्र में, सड़क के किनारे फैक्टरी आदि क्षेत्रों में अवरणात्मक विधि से सभी वनस्पति को नियंत्रित करने हेतु।

पिक्लोराम

यह मूल एवं प्ररोह तंत्र के द्वारा शीघ्रता से अवशोषित होता है तथा इसका अधो एवं उर्ध्वगामी संवहन होता है। इसका विघटन प्रकाश के द्वारा जल, मृदा तथा पौधों की सतह पर होता है। जिससे पाइरीडीन रिंग विखंडित हो जाती है।

दर : 0.14 से 3.0 कि.ग्रा./हे. झाड़ियों के मारने हेतु अधिक दर का प्रयोग मृदा में मूल क्षेत्र (Root zone) पर उपचार कणिका से करते हैं। तरल पदार्थ का पर्णोपचार एवं मृदा-उपचार दोनों कर सकते हैं।

प्रोमेट्रिन

इसका अवशोषण पर्णों एवं मूल तंत्र से होता है। संवहन मूल तंत्र तथा प्ररोह तंत्र में जाइलम के द्वारा ऊर्ध्वगामी होता है तथा शिखर की वर्धनशील कोशिकाओं एवं मेरिस्टिम में संचित होता है। लाइसीजिन्स ग्रंथियाँ (Lysinenous glands) एवं अन्य लाइपोफिलिक पदार्थ कुछ पौधों में इसका संवहन अवरुद्ध करते हैं। इसकी क्रिया विधि से प्रकाश संश्लेषण में जल का फोटोलासिस अवरुद्ध हो जाता है। इसके द्वारा आक्सीडेटिव फास्फोरीलेशन भी अवरुद्ध हो जाता है। प्रतिरोधी पौधों में इसका चयापचय आक्सीडेशन की क्रिया से मिथाइलथायो समूह का व हाइड्राक्सी पदार्थों का बनना तथा साइड चेन के डिअलकीलेशन से होता है।

दर : 1 से 3.0 कि.ग्रा./हे. उद्भवन पूर्व एवं 0.5 से 0.75 कि.ग्रा./हे. उद्भवन बाद (लक्षित उपचार) एक बीज पत्री एवं द्विबीज पत्री नींदा मारने हेतु ज्वार एवं दलहनी फसलों में।

प्रोनामिड

इसका अवशोषण मूल तंत्र के द्वारा अधिक होता है तथा पर्णों के द्वारा बहुत कम। संवहन ऊर्ध्वगामी होता है तथा संपूर्ण पौधों में व्याप्त हो जाता है। पर्णों से अधोगामी संवहन बहुत कम होता है। यह एक सशक्त माइटोसिस अवरोधक है। प्रतिरोधी एवं सहिष्णु पौधों में मंद गति से इसका चयापचय होता है। एलीफेटिक साइड चेन में परिवर्तन हो जाता है।

दर : 0.8 से 2.0 कि.ग्रा./हे. उद्भवन पूर्व या उद्भवन बाद (रामतिल व बरसीम में अमरबेल के नियंत्रण हेतु उद्भवन पूर्व) एक-बीज पत्री व द्वि-बीज पत्री नींदा मारने हेतु।

प्रोफाम

इसका अवशोषण घास की कोलियोप्टाइल के द्वारा होता है। मूल तंत्र से बहुत ही कम होता है। पर्णों से अवशोषण मंद गति से होता है। अवशोषण के बाद इसका संवहन उर्ध्वगामी होता है। इसकी कार्य विधि में मूल एवं ईपीकाटिल की वृद्धि अंकुरणशील पौधों में अवरुद्ध होती है। माइटोसिस (Mitosis) प्रोटीन एवं अमाइलेज संश्लेषण को अवरुद्ध करता है। मेसेन्जर आर.एन.ए. तथा हिल अभिक्रिया भी पर्णोपचार करने से प्रभावित होती है। (ईशेल एवं वारेन 1967)।

दर : 1 से 4 कि.ग्रा./हे. बोनी के पूर्व मृदा समावेशन, उद्भवन पूर्व या उद्भवन बाद मौसमी घासों एवं कुछ चौड़ी पत्ती वाले नींदा को मारने हेतु।

सिल्वेक्स (2, 4, 5-टी.पी.)

2, 4-डी के समान ही इसका अवशोषण संवहन एवं कार्य विधि है। यह मूल एवं परोहतंत्र से अवशोषित होकर खाद्य तत्त्वों के साथ संवहित होता है। यह कोशिका विभाजन को प्रभावित करता है।

दर : 0.8 से 10.5 झाड़ियों में, तथा जलीय नींदा में 15 कि.ग्रा./हे. उद्भवन बाद।

सिमाजिन

इसका अवशोषण मूल तंत्र से होता है एवं बहुत कम पर्णों से भी होता है। संवहन जाइलम के माध्यम से उर्ध्वगामी होता है तथा शिखर कलिकाओं की मेरिस्टिमिक ऊतकों एवं पर्णों में पहुँचता है। यह प्रकाश संश्लेषण को प्रभावित करता है। इसका चयापचय प्रतिरोधी पौधों में हाइड्राक्सी सिमाजिन एवं अमीनो एसिड कान्जूगेट्स में हो जाता है। साइड चेन डिअल्कीलेशन एवं हाइड्रोलाइसिस के द्वारा हाइड्राक्सी-सिमाजिन की रिंग पर अमीनो समूह एवं कुछ कार्बन डाइआक्साइड बनते हैं।

दर : 1 से 3 कि.ग्रा./हे. उद्भवन पूर्व, बोनी पूर्व एक बीज पत्री नींदा नियंत्रण हेतु मक्का, गन्ना व बगीचों में, संपूर्ण वनस्पति नियंत्रण हेतु 5 से 10 कि.ग्रा./हे.।

2, 4- 5, टी

इसका अवशोषण, संवहन, क्रिया विधि 2, 4-डी के सदृश्य ही है।

दर : 0.5 से 17 कि.ग्रा./हे. उद्भवन बाद, काष्ठीय पेड़ों व झाड़ियों को मारने हेतु अधिक मात्रा का प्रयोग करते हैं।

टी.सी.ए.

मूलतंत्र के द्वारा शीघ्रता से अवशोषित होता है। पर्णों से अवशोषण कम होता है तथा वर्षा से शीघ्रता से धुल जाता है। इसका संवहन तीव्रता से होता है तथा मेरिस्टिमेटिक ऊतकों में एकत्रित हो जाता है।

दर : 1 से 27 कि.ग्रा./हे. उद्भवन पूर्व या बोनी के पूर्व फसल के आधार पर पड़ती भूमि में 10 से 180 कि.ग्रा./हे. बहुवर्षीय घासों को मारने हेतु।

टरबूट्रिन

यह मूलतंत्र एवं प्ररोह तंत्र दोनों से अवशोषित होता है। पर्णों में तीव्रता से प्रवेश करता है तथा वर्षा से कम घुलता है। इसका संवहन मूल एवं पर्णों में जाइलम के द्वारा ऊर्ध्वगामी होता है तथा शिखर की मेरिस्टिमेटिक ऊतकों में संचित होता है। इसकी क्रिया विधि में जल की फोटोलाइसिस क्रिया अवरुद्ध होती है। इसका अपचय अट्राजिन जैसा ही होता है।

दर : 0.8 से 1.0 कि.ग्रा./हे. उद्भवन पूर्व या उद्भवन बाद घास व चौड़ी पत्ती के नींदा मारने हेतु। पड़ती भूमि में 4-5 कि.ग्रा.हे. का प्रयोग किया जाता है।

भविष्य में आने वाले नींदा नाशक

क्लोरीमूरान ईथिल

यह मूल तंत्र एवं पर्णों के द्वारा अवशोषित होता है। इसका संवहन संपूर्ण पौधों में होता है। इसके द्वारा आवश्यक अमीनो अम्ल जैसे वलीन (Valine) एवं आइसोल्यूसीन (Isoleucene) का संश्लेषण अवरुद्ध हो जाता है। परिणामस्वरूप कोशिका विभाजन को अवरुद्ध करता है जिससे अंत में पौधा मर जाता है।

क्विनक्लोरेक (Quincloruc; Facet)

अंकुरणशील बीज एवं मूलतंत्र तथा पर्णों के द्वारा इसका अवशोषण होता है इसका पौधों में ऊर्ध्वगामी व अधोगामी संवहन होता है। इसका प्रभाव आक्सीन नींदा नाशकों तथा पाइरीडीन या बेन्जोइक अम्ल के समूह जैसा ही होता है।

दर : 0.4 से 0.6 कि.ग्रा./हे. उद्‌भवन पूर्व या उदभवन बाद धान में सांवा (*Echinochloa*), सिलामिली (*Sesbenia*) एस्चीनोमीन (*Aeschynomene*) आदि को मारने हेतु प्रयोग करते हैं।

क्लोमाजोन (Clomazone-Commanel 50 EC)

यह अंकुरणशील प्ररोह तंत्र से अवशोषित होता है तथा क्लोरोप्लास्ट का संश्लेषण अवरुद्ध करता है। जिससे पौधों में प्रकाश संश्लेषण अवरुद्ध करता है। पौधों में प्रकाश संश्लेषण न होने से उनकी वृद्धि अवरुद्ध हो जाती है व वे मर जाते हैं।

दर : 1.0 कि.ग्रा./हे. उद्‌भवन पूर्व सभी प्रकार के मौसमी नींदा मारने हेतु सोयाबीन में प्रयोग करते हैं।

फ्लूराक्सीपिर (Fluroxypyr - Starane-20 EC)

यह पर्णो के द्वारा अवशोषित होता है तथा संपूर्ण पौधों में संवहित होता है। इसका प्रभाव 2, 4-डी जैसा ही होता है।

दर : 0.3 से 0.4 कि.ग्रा./हे. उद्‌भवन बाद 2 से 4 पत्ती की अवस्था पर चौड़ी पत्ती वाले नींदा मारने हेतु एक बीज पत्रीय फसलों जैसे धान, गेहूँ में प्रयोग करते हैं।

सिनमिथेलिन (आरगोल्ड)

यह पर्णों से अवशोषित होता है।

दर : 10 ग्रा/हे. उद्‌भवन बाद दो पत्ती की अवस्था से सांवा को धान में मारने हेतु प्रयोग करते हैं।

ट्रिलकाक्सीडिम

यह पर्णों के द्वारा अवशोषित होता है।

दर : गेहूँ में जंगली जई एवं चिरैया बाजरा को मारने हेतु 0.3 कि.ग्रा./हे. उद्‌भवन बाद।

सेथाक्सीडिम : (पोस्ट 184 ई.सी.) (Sethoxydim - (Poast 184 EC)

इसका अवशोषण मूलतंत्र एवं पर्णों से एक घंटे के अंदर हो जाता है। इसका संवहन अधोगामी एवं ऊर्ध्वगामी होता है तथा वर्धनशील कोशिकाओं तक पहुंचकर कोशिका विभाजन को अवरुद्ध करता है। उत्स्वेदन बहुत कम हो जाता है। तथा एन्थोसायनिन (Anthocyanin) के संश्लेषण की वृद्धि हो जाती है। क्लोरोप्लास्ट में जैव-संश्लेषण (Biosynthesis) अवरुद्ध करता है। संभवत: प्रोटीन का संवहन अवरुद्ध होने से इंडोल एसेटिक एसिड एवं साइटोकाइनिन का संश्लेषण कम हो जाता है।

दर : 0.24 0.36 कि.ग्रा./हे. उद्भवन बाद मौसमी एवं बहुवर्षीय घासों को दलहनी एवं तिलहनी तथा चौड़ी पत्ती वाले फसलों में नियंत्रण हेतु।

साइक्लाक्सीडिम (Cycloxidim - Focus - 20 EC)

यह मूलतंत्र एवं पर्णों से अवशोषित होता है तथा संपूर्ण पौधों में संवहित होता है।

दर : 0.100 से 0.300 कि.ग्रा./हे. उद्भवन बाद एक पत्ती से कल्ले निकलने तक, मौसमी, बहुवर्षीय घासों को द्विबीज पत्री फसलों एवं प्याज, लहसुन में मारने हेतु।

शाक नाशक एवं नींदा नाशक में भेद

शाकनाशक (Herbicides)

शाक नाशक वे रासायनिक पदार्थ है जो सामान्यत: सभी प्रकार के हानिकारक व लाभकारी पौधों (फसलों) को मारते हैं। अत: ये सामान्य शाक नाशी होते हैं।

नींदा नाशक (Weedicide)

नींदा नाशक वे रासायनिक पदार्थ होते हैं जो फसलों या अन्य स्थानों में केवल नींदा के पौधों को मारने हेतु प्रयोग किए जाते हैं।

उपयोगिता के आधार पर सभी शाक नाशक, नींदा नाशक नहीं हो सकते हैं परन्तु सभी नींदा नाशक शाक नाशक होते हैं। अधिकांश आधुनिक वैज्ञानिक सभी नींदा नाशकों को शाकनाशी ही कहना उचित समझते हैं। क्योंकि नींदा नाशकों से फसल के पौधे भी मर सकते हैं। उदाहरण – 2,4-डी से द्विबीज पत्रीय नींदा एवं फसलें दोनों मर जाते हैं। यह मान्यता उचित नहीं है क्योंकि जिन रसायनों का उपयोग फसलों में नींदा मारने हेतु किया जाता है उन्हें नींदा नाशक या खरपतवार नाशक कहना उचित है। जिस प्रकार फसलों में कीटों के मारने हेतु प्रयोग किए जाने वाले रसायनों को कीट-नाशक कहते हैं। इन कीट नाशक दवाओं से अन्य जन्तु जैसे साँप, छिपकली, गाय, बकरी, मनुष्य आदि भी मर सकते हैं। इस आधार पर इन रसायनों को जन्तु नाशक भी कहा जा सकता है। परन्तु जिस उद्देश्य को लेकर किसी रसायन का निर्माण हुआ है व उपयोग किया जाता है उसे उसी की संज्ञा दी जाना उचित है। अत: अनावश्यक नींदा को मारने के उद्देश्य से बनी दवा को नींदा नाशक कहना उपयुक्त है।

■■■■

23

पौधों में नींदा-नाशकों की वरणात्मकता
(Selectivity of Herbicides in Plants)

नींदा-नाशकों की वरणात्मकता के आधार पर ही फसलों में नींदा नियंत्रण संभव हो सका है। पौधों में यह एक विलक्षण गुण होता है कि वे किसी नींदा-नाशक रसायन से मर जाते हैं एवं किसी से नहीं मरते हैं। एक प्रकार के नींदा-नाशक रसायन से एक स्पीसीस या समूह पर प्रभाव नहीं होता है। एक विशेष मात्रा या विधि से उपचारित करने पर कम प्रभाव होता है तथा दूसरी स्पीसीस या एक समूह पर हानिकारक घातक प्रभाव होता है जिससे वे मर जाते हैं। ''नींदा नाशक वरणात्मकता'' का मौलिक सिद्धांत यह है कि फसल के पौधों (Nontarget plants) की तुलना में लक्षित पौधों (Target plants) में विषाक्त सक्रिय तत्त्व अधिक मात्रा में वर्धनशील अंगों तक पहुँचना। यह वरणात्मकता निम्न प्रक्रियाओं में से किसी एक या सभी में भिन्नता होने से हो सकती है।

(1) अवशोषण में विभेद

(2) रसाकर्षण में विभेद

(3) अवशोषित क्रियाशील तत्त्व के अपघटन में विभेद

(4) प्रोटोप्लाज्मीय प्रतिरोधकता (Protoplasmic resistance)

अवशोषण में विभेद (Differential absorption)

पौधों की विभिन्न स्पीसीस में नींदा-नाशक के अवशोषण की गति एवं मात्रा में भिन्नता होती है जिससे नींदा-नाशक का विषाक्त प्रभाव भी भिन्न होता है। जिस स्पीसीस में नींदा-नाशक मंद गति से अवशोषित होता है, उसकी कार्यकी पर प्रभाव मंद होता है और उसे सहन कर सकता है परन्तु जिसमें शीघ्रता से अवशोषण होता है उसमें विषाक्त प्रभाव शीघ्र होता है। नींदा-नाशक की अणु रचना विशेष के कारण ही विभिन्न पौधों में अवशोषण में भिन्नता होती है। जंगली ककड़ी (*Sicyos angulatus*) में, कास्त की जाने वाली ककड़ी (*Cucusmis sativus*) की अपेक्षा 2,4-डी का अवशोषण कम होता है जिससे उसकी जैविक क्रिया व चयापचय पर प्रभाव नगण्य होता है। इससे जंगली ककड़ी 2,4-डी के प्रति प्रतिरोधक है (Slife *et al.*, 1962)।

पौधों में नींदा नाशक के अवशोषण में भिन्नता निम्न कारणों से हो सकती है।

(1) स्पीसीस की आकारकी (Morphology) में भिन्नता

(2) स्पीसीस की वृद्धि (Growth habit) में भिन्नता

(3) नींदा नाशक की उपचार विधि (Method of application) एवं उपचार समय में भिन्नता।

(4) नींदा नाशक का सक्रिय अंश तथा नींदा नाशक के संरूपणों (Formulations) में भिन्नता।

स्पीसीस की आकारकी में भिन्नता - कुछ विशेष प्रकार की आकारकी होने से पौधों के पर्णो पर नींदा-नाशक छिड़काव की बूंदें नहीं रुकती या दूसरों की तुलना में कम रुकती हैं। इससे स्पीसीस में वरणात्मकता आ जाती है। जिन स्पीसीस में कम बूंदे रुकती है उनमें प्राय: यह विशेषता होती है -

(अ) संकरी उर्ध्व मुखी पत्ती (ब) पत्ती की खुरदरी सतह

(ख) मोम युक्त सतह (द) रोमिल सतह

इस प्रकार की विशेषताएँ, मटर, गेहूँ, बंधगोभी, प्याज, गन्ना, बनबटरी (*Lathyrus aphaca*), कांस (*Saccharum spontaneum*) एवं सफेद मुर्गा (*Celosea argentia*) में पाई जाती है। सीधी, चिकनी पत्तियों से बूंदें नीचे गिर जाती (Bounce off) हैं तथा रोमिल व खुरदरी पत्तियों में यद्यपि बूंदें नीचे नहीं गिरती परन्तु वे अधर में ही लटकी रहती है तथा पर्ण की बाह्य त्वचा के संपर्क में कम आती है। गेहूँ, मक्का, ज्वार व गन्ना में वरणात्मकता इसलिए भी होती है क्योंकि उनकी वर्धनशील कलिकायें पौधे के आधार पर अनेक पर्णों से सुरक्षित रहती है।

इससे यह स्पष्ट है कि नींदा-नाशक की कम मात्रा सतह पर होने से वरणात्मकता आ जाती है परन्तु यह केवल संपर्क नींदा नाशकों (Contact herbicides) में ही संभव हो सकता है जिसमें वैटिंग एजेंट (Wetting agent) नहीं मिला होता है। संवहनशील नींदा-नाशक के उपचार से भी यह संभावना कम होती है। स्केफर एवं चिल्कोट (1970) ने गेहूँ के पर्णों पर आक्सीनिल व ब्रोमाक्सीनिल के घोल की बूंदों के कम रुकाव को सुरक्षा का प्रथम साधन माना, जबकि इन नींदा नाशकों से चौड़ी पत्ती वाले नींदा प्रभावित हो जाते हैं।

अनेक प्रकार की स्पीसीस (Wide spectrum) मारने हेतु नींदा नाशकों में बहुत से सहायक अभिकारक जैसे बैटिंग एजेंट, स्प्रेडर आदि मिलाने से नींदा नाशक की बूंदें पर्णों से कम गिर पाती है। स्प्रेयर के द्वारा सूक्ष्म फुहार निकलने से भी जल कण पत्तियों से नीचे नहीं गिरता। इन कारणों से लक्षित एवं अलक्षित स्पीसीस में फुहार धारण करने में कम भिन्नता रहती है।

पौध-वृद्धि की प्रवृत्ति में विभेद (Variations in plant growth habits)

प्ररोह तंत्र में भिन्नता (Variation in shoot system)

पौधों की ऊँचाई में भिन्नता होने से वरणात्मक उपचार किया जा सकता है। जब कतार में फसल के पौधों की ऊँचाई नींदा से अधिक होती है तो कतारों के बीच नींदा-नाशक का नींदा पर ही छिड़काव कर सकते हैं। जैसे लक्षित उपचार, स्थानिक उपचार मक्का, ज्वार आदि में। ऐसी फसलों में जिनमें प्ररोह तंत्र नींदा के प्ररोह तंत्र से बाद में मृदा के ऊपर आता है जैसे आलू, गन्ना आदि में। जिनमें नींदा फसल उगने के पहले निकल आते हैं उनको फसल उगने के पूर्व ही नींदा नाशक का छिड़काव कर नष्ट किया जा सकता है। यह विधि नींदा का ''शीघ्र उद्भवन उपचार'' (Early post em.) कहलाता है।

विकसित देशों में नींदा-नाशक से उपचारित गीले कपड़े को फसल की दो कतारों के बीच फैला देते हैं जो ओस या सिंचाई के जल से घुलकर नींदा को मार देता है परन्तु फसल की पत्तियों पर इसका कुप्रभाव नहीं होता है।

भूमिगत अंगों की वृद्धि में भिन्नता (Variation in under ground plant growth)

नींदा व फसल के भूमिगत अंगों की वृद्धि में भिन्नता से नींदा नाशक दवाओं के प्रभाव में अंतर हो जाता है। सामान्यत: नींदा के बीज मृदा की 1.5 से 2.0 से.मी. ऊपरी सतह से अंकुरित होते हैं जबकि अधिकांश फसलों की बोनी 5 से 7 से.मी. गहराई पर होती है। उद्भवन पूर्व उपचार से नींदा नाशक लगभग 3 से.मी. की ऊपरी सतह को ही प्रभावित करता है जिससे अंकुरणशील नींदा के बीज मूलांकुर एवं प्रांकुर प्रभावित होते हैं। फसलों के बीज गहराई पर होने से अप्रभावित रहते हैं या कम प्रभावित होते हैं। घास कुल की फसलों के प्रांकुर कोलियोपटाइल से सुरक्षित होने से वर्धनशील भाग प्रभावित नहीं हो पाता। जबकि द्विबीज पत्री नींदा प्रभावित हो जाते हैं। यह वरणात्मकता नींदा नाशक की संरचना, संरूपण, प्रति हे. दर, मृदा संरचना, मृदा जीवांश एवं वर्षा पर आधारित रहती है। जब इनमें से कोई भी कारक अनुकूल न हो तो फसल का बीजांकुरण भी प्रभावित हो जाता है। चेन व साथियों (1968) ने धान व सांवा में मोलीनेट हेतु वरणात्मकता में भिन्नता का कारण ''क्राऊन'' मूल (Crown roots) के उद्गम स्थान में अंतर होना पाया।

सांवा में क्राऊन मूल का उद्गम स्थान मृदा की सतह पर ही होता है जो मोलीनेट से उपचारित होता है जिससे मोलीनेट क्राउन मूल स्तर के माध्यम से अवशोषित हो जाता है। धान में क्राऊन मूल उद्गम स्थान उपचारित मृदा के स्तर के नीचे होने से मोलीनेट अवशोषित नहीं हो पाता जिससे धान के पौधों पर कुप्रभाव नहीं होता। गेहूँ का बीज, चिरैया बाजरा (दोनों घास कुल) के बीज से अधिक गहराई पर होने के कारण गेहूँ में आक्साडायजन के प्रति वरणात्मकता होती है। चिरैया बाजरा का बीज 1 से 2 से.मी. ऊपरी स्तर पर रहता है जो आक्साडायजान से प्रभावित हो जाता है जबकि गेहूँ की बोनी अधिक गहराई पर होने से कम प्रभावित होता है। उपचारित स्तर में से गेहूँ की कोलियोपटाइल एवं प्रथम पत्ती प्रभावित होती है तथा वर्धनशील प्रांकुर अप्रभावित रहता है जो पुनः नई पत्तियों को विकसित कर देता है (तिवारी, 1990)।

कपास के मूलाँकुर एवं प्राँकुर की तीव्र वृद्धि के कारण उपचारित स्तर में से शीघ्रता से बाहर निकल जाते हैं जिससे ट्राइज़्लूरेलिन का अवशोषण नहीं होता तथा कपास प्रभावित भी नहीं हो पाता है। जबकि नींदा के बीज पहले से अंकुरित रहते हैं तथा कपास की तुलना में वृद्धि कम करते हैं जिससे वे अधिक समय तक ट्राइज़्लूरेलिन से उपचारित स्तर में रहते हैं व मर जाते हैं।

अधिशोषक (Adsorbents) का उपयोग

कुछ फसलों में विशेषकर जिनके बीज छोटे होते हैं एवं भ्रूण नींदा-नाशक से सहज में प्रभावित हो जाते हैं यदि उन पर ऐसे पदार्थ का कवच चढ़ा दिया जाए तो नींदा-नाशक को अधिशोषित कर ले तो, नींदा-नाशक का कुप्रभाव उनके अंकुरण पर नहीं होता है। एक्टीवेटेड चारकोल (Activated charcoal) नींदा-नाशक का सशक्त अधिशोषक है। यदि अंकुरणशील बीज एवं छोटे पौधे के आसपास मृदा में एक्टीवेटेड चारकोल की परत हो तो भी नींदा-नाशक के कुप्रभाव से बचा जा सकता है। कतारों में बोई गई फसलों के बीज के ऊपर मृदा की पतली स्तर के बाद चारकोल की एक परत डालने से नींदा-नाशक रिसकर फसल के बीज तक नहीं पहुँच पाते जबकि मृदा की ऊपरी सतह जो नींदा-नाशक से उपचारित होती है उसमें नींदा के बीजों के अंकुरण व वृद्धि पर कुप्रभाव पड़ने से मर जाते हैं। 2.5 से.मी. मोटी स्तर कतार पर ही बनाने के लिए 130 कि.ग्रा. चार कोल/हे. दोमट मृदा में तथा 290

कि.ग्रा. चारकोल रेतीली मृदा में आवश्यक होता है। (रिपर, 1956, बेचले, 1968, बर्र व साथी, 1972)। अधिशोषक का उपयोग सब्जियों में या अन्य फसलों में जिनकी बोनी करने में हाथ से मृदा में छेद बनाकर बीज डालते हैं (Dibbling) उनमें अधिक सार्थक है या कतारों में यांत्रिक विधि से बोनी के साथ अवशोषक की तह डालते हैं। आधुनिक समय में एक्टीवेटेड चारकोल से बीज पर कवच चढ़ा कर (Seed pelleting) बोनी कर देते हैं। इस विधि से मक्का एवं बरबटी में ई.पी.टी.सी. के प्रति और धान में बूटाक्लोर व क्लोरज़्बेन के प्रति वरणात्मकता आ जाती है। बरसीम व लूसर्न के बीज पर भी इसका कवच चढ़ा कर बोने से बूटाक्लोर का कम प्रभाव होता है व चिकोरी का अंकुरण प्रभावित हो जाती है।

विषनिवारक (Antidote) का उपयोग

ऐसे रासायनिक पदार्थों का प्रयोग करना, जिनसे नींदा नाशक का विषाक्त प्रभाव फसल के बीजों पर न हो। अभी इस दिशा में अनुसंधान बहुत कम प्रेरित हुआ है। मात्र मक्का के रक्षण हेतु दो विषनिवारक रासायनिक पदार्थों का उपयोग होता है।

1. 1, 8-नेज़्थेलिक एन्हाइड्राइड (1, 8-naphthalic anhydride)
2. एन.एन. डाइअलिल-2, 2 डाइक्लोरोएसेटामाइड (N, N, diallyl-2, 2-dichloroacetamide) or R-25788

जब इन विषनिवारकों से मक्का के बीज को उपचारित करके बोनी करते हैं तथा ई.पी.टी.सी. या बुटाईलेट नींदानाशकों का उपचार करते हैं, तो इनका कुप्रभाव मक्का के अंकुरण व वृद्धि पर नहीं होता है। यदि अनुपचारित बीज बोते हैं तो इन नींदा नाशकों का कुप्रभाव होता है। आर 25788 का ई.पी.टी.सी. के साथ टेंक में मिश्रित कर छिड़काव कर सकते हैं।

कणिका संरूपण का प्रयोग करना (Use of granular formulation)

अनेक नींदा नाशकों को कणिका-संरूपण में प्रयोग करने से वरणात्मकता जाती है। जब नींदा नाशक का घोल के रूप में पर्णों पर उपचार करते हैं तो फसलों की पत्तियों द्वारा भी अवशोषित हो जाता है जिससे फसल प्रभावित हो जाती है। जब कणिकाओं का बिखराव करते हैं तो वे पर्णों पर स्थिर न रहकर मृदा पर गिर जाती हैं। इससे छोटे व अंकुरणशील नींदा मर जाते हैं। कणिका संरूपण से नींदा नाशक पदार्थ मंद गति से अधिक समय तक निकलता रहता है तथा रिस कर मूल के क्षेत्र तक नहीं पहुँचता। क्लोरप्रोफाम, डाइयूरान, डाइनोसेब एवं पी.सी.पी. के कणिका संरूपण से फसल पर कुप्रभाव नहीं होता जबकि ई.सी. संरूपण के पर्ण छिड़काव से फसल पर कुप्रभाव होता है। अनुसंधानों से यह विदित हुआ है कि रोपा-धान में नींदा नियंत्रण हेतु 2,4-डी, एम.सी.पी.ए., बूटाक्लोर, थायोबेनकार्ब के कणिका संरूपण प्रयोग करने से नींदा नियंत्रण में धान पर कुप्रभाव कम होता है। एम.सी.पी.ए. तरल की तुलना में नया कणिका संरूपण एम.सी.पी.ए. अधिक वरणात्मक है क्योंकि यह मृदा के 2 से 2.5 से.मी. स्तर तक ही रिस कर पहुँचा पाता है। इससे धान का मूल-तंत्र सुरक्षित हो जाता है। जबकि तरल एम.सी.पी.ए. अधिक गहराई तक रिस कर मूल तंत्र को प्रभावित कर देता है।

रसाकर्षण में विभेद (Variation in translocation)

पौधों में नींदा नाशकों के संवहन में भिन्नता होने से वरणात्मकता होती है। जिन स्पीसीस में नींदा नाशक उद्गम (Source) से शीघ्रता से सिंक (Sink) तक पहुँचता है जहाँ पर उसकी अभिक्रिया से मेटाबोल्जिम प्रभावित होता है पौधों को प्रभावित कर देते हैं। परन्तु जिन स्पीसीस में मंद गति से संवहन होता है उनमें नींदा नाशक की अभिक्रिया का प्रभाव मेटाबोलिज्म पर कम होता है एवं स्पीसीस उसे सहन कर लेती है। स्लाइफ व साथियों (1962) ने ककड़ी पर 2, 4-डी की तुलना में 2, 4, 5-टी का अधिक प्रभाव पाया एवं यह निष्कर्ष निकाला कि ककड़ी में 2, 4, 5-टी का संवहन 2, 4-डी की तुलना में अधिक होता है। लियोनार्ड व साथियों (1966) ने पेठा कद्दू (*Fraxinus americana*) में लाल मेपिल (*Acer rubrum*) की तुलना में अधिक संवहन पाया। इस कारण से लाल मेपिल प्रभावित नहीं होता है। इसके विपरीत अमीट्राल का संवहन लाल मेपिल में अधिक तथा पेठा कद्दू में कम होता है।

किसी किसी स्पीसीस में संवहन की गति अधिक होने के कारण नींदानाशक, प्रभावित होने वाले अंगों में शीघ्रता से बाहर निकल जाते हैं। जिससे उनका कुप्रभाव उस पर नहीं होता है, परन्तु जिन स्पीसीस में मंद गति से संवहन होता है उनके अधिक समय तक संवेदनशील (Sensitive) अंगों में रहने से मर जाती है। जैसे डाइफिनामाइड हिरन चरी (*Convolvulus arvensis*) में मूल तंत्र से (संवेदनशील अंग) शीघ्रता से संवहित होकर प्ररोह तंत्र में पहुँच जाता है। परन्तु जई में यह मंद गति से संवहित होने के कारण उसे मार देता है, क्योंकि यह मूल तंत्र में विषाक्त पदार्थ अधिक समय तक रहता है।

प्रोटाप्लाज्म की सहनशीलता में विभेद (Variation in protoplasmic resistance)

पौधों के जीव रसायन (Protoplasm) में विषाक्त नींदा नाशकों के द्वारा उत्पन्न विषमताओं को सहन करने की क्षमता स्पीसीस के अनुसार भिन्न-भिन्न होती है। जिन स्पीसीस में डालापान को सहन करने की क्षमता होती है उनमें पेन्टोथीनिक अम्ल की कमी को सहन करने की क्षमता होती है तथा ये पौधे प्रोटीन के अवक्षेपण को भी सहन कर सकते हैं। इसी प्रकार गाजर की पत्ती नींदानाशक के तेलों की घोलक क्रिया (Solublizing action) में नींदा की स्पीसीस से बहुत भेद होता है। इससे उनका प्रभाव नहीं होता है। विभिन्न स्पीसीस में प्रोटोप्लाज्म के जीव-भौतिकीय गुणों जैसे कि विस्कासिटी (Viscocity), स्ट्रीमिंग (Streaming), बफरिंग (Buffering), निरंतरता (Countinuity) आदि में विभेद होने से भी नींदा नाशक रसायनों के प्रभाव में भिन्नता हो जाती है। रहमान एवं आसफोर्ड (1970) के अनुसार सरसों, मूँगफली व कपास में नाइट्रालिन व ट्राइफ्लूरेलिन के प्रति वरणात्मकता प्रोटोप्लाज्म में निरोधकता (Resistance) के कारण होती है। चेन व साथियों (1968) ने धान में मोलीनेट के प्रति वरणात्मकता प्रोटोप्लाज्म में सहन शक्ति के कारण पाई।

पौधों में नींदा नाशक को अक्रियाशील बनने में विभेद (Variation in deactivation rate of herbicides in Plants)

पौधों में नींदा नाशक रसायन का अपघटित होकर अक्रियाशील होने के समय में अंतर होने से उनकी सहिष्णुता में विभेद हो जाता है, जिससे स्पीसीस में ये रसायन शीघ्र अपघटित होकर निष्क्रिय हो जाते हैं उस स्पीसीस पर नींदा नाशक रसायन का प्रभाव नगण्य होता है। नींदा नाशक निज़ क्रियाओं से निष्क्रिय हो सकता है।

(1) नींदा नाशक का चयापचय (Metobolism)

(2) नींदा नाशक का विरुद्ध चयापचय (Reverse metabolism)

(3) संयुग्मन (Conjugation)

(1) चयापचय : पौधों में चयापचय से नींदा नाशक रसायन की अणु रचना में परिवर्तन हो जाने से ऐसे रसायन का निर्माण हो जाता है जो विषाक्त प्रभाव नहीं डालता। लकविल व लायडजोन्स (1960) ने राइबेस नाइग्रम (*Ribes nigrum*) जो 2,4-डी के लिये असहष्णु है 4 दिन में 2% चयापचय पाया जबकि सहिष्णु स्पीसीस राइबेस सेटाइवम (*R. sativum*) में 2,4-डी का उसी समय में लगभग 50% चयापचय हो जाता है जिससे वह प्रभावित नहीं हो पाता। नेगी व साथियों (1964) ने विभिन्न स्पीसीस में अट्राजिन के चयापचय में विभेद पाया।

नींदा-नाशक के विरुद्ध चयापचय (Reverse metabolism of herbicides)

नींदा-नाशक का पौधों पर छिड़काव करने के बाद असहिष्णु पौधों में नींदा नाशक का चयापचय होते समय नींदा नाशक की अणु रचना में परिवर्तन हो जाता है जो प्राथमिक रसायन की तुलना में अधिक विषाक्त हो जाता है। इस प्रकार के चयापचय को विरुद्ध चयापचय कहते हैं। सम संज्य कार्बन अज़्ल शृंखला फ्राक्सीअल्कोनिक अज़्ल नींदा नाशक, जैसे 2,4-डी बी एवं एम.सी.पी.बी.। इन नींदा नाशक रसायनों का यथा स्थिति में द्विबीजपत्री पौधों पर प्रभाव नहीं होता है परन्तु जब असहिष्णु पौधों में इंजाइम के द्वारा बीटा आक्सीडेसन द्वारा उनका चयापचय होते समय उनमें परिवर्तन होता है जिसके कारण 2,4-डी बी का, 2, 4-डी में एवं एम.सी.पी.बी. का एम.सी.पी.ए. में परिवर्तन जाता है जो पौधों को विषाक्त हो जाते हैं। दाल वाले पौधों (Legumes) जैसे मटर, सोयाबीन बरसीम, लूसर्न आदि में इन्जाइमिक बीटा आक्सीडेसन या तो होता नहीं है या मंद गति से होता है। जिससे इन पौधों में 2, 4-डी.बी. या एम.सी.पी.बी. का कुप्रभाव नहीं होता है। परन्तु अन्य द्विबीज पत्रीय पौधों में 2, 4 डी.बी. या एम.सी.पी.बी. का विषाक्त प्रभाव होता है जिनसे वे मर जाते हैं। अतः इस प्रकार द्विबीज पत्रीय नींदा में वरणात्मकता पाई जाती है।

बीटा आक्सीडेशन (β Oxidation)

बीटा आक्सीडेशन में सर्वप्रथम कार्बाक्सीलिक समूह (-COOH) एवं उसके पास का कार्बन परमाणु आक्सीकृत होकर हाइड्राक्सी थायो कोइन्जाइम ए (HS Co.A), ए.टी.पी. (ATP), एफ.ए.डी. (FAD) एवं निकोटिनोमिड एडीनाइन डाइन्यूक्लियोटाइड (NAD) की उपस्थिति में पुनः कार्बाक्सीलिक समूह (-COOH) संश्लेषित होता है। यह समूह, अनाक्सीकृत शृंखला की बीटा कार्बन विस्थापित करता है। इस क्रिया की पुनरावृत्ति होती है जिससे एक समय कार्बन के दो परमाणु शृंखला से विस्थापित होते हैं। सम कार्बन शृंखला में इस विधि के द्वारा सभी कार्बन परमाणु पृथक हो जाते हैं जबकि विषम कार्बन शृंखला के अज़्लों में एकल कार्बन कार्बक्सिल अज़्ल यौगिक अंत में बनता है।

संयुग्मन (Conjugation)

जब नींदा नाशक रसायन का अणु पौधों में कोशिका के किसी अन्य रसायन के अणु से संलग्न हो जाता है तो वह नींदा नाशक के विषाक्त प्रभाव को मुज़्य धारा से पृथक कर देता है, इस कारण उन पौधों में वरणात्मकता हो जाती है जो नींदा नाशक का शीघ्रता से कान्जुगेट बनाते हैं। स्टालर (1970) एवं फ्रीयर व साथियों (1967) ने क्लोरिज़्बन के प्रति सोयाबीन में वरणात्मकता, क्लोरज़्बिन का ग्लूकोस के साथ मूल तंत्र में कान्जुगेशन हो जाने के कारण पाई। कान्जुगेट एन-ग्लूकोसिल एवं एक अपरिचित यौगिक क्लोरज़्बिन सोयाबीन की मूल में शीघ्रता से बनता है। असहिष्णु पौधों की मूल में कान्जुगेशन मंद गति से होता है जिससे अधिकांश मुक्त क्लोरज़्बिन क्रियाशील अंग तक पहुँच कर घातक हो जाता है।

घास कुल के पौधों पर 2, 4-डी का प्रभाव उसके कान्जुगेशन के कारण नहीं होता है। ग्लूकोस के साथ 2,4-डी का बी.डी. ग्लूकोस ईस्टर बनता है। ब्रेन (1964) ने गन्ने की पत्तियों में प्रोटीन के साथ भी 2,4-डी का कान्जुगेशन पाया। घास के पौधों में 2,4-डी का शीघ्रता से चयापचय हो जाता है। गन्ना, मक्का, मिलेट व सेब में सिमाजिन व अट्राजिन के प्रति वरणात्मकता कान्जुगेशन के कारण होती है परन्तु पूर्व में यह विश्वास था कि इनकी वरणात्मकता चयापचय के कारण होती है। फ्रीयर एवं स्वान्सन (1970) ने मक्का, ज्वार, गन्ना, जान्सन घास, सूडान घास की पत्तियों में ग्लूटाथियोन-एस-ट्रान्सफ्रेज (Glutathione-S-transferase) नामक एक इंजाइम पाया गया जो इन पौधों में सिमाजिन के कान्जूगेशन की क्रिया को उत्प्रेरित करता है। कान्जूगेशन की क्रिया में एस-(4-इथिल अमीनों-6 आइसो प्रोपिल अमीनों-2 एस. ट्राईअजानो)-ग्लूटाथियोन बनता है तथा क्लोराइड आयन मुक्त होता है।

नींदा नाशक के चयापचय के विशेष माध्यम के कारण वरणात्मकता

विस्थापित यूरिया-सहिष्णु पौधों में विस्थापित यूरिया का डिअल्कीलेसन (dealkylation) होता है। फ्रीयर व साथियों के परीक्षण के अनुसार सहिष्णु स्पीसीस जैसे कपास, सेमा (broad bean), केला (banana) आदि में माक्रोजोमल मिश्रित आक्सीडेज इन्जाइम, मोनूरान, डाइयूरान, फ़्लूमेट्रान की एन. डिमेथाइलेशन की क्रिया को उत्प्रेरित करता है। एक मोल पदार्थ के मिथाइलेशन से फार्मालडिहाइड एवं 4-क्लोरोफिनाइल यूरिया का एक-एक मोल बनता है। 4-क्लोरोफिनाइल यूरिया का पुन: अपचन होकर अनीलीन (Anilines) बनता है जो बहुत ही अस्थिर यौगिक होता है तथा शीघ्र ही नाइट्रोबेंजीन व अन्य पदार्थों में आक्सीकृत हो जाता है। ईशेल एवं रूबिन (1972) ने भी इसी प्रकार के परिवर्तन पाए। फेश्योलस वल्गेरिस की मूल में फ़्लूमेट्रान का चयापचय न होने से वह मर जाता है। जबकि कपास में इसका चयापचय हो जाता है एवं नहीं मरता।

एस-ट्रायजिन : सहिष्णु पौधों जैसे मक्का में सिमाजिन का चयापचय होकर हाइड्राक्सी सिमाजिन बनता है। सिमाजिन का हाड्रोलाइसिस प्रोह या मूल में इतनी शीघ्रता से होता है कि वह क्लोरोप्लास्ट की झिल्ली में प्रवेश नहीं कर पाता है। मक्का में एम.बी.ओ.ए. (2, 4-dihydroxy-7-methoxy-194 benzoxazin-3-one) पदार्थ होता है जो हाइड्राक्सी सिमाजिन में परिवर्तित करता है। यह पदार्थ अन्य सहिष्णु पौधों जैसे जान्सन घास में नहीं होता है इससे इस पदार्थ की उपस्थिति की महत्ता कम हो गई है। संभवत: सहिष्णु पौधों में एस-ट्राइजिन का मोनोमालीकुलर डिअल्कीलेशन साइक्लिक ट्रांजीसन के माध्यम से होता है।

अमीट्राल : यह नींदा नाशक प्रायः अवरणात्मक है परन्तु सिरसियम आरबेन्स (*Cirsium arvense*) एवं हिरनचरी (*Convolvulus arvensis*) सहिष्णु हैं। इन पौधों में राइबोज़्लविन की उपस्थिति में प्रकाश से उत्प्रेरित नींदा नाशक का रिंग क्लीवेज (Ring cleavage) होता है। अमोनियम थायोसाइनेट से अमीट्राल का चयापचय अवरुद्ध हो जाता है।

2, 4-डी : सहिष्णु पौधों में 2, 4-डी का चयापचय दो विधियों से होता है

(1) साइड या अज़्लीय शृंखला के विखंडन के द्वारा

(2) रिंग हाइड्राक्सीलेशन के द्वारा

साइड चेन विखंडन में डिकार्बाक्सीलेशन के बाद डिमिथाइलेशन होता है एवं दोनों लिंकेज का क्लीवेज होता है। जिससे उत्पन्न अंतरिम यौगिक डाइक्लोरोएनीसोल युक्त डाइक्लोरोफिनाल हानिकारक नहीं होता है। पैरा कार्बन स्थिति पर 2, 4-डी की रिंग का हाइड्राक्सीलेशन होता है। एवं हाइड्राक्सीलेटेड रिंग शीघ्रता से ग्लूकोज से संलग्न होकर विषाक्त विहीन ग्लूकोसाइड बनाता है।

2, 4, 5-टी : सहिष्णु पौधों में इसका चयापचय 2, 4-डी के सदृश्य ही होता है परन्तु इसमें दो प्रमुख भिन्नता होती है। प्रथम 2, 4-डी में डाइक्लोरोफिनाल विषाक्त नहीं होता जबकि 2, 4, 5 टी में ट्राइक्लोरोफिनाल तब तक विषाक्त रहती है जब तक उसका रिंग हाइड्राक्सीलेशन नहीं हो जाता। इसी कारण से 2, 4 डी की अपेक्षा 2, 4, 5-टी अधिक विषाक्त होता है विशेषकर काष्ठीय स्पीसीस में।

दूसरा विभेद यह है कि 2, 4, 5-टी में रिंग हाइड्राक्सीलेशन मेटा कार्बन स्थिति पर होता है जबकि 2, 4-डी में रिंग हाइड्राक्सीलेशन पैराकार्बन स्थिति पर होता है।

सिल्वेक्स (2,4,5-टी.पी.) : सहिष्णु स्पीसीस में सिल्वेक्स का चयापचय 2,4,5-टी के अनुसार ही होता है। प्रभावित होने वाली कुछ स्पीसीस में साइड चेन का विखंडन बहुत मंद गति से होता है जिससे इसका विषाक्त प्रभाव 2, 4-डी की अपेक्षा अधिक होता है।

ई.पी.टी.सी. : सहिष्णु स्पीसीस में ई.पी.टी.सी. का चयापचय होता है परन्तु अंतरिम यौगिकों का अध्ययन विस्तार से नहीं हुआ है। कुछ अध्ययनों से विदित हुआ कि मृदा में बैक्टीरिया के द्वारा विखंडन होकर जो यौगिक बनते हैं प्रायः वही पौधों में चयापचय के द्वारा निर्मित होते हैं एवं अंत में SO_2, CO_2 एवं H_2O बनता है।

प्रोपेनिल : सहिष्णु धान की पत्तियों में ''एरिल एसिल अमाइन अमाइडोहाइड्रोलेज'' (Aryl-acyl amine amidohydrolase) नामक इन्जाइम होता है। इस इन्जाइम के द्वारा धान की पत्तियों में प्रोपेनिल का हाइड्रोलाइसिस (Hydrolysis) होकर अप्रभावी यौगिक 3,4-डाइक्लोरो अनीलीन (3,4-Dichloroaniline) एवं प्रोपियोनिक अज़्ल (Propionic acid) निर्मित हो जाते हैं। फ्रीयर एवं स्टिल (1968) के अध्ययन के अनुसार प्रभावित होने वाली स्पीसीस जैसे सांवा (*Echinochloa* spp.) में इस इंजाइम की मात्रा धान की तुलना में केवल 1/60 वाँ भाग ही होती है। धान में इस इंजाइम की क्रिया अत्याधिक तापक्रम पर कम हो जाती है एवं धान भी प्रभावित हो सकती है। कीटनाशक दवाओं से भी वरणात्मकता कम हो जाती है।

■■■■

24

नींदा-नाशक क्षमता पर पादप पारिस्थितिकी का प्रभाव (Effect of Plant Environment on Herbicidal Efficacy)

पादप-पारिस्थितिकी के प्रमुख कारक जैसे ताप, प्रकाश, आर्द्रता, हवा की गति, वर्षा, मृदा किस्म, मृदा जल, मृदा जीवांश व क्षारीयता, अम्लीयता व खाद्य तत्त्व, कीट व्याधि, कीटनाशक व रोग नाशक दवाओं का प्रयोग, भू-परिष्करण आदि का नींदा-नाशक की नींदा नियंत्रण क्षमता तथा फसल वरणात्मकता पर अत्यधिक प्रभाव पड़ता है। इन कारकों से नींदा नाशक की क्रियाशीलता कम या अधिक हो सकती है, जो खरपतवारों एवं फसलों को प्रभावित करती है। इनमें से बहुत से कारक नींदा नाशक की मृदा एवं पादपों में स्थायित्व को भी प्रभावित करते हैं। पारिस्थितिक कारणों का नींदा नाशकों की कार्य क्षमता (Efficacy) पर अत्यधिक प्रभाव होता है एवं मृदा व वायु मंडलीय कारकों में विपरीत परिवर्तन होने से नींदा-नाशक की कार्य शक्ति का ह्रास होता है। क्षमता में परिवर्तन दो प्रकार से होता है –

1. खरपतवार की किस्म व घनत्व में परिवर्तन,
2. पादप आकृति व दैहिकीय क्रियाओं में परिवर्तन होता है।

नींदा व फसल के पौधों में क्रियाशील अंग तक नींदा-नाशक की प्रभावशील मात्रा न पहुँचना। यथार्थ में पारिस्थितिकी व नींदा नाशक की क्षमता के परस्पर संबंध में ज्ञान अभी भी अधूरा है और खेत में वातावरण को पूर्ण रूपेण नियंत्रित कर पाना बहुत कठिन है। फिर भी यदि प्रकृति परिवेश एवं नींदा नाशक के गुण, रचना, प्रयोग करने की विधि, दर व समय का विधिवत ज्ञान है तो नींदा नाशक की पूरी कार्य क्षमता का लाभ ले सकते हैं। विभिन्न पारिस्थितिकी दशाओं से नींदा नाशक की कार्य क्षमता अवश्य प्रभावित होती है।

तापक्रम व आद्रता का प्रभाव

ऋतुओं के अनुसार तापक्रम 2 अंश से 45 अंश सें. एवं आद्रता 10 से 100% तक हो सकती है। तापक्रम व आर्द्रता नींदा नाशक के अवशोषण, स्थानान्तरण, अपचयन आदि कियाओं पर प्रभाव डालते हैं।

साधारणत: 10 अंश सें. से कम तापक्रम पर पर्ण उपचारित नींदा नाशक के द्वारा नींदा कम मरते हैं क्योंकि नींदा नाशक का पर्णों में अवशोषण व स्थानान्तरण कम हो जाता है। मुजिक (1967) के अनुसार 2, 4-डी, का प्रभाव इसलिए कम ताप पर हो जाता है क्योंकि कम ताप पर पौधों में थायमीन की कमी हो जाती है। ताप बढ़ने पर नींदा नाशकों की विषाक्तता साधारणत: बढ़ जाती है। 20 अंश से 25 अंश सें. ताप पर अधिकांश नींदा नाशकों की

क्षमता अधिक होती है। एमएसएमए और डीएसएमए की क्षमता 25 अंश सें. पर अधिक होती है। क्लोराक्जुरान की क्षमता 30 अंश सें. व 100% आर्द्रता पर अधिक होती है जबकि अमीट्राल का अधिकताप पर पादपों में अपचयन हो जाने से विषाक्तता कम हो जाती है।

कम ताप की तरह अत्यधिक ताप पर पौधों में नींदानाशक का स्थानान्तरण कम हो जाता है। अधिक ताप पर संवहनशील या क्रमिक नींदानाशक से पर्ण शीघ्र जल जाते हैं जिससे मूल, शिखाओं एवं भूमिगत कंद-प्रकंदों तक नींदा-नाशकों की स्थानान्तरण प्रक्रिया कम हो जाती है। इससे इनका प्रभाव कम हो जाता है यह स्थिति उस समय और तेज हो जाती है जब शुष्क हवा और ताप अधिक हो तथा तीव्र बहाव हो। 25 अंश से अधिक ताप पर फिनाक्सी नींदानाशक की क्षमता बहुवर्षीय गटीरीजिया स्पी. (*Gutirrezia* spp.) को मारने में कम हो जाती है। जैसे कि 17 अंश से 25 अंश सें. तक 90.5% मरते हैं परन्तु 27.2 से 36.6 सें. ताप पर केवल 19 से 46.8% पौधे मरते हैं।

एक विशेष ताप पर यदि मृदा की नमी अधिक है तो नींदा अधिक मरते हैं। जबकि उसी ताप पर यदि मृदा में नमी कम है तो नींदा नाशक की क्षमता कम हो जाएगी। कभी-कभी अपवाद स्वरूप विपरीत प्रभाव भी मिलते हैं जैसे कि प्रसाद व सहयोगियों (1967) ने उड़द में C^{14} डालापान का अवशोषण व स्थानान्तरण समान आर्द्रता 26 अंश सें. ताप की तुलना में 43 अंश सें. पर अधिक पाया गया।

कम आर्द्रता व अधिक ताप से स्थानीय जलवायु (Micro-climate) अत्यंत शुष्क हो जाती है जिससे छिड़काव की बूंदें पत्तियों पर शीघ्र वाष्पित हो जाती है, इससे नींदा नाशक का उपयुक्त अवशोषण लक्षित क्रियाशील कोशाओं तक नहीं हो पाता। जैसे भारत वर्ष में चटक चाँदनी (*Parthenium hysterophorus*) पर 2-4-डी. का असर ग्रीष्म ऋतु में, वर्षा एवं शीतकाल की तुलना में कम होता है (तिवारी, 1983) इसका प्रमुख कारण मृदा व वायु मंडलीय नमी की कमी है, जिससे पौधा मुर्झाया हुआ होता है। पत्तियों की कोशाओं में आसून दाब (Turgor pressure) कम होता है। श्लथ कोशाओं (Flacsid) में अवशोषण व स्थानान्तरण कम हो जाता है क्योंकि पानी भी शीघ्र ही वाष्पित हो जाते हैं। ऐसी दशा में नींदा नाशक का अधिक पानी में घोल बनाकर शाम को छिड़काव करने से नींदा नाशक के प्रभाव में वृद्धि कर सकते हैं। प्रसाद व सहयोगियों ने C^{14} डालापान का अवशोषण 88% आर्द्रता पर 28 व 68% आर्द्रता की तुलना में अधिक पाया। अधिक आर्द्रता में जल कण विलम्ब से सूखता है तथा पर्ण-रन्ध्र अधिक खुले व बड़े होते हैं। इन कारणों से भी नींदा नाशक का अवशोषण बढ़ जाता है। आर्द्रता का असर उपचर्म (Cuticle) पर भी होता है अधिक आर्द्रता में उपचर्म की सतह पतली होती है तथा शुष्कता में मोटी होती है। मोटी सतह में नींदा नाशक रसायन का अवशोषण कम होता है। मृदा उपचारित करने वाले नींदा-नाशकों की क्षमता तापक्रम से प्रभावित होती है। नींदा-नाशक का स्थायित्व शीत मृदा में अधिक समय तक रहता है परन्तु नींदा नियंत्रण क्षमता कम हो जाती है। नींदा नाशक की क्रिया 20 अंश से 25 अंश सें. मृदा ताप पर अधिक होती है।

फसलों की वरणात्मकता पर प्रभाव

बहुत ही कम या अधिक ताप होने से फसलों को सुरक्षित नींदा-नाशक भी हानिकारक सिद्ध हो सकते हैं। बहुत कम ताप से फसलों की पत्तियों की ऊतकों की रचना प्रभावित होती है जिससे नींदा-नाशक उन पर असर

करता है। अत्यधिक ताप (28-30 अंश सें.) पर फसलों की आंतरिक सहन शक्ति कम हो जाती है तथा नींदा-नाशक के छिड़काव से पत्तियाँ जल जाती है। इस प्रकार का प्रभाव धान में प्रोपेनिल का, कपास में एम.एस.एम.ए. और डी.एस.एम.ए., सोयाबीन में डायनोसेब, मक्का में सिमाजिन व अट्राजिन तथा गेहूँ में टरबूट्रिन का पाया गया है। फसलों में अधिक ताप से कई विकार उत्पन्न हो जाते हैं, जैसे -

1. पर्ण जलन क्रिया (Leaf scorching) को बढ़ाता है या डाइनोसेब और एम.एस.एम.ए. के प्रभाव से पर्ण जलन क्रिया बढ़ती है। अलसी पर 2, 4 डी या एम.सी.पी.ए. का कुप्रभाव 10 अंश सें. की तुलना में 29.5 सें. पर अधिक होता है।
2. नींदा नाशक का अवशोषण एवं स्थानांतरण को बढ़ाता है अधिक ताप पर मक्का की पत्तियों व मूल रोमों द्वारा अट्राजिन, अधिक मात्रा में अवशोषित होती है जिससे पौधों पर कुप्रभाव होता है।
3. आंतरिक दैहिकीय क्रियाओं में विकार उत्पन्न कर नींदा नाशक का अपचयन रोकता है।

उदाहरणार्थ - धान की पत्तियों में एक विकर एरिलएसिल अमाइन अमाडो हाड्रोलेज (arylacyl-amine amidohydrolas) पाया जाता है जो प्रोपेनिल को पत्तियों में विषाक्तहीन करता है, इस विकर का 30 अंश सें. पर विघटन हो जाता है जिससे धान प्रभावित हो जाती है। बहुत सी फसलों की पत्तियों पर मोम (wax) जमा हो जाती है या अधिक ताप पर पिघल कर कम हो जाती है या पिघलने के कारण नींदा-नाशक की अधिक मात्रा अवशोषित होती है। जो हानिकारक सिद्ध होती है। मृदा उपचारित नींदा नाशकों के द्वारा फसलों की पौध पर अधिक ताप पर कुप्रभाव होता है क्योंकि इस अवस्था में कोषाओं की वृद्धि अधिक होती है। ऐसे बहुत से अज्ञात कारण हैं जिनसे फसलें एक नींदा नाशक से साधारण ताप पर अप्रभावित होते हुए भी अधिक ताप पर प्रभावित हुए बिना नहीं रहती।

नींदा नाशकों से मृदा का उपचार करते समय मृदा में पर्याप्त नमी होना आवश्यक है अन्यथा नींदा नाशक का प्रभाव कम हो जाएगा। शुष्क मृदा में प्रभाव हीन ही रहेगा। प्राय: सभी नींदा नाशकों के प्रभाव हेतु मृदा में नमी होना आवश्यक है नींदा के बीजों के समान अंकुरण हेतु यह आवश्यक है कि सतह से 2.5 से 7 सें.मी. गहराई तक उपयुक्त मृदा नमी हो। अंकुरित बीजों व छोटे पौधों पर उद्भवनपूर्व मृदा उपचारित नींदा-नाशक का अवशोषण मृदाजल पर ही आधारित रहता है यदि नींदा एक साथ उग आएँ तो उद्भवनोपारान्त पर्णोपचारित नींदा नाशक के द्वारा भी नींदा नियंत्रण सुलभ हो जाता है।

वर्षा : उद्भवन पूर्व

मृदा उपचारित नींदा नाशक के उपचार के बाद यदि 10 से 15 दिन वर्षा न हो तो नींदा नाशक का प्रभाव कम हो जाता है, क्योंकि ताप, हवा व प्रकाश के कारण नींदा नाशक का वाष्पन व अपचयन अधिक होता है जिससे नींदा नियंत्रण क्षमता कम हो जाती है। अत्यधिक वर्षा से नींदा नाशक बह जाता है या निछालन (Leaching) हो जाता है जिससे लक्षित क्षेत्र में प्रभाव कम हो जाता है। कभी - कभी अधिक वर्षा से मृदाक्षरण इतना अधिक होता है कि ऊपरी उपचारित सतह ही वह जाती है। आक्साडायजान पानी के साथ कम बहता है क्योंकि पानी से बहुत कम प्रभावित होता है। नींदा-नाशक घुलनशील है (0.7 पी.पी.एम.) यह वर्षा या सिंचाई से कम प्रभावित होता है। उपचार के बाद यदि बादल छाये रहें व रिमझिम वर्षा होती है तो नींदा नियंत्रण अधिक प्रभावी होता है तथा नींदा नाशक का ह्रास नहीं होता। अधिक नमी से पौधों में सुकोमलता (Succulence) की वृद्धि होती है जिससे

पर्णोपचारित नींदा नाशक का अवशोषण अधिक होता है व नींदा नियंत्रण अधिक होता है। कड़ी बौछारों से पर्णोपचारित नींदा-नाशक का अपछालन (washing) हो जाता है जिससे नींदा नहीं मरते या कम मरते हैं।

लगातार आर्द्र मौसम व वर्षा से फसलों में भी सुकोमलता बढ़ जाती है व फसलों में नींदा-नाशक अधिक अवशोषित हो जाते हैं। जिससे फसल पर विषाक्त प्रभाव होता है व फसल मर भी सकती है। मक्का के पौधे साधारणत: अट्राजिन ईसी के द्वारा अप्रभावित रहते हैं परन्तु उपचार करने के पहले व बाद तक यदि आर्द्रता अधिक रही तो मक्का पर विषाक्त प्रभाव हो जाएगा। क्योंकि अवशोषण बढ़ जाता है तथा कम ताप होने से अट्राजिन का अपचयन भी कम होगा। कार्लसन व बेक्स (1970) ने कृत्रिम वर्षा करके यह पाया कि कुछ नींदा में वर्षा के बाद क्लोराक्जुरान सिंचाई का अवशोषण बढ़ जाता है। कई नींदा नाशक ऐसे हैं जिनके उपचार के पहले या बाद में सिंचाई करना आवश्यक है। लेखक ने अनुसंधान के द्वारा यह पाया है कि गेहूँ में उद्भवनोपरान्त चिरैया बाजरा (*Phalaris minor*) व अन्य द्विदलीय नींदा को आइसोप्रोटान के द्वारा नियंत्रित करने हेतु मृदा नमी का होना आवश्यक है। यदि उपचार करने के पहले या बाद में सिंचाई नहीं की तो ये नींदा नहीं मरते हैं असिंचित क्षेत्र में यह नींदा-नाशक नींदा नियंत्रण नहीं करता।

मृदा जीवांश

मृदा में जीवांश की मात्रा का नींदा नाशक की क्षमता पर अधिक प्रभाव पड़ता है क्योंकि जीवांश नींदा नाशक को अवशोषित कर लेते हैं। इससे उनकी नींदा नाशी क्षमता कम हो जाती है। यदि मृदा में 1% जीवांश है तो ट्राइज़्लूरेलिन 0.25 कि.ग्रा./हे. का उतना ही प्रभाव होगा जितना 4% जीवांश वाली मृदा में 1.0 कि.ग्रा./हे. का होगा। कम जीवांश (1%) वाली मृदा में 1 कि.ग्रा./हे. ट्राइज़्लूरेलिन से नींदा नियंत्रण होगा पर फसल पर कुप्रभाव हो सकता है। अधिक जीवांश (4%) वाली मृदा में 0.25 कि.ग्रा./हे. ट्राइफलूरेलिन के द्वारा नींदा नियंत्रण नहीं होगा। इस प्रकार नींदा नाशक की कम मात्रा कम जीवांश वाली मृदा में तथा अधिक मात्रा अधिक जीवांश वाली मृदा में उपयोग करना चाहिए।

तालिका 24.1. सोयाबीन की फसल में नींदा नियंत्रण हेतु मृदा में क्ले/व मृदा-जीवांश/के आधार पर मेट्रीब्यूजिन की/हे. मात्रा (ग्राम)

मृदा क्ले %	मृदा जीवांश		
	<2	2-4	>4
रेतीली	उपयोग न करें	400	550
दोमट	400-550	550-700	700-850
भारी मृदा	550-700	700-850	850-1000

(टैक्नीकल बुलेटिन-बायर)

तालिका 24.2. मृदा में क्ले % के आधार पर विभिन्न नींदा नाशकों की मात्रा कि.ग्रा./है.

क्लेत्र	नींदा नाशक की दर कि.ग्रा./हे.				
	मेट्रीब्यूजिन	आलाक्लोर	बूटाक्लोर	ट्राइफ्लूरेलिम	आक्साडायजान
रेतीली मृदा	उपयोग न करें	1.0	1.5	0.62	0.75
दोमट मृदा	0.4	1.5	2.0	0.87	1.
भारी मृदा	0.5	2.0	2.5	1.00	1.0 से 1.25

मृदा संरचना (Soil texture)

मृदा उपचारित-नींदा नाशक की क्षमता मृदा-कण की आकृति के आधार पर रेतीली, दोमट या भारी किस्म की मृदा में नींदानाशक की क्षमता प्रभावित होती है। रेतीली किस्म की मृदा में नींदानाशक का निछालन अधिक होता है तथा अध: स्तर में फसलों के बीजों तक पहुँच जाता है एवं उनके अंकुरण को प्रभावित करता है। क्ले-कण रेतीली मृदा में कम होते हैं जिससे नींदा नाशक कम मात्रा में अवशोषित होता है। इससे रेतीली मृदा में नींदानाशक की कम मात्रा ही देना चाहिए। भारी मृदा में जिसमें क्ले-कण अधिक (%) होते हैं उनमें नींदा नाशक की अधिक मात्रा का प्रयोग करना चाहिए क्योंकि कणों से नींदा नाशक चिपक जाता है इससे फसलों का अंकुरण प्रभावित नहीं होता एवं उनकी वरणात्मकता भी भारी मृदा में अधिक रहती है। भारी मृदा में यदि नींदा नाशक की मात्रा कम होगी तो उनका प्रभाव नींदा नियंत्रण पर कम होगा। मृदा की रचना के अनुसार नींदा नाशक के स्थायित्व पर भी प्रभाव पड़ता है एवं भारी किस्म की मृदा में नींदानाशक लम्बे समय तक रहता है परन्तु आक्साडायजान के स्थायित्व पर मृदा कणों का प्रभाव कम होता है। परन्तु क्षमता पर असर अवश्य पड़ता है। कुछ नींदा-नाशक की उपयुक्त मात्रा मृदा किस्म के अनुसार तालिका 24.2 में दर्शाई गई है।

मृदा क्षारीयता-अम्लीयता (Soil pH)

नींदा-नाशक की सामान्य दर उपयुक्त मृदा के लिये ही प्रभावकारी होती है। यदि मृदा में क्षारीयता या अम्लीयता अधिक है तो नींदानाशक की क्रियाशीलता प्रभावित होती है। अधिक अम्लीय मृदा में नींदा नाशक का मौलिक तत्त्वों में विघटन (Decomposition) शीघ्र होता है एवं महत्त्वहीन हो जाता है। अधिक क्षारीय-मृदा में नींदा नाशक का स्थायित्व बढ़ जाती है तथा किन्हीं नींदा नाशकों की क्रिया में तीव्रता ला देते हैं। उदाहरणार्थ अट्राजिन व सिमाजिन का अवशोषण मक्का की जड़ों द्वारा क्षारीय मृदा से अधिक होता है। अधिक ताप पर ऐसी मृदा में यह क्रिया अधिक बढ़ जाती है। इससे क्षारीय मृदा में नींदा नाशक की सिफारिश की गई उपयुक्त दर भी मक्का पर कुप्रभाव डालेगी इसलिये क्षारीय व अम्लीय मृदा के लिये नींदा नाशक की मात्रा विशेष रूप से ज्ञात कर प्रयुक्त करना आवश्यक है।

हवा (Wind)

हवा नींदानाशक को स्रोत से बहाकर दूर ले जाती (drift) है जिससे लक्षित क्षेत्र को नींदा नाशक की उपयुक्त मात्रा जितनी मिलनी चाहिए वह नहीं मिलती। यह दो प्रकार से होता है।

1. छिड़काव के जलकण का हवा के साथ दूर बहना (Spray drift) : यह छिड़काव करते समय तथा कुछ समय बाद तक होता है एवं सूक्ष्म जलकण (Low volume) वाले स्प्रेयर से छिड़काव करने पर अधिक होता है।
2. वाष्प रूप में नींदा नाशक को बहाकर ले जाना (Vapour drift) : यह क्रिया नींदा-नाशक प्रयोग करते समय व प्रयोग के बाद भी लम्बे समय तक चलती रहती है व नींदा-नाशक का फसल पर कम प्रभाव होता है तथा अलक्षित क्षेत्र व फसल प्रभावित हो जाती है। वाष्प बहाव ईपीटीसी व 2, 4-डी ईस्टर में अधिक होता है स्प्रे ड्रिफ़्ट प्रायः सभी नींदानाशकों में एक सा होता है किन्तु जिनमें तैलीय पदार्थ अधिक होता है। स्प्रे-ड्रिफ़्ट अधिक होता है। 2,4-डी ईस्टर की वाष्प ड्रिफ़्ट से, उपचारित क्षेत्र से कई कि.मी. दूर पर कपास, अँगूर और टमाटर की फसल को प्रभावित करती है। गरम हवा नींदा के पर्णों व मृदा से नींदा नाशक की कुछ मात्रा दूर हटा देती है व नींदा नियंत्रण क्षमता कम कर देती है। स्प्रेड्रिफ़्ट की मात्रा व दूरी हवा की गति व छिड़काव के जल-कण रचना पर आधारित होती है। कम व्यास के जल-कण (0.07 मि.मी. से कम व्यास) के छिड़काव में मध्य व्यास वाले जल कर्ण (0.07 से 0.14 मि.मी.) के छिड़काव की तुलना में अधिक दूर तक हवा में वहाव होता है। अधिक व्यास वाले जल कण (0.28 से 0.56 मि.मी.) के छिड़काव से बहुत कम वहाव होता है। अधिक व्यास वाले जल कण के छिड़काव से नींदा नाशक का ड्रिफ़्ट के रूप में व्यर्थ ह्रास रोका जा सकता है। यह और कई विधियों से भी रोका जा सकता है जैसे-
   1. इनवर्ट इमल्शन (Invert emulsion) के उपयोग से सांद्रकारी पदार्थ, (Thickening agent) एवं कणनिर्माणक (Particulating agents)
   2. नींदा-नाशक को कम दाब (2.1 कि.ग्रा./वर्ग से.मी.) वाले स्प्रेयर द्वारा छिड़काव करने से।
   3. फ़्लेट फेन या फ़्लेट जेट नोजल के द्वारा छिड़काव करने से।
   4. नोजल को भू सतह से लगभग 50 से.मी. की ऊँचाई से छिड़काव करने पर हवा का प्रभाव कम होता है, अधिक तेज हवा में छिड़काव न करें या नोजल को चूड़ी घुमाकर ऐसे व्यवस्थित करें कि बड़े व्यास वाले जल कण बनकर छिड़काव हो। स्वचालित स्प्रेयर या वायुयान के द्वारा छिड़काव करने से स्प्रे-ड्रिफ़्ट अधिक दूर तक जाती है तथा लक्षित स्थान पर प्रभाव कम हो जाता है। तैलीय नींदा-नाशक से छिड़काव व कणों का ड्रिफ़्ट अधिक होता है परन्तु जल में घुलनशील नींदानाशक के छिड़काव कणों का ड्रिफ़्ट कम होता है। वाष्प के बहाव को रोकने के लिये नींदा नाशकों को मृदा में मिला देते हैं। जैसे ई.पी.टी.सी., फ़्लूक्लोरेलिन, ट्राईफ़्लूरेलिन आदि को छिड़काव के तुरन्त बाद मृदा में मिला देते हैं। 2,4-डी ईस्टर की जगह 2,4-डी सोडियम लवण का प्रयोग कर सकते हैं। छोटी शृंखला की एल्किल ईस्टर की तुलना में लम्बी शृंखला के एल्किल ईस्टर में कम ड्रिफ़्ट होता है।

प्रकाश

प्रकाश के द्वारा कई नींदा नाशकों का विघटन हो जाता है जिससे वे प्रभावहीन हो जाते हैं जैसे कि ट्राईफ़्लूरेलिन, फ़्लूक्लोरेलिन, मोनूरान आदि। छिड़काव के बाद यदि इन नींदा नाशकों को मृदा में मिला दिया जाए

तो प्रकाश द्वारा विघटन कम हो जाता है। मृदा में आक्साडायजान का विघटन अल्ट्रा बैंगनी किरणों से होता है परन्तु विघटन की दर कम होती है इससे मृदा में नहीं मिलते हैं। 2, 4-डी और एम.सी.पी.ए. का प्रकाशीय विघटन पत्तियों में भी होता है इसी कारण से कई नींदा नहीं मरते।

नींदा नाशक अवशोषण प्रकाश में अधिक होता है क्योंकि, पौधों में प्रकाश संश्लेषण की क्रिया चलती रहती है व शर्करा आदि के साथ इनका स्थानांतरण भी शीघ्र होता है। बादल होने पर या शाम को छिड़काव करने पर इनका अवशोषण व स्थानांतरण कम होता है। प्रकाश के कारण पत्तियों पर उपचर्म अधिक मोटी होती है छाया अथवा कम प्रकाश वाले पौधों की पत्तियों में उपचर्म पतली होती है। जिन पत्तियों में उपचर्म मोटी होती है उन पर ''संपर्क नींदा-नाशक'' (Contact herbicides) का प्रभाव कम होता है तथा ऐसे नींदा जिनकी पत्तियों की उपचर्म पतली होती है उन पर नींदा-नाशक का प्रभाव अधिक होता है। किन्हीं नींदा-नाशकों की क्रियाशीलता के लिए प्रकाश का होना आवश्यक है अन्यथा उनकी क्रिया बहुत ही कम होती जैसे आक्साडायजान का पर्णोपचार करने के बाद प्रकाश की आवश्यकता होती है यद्यपि आक्साडायजान से प्रकाश संश्लेषण की प्रथम क्रिया (Hill reaction) पर प्रभाव नहीं होता।

उर्वरक (Fertilizer)

आधुनिक तकनीक में उर्वरक प्राय: प्रत्येक फसल के लिये उपयोगी है इन उर्वरकों का लाभ नींदा भी लेते हैं तथा अधिक वृद्धि करते हैं। नींदा नाशक की क्षमता व उर्वरक में परस्पर संबंध हैं। जो खरपतवार नत्रजन की उपलब्धता बढ़ने पर अधिक वृद्धि करते हैं उन पर 2, 4-डी व ग्लाइफोसेट का अधिक प्रभाव पड़ता है तथा कम उर्वरता में उगने वाले खरपतवार जिनकी वृद्धि कम होती है उन पर असर कम होता है। फास्फोरस की अधिक मात्रा होने से सोयाबीन, ज्वार, मक्का व मटर के पौधे अट्राजिन से प्रभावित हो जाते हैं। इसी तरह सिमाजिन, अमीट्राल व डाइयूरान की क्षमता भी अधिक फास्फोरस मिलने से बढ़ जाती है। परीक्षणों से विदित हुआ है कि जिन खेतों में फास्फोरस कम है उनमें फास्फोरस की मात्रा बढ़ाने से जंगली जई नियंत्रित करने में बागवान की क्षमता बढ़ जाती है।

अधिक नत्रजन से फसलों में भी सुकोमलता बढ़ जाती है तथा नींदानाशकों से प्रभावित हो जाती है जैसे कि उर्वरता मिलने पर गेहूँ पर 2, 4-डी का हानि कारक असर हो जाता है।

कीट नाशक व रोग नाशक दवाओं का प्रभाव

कीट-नाशक एवं रोग-नाशक दवाओं को नींदा-नाशक दवाओं के साथ मिश्रित या पृथक छिड़काव करने पर नींदा नियंत्रण क्षमता अप्रभावित रहती है या घट-बढ़ सकती है। जब नींदा-नाशक की क्षमता अन्य दवाओं के मिलाने से बढ़ जाती है तो यह गुण नींदा नियंत्रण हेतु उपयुक्त है परन्तु इससे फसलें प्रभावित हो सकती है। उदाहरणार्थ फोरेट या डाइसिटान कीटनाशक को डाइयूरान के साथ मिलाकर छिड़काव करने से कपास के पौधे प्रारंभिक अवस्था में ही प्रभावित हो जाते हैं। प्रोपेनिल के साथ मेलाथियान के छिड़काव से धान की पौध को हानि हो जाती है तथा प्रोपेनिल की वरणात्मकता समाप्त हो जाती है। मेलाथियान को यदि प्रोपेनिल से पृथक 15 दिन पहले या बाद में छिड़काव करें तो भी प्रोपेनिल से धान के पौधे मर जाते हैं। इसी प्रकार फास्फेट या क्लोरीनेटेड कीट नाशक के साथ प्रोपेनिल का प्रभाव होता है। फफूंदी नाशक दवा पी.सी.एन.बी. को ट्राइफ़्लूरेलिन के साथ

मिलाकर उपचार करने से कपास के पौधों की वृद्धि कम हो जाती है। कुछ कीटनाशक दवाओं से कुछ नींदा-नाशकों का फसल पर कुप्रभाव कम हो जाता है तथा वरणात्मकता बढ़ जाती है जैसे मेलाथियान कीटनाशक के छिड़काव से गेहूँ व मक्का पर ट्राइज़्लूरेलिन का कुप्रभाव कम होत है डिक्सान (फफूंद नाशक) के उपचार से सोयाबीन के पौधों पर अट्राजिन का कुप्रभाव कम होता है।

कीट व्याधि

पौधों में कीट या रोगों के कारण भी नींदा नाशक की कार्य क्षमता पर प्रभाव होता है। जब गेहूँ की फसल में गेरुआ रोग से पौधों में कटाव या घाव हो जाते हैं तो ऐसे पौधे पर स्वस्थ पौधों की तुलना में नींदा नाशक का अधिक कुप्रभाव पड़ता है क्योंकि खुली कोषाओं में नींदा नाशक का अवशोषण शीघ्र व अधिक मात्रा में होता है।

मृदा सूक्ष्म जीव

मृदा में पाए जाने वाले सूक्ष्म जीव जैसे बैक्ट्रीरिया, फफूंद, निमेटोड आदि के कारण बहुत से नींदा नाशकों का (जो मृदा में उपचारित किए जाते हैं) का विघटन शीघ्र हो जाता है तथा नींदा नाशक प्रभावहीन हो जाते हैं।

भू-परिष्करण

मृदा उपचार में नींदा नाशक की क्षमता भू-परिष्करण क्रियाओं से भी अधिक प्रभावित होती है। यदि खेत में ढेले बड़े हैं और बीज की बोनी ढेलों व असमतल क्षेत्र में की गई है तो नींदा नाशक का छिड़काव समानरूप से नहीं हो सकता। इससे मृदा के ऊपरी सतह पर नींदा नाशक की परत नहीं बन सकती अनुपचारित क्षेत्र ढेलों के कारण शेष रह जाएगा जिसमें नींदा नियंत्रण नहीं होगा। भुरभुरी समतल सीड-बेड (Seed bed) में नींदा नाशक का प्रभाव अच्छा होता है।

विगत फसल व नींदा के अवशेष

विगत फसल एवं नींदा के अवशेष जैसे डंठल, पत्ती, तना, जड़ें आदि का आधिक्य होने से भी नींदा नाशक की क्षमता कम हो जाती है। अत: नींदा नाशक का छिड़काव, करने के पहले इन अवशेषों को "खूंटीदार पाटा" चला कर एकत्रित कर खाद के गड्ढे में डाल देना चाहिए।

इन प्रमुख कारकों के कारण नींदा नाशकों की क्रियाशीलता प्रभावित होती है। कभी-कभी फसल पर भी कुप्रभाव हो जाता है। परन्तु यह कुप्रभाव नींदा के कुप्रभाव से कम होगा एवं अनुपचारित फसल की अपेक्षा अधिक लाभ होगा।

■■■■

25

नींदा नाशक के अवशेष, प्रदूषण एवं स्थायित्व
(Herbicide Residues, Pollution and Persistence)

कृषि विकास के फलस्वरूप वैज्ञानिक पद्धति से फसलोत्पादन करने में ''नींदा-नाशक'' दवाओं का नींदा नियंत्रण हेतु प्रयोग होने लगा है। भविष्य में इनका और अधिक प्रयोग किया जाएगा। निरंतर नींदा-नाशक दवाओं के प्रयोग से फसल-चक्र में आने वाली अन्य फसलों पर इनके अवशेषों का कुप्रभाव हो सकता है। नींदा-नाशक दवाओं के अवशेष उसी रूप में या परिवर्तित रूप से खाद्य पदार्थों, पौधों, मृदा व जल में पाए जा सकते हैं। मानव समाज, पालतू जानवर, सूक्ष्म मृदा जीव आदि पर इन अवशेषों का तात्कालिक या दूरगामी कुप्रभाव हो सकता है। अतः नींदा-नाशक के प्रयोग से लाभ के अतिरिक्त पर्यावरण में इनके अवशेषों व कुप्रभावों या लाभों का ज्ञान भी अति आवश्यक है।

संयुक्त राज्य अमेरिका में लगभग 37 मिलियन कि.ग्रा. आलाक्लोर तथा 22 मि. कि.ग्रा. मेटोलाक्लोर का प्रयोग प्रति वर्ष होता है। इसका 90% केवल मक्का, सोयाबीन, ज्वार व मूँगफली में प्रयोग किया जाता है।

आलाक्लोर व मेटोलाक्लोर के प्रति सहिष्णु पौधों में शीघ्रता से प्रभावहीन होने के कारण वरणात्मकता आ जाती है। सहिष्णु पौधों में शीघ्रता से ग्लूटाथियोन (Glutathione) एवं/या होमोग्लूटाथियोन (Homoglutathione) से कान्जूगेशन (Conjugation) हो जाने से वे प्रभावहीन हो जाते हैं। जबकि प्रभावित होने वाली स्पीसीस में इनका कान्जूगेशन नहीं होता तथा वे मर जाती हैं (Breaux *et al.,* 1986, 1987)। निरोधक स्पीसीस में ग्लूटाथियान या होमोग्लूटाथियान की मात्रा प्रभावित होने वाली स्पीसीस की तुलना में अधिक होती है तथा कान्जुगेशन को उत्प्रेरित करने के लिये ग्लूटाथियोन ट्रांसफ्रेज इन्जाइम की मात्रा निरोधक स्पीसीस में अधिक होती है। सांवा (*Echinochloa crusgalli*), नोनिया (*Portulaca olerecea*) व सेटेरिया (*Setaria* spp.) में इस इन्जाइम की मात्रा कम होती है। इससे इनमें आलाक्लोर व मेटोलाक्लोर का कान्जूगेशन शीघ्रता से न होने के कारण मर जाती हैं।

संयुक्त राज्य अमेरिका के 10 राज्यों व आन्टेरियो में आलाक्लोर, तथा चार राज्यों व आन्टेरियो में मेटोलाक्लोर के अवशेष भूगर्भ जल में मिले। आलाक्लोर की सान्द्रता 0.02-10 माइक्रो ग्रा./लि. तथा मेटोलाक्लोर की 0.08-680 माइक्रो ग्रा./लि. मिली। इनका असावधानी पूर्वक प्रयोग करने से भू-गर्भ जल प्रदूषण होता है। जैसे स्प्रेयर को साफ करने से, हवा में ड्रिफ्ट उड़कर जल में मिलना तथा रख रखाव से मृदा में मिश्रित होने से सामान्य रूप से कृषि फार्मों में प्रयोग करने से वर्षा के जल के साथ मृदा के निचले स्तर पर रिसकर पहुँचना तथा वहाँ से मृदा का जल प्रवाह के साथ कुओं में पहुँचना।

सतह जल का प्रदूषण प्रायः नालों, नदियों व तालाबों में होता है। जब उपचारित खेत से जल का सतह पर प्रवाह होता है तब नींदा नाशक उसमें घुलकर प्रवाहित होकर नालों, नदियों व तालाबों में पहुँचते हैं। इसकी सान्द्रता वर्षा की मात्रा, मृदा-किस्म, मृदा में खाद्य तत्त्व व ह्यूमस (Humus) की मात्रा तथा जल धारण क्षमता आदि पर आधारित रहता है।

संयुक्त राज्य अमेरिका में आलाक्लोर व मेटोलाक्लोर से जल प्रदूषण का सर्वेक्षण करने से विदित हुआ कि अनेक नदियों, तालाबों, नलों, नलकूपों का जल इन नींदा नाशकों से प्रदूषित होता है। अनेक जल के नमूनों के अध्ययन से 1.0 से 270 माइक्रो ग्रा./लि. तक अवशेष विदित हुए। सान्द्रता में यह अंतर, ऋतुओं व मृदा में विभेद, उपचार का समय, नमूना एकत्रित करने का समय आदि पर आधारित रहता है। खेत से जल धारा के साथ प्रवाहित होकर (आलाक्लोर) अन्य स्थानों पर जल को प्रदूषित करती है तथा भू-गर्भ जल (under ground water) में भी इसी माध्यम से पहुँचती है।

भूगर्भ जल में आलाक्लोर/मेटोलाक्लोर की मात्रा

	कुएँ के प्रकार	कुएँ की संज्या/कुल कुओं का अध्ययन	सान्द्रता माक्रो ग्रा./ लि.
आलाक्लोर	व्यक्तिगत	42/609	0.4–450
	सार्वजनिक	4/72	0.12–0.30
	सिंचाई	2/14	0.02–0.07
मेटोलाक्लोर	व्यक्तिगत	33/309	1.0–230
	फार्म व ग्रामीण	9/251	0.10–110

साधारण जल व नल के जल में आलाक्लोर के अवशेषों की मात्रा क्रमशः 0.20–6.3 एवं 0.47–6.3 माइक्रो ग्रा./लि. ओहियो व कोलम्बस में पाई गई। दो झीलों के जल में 0.36–0.82 माइक्रो ग्रा./लि. आलाक्लोर के अवशेष मिले। मोंमी (Maumee) व सन्डूस्की (Sandusky) नदियों से नल के जल में आलाक्लोर की 10–14 माइक्रोग्राम/लि. अवशेष 1984 में विदित किए/मिस्सीसिप्पी नदी के जल में विक्सवर्ग के पास 0.26.0.78 माइकोग्राम मेटोलाक्लोर तथा 0.28 से 0.84 माइक्रो ग्राम/लि. आलाक्लोर के अवशेष मिले।

यू.एस.ई.पी.ए. को अभी तक ऐसी कोई सूचना नहीं मिली है जिससे पीने के जल में 2, 4–डी की सान्द्रता 100 पी.पी.बी. से अधिक हो। मृदा में 2,4–डी शीघ्रता से बेक्टीरिया के द्वारा विघटित हो जाता है तथा उसका हाइड्रोलाइसिस हो जाता है।

एक्रोलिन के अवशेष जल में 6 दिन तक उपस्थित रहते हैं जो जल-ताप पर आधारित रहते हैं। अधिकांश मछलियाँ 1 पी.पी.एम. की सान्द्रता पर मर जाती है।

सरफेक्टेंट के द्वारा परिवेश के प्रदूषण से मानव पर प्रभाव

स्वीशर (1968) के अनुसार प्रत्येक मनुष्य लगभग औसत 1 मि.ग्रा. प्रतिदिन शोधक पदार्थ (Detergent) अनेक माध्यमों से ग्रहण करता है। आज की दुनिया में यह इससे भी अधिक बढ़ गया है। स्वीशर के अनुसार यह निज़लिखित माध्यमों से प्रवेश करता है –

पीने का जल – नगर निगम के द्वारा जल–प्रदाय के माध्यम से 2 दो लिटर जल पीने से प्रतिदिन 0.05 मि.ग्रा. पहुँचता है।

बर्तन को उचित न धोना – 0.3 से 1.0 मि.ग्रा./दिन

भोजन के धोने – 0.1 से 1.0 मि.ग्रा./दिन

टूथपेस्ट

साधारणत: टूथपेस्ट में 1 से 2% शोधक होता है या 10 से 20 मि.ग्रा. प्रतिदिन ब्रश करने से सम्पर्क में आता है। जो प्राय: 0.1 से 0.4 मि.ग्रा. प्रतिदिन निगल जाता है या अवशोषित हो जाता है।

इस प्रकार औसतन 0.3 से 3 मि.ग्रा. प्रति व्यक्ति प्रतिदिन सरफेक्टेंट (डिटरजेंट प्रकार के) ग्रहण करता है। यह मात्रा, हानिकारक मात्रा के स्तर से बहुत नीचे है।

दूसरे प्रकार के सरफेक्टेंट, जो सुरक्षित भोज्य पदार्थ में मिलाए जाते हैं। उनके साथ मनुष्य के शरीर में पहुँचते हैं।

आलाक्लोर व मेटोलाक्लोर विघटन (Degradation of Alachlor and Metolachlor)

मृदा में विघटन

फोटोलाइसिस के द्वारा आलाक्लोर व मेटाक्लोर मृदा, जल व पौधों के सतह पर होने से प्रकाश के प्रभाव से विघटित हो जाते हैं। आलाक्लोर अंधेरे में विघटित नहीं होती परन्तु प्रकाश में 8 घंटे में विघटित हो जाती है (फेंग, 1977)।

विघटन से छ: यौगिक बने (अ$_1$) 2- क्लोरो - 2, 6- डाईइथिल एसीटेनीलाइड, (अ$_2$) 2, 6 डाईइथिल-एन-अनीलीन (अ$_3$) 2, 6 ट्राईइथिल एसीटेनीलाइड (अ$_4$) क्लोरोएसेटिक एसिड (अ$_5$) 2, 6 ट्राईइथिल-एन-मैथाक्सीमिथिल अनीलीन एवं (अ$_6$)। क्लोरो एसीटिल 2, 3-डाईहाड्रो-7 इथिल इन्डोल। आलाक्लोर मृदा पर पतली परत के रूप में प्रकाश के द्वारा 22, 27, 36 व 39% क्रमश: सेन्डीलोम, लोम, सिल्ट लोम, व क्ले मृदा में विघटित हो जाती है। कम मृदा पी.एच. व कम आर्गेनिक पदार्थ होने पर विघटन की दर तीव्र हो जाती है (फेंग, 1979) क्योंकि इस दशा में फोटोलाइसिस की क्रिया बढ़ जाती है।

रसायनों के द्वारा

आलाक्लोर व मेटोलाक्लोर का रासायनिक विघटन निर्जीवीकृत मृदा में कम होता है तथा अधिक समय लगता है। Bouchard *et al.* (1982) ने मेटोलाक्लोर का निर्जीवीकृत मृदा में 120 दिन तक विघटन नहीं पाया।

सूक्ष्म जीवों के द्वारा

आलाक्लोर का विघटन साधारण मृदा में निर्जीवीकृत (Sterlized) मृदा की अपेक्षा 50% अधिक विघटन होता है। साधारण मृदा में 8 दिन के बाद मात्र 50% आलाक्लोर के अवशेष रहता है। जबकि निर्जीवीकृत मृदा में 96% 42 दिन के बाद अवशेष रहता है।

मृदा कवक कीटोमियम (*Chaetomium globosum*) के द्वारा आलाक्लोर का विघटन 7 दिन में शत-प्रतिशत हो जाता है। जबकि अल्टरनेरिया के द्वारा 7 दिन में 4 प्रतिशत होता है।

मेटोलाक्लोर का विघटन एक्टिनोमाइसीट, ज़्यूजेरियम स्पी, ज़्यूकर रेसीमोसस, बेसीलस सरकूलन्स एवं बेसीलस मेगाटेरियम से 59-70% 9 दिन में विघटन हो जाता है।

नींदा नाशक को कम करने की विधियाँ

(1) रासायनिक क्रिया वर्धक (Chemical activator)

ऐसे रासायनिक पदार्थ (Adjuvants or surfactants) जो नींदा नाशकों को मृदा में या वनस्पति की सतह पर प्रसारित करते हैं उनके प्रयोग से नींदा नाशक की कम मात्रा से ही अच्छा नियंत्रण हो जाता है। इससे अवशेष कम रहते हैं।

(2) उपयुक्त संरूपण या व्यवस्थापन (Correct formulation)

नींदा नाशक उपयुक्त व्यवस्थापन का उपयोग करने से उनका खेत में समान रूप से विस्तार होता है। उनके साथ मिलाए गए पदार्थों पर भी अवशेष की मात्रा आधारित रहती है। जैसे द्रव संरूपण के प्रयोग में अवशेष कम रहते है।

(3) उपचार की विधि (Method of application)

उपचार करने की विधि के आधार पर भी नींदा की मात्रा कम लगती है तथा मृदा व पौधों में अवशेष कम रहते हैं। उद्भवन बाद कम उम्र के पौधों को उपचार करने में नींदा नाशक की लगभग आधी मात्रा ही लगती है। दानेदार नींदा नाशक के अवशेष मृदा में अधिक समय तक रहते हैं। उदाहरणार्थ सिमाजिन व अट्राजिन के संरूपण। नींदा नाशकों का पट्टिका उपचार कर कतारों के मध्य यांत्रिक विधि से नींदा नियंत्रण करने से नींदा नाशक की मात्रा कम लगेगी व अवशेष भी कम रहेंगे।

(4) नींदा नाशकों की संरचना (Structure of herbicides)

गैस के रूप में नींदा नाशकों की संरचना एवं प्रकाश से अथवा जैविक अपघटित रसायनों की संरचनाओं के नींदा नाशक अपेक्षाकृत अन्य संरचनाओं की तुलना में मृदा में कम समय तक उपस्थित रहते हैं। अत: इस प्रकार के संरूपणों को भविष्य में निर्माण करने से अवशेषों का खतरा कम किया जा सकता है।

(5) विषाक्तता का नियंत्रण (Prevention of toxicity)

नींदा नाशकों के साथ विभिन्न प्रकार के विष-निवारक मिलाकर प्रयोग करते हैं जो कई फसलों पर अवशेष के प्रभाव बचाती है। फसलों के बीजों को भी विष-निवारक से उपचारित करते हैं। जिससे उन पर नींदा नाशक दवाओं का प्रभाव कम होता है। कपास को फास्फोरस की मात्रा अधिक देने से डाइयूरान का विषाक्त प्रभाव कम हो जाता है। (उपचर्च, 1959) बेन्जीलएडीनीन (Banzyladenine) के द्वारा पौधों में अमीट्रोल का चयापचय बढ़ जाता है। मृदा जैविक पदार्थ अधिक देने से वे अवशोषित हो जाते है व फसल पर कुप्रभाव भी नहीं होता।

(6) विकसित अपघटन (Enhanced degradation)

मृदा में गंधक को मिलाकर या मृदा-समु को कम करके ट्राइजीन वर्ग के नींदा नाशकों को अधिक अपघटित कर सकते हैं। मृदा समु के आधार पर 5-10 क्विंटल गंधक/हे. प्रयोग कर सकते हैं। मृदा जैविक पदार्थ की अधिक मात्रा उचित नमी व जुताई बखराई करने से अपघटन की क्रिया तीव्र होती है। मृदा में सूक्ष्म जीवाणुओं का निवेशन (Innoculation) करने से अपघटन की क्रिया तीव्र हो जाता है।

पौधों के एन्जाइम नींदा नाशकों को निष्क्रिय करते हैं उनका उपचार मृदा में करने से नींदा नाशकों का अपघटन इच्छानुसार किया जा सकता है। मृदा में सोडियम एवं कैल्शियम के पॉली-सल्फाइड प्रयोगशाला में सिमाजिन व अट्राजिन को निष्क्रिय करने में सक्षम पाया है। मृदा में ट्राइजीन समूह के नींदा नाशकों के अवशेषों को समाप्त करने हेतु मक व पीट मृदा का 50 टन/हे. की दर से प्रयोग किया जाता है।

मृदा में नींदा नाशकों के स्थानान्तरण पर नियंत्रण

मृदा में सचल नींदा नाशकों (Mobile Herbicides) को अधिक सिंचाई करने से निछालन कर सकते हैं। फसल चक्र में बोई जानी वाली अन्य फसलों में इस विधि से अवशेषों के प्रभावों को कम किया जाता है। मूल तंत्र का क्षेत्र लीचिंग से अवशेष रहित हो जाता है। ई.पी.टी.सी. व कार्बामेट के प्रयोग के बाद सिंचाई करने से ये रसायन मृदा से गैस के रूप में निकल जाते हैं। सिंचाई करने से नींदा नाशक की सान्द्रता मूल-तंत्र क्षेत्र में कम हो जाती है। जिसे फसल सहन कर लेती है। जुताई से भी सान्द्रता कम हो जाती है।

वरणात्मक फसलों का चयन

वरणात्मक फसलों का चयन करना चाहिए जो शीघ्र वृद्धि करती हों जिनसे नींदा स्पर्धा न कर सके। इन फसलों के बोने से नींदा नाशक दवाओं का कम मात्रा में प्रयोग होगा व अवशेष कम रहेंगे।

पाश-फसलें (Trap crops)

नींदा नाशक की रोधक फसलों को फसल चक्र प्रणाली में उगाना चाहिए। ये फसलें नींदा नाशक के अवशेषों को कम करने में सहायक होती है। इस प्रकार की फसलें नींदा नाशक के "पाश फसलें" कहलाती है। गन्ना, ज्वार, मक्का, अट्राजिन व सिमाजिन की रोधक या पाश-फसलें हैं। पौध प्रजनन के द्वारा रोधक फसलों व किस्मों का विकास होना आवश्यक है जिससे नींदा नाशक दवाओं का कुप्रभाव न हो। मक्का की सभी किस्में अट्राजिन के अवशेषों को रोधक नहीं हैं। इसी प्रकार गेहूँ की कुछ जातियाँ 2, 4 डी व आइसोप्रोटुरान से प्रभावित हो जाती है।

तालिका 25.1. फसलों में विभिन्न नींदा नाशक के अवशेषों की अधिकतम सीमा (Maximum Residue limit)

नींदा नाशक	फसल	सीमा पी.पी.एम.	नींदा नाशक	फसल	सीमा पी.पी.एम.
आलाक्लोर	कपास बीज	0	डाईयूरान	कपास बीज	1.0
	कपास चारा	8.0		ज्वार बीज	1.0

नींदा नाशक	फसल	सीमा पी.पी.एम.	नींदा नाशक	फसल	सीमा पी.पी.एम.
	ज्वार बीज	0.10			
	मूँगफली	0.5			
			डालापान	कपास बीज	5
				गन्ना	0.1
				सोयाबीन	1.00
				मक्का	10.0
				केला	5.00
अट्राजिन	ज्वार बीज	0.25	ई.पी.टी.सी.	कपास बीज	0.10
	मक्का बीज	0.25		धान्य फसलें	
	ज्वार, मक्का चारा	15.0			
	गन्ना	025	फ्लूएजीफाप बुटाइल	सोयाबीन	1.0
	गेहूँ बीज व भूसा	0.25		कपास बीज	0.10
बेन्टाजोन	ज्वार	0.05	फ्लूक्लोरेलिन	मूँगफली	
	सोयाबीन	,,		सोयाबीन	
	मूँगफली	,,		सूर्यमुखी	0.05
	धान बीज	0.5		कपास बीज	
	चारा	3.0			
बूटाक्लोर	धान बीज	0.5	ग्लाइफोसेट	केला	0.2
	चारा	3.0		मूँगफली	0.10
				चायपत्ती	0.10
				अमरूद	0.10
				आम	0.20
				अँगूर	0.20
डाईकेज्बा	मक्का	0.5			
	ज्वार	3.0			
	गेहूँ	0.50			
	गन्ना	0.10	लीनूरान	कपासबीज	0.25
डाईफिनामिड	कपास बीज	0.10		ज्वार बीज	0.25
	मूँगफली	0.10		ज्वारा चारा	1.0

नींदा नाशक	फसल	सीमा पी.पी.एम.	नींदा नाशक	फसल	सीमा पी.पी.एम.
	आलू	1.0		गाजर	1.0
	सोयाबीन	0.10		सोयाबीन	1.0
				गेहूँ बीज	0.25
				गेहूँ भूसा	0.50
मेटोलाक्लोर	सोयाबीन	0.1	पैराक्वाट	ज्वार	0.5
	कपास बीज	0.1		केला	
	ज्वार बीज	0.35		सब्जियाँ	
	ज्वार चारा	1.0		गन्ना	0.5
	मूँगफली	0.1		कपास बीज	0.5
मेट्री ब्यूजिन	गेहूँ बीज	0.75	पेन्डीमिथेलिन	ज्वार, मक्का	0.10
	गेहूँ भूसा	1.0		प्याज	
	मक्का	0.25		कपास बीज	
	आलू	0.60		मूँगफली	
	सोयाबीन	0.1		धान बीज	0.05
	गन्ना	0.1		गेहूँ बीज	0.10
	टमाटर	0.10		गेहूँ, भूसा	0.10
			सिमाजीन	मक्का	I.25
				गन्ना	0.25
				केला	0.20
मोलीनेट	धान बीज	0.1	टी.सी.ए.	गन्ना	0.5
	चारा	0.1		चुकंदर	0.50
आक्साडायजान	धान बीज	0.05	टरबेसिल	गन्ना	0.1
	धान चारा	0.25	टरबूट्रिन	ज्वार	0.10
	मूँगफली	0.5		गेहूँ जौ	0.10
			थायोबेनकार्ब	धानबीज	0.20
				धान चारा	1.0
आक्सीज़्लोरफेन	सोयाबीन		ट्राइज़्लूरेलिन	गेहूँ जौ	0.05
	कपास बीज			मक्का	
	केला	0.5		मूँगफली	
	सब्जियाँ		2, 4-डी	ज्वार, मक्का	0.5

नींदा नाशक	फसल	सीमा पी.पी.एम.	नींदा नाशक	फसल	सीमा पी.पी.एम.
	फल			जौ	0.5
				गेहूँ बीज	2.0
				गन्ना	2.0
				धान बीज	0.1
				इनके सबके चारा	20.0

पौधों में नींदा नाशक रसायनों का स्थायित्व

अधिकांश पौधे-नींदा नाशक रसायनों की साधारण मात्रा (लीथल डोज से कम) को कुछ समय बाद विभिन्न विधियों से निकाल देते हैं या अन्य रसायनों में विघटित कर देते हैं। रसायनों का स्थायित्व पौधों की स्पीसीस एवं रसायन की किस्म पर आधारित रहता है। आक्सिन नींदा नाशक (2,4-डी) उपचार के बाद तुलनात्मक रूप से कम समय के लिये स्थायी रहता है एवं थिमन (1956) ने सेम (Bean) के पौधों में 2,4-डी के उपचार के बाद आधी मात्रा का 2 दिन में विघटन पाया। परन्तु आकारिकी में परिवर्तन अधिक समय तक रहते हैं। मक्का में 25 दिन तक विकृतियाँ होती हैं। सेब के फलों को 50 दिन तक एवं नींबू के फलों के 7 महीने तक गिरने से रोकते हैं या परिवर्तन करते हैं।

कुछ रसायनों के प्रभाव उपचारित पौधों से उनकी अगली पीढ़ी में भी पहुँच जाते हैं। प्रीधाम (1947) ने सेम (Bean) के पौधों को 2,4-डी से उपचार कर उसकी अगली पीढ़ी के पौधों में 2,4-डी के लक्षण पाए। फाय (1961) ने गेहूँ में डालापान के प्रभावों को उपचार के बाद तीन पीढ़ियों तक पाया। वृद्धि निरोधकों (Growth retardents) का सामान्य रूप अधिक स्थायित्व होता है एवं उनके प्रभाव उपचारित पाधों से उनकी अगली पीढ़ियों में भी पाए जाते हैं (मार्थ व साथी, 1954, रिडेल व साथी 1962) परन्तु कोई भी अध्ययन में अभी तक ऐसा रासायनिक पदार्थ उपचारित पौधे से उसकी अगली पीढ़ियों में नहीं पाया गया।

नींदा नाशकों के मृदा में दीर्घ स्थायित्व (Persistence) को प्रभावित करने वाले कारक :

(1) निक्षालन (Leaching)

(2) वाष्पन (Volatalization)

(3) सूक्ष्म जीवों द्वारा विघटन (Microbial degradation)

(4) मृदा कोलाइडों द्वारा अवशोषण

(5) तापक्रम (Temperature)

(6) प्रकाश (Light)

(7) नमी (Moisture)

तालिका 25.2. सिफारिश की गई दरों पर नींदा नाशक दवाओं का मृदा व पादपों में स्थायित्व

(Residual effects of herbicides in soil and plants at recommended rates)

Herbicides	दर कि.ग्रा./हे.	उपचार की विधि	स्थायित्व अवधि (दिन) मृदा	पादप
एसीफ़्लोरफेन Aciflu-orfen sodium	0.14–1.0	उद्भवन बाद	–	–
एक्रोलिन Acrolin	0.5–2.0	उद्भवन पूर्व	30–60	कटाई के समय तक बहुत ही कम
	0.78	उद्भवन बाद	8	
आलाक्लोर Alachlor	1 से 2.0	उदभवन पूर्व या बाद में	42–70	शीघ्र अपचयन
अमीट्रिन Ametryn	2.0 से 4.5	उद्भवन पूर्व या बाद में या लक्षित		
अमीट्राल Ametrol	2–12 पड़ती जमीन	उद्भवन बाद	15 से 30	अपचन बी (3 अमीनो-रस ट्राइजोलएल) अलीनीन
असूलम Asulam	1–6.6	उदभवन बाद	12 से 28	
अट्राजिन Atrazine	1 से 2.0	उद्भवन पूर्व व बाद में	एक वर्ष या और अधिक	अट्राजिन व अमीनो अज़्ल कांजूगेट व CO_2
बेन्टाजोन Bentazon	0.84–2.0	उद्भवन बाद	42	शीघ्र अपचयन
ब्रोमासिल Bromacil	1.6–5.6	उद्भवन बाद	एक वर्ष	अपचयन 5 ब्रोमो 3 सेक्बुटाइल-6-हाड्राक्सी मेथाइयल यूरेसिल
बूटाक्लोर Butachlor	2.0–2.5	उद्भवन पूर्व	42–70	शीघ्र अपचयन
क्लोरब्मिन Chloramben	1.0 से 2.0	उद्भवन पूर्व	42–56	-
फ्लोराक्जूरान Chloroxuron	1 से 3.0	उद्भवन पूर्व या बाद	180	-
क्लोरप्रोफाम Chlorpropham	1.0 से 3.4	उद्भवन पूर्व या बाद	65–130	
2, 4-डी 2, 4–D	0.5–1.0	उद्भवन् बाद	7–28	अपचयन आक्सीडेशन आफ एसीटेटमोइटी हाइड्रोलायसिस से स्वतंत्र फीनाल बनता है
डालापान Dalapan	1.0–2.0	फसल बोने के पूर्व	10–60	पौधों में अपचयन नहीं होता
	22.0	नींदा पर		
डाइअलेट Diallate	1.4–3.0	बोनी के पूर्व मृदा में मिलाना	60	अपचयन
डाइकेज़्बा Dicamba	0.5	उद्भवन पूर्व या बाद	21–84	जड़ों व पर्णों द्वारा बाहर निकल जाता है

Herbicides	दर कि.ग्रा./हे.	उपचार की विधि	स्थायित्व अवधि (दिन) मृदा	पादप
				5 हाड्राक्सी –2– मिथाइक्सी–3, 6 डाइक्लोरो बेंजोइक अम्ल
डिफेन्जोक्वाट Difenzoquat	2 से 4	उद्भवन बाद	84–112	अपचयन नहीं होता
डाइनोसेब Dinoseb	1.0–6	बोनी के पूर्व मृदा में उद्. पूर्व उद्. बाद	14–28	
डाइफिनामिड Diphenamid	2–6	उद्भवन बाद	90–180	अपचयन नहीं होता
डाइक्वाट Diquat	2–4.0	उद्भवन बाद	मृदा में शीघ्र अक्रियाशील	अपचयन नहीं होता
डाइयूरान Diuron	1.0–2.0	उद्भवन पूर्व	एक वर्ष	
	4–18	मौसमी नींदा उद्भवन बाद	एक वर्ष से अधिक	
	18–50	बहुवर्षीय नींदा	एक वर्ष से अधिक	
ई.पी.टी.सी. EPTC	2.2 से 6.0		14	शीघ्र अपचयन के द्वारा
पेड़ फेनूरान Fenuron TCA	20–30	निर्जमी कारक झाड़ी, पेड़	28–270	–
ज़्लूएजीपाप बुटाइल Fluazifop butyl	02–0.25	उद्भवन बाद	60	हाइड्रोलाइजेसन के द्वारा ज़्लूएजीफॉप बनता है।
ज़्लूक्लोरेलिन Fluchloralin	1.0–1.5	बोनी के पूर्व मृदा में	120	शीघ्र अपचयन
ग्लाईफोसेट Glyphosate	1.0.5	उद्भवन बाद	शीघ्र अक्रियाशील	अपचयन नहीं होता
आइसोप्रोट्यूरॉन Isoproturon	0.75–1.0	उद्भवन पूर्व या बाद में		
लीनूरान Linuron	1.0–1.5	उद्भवन के पूर्व या बाद	120–150	
एम.सी.पी.ए. MCPA	0.2–5	उद्भवन के बाद	30–180	डाईकार्बाक्सीलेसन के द्वारा अपचयन
एम.सी.पी.बी. MCPB	0.5–1.5	उद्भवन के बाद		
मेटोलाक्लोर Metolachlor	1.8–3.0	उद्भवन पूर्व	60–100	कांजुगेसन – (संयुग्मन) हाड्रोलायसिस
मेट्रीब्यूजिन Metribuzin	0.2–0.5	उद्भवन पूर्व	14–28	आक्सीडेसन के द्वारा जल में विलेय संयुग्म (कांजुगेट)

Herbicides	दर कि.ग्रा./हे.	उपचार की विधि	स्थायित्व अवधि (दिन)	
			मृदा	पादप
मोलीनेट Molinate	2–3	बोनी के पूर्व मृदा में	42	शीघ्र अपचयन के द्वारा CO_2 निकलती तथा साधारण यौगिक बन जाते हैं।
मोनूरान Monuron TCA	24–74	निर्जमीकारक	1 से 1.5 वर्ष	–
आक्साडायजान Oxadiazon	0.7551.0	उद्भवनपूर्व या बाद	365	
आक्सीफ़्लोफेन Oxyfluorfen	0.2–0.3	उद्भवन पूर्व या उद् बाद	60–80	अपचयन नहीं होता किन्तु अवशेष कम रहता है।
पेराक्वाट Paraquat	0.28–0.84	उद्भवन बाद	शीघ्र अक्रियाशील	अपचयन नहीं होता
पेन्डीमेथेलिन Pendimethalin	1.0–2.0	उद्भवन पूर्व	180	कम मात्रा 4-मिथाइल समूह का आक्सीडेसन
पिक्लोराम Picloram	2.0–9.0	उद्भवन बाद निर्जमी कारक झाड़ी पेड़	1 वर्ष	
प्रोमेट्रिन Prometryn	1.0–5	उद्भवन पूर्व या उद्. बाद	30–90	मिथाइल थायो समूह आक्सीडेसन होकर हाइड्राक्सी अपचायक बनता है।
प्रोनामाइड Pronamide	0.8–2.24	उद्भवन पूर्व	60–270	एलफेटिक साइड चेन में परिवर्तन होने से अपचयन होता है।
प्रोपेनिल Propanil	1.5–3	उद्भवन बाद	1–3	पूर्ण अपचयन
प्रोपाजिन Propazine	1.0–2. 0	बोनी के पूर्व या उद्भवन पूर्व	1 वर्ष या अधिक	हाइड्राक्सी प्रोपाजिन व अमीनो अम्ल कांजुगेट में अपचयन हो जाता है
सिल्वेक्स Silvex	0.8–1.4 4–18	उद्भवन पूर्व झाड़ी व पेड़	7–28	आक्सीडेसन आफ एसीटेट मोइटी व हाइड्रोलायसिस
सिमाजिन Simazine	1–2.0	उद्भवन पूर्व	60	हाड्राक्सी सिमाजिन व अमीनो अम्ल कांजुगेट में अपचयन हो जाता है।
2, 4-5 टी 2, 4-5 T	4–18	उद्भवन बाद झाड़ी, पेड़	7–28	स्वतंत्र फीनाल में अपचयन
टी.सी.ए. TCA	1–27	बोनी के पूर्व मृदा में या लक्षित		
	11–115	निर्जमीकरण	21–70	
टरबूट्रिन Terbutryn	0.8–1.5	उद्भवन पूर्व या उद्. बाद	21–70	आक्सीडेसन के द्वारा हाइड्राक्सी अपचायक व साइड चेन का डिअलकीलेसन के द्वारा अपचयन

Herbicides	दर कि.ग्रा./हे.	उपचार की विधि	स्थायित्व अवधि (दिन) मृदा	पादप
थायोबेनकार्ब Thiobencarb	2.5–3	उद्भवन पूर्व	14–240	
ट्राईफ़्लूरेलिन Trifluralin	1.0–1.5	बोनी के पूर्व	80–120	अपचयन
वरनोलेट Vernolate	2.2	बोनी के पूर्व	2–10	CO_2 में अपचयन

■■■■

26

नींदा नाशक के निरंतर प्रयोग से नींदा में निरोधकता का विकास
(Development of Resistance in Weeds after Repeated Application of Herbicides)

एक ही क्षेत्र में किसी एक ही नींदा नाशक दवा को निरन्तर प्रति वर्ष प्रयोग करने से कई नींदा की स्पीसीस में निरोधकता का विकास हो जाता है सर्वप्रथम रियान (1970) ने अमेरिका में सिमाजिन व अट्राजिन के निरंतर प्रयोग से सिनेसिओ वल्लेगेरिस (*Senecio vulgaris* L.) में निरोधकता का विकास पाया। तदुपरांत यूरोप में मक्का के क्षेत्र में ट्राइजीन्स के निरंतर प्रयोग में अनेकों स्पीसीस में निरोधकता का विकास परिलक्षित हुआ। इस कारण वर्तमान में नींदा नाशक के प्रति निरोधकता पर अंतर्राष्ट्रीय अनुसंधान चल रहे हैं। इस दिशा में जर्मनी के बावारियन सस्य एवं कृषि संस्था (Bavarian Institute of Agronomy & Agriculture) में कीस (1978, 79, 80) ने अनेक विधिवत अनुसंधान किए हैं।

नींदा नाशक निरोधकता (Resistance of weeds to herbicides)

किसी फसल में नींदा नियंत्रण हेतु प्रयोग किए जाने वाले एक नींदा नाशक की सामान्य दर पर अनेक नींदा नियंत्रित हो जाते हैं परन्तु एक विशेष स्पीसीस में उसी दर पर पूर्ण सहनशीलता होती है। नींदा नाशक की इस सान्द्रता (दर) पर पूर्ण सहनशीलता को उस स्पीसीस की उस नींदा नाशक के प्रति निरोधकता कहते हैं। यह निरोधक स्पीसीस अपना जीवन चक्र पूर्ण कर बीज उत्पन्न करती है जबकि अन्य असहिष्णु स्पीसीस या तो मर जाती हैं या उनकी वृद्धि बहुत कम हो जाती है जिससे वे बीज नहीं बना पातीं।

बहुधा जब नींदा नाशक दवा की मात्रा का प्रभाव नगण्य होता है तब सहनशील (Tolerant) एवं निरोधक (resistant) स्पीसीस में अंतर परिलक्षित नहीं होता है। किसी स्पीसीस के बायोटाइप में विभेद नींदा नाशक की विशेष मात्रा की प्रक्रिया के आधार पर किया जाता है। किसी नींदा की स्पीसीस की वह उप किस्म (Biotype) जो नींदा नाशक की एक सामान्य मात्रा (दर) पर प्रभावित नहीं होती, जबकि उसी स्पीसीस की अन्य उप किस्म (जो अन्य अनुपचारित स्थान में विकसित हो, मर जाती है या प्रभावित हो जाती है, निरोधक उप किस्म (Resistant biotype) कहलाती है।

Resistance : The resistance of weed is defined as complete tolerance to that concentraction of a herbicide which normally controls the wild plant species in crop stand. It is thereby assumed that the plant completes its whole life span and produce seeds (Gressel, 1979).

Tolerance : Strains of weeds which tolerate the amount of herbicide required to inhibit the wild type, or which do not suffer unduly when quantities necessary to eliminate the wild type are applied are regarded as tolerant. Under 'tolerance' some authors understand a type of relative resistance (Holliday *et al.*, 1976).

निरोधकता-विकास के कारक (Factors influencing the development of resistance)

पौधों में नींदा नाशक के प्रति अनुवांशिकी निरोधकता, "जीन्स" (Genes) पर आधारित रहती है जिसमें संपूर्ण सहनशीलता पौधों में आती है। यह संभव हो सकता है कि निरोधक जीन्स (Genes) पौधों में पूर्ण रूप से अनुपस्थित हो या कुछ उपस्थित हों (Gressel and Segel, 1978)। ग्रिगनेक (1974) ने बथुआ (*Chenopodium album*) में इसकी संभावना व्यक्त की क्योंकि अट्राजीन 0.5 कि.ग्रा./हे. की दर से प्रति संतति (generation) उपचार करने पर 14 संतति तक उपचारित करने पर भी निरोधकता नहीं मिली। गेसक्यूज ने 1981 में प्रकाशित किया कि चिनोपोडियम अल्बम की निरोधक उप किस्म फ्रान्स में उपस्थित है।"

पौधों में "नींदा नाशक निरोधकता" के गुण की अनुवांशिक विभेदता (Genetic variability) आवश्यक है। 1960 वीं दशाब्दी में नींदा की विभिन्न स्पीसीस व एक ही स्पीसीस के विभिन्न समूहों में नींदा नाशक के प्रति सहिष्णुता में विभेद समझ में आ गया था। 2,4-डी के प्रति हिरन चरी में (*Convolvulus arvensis*) (Witworth and Mizik, 1967) व जंगली गाजर (*Daucus carota*) (Withhead and Switzer, 1963) में एवं 2,4 डी,पी, के प्रति पालीगोनस लेपेथीफोलियम (*Polygonum lapathifolium*) में (Hammerton, 1966) निरोधकता पाई परन्तु ऐसे निरोधक विभेदों का अनुवांशिक-आधार 1970 वीं दशाब्दी में सफलतापूर्वक सिद्ध हुआ जब होर्डियम जुबेटम (*Hordeum jubatum*) में साइडूरान के प्रति (Schooler and Bell, 1972), मेट्रीकेरिया इनोडोरा (*Matricaria inodora*) में मिथिलक्लोर फिनाक्सी एसेटिक एसिड (MCPA) के प्रति (Ellis and Kay, 1975) तथा सिनेसिओ वल्गेरिस (*Senecio vulgaris*) में सिमाजिन के प्रति (Hollyday and Puturin, 1974, 1977, 1980) निरोधकता का अनुवांशिक आधार पाया गया।

डार्विन के "प्राकृतिक चयन का सिद्धांत" के आधार पर केवल नींदा नाशक सहनशील बायोटाइप ही जीवित रहते हैं जिनमें अंततः निरोधकता का विकास हो जाता है। यद्यपि अधिकांश बायोटाइप में ऐसे निरोधक जीन्स पूर्व से ही उपस्थित रहते हैं जिनसे वे नींदा नाशक के प्रभाव को सहन करने की क्षमता रखते हैं।

नींदा की स्पीसीस में नींदा नाशक के प्रति निम्नलिखित कारकों से निरोधकता का विकास हो सकता है।

(1) म्यूटेशन (Mutation)

(2) चयनात्मक दबाव (Selection pressure)

(3) अनुकूलता (Fitness)

(4) मृदा में प्रसुप्त नींदा की उपस्थिति (Reserves of dorment weed seeds in soil)

(5) अनुवांशिकी (Inheritance)

(6) पर-परागण से उप किस्म का विकास (Development of biotype by cross-pollination)

जवाहरलाल नेहरू कृषि विश्वविद्यालय में बूटा क्लोर एवं थायोबेनकार्ब का पांच वर्ष तक धान में निरंतर प्रयोग करने से मुर्दी (*Sehima nurvosum*) निरोधक स्पीसीस की संज़्या अधिक बढ़ गई एवं इन नींदा नाशकों का प्रभाव अनुशंसित मात्रा पर धान में नींदा नियंत्रण हेतु नगण्य हो गया।

हिसार में आसोप्रोटूरान का गेहूँ की फसल में चिरैया बाजरा (*Phalaris minor* Retz.) को नियंत्रित करने हेतु निरंतर उपयोग करने से इसके "निरोधक बायोटाइप" का विकास हो गया जिससे अनुशंसित मात्रा 1.0 कि.ग्रा./हे. पर नियंत्रण नहीं होता।

ज़्यूटेशन

नींदा की एक स्पीसीस के अंतर्गत आने वाले "बायोटाइप" जो एक नींदा नाशक के प्रति निरोधक है, प्राकृतिक मौलिक समूह में ज़्यूटेशन दर एवं ज़्यूटेंट पौधे की सफलता पर आधारित रहता है। अनुपचारित पारिस्थितिकी में निरोधक बायोटाइप अधिक होने से निरोधक समूह का विकास शीघ्र होता है (Hammerton, 1968), बोगर (1981) ने सोलेनम नाइग्रम के ज़्यूटेंट में 60 से 100 गुनी अधिक दर (सामान्य से) पर निरोधकता पाई गई।

चयनात्मक दबाव

रासायनिक नींदा नाशक के द्वारा नींदा नियंत्रण से निरोधक स्पीसीस व बायोटाइप का चयन हो जाता है। नींदा नाशक से प्रभावित होने वाले स्पीसीस व बायोटाइप विलुप्त हो जाते हैं। यदि निरंतर एक ही नींदा नाशक का प्रयोग किया गया तो नए निरोधक बायोटाइप का कालांतर में विकास हो जाएगा (Gressel and Segel, 1978)। यदि नींदा नाशक अन्य नींदा स्पीसीस व बायोटाइप का नियंत्रण करने में पूर्ण सक्षम है तो निरोधक बायोटाइप का विकास शीघ्र होगा। इस नए बायोटाइप का नियंत्रण करने में फसल की पौध संज़्या व उसकी बोनी इस प्रकार परिवर्तन की जाए जिससे फसल के साथ यह निरोधक बायोटाइप स्पर्धा न कर सके तथा उसकी वृद्धि कम होकर नष्ट हो जाए।

किसी भी एक क्षेत्र में एक ही नींदा नाशक का प्रयोग करने से निरोधक बायोटाइप का विकास होता है व उसकी संतति का अधिक प्रसार होता है। अतः सभी प्रयास ऐसे हों जिससे चयनात्मक दबाव से किसी निरोधक बायोटाइप का विकास न हो। यह तभी संभव हो सकता है जब एक ही क्षेत्र में विभिन्न नींदा नाशक दवाओं का प्रयोग किया जाए एवं फसल चक्र अपनाया जाए। ट्राइजीन्स के निरंतर प्रयोग से चयनात्मक दबाव फिनाक्सी अज़्ल विस्थापित यूरिया या बेंजोनाइट्रल की तुलना में अधिक होता है।

अनुकूलता

प्राकृतिक पारिस्थितिकी में नींदा की एक ही स्पीसीस की वह उप किस्म जो नींदा नाशक से अधिक प्रभावित होती है (S biotype) अधिक स्पर्धाशील होती है उसकी तुलना में जो नींदा नाशक से प्रभावित नहीं होती (R biotype) (Conrad and Radosewich, 1979)। प्रभावित होने वाले एस-बायोटाइप अधिक स्पर्धाशील होते हैं। यह इस बात से सिद्ध होता कि जब नींदा नाशक का उपयोग करना बंद कर देते हैं तो आर-बायोटाइप शनैःशनैः कम हो जाते हैं एवं एस-बायोटाइप की सघनता पुनः बढ़ जाती है।

जब नींदा नाशक का विघटन शीघ्र हो जाता है या रिस जाता है तो एस–बायोटाइप पुनः वृद्धि करने लगते है। इस कारण से उन नींदा नाशक के प्रयोग से जिनका मृदा में स्थायित्व कम होता है आर–बायोटाइप का विकास मंद गति से होता है।

मृदा में प्रसुप्त नींदा के बीज का संचयन

मृदा में अनेक वर्षों तक जीवित परन्तु प्रसुप्त अवस्था में नींदा के बीज का संचयन रहता है। एस–बायोटाइप के क्रमिक अंकुरण से आर–बायोटाइप के विकास में विलम्ब होता है। ऐसी निरोधक स्पीसीस जो अधिक बीज उत्पन्न करती है उनका प्रसार शीघ्र होता है जैसे चौलाई (*Amaranthus* spp.)।

अनुवांशिकी

हारपर (1956), हेमरटन (1968) व अन्य विशेषज्ञ इस पर सहमत है कि नींदा नाशक के प्रति निरोधकता के विकास की गति बायोटाइप में उपस्थित जीन्स की संज़्या एवं प्रभाविता (Dominance) पर आधारित रहती है। स्कूलर व साथियों (1972) ने होरडियम जूबेटम (*Hordeum jubatum*) में साइडूरान के प्रति निरोधकता तीन डामीनेन्ट जीन्स के कारण पाई। ग्रोगन व साथियों (1963) ने मक्का में सिमाजिन व अट्राजिन के प्रति तथा हेज (1965) ने जौ में बारबन के प्रति केवल एक डामीनेन्ट जीन के कारण निरोधकता पाई। मातृ अनुवांशिकता (Maternal inheritance) के आधार पर अभी तक सरसों (*Brassica campestris*) व बथुआ में अट्राजीन के प्रति व सिनेसियो वल्गेरिस में सिमाजिन के प्रति निरोधकता पाई गई है।

परपरागण

स्वपरागण की तुलना में परपरागण से आदर्श व निरोधक जीन के संयोजन की संभावना अधिक होती है। हारपर (1956) के अनुसार लैंगिक उत्पादन के विशेषत: परपरागण से निरोधकता शीघ्र विकसित होती है। परन्तु बिशाई (1969) के अनुसार उन बायोटाइप जिनमें निरोधक जीन प्रस्तुत रहते हैं उनमें स्वपरागण से भी शीघ्रता से निरोधकता का विकास हो सकता है। जैसे – *Poa annua* and *Hordeum jubatum*.

नींदा नाशक के मिश्रण के प्रति निरोधकता का विकास

जब दो प्रकार के रसायन समान मात्रा या विभिन्न मात्रा में मिश्रित कर उपचार करते हैं तो बायोटाइप में दोनों रसायनों के प्रति एक साथ निरोधकता का विकास होता है। परन्तु विकास की गति मंद होती है। दो नींदा नाशक की दर कम करके प्रयोग करने से भी बायोटाइप में निरोधकता का विकास होता है परन्तु विकास की गति मंद होती है। इसलिए कई नींदा नाशकों के मिश्रण से उपचार करना उत्तम होगा इससे निरोधक बायोटाइप के विकास की सम्भावना कम हो जाती है।

ट्राइजीन के प्रति कुछ बायोटाइप में निरोधकता का विकास

सिनेसियो वल्गेरिस (*Senecio vulgaris* Common groundsel)

संयुक्त राज्य अमेरिका में रियान (1972) ने सर्वप्रथम ट्राइजीन्स निरोधक बायोटाइप ज्ञात किए जहाँ पर सिमाजिन (1958) से व अट्राजिन (1967) से वर्ष में दो बार एक नर्सरी में प्रयुक्त की जाती थी। सामान्य दर से 16 गुना अधिक प्रयोग करने पर भी इन नींदा नाशकों से ये निरोधक बायोटाइप नियंत्रित नहीं हुए। निरोधकता का अधिक विकास पालीजीनिक अनुवांशिकता के कारण समझा गया (Holliday and Putwain, 1974) परन्तु ग्रेट ब्रिटेन में सिनेसियो के बायोटाइप में सिमाजिन के 6 वर्ष तक निरंतर उपयोग के बाद कोई निरोधकता का विकास नहीं पाया। सिमाजिन के द्वारा बायोटाइप में प्रकाश संश्लेषण क्रिया विभिन्न प्रकार से प्रभावित होती है। अट्राजीन के उपचार से एस-बायोटाइप के क्लोरो प्लास्ट में फोटो केमीकल की क्रिया कम हो जाती है जब कि आर-बायोटाइप में उतनी कम नहीं होती। Pfister *et al.* (1979) के अनुसार आर-क्लोरोप्लास्ट में थाईलाक्वाइड झिल्ली की अट्राजीन से बाइन्डिंग अफीनीटी (Binding affinity) बहुत कम हो जाती है।

बथुआ (*Chenopodium* spp.)

सर्वप्रथम चिनोपोडियम (*Chenopodium album*) में अट्राजीन के प्रति निरोधकता कनाडा (1976) में प्रकाशित हुई। जब मक्का के खेत को 1 वर्ष तक निरंतर अट्राजीन से उपचारित किया, तो बथुआ नियंत्रित नहीं हो सका। सबसे अधिक बथुआ में निरोधकता स्विट्जरलैंड के आरू क्षेत्र में 110 हे. में प्रकाशित हुई (ली बेरान व ग्रेसेल, 1981)। कनाडा एवं स्विट्जरजैंड के अट्राजीन - निरोधक बायोटाइप पर अट्राजीन की प्रक्रिया समान थी। इन वैज्ञानिकों ने फ्रान्स में 3,00,000 हे. फसली क्षेत्र को अट्राजिन निरोधक बथुआ से ग्रसित पाया।

केवल एक प्रकरण में चिनोपोडियम पालीस्पर्मम में अट्राजीन के प्रति निरोधकता पाई गई। पीटी मृदा में अट्राजीन का उपचार चिनोपोडियम फिलीसीफोलियम (*C. fillicifolium*) पर अप्रभावी रहा एवं इस स्पीपीस में 2, 4-डी के प्रति भी सहनशीलता परिलक्षित हुई। चिनोपोडियम आर-बायोटाइप में निरोधकता अनुवांशिकी मादा जीनोम (*Female genome*) से संबंधित है। अट्राजीन निरोधक बायोटाइप में 50 प्रतिशत प्रकाश संश्लेषण करने के लिए अट्राजीन की अधिक मात्रा की आवश्यकता होती है। आर-बायोटाइप के क्लोरोप्लास्ट में हिल अभिक्रिया की रुकावट में भिन्नता होने से निरोधकता का विकास होता है।

तालिका 26.1. विभिन्न स्पीसीस के बायोटाइप में नींदा नाशक के प्रति निरोधकता का विकास एवं वह देश जहाँ पर इनका विकास पाया

स्पीसीस के बायोटाइप	नींदा नाशक दवा	देश
सिनेसियो वल्गेरिस	अट्राजीन	सं.रा. अमेरिका Ryon, 1970
Senscio vulgaris	सिमाजीन	ग्रेट ब्रिटेन Holliday & Putwain 1977
बथुआ *Chenopodium album*	अट्राजीन	कनाडा, स्विटजरलैंड, फ्रांस Warwick *et al.* 1970
C. strictum	अट्राजीन	कनाडा Gasquer & Compaint 1978
C. polyspermum	अट्राजीन सायनाजीन	कनाडा, आस्ट्रिया

स्पीसीस के बायोटाइप	नींदा नाशक दवा	देश
C. fillicifolium	अट्राजीन 2, 4-डी	दक्षिण बावरिया (जर्मनी) Kees, 1981; Beauge, 1977
चौलाई *Amaranthus retroflexus*	अट्राजीन	दक्षिण अमेरिका, हंगरी, फ्रांस
A. hybrids	सिमाजीन	स्विट्जरलैंड Peabody, 1974
A. powellii	अट्राजीन	Warwick & Weever, 1980
A. lividus, A. graecicans *A. bouchonii*	अट्राजीन	आस्ट्रिया Beuret, 1982
अम्ब्रोसिया		
Ambrosia artemisiifolia	अट्राजीन	कनाडा
Brassica campestris	अट्राजीन	कनाडा Machade *et al.*, 1977
चिकवीड		स्विट्जरलैंड
Stellaria media	अट्राजीन	दक्षिण बावरिया Kees, 1978
मकोई *Solanum nigrum*	अट्राजीन	इटली, फ्रान्स, बावरिया Gesquez & Barralis 1979
पालीगोनम		
Polygonum convolvulus	अट्राजीन	आस्ट्रिया, पूर्वी बावरिया Szith & Furlan, 1980
P. lapathifolium	अट्राजीन 2,4-डी पी	फ्रान्स Hammerton, 1966
सेमी सोल्जर	अट्राजीन	बावरिया
Galinsoga ciliata		Kees, 1981
ट्राईफिडबर मेरीगोल्ड	अट्राजीन	आस्ट्रिया
Bidens tripartitus		Szith & Furlan, 1979
एरीगेरान केनाडेन्सिस	अट्राजीन	स्विट्जरलैंड, हंगरी
Erigevon canadensis		Lebaron & Gressel, 1982
कीपिंग थिसिल	फंजीसीडल	इंग्लैंड, कनाडा
Cirsium arvense	क्लोरोअनीलीनो एस-ट्राइजीन	Pfeiffer, 1968
हिरन चरी		
Convolvulus arvensis	2, 4-डी	Witworth & Muzik, 1967
जंगली गाजर *Daucus carota*	2, 4-डी	With Head & Switzer, 1963
होर्डियम जूबेटम *Hordeum jubatum*	साइडूरान	Schooler & Bell, 1972
मेट्रीकेरिया इनोडोरा *Matricaria inodora*	एम.सी.पी.ए.	Ellis & Kay, 1975

नींदा नाशक चक्र (Herbicides rotation)

एक ही खेत में विभिन्न ऋतुओं में उगने वाली फसलों में, फसलों के अनुरूप नींदा नाशकों का व्यवस्थित प्रयोग करने को नींदा नाशक चक्र कहते हैं।

(1) यह एक ही फसल में विभिन्न प्रकार के नींदा नाशकों का प्रयोग करना, जैसे गेहूँ में नींदा नियंत्रण हेतु आइसोप्रोटुरान को प्रथम वर्ष में उपयोग लाए। दूसरी वर्ष इसका प्रयोग न करें। उसके स्थान पर पेन्डीमिथेलिन का प्रयोग करें। तीसरी वर्ष आक्सीज़्लोफेन का प्रयोग करें। इससे यह लाभ होता है कि आइसोप्रोटुरान को निरंतर प्रति वर्ष प्रयोग करने से जो स्पीसीस उससे नियंत्रित नहीं होती हैं उनकी संज्या प्रति वर्ष बढ़ती जाती है एवं अंत में आइसोप्रोटुरान प्रभावहीन हो जाएगा जैसे इससे कृष्ण नील (*Anagallis narvensis*) व डिजिटेरिया नियंत्रित नहीं होते जो इस नींदा नाशक के निरंतर उपयोग से सघन हो जाते हैं। साथ ही अन्य स्पीसीस जो नियंत्रित होती है उनमें आइसोप्रोटुरान के प्रति सहनशीलता (Tolerance) उत्पन्न हो जाती है। ऐसी स्पीसीस के बायोटाइप को ''कीमोटाइप'' (Chemotype) कहते हैं अन्य अनुपचारित खेत के उसी स्पीसीस के पौधों से भिन्न व्यवहार करने लगती है।

(2) एक ही खेत में विभिन्न ऋतुओं में विभिन्न फसलें बोने की दशा में फसलों के अनुसार नींदा नाशक चक्र अपनाया जाता है।

सोयाबीन - गेहूँ

प्रथम वर्ष	:	आक्साडायजान - आइसोप्रोटुरान
द्वितीय वर्ष	:	ज़्लूक्लोरेलिन - पेन्डीमिथेलिन
तृतीय वर्ष	:	मेटोलाक्लोर - आक्सीज़्लोरफेन

इसी प्रकार एक खेत में अन्य फसलों के फसल चक्र के अनुसार नींदा नाशक चक्र बनाकर उपयोग करें जिससे नींदा की समस्या कम होगी।

उदाहरणार्थ धान में सांवा का प्रकोप रोकने हेतु बूटाक्लोर का प्रयोग करते हैं। इसके निरंतर उपयोग से अन्य नींदा जैसे मुर्दी (*Sehima nurvosum*) की सघनता बढ़ जाती है क्योंकि यह बूटाक्लोर से नियंत्रित नहीं होती।

जब दो या दो से अधिक फसलें एक वर्ष में एक ही खेत में लेते हैं तब नींदा नाशक चक्र बनाते समय यह ध्यान में रखना आवश्यक है कि पहली फसल में प्रयुक्त किया गया नींदा नाशक खेत में अपना ऐसा अवशेष न छोड़ें जो आगामी फसल पर हानिकर सिद्ध हो। ऐसे नींदा नाशकों को नींदा नाशक चक्र में न रखें अथवा प्रभावित होने वाली फसल न बोएँ। अतः दोनों का सामंजस्य बनाकर नींदा नाशक चक्र बनाना लाभकारी होगा।

विशेषतः जहाँ पर 2, 4-डी का प्रयोग करें उसके बाद कपास की बोनी न करें अथवा जहाँ पर कपास बोना हो वहाँ पर नींदा नाशक चक्र में 2,4-डी का प्रयोग न करें।

रिले क्रापिंग सिस्टम (Relay cropping system) में जहाँ पर एक वर्ष में चार फसलें एक ही खेत में पैदा करते हैं तथा सब्जी व बगीचों में नींदा रहित स्थिति आवश्यक है क्योंकि यांत्रिक विधि से नींदा नियंत्रण को समय कम मिलता है। वहाँ पर नींदा नाशक विशेषतः मिश्रण संरूपण अधिक प्रभावशाली होते हैं।

साधारणतः सघन फसल चक्र में उचित नींदा नियंत्रण हेतु मृदा उपचारित नींदा नाशक एवं पर्णोपचारित नींदा नाशक जिससे नींदा का अंकुरण रुके व जिनसे उगे हुए नींदा भी मरे, दोनों का प्रयोग करना आवश्यक हो जाता है। इनका चुनाव फसल व नींदा की स्पीसीस के आधार पर करते हैं। वह नींदा नाशक चक्र अच्छा माना जाएगा जिसमें सबसे अधिक नींदा नियंत्रण हो व लाभ प्राप्त हो। एक ही ऋतु की एक ही फसल में एक समय में नींदा नाशक का प्रयोग करने से किसी पारिस्थितिकी में सभी नींदा नियंत्रण नहीं होते हैं। उदा. धान की फसल में बूटाक्लोर या थायोबेनकार्ब का उपचार मृदा में उद्भवन पूर्व करने से प्रायः अधिकांश घासें नियंत्रित हो जाती है। परन्तु कुछ द्विदलीय नींदा जैसे शेवरा (*Alysicarpus* spp.), भृंगराज (*Eclipta alba*), कनकी (*Commelina communis*) आदि प्रभावी ढंग से नियंत्रित नहीं होते हैं। इन्हें नियंत्रित करने हेतु 2, 4-डी 1.0 कि.ग्रा./हे. उद्भवन के 15 से 20 दिन बाद पर्णोपचार कराना आवश्यक हो जाता है इस तरह दो नींदा नाशक का विभिन्न समय में विधिवत प्रयोग कर संपूर्ण वृद्धि अवस्थाओं में फसल को नींदा के कुप्रभाव से बचा सकते हैं।

तालिका 26.2. धान गेहूँ फसल चक्र हेतु उपयुक्त नींदा नाशक चक्र

	धान	गेहूँ
प्रथम वर्ष	बूटाक्लोर 2.0 कि.ग्रा. उद्भवन पूर्व + 2, 4-डी 1.0 कि.ग्रा. उद्भवन बाद	आइसोप्रोटुरान 1.0 कि.ग्रा./हे. उद्भवन पूर्व
द्वितीय वर्ष	थायोबेनकार्ब 3.0 कि.ग्रा. उद्भवन पूर्व + 2, 4-डी 1.0 कि.ग्रा. उद्भवन बाद	पेन्डीमिथेलिन 1.5 कि.ग्रा. उद्भवन पूर्व
तृतीय वर्ष	आक्साडायजान 1.0 कि.ग्रा. उद्भवन पूर्व + 2, 4-डी 100 कि.ग्रा. उद्भवन बाद	आइसोप्रोटुरान 1.0 कि.ग्रा. + 2,4-डी 0.50

नींदा नाशक चक्र अपनाने के लाभ

(1) इसके द्वारा फसल में संपूर्ण वृद्धि अवस्थाओं तक नींदा नियंत्रण हो जाते है।

(2) नींदा नाशक चक्र अपनाने से निरोधक स्पीसीस की वृद्धि नहीं हो पाती है।

(3) इसके द्वारा पूरे वर्ष में नींदा नाशक की मात्रा कम हो जाती है।

(4) नींदा नाशक चक्र अपनाने से एक ही प्रकार से रासायनिक पदार्थ के मृदा में अवशेषों के जमा होने का खतरा नहीं रहता।

(5) नींदा नाशक चक्र अपनाने से नींदा नियंत्रण अधिक प्रभावी होता है जिससे फसल का उत्पादन बढ़ता है।

■■■■

27

पौध वृद्धि नियामक एवं नींदा नाशक
(Plant Growth Regulators and Herbicides)

पौध वृद्धि नियांमक वे कार्बनिक यौगिक हैं जो पौधों के खाद्य तत्त्वों की सीमा में नहीं आते हैं एवं सूक्ष्म मात्रा में पौध कार्यिकी को उद्दीप्त, अवरुद्ध या परिवर्तित करते हैं। पौध हार्मोन्स वे नियामक हैं जो पौधों में ही उत्पन्न होते हैं एवं उद्‌गम ज्रोत (Site of production) से कार्य क्षेत्र (Site of action) तक संवहित होकर कार्यिकी प्रक्रियाओं को प्रभावित करते हैं। नींदा नाशक रसायन (Herbicides) भी एक प्रकार के वृद्धि नियामक ही हैं जो अधिक मात्रा में प्रयोग करने से पौधों की वृद्धि को आंशिक रूप से या पूर्ण रूप से अवरुद्ध या परिवर्तित कर देते हैं। नींदा नाशक रसायन वरणात्मक रूप से किसी स्पीस को घातक होते हैं तथा उसी मात्रा में अन्य स्पीसीस पर कम कुप्रभाव करते हैं तथा अन्य पर वृद्धिवर्धक जैसा प्रभाव डालते हैं। कृत्रिम कार्बनिक पदार्थ सूक्ष्म मात्रा में प्रयोग करने से वृद्धि नियामक जैसा प्रभाव डालते हैं वही रसायन अधिक मात्रा में नींदा नाशक जैसे प्रभाव डालते हैं जैसे 2, 4-डी। अभी तक अग्रलिखित पाँच प्रकार के पौधे हार्मोन समूह विदित हुए हैं, जो पौध वृद्धि एवं विकास क्रियाओं को जीन (Gene) एवं कोशिका स्तर पर प्रभावित करते हैं।

(1) आबरीन Auxin

(2) जिब्रेलिन Gibberellins

(3) साइटोकाइनिन Cytokinins

(4) ईथीलीन Ethylene

(5) अवरोधक Inhibitors

पौधों में अंकुरण, वानस्पतिक वृद्धि, पुष्पन व फलोत्पादन क्षमता इन्हीं की मात्रा के समुचित संतुलन पर आधारित रहती है। पौधों में अंत: जनित वृद्धि नियामकों (Endogenous growth regulators) के संतुलन को बाह्य कृत्रिम वृद्धि नियामकों (Exogenous synthetic growth regulators) के द्वारा परिवर्तित कर फसलों एवं अन्य पौधों की वृद्धि को इच्छानुसार परिवर्तित कर सकते हैं अथवा इन रसायनों को अधिक मात्रा में प्रयोग कर अवांछित पौधों की वृद्धि अवरुद्ध की जा सकती है या उन्हें निर्जीव किया जा सकता है।

वृद्धि नियामकों का फसलोत्पादन बढ़ाने हेतु प्रयोग

सब्जियों को संग्रहित करते समय अंकुरण को अवरुद्ध करना - हजारों टन आलू, शलजम, चुकंदर आदि गोदामों में अंकुरित होने से क्षति ग्रस्त हो जाते हैं। यदि इनको शीत गृहों में 7° सेल्सियस तापक्रम से नीचे संग्रहीत करते हैं, तब इनका अँकुरण नहीं होता है, परन्तु सामान्य दशाओं में शीत गृह उपलब्ध नहीं होते एवं इतना कम तापक्रम इन सब्जियों के संग्रहण को उपलब्ध नहीं हो पाता है। इस प्रकार ऐसे वृद्धि नियामक जो इनमें प्रसुप्तावस्था को बढ़ा दें व अंकुरण को सामान्य तापक्रम पर अवरुद्ध कर दें तो इस प्रकार की हानि से बचाव हो सकता है।

आलू का कंद उपचार - आलू के कंदों पर नैप्थेलिक एसेटिक एसिड (एन.ए.ए.) से उपचारित पाऊडर (Talck) को छिड़कने से अँकुरण नहीं होता।

आलू की फसल का उपचार - खड़ी फसल का मैलिक हाइड्राजाइड (एम.एच.) 500, 1000 एवं 2500 पी.पी.एम. से खड़ी फसल पर छिड़काव करने से कंदों की सुषुप्तावस्था बढ़ जाती है तथा 7° से 13° से. पर सात माह तक संग्रहीत कर रख सकते हैं।

प्याज - मैलिक हाड्राजाइड 2500 पी.पी.एम. के द्वारा फसल पकते समय 1 से 2 सप्ताह पहले पर्णोपचार करने से प्याज के गट्टा (Bulbs) संग्रहण के समय अंकुरित नहीं होते हैं।

नेपथेलिक एसेटिक एसिड का सोडियम साल्ट 1000 से 3000 पी.पी.एम. के पर्णोपचार से प्याज के गट्टों का 27° सें. तक संग्रहित करने पर अंकुरण नहीं होता है। कम मात्रा (500 पी.पी.एम.) पर उपचारित करने पर प्याज के गट्टों की उपज भी बढ़ जाती है।

प्रसुप्तावस्था का निवारण (Breaking of dormancy)

बीज एवं कलिकायें एक लम्बे समय तक प्रसुप्तावस्था में रहने से वे अंकुरित नहीं हो पाते हैं। प्रसुप्तता का निवारण रासायनिक वृद्धि नियामकों से उपचारित कर किया जा सकता है।

सेम, मटर, आदि के बीजों को जिब्रेलिक एसिड से उपचारित करने से अंकुरण शीघ्रता से होता है तथा पौध वृद्धि अधिक होती है।

आलू के कंदों को खोदने के तुरन्त बाद यदि पुनः रोपित किया जाए तब वे शीघ्र अंकुरित नहीं होते हैं क्योंकि उनकी कलियाँ (आंखें) कुछ समय तक प्रसुप्त रहती है। यदि 500 से 1000 पी.पी.एम. जिब्रेलिक एसिड के घोल में कंदों को कुछ समय तक डुबा कर उपचारित करें तो ताजे कंदों को भी बोनी के लिये तुरंत उपयोग कर सकते हैं।

कलमों में मूल तंत्र की वृद्धि (Rooting in cuttings)

वानस्पतिक उत्पादन हेतु कलम काटकर वृद्धि नियामक रसायनों से उपचारित करने पर मूल तंत्र का विकास शीघ्र हो जाता है। जैसे इन्डोलएसेटिक एसिड (IAA), इन्डोल ब्यूटाइरिक एसिड (IBA), नेफ़्थेलिक एसेटिक एसिड (एन.ए.ए.) एवं एन.ए.डी. से कलमों के सिरे को उपचारित कर रोपने से जड़ें शीघ्र बनती है। इनमें इन्डोल ब्यूटाइरिक एसिड अधिक प्रभावी है। आई.ए.ए. एवं आई.बी.ए. का मिश्रण दोनों के पृथक प्रभाव से अधिक प्रभावी है।

पौधों की आकृति नियंत्रित करना

(1) जिब्रेलिक एसिड के उपचार से गन्ने के तने की पर्व की लम्बाई (Internodal length) अधिक हो जाती है तथा शर्करा की मात्रा में वृद्धि होती है।

(2) पौधों को बौने बनाना तथा अधिक शाखाएँ उत्पन्न करने हेतु साइकोलिस (CCC) सी.सी.सी., बी-9 फास्फान-डी (Phosfan-D), मेलिक हाइड्राजाइड एवं टीबा (2, 3, 5 ट्राइआयडो-बेन्जोइक एसिड (TIBA) के द्वारा पर्णोपचार करते हैं। टीबा के द्वारा सोयाबीन, चना, गेहूँ आदि फसलों की वृद्धि को कम कर गिरने से बचाया जा सकता है। पर्ण संकरे, उर्ध्वमुखी हो जाते हैं। फ़्लूयेजीफाप-पी-बुटाईल 0.25 कि.ग्रा./हे. के द्वारा सोयाबीन में घास नियंत्रण करते हैं। इसके प्रभाव से सोयाबीन की पत्तियाँ संकरी हो जाती हैं।

गेहूँ की बोनी के बाद तथा अंकुरण के पूर्व खेत को आक्साडाइजान 1.0 कि.ग्रा. या आक्सीज़्लोरफेन 0.2 कि.ग्रा./हे. से उपचारित करने पर पौधों की ऊँचाई कम होती है तथा तना मजबूत होते हैं जिससे वे गिरते नहीं हैं उनकी उपज बढ़ती है एवं नींदा भी नियंत्रित होता है।

धान में आक्साडायजान 1.0 कि.ग्रा./हे. या आक्सीज़्लोरफेन 0.23 कि.ग्रा./हे. का बोनी के बाद तथा उगने के पहले नींदा नियंत्रित होते हैं तथा धान के पौधे पर वृद्धि नियंत्रक का प्रभाव होता है कल्ले अधिक होते हैं। पर्णहरिम की मात्रा अधिक होती है। थायोबेनकार्ब के उपचार से पत्तियों की लंबाई एवं चौड़ाई बढ़ जाती है।

पुष्पन का विकास तथा पुष्प धारण क्षमता को व्यवस्थित करना

पौधों में पुष्पन हार्मोन के द्वारा ही वानस्पतिक कोशिका को पुष्पन हेतु प्रेरित कर पुष्पों का विकास होता है। पुष्पन का उद्भवन स्पीसीस एवं पर्यावरण, ताप एवं प्रकाश के परस्पर प्रभाव से प्रभावित होता है। पौधों को उचित ताप एवं प्रकाश अवधि उपलब्ध न होने की दशा में उनमें पुष्प विकसित नहीं होते या उनकी संज़्या तथा आकार में कमी हो जाती है। कुछ वृद्धि नियामकों के द्वारा पौधों में पुष्पन कम अवधि में प्रारज़्भ हो जाती है तथा अधिक पुष्प एवं फल उत्पन्न होते हैं एवं पर्यावरण के प्रभावों को कम कर देते हैं जिससे लगभग 40% तक उपज में वृद्धि हो सकती है। इन वृद्धि नियामकों के उपचार का उचित समय पुष्पन प्रारज़्भ होने के पहले तथा प्रतिकूल दशाओं के प्रभाव से पुष्प झड़ने की स्थिति में करते हैं। अनुकूल दशाओं में इनके प्रभाव से 10 से 25% उपज में वृद्धि होती है।

चना

जी.ए. से बीजोपचार - चना के बीज को बोनी के पूर्व जी.ए. - 3, 40 पी. पी.एम. के घोल में छः घंटे तक उपचारित करने से जे.जी. - 1, जे.जी. - 74, जे.जी. 221 एवं जे.जी. 1257 के पौधों की ऊंचाई, शाखायें, पर्ण क्षेत्र, पुष्प एवं फल धारण क्षमता अधिक बढ़ती है।

एन.ए.ए. एवं आई.ए.ए. से पर्णोपचार - 15 पी.पी.एम., एन.ए.ए. तथा 10 पी.पी.एम., आई.ए.ए. का जल में घोल बनाकर अंकुरण के बाद 2 से 4 सप्ताह की अवस्था पर पर्णोचार करने से पुष्प एवं फलों में वृद्धि हो जाती है जिससे अनुपचारित की अपेक्षा उपज अधिक होती है।

टीबा से पर्णोपचार – जिस खेत में चने की फसल अधिक बाढ़ करती है तथा घेंटी कम लगती है उस दशा में टीबा 45 पी.पी.एम. (जल में) का पर्णोपचार पुष्प निकलने के पूर्व करने से पौधों की ऊंचाई कम हो जाती है वे गिरते नहीं हैं। शाखायें, पुष्प एवं घेंटी अधिक होती हैं। जिससे लगभग 30% उपज में वृद्धि हो जाती है।

सोयाबीन – सक्सीनिक एसिड से बीजोपचार एवं पर्णोपचार – 60 पी.पी.एम. सक्सीनिक एसिड से सोयाबीन के बीज को उपचारित करने से अंकुरण, वृद्धि, पुष्पन एवं फल्लियों की संज़्या अधिक बढ़ती है जिससे उपज में लगभग 25% की वृद्धि होती है तथा बीज की गुणवत्ता बढ़ जाती है। पुष्पन अवस्था पर पर्णोपचार करने से भी यही लाभ होता है।

एन.ए.ए. से पर्णोपचार – 60 पी.पी.एम., एन.ए.ए. से पुष्पन के पूर्व पर्णोपचार करने से पुष्पों की संज़्या अधिक होती है जिससे लगभग 10% उपज में वृद्धि होती है।

टीबा से पर्णोपचार – टीबा–(2, 3, 5 – Triiodobenzoic acid, Regim-8) रेजीम–8 का 445 मि.लि. 190 ली. जल/हे. से पुष्पन के पूर्व उपचार करने पर पौधों की आकृति शंकु के आकार की होती है, ऊंचाई, पर्ण क्षेत्र एवं पर्ण कोण कम हो जाता है। पर्ण की मोटाई, फली धारण करने वाले पर्व संधि, फली/पर्व संधि एवं फली की संज़्या/पौधा क्रमशः 10, 12, 54 एवं 40% बढ़ जाती है जिससे 15 से 30% उपज में वृद्धि हो जाती है।

आक्साडायजान व आक्सीज़्लोरफेन वृद्धि नियंत्रक प्रभाव, पूर्व में ही सोयाबीन की फसल में नींदा नियंत्रण में वर्णित कर दिया है।

अरहर या तुअर (*Cajanus cajan*) – अरहर में पुष्प–पतन बहुत अधिक होता है टीबा 300 पीपीएम या एनएए 40 पी.पी.एम. से पुष्पन की अवस्था पर पर्णोपचार करने से पुष्प पतन अवरुद्ध होता है तथा उपज 20 से 25% अधिक होती है।

अलसी – अलसी की फसल पर बोनी के 3 से 4 सप्ताह उपरांत रेजीम – 8 (टीबा) 300 मि.ली./हे. 200 ली. जल में घोल बनाकर उपचार करने से पौधों की ऊँचाई कम होती है, शाखाओं की संज़्या, पुष्प एवं घेंटनों की संज़्या तथा उपज 30% बढ़ जाती है। आक्साडायजान 1.0 कि.ग्रा./हे. या आक्सीज़्लोर फेन 0.23 कि.ग्रा./हे. बोनी के तुरन्त बाद मृदा उपचार करने से पौधों पर वृद्धि नियंत्रक जैसा प्रभाव होता है साथ ही नींदा भी नियंत्रित होते हैं।

शीघ्र पुष्पन (Promotion of flowering)

अन्नानास (Pineapple) में सामान्य रूप से पुष्पन एक साथ नहीं होता जिससे फलों की कटाई अनेक बार करना पड़ती है। 2 से 5 मि.ग्रा. एन.ए.ए. का जल में घोल बना कर पौधे के केन्द्र में रख देने से पुष्पन शीघ्र ही एक साथ हो जाता है लीची में एन.ए.ए. का एवं सेब, नाशपती एवं नींबू में बी–9 का उपचार करने से वानस्पतिक वृद्धि कम होती है तथा पुष्पन शीघ्र एवं अधिक होता है।

विलम्ब्रित पुष्पन (Delayed flowering)

सेब, (Apple), आड़ू (Peach), बेर (plum), खुवानी (Apricot), नींबू व संतरा में जी.ए. का उपचार करने से पुष्पन आंशिक या पूर्ण रूप से सांद्रता के अनुसार अवरुद्ध हो सकता है।

गन्ने में पुष्पन होने से 10–20% शर्करा की मात्रा कम हो जाती है। मैलिक हाइड्राजाइड या एन.ए.ए. के उपचार से गन्ने में पुष्पन को पूर्ण रूप से अवरुद्ध कर सकते हैं।

सब्जी के रूप में प्रयोग हेतु मूली, गाजर एवं गांठ गोभी में (पुष्पन) एवं तना की वृद्धि (लम्बाई में) वांछनीय नहीं है। साइकोसिल, फास्फान-डी, बी-9 एवं अमो 1618 (AM 1618) के उपचार से पौधे वानस्पतिक अवस्था में ही रहते हैं। जी.ए. 3 के उपचार से तने की लम्बाई बढ़ जाती है तथा पुष्पन प्रारंभ हो जाता है।

पुष्पों में लिंग विभेद - कद्दू वर्गीय फसलों में आक्सीन (एन.ए.ए.) के उपचार से मादा पुष्पों की संज़्या में वृद्धि होती है। मैलिक हाइड्राजाइड या एन.ए.ए. 200 पी.पी.एम. के बीजोपचार से या 2 से 4 पर्ण की अवस्था पर एन.ए.ए. एवं मैलिक हाइड्राजाइड के 100 से 200 पी.पी.एम. के पर्णोपचार से मादा पुष्पों की संज़्या नर पुष्पों से अधिक हो जाती है।

ईथ्रिल (ईथेफान) 10 से 15 पी.पी.एम. के पर्णोपचार से अधिक मादा पुष्प उत्पन्न होते हैं। जी.ए. 3 के उपचार से नर पुष्पों की संज़्या बढ़ जाती है।

पुंकेशर/नर बंध्यता उत्प्रेरित करना (Induction of male sterility)

पौध संवर्धन में पुष्पों में नरबंध्यता को उत्प्रेरित करने वाले रासायनिकों का अधिक महत्त्व है। टीबा, 2, 4-डी, मैलिक हाइड्राजाइड, डालापान एवं एफडब्ल्यू 450 आदि को विभिन्न सान्द्रता पर गेहूँ, मक्का, प्याज, टमाटर आदि में प्रयोग करते हैं।

रासायनिक विधि से सोयाबीन में पर्ण पतन

सोयाबीन में फली - भराव (Pod filling) अवस्था पर फार्मल्डिहाइड, केल्सियम क्लोराइड ($CaCl_2$) से पर्णोपचार करने पर पर्ण शीघ्र सूख कर पतित हो जाते हैं तथा फसल शीघ्र पक जाती है, बीज की गुणवत्ता बढ़ जाती है तथा यांत्रिक कटाई में सुविधा होती है।

गेहूँ

कल्ले बढ़ाना एवं अवशयन अवरुद्ध करना (Increasing tillering and reducing lodging)

गेहूँ की फसल में कल्ले निकलने की अवस्था पर टीबा 750 पी.पी.एम. का पर्णोपचार करने से अधिक कल्ले निकलते हैं तथा पौधों की ऊँचाई कम होती है जिससे वे अधिक उर्वरक व सिंचाई मिलने पर भी गिरते नहीं है एवं 11% उपज में वृद्धि होती है।

उत्स्वेदन निरोधक का प्रभाव (Effects of antitranspirants)

हाइड्रोक्यूनीलीन (Hydroquiniline) 300 पी.पी.एम. कल्ले निकलने पर एवं फिनाइल मरक्यूरिक एसीटेट (Phenyl mercuric acetate) 35 पी.पी.एम. बालियाँ निकलने की अवस्था पर छिड़काव करने से असिंचित क्षेत्र में उत्स्वेदन से जल की हानि में कमी तथा उपज में वृद्धि होती है। अन्य फसलों में भी उत्स्वेदन निरोधकों से लाभ होता है। अन्य रासायनिक पदार्थ, जैसे 2, 4, 5 -टी, 2, 4-डी का भी प्रयोग करते है। इनके उपचार से स्टोमेटा आंशिक रूप से बंद हो जाते हैं, जिससे जल कम उड़ता है।

सूखा निरोधक बीजोपचार (Drought hardening seed treatment)

बोनी के पूर्व बीज को मेनीटाल (Manitol) 10% या कैल्शियम क्लोराइड ($CaCl_2$) 5 से 10% या केवल जल से (3 से 4 बार फुलाकर सुखाना) उपचारित करने से सूखा निरोधक क्षमता बढ़ जाती है तथा असिंचित क्षेत्र में अधिक उपज होती है।

पर्ण पतन को बढ़ावा

कपास में संपुट (Bolls) के पकने के बाद पर्ण हरे रहते हैं, जिससे यांत्रिक गहाई करने से असुविधा होती है। आर्सेनिक अम्ल या पेराक्वाट के छिड़काव से पर्णों को शीघ्र सुखाकर गिराया जाता है जिससे यांत्रिक गहाई में सुविधा होती है।

फलों का गिरना (Abscission of fruits)

फलों को कम करना

प्रारम्भिक अवस्था में अधिक पुष्प एवं फलों की संज्या को हाथ से तोड़कर कम करना बहुत कठिन कार्य है। एन.ए.ए. एवं एन.ए.डी. के उपचार से सेव, नाशपाती, अँगूर एवं अन्य फल-वृक्षों में कम किया जा सकता है। घोल की सान्द्रता, मौसम, फसल व फलों की सघनता पर आधारित रहता है।

फल धारण क्षमता

एन.ए.ए. एवं पी.सी.पी.ए. (PCPA) के सांद्र घोल से पुष्पों को उपचारित कर पार्थिनोकार्पिक फलों को बनाया जा सकता है। अंगूर की ''थाज़शन सीडलेस'' किस्म में फलों की आकृति जी.ए.-3 के उपचार से बढ़ाई जा सकती है।

कच्चे फलों का गिरना अवरुद्ध करना

सेब, नाशपती एवं अन्य में अनेक फल पकने के पूर्व ही गिर जाते हैं। इसे एन.ए.ए. 5 से 10 पी.पी.एम. के द्वारा फल गिरने के 2-3 दिन पूर्व से 5 से 6 बार उपचार करने से फल नहीं गिरते।

फल गिरने के संभावित समय से एक महीने पूर्व बी-9 का 1000 से 2000 पी.पी.एम. के घोल का छिड़काव करने से फल नहीं गिरते। आम में एन.ए.ए. (प्लेनोफिक्स) 15 पी.पी.एम. या 2,4-डी 10 पी.पी.एम. या साईकोसिल (लिहासिन) 20 से 25 मि.लि./10 लि. जल छिड़काव से फल नहीं गिरते हैं। नींबू में 2,4,5-टी 50 पी.पी.एम. या 2,4-डी 100 पी.पी.एम. के उपचार से फल पकने के पूर्व नहीं गिरते हैं।

पके फलों को गिराना

फल तोड़ने के 15 दिन पूर्व इथ्रिल के उपचार करने से पेड़ को हिलाने से सरलता पूर्वक फल गिराए जा सकते हैं।

फलों में परिपक्वता

फलों में परिपक्वता आवश्यकतानुसार शीघ्र या विलज़्ब से की जा सकती है।

शीघ्र परिपक्वता

अंजीर को 2, 4, 5-टी से तथा सेव को बी-9 से उपचारित कर 1-4 सप्ताह पहले फल पकाए जा सकते हैं। टमाटर के पौधों को फल तोड़ने के पहले इथ्रिल 5000 पी.पी.एम. से पर्णोपचार करने से 10 दिन पहले ही फल पक जाते हैं। टमाटर के बड़े हरे फल तोड़कर 10,000 पी.पी.एम. इथ्रिल के घोल में 2 मिनिट तक डुबाने से अनुपचारित की तुलना में 4 दिन पहले पक कर लाल हो जाते हैं।

नींबू के फलों को हरे से पीला करने में इथ्रिल का उपयोग करते हैं।

विलंबित परिपक्वतावस्था (Delaying of ripening)

व्यावसायिक दृष्टि से फल एवं सब्जियों को सुदूर स्थानों में भेजने हेतु परिवहन के समय वे विकृत न हों एवं ताजे बने रहे, इसके लिए ईथीलीन अवशोषक जैसे सिलीका जैल (पोटेशियम परमैंगनेट से उपचारित) के साथ संरक्षित किए जाते हैं। सिलाका जैल ईथीलीन का अवशोषण कर फलों को पकने से बचाते हैं।

अंगूर, बेर, स्ट्राबेरी आदि के फलों को 15 से 30% कार्बनडाइआक्साइड वाले वातावरण में संरक्षित करने से भी फलों की अवधि बढ़ जाती है।

जरायुता को विलज़्बित करना (Delaying of senescence)

पत्ती वाली सब्जियों, कटे हुए पुष्प गुच्छ, पान (पत्तियाँ) (Beetle leaf) आदि को तोड़ने के उपरांत अधिक समय तक ताजा रखने व उनको पीलापन या सड़ने से बचाने हेतु साइटोकाइनिन एवं अन्य वृद्धि वर्धकों का उपयोग करते हैं।

निषेचन की अयोग्यता मुक्त करना (Over-coming incompatibility)

पुंकेशर एवं ज़ीकेशर में विभिन्नता या अयोग्यता (Incompatibility) होने से निषेचन सफल नहीं होता व फल नहीं बनते है। एन.ए.ए., आइ.ए.ए. एवं पी.सी.पी.ए. को लिनोलीन में लेइ (Linoline paste) बनाकर पुष्पवृंत पर लगाने से अंडाशय (Ovary) फल में परिवर्तित हो जाती है।

ऊतकोत्पत्ति-वर्धन (Tissue culture)

आक्सीन एवं साइटोकाईनिन का प्रयोग पौधों की ऊतक से Callus बनाना एवं मूल नए पौधे तैयार करने में करते है। पौधों के किसी वर्धनशील अंग से ऊतक निकाल कर केलस कलिका एवं प्ररोह को विकसित करने तथा पराग में कोशिका विभाजन कर अंग वृद्धि करने में सहायक है।

■■■■

28

सोयाबीन में नींदा नियंत्रण
(Weed Control in Soyabean)

मध्यप्रदेश में खरीफ की फसलों के अंतर्गत सोयाबीन ने एक महत्त्वपूर्ण स्थान बना लिया है और लगातार इसका क्षेत्र बढ़ता जा रहा है। सन् 1970 में इसका क्षेत्र लगभग 3000 हे. था जो कि सन् 2009 में 50 लाख हे. हो गया। भारत में सोयाबीन का क्षेत्र 97.76 लाख हे. हो गया है। इसका प्रमुख कारण है कि इस फसल में अन्य खरीफ फसलों की तुलना में विशेषकर दलहनी व तिलहनी फसलों की अपेक्षा इसकी अधिक पैदावार होती है। इस फसल की अधिक पैदावार होने का कारण फसल में अधिक नींदा स्पर्धा क्षमता व विपरीत परिस्थितियों में भी वृद्धि करने की क्षमता है। अधिक नींदा स्पर्धा होने पर इस फसल की भी उपज बहुत कम हो जाती है। भारतवर्ष में औसत उपज कम (10.06 क्विं./हे.) होने का एक प्रमुख कारण नींदा-स्पर्धा है। अमेरिका में औसत उपज 25 क्विं./हे. है जबकि सभी अनुकूल परिस्थितियों के उपलब्ध होने पर उच्चतम उपज 38 क्विं./हे. तक जवाहरलाल नेहरू कृषि विश्वविद्यालय में प्राप्त हुई है और 55 क्विं./हे. अमेरिका में मिली है।

नींदा रहित खेत जिसमें निंदाई की आवश्यकता नहीं होती उसकी अपेक्षा सोयाबीन के खेत में निंदाई करने से लगभग 11 प्रतिशत उपज में कमी होती है। यह कमी जड़ों व नत्रजन-स्थिरीकरण ग्रन्थियों की टूट-फूट के कारण होती है। यदि नींदा नियंत्रण न किया जाए तो 10 से 73 प्रतिशत उपज में कमी हो जाती है (स्टेनीफोर्थ एवं बेबर, 1956, प-लॉक 1977)। जबलपुर के जवाहरलाल नेहरू कृषि विश्वविद्यालय में चल रहे नींदा नियंत्रण के अनुसंधान से नींदा की किस्म व फसल-नींदा पारिस्थितिकी तंत्र के आधार पर विभिन्न वर्षों में 17 से 76 प्रतिशत तक उपज में कमी मिली (तालिका 28.1)।

तालिका 28.1 सोयाबीन की उपज पर नींदा स्पर्धा का प्रभाव (ज.ने.कृ.वि.वि., जबलपुर)

वर्ष	नींदा का शुष्क वजन क्विं./हे.	नींदा से प्रभावित उपज क्विं./हे.	नींदा से अप्रभावित उपज क्विं./हे.	प्रतिशत
1979	23.5	2.6	6.0	56.6
1980	48.2	1.6	7.0	77.1
1981	31.8	5.3	23.0	76.9
1982	27.0	5.2	14.0	62.8

वर्ष	नींदा का शुष्क वजन क्विं./हे.	नींदा से प्रभावित उपज क्विं./हे.	नींदा से अप्रभावित उपज क्विं./हे.	प्रतिशत
1983	29.1	5.6	21.9	74.4
1984	19.2	10.5	16.4	29.8
1985	6.6	27.4	33.3	17.7
1986	104	9.9	15.8	34.8
1987	44.4	7.8	19.0	58.9
1988	31.4	11.8	24.5	51.8
1989	31.0	3.4	10.7	68.2
1990	44.0	4.2	17.8	76.4
1991	9.0	4.2	19.8	78.8
1992	20.1	15.3	26.8	42.1
1993	53.4	6.4	24.7	74.1
1994	36.6	6.1	9.7	37.5
1995	19.4	6.6	11.7	43.6
1996	15.5	5.4	9.6	43.7
1997	12.2	6.3	10.8	41.6
1998	13.2	6.2	12.8	–
1999	20.2	3.0	13.0	76.9
2000	–	–	–	–

सोयाबीन में पाए जाने वाले नींदा की पहचान

किसी भी फसल में प्रभावकारी नींदा नियंत्रण के लिए आवश्यक है कि उस फसल के साथ क्षेत्र विशेष में कौन-कौन किस्म के नींदा पाए जाते हैं, यह जानना भी जरूरी है कि कौन से नींदा कब अंकुरित होते हैं, कब उनका पुष्पन होता है, कब फलते हैं व किस अवस्था में फसल को हानि पहुँचाते हैं। यह जानना इसलिए आवश्यक कि किस प्रकार के नींदा को नियंत्रित करने में कौन सी विधि उपयुक्त होगी। क्या वे बोनी के पहले ही नष्ट किए जा सकते हैं। उनके मारने के लिए केवल बखर (Blade harrow) ही पर्याप्त है या हल से गहरी जुताई की आवश्यकता है। एक जुताई से काम चलेगा या दो-तीन जुताई की आवश्यकता होगी। फसल बोने के बाद भी नींदा उगते हैं तो कौन-कौन से नींदा उगते हैं। उनको कैसे नियंत्रित कर सकते हैं, क्या वे केवल हाथ की निंदाई से ही नियंत्रित हो सकते या "हेंड हो" से नियंत्रित किये जा सकते हैं। क्या बैलों के द्वारा चलाए जाने वाला "डोरा" से नींदा की वृद्धि रोकी जा सकती है। एक निंदाई की आवश्यकता होगी या दो या तीन बार निंदाई की आवश्यकता होगी। कौन-कौन से नींदा केवल नींदा नाशक के प्रयोग से मर सकते हैं या उनका अंकुरण रोका जा सकता है अथवा नहीं। इस प्रकार नींदा को समय पर कम खर्च में नियंत्रित करने के लिए नींदा की "स्पीसीस" (Species)

का ज्ञान होना जरूरी है। नींदा की किस्मों की रचना व गुणों के आधार पर वृहत् रूप से तीन वर्गों में वर्गीकृत कर सकते हैं। नींदा नियंत्रण की दृष्टि से प्रत्येक वर्ग के अधिकांश नींदा की रचना वा गुण मिलते जुलते हैं।

(1) घास कुल के नींदा (Grasses)

इस वर्ग के नींदा ग्रेमिनी कुल (Graminae) के होते हैं तथा हजारों स्पीसीस होती हैं। ये नींदा एक बीज पत्रीय (Monocotyledonous) होते हैं अर्थात् इन नींदा के बीजों को विभाजित किया जाए तो इनमें दो दालें नहीं निकलेगी। केवल एक ही दाल होगी इसलिए इसे एक दलीय भी कहते हैं। जैसे सांवा, (*Echinochloa crusgalli* Beauv.), मुर्दी (*Sehima nurvosum*), कांस (*Saccharum spontaneum* L.), दूब (*Cynodon dactylon* Pers.) आदि। इनमें पहले दो नींदा मौसमी हैं तथा आखरी दो नींदा बहुवर्षीय हैं। इस प्रकार के नींदा की जड़ें रेशेदार (Fibrous roots) होती हैं। इनमें कोई मुज्य जड़ नहीं होती तथा जड़ें, तने के निचली गठानों (Lower stem nodes) से भी निकलती है। इनकी पत्तियाँ संकरी, लम्बी तथा अवृंतीय होती हैं। इनमें डंठल भी नहीं मिलता। इनकी पत्तियों को दो भागों में विभक्त कर सकते हैं। पहला पर्ण-फलक (Leaf blade) जो बहुधा लम्बा होता है दूसरा सीथ (Leaf sheath) जो तने को चारों ओर से घेरे रहती है तथा पत्ती को गठान या पर्वसंधि से संयुक्त करती है। यह पर्व को कभी-कभी आधा या पूरा आच्छादित कर लेती है। तने की अग्र कलिका सीथ से रक्षित होती है। पर्ण-फलक में समानांतर शिरा विन्यास (Parallel venation) होता है।

साधारण तौर पर इनका तना गोल व खोखला होता है तथा पर्व व पर्व संधियों में विभक्त रहता है। जो मौसमी घासें होती हैं उनका प्रसारण बीज से होता है तथा बहुवर्षीय घासों का बीज व वानस्पतिक दोनों प्रकार से प्रसारण होता है। इनके तने की शाखायें या भूमिगत प्रकंद (Rhizometic stem) वानस्पतिक वृद्धि के लिए सहायक होते हैं। ये भूमिगत प्रकंद भूमि में बहुत गहराई तक रहते हैं तथा विपरीत मौसम के प्रभाव को सहन करने की क्षमता रखते हैं। ऊपरी भाग प्रतिवर्ष विपरीत ऋतु में भूमिगत प्रकंद से पुनः नए पौधे भूमि के ऊपर आ जाते हैं। उदाहरणार्थ कांस, दूब आदि।

गोंदला वर्ग (Sedges)

इस वर्ग के नींदा साईप्रेसी कुल (Cyperaceae Family) में आते हैं। इस कुल की भी हजारों स्पीसीस होती हैं तथा मौसमी व बहुवर्षीय दोनों प्रकार के नींदा इस वर्ग में आते हैं। इस वर्ग के बीज भी एक बीज पत्रीय होते हैं। जड़ें रेशेदार तथा पत्ती लम्बी, सकरी व समानांतर शिरा विन्यास वाली होती हैं। पत्तियाँ साधारण तौर पर तने के निचले भाग से भूमि के पास या अंदर ही संलग्न रहती है तथा तने के शेष भाग पर पत्तियाँ नहीं होती हैं केवल तने के शिखर पर पत्ती होती हैं जो तीन कतारों में लगी रहती हैं। इन पत्तियों की सीधे तने में संलग्न होकर एक रूप (Fuse) हो जाती है अलग से दिखाई नहीं देती हैं। पत्तियों में लीग्यूल (Legule) नहीं होता है। तना चिकना त्रिकोणीय होता है तथा पर्व व पर्व संधि नहीं पाई जाती है। यह खोखला (Hallow) नहीं होता। तना शाखा रहित व रोम रहित होता है। पुष्प शिखर पर ही निकलते हैं मौसमी स्पीसीस का प्रसारण केवल बीज से होता है जैसे साइप्रस ईरिया (*Cyperus iria* L.) तथा बहुवर्षीय स्पीसीस जैसे साइप्रस रोटन्डस (*Cyperus rotundus* L.) का बीज व भूमिगत प्रकंदों से प्रसारण होता है।

चौड़ी पत्ती वाले नींदा (Broad Leaf Weeds)

ये नींदा द्वि-बीजपत्रीय (Dicotyledonous) होते हैं तथा कुछ एक बीज-पत्री भी होते हैं। इस वर्ग में अनेक कुल व लाखों स्पीसीस होती हैं परन्तु सभी स्पीसीस फसलों के नींदा नहीं होती हैं। इनकी पत्तियाँ प्रायः दो भागों की बनी होती हैं पर्णवृन्त व पर्ण फलक। पर्णफलक सरल (Simple Leaf) (एक ही फलक) या संयुक्त (Compound leaf) होते हैं। इनका शिराविन्यास जालिकावत (Reticulate venation) होता है। तने गोल, त्रिकोणीय, चतुष्कोणीय, पर्व व पर्व-संधि युक्त होते हैं। तना खोखला या सख़्त, सीधा, आरोही या भूशायी हो सकते हैं। इनमें मूसला जड़ होती है। इनका प्रसारण साधारणतः बीज से होता है पर अनेक नींदा का वानस्पतिक प्रसारण होता है।

सोयाबीन के प्रमुख नींदा

मध्यप्रदेश में विभिन्न पारिस्थितिकी व सस्य क्रियाओं के आधार पर सोयाबीन में नींदा की किस्म व सघनता एक खेत से दूसरे खेत में भिन्न-भिन्न होती है। नींदा की किस्म, सघनता व बाढ़, खेत की दशा, मिट्टी के प्रकार, खाद की मात्रा व खाद के बनाने की विधि व ज़ोत, उर्वरक के प्रयोग की मात्रा, बीज की शुद्धता, जुताई-बखराई की संज़्या, मौसम व ऋतु, फसल-चक्र, फसलों की प्रति वर्ष एक ही खेत में संज़्या, नींदा नियंत्रण की विधि, नींदा नियंत्रण के औजार तथा सिंचाई की उपलब्धता आदि पर निर्भर करती है। इन कारणों से सोयाबीन की फसल में नींदा परिवर्तित भी होते रहते हैं। सोयाबीन की फसल में भी प्रायः वही नींदा ऊगते हैं जो दूसरी फसलों में पाए जाते हैं परन्तु लगातार एक ही फसल लेने से एक विशेष प्रकार के नींदा की वृद्धि हो जाती है। जिन खेतों में कांस (*Saccharum spontaneum* L.), दूब (*Cynodon dactylon* pers.) या गोंदला (Cyperus rotundus) होता है और सोयाबीन की फसल लगातार खरीफ में ली जाए तो इन खरपतवारों की वृद्धि की अधिक संभावना हो जाती है। विशेषकर उन क्षेत्रों में जहाँ पर 2 से 3 फसलें एक वर्ष में उगाते हैं। इस स्थिति में इन नींदा को यांत्रिक विधि से नियंत्रण का कम अवसर मिल पाता है।

सोयाबीन के खेतों में नींदा का सर्वेक्षण के आधार पर प्रमुख रूप से निज़लिखित नींदा पाए गए। एक खेत से दूसरे में इन नींदा का समूह भिन्न होता है।

(1) घास-कुल के नींदा (Grassy weeds)

	अंकुरण का क्रम
सांवा (*Echinochloa crusgalli* Beauv.)	प्रथम, द्वितीय
लिदरा (*Brachiaria reptans*)	प्रथम
बंदरा-बंदरी (*Setaria glauca*)	प्रथम, द्वितीय
कुरकुरू (*Setaria intermedia*)	प्रथम, द्वितीय
(*Digitaria adscendens* Henr.)	प्रथम, द्वितीय
बनरागी (*Eleusine indica*)	प्रथम, द्वितीय
फिर-कतन्नी (*Dactyloctenium aegyptiacum*)	प्रथम, द्वितीय

काँस (*Saccharum spontaneum* L.)	बहुवर्षी
दूब (*Cynodon dactylon* Pers.)	बहुवर्षी
केल (*Dichanthium annulatum* Stapf.)	बहुवर्षी

(2) गोंदला - कुल के नींदा (Sedges)

गोंदला (*Cyperus rotundus* L.)	बहुवर्षी
नागरमोथा (*C.iria* L.)	प्रथम
मोथा (*C. compressus*)	द्वितीय
गोंदली (*Fimbrystylis* spp.)	द्वितीय

(3) चौड़ी-पत्ती वाले नींदा (एक बीज पत्रीय) (Broad leaf monocot)

कनकी (*Commelina communis* L.)	प्रथम, द्वितीय
कनकौआ (*C.bengalensis* L.)	प्रथम, द्वितीय
गठुआ (*Aneilema nodiflorum* Br.)	प्रथम, द्वितीय

चौड़ी पत्ती वाले नींदा (द्विबीज पत्रीय) (Broad leaf Dicot.)

गुर गेहुँआ (*Alysicarpus rugosus* DC)	द्वितीय
गुरमी (*Alysicarpus vaginalis* D.C.)	प्रथम, द्वितीय
लेसुआ (*Digera alternifolia*)	प्रथम, द्वितीय
मुर्गा (*Celosia argentea* L.)	द्वितीय, तृतीय
मकोई (*Solanum nigrum* L.)	प्रथम, द्वितीय
जंगली रसभरी (*Physalis minima* L.)	प्रथम
घमरा (*Eclipta alba* Hassk.)	द्वितीय
चौलाई (*Amaranthus viridis*)	प्रथम, द्वितीय
दुधी (*Euphorbia geniculata* Orteg.)	प्रथम
चिपकनू (*Desmodium triflorum* D.C.)	प्रथम, द्वितीय
बिलजॉ (*Caesulia axillaris* Roxb.)	तृतीय
हजारदाना (*Phyllanthus niruri* L.)	प्रथम, द्वितीय
महकौआ (*Ageratum conyzoides* L.)	प्रथम, द्वितीय, तृतीय
चेंच, जंगली जूट (*Corchorus* spp.)	प्रथम, द्वितीय
बनमूँग (*Phaseolus trilobus* Ait.)	प्रथम, द्वितीय
चटक-चाँदनी (*Parthenium hysterophorus* L.)	प्रथम, द्वितीय, तृतीय
झुरझुरु (*Indigofera glandulosa* Willd.)	प्रथम, द्वितीय

प्रथम अंकुरण : मानसून के आगमन पर जून के अंतिम सप्ताह में अंकुरित होना (जून का अंतिम सप्ताह)

द्वितीय अंकुरण : मानसून के बाद प्रथम अंकुरण के नींदा बखर चलाकर नष्ट करने के बाद पानी बरसने पर अंकुरित होना (जुलाई का प्रथम सप्ताह)

तृतीय अंकुरण : मानसून के बाद अंकुरित नींदा, व द्वितीय अंकुरण के नींदा बखर चलाने के बाद (अतः दो बार बखर चलने व पानी बरसने के बाद) अंकुरित होने वाले नींदा (जुलाई का द्वितीय और तृतीय सप्ताह)

नींदा नियंत्रण की विधियाँ

सस्य विधियाँ

फसल-चक्र

यदि भूमि की दशा व दूसरी परिस्थितियाँ अनुकूल हैं तो खरीफ फसलों में फसल-चक्र अपनाया जाए जैसे कि सोयाबीन के खेत में दूसरी वर्ष उसी ऋतु की मूँगफली या तिल या रामतिल या ज्वार या कपास बोई जा सकती है।

शुद्ध बीज का उपयोग

बोनी में हमेशा शुद्ध बीज का ही उपयोग करें। बीज के साथ मिले हुए नींदा के बीज को छानकर अलग कर दें। अन्यथा सोयाबीन के खेत में नए नींदा दूसरे स्थान से आकर नई समस्या पैदा कर देंगे। सोयाबीन के बीज के साथ झुरझुरू, सांवा व गुरगेहुँआ के बीज मिल जाते हैं जिन्हें छानकर अलग करें।

अधिक बीज की दर

सिफारिश की गई बीज की दर से अधिक बीज बोए विशेषतः उन खेतों में जिनमें नींदा अधिक उगते हैं। बीज की अधिक मात्रा बढ़ाने से प्रति इकाई क्षेत्र मैं पौधों की सघनता बढ़ जाएगी जिससे नींदा के पौधों को ऊगने व बढ़ने का कम अवसर प्राप्त होंगे। बड़े दाने वाली किस्मों को 125 कि.ग्रा., मध्यम दाने वाली किस्मों को 80 से 100 कि.ग्रा. एवं छोटे दानों वाली किस्मों को 50 से 60 कि.ग्रा./हे. की दर से बोए।

स्वस्थ व अधिक अंकुरण क्षमता वाले बीज का उपयोग

सोयाबीन का स्वस्थ बीज जिसकी अंकुरण क्षमता लगभग 90 प्रतिशत हो उसको ही बोनी के काम में लेना चाहिए जिससे खेत में उचित पौध संज्या स्थापित हो सके। यदि बीज की अंकुरण क्षमता कम है तो उसके अनुसार बीज की मात्रा बढ़ा देना चाहिए अन्यथा उपयुक्त पौध संज्या स्थापित नहीं होगी व नींदा स्पर्धा बढ़ जाएगी तथा फसल प्रभावित हो जाएगी। यदि बीज की अंकुरण क्षमता कम है तो उपयुक्त बीज की मात्रा इस फार्मूला के द्वारा ज्ञात करके बोना चाहिए -

$$\text{कम अंकुरणशील बीज की दर (कि.ग्रा./हे.)} = \frac{100}{\text{प्रतिशत अंकुरण}} \times \frac{\text{सिफारिश की गई बीज दर (कि.ग्रा./हे)}}{1}$$

बोनी उचित समय पर करें

सोयाबीन की बोनी उपयुक्त समय पर करना आवश्यक है क्योंकि उपयुक्त समय (जुलाई प्रथम सप्ताह) पर बोनी करने से वृद्धि दर अधिक होती है। यदि बोनी में विलम्ब हो जाता है तो पौधों की वृद्धि प्रारम्भ से ही कम होती है एवं नींदा के पौधे ऊग आते हैं तथा अधिक वृद्धि कर लेते हैं जिससे सोयाबीन के पौधों के साथ स्पर्धा होती है और अंततः सोयाबीन के पौधे पतले व कमजोर हो जाते हैं एवं उपज में कमी हो जाती है। इसलिए बोनी जुलाई के प्रथम सप्ताह तक अवश्य हो जाना चाहिए। प्रायः बोनी नींदा ऊगने के पहले ही करें। अथवा ऊगे हुए नींदा को नष्ट करके ही बोनी करें एवं खेत की दशा को ध्यान में रखें। काली व अधिक जल-ग्राह्य वाली मृदा में बोनी शीघ्र ही करना उचित है। हल्की भूमि जिसमें बतर जल्दी आ जाती है उसमें बोनी बाद में भी कर सकते हैं।

बोनी की पद्धति

बोनी हमेशा कतारों में ही करें, जिससे आसानी से निंदाई कर सकें। कतारों में 'खुरपी' चलाना, 'हो' चलाना या बैलों द्वारा निंदाई यंत्र जैसे ''डोरा'' या ''डौरी'' चलाने में आसानी रहती है। कम समय व कम खर्च में अधिक निंदाई होती है। नींदा नाशक दवाओं के छिड़काव में भी कार्यक्षमता में वृद्धि होती है। छिटका (Broad Cast) विधि से बोई गयी सोयाबीन में यंत्रों के द्वारा निंदाई नहीं कर सकते हैं। हाथ से निंदाई करना पड़ेगी और निंदाई क्षमता भी कम होगी। यदि निंदाई नींदा नाशक के द्वारा करना है, समय कम है या साधन उपलब्ध नहीं हैं तो सोयाबीन की बोनी छिटका विधि से भी कर सकते हैं। इसमें नींदा की वृद्धि कम होती है। सोयाबीन का अंकुरण अच्छा होता है।

बोनी की विधि में हेर-फेर

कतारों में बोनी की विधि में भी परिवर्तन कर नींदा की वृद्धि कम कर सकते हैं यदि नींदा अधिक है तो कतारों के बीच की दूरी कम कर दें। इससे नींदा को बढ़ने के लिए खुली जगह कम मिलेगी व सोयाबीन के पौधे कतारों के बीच के रिक्त स्थान को ढक लेंगे व नए नींदा का अंकुरण नहीं हो सकेगा तथा जो नींदा ऊग आते हैं उनकी वृद्धि कम होती है। सामान्य रूप से सोयाबीन की बोनी के लिए कतारों की दूरी 30 से 45 से.मी. रखी जाती है। परन्तु जिन खेतों में नींदा अधिक ऊगते हैं उनमें कतारों के बीच की दूरी 221/2 सें.मी. रखें। जहाँ पर ''डोरा'' से निंदाई की जा सके वहाँ पर 30 से.मी. रखें।

उर्वरक देने की विधि व मात्रा

नींदा को दबाने के लिए सोयाबीन फसल की वृद्धि अधिक होनी चाहिए एवं अधिक वृद्धि भूमि में उचित तत्त्वों के ऊपर निर्भर करती है। इसलिए सोयाबीन की फसल जिस खेत में बोनी हो उस खेत की उर्वरा शक्ति का ज्ञान होना अत्यावश्यक है। भूमि उपजाऊ है तो उसमें उर्वरक देने की आवश्यकता नहीं है और यदि मध्यम उपजाऊता है तो 10 कि. नत्रजन 45 कि. स्फुर व 20 कि.ग्रा. पोटाश देना आवश्यक है। यदि भूमि में उपजाऊता बहुत ही कम है तो 20 कि.ग्रा. नत्रजन, 80 कि.ग्रा. स्फुर व 40 कि.ग्रा. पोटाश देना लाभकारी होगा। अतः भूमि की उपजाऊता के आधार पर उर्वरक की मात्रा घटा-बढ़ाकर सोयाबीन की अच्छी वृद्धि प्राप्त कर सकते हैं। जो नींदा

को दबाने में सक्षम होगी और अधिक उपज मिलेगी। मिट्टी परीक्षण करने के बाद उर्वरक की मात्रा का निर्धारण करें तो अच्छा होगा।

जिन खेतों में रबी की फसल में गेहूँ बोया गया था और गेहूँ की पूर्ण सिफारिश किया गया उर्वरक (100:60:40 कि.ग्रा. नत्रजन, स्फुर, पोटाश) दिया गया था उसके बाद यदि सोयाबीन बोना है तो इसमें उर्वरक न दिया जाए तो भी फसल की उपज में सारगर्भित कमी नहीं होगी क्योंकि गेहूँ को दिए तत्त्व मृदा में शेष बच जाते हैं जो सोयाबीन को उपलब्ध हो जाते हैं।

यदि सोयाबीन की बोनी किसी कारणवश विलम्ब से जुलाई के तृतीय या अंतिम सप्ताह में की जाती है तो सोयाबीन की (जो ऐसे गेहूँ जिसमें पूर्ण उर्वरक दिया गया हो, के बाद बोई गई है) 10:45:20 कि.ग्रा. मात्रा मध्यम उपजाऊता या 20:80:40 कि.ग्रा. नत्रजन, स्फुर, पोटाश की मात्रा कम उपजाऊता वाले खेत में दी जाए। यहाँ पर यह ध्यान में रखें कि मध्यम उपजाऊता से मध्यम भूमि या कम उपजाऊता से हल्की भूमि का अर्थ नहीं है। हल्की भूमि (Light soil) भी अधिक उपजाऊ होती है एवं भारी भूमि (Heavy soil) कम उपजाऊ हो सकती है।

उर्वरक देने की विधि

उर्वरक को सम्पूर्ण खेत में न फैलाएं उसको कतारों में ही बोए। बीज के पास ही दूसरी कतार में उर्वरक नारी (प्रणाली) (Seed drill) द्वारा बोए। यदि इस प्रकार की नारी उपलब्ध न हो तो बीज के साथ ही दानेदार डी.ए.पी. बोए। इससे उर्वरक सीधे फसल के पौधों को उपलब्ध होगा। इससे सोयाबीन की वृद्धि नींदा की अपेक्षा अधिक होगी। यदि उर्वरक खेत में फैला दिया जाए तो नींदा की भी वृद्धि प्रारम्भ से ही अधिक होगी और सोयाबीन के पौधों के साथ स्पर्धा करेंगे।

प्रबल (बढ़वार) किस्म का उपयोग करें

जिन खेतों में नींदा स्पर्धा की अधिक संभावना हो उनमें सोयाबीन की प्रबल किस्म (Vigorous variety) की बोनी करें जो नींदा की अपेक्षा अधिक वृद्धि कर सकें। जिन किस्मों की वृद्धि कम हो जैसे जे.एस.-2 उनको ऐसे स्थानों पर न बोएं। ''काली तूर'' या ''गौरव'' ''जे.एस. 75-46 की वृद्धि क्षमता अधिक है। इन किस्मों का उपयोग नींदा को दबाने में सफल होता है। जे.एस. 2 व जे.एस. 3 की बाढ़ कम होती है इसको नींदा प्रभावित क्षेत्र में न बोएँ अन्यथा निंदाई करना अत्यावश्यक होगा।

अंतर-फसल, मिश्र-फसलें बोएं

जहाँ सोयाबीन के साथ दूसरी फसल लेने की सुविधा हो तो ज्वार या मक्का की एक कतार, सोयाबीन की दो या तीन कतारों के बाद बोएं। इनके पत्ते बड़े होते हैं तथा शीघ्र बढ़ते हैं इससे रिक्त स्थान को जल्दी ही आच्छादित कर लेते हैं और नींदा की वृद्धि रोक देते हैं। इससे अतिरिक्त लाभ भी होता है।

सोयाबीन की दो कतारों के बाद अरहर की एक कतार बोने से भी रिक्त स्थान का उपयोग हो जाता है व लाभ अधिक मिलता है।

यांत्रिक - विधि (Mechanical Method)

1. खेत की तैयारी (Field preparation)

बोनी के पूर्व खेत को एक या दो बार बखर (Blade harrow) चलाकर नींदा रहित कर दें। यदि खेत में कांस, दूब या गोंदला की बहुतायत है, तो ग्रीष्म ऋतु में एक गहरी जुताई की जाए व बाद में दो तीन बार बखराई की जाए। मानसून आने के बाद भी एक बखरनी करने के बाद सोयाबीन की बोनी करना चाहिए। यदि नींदा नहीं है तो बोनी के पूर्व जुताई या बखराई की आवश्यकता नहीं है।

2. स्टेल सीड बेड (Stale seed bed)

जिन खेतों में नींदा एक समस्या है वहाँ पर मानसून के बाद नींदा को उगने दें। उसको बखर चलाकर नष्ट कर दें। दूसरी बार फिर से नींदा उगने दें उसे नष्ट करें व बोनी कर दें। यदि मानसून आने के बाद समय नहीं मिलता या लगातार पानी बरसने के कारण मृदा की स्थिति बखर चलाने योग्य न हो तो नींदा नाशक का प्रयोग कर उगे हुए नींदा को नष्ट कर सकते हैं जैसे ग्रोमोक्जोन 1 से 2 लि.प्रति हे. का छिड़काव करने से नींदा नष्ट हो जाएंगे। जहाँ पर सिंचाई के सुलभ साधन हैं वहाँ पर मानसून के पूर्व सिंचाई कर दें व नींदा को खेत में उगने दें। इस नींदा को मानसून के पूर्व नष्ट कर दें व मानसून आने पर बोनी कर दें।

ये नींदा नियंत्रण के प्रतिरोधक उपाय बोनी के पहले ही क्षेत्रीय समस्याओं के आधार पर अपनाएं। इन साधनों को अपनाते हुए सोयाबीन की बोनी करने के बाद यदि फसल में नींदा उगने की संभावना रहती है और नींदा अधिक उग आते हैं तो निंदाई की जाए।

निंदाई की क्रांतिक अवस्था

सोयाबीन में 15 से 20 दिन के अंदर ही नींदा को नियंत्रण करना आवश्यक है अन्यथा वृद्धि प्रभावित हो जाती है और उपज में कमी हो जाती है। अत: जिस साधन से निंदाई करना है उसे 20 दिन के अंदर ही अपनाएं।

हाथ से निंदाई

सोयाबीन में 15 से 20 दिन के अंदर ही खुरपी द्वारा निंदाई की जाए। केवल हाथ से नींदा न उखाड़ा जाए क्योंकि कुछ पौधे टूट जाते हैं और फिर से बढ़ने लगते हैं। साथ ही जो पौधे छोटे रहते वे पकड़ में नहीं आते मात्र बढ़े हुए नींदा ही अलग हो पाते हैं। छोटे नींदा उपर्युक्त वातावरण पाकर द्रुत गति से बढ़ने लगते हैं। इससे खुरपी या कसोला आदि का उपयोग जरूरी है। यदि एक निंदाई के बाद भी नींदा खेत में बढ़ते हैं तो 30 से 35 दिन में दूसरी निंदाई की जाए। खुरपी से निंदाई करना यद्यपि अधिक प्रभावकारी है परन्तु अधिक समय, मेहनत व खर्च लगता है। कभी-कभी लगातार वर्षा होने से या मजदूर समय पर उपलब्ध न होने से निंदाई हो भी नहीं सकती और फसल प्रभावित हो जाती है।

''हो'' के द्वारा निंदाई

हस्त चलित एक फन या दो फन का ''हो'' या ''पांस का हो'' (Bladed hoe) कतारों के बीच में चलाया जाए। इससे दो कतारों के बीच के नींदा नष्ट हो जाएंगे। कतार में बचे हुए नींदा को हाथ से उखाड़ कर अलग

करना जरूरी होता है। इसका प्रभाव खुरपी की निंदाई की तुलना में कम होता है। परन्तु बिना निंदाई की तुलना में अधिक उपज मिलती है। ''हेंड हो'' प्रत्येक दशा में प्रभावकारी नहीं होता है मृदा के प्रकार व उसमें नमी की मात्रा के आधार पर ही यह सुगमता से काम कर सकता है। ''हेंड हो'' 15 दिन व 25 दिन पर अत: दो बार चलाना जरूरी है। 25 दिन के पहले भी चला सकते हैं क्योंकि नींदा अधिक बढ़ जाने पर कार्य सरलता से नहीं होता।

बैलों से चालित-यंत्र

मध्यप्रदेश के मालवा क्षेत्र में बैलों के द्वारा चलाये जाने वाले यंत्रों का सोयाबीन की निंदाई में प्रयोग किया जाता है इनको ''कोल्पा'', ''डोरा'' या ''डोरी'' कहते हैं। ये बखर (Bullock drawn blade harrow) के समान ही होते हैं परन्तु इनकी फांस (Blade) की लम्बाई कम होती है। (221/2 से.मी.) यह बहुत प्रभावकारी विधि है। परन्तु जिन क्षेत्रों में भूमि भारी किस्म की होती है व वर्षा लगातार होती है इस यंत्र को चलाने के लिए उपयुक्त दशा नहीं मिलती है जैसे कि मध्य नर्मदाघाटी की भूमि में इसको चलाने का मौका शायद ही वर्षा ऋतु में मिल पाए। इसके चलाने का समय 15 से 20 दिन प्रथम बार तथा 20 से 25 दिन दूसरी बार उपयुक्त है। बाद में डौरा चलाने से फसल टूटती है।

ट्रेक्टर के द्वारा

ट्रेक्टर के द्वारा कल्टीवेटर या स्प्रिंग टूथ हेरो या पेग हेरो चलाकर कतारों के बीच नींदा नियंत्रित करते हैं।

रासायनिक नींदा-नाशकों द्वारा नींदा नियंत्रण

रासायनिक नींदा-नाशकों के द्वारा सोयाबीन की फसल में नींदा नियंत्रण आसानी से किया जा सकता है। मात्र नींदा-नाशक के प्रयोग से सोयाबीन बिना किसी जुताई-बखराई के या बहुत कम बखरनी से भी उगाई जा सकती है। जिन खेतों में कांस, दूब, गोंदला या कांसी न हो तो केवल नींदा नाशक का बोनी के समय प्रयोग कर नींदा नियंत्रण किया जा सकता है।

शून्य-भूपरिष्करण (Zero tillage) की स्थिति में सोयाबीन की बोनी साफ-सुथरे खेत में रबी फसल के बाद, मानसून प्रारम्भ होते ही कर दी जाती है। खेत की बिल्कुल तैयारी नहीं की जाती है। इसे ''सीधी बोनी'' (Direct seeding) कहते हैं। नींदा नियंत्रण हेतु बोनी के तुरन्त बाद नींदा नाशक का प्रयोग करते हैं या जब फसल व नींदा उग आते हैं तो नींदा की सघनता व किस्म देखकर नींदा-नाशकों का चयन कर 15 से 20 दिन बाद छिड़काव करते हैं।

उस स्थिति में जब मानसून आने के बाद नींदा खेत में उग आए हों और बोनी नहीं कर पाए तो बोनी के पहले या बोते समय या एक-दो दिन बाद तक उगे हुए नींदा को नष्ट करने के लिए ग्रोमोक्जोन 1 से 2 लि./हे. की दर से 500 लि. पानी में घोलकर नींदा पर छिड़काव करें। ध्यान रहे कि सोयाबीन के उगने के पहले ही इस नींदा-नाशक का प्रयोग हो। इस स्थिति में भी दूसरे नए नींदा का भी अंकुरण रोकने हेतु, उगने के पहले एक दूसरे नींदा-नाशक का प्रयोग कर सकते हैं जैसे कि रोनस्टार 3 से 4 लि./हे. (या कोई अन्य) का छिड़काव कर सकते हैं। रोनस्टार कम अवस्था वाले नींदा को मारने में भी सक्षम है अत: यह दोनों काम कर सकता है। यदि फसल उगने के बाद भी अधिक नींदा दिखाई दें तो 15 से 20 दिन के बाद भी नींदा नाशक का प्रयोग कर नींदा नष्ट कर सकते हैं जैसे कि

ज़्यूजीलेड या गेलेन्ट 1 लि./हे. का छिड़काव कर घास नियंत्रित कर सकते हैं। इस प्रकार केवल नींदा नाशकों के उचित उपयोग से नींदा नियंत्रण कर सकते हैं।

बोनी के बाद एवं नींदा व फसल उगने के पहले प्रयोग होने वाले नींदा नाशक

मौसमी घास, गोंदला या मोथा कुल के नींदा व चौड़ी पत्ती वाले नींदा को प्रभावकारी ढंग से नियंत्रित करने के लिए बोनी के तुरन्त बाद फसल उगने के पहले ''सेनकार'' 70 प्रतिशत घु. पाउडर (मेट्रीब्यूजिन, Metribuzin) 500 ग्र./हे. या ''रोनस्टार'' 25 प्रतिशत ई.सी. (Oxadiazon) 3 से 4 लि./हे. या ''गोल'' 24 प्रतिशत ई.सी. (Oxyfluorfen) 1.0 लि./हे. या स्टाज़्स 33 प्रतिशत ई.सी. (Pendimethalin) 3 से 5 लि./हे. या लासो 50 प्रतिशत ई.सी. (Alachlor) 2 से 3 लि./हे. या मेटालाक्लोर 5.0 प्रतिशत ई.सी. 3 से 4 लि./हे. या मेचेट 50 प्रतिशत ई.सी. (Butachlor) 4 से 5 लि./हे. का छिड़काव करते हैं। बोनी के पहले प्रयोग होने वाले नींदा नाशक से घास व गोंदला कुल के मौसमी नींदा व कुछ चौड़ी पत्ती वाले नींदा नहीं उगते। बासालिन 45 ई.सी. (Fluchloralin) 2 से 3 लि./हे. बोनी के पूर्व छिड़काव कर भूमि में मिलाने से ये नहीं उगते। इस नींदा नाशक के उपयोग में छिड़काव के बाद भूमि में मिलाना जरूरी है जो एक अतिरिक्त कार्य है। भूमि में मिलाने हेतु बखर सीधा या पलट कर चलाना आवश्यक है। उस स्थिति में जब बादल आच्छादित हों, धूप तेज न हो, समय कम हो तो भूमि में न भी मिलायें तब भी बासालिन नींदा नियंत्रण करेगा। बोनी के बाद व फसल एवं नींदा उगने के बाद प्रयोग होने वाले नींदा नाशक केवल मौसमी व बहुवर्षीय घास कुल के नींदा नियंत्रण करने के लिए गेलेन्ट 24 प्रतिशत ई.सी. (Haloxyfop methyl) 1 लि./हे. या ज़्यूजीलेड 24 ई.सी. (Flauzifop butyl) 1 लि./हे. का बोनी के 15 से 20 दिन के बाद छिड़काव करें। ये दोनों नींदानाशक गोंदला व चौड़ी-पत्ती वाले नींदा को नहीं मारते। मौसमी गोंदला व कुछ चौड़ी पत्ती वाले नींदा का बासाग्रान ई.सी. (Bentazon) 1.5 लि./हे. का बोनी के बाद 15 दिन पर छिड़काव करने से प्रभावकारी नियंत्रण कर सकते हैं। इस प्रकार गेलेन्ट या ज़्यूजीलेड और बासाग्रान के द्वारा सोयाबीन उगने के बाद प्रायः सभी प्रकार के नींदा का नियंत्रण किया जा सकता है। सिथाक्सीडिम 0.5 कि.ग्रा./हे. या फिनाक्सा-प्राप-पी इथिल 70 ग्रा. या प्रापाक्यूजाफाप 6 ग्रा./हे. घासों को मारने तथा क्लोरीमूरान इथिल 12 ग्रा./हे., या लेक्टोफेन 75 ग्रा./हे. चौड़ी पत्ती वाले नींदा मारने हेतु उद्‌भवन के 20 दिन पर छिड़काव करने से नियंत्रित करते हैं।

इस प्रकार किसान सोयाबीन में नींदा की किस्म व समय एवं नींदा-नाशक की उपलब्धता के आधार पर प्रभावशील नींदा नियंत्रण कर सकते हैं। सोयाबीन में और भी कई प्रकार के नींदा-नाशक प्रयोग में आते हैं जो तालिका 28.2 में दर्शाये गए हैं।

नींदा की किस्म का ज्ञान होना आवश्यक

जैसे कि नींदा नाशक केवल चुनिंदा नींदा को ही मारते हैं, सभी नींदा किसी भी नींदा नाशक से नहीं मरते। इसलिए सोयाबीन में कौन से नींदा उगते हैं या उगे हैं, यह जानकारी नींदा नाशक के प्रयोग करने से पहले जरूरी है क्योंकि, नींदा की किस्म के अनुसार नींदा-नाशक नहीं डाला गया तो वह नींदा नहीं मरेगा उदाहरणार्थ बासालिन का प्रभाव मौसमी घास व गोंदला पर अधिक होता है तथा कनकी व दलहनी नींदा की किस्मों पर नहीं या कम होता।

इससे नींदा की किस्म की जानकारी आवश्यक है। बिलजा (*Caesulia axillaris*) प्राय: सभी नींदा नाशकों से नहीं मरता और यह लगभग 20 से 30 दिन बाद फसल में उग आता है।

तालिका 28.2. सोयाबीन की फसल में नींदा नियंत्रण में प्रयोग होने वाले नींदा नाशक

	सामान्य नाम	व्यावसायिक नाम	सक्रिय अवयव की मात्रा/ हे. कि.ग्रा.	प्रयोग का समय	प्रभावित नींदा
1	एसीफ़्लोरफेन	ब्लेजर 24 ई.सी.	1.0	फसल उगने के 2 से 3 सप्ताह में	मौसमी चौड़ी पत्ती व घास के नींदा
			0.75	बोनी के तुरन्त बाद	'' –''
2	आलाक्लोर	लासो 50 ई.सी.	1.5-2.0	'' –''	'' –'' व मोथा
3	ब्यूटाक्लोर	मेचेट 50 ई.सी.	2.5	'' –''	'' –''
4	बेन्टाजोन	बासाग्रान	1.00	बोनी के बाद 2 से 3 सप्ताह में	मोथा व चौड़ी पत्ती के नींदा
5	क्लोरम्बेन	अमीबेन 50 ई.सी.	1.5	बोनी के तुरन्त बाद	घास, मोथा, चौड़ी-पत्ती
6	फ़्लूक्लोरेलिन	बासालिन 45ई.सी.	1.0-1.5	बोनी के पूर्व भूमि में मिश्रण	घास व मोथा
7	फ़्लौजीफाप बुटाइल	फ़्यूजीलेड 12ई.सी.	0.125	बोनी के 2 से 3 सप्ताह बाद में	घासें
8	हेलाक्सीफाप मिथाइल	गेलेंट 24 ई.सी.	0.125	'' –''	'' –''
9	लिनूरान	अफालान 50ई.सी.	1.0	बोनी के तुरन्त बाद	घास, मोथा चौड़ी पत्ती
10	मेटाक्लोर	डुअल 50 ई.सी.	1.5-2.0	बोनी के पूर्व या बोनी के तुरन्त बाद या बोनी के बाद 2 से 3 सप्ताह में	घास, मोथा चौड़ी पत्ती
11	मेट्रीब्यूजिन	सेनकार 70 प्रतिशत पाउडर	0.35	बोनी के तुरन्त बाद	घास, मोथा, चौड़ी पत्ती
12	आक्साडाय जान	रोनस्टार 25 ई.सी.	0.75-1.0	'' –''	'' –''
13	आक्सी फ़्लोरफेन	गोल 23 ई.सी.	0.23	'' –''	'' –''
14	पेन्डी मेथालिन	स्टाम्प 33 ई.सी.	1-1.5	'' –''	'' –''
15	ट्राइफ़्लूरेलिन	ट्रेफलान 48 ई.सी.	1.0	बोनी के पहले	'' –''
16	प्रेराक्वाट	ग्रामोक्सोन ई.सी.	0.50	बोनी के पहले उगे हुए नींदा को मारने	'' –''
17	क्लोरीमूरान इथिल	क्लासिक 25% पाउडर	0.012	बोनी के बाद 2–3 सप्ताह	चौड़ी पत्ती

	सामान्य नाम	व्यावसायिक नाम	सक्रिय अवयव की मात्रा/ हे. कि.ग्रा.	प्रयोग का समय	प्रभावित नींदा
18	इमेजेथापिर	परसूट, लगाम	100	बोनी के 20 दिन बाद	घास व चौड़ी पत्ती
19	सिथाक्सीडिम	नाबू, पोस्ट	0.50	बोनी के बाद	घासें
20	क्लोमाजोन	कमान्ड	1.0	बोनी के तुरन्त बाद	घासें, चौड़ी पत्ती मोथा
21	फिनाक्सी- प्राप-पी-इथिल	–	0.070	बोनी के 20 दिन बाद	घासें
22	प्रोपा क्यूजाफाप	–	0.006	'' –''	'' –''
23	लेकटोफेन	–	0.15-0.20	बोनी के 20 दिन बाद	चौड़ी पत्ती
24	मेटल्ज्यूरान मिथाइल	–	0.004-0.006	'' –''	''–''

नींदा-नाशक का फसल पर वृद्धि-नियंत्रक जैसा प्रभाव

कुछ नींदा-नाशकों का सोयाबीन की फसल पर वृद्धि-नियंत्रक (Growth regulator) जैसा असर पाया गया है। जैसे कि आक्साडायजान व आक्सीज़्लोरफेन के छिड़काव से सोयाबीन का अंकुरण 1 से 2 दिन बाद होता है तथा पौध-अवस्था में वृद्धि कम होती है। लगभग 2-3 सप्ताह बाद वृद्धि सुचारू हो जाती है। पत्ती का रंग गहरा हरा हो जाता है। फसल में शाखायें अधिक होती है पर तने की लम्बाई कम हो जाती है। इससे फसल गिरने नहीं पाती। गेलेंट व ज़्यूजीलेड के छिड़काव से तने की लम्बाई बढ़ जाती है। पत्ती लम्बी व संकरी हो जाती है। रंग गहरा हरा हो जाता है। जिससे प्रकाश संश्लेषण में वृद्धि हो जाती है। हाथ से निंदाई की तुलना में नींदा-नाशक के द्वारा उपचारित पौधों की उपज भी अधिक होती है।

छिड़काव कैसे करें

नींदा-नाशक 500 लि.पानी में घोलकर फुट स्प्रेयर द्वारा छिड़काव करना चाहिए। फुट स्प्रेयर के द्वारा छिड़काव करने से पंप में दबाव प्रायः एक सा बना रहता है जिससे घोल का छिड़काव समान रूप से होता है। नींदा-नाशक के छिड़काव में फ़्लेट-फेन नोजल का प्रयोग करें। छिड़काव करते समय सावधानी बरतें व नींदा-नाशक की एक स्थान पर पुनरावृत्ति न हो, अन्यथा उस स्थान पर फसल पर कुप्रभाव हो सकता है। छिड़काव करते समय कोई स्थान शेष न बचे अन्यथा उस स्थान पर नींदा उग आएंगे और वे फैल जाएंगे। पाँच नोजल वाली ''स्प्रे बूम'' से छिड़काव करना आसान है इससे कार्य में शीघ्रता होती है तथा बीच में स्थान छूटने की संभावना कम रहती। यह फुट स्प्रेयर द्वारा ही चल सकती है। ट्रेक्टर द्वारा बोनी एवं छिड़काव कार्य एक साथ किया जा सकता है। सीडड्रिल के पीछे स्प्रे बूम लगा दी जाती है।

भारी भूमि में व जिसमें आर्गनिक कार्बन (जीवांश) अधिक हो नींदा नाशक की अधिक मात्रा डालें। हल्की रेतीली भूमि और जिसमें कम आर्गनिक कार्बन हो नींदा-नाशक की कम मात्रा का छिड़काव करें।

सोयाबीन में नींदा का आय-व्यय

सोयाबीन में हाथ से, यंत्र से अथवा नींदा-नाशक के द्वारा नींदा नियंत्रण करने में सर्वथा लाभ है।

जब सोयाबीन की फसल उचित समय पर बोई जाती है और उसमें नींदा नियंत्रण किया जाता है तो उसकी औसत उपज 18 क्विं./हे. आती है और जिसमें नींदा नियंत्रण नहीं किया जाता उसकी औसत उपज 11 क्विं./हे. मिलती है अतः लगभग 7 क्विं. अधिक उपज नींदा नियंत्रण से मिली।

निंदाई के द्वारा	रू. 5600
अतिरिक्त आय	(रू. 800/क्विं.)

निंदाई में खर्च

1. हाथ से निंदाई में			1800=00	60 मजदूर/30/प्रतिदिन
2. नींदा नाशक के द्वारा				
अ.	बासालिन-2 लि./हे.	=	600.00	
	छिड़काव में व्यय	=	150.00	
	मिट्टी में मिलाने का व्यय	=	100.00	850=00
ब.	रोनस्टार 4 लि./हे.	=	800.00	
	छिड़काव में व्यय	=	150.00	950=00

अतः निंदाई के द्वारा रू. 3600 से 4750 रू./हे. तक औसत शुद्ध लाभ मिल सकता है।

सोयाबीन में एकीकृत नींदा नियंत्रण

प्रभावकारी व आर्थिक दृष्टि से लाभकारी नींदा नियंत्रण हेतु नींदा नियंत्रण की सभी विधियों को एकीकृत करना आवश्यक है क्योंकि, नींदा नियंत्रण की केवल एक विधि जैसे सस्य-विधि, यांत्रिक विधि या रासायनिक नींदा-नाशक, विभिन्न प्रकार के नींदा समूह तथा अलग-अलग प्रकार की मृदा, व फसल चक्र में हर समय प्रभावकारी नहीं होती है। इसलिए भूमि की दशा, मौसम, नींदा के प्रकार, नींदा नियंत्रण की आवश्यकता व साधन उपलब्धता के आधार पर नींदा नियंत्रण की सभी विधियों को एकीकृत कर सफल व लाभकारी ढंग से सोयाबीन में नींदा नियंत्रण किया जाए। बखर चलाकर खेत में बोनी के पहले नींदा मुक्त कर लें।

सोयाबीन में प्रभावकारी नींदा नियंत्रण हेतु सोयाबीन की अच्छी बढ़वार किस्म का शुद्ध बीज जिसकी अंकुरण क्षमता (90 से 95 प्रतिशत) हो, उसकी बोनी करें। बीज अधिक बोएँ (125 कि.ग्रा./हे. बड़े दाने वाली किस्म, 80 से 100 कि.ग्रा./हे. मध्यम दाने वाली किस्म, 50 से 60 कि.ग्रा./हे. छोटे दाने वाली किस्म के लिए (1 कतारों के बीज का अंतर 20 से 25 से.मी.) रखें। उर्वरक बीज के साथ कतारों में बोएँ या बीज के ही पास कतारों में दें, छिटके नहीं। नींदा नाशक उपलब्ध होने पर बोनी के पूर्व अथवा बोनी के तुरन्त बाद स्प्रेयर द्वारा छिड़काव करें। इस प्रकार इन साधनों के अपनाने के बाद भी यदि नींदा की सघनता है तो फसल में निंदाई 15 से 20 दिन में करें। निंदाई खुरपी से या हेंड हो से कर सकते हैं। संकरे ब्लेड के ''डोरा'' या ''डोरी'' से जो बैलों के द्वारा चलते हैं

उनसे भी नींदा नियंत्रण कर सकते हैं। यदि मौसम अनुकूल नहीं हो व मृदा में बतर न होने के कारण यह सब करने का मौका नहीं मिल पाता तो 15 से 20 दिन में नींदा-नाशक का छिड़काव कर नींदा नियंत्रण कर सकते हैं।

चित्र 28.1 सोयाबीन में फ़्लूऐजीफाप-पी. बुटाइल 0.25 कि.ग्रा./हे. उद्‌ग्वन के 20 दिन बाद स्प्रे से घासों का नियंत्रण

सोयाबीन में उचित नींदा नियंत्रण हेतु व अधिक फसल लेने हेतु क्या करें

(1) एक या दो बार बखर चलाकर खेत को बोनी के पहले नींदा रहित कर लें।

(2) सोयाबीन की किस्म - अच्छी बढ़वार किस्म जैसे गौरव, दुर्गा, कालीतूर, जे.एस. 7519, जे.एस. 7546

(3) बीज की मात्रा - 125 कि.ग्रा./हे. जे.एस. 7519, 80-100 कि.ग्रा./हे. गौरव, 50-69 कि.ग्रा./हे. कालीतूर

(4) बोनी का समय - जून का अंतिम सप्ताह से जुलाई के प्रथम सप्ताह तक

(5) कतारों की दूरी - 20 से 25 से.मी.

(6) उर्वरक - 100 कि.ग्रा. डी.ए.पी. कतारों में बीज के साथ बोनी करें खेत में छिड़कें नहीं

(7) नींदा-नाशक - बोनी के पूर्व फ़्लूक्लोरेलिन 1-1.5 कि.ग्रा./हे.

या बोनी के तुरन्त बाद उगने के पहले - आलाक्लोर 1.5-2/हे. या अन्य

या फसल व नींदा उगने के बाद क़्लूऐजीफाप 0.125 कि.ग्रा./हे. या अन्य कोई भी उपयुक्त नींदा जो तालिका में दिए हैं नींदा की सघनता व किस्म के आधार पर चयन कर छिड़काव करें।

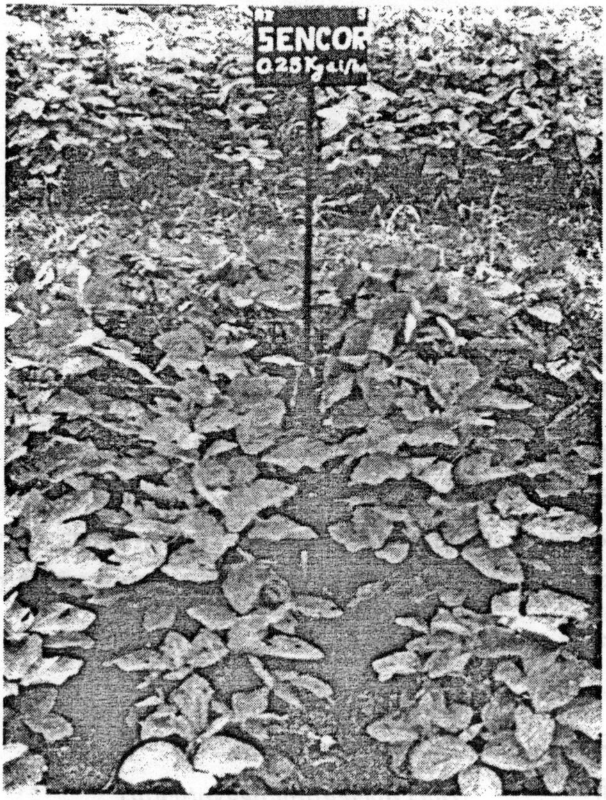

चित्र 28.2 सोयाबीन में मेट्रीव्यूजिन (सेनकार) 0.25 कि.ग्रा./हे. उद्ग़वन पूर्व

तिलहनी फसलों में नींदा नियंत्रण
(Weed Control in Oil Seed Crops)

अ. खरीफ की तिलहनी फसलें

खरीफ की तिलहन फसलों के प्रमुख नींदा

खरीफ में ऊगाई जाने वाली तिलहन फसलों में सामान्यत: वही नींदा ऊगते हैं, जो खरीफ की अन्य दलहनी फसलों या सोयाबीन में ऊगते हैं, परन्तु इनमें सस्य क्रियाओं एवं बोनी के समय में भिन्नता होने से कुछ नींदा में भिन्नता होती है। उनकी सघनता में भी अंतर होता है, जो अनेक घटकों पर आधारित है जैसा कि फसल की वृद्धि तथा पर्णों की लम्बाई-चौड़ाई व संज़्या, मौसम, उर्वरता, भूमि के प्रकार व उसमें अपनाये गए फसल चक्र।

विभिन्न क्षेत्रों के प्रमुख नींदा

	Grasses
सांवा	(*Echinochloa crusgalli*)
फिरकतन्नी	(*Dactyloctenium aegypticum*)
कुरकुरू	(*Sateria intermedia*)
बंदरा-बंदरी	(*Sateria glauca*)
लिदरा	(*Brachiaria reptens*)
क्रेबघास	(*Digitaria adscendens*)
कांस	(*Saccharum spontaneum*)
दूब	(*Cynodon dactylon*)
	(Sedges)
गोंदला	(*Cyperus rotundus*)
नागर मोथा	(*Cyperus* spp.)

चौड़ी पत्ती वाले नींदा

कनकौआ	*Commelina bengalensis*

कनकी	*Commelina communis*
कनी	*Cyanotis axillaris*
गुरगेहुँआ	*Alysicarpus rugosus*
बिलजा	*Caesulia axillaris*
चेंच	*Corchorus oletorius*
मुर्गा	*Celosea argentea*
लेसुआ	*Digera alternifolia*
दुधी	*Euphorbia geniculata*
घमरा	*Eclipta alba*
गतिघुसी	*Alternanthera sessilis*
चिपकनू	*Desmodium gangaticum*
रक्सी	*Hibiscus micranthus*
सोन कड़ी	*Inula indica*
हजारदाना	*Phyllanthus niruri*
जंगली रसभरी	*Physalis minima*
बनमूँग	*Phaseolus trilobus*
वाबची	*Psoralia corylifolia*
सिलामिली	*Sesbania acculeata*
मकोई	*Solanum nigrum*
गोखरू (आधाशीशी)	*Xanthium strumarium*
विषखापरो	*Trianthema monogyana*
छोटी गोखरू	*Acanthospermum hispidum*

इनके अतिरिक्त गाजर घास (*Parthenium hysterophorus*) भी इन फसलों में शीघ्रता से फैल रहा है।

रामतिल की फसल में "अमरबेल" (*Cuscuta* spp.) कई क्षेत्रों में घातक रूप से बढ़ रही है, यह परजीवी है तथा फसल के बीज से खेतों तक पहुँचता है।

मूँगफली की फसल में घासें, मोथा व चौड़ी पत्ती वाले प्रायः सभी नींदा स्पर्धा करते हैं व उपज में कमी कर देते हैं।

मूँगफली (*Arachis hypogaea* L.) की फसल में नींदा नियंत्रण

भारत में मूँगफली का प्रसारण 16 वीं सदी में चीन से हुआ अपितु इसका उत्पत्ति स्थान ब्राजील (दक्षिण अमेरिका) माना जाता है। अब भारत वर्ष में मूँगफली का क्षेत्र व उत्पादन क्रमशः 5594 हजार हे. व 4009 हजार टन है जो विश्व के देशों में प्रथम है। गुजरात, आंध्रप्रदेश, तमिलनाडू व कर्नाटक प्रदेशों में भारत के कुल क्षेत्र का

70% व उत्पादन का 75% है। मूँगफली में 44 से 50% तेल होता है जिसका खाने में बहुतायत से उपयोग होता है। मूँगफली की वृद्धि मंद गति से होती है तथा इसकी पत्ती व शाखायें दो कतारों के बीच की जगह को शीघ्रता से आच्छादित नहीं करती। इसके पौधे अनेक नींदा के पौधों से छोटे हैं। इस प्रकार मूँगफली की फसल में अधिकाँश समय तक नींदा स्पर्धा होती हैं तथा लगभग 58% उपज में कमी हो जाती है।

तालिका 29.1. तिलहनी फसलों में पाए जाने वाले नींदा की सघनता (प्रति वर्ग मीटर संज्या) (जवाहर लाल नेहरू कृषि विश्वविद्यालय)

	घासें (Grasses)	**मूँगफली**	**तिल व रामतिल**
1.	सांवा *Echinochloa crusgalli*	223.3	200.0
2.	दूब *Cynodon dactylon*	22.0	27.0
3.	*Digitaria adscendens*	4.2	
4.	वनकोदों *Paspalum distichum*	0.2	
5.	*Eragrostis* spp.	0.5	10.0
	मोथा (Sedges)		
6.	गोंदला *Cyperus rotundus*	107.4	97.7
7.	नागर मोथा *C. iria*	400.1	
	चौड़ी पत्ती वाले नींदा		
8.	कनकी *Cyanotis axillaris*	107.2	107.5
9.	कनकौआ *Commelina bengalensis*	10.3	11.2
10.	महकौआ *Ageratum conyzoides*	25.5	8.2
11.	गुरगेहुँआ *Alysicarpus rugosus*	12.7	8.2
12.	*Aeschynomene indica*	12.7	11.2
13.	बिलजा *Caesulia axillaris*	5.8	
14.	चेंच *Corchorus* spp.	74.8	65
15.	घमरा (भृंगराज) *Eclipta alba*	5.8	4.5
16.	रक्सी *Hibiscus micranthus*	24.4	22.7
17.	हजारदाना *Phyllanthus niruri*	51.5	50.7
18.	सोनकड़ी *Inula indica*	4.1	17.0
19.	लेसुआ *Digera alternifolia*	14.5	20.00
20.	छोटी गोखरू *Acanthospermum hispodum*	-	10.00
21.	गोखरू या आधा शीशी *Xanthium stiumarium*	-	2.00

नींदा नियंत्रण की क्रान्तिक अवस्था

मूँगफली की फसल में नींदा नियंत्रण 3 सप्ताह के अंदर ही करना उपयुक्त है। यदि फसल को बोनी के बाद 6 सप्ताह तक नींदा मुक्त रखते हैं तो बाद में ऊगे हुए नींदा फसल के साथ स्पर्धा नहीं कर पाते एवं उपज में कमी नहीं होती। 3 सप्ताह तक मोथा से स्पर्धा करने से मूँगफली की उपज कम हो जाती है। 6 सप्ताह बाद निंदाई करने पर 54%, 7 सप्ताह बाद 68% और 8 सप्ताह बाद निंदाई करने से 83% उपज में कमी हो जाती है। 4 से 8 सप्ताह के बाद यदि नींदा स्पर्धा होती है तो फसल को अधिक हानि होती है। (भान एवं साथी, 1971) नायडू व साथियों (1977) ने पाया कि यदि मूँगफली के खेत को 45 दिन तक नींदा रहित रखते हैं तो सबसे अधिक उपज मिलती है। जबकि कृष्ण गोदा व साथियों (1977) ने पाया कि जब फसल को बोनी से फसल के पकने तक नींदा रहित रखते हैं तो अधिक उपज मिलती है। सिंह व साथियों (1980) ने सबसे अधिक उपज नींदा रहित क्षेत्र में पाई (3310 कि.ग्रा./हे.) जो बोनी के 4 सप्ताह बाद निंदाई करने (3240 कि.ग्रा.) व 2 सप्ताह बाद निंदाई करने (3000 कि.ग्रा.) के तुल्य थी।

लीबिया में नींदा के द्वारा 50% व सूडान में 70% तक मूँगफली की उपज में कमी हो जाती है।

नींदा नियंत्रण के प्रतिरोधक उपाय

बोनी के पूर्व खेत में नींदा नियंत्रण

मूँगफली के खेत में यदि बहुवर्षीय नींदा जैसे दूब, (*Cynodon dactylon*) कांस (*Sacch-arum spontaneum*), केल (*Dichanthium annulatum*), गोंदला (*Cyperus rotundus*) आदि हैं तो मई और जून के महीने में दो गहरी जुताई करें तथा उसके बाद बखर चलायें इससे ये नींदा नष्ट हो जाएंगे। यदि बहुवर्षीय नींदा नहीं है तो ग्रीष्म ऋतु में या मानसून आने के बाद केवल 9 जुताई करें उसके पश्चात् एक बार बखर चलाकर बोनी के पूर्व मौसमी नींदा नियंत्रण करें।

फसल चक्र

मूँगफली को एक ही खेत में लगातार बोने से उसमें एक विशेष किस्म के नींदा की वृद्धि हो जाती है अत: खरीफ की दूसरी फसलों की बोनी करना आवश्यक है। जैसे -

मूँगफली	-	ज्वार, या बाजरा या मक्का
मूँगफली	-	कपास
मूँगफली	-	सब्जियाँ
मूँगफली	-	सोयाबीन, या तिल या रामतिल
मूँगफली	-	गेहूँ - दो फसली, आलू, गेहूँ तीन फसली सरसों, गेहूँ, या मूँगफली, मूँग, चार फसली

मिश्रित फसल

मूँगफली के साथ अन्य फसलों को मिलाकर बोने से भी नींदा नियंत्रित होता है व कुल पैदावार भी अधिक होती है जैसे –

मूँगफली + ज्वार या बाजरा
मूँगफली + तिल या अंडी
मूँगफली + अरहर, मूँग या उड़द

समानान्तर फसल

मूँगफली की 3 कतारें	–	ज्वार, मक्का या बाजरा की एक कतार
मूँगफली की 6 कतारें	–	अंडी की एक कतार
मूँगफली की 3 कतारें	–	अरहर की एक कतार

बोनी की विधि

बोनी कतारों में करें

बोनी कतारों में ''सीड ड्रिल'' या तिफन से करें। कतारों में बोनी करने से निंदाई की गति बढ़ जाती है तथा हेंड हो या अन्य यंत्रों से निंदाई कर सकते हैं।

कतारों में अंतर कम रखें – इससे फसल में नींदा स्पर्धा क्षमता बढ़ेगी। यदि मूँगफली में कतारों की दूरी अधिक होगी तो नींदा को बढ़ने के अवसर अधिक मिलेंगे। कतारों व पौधों की दूरी मूँगफली की किस्म के आधार पर निश्चित करना चाहिए जो इस प्रकार है –

		कतारों में दूरी	पौधे से पौधे की दूरी
1.	**फैलने वाली किस्में**		
	1. जे.यू.जी. 10	30 से.मी.	10 से.मी.
	2. पंजाब –1	,,	,,
	3. एम.13	,,	,,
2.	**सीधी बढ़ने वाली किस्में**		
	1. ज्योति	20 से.मी.	10 से.मी.
	2. गंगापुरी	,,	,,
	3. एक्साटिक – 5	,,	,,

अधिक बीज बोए

सिफारिश की गई बीज की मात्रा से 10 कि.ग्रा. प्रति हे. अधिक बोएं। फैलने वाली किस्मों को 120 किलोग्राम/हे. व सीधी बढ़ने वाली किस्मों का 130 किलोग्राम/हे. की दर से बोनी करें। बीज सड़न रोकने के लिए बीज को 3 ग्राम केप्टान (प्रति कि.ग्रा.) से उपचारित करें। अधिक बीज बोने से अधिक पौध संज़्या होगी जो नींदा के साथ स्पर्धा करने में सक्षम होंगे।

बोनी उपयुक्त समय पर करें

यदि बोनी सही समय पर नहीं होती तो मूँगफली के पौधों की वृद्धि कम होती है एवं वे नींदा की पहले ही अति वृद्धि होने से और अधिक कमजोर हो जाते हैं। मानसून आने के बाद एक सप्ताह में इसकी बोनी हो जाना चाहिए। जून का अन्तिम सप्ताह या जुलाई का प्रथम सप्ताह खरीफ फसल की बोनी करने हेतु उपयुक्त है।

सिंचित क्षेत्रों में जनवरी से मार्च तक या अप्रेल से जून तक इसकी बोनी की जाती है। इस दशा में "टिलेज" के द्वारा नींदा नियंत्रण करना सरल होता है।

उर्वरक देने की विधि

मूँगफली को उर्वरक कतारों में बीज के साथ दें। इससे उर्वरक खरपतवारों को कम प्राप्त होगा व उसकी वृद्धि मूँगफली से कम होगी। संतुलित उर्वरक की मात्रा इस प्रकार है –

	नत्र.		स्फुर		पोटाश
खरीफ की वर्षा पर निर्भर फसल	20	:	40	:	40
सिंचित फसल	40	:	90	:	40

नत्रजन की आधी मात्रा 30 दिन बाद दें तथा फसल की समुचित वृद्धि हेतु जिप्सम भी 500 कि.ग्रा./हे. की दर से इसी समय दे। संतुलित उर्वरक मिलने से पौधे की वृद्धि अधिक होगी। पर्ण व शाखाओं की संज़्या व लम्बाई अधिक होगी। जड़ों की तथा नत्रजन स्थिरीकरण करने वाले "राइजोबियम" की ग्रंथियों की उचित वृद्धि होगी। इससे प्रकाश संश्लेषण भी अधिक होगा। अत: पौधों में नींदा से स्पर्धा करने की क्षमता प्रबल होगी।

नींदा नियंत्रण की उपरोक्त प्रतिरोधक उपाय करने पर भी यदि खेत में अधिक नींदा ऊगते हैं तो उनका उपचार करें।

निंदाई-गुड़ाई की यांत्रिक विधि

बोनी के 15 से 20 दिन बाद कतारों के बीच "हेंड हो" चलाकर नींदा नियंत्रित करें। इससे गुड़ाई भी हो जावेगी। कतारों के नींदा हाथ से उखाड़ें। बैलों से चलने वाला "डोरा" या "कोलपा" या ट्रेक्टर से चलने वाले कल्टीवेटर को कतारों में चलायें। इससे निंदाई व गुड़ाई भी हो जावेगी साथ में पौधों पर मिट्टी भी चढ़ जावेगी (Earthing)। 30 दिन पर ये क्रियायें दूसरी बार करना चाहिए। इसके बाद फसल को क्षति पहुँचती है।

रासायनिक विधि

बोनी के पहले

बासालिन 45 ई.सी. 3.0 लि./हे. 600 लि. पानी में घोल बनाकर बोनी के पहले तैयार खेत में छिड़काव करें व मिट्टी में बखर या पाटा चलाकर मिला दें। उसके बाद बोनी करें अधिकांश मौसमी नींदा नियंत्रित हो जाएंगे।

बोनी के बाद व ऊगने के पहले

लासो-50 ई.सी., 2 से 3 लि./हे. या रोनस्टार 25 ई.सी. (Oxadiazon) 3 से 4.0 लि./हे. या स्टाज़्प 33 ई.सी. 4.0 लि./हे. या गोल 24 ई.सी. 1.0 लि./हे. या गैसागार्ड 80% पाउडर 1.25 कि.ग्रा./हे. की दर से 500 लि. पानी में घोल कर बोनी के तुरन्त बाद व ऊगने के पहले छिड़काव करें। इन नींदा नाशकों से मौसमी नींदा अंकुरित नहीं होंगे या अंकुरित होने के बाद मर जाएंगे। फसल पर कोई विपरीत प्रभाव नहीं होगा। इन नींदा नाशकों से बहु-वर्षीय नींदा जैसे कांस, दूब, गोंदला आदि नहीं मरते अतः जो क्षेत्र इनसे ग्रसित हो वहाँ पर इनसे उपचार न करें।

ऊगने के बाद

फसल ऊगने के 15 दिन बाद केवल घासों को नियंत्रित करने हेतु गेलेन्ट 125 ई.सी. 2 लि./हे. या ज़्यूजीलेड 125 ई.सी. 2 लि./हे. 600 लि. पानी में घोल कर छिड़काव करें। इन नींदा नाशकों से मौसमी एवं बहुवर्षीय दोनों प्रकार की घासें नियंत्रित होती हैं। अतः नींदा ऊगने के बाद यह निश्चित कर लें कि क्या मौसमी घासें अधिक हैं तब इन नींदा नाशकों का प्रयोग करें। चौड़ी पत्ती वाले नींदा या मोथा से अत्यधिक ग्रसित फसल में इनका छिड़काव न करें।

एकीकृत नींदा-प्रबंध

मूँगफली में उपयुक्त नींदा-प्रबंध हेतु नींदा नियंत्रण की सभी सस्ती व सुलभ विधियों को अपनाना जरूरी है। सभी सस्य विधियों को अपनाएं तथा ऊगने के पहले नींदा नाशक का छिड़काव करें। इस पर भी यदि नींदा ऊगते हैं तो "हेंड हो" या "डोरा" चलाकर नींदा नियंत्रित करें। यदि उपयुक्त मौसम न होने के कारण "डोरा" नहीं चला सकते तो ज्यूजीलेड या गेलेन्ट का छिड़काव कर घासों को नियंत्रित कर दें।

तिल में नींदा प्रबंध

तिल एक महत्त्वपूर्ण फसल है इस का तेल गुणकारी होता है तथा यह खाने के अतिरिक्त सुगंधित तेल बनाने व औषधि के रूप में उपयोगी है। तिल का उपयोग धार्मिक कार्यों में भी होता है। विश्व में सबसे अधिक क्षेत्र व उत्पादन भारत वर्ष में है जो क्रमशः लगभग 207 हजार हे. (विश्व का 45%) तथा 562 हजार टन है। तिल का सबसे अधिक क्षेत्र क्रमशः उत्तर प्रदेश, राजस्थान, मध्यप्रदेश, आंध्रप्रदेश, महाराष्ट्र, गुजरात, तमिलनाडू एवं उड़ीसा में है। तिल की फसल तीन प्रकार से ऋतुओं के आधार पर ऊगाई जाती है जैसे खरीफ (70%) अर्ध खरीफ (खरीफ-रबी) (20%) एवं जायद (ग्रीष्म) (10%) फसल है। तिल अत्यधिक सूखा, तथा जलाक्रांतता या शीत

सहन नहीं कर सकती। खरीफ की फसल शुद्ध रूप से या मिलवां अन्य फसलों के साथ बोई जाती है तथा अर्ध खरीफ व जायद की शुद्ध फसल बोई जाती है। ऋतु के अनुसार नींदा नियंत्रण किया जाता है।

तालिका 29.2. मूँगफली की फलियों की उपज पर बिना निंदाई, हाथ से निंदाई व नींदा नाशक का प्रभाव

वैज्ञानिक	फलियों की उपज कि.ग्राम/हे.			प्रतिशत उपज में हानि (%)	
	बिना निंदाई	2 से 3 निंदाई	नींदा नाशक द्वारा	हाथ से निंदाई की तुलना में	नींदा नाशक की तुलना में
चौगुले व साथी 1962	990	1625		39.0	–
कृष्ण गोदा व साथी 1977	1220	2690		54.6	–
पांडे व गुप्ता 1977	801	–	1655 आलाक्लोर		51.6
धिमी गोदा व कृष्ण गोदा 1977	1241	3104	–	60.0	–
आयासिमानी व साथी 1978	390	2074	1472 आलाकलोर	81.2	73.5
मूर्थी व मिश्रा 1978	390	2074	1472 आलाक्लोर	81.2	73.5
रघवानी व साथी 1979	180	458	–	60.7	–
रघवानी व साथी 1980	1306	1847	–	29.3	–
रघवानी व साथी 1981	232	637	–	63.5	–
ब्रार व साथी 1980	610	1990	1490 आक्साडायजान	69.3	59.0
सिंघ व साथी 1980	–	–	3790 फ़्लूक्लोरेलिन	–	–
यादव साथी 1983	1263	3367	3788	62.5	66.6
तोष व जैना 1983	266	1266	1132 आलाक्लोर	78.9	76.5
तोष व जैना 1983	614	1597	1626 "	61.5	62.2
तोष व जैना 1983	567	1466	1430 "	61.3	60.3
रेड्डी व साथी 1983	1651	2408	2085 डेक्थाल	31.4	208
नायडू व साथी 1985	470	887	–	47.0	
औसत	**754**	**1756**	**2052**	**58.6**	**59.2**

तिल के प्रमुख नींदा

खरीफ फसल में प्राय: वही नींदा होते हैं जो अन्य खरीफ की तिलहन या दलहनी फसलों में पाए जाते हैं। अर्ध खरीफ में नींदा कम होते हैं तथा इसमें प्राय: निदाई नहीं करनी पड़ती। जायद की फसल में नींदा का प्रभाव अधिक होता है क्योंकि यह सिंचित दशा में ऊगाई जाती है। इसके प्रमुख नींदा तालिका में दर्शाई गई हैं।

समुचित नींदा प्रबंध न होने से तिल की फसल में अधिक हानि होती है। नींदा की किस्म व सघनता, तथा सस्य क्रियाओं के आधार पर 10 से 60 प्रतिशत तक नींदा उपज में हानि पहुँचाता है। गुरगेहुँआ (*Alysicorrpus rugosus*), मुर्गा (*Celosea argentea*), लेसुआ (*Digera alternifolia*), बावची (*Psoralia coralifolia*) एवं छोटी गोखरू (*Acanthospermum hispidum*) इस फसल को अधिक हानि पहुँचाते हैं। सांवा (*Echinochloa* Spp.), लिदरा (*Brachiaria rapten*) व फिरकतन्नी (*Dactyloctenium aegyptium*) घासें भी यदि बोनी के पहले नियंत्रित नहीं की गई तो फसल को हानि पहुँचाती है।

नींदा प्रबंध के प्रतिरोधक उपाय

बोनी के पूर्व खेत के नींदा नष्ट करें

कांस, केल, दूब, गोंदला आदि बहुवर्षीय नींदा को ग्रीष्म काल में 1 या 2 जुताई करने के बाद में बखर चलाकर नष्ट करें। यदि केवल मौसमी नींदा हैं तो मानसून की प्रथम व द्वितीय वर्षा (2''-3'') होने के बाद ऊगे हुए खरपतवारों को 1 या 2 बार बखर (ब्लेड हैरो) चलाकर नियंत्रित करें। जिन खेतों में अधिक नींदा ऊगते हैं उसमें 2 या 3 बार मानूसन के बाद नींदा को बखर चलाकर नष्ट करें उसके बाद बोनी करें।

चूंकि तिल का बीज छोटा होता है ''सीड बेड'' में ढेले व नींदा न हों नहीं तो अंकुरण उपयुक्त न होगा।

बोनी की विधि

तिल की बोनी बहुधा छिटका विधि से की जाती है इससे नींदा नियंत्रण सरलता से नहीं हो पाता है। बोनी कतारों में तिफन या सीडड्रिल से कम गहराई पर करें। कतारों के बीच 20 से 30 से.मी. तथा पौधों में 10 से 20 से.मी. अंतर हो। शाखाहीन किस्में-20-10 से.मी. व शाखा युक्त किस्में - 30-20 से.मी. के अंतर पर बोएँ।

बोनी उपयुक्त समय पर करें

खरीफ तिल की बोनी यदि जून के अंतिम या जुलाई के प्रथम सप्ताह में की जाती है तो वृद्धि अधिक होती है। अर्ध खरीफ की बोनी अगस्त में करें परन्तु वर्षा के कारण अवसर न मिलने पर सितम्बर के प्रथम सप्ताह तक कर सकते हैं।

शुद्ध - बीज व दर

तिल का शुद्ध बीज ही बोनी के उपयोग में लें। बीज 3 से 4 कि.ग्रा./हे. बोए।

बढ़वार किस्मों की बोनी करें

बढ़वार किस्म की बोनी करें जो शीघ्र ही नींदा को दबा सकें। वे किस्में जिनमें शाखाएँ अधिक निकलती हो, नींदा नियंत्रण करने में अधिक सक्षम हैं। शाखाहीन किस्म-एन 32, शाखायुक्त किस्म-128 है।

उर्वरक देने की विधि

तिल की फसल को 30:30:20 किलोग्राम/हे. नत्रजन स्फुर पोटाश बीज के पास कतारों में ही दें। इससे उर्वरक फसल को प्रारंभ से ही मिलेगा व नींदा को कम।

तिल की मिलवां अंतरवर्ती फसलें

तिल के साथ मिलवां या अंतरवर्ती फसलें ऊगाने से भी नींदा नियंत्रित होते हैं। वस्तुतः तिल की उपज में कुछ कमी आती है परन्तु अन्य फसलों की उपज के योग से लाभ अधिक होता है। अधोलिखित फसलों को मिलवां या कतारों में बोए।

तिल – अरहर

तिल – बाजरा, कोदों या कुटकी

तिल – मूँग या उड़द

तिल – मूँगफली, या अंडी

तिल – सोयाबीन

यदि कतारों में बोनी की जाती है तो तिल के साथ इनको मिलाकर बोए या 3 कतारें तिल की बोने के बाद एक कतार अरहर, या बाजरा या मूँग-उड़द की बोए। तथा तिल एवं मूँगफली की एक-एक कतार या 3 कतार तिल के बाद 3 कतारें मूँगफली की बोए। कतारों में अंतर 20 से.मी. रखें। कोदों-कुटकी को मिलाकर ही हल्की भूमि में बोए।

फसल चक्र अपनाए

यथा संभव फसल चक्र अपनाएँ व तिल के खेत में अगले वर्ष सोयाबीन या रामतिल या अन्य दलहनी फसलों की बोनी करें। इससे एक ही प्रकार के नींदा की वृद्धि नहीं होगी।

नींदा नियंत्रण के प्रतिरोधक उपाय करने के बाद भी यदि नींदा अधिक ऊगते हैं तो उसका फसल में बोनी के बाद उपचार करें।

नींदा नियंत्रण की क्रान्तिक अवस्था

बोनी के 20 से 25 दिन के अंदर ही नींदा नियंत्रण करें अन्यथा विलंब होने से फसल प्रभावित हो जाएगी व उपज में भी कमी होगी।

निंदाई की यांत्रिक विधि

निंदाई "हेंड हो" के द्वारा करें। बैलों से चालित "डोरा" या "कोल्पा" अथवा ट्रेक्टर चालित कल्टीवेटर के द्वारा भी निंदाई कर सकते हैं। कतारों में नींदा हाथ से या खुरपी से निकालें। एक निंदाई पर्याप्त होती है। यदि

''डोरा'' चलाया जाता है तो एक या दो बार चलाना उपयुक्त होगा 30 दिन के बाद चलाने से फसल के पौधे टूटते हैं।

नींदा नियंत्रण की रासायनिक विधि

बोनी के पूर्व बासालिन 45 ई.सी. 2 लि./हे. का छिड़काव कर मिट्टी में मिला दें। इससे अधिकांश घासें, मोथा, व कुछ चौड़ी पत्ती वाले नींदा नियंत्रित हो जाएंगे।

बोनी के तुरन्त बाद लासो 50 ई.सी. 2 लि./हे. या मेचेट 50 ई.सी. 4 लि./हे. या स्टाम्प 33 ई.सी. 3 लि./हे. 500 लि. पानी के साथ छिड़काव करें। इससे मौसमी नींदा नियंत्रित हो जाएंगे। इन नींदा नाशकों में से किसी एक का समुचित प्रयोग करने से फसल पर नींदा का प्रभाव नहीं होगा व हाथ से या डोरा चलाकर निंदाई की आवश्यकता नहीं होगी।

अंडी के प्रमुख नींदा

अंडी के खेत में खरीफ के सभी मौसमी व बहुवर्षीय नींदा ऊगते हैं, मुज्य मौसमी नींदा सांवा, चेंच, घमेर, रक्सी, गुरगेहुँआ, मुर्गा, सिलामिली आदि है तथा कांस, दूब, कैल, गोंदला आदि बहुवर्षीय नींदा प्रमुख हैं।

नींदा प्रबंध के प्रतिरोधक उपाय

बोनी के पूर्व खेत को नींदा रहित करें - अंडी के खेत में बहुवर्षीय नींदा है तो इनको ग्रीष्म काल में एक दो जुताई कर बखर चलाकर नष्ट करें। यदि केवल मौसमी नींदा है तो मानसूनी वर्षा प्रारम्भ होने पर नींदा को ऊगने दें व एक दो बार बखर चलाकर नींदा नियंत्रित कर बोनी करें।

बोनी समय पर करें

अंडी की बोनी जून जुलाई में मानसून प्रारंभ होने के बाद करें। बाद में बोनी करने से पौधों की वृद्धि उचित नहीं होती तथा नींदा से स्पर्धा क्षमता कम होती है। सिंचित क्षेत्र में रबी में भी बोनी करते हैं।

बोनी कतारों में करें

अंडी की बोनी 1 मीटर के अंतर से कतारों में करें तथा पौधों के बीच 40 से.मी. अंतर रखें। जिन किस्मों की वृद्धि अधिक होती है उनमें 120-60 से.मी. का अंतर रखें। बोनी सीडड्रिल से या तिफन से करें। चौफूला के द्वारा निशान बनाकर हाथ से भी बीज बोते हैं।

बीज की मात्रा उपयुक्त हो

स्वस्थ बीज 10 कि.ग्रा./हे. की दर से अधिक बाढ़ वाली किस्मों के लिए तथा 12 कि.ग्रा./हे. छोटी व कम बाढ़ वाली किस्मों को बोए। बीज को थीरम 3 ग्रा./कि.ग्रा. बीज की दर उपचारित करें। इससे पौध में सड़न नहीं होगी।

मिलवां या अंतरवर्ती फसलें - चूंकि कतारों के मध्य दूरी होती है इसलिए अंडी के साथ दूसरी फसलें जैसे मूँग-उड़द, सोयाबीन, तिल या ज्वार बाजरा को कतारों के मध्य बोने से नींदा नियंत्रण होंगे व भूमि का अधिक उपयोग होगा मूँगफली, अंडी 5:1 या 7.1 अनुपात में बोएँ।

बढ़वार किस्में बोएँ

			उपज कि.ग्रा./हे.
छोटी किस्में	1.	सौभाग्य	2500
	2.	भाग्य	2000
	3.	जी.सी.एस. 3	1540
	4.	जे.आई.	1051
ऊंची किस्में	1.	पंजाब अंडी नं. 1	1700
	2.	कालपी 6	1200
	3.	टी 3	1100

उर्वरक देने की विधि

अंडी में 40:40:20 कि.ग्रा./हे. नत्रजन, स्फुर व पोटाश कतारों में दें। आधी नत्रजन की मात्रा बोनी के 30 दिन बाद कतारों में ही दें। इससे नींदा की वृद्धि कम होगी।

नींदा नियंत्रण की क्रांतिक अवस्था

अंडी में भी नींदा का प्रभाव 25 से 35 दिन के बाद प्रारज़्भ हो जाता है। अत: 20 से 30 दिन के अंदर ही निंदाई करना अनिवा्र्य है। अन्यथा फराल प्रभावित हो जाती है। एक निंदाई के बाद शेष समय में नींदा से प्रभाव कम होता है।

नींदा नियंत्रण की यांत्रिक विधि

चूंकि अंडी की कतारों के बीच में अंतर अधिक होता है इसलिए "डोरा" या डोरी (Blade harrow) दो कतारों के बीच आसानी से चल सकता है। "हेंड हो" के द्वारा भी निंदाई की जा सकती है। ट्रेक्टर से चालित कल्टीवेटर के द्वारा भी नींदा नियंत्रण में आसानी होगी। इन साधनों के द्वारा 15 से 20 एवं 20 से 25 दिन के अंदर दो बार निंदाई कर सकते हैं।

रासायनिक विधि

अंडी की बोनी के बाद व ऊगने के पहले लासो 5 से 6 लि./हे. 600 से 700 लि. पानी में घोलकर छिड़काव करने से नींदा नियंत्रित हो जाएगें। फसल ऊगने के 15 से 20 दिन बाद ग्रेमोक्जोन 2 लि./हे. का लक्षित छिड़काव (Directed spray) कर सकते हैं। ध्यान रहे फसल पर नींदा नाशक का छिड़काव न हो।

रामतिल में नींदा नियंत्रण *(Guizotia abyssinica)*

विश्व में सबसे अधिक राम तिल भारत वर्ष में ऊगाया जाता है। इस देश में 652 हजार हे. क्षेत्र व 175 हजार टन उत्पादन है।

इसकी फसल अधिकतर हल्की जमीन में शुद्ध फसल के रूप में या कोंदों कुटकी या रागी के साथ ऊगाई जाती है।

इसमें प्रायः वही नींदा पाए जाते हैं जो अन्य खरीफ की दलहन या तिलहनी फसलों में मिलते हैं, परन्तु इसकी फसल में एक परजीवी नींदा अमरबेल (*Cuscuta* spp.) का प्रभाव होता है। इसके बीज रामतिल के बीज के साथ प्रसारित होते हैं तथा खेत में अंकुरण के बाद रामतिल के पौध से संपर्क स्थापित कर भोज्य पदार्थ ग्रहण करता है इससे रामतिल की वृद्धि व उपज में कमी हो जाती है। अधिक प्रकोप होने पर रामतिल के पौधे फल बनने के पहले ही मर जाते हैं।

रामतिल में नींदा स्पर्धा क्षमता अधिक है और अधिकांश नींदा को यह दबा देता है। फिर भी इसमें नींदा के द्वारा 1.3% से 34.4% तक उपज में हानि होती है। नींदा से प्रभावित क्षेत्र की औसत उपज 366 कि.ग्रा. और अप्रभावित क्षेत्र की 480 कि.ग्रा. जवाहरलाल नेहरू कृषि विश्वविद्यालय में मिली।

चित्र 29.1 आक्साडायजान 1.0 कि.ग्रा./हे. उद्‌भवन पूर्व से उपचारित रामतिल का प्लान्ट

चित्र 29.2 आलाक्लोर 1.0 कि.ग्रा./हे. उद्‌भवन पूर्व से उपचारित रामतिल का प्लान्ट

नींदा नियंत्रण की विधि

बोनी के पूर्व नींदा नियंत्रण करना

बोनी करने के पहले खेत की जुताई बखराई कर नींदा रहित कर लें। यदि बहुवर्षीय नींदा हैं तो ग्रीष्म काल में एक या दो बार जुताई करें व बखर चला कर नींदा नियंत्रण करें। यदि बहुवर्षीय नींदा नहीं है तो मानसून प्रारम्भ होने व नींदा अंकुरित होने के बाद बखर (Blade harrow) चलाकर मौसमी नींदा नियंत्रित करें। इसके बाद बोनी करें और यदि बोनी का समय नहीं मिलता है या नींदा अधिक हैं तो एक दो बार पानी बरसने के बाद पुनः नींदा को ऊगने दे व बतर आने पर बखर चलाकर नींदा नियंत्रित करें। इस प्रकार यदि दो या तीन बार नींदा को नियंत्रित कर रामतिल की बोनी की जाती है तो अधिकांश खेतों में बोनी के उपरांत निंदाई करने की आवश्यकता नहीं होती।

बढ़वार व उन्नतशील किस्म की बोनी करें

नींदा नियंत्रण की क्षमता अधिक वृद्धि करने वाली किस्म में अधिक होती है। मध्यप्रदेश के लिए "उटकमंड", नं. 5, नं. 87, उड़ीसा के लिए जी.ए. 2, जी.ए. 10, महाराष्ट्र के लिए रामतिल-बी तथा कर्नाटक के लिए नं. 16 व नं. 24 उपयुक्त है जो 300 से 400 कि.ग्रा./हे. उपज देती है। ये नींदा स्पर्धा करने में सक्षम है।

बोनी उपर्युक्त समय पर करें

रामतिल में नींदा की वृद्धि रोकने के लिए उचित समय पर बोनी करें इसकी बोनी मानसून के प्रारम्भ से अथवा जून से अगस्त तक करना चाहिए। इसके बाद बोनी करने से पौधों की वृद्धि कम होगी।

बोनी कतारों में करें

रामतिल की बोनी 30 से.मी. के अंतर से कतारों में ही करें इससे नींदा नियंत्रण में आसानी होगी। ''सीडड्रिल'' या ''तिफन'' से बोनी करना उपयुक्त होगा। पौधे से पौधे की दूरी 10 से 15 से.मी. रहे।

बीज की मात्रा

अधिक पौध संज़्या प्राप्त करने हेतु बीज की मात्रा कुछ अधिक बोएँ। प्रति हे.8 कि.ग्रा. बीज बोने से उपयुक्त पौध संज़्या प्राप्त होगी जो नींदा को दबाने में सक्षम होगी।

उर्वरक देने की विधि

20 किलोग्राम/हे. नत्रजन व इतना ही स्फुर बीज के साथ बोनी करते समय दें। इससे उर्वरक फसल को अधिक मिलेगा व नींदा को कम।

इस प्रकार बोनी के पूर्व नियंत्रण के प्रतिबंधक उपाय किए हैं तो फसल में नींदा कम स्पर्धा करेंगे और यदि खेत में यह सब करने पर भी नींदा ऊगते हैं तो नींदा नियंत्रण के उपचार करें।

फसल चक्र अपनाएँ

फसल चक्र अपनाने से एक ही प्रकार के नींदा की वृद्धि नहीं होगी। रामतिल के खेत में अगले वर्ष तिल, कोदों, कुटकी, मूँगफली या अन्य दलहनी फसलें जैसे मूँग-उड़द, अरहर आदि बोएँ। सोयाबीन या अंडी भी ऊगाना लाभकारी होगा।

मिश्रित फसलें बोएँ

रामतिल के साथ अन्य दलहनी फसलें जैसे अरहर, मूँग-उड़द, ज्वार, बाजरा, कोदों, कुटकी आदि को ऊगा सकते हैं।

नींदा नियंत्रण की क्रान्तिक अवस्था

रामतिल में बोनी के उपरान्त 20 से 25 दिन में निंदाई करना लाभदायक है। 30 दिन के बाद निंदाई करने से उपज में कमी हो जाती है।

नींदा नियंत्रण की यांत्रिक विधि

नींदा, नियंत्रण के लिए दो कतारों के बीच में ''हेंड हो'' चलाएँ। बैलों से चालित डोरा, या ट्रेक्टर से चालित कल्टीवेटर भी आसानी से चल सकता है। खुरपी या कसौला के द्वारा भी निंदाई कर सकते है पर इसमें अधिक समय लगेगा। अमरबेल को हाथ से निकालें व जला दें।

रासायनिक विधि

रामतिल में मौसमी नींदा नियंत्रण हेतु रोनस्टार 4 लि./हे. या लासो 2 लि./हे. या स्टाज़्प 33 ई.सी. 3 लि./हे. बोनी के तुरन्त बाद या बासालिन 2 लि./हे. बोनी के पूर्व मिट्टी में मिला दें। इन नींदा नाशकों से मोथा, घासें व चौड़ी पत्ती वाले नींदा नियंत्रित हो जाएंगे। क्लोरप्रोफाम (दाने) 4 कि.ग्रा./हे. अमरबेल के नियंत्रण हेतु बोनी के 7 दिन बाद छिड़कें। या प्रोनामिड 1.5 से 2.0 कि.ग्रा./हे. का बोनी के बीस दिन बाद छिड़काव करें। बासालिन के द्वारा भी इसका अंकुरण नहीं होता।

तालिका- 29.3. रामतिल की उपज पर नींदा का प्रभाव

वर्ष	नींदा का शुष्क वजन कि.ग्रा./हे.	नींदा से प्रभावित क्षेत्र की उपज कि.ग्रा./हे.	नींदा से अप्रभावित क्षेत्र की उपज कि.ग्रा./हे.	उपज में कमी %
1979	2.40	3.20	4.90	34.4
1980	32.50	3.90	5.80	32.8
1980	17.80	360	470	23.4
1981	450	480	486	1.3
1982	1860	280	380	26.3
औसत	**1516**	**366**	**481**	**23.6**

तालिका- 29.4 खरीफ की तिलहन फसलों में नींदा नियंत्रण हेतु नींदा नाशक

सामान्य नाम	व्यवसायिक नाम	व्यावसायिक रसायन की दर/हे. कि.ग्रा./लि.	प्रयोग का समय	प्रभावित नींदा
मूँगफली				
आलाक्लोर	लासो 50 ई.सी.	2 से 3	बोनी के तुरन्त बाद	मौसमी घास, मोथा व चौट़ी पत्ती के नींदा
आक्साडायजान	रोनस्टार 25 ई.सी.	3.0	,,	,,
पेन्डीमिथेलीन	स्टाज़्प 33 ई.सी.	4.0	,,	,,
फ़्लूक्लोरेलिन	बासालिन 45 ई.सी.	3.0	बोनी के पहले	,, व कुछ चौड़ी पत्ती वाले
आक्सीफ़्लोरफेन	गोल 24 ई.सी.	1.0	बोनी के तुरन्त बाद	घास, मोथा व चौड़ी पत्ती
प्रोमेट्रिन	गैसागार्ड 80% पाउडर	1.25	,,	,,
तिल				
आलाक्लोर	लासो 50 ई.सी.	2.0	बोनी के तुरन्त बाद	मौसमी घास, मोथा, चौड़ी पत्ती
बूटाक्लोर	मेचेट 50 ई.सी.	2.0	,,	,,
पेन्डीमिथेलिन	स्टाज़्प 33 ई.सी.	3.0	,,	,,
फ़्लूक्लोरेरिन	बासालिन 45 ई.सी.	2.0	बोनी के पूर्व	,, ,, व कुछ चौड़ी पत्ती

सामान्य नाम	व्यवसायिक नाम	व्यावसायिक रसायन की दर/ हे. कि.ग्रा./लि.	प्रयोग का समय	प्रभावित नींदा
रामतिल				
आक्साडायजान	रोनस्टार 25 ई.सी.	4.0	बोनी के तुरन्त बाद	मौसमी घास, मोथा व चौड़ी पत्ती वाले नींदा
आलाक्लोर	लासो	2.0	,,	,,
पेन्डीमिथेलिन	स्टाम्प	3.0	,,	,,
फ़्लूक्लोरेरिन	बासालिन	2.0	बोनी के पूर्व	'''' व कुछ चौड़ीपत्ती वाले नींदा
प्रोनामिड		1.5-2.0	बोनी के 20 दिन बाद	अमरबेल
ट्राइफ़्लूरेलिन	ट्रेफलान 50 ई.सी.	2.0	बोनी के तुरन्त बाद	,,
अंडी				
आलाक्लोर	लासो	4 से 5	बोनी के तुरन्त बाद	मौसमी घास, मोथा व चौड़ी पत्ती के नींदा
पेराक्वाट		2	15 से 20 दिन बाद	,,

इन सभी तिलहनी फसलों में केवल घासों को जो मौसमी जैसे सांवा, फिरकतन्नी या बहुवर्षीय जैसे -कांस (*Sacchrum spontaneum*) दूब (*Cynodon dactylon*) आदि को नियंत्रित करने के लिए इन नींदा नाशकों का प्रयोग करें।

सामान्य नाम	व्यावसायिक नाम	व्यावसायिक रसायन की दर/हे. लि.	प्रयोग का समय	प्रभावित नींदा
हेलाक्सी फापमिथाइल	गेलेन्ट 125 ई.सी.	2.0	बोनी के बाद 15 से 20 दिन	मौसमी व बहुवर्षीय घासें
फ़्लूएजीफाप बुटाइल	फ़्यूजीलेड 125	2.0	,,	,, ,,

रबी की तिलहनी फसलें

सूर्यमुखी में नींदा नियंत्रण - Sunflower (*Helianthus annuus* L.)

सूर्यमुखी सबसे अधिक सोवियत यूनियन, अरजेन्टीना, बुल्गेरिया, टर्की, रूमानिया व दक्षिण अमेरिका में ऊगाया जाता है। भारत वर्ष में सूर्यमुखी तेल की फसल के रूप में सन् 1969 में आया और 1975-76 में लगभग 38 हे., में फसल बोई गई तथा 1988 में 1667 हजार हे. क्षेत्र हो गया।

इसका तेल खाने, साबुन व श्रृंगार सामग्री बनाने के काम आता है। हृदय के रोगियों को इसका तेल गुणकारी है। इसकी खेती वर्ष भर हो सकती है अधिकतर यह रबी या खरीफ में बोया जाता है क्योंकि प्रकाश अवधि इसकी वृद्धि व पुष्पन पर अवरोध नहीं डालती खरीफ की फसल में नींदा अधिक होते हैं इस कारण से खरीफ में कम क्षेत्र

में बोया जाता है। रबी में अधिकतर नींदा कम होते हैं इससे रबी का क्षेत्र अधिक है। नींदा की सघनता व अन्य सस्य प्रणालियों के आधार पर सूर्यमुखी की उपज में हानि होती है। नींदा से प्रभावित क्षेत्र में औसत हानि, हाथ से निंदाई करने की तुलना में एवं नींदा नाशक के द्वारा निंदाई करने की तुलना में अधिक हानि होती है।

चित्र 29.3 सूर्यमुखी की फसल में हेड हो के द्वारा निंनाई

प्रमुख नींदा

खरीफ ऋतु की फसल में खरीफ मौसम के नींदा तथा रबी फसल में रबी के नींदा ऊगते हैं।

खरीफ	रबी
1. सांवा	1. दूब
2. लिदरा	2. बंदरपुंछा
3. दूब	3. गोंदला
4. कांस	4. बथुआ
5. फिरकतन्नी	5. सेंजी
6. चुनवैया	6. अकरी
7. गोंदला	7. हिरनचरी
8. सफेद मुर्गा	
9. कनकौआ	
10. शेवरा	
11. बावची	

12. बिलजा
13. जंगली जूट

नींदा नियंत्रण की विधि

बोनी के पूर्व नींदा नियंत्रण

खेत की एक बार जुताई करें व उसके बाद एक दो बार बखराई कर नींदा नियंत्रित करें। बहुवर्षीय नींदा जैसे कांस, दूब मोथा, आदि से नींदा से यदि खेत ग्रसित है तो ग्रीष्म काल में ही जुताई कर बखर चलाए व इन नींदा को नष्ट करें। वर्षा पर निर्भर फसल की बोनी जुलाई में की जाती है या सितम्ब्बर अक्टूबर में जब वर्षा बंद हो जाती है। खरीफ फसल के लिए वर्षा प्रारम्भ होने तथा नींदा ऊगने के बाद एक जुताई करें व बखर चलाकर नींदा नियंत्रित करें। इसी प्रकार रबी फसल में भी नींदा नियंत्रण करने के बाद बोनी करें।

उपयुक्त बढ़वार किस्म बोएँ

जिस क्षेत्र के लिए जो किस्म उपयुक्त है तथा जिसकी वृद्धि अधिक होती है नींदा से स्पर्धा करने हेतु उपयुक्त है। प्राय: रशीयन किस्में जैसे ई.सी. 68413, ई.सी. 68414, ई.सी. 68415, ई.सी. 69874 एवं सनराईस अधिक उपजाऊ है।

बीज की अधिक मात्रा बोएँ

अच्छे बीज 10 कि./हे. की दर बोएं, छोटी किस्मों का 15 कि.ग्रा.हे. बीज बोएँ। सिंचित क्षेत्र में बीज की डेढ़ गुनी मात्रा बोएँ। सिंचित क्षेत्र में लगभग 60 से 80 हजार पौधे व असिंचित क्षेत्र में 30 से 40 हजार पौधे हों। कम संज़्या अधिक बढ़वार किस्म की हो तथा अधिक संज़्या छोटी किस्म की हो अधिक पौध संज़्या उस भूमि में भी रखें जिसकी उर्वरता कम हो। पौध संज़्या अधिक होने से नींदा की वृद्धि कम होगी।

कतारों में अंतर

दो कतारों के बीच 50 से.मी. का अंतर रखें तथा पौधों के बीच 25 से.मी. रखें। जिन किस्मों में कम पौध संज़्या की आवश्यकता हो उनकों 75 × 25 या 100 × 25 से.मी. के अंतर पर बोएँ। सिंचित व असिंचित क्षेत्र में भी कतारों के बीच का अंतर भी आवश्यकतानुसार अधिक या कम रखें।

उर्वरक की मात्रा

उर्वरक बीज के साथ कतारों में दें। इससे फसल को अधिक तत्त्व मिलेंगे व नींदा को कम। सिंचित फसल को 40 : 60 : 40 व असिंचित फसल को 20 : 30 : 20 कि.ग्राम नत्रजन, स्फुर व पोटाश प्रति हे.दें।

निंदाई की क्रान्तिक अवस्था

सूर्यमुखी की फसल में बोनी के बाद 15 से 30 दिन के अंदर निंदाई करना उपयुक्त है। बाद में निंदाई करने से फसल प्रभावित हो जाती है।

निंदाई की यांत्रिक विधि

इस फसल में कतारों के बीच का अंतर अधिक होता है अत: ''हैंड हो'' से या बैलों के द्वारा चालित डोरा या डोरी से नींदा नियंत्रण आसानी से हो सकता है ट्रेक्टर के द्वारा कल्टीवेटर चलाकर भी नींदा नियंत्रित कर सकते हैं। बोनी के 15 से 20 दिन बाद प्रथम तथा 20 से 30 दिन बाद एक बार फिर से यंत्रों को चलाए। हाथ से निंदाई करना महंगा होगा।

रासायनिक विधि

सूर्यमुखी की बोनी करते समय या बोनी करने के तुरन्त बाद लासो 50 ई.सी. 3 लि./हे. या गैसागार्ड 80% 1.20 कि.ग्रा./हे. या इगरान 80%, 0.8 कि.ग्रा./हे. की दर से 500 लि. पानी में घोलकर स्प्रेयर द्वारा छिड़काव करें। बोनी के तुरन्त पहले बासालिन 45 ई.सी. 2 से 3 लि./हे. का छिड़काव कर उसे भूमि में मिलाने से भी नींदा नियंत्रित हो जाते हैं।

फसल ऊगने के बाद ग्रामोक्जोन 1 से 2 लि./हे. का लक्षित छिड़काव (Directed spray) करने से सभी प्रकार के नींदा मर जाएंगे।

डॉ. एच.के. पांडे के अनुसार लासो 6 लि./हे. या लीनूरान 1.5 कि.ग्रा./हे. ऊगने के पूर्व छिड़काव करने से नींदा नियंत्रित हो जाते हैं।

तालिका 29.5. सूर्यमुखी की फसल की उपज पर बिना निंदाई, हाथ से निंदाई व नींदा नाशक का प्रभाव

वैज्ञानिक	उपज किलोग्राम/हेक्टर उपज में हानि %				
	बिना निंदाई	2 बार निंदाई	नींदा नाशक द्वारा	निंदाई की तुलना में	नींदा नाशक की तुलना में
माले व साथी 1977	532	799	1082 (बासालिन)	33.4	50.8
पंचल व साथी 1977	1616	1850	2554 (टोक)	10.8	36.7
कृष्ण गोदा व साथी 1978	890	1590	–	44.0	–
कृष्ण गोदा व साथी 1977	372	1007	–	63.0	–
कृष्ण गोदा व साथी 1978	599	994	1095 (लासो)	39.7	45.3
कृष्ण गोदा व साथी 1979	550	1192	–	53.8	–
घोष व साथी 1979	980	–	1932 (लासो)	–	49.3
घोष व साथी 1980	1170	1800	–	35.0	–
साहनी व साथी 1980	980	1670	1620 (लासो)	41.3	39.5
औसत	**854.3**	**1362.3**	**1656.6**	**37.3**	**48.4**

कुसुम या करड़ी में नींदा नियंत्रण

भारत में कुसुम (Safflower - *Carthamus tinctorius*) का क्षेत्र 1067 हजार हे. तथा उत्पादन लगभग 451 हजार टन है। 64% से अधिक क्षेत्र महाराष्ट्र में है तथा 26% कर्नाटक में व 8% आंध्रप्रदेश में है। यह सूखा निरोधक फसल रबी में सब प्रकार की भूमि में बोई जाती है। जल लग्न भूमि में यह किसी भी अवस्था में प्रभावित होती है। यह फसल तेल के लिए ही ऊगाई जाती है तथा 24 से 36% तेल निकलता है इसका तेल खाने के अतिरिक्त पेंट, वार्निश, लिनोलियम आदि बनाने के काम आता है।

कुसुम की वृद्धि लगभग 3 से 4 सप्ताह तक बहुत मंद गति से होती है। अतः नींदा प्रारम्भ में अधिक बढ़ जाता है एवं इसकी वृद्धि को प्रभावित करता है। नींदा की सघनता व किस्म के आधार पर इसकी उपज में 14.5 से 48% तक हानि हो जाती है।

चित्र 29.4 कुसुम में आक्साजान 1.0 कि.ग्रा./हे. उद्भवन पूर्व उपचार

प्रमुख नींदा

यह फसल रबी में बोई जाती है अतः रबी के नींदा ऊगते हैं। बहुवर्षीय नींदा जैसे दूब, कांस, केल व गोंदला तथा मौसमी नींदा जैसे सेंजी, वनपालक, बथुआ, अकरी आदि प्रमुख हैं। जहाँ पर यह गेहूँ के फसल चक्र में ऊगाई जाती है वहाँ चिरैया-बाजरा का भी अधिक प्रभाव है तथा अन्य नींदा जो सिंचित दशा में गेहूँ में पाए जाते हैं इस फसल को प्रभावित करते हैं। गेहूँ के बाद कुसुम की फसल में चिरैया-बाजरा तंत्र का अध्ययन जवाहरलाल नेहरू कृषि विश्व विद्यालय में किया गया जिसके परिणाम सारिणी में दर्शाए गए हैं।

तालिका 29.6. कुसुम की उपज पर नींदा का प्रभाव

वर्ष	स्थान (जबलपुर)	नींदा की संज़्या/ वर्ग मी.	नींदा का शुष्क भार कि.ग्रा./हे.	बिना निंदाई की उपज कि.ग्रा./हे.	निंदाई की उपज कि.ग्रा./हे.	उपज में हानि %
1980	–	790	1650	253	490	48.4
1981	1	740	1020	1149	1344	14.5
1981	2	1018	1275	750	1164	35.5
1982	1	1573	3700	178	309	42.4
1982	2	1228	2000	333	489	31.9

नींदा नियंत्रण के प्रतिबंधक उपाय

बोनी के पहले नींदा नियंत्रण करें

बोनी के पहले एक जुताई करें यदि आवश्यक हो तो, अन्यथा दो बार बखर चलाए व ऊगे हुए नींदा को बोनी के पहले नष्ट करें। यदि बहुवर्षीय नींदा अधिक हैं तो गहरी जुताई कर ग्रीष्म काल में ही नष्ट करें।

फसल-चक्र अपनाएं

मुज्य फसल के रूप में इसको रबी की अन्य फसलों के स्थान पर बोते हैं जैसे कुसुम, गेहूँ या चना या रबी ज्वार यह शीघ्र पकने वाली खरीफ की फसलों के बाद दूसरी फसल के रूप में भी ऊगाई जाती है।

खरीफ	रबी
मूँग	कुसुम
उड़द	कुसुम
मूँगफली	कुसुम

समानांतर फसल लें

कुसुम की 3 कतारों के बाद चना, अलसी गेहूँ या जौ की 9 से 12 कतारें बोएँ। इस प्रकार की बोनी से कुसुम में एक ही प्रकार के नींदा की वृद्धि नहीं होगी।

उपयुक्त बीज की मात्रा

सिफारिश की गई मात्रा से बीज अधिक बोए। शुद्ध फसल को 20 कि.ग्रा./हे. तथा समानांतर फसल को 10 कि.ग्रा./हे. की दर से बोएँ इससे पौध संज़्या अधिक होगी जो नींदा की वृद्धि को कम करने में सक्षम होगी।

बोनी समय पर करें

बोनी खरीफ ऋतु के बाद वर्षा समाप्त होते ही कर देना चाहिए। वर्षा के आधार पर सितज़्बर उचित समय है।

कतारों की दूरी कम रखें

साधारणतः कुसुम की बोनी 45 से.मी. की दूरी पर करते हैं परन्तु जिन खेतों में नींदा अधिक हो उनमें कतारों के बीच में 30 से.मी. का अंतर रखें इससे पौध संज्या अधिक रहेगी व दो कतारों के बीच कम स्थान रहेगा।

उर्वरक देने की विधि

कुसुम में उपजाऊता के आधार पर 20 से 40 कि.ग्रा. नत्रजन देते है। नत्रजन को कतारों में ही दें इससे कुसुम की वृद्धि अधिक होगी व नींदा की कम। यदि असिंचित क्षेत्र है तो पूरी मात्रा बोनी के समय ही दें और यदि सिंचित है तो आधी बोनी के समय तथा आधी पुष्पन अवस्था पर दें।

बढ़वार किस्म को बोएँ

क्षेत्र विशेष के अनुसार बढ़वार किस्म का चयन करें। मध्यप्रदेश में नं. 7, महाराष्ट्र में एन 62.8, नाग 7, तारा, तमिलनाडू में के 1, आंध्रप्रदेश में मंजीरा, कर्नाटक में ए .1, ए 300 को बोएँ।

फसल में नींदा नियंत्रण

क्रांतिक अवस्था

फसल बोने के बाद यदि नींदा की सघनता अधिक है तो निंदाई करना आवश्यक है। एक निंदाई बोनी के 20 से 25 दिन के अंदर करना चाहिए क्योंकि इस फसल की वृद्धि प्रारंभिक अवस्था में कम होती है बाद में नींदा नियंत्रण करने से फसल प्रभावित हो जाती है दूसरी निंदाई करना आर्थिक रूप से लाभदायक नहीं है यद्यपि दो निंदाई से अधिक उपज प्राप्त होगी।

''हेंड हो'' या ''व्हील हो'' से कतारों के बीच के नींदा नियंत्रण करना उचित है। बैलों से चलने वाला डोरा या कोल्पा भी लाभदायक है तथा खुरपी से निंदाई की तुलना में आर्थिक दृष्टि से उपयुक्त है।

रासायनिक नींदा नियंत्रण

कुसुम की बोनी के तुरन्त बाद रोनस्टार 4 लि./हे. या इगरान 1 कि./हे. या लासो 3 लि./हे. की दर से 500 लि./हे. पानी में घोल कर छिड़काव करें। इससे प्रायः सभी प्रकार के मौसमी नींदा का नियंत्रण हो जावेगा। रोनस्टार का फसल पर वृद्धि नियंत्रक जैसा प्रभाव भी होता है। जिससे फसल की वृद्धि अच्छी होती है। पर्ण अधिक हरे होते हैं व पैदावार अधिक होती है। जिन खेतों में घासें अधिक होती है उस दशा में गेलेन्ट 125 ई.सी. 2 लि./हे. या ज्यूजीलेड 125 ई.सी. 2 लि./हे. बोनी के 20 दिन बाद छिड़काव करें। इससे घासें मर जाएगी एवं फसल पर कोई हानि कारक प्रभाव नहीं होगा।

तालिका 29.7. रबी की तिलहनी फसलों में नींदा नियंत्रण हेतु नींदा नाशक की मात्रा, प्रयोग की विधि

	नींदा नाशक का सामान्य नाम	व्यावसायिक नाम	दर/हे. (कि./लि.)	प्रयोग का समय	प्रभावित नींदा
सूर्यमुखी					
1.	आलाक्लोर	लासो 50 ई.सी.	3	बोनी के तुरन्त बाद	एक दलीय व द्विदलीय
2.	फ्लूक्लोरेलिन	बासालिन 45 ई.सी.	2 से 3	बोनी के पहले	" " "
3.	प्रोमेट्रिन	गैसागार्ड 80%	1.2	बोनी के तुरन्त बाद	" " "
4.	टरबूट्रिन	इगरान 80% पाउडर	1.0	"	" " "
अलसी					
1.	टरबूट्रिन	इगरान 80% पाउडर	1.0	बोनी के तुरन्त बाद	एक दलीय व द्विदलीय
2.	आइसोप्रोटुरान	टोलकन 50% पाउडर	2.0	"	"
3.	आक्साडायजान	रोनस्टार 25% ई.सी.	4.0	"	"
4.	फ्लूक्लोरेलिन	बासालिन	2.0	बोनी के पहले	"
कुसुम					
1.	आक्साडायजान	रोनस्टार 25% ई.सी.	4.0	बोनी के तुरन्त बाद	"
2.	आलाक्लोर	लासो 50% ई.सी.	3.0	"	"
3.	टरबूट्रिन	इगरान 80% पाउडर	1.0	"	"
सरसों					
1.	आइसोप्रोटुरान	टोलकन 50% पाउडर	2.0	"	एक दलीय व द्विदलीय
2.	पेन्डीमिथेलीन	स्टाम्प 33 ई.सी.	3.0	"	"
3.	आक्साडायजान	रोनस्टार 25 ई.सी.	3.0	"	"

उपरोक्त सभी दलहनी व तिलहनी फसलों में केवल एक दलीय, घास कुल के खरपतवारों को नष्ट करने के लिए बोनी के 20 से 30 दिन के बाद निम्नलिखित नींदा नाशक का प्रयोग प्रभावी पाया गया है।

1.	क्लोजीफाप-पी-बुटाइल	ज्यूजीलेड	2 लि./हे.		
2.	हेलाक्सीफाप-मिथाइल	गेलेंट	2 लि./हे.	"	"

पानी की मात्रा से 500 लि./हे. की दर से दवा घोल कर छिड़काव करना चाहिए।

अलसी में नींदा नियंत्रण (Weed Control in Linseed)

अलसी (*Linum usitatissimum* L.) की खेती तेल एवं रेशे प्राप्त करने हेतु रबी में की जाती है। भारत में मुख्यत: यह तेल के लिए ही ऊगाई जाती है। अलसी के तेल में शीघ्र सूखने का गुण होता है। इसका उपयोग खाने के अतिरिक्त पेंट, वार्निश, जल-अवरोधी कपड़ा व लिनोलियम आदि बनाने में होता है। अर्जेन्टीना, रूस, भारत,

अमेरिका, कनाडा, पाकिस्तान और आस्ट्रेलिया में अलसी की कास्त प्रमुख रूप से होती है। भारत में 1151 हजार हे. क्षेत्र में इसकी कास्त होती है तथा 372 हजार टन उत्पादन होता है। उत्पादन की दृष्टि से तृतीय स्थान है। आस्ट्रेलिया व कनाड़ा में 700 कि./हे. औसत उपज है जबकि भारत में 255 कि.ग्रा./हे. उपज है इसका प्रमुख कारण नींदा स्पर्धा है। मध्यप्रदेश में इसका क्षेत्र अन्य राज्यों की अपेक्षा अधिक है। यह काली भूमि से लेकर दोमट मिट्टी बलुआर एवं धान की मिट्टी में भी ऊगाई जाती है।

अलसी की बोनी रबी में ''सीड बेड'' तैयार करके ''नारी'' या सीडड्रिल के द्वारा बोई जाती है या छिटका विधि से तैयार खेत में बोई जाती। असिंचित क्षेत्र में खरीफ से रिक्त होने के बाद रबी में अलसी की फसल लेते हैं। सिंचित क्षेत्र में सोयाबीन, मूँग-उड़द, मूँगफली, तिल आदि के बाद अलसी को खेत तैयार करके बोते हैं। धान के क्षेत्र में जैसे छत्तीसगढ़, बंगाल, उड़ीसा में धान पकने की अवस्था में खड़ी फसल में ही अलसी का बीज छिटक दिया जाता है जो धान के खेत में बची हुई नमी पाकर धान कटते-कटते अंकुरित हो जाती है। इस दशा में ''सीड-बेड'' तैयार नहीं किया जाता तथा खरपतवार भी अलसी के साथ अधिक ऊगते हैं जो स्पर्धा अधिक करते हैं। अतः अलसी में बोनी की विधि, मिट्टी व उर्वरता के आधार पर नींदा की किस्म व सघनता में अंतर होता है।

अलसी के पौधे की आकृति के आधार पर अलसी नींदा से अधिक प्रभावित होता है क्योंकि इसका पौधा प्रारम्भिक अवस्था में कम वृद्धि करने वाला तथा 30-45 से.मी. लम्बा, कम शाखाएँ व छोटे पर्णो वाला होता है। पौधा दो कतारों के बीच के स्थान को शीघ्र आच्छादित नहीं करता एवं नींदा को ऊगने व बढ़ने का अधिक अवसर मिलता है जो फसल के साथ स्पर्धा कर उसकी वृद्धि एवं उपज कम कर देता है।

अलसी की उपज में 75 प्रतिशत तक हानि हो जाती है। जवाहरलाल नेहरू कृषि विश्व विद्यालय में अध्ययन से विदित हुआ कि चिरैया बाजर के साथ अन्य नींदा समूह जिन की संज्या 632 से 1218 प्रति वर्ग मीटर थी अलसी की उपज में 33 से 74% की हानि हुई अलसी की बोनी धान-गेहूँ, धान-अलसी, फसल चक्र में की गई थी।

अलसी के प्रमुख नींदा

असिंचित क्षेत्र में प्रमुख रूप से चौड़ी पत्ती वाले नींदा जैसे हिरन चरी (*Convolvulus arvensis* L.), बथुआ (*Chenopodium album* L.), जंगली गोभी (*Launea splinifolia*), बनप्याज (*Asphodelus teneufolius*), गोरखमुंडी (*Sphaeranthus indicus* L.), वन कुसुम (*Carthamus oxycantha*), कटर्रा (*Arge-mone mexicana* L.), सेंजी (*Melilotus alba* Resf.), अकरी (*Vicia sativa* L.), तथा घासें जैसे कांस (*Saccharum spontaneum* L.), दूब (*Cynodon dactylon* pers.), बंदर पुंछा (*Eragrostis dirrhena*), एवं मोथा (*Cyperus rotundus* L.) पाए जाते हैं। सिंचित क्षेत्रों में जहाँ पर मेक्सीकन गेहूँ कई वर्षों से लिया जाने लगा है उन क्षेत्रों में अलसी की फसल में भी चिरैया बाजरा (*Phalaris minor* Retz.) व जंगली जई (*Avena fatua* L.), चिकोरी (*Cichorium intybus* L.) व करमेथा (*Medicago denticulata*) का अत्यधिक प्रभाव हो गया है। छत्तीसगढ़ क्षेत्र में परजीवी नींदा अमरबेल (*Cuscuta epilinum*) का अधिक प्रकोप है और दिनों दिन बढ़ रहा है।

नींदा नियंत्रण की सस्य विधियाँ

फसल चक्र

एक ही प्रकार के नींदा का प्रभाव कम करने के लिए अलसी को एक ही खेत में लगातार नहीं बोना चाहिए। निरंतर एक ही खेत में अलसी बोने से वे नींदा अधिक बढ़ जाएंगे जो अलसी को प्रभावित करते हैं। फसल - चक्र अलसी में अमरबेल के नियंत्रण में बहुत सहायक हैं। रोग एवं कीट का भी फसल पर कम प्रभाव होता है व फसल की वृद्धि अधिक होती है। निम्नलिखित फसल चक्र स्थान विशेष व साधनों की उपलब्धता के अनुसार अपनाए जा सकते हैं।

संकर मक्का अलसी	गेहूँ	ज्वार	
संकर मक्का अलसी	चना		
संकर बाजरा अलसी	लोबिया	गेहूँ	
मूँगफली	गेहूँ	सोयाबीन	अलसी
ज्वार	मटर	बाजरा	अलसी
धान	चना, मसूर	धान	अलसी

आर्थिक रूप से अलसी के बाद मसूर, गेहूँ या सरसों ऊगाना लाभकारी है। पंजाब व छत्तीसगढ़ क्षेत्र में धान के बाद अलसी सामान्यत: ऊगाते हैं। अमरबेल के नियंत्रण हेतु अलसी-गेहूँ या अलसी-चना या मसूर उपयुक्त फसल-चक्र हैं।

बढ़वार किस्मों का चुनाव

नींदा से प्रभावित क्षेत्र में अलसी की बोनी किस्में न बोएं जैसे आर-। जिन किस्मों का पौधा ऊँचा, शाखाएं अधिक व शीघ्र वृद्धि करने की क्षमता हो चयन कर नींदा से ग्रसित क्षेत्र में बोनी करना चाहिए। ये किस्में अधिक स्पर्धा करेंगी व नींदा के प्रभाव को कम कर देगी। जे.एल. 23 ऐसे क्षेत्रों में उपयुक्त रहेगी। किस्मों का चयन बोनी की विधि के आधार पर भी करना चाहिए।

बीज की शुद्धता

बीज शत प्रतिशत शुद्ध होना चाहिए क्योंकि बीज अधिनियम के अनुसार 0.2% नींदा के बीज मान्य है पर यह मात्रा भी प्रसारण में सहायक होती है व कालान्तर में पूरा क्षेत्र नए नींदा से पीड़ित हो जाता है।

स्टेल-सीड बेड

अलसी के लिए आदर्श सीड-बेड की आवश्यकता होती है जो खरीफ में ली गई फसल के आधार पर तथा सिंचित व असिंचित दशा पर निर्भर करता है। नींदा की किस्म व सघनता के आधार पर एक जुताई तथा दो से तीन बखरनी (Harrowing) की आवश्यकता होती है। सिंचित दशा में जिन खेतों में नींदा, अधिक ऊगते हों उनमें बोनी के पहले एक सिंचाई कर दें व नींदा को ऊगने दें। ऊगने के बाद कम गहराई पर बखर चला कर नींदा को नष्ट कर स्टेल सीड-बेड तैयार कर बोनी करें।

बोनी उचित समय पर करें

बोनी का समय उपयुक्त हो अन्यथा जल्दी या बाद में बोने से अलसी की वृद्धि एवं उपज पर विपरीत प्रभाव होता है। कीटों का भी अधिक प्रकोप होता है। इससे अलसी के पौधों में नींदा के पौधों के साथ स्पर्धा क्षमता कम हो जाती है व नींदा से अधिक प्रभावित हो जाते हैं। सितम्बर के अन्तिम सप्ताह से मध्य अक्टूबर तक अलसी की बोनी मध्यप्रदेश में उपयुक्त है तथा उत्तरप्रदेश में अंतिम अक्टूबर से नवम्बर तक। असिंचित दशा में वर्षा के उपरान्त बोनी शीघ्र की जाए तो पौधों की वृद्धि अधिक होती है व नींदा का प्रभाव कम हो जाता है।

बोनी की विधि

बोनी तैयार ''सीड-बेड'' में छिटका विधि से या सीड-ड्रिल (नारी) से कतारों में की जाती है। ''उतेरा'' पद्धति में अलसी का बीज धान की खड़ी फसल में पक्वावस्था आने पर छिटक दिया जाता है। धान कटते-कटते अलसी अंकुरित हो जाती है। उसके साथ-साथ नींदा भी अंकुरित होता है तथा फसल के साथ स्पर्धा करता है। बोनी सीड-ड्रिल के द्वारा ही कतारों में करना चाहिए इससे ''हेंड हो'' के द्वारा निंदाई करना आसान होता है। बोनी 4 से 5 से.मी. गहराई पर करना चाहिए और जहाँ पर नमी उपयुक्त हो 1 से 2 से.मी. की गहराई पर्याप्त होती है। कम गहराई पर बोने से अंकुरण शत् प्रतिशत होता है जिससे पौध संज़्या अधिक होती है व नींदा से स्पर्धा क्षमता बढ़ती है।

बीज दर

विभिन्न राज्यों में अलसी की बीज दर 25 से 50 कि.ग्रा./हे. तक होती है। अधिक बीज बोने से अधिक पौध संज़्या होती है जो नींदा को दबाने में सक्षम होती है। बीज दर दानों की आकृति (भार) के आधार पर निश्चित की जानी चाहिए अन्यथा उपयुक्त संज़्या प्राप्त नहीं होगी। छोटे दाने वाली किस्मों का 10 से 15 कि.ग्रा. तथा बड़े दाने वाली किस्मों का 20 से 22 कि.ग्रा./हे. बीज बोना चाहिए (पांडे व राजपूत)। पंजाब में के-2 किस्म जिसका बड़ा दाना होता है 40 से 50 कि.ग्रा./हे. बीज बोते हैं। अत: उपयुक्त पौध संज़्या प्राप्त करने हेतु उपयुक्त बीज की मात्रा आवश्यक है।

कतारों में अंतर

सामान्यत: दो कतारों के मध्य 20 से 30 से.मी. तथा पौधे से पौधे के बीच 7 से 10 से.मी का अंतर रखते हैं। परन्तु जिन खेतों में नींदा अधिक होता है उनमें कतारों के मध्य 15 से 20 से.मी. किस्मों के आधार पर (कम व अधिक शाखाओं वाली) रखना चाहिए। इससे नींदा पर अधिक दबाव पड़ेगा।

मिश्रित फसलें

अलसी के बीज की दर न बदलते हुए उसके साथ अन्य फसलों की बोनी कर सकते हैं जिससे अलसी की कतारों के बीच का स्थान आच्छादित हो सकें चना या सरसों को अलसी के साथ मिलाकर बोने से नींदा पर अधिक दबाव पड़ेगा व कुल उपज अधिक मिलेगी। असिंचित क्षेत्र में गेहूँ भी मिला कर बोनी कर सकते हैं।

उर्वरक देने की विधि

उर्वरक कतारों में देना चाहिए जिससे फसल को अधिक प्राप्त हो और नींदा को कम। इससे नींदा वृद्धि कम होगी तथा फसल अधिक। उर्वरक नत्रजन स्फुर पोटाश 40 : 40 : 50 कि.ग्रा./हे. की दर से बीज के साथ मिलाकर सीडड्रिल के द्वारा बोनी करें।

निंदाई की क्रान्तिक अवस्था

यदि उपरोक्त नींदा नियंत्रण के उपाय अपनाने के बाद भी नींदा की सघनता व वृद्धि अधिक है, तो फसल की निंदाई करना आवश्यक है। निंदाई तीसरे सप्ताह में करना उचित है क्योंकि नींदा 20 से 60 दिन की अवस्था में अधिक हानि पहुँचाते हैं। खुरपी के द्वारा एक निंदाई 30 दिन पर या ''हेंड हो'' से दो बार 20 दिन व 40 दिन पर निंदाई करना लाभदायक है। बैलों से चालित ''डोरा'' कतारों के बीच में बोने के 20 दिन बाद चलाने से भी नींदा नियंत्रित किए जा सकते हैं।

रासायनिक नींदा नियंत्रण

अलसी में मौसमी नींदा नियंत्रण हेतु सिंचित दशा में आइसोप्रोटुरान (टोलकन, ग्रेमीनान, एरीलान, नोसिलान, धार आदि व्यावसायिक नाम) 1.0 कि.ग्रा. क्रियाशील अंश प्रति हे. का बोनी के तुरन्त बाद व ऊगने के पहले 500 लि. पानी में घोलकर छिड़काव करें। इसका छिड़काव 20 दिन की फसल पर करने से भी नींदा नियंत्रित हो जाते हैं। हाथ की निंदाई के बराबर ही उपज (585 kg/ha) इस नींदा नाशक के प्रयोग से प्राप्त होती है।

अन्य नींदा नाशक जैसे डाइकूरान 1.0 कि.ग्रा./हे. क्रियाशील बोनी के 20 दिन पर, रोनस्टार ई.सी. 3 लि./हे. बोनी के तुरन्त बाद, मेचेट ई.सी. 4 लि./हे. बोनी के तुरन्त बाद, डोसानेक्स 80% पाउडर 1.25 कि.ग्रा./हे. बोनी के तुरन्त बाद, अफेलान 50 ई.सी. 2 लि./हे. बोनी के तुरन्त बाद अथवा बासालिन 45 ई.सी. 2 लि./हे. बोनी के पहले मिट्टी में मिला देने से नींदा नियंत्रित कर सकते हैं।

केवल घासों जैसे चिरैया बाजरा, जंगली जई, बंदरपुछा, सांवा आदि के नियंत्रण हेतु गेलेन्ट 125 ई.सी. का 2 लि./हे. बोनी के 20 दिन बाद या ज्यूजीलेट 123 ई.सी. 2 लि./हे. का बोनी के 20 दिन बाद छिड़काव करें। इन नींदा नाशकों से बहुवर्षीय घासें जैसे दूब व कांस का भी नियंत्रण होगा। केवल चौड़ी पत्ती वाले नींदा नियंत्रण हेतु 2, 4-डी 0.25 कि.ग्रा. या एम.सी.पी.ए. 0.25 कि.ग्रा./हे. बोनी के 25 दिन बाद छिड़काव करें। 2, 4-डी से फसल में हानि होती है परन्तु उतनी नहीं जितनी नींदा के कारण।

मिश्रित फसल में नींदा नियंत्रण

अलसी की फसल, बहुधा चना के साथ मिलाकर बोते हैं। मसूर, गेहूँ एवं सरसों के साथ भी इसको मिलाया जाता है। इस परिस्थिति में आइसोप्रोटूरान 1. कि.ग्रा. (क्रियाशील अंश) प्रति हे. बोनी के तुरन्त बाद छिड़काव करें। फसल ऊगने के बाद मिश्रित फसल में नींदा नाशकों के द्वारा नियंत्रण नहीं किया जा सकता।

अलसी में एकीकृत नींदा नियंत्रण

प्रभावी नींदा नियंत्रण हेतु नींदा नियंत्रण की सस्य, यांत्रिक व रासायनिक विधियों को नींदा की सघनता व किस्म, फसल की दशा एवं साधनों की उपलब्धता के आधार पर अपनाएं। नींदा नियंत्रण की सस्य विधियों को अपनाने से कृषक को अतिरिक्त व्यय बहुत कम करना पड़ेगा। इनको हर संभव अपनाना ही चाहिए। ये नींदा नियंत्रण के प्रतिरोधक उपाय हैं इसके बाद यदि फसल में नींदा अधिक आते हैं तो ''हेंड हो'' से समय पर नींदा नियंत्रण करें। यदि सिंचित दशा में समस्या जनक नींदा का प्रकोप है तो बोनी के तुरन्त बाद नींदा नाशक का छिड़काव कर नींदा को नियंत्रित करें। 2,4-डी या एम.सी.पी.ए. का छिड़काव करने पर लगभग 100 रू. का खर्च प्रति हे. होगा। इसोप्रोटुरान का छिड़काव करने पर लगभग 500 रू./हे. खर्च होगा। नींदा की किस्म के आधार पर इनका प्रयोग लाभकारी होगा। नींदा नाशक के छिड़काव में व्यय की तुलना में अधिक लाभ होगा क्योंकि नींदा नियंत्रण न करने से 2 से 3 क्विंटल और कहीं-कहीं पर 4 से 5 क्विंटल/हेक्टर उपज में कमी हो जाती है। जहाँ पर मजदूरों की उपलब्धता नहीं है या मजदूरी महंगी है वहाँ पर नींदा नाशक का उपयोग सर्वथा लाभदायक है।

तालिका 29.8. अलसी की उपज पर हाथ से निंदाई व नींदा नाशक का प्रभाव (जवाहर नेहरू कृषि विश्वविद्यालय जबलपुर के परिणाम)

	उपज कि.ग्रा./हे.			
	बिना निंदाई	**हाथ से निंदाई**	**नींदा नाशक के द्वारा नींदा नियंत्रण नींदा नाशक कि.ग्रा./हे.**	
तिवारी व अग्रवाल 1988	322	585	डाईकूरान 1.0 (बोनी के 20 दिन बाद)	625
			आक्साडायजान 1.0 बोनी के तुरन्त बाद	574
			आइसोप्रोटुरान 1.0 बोनी के तुरन्त बाद	538
			या बोनी के 30 दिन बाद	480
			मेटाक्जुरान 1.0 बोनी के तुरन्त बाद	488
			बूटाक्लोर 2.5 बोनी के तुरन्त बाद	593
तिवारी व साथी 1985	249	467	ज़्लूक्लोरेलिन 1.0 बोनी के पूर्व	470
जैन, 1988	1124	1603	आइसोप्रोटुरान 1.0 बोनी के तुरन्त बाद	1393

सरसों - रेपसीड में नींदा नियंत्रण (Weed control in Mustard Rapeseed)

फसल के वाणिज्य में मुज़्य दो समूह हैं जैसे ''सरसों'' जो सामान्यत: राई या लाहा (*Brassica juncea* L. Zern & Coss) और ''रेपसीड'' जो सामान्यत: तोरिया (*B. compestris* L. var. *toria* Dath.), पीली सरसों (*B. compestris* var. sarson Prain.), काली सरसों (*B. compestris* var. *dichotoma* Watt), गोभी सरसों *B. napus* एवं तारामिरा (*Eruca sativa* Mill.) के नाम से प्रचलित हैं। इन फसलों के उत्पादन (3370 हजार टन) एवं क्षेत्र (4508 हजार हे.) की दृष्टि से विश्व में भारत का प्रथम स्थान है परन्तु सबसे अधिक प्रति हे.

उपज (7000 कि.ग्रा.) जर्मनी में मिली तथा भारत में अधिक से अधिक उपज, 3800 कि.ग्रा./हे. पाई गई है। जर्मनी की औसत उपज 2200 कि.ग्रा. तथा भारत की 613 कि.ग्रा. है। उपज में कमी के प्रमुख कारण पानी की कमी, कीटों एवं नींदा का प्रकोप है।

नींदा के द्वारा हानि

नींदा के प्रभाव से 30 से 70 प्रतिशत तक उपज में हानि हो जाती है। जो गेहूँ के फसल चक्र में गेहूँ के साथ सरसों ऊगाया जाता है उसमें चिरैया-बाजरा (*Phalaris minor*) के द्वारा उपज में अधिक हानि होती है।

प्रमुख नींदा

सेंजी (***Melilotus* spp.**), अकरी (*Vicia sativa*), जंगली मटर (*Lathyrus aphaca*), बथुआ (*Chenopodium album*), कासनी (*Cichorium intybus*), करमेथा (*Medicago denticulata*), डिजिटेरिया (*Digitaria adscendens*), दूब (*Cynodon dactylon*) और गोंदला (*Cyperus rotundus*) सरसों के प्रमुख नींदा है। सिंचित क्षेत्र में चिरैया बाजरा व जंगली जई भी अधिक हानि पहुँचाते हैं। मूल परजीवी जैसे ओरोबेन्की (*Orobache aezyptiaca* Pers.) इन फसलों में समस्या जनक हो जाता हैं। खरतुआ (*Chenopodium murale*) व कटर्रा (*Argemone mexicana*) का रासायनिक प्रभाव इन फसलों पर देखा गया है। इन फसलों में बन प्याजी या पोला (*Asphodelus teneufolius*) का प्रकोप भी कई क्षेत्रों में अधिक है।

नींदा नियंत्रण की विधियाँ

फसल चक्र

विशेष प्रकार के नींदा नियंत्रण हेतु फसल चक्र अपनाना आवश्यक है। सरसों-गेहूँ या सरसों-चना

अंतर फसलें ऊगाना

सरसों - अलसी	1: 3	या 3: 6 कतारें
सरसों - चना	1: 3	या 3: 6 कतारें
सरसों - मसूर	1: 3	या 3: 6 कतारें

शुद्ध बीज बोना

बीज शत प्रतिशत शुद्ध होना चाहिए, नींदा के बीज न हों। बथुआ, सेंजी, अकरी, हिरनचरी के बीज इसके साथ बहुधा मिल जाते हैं जिन्हें सरसों काटते समय अलग कर देना चाहिए।

बीज की मात्रा

असिंचित क्षेत्र में 10-15 कि.ग्रा./हे. व सिंचित क्षेत्र में 5 से 7.5 कि.ग्रा./हे. बीज अधिक प्रभावशाली होता है। बीज की दर बीज के वजन के आधार पर कम या अधिक की जा सकती है। जिन किस्मों का बीज छोटा होता

है उसका कम बीज लगता है तथा जिनका बड़ा दाना होता है। उनका बीज अधिक बोना चाहिए। सामान्यतः जहाँ पर नींदा की समस्या नहीं होती 5 कि.ग्रा./हे. बीज बोते हैं।

बढ़वार किस्म

सरसों की बढ़वार किस्म बोएँ जिसकी प्रकाश संश्लेषण क्रिया तीव्र हो तथा वृद्धि दर व पर्ण क्षेत्र अधिक हो। ''वरूणा'' या ''प्रकाश'' किस्मों को नींदा से प्रभावित क्षेत्र में बोने से नींदा का असर कम होगा। तोरिया पर अधिक प्रभाव होता है।

बोनी कतारों में करें

सरसों की बोनी कतारों में करें तथा कतारों में 30 से.मी. का अंतर रखें। छिटका बोनी न करें इससे ''हेंड हो'' के द्वारा निंदाई नहीं की जा सकती है।

बोनी समय पर करें

तोरिया की बोनी सितम्बर के द्वितीय सप्ताह से मध्य अक्टूबर के प्रथम पखवाड़े में करें। इससे फसल की वृद्धि अधिक होगी व नींदा स्पर्धा कम होगी। अक्टूबर के बाद बोनी करने से नींदा का प्रभाव बढ़ जाता है।

उर्वरक कतारों में दें

40-20 कि.ग्रा./हे. की दर से नत्रजन व स्फुर बीज के बगल में कतारों में अथवा बीज के साथ मिलाकर बोएं। उर्वरक को पूरे क्षेत्र में छिटकें नहीं इससे नींदा को कम खाद्य पदार्थ मिलेंगे। अच्छी वृद्धि के लिए 30:10:1 कि.ग्रा./हे. गंधक, जस्ता व बोरान दें। 35 कि.ग्रा. नत्रजन पहली सिंचाई के बाद दें।

स्टेल सीड-बेड

जिन क्षेत्रों में रबी के खरपतवार अधिक ऊगते हैं व सरसों की फसल को प्रभावित करते हैं उस दशा में खरपतवारों को अंकुरित करने के बाद बखर चलाकर नष्ट कर दें। इसके बाद बोनी करें। यह सिंचित क्षेत्र में संभव है। असिंचित क्षेत्र में केवल खरीफ के नींदा ही नष्ट कर बोनी की जा सकती है।

निंदाई की क्रांतिक अवस्था

सरसों में 20 से 40 दिन तक नींदा स्पर्धा से अधिक हानि होती है। इसलिए निंदाई बोनी के बाद तीसरे सप्ताह तक हो जाना चाहिए। नींदा नियंत्रण हेतु हाथ की निंदाई 20 दिन पर करें।

यांत्रिक निंदाई

''हेंड हो'' दो बार चलाएं प्रथम 20 दिन पर तथा 30 दिन पर पुनः चलाएं। ''डबल व्हील हो'' जो केन्द्रीय कृषि यांत्रिकी अनुसंधान, भोपाल द्वारा निर्मित किया गया है, उपयुक्त है। बैलों से चलने वाला ''डोरा'' या कोल्पा भी कतारों में चला सकते हैं। इनसे नींदा नियंत्रण कम समय व कम लागत में हो जाता है।

रासायनिक नींदा नाशक द्वारा नींदा नियंत्रण

सरसों में नींदा नियंत्रण हेतु 1 कि.ग्रा./हे. आइसोप्रोटुरान (कोई भी व्यावसायिक पदार्थ), रोनस्टार 25 ई.सी. 3 लि./हे., डोसानेक्स 80% पाउडर 1 कि.ग्रा./हे., गोल ई.सी. 1 लि./हे., मेचेट 50 ई.सी. 5 लि./हे., स्टाम्प 33 ई.सी. 3 लि./हे., इगरान 20% पाउडर 1 कि.ग्रा./हे. बोनी के बाद या अंकुरण के पहले छिड़काव कर प्रायः सभी प्रकार के मौसमी नींदा का नियंत्रण कर सकते हैं। बोनी के पूर्व, बासालिन 45 ई.सी. 2 लि./हे. या ट्रेफलान 48 ई.सी. 2 लि./हे. का छिड़काव करने से नींदा नियंत्रित हो जाते हैं।

फसल ऊगने के 15 से 20 दिन बाद ज़्यूजीलेड या गेलेन्ट 2 लि./हे. की दर से छिड़काव करने पर सभी प्रकार के घासों का नियंत्रण हो जाता है। ग्रेमीनान या नोसिलान या टोलकन (आइसोप्रोटुरान) पाउडर 2 कि./हे. की दर से 20 दिन पर छिड़काव करने से बहुत से मौसमी नींदा नियंत्रित हो जाते हैं। फसल पर भी कुछ विपरीत असर होता है पर उपज पर कुप्रभाव नहीं होता तथा हाथ की निंदाई के बराबर पैदावार होती है।

तालिका 29.9. सरसों के नींदा नाशक के द्वारा नींदा नियंत्रण कर उपज पर प्रभाव

वैज्ञानिक	उपज कि.ग्रा./हे.			
	बिना निंदाई	हाथ के द्वारा निंदाई	नींदा नाशक के द्वारा निंदाई, नींदा नाशक सक्रिय तत्त्व कि./हे.	
पंचल व साथी 1980	739	1071	ट्राइफ्लूरेलिन 1.0	1026
गिल व साथी 1982			ट्राइफ्लूरेलिन 0.75	1500
संधु व वालिया 1972	930	1070	फ़्लूक्लोरेलिन 0.75	1200
पांडे व कुमार 1984	878	1090	फ़्लूक्लोरेलिन 1.0	1042
			आइसोप्रोटुरान 1.0	1018
पांडे 1980	576	727	फ़्लूक्लोरेलिन 0.75	1079
			वाईफेनाक्स 1.6	1073
			प्रोमेट्रिन 1.0	963
तिवारी व साथी 1988	882		आइसोप्रोटुरान 1.0	1550
			(बोनी के 20 दिन बाद)	1540
			आक्साडायजान 1.0	1534
			आक्सीफ़्लोरेफेन 0.2	1477
			मेटाजुरान 1.0	1455
घोष व बेरा 1983			बूटाक्लोर 2.5	1455

तालिका में दर्शाए गए परिणामों से स्पष्ट है कि, नींदा नाशकों के द्वारा नींदा नियंत्रण करने में हाथ के द्वारा निंदाई करने के बराबर या उससे अधिक उपज मिली है। नींदा नाशक में हाथ से निंदाई की तुलना में व्यय कम होगा एवं लाभ अधिक होगा।

■■■■

दलहनी फसलों में नींदा नियंत्रण
(Weed Control in Pulses)

अ. खरीफ की दलहनी फसलों में नींदा नियंत्रण

दलहनी फसलों में नींदा नियंत्रण का अनुसंधान पंतनगर, आई.ए.आर.आई. एवं जवाहरलाल नेहरू कृषि विश्वविद्यालय में अधिक हुआ है। भारत वर्ष की खरीफ में पैदा की जाने वाली प्रमुख दलहनी फसलें मूँग, उड़द, अरहर, बरबटी व राजमा है। ये सभी फसलें अच्छी जल निकास वाली भूमि में ऊगाई जाती है। इस कारण इन फसलों में नींदा की बाढ़ भी अधिक होती है और उपर्भूमि परिस्थिति के प्राय: सभी खरपतवारों की किस्में उपस्थित रहती हैं। इन फसलों में भी वही नींदा पाए जाते हैं जो सोयाबीन के खेत में मिलते हैं। खरीफ की दलहनी फसलों में पाए जाने वाले नींदाओं की सूची इस प्रकार है -

(1) घास कुल के नींदा (Grasses)

1.	घुड़चबा	*Chloris barbata*	15.1
2.	दूब	*Cynodon dactylon*	39.0
3.	क्रेबघास	*Digitaria sanguinalis*	12.7
4.	केल, जरगो	*Dichanthium annulatum*	8.1
5.	साँवा	*Echinochloa crusgalli*	37.2
6.	बनरागी	*Eleusine indica*	14.1
7.	बन्दर पुंछा	*Eragrostis diarrhena*	26.0
8.	काँस	*Saccharum spontaneum*	22.6
9.	बंदरा-बंदरी	*Setaria glauca*	15.2

(2) गोंदला वर्गीय (Sedges)

1.	गोंदला, मोथा	*Cyperus rotundus*	18.9
2.	नागर मोथा	*Cyperus compressus*	19.1
3.	मोथा	*Cyperus iria*	10.9

(3)

1.	कनकौवा	*Commelina bengalensis*	18.0
2.	कनी	*Cyanotis axillaris*	4.5

(4) Dicot Weeds

1.	छोटी गोखरू	*Acanthospermum hispidum*	12.4
2.	आद्धाझारा	*Achyranthus aspera*	11.4
3.	महुकौवा	*Ageratum conyzoides*	45.9
4.	शेवरा, गुरगेहुँआ	*Alysicarpus monilifer*	5.8
5.	चौलाई	*Amaranthus polygamous*	2.7
6.	कंटेरी चौलाई	*A. spinosus*	3.0
7.	पथरचटा	*Boerhaavia diffusa*	1.7
8.	बिलजा	*Caesulia axillaris*	15.0
9.	पुआर, चकौड़ा	*Cassia tora*	6.9
10.	मुर्गा	*Celosia argentia*	20.3
11.	हुलहुल	*Cleome viscosa*	1.3
12.	कांसनी	*Cichorium intybus*	7.5
13.	जंगली जूट	*Corchorus aestuans*	8.1
14.	मगरमस्त	*Corchorus fassicularis*	12.7
15.	चेंच	*C. olitorious*	15.2
16.	भृंगराज,	*Eclipta alba*	11.0
17.	छोटों दुधी	*Euphoribia hirta*	9.6
18.	रक्सी	*Hibiscus micranthus*	11.2
19.	वन भिण्डी	*Hibiscus* spp.	11.2
20.	झुरझुरी	*Indigofera glandulosa*	4.2
21.	घमेर	*Lagascea mollis*	4.8
22.	दुरकुनू	*Meremia emerginata*	7.4
23.	बन तुलसी	*Ocimum cannum*	10.4
24.		*Oldenlendia aspera*	4.7
25.	गाजर-घास, चटक चांदनी	*Parthenium hysterophorus*	3.7
26.	वनमूँग	*Phaseolus trilobus*	7.7
27.	हजारदाना	*Phyllanthus niruri*	19.3

28.	जंगली- रसभरी	*Physalis minima*	13.0
29.	ढेंचा, दाड़ोन, सिलमिली	*Sesbania bispinosa*	20.9
30.	वरयारी	*Sida carpinifolia*	10.6
31.	मकोई	*Solanum nigrum*	10.8
32.	आगिया	*Striga lutea*	7.3
33.	आगिया	*Striga densiflora*	16.9
34.	गोरखमुण्डी	*Sphaeranthus indicus*	11.5
35.	गोखरू	*Tribulis terristeris*	5.9
36.	विष खांपरो	*Trianthema monogyana*	10.2
37.	गुड़रिया	*Tridax procumbens*	1.9
38.	बड़ी गोखरू, आधाशीशी	*Xanthium strumarium*	16.9

इन खरपतवारों की उपस्थिति, सघनता व प्रभुत्व एक खेत से दूसरे में भिन्न होता है। खेत की ढलान, मिट्टी के प्रकार, खाद की मात्रा व किस्म तथा कृषि कार्यों के आधार पर एक खेत में ही नींदा की किस्म व वृद्धि में बहुत अंतर पाया जाता है।

नींदा की सघनता व प्रकार के आधार पर मूँग में 10 से 60%, उड़द में 20 से 80%, अरहर में 40 से 50%, बरवटी में 20 से 30% और राजमा में 20 से 60% तक उपज में कमी होती है। इन फसलों में उड़द और अरहर सबसे अधिक प्रभावित होती है क्योंकि उड़द के पौधे की बाढ़ अधिक नहीं होती है तथा अरहर का पौधा प्रारंभिक अवस्था में मंद गति से बढ़ता है इससे नींदा अधिक स्पर्धा कर खाद्य तत्त्व ग्रहण कर लेते हैं।

बरबटी व मूँग की उपज कम प्रभावित होती है क्योंकि इन फसलों की अधिक बाढ़ होती है पत्ते अधिक होते हैं व शीघ्र बढ़ते हैं। इस प्रकार इन फसलों के बीच का स्थान रिक्त नहीं रहता व नींदा को दबा देती है। जहाँ अधिक नींदा ऊगने की संभावना हो वहाँ पर इन फसलों को बोना चाहिए तथा उड़द या अरहर की बोनी ऐसी दशा में नहीं करना चाहिए।

नींदा नियंत्रण की विधियाँ

सस्य विधि

नींदा नियंत्रण की सस्य विधियों में फसल चक्र, शुद्ध बीज का उपयोग, प्रति हे. अधिक बीज की मात्रा बोना, स्वस्थ व अधिक अंकुरण क्षमता वाले बीज का उपयोग, बोनी उचित समय पर करना, बोनी कतारों में ही करना तथा कतारों के बीच की दूरी कम करना, उर्वरकों को कतारों में डालना या बीज के साथ बोना, अधिक वृद्धि-दर वाली किस्मों का उपयोग करना तथा अंतर-फसल व मिश्रित फसलों को बोना प्रमुख है। इन सब बातों का ध्यान कृषक को बोनी के पहले ही रखना चाहिए। इन उपायों से फसल की पौध संज्या अधिक रहेगी तथा वृद्धि भी अधिक होगी और नींदा को बढ़ने के कम अवसर मिलेंगे।

तालिका 30.1. खरीफ की दलहनी फसलों हेतु फसल-चक्र

प्रथम वर्ष	द्वितीय वर्ष
उड़द या मूँग, या	ज्वार, बाजरा, रामतिल, तिल या मूँगफली
बरवटी या	ज्वार, बाजरा, राम तिल,
फ्रेन्च बीन (राजमा)	तिल या मूँगफली
शुद्ध अरहर	कपास, ज्वार, बाजरा या मक्का

तालिका 30.2. दलहनी फसलों में नींदा नियंत्रण हेतु अधिक बीज दर व कतारों की दूरी कम

दलहनी फसलें	बीज दर कि.ग्रा./हे.	कतारों की दूरी
अरहर जल्दी पकने वाली	20.00	45 से.मी.
अरहर देर से पकने वाली	15.00	60 से.मी.
मूँग	25.00	30 से.मी.
उड़द	20.00	30 से.मी.
बरबटी	20.00	30 से.मी.
फ्रेन्च बीन	50.00	20 से.मी.

अधिक वृद्धि दर वाली किस्में

अरहर	जे.ए. 3, नं. 148
मूँग	कोपर गांव
उड़द	टाइप - ९
बरवटी	पूसा बरसाती, पूसा दो फसली
फ्रेंच बीन	पूसा पार्वती, कटेन्डर

खरीफ दलहनी फसलों में अंतर फसलें

मूँग की तीन कतारें	अरहर की एक कतार
उड़द की तीन कतारें	अरहर की एक कतार
बरवटी की तीन कतारें	अरहर की एक कतार
फ्रेंचबीन की तीन कतारें	अरहर की एक कतार
(कतारों के बीच 30 से.मी. का अन्तर)	
	मूँग या - ज्वार या

उड़द या	बाजरा या
बरवटी या	मक्का की एक कतार
फ्रेंच बीन की तीन कतारें	
कतारों के बीच की दूरी 30 से.मी.	
या	
ज्वार या	
बाजरा की तीन कतारें	अरहर की एक कतार
कतारों के बीच की दूरी 30 से.मी.	
मिश्र – फसलें	
अरहर + मूँग, उड़द	
अरहर + बरवटी	
कतारों के बीच की दूरी 45 से.मी.	

यांत्रिक विधि

बोनी के पूर्व उपयुक्त खेत की तैयारी

बोनी करने के पूर्व खेत को नींदा रहित कर लेना चाहिए। एक या दो बार बखर चलाकर ऊगे हुए नींदा व रबी फसल के डंठल को उखाड़ दें। यदि खेत में बहुवर्षीय नींदा जैसे कांस दूब, गोंदला, केल आदि है तो एक गहरी जुताई व दो-तीन बखरनी ग्रीष्म ऋतु में करना जरूरी है। मानसून आने पर व नींदा ऊगने के बाद एक बखरनी कर नींदा नष्ट कर बोनी करें।

स्टेल-सीड-बेड (Stale seed bed)

जिन खेतों में मौसमी नींदा की समस्या अधिक है वहाँ पर मानसून के बाद नींदा को ऊगने दें व उसके बाद बखर चलाकर नष्ट कर दें। दूसरी बार फिर से नींदा ऊगने के बाद उसे बखर चलाकर नष्ट कर दें। यदि सिंचाई का साधन है तो मानसून के पहले सिंचाई कर नींदा को अंकुरित कर लें व उसे मानसून के पहले नष्ट कर दें व मानसून आने पर एक बार फिर से नींदा नष्ट कर बोनी करें।

यदि मानसून आने के बाद, नींदा को मारने का मौका बतर न आने के कारण नहीं मिले, तो उसे ग्रेमेक्जोन 1 से 2 लि./हे. छिड़काव कर नष्ट किया जा सकता है। नींदा नाशक की अधिक मात्रा तब डालें जब नींदा अधिक उम्र का हो कम उम्र के नींदा पर कम मात्रा डालें।

ये सभी नींदा नियंत्रण के प्रतिरोधक उपाय हैं जिन्हें बोनी के पहले ही अपनाया जाना चाहिए। यदि ये उपाय अपनाए गए हैं तो फसल में नींदा की सघनता इतनी कम होगी की उसमें निंदाई की आवश्यकता नहीं होती है। इन उपायों को क्षेत्रीय साधनों व समस्याओं के आधार पर अपनाया जा सकता है।

तालिका 30.3 खरीफ दलहनी फसलों में नींदा नियंत्रण हेतु नींदा – नाशक

सामान्य नाम	व्यावसायिक नाम	व्यावसायिक रसायन की दर/ हे. कि.ग्रा./लि.	प्रयोग का समय	प्रभावित नींदा
मूँग				
1. पेन्डीमेथालिन	स्टाज़्प 33 ई.सी.	3.0	बोनी के तुरन्त बाद	मौसमी घास, मोथा व चौड़ी पत्ती के नींदा
2. आक्साडायजान	रोनस्टार 25 ई.सी.	3.0	,,	,, ,,
3. आलाक्लोर	लासो 50 ई.सी.	2.0	,,	,, ,,
4. फ़्लूक्लोरेलिन	बासालिन 45 ई.सी.	2.0	बोनी के पहले मिट्टी में मिलाना	मौसमी घास मोथा व कुछ चौड़ी पत्ती के नींदा
उर्द				
फ़्लूक्लोरेलिन	बासालिन 45 ई.सी.	2.0	बोनी के पहले मिट्टी में मिलाना	मौसमी घास मोथा व कुछ चौड़ी पत्ती के नींदा
ट्राइफ़्लूरेलिन	ट्रेफलान 50 ई.सी.	2.0	,,	,, ,,
थायोबेनकार्ब	सटर्न 50 ई.सी.	4.0	बोनी के तुरन्त बाद	,, ,,
आलाक्लोर	लासों 50 ई.सी.	3.0	,,	,, ,,
पेन्डीमैथालिन	स्टाज़्प	3.0	,,	,, ,,
आक्साडायजान	रोजस्टार	3.0	,,	,, ,,
अरहर				
आक्साडायजान	रोनस्टार 25 ई.सी.	0.75	,,	,, ,,
मैट्रीब्यूजिन	सेनकार 70% पाउडर	0.36	,,	,, ,,
फ़्लूक्लोरेलिन	बासालिन 45 ई.सी.	2.0	,, ,,	,, ,,
ट्राफ़्लूरेलिन	ट्रेफलान	2.0	बोनी के पहले मिट्टी में मिलाकर	,, ,,
पेन्डीमेथालिन	स्टाज़्प	3.0	उगने के पहले	,, ,,
बूटाक्लोर	मेचेट	4.0	,,	,, ,,
बरवटी				
आक्साडायजान	रोनस्टार 25 ई.सी.	3–4	बोनी के तुरन्त बाद	मौसमी घास, मोथा व चौड़ी पत्ती के नींदा
आलाक्लोर	लासो 50 ई.सी.	2.0	,,	,, ,,
प्रोमेट्रिन	गैसागार्ड 80% पाउडर	1.25	,,	,, ,,
लीनुरान	अफालान	2.00	,,	,, ,,

सामान्य नाम	व्यावसायिक नाम	व्यावसायिक रसायन की दर/ हे. कि.ग्रा./लि.	प्रयोग का समय	प्रभावित नींदा
(फ्रेन्चबीन) राजमा				
आलाक्लोर	लासो 50 ई.सी.	2.0	"	" "
आक्साडायजान	रोनस्टार 25 ई.सी.	3.0 हल्की भूमि 4 भारी भूमि	"	" "
फ़्लूक्लोरेलिन	बासालिन 45 ई.सी.	2.0	बोनी के पहले	मौसमी घास, मोथा, कुछ चौड़ी पत्ती के नींदा
मूँग या उड़द के साथ अरहर की अंतर फसल				
फ़्लूक्लोरेलिन	बासालिन 45 ई.सी.	2.0	बोनी के पहले	मौसमी, मोथा, घास कुछ चौड़ी पत्ती के नींदा
आक्साडायजान	रोनस्टार 25 ई.सी.	3.0 हल्की भूमि 4.0 भारी भूमि	बोनी के तुरन्त बाद	मौसमी मोथा, घास चौड़ी पत्ती वाले नींदा
इन सभी फसलों में केवल घासों को मारने के लिए बोनी के 15 से 20 दिन बाद इन नींदा नाशकों का प्रयोग करें।				
हेलाक्सीफाप मिथाइल	गेलेन्ट 125 ई.सी.	2.0	बोनी के 15 से 20 दिन बाद	केवल घासें (मौसमी, बहुवर्षीय)
फ़्लूएजीफाप बुटाइल	फ़्यूजीलेड 125 ई.सी.	2.0	"	" "

फसल में निदाई करने का समय

इन साधनों को अपनाने के बाद भी यदि दलहनी फसलों में अधिक नींदा ऊगते हैं तो इन फसलों में निंदाई बोनी के बाद 15 से 20 दिन के अंदर ही करना चाहिए। बाद में निंदाई करने से पूरा लाभ नहीं मिलता क्योंकि फसल की वृद्धि प्रभावित हो चुकी होती है। बाद में निंदाई करने से जड़ें व नत्रजन स्थिरीकरण करने वाली ग्रन्थियाँ पौधे से टूट-फूट जाती है। उनका संबंध पृथक होने से पौधों का खाद्य तत्त्व अवशोषण क्षमता कम हो जाती है जिससे वृद्धि कम होती है। पौधों की शाखाएँ व तना अधिक बढ़ जाने पर निंदाई करते समय टूट जाते हैं। निंदाई में देर होने से दूसरी हानि यह होती है कि नींदा अधिक समय तक ऊगे रहने से कुछ खाद्य तत्त्व ले लेते हैं जिससे उर्वरता का पूरा लाभ फसल को नहीं मिल पाता। देर से निंदाई करने में मजदूरी अधिक लगती है क्योंकि नींदा का फैलाव अधिक हो जाता है, उनकी जड़ें गहरी हो जाती है तना सज़्त हो जाते हैं इससे निंदाई में कठिनाई होती है तथा क्षमता कम हो जाती है।

फसलें ऊगने के बाद यांत्रिक विधि द्वारा निंदाई

कतारों में बोई गई दलहनी फसलों में बैलों से चलने वाले डोरा या डोरी के द्वारा निंदाई करना सरल व कम खर्चीला है। यह मालवा में अधिक प्रचलित है। दो आदमियों के द्वारा दो डोरा एक साथ कुछ अंतर से एक जुएं पर बांधकर एक बैल जोड़ी से चलाए जाते हैं। इसमें डोरा एकांतर विधि से चलते हैं जैसा चित्र में दिखाया गया है। इस विधि से लगभग आधा-पौन एकड़ क्षेत्र की निंदाई प्रति बैल जोड़ी के द्वारा की जा सकती है। ''हेंड हो'' के द्वारा

भी निंदाई जल्दी होती है। ''कसौला'' के द्वारा निंदाई करने में मजदूरों को खेत में बैठना नहीं पड़ता। इस यंत्र का बेंट (हेंडिल) लम्बा होता है वे उसे पकड़कर खड़े-खड़े ही निंदाई कर सकते हैं। इसका राजस्थान, हरियाणा आदि क्षेत्रों में अधिक उपयोग होता है।

सेन्ट्रल इन्स्टीट्यूट ऑफ एग्रीकल्चरल इंजीनियरिंग के द्वारा भी इसी प्रकार का यंत्र निंदाई के लिए उपयुक्त पाया है।

ज्वार बाजरा के साथ दलहनी फसलों में नींदा नाशक

ज्वार के साथ दलहनी फसलें मिलवां या समानान्तर फसलों के रूप में अनेक कृषक बोते हैं इस परिस्थिति में आलाक्लोर 1.0-1.5 कि./हे. उद्भवन पूर्व छिड़काव करें। यह नींदा नाशक ज्वार के साथ सभी दलहनी फसलों के लिए उपयुक्त है। ज्वार + अरहर में नींदा नियंत्रण हेतु मेट्रीब्यूजिन 0.25 कि.ग्रा./हे. उद्भवन पूर्व छिड़काव करें।

रबी की दलहनी फसलों में नींदा नियंत्रण

रबी की दलहनी फसलों में नींदा-स्पर्धा क्षमता बहुत कम है तथा मसूर, चना, तेवड़ा, बाकला उड़द नींदा से अधिक प्रभावित होते हैं। नींदा की अधिक बाढ़ व घनत्व होने पर इनकी फसलें बहुत ही कम उपज देती हैं। रबी की दलहनों में केवल मटर ही ऐसी फसल है जिसमें नींदा का प्रभाव कम होता है। जो नींदा अधिक बाढ़ करते हैं उनसे मटर में भी अधिक हानि होती है जैसे ''चिरैया बाजरा'' जंगली जई, गाजर-घास, बथुआ व चिकोरी। नींदा का प्रभाव असिंचित क्षेत्र में कम होता है तथा सिंचित क्षेत्र में तो यदि इन फसलों में निंदाई नहीं की जाती है तो उपज में भारी कमी हो जाती है, तथा इन फसलों की कटाई करवाना भी महंगा पड़ता है।

सिंचित क्षेत्र में, चिरैया बाजरा के द्वारा चना की उपज में 50% तथा मसूर की उपज में 60% व मटर की उपज में 12% कमी जवाहरलाल कृषि विश्वविद्यालय के आधारताल फार्म पर पाई गई। अत: इन फसलों में भी नींदा स्पर्धा कर हानि पहुँचाते हैं। असिंचित क्षेत्र में अकरी, हिरनचरी, जंगली गोभी, कांस, दूब, मोथा, बथुआ आदि से भी अधिक हानि होती है किन्तु कृषकों को इसका अहसास नहीं होता और निंदाई नहीं करते। यद्यपि वे नींदा को बाद में अवश्य उखाड़ते हैं परन्तु निंदाई की दृष्टि से नहीं वरन पालतू जानवरों को हरी घास के रूप में। इससे फसल को जो हानि नींदा से होनी थी वह हो चुकी होती है। साथ ही उसके उखाड़ने से फसल के पौधे भी उखड़ते हैं व टूटते हैं।

क्रांतिक अवस्था

चना व मसूर की वृद्धि प्रारंभिक अवस्था में बहुत ही मंद गति से होती है। इस कारण अनेक नींदा इनकी फसल को आच्छादित कर देते हैं। सिंचित दशा में तो ऐसी परिस्थिति उत्पन्न हो जाती है जो कि फसल नींदा के कारण दिखाई ही नहीं देती है। इन फसलों में 30 दिन के अन्दर निंदाई करना आवश्यक है इसके बाद इनमें शाखाएँ फैल जाती है और नींदा को पुन: अंकुरित नहीं होने देती है।

दलहन व तिलहनी फसलों के नींदा

(1)	हिरन चरी	*Convolvulus arvensis*

(2)	अकरी	*Vicia sativa*
(3)	बनगोभी	*Launea aspleniifolia*
(4)	दुधी	*E. geniculata*
(5)	सेंजी	*Melilotus* spp.
(6)	बथुआ	*Chenopodium album*
(7)	गोखरू मुंडी	*Sphaeranthus indicus*
(8)	सत्यानाशी, कटर्रा	*Argemone mexicana*
(9)	ऊंटकटारा	*Echinopes echinatus*
(10)	मगरमस्त	*Corchorus fassicularis*
(11)	दूब	*Cynodon dactylon*
(12)	कांस	*Saccharum sponteneum*
(13)	केल	*Dichanthium* spp.
(14)	मोथा	*C. rotundus*

तथा इनके अतिरिक्त रायपुर, बिलासपुर क्षेत्र में अमरबेल का भी अधिक प्रकोप है इन खरपतवारों के बीज फसलों के बीज के साथ मिलकर एक स्थान से दूसरे स्थान पर पहुँच जाते हैं। इनकी सघनता खेत की दशा, मिट्टी की किस्म, मृदा नमी की मात्रा, खाद की मात्रा तथा खाद की किस्म व ज़ोत तथा खेत की जुताई, बखराई, फसल चक्र व सिंचाई आदि के कारण बदलती रहती है। स्थान विशेष पर विशिष्ट प्रकार के खरपतवार भी पाए जाते हैं। जैसे कि रायपुर, बिलासपुर, मंडला आदि जिलों में गोरख मुंडी व गोखरू भी रबी की फसलों में पाए जाते हैं। पन्ना, टीकमगढ़, रीवा आदि जिलों में बन प्याज भी पाई जाती है।

जब ये फसलें सिंचित क्षेत्र में गेहूँ के क्षेत्र में बोई जाती हैं तो इनमें चिरैया बाजरा (*Phalaris minor*), जंगली जई (*Avena fatua*), पोआ (*Poa annua*), बंदर पुंछा (*Eragrarstis diarrhena*) भी अधिक हानि पहुँचाते हैं। अनेक क्षेत्रों में दुधी (*Euphorbia dracuculoides*) बेलवाली दुधी (*Oxystelima secamone*) एवं क्रोजोफोरा (*Chrozophora parvifolia*) असिंचित व सिंचित क्षेत्रों में इन फसलों को अधिक हानि पहुँचाते हैं।

नींदा नियंत्रण की विधियाँ

सस्य विधियाँ

(1) **शुद्ध बीज** - दलहनी फसलों का शुद्ध बीज बोएं क्योंकि, इन फसलों के साथ ही अनेक बीज बोएं जाते हैं जैसे सेंजी व जंगली मटर का बीज।

(2) **बीज दर अधिक** - दलहनी फसलों के बीज का आकार किस्मों के आधार पर छोटा या बढ़ा होता है। अत: बोनी करते समय यह ध्यान रहे कि जिस किस्म के बीज का आकार बड़ा है उसके बीज के भार के अनुसार बीज दर प्रति/हे. बढ़ा दें अन्यथा पौध संज़्या कम होने से नींदा का प्रभाव फसल पर अधिक होगा।

(3) **फसल का चुनाव** - जिस क्षेत्र में अधिक नींदा हो तो मसूर या चना न बोकर, मटर बोएं क्योंकि इसमें स्पर्धा क्षमता अधिक है।

(4) **कतारों की दूरी कम रखें** - चना, मसूर, तेवड़ा की बोनी में कतारों की दूरी 20 से.मी. रखें तथा मटर व बाकला उड़द की दूरी 30 से.मी. की कतारों में करें। इससे अधिकांश नींदा दब जावेगा।

(5) **उर्वरक** - कतारों में ही बीज के साथ उर्वरक बोएं, छिटके नहीं। अन्यथा खाद्य तत्त्व नींदा को भी प्रारम्भ से मिलेंगे। फसलों को उर्वरक अवश्य दें इससे फसल की बाढ़ उचित होती है और नींदा स्पर्धा करने की क्षमता बढ़ती है।

तालिका 30.4. रबी की दलहनी फसलों के नींदा नाशक

फसल	नींदा नाशक का सामान्य नाम	व्यावसायिक नाम	दर/हे. कि.लि. व्याव. पदार्थ	प्रयोग का समय	प्रभावित होने वाले नींदा
मटर					
1.	प्रोमेट्रिन	गैसागार्ड 80% पाउडर	1.0	बोनी के तुरन्त बाद	एक दलीय व द्वि दलीय
2.	आक्साडायजान	रोनस्टार 25 ई.सी.	4.0	,,	,,
3.	आइसोप्रोटुरान	टोलकन 50% पा.	2.0	,,	,,
	बूटाक्लोर	मैचेट 50% ई.सी.	5.0	,,	,,
4.	पेन्डीमेथालीन	स्टाम्प	3.0	,,	,,
5.	टरबूट्रिन	इगरान 80%	1.0	,,	,,
6.	एम.सी.पी.बी.	ट्रो टाक्स	0.80	20 दिन बाद	द्विदलीय
7.	फ्लूक्लोरेलिन	बासालिन 45% ई.सी.	2.0	बोनी के पहले जमीन गें मिला दें	दोनों
8.	आक्सीफ्लोरफेन	गोल 23.5% ई.सी.	1.0	उगने के पहले	दोनों
चना					
1.	टरबूट्रिन	इगरान 80% पाउडर	1.0	बोनी के तुरन्त बाद	एक दलीय व द्वि दलीय
2.	आक्साडायजान	रोनस्टार 25 ई.सी.	3.4	,,	,,
3.	आइंसोप्रोटुरान	टोलकन 50% पाउडर	1.0	,,	,,
4.	फ्लूक्लोरेलिन	बासालिन 48% ई.सी.	2.0	बोनी के तुरन्त पहले	एक दलीय
5.	लीनुरान	अफालान	1.0	बोनी के तुरन्त बाद	दोनों
6.	डाइयूरान	कारमेक्स	1.0	उगने के बाद	दोनों
7.	लेन्टाग्रान		1.0	,,	दोनों

फसल	नींदा नाशक का सामान्य नाम	व्यावसायिक नाम	दर/हे. कि.लि. व्याव. पदार्थ	प्रयोग का समय	प्रभावित होने वाले नींदा
मसूर					
1.	आइसोप्रोटुरान	टोलकन 50% पाउडर	2.0	बोनी के तुरन्त बाद	एक दलीय व द्वि दलीय
2.	पेन्डीमिथेलीन	स्टाम्प 33% ई.सी.	3.0	,,	,,
3.	फ्लूक्लोरेलिन	बासालिन 48% ई.सी.	2.0	बोनी के पहले	एक दलीय
4.	लीनूरान	अफालान	3.0	बोनी के बाद	दोनों
5.	टरबूट्रिन	इगरान 80% पाउडर	1.0	बोनी के तुरन्त बाद	एक दलीय
6.	मेंथाबेन्जथियाजुरान	ट्राईबुनिल 70% पाउडर	1.5	,,	,,
बाकला - उड़द					
1.	आसोप्रोटुरान	ग्रेमीनान	2.0	बोनी के तुरन्त बाद	दोनों प्रकार की
2.	आक्साडायजान	रोनस्टार	4.0	,,	,,
3.	आक्सीफ्लोरफेन	गोल	1.0	,,	,,
4.	टरबूट्रिन	इगरान	0.1	,,	,,
5.	पेन्डीमेथालीन	स्टाम्प	3.0	,,	,,
6.	मेथाबेंजथियाजुरान	ट्राइबूनिल	1.5	,,	,,
7.	मेटाजुरान	डोसानेक्स	1.5	,,	,,
8.	लीनुरान	अफालान	2.0	,,	,,
9.	डाइयूरान	कारमेक्स	2.0	,,	,,
10.	अट्राजिन	अट्राट्राफ	1.0	,,	,,
तेवड़ा					
1.	आसोप्रोटुरान	ग्रेमीनान	2.0	बोनी के तुरन्त बाद	दोनों प्रकार की
2.	आक्साडायजान	रोनस्टार	4.0	,,	,,
3.	मेंथाबेन्जथियाजुरान	ट्राइबूनिल	1.5	,,	,,
4.	टरबूट्रिन	इगरान	1.0	,,	,,
5.	पेन्डीमेथालिन	स्टाम्प	3.0	,,	,,
इन सभी में केवल घास कुल के नींदा मारने हेतु					
1.	फ्लूएजीफाप-पी-बुटाइल	फ्यूजीलेड	2.0	बोनी के 20-30 दिन बाद	घासें
2.	हेलाक्सीफाफ मिथाइयल	गेलेन्ट	2.0	,,	,,
3.	क्वाजीलोका इथिल		40-50 ग्रा (सक्रिय पदार्थ)		

स्टेल सीड बेड

जिन सिंचित खेतों में अधिक नींदा ऊगते हैं उनमें स्टेल सीड बेड तैयार करें।

हाथ से निंदाई

खुर्पी या कसोला से निंदाई 30 दिन के अन्दर करें। हाथ की निंदाई इन फसलों में महंगी पड़ती है।

यांत्रिक विधि

''हेंड हो या डबल व्हील हो'' के द्वारा कतारों में निंदाई करने से हाथ की निंदाई से लगभग तिगुनी क्षमता बढ़ जाती है। बेलों से चलने वाले डोरा का भी उपयोग करने से नींदा नियंत्रित हो जाते हैं। विशेषत: मटर में जो 30 से.मी. की दूरी पर बोया जाता है।

रासायनिक नींदा नियंत्रण

इन सभी दलहनी फसलों में आइसोप्रोटुरान या पेन्डीमिथालिन, 1.0 कि.ग्रा. या आक्साडायजान या टरबूट्रिन 0.75 कि.ग्रा./हे. की दर से 500 से 600 लि. पानी में घोल बनाकर बोनी के तुरन्त बाद छिड़काव करें। इससे दोनों प्रकार के नींदा नियंत्रित होंगे। इन दलहनी फसलों में यदि घास कुल के नींदा ही प्रमुख हैं जैसे चिरैया बाजरा या जई फ़्लूएजीफाप बुटाइल या हेलाक्सीफाप मिथाइयल 0.25 कि.ग्रा./हे. का बोनी के 20 से 30 दिन बाद छिड़काव करें।

मटर, चना, मसूर, बाकला उड़द एवं तेवड़ा में नींदा नियंत्रण हेतु उपयुक्त पाए गए नींदा नाशकों की सूची तथा प्रयोग विधि सारणी 30.4 में दर्शाई गई है।

31

धान्य फसलों में नींदा नियंत्रण
(Weed Control in Cereals and millets)

धान में नींदा नियंत्रण

धान (*Oryza sativa* L.) विश्व की प्रधान धान्य फसल है। विश्व में इसका क्षेत्र 155,711 हजार हे. है। भारत वर्ष में 44000 हजार हे. क्षेत्र है तथा उत्पादन 148,365 हजार टन है तथा उत्पादकता क्रमशः 4.25 एवं 3.37 टन/हे. है। इसमें प्रमुख रूप से स्टार्च पाया जाता है इसके साथ 17 अमीनो एसिड भी पाए जाते हैं।

धान की खेती विश्व में 39° दक्षिण (आस्ट्रेलिया) लेटीट्यूड से 45° उत्तर (जापान) एवं 50° उत्तर लेटीट्यूड (चीन) तक फैली है। भारत वर्ष में 8° उ. से 34° उ. तक इसकी कास्त होती है। समुद्र की सतह से नीचे जैसे केरल के कुट्टानंत क्षेत्र में तथा समुद्र से 1979 मी. की ऊंचाई तक इसकी खेती है। इसकी खेती पूर्वी व दक्षिणी भारत के सिंचित क्षेत्र में प्रायः वर्ष भर होती है तथा सभी प्रकार की मृदा में यहाँ तक कि 3 पी.एच. (केरल में) से 10 पी.एच. मान (हरियाणा व उत्तरप्रदेश) की मृदा में उत्पन्न की जाती है। कम मृदा जल स्तर में यह शुष्क व अर्ध शुष्क पद्धति तथा अधिक वर्षा या सिंचाई में अधिक मृदा जल की दशा में यह मचौआ कर ''लेही'' या रोपा पद्धति से ऊगाई जाती है। चूँकि इस फसल को अधिक खाद्य तत्त्वों की आवश्यकता होती है अतः खाद व उर्वरक की मात्रा भी इस फसल को अधिक दी जाती है। अतः स्पष्ट रूप से विभिन्न पारिस्थितिकी में अनेक प्रकार के नींदा इस फसल को प्रभावित करते हैं।

नींदा स्पर्धा के कारण धान की नई किस्मों में कम स्पर्धा क्षमता, अस्थिर नमी व अत्यधिक नींदा की बाढ़ के कारण वर्षा पर आधारित धान का महत्त्व बहुत कम होता जा रहा है। उचहन धान (Upland rice) के उत्पादन में 65% की औसत हानि होती है जो भारत में धान के वार्षिक उत्पादन में 1.46 करोड़ टन का घाटा एवं लगभग 13870 करोड़ रूपया के घाटे के बराबर है। नींदा नियंत्रण के उपायों को धान की किस्म, भूमि व नींदा के प्रकार के आधार पर उपयोग किया जाता है।

धान से अधिक उत्पादन लेने हेतु फसल को प्रथम 30 से 45 दिन की अवस्था तक नींदा स्पर्धा से बचाना आवश्यक है।

फसल के अच्छे अंकुरण व नींदा को नियंत्रण करने के लिये ग्रीष्म में जुताई के बाद वर्षा प्रारम्भ होते ही 2 से 3 बखराई (Harrowing) बोनी के पूर्व जरूरी है।

जहाँ पर मजदूर उपलब्ध हैं 25 और 45 दिन पर हाथ से निंदाई व 1 से 2 होईंग (10 से 25 दिन के बीच) नींदा नियंत्रण के प्रभावशाली उपाय हैं जो बहुत से क्षेत्रों में उपयोग में लाए जाते हैं। उन स्थितियों में जहाँ पर मजदूर उपलब्ध नहीं है या महंगे हैं या प्रतिकूल मौसम में नींदा नाशक अकेले ही लाभकारी हैं। एक से अधिक उपायों का एकीकृत उपयोग भी विभिन्न दशाओं में नींदा नियंत्रण हेतु आवश्यक है।

नींदा के कारण उत्पादन में हानि

उपर्भूमि धान की कास्त में अत्यधिक बाधाएँ होती हैं। इनमें नमी की अस्थिरता जो वर्षा के वितरण पर आधारित रहती है और भूमि नमी के आधार पर नींदा की बाढ़ ही प्रमुख कारण है जो फसल की वृद्धि व उपज को निर्धारित करते हैं। एशिया में उपर्भूमि धान की उपज में 65 प्रतिशत की हानि नींदा के कारण होती है। जबकि 11 से 22 प्रतिशत हानि सिंचित धान में होती है (पिल्लई और राव 1974 डी. दत्ता 1981)। यह हानि भारत वर्ष में 292 करोड़ रुपया है। भारत से सन् 1980 में 75 करोड़ टन धान के कुल उत्पादन में 3% उपर्भूमि धान का योगदान व 2000 रुपया प्रति टन के हिसाब के 65% हानि नींदा के द्वारा व एशिया में 5.3 से 5.9 बिलियन डालर के बराबर है (कृष्णमूर्ति 1985)।

यह हानि धान की किस्म, भूमि, नमी का वितरण, नींदा की बाढ़ आदि पर निर्धारित रहती है। बहुत से अनुसंधानों के द्वारा धान की उपज में अधिक हानि देखी गई। यह हानि उपर्भूमि धान में 40 से 100% तक हो सकती है जबकि नीची भूमि की धान में 30 से 35 प्रतिशत एवं रोपाई से लगने वाली धान में 15 से 40 प्रतिशत उपज में कमी होती है (पिल्ले व राव, 1964, राव व सहयोगी, 1976, भगत व सहयोगी, 1977)। उपर्भूमि में दूसरी परिस्थितियों की तुलना में कम पानी इकट्ठा होने के कारण खरपतवारों की वृद्धि अधिक होती है। सिंचित दशा में या उपयुक्त पानी का साधन होने पर खेत में पानी को भरकर भी बहुत से खरपतवारों को नियंत्रित किया जा सकता है।

धान के प्रमुख नींदा

उपर्भूमि परिस्थिति में नींदा को वृद्धि व जल्दी गुणित होने के लिये अच्छा वातावरण मिल जाता है। यह फसल की वृद्धि के लिये अति आवश्यक कारकों जैसे प्रकाश जल खाद्य तत्त्व, कार्बनद्वि ओषिद आदि से स्पर्धा करते हैं। नींदा स्पर्धा की मात्रा, नींदा की जाति पर आधारित रहती है। भारत में प्रमुख रूप से 40 से 87 स्पीसीस जो लगभग 27 कुल की होती हैं धान में देखी गई है (चक्रवर्ती 1957, कृष्णमूर्ति व सहयोगी 1983)। प्रमुख नींदा गोंदला (*Cyperus rootundus* L.), मोथा (*C. iria* L.), गोंदली (*Fimbristylis* spp.), बनरागी (*Eleusine indica*), सावां, (*Echinochloa crusgalli*), लिदरा (*Panicum* spp), चुनवैया, *Digitaria sanguinalis*, बनकोदों (*Paspalum* spp.), फिरकतन्नी (*Dactyloctineum aegypticum*), बंदरा-बंदरी (*Seteria glauca*), मुर्दी (*Sehima nervusum*), दूब (*Cynodon dactylon* Pers), चौड़ी पत्ती वाले नींदा में कनकी (*Commelina communis*), गतीघुसी (*Alternanthera sessilis*), करई चेंच (*Ludwigia parviflora*), घमरा (*Eclipta alba*) हजारदाना (*Phyllanthus* spp.), चेंच (*Corchorus* spp.), बिलजा (*Caesulia axillaris*) और गोरख मुंडी (*Spharanthus indicus*) प्रमुख है। उपर्भूमि धान एवं अन्य फसलों में पाए जाने

वाले विभिन्न कुलों से संबंधित नींदा भी पाए जाते है जो यह सूचित करता है कि घास (पोयेसी) और साइप्रेसी कुल से संबंधित नींदा उपभूमि धान को अधिक प्रभावित करते है। (पेट्रो, 1972 मिश्रा एवं रे 1961)। घास पोयेसी कुल के सदस्य, सेजेस व चौड़ी पत्ती वाले नींदा की अपेक्षा अधिक स्पर्धा करते हैं। बहुवर्षीय नींदा जैसे दूब, गोदला व जल दूब भी अधिक समस्या जनक है। गोंदला नत्रजन को अधिक स्पर्धा करता है।

तालिका 31.1. भारत वर्ष में धान के खेतों में पाए जाने वाले नींदा

नींदा		उपरिभूमि	लेही व रोपा
घास कुल के नींदा (Grasses)	*Arthraxona hispida* Makino	-	+
सोंवा	*Echinochloa colonum*	-	+
सांवा	*Echinochloa crusgalli*	+	+
बट्टा	*Echinochloa crusgalli* var. *Oryzicola*	+	+
एराग्रास्टिस	*Eragrostis* spp.	+	+
घुड़चवा	*Chloris barbata*	+	+
गरू	*Coix lachryma jobi*	+	+
दूब	*Cynodon dactylon*	+	+
फिरकतन्नी	*Dactylocteneum aegyptium*	+	-
क्रेब घास	*Digitaria adscendens*	+	-
लीर्सिया	*Leersia cyanuta*	-	+
इस्चीमम	*Ischaemum rugosum*	+	+
कांसी	*Imperata cylindrica* L.	+	-
रबरा	*Oplismannus burmannii*	+	+
पसाई धान	*Oryza sativa* L. *spontanea*	-	+
पेनीकम	*Panicum species*	+	+
जलदूब	*Paspalum distichum*	+	+
गठुआ	*Rottbeolia exaltata*	-	+
मुर्दी, टोड़ी	*Sehima nervosum*	+	+
कुरकुरू, बंदरा-बंदरी	*Seteria glauca*	+	-
"	*Seteria megna*	+	+
गुनेर	*Themeda caudata*	+	-
मोथा वर्ग के नींदा (Sedeges)			
नागर मोथा	*Cyperus compressus* L.	+	+
मोथा	*Cyperus difformis*	-	+
"	*Cyperus iria*	+	-

नींदा		उपरिभूमि	लेही व रोपा
"	*Cyperus microiria Steud*	-	+
"	*Cyperus bravifolius Hassk.*	-	+
"	*Cyperus globosus* All.	-	+
गोंदला	*Cyperus rotundus*	+	+
गुदली	*Fimbrystylis dictoma Vahl.*	-	+
"	*Fimbrystylis diphylla*	-	+
"	*Fimbristylis miliacea Vahl.*	+	-
"	*Fimbristylis quinquin* gularis	+	-
"	*Scirpus planiculmis* Fr. Schm.	+	+
"	*Scripus fluviatilis* A. Gray.	-	+
"	*Eleocharis acecularis* Roem et. Schult.	+	
ईलियोकेरिस	*Eleocharis congesta* D. Don.	-	+
ईरियोकालान	*Eriocaulon robustus* Makino	-	+
ईरियोकालान	*Eriocaulon nipponicum* Maxim.	-	+
चौड़ी पत्ती वाले नींदा (Broad leaf weeds)			
महकौआ	*Ageratum conyzoides*	+	+
	Acalypha indica	+	-
चौलाई	*Amaranthus* spp.	+	-
गतिघुसी	*Alternanthera sesilis*	+	+
	Ammaania bascifera	+	+
	Aeschynomene indica	+	+
तालिमखाना	*Asteracantha longifolia*	+	+
शेवरा	*Alysicarplus* spp.	+	+
बिलजा	*Caesulia axillaris*	+	+
सफेद मुर्गा	*Celosia argentia*	+	-
चेंच	*Corchorus tridens*	+	+
चेंच	*Corchorus aestuans*	+	+
मगर मस्त	*Corchorus fassicularis*	+	+
लेसुआ	*Digera alternifolia*	+	-
चिपकनू	*Desmodium triflorum*	+	-
दुधी	*Euphorbia hirta*	+	-
घमरा	*Eclipta alba* Hassk.	+	+

नींदा		उपरिभूमि	लेही व रोपा
ग्रेटिओला	*Grateola japonica* Miq.	+	+
रक्सी	*Hibiscus micranthus*	+	+
नारीभाजी	*Ipomoea aquatica* Forsk.	-	+
नील	*Indegofera* spp.	+	-
करई, चेंच	*Ludwigia parviflora* Roxb.	+	+
	Lindernia dubia (L.) *Pennell.*	+	+
कडूजीरा	*Lagascea moillis*	+	-
	Malachara capitata L.	+	+
	Marsilea quadrifolia L.	+	+
छुई-मुई	*Mimosa pudica*	+	-
	Mollugo stricta L.	+	+
जलदुधी	*Oxystelma esculentum* R.B.	+	+
	Oldenlandia indica	+	+
खट्टी बूटी	*Oxalis corniculata*	+	-
वन मूँग	*Phaseolus trilobus* Ait	+	-
जंगली रसभरी	*Physalis minima* L.	+	-
मुई आंवला, हजारदाना	*Phyllanthus niruri* L.	+	-
"	*Phyllanthus simplex*	+	-
बाबची	*Psoralea corylifolia*	+	-
	Rungia repens Nees	+	-
	Rotala indica Koehne	+	+
सिलामिली	*Sesbania aculeata*	+	-
मकोई	*Solanum nigrum* L.	+	-
	Sphaenoclea zeylanica	+	+
गोरख मुंडी	*Sphaeranthus indicus* L.	+	+
अगिया	*Striga densiflora*	+	-
अगिया	*Striga lutea* Lour.	+	-
विषखापरो	*Trianthema monogyana*	+	-
आधा शीशी, गोखरू	*Xanthium strumarium* L.	+	+
एक बीज पत्रीय - चौड़ी पत्ती वाले नींदा			
जल केला	*Alisma canaliculatum* A. Br.et.	-	+
जल केला	*Alisma plantago aquatica* L.	-	+

नींदा		उपरिभूमि	लेही व रोपा
कनी	*Anelima nodi florum* Br.	+	+
कनी	*Aneilima keisak* Hassk.	+	+
कनकौआ	*Commelina bengalensis* L.	+	-
कनकी	*Commelina communis* L.	+	+
कनकी	*Cyanotis axillaris* Roem. & Sch.	+	+
कनकी	*Cyanotis cristata Schut* F.	+	+
जलकुम्भी	*Eichhornia crassipes* Solm.	-	+
	Sagittaria sagitalis	-	+
	Sagittaria pygmaea Miq.	-	+
	Sagittaria trifolia L.	-	+
जल कुम्भी	*Monochoria vuginalis* Presel.	-	+
तैरने वाले नींदा			
कथीरा	*Azolla imbricata* Naai	-	+
पतेरी	*Spirodela polyrhiza* Schleid	-	+
काई	*Spirogyra crassa* Kutz.	-	+
सलबीनिया	*Salvinia netans* All.	-	+
पतीरा (लेमना)	*Lemna paucicostata* Hegelm.	-	+
अन्य जलीय नींदा			
हाईड्रिला	*Hydrilla*	-	+

2,4-डी 1.0 कि.ग्रा./हे. से बोनी के 15 से 20 दिन की अवस्था पर ये सभी मोथा वर्ग एवं चौड़ी पत्ती वाले नींदा नियंत्रित किए जा सकते हैं।

नींदा स्पर्धा से उपज में हानि नींदा की किस्म पर आधारित है

उपर्भूमि पारिस्थितिकी में गोंदला (सेजेस) एवं घास के नींदा की ही 50 प्रतिशत से अधिक संज्या हो सकती है (सिंह एवं सिंह 1983)। कृष्णमूर्ति व सहयोगियों (1984) ने बेंगलोर में सांवा की 16 से 33% उपस्थिति से प्रकाश संश्लेषण में 28 से 36 प्रतिशत, पर्ण प्रवाहक शक्ति में 28 से 47 प्रतिशत कमी पाई व उत्स्वेदन 28 से 40 प्रतिशत अधिक पाया जिससे 54 से 71 प्रतिशत रोपाई वाली धान का उत्पादन कम पाया।

इससे यह तथ्य सामने आता है कि घास व सेजेस की अधिक संज्या होने से प्रकाश, जल एवं खाद्य तत्वों हेतु अधिक स्पर्धा होती है। उपर्भूमि में अधिक नींदा होने से खाद्य तत्वों की हानि होती है (सिंह एवं शर्मा 1981)। उपर्भूमि स्थिति में नींदा के बीज धान के साथ ही ऊगते हैं और अधिक स्पर्धा करते हैं परन्तु रोपाई की धान में ऐसा नहीं होता है। उपर्भूमि धान बोनी के बाद 30 से 45 दिन तक नींदा रहित परिस्थिति चाहती है जिससे प्रभावित होने वाली अवस्था पार हो जावे (भान व सहयोगी, 1980, गोपाल नायडू एवं भान, 1980)।

प्रारम्भिक अवस्था बाद वाली अवस्था की तुलना में नींदा से अधिक प्रभावित होती है।

सादा (जंगली धान) की समस्या

धान के खेतों में प्राकृतिक रूप से ऊगने वाली जंगली धान (*Oryza sativa* f. *spontanea*) जिसे सादा, सदवां, झरूआ, करछा तथा पड़ती क्षेत्र में ताल-तलैयों के किनारे पर ऊगने वाली पसई धान, देवभात, नेरभात, उरीदाल, बालुंग आदि कहते हैं। इनकी अनेक स्पीसीस होती है तथा *Oryza sativa* को संकरित करके अनेक प्रकार की किस्मों का निर्माण किया है। इसका पौधा धान के समान ही होता है केवल बाल निकलने पर पहचाना जा सकता है। इन दानों का अंकुरण बोई गई धान के साथ होता है। और धान के साथ प्रतिस्पर्धा करके 10-100 प्रतिशत उपज कम करते हैं। धान के समान ही इसका पौधा होने के कारण हाथ से निंदाई द्वारा नियंत्रित नहीं किया जा सकता। इससे यह समस्या पूरे विश्व में बढ़ती जा रही है।

नींदा नियंत्रण की विधियाँ

उपर्भूमि धान में नींदा नियंत्रण की कुछ विधियों में से भूपरिष्करण क्रियायें (Tillage practices), सस्य विधियाँ, फसल चक्र एवं नींदा नाशक का प्रयोग प्रमुख विधियाँ हैं।

नींदा नियंत्रण की सस्य विधियाँ

अ. बोनी के पूर्व

(1) शुद्ध बीज का प्रयोग करें

धान के बीज में नींदा के बीज बहुधा धान काटते समय मिल जाते हैं। जैसे मुर्दी, सावां, कनकी आदि के बीज धान व चावलों में स्पष्ट दिखाई देते हैं। बहुधा किसान इसी प्रकार के बीज को बोनी में उपयोग करते हैं। बीज नींदा बीजों के वितरण में बहुत सहायक होता है और एक देश से दूसरे देश तक बीज के साथ नींदा के बीज पहुँच जाते हैं। धान के बीज को छानबीन कर बोनी के काम में लाएं।

(2) बीज अधिक मात्रा में बोएँ

100 कि.ग्रा./हे. बीज बोएँ, अंकुरण क्षमता 90% से कम न हो, अधिक पौध संज्या होने पर नींदा की वृद्धि कम होगी।

(3) धान की स्पर्धाई किस्मों को बोएँ

विपुल उत्पादनशील सी.आर.एम. 13-32-41, पूर्वा व पूसा 33 शीघ्र पकने वाली किस्मों में व क्रांति मध्यम समयावधि वाली किस्मों में अधिक स्पर्धाशील किस्में हैं जो नींदा के कुप्रभाव को कम करती हैं।

(4) बोनी की विधि

धान की बोनी सघन करें तथा कतारों में 15–20 सें.मी. का अंतर रखें। कतारों में बोनी करने से यांत्रिक निंदाई करने में आसानी होती है। हाथ की निंदाई में भी कार्य क्षमता बढ़ती है। छिटका धान में निंदाई करने में समय अधिक लगता है व मजदूरी बढ़ती है।

(5) उर्वरक देने की विधि

उर्वरक कतारों में दें जिससे खाद्य तत्त्व नींदा को कम उपलब्ध हों व फसल को अधिक मिलें। फसल की अधिक बाढ़ होगी तो नींदा की वृद्धि कम होगी। नत्रजन स्फुर व पोटाश 100:60:40 देर से पकने वाली किस्मों को तथा 80:40:20 कि.ग्रा./हे. जल्दी व मध्यम वर्गीय किस्मों को दें जहाँ पर जस्ते की कमी हो वहाँ पर 40 से 50 कि.ग्रा./हे. जिंक सल्फेट या 0.2 प्रतिशत का घोल पर्ण पर छिड़काव करें।

(6) बोनी समय पर करें

धान की बोनी उचित समय पर करें। मध्यप्रदेश में जून का अंतिम व जुलाई माह का प्रथम सप्ताह उपयुक्त है इस समय बोनी करने से धान के पौधों की बोनी के समय खेत में वृद्धि अच्छी होगी नींदा अंकुरित न हों अन्यथा धान के पौधों को प्रारम्भ से ही नींदा के साथ स्पर्धा करना होगी।

(7) मिश्रित फसलें लें

धान के साथ ज्वार, अरहर या मूँग उड़द की अंत: फसलें भी उपर्भूमि परिस्थितियों में ले सकते हैं इससे नींदा की वृद्धि कम होगी व रिक्त स्थान कम होगा जिससे कुल पैदावार अधिक होगी।

(8) भूपरिष्करण क्रियाएँ

एशिया में अनुमान लगाया गया है कि नींदा के प्रकार व उसकी उपलब्धता के आधार पर टिलेज क्रियाओं में 8 से 27% मजदूरों की आवश्यकता होती है। ऊगे हुए नींदा मारने व धान ऊगने हेतु उपयुक्त परिस्थिति बनाने के लिए अच्छी जुताई के बाद बखराई की आवश्यकता होती है। यद्यपि उपर्भूमि धान में नींदा नियंत्रण के लिये खेत की तैयारी हेतु कोई निश्चित टिलेज क्रियाओं की संज्या निर्धारित नहीं की गई है। सामान्यत: मिट्टी व वर्षा के आधार पर बोनी के लिये उपयुक्त भूमि बनाने व धान की प्रारम्भिक अवस्था में नींदा स्पर्धा दूर करने हेतु 1 से 2 बार जुलाई के बाद 2 से 3 बखरनी की जाती है।

पांडे व सहयोगियों (1983) ने खड़कपुर में एक शोध में टिलेज क्रियाओं का असर नींदा नियंत्रण पर मध्यम पाया।

(9) फसल चक्र अपनाएं

सामान्यत: एक ही फसल चक्र एक ही प्रकार के नींदा की बढ़ोत्तरी में सहायक होता है उदाहरणार्थ मुर्दी, गोंदला (साइप्रस स्पीसीस) (मरकेडो, 1969) विभिन्न ऋतुओं में प्रमुख नींदा की बाढ़ का अध्ययन व उसके

अनुसार नींदा को कम करने हेतु फसल चक्र अपनाया जाए यदि धान के खेत में अन्य फसल न ले सकें तो धान की किस्म व धान ऊगाने की पद्धति बदल दें।

शीघ्र धान पकने वाली विपुल उत्पादनशील धान की किस्मों में यांत्रिक विधि का प्रयोग करने के कम अवसर हैं तथा इनमें नींदा स्पर्धा कम होती है। (राव व सहयोगी, 1976)। अधिक उर्वरक के उपयोग के साथ अधिक उपज लेने के लिये हाथ से निंदाई सामयिक होना चाहिए। जिन किस्मों में नींदा स्पर्धा करने की अधिक क्षमता है उनमें नींदा से कम हानि होती है। सघन फसल नींदा की बाढ़ को कम करता है अत: उपर्भूमि परिस्थितियों में उचित पौध संज़्या रखने पर नींदा का कुप्रभाव कम होता है (डी दत्ता, 1981) यह एक अप्रत्यक्ष रूप से कम खर्चीली नींदा नियंत्रण की विधि है जो ध्यान देने योग्य है।

ब. बोनी के बाद नींदा नियंत्रण

1. व्यासी - बोनी के 20 से 30 दिन बाद लगातार पानी बरसते रहने पर, अधिक पौध संज़्या को कम करने, नींदा को नष्ट करने, कल्लों को अधिक बढ़ाने व नमी को संचित करने के लिए धान में दो बार हल चला कर एक बार आड़ी व दूसरी बार खड़ी दिशा में चलाकर यह क्रिया की जाती है। यदि वर्षा बहुत अधिक होती है तो अंत: क्रियायें समय पर नहीं कर पाते और अंतत: फसल नींदा स्पर्धा से प्रभावित हो जाती है।

2. हाथ से खुरपी द्वारा निंदाई

जहाँ मजदूर उपलब्ध हैं हाथ से निंदाई करना बहुत सामान्य विधि है। जिन परिस्थितियों में मजदूरों की कमी है, लगातार वर्षा व अधिक पानी के कारण खेत काम करने योग्य न होने की दशा में निंदाई में विलंब हो जाता है। निंदाई में विलंब होने से बाद में मजदूरों की अधिक आवश्यकता होती है व उपज भी कम हो जाती है तथा लाभ कम मिलता है।

निंदाई की क्रांतिक अवस्था

भारद्वाज व वर्मा (1969) के एक अध्ययन से यह विदित हुआ कि 25 से 45 दिन तक हाथ से निंदाई की जाती है, तो धान की उपज 43 कि.ग्राम/हे./दिन कम होती जाती है और मजदूरों की संज़्या बहुत बढ़ती जाती है। बोनी के 15 दिन बाद हाथ से एक निंदाई करने पर 240 घंटे प्रति आदमी/हे. लगता है और यदि निंदाई 45 दिन पर की जाती है तो 780 घंटे/आदमी/हे. की आवश्यकता पड़ती है (भट्टाचार्य, 1977, डी. दत्ता, 1980)। उपर्भूमि धान में नींदा नियंत्रण हेतु नींदा की सघनता व किस्म के अनुसार कई प्रकार की विधियों की आवश्यकता होती है। सामान्यत: दो बार हाथ से निंदाई, एक बोनी के 15 दिन पर, दूसरी 45 दिन पर तथा एक से दो बार हो के द्वारा निंदाई (30 और 45 दिन पर) करने से आर्थिक रूप से अधिक धान की उपज मिलती है।

(3) हेंड हो के द्वारा - कतारों के बीच में हेंड हो 10 से 15 व 20 दिन पर चलाकर नींदा को नियंत्रित किया जा सकता है इसकी क्षमता हाथ की निंदाई से कई गुनी अधिक है तथा 75% नींदा नियंत्रित हो जाते हैं।

चित्र 31.1 A new herbicide fluroxypyr 0.4 kg/ha 4 DAT is effective to control annual grasses, sedges and broad leaf weeds in transplanted paddy

(4) रासायनिक नींदा नियंत्रण

रासायनिक नींदा नाशक की उपलब्धता बढ़ने व अधिक प्रभावशाली होने के कारण तथा हाथ से निंदाई की तुलना में कम खर्चीले व मजदूर न मिलने के कारण अधिक मान्यता प्राप्त करते जा रहे हैं। विपरीत मौसम में जब हाथ से निंदाई करना असंभव सा हो जाता है तब नींदा स्पर्धा कम करने में नींदा नाशक का प्रयोग अत्यधिक लाभकारी है।

उपभूंमि दशा में पानी की मात्रा वर्षा के आधार पर बहुत शीघ्र घट-बढ़ जाती है। इस पानी की घटा-बढ़ी के द्वारा नींदा नाशक की वरणात्मकता तथा नींदा नियंत्रण की शक्ति प्रभावित होती है।

उपर्भूमि धान में नींदा नियंत्रण हेतु नींदा नाशक सारिणी में दर्शाए गए हैं। सामान्यत: केवल एक नींदा नाशक हाथ की निंदाई जैसा नींदा नियंत्रण नहीं करता परन्तु दो नींदा नाशक या अन्य विधियों के साथ मिलाकर प्रभावकारी नींदा नियंत्रण हो जाता है। बहुत सी परिस्थितियों में बूटाक्लोर 2 से 2.5 कि.ग्रा./हे. या थायोबेनकार्ब 2.0 से 3.0 कि.ग्रा./हे. या पेन्डीमेथेलिन 1.5 से 2.0 कि./हे. या आक्साडायजान 1.0 ग्रा./हे. बोनी के बाद व ऊगने के पहले (2 से 6 दिन बोनी के बाद) छिड़काव करने व इसके बाद 15 से 20 दिन पर एक कि.ग्रा. 2, 4-डी का छिड़काव करने से आर्थिक नींदा नियंत्रण हो जाता है।

दूसरे नींदा नाशक (प्रोपेनिल, आक्सीज़्लोरफेन, पाइप्रोफास, अनीलोफास, डिनाट्रामिन) भी प्रभावशील पाए गए हैं। बूटाक्लोर अधिक वर्षा होने या नहीं होने पर धान में अलग-अलग परिस्थितियों में विपरीत असर करता है।

एकीकृत विधि

धान में अभी तक कोई एक ही विधि जैसे कि भू परिष्करण (टिलेज) या हाथ से निंदाई या यांत्रिक निंदाई, या सस्य विधि या नींदानाशक, नींदा नियंत्रण में प्रभावकारी नहीं पाए गये। एक विधि के साथ कोई दूसरी विधि का उचित प्रयोग करने से प्रभावकारी नींदा नियंत्रण होता है उचित भूमि की तैयारी, सस्य क्रिया में उपयुक्त, धान की किस्म, पौधों से पौधों की दूरी कम, हाथ से निंदाई या "हो" के द्वारा निंदाई और अथवा नींदा-नाशक के छिड़काव कर अंकुरण के पहले नींदा नाशक का छिड़काव तथा 15 से 20 दिन पर 2,4-डी का छिड़काव अथवा 30 से 45 दिन पर हाथ से एक निंदाई आर्थिक रूप से धान में नींदा नियंत्रण की दृष्टि से उपयुक्त है।

अत: उपर्भूमि धान में नींदा नियंत्रण की क्रियाओं का सुधार प्राथमिकता पर करना आवश्यक है। क्योंकि 43 से 100% उपज में हानि बहुत से स्थानों पर होती है। भारत में यदि धान के पूर्ण उत्पादन (750 लाख टन, 1980) में उपर्भूमि धान का योगदान 3% माना जाए तो उपर्भूमि धान में नींदा से 65 प्रतिशत हानि के आधार पर यह हानि 212 करोड़ रुपया के बराबर होगी।

भविष्य के लिये शोधकार्य

(1) बहुत से किसानों के पास उपर्भूमि धान की जमीन छोटे-छोटे टुकड़ों में होती है। इस धान का वर्षा पर आधारित होने के कारण कई निंदाई की आवश्यकता होती है। खेत की तैयारी हेतु टिलेज क्रियाओं व नींदा नियंत्रण हेतु अंर्तसस्य क्रियाओं का निर्धारण जरूरी है। इसके अतिरिक्त किसान की आवश्यकता व क्षेत्रीय परिस्थितिओं के उपयुक्त नींदा नियंत्रण के यंत्रों का भी निर्माण करना जरूरी है।

(2) उपर्भूमि परिस्थितियों के उपयुक्त ऐसी किस्मों का निर्माण या चयन किया जाए जो नींदा की वृद्धि रोक सकें।

(3) विभिन्न पारिस्थितिकी में नींदा समुदाय चक्र (Weed ecosystem) का अध्ययन व जानकारी आवश्यक है। यह नींदा नियंत्रण की सिफारिश करने में व नींदा के अनुसार नियंत्रण विधि अपनाने में सहायक होगी।

(4) उपर्भूमि धान में नियंत्रण हेतु व उपयुक्त नींदा नाशक के चयन हेतु बहुत से अध्ययन किये गए हैं परन्तु अभी भी ठोस सिफारिश नहीं हो सकी है। विभिन्न प्रकार की भूमि, वर्षा की मात्रा धान की किस्म व नींदा की किस्म के आधार पर विशेष सिफारिशों की आवश्यकता है। स्थान विशेष की पारिस्थितिकी के अनुसार नींदा नाशक की सिफारिश जरूरी है।

(5) उपर्भूमि में धान के उत्पादन में संयुक्त समस्याओं का समावेश होने के कारण प्राकृतिक पारिस्थितिकी संतुलन व पर्यावरण को दूषित न करते हुए एकीकृत नींदा नियंत्रण विधि का निर्धारण जरूरी है। जहाँ पर बहुवर्षीय नींदा की समस्या है वहाँ पर विशिष्ट एकीकृत नींदा नियंत्रण विधि की सिफारिश की आवश्यकता है।

(6) उपर्भूमि की दशा में बहुवर्षीय नींदा नियंत्रण हेतु उपयुक्त फसल चक्र का निर्धारण करना जरूरी है।

रोपा पद्धति की धान में नींदा नियंत्रण

रोपा विधि की धान में नींदा की संज़्या व प्रभाव बीज के द्वारा बोई गई उपर्भूमि धान की तुलना में कम होता है। नींदा की कुछ किस्में भी भिन्न होती हैं क्योंकि अनेक नींदा मचौआ करते समय मृदा में दब जाते हैं। रोपाई के बाद धान में सावां- बट्टा (*Echinochloa crusgall* var. *Oryzichola, E. colonum*), मुर्दी (*Sehima nurvosum*), जल कुज़्भी (*Monochoria vaginalis*), बिलजा (*Caesulia axillaris*), गोंदला (*Cyperus defformis*) आदि अधिक होते हैं। जिन खेतों में इनकी सघनता बढ़ जाती है उनमें नींदा नियंत्रण करना आवश्यक हो जाता है क्योंकि उपज में 15 से 40 प्रतिशत की हानि हो सकती है।

यांत्रिक विधि

कतारों के बीच में रोटरी वीडर ''हेंड हो'', या ''टाउची गुरमा'' रोपाई के 20 से 30 दिन की अवस्था पर चलाना चाहिए। पुनः इसका उपयोग 40 दिन पर कर सकते हैं। जो नींदा कतारों में शेष रह जाते हैं उन्हें हाथ से निकाल दें। इसके द्वारा निंदाई करने से 80% नींदा नियंत्रित हो जाते हैं।

उचित जल प्रबंध कर नींदा नियंत्रण

रोपाई के बाद खेत में 5 से 11 से.मी. जल स्तर 25 से 30 दिन तक रखें तो मौसमी नींदा नियंत्रण हो जाएंगे।

रासायनिक नींदा नियंत्रण

रोपाई करने के बाद 4 से 5 दिन बाद मेचेट 50 ई.सी. (बूटाक्लोर) 4 से 5 लि./हे. या सटर्न 50 ई.सी. 5 से 6 लि./हे. 500 से 600 लि. पानी में घोल कर नींदा के अंकुरण के पहले छिड़काव करें। 2-4,डी 0.5 कि.ग्रा. क्रियाशील अंश का छिड़काव रोपने के 20 से 30 के दिन बाद करें इससे मोथा वर्ग व चौड़ी पत्ती वाले नींदा नियंत्रित हो जाएंगे। फ़्लूक्लोरेलिन 1 से 1.25 किलोग्राम प्रति हे. का छिड़काव भी रोपा धान में लाभकारी है इसको तैयार खेत में जिसमें 4-5 से.मी. पानी हो, रोपाई के तुरन्त पहले या रोपा लगाने के 1 से 3 दिन बाद छिड़काव स्प्रेयर द्वारा कर दें। यदि स्प्रेयर न हो तो बासालिन और पानी को 1 : 5 के अनुपात में मिलाकर छिट्क दें। बासालिन के साथ 2, 4, डी का भी छिड़काव कर सकते हैं।

धान की नर्सरी (रोपा) में नींदा नियंत्रण

धान की नर्सरी में नींदा नियंत्रण हेतु थायोबेनकार्ब 2.5 से 3 कि.ग्रा./हे. या बूटाक्लोर 50 ई.सी. 2 से 2.5 किलोग्राम/हेक्टर 600 लिटर पानी में घोलकर नर्सरी की बोनी करने के उपरांत एवं अंकुरण के पहले छिड़काव करें। आक्साडायजान 1.0 कि.ग्रा./हे. की दर से बोने के बाद व ऊगने के पहले छिड़काव करने पर प्रभावशाली नींदा नियंत्रण होता है। इसका प्रभाव धान बोने के 5 दिन बाद जब नींदा अंकुरित होकर ऊपर आ गए हों व धान ऊपर न निकली हो तो उस अवस्था में भी अच्छा असर होता है।

लेही (Puddled rice) धान में नींदा नियंत्रण

इस पद्धति में नींदा की समस्या रोपाई की विधि के अनुसार ही होती है लेही में अंकुरित धान बोने के 4 से 5 दिन उपरान्त बूटाक्लोर 2 कि.ग्रा./हे. या थायोबेनकार्ब 2 से 2.5 कि.ग्रा./हे. का छिड़काव करने से नींदा नियंत्रित हो जाते हैं। जिन खेतों में गोंदला वर्ग व चौड़ी पत्ती वाले नींदा ऊगते हो उसमें केवल 2,4–डी 0.5 किलोग्राम/हे. का लेही की बोनी करने के 20 से 30 दिन के अंदर स्प्रयेर द्वारा छिड़काव कर दें। नींदा नियंत्रित हो जाएंगे। जिन खेतों में तीन प्रकार जैसे घासें, गोंदला व चौड़ी पत्ती वाले नींदा ऊगते हैं उनमें लेही बोने के 4 से 5 दिन बाद बूटाक्लोर या थायोबेनकार्ब का छिड़काव करें व 20 से 30 दिन पर 2,4–डी का छिड़काव कर उचित नींदा नियंत्रित कर सकते हैं।

लेही में व्यासी के द्वारा भी नींदा नियंत्रित हो जाते हैं। लेही बोने के 25 से 35 दिन बाद हल एक या दो बार चलायें। आवश्यकतानुसार यदि अधिक नींदा हो तो हल चलाने के बाद पाटा चलाकर नींदा व धान को आड़ा कर दें एवं पानी को 3 दिन तक भर दें। पानी 3 दिन बाद निकाल दें। यह पद्धति रीवा, सीधी, सतना, शहडोल आदि स्थानों में प्रचलित है।

तालिका 31.2. धान में प्रयुक्त होने वाली नींदा नाशक

	नींदा नाशक का सामान्य नाम	व्यावसायिक नाम	दर लि./हे. व्याव. पदार्थ	समय	प्रभावित नींदा
छिड़का या कतारों में बोई धान					
1.	बूटाक्लोर	मेचेट, 50 ई.सी.	4.0 से	बोनी के बाद व	मौसमी नींदा घासें, मोथा,
		बूटाक्लोर 50 ई.सी.	5.0	अंकुरण के पहले	चौड़ी पत्ती वाले नींदा।
2.	थायोबेनकार्ब	सटर्न 50 ई.सी.	5.0 से 6.0	"	"
3.	आक्साडायजान	रोनस्टार 25 ई.सी.	4.0	"	"
4.	ज़्लूक्लोरिन	बासालिन 45 ई.सी.	2 से 2.5	"	"
5.	आक्सीक्लोरफेन	गोल 24 ई.सी.	1.0	"	"
6.	अनीलोफास	एरोजिन 30 ई.सी.	1.5	बोनी के बाद	
7.	2,4–डी	एग्रोडान ई.सी.	2.5	बोनी के 15 से 20 दिन बाद	गोंदला व मोथा वर्ग, चौड़ी पत्ती वाले
		नाक्वीड ई.सी.	2.0		नींदा सांवा
		फरनोक्जोन डब्लू.पी.	1.25		
8.	प्रोपेनिल	स्टेम एफ–34 ई.सी.	5 से 6	बोनी के 15 से 25 दिन बाद	सांवा, घासें व चौड़ी पत्ती
सक्रिय पदार्थ					
9.	बिसपाईरीबेक सोडियम	नामनी गोल्ड	25 ग्राम	बोनी के 20 दिन बाद	सांवा, घासें व चौड़ी पत्ती
10.	फिनाक्साप्राप		60 ग्राम	बोनी के 20–25 दिन बाद	घासे

	नींदा नाशक का सामान्य नाम	व्यावसायिक नाम	दर लि./हे. व्याव. पदार्थ	समय	प्रभावित नींदा
11.	मेटसल्फ्यूरान		4 ग्राम	बोनी के 20-25 दिन बाद	चौड़ी पती
12.	प्रीटीलाक्लोर		1000 ग्राम	उगने के पूर्व	सांवा
13.	क्लोरीमूरान , मेटसल्पूरान		4 ग्राम	बोनी के 15-20 दिन बाद	चौड़ी पती व मोथा
14.	पाइराजोसल्फ्यूरान		30-40 ग्राम	बोनी के 15-20 दिन बाद	घासें

नोट – उपर्युक्त जिस नींदा नाशक को अंकुरण के पहले छिड़काव किया जाए उसके पश्चात खेत में अवलोकन करें यदि मोथा वर्ग और चौड़ी पत्ती वाले नींदा अधिक हैं तो 15 दिन से 20 दिन की अवस्था पर 2,4-डी मेटसल्पूरान का छिड़काव करें। और यदि घासें हैं तो घासों को नियंत्रण करने वाले नींदा नाशकों का छिड़काव करें। इनका रोपा पद्धति से लगाई धान में भी उपयोग करें।

	नींदा नाशक का सामान्य नाम	व्यावसायिक नाम	दर लि./हे. व्याव. पदार्थ	समय	प्रभावित नींदा
रोपा पद्धति की धान में					
(1)	बूटाक्लोर	बूटाक्लोर 50 ई.सी. मेचेट 50 ई.सी.	4-5 लिटर	रोपाई के 4-5 दिन बाद	मौसमी घासें, मोथा व चौड़ी पत्ती वाले नींदा
(2)	थायोबेनकार्ब	सटर्न 50 ई.सी.	5 से 6 लि.	,,	,,,,
(3)	फ्लूक्लोरेलिन	बासालिन 50 ई.सी.	2 से 2.5	,,	,,,,
(4)	अनीलोफास	एरोजिन 30 ई.सी.	1.5	,,	,,,,
(5)	2,4-डी	एग्रोडान 48 ई.सी.	2.0	रोपाई के 20 से 30 दिन बाद	मोथा वर्ग व चौड़ी पत्ती वाले नींदा
(6)	मेटसल्फूरान	--	4 ग्राम	रोपाई के 20 दिन बाद	मोथा वर्ग व चौड़ी पत्ती वाले नींदा
(7)	बिसपाइराबेक सोडियम	नामनी गोल्ड	25 ग्राम	रोपाई के 20 दिन बाद	घासें व चौड़ी पती
(8)	फिनाकसाप्राप		60 ग्राम	रोपाई के 20 दिन बाद	घासें
लेही पद्धति में					
(1)	बूटाक्लोर	मेचेट 50 ई.सी.	4 लि.	बोनी के 4 से 5 दिन बाद	मौसमी घासे, मोथा, चौड़ी पत्ती
(2)	थायोबेनकार्ब	सटर्न 50 ई.सी.	5 लि.	,,	मौसमी घासे, मोथा, चौड़ी पत्ती
(3)	2, 4-डी	फरनाक्जोन एग्रोडान	1.2 कि.ग्रा. 2.0 लि.	20 से 30 दिन बाद	मोथा वर्ग व चौड़ी पत्ती

मक्का में नींदा नियंत्रण

विश्व की प्रमुख फसलों में से एक है। विश्व की औसत उपज में सभी खाद्यान्नों से मक्का की औसत उपज (2780 कि.ग्रा./हे.) अधिक है। उसके बाद धान (2250), गेहूँ (1630) व मिलेट्स (660) की औसत उपज का क्रम आता है। विश्व में सबसे अधिक क्षेत्र संयुक्त राज्य अमेरिका में है उसके बाद ब्राजील, अर्जेन्टाइना, मेक्सिको, फ्रांस, दक्षिण अफ्रीका, संयुक्त राज्य सोवियत रूस, रोमानिया, यूगोस्लाविया एवं भारत वर्ष का है।

भारत वर्ष में मक्का के कुल क्षेत्र 8692 हजार हे. का 75% क्षेत्र उत्तरप्रदेश, बिहार, मध्यप्रदेश, राजस्थान व पंजाब में है। इसका उत्पादन 3282 हजार टन है।

चित्र 31.2 मक्का में आक्साडायजान 1.5 कि./हे. से उद्‌भवन पूर्व उपचार कर नींदा नियंत्रण

मक्का में नींदा से हानि

प्रकाश संश्लेषण की दृष्टि से मक्का C-4 पौधों के वर्ग में आती है। अत: इसकी वृद्धि दर अधिक होती है व नींदा को दबाने के लिए अच्छी फसल है। परन्तु इसकी बोनी अधिक अंतर से होने के कारण नींदा अधिक वृद्धि कर हानि पहुँचाते हैं। डॉ. मूलानी (1965) ने नींदा के द्वारा मक्का की उपज में 29.50% हानि का आंकलन किया व बतलाया गया कि सबसे अधिक हानि 10 सप्ताह तक फसल के साथ नींदा के बढ़ने से होती है। डॉ. तोष (1979) ने नींदा के द्वारा 45.8% उपज में हानि का आंकलन किया।

मक्का की फसल में निंदाई न करने से नींदा 61.6 कि.ग्रा./हे. नत्रजन प्राप्त कर लेते हैं (डॉ. संधु व साथी, 1975)। भूषण व साथियों के अनुसार नींदा नियंत्रण से 28:11:13 कि.ग्रा./हे. नत्रजन, स्फुर व पोटाश की बचत की जा सकती है।

मक्का के प्रमुख नींदा

देश के विभिन्न अंचलों के सर्वेक्षण के अनुसार मक्का की फसल में प्रमुख रूप से निम्नलिखित नींदा पाए जाते है।

सांवा	*Echinochloa colonum, E. crusgalli*
बनरागी	*Eleusine indica*
लिदरा	*Brachiaria* spp.
क्रेबघास	*Digitaria adscendens*
कुरकुरू	*Sateria glauca*
कुरकुरू	*Setaeria intermedia*
झिंगरी	*Eragrostis* spp.
फिरकन्नी	*Dactyloctenium aegytium*
गोंदला	*Cyperus rotundus*
मोथा	*Cyperus compressus*
कनकौआ	*Commelina bengalensis*
सफेद मुर्गा	*Celosia argentia*
लेसुआ	*Digera arvensis*
चेंच	*Corchorus* spp.
घमेर	*Lagacea mollis*
महकौआ	*Ageratum conyzoides*
फुली	*Anotis montholoni* Hook.f.
जसटीसिया	*Justicia quinquangularis*
हजारदाना	*Phyllanthus niruri*
हुलहुल	*Cleome monophylla*
चौलाई	*Amaranthus* spp.
नोनिया	*Portulaca oleracea*
विषखापरों	*Trianthema monogyana*

शहरी क्षेत्रों में पारथीनियम का प्रकोप बढ़ गया है।

नींदा नियंत्रण की क्रांतिक अवस्था

प्रारंभिक अवस्था में नींदा से मक्का की वृद्धि पर कुप्रभाव पड़ता है क्योंकि प्रथम 3-4 सप्ताह तक मक्का की वृद्धि मंद गति से होती है तथा रिक्तस्थान अधिक होने से नींदा की वृद्धि अधिक होती है एवं मक्का के साथ स्पर्धा

होती है। डॉ. संधु एवं गिल ने शोध करके पाया कि मक्का में 2 से 6 सप्ताह तक नींदा से अधिक स्पर्धा होती है। इसलिए इस अवधि में मक्का के खेत को नींदा रहित रखना चाहिए। मक्का खरीफ, रबी व ग्रीष्म ऋतु में बोई जाती है। ग्रीष्म ऋतु में कम नींदा ऊगते हैं जबकि खरीफ ऋतु में नींदा अधिक आते हैं। मक्का की बोनी 45 से 90 सें.मी. की दूरी पर कतारों में की जाती है अत: कतारों के बीच अधिक स्थान होने से प्रकाश जमीन तक अधिक पहुँचता है और नींदा अधिक अंकुरित होते हैं।

नींदा नियंत्रण की विधियाँ

सस्य विधियाँ

बढ़वार किस्में बोना

मक्का की अधिक उपज देने वाली किस्में जैसे - शंकर, मक्का, गंगा-1, गंगा सफेद-2, गंगा-3, गंगा-4, गंगा-5 तथा कंपोजिट किस्में जैसे जवाहर, सोना, विक्रम, किसान, विजय, अंबर आदि बोना चाहिए।

कतारों की दूरी 60 से 75 से.मी. तथा पौधे से पौधों की दूरी 20 से.मी होनी चाहिए। प्रति हे. 75000 से कम पौध संज़्या नहीं होनी चाहिए। इससे नींदा को कम स्थान मिलेगा बीज की मात्रा 20 से 25 कि.ग्रा./हे. रखें। उर्वरक कतारों में दें 100 से 120 कि.ग्रा. नाइट्रोजन 60 कि.ग्रा. फास्फोरस एवं 40 कि.ग्रा. पोटाश की मात्रा मक्के की उचित वृद्धि हेतु आवश्यक है। यदि मक्का को उचित खाद्य तत्त्व नहीं मिले तो उसकी वृद्धि कम होगी तथा नींदा से प्रभावित होगी। मक्का में अधिक उर्वरक देने से डॉ. पुरस्ती (1988) व डॉ. अंगीरस एवं डॉ. सी.एम. सिंग (1990) ने नींदा की वृद्धि कम पाई गई।

अंतर फसलें एवं समानांतर फसलें ऊगाना

मक्के की बोनी अधिक दूरी पर होती है इसलिए रिक्त स्थान में नींदा अधिक ऊगते है अत: दो कतारों के बीच में सोयाबीन की दो कतारें बोने से नींदा नियंत्रण हो सकता है इसके अतिरिक्त मूँग, उड़द या बरबटी भी बोई जा सकती हैं।

फसल-चक्र

पारिस्थितिकी के अनुसार फसल चक्र अपनाना चाहिए जैसे - मक्का, कपास, मक्का-गन्ना, मक्का-सोयाबीन।

स्टेलशीड बेड

जिन खेतों में नींदा की समस्या अधिक हो उनमें मक्का की बोनी के पहले नींदा को सिंचाई करके ऊगाएं उसके बाद ब्लेड हैरो चलाकर नींदा मारें तत्पश्चात् बोनी करें।

यांत्रिक विधि

भूषण व साथियों के अनुसार गहरी जुताई के बाद बोनी करने से व उद्भवन पूर्व सिमाजिन का उपयोग करने से हल्की जुताई की तुलना में नींदा नियंत्रण अच्छा हुआ व 2-8 गुनी अधिक उपज प्राप्त हुई।

बोनी के 3 से 4 सप्ताह के बीच दो बार ''हेंड-हो'' चलाएं या बैलों से चलने वाले कोल्पा (ब्लेड हेरो) से कतारों के मध्य नींदा नियंत्रण करें। शक्ति चालित यंत्रों का भी नींदा नियंत्रण में प्रयोग लाभकारी है। चूंकि इस विधि से कतारों के बीच में नींदा शेष रह जाते है। अतः हाथ से नींदा को कतारों से निकालें। या बोनी के बाद सिमाजिन या अट्राजिन कतारों पर पट्टिका के रूप में उपचार करें। जिससे कतारों में नींदा नहीं ऊगेंगे। कतारों के मध्य यांत्रिक विधि से नियंत्रित करें।

मक्का में रासायनिक नींदा नियंत्रण

मक्का में बोनी के पूर्व ज्लूक्लोरेलिन 1-1.5 कि.ग्रा. ई.पी.टी.सी. या बुटाइलेट 2-3 कि.ग्रा./हे. तथा बोनी के बाद उद्भवन पूर्व अट्राजिन, सिमाजिन (1-2 कि.ग्रा./हे.), आलाक्लोर (2 से 3 कि.ग्रा.) पेन्डीमिथेलिन (1-1.5 कि.ग्रा.), लीनूरान, टरबूट्रिन या मेट्रीब्यूजिन (1-2 कि.ग्रा./हे.) का उपचार कर नींदा नियंत्रण कर सकते है। नींदा व फसल ऊगने के बाद 2,4-डी 1.0 कि.ग्रा., डाइनोसेव (0.75-1 कि.ग्रा.), डाइकेज़्बा 0.5-1 कि.ग्रा. व अट्राजिन 1-2 कि.ग्रा. का उपचार कर नियंत्रण कर सकते हैं। अतः मक्का में अनेक प्रकार की नींदा नाशक दवाओं से नींदा नियंत्रण किया जा सकता है व्ही शिवाजी व सूर्यनारायणराव (1965) ने अट्राजिन 4.5 से 9.8 कि.ग्रा. तथा सिमाजिन 6.8 से 9.08 कि.ग्रा./हे. का उद्भवन पूर्व छिड़काव कर फसल के पूरे समय तक नींदा नियंत्रण पाया। जवाहरलाल नेहरू कृषि विश्व विद्यालय में डॉ. खान आर.ए. व डॉ. मलिक डी.एस. (1969) ने सिमाजिन 2.24 कि.ग्रा. उद्भवन पूर्व तथा 2,4-डी सोडियम साल्ट 1.68 कि./हे. 4 सप्ताह बाद छिड़काव करने से सबसे अधिक मक्का व कड़वी (Stober) की उपज प्राप्त की। बेंगलोर में डॉ. कृष्णमूर्ति व साथियों (1970) के अनुसार सिमाजिन या अट्राजिन 2.5 कि.ग्रा./हे. उद्भवन पूर्व तथा आवश्यकता पड़ने पर 2, 4-डी 1 से 1.5 कि.ग्रा./हे. का 3-4 सप्ताह बाद छिड़काव कर नींदा नियंत्रण करना आर्थिक दृष्टि से लाभकारी है। चंद्रसिंग व साथियों (1971) ने अट्राजिन 6.72 कि.ग्रा. व आलाक्लोर -2 कि.ग्रा./हे. से उचित नींदा नियंत्रण पाया गया। डॉ. राजसिंग व वी.एस. मनी (1971) ने 2 से 4 कि.ग्रा. अट्राजिन एवं 4 कि.ग्रा. आलाक्लोर से नींदा नियंत्रण पाया गया। डॉ. मुखोपाध्याय ने खरीफ मक्का में 1.0 कि.ग्रा./हे. अट्राजिन या सिमाजिन से अच्छा नींदा नियंत्रण कर अधिक उपज प्राप्त की तथा रबी मक्का में सिमाजिन 0.5 कि.ग्रा. उद्भवन पूर्व तथा 2,4-डी 0.75 कि.ग्रा./हे. ऊगने के 4 सप्ताह बाद छिड़काव करने से अधिक उपज प्राप्त की।

पंजाब में डॉ. शर्मा व साथियों (1988) ने रोपा पद्धति की रबी मक्का में अट्राजिन 0.625 कि. रोपा लगाने के पहले या रोपा लगाने के 2 से 20 दिन बाद उपयुक्त नींदा नियंत्रण एवं अधिक उपज प्राप्त की। ज.ने.कृ.वि. विद्यालय में डॉ. जे.पी. तिवारी व साथियों ने (1980) में आक्साडायजान 1.0 से 1.5 कि.ग्रा./हे. का उपचार उद्भवन पूर्व करके उपयुक्त नींदा नियंत्रण पाया गया।

मक्का की मिश्रित व अंतरवर्ती फसलों हेतु नींदा नाशक

मक्का के साथ दलहनी व तिलहनी फसलों जैसे मूँग, उड़द, अरहर, बरबटी, सोयाबीन, मूँगफली, रामतिल की मिश्रित व अंतर फसल ऊगाने की स्थिति में आलाक्लोर 2 कि.ग्रा./हे. से उद्भवन पूर्व उपचार करें। ज्लूक्लोरेलिन 1.0 कि. ग्रा. या ट्राइज्लूरेलिन बोनी के पूर्व, आक्साडायजान 1.0 कि.ग्रा. या पेंडीमिथेलिन 1.5 कि.ग्रा. का उद्भवन पूर्व उपचार करने से उपयुक्त नींदा नियंत्रण होता है।

एकीकृत नींदा नियंत्रण

मिट्टी पलटने वाले हल से गहरी जुताई करें तथा स्टेल सीड बेड तैयार कर बोनी करें। मक्का के साथ सोयाबीन या उड़द, की अंतर फसल ऊगाएँ। मक्का की पौध संज्या 75,000/हे. रखें। उर्वरक की सिफारिश की गई मात्रा (120 : 60 : 60 कि.ग्रा./हे. एन.पी.के.) से 50 % अधिक मात्रा दें (अंगीरस व सिंग 1990)। आलाक्लोर 1.5 कि.ग्रा. या पेंडीमिथेलिन 1 से 1.5 कि.ग्रा., आक्साडायजान 1.0 कि.ग्रा. उद्‌भवन पूर्व या फ़्लूक्लोरेलिन या ट्राईफ़्लूरेलिन 1.0 कि.ग्रा./हे. बोनी के पूर्व छिड़काव करें।

मक्का की शुद्ध फसल में अट्राजिन या सिमाजिन 2 कि.ग्रा./हे. या आलाक्लोर 2 से 3 कि.ग्रा./हे. का उद्‌भवन पूर्व छिड़काव करें व आवश्यकता पड़ने पर अट्राजिन या 2, 4-डी 1 से 1.5 कि.ग्रा. या पैराक्वाट 1 कि.ग्रा./हे. (लक्षित) बोनी के 3 से 4 सप्ताह बाद छिड़काव करें या ''हेंड हो'' या कोल्पा के द्वारा निंदाई करें।

ज्वार में नींदा नियंत्रण

ज्वार (*Sorghum bicolour*) शुष्क कृषि क्षेत्र की प्रमुख खाद्य एवं चारे की फसल है। इस फसल का क्षेत्र 15648 हजार हे. तथा वार्षिक उत्पादन 11847 हजार टन है। यह प्रमुख रूप से महाराष्ट्र, कर्नाटक, आंध्रप्रदेश, मध्यप्रदेश, गुजरात, राजस्थान, उत्तरप्रदेश व तमिलनाडू राज्यों में ऊगाई जाती है। 400-1000 मि.मी. वर्षा वाले क्षेत्र में मध्यम से भारी मृदा में इसकी कास्त की जाती है। वर्षा ऋतु में हल्की मृदा में भी बोई जाती है। भारी मृदा में यह 36 से 38% क्षेत्र में यह रबी में भी बोई जाती है। विशेषतः महाराष्ट्र, कर्नाटक व आंध्रप्रदेश के 50-60% क्षेत्र में रबी में बोई जाती है।

अतः ऋतु के अनुसार खरीफ व रबी में पाए जाने वाले नींदा इस फसल को प्रभावित करते हैं। खरीफ ऋतु में अनेक प्रकार के नींदा इस फसल को अधिक प्रभावित करते हैं। रबी में नींदा इसको कम प्रभावित करते हैं क्योंकि रबी में ऊगने वाले नींदा की तुलना में ज्वार की वृद्धि अधिक होती है। रबी में अधिकांश नींदा ''स्टेल सीड बेड'' तैयार करने से नियंत्रित हो जाते हैं।

मध्यप्रदेश में नींदा सर्वेक्षण में 108 स्पीसीस ज्वार के खेतों में प्रमुख रूप से पाई गई जो पारिस्थितिकी के आधार पर एक क्षेत्र से दूसरे में भिन्न थी। भारतवर्ष के विभिन्न राज्यों में ज्वार के प्रमुख नींदा में अगिया बहुत हानि पहुँचाता है।

खरीफ, ज्वार के प्रमुख नींदा

साँवां	*Echinochloa crusgalli*
कुरकुरू	*Setaria glauca*
क्रेबघास	*Digitaria adscendens*
झिंगरी	*Eragrostis* spp.
कांस	*Saccharum spontaneum*
फिरकतन्नी	*Dactyloctenium aegyptium*
दूब	*Cynodon dactylon*

गोंदला	*Cyperus rotundus*
मोथा	*Cyperus* spp.
विषखापरा	*Trianthema portulacastrum*
लेसुआ	*Digera arvensis*
चौलाई	*Amaranthus virdis*
जंगली रसभरी	*Physalis minima*
हजारदाना	*Phyllanthus niruri*
हिरनचरी	*Convolvulus arvansis*
सफेद मुर्गा	*Celosea argentia*
मकोई	*Solanum nigrum*
घमेर	*Lagascea mollis*
गुर गेंहुआ, शेवरा	*Alysicarpus longifolia*
"	*Alysicarpus rugosus*
"	*Alysicarpus vaginalis*
बक्री	*Psoralea corylifolia*
कनकौआ	*Commelina bengalensis*
कनी	*Cyanotis axilaris*
सिलामिली	*Sesbania aculiata*
अगिया	*Striga lutea Lour*
अगिया	*Striga asiatica* L.
अगिया	*Striga densiflora*
लिदरा	*Brachiaria* spp.
रबरा	*Oplismanus burmennii*
बनरागी	*Eleusine indica*
घुड़चवा	*Chloris barbata*
गुनेर	*Themeda caudata*
गुंदली	*Fimbristylis* spp.
महकौआ	*Ageratum conyzoides*
फुली	*Anotis montholoni* Hook.f.
चिपकनू	*Desmodium triflorum*
सोनकड़ी	*Inula indica*
बनभिंडी	*Hibiscus* spp.
चेंच	*Corchorus* spp.
विलजा	*Caesulia axillaris*
दुधी	*Euphorbia geniculata*

आधा शीशी	*Xanthium strumarium*
	Rungia repens
बन तुलसी	*Ocimum canum*
वन मूँग	*Phaseolus trilobus*
झुरझुरू	*Indigofera glandulosa*

चूंकि खरीफ में ज्वार कम वर्षा वाले क्षेत्र में ऊगाई जाती है इससे नींदा को भी बढ़ने के लिये उपयुक्त अवसर मिलता है।

क्रांतिक अवस्था

डॉ. संकरन व दामोदरन (1974) के अनुसार ज्वार में प्रथम 30 दिन तक नींदा रहित स्थिति आवश्यक है। उसके बाद नींदा का उपज पर प्रभाव नहीं होता है।

प्रारम्भिक अवस्था में ज्वार की वृद्धि दर कम होती है अतः नींदा से अधिक प्रभावित होती है। डॉ. संकरन एवं डॉ. मनी (1972) के अनुसार प्रथम 35 दिन में नींदा 46.1:18.3: 47.7 कि.ग्रा. एन.पी. के./हे. ग्रहण कर लेते हैं। जबकि फसल केवल 23.8:9.4:46.8 कि.ग्रा. एन.पी.के./हे. ले पाती है। अतः प्रारम्भिक अवस्था में ज्वार की तुलना में नींदा एन. व पी. की दुगुनी मात्रा तथा पोटाश फसल के बराबर ग्रहण कर लेते है। प्रति हे 4.5:1.5:4.0 कि.ग्रा. एन.पी.के. नींदा द्वारा ग्रहण करने से ज्वार की उपज में 100 कि.ग्रा./हे कमी आ जाती है। इस कारण ज्वार में निंदाई 3 से 4 सप्ताह के बीच में करना उचित है अन्यथा नींदा खाद्य तत्त्वों का उपयोग कर ज्वार की वृद्धि कम कर देंगे। 4 सप्ताह बाद नींदा ऊगने से उपज पर कोई प्रभाव नहीं होगा।

नींदा से हानि

डॉ. फिलिप्स (1970) ने 20-40%, डॉ. बीसे व साथी (1964) ने 8 से 41%, डॉ. तिवारी (1984) ने 14 से 82% कम उपज नींदा के द्वारा पाई।

वर्नसाइड व विक्स (1966, 67) के अनुसार 2, 3, 4, 5, 6, व 8 सप्ताह में निंदाई करने से क्रमशः 2, 5, 16, 24, 38 व 57% उपज कम होती है। नींदा के 1 कि.ग्रा. शुष्क पदार्थ के द्वारा ज्वार की उपज 1.12 कि.ग्रा. कम होती है।

नींदा नियंत्रण की विधियाँ

बढ़वार व निरोधात्मक किस्मों का चुनाव

ज्वार की शीघ्र वृद्धि करने वाली किस्मों को बोने से नींदा का प्रभाव कम होता है। अगिया से प्रभावित क्षेत्र में अगिया निरोधक किस्मों बोना चाहिए। अनुसंधानों के द्वारा बहुत सी अगिया निरोधक किस्में निकाली गई हैं। जैसे – बी.एच. 4-1-4 (कज्जारी व साथी, 1967) कल्चर-आई.एस. 5760, आई.एस. 5762 एवं बी.पी. 53 (पार्थ सार्थी व वेंकटेश्वराराव, 1967), किस्म 555 एवं एस.आर.एन. 68388 (कृष्णस्वामी व साथी) को उचित पाया है।

शीघ्र पकने वाली विपुल उत्पादनशील शंकर किस्में जैसे – सी.एस.एच.1, सी.एस.एच-5 एवं सी.एस.एच-6 एवं किस्में सी.एस.भी. 3, सी.एस.भी. 2, 4, 5 व 6 अखिल भारतीय ज्वार अनुसंधान परियोजना ने निकाली है। मध्यप्रदेश में जवाहर 235, 236 व विदिशा-60- विकसित की गई जिनकी वृद्धि दर उपयुक्त है।

बोनी कतारों में करना

अधिकांश क्षेत्र में ज्वार की बोनी छिटका विधि से की जाती है जिससे यंत्रों के द्वारा निंदाई नहीं कर सकते है। अत: निंदाई का खर्च कम करने हेतु बोनी कतारों में करें।

कतारों की दूरी कम रखें

यदि अंत:स्फसलें नहीं लगाना हैं तो दो कतारों के मध्य अंतर कम रखें। 20 से 25 से.मी. की दूरी नींदा नियंत्रण की दृष्टि से उपयुक्त होगी।

उपयुक्त पौध संज़्या

उपयुक्त पौध संज़्या रहने से ज्वार की वृद्धि उचित होती है तथा नींदा का नियंत्रण अच्छा होता है यदि पौध संज़्या कम होगी तो नींदा को बढ़ने का अवसर मिलेगा क्योंकि अधिक अंतर होने से ज्वार के पौधे, मृदा को आच्छादित नहीं कर सकते जिससे प्रकाश व हवा का संचार नींदा के अनुकूल रहेगा।

उर्वरक देने की विधि

संतुलित उर्वरक कतारों में ही दें क्योंकि उर्वरक फसल को अधिक मिलेगा व नींदा को कम। इससे नींदा की वृद्धि कम होगी। यदि उर्वरक फसल को नहीं दिया जावेगा तो वृद्धि कम होगी व नींदा फसल को दबा देगा।

बोनी उपयुक्त समय पर करें

बोनी जून के अंतिम सप्ताह से जुलाई के प्रथम सप्ताह तक करने से पौधों की वृद्धि अधिक होती है। देर से बोनी करने से पौधों की वृद्धि कम होती है व नींदा से प्रभावित हो जाते हैं।

स्टेल सीड बेड

बोनी के पहले एक या दो बार नींदा नियंत्रण कर बोनी करने से नींदा का दबाव कम हो जाता है तथा निंदाई का खर्च कम हो जाता है।

अंतर-फसल

अंतर-फसलों की बोनी से दो कतारों के बीच के स्थान में नींदा कम बढ़ते हैं तथा आय अधिक होती है।

अंतर-फसल

सिंचित	:	एक कतार ज्वार + एक कतार सोयाबीन या मूँग या उड़द
असिंचित	:	एक कतार ज्वार + 2 कतार सोयाबीन + 1 कतार ज्वार + 1 कतार अरहर
मिश्रित	:	ज्वार + मूँग उड़द + अरहर + बाजरा
फसल चक्र	:	फसल चक्र अपनाने से नींदा का दबाव कम होता है।
दो वर्षीय	:	ज्वार-कपास या ज्वार-सोयाबीन
फसल चक्र		ज्वार मूँगफली
तीन वर्षीय	:	ज्वार-कपास मूँगफली
फसल चक्र		

यांत्रिक विधि

जिन क्षेत्रों में बोनी कतारों में होती है वहाँ पर ''हेंड हो'' या कोल्पा (व्लेड हेरो) 15 से 25 दिन में दो बार चलाएं। इससे कतारों के बीच के नींदा नियंत्रित हो जाएंगे। कतारों में पाए जाने वाले नींदा हाथ से या खुरपी से उखाड़ें।

जिन क्षेत्रों में छिटका विधि से ज्वार बोते हैं वहाँ पर खुर्पी से या कसोला से निंदाई 20 से 25 दिन पर करना चाहिए। सही समय पर एक निंदाई करना लाभकारी होता है। दो निंदाई 20 से 35 दिन पर अधिक नींदा ग्रसित क्षेत्र में उपयुक्त रहती है। कई स्थानों पर (दमोह-सागर) छिटका विधि से बोई गई ज्वार की देशी हल से जुताई कर देते हैं। जिससे अधिकांश नींदा मर जाते हैं। इस स्थिति में बोनी सघन करते हैं।

रासायनिक विधि

डॉ. कृष्णमूर्ति (1970) के अनुसार सिमाजिन 1.25 कि.ग्रा./हे. नींदा ऊगने के पूर्व, उसके पश्चात् 2, 4-डी 1 कि.ग्रा./हे. बोनी के 20 से 30 दिन बाद या अट्राजिन 2.5 कि.ग्रा. ऊगने के पूर्व छिड़काव करने से उचित नींदा नियंत्रण होता है।

ट्राइफ़्लूरेलिन 1.0 कि.ग्रा./हे. बोनी के पूर्व या मेट्रीब्यूजिन 0.25 कि.ग्रा./हे. उद्‌भवन पूर्व या बूटाक्लोर 2.0 कि.ग्रा. जवाहरलाल नेहरू कृषि विश्व विद्यालय में उपयुक्त पाया। ज्वार में नींदा नियंत्रण हेतु और अनेक नींदा नाशक भी उपयुक्त हैं जैसे मोनूरान, फ़्लूमेटूरान, लीनूरान, टरबूट्रिन, आलाक्लोर, प्रोपाक्लोर, आइसोप्रोटुरान, 1-2 कि.ग्रा./हे. (उद्‌भवन पूर्व)। सामान्यतः अट्राजिन, सिमाजिन, मोनूरान एवं फ़्लूमेटुरान भारी भूमि में प्रयुक्त किये जाते हैं। दूसरे नींदा नाशक हल्की भूमि में उपयोग किए जाते हैं। प्रोपाजिन से नींदा नियंत्रण अच्छा होता है परन्तु फसल-चक्र में दूसरी फसलों पर इसके अवशेष का कुप्रभाव होता है। असिंचित क्षेत्र में प्रोपाजिन का उपयोग लाभकारी होगा क्योंकि ज्वार के बाद क्षेत्र में रबी में रिक्त रहता है।

उद्‌भवन के बाद प्रयोग होने वाले नींदा नाशकों में 2,4-डी या एम.सी.पी.ए. 1-1.5 कि.ग्रा. चौड़ी पत्ती वाले नींदा व मोथा को मारने हेतु व डाइकेज़्बा, डाइयूरान, फ़्लूमेटुरान, सिमाजिन एवं अट्राजिन 1 से 2 कि.ग्रा./हे. प्रायः सभी मौसमी नींदा मारने हेतु नींदा की 1 से 2 पत्ती की अवस्था पर लाभकारी है।

डाईयूरान के साथ सरफेक्टेंट मिलाकर लक्षित छिड़काव करने से फसल पर कुप्रभाव नहीं होता।

ज्वार की मिश्रित - फसल हेतु नींदा नाशक

अनेक प्रदेशों में ज्वार की मिश्रित फसल ऊगाई जाती है। मूँग-उड़द बरबटी, सोयाबीन, अरहर या मूँगफली ज्वार के साथ मिश्रित कर बोनी करते हैं। इस दशा में आलाक्लोर 1.5 से 2.0 कि.ग्रा. या बूटाक्लोर 2-2.5 कि.ग्रा. या थायोबेनकार्ब 3.0 कि.ग्रा./हे. का उद्भवन पूर्व छिड़काव करें।

तालिका 31.3. ज्वार, बाजरा, कोदों, कुटकी, रागी में प्रयुक्त होने वाले नींदा नाशक

सामान्य नाम	व्यावसायिक नाम	दर कि.ग्रा./हे. सा.	प्रयोग की विधि	प्रभावित नींदा
ज्वार				
अट्राजिन	अट्राट्राप	1.5	उद्भवन पूर्व या 21 दिन बाद	मौसमी नींदा
सिमाजिन	टेफाजिन	1.0	”	”
प्रोपाजिन	प्रोपाजोल	1.0	उद्ज़्वन पूर्व	”
आलाक्लोर	लासो	1.0	”	”
बूटाक्लोर	मेचेट, बूटाक्लोर	2-2.5	”	”
टरबूट्रिन	इगरान	1.0	”	”
मेट्रीव्यूजिन	सेनकार	0.25	”	”
अट्राजिन	अट्राट्राप	1.5	उद्भवन पूर्व	मौसमी
2, 4-डी	2, 4-डी	1.0	21 दिन बाद	
थायोबेनकार्ब	सटर्न	2.0	उद्भवन पूर्व	मौसमी
लीनूरान	अफालान	1.0	”	”
डाईयूरान	कार्मेक्स	1-1.5	उद्भवन पूर्व या 21 दिन बाद	”
फ़्लूमेटुरान		1-1.5	उद्भवन पूर्व	”
ट्राइफ़्लूरेलिन	ट्रेफलान	1.0	बोनी के पूर्व	मौसमी
अगिया नियंत्रण हेतु				
2, 4-डी	2,4-डी	1.0 + 1.0	उद्भवन पूर्व एवं ऊगने के बाद	द्विदलीय व अगिया
यूरिया	यूरिया	10%	ऊगने के बाद	”
अमोनियम सल्फेट		5 से 10% घोल	”	
2, 4-डी + यूरिया	1.0 + 10%	ऊगने के बाद	”	
2, 4-डी		1.0 + 1.0	21 दिन एवं 35 दिन बाद	”

सामान्य नाम	व्यावसायिक नाम	दर कि.ग्रा./हे. सा.	प्रयोग की विधि	प्रभावित नींदा
एम.सी.पी.ए.	एम.सी.पी.ए.	0.5 + 1.0	,,	,,
डाईकेज़्बा			10 पत्ती की अवस्था	
बाजरा				
अट्राजिन	अट्राट्राफ	0.75 – 1.0	उद्‍भवन पूर्व या उद्‍भवन के 20 दिन बाद	मौसमी नींदा
2, 4–डी	2, 4–डी	1.0	उद्‍भवन बाद	मोथा द्विबीज पत्री
रागी				
आक्साडायजान		1.0	उद्‍भवन पूर्व	मौसमी
पेन्डीमिथेलीन		1.5	,,	,,
थायोबेनकार्ब		2.0	,,	,,
नेबूरान		,,	,,	
प्रोमेट्रिन		1.0	,,	,,
2, 4–डी		1.0	उद्‍भवन बाद	मोथा, द्विदलीय
कोदों				
मेट्राब्यूजिन		0.50	उद्‍भवन पूर्व	मौसमी
प्रोमेट्रिन		1.0	,,	,,
टरबूट्रिन		1.0	,,	,,
थायोबेनकार्व		2.0	,,	,,
2, 4–डी		1.0	उद्‍भवन बाद	मोथा, द्विदलीय
कुटकी, कमनी, सांवा				
2, 4–डी		1.0	उद्‍भवन बाद	मोथा, द्विदलीय

बाजरा (Pearl millet - *Pennisetum typhoides*)

यह अफ्रीका व एशिया में खाद्य एवं चारे के लिए एवं अमेरिका में केवल चारे के लिए ऊगाते हैं। भारत में 5542 हजार हे. क्षेत्र है जो विश्व का 33% है। बाजरा के खेतों में ज्वार के समान ही नींदा ऊगते है। इस फसल की वृद्धि प्रारज्भिक अवस्था में ज्वार से भी कम होती है अत: नींदा से अधिक प्रभावित होती है। नींदा के द्वारा 30 से 50% उपज में हानि होती।

नींदा नियंत्रण की सस्य विधियाँ ज्वार के समान ही है। नींदा नियंत्रण 20 दिन की अवस्था पर करना उचित है क्योंकि बाद में निंदाई करने से पौधे कमजोर हो जाते है व उपज कम होती है।

उपयुक्त नींदा नियंत्रण हेतु बोनी के पहले नींदा नियंत्रण कर बोनी कतारों में 25–30 से.मी. के अंतर व पौधे से पौधे की दूरी 10 से.मी. रखें। बीज 5–6 कि.ग्रा./हे. बोएँ। उचित वृद्धि हेतु 40 कि.ग्रा. एन.पी.के./हे. शुष्क क्षेत्र

में, 80–100 कि.ग्रा./हे. पर्याप्त वर्षा वाले क्षेत्र में दें। बोनी जुलाई के प्रथम सप्ताह में करें इससे वृद्धि उचित होगी। उपयुक्त किस्मों का चयन करना – जैसे संकर, बाजरा कोय. 1, 2, 3, 4 व 5 के 1, एक्स 3, तमिलनाडू में, ए.1 के.पी. 1 व 2, आंध्रप्रदेश में, बाजरा 207, बाजरा 28–15, गुजरात व महाराष्ट्र में, ''आर.एस.के. व ''आर.एस.जे.'' राजस्थान में, टी 55, ए.1/3 एस. 350, 530 व 28 पंजाब व उत्तर प्रदेश में, ''पूसा मोती'' अन्य क्षेत्रों में उपयुक्त है। संकर किस्में एच.बी. 3 व एच.बी. 4 पर्याप्त वर्षा वाले क्षेत्रों को उपयुक्त है। इनकी वृद्धि दर अधिक है व 85 से 95 दिन में पक जाती है।

यांत्रिक – नींदा नियंत्रण

''हेंड हो'' या बेलों से चलने वाले ब्लेड हेरो या कोल्पा कतारों में बोई गई शुद्ध फसल के लिए उपयुक्त है।

रासायनिक नींदा नाशक

बाजरा में उद्भवन पूर्व प्रोपाजिन 0.5 कि.ग्रा. या सायनाजिन 0.250 ग्रा. या अट्राजिन 1.0 कि.ग्रा./हे. का प्रयोग करने से नींदा नियंत्रण अच्छा होता है। फसल ऊगने के बाद अट्राजिन 0.75–1 कि.ग्रा./हे. या जिन खेतों में चौड़ी पत्ती वाले नींदा अधिक हों तो 2, 4–डी अथवा 2, 4, 5 –टी 20 से 30 दिन की अवस्था पर छिड़काव करें। तोमर व साथियों के अनुसार अट्राजिन 0.5 कि.ग्रा./हे. नींदा नियंत्रण हेतु प्रयोग करें व 60 कि. नत्रजन दें। इसकी उपज 120 कि.ग्रा. नत्रजन व यंत्रों के द्वारा निंदाई के बराबर होगी।

रागी (Finger millet - *Eleusine coracan* (L.) Gaertn.)

कर्नाटक, तमिलनाडू, आंध्रप्रदेश, उड़ीसा, बिहार, गुजरात, महाराष्ट्र, उत्तरप्रदेश व हिमाचल प्रदेश में इसकी फसल 2293 हजार हे. क्षेत्र में ऊगाई जाती है। उत्पादन 2325 हजार टन होता है। नींदा के द्वारा 33–51% उपज कम हो जाती है। नींदा की समस्या प्राय: ज्वार के खेतों के समान ही होती है। फसल की उचित वृद्धि हेतु असिंचित क्षेत्र में 40 कि.ग्रा. एवं सिंचित क्षेत्र में 160–200 कि.ग्रा./हे. नत्रजन दें। नींदा नियंत्रण की क्रांतिक अवस्था में 20 से 30 दिन है। इसमें हाथ से निंदाई करना अधिक खर्चीला है। यांत्रिक निंदाई भी अधिक सफल नहीं होती क्योंकि कतारों में दूरी कम (20 सेमी.) होती है। नींदा नाशक से उपयुक्त नींदा नियंत्रण कम लागत से हो सकता है। सही किस्म का चुनाव करें जैसे जवाहर 1008, 852 जे.एन.आर. 981–2 एवं स्टेल सीड बेड तैयार कर बोनी करें।

रासायनिक नींदा नियंत्रण

आक्साडायजान 1.0 कि.ग्रा./हे. उदभवन पूर्व सबसे उपयुक्त नींदा नाशक है। इसका प्रभाव फसल पर वृद्धि नियंत्रक जैसा होता है जिससे हाथ की निंदाई की तुलना में उपज अधिक होती है। अन्य नींदा नाशक जैसे पेन्डीमिथेलीन 1.0 कि.ग्रा., थायोबेनकार्ब 1–2 कि.ग्रा., नेबूरान 0.5 कि.ग्रा., प्रोमेट्रिन 1.0 कि.ग्रा./हे. उद्भवन पूर्व उपचार करने से उपयुक्त नींदा नियंत्रण हो जाता है। उद्भवन के 20 दिन बाद 2, 4–डी 0.75–1.0 कि.ग्रा./हे. का छिड़काव करने से द्विबीजपत्री व मोथा वर्ग के नींदा नियंत्रण हो जाएंगे।

तालिका 31.4. नींदा नाशकों का कोदों व रागी की उपज प्रभाव (तीन वर्ष की औसत उपज ज.ने.कृ.वि.वि.)

नींदा नाशक	दर कि.ग्रा./हे.	उपज क्विं./हे.	
		कोदों	रागी
बोनी के पहले उपयोग			
ज्लूक्लोरेलिन	0.5	7.35	10.50
ट्राईज्लूरोलिन	1.0	5.13	10.13
उद्भवन पूर्व			
पेन्डीमिथेलिन	1.0	8.44	20.25
आलाक्लोर	1.0	3.48	8.0
मेट्रीब्यूजिन	0.25	9.25	0.0
आक्साडायजान	1.5	2.22	23.0
थायोबेनकार्ब	1.0	9.0	18.75
2,4-डी	0.75	10.25	—
प्रोमेट्रिन	1.0	13.87	18.0
हाथ से निंदाई 20 दिन पर	–	16.63	18.13
बिना निंदाई	–	7.88	12.0

कोदों (*Paspalum scrobiculatum*)

यह सूखा निरोधक फसल है जो प्रमुखतः आंध्रप्रदेश, उत्तरप्रदेश, कर्नाटक, तमिलनाडू, मध्यप्रदेश व गुजरात में ऊगाई जाती है। कोदों आदिवासी क्षेत्रों की प्रमुख फसल है। इस फसल को कमजोर व हल्की भूमि में कम लागत से ऊगाते हैं। नींदा नियंत्रण करना ही प्रमुख खर्च है। अधिकांश नींदा, ज्वार में वर्णित नींदा के अनुसार ही होते है परन्तु इसमें झुनझुनिया (*Crotalaria nanna*) नाम का नींदा भी मध्यप्रदेश के सरगुजा क्षेत्र में ऊगता है। इस के बीज फसल के बीज के साथ मिल जाते हैं, जो विषाक्त होते हैं। अन्य खरपतवारों में गुनेर, सांवा, झिंगरी, दूब, बनरागी, रबरा, चेंच, हजारदाना, अद्घाझारा, कनकौआ, महकौआ, चिपकनू, कुज़्भा (*Leucos* spp.) आदि मुज्य है। उचित नींदा नियंत्रण न होने से 22 से 55% तक उपज में हानि हो जाती है। सस्ते नींदा नियंत्रण की दृष्टि से, इस फसल को कतारों में बोएँ, जिससे यंत्रों के द्वारा निंदाई की जा सके। तथा अन्य सस्य विधियों में स्टेल सीड बेड में बोनी करने से अधिकांश नींदा नियंत्रित हो जाएंगे 20 से 25 कि.ग्रा./हे. उन्नत बीज, जैसे किस्म निवास 1 जवाहर 1.2, 147, 364, पाली मध्यप्रदेश की एवं कोंय 1, कोंय 2, आई.पी.एस. 158 तमिलनाडू की प्रमुख है।

रासायनिक नींदा नियंत्रण

2, 4-डी 1 से 1.5 कि.ग्रा. बोनी के 20 से 25 दिन बाद छिड़काव करने से मोथा व द्विदलीय नींदा नियंत्रित हो जाएंगे। प्रोमेट्रिन 1.0 कि.ग्रा. या मेट्रीब्यूजिन 0.35 कि.ग्रा. या टरबूट्रिन 0.80 कि.ग्रा. या थायोबेनकार्ब 1 से 2

कि.ग्रा./हे. उदभवन पूर्व उपचार करने से अनोपचारित की तुलना में डेढ़ गुना से दुगुनी उपज मिलती है। आर्थिक दृष्टि से हाथ की निंदाई की तुलना में कम खर्च होगा।

कुटकी (*Panicum miliare* Lamk.), पारसा (*Panicum miliaceum* L.), कमनी (*Setaria italica* (L.) Beauv) सांवा (*Echinochloa frumentacea* Roxb. Lamk.) इन फसलों में नींदा नियंत्रण हेतु 2, 4-डी 1-1.5 कि.ग्रा./हे. उदभवन के 20 से 25 दिन बाद छिड़काव करने से द्विबीज पत्रीय व मोथा वर्ग के नींदा नियंत्रित हो जाएंगे। इन फसलों में सस्य विधियों को अपना कर अधिकांश नींदा नियंत्रित किए जाते हैं। इन फसलों से आमदनी बहुत कम होती है एवं नींदा नाशक या हाथ से निंदाई करवाना महंगा होगा।

चित्र 31.3 कोदो में मेट्रीब्यूजिन 0.25 कि./हे. से उद्भवन पूर्व उपचार कर नींदा नियंत्रण

रबी की अनाज फसलों में नींदा नियंत्रण

सामान्यत: किसानों की यह धारणा होती है कि रबी की फसलों में नींदा कम ऊगते हैं व इन फसलों को नींदा से कम हानि होती है। जो उत्पादन में बिना निंदाई किए उन्हें मिल जाता है वे यह समझते हैं कि इस खेत में इतना ही पैदा होना था तथा वे रबी की फसलों में निंदाई नहीं करवाते और यदि करवाते ही हैं तो उनका उद्देश्य निंदाई करना न होकर हरी घास के रूप में खरपतवारों को उखाड़ना होता है। हरी घास के लिए खरपतवारों को बढ़ने देते हैं व बाद में जब पर्याप्त वृद्धि हो जाती है उनके बीज भी पक जाते हैं तथा जमीन में गिर जाते हैं इस समय उखाड़ने पर फसल को लाभ न होकर हानि ही होती है।

वस्तुत: रबी की फसलों में भी नींदा अधिक ऊगते हें व फसलों को भारी क्षति पहुँचाते हैं। विशेषत: सिंचित क्षेत्र व दो फसली असिंचित क्षेत्र में नींदा की अधिक समस्या है। रबी के खरपतवार भी फसलों को उपलब्ध होने वाले खाद्य तत्त्वों को ग्रहण करते हैं। जगह घेर लेते हैं व सूर्य की ऊर्जा का उपयोग करते हैं। खरपतवारों से कीड़ों

व रोगों को भी आश्रय मिलता है। जो कुछ उत्पादन मिलता है उसकी गुणवत्ता कम हो जाती है। रबी की फसलों में नींदा के कारण बहुत अधिक हानि होती है जैसे कि मसूर में 60%, चने में 50%, अलसी में 45%, कुसुम में 35%, गेहूँ में 28% तथा सरसों व मटर में 12% औसत उपज कम हो जाती है।

गेहूँ में नींदा नियंत्रण (Weed control in Triticum spp.)

भारत में गेहूँ का स्थान उत्पादन की दृष्टि से द्वितीय है। खाद्यान्नों का 25% गेहूँ से पूर्ण होता है। इसका उपयोग चपाती में होता है तथा भूसा पशुओं का प्रमुख चारा है। यह उत्तरी पश्चिम मैदानों में जिसमें पंजाब, हरियाणा, जम्मू, राजस्थान एवं पश्चिमी उत्तरप्रदेश, उत्तर पूर्व मैदान जिसमें पूर्वी उत्तरप्रदेश, बिहार, पश्चिमी बंगाल, आसाम, उड़ीसा, मनीपुर, त्रिपुरा, नागालैंड, मेघालय, मिजोरम, अरूणाचल एवं सिक्किम प्रदेश, मध्य क्षेत्र जिसमें मध्यप्रदेश, गुजरात, दक्षिणी पूर्वी राजस्थान एवं बुदेलखंड, पेनिनसुलर क्षेत्र जिसमें महाराष्ट्र, आंध्रप्रदेश, कर्नाटक एवं तमिलनाडू तथा उत्तरी पहाड़ी क्षेत्र जिसमें कश्मीर, हिमाचल प्रदेश, उत्तरप्रदेश, पश्चिमी बंगाल व आसाम प्रदेशों में ऊगाया जाता है। यह सम्पूर्ण भारत में रबी मौसम में ऊगाया जाता है केवल तमिलनाडू के दक्षिणी पर्वती क्षेत्र में वर्ष में दो फसलें, पहली अक्टूबर-अप्रेल व दूसरी मई-सितम्बर के बीच ली जाती है। भारत में इसका क्षेत्र 22604 हजार हे. एवं उत्पादन 45095 हजार टन है।

चित्र 31.4 गेहूँ के खेत में चिरैया बाजरा (फैलेरिस माइनर)

गेहूँ में नींदा नियंत्रण की आवश्यकता

अधिकांश किसानों की यह धारणा होती है कि नींदा तो केवल वर्षा ऋतु में अधिक होता है और वर्षा ऋतु की फसलों में नींदा नियंत्रण करना आवश्यक है। यह तथ्य सही भी है, क्योंकि, यदि कृषक वर्षा ऋतु की फसलों में नींदा नियंत्रण नहीं करते तो उनकी फसल पूर्ण चौपट हो जाती है या नष्ट न होकर 25 से 50% फसल प्राप्त हो पाती है। अतः तात्पर्य यह है कि कृषकों को यह हानि प्रत्यक्ष दिखती है तथा उन्हें अधिक खरपतवार भी नजर आते हैं। दूसरी तरफ गेहूँ में न तो उतना खरपतवार दिखता है और न ही उतनी हानि समझ में आती है। इसका कारण यह है कि गेहूँ में इस हद तक क्षति नहीं हो पाती है कि कृषकों को कुछ भी फसल न मिल सके। यदि उनको 50% से 75% भी फसल मिल गई तो वे समझते हैं कि इतना ही खेत में पैदा होना था। साधारण कृषक को 25 से 50% हानि समझ में ही नहीं आती और न वे उसकी चिंता ही करते हैं। परन्तु वास्तव में अनावश्यक खरपतवारों के द्वारा 20 से 40% गेहूँ की उपज में कमी होती है। तथा अत्यधिक खरपतवारों से पीड़ित खेतों में तो 50 से 75% तक गेहूँ की उपज में हानि हो जाती है। यह मान्यता है कि गेहूँ का प्रत्येक खेत खरपतवारों से पीड़ित नहीं होता फिर भी जिन खेतों में सघन कृषि की जाती है और साल में 2 या 3 फसलें ऊगाते हैं उन खेतों में जुताई, बखराई कम होती है जिससे नींदा अधिक ऊगते है। धान के बाद जिन खेतों में गेहूँ लेते हैं, उनमें भी अधिक खरपतवार आते हैं तथा सिंचित क्षेत्रों में तो बहुत ही अधिक नींदा ऊगते हैं। इन दशाओं में नींदा की संज्या 500 से 1000/वर्गमीटर हो सकती है। जो जल, खाद्य, तत्त्व, प्रकाश, स्थान आदि का स्वयं उपयोग कर लेते हैं व गेहूँ की उपज में 50 से 75% तक हानि पहुँचा देते हैं। असिंचित क्षेत्रों में भी नींदा की जाति व उनकी सघनता के आधार पर 15 से 30% या उससे भी अधिक हानि हो सकती है। अतः गेहूँ की उपज बढ़ाने के लिए निंदाई करना अति आवश्यक है तथा यह लाभकारी भी है। तात्पर्य यह है कि जो पैसा निंदाई में खर्च होगा उससे कई गुना लाभ निंदाई के कारण होगा। उदाहरणार्थ जबलपुर के आधारताल फार्म पर गेहूँ के उपयुक्त बीज, उर्वरक व पानी देने के साथ-साथ यदि निंदाई नहीं करते हैं तो उपज केवल 15 से 20 क्विं./हे. प्राप्त होती है और यदि उपयुक्त बीज, खाद्य, पानी के साथ-साथ नींदा भी नियंत्रित करते है, तो 30 से 45 क्विं./हे. प्राप्त होती है। इससे अनुमान लगा सकते हैं कि नींदा नियंत्रण में अधिक से अधिक 300-400 रूपये प्रति हेक्टेयर खर्च होंगे परन्तु लाभ 25 से 30 क्विं. गेहूँ का हो जाता है जो केवल 3-4 सौ रूपये खर्च करने से हुआ। इसमें चिरैया बाजरा व जई अधिक घातक होते हैं क्योंकि इनके पौधे प्रायः गेहूँ के पौधे से मिलते जुलते हैं। जिससे प्रारंभिक अवस्था में आसानी से नहीं पहचाने जा सकते है और गेहूँ के साथ-साथ बढ़ते रहते हैं तथा हानि पहुँचाते हैं। हन्नाह (1964) एवं मोल्वर्ग (1966) के अनुसार गेहूँ के साथ जंगली जई (*Avena fatua*) के पौधे प्रति वर्ग मी. होने से बिना उर्वरक वाले क्षेत्र में 8% तथा उर्वरक वाले क्षेत्र में 20% उपज कम हो जाती है।

गेहूँ का मामा (*Lolium multiflorum*) की अधिकता से 870 कि.ग्रा. तथा नियंत्रित दशा में 5,226 कि.ग्रा./हे. गेहूँ की उपज अल्ड्रिज व साथियों (1971) ने पाई। इस नींदा के 1.0 से 100 पौधे/वर्ग मी. होने से एपिलवाई व साथियों (1976) ने 0 से 4100 कि.ग्रा. उपज कम पाई।

नत्रजन की अधिक मात्रा देने से गेहूँ की उपज में वृद्धि होती है। यदि निंदाई न की जाए तो कम नत्रजन की तुलना में नींदा से अधिक हानि होती है।

गेहूँ चिरैया बाजरा-नींदा-तंत्र में रिगरेशन-विशलेषण (Regression analysis) से विदित हुआ है कि चिरैया बाजरा का एक पौधा प्रति वर्ग मी. क्षेत्र में उपस्थित होने से 2.83 कि.ग्रा./हे. गेहूँ की उपज कम हो जाती है। 1 कि.ग्रा./हे. नींदा का शुष्क भार होने से गेहूँ की 0.517 कि.ग्रा./हे. उपज कम हो जाती है।

चित्र 31.5 गेहूँ में चिरैया बाजरा का टरबूट्रिन 0.8 कि.ग्रा./हे. उद्‌भवन पूर्व छिड़काव

गेहूँ में नींदा नियंत्रण के प्रतिबंधक उपाय

गेहूँ में नींदा नियंत्रण की कई विधियाँ है। जैसे एक तो गेहूँ बोने के पहले ही नींदा नियंत्रण कर सकते हैं तथा इन बिन्दुओं पर ध्यान रखें।

(1) खेत की तैयारी अच्छी करें।

(2) गेहूँ की शुद्ध बीज का बोनी में उपयोग करें।

(3) गेहूँ की बोनी सघन करें।

(4) निर्धारित मात्रा से करीब सवाया या डेढ़ गुना बीज बोयें 125 से 150 कि.ग्रा./हे.

(5) कतारों के बीच की दूरी कम (15 से 20 से.मी.) कर दें।

(6) बोनी आड़ी-खड़ी दोनों दिशाओं में करें।

(7) यदि क्षेत्र सिंचित है तो बोने के पहले सिंचाई कर दें और नींदा को ऊगने दें। जब नींदा ऊग आयें उसे बख़र चलाकर नष्ट करें। उसके बाद बोनी करें।

(8) उर्वरकों को बीज के साथ कतारों में दें। अधिक नत्रजन से फसल की वृद्धि अधिक होती है। जिससे नींदा नियंत्रित हो जाते हैं सिंचित क्षेत्र में 120:80:40 कि.ग्रा. नत्रजन, स्फुर व पोटाश दें तथा असिंचित में 30:30 कि.ग्रा./हे. नत्रजन व स्फुर दें।

(9) गेहूँ की उन्नत किस्में, शीघ्र वृद्धि दर तथा कड़े तनों वाली किस्मों की बोनी करना चाहिए, जो नींदा से स्पर्धा कर सकें । कड़ा तना होने से वे गिरती नहीं है। डब्लू एच 147 उपयुक्त है। यद्यपि देशी किस्मों

जैसे सी.306, एच.डी. 1467, नर्मदा 4 में नींदा स्पर्धा क्षमता अधिक है परन्तु नींदा की सघनता से इनके तने पतले हो जाते हैं व फसल गिर जाती है।

(10) फसल चक्र अपनाएँ।

फसल चक्र अपना कर विशिष्ट प्रकार के नींदा को नियंत्रित किया जा सकता है। जैसे सिंचित क्षेत्र में चिरैया बाजरा का प्रकोप कम करने हेतु गेहूँ के बाद बरसीम या आलू या सरसों की फसल लें।

जबलपुर के आधारताल फार्म पर चिरैया बाजरा के प्रकोप को गेहूँ के बाद बरसीम की फसल लेकर नियंत्रित किया। यदि ये फसलें संभव न हों तब चना मसूर या मटर की फसल लें जिससे चिरैया बाजरा व जंगली जई स्पष्ट रूप से पहचानी जा सकती है व नियंत्रित किए जा सकते हैं।

इन सब बिन्दुओं पर ध्यान किसान को बोनी के पहले ही रखना चाहिए। इतना सब करने पर भी यदि गेहूँ में नींदा ऊगता है तो

(1) "हो" आदि से नींदा को नष्ट कर दें।

(2) हाथ से नींदा उखाड़ें तथा

(3) रासायनिक नींदा नाशकों के द्वारा नियंत्रित करें।

गेहूँ के प्रमुख नींदा

लेखक ने लगभग 200 सिंचित व असिंचित गेहूँ के खेतों का सर्वेक्षण कर लगभग 150 स्पीसीस के नींदा पाए है। इनकी उपस्थिति व सघनता खेत की किस्म, फसल चक्र, जुताई-बखराई, बीज की किस्म व ज़ोत, सिंचित व असिंचित तथा उर्वरक, खाद की किस्म आदि पर आधारित रहते हैं। इन परिस्थितियों का नींदा की स्पीस पर प्रभाव पड़ता है तथा एक खेत से दूसरे खेत में नींदा की स्पीसीस भिन्न होती है तथा सघनता में अंतर होता है।

भारत वर्ष में गेहूँ में पाए जाने वाले प्रमुख नींदा इस प्रकार हैं -

सिंचित क्षेत्र	असिंचित क्षेत्र
(1) बथुआ *Chenopodium album*	(1) बथुआ *Chenopodium album*
(2) सेंजी *Melilotus* spp.	(2) हिरनचरी *Convolvulus arvensis*
(3) अकरी *Vicia sativa*	(3) वनगोभी *Launia spliniifolia*
(4) वन मटर *Lathyrus aphaca*	(4) दुधी *Oxystelima secamone*
(5) वन पालक *Rumex dentatus*	(5) अकरी *Vicia sativa*
(6) कृष्णनील *Anagallis arvensis*	(6) वन मटर *Lathyrus aphaca*
(7) बंदर पुंछा *Eragrostis* spp.	(7) वनपालक *Rumex dentatus*
(8) मोथा *Cyperus rotundus*	(8) सेंजी *Melilotus alba*
(9) सांवा *Echinochloa crusgalli*	(9) कांस *Saccharum spontaneum*

(10) क्रेबघास *Digitaria adscendens*

(11) चिरैया बाजरा *Phalaris minor*

(12) जंगली जई *Avena fatua*

(13) चिकोरी या कासनी *Cichorium intybus*

(14) पारथीनियम या चटक चांदनी *Parthenium histerophorus*

(10) केल *Dichanthium annulatum*

(11) मोथा *Cyperus rotundus*

(12) बंदर पुंछा *Eragrostis diarrihena*

पंजाब व हरियाणा से चिरैया बाजरा व जंगली जई मैक्सीकन गेहूँ के साथ देश के अन्य गेहूँ उत्पादक क्षेत्रों में प्रसारित हो गये। पंजाब व हरियाणा में विशेषत: जो कम्बाइन के द्वारा गेहूँ की कटाई व गहाई होती है उसी के साथ इन खरपतवारों के बीज भी गाह लिए जाते हैं। जो बीज यहाँ से देश के अन्य प्रदेशों में गया वहाँ पर इनका बीज प्रसारित हुआ। सीड प्रोसेसिंग प्लांट जहाँ पर बीज का शुद्धीकरण होता है। वहाँ पर नींदा के बीज टनों से एकत्रित हो जाते हैं। फिर भी कुछ मात्रा में बीज फसल के बीज के साथ शेष रह जाते हैं जो बीज के साथ प्रसारित होते हैं।

फिनलैंड में मुकुल व साथियों (1969) ने 2710 गेहूँ के खेतों का सर्वेक्षण कर 304 नींदा की स्पीसीस पाई। दक्षिण डकोटा डोसलेंड व आरनाल्ड (1964) (यू.एस.ए.) में खेतों का सर्वेक्षण कर नींदा की 48 स्पीसी पाई। भारत वर्ष में गेहूँ में नींदा नियंत्रण का शोध कार्य पंजाब (गिल व संधु), हरियाणा (भान व साथी), उत्तरप्रदेश (गोविन्दा सिंग व साथी) व मध्यप्रदेश (तिवारी व साथी) में अधिक हुआ है। इन शोध कार्यो के निष्कर्ष संक्षिप्त में सुझावों के रूप में वर्णित किए गए है।

गेहूँ में नींदा नियंत्रण की क्रान्तिक अवस्था

गेहूँ में अधिक फसल लेने के लिए निंदाई 20 से 30 दिन के अन्दर हो जाना चाहिए। 30 दिन के बाद निंदाई करने पर उतना लाभ नहीं हो पाता, क्योंकि देर से निंदाई करने पर खरपतवार खेत के खाद्य तत्त्वों का उपयोग स्वयं कर लेते हैं और फसल प्रभावित हो जाती है। देर से निंदाई करने में फसल भी टूटती है। 45 दिन के बाद निंदाई करने से उपज में कोई वृद्धि नहीं होती है। यदि समय न मिले तो 45 दिन के बाद भी नींदा को उखाड़ लें। उससे शुद्ध बीज प्राप्त होगा तथा दूसरी वर्ष कम नींदा ऊगेगा। साथ ही साथ नींदा को हरे घास के रूप में भी उपयोग कर सकते हैं। परन्तु कोशिश यह रहे कि नींदा को बीज पकने के पहले ही उखाड़ लें जिससे बीज खेत में न गिरे। चिरैया बाजरा व जंगली जई के पौधे जो बाल निकलने पर आसानी से पहिचाने जा सकते हैं, उनको खोजकर बीज बनने के पहले ही निकाल लें क्योंकि इसमें बहुत अधिक बीज बनते हैं और खेत में कई वर्षों तक अँकुरित होते रहते हैं।

रासायनिक विधि से नींदा नियंत्रण

गेहूँ में रासायनिक नींदा नाशकों का उपयोग तीन विधि से करते हैं।

(1) बोनी के पहले।

(2) बोनी के तुरन्त बाद तथा फसल व नींदा ऊगने के पहले।

(3) फसल तथा नींदा ऊगने के बाद 20 से 30 दिन के अन्दर।

यदि फसल की इस अवस्था पर उपयोग नहीं कर पाते, तो कुछ नींदा नाशकों का उपयोग बाद में भी कर सकते हैं। परन्तु उसका पूरा-पूरा लाभ नहीं मिलेगा। गवोट की अवस्था के बाद किसी भी दशा में नींदा नाशकों का उपयोग नहीं करना चाहिए क्योंकि फसल पर विपरीत प्रभाव पड़ता है।

गेहूँ में प्रयोग होने वाले नींदा नाशक, मात्रा व प्रयोग विधि

(1) जो गेहूँ के खेत केवल चौड़ी पत्ती वाले नींदा से पीड़ित हैं उनमें 2-4,डी सोडियम लवण 1 कि.ग्रा./हेक्टेयर या क्लूराक्सीपिर 0.3 कि.ग्रा. की दर से 500 से 600 लीटर पानी में घोलकर स्प्रेयर द्वारा लगभग 20 दिन की खड़ी फसल में छिड़काव करें। मेटसल्फ्यूरान 4 ग्रा./हे. छिड़काव 20 दिन पर करने से भी चौड़ी पत्ती के नींदा नियंत्रित हो जाते हैं।

(2) जिन खेतों में संकरी पत्ती वाले घास कुल के नींदा जैसे-चिरैया बाजरा, जंगली जई तथा चौड़ी पत्ती वाले नींदा जैसे-बथुआ सेंजी आदि हैं उन खेतों को नींदा नियंत्रण के लिए आइसोप्रोटुरान, मेथाबेंजथियाजुरान, मेटाजुरान, टरबूट्रिन, पेन्डीमिथेलिन में से किसी भी एक नींदा नाशक का उपयोग कर सकते हैं। इन सभी का प्रयोग यदि बोनी से पहले करते हैं तो नींदा नियंत्रण अच्छा होता है, फसल पर कुप्रभाव कम होता है और लाभ अधिक मिलता है।

(3) मेथाबेन्जथियाजुरान (ट्राइबूनिल) - 1.0 से 1.5 कि.ग्रा.हे. 500 से 600 लीटर पानी में घोलकर बोनी के तुरंत बाद ऊगने के पहले छिड़काव करें, अथवा ऊगने के 15 से 20 दिन बाद छिड़काव करें।

(4) मेटाक्जुरान (डोसनिक्स) - 1.5 से 2 कि.ग्रा./हे. 500-600 लीटर पानी में घोलकर बोनी के तुरन्त बाद या फसल ऊगने से 15 से 20 दिन के अंदर छिड़काव करें।

(5) टरबूट्रिन (इगरान) - 0.5 कि.ग्रा./हे. बोनी के तुरन्त बाद तथा ऊगने के पहले 500-600 लीटर पानी में घोलकर छिड़काव करें।

(6) आइसोप्रोटुरान (1.0 से 1.25 कि.ग्रा.हे. बोनी के बाद 500 से 600 लीटर पानी में घोलकर छिड़काव करें। इसे खड़ी फसल में ऊगने के 15 से 20 दिन के अंदर 1.0 कि.ग्रा./हे. की दर से छिड़काव करने से अधिक नियंत्रित होते हैं। इससे कृष्ण नील, करमेथा एवं डिजिटेरिया नहीं मरता। इसका प्रभाव असिंचित दशा में नहीं होता है।

(7) आक्साडायजान (रोनस्टार)-0.75 से 1.0 कि.ग्रा./हे. 500-600 लि. पानी में घोलकर बोनी के तुरन्त बाद छिड़काव करने से चिरैया बाजरा, बंदरपुंछा व द्विदलीय नींदा जैसे सेंजी, बथुआ, अकरी, कृष्णनील आदि अंकुरित नहीं होंगे। गेहूँ के पौधे प्रारम्भ में कुछ पीले नजर आएंगे परन्तु बाद में कल्ले अधिक आते हैं पौधों की वृद्धि अधिक होती है, पर्णहरिम (**Chlorophyll**) अधिक बनता है, बाली की लम्बाई बढ़ जाती है एवं उपज में वृद्धि होती है।

(8) आक्सीफ़्लोरफेन (गोल) - 0.24 कि.ग्रा./हे. का 500 से 600 पानी में घोल कर अंकुरण के पहले छिड़काव करने से भी दोनों प्रकार के नींदा का नियंत्रण हो जाता है। गेहूँ के पौधों पर कोई विपरीत असर नहीं होता हैं।

(9) डाईकुरान - 1.0 से 1.25 कि.ग्रा./हे. फसल ऊगने के 15 से 20 दिन की अवस्था पर 500 से 600 लि. पानी में छिड़काव करते है।

(10) पेन्डीमिथेलिन (स्टाम्प) - 1.25 से 1.5 कि./हे. 500-600 लीटर पानी में घोलकर बोनी के तुरन्त बाद छिड़काव करने से अधिक नींदा नियंत्रित होते है।

(11) सल्फो सल्फ्यूरान 25 ग्राम/हे. 20-25 दिन बाद छिड़काव करने चिरैया बाजरा व जंगली जई नियंत्रित हो जाती है।

(12) क्लोडिनाफाफ 60 ग्राम/हे. के साथ 2,4-डी 500 ग्राम/हे. का 20 दिन पर छिड़काव करने से संकरी पत्ती व चौड़ी पत्ती के नींदा नियंत्रित हो जाते हैं।

नींदा नाशक खड़ी फसल में जब उपयोग करते हैं तो नींदा नाशक की मात्रा व पौधों की अवस्था पर अधिक ध्यान देना आवश्यक है। कम उम्र के नींदा पर नींदा नाशक की कम मात्रा का ही अधिक प्रभाव हो जाता है और वे मर जाते हैं। जब नींदा की उम्र अधिक (20 से 30 दिन) हो जाती है तब उन्हें मारने के लिए नींदा नाशक की अधिक मात्रा की आवश्यकता होती है। अतः नींदा नाशक की मात्रा अधिक लगने से खर्च अधिक बढ़ जाएगा और उतना असर भी नहीं होगा। इसलिए उपयुक्त समय पर कम मात्रा से प्रभावशील नियंत्रण करना लाभदायक है।

किसान भाइयों को चाहिए कि वे फसल के व नींदा के अनुसार उपयुक्त नींदा नाशकों को सुझाव अनुसार प्रयोग करें। नींदा नाशकों को निर्धारित मात्रा में ही उपयोग करना चाहिए तथा समान रूप से छिड़काव होना चाहिए, अन्यथा फसल पर विपरीत प्रभाव पड़ेगा। जहाँ पर छिड़काव करते समय नींदा नाशकों की मात्रा हाथ के बार-बार आगे पीछे होने के कारण अधिक हो जाती है। वहाँ पर गेहूँ की पत्ती भी झुलस जाती है कभी-कभी पूरा ऊपर का हिस्सा सूख जाता है इसलिए नींदा नाशक उपयोग करते समय पूर्ण सावधानी बरतना चाहिए। वैसे तो पत्ती जलने का प्रभाव बाद में कम हो जाता है क्योंकि नींदा मर जाने पर गेहूँ की बाढ़ अच्छी होती है, इससे अधिक चिंतित नहीं होना चाहिए। साधारण रूप से सभी नींदा नाशकों का खड़ी फसल पर छिड़काव करने से गेहूँ की बाढ़ पर कुप्रभाव प्रत्यक्ष या अप्रत्यक्ष रूप से होता है। परन्तु यह असर नींदा के कुप्रभाव की तुलना में बहुत कम होता है। बहुधा जो नींदा नाशक खड़ी फसल पर छिड़काव करते हैं उससे फसल पीली पड़ सकती है तथा कुछ समय के लिए वृद्धि अवरुद्ध हो जाती है परन्तु बाद में पौधे स्वस्थ हो जाते हैं और बिना निंदाई वाले क्षेत्र की तुलना में बहुत अधिक उपज प्राप्त होती है। 2, 4-डी का छिड़काव यदि देर से किया जाता है, तो बालियाँ टेढ़ी-मेढ़ी हो जाती है व किसी में दाने भी नहीं बनते हैं।

इन नींदा नाशकों (2, 4-डी के अतिरिक्त) का उद्‌भवन के पहले सिंचित तथा असिंचित दशाओं में उपयोग कर सकते हैं। सिंचित गेहूँ में यदि पलेवा देकर बोनी की गई है तो बोनी के तुरन्त बाद नींदा नाशक का छिड़काव कर दें। यदि बोनी सूखे में की गई है और पानी बोनी के बाद दिया गया है तो सिंचाई के दूसरे दिन छिड़काव करें। टोल्कन या ग्रेमीनान का असिंचित गेहूँ की फसल पर 15 से 20 दिन बाद छिड़काव न करें क्योंकि इसके लिए नमी की आवश्यकता होती है।

फ़्लूराक्सीपिर (स्टर्नी 20 ई.सी.) का 200 से 800 ग्रा./हे. का 20 दिन पर छिड़काव करने से चौड़ी पत्ती वाले नींदा नियंत्रित हो जाते हैं एवं 2,4-डी के समान कुप्रभाव नहीं होता।

बिर्रा (गेहूँ चना) में नींदा नियंत्रण

गेहूँ व चना की मिलवां फसल एक साथ बोने की स्थिति में आइसोप्रोटुरान 1.0 कि.ग्रा./हे. या टरबूट्रिन 0.8 कि ग्रा./हे. या आक्साडायजान 0.75 से 1.0 कि.ग्रा./हे. की दर से 500 से 600 लि. पानी में घोलकर बोनी के तुरन्त बाद छिड़काव करें। फसल व नींदा ऊगने पर इनका छिड़काव न करें क्योंकि चने पर विपरीत प्रभाव होगा।

गेहूँ, चना व अलसी की मिलवां फसल बोई जाती है तो उन खेतों में आइसोप्रोटुरान 1.0 कि.ग्रा./हे. अथवा आक्साडायजान 0.75–1.0 कि.ग्रा./हे. का बोनी के बाद एवं ऊगने के पहले छिड़काव करें। गेहूँ–सरसों की फसल में भी आइसोप्रोटुरान 1.0 कि.ग्रा./हे. का बोनी के बाद व ऊगने के पहले या उद्भवन के 20 दिन बाद छिड़काव करें।

जौ की फसल में नींदा नियंत्रण

जौ की फसल की वृद्धि गेहूँ की फसल की तुलना में अधिक होती है व नींदा स्पर्धा करने की क्षमता भी अधिक होती है। जौ में भी वही विधियाँ उपयुक्त है जो गेहूँ की फसल में नींदा नियंत्रण हेतु सुझाई गई है। Bell and Malewaja (1967, 68) के अनुसार जौ में गेहूँ से नींदा नियंत्रण की अधिक क्षमता है तथा गेहूँ में अलसी से अधिक है। जौ में प्रयुक्त होने वाले नींदा नाशक तालिका में दर्शाए गए हैं।

तालिका 31.5. गेहूँ व जौ की फसलों में नींदा नियंत्रण हेतु उपयोगी विभिन्न नींदा नाशक दवाएं, प्रयोग की मात्रा तथा समय

फसल	नींदा नाशक		दर/हे. लि./ कि.ग्रा. (व्यावसायिक पदार्थ)	प्रयोग विधि	प्रभावित होने वाले नींदा
	सामान्य नाम	व्यावसायिक नाम			
गेहूँ व जौ					
	1. आइसोप्रोटुरान	टोलकन 50% ग्रेमीनान 50% पाउडर	2.0	बोनी के तुरंत बाद या बोनी के 15 से 25 दिन पर	एक दलीय व द्विदलीय नींदा
	2. मेटाजुरान	डोसानेक्स 80% पाउडर	2.0	बोनी के 15 से 20 दिन पर	एक दलीय व द्विदलीय
	3. टरबूट्रिन	इगरान 80% पाउडर	1.0	बोनी के तुरंत बाद	एक दलीय व द्विदलीय
	4. आक्साडायजान	रोनस्टार 25% ई.सी.	4.00	,,	,, ,,
	5. ट्रलकाक्सीडिम		0.400	उद्भवन बाद	चिरैया, बाजरा, राई
	6. क्लोरोटोलूरान	डाईकूरान	1.00	उद्भवन पूर्व	घासें व चौड़ी पत्ती
	7. मेथाबेन्ज	ट्राईबुनिल 70% पाउडर	1.50	उद्भवन पूर्व	,, ,,

फसल	नींदा नाशक		दर/हे. लि./ कि.ग्रा. (व्यावसायिक पदार्थ)	प्रयोग विधि	प्रभावित होने वाले नींदा
	सामान्य नाम	व्यावसायिक नाम			
	थियाजरान				
	8. पेन्डीमिथेलिन	स्टाम्प 0.33% ई.सी.	1.5	,,	,,,,
	9. आक्सीज़्लोरफेन	गोल 24 ई.सी.	1.00	,,	,,,,
	10. 2,4–डी	फरनोक्जोन 80% पाउडर (या अन्य)	0.5	बोनी के 15 से 20 दिन बाद	द्विदलीय व कुछ एक दलीय
	11. ज़्लूराक्सापिर	स्टर्नी 20 ई.सी.	2.0	,,	,,
	12. क्लोडीनाफाप	--	0.06	बोनी के 20 दिन बाद	घासें
	13. सल्फोसल्फ्यूरान	--	0.025	बोनी के 20 दिन बाद	दोनों प्रकार के नींदा
	14. मेटसल्फ्यूरान	--	0.004	बोनी के 20 दिन बाद	चौड़ी पत्ती वाले
	15. मेसो सल्फ्यूरान	--	0.016	बोनी के 20 दिन बाद	दोनों प्रकार के नींदा
	16. आयोडो सल्फ्यूरान	--	0.016	बोनी के 20 दिन बाद	दोनों प्रकार के नींदा
	17. कारफेन्ट्राजोन इथिल	--	0.020	बोनी के 20 दिन बाद	चौड़ी पत्ती
	18. ज़्नाक्साप्राप पी इथिल	--	0.090	बोनी के 20 दिन बाद	घासें
बिर्रा गेहूँ-चना					
	1. आइसोप्रोटूरान	टोलकन 50% पाउडर	2.00	बोनी के तुरन्त बाद	एकदलीय व द्विदलीय
गेहूँ-चना-अलसी					
	2. टरबूट्रिन	इगरान 80% पाउडर	1.00	,,	,,
	3. आक्साडायजान	रोनस्टार 25 ई.सी.	3.00 से 4.00	,,	,,

गेहूँ में नींदा या खरपतवारों की रोकथाम हेतु गेहूँ का जो बीज बोया जाता है वह शत प्रतिशत शुद्ध होना चाहिए। यदि खेत में ऐसे गेहूँ के बीज का उपयोग किया है जिसमें खरपतवारों के भी बीज हैं तो इसका तात्पर्य है कि न केवल गेहूँ वरन् खरपतवारों की भी खेती कर रहे हैं। अत: किसानों को पूर्ण रूप से शुद्ध बीज का बोनी में प्रयोग करना चाहिए। शुद्ध बीज प्राप्त करने हेतु किसानों की खेत में खड़ी फसल से लेकर बीज बोने के पहले तक सावधानी रखना आवश्यक है। शुद्ध बीज सरलता से प्राप्त करने हेतु फसल जब खेत में खड़ी है उसी समय नींदा को नष्ट करेंगे। चिरैया बाजरा, जई, गेहूँ का मामा बालें निकलने पर स्पष्ट रूप से पहिचाने जा सकते हैं जिन्हें

ढूंढ़कर उखाड़ कर जला दें। यदि फसल के साथ नींदा भी काटकर उनकी गाहनी कर ली गई तो किसान उस बीज को कितना भी साफ करें उन्हें शत प्रतिशत शुद्ध बीज प्राप्त करना कठिन हो जाएगा।

गेहूँ में एकीकृत नींदा नियंत्रण

बोनी के पूर्व भू-परिष्करण क्रियाओं (Tillage) से क्षेत्र को नींदा रहित कर लें। शुद्ध बीज 125 कि.ग्रा./हे. की दर से 15 से 20 से.मी. पर कतारों में बोनी करें। नींदा स्पर्धा कम करने वाली गेहूँ की किस्म जैसे डब्लू.एच. 147 को बोएँ। कतारों में ही उर्वरक 60:80:40 कि.ग्रा. नत्रजन स्फुर पोटाश/हे. बोनी करते समय बीज के साथ दें। बोनी सीड ड्रिल या तिफन से कतारों में ही करें। आधे बीज व उर्वरक की मात्रा आड़ी कतारों में व दोनों की आधी-आधी मात्रा खड़ी कतारों में बोएँ। 1/4 नत्रजन पहली सिंचाई व 1/4 नत्रजन दूसरी सिंचाई करने के एक दिन बाद देवें। यदि क्षेत्र चिरैया बाजरा या जंगली जई से अत्यधिक ग्रसित है तो बोनी के बाद व ऊगने के पहले टोलकन या ग्रेमीनान 2 कि.ग्रा./हे. या कोई अन्य नींदा नाशक (जो तालिका में दर्शाए गए हैं) का छिड़काव करें। यदि इन नींदा का प्रकोप नहीं है तो ये नींदा नाशक न छिड़कें।

तालिका 31.6. गेहूँ की फसल में विभिन्न नींदा नाशकों के द्वारा नींदा नियंत्रण करने से प्राप्त उपज

दर/हे.कि.ग्रा.	उपज कि.ग्रा./हे.							
	1980	81	81	82	83	84	85	85
आइसोप्रोटूरान 1.5 (बोनी के बाद अंकुरण के पहले)	–	2319	4832	4821	2416	4694	48 95	5725
आइसोप्रोटूरान 1.0 (बोनी के 20 से 25 दिन बाद)	–	–	–	3851	2054	4425	5442	4462
मेथाबेन्जथियाजुरान 1.5 (अंकुरण के पहले)	2166	2654	4895	4482	2117	3666	54 52	5848
बोनी के 20 से 25 दिन बाद –	–	–	–	–	4087	5569	3587	–
मेटाजुरान 1.5 अंकुरण के पहले	–	–	4862	3964		4319	4546	4885
मेटाजुरान 1.5 बोनी के 20 से 25 दिन बाद	2511	1918	4143	3595	1714	4089	45 67	5066
टरबूट्रिन 0.8 अंकुरण के पहले	2226	4612	4375	–	–	–	1965	5275
पेन्डीमिथेलिन 1.5 बोनी के 20 से 25 दिन बाद	2778	1674	4658	4798	2016	2384	4872	–
आक्साडायजान 1.0 (अंकुरण के पहले)	–	–	4321	4190	2365	–	–	5654
निंदाई	2223	2361	4447	3625	2628	4244	4755	4920
बिना निंदाई	1465	1611	3752	2934	1930	3069	3317	1708
सी.डी.	–	–	742	538	686	1008	1497	2134

फसल के ऊगने के बाद 15 से 20 दिन पर यदि चौड़ी पत्ती वाले नींदा अधिक हैं तो 2, 4-डी (फरनोक्जोन 0.5 कि.ग्रा./हे.) का 600 लि. पानी में घोल कर छिड़काव करें इसके साथ 25 कि.ग्रा. यूरिया भी घोल कर छिड़के (इस मात्रा को 1/4 भाग नत्रजन में से कम कर दें) यदि घास कुल व चौड़ी पत्ती वाले दोनों नींदा है तो टोलकन 2 कि.ग्रा./हे. या डोसानेक्स 2 कि.ग्रा./हे. की दर से 500 से 600 लिटर पानी में घोलकर छिड़काव करें। 25 कि.ग्रा. यूरिया भी साथ में छिड़कें।

सोयाबीन-गेहूँ फसल चक्र में नींदा नियंत्रण

जवाहरलाल नेहरू कृषि विश्वविद्यालय जबलपुर में सोयाबीन-गेहूँ फसल चक्र में रासायनिक नींदा नाशकों के द्वारा दोनों फसलों में नींदा नियंत्रण कई वर्षो तक किया। सोयाबीन में फ़्लूक्लोरेलिन 1.0 कि.ग्रा., आक्साडायजान 1.0 कि.ग्रा., आक्सीफ़्लोरफेन 0.2 कि.ग्रा. एवं बूटाक्लोर 2.0 कि.ग्रा./हे. का प्रयोग कर नींदा नियंत्रित किए। गेहूँ में नींदा नियंत्रण हेतु प्रत्येक प्लाट में चार प्रकार से जैसे आइसोप्रोटुरान 1.0 कि.ग्रा. व आक्साडायजान 0.75 कि.ग्रा./हे. उद्भवन पूर्व छिड़काव व अनुपचारित एवं हाथ से निंदाई कर नींदा नियंत्रित किए गए। चार वर्ष निरंतर उपयोग करने के बाद भी यह पाया कि सोयाबीन में प्रयोग होने वाले नींदा नाशकों के अवशेषों का गेहूँ पर कुप्रभाव के लक्षण नहीं पाए। तथा गेहूँ में प्रयोग होने वाले नींदा नाशकों का भी सोयाबीन की फसल पर कुप्रभाव के लक्षण परिलक्षित नहीं हुए (डॉ. तिवारी व डॉ. कुरचानिया 1990)।

तालिका 31.7. गेहूँ की उपज पर बोनी की विधि व स्टेल सीड-बेड का प्रभाव उपज कि./हे.

उपचार कि.ग्रा/हे.	सीधी कतारों	आड़ी-खड़ी कतारें	औसत
	सामान्य सीड बेड		
1. अनुपचारित	20.80	30.96	25.88
2. खुरपी से निंदाई	36.75	37.71	37.23
3. आइसोप्रोटुरान 1.0 उद्भवन पूर्व	47.44	51.60	49.52
4. आइसोप्रोटुरान 1.0 उद्भवन बाद	44.23	45.62	44.93
5. मेटाजुरान 1.5 उद्भवन पूर्व	44.50	49.79	47.14
6. मेटाजुरान 1.5 उद्भवन बाद	47.07	43.78	45.74
	40.13	**43.24**	**41.68**

सी.डी = एक ही प्रकार की बोनी में दो नींदा नाशक उपचार की तुलना 3.54

एक ही नींदा नाशक के उपचार में बोनी की तुलना 3.46

उपचार कि.ग्रा/हे.	सीधी कतारों	आड़ी-खड़ी कतारें	औसत
	स्टेल सीड-बेड		
1. अनुपचारित	28.68	28.10	28.37
2. खुरपी से निंदाई	39.21	36.75	37.98
3. आइसोप्रोटुरान 1.0 उद्भवन पूर्व	41.56	44.45	43.01
4. आइसोप्रोटुरान 1.0 उद्भवन बाद	37.71	43.70	40.71

5. मेटाजुरान 1.5 उद्भवन पूर्व	45.62	50.43	48.03
6. मेटाजुरान 1.5 उद्भवन बाद	47.07	39.10	43.08
	38.30	**40.42**	**39.36**

सी.डी = एक ही प्रकार की बोनी में दो नींदा नाशक उपचार की तुलना - 3.41

एक ही नींदा नाशक में बोनी की तुलना - 3.41 (डॉ. जैन)

धान-गेहूँ फसल - चक्र में नींदा नियंत्रण

धान में नींदा नियंत्रण हेतु थायोबेनकार्ब 3.0 कि.ग्रा./हे., आक्साडायजान 1.0 कि.ग्रा. बूटाक्लोर 2.5 कि.ग्रा./हे. उद्भवन पूर्व ''हेंड हो'' एवं इन सबके साथ 2, 4-डी 1.0 कि.ग्रा./हे. 20 दिन बाद छिड़काव कर नींदा नियंत्रित किए व खुरपी के द्वारा निंदाई एवं अनुपचारित से तुलना की। इन सभी उपचारों के बाद में प्रत्येक के साथ आइसोप्रोटुरान 1.0 कि.ग्रा. आक्साडायजान 1.0 कि.ग्रा./हे. खुरपी से निंदाई एवं अनुपचारित के प्रभावों का अध्ययन किया। निरंतर चार वर्ष तक धान में उपयोग करने पर कोई कुप्रभाव के लक्षण गेहूँ पर नहीं मिले और गेहूँ में प्रयोग किए गए नींदा नाशकों के कुप्रभाव के लक्षण धान पर भी नहीं मिले। लगातार उपयोग से कुछ नींदा की संज्या पर अवश्य प्रभाव पड़ा। धान में मुर्दी की संज्या थायोबेनकर्ब व बूटाक्लोर के प्लाट में बढ़ गई। इन दोनों फसल-चक्रों में प्रयुक्त किए गए नींदा नाशकों के कुप्रभाव मूँग, उड़द अरहर, तिल, रामतिल, मूँगफली, सूर्यमुखी पर भी नहीं पाए गए।

रासायनिक नींदा नियंत्रण से लाभ

(1) पहला लाभ तो यह है कि रासायनिक नींदा नाशक के उपयोग से नींदा अंकुरित ही नहीं होते हैं और नींदा के द्वारा खाद्य तत्त्वों का उपयोग लेशमात्र भी नहीं होता, जबकि हाथ से निंदाई लगभग एक महीने बाद करते हैं इस समय तक खरपतवार खाद्य तत्त्व ग्रहण करते रहते हैं और फसल को क्षति पहुँचाते हैं।

(2) नींदा नाशक दवाओं से कम समय व कम लागत से अधिक क्षेत्र में उपयुक्त समय पर नींदा नियंत्रण किया जा सकता है। अधिक क्षेत्र में मजदूरों के द्वारा उपयुक्त रागय गर निंदाई का कार्य सम्पन्न नहीं हो पाता तथा बाढ़ में की गई निंदाई से फसल प्रभावित हो जाती है।

(3) नींदा नाशक दवाओं का प्रयोग का महत्त्व उस क्षेत्र में अधिक है जहाँ पर मजदूरों की कमी हो या मजदूरी अधिक हो। निंदाई के प्रभाव के कारण किसान खरीफ में कम फसल बोते हैं जितने क्षेत्र में वे निंदाई कर सकते हैं या मजदूर उपलब्ध होते हैं।

(4) निंदाई का समय प्राय: सभी फसलों में एक साथ आता है अत: इतने मजदूर नहीं मिलते कि सभी फसलों को उपयुक्त समय पर नींदा मुक्त कर सकें। इस परिस्थिति में नींदा नाशक दवायें बहुत उपयोगी है।

(5) हाथ से निंदाई करने पर नींदा के बीज फिर से ऊग आते हैं व कई नींदा भूल से या फसल के समान या आड़ में होने से छूट जाते है। नींदा नाशक के उपयोग से सभी नींदा एक लम्बे समय तक नहीं ऊगते हैं।

(6) कुछ नींदा के पौधे पहचान में नहीं आते क्योंकि ये फसल के सद्दश्य ही होते है जैसे कि चिरैया बाजरा व जंगली जई प्रारज़िभक अवस्था में गेहूँ के पौधे के समान ही होते हैं। इन दशाओं में नींदा नाशक दवाएँ बहुत उपयोगी है।

(7) हाथ से या हेंड हो या "डोरा" से निंदाई करने पर फसलों के पौधे टूट व उखड़ जाते हैं। इनकी जड़ों को क्षति पहुँचती है। इस प्रकार परोक्ष रूप से उपज में कमी हो जाती है। नींदानाशक के उपयोग से फसल को इस तरह की हानि नहीं होती।

(8) कई फसलों में चारा प्राप्त करने के उद्देश्य से निंदाई बहुत दिनों के बाद करते हैं जब खरपतवार के पौधे बड़े हो जाते हैं। तब तक फसल को मिलने वाले तत्त्व नींदा उपयोग कर लेता है। यदि उन्हें चराने के काम में भी लाएँ तो हरी घास की कीमत, फसल की उपज की कमी के बराबर नहीं होती है।

(9) नींदा नाशकों के द्वारा खरपतवारों के नियंत्रण से भूक्षरण कम होता है क्योंकि नींदा नियंत्रण यदि "हेंड हो" या "इंटर कल्चर" औजारों से या इंटर कल्टीवेटर से करते हैं तो भूमि के भुरभुरे होने से क्षरण क्रिया तीव्र गति से होती है। पानी के साथ भू-कण बह जाते है।

(10) जब भूमि में निंदाई के उपयुक्त नमी नहीं होती या अधिक होती है तो निंदाई का कार्य सज़न्न करते समय बैलों व आदमियों के पैरों से भूमि कुचल जाती है जिससे भूमि की दशा बिगड़ जाती है तथा फसलों की जड़ों की वृद्धि प्रभावित होती है। जब भूमि अधिक सूख जाती है तब भी खुरपी या हेंड हो या डोरा कोई यंत्र खेत में नहीं चल पाते तथा निंदाई का कार्य सज़न्न नहीं हो पाता।

(11) "हो" या डोरा या हाथ से निंदाई करने के बाद यदि पानी बरस जाता है तो नींदा मरते नहीं हैं वे पुनः बढ़ने लगते है। इससे निंदाई प्रभावकारी नहीं होती है निंदाई के बाद 3-4 दिन सूर्य का प्रकाश आवश्यक है जिससे नींदा सूख जाए। अतः नींदा नाशकों के साथ यह समस्या नहीं रहती है केवल 6 घंटे का समय है।

यदि नींदा नाशक दवा का प्रयोग करते हैं तो फसल को इस प्रकार की समस्याओं के द्वारा होने वाली अनावश्यक क्षति को समय पर ही बचाया जा सकता है और केवल नींदा के पौधों को चुनकर नष्ट किया जा सकता है।

(12) अनेक नींदा नाशक दवाओं का नींदा नियंत्रण के अतिरिक्त फसल की वृद्धि पर वृद्धिवर्धक (**Hormonal**) प्रभाव भी होता है जिससे फसल की बाढ़ उचित होती है एवं उत्पादन में वृद्धि होती है। उदाहरण - आक्साडायजान का गेहूँ, कुसुम, अलसी, रागी एवं धान की फसल में वृद्धिवर्धक प्रभाव होता है एवं हाथ की निंदाई से भी अधिक उपज मिलती है।

जौ - जौ की फसल में नींदा नियंत्रण हेतु आइसोप्रोटुरान 1.25 कि.ग्रा./हे. उद्भवन पूर्व या 1.00 कि.ग्रा./हे. उद्भवन 20 दिन बाद सिंचाई के पहले छिड़काव करें। इससे चिरैया बाजरा नियंत्रित होगी। चौड़ी पत्ती के नींदा नियंत्रण हेतु 2, 4-डी 200 ग्रा.से. 400 ग्रा./हे. 25-30 दिन का अवस्था पर छिड़काव करें।

■■■■

32

व्यावसायिक फसलों में नींदा नियंत्रण
(Weed Control in Commercial Crops)

कपास में नींदा नियंत्रण

कपास सिंचित एवं असिंचित दशाओं में ऊगाया जाता है। इन दशाओं के आधार पर नींदा की किस्म व सघनता में भिन्नता होती है। भारतवर्ष में अधिकांश कपास का क्षेत्र (75%) असिंचित है। यह प्रमुख रूप से मध्यम काली भूमि, काली भूमि, कछारी भूमि, लाल रेतीली लोम और लैटराइटिक भूमि में ऊगाया जाता है। कपास मुज्यत: खरीफ ऋतु में ऊगाया जाता है तथा मानसून के पहले जून में ही इसकी बोनी गुजरात व मध्यप्रदेश में कर दी जाती है। इस कारण से इस मौसम में नींदा, कपास की फसल को अधिक प्रभावित करते हैं। तमिलनाडू में सिंचित और असिंचित कपास सितंबर अक्टूबर में बोया जाता है। मध्यप्रदेश, गुजरात, महाराष्ट्र एवं उत्तरी भाग में सिंचित कपास मार्च व मई में बोया जाता है। अत: बोनी के समय के अनुसार नींदा की किस्में एवं उनकी नियंत्रण विधियाँ आधारित रहती है।

उर्वरक का प्रयोग

उर्वरक का छिटकाव न करें, उन्हें कतारों में दें इससे खाद्य तत्व पौधों को अधिक मिलेंगे नींदा को कम।

अंतरवर्ती फसलें

कतारों के बीच में सोयाबीन की दो कतारे लगाएं इससे नींदा नियंत्रित होंगे एवं अतिरिक्त आय भी होगी।

यांत्रिक नींदा नियंत्रण

बैलों से चलने वाले डोरा या कोल्पा बोनी के 15-20 के बाद तथा 25 एवं 35 दिन बाद चलाएं। पौधे के पास नींदा की हाथ से निंदाई करें।

सस्य विधियाँ

स्टेलसीड बैड बोनी के पूर्व व मौसमी एवं बहुवर्षीय नींदा को एक गहरी जुताई करके बखर चलाकर नियंत्रित करें। जिन क्षेत्रों में नींदा की समस्या अधिक होती है उस क्षेत्र में सिंचाई करके नींदा को ऊगने दें। उसके बाद बखर

या ब्लेड हेरो चलाकर नींदा नियंत्रित करें। असिंचित क्षेत्र में मानसून की प्रथम वर्षा के बाद नींदा को ऊगने दें। तत्पश्चात उसे नष्टकर बोनी करें।

बीज की मात्रा

सिंचित क्षेत्र में 25 कि.ग्रा. बीज 75 से.मी. के अंतर से बोएं। असिंचित क्षेत्र में देशी कपास 16 कि.ग्रा./हे. 45 से.मी. के अंतर से बोएं अमेरिकन कपास असिंचित दशा में 16 कि.ग्रा./हे. 60 से.मी. के अंतर से बोएं।

उन्नत किस्में

खण्डवा 1,2, विक्रम, बदनावर 1, जे.के.एच. 1,11 जवाहर कपास-3, मालजरी, लक्ष्मी, महालक्ष्मी, वरलक्ष्मी, कृष्णा, सुजाता की बोनी करें। इनसे नींदा का प्रभाव कम होगा।

नींदा से हानि

कपास में नींदा के द्वारा 50 से 85% हानि हो जाती है (चोखे सिंघ व मधूलकर, 1981)। हरियाणा में अनुसंधान के द्वारा विदित हुआ है कि 60 दिन के बाद निंदाई करने से उपज में सारगर्भित कमी होती है। डा. बलयन व साथियों (1980) के अनुसार प्रथम 30 दिन तक नींदा रहित स्थिति आवश्यक पाई गई। ए.के. 114 कपास में तीन निंदाई/होइंग (3,6 व 9 सप्ताह पर) करने से दो निंदाई/होइंग (3 व 6 सप्ताह) या एक निंदाई (3 सप्ताह में) की तुलना में अधिक उपज मिलती है।

कपास में पाए जाने वाले प्रमुख नींदा

मध्यप्रदेश के इंदौर संभाग के नींदा सर्वेक्षण से 67 स्पीसीस प्रमुख रूप से कपास के खेतों में पाई गई। उनमें सांवा प्रमुख था। विभिन्न क्षेत्रों के कपास के खेतों में पाए जाने वाले प्रमुख नींदा इस प्रकार हैं।

सांवा	*Echinochloa crusgalli*
समाई	*Setaria glauca*
फिरकतन्नी	*Dactyloctenium aegyptium*
	Digitaria adscendens
लिदरा	*Brachiaria cruciformis*
दिरा	*Brachiaria raptens*
कालेर	*Apluda varia*
बनरागी	*Eleusine indica*
घुड़चबा	*Chloris barbata*
कांस	*Saccharum spontaneum*
दूब	*Cynodon dactylon*
मोथा	*Cyperus compressus*
गोंदला	*Cyperus rotundus*

सफेद मुर्गा	*Celosia argentea*
लेसुआ	*Digera arvensis*
एकेलाइफा	*Acalypha indica*
चेंच	*Corchorus trilocularis*
,,	*Corchorus spp.*
शेवरा	*Alysicarpus longifolia*
,,	*Alysicarpus moniliform*
बक्री	*Psoralea corylifolia*
दुरकुनू	*Merremia emerginata*
बिलजा	*Caesulia axillaris*
चिपकनू	*Desmodium triflorum*
फुली	*Anotis montholoni*
घमरा	*Eclipta alba*
गाजर घास	*Parthenium hysterophorus*
चौलाई	*Amaranthus viridis*
घमेर	*Lagascea mollis*
कनकौआ	*Commelina bengalensis*
कनकी	*Cyanotis axillaris*
हजारदाना	*Phyllanthus maderaspatensis*
दुधी	*Euphorbia geniculata*
	Chrozophora rotteleri
हिरन चरी	*Convolvulus arvensis*

रासायनिक नींदा नियंत्रण

कपास में नींदा नियंत्रण हेतु डाइयूरान, मोनूरान, ज़्लूमेटूरान 1 से 1.5 कि.ग्रा./हे., आलाक्लोर 2 से 3 कि.ग्रा. या प्रोमेट्रिन 1 से 2 कि.ग्रा. का छिड़काव बोनी के तुरन्त बाद करें। या ट्राइज़्लूरेलिन एवं ज़्लूक्लोरेलिन 1 से 1.5 कि.ग्रा./हे. बोनी से पूर्व छिड़काव करें व मृदा में मिला दें। मिश्रित नींदा नाशक जैसे ट्राइज़्लूरेलिन और डाइयूरान 1 + 1 कि.ग्रा./हे. बोनी के तुरन्त बाद छिड़काव करने से बहुत अच्छा नींदा नियंत्रण होता है। डॉ. एस.सी. जैन एवं डॉ. एच.सी. जैन ने डाइयूरान 0.75 कि.ग्रा./हे. बोनी के तुरन्त बाद एवं 0.75 कि.ग्रा./हे. बोनी के 20 से 25 दिन बाद छिड़काव करने पर उपयुक्त नींदा नियंत्रण पाया। बोनी के बद ऊगे हुए नींदा को मारने के लिए एम.एस.एम.ए. 2 से 3 कि.ग्रा./हे. लक्षित छिड़काव करने से नींदा नियंत्रित हो जाते हैं। बोनी करने के उपरांत व नींदा ऊगने के तुरंत बाद आलाक्लोर 2.5 कि.ग्रा./हे., डाइयूरान 1.2 कि.ग्रा./हे. एवं पैन्डीमिथेलिन 1 कि.ग्रा./हे. का छिड़काव करने से अच्छा नींदा नियंत्रण होता है। (ब्रार एवं बालिया, 1990) केज़्रू चेट्टी व संकरन (1990), ने पेन्डीमैथालिन 1 कि.ग्रा./हे. का उद्भवन पूर्व छिड़काव कर हाथ की निंदाई के सदृश्य नींदा नियंत्रण किया व उपज प्राप्त की।

एल.एस. ब्रार एवं यू.एस. वालिया (1990) ने पंजाब में पेन्डीमैथालिन 0.75 कि.ग्रा., आलाक्लोर 2.5 कि.ग्रा., इथिलज़्लोरीन, आलाक्लोर + डाइयूरान (1.2 + 0.8 कि.ग्रा./हे.) के द्वारा एक सा नींदा नियंत्रण पाया एवं उपज भी अधिक प्राप्त की दो बार हेंड होइंग व बिना निंदाई वाले क्षेत्र की उपज कम मिली।

कपास के साथ अन्य फसलें जैसे मूँग, उड़द, अरहर या सोयाबीन भी बोई जाती है। इन फसलों की समानान्तर या मिश्र फसलें बोने की स्थिति में बूटाक्लोर, पेन्डीमेथालिन, आलाक्लोर या ज़्लूक्लोरेलिन का उपयोग करने से नींदा नियंत्रित हो जाएंगे।

घासों को मारने हेतु ज़्लूयेजीफाप बुटाइल या हेलाक्सीफाप मिथाइल (0.25 कि.ग्रा./हे.) का 21 दिन पर छिड़काव करना लाभदायक होगा।

एकीकृत नींदा नियंत्रण

इंदौर में (म.प्र.) डा. जैन एन.सी. व साथियों (1980) ने डाइयूरान 0.75 कि.ग्रा. बोनी के तुरन्त बाद एवं ऊगने के 20–30 दिन बाद डाइयूरान 0.75 कि.ग्रा. या एम.एस.एम.ए. या डोरा चलाकर नींदा नियंत्रण करना अधिक लाभकारी पाया। उपयुक्त नींदा नियंत्रण हेतु स्टेल सीड बेड बनाएं। बोनी के तुरन्त बाद कोई भी नींदा नाशक का छिड़काव कर नींदा को नहीं ऊगने दें। उसके उपरान्त यदि नींदा अधिक है तो उद्भवन के बाद प्रयोग होने वाले नींदा नाशक जैसे डाइयूरान, एम.एस.एम.ए., पेराक्वाट, ज़्लूयेजीफाप-पी-बुटाइल या हेलाक्सीफाप मिथाइल का 20 से 30 दिन की अवस्था पर छिड़काव करें। यदि नींदा नाशक उपलब्ध न हो तो कोल्पा या डोरा को चलायें। अंतर फसलों या समानानतर फसलों का यथा संभव उपयोग करें।

कपास में आलाक्लोर, डाइयूरान एवं पेराक्वाट से पुष्पन अवस्था कुछ समय के लिये पिछड़ जाती है (बालासुब्रमण्यम व शंकरन, 1981)। कपास में व आसपास के खेतों में 2, 4–डी का छिड़काव न करें। 2, 4–डी के छिड़काव करने के बाद स्प्रेयर पूर्ण रूप से साफ करें तभी कपास में छिड़काव हेतु उपयोग करें अन्यथा कुप्रभाव होगा।

तालिका 32.1. कपास में नींदा नियंत्रण हेतु उपयोगी नींदा नाशक

नींदा नाशक का सामान्य नाम	नींदा नाशक का व्यावसायिक नाम	दर कि.ग्रा./ हे. (सक्रिय प.)	उपचार का समय	प्रभावित नींदा
				घास व चौड़ी पत्ती वाले
डाइयूरान	कारमेक्स	1 से 2	उद्भवन पूर्व	दोनों
डाइयूरान	कारमेक्स	0.75	उद्भवन पूर्व	दोनों
		+0.75	उद्भवन बाद	दोनों
ज़्लूमेटुरान	काटोरान	1.5–2.0	उद्भवन पूर्व	दोनों
ज़्लूमेटूरान +	काटोरान	1.5+	उद्भवन पूर्व	
एम.एस.एम.ए.	अन्सार	3.4	उद्भवन बाद लक्षित	
एम.एस.एम.ए.	अन्सार दो बार	3.4	उद्भवन बाद	दोनों

नींदा नाशक का सामान्य नाम	नींदा नाशक का व्यावसायिक नाम	दर कि.ग्रा./ हे. (सक्रिय प.)	उपचार का समय	प्रभावित नींदा
		3.4	दो बार छिड़काव (लक्षित)	
फ़्लूक्लोरोलिन	बासालिन	1.5	बोनी के पूर्व मिट्टी में मिलायें	दोनों
ट्राईफ़्लूरेलिन	ट्रेफलान	1.0	,,	,,
आलाक्लोर	लासो	2.5–3	उद्भवन पूर्व	,,
पेन्डीमेथालिन	स्टाम्प	1.0–1.5	,,	,,
बूटाक्लोर	मेचेट	1.5–2	उद्भवन पूर्व	,,
प्रोमेट्रिन	गेसागार्ड	1.0	,,	,,
फ़्लूएजेफाप	फ़्यूजीलेड	0.25	बोनी के 21 दिन बाद	घासे
हेलाक्सीफाप	गेलेन्ट	0.25	बोनी के 21 दिन	घासें

जूट में नींदा नियंत्रण

पूर्वी भारत में जूट (*Corchorus* spp.) प्रमुख नगदी फसल है। यह पश्चिमी बंगाल, आसाम, उत्तरी बिहार, दक्षिण-पूर्वी उड़ीसा त्रिपुरा पूर्वी उत्तर प्रदेश में लगभग 698 हजार हे. क्षेत्र में ऊगाया जाता है। यह फसल मानसून में ऊगाई जाती है जिसके लिए 24 से 37° सें. तापक्रम की आवश्यकता होती है। ओलीटोरियस किस्में जल-लग्नता सहन नहीं करती जबकि कैप्सूलैरिस किस्में जल-लग्नता को सह लेती है अत: नींदा की किस्में भी पारिस्थितिकी के अनुसार पृथक-पृथक होती है।

उचित पौध संख्या प्राप्त करने के लिए 10 कि.ग्रा./हे. के हिसाब से बीज बोएं। उचित वृद्धि हेतु 84, 16, 147, 84 एवं 29 कि.ग्रा./हे. क्रमशः नाइट्रोजन, फास्फोरस, पोटेशियम, कैल्शियम एवं मैग्नीशियम को कतारों में दें। कतारों की दूरी 20 से.मी. रखें इससे नींदा नियंत्रण अच्छा होगा।

जूट की फसल में लगभग 126 नींदा की स्पीसीस पाई जाती हैं जिनमें 75 द्विबीज पत्रीय तथा 51 एक बीज पत्रीय वर्ग में आती हैं व जो क्रमशः 30 एवं तीन कुलों से संबंधित हैं।

इस फसल के प्रमुख नींदा इस प्रकार हैं –

सांवा	*Echinochloa crusgalli*
समाई	*Setaria glauca*
लिदरा	*Brachiacria raptan*
बनरागी	*Eleusine indica*
क्रेबघास	*Digitaria adscendense; D. longifolia*
फिरकतन्नी	*Dactyloctenium aegyptium*
दूब	*Cynodon dactylon*
गोंदला	*Cyperus rotundus*
कनकौआ	*Commelina bengalensis*

महकौआ	*Ageratum conyzoides*
मेलोचिया	*Melochia corchorifolia*

जूट की फसल में नींदा नियंत्रण का अनुसंधान कार्य

''जूट-सस्य अनुसंधान संस्था बैरकपुर व बंगाल, रांची एवं विश्व भारती श्री निकेतन में अधिक हुआ।''

अन्सार 529 (डी.एस.एम.ए.) 7.5 से 10 लि./हे. का 15 से 22 दिन की अवस्था पर छिड़काव करने से नींदा नियंत्रित हो जाते हैं। ज़्लूक्लोरेलिन 1 से 1.5 कि.ग्रा./हे. बोनी के पूर्व या उद्भवन पूर्व या अलाक्लोर 2 कि.ग्रा. बोनी के तुरन्त बाद छिड़काव करने से घासों का नियंत्रण हो जाता है तथा क्रमश: 23.62 एवं 22.2 क्विं./हे. रेशे की उपज प्राप्त की निंदाई के द्वारा 17.74 तथा बिना निंदाई से मात्र 6.61 क्विं./हे. उपज मिली एम.एस.एम.ए. या डालापान के साथ मिलाकर 3 सप्ताह की फसल में कतारों के बीच लक्षित छिड़काव करें या टेट्रापियान (**Tetrapion TFP Na**) 2 से 4 कि.ग्रा./हे. बोनी के सात दिन पूर्व छिड़काव करने से मौसमी घासें कुछ गोंदला नियंत्रित हो जाता है। (**Saraswat and Bibhas Ray, 1981**)।

अंसार-529 5.0 लि./हे. + डालापान 2 कि.ग्रा. कतारों के बीच में लक्षित छिड़काव करें। डा. बिस्वास (1990) ने ज़्लूक्लोरेलिन 1.0 क.ग्रा., पेन्डीमेथालिन 0.75 कि.ग्रा./हे. उद्भवन पूर्व या ज़्लूयेजीफाप बुटाइयल 0.188 कि.ग्रा./हे. 21 दिन बाद छिड़काव करने तथा इनके साथ एक निंदाई करने से उपयुक्त नींदा नियंत्रण पाया।

तालिका 32.2. जूट में प्रयुक्त होने वाले नींदा नाशकों के नाम, दर व प्रयोग की विधि

नींदा नाशक सामान्य नाम	व्यावसायिक नाम	दर कि.ग्रा./हे. सक्रिय	उपचार की विधि	नियंत्रित होने वाले नींदा
डालापान	डोपान	5.0	बोनी के 4 सप्ताह बाद (लक्षित)	घासें
प्रोपाक्लोर	रामराड	2.0	बोनी के पूर्व या (लक्षित)	घासें, मोथा द्विबीज पत्री
एम.एस.एम.ए.	अंसार*	5.0	बोनी के 2 से 3 सप्ताह बाद (लक्षित)	मोथा द्विबीजपत्री
टी.एफ.पी.		3.4	बोनी के पूर्व मृदा में मिलाना	,,
आलाक्लोर	लासो	2.0	उद्भवन पूर्व	,,
साइकोलेट		2.20	,,	,,
पेबूलेट		4.5	,,	,,
भरनोलेट		4.5	,,	,,
बन्सूलाइड		2.0	,,	,,
ज़्लूक्लोरेलिन		1.0	उद्भवन पूर्व या बोनी के पूर्व	,,
बूटाक्लोर		2.0	उद्भवन पूर्व	,,
ज़्लूएजीफाप-पी बुटाइल		0.25	उद्भवन के 2 से 3 सप्ताह बाद	घासें
हेलाक्सीफाप मिथाइल		0.25	,,	घासें

* व्यावसायिक दर

सन या सनई (*Crotalaria juncea* L.)

इसका क्षेत्र 85 हजार हे. तथा रेशा का उत्पादन 45,000 टन है। यह हरी खाद के लिए भी ऊगाया जाता है। सन के पौधों की वृद्धि बहुत तीव्र गति से होती है। जो अन्य खरपतवारों को दबा देते हैं। इस कारण से साधारणतः सन की फसल में निंदाई नहीं करते। परन्तु सन के साथ गुठला (*Ipomoea pestigridis*) के नींदा जिसकी बेल होती सन के पौधों से लिपट कर ऊपर तक चढ़ जाते हैं व साथ-साथ बढ़ते व पकते हैं। इसके बीज भी सन के बीज के साथ गाह लिए जाते हैं व प्रसारित होते हैं। अतः इसकी निंदाई करना आवश्यक हो जाता है।

मेस्टा (*Hibiscus subdariffa*)

इसका क्षेत्र 262 हजार हे. व उत्पादन 982 हजार टन है। चूंकि इसकी बोनी अंतर से होती है (30-50 सेमी.) इसमें नींदा का प्रभाव होता है इस कारण 30-45 दिन में एक निंदाई करना आवश्यक है। हैरो के द्वारा 15-20 दिन में व पुनः 20-25 दिन में निदाई करें। अन्य सस्य विधियों को अपनाएं। घासों को नियंत्रित करने हेतु हेलाक्सीफाप मिथाइल या फ़्लूयेजीफाप-पी-बुटाइल 0.25 कि.ग्रा./हे. 20 दिन बाद छिड़काव करें।

गन्नों में नींदा नियंत्रण Weed control in Sugarcane (*Saccharum officinarum*)

गन्ना व चुकंदर शक्कर उत्पादन की प्रमुख फसलें हैं जिनसे विश्व की कुल शक्कर का क्रमशः 56 व 44% उत्पादन होता है। भारत में गन्ना ही शक्कर उत्पादन का मुज़्य ज़ोत है एवं कुल फसली क्षेत्र का 1.8% (लगभग 3287 हजार हे.) क्षेत्र गन्ना के अंतर्गत है। उत्तर प्रदेश में सबसे अधिक क्षेत्र (57%) व उत्पादन (47%) है। उत्पादन प्रति हे. क्रमशः कर्नाटक, महाराष्ट्र व आन्ध्रप्रदेश में अधिक है।

मुज़्यतः गन्ना सिंचित एवं अच्छे जलनिकास वाले क्षेत्र में सभी प्रकार की (भूमि का समु सामान्य हो) भूमि में ऊगाया जाता है। इसकी कास्त के लिये ट्रापिकल एवं सबट्रापिकल क्षेत्र जहाँ पर 750 से 1200 मि.मी. वर्षा होती है उपयुक्त है। इसकी रोपाई (बोनी) नवज़्बर से मार्च-अप्रेल तक होती है तथा दूसरी वर्ष 12 से 18 महीने बाद काटी जाती है। अतः इस फसल में दोनों ऋतुओं के नींदा (रबी व खरीफ) स्पर्धा करते हैं। प्रारज़्भिक अवस्था में रबी के नींदा अधिक प्रभावित करते हैं तथा मार्च-अप्रेल में बोई जाने फसल दोनों ऋतुओं के नींदा होते हैं। खरीफ के नींदा का घनत्व अधिक होता है।

नींदा से हानि

पहली निंदाई 9वें सप्ताह में करने से 21% गन्ना की व 20% शक्कर का उत्पादन कम हो जाता है। आरभालो व साथियों (1977) के अनुसार जंगली ज्वार (*Sorghum halepense*) की साथ पूरे समय तक स्पर्धा से 70% उत्पादन कम हो जाता है। डॉ. मनी व गौतम (1968) ने गन्ना की किस्म के आधार पर 12 से 54% उत्पादन में क्षति पाई।

गन्ना की बन कोदों (*Paspalum fasciculatum*) के साथ स्पर्धा से उपज में क्षति लेमूस (1965), डॉ. चन्द्रसिंह व गुप्ता (1976) के अनुसार गन्ना की फसल में 72 से 83.3 कि.ग्रा. नत्रजन 25.2 से 44 कि.ग्रा. स्फुर तथा 134.5 से 242.4 कि.ग्रा. पोटाश/हे. नींदा ग्रहण कर लेते है। वर्षा ऋतु में केवल गोंदला 95.6:11.6:49 कि.ग्रा./हे. क्रमशः नत्रजन, स्फुर व पुटाश ग्रहण कर लेता है।

तालिका 32.3. नींदा के द्वारा गन्ना की उपज में कमी

नींदा स्पर्धा	नींदा रहित की तुलना में उपज में कमी %
रोपाई से कटाई तक	73.3
रोपाई से 9 सप्ताह तक	21.5
रोपाई से 12 सप्ताह तक	46.6
रोपाई के 3 सप्ताह बाद	77.6
रोपाई के 6 सप्ताह बाद	50.6
रोपाई के 9 सप्ताह बाद	41.7
रोपाई के 12 सप्ताह बाद	13.6

गन्ना की फसल में पाए जाने वाले नींदा

खरीफ ऋतु में		रबी में
सांवा	*Echinochloa crusgalli*	सांवा
क्रेबघास	*Digitaria adscendens*	दूब
फिरकतन्नी	*Dactyloctenium aegyptium*	क्रेबघास
दूब	*Cynodon dactylon*	कांस
झिंगरी	*Eragrostis tenella*	बंदरपुंदा
झिंगरी	*Eragrostis pilosa*	गोंदला
कांस	*Saccharum spontuneum*	
पेनीकम स्पी.	*Panicum* spp.	
एन्ड्रोपोमान	*Andropogon annulatus*	
जंगली ज्वार	*Sorghum halepenes*	
गोंदला	*Cyperus rotundus*	
महकौआ	*Ageratum conyzoides* L.	
दुधी	*Euphorbia geniculata*	
पथरचटा	*Boerhaavia diffusa*	
जंगली जूट	*Corchorus olitorious*	
गुठला	*Ipomoea pestigridis*	
गुठला	*Ipomoea* Spp.	
चिपकनू	*Desmodium triflorum*	
मकोई	*Solanum nigrum*	
गोखरू	*Xanthium strumarium* L.	

हाथी सूंड	*Heliotropium eichwaldii* L.
जंगली रसभरी	*Physalis minima*
चौलाई	*Amaranthus viridis*
	Dinebra retroflex
घमेर	*Lagascea mollis*
कृष्णनील	*Anagllis arvensis*
नोनिया	*Portuluca oleracea*
क्रोटान	*Croton sporsiflorus*
चौलाई	*Amaranthus viridis*

खरीफ **रबी**

अगिया	*Striga lutea*
विषखापरो	*Trianthema monogyana*
लेसुआ	*Digera arvensis*
दुधी	*Euphorbia geniculata*
शेवरा	*Alysicarpus rugosus*
कुज़्भा	*Leucas aspera*
कुज़्भा	*Leucas runcinata*
गोखरू	*Tribullus terrestris*
सफेद मुर्गा	*Celosia argentia*
हजारदाना	*Phyllanthus* spp.
गुड़रिया	*Tridax procumbens*
गाजरघास	*Parthenium hysterophorus*
कटर्रा	*Argemone mexicana*
	Rungia repens

निंदाई की क्रांतिक अवस्था

रोपाई के बाद 30 से 90 दिन नींदा स्पर्धा की क्रांतिक अवस्था है। अतः इस अवधि में नींदा नियंत्रण करना आवश्यक है। यदि हाथ से या यंत्रों से निंदाई करते हैं तो दो या तीन बार निंदाई करें। नींदा नाशक का प्रयोग उद्‌भवन पूर्व करें यदि इनका प्रभाव तीन महीने के पहले समाप्त हो जाता है तो पुनः उदभवन बाद नींदा-नाशक दवाओं से उपचार करें या "हो" अथवा "हेरो" चलाकर नींदा नियंत्रित करें।

पेड़ी (Ratoon) की फसल में भी प्रारंभिक 90 दिन तक नींदा स्पर्धा अधिक होती है। अतः पेड़ी की सफाई व जुताई करने के बाद उद्‌भवन पूर्व नींदा नाशक का प्रयोग करें या यांत्रिक विधि से उद्‌भवन के 30 व 70 से 80 दिन के बीच नींदा नियंत्रण करें।

नींदा नियंत्रण की विधियाँ

सस्य विधियाँ

बोनी के पूर्व खेत में यदि बहुवर्षीय नींदा जैसे गोंदला, दूब, कांस, कांसी, जंगली ज्वार या बनकोदों हैं तो उन्हें 2 बार गहरी जुताई कर नष्ट करें। उसके एक दो बार हेरो चलावें जिससे बहुवर्षी नींदा की जड़ें व भूमिगत तने ऊपर आकर सूख जाएं। इनको हाथ से या ''खूंटीदार पाटा'' से भी एकत्रित कर नष्ट करें। जिन क्षेत्रों में मौसमी नींदा की समस्या हो उनमें बोनी के पहले सिंचाई कर नींदा ऊगाएँ व बखर चलाकर नष्ट करें।

फसल चक्र अपनाएं

फसल चक्र अपनाने से बहुवर्षीय नींदा व अन्य नींदा की समस्या कम होगी उदाहरणार्थ वे नींदा जो सिंचित दशा में अधिक पनपते हैं। प्रमुख फसल चक्र जैसे गन्ना के बाद गेहूँ, चना, मटर, सरसों, ज्वार, मक्का या कपास उत्तर प्रदेश में तथा धान पूर्वी व दक्षिण भारत में तथा महाराष्ट्र में गन्ना,- कपास,- चना या गन्ना,- पेड़ी,- गेहूँ लेने का प्रचलन है इससे अनेक नींदा व रोगों की समस्या हल हो जाती है। शहरों के पास सब्जियाँ गन्ना के बाद लेना लाभदायक रहेगा।

उपयुक्त बीज का प्रयोग

उचित पौध संज़्या प्राप्त करने हेतु रोग रहित बीज के 3-कलिका टुकड़े (3 bud setts) 35,000 टुकड़े/हे. (5 से 8 टन/हे.)। यदि बोनी पिछड़ जाती है तो बीज की मात्रा बढ़ा देना चाहिए। व कतारों की दूरी कम कर देना चाहिए। इससे उचित पौध संज़्या मिलेगी व नींदा को कम जगह मिलती है। कतारों की दूरी 80 से.मी. रखें। एक टुकड़े से दूसरे टुकड़े को सटा कर बोनी करें। टुकड़ों को सड़ने से बचाने के लिये 0.25% एगेलाल के घोल में टुकड़ों को डुबो कर लगाए।

बढ़वार किस्मों का चयन

शीघ्र वृद्धि करने वाली किस्मों जैसे कोय 63,74 कोंय 313

अंतर फसलें

कतारों के बीच में अंतर फसले जैसे प्याज, गोभी, मूली, पालक या भिंडी ऊगाने से रिक्त स्थान में नींदा कम होते हैं व अतिरिक्त आय भी हो जाती है।

उपयुक्त उर्वरक की मात्रा दें

गन्ना को उपयुक्त उर्वरक मिलने से वृद्धि दर अधिक होती है जिससे नींदा स्पर्धा क्षमता बढ़ती है। भूमि की आवश्यकतानुसार 130-300 : 50 : 50 कि.ग्रा. नत्रजन, स्फुर : पोटाश/हे. दें।

यांत्रिक विधि

पहली निंदाई या होइंग 3 से 4 सप्ताह में करें। जहाँ पर गन्ना के ऊगने के पहले नींदा ऊग आते हैं वहाँ पर गन्ना ऊगने के पहले ही होइंग (Blind hoeing) करें। गन्ना ऊगने के बाद 2 या 3 बार निंदाई या होइंग एक महीना के अंतर से करें। जहाँ पर गन्ना "फरो" या ट्रेन्च में बोया जाता है वहाँ पर ट्रेन्च या फरो से मिट्टी भरने के साथ निंदाई हो जाती है। "जूनियर हो" या बखर या रिजर चलाने से नींदा नियंत्रित हो जाते हैं। मिट्टी चढ़ाने के लिये 2 बार रिजर चलाते हैं। अंतिम बार वर्षा प्रारम्भ होने के पहले मिट्टी चढ़ाते हैं। इससे 60% नींदा नियंत्रित हो जाते हैं। परन्तु कतारों में हाथ से निंदाई करें।

तालिका 32.4. गन्ना की फसल में प्रयुक्त होने वाले नींदा नाशक प्रयोग की दर व समय तथा नियंत्रित होने वाले नींदा

नींदा नाशक का सामान्य नाम	नींदा नाशक का व्यावसायिक नाम	दर कि.ग्रा./ हे. (सक्रिय अंश)	उपचार का समय	प्रभावित नींदा
2, 4-डी	2,4-डी	2.0	उद्भवन पूर्व एवं ऊगने के बाद	द्विदलीय
एम.सी.पी.ए.	एम.सी.पी.ए.	1.0	उगने के बाद	द्विदलीय
अट्राजीन	अट्राट्राफ	2.0	उद्भवन पूर्व	दोनों
आट्राजीन +		2.0	उद्भवन पूर्व	दोनों
2, 4-डी		1.0	21 से 35 दिन बाद	चौड़ी पत्ती वाले
सिमाजिन	हेक्साजिन	3.75	उद्भवन पूर्व	दोनों
सिमाजिन +	हेक्साजिन +	4.0	उद्भवन पूर्व	दोनों
2, 4-डी	2, 4-डी	2.0	30 से 40 दिन बाद	द्विदलीय
मेट्रीब्यूजिन	सेनकार	1.0	उद्भवन पूर्व	दोनों
अमीट्रिन		2.0	उद्भवन पूर्व	
अमीट्रिन +		2+2	उद्भवन पूर्व +	दोनों
2, 4डी			30-40 दिन बाद	द्विदलीय
आलाक्लोर	लासो	2.5	उद्भवन पूर्व	दोनों
आक्साडायजान	रोनस्टार	1.0	उद्भवन पूर्व	"
ई.पी.टी.सी.	एप्टान	5.6		
पैराक्वाट	गेमाक्जोन	0.5	30 से 40 दिन (लक्षित)	दोनों
एम.एस.एम.ए.	अंसार 529	3.5	"	दोनों व गोंदला
+ 2, 4 डी	+ 2, 4 डी	1.0	"	
डालापान	डोपान	3.0	"	मौसमी व बहुवर्षीय घासें
डालापान +	डोपान +	2.0	"	दोनों
2, 4-डी	2, 4-डी	1.0	"	द्विदलीय

रासायनिक विधि

कोयंबटर में इथीराजन व साथियों (1976) ने इमेट्रिन 2 कि.ग्रा. ऊगने के पूर्व + 2, 4,-डी 2 कि.ग्रा. ऊगने के बाद छिड़काव कर अधिक उपज प्राप्त की। लखनऊ में राकेश मोहन एवं मसूद आलम (1978) ने पैराक्वाट व 2,4-डी के मिश्रण का नींदा ऊगने के बाद छिड़काव कर अधिक उपज प्राप्त की। लुधियाना में गिल व सन्धु (1977) ने सिमाजिन एवं डाइयूरान (0.5 + 0.5 कि.ग्रा.) के मिश्रण का ऊगने के पूर्व छिड़काव करने से गन्ने की अधिक उपज प्राप्त की (690 q/ha)। रबी कुमार व सिंह (1978) के अनुसार अट्राजिन 2.0 कि.ग्रा./हे. रोपने के बाद + 2,4-डी गन्ना व नींदा ऊगने के 20, 30 दिन बाद उपचार करना उपयुक्त है। डा. त्रिपाठी व मान (1973) ने सिमाजिन 1.0 कि.ग्रा. के 15 दिन एवं 45 दिन पर उपचार से 684 क्विं./हे. निंदाई से 632 क्विं./हे. तथा अनुपचारित से 408 क्विं./हे. गन्ना की उपज प्राप्त की। पट्रो व तोष (1973) ने भुवनेश्वर में सिमाजिन 3.95 कि.ग्रा./हे. का ऊगने के पूर्व छिड़काव करने से मुज्य फसल (Plant crop) एवं जड़ी फसल (Ratoon crop) में अधिक उपज प्राप्त की। डा. गिल व साथियों (1971) ने पंजाब में 2,4-डी ईस्टर से द्विदलीय नींदा का नियंत्रण किया। डॉ. चौधरी व साथियों (1971) ने भा.कृ.अ. संस्थान नई दिल्ली में अट्राजिन 2.0 कि.ग्रा. तथा सिमाजिन 2 कि.ग्रा. + 2, 4-डी अमाइन साल्ट 2 कि.ग्रा./हे. से अच्छा नींदा नियंत्रण एवं अधिक उपज प्राप्त की। डॉ. गोविन्द्रा सिंग व डॉ. पी.पी. सिंग (1978) ने अट्राजिन व सिमाजिन 2 कि.ग्रा./हे. ऊगने के पूर्व छिड़काव कर अधिक उपज प्राप्त की। डा. रंगाराव (1975) ने अंसार 529 तथा 2,4-डी 1.0 कि.ग्रा. मिश्रण का छिड़काव कर गोंदला (*Cyperus rotundus*) एवं द्विदलीय नींदा का अच्छा नियंत्रण पाया। गन्ना में नींदा नियंत्रण हेतु आइसोप्रोटुरान 1 से 1.5 कि.ग्रा. या आक्साडायजान 1.0 कि.ग्रा./हे. उद्‌भवन पूर्व उपयुक्त है। जिन खेतों में प्रारंभिक अवस्था में अंतरवर्ती फसलें। जैसे प्याज या भिंडी ऊगाते हैं तो आइसोप्रोटरान या आक्साडायजान या ज़्लूक्लोरोलिन का उपयोग करना लाभदायक होगा।

चुकंदर में नींदा नियंत्रण Weed control in Beet Root (*Beta vulgaris* L.)

चुकंदर का मुज़्य क्षेत्र कश्मीर घाटी है। पंजाब, राजस्थान, हरियाणा व पश्चिमी उत्तरप्रदेश में भी इसकी कास्त होती है शीत कटिबंध में अधिक उपयुक्त है।

नींदा नियंत्रण की क्रांतिक अवस्था

चुकंदर की फसल में निंदाई 30-40 दिन में करना आवश्यक होता है, क्योंकि इसकी वृद्धि प्रारज़्भ में मंद होती है। प्रथम 30 दिन तक नींदा की सफाई रहे तो शेष अवस्था में नींदा के ऊगने से फसल में सारगर्भित हानि नहीं होती है (भान व साथी, 1977)। नींदा नियंत्रण की सस्य विधियों में पंचवर्षीय फसल चक्र अपनाएं। बीज की मात्रा 10 से 12 कि.ग्रा./हे. तथा 30 से.मी. कतारों में अंतर रखें व 20 से.मी. पौधों के मध्य इससे नींदा पर अधिक दबाव होगा। बोनी अक्टूबर में करें अन्यथा वृद्धि कम होगी।

प्रमुख नींदा

चुकंदर को प्रभावित करने वाले नींदा में दूब, गोंदला, महकौआ, बथुआ, सेंजी, मुनमुन, कृष्णनील, मकोई, पालीगोनम प्लेबीजम आदि हैं।

तालिका 32.5. चुकंदर प्रयोग होने वाले नींदा नाशक दवाएँ

सामान्य नाम	व्यावसायिक नाम	दर कि.ग्रा./हे. (सक्रिय तत्त्व)	विधि	प्रभावित नींदा
आलाक्लोर	लासो	1.5 – 2.0	उद्भवन पूर्व	घासें व चौड़ी पत्ती वाले
बूटाक्लोर		2.0	"	" "
डाइयूरान		1.0	"	" "
प्रोनामिड	कर्ब	2.0	उद्भवन पूर्व व ऊगने के बाद	" "
पाईराजोन	पायरामिन 80%	3.0	" "	चौड़ी पत्ती
टी.सी.ए.	टी.सी.ए. 41.5% ई.सी.	3.0	मृदा में बोनी के पूर्व या उद्भवन पूर्व	घासें
ई.पी.टी.सी.	एप्टाम	2–3	मृदा में बोनी के पूर्व	दोनों व मोथा
फेनमेडीफाम	बेटानल	1.4	ऊगने के बाद 2 पत्ती की अवस्था	घासें, चौड़ी पत्ती

तम्बाकू में नींदा नियंत्रण (Weed Control in Tobacco) (*Nicotian rustica*)

तम्बाकू उत्पादन में पहला स्थान अमेरिका का है उसके बाद चीन। भारत में इसका क्षेत्र 45 हजार हे. तथा 380 मिलियन कि.ग्रा. पत्ती का उत्पादन है। इसकी कास्त आंध्रप्रदेश, गुजरात, तमिलनाडू, कर्नाटक, बिहार, पश्चिम बंगाल एवं उत्तरप्रदेश में अधिक की जाती है।

केन्द्रीय तम्बाकू अनुसंधान संस्था, राजमुन्द्री में हुए अनुसंधान के परिणाम के अनुसार ग्रीष्मकाल में मिट्टी पलटने वाले ट्रेक्टर से गहरी जुताई (20 सें.मी.) से बहुवर्षीय व मौसमी नींदा नियंत्रित हो जाते है।

प्रमुख नींदा

टोकरा	–	*Orobenche cernua*
	–	*Medicago rupilina*
वनप्याज	–	*Asphodelus tenuifolius*
दुधी	–	*Euphorbia* spp.
दुधी	–	*Chrozophora* spp.

क्रांतिक अवस्था

नींदा स्पर्धा प्रथम 9 सप्ताह तक अधिक होती है अत: रोपाई करने के 4 से 6 सप्ताह में एक या दो बार होइंग कर कतारों के पास हाथ से निंदाई कर नींदा नियंत्रित करें।

रासायनिक नींदा नियंत्रण

नर्सरी में नींदा नियंत्रण

नर्सरी में रासायनिक नींदा नियंत्रण हेतु मिथाइल ब्रोमोइड (4–5 कि.ग्रा./100 वर्ग मी.) 2 सप्ताह पहले या केल्शियम सायनामाइड (40–60 कि.ग्रा./100 वर्ग.मी.) बोनी के 2–4 माह पहले या मैथाम (2–4 कि.ग्रा./100 वर्ग मी.) 3 सप्ताह पहले उपचार करें। मिथाइल ब्रोमाइड का उपचार करने के बाद पालीथीन चादर से आच्छादित करना चाहिए क्योंकि गैस अत्यंत उड़नशील है। बोनी के पहले नर्सरी की हल्की जुताई करें जिससे गैस निकल जाए डायफिनामिड 2–3 कि.ग्रा./हे. या ट्राइज्लूरेलिन 1.0 कि.ग्रा./हे. बोनी के पूर्व मृदा में मिलाने से अनेक नींदा अंकुरित नहीं होते (बीरा स्वामी व कृष्णमूर्ति, 1981)। रोपाई वाले खेत में रोपा लगने के पहले डाइफिनामाइड 2–3 कि.ग्रा./हे., फेनूलेट 3–4 कि.ग्रा./हे., भरनोलेट या ज़्लूक्लोरेलिन 2–3 कि.ग्रा./हे. मिट्टी में मिला दें। या रोपाई के पहले नाइट्रालिन 0.5–1 कि.ग्रा. या बेनीफिन 1–2 कि.ग्रा. या पेंडीमिथेलिन 1–1.5 कि.ग्रा./हे. का उपचार करें।

इमेजेथापिर 20–30 ग्रा./हे. घासें व चौड़ी पत्ती के नियंत्रण हेतु एवं क्लोरसल्ज़्यूरान 2 ग्राम/हे. या इमेजाक्युन 70–100 ग्रा./हे. चौड़ी पत्ती के नींदा नियंत्रण हेतु रोपाई के सात दिन पहले छिड़काव करें।

रोपा लगाने के 2–3 सप्ताह पहले ई.पी.टी.सी. 3 कि.ग्रा. या टी.सी.ए. 15 कि.ग्रा./हे. का उपचार भी लाभदायक है। तज़्बाकू का मूलपरजीवी नींदा टोकरा (*Orobanche cernua*) **5.1 Kg N, 1.1 Kg P** एवं **10 Kg K/ha** ग्रहण कर लेता है। **(Prasad Rao & Moorty, 1976)** इसके नियंत्रण हेतु पैराफिन से स्वेबिंग **(Swabbing with paraphin)** करने में अच्छा परिणाम मिले (कृष्णमूर्ति व साथी 1976)। ग्लाइटेक (Glytac) 0.05–0.5 कि.ग्रा./हे. उद्भवन पूर्व छिड़काव करने से भी टोकरा नियंत्रित हो जाता है।

अफीम में नींदा नियंत्रण Weed control in Opium popy (*Papaver somnifera*)

किस्म जवाहर अफीम – 16 की वृद्धि उचित होती है अत: स्टेलसीड बेड बनाकर इसकी कतारों में सघन बोनी करें।

नींदा नियंत्रण हेतु 25 से 30 दिन की अवस्था पर ''हेंड हो'' या बैलों से चालित ''कोल्पा'' कतारों के मध्य चलाए।

एसुलम 1 कि.ग्रा./हे. उद्भवन पूर्व छिड़काव करने से घासें मर जाती हैं।

■■■■

33

बगीचों में नींदा नियंत्रण
(Weed Control in Orchards)

नींबू वर्गीय बगीचों में नींदा नियंत्रण

इस वर्ग में पाँच स्पीसीस हैं –

(1)	संतरा	–	Orange (*Citrus aurantium* var dulcis)
(2)	ग्रेपफ्रुट	–	Grape fruit (*C. grandis*)
(3)	नींबू	–	Limes (*C. limonica*)
(4)	लेमन	–	Lemons (*C. medica*)
(5)	जम्बेरी	–	Mandarins (*C. nobilis*)

नींबू वर्गीय बगीचों में नींदा द्वारा अधिक हानि होती है। विशेषत: जब बगीचा प्रारम्भिक अवस्था में होता है। यदि उचित समय पर नींदा नियंत्रित नहीं किए गए तो इन बगीचों का सफल होना प्राय: असंभव है। इन बगीचों में अनेक प्रकार के नींदा ऊगते हैं जो पेड़ों को प्रभावित करते हैं।

मध्यप्रदेश में इन बगीचों में नींदा का सर्वेक्षण करने से विदित हुआ कि नींदा की 75 स्पीसीस प्रमुख रूप से इन बगीचों को प्रभावित करती हैं। प्रमुख घासों में दूब, सांवा, केल, ऐराग्रास्टिस, लिदरा, क्रेबघास, समाई, बन कोदों, कांसी व कांस है। मोथा वर्ग में गोंदला प्रमुख है। इनमें बहुवर्षीय जैसे दूब, कांस, कांसी, केल व गोंदला बहुत ही हानिकारक हैं क्योंकि ये सरलता से नियंत्रित नहीं होते हैं। द्विदलीय नींदा वर्ग में घमेर, महकौआ, चेंच, चौलाई, कनकौआ, दुधी, अत्रीलाल, हजारदाना, कुत्ता एवं आंधी (गोखरू) प्रमुख हैं। ये सभी नींदा मौसमी थीरोफाइटिक हैं एवं सामयिक जुताई-बखराई से नियंत्रित किए जा सकते हैं। आजकल गाजर घास शहर के आस-पास बगीचों में सिंचाई और हवा के द्वारा फैल रही है। इन बगीचों में गुठला (आइपोमिया पैस्टीगिरडिस, इरियोकार्पा) आदि बेलें फल वृक्षों पर आच्छादित हो जाती हैं।

शीत ऋतु में बथुआ, सेंजी, मकोई, महकौआ, हिरणचरी, दुधी, सांकस एवं गौजिह्वा प्रमुख हैं। ये सभी थीरोफाइटिक नींदा है। इन बगीचों में परजीवी अमरबेल (कस्कुटा) से भी अधिक हानि होती है तथा इससे प्रभावित पेड़ मर जाते हैं।

प्रमुख झाड़ियाँ जैसे लैटाना कैमरा, अक, धतूरा, अनीसोमैलिस, झरबेरी आदि पाई जाती है जो बगीचों को प्रभावित करती हैं।

नींदा नियंत्रण की विधि

निरोधात्मक विधियाँ – बगीचों में नींदा के बीजों का प्रसारण रोकना चाहिए इसलिए पूर्ण सड़ी हुई खाद का प्रयोग करें। शुद्ध सिंचाई जल का प्रयोग करें। यंत्रों को साफ रखें तथा रोपणी से छोटे पौधे स्थानांतरित करते समय मिट्टी के साथ नींदा के बीज न जाएं।

यांत्रिक विधि

कतारों के बीच में ट्रेक्टर या बैलों से चलने वाले मोल्डबोर्ड प्लाउ दो वर्ष में एक बार अवश्य चलाएं विशेषत: जहाँ पर कांस, कांसी, गोंदला और दूब होते हैं। झाड़ियों का भी इस विधि से नियंत्रण किया जा सकता है। अन्य बहुवर्षीय खरपतवारों का नियंत्रण डक फुट हैरो या ब्लेडहैरो चलाकर किया जा सकता है। वर्षा प्रारंभ होने पर, मौसमी नींदा को एक या दो बार समय मिलता है तो हैरो चलाकर नियंत्रित करें, यदि बगीचे में अंतर फसलें नहीं बोई गई हैं तो तीसरी बार हैरो चलाकर अगस्त–सितम्बर में नींदा नियंत्रित करें। शीत ऋतु में नींदा नियंत्रण हेतु दो बार हैरोइंग प्रथम अक्टूबर व द्वितीय दिसंबर में करें।

सामयिक नींदा नियंत्रण करने हेतु कई बार जुताई–बखराई कर सकते हैं जिससे नींदा के बीज न बनें। शक्ति चालित मोटर या हंसिये के द्वारा नींदा की कटाई करना भी प्रचलित है।

नर्सरी या रोपणी में नींदा नियंत्रण हेतु ''द्विचक्र हो'' या हाथ से निंदाई करना उचित है। यद्यपि रोपणी में ''हो'' चलाने से पौधों की जड़ें टूट जाती है। अत: रासायनिक नींदा नियंत्रण विधि अधिक उपयुक्त है।

सस्य विधियाँ

फल के पेड़ों की कतारों के बीच के स्थान में नींदा नियंत्रण हेतु अंतर फसलें ऊगाएं जैसे – सोयाबीन, मिर्च, फूलगोभी, बंधगोभी, प्याज, आलू, चना, मटर, बरसीम आदि। केवल कम ऊंचाई वाली फसलें ही ऊगाएं। अंतर फसलें ऊगाने से नींदा नियंत्रित होंगे एवं अतिरिक्त उपज भी प्राप्त होगी। कमजोर भूमि में हरी खाद वाली फसलें जैसे सनई, ढेंचा, व बरवटी भी ऊगा सकते हैं। किन्तु अंतर फसलों की तुलना में हरी खाद की फसलें कम लाभदायक होती है।

मलचिंग

फूल और फल आने के समय मल्च के द्वारा नींदा नियंत्रण करना जुताई–बखराई की तुलना में अधिक लाभदायक है क्योंकि मल्च से जड़ों और पौधों को क्षति नहीं पहुँचती है। तारपोलीन, तार पेपर, प्लास्टिक झिल्ली, या भूसा मल्च के रूप में उपयोग कर सकते हैं।

रासायनिक नींदा नियंत्रण विधि

अधिक मजदूरी, उपयुक्त समय पर मजदूर न मिलना तथा सतह की जड़ों एवं पौधों की शाखाओं को यांत्रिक विधि से हानि के कारण रासायनिक नींदा नियंत्रण अधिक प्रभावशाली होता जा रहा है।

ओपिज (1969) के अनुसार यांत्रिक नियंत्रण विधि की तुलना में रासायनिक नींदा नियंत्रण अच्छा है क्योंकि यांत्रिक विधि से नींबू-संतरे की भोजन ग्रहण करने वाली जड़ें कट जाती हैं। मोनूरान, डाइयूरान 2 कि.ग्रा./हे. एवं सिमाजिन 2 से 4 कि.ग्रा./हे. उद्भवन पूर्व वर्ष में दो बार छिड़काव करने से पाटिल (1976), पाटिल व बोरकर (1971) एवं चौधरी व राना (1980) ने आश्चर्यजनक नींदा नियंत्रण पाया है। इन नींदा नाशकों के द्वारा मौसमी व बहुवर्षीय खरपतवार नियंत्रित हो जाते हैं।

इ.टी.पी.सी., 2 से 4 कि.ग्रा./हे. का छिड़काव कर हैरो चलाकर मिट्टी में मिलाने से गोंदला व अन्य नींदा नियंत्रित हो जाते हैं। यह नींदा नाशक सिंचाई जल के साथ भी प्रयुक्त किया जा सकता है। ग्लाइफोसेट 1.25 से 2 कि.ग्रा./हे. उद्भवन के बाद लक्षित छिड़काव करने से मौसमी व बहुवर्षीय नींदा नियंत्रित हो जाते हैं।

प्रायः सभी मौसमी एवं बहुवर्षीय घासें फ़्लूऐजीफाप बुटाइल 1 से 1.5 कि.ग्रा., हेलाक्सीफाप मिथाइल 0.5 से 1 कि.ग्रा. प्रति हैक्टर उद्भवन के बाद छिड़काव करने से नियंत्रित हो जाती हैं। गहरी जड़ों वाली घासों में इनके उपचार की पुनरावृत्ति करना चाहिए। पैराक्वाट 0.5 से 1 कि.ग्रा./हे. उद्भवन के बाद लक्षित छिड़काव करने से मोथा एवं चौड़ी पत्ती वाले नींदा मर जाते हैं, इसका छिड़काव तेज हवा में नहीं करना चाहिए।

रोपड़ी या नर्सरी में नींदा नियंत्रण

रोपड़ी लगाने के पहले यांत्रिक विधि से नींदा नियंत्रण कर उपयुक्त सीड बेड बनाएं।

करना या कागजी नींबू के बीज बोने के बाद मैट्रीब्यूजिन 1 कि.ग्रा./हेक्टर या डाइयूरान 2 कि.ग्रा. /हेक्टर उद्भवन पूर्व छिड़काव करने से नर्सरी में 6 से 8 महिने तक नींदा नियंत्रित रहेंगे (मौर्य एवं गौरीशंकर, 1982)। ब्रोमेसिल 2 कि.ग्रा./हेक्टर कर उद्भवन पूर्व छिड़काव करने से भी लगभग 9 महिने तक नींदा नियंत्रित हो जाते है। पाटिल एवं बोरकर (1971) नर्सरी बेड में छोटे पौधे लगाने के पहले डाइयूरान 2 कि.ग्रा./हेक्टर का छिड़काव करने से नींदा का अंकुरण रुक जाएगा।

नींबू वर्ग के बगीचों में प्रयुक्त होने वाले नींदा नाशक दवाओं की सूची सारिणी में दर्शायी गयी है।

नींदा नाशक के कुप्रभाव

यदि नींदा नाशक दवाओं का प्रयोग सही विधि से नहीं किया गया और छिड़काव की बौछार पेड़ों पर पड़ी तो इसका कुप्रभाव पड़ेगा। इसलिए छिड़काव नींदा पर लक्षित हों और नींबू संतरों पर न गिरें। नींदा नाशक के प्रभाव, मृदा के प्रकार के अनुसार भिन्न हो सकते हैं। रेतीली भूमि में ब्रोमेसिल एवं मोनूरान का संतरे पर झुलसने या जलने के लक्षण परिलक्षित होते हैं। ग्लाइफोसेट की बौछार पेड़ों पर पड़ने से पत्तियाँ झड़ जाती हैं।

नींदा नाशकों के लाभप्रद प्रभाव

यांत्रिक विधि से नींदा नियंत्रित या अनियंत्रित क्षेत्र की तुलना में नींदा नाशक दवाओं से नियंत्रित क्षेत्र में नींबू की जड़ों का प्रसार अधिक होता है। ब्रोमेसिल के उपचार से पेड़ों की वृद्धि अधिक होती है। नींदा नाशकों से नींदा नियंत्रण करने से फलों की पैदावार अधिक होती है। पकने के पहले फलों को गिरा सकते हैं। पत्तियों में एवं सम्पूर्ण पौधे में नाइट्रोजन, फास्फोरस एवं पोटेशियम की नींदा नियंत्रण से वृद्धि होती है। उद्भवन पूर्व नींदा नाशक से उपचार करने पर फलों में रस एवं टी.एस.एस. का प्रतिशत बढ़ जाता है।

चित्र 33.1 आम के बगीचे में पारथीनियम

तालिका 33.1. नींबू – वर्गीय बगीचों में प्रयुक्त होने वाले नींदा – नाशक

नींदा नाशक का सामान्य नाम	व्यावसायिक नाम	दर कि./हे.	प्रयोग की विधि	प्रभावित होने वाले नींदा
पैराक्वाट	ग्रेमोक्जोन 20% ई.सी.	0.4–0.6	उद्भवन के बाद लक्षित दो महीने बाद पुनः छिड़काव	घासें, मोथा व द्विदलीय
ग्लाइफोसेट	बीड आफ 41% ई.सी.	1.5–2.0	''''	''''
2,4–डी	फरनोक्जोन 80% पाउडर या अन्य	1.0–2.0	''''	मोथा व द्विदलीय
आक्सीज़्लोरफेन	गोल	0.2–1.0	उद्भवन बाद	'''' व घासें
डाइयूरान	कारमेक्स 80% पाउडर	1.5–2.0	लक्षित उद्भवन पूर्व वर्ष में दो बार	बहुवर्षीय नींदा के अतिरिक्त सभी
मोनूरान	यूराक्स 32.25% पाउडर	1.5–2.0	''''	''''
सिमाजिन	गेस्टाप, हेक्साजिन	2–4.0	''''	''''
मेट्रीब्यूजिन	सेनकार 70% पाउडर	1.0	''''	''''
ब्रोमेसिल	हाईवेरक्स	2–3.0	''''	''''
डालापान	डोपान	2.0	उद्भवन बाद लक्षित	बहुवर्षीय घासें

नींदा नाशक का सामान्य नाम	व्यावसायिक नाम	दर कि./हे.	प्रयोग की विधि	प्रभावित होने वाले नींदा
ई.टी.पी.सी.	एप्टाम	2–4.0	छिड़काव कर मृदा में मिला दें	सभी तथा गोंदला
फ़्लूयेजीफाप–पी–बुटाइल	फ़्यूजीलेड 12.5% ई.सी.	0.25–0.5	उद्भवन बाद	केवल घासें
हेलाक्सीफाप मिथाइल	गेलेन्ट 12.5% ई.सी.	0.25–0.5	''''	''''
प्रोनामाइड	कर्ब 50% पाउडर	1–2.0	उद्भवन पूर्व	सभी व अमरबेल
आक्साडायजान	रोनस्टार	1–2	उद्भवन पूर्व या नींदा ऊगने के शीघ्र बाद	घासें व द्विदलीय

अन्य बगीचों में नींदा नियंत्रण

अन्य फल बगीचों में भी नींदा का हानिकारक प्रभाव होता है इनमें पाई जाने वाली प्रमुख नींदा, नींबू वर्गीय बगीचों में पाए जाने वाले नींदा के समान ही होते है, ये एक स्थान से दूसरे स्थान में भिन्न हो सकते हैं।

नींदा नियंत्रण विधियाँ जैसे प्रतिरोधात्मक, यांत्रिक, सस्य एवं मल्चिंग विधियाँ बगीचों के प्रकार एवं साधन उपलब्धता के अनुसार प्रयोग करें। रासायनिक विधि से नींदा नियंत्रण हेतु विभिन्न प्रकार के बगीचों में प्रयुक्त होने वाली नींदा नाशक दवाएँ सारिणी में दर्शाई गई है।

तालिका 33.2. विभिन्न बगीचों में प्रयुक्त होने वाले नींदा नाशक

बगीचा	नींदा नाशक सामान्य नाम	दर कि.ग्रा./ हे.कि.अं.	उपचार विधि	प्रभावित होने वाले नींदा
Peach (*Prunus percica*) (*Prunus americana*) (*Purunus domestica*) **प्लम आलू बुखारे**				
	कार्डप्रिम	3.0	नींदा उद्भवन पूर्व	घासें, मोथा, द्विदलीय
	सिमाजिन	5.0		'' '' ''
	अट्राजिन	5.0		'' '' ''
	डाइयूरान	4.0–5		'' '' ''
	अट्राजिन +	4.0 +	उद्भवन पूर्व	'' '' ''
	पैराक्वाट	1–2.0	उद्भवन पूर्व	'' '' ''
आम (*Mangifera indica*)				
	पैराक्वाट	2.0	उद्भवन बाद	'' '' ''

बगीचा	नींदा नाशक सामान्य नाम	दर कि.ग्रा./ हे.कि.अं.	उपचार विधि	प्रभावित होने वाले नींदा
	मोनूरान	2.0	उद्भवन बाद	,, ,, ,,
	डाइयूरान	2.0	उद्भवन बाद	,, ,, ,,
	आक्सीज़्लोरफेन	0.2–1	उद्भवन पूर्व व बाद	,, ,, ,,
अमरूद (*Psidium guajava*)				
	डाइयूरान	2–3	उद्भवन पूर्व	घासें, मोथा, द्विदलीय
	बूटाक्लोर या आलाक्लोर	2.0	,,	,, ,, ,,
	पैराक्वाट	1–2	उद्भवन बाद	,, ,, ,,
	पैराक्वाट व एम.एस.एम.ए. का मिश्रण	1:2	,,	,, ,, ,,
	आक्सीज़्लोरफेन	0.2–1.0	उद्भवन पूर्व व उद्भवन बाद	,, ,, ,,
सेब (Apple - *Malus communis*)				
नाशपाती (Pears - *Pyrus communis*)				
	डालापान	5.0	तीन पत्ती की अवस्था लक्षित	घासें
	पैराक्वाट + एम.एस.एम.ए. डाइयूरान	1:2	,,	सभी
	2, 4–डी	1–2	लक्षित	द्विदलीय, मोथा
बेर (*Ziziphus jujuba*)				
	उपरोक्त सभी नींदा नाशक		लक्षित	सभी
	प्रोनामिड	1–2	उद्भवन पूर्व	अमरबेल व अन्य
शहतूत (Mulberry - *Morus* spp.)				
	सिमाजिन व	2–3	उद्भवन पूर्व	सभी
	डालापान का मिश्रण	5–6		
	एम.एस.एम.ए.	1.0	उद्भवन पूर्व	सभी
	+ 2, 4–डी +	1.0		
	डालापान का मिश्रण	2.0		
	पैराक्वाट	1–2	उद्भवन बाद लक्षित	सभी
केला (*Musa paradisiaca*)				
	आलाक्लोर	4–5	उद्भवन पूर्व	सभी मौसमी नींदा
	मोनूरान	3.0	,,	,,
	डाइयूरान	6.0	,,	,,
	सिमाजिन	6.0	,,	,,
	अट्राजिन	2.0	,,	,,

बगीचा	नींदा नाशक सामान्य नाम	दर कि.ग्रा./ हे.कि.अं.	उपचार विधि	प्रभावित होने वाले नींदा
	पैराक्वाट + 2, 4–डी	1+3	उद्भवन बाद	''
	2, 4–डी	1–1.5	''	''
	डालापान	3.0	लक्षित	घासें
	ग्लाइफोसेट	1.1.5	लक्षित	सभी
अन्नानास (*Ananas comosus* (L.) Merr.)				
	ब्रोमोसिल	3.0	उद्भवन पूर्व	''
	ब्रोमोसिल +	2.0		
	डाइयूरान	2.0	''	''
	डाइयूरान	3.0	''	''
	सिमाजिन	3.0	''	''
	अट्राजिन	2–3.0	''	''
	डालापान	3–4	4–6 सप्ताह रोपने के बाद	बहुवर्षीय घासें
	पैराक्वाट + ग्लाइफोसेट	1.0	उद्भवन बाद	सभी
	ग्लाइफोसेट	1.0 – 1.5	सभी	
अँगूर (*Vitis venifera*)				
	डाइयूरान	3–4.0	''	''
	सिमाजिन	3–7.0	''	''
	डालापान	8.75	उद्भवन बाद लक्षित	''
	ग्लाइफोसेट	1.5–2	''	''
	पैराक्वाट	7.5	''	''
	डालापान + पैराक्वाट	8.0 + 7.5	''	''
	आक्साडायजान	1.5 + 2.0	उद्भवन पूर्व	''
	आक्सीज़्लोरफेन	0.5	''	''
अखरोट (Walnut - *Jaglans regia, J. nigra, J. hindsii*) Hazelnut - *Corylus avella* Sweet chestnut- (*Castanea vesca*)				
	पैराक्वाट	1–2	उद्भवन पूर्व लक्षित	सभी
सिंघाड़ा (Water chestnut - *Trapa bispinosa*)				
	2, 4–डी	1–2	फसल लगाने के 1 माह पूर्व	चौड़ी पत्ती वाले
	डाइक्वाट	1–2	''	

बगीचा	नींदा नाशक सामान्य नाम	दर कि.ग्रा./ हे.कि.अं.	उपचार विधि	प्रभावित होने वाले नींदा
स्ट्राबेरी (Straw berries - *Fragaria* spp.)				
	क्लोरोफिन एवं मिथाइल ब्रोमाइड का मिश्रण		रोपने के पहले	मौसमी नींदा
	2, 4–डी		उद्भवन बाद अर्ध प्रसुप्तावस्था में	द्विदलीय व मोथा
	सीसोन	2–4	उद्भवन पूर्व	मौसमी नींदा
	पैराक्वाट	1–2	उद्भवन बाद लक्षित	सभी
ब्लूबेरी (*Vaccinium myrtillus*)				
	सीसोन		रोपने 2 सप्ताह बाद उसके बाद प्रति 1 माह में	अधिकांश मौसमी नींदा
	सिमाजिन	2.0	उद्भवन पूर्व	
	अट्राजिन	2.0	,,	,,
	डाइयूरान	2.0	उद्भवन पूर्व	
	प्रोनामिड	1–2.0	उद्भवन पूर्व	
	डालापान	2.0–3	उद्भवन बाद	
	पैराक्वाट	1.0	,,	
	डाइयूरान व पैराक्वाट का मिश्रण	2 + 1.0		
	अमाइन साल्ट 2,4–डी	1.0	उद्भवन के बाद	द्विदलीय
क्रेनबेरी				
	सिमाजिन	2.0	उद्भवन पूर्व	मौसमी नींदा
केनफ्रुट्स				
रेस्पबेरी (*Rubus idaeus*)				
ब्लेकबेरी (*Rubus hedycarpus*)				
करेन्ट (*Ribes* spp.)				
गूसबेरी (*Ribes grossularis*)				
	प्रोनामिड	1–2	उद्भवन पूर्व	मौसमी नींदा
	सिमाजिन	2.0–3	उद्भवन पूर्व	,,
	डाइयूरान	2–3	उद्भवन पूर्व	,,
	सीसोन		उद्भवन बाद	,,

इन सभी में केवल घासों को नियंत्रण करने हेतु

बगीचा	नींदा नाशक सामान्य नाम	दर कि.ग्रा./ हे.कि.अं.	उपचार विधि	प्रभावित होने वाले नींदा
	फ़्लूएजीफाप-पी-बुटाइल	0.5–1.0	उद्भवन बाद	घासें
	हेलाक्सीफाप मिथाइल	0.5–1.0	,,	घासें
नारियल (*Cocus nucifera*)				
	पैराक्वाट	0.4–1	3 बार एक महीने के अंतर से	सभी मौसमी नींदा
	ग्लाइफोसेट	0.8–2	,,	,,
	डालापान + पैराक्वाट	3.0+ 0.4	एक महीने बाद + 3 सप्ताह बाद	,,
	डाइयूरान	1.5	उद्भवन पूर्व	,,
	आक्सीफ़्लोरफेन	0.2	उद्भवन पूर्व	,,
अनार (Pomegranate - *Punica granatum*)				
	डाइयूरान		उद्भवन पूर्व	सभी मौसमी नींदा
	अट्राजिन	2.0	,,	,,
	आक्सीफ़्लोरफेन	1.0	,,	,,
	पैराक्वाट	0.4–1	3 बार, 1 महीने के अंतर से	,,
सीताफल (Custard apple - *Anona squamosa*)				
	डाइयूरान	2.0	उद्भवन पूर्व	,,
	आक्सीफ़्लोरफेन	1.0	,,	,,
	आलाक्लोर	2.0	,,	,,
	ब्यूटाक्लोर	2.0	,,	,,
	पैराक्वाट	0.4–1	3 बार 1 महीने बाद	,,
पपीता				
	पैराक्वाट	0.4–1	लक्षित उपचार	सभी
	ग्लाइफोसेट	1–1.5	उद्भवन बाद	सभी
	ब्यूटाक्लोर	2.5	उद्भवन पूर्व	मौसमी
	आलाक्लोर	2.0	उद्भवन पूर्व	मौसमी
शोभाकारी बगीचा				
ग्लेडियोलाई (Gladioli)				
	डेजोमेट	वासामिड कणिकायें	मृदा धूमीकरण	प्राय: सभी मौसमी
	आक्साडायजान	1.5	उद्भवन पूर्व	,,

बगीचा	नींदा नाशक सामान्य नाम	दर कि.ग्रा./ हे.कि.अं.	उपचार विधि	प्रभावित होने वाले नींदा
	आक्सीज़्लोरफेन	0.25	उद्भवन पूर्व	,,
गुलाब (*Rosa* spp.)				
	लीनूरान अफालान	3–4	लक्षित प्रूनिंग करने के बाद	मौसमी
	पैराक्वाट ग्रेमोक्जोन	1.0	लक्षित	मौसमी
	सिमाजिन	1–2	लक्षित	मौसमी
	बूटाक्लोर	2.5	लक्षित	मौसमी
	आक्साडायजान	1.5	लक्षित	मौसमी
	आक्सीज़्लोरफेन	0.25	लक्षित	मौसमी
ल्यूपिन - (*Lupinus* spp.)				
	सिमाजिन	1.0	उद्भवन पूर्व	मौसमी
	प्रोमेट्रिन	1.5–2	,,	,,
	बूटाक्लोर	2.5	,,	,,
लान - (Lawn)				
	2, 4–डी	1–2	उद्भवन बाद	द्विदलीय, मोथा
	ग्लाइफोसेट	1.0	उद्भवन बाद	घास, द्विदलीय मोथा

■■■■

34

चाय में नींदा नियंत्रण
(Weed Control in Tea)

भारत के चाय बगीचों में नींदा नियंत्रण का शोध कार्य "चाय अनुसंधान केन्द्र टोकलई" जोरहट में सबसे अधिक हुआ है। हमारे देश में चाय का कुल क्षेत्र 412000 हे. एवं उत्पादन 621000 टन है। चाय बागान में प्रमुख सस्य क्रिया, नींदा नियंत्रण करना है। जब चाय की झाड़ी की वृद्धि सुचारू रूप से होती है तो नींदा की वृद्धि कम होती है। इसलिए उचित वृद्धि हेतु भूमि के प्रकार के आधार पर 120 से 300 कि. नत्रजन 30 से 40 कि.ग्रा. स्फुर व 60 से 150 कि. पोटाश/हे. देना उपयुक्त है। 2 वर्ष में एक बार 11 कि.ग्रा. जिन्क सल्फेट भी देना आवश्यक है। संतुलित तत्त्व मिलने से वृद्धि अच्छी होगी।

चाय व काफी के प्रमुख नींदा

घासें		चौड़ी पत्ती वाले नींदा	
कांसी	*Imperata cylindrica*		
दूब	*Cynodon dactylon*	मीठी बूटी	*Scoparia dulcis*
कोदों	*Paspalum scrobiculatum*	पालीगोनम	*Polygonum chinensis*
बनकोदों	*Paspalum conjugatum*		*P. perfoliatum*
कांस	*Saccharum spontaneum*	बोररिया	*Borreria hispida*
एरडीनेला	*Arundinella bengalensis*	महकौआ	*Ageratum conyzoides*
एक्सोनोपस	*Axonopus compressus*	इरक्थाइट्स	*Erechthites valerianefolia*
डिजीटेरिया	*Digitaria adscendens*	कनकौआ	*Commelina bengalensis*
सेटेरिया	*Setaria palmifolia*	मिकानिया	*Mikania micrantha*
		खट्टी बूटी	*Oxalis acetosella*
		फर्न	*Pteridium aquilinum*
		खुटला	*Ipomoea purpurea*

नींदा स्पर्धा की क्रांतिक अवस्था

छोटी अवस्था व परिपक्व चाय बागान दोनों में नींदा स्पर्धा छः महीने (अप्रेल से सितम्बर) तक होती है इसी समय अधिक मौसमी व बहुवर्षीय नींदा का अंकुरण एवं बाढ़ (मार्च-अप्रेल) में बारिश होने से प्रारम्भ हो जाती है। नींदा नियंत्रण भी वर्षा के आधार पर करना आवश्यक है।

चाय (*Camelia sinensis* L.)

डॉ. व्ही.एस. राव (1977) के मतानुसार नींदा के द्वारा चाय की उपज में 15 से 40% तक कमी हो जाती है। केवल कांसी (*Imperata cylindrica*) के नियंत्रण से चाय की उपज 50 से 80% बढ़ाई जा सकती है। व्यापारिक तौर पर नींदा नाशकों का उपयोग चाय बागानों में सबसे अधिक हो रहा है। भारत में रासायनिक नींदा नियंत्रण चाय बागानों में 30 वर्षों से हो रहा है वर्तमान काल में पैराक्वाट, डाइयूरान एवं डालापान की 95% खपत तथा ग्लाइफोसेट एवं एम.एस.एम.ए. की प्रायः पूरी मात्रा तथा 2, 4-डी व सिमाजिन की 60% मात्रा चाय बागानों में ही नींदा नियंत्रण के लिए प्रयुक्त होती है। देश में चाय ही ऐसी फसल है जहाँ पर ग्लाइफोसेट व एम.एस.एम.ए. की लगभग पूरी खपत होती है।

चाय की नर्सरी, मुज्य क्षेत्र में छोटी अवस्था में तथा विकसित बागान में नींदा नियंत्रण की विधियाँ विभिन्न होती है।

नर्सरी में नींदा नियंत्रण

चाय के प्रोपेगेशन हेतु बीज एवं क्लोनल कलमों (Clonal cuttings) को उठी हुई रोपड़ी में लगाते हैं या पालीथीन के थैलों में रोपते हैं। 12 से 18 महीने बाद उनको मुज्य क्षेत्र में रोपते हैं। इस अवधि में चाय के पौधों की वृद्धि नींदा के कारण रुक जाती है। तैयार नर्सरी बेड में क्लोनल कलमों के रोपने के 2 से 3 सप्ताह पहले सिमाजिन 2 कि.ग्रा./हे. का छिड़काव करते हैं। जिससे 4 से 6 माह तक नींदा नहीं ऊगते। 6 महीने उपरान्त पुनः सिमाजिन 2 कि.ग्रा./हे. का छिड़काव करते हैं। अट्राजिन या सिमाजिन का आक्साडायजान या फ़्लूक्लोरेलिन के साथ मिश्रण बनाकर छिड़काव करने से अधिक लाभ मिलता है (वार्षिक साइंटिफिक रिपोर्ट (1977) टोकलई प्रायोगिक केन्द्र)।

बीज से नर्सरी तैयार करने की दशा में नींदा नाशकों का 6 महीने तक प्रयोग नहीं करते। उसके बाद सिमाजिन 2 कि.ग्रा./हे. का छिड़काव करते हैं।

मुज्य क्षेत्र की छोटी अवस्था में

नर्सरी से मुज्य क्षेत्र में पौध रोपने के बाद 3 साल तक की अवस्था छोटी अवस्था की चाय होती है। पहले दो वर्षों तक की अवस्था तक नींदा से बहुत हानि होती है क्योंकि चाय की झाड़ी की केनापी (Canopy) नहीं बनती। इस अवस्था में नींदा के द्वारा कुछ पौधे स्पर्धा के कारण मर जाते हैं तथा उनकी शाखाएँ व वृद्धि कम होती है। (Rao & Singh, 1977, Anon, 1979) विशेषतः कांसी, दूब, बनकोदों के द्वारा अधिक हानि होती है।

चाय की छोटी अवस्था में मार्च–अप्रैल में वर्षा होने पर साफ क्षेत्र में सिमाजिन 1.5 से 2 कि./हे. नींदा ऊगने के पूर्व छिड़काव करते हैं। इससे अधिकांश चौड़ी पत्ती वाले नींदा व घासें नहीं ऊगती है। इसके बाद जब कुछ चौड़ी पत्ती वाले नींदा जैसे बोररिया हिसपिडा (*Borreria*), महकौआ (*Ageratum*), कनकौआ (*Commelina bengalensis*), मिकानिया माक्रेन्था (*Mikania micrantha*) आदि ऊग आएं तो 2,4–डी 0.4 से 1.0 कि.ग्रा./हे. का छिड़काव कर नष्ट करें। यदि घास व चौड़े पत्ती वाले दोनों प्रकार के नींदा हो तो पैराक्वाट 0.4 कि.ग्रा./हे. का छिड़काव करें। यदि बहुवर्षीय घासें भी हैं तो पैराक्वाट के साथ एम.एस.एम.ए. 1.0 कि.ग्रा./हे. का भी छिड़काव करें।

जहाँ पर बहुवर्षीय घासें व चौड़े पत्ते वाले नींदा अधिक है वहाँ पर ग्लाइफोसेट 2 से 3 कि.ग्रा. का छिड़काव करें।

परिपक्व चाय में नींदा नियंत्रण

मुज्य क्षेत्र में लगाने के 3 वर्ष उपरान्त चाय बगीचा के पौधों के ऊँचाई 60 से 70 से.मी. होने पर परिपक्व हो जाता है। इस अवस्था में अच्छी वृद्धि वाले पौधे पूर्ण रूप से भूमि को आच्छादित कर लेते है और नींदा की वृद्धि नहीं होने देते परन्तु कुछ दशाओं जैसे – (1) पर्ण आच्छादित कम है (2) कुछ पौधे मर गए हैं (3) चाय की प्रूनिंग या स्किफिंग के उपरांत नींदा का प्रभाव बढ़ गया हो। प्रूनिंग में चाय के पौधों की ऊपरी शाखाओं को दिसज्बर–जनवरी में काट देते हैं जिससे अगली वर्ष नई शाखा व पत्ती निकलती है जो तोड़ने के लिए उपयुक्त होती हैं। इस दशा में प्रकाश भूमि तक पहुँच जाता है जो मार्च–अप्रैल में वर्षा होने पर नींदा को अंकुरित होने व बढ़ने में सहायक होता है।

इस स्थिति में सिमाजिन 1.5 से 2.0 कि.ग्रा./हे. या डाइयूरान 2 कि.ग्रा. नींदा ऊगने के पहले छिड़काव करें। डाइयूरान, सिमाजिन की तुलना में अधिक प्रभावशाली है परन्तु इसका छोटी अवस्था में हानिकारक प्रभाव होने के कारण उपयोग नहीं करते। यदि डाइयूरान का कुप्रभाव दिखे तो एक्टीवेटेड चारकोल का छिड़काव डाइयूरान के छिड़काव के तुरन्त बाद कर दें। डाइयूरान के साथ ही एक्टीवेटेड चारकोल को टंकी में मिला कर छिड़काव करने से हानिकारक प्रभाव नहीं होता (कोटोकी व साथी 1980)। पैराक्वाट, 2,4–डी, पैराक्वाट + एम.एस.एम.ए. एवं ग्लाइफोसेट का नींदा पर पर्णोपचार कर नियंत्रित करते हैं। पैराक्वाट+2,4–डी (0.4 + 0.8 कि.ग्रा./हे.) के छिड़काव से सस्ता व अच्छा नींदा नियंत्रण हो जाता है। पैराक्वाट + डाइयूरान 0.4+1.0 कि.ग्रा./हे. के मिश्रण का भी नींदा ऊगने के बाद उपचार करते हैं। इससे ऊगे हुए नींदा मर जाते हैं तथा डाइयूरान के द्वारा दूसरे नए नींदा का अंकुरण रुक जाता है।

डालापान का उपयोग दो तीन बार केवल कांसी के नियंत्रण में करते हे। नए नींदा नाशकों में फ्लूयेजीफाप–पी–बुटाइल या हेलाक्सीफाप मिथाइल 0.50 से 1.0 कि.ग्रा./हे. मौसमी व बहुवर्षीय घासों के नियंत्रण हेतु ऊगने के बाद छिड़काव करने से ये घासें मर जाएंगी। आक्सीफ्लोरफेन 0.06 से 0.2 कि.ग्रा./हे. नींदा ऊगने के पूर्व छिड़काव करने से मौसमी नींदा नियंत्रित हो जाते हैं।

हँसियों से निंदाई, चीलिंग एवं मलचिंग

लगभग कुल चाय बागान के 40% क्षेत्र में मजदूरों के द्वारा हँसिये या चीलिंग या मलचिंग के द्वारा नींदा नियंत्रित किये जाते हैं। चीलिंग के द्वारा खरपतवारों को काट कर साफ किया जाता है तथा नींदा ऊगने के पूर्व नींदा नाशक का प्रयोग किए जाने हेतु उपर्युक्त स्थिति निर्मित करते हैं। पुराने बागान में जहाँ पर चाय की झाड़ियाँ कम हो जाती हैं एवं नींदा अधिक बढ़ जाते वहाँ पर यही एक मात्र सस्ता उपाय होता है। जहाँ पर मजदूर उपलब्ध होते हैं व सस्ती मजदूरी होती है वहाँ पर हँसिये से नींदा काटकर साफ करते हैं। प्रायः छोटी अवस्था में नींदा के अंकुरण एवं वृद्धि को रोकने हेतु मलचिंग करते हैं। इस विधि में रिक्त स्थान पर अनावश्यक खरपतवारों व पत्तों की तह जमा देते हैं।

कॉफी (*Coffea arabica* L. & *Cofea rubusta* L.)

भारत में काफी का क्षेत्र 241 हजार हे. तथा उत्पादन 125 हजार टन है। काफी में प्रायः वही नींदा पाए जाते हैं जो चाय बागानों में ऊगते हैं। काफी की नर्सरी में पालीथीन में पौध लगाने के तुरन्त बाद सिमाजिन 2 से 2.5 कि./हे. का छिड़काव कर नींदा नियंत्रित करते हैं। मेथिल ब्रोमाइड या एलिल एल्कोहल या मेथाम के घोल से 2 से 3 सप्ताह काफी की रोपाई करने के पहले मृदा का उपचार करते हैं।

काफी के क्षेत्र में प्रारम्भिक अवस्था में, सिमाजिन अट्राजिन या डाइयूरान 2 से 3 कि.ग्रा./हे. नींदा ऊगने के पूर्व छिड़काव करें। नींदा ऊगने के बाद पैराक्वाट, डालापान, अमीट्रोल टी या ग्लाइफोसेट का उपयोग कर बहुवर्षीय नींदा नियंत्रण करते हैं। नींदा नाशकों के क्रमिक उपयोग से जैसे डालापान के उपचार 2 सप्ताह बाद पुनः डालापान के छिड़काव से बहुवर्षीय घासें नियंत्रित हो जाती है। छोटी अवस्था में 2, 4-डी का उपयोग करने से काफी पर कुप्रभाव पड़ता है (अवाट्रामनी, 1977)।

तालिका 34.1. चाय एवं काफी में प्रयुक्त होने वाले नींदा-नाशक

नींदा नाशक का सामान्य नाम	नींदा नाशक का व्यावसायिक नाम	दर कि.ग्रा./ हे. (कि.अं.)	उपचार का समय	प्रभावित नींदा
काफी				
1. पैराक्वाट	ग्रेमेक्जोन	1.0	नींदा ऊगने के बाद	घास एवं चौड़ी पत्ती वाले
2. एम.एस.एम.ए.	अंसार	,,	,,	
3. डाइयूरान	कारमेक्स	2.0	नींदा ऊगने के पहले	,,
4. डालापान	हेक्सापान, डोपान	5.0	नींदा ऊगने के बाद	घासें
5. सिमाजिन	हेक्साजीन	2.0	नींदा ऊगने के पहले	घासें व चौड़ी पत्ती वाले
ग्लाइफोसेट	वीड आफ	1-6	नींदा ऊगने के बाद	सभी
चाय				
1. अट्राजीन	अट्राट्राफ	2.0	नींदा ऊगने के पूर्व	,,
2. सिमाजिन	हेक्साजीन	2-2.5	,,	

नींदा नाशक का सामान्य नाम	नींदा नाशक का व्यावसायिक नाम	दर कि.ग्रा./ हे. (कि.अं.)	उपचार का समय	प्रभावित नींदा
3. डाइयूरान	कारमेक्स	2.0	,,	
4. आक्सीफलोरफेन	गोल	0.6–0.2	,,	
5. आक्साडायजान	रोनस्टार	2.0	,,	
6. आलाक्लोर	लासो	2.0	,,	
डालापान	डोपान, हेक्सापान	5.0	नींदा ऊगने के बाद	घासें
2, 4–डी	2, 4–डी	0.5–2.0	,,	चौड़ी पत्ती वाले
एम.सी.पी.ए.	एम.सी.पी.ए (34.48%)	0.5–1	,,	,,
पैराक्वाट	ग्रेमेक्जोन (20%)	0.4	,,	,,
फलूक्लोरेरेलिन	बासालिन	2.0	रोपने के पूर्व मिट्टी में मिलाकर	,,
ग्लाइफोसेट	वीड आफ (41%)	1–6	दोनों	
ग्लूफोसीनेट	---	0.20	दोनों	
फलूयेजीफाप पी बुटाइल	फयूजीलेड 12.5%	0.5–1.0	नींदा ऊगने के बाद	घासें
हेलाक्सीफाप मिथाइल	गैलेट	0.5–1.0	,,	,,
नारियल				
डालापान	डोपान	5.0	पर्णोपचार लक्षित	घासें
पैराक्वाट	ग्रेमोक्जोन	1–2	,,	दोनों
2, 4–डी	फरनोक्जोन	2–3	,,	चौड़ी पत्ती वाले
		2.5 + 1.0	,,	दोनों
पिपरमेंट				
प्रोमट्रिन	गैसागार्ड	2.0	ऊगने के पूर्व	दोनों
पैराक्वाट	ग्रमोक्जोन	1.0	लक्षित	दोनों
रबर				
एम एस एम ए	--	1–2	वर्णोपचार	सभी नींदा
पेराक्वाट	--	1–2	वर्णोपचार	सभी नींदा
2,4–डी	--	1–2	वर्णोपचार	चौड़ी पत्ती नींदा
डालापान	--	5	वर्णोपचार	सभी नींदा
ग्लाईफोसेट	--	1–3	वर्णोपचार	सभी नींदा

■■■■

35

सब्जियों में रासायनिक नींदा नाशक दवाओं से नींदा नियंत्रण
(Herbicidal Weed Control in Vegetables)

सब्जियों में पाए जाने वाले प्रमुख नींदा

शीतकालीन सब्जियों में शीतकालीन नींदा तो पाए ही जाते हैं परन्तु सिंचाई होने के कारण वर्षा ऋतु के नींदा भी अधिक पाए जाते हैं जो प्रमुख रूप से इस प्रकार है –

शीतकालीन नींदा

1.	बथुआ	*Chenopodium album*
2.	जंगली मटर	*Lathyrus aphacea*
3.	कृष्ण नील	*Anagallis arvensis*
4.	सेंजी	*Melilotus indica*
5.	अकरी	*Vicia sativa*
6.	जंगली पालक	*Rumex dentatus*
7.	सांकस	*Sonchus oleraceus*
8.	वन अजवाइन	*Carum* spp.
9.	बंदर पुंछा	*Eragrastis diarrhena*

वर्षाकालीन नींदा

1.	क्रेब घास	*Digitaria sanguinalis*
2.	समाई	*Setaria glauca*
3.	चुनवइया	*Dinebra* spp.
4.	जंगली रसभरी	*Physalis minima*
5.	महकौआ	*Ageratum conyzoides*
6.	घमरा	*Eclipta alba*
7.	घमेर	*Lagascea mollis*

8.	दुधी	*Euphorbia* spp.
9.	भुंई आंवला	*Phyllanthus niruri*
10.	चौलाई	*Amaranthus virdis*
11.	छोटी गोखरू	*Acanthospermum hispidum*
12.	गाजर घास	*Parthenium hysterophorus*

इनके अतिरिक्त बहुवर्षीय नींदा जैसे - दूब (*Cynodon dactylon*) एवं गोंदला (*Cyperus rotundus*), खट्टी बूटी (*Oxalis latifolia, O. corniculuta*) बहुतायत से पाए जाते हैं। कहीं-कहीं पर मुसेल तथा कांस भी मिलते है। आजकल शहरी क्षेत्रों के आसपास चटक चांदनी या गाजर घास भी फैल गया है। गेहूँ के फसल-चक्र में जंगली जई व चिरैया बाजरा भी इन फसलों में होते है।

नर्सरी में नींदा नियंत्रण

नर्सरी में स्वस्थ पौधे तैयार करने हेतु नींदा नियंत्रण करना आवश्यक है। प्रायः प्रमुख सब्जियों की तैयार रोपणी में बोनी के पहले नर्सरी में नींदा नियंत्रण हेतु बासालिन या ट्रेफलान 2 से 2.5 लि.हे. का छिड़काव कर मिट्टी में मिला दें। उसके बाद बोनी करें। या अच्छी तरह से तैयार नर्सरी में बोनी कर दें उसके बाद मैचेट 50% का 4 से 5 लि./हे. की दर से छिड़काव करें।

मृदा धूमीकरण

नर्सरी में नींदा नियंत्रण हेतु मृदा धूमीकरण करना अधिक सफल है अपितु खर्चीली पद्धति है। तैयार खेत में मेथाम 1 कि.ग्रा./20 मी.वर्ग क्षेत्र की दर से उपचारित करें उसके बाद 48 घंटे तक स्प्रिंकलर विधि से पानी दें। 5-7 दिन बाद उसकी पुनः जुताई करें एवं 7 से 15 दिन बाद बोनी करें। या मिथाइल ब्रोमाइड 1 कि.ग्रा./20 मी. वर्ग क्षेत्र को उपचारित कर 24 घंटे तक उसे पालीथीन की चादर से ढक दें। तथा 3 दिन बाद बोनी करें। डेजोमेट से भी धूमीकरण करते हैं। (देखें 16) दूब, गोंदला, खट्टी बूटी आदि बहुवर्षीय नींदा नियंत्रण हेतु ग्रीष्म काल में 2-3 बार गहरी जुताई करें। उसके बाद हेरोइंग करें तथा नर्सरी का स्थान बदलते रहें।

प्रमुख सब्जियों में रासायनिक नींदा नियंत्रण

आलू (*Solanum tubrosum*)

खेत में आलू बोने के बाद जब नींदा की दो पत्ती एवं आलू ऊगने के पहले मेट्रीब्यूजिन 0.35 - 0.70 कि.ग्रा./हे. या लीनूरान 2 से 3 कि.ग्रा./हे. उद्भवन पूर्व 600 से 700 ली. पानी में घोलकर स्प्रेयर से छिड़काव करें। आइसोप्रोटुरान 1.0 कि.ग्रा. उद्भवन पूर्व या नींदा ऊगने के 20 दिन बाद छिड़काव करें। लीनूरान व आइसोप्रोटुरान प्रत्येक 0.75 कि.ग्रा./हे. के मिश्रण का छिड़काव उद्भवन पूर्व या नींदा के ऊगने पर करें। आलू बोने के पूर्व ट्राइज़्लूरेलिन या फ़्लूक्लोरेलिन 1-1.5 कि.ग्रा./हे. का छिड़काव बखर चलाकर मृदा में मिलाने से नींदा नियंत्रित हो जाते हैं। पेराक्वाट 0.5 कि.ग्रा. नींदा ऊगने के बाद व आलू ऊगने के पहले छिड़काव करने से सभी प्रकार के नींदा नियंत्रित हो जाते हैं।

भटा (*Solanum melongena* L.)

भटा में नींदा नियंत्रण हेतु ट्राइफ़्लूरेलिन या फ़्लूक्लोरलिन 1-1.5 कि.ग्रा. तैयार खेत में पौध रोपाई के पहले छिड़काव कर मिट्टी में मिला दें या आक्साडायजान 1.0 कि.ग्रा. या बूटाक्लोर 2.5, आलाक्लोर 2 कि.ग्रा./हे. 600 से 700 ली. पानी में घोलकर स्प्रेयर से रोपाई से पहले तैयार खेत में छिड़काव करें। इससे अनावश्यक नींदा नहीं ऊगेगा तथा भटे के पौधों पर विपरीत असर नहीं होगा।

टमाटर (*Lycopersicon esculentum* Mill.)

टमाटर के पौधे लगाने से पहले तैयार खेत में आक्साडायजान 1.0 कि.ग्रा./हे. या बूटाक्लोर 2.5 या ट्राइफ़्लूरेलिन 2.0 कि.ग्रा./हे. या सोलन 4 ली./हे. या पेबूलेट 4 से 6 कि.ग्रा./हे. या मेट्रीब्यूजिन 500 ग्राम/हे. 500-600 ली. पानी में घोलकर स्प्रेयर द्वारा छिड़काव करें। नींदा नहीं ऊगेगा व पौधों पर विपरीत असर नहीं होगा। रोपाई करने के 3 से 30 दिन बाद लीनूरान 0.5 से 0.7 कि.ग्रा./हे. क्लोरफ़्वेन 3-4 कि.ग्रा. या डाइफिनामिड 4-6 कि.ग्रा./हे. का लक्षित छिड़काव करें।

मिर्च (*Capsicum annuum, C. fruitescens*)

मिर्च के पौधे लगाने से पहले तैयार खेत में रोनस्टार 4 ली./हे. या मेचेट 4 ली./हे. या बेनूलाइड 6 कि.ग्रा./हे. या लासो 4 ली./हे. 600-700 ली. पानी में घोलकर स्प्रेयर द्वारा छिड़काव करें यदि नींदा रोपाई के बाद में भी ऊगे तो डाइफिनामाइड 5 कि.ग्रा. का लक्षित छिड़काव करें या एक निंदाई अवश्य करें (5 सप्ताह के बाद) क्योंकि मिर्च के पौधे की वृद्धि सामान्यतः कम होती है। बासालिन या ट्रेफलान 2-2.5 ली./हे. की दर से रोपाई के पहले छिड़काव कर मिट्टी में मिला दें।

फूल, पत्ता तथा गाँठ गोभी (*Brassica oleracea* var. *botrytis, B. oleracea* var. *capitata, B. caulorapa* L.)

फूल गोभी, पत्ता गोभी तथा गाँठ गोभी के पौधे रोपने के पहले तैयार खेत में रोनस्टार 4 ली./हे., मेचेट 4 ली./हे., स्टाज़्प 4 ली./हे. 600 से 700 ली. पानी में घोलकर स्प्रेयर द्वारा छिड़काव करने से नींदा नहीं ऊगते।

प्याज (*Allium cepa* L.)

प्याज की पौधे लगाने से पहले रोनस्टार 4 ली./हे. या लासो (आलाक्लोर) 4 ली./हे. या सटर्न 5 ली./हे., बूटाक्लोर 2.5 कि.ग्रा./हे. या गोल 1 ली./हे. स्टाज़्प 3 ली./हे. 600-700 ली. पानी में घोलकर स्प्रेयर द्वारा रोपाई के पहले छिड़काव करें मौसमी नींदा नियंत्रित होंगे। बासालिन 2-2.5 ली./हे. रोपाई के पहले छिड़काव करें। प्याज रोपने के बाद 25-30 दिन बाद रोनस्टार 4 ली./हे. का छिड़काव करने से नींदा नियंत्रित होते हैं। गोल (आक्सीफ़्लोरफेन) 1 लीटर/हे. रोपने के पहले या रोपने के 15-20 दिन के बीच छिड़काव करने से घासें व चौड़ी पत्ती वाले नींदा नियंत्रित हो जाते हैं।

लहसुन (*Allium sativum* L.)

लहसुन लगाने के तुरन्त बाद रोनस्टार 4 ली./हे. या बूटाक्लोर 2.0 कि.ग्रा./हे. की दर से 600-700 ली.पानी में घोलकर स्प्रेयर द्वारा छिड़काव करें नींदा नहीं होंगे। ट्रेफलान या बासालिन 2 से 2.5 ली./हे. रोपाई के पूर्व छिड़काव कर मिट्टी में मिला दें ऊगने के बाद डी.सी.पी.ए.+क्लोरोफार्म 5+1 कि.ग्रा./हे. का लक्षित छिड़काव करें। गोल 1 ली./हे. रोपने के 7 दिन बाद छिड़काव करने से घास व चौड़ी पत्ती के नींदा नियंत्रित हो जाते हैं।

शकरकन्द (*Ipomoea batatas* Lamk.)

शकरकन्द की बेलें लगाने के पहले तैयार खेत में रोनस्टार 4 ली./हे. या इगरान 1 कि.ग्रा./हे. या ट्राइबूनिल 1.5 कि.ग्रा./हे. की दर 600-700 ली. पानी में घोलकर स्प्रेयर द्वारा छिड़काव करें। बासालिन 2-2.5 ली./हे. रोपने के पूर्व छिड़काव कर मिट्टी में मिला दें।

मूली (*Raphanus sativus* L.)

मूली बोने के तुरन्त बाद, सटर्न 4 ली./हे. या बूटाक्लोर 2.0 कि.ग्रा./हे. या ट्रेफलान 2 ली./हे. या रोनस्टार 4 ली./हे. की दर से 600 से 700 ली. पानी में घोलकर स्प्रेयर द्वारा छिड़काव करें।

गाजर (*Daucus carota* L.)

गाजर बोने के तुरन्त बाद डोसानेक्स 1.25 कि.ग्रा./हे. या अफालान (लीनूरान) 2 से 4 ली./हे. या स्टाम्प 3 ली./हे. मेचेट 4 ली./हे. अंकुरण के पूर्व 600-700 ली. पानी में स्प्रेयर द्वारा छिड़काव करें। बासालिन 2 से 2.5 ली. का छिड़काव बोनी के पूर्व करें व मिट्टी में मिला दें। ऊगने के बाद लीनूरान 1 से 1.5 कि.ग्रा. या प्रोमोट्रिन 2.0 कि.ग्रा./हे. का छिड़काव करें।

पालक (*Spinacia oleracea* L.)

पालक बोने के तुरन्त बाद, ट्राइबूनिल 1.5 कि.ग्रा./हे. या इगरान 1 कि.ग्रा./हे. 600 700 ली. पानी में घोलकर स्प्रेयर द्वारा छिड़काव करें। मोनूरान 1-1.5 कि.ग्रा./हे. टाइज़्लरोलिन 0.5-1 कि.ग्रा. सक्रिय/हे. या रोनस्टार 4 ली. का भी उपयोग कर सकते हैं। ऊगने के बाद प्रोफाम 6 कि.ग्रा. सक्रिय/हे. 2-4 पत्ती की अवस्था पर करें।

शलजम (*Brassica rapa* L.)

बासालिन या ट्राइज़्लूरेलिन 2-3 ली./हे. बोनी के पूर्व मिट्टी में मिला दें या लासो 4 ली./हे. उद्भवन पूर्व छिड़काव करें।

लेट्यूस Lettuce (*Lactuca sativa* L.)

प्रोनामिड 1 से 2 कि.ग्रा./हे. का उद्भवन पूर्व छिड़काव करने से नींदा नियंत्रित हो जाते हैं। डेजोमेट (बासामिड कणिकायें, Dezomat Commercial Basamid granular) मृदा में मिला देने से नींदा के बीजों की अंकुरण क्षमता समाप्त हो जाती है। साथ ही मृदा के अन्य हानिकारक रोग जैसे कीट, फफूंद व निमेटोड्स भी मर जाते हैं।

सेम (*Dolichos lablab*)

क्लस्टर बीन (*Cyanopsis tetragonoloba*) (ग्वार)

उद्भवन पूर्व बूटाक्लोर 2.5 कि.ग्रा., लासो 4 ली., रोनस्टार 4 ली., डाइयूरान या लीनूरान 2.0 कि. स्टाज़्म 3-4 ली. या बासालिन या ट्रेफलान 2-3 ली./हे. का छिड़काव करें।

मटर (*Pisum sativum*)

मटर में नींदा नियंत्रण हेतु टोलकन 2-2.5 कि.ग्रा./हे. या बासालिन 2 ली./हे. की दर से बोनी के तुरन्त बाद स्प्रेयर द्वारा छिड़काव करें। रोनस्टार 4 ली. या इगरान 1 कि.ग्रा. भी बहुत प्रभावी है।

राजमा (फ्रेंचबीन) (*Phaseolus vulgaris*)

राजमा बोने के तुरन्त बाद मेचेट 4 ली./हे. या स्टाज़्म 3 ली./हे. या डोसानेक्स 1.25 कि.ग्रा./हे. या लीनूरान 2 कि.ग्रा. की दर से 600-700 ली. पानी में घोल कर स्प्रेयर द्वारा छिड़काव करें या बासालिन 2-2.5 ली./हे. बोनी के पूर्व मिट्टी में मिला दें।

मिश्रित सब्जियाँ

जो सब्जी उत्पादक सघन उत्पादन हेतु मिश्रित सब्जी की फसलें ऊगाते हैं जैसे भटे के साथ मूली या पालक बोते हैं या गोभी के साथ भटे की फसल लेते हैं। इस परिस्थिति में वे मेचेट (बूटाक्लोर) या रोनस्टार 4 ली./हे. की दर से छिड़काव पौध लगाने के पहले करें।

सतावार (*Asparagus*)

सतावर में नींदा नियंत्रण हेतु मेट्रीब्यूजिन 0.7 कि.ग्रा. या मोनूरान या डाइयूरान 1 से 4 कि.ग्रा. या सिमाजिन 2 से 4 कि.ग्रा./हे. का उद्भवन पूर्व छिड़काव करें। दूसरा छिड़काव खुदाई के बाद करें क्योंकि यह फसल बहुवर्षीय होती है। रेतीली भूमि जिसमें जीवांश कम हो नींदा नाशक की कम मात्रा का उपयोग करें।

टेपियोका (*Manihot esculenta* Crantz.)

आक्साडायजान 1.5 कि.ग्रा. या आक्सीज़्लोरफेन 0.25 कि.ग्रा. या पेन्डी मिथेलिन 1.5 कि.ग्रा./हे. उद्भवन पूर्व (लक्षित) या पैराक्वाट (लक्षित) 60 दिन पर छिड़काव करें।

मैथी (*Trigonella foenumgraecum* L. Geobos)

लासो 2 ली./हे. या बूटाक्लोर 4 ली./हे. रोनस्टार 4 ली./हे. का उद्भवन पूर्व छिड़काव कर नींदा नियंत्रित करें।

धनियाँ (*Coriandrum sativum*)

धनियाँ में नींदा नियंत्रण हेतु बोनी के बाद तथा धनियाँ ऊगने के पहले बूटाक्लोर 50% 4-5 ली./ हे. या गेसागार्ड 50% (प्रोमेट्रिन) 4-5 कि.ग्रा./हे., अट्राट्राफ (अट्राजिन) 3-4 कि.ग्रा./हे., अफालान (लीनूरान) 4-5 ली./हे. का 500-600 ली. पानी में घोल बनाकर छिड़काव करने से नींदा नहीं ऊगते।

पेन्डीमिथेलिन 1-1.5 कि.ग्रा. या फ़्लूक्लोरेलिन 1-1.5 कि.ग्रा./हे. उद्भवन पूर्व हाथ की निंदाई के बराबर उपज दी।

सौंफ व जीरा (*Foeniculum vulgare* Mill. and *Cuminum cyminum* L.)

ब्यूटाक्लोर 2-2.5 कि.ग्रा./हे. उद्भवन पूर्व या फ़्लूयेजीफाप-पी-बुटाइल या हेलाक्सीफाप मिथाइल 0.25 कि.ग्रा./हे. उद्भवन के 20 दिन बाद छिड़काव करें।

पुदीना (*Mentha arvensis*)

लूनीरान 1.5-2 कि.ग्रा./हे. उद्भवन पूर्व प्रोमेट्रिन 1.5-2 कि.ग्रा./हे. उद्भवन पूर्व। आइसो प्रोटुरान 1.0 कि.ग्रा. रोपने के पूर्व।

सेलरी Celery (*Apium graveolens*)

बासालिन 2 ली./हे. या ट्रेफलान 2 ली./हे. बोनी के पूर्व मिट्टी में मिला दें। लासो 2 ली./हे. उद्भवन पूर्व छिड़काव करने से नींदा नियंत्रित हो जाते हैं।

अगीठा या रतालू (*Dioscoria* spp.)

अट्राजिन 3 कि.ग्रा. + टी.सी.ए. 5 कि.ग्रा./हे. या डाइयूरान 2 कि.ग्रा. + टी.सी. ए.5 कि.ग्रा. उद्भवन पूर्व उपचार करें। रोपने के बाद डी.सी.पी.ए. 7 कि.ग्रा. + टी.सी.ए. 5 कि.ग्रा. प्रति हे. का उपचार करें।

चिकोरी (*Cichorium intybus* L.)

बासालिन 2 ली./हे. बोनी के पूर्व छिड़काव करें।

हल्दी (*Curcuma longa* L.)

लासो 4 ली./हे. या बूटाक्लोर 50% 5-6 ली./हे. उद्भवन पूर्व, फ़्लूक्लोरेलिन 1.5 कि.ग्रा. या डाइक्लोरमेंट 2 कि.ग्रा. उद्भवन पूर्व छिड़काव करें।

घुईयाँ या अरबी (*Colocasia esculenta* (L.) Schott.)

ट्रेफलान या फ़्लूक्लोरेलिन 2-3 ली./हे. बोनी के पहले या डाइयूरान या प्रोमेट्रिन या अट्राजिन 3.0 कि.ग्रा./हे. उद्भवन पूर्व छिड़काव करें। इन नींदा नाशकों का उद्भवन के बाद जब नींदा 5-6 से.मी. के हो तब छिड़काव कर नियंत्रित कर सकते हैं।

ग्रीष्म कालीन फसलों में नींदा समस्या व नियंत्रण

ग्रीष्म काल में नींदा की समस्या

ग्रीष्म ऋतु की फसलों में अधिकांश वही खरपतवार पाए जाते हैं जो वर्षा ऋतु में ऊगते हैं। साथ ही कुछ खरपतवार ऐसे भी होते हैं जो शीत ऋतु में ऊगते हैं और ग्रीष्म ऋतु में इनकी संज्या कम होती है। कुछ खरपतवार केवल ग्रीष्म काल में ही ऊगते हैं जो न वर्षा ऋतु में पाए जाते हैं और न ही शीत ऋतु में। कुछ खरपतवार वर्ष भर हर मौसम में ऊगते हैं। इस कारण से ग्रीष्म ऋतु में पैदा होने वाली फसलों में नींदा नियंत्रण एक समस्या जनक प्रश्न है। ग्रीष्मकालीन सब्जियों की बोनी प्राय: फरवरी माह के अंत से अप्रैल माह तक फसल चक्र तथा सब्जियों के प्रकार एवं किस्म के आधार पर होती है। इस कारण भी नींदा में भिन्नता होती है जब शीत ऋतु की फसलों की बोनी जल्दी की जाती है और उनकी वृद्धि शीघ्र हो जाती है। उस समय शीत ऋतु के अधिकांश नींदा का अंकुरण उपयुक्त वातावरण न होने से नहीं हो पाता है तथा शीत ऋतु की फसल कटने के बाद जब ग्रीष्म ऋतु की सब्जियाँ जब फरवरी या मार्च में बोई जाती है तब कुछ शीत ऋतु के नींदा अंकुरित हो जाते हैं व ग्रीष्म काल की फसलों के साथ बढ़ते हैं।

चौड़े पत्ते वाले नींदा

1.	चौलाई	*Amaranthus viridis*
2.	दुधी	*Euphorbia geniculata*
3.	लतजीरा	*Lagascea mollis*
4.	मकोई	*Solanum nigrum*
5.	जंगली रसभरी	*Physalis minima*
6.	चेंच	*Corchorus olitorius*
7.	महकौआ	*Ageratum conyzoides*
8.	हजारदाना	*Phyllanthus niruri*
9.	बथुआ	*Chenopodium album*
10.	नोनिया	*Portulaca oleracea*
11.	विषखापरो	*Trianthema monogyana*

घास वाले नींदा

1.	सांवा	*Echinochloa crusgalli*
2.	चुनवईया	*Eragrostis* spp.
3.	बनरागी	*Eleusine indica*
4.	घुड़चवा	*Chloris barbata*
5.	दूब	*Cynodon dactylon*
6.	नागरमोथा	*Cyperus rotundus*
7.	कांस	*Saccaharum sponteneum*

विशेष खरपतवार

ऐसे खरपतवारों में पारथीनियम हिस्टीरोफोरस (*Parthenium hysterophorus*) चटक चाँदनी या गाजर घास प्रमुख रूप से पाया जाता है।

जिन बड़े नगरों के आसपास नगर के गंदे पानी का सिंचाई में उपयोग होता है वहाँ पर इस खरपतवार का तीव्र गति से प्रसार हो रहा है जिसका नियंत्रण आवश्यक है। यह खरपतवार प्रत्येक सिंचाई के बाद ऊग जाता है तथा दो या तीन निंदाई करने पर भी यह बाद में बहुत ऊग आता है और फसलों को बहुत हानि पहुँचाता है। यह खरपतवार सिंचित क्षेत्र में तीनों ऋ्तुओं में अंकुरित होता है जिसकी रोकथाम अत्यावश्यक है। ग्रीष्म ऋ्तु में इस खरपतवार की वृद्धि भी अधिक होती है इन सभी खरपतवारों की उपस्थिति तथा सघनता फसल-चक्र, खेत की जुताई-वखराई, भूमि में खाद्य तत्त्वों की मात्रा, उर्वरक व खाद की उपलब्धता भूमि की जलधारण क्षमता व सिंचाई के स्रोत आदि पर आधारित रहता है।

इस प्रकार ग्रीष्म काल में भी नींदा नियंत्रण एक जटिल समस्या रहती है विशेषत: बेल वाली सब्जियों की लता फैलने पर खुरपी ''हेंड हो'' से निंदाई करना कठिन काम है क्योंकि बेलों के कटने या टूटने की संभावना रहती है।

नींदा नियंत्रण की यांत्रिक विधि

मूँग, बरवटी, भिंडी, भटा आदि फसलों के ऊगने के 20 दिन बाद अथवा दूसरी सिंचाई के बाद हस्तचालित हो या बैलों से चलने वाले 15 से 20 से.मी. चौड़ी ब्लेड के ''डोरी या डोरा'' के द्वारा निंदाई कर सकते है। इसी प्रकार छोटे ट्रेक्टर के द्वारा ''कल्टीवेटर'' से निंदाई कर सकते हैं।

कद्दू वर्गीय फसलों में जो कि बहुत दूर-दूर बोई जाती है फसल ऊगने के बाद 15 और 30 दिन पर कतारों के बीच में बैलों के द्वारा या ट्रेक्टर से चलने वाले ''कल्टीवेटर'' चलाकर आसानी से नींदा नियंत्रण कम समय व कम खर्च में किया जा सकता है। साथ ही मिट्टी भुरभुरी हो जाएगी व उर्वरक भी भूमि में मिल जाएगा।

नींदा नियंत्रण की रासायनिक विधि

ग्रीष्मकालीन मूँग (*Vigna radiata*)

मूँग में नींदा नियंत्रण हेतु बासालिन 2.0 लि./हे. या ट्रेफलान 2.0 लि./हे. की दर से बोनी करने के पहले 600 लि. पानी में घोलकर छिड़काव करें व मिट्टी में बखर आदि चलाकर मिला दें।

मूँगफली (*Arachis hypogaea*)

गुजरात, आंध्रप्रदेश अन्य सिंचित क्षेत्रों में मूँगफली ग्रीष्मकाल में भी बोते हैं। ग्रीष्म काल में भी अधिकतर वही खरपतवार होते हैं। जो वर्षा ऋ्तु में ऊगते हैं। अत: वही नींदा नियंत्रण की विधियाँ अपनाई जावें। बूटाक्लोर 50% 4 से 5 ली. रोनस्टार 3-4 लि./हे. उद्‍भवन पूर्व व छिड़काव करें।

मक्का (*Zea mays*)

सिंचित क्षेत्र में मक्का की फसल भी अनेक स्थानों में ग्रीष्मकाल में बोई जाती है अत: इसमें नींदा की समस्या प्राय: वर्षा ऋ्तु के अनुसार ही होती है। नींदा नियंत्रण की विधियाँ भी मुज़्य फसल के अनुसार ही अपनाना

आवश्यक है। मक्का में रासायनिक नींदा नियंत्रण हेतु आलाक्लोर 1.5 से 2.0 कि.ग्रा., सिमाजिन 1.0, 1.5 कि.ग्रा./हे., पेन्डीमिथालिन 1.0 कि. या आक्साडायजान 1.0 कि.ग्रा./हे. उद्भवन पूर्व तथा 2,4 डी 1.0 कि.ग्रा./हे. बोनी के 25 से 30 दिन बाद छिड़काव करें।

बरवटी (*Vigna unguiculata* (L.) Walp.)

ट्रेफलान 2 लि./हे. या बासालिन 2 से 3 लि./हे. 600 लि. पानी में घोल कर बोनी के पूर्व छिड़काव कर मिट्टी में मिला दें। या लासो 3 से 4 लि./हे. या अमीबेन 3 लि./हे. मेचेट 4 लि./हे. बोनी के बाद व अंकुरण के पहले 600 लि. पानी में घोलकर बीज बोने के बाद सिंचाई कर अंकुरण के पहले छिड़काव करें। इससे घासें व चौड़ी पत्ती वाले नींदा नियंत्रित हो जाएंगे।

भटा (*Solanum melongena*)

ग्रीष्म ऋतु में भटा की रोपाई करने के पहले बासालिन 2 से 2.5 लि./हे. या ट्रेफलान 2 लि./हे. 600 पानी में घोल कर छिड़काव करें व मिट्टी में मिला दें। या रोनस्टार 4 लि./हे. या मेचेट 4 लि./हे. की दर से 600 लि. पानी में घोलकर रोपाई के पहले तैयार खेत में छिड़काव करें।

भिन्डी (*Abelmoschus esculentus* L.)

बूटाक्लोर 50% 5 लि./हे. या लासों 3 से 4 लि./हे. उदभवन पूर्व या ट्रेफलान 2 लि./हे. या बासालिन 2 से 3 लि./हे. बोनी के पूर्व छिड़काव कर मिट्टी में मिला दें।

ककड़ी (*Cucumis sativa* L.) व तरबूज (*Citrulla lantus* (Thumb.)
खरबूज (*Cucumis melo* L.)

ट्रेफलान 2 लि./हे. की दर से 600 लि. पानी में घोलकर तरबूज की 3 से 4 वास्तविक पत्ती वाली अवस्था आने पर दो कतारों के बीच लक्षित छिड़काव (Directed spray) केवल नींदा के पौधों पर करें। लासो 5 लि./हे. का छिड़काव बोनी के बाद व ऊगने के पहले कर सकते हैं।

कद्दू (*Cucurbita pepo* L.), लौकी (*Lagenaria siceraria* L.) गिल्की

लासो या मेचेट (बूटाक्लोर) 4-5 लि./हे. या अमीबेन 3 लि./हे. की दर से 600 लि. पानी में घोलकर बोनी करने के 2 से 3 दिन बाद व ऊगने के पहले छिड़काव करें। बोनी के 4-6 सप्ताह बाद डी.सी.पी.ए. 10.5 कि.ग्रा./हे. का कतारों के बीच में छिड़काव करें। इसका उपयोग तरबूज की फसल में भी कर सकते हैं।

तुरई व करेला

मेचेट (बूटाक्लोर) 4-5 लि./हे. की दर से उद्भवन पूर्व छिड़काव करें। उपरोक्त सभी कद्दू वर्गीय सब्जियों में ज्यूजीलेड या गैलेंट 2 लि./हे. का 20 दिन बाद छिड़काव करने से घासें मर जाएंगी।

■■■■

36

चारे की फसलों में नींदा नियंत्रण
(Weed Control in Forage Crops)

भारत वर्ष में कास्त में की जाने वाली खरीफ चारे की फसलों में ज्वार (*Sorghum bicolour*), मक्का (*Zea mays*), बाजरा (*Pennisitum typhoides*), मक्करी (teosinte - *Euchalena mexicana*), नेपियर घास (*Hybrid Napier*), सूडानघास (*Sorghum sudanense*), लोबिया (*Vigna unguiculata*) व गुआर (*Cyamopsis tetragonoloba*) प्रमुख हैं। ये सिंचित क्षेत्र में ग्रीष्म काल में भी बोई जाती हैं। रबी - चारे की फसलों में बरसीम (*Trifolium alexendrinum*), रिजका या लूर्सन (*Medicago sativa*), सरसों (*Brassica* spp.) व जई (*Avena sativa*) प्रमुख हैं। चारे के लिये ऊगाई जाने वाली अन्य फसलें भी है। नींदा नियंत्रण पर अनुसंधान केवल प्रमुख फसलों में ही हुआ है वह भी अभी अपूर्ण है।

चारे की फसलों का महत्त्व

चारे की फसलों का अधिक महत्त्व है क्योंकि भारतीय कृषि में बैलों की अहम् भूमिका है। अच्छे चारे के अभाव में क्षीण शक्ति के बैलों से किये जाने वाले कृषि कार्य उपयुक्त नहीं हो पाते। श्वेत क्रान्ति में भी चारे की फसलों में अधिक महत्त्व है। किन्तु हमारे देश में व अन्य विकासशील देशों में चारे की फसलों को अधिक महत्त्व नहीं देते हैं। इससे बैलों की तथा गायों व भैसों को जितने चारे की आवश्यकता है उतना उत्पादन नहीं होता है। इसका प्रमुख कारण है कि चारे की फसलों को बहुत कम क्षेत्र में कृषक बोते हैं एवं जो कृषक बोते हैं वे उन्नत तकनीक नहीं अपनाते हैं। भारत में प्रति व्यक्ति मिलने वाले दूध की मात्रा 100 ग्रा. प्रतिदिन है जो विश्व में सबसे कम है यद्यपि इस देश में पशु की संज्या, विश्व की कुल पशुओं का एक चौथाई है। इसका प्रमुख कारण कुपोषण है पशुओं में कुपोषण का निवारण करने हेतु यह आवश्यक है कि चारे की फसलों को कृषि में महत्त्व दें और उनके उत्पादन में वैज्ञानिक तकनीक अपनाएँ।

इन फसलों की कास्त का शासकीय व व्यक्तिगत चारे फार्मों पर अध्ययन से स्पष्ट होता है कि इन फसलों में निदाई नहीं करते हैं। इससे अवान्छनीय नींदा के कारण इनका उत्पादन व गुणवत्ता दोनों का ह्रास होता है। जिसका सीधा प्रभाव दुग्धोत्पादन व बैलों की कृषि-कार्य क्षमता तथा फसलोत्पाद पर होता है।

नींदा से हानि

कृषक चारे की फसलों में निंदाई नहीं करते हैं या कर ही नहीं पाते हैं। क्योंकि जब चारे की फसल निंदाई चाहती उसी समय अन्य खाद्य फसलें भी निंदाई चाहती हैं। कृषकों की यह धारणा होती है कि चारे की फसलों में नींदा का महत्त्व कम है। लागत का अभाव भी एक विशेष कारण है, जिससे निंदाई नहीं करते।

खरीफ चारे की फसलों में अवांछनीय, अस्वादिष्ट नींदा से कुल उत्पादन 10 से 20% कम होता है। साथ ही कुछ ऐसे नींदा होते हैं जिनका पशुओं के स्वास्थ्य पर कुप्रभाव भी होता है। जैसे पारथीनियम जो आजकल चारे की फसलों में शहरी क्षेत्रों में अधिक फैल रहा है।

चारे की खरीफ फसलों के प्रमुख नींदा

चारे की खरीफ फसलों जैसे चरी ज्वार, मक्का, मक्करी, बाजरा व लोविया में भी वही नींदा ऊगते हैं जो दानों के उद्देश्य से बोई जाती है। परन्तु अनेक घासें व द्विदलीय नींदा स्वादिष्ट होते हैं इसलिये उनसे अधिक हानि नहीं होती जितनी मोथा वर्ग के नींदा व अवांछनीय नींदा से होती है। क्योंकि इनको पशु खाते नहीं है तथा चारे की उपज भी कम कर देते हैं। इनमें मोथा वर्ग के सभी नींदा, कुज़्भा, बरयारी, गाजरघास, अगिया, मकोई, जंगली रसभरी, घमरा, गोरखमुंडी, हजार दाना, कनकौआ, आधाशीशी, बनतुलसी, दुधी अद्धाझारा, पुवार, हुलहुल, क्रोटन, ऊंटकटर्रा, छोटी गोखरू आदि प्रमुख हैं। कुछ बहुवर्षीय घासें जैसे दूब, कांस, कांसी भी उपज कम कर देती हैं।

नींदा नियंत्रण की विधियां

चूंकि चारे की खड़ी फसलों में निदाई नहीं कर पाते हैं, इसलिये यह आवश्यक है कि प्रतिबंधात्मक सस्ती सस्य विधियों को अपना कर नींदा नियंत्रण किया जाए

सस्य विधियां

1. भूमिका उपयुक्त जुताई-बखराई कर बोनी के पहले नींदा नियंत्रण करें। यदि संभव हो तो ''स्टेल सीडबेड'' तैयार कर चारे की बोनी करें।
2. बोनी समय पर करें इससे चारे की फसलों की वृद्धि उचित होगी व नींदा की वृद्धि को दबाने में सक्षम होगी।
3. शुद्ध बीज व उन्नतशील, शीघ्र वृद्धिकारक किस्मों का चयन कर उचित बीजदर बोएँ।
4. उर्वरक की पूरी मात्रा दें जिससे चारे की वृद्धि अधिक हो।
5. फसल-चक्र अपनाएँ।
6. अंतर फसलों की बोनी करें।

इन सभी विधियों को बोनी करते समय ध्यान में रखें। इससे अधिकांश नींदा नियंत्रित हो जाएंगे व निंदाई न करने से अधिक हानि नहीं होगी।

विभिन्न चारे की प्रमुख किस्में, बीज, दर व उर्वरक की मात्रा

ज्वार (*Sorghum bicolor*)

पंजाब हरियाणा – "जे एस 20", 24/1, 263, जै 3/53 "स्वर्णा" एम.पी. चरी, पूसा चरी, हरियाणा चरी

उत्तरप्रदेश – टी 3, 4, 8 बी, एम.पी. चरी, एस 700, एच 1, एच 2

गुजरात – सुनधिया 1049, छस्तिया 10.2, दूधिया

मध्यप्रदेश – ग्वालियर – 82, पूसा चरी 1, जे. 6, 30, विदिशा 60-1, उज्जैन-6, 8, जे-195 बहुकटाई वाली जे. 69 एवं एम.पी. चरी।

महाराष्ट्र – रेड – खाकी, नीलवा, नन्दयाल, एम 35-1

आन्धप्रदेश – के 3, कोंय 11, 18, 19, रून्गू 1, एम.पी. चरी (बीज दर छोटे दानों 20-35 व बड़े दानों 40-50 कि.ग्रा., नत्र 10 स्फु. 50 पो. 25 हे.)

मक्का (*Zea mays*)

संकर – गंगा सफेद 2, गंगा 3, 5, 7.

कम्पोसिट – जवाहर, अंबर, किसान, विजय, सोना विक्रम,

स्वतंत्र परागण – एन पी पीली 2, के 41, बासी, जौनपुर, (बीज 40-60 कि.ग्रा. नत्र 60 स्फुर 30 पो 20 कि.ग्रा./हे.)

बाजरा (*Pennesetum typhoides*)

ए – 1/3, एचबी 3, एस 530, टी 55, डी 1941 "2291" (बीज 10-12 कि.ग्रा. नत्र 40 स्फुर 30 पो. 20 कि.ग्रा./हे)

लोबिया (*Vigna unguiculata* L. Walp.)

बरबटी हरियाणा, पंजाब व दिल्ली-एफ.ओ.एस. 10, के 395, 585, आइ जी एफ आर आई-एस 540, 457

मध्यप्रदेश – जवाहर लोबिया 1, 21

उत्तर प्रदेश – रसियन जाइंट, आई जी एफ आर आई, एस-978,

कर्नाटक – 985

गुजरात – ई.सी. 4216, रसियन जाइंट, छिरोदी, 14.20

दक्षिणी प्रदेश – कोय – 1, रसियन जाइंट, इ.सी. 4216

पश्चिम बंगाल – कोटा – 1, इ.सी. 4216.

(बीज 30-40 कि.ग्रा. नत्र 20 स्फुर 40 पो 20)

ग्वार (*Cyamopsis tetragonoloba*)

एफ.ओ.एस. 1, 2, एफ एस 277, आई एफ जी आर आई – एस. 212, नं. 2, दुर्गापुरा सफेद। (बीज 30 नत्र 10 स्फुर 30 पो 10 कि.ग्रा.)

मेल्भेट बीज (*Stizolobium niveum*)

आई.जी.एफ.आर.आई.एस. 2276–5, 2284–1

पोपट (*Dolichos lablab* var. *lignosus*)

आई जी एफ आर आई – एस 2214 II सीधी, चौड़ी पत्ती

'' 2218 – I फैलने वाली मध्यम पत्ती

(बीज 20–25 कि.ग्रा. नत्र 10 स्फुर 60 कि.ग्रा.)

स्टाईलो (*Stylosanthes* spp.)

(बीज 6–8 कि.ग्रा. नत्र 10 स्फुर 60 कि.ग्रा.)

गौकर्णी (*Cletoria ternatea*)

आई जी एफ आर आई एस – 23.1, 12, (बीज 20 कि.ग्रा.)

संकर नेपियर (*Hybrid napier*)

पूसा जाइंट नेपियर, एन बी – 21, ईबी 4 या गजराज, एन बी 5, कोयबटूर।

(कटिंग 33, 346, नत्र 40 स्फुर 30 पो. 20 कि.ग्रा. / हे.)

सूडान घास (*Sorghum sudanense*)

एस.एस. – 59–3'' जी 287, ''पाइपर'' जे–69.

(बीज 20–25 कि.ग्रा. नत्र 30 स्फुर 20 कि.ग्रा.)

दीना नाथ घास (*Pennistum pedicellatum*)

टाइप – 3, 10, 15, आई जी एफ आर, आई एस – 3808, 866–1, जी 73–1, टी–12, 15, जे.पी. 1, 12 एवं 13

(बीज 8–10 कि.ग्रा., नत्र 10, स्फुर 50, पो. 25 कि.ग्रा.)

पेनीकम (*Panicum antidotale*)

एस 297.

अंजन (*Cenchrus ciliaris*)

पूसा जाइंट अंजन, आईजीएफ आर आई - एस 3108, 3133 ''सेकरस ग्लाबकस''।

(बीज 6 कि.ग्रा. नत्र 45 स्फुर 20 पो. 20 कि.ग्रा.)

पीली अंजन (*Cenchrus setigerus*)

''पूसापीली अंजन''

बीज 10 कि.ग्रा. नत्र 45 स्फुर 20 पो. 20 कि.ग्रा.

केल (*Dichanthium annulatum* Stapf.)

एम - 8 आई जीएफआरआईएस - 495-1, 495-5.

पैराघास (*Brachiaria mutica*)

(कटिंग 28 ह. नत्र 40 स्फुर 30 कि.ग्रा.)

गिनी घास (*Panicum maximum*)

(बीज 3-4 कि. नत्र 40 स्फुर 30 कि.ग्रा.)

रोड घास (*Chloris gayana*)

बीज 5-8 या नत्र 20 स्फुर 30 कि. कटिंग 28एके

बररीम (*Trifolium alexandrinum*)

जे.बी-1, ''पूसा जाइंट टेट्रा प्लोइड, ''मेसकवी डिप्लोइड'', ''आई जी एफ आर आई एस 29-1''.

(बीज 25 कि.ग्रा. नत्र 20 स्फुर 60 पो. 30 कि.ग्रा.)

रिजका या लूसर्न (*Medicago sativa*)

टाइप - 8'', 9,15, आई जी एफ आर आई-एस 244,54 ''आनंद-2'', एन डी आर आई - 1,'' ''मूपा''.

बीज 15-20 कि.ग्रा. नत्र 20 स्फुर पो. 30 कि.ग्रा.

सेंजी (*Melilotus parviflora*)

एफ ओ एस-1, एफ एस. 14,18.

बीज - 30, नत्र 10, स्फुर 30, पो-20 कि.ग्रा.

मेथी (*Trigonella foenumgraecum*)

एफ ओ एस–8

शलजम ''ग्रीन टाप'' ''परपिल टाप'' केसीन ''कावा''

सरसों (*Brassica* spp.)

जापानी सरसों, चाइना केबेज, आई एम. 100, लाहा–101. (बीज 6–8, नत्र 50–60 कि.ग्रा.)

जई (*Avena sativa*)

केनट क्रेग, फुलधम, खरसै बीज 80–100, नत्र 80 स्फुर 30 पो. 20 कि.ग्रा.

अन्तर फसलें व मिश्रित फसलें

चारे की अन्तर फसलें जैसे ज्वार, मक्का या बाजरा की फसल के साथ चारे की दालों वाली फसलें जैसे लोबिया, सोयाबीन, राइसबीन, पोपट आदि को अंतर फसलों के रूप में ऊगाने से नींदा नियंत्रित होते हैं। साथ ही चारे की पौष्टिकता व कुल उपज भी बढ़ती है। रबी में बरसीम + सरसों या बरसीम +जई, या रिजका + जई की मिश्रित फसल लेने से नींदा नियंत्रण होता है तथा उपज भी बढ़ती है। संकर नेपियर के साथ लोबिया खरीफ में तथा रिजका रबी में अंतर फसल लेने से नींदा नियंत्रित रहते हैं।

फसल चक्र

कुछ महत्त्वपूर्ण चारे की फसलों के सघन फसल–चक्र इस प्रकार हैं जिससे नींदा नियंत्रित होते है।

1. मक्का + लोबिया – बरसीम + सरसों – मक्का + लोबिया + मक्करी –
   300 क्विं. 450 क्विं. 1000 क्विं.
2. स्वीट सूडान + लोबिया – बरसीम + जई
   100 क्विं. 1000 क्विं.
3. संकर नेपियर–रिजका
   1250 850 कि.
4. मक्का + लोबिया – ज्वार + लोबिया – बरसीम + सरसों
   300 – 400 – 1000 क्विं.
5. मक्करी + बाजरा + लोबिया – बरसीम + जई
   1000 1000 क्विं.
6. ज्वार + लोबिया – जई + रिजका – ज्वार + लोबिया
   400 – 1000 – 400 क्विं.
7. ज्वार + लोबिया – जई + बरसीम – ज्वार + लोबिया
8. दीनानाथ घास – जई + बरसीम – ज्वार + लोबिया
9. नेपियर + बरसीम

धान्य फसलों के साथ

धान – गेहूँ – ज्वार + लोबिया

धान – बरसीम + सरसों – ज्वार + लोबिया

ज्वार + लोबिया – गेहूँ – ज्वार + लोबिया

सोयाबीन – बरसीम + सरसों – ज्वार + लोबिया

ज्वार + लोबिया – गेहूँ – ज्वार + लोबिया

रासायनिक नींदा नियंत्रण

खरीफ चारे

खरीफ ऋतु में ऊगाये जाने वाले प्रमुख चारे जैसे चरी–ज्वार, मक्का, बाजरा, मक्करी, लोबिया आदि की फसलों में चूंकि वही नींदा होते हैं जो दानों के उद्देश्य से बोई जाती है। अतः उनमें नींदा नियंत्रण की विधियाँ भी उसी प्रकार अपनाई जाती है।

"डा. एच.के. पान्डे (1974) के अनुसार" मक्का व मक्करी में सिमाजिन 0.75 कि.ग्रा./हे. व एम.पी. चरी (ज्वार) में अट्राजिन 1.0 कि.ग्रा./हे. उद्भवन पूर्व छिड़काव करने से नींदा नियंत्रित हो जाते हैं। ज्वार में पेन्डीमिथेलिन 1.5 कि.ग्रा. या थायोबेनकार्ब 2.5 कि.ग्रा./हे. का उद्भवन पूर्व छिड़काव करने से नींदा नियंत्रित हो जाते हैं। गोविन्दा सिंग व प्रसाद (1990) के अनुसार मक्का में अट्राजिन 10 कि. ग्रा. या पेन्डीमिथेलिन 1.5 कि.ग्रा. का उद्भवन पूर्व उपचार हाथ की निदाई के बराबर उपज होती है। अग्रवाल व साथियों (1990) के अनुसार ज्वार में अट्राजिन 1.0 कि.ग्रा./हे. उदभवन पूर्व या 0.5 कि.ग्रा. उद्भवन के 20 दिन बाद उपचार करने से नींदा नियंत्रित हो जाते हैं।

मक्करी में नींदा नियंत्रण हेतु इन्हीं नींदा नाशक का उपचार करें। इसके अतिरिक्त डी.एस.एम.ए. 3.0 कि.ग्रा./हे. का बोनी के पूर्व उपचार करने से नींदा नियंत्रित हो जाते हैं। (पांडे व सिंग, 1973) उद्भवन के बाद केवल घास कुल की शुद्ध फसलों में मोथा वर्ग व चौड़ी पत्ती के नींदा मारने हेतु 2,4–डी 1.0 कि.ग्रा. का छिड़काव 10 से 30 दिन बाद करें। इसका उपचार सभी घास कुल की फसलों में कर सकते हैं एम.सी.पी.ए. 0.5 कि.ग्रा./हे. का भी उद्भवन बाद छिड़काव कर सकते हैं।

अन्तर फसलों हेतु नींदा नाशक

खरीफ की अंतर फसल ऊगाने की दशा में यदि नींदा नियंत्रण नहीं होते तो आलाक्लोर 1.52 कि. ग्रा., पेन्डीमिथेलीन 1.5 कि.ग्रा. या थायोबेनकार्व 2.5 से 3.0 कि.ग्रा. का उद्भवन पूर्व छिड़काव करें।

दालों वाली चारे की शुद्ध फसलें जैसे लोबिया ऊगाने की दशा में नींदा नियंत्रण हेतु भी इन्हीं नींदा नाशकों से उद्भवन पूर्व उपचार करें। इनके अतिरिक्त अन्य नींदा नाशक जो दानों के लिए प्रत्येक फसल में वर्णित किये गए है का प्रयोग किया जा सकता है।

रबी चारे की फसलों में नींदा नियंत्रण

रबी के प्रमुख चारे बरसीम (*Trifolium alexandrinum*), व्हाइट क्लोवर (*T. repens*) रेड क्लोवर (*T. ratense*), लूसर्न (*Medicago sativa*), जई (*Avena sativa*) एवं सरसों (*Brassica* spp.) प्रमुख है।

बरसीम (*Trifolium alexandrinum* L.)

बरसीम में सिंचित क्षेत्र में रबी ऋतु के प्रायः सभी नींदा उपस्थित होते हैं। इस फसल के साथ कुछ विशिष्ट प्रकार के नींदा भी पाए जाते हैं। जैसे चिकरों या कासनी (*Cichorium intybus*), अमरबेल (*Cuscuta trifoli*) तथा गेहूँ-बरसीम फसल चक्र में फेलेरिस माइनर (*Phaliris minor*) जो इस फसल की उपज व गुणवत्ता बहुत कम कर देते हैं। मध्यप्रदेश के डेरी फार्मो के चारे क्षेत्रों का सर्वेक्षण करने से नींदा की लगभग 50 स्पीसीस बरसीम के खेतों में मिली जिनमें से लगभग 10 स्पीसीस घास कुल की हैं। इनमें दूब, सांवा (*Echinochloa crusgalli*) व बंदरपुंछा (*Eragrostis diarrhena*) प्रमुख हैं। गोंदला (*Cyperus rotundus*) प्रायः प्रत्येक खेत में मिलता है। अन्य नींदा, सिंचित गेहूँ में पाए जाने वाले नींदा जैसे सेंजी, बथुआ, करमेथा, जंगली बरसीम, वनपालक भी हैं। कुछ वर्षा ऋतु के नींदा भी फसल में ऊगते हैं जैसे महकौआ, चौलाई, बिलजा, गतिघुसी, घमरा, अमानिया, मकोई, गोरखमुंडी, दुधी, चेंच व कनकी। जबलपुर व अन्य क्षेत्रों में पारथीनियम का भी अधिक प्रकोप है। बरसीम की बार-बार कटाई में अन्य नींदा तो कम हो जाते हैं परन्तु चिकोरा, अमरबेल व पारथीनियम के पौधे बीज बना लेते हैं।

सर्वेक्षण से यह स्पष्ट हुआ है कि बरसीम के बीज के साथ ही चिकोरी व अमरबेल के बीज का प्रसारण हुआ है। अतः इसका बीज शुद्ध बनाया जाए इसके लिए बीज गुणित कार्य ऐसे खेत में हो जहाँ पर बरसीम पहले न बोई गई हो।

नींदा नियंत्रण

बरसीम में नींदा नियंत्रण का प्रथम उपाय शुद्ध बीज का उपयोग करना तथा दूसरा फसल चक्र अपनाना है बरसीम में हाथ से निंदाई करवाना बहुत महंगा होता है यदि अस्वादिष्ट नींदा है तो उनकी निंदाई करना आवश्यक होता है। उन्हें बरसीम की प्रथम कटाई करते समय (बोनी के लगभग 40 दिन बाद) ही जड़ से उखाड़ दें। इस फसल में यांत्रिक निंदाई नहीं हो सकती क्योंकि छिटका विधि से बोई जाती है।

रासायनिक नींदा नियंत्रण

बरसीम में नींदा नियंत्रण हेतु बोनी के पूर्व ई.टी.पी.सी. 1.5 कि.ग्रा./हे. को मृदा में मिला दें। चिकोरी (*Cichorium itybus*) बरसीम का प्रमुख नींदा है। इसके नियंत्रण हेतु डाइनोसेब 4.0 कि.ग्रा./हे. उदभवन पूर्व दत्त (1974) ने उपयुक्त पाया। बूटाक्लोर 2.0 कि.ग्रा./हे. उदभवन पूर्व लेखक ने उपयुक्त पाया। ठाकुर व साथियों (1990) ने बरसी में बूटाक्लोर 2-25 कि.ग्रा. उपचार से हाथ की निंदाई के तुल्य उपज प्राप्त की अन्य नींदा व घासें ज़्लूक्लोरेलिन 1.0 कि.ग्रा./हे. बोनी के पूर्व मृदा में मिलाने से नियंत्रित हो जाते हैं। केवल घासें मारने हेतु ज़्लूएजीकाप-पी-बुटाइल 0.25 या हेलाक्सीकाप मिथाइल 0.25 कि.ग्रा./हे. 20 से 30 दिन की अवस्था पर डा.

तिवारी ने (1988) ने उपयुक्त पाया बोनी के पूर्व ईटीपीसी 1.5 कि.ग्रा./हे. या उद्‌भवन के 20-30 दिन बाद चौड़ी पत्ती वाले नींदा मारने हेतु एम.सी.पी.बी. ईस्टर 0.5 कि.ग्रा./हे. या 2, 4-डी बी. 1.0 कि.ग्रा./हे. का छिड़काव करना उपयुक्त है।

अमरबेल का नियंत्रण करने हेतु प्रोनामिड 1-2 कि.ग्रा./हे. उद्‌भवन पूर्व उपचार करें। इससे अमरबेल, घासें व चौड़ी पत्ती वाले नींदा नियंत्रित हो जाएंगे। बेन्टाजोन + 2,4-डी बी (कज़्गोग्रान 1.5 से 2 लि./हे.) का उद्‌भवन बाद छिड़काव करने से मोथा व चौड़ी पत्ती वाले नींदा मर जाते हैं।

तालिका 36.1 बरसीम के प्रमुख नींदा (प्रति वर्ग मी.)

स्पीसीस	जबलपुर	पवारखेड़ा व सीहोर	रायपुर व बिलासपुर रीवा
एबेलमास्कस स्पीसीस	–	–	11.4
एजीरेटम कोनीज्वाडिस	6.33	16.8	3.8
एमरेन्थस विरडिरस	–	–	–
एनागेलिस आरबेनसिसं	–	25.9	15.5
अल्टरनेन्थरा सिसाइलिस	–	–	32.3
अमानिया बेसीफेरा	5.60	–	–
एसफोडीलस टेनयुफोलियस	–	5.2	–
आरजीमोन मेक्सीकाना	–	12.6	–
सिकोरियम इन्टाइबस	29.98	27.7	112.2
सिसूलिया एक्सीलरिस	–	7.6	–
कामेलिना कमूनिस	6.15	–	–
चिनोपोडियम एल्बम	41.12	17.7	15.2
कन्वालवुलस आरवेनसिस	–	9.2	–
कारकोरस फेसीकुलेरिस	8.62		11.5
कसकुटा ट्राइफोलाई	4.11	–	23.3
ईकिलप्टा आल्वा	–	–	52.2
यूफोरबिया जेनीकुलाटा	–	7.9	7.7
लानिया स्पलेनीफोलिया	–	11.1	–
मलाकारा केपीटाटा	8.57	–	3.8
मेरीमिया इमरजीनाटा	7.36	3.2	7.7
मेडीकेगो डेन्टीकुलाटा	4.5	5.5	20.8
मेलीलोटस अल्वा	4.99	9.1	36.7
पारथीनियम	5.0	2.0	3.0

स्पीसीस	जबलपुर	पवारखेड़ा व सीहोर	रायपुर व बिलासपुर रीवा
फाईलेन्थस नीरूरी	5.70	–	–
पारचुलाका ओलेरेसिया	11.0	12.1	–
रूमेक्स डेन्टेसटस	16.08	8.4	–
स्फेरेन्थस इन्डीकस	9.97	–	3.8
सोलेनम नाइग्रम	7.22	–	–
सान्कस – आरवेन्सिस	4.5	11.0	–
विसिया सेटाइवा	6.44	19.0	–
ट्राइफोलियमओलेरेसिया	12.4	–	40.2
साइनोडान डेक्टीलान	8.09	12.3	27.7
डाईकेन्थियम	–	4.1	28.7
क्लोरिस वारवाटा	3.86	–	11.5
डिजिटेरिया स्पी	8.50	–	11.0
ईकाईनाक्लोआ क्रसगेलाई	16.44	4.8	50.4
ईराग्रासटिस स्पीसीस	4.5	5.1	7.8
ओपलिसमेनस बरमेनाई	–	–	8.9
पेस्पेलम डिस्टिकम	11.91	–	3.9
फेलेरिस माइनर	62.00	–	–
सेटेरिया ग्लावका	2.80	–	–
साइपेरस रोटंडस	7.55	22.8	119.5

लूसर्न (Alfalfa-*Medicago sativa*)

लूसर्न में भी नींदा की समस्या बरसीम के सद्दश्य होती है परन्तु लूसर्न बहुवर्षीय होने के कारण इसमें खरीफ ऋतु के नींदा प्रभावित करते हैं। जब लूसर्न प्रसुप्ति अवस्था में रहती है। अधिक वर्षा वाले क्षेत्र में वर्षा में इसकी फसल नहीं होती।

नींदा नियंत्रण

सस्य प्रणाली में 1. शुद्ध बीज का प्रयोग 2. फसल – चक्र 3. धरातल के पास से कटाई करना 4. स्टेल सीडबेड में बोनी करना प्रमुख नींदा नियंत्रण की विधियाँ है। शुद्ध बीज प्राप्त करने हेतु किसानों को स्वत: अपने खेत पर पूरी सावधानी से नींदा रहित बीज तैयार करना चाहिए। लूसर्न के बीज को शुद्ध करने हेतु 5–10% साधारण नमक घोल में पांच मिनट तक डुबाएँ। इससे चिकोरी के बीज तैरते रहेंगे जिन्हें पृथक कर लें। कस्कुटा सफाई यंत्र से कस्कुटा को पृथक कर सकते हैं। इस फसल में हाथ से निंदाई करना लाभदायक नहीं है।

रासायनिक नींदा नियंत्रण

लूसर्न में नींदा नियंत्रण हेतु ई.पी.टी.सी. 1.5 कि.ग्रा. या बेनीफिन 1–1.5 कि.ग्रा./हे. बोनी के 15–20 दिन पूर्व मृदा में मिला दें। इनसे अधिकांश मौसमी नींदा नियंत्रित हो जाएंगे। ये दोनों नींदा नाशक अट्राजिन या सिमाजिन से उपचारित क्षेत्र में उनके अवशेषों से प्रतिक्रिया करते हैं व लूसर्न को हानि पहुंचाते हैं अतः ऐसी दशा में उनका उपयोग न करें। लूसर्न के बीज को एक्टीवेटेड - चारकोल से उपचारित करने से नींदा नाशकों का प्रभाव कम होता अन्यथा अंकुरण प्रभावित हो जाता है। उद्भवन बाद लूसर्न 3–4 पत्ती की अवस्था पर 2,4–डी बी (ईस्टर) 0.5–0.75 कि.ग्रा. 200 से 300 लि. पानी में घोल कर छिड़काव करने से द्विबीजपत्री नींदा नियंत्रित हो जाते है। चिकोरी के पौधे व अन्य नींदा ब्रोमोक्सीलिन 0.4 कि.ग्रा./हे. या डाइनोसेब 1–1.5 कि.ग्रा./हे. का छिड़काव करने से नियंत्रित हो जाते हैं। डाइनोसेब का उपयोग बीज बनाने वाली फसल में ही करते हैं। अन्यथा पशुओं पर कुप्रभाव होता है। हेलाक्सीकाप मिथाइल या फ़्लूऐजीकाप-पी-बुटाइल 0.25 कि.ग्रा./हे. का 20–30 दिन बाद छिड़काव करने से मौसमी घासें नियंत्रित हो जाती हैं। जहाँ पर बहुवर्षीय घासें हो वहाँ पर इनकी अधिक मात्रा (0.5–1.0 कि.ग्रा.) का प्रयोग करें।

कज़ोग्रोन 2 लि./हे. का 20 से 30 दिन की अवस्था पर छिड़काव करने से मोथा व द्विबीज पत्रीय नींदा नियंत्रित होते हैं। प्रसुप्त अवस्था में नींदा नियंत्रण हेतु सिमाजिन या डाइयूरान 1.0 कि.ग्रा. या डाइनोसेब या डालापान का नींदा के उद्भवन बाद पूर्ण छिड़काव करें। पानी की मात्रा केवल उतनी हो जो केवल नींदा को ही गीला करें बूंद बन कर मृदा में न गिरें। लूसर्न की पुरानी फसल में नींदा नियंत्रण हेतु लूसर्न की प्रसुप्ति समाप्त होने के पहले ट्राइफलूरेलिन या नाइट्रालिन या फलूक्लोरेलिन 1.0 कि.ग्रा./हे. मृदा में मिला दें। यदि मृदा में मिलाने हेतु यंत्र कार्य न करें तब ईपीटीसी 1.5 कि.ग्रा./हे. सिंचाई के साथ दें। डा. एच.के. पान्डे (1974) ने डाइयूरान 10 कि.ग्रा./हे. मेढ़ों पर बोई फसल (Ridge sown crop) में उपयुक्त नींदा नियंत्रण पाया।

अमरबेल के नियंत्रण हेतु प्रोनामाइड 1–2 कि.ग्रा./हे. या क्लोरप्रोफाम (कणिकायें) 1–2 कि.ग्रा. सक्रिय/हे. 10 से.मी. फसल की अवस्था पर अमरबेल ऊगने के पहले छिड़काव करें। पुरानी लूसर्न में 6 कि.ग्रा./हे. की मात्रा दें। डिक्लोबेनिल 2 कि.ग्रा. कणिकायों से अमरबेल ऊगने के पहले तथा सिंचाई करने के बाद उपचार करें। इन तीनों से अमरबेल का अंकुरण नहीं होगा। डी.सी.पी.ए. 10 कि.ग्रा./हे. का पहली कटाई के बाद छिड़काव करें व स्प्रिंकलर द्वारा सिंचाई करें। इससे ऊगी हुई अमरबेल मर जाएगी। जब अमरबेल अधिक फैल जाती है तब लूसर्न काटने के बाद पैराक्वाट 1.0 कि.ग्रा./हे. का प्रभावित क्षेत्र में छिड़काव करते हैं इससे लूसर्न की पत्ती व अमरबेल दोनों सूख जाते हैं। परन्तु लूसर्न पुनः वृद्धि करने लगती है। उसके बाद अमरबेल का नया अंकुरण रोकने हेतु कोई एक उद्भवन पूर्व प्रयोग करने वाले नींदा नाशक का छिड़काव करें।

मिश्रित फसलें

बरसीम या लूसर्न के साथ सरसों या जई (Oat-*Avena sativa*) की मिश्रित फसल बोने की दशा में बूटाक्लोर 2.0 कि.ग्रा./हे. उद्भवन पूर्व छिड़काव करें।

जई (*Avena sativa*)

जई की शुद्ध फसल में नींदा का प्रभाव नगण्य है। यदि फसल की उपयुक्त पौध संज़्या नहीं है तो अन्य नींदा बढ़ जाते हैं व फसल को प्रभावित करते हैं 2,4–डी 0.5–1.0 कि.ग्रा./हे. या ज़्लूराक्सीपिक 0.3 कि.ग्रा./हे. का 20 से 30 दिन की अवस्था पर छिड़काव करने से द्विबीज पत्री नींदा व गोंदला नियंत्रित हो जाते हैं। उद्भवन पूर्व मेथाबेंजथियाजूरान, टरबूट्रिन, आक्साडायजान, मेटाजुरान, डाइयूरान, पेंडी मिथलिन (1.0 कि.ग्रा./हे.), आक्सीक्लोरफेन 0.2 कि.ग्रा. या थायोबेनकार्व 2 कि.ग्रा./हे. का छिड़काव करने से नींदा नियंत्रित हो जाते हैं।

तालिका 36.2 रबी के चारे के फसलों में प्रयुक्त होने वाले नींदा नाशक

नींदा नाशक सामान्य नाम	व्यावसायिक नाम	दर कि. ग्रा./हे.	उपचार का समय	प्रभावित नींदा
बरसीम				
बूटाक्लोर	बूटाक्लोर	2.0	उद्भवन पूर्व	चिकोरी व अन्य
डाइनोसेब		4.0	उद्भवन पूर्व	चिकोरी व अन्य
फ्लूक्लोरेलिन	बासालिन	1.0	बोनी के पूर्व	घासें व अन्य
ज़्लएजीफापबुटाइल	ज़्यूजीलेड	0.25	बोनी के 20 दिन से 30 दिन बाद	केवल घासें
हेलाक्सीफाप मिथाइल	गेलेंट	0.25	''	''
एम.सी.पी.बी. ईस्टर	एमसीपीबी	0.5	उद्भवन के 20 दिन बाद	केवल चौड़ी पत्ती वाले
2, 4–डी बी	2, 4–डी बी	1.0	''	''
प्रोनामिड		1.2 +	उद्भवन पूर्व	अमरबेल व अन्य
बेन्टाजोन +	कज़्ोग्रान	0.48	उद्भवन बाद	मोथा व चौड़ी पत्ती वाले
2, 4–डी बी		0.384	''	चौड़ी पत्ती वाले
लूसर्न				
इपीटीसी	इपीटीसी	1.5	बोनी के 20–30 दिन पूर्व मृदा में मिलायें	घासें व चौड़ी पत्ती वाले
बेनीफिन	बालन	1–1.5	''	''
2, 4–डीबी ईस्टर		0.5–05	3–4 पत्ती की अवस्था	चौड़ी पत्ती वाले
ब्रोमाक्सीनिल	बक्ट्रिल	0.4	उद्भवन पूर्व	चिकोरी व अन्य
डाइनोसेब	प्रीमर्ज	1–1.5	उद्भवन पूर्व	चिकोरी व अन्य
फ्लूएजीफाप बु.	ज़्यूजीलेड	0.25	उद्भवन बाद	घासें
हेलाक्सीफापमि.	गेलैट	0.25	''	''
डाइयूरान	कारमेक्स	1.0	लूसर्न की प्रसुप्त अवस्था में	सभी मौसमी
सिमाजिन	हेक्साजिन		नींदा के उद्भवन बाद	''

नींदा नाशक सामान्य नाम	व्यावसायिक नाम	दर कि. ग्रा./हे.	उपचार का समय	प्रभावित नींदा
डालापान	हेक्सापान	1.0	''	''
ट्राइफ़्लूरेलिन	ट्रेफलान	1.0	लूसर्न की प्रसुप्ति समाप्त होने के पहले मृदा में मिला दें	घासें व अन्य
फ़्लूक्लोरेलिन	बासालिन	1.0	''	''
नाइट्रालिन	–	1.0	''	''
ईपीटीसी	एप्टाम	1.5	सिंचाई के साथ	''
प्रोनामिड	कर्व 50 पा.	1.2	10 से.मी. फसल की अवस्था पर अमरबेल के उद्भवन के पहले	अमरबेल व अन्य
क्लोरप्रोफाम (कणिकायें)	फरलोई	2.0	10 से.मी. फसल की अवस्था पर अमरबेल के उद्भवन के पहले	अमरबेल व अन्य
डिक्लोबेनिल कणिकायें	केसोरान	10–2.0	''	
डीसीपीए	डेक्थाल	10.0	पहली कटाई के बाद	उगी हुई अमरबेल
पैराक्वाट	ग्रेमोक्जोन	10.0	''	''
जई				
2, 4–डी	2, 4–डी	1.0	उद्भवन बाद	चौड़ी पत्ती वाले नींदा
फ़्लूराक्सीपिर	स्टर्नी	0.3	''	''
मेथाबेन्जथियाजूरान	ट्राइबूनिल	1.0	उद्भवन पूर्व	घासें व चौड़ी पत्ती वाले
टरबूट्रिन	इगरान	0.8	''	''
आक्साडायजान	रोनस्टार	0.75	''	''
मेटाजुरान	डोसानेक्स	1.0	''	''
आक्सीफ़्लोरफेन	गोल	0.25	''	''

■■■■

बीरों व चारागाहों में नींदा नियंत्रण
(Weed Control in Pastures and Grazing Land)

भारतीय कृषि में घास की फसलों को कम महत्त्व दिया गया है। परिणामस्वरूप दुधारू जानवरों की दशा तथा दुग्धोत्पादन की स्थिति दयनीय हो गई है। भारत वर्ष में विश्व के कुल जानवरों का लगभग एक चौथाई जानवर है परन्तु उनसे विश्व के दुग्धोत्पादन का केवल सोलहवाँ हिस्सा ही उत्पादित होता है जिसका कारण मुज़्यत: चरोखरों की कमी व उनमें अनावश्यक खरपतवारों की बाढ़ एवं विशिष्ट गुणों वाली पौष्टिक घासों की निरंतर कमी है।

भारत में अभी कृषि का पूर्ण मशीनीकरण नहीं हुआ है अत: कृषकों को बैलों के लिए भी ''बीरों'' व ''चरोखरों'' की आवश्यकता होती है। हमारे देश में लगभग 4% फसल योग्य क्षेत्र में घास की खेती की जाती है जबकि 25% इंग्लैंड, 60% अमेरिका एवं 20 से 30% जर्मनी, रूस, आस्ट्रेलिया आदि में ली जाती है।

निरंतर व अपरिवर्तित रूप से पीढ़ी दर पीढ़ी चरोखरों में अत्यधिक चराई कराने तथा उनके सुधार एवं विधिवत सदुपयोग के अभाव में वे बंजर मात्र हो चुके हैं तथा उनकी उत्पादन क्षमता बहुत कम हो गई। अस्तु, घास की संपूर्ति हेतु चरोखरों व बीरों में नींदा नियंत्रण कर उनकी उन्नति करने के लिए देश व्यापी प्रयास वांछनीय है।

भारत वर्ष में चारागाहों प्राकृतिक या अर्ध प्राकृतिक परिवेश में पाए जाते हैं। वन, प्राकृतिक व अग्नि-प्रभावित चारागाह, अर्धमरुस्थलीय, पड़ती भूमि, अनुपयोगी भूमि, सड़कों के किनारे के क्षेत्र आदि चारागाहों के रूप में प्रयोग किये जाते हैं जो कि जलवायु, मिट्टी, चराई की विधि आदि से प्रभावित होते हैं। भारत वर्ष में घास की जमीन जिनसे प्राकृतिक रूप से ऊगी हरी घास काटकर पशुओं को खिलाई जाती है या उसे सुखाकर एकत्रित कर भविष्य के लिए रख लेते हैं ऐसी भूमि को बीर कहते हैं। बीर में पशु नहीं चरते।

चरोखरों में झाड़ियों की सफाई से व चरोखरों की सुरक्षा करने से शुष्क घास का उत्पादन 40-45 क्विं./हे. होता है। जबकि 2,175 व 3,575/हे. चरोखर में झाड़ियां होने से क्रमश: 12.5 व 5.59 क्विं./हे. शुष्क घास का उत्पादन होता है। झाड़ियों की सफाई न करने पर मात्र चरोखर की यदि सुरक्षा की जाए तो 5.5 क्विं. शुष्क घास उत्पादित होती है। जबकि असुरक्षित से मात्र 0.8 क्विं./हे. होती है।

मुर्दी, केल, मुसैल घासों में लगभग 30% से अधिक स्थान झाड़ियां घेर लेती हैं। हाथ से काटने पर इनकी वृद्धि और अधिक होती है। टोर्डन 10 कि.ग्रा. कणिकायें (पिक्लोराम) 50 कि.ग्रा./8 मी.वर्ग जड़ों के क्षेत्र में डालने से करोंदा, झरबेरी, लेनटाना, पलास नियंत्रित हो जाते हैं। म.प्र. में कटनी, रीवा व सतना के वनों के चरोखर योग्य

क्षेत्र में 80-90% क्षेत्र केवल लेनटाना की झाड़ियों ने घेर लिया है तथा शेष क्षेत्र में अन्य झाड़ियाँ व घास हैं। हिमालय पर्वतीय क्षेत्र में भी लेनटाना का प्रकोप अधिक हैं। नींदा से चारागाहों में पाँच प्रकार की हानि होती है।

(1) चरोखरों की उत्पादन क्षमता कम कर देते हैं।

(2) चारों की गुणवत्ता कम हो जाती है।

(3) विषैले पौधों का असर हो जाता है।

(4) पशुओं को शारीरिक चोट या घाव हो जाते हैं।

(5) पशुओं का आवागमन व प्रबंध प्रभावित हो जाता है।

उपर्युक्त कारणों से चरोखरों में घास की उत्पादकता व गुणवत्ता बढ़ाने हेतु नींदा नियंत्रण अत्यंत आवश्यक है। इससे दुग्धोत्पादन बढ़ेगा व पशुओं की हालात सुधरेगी फलतः कृषक एवं पशुपालक की आय में वृद्धि होगी। अतः "श्वेत क्रान्ति" लाने हेतु चारागाहों में नींदा नियंत्रण एक उपयुक्त कदम होगा। चारागाहों में अनावश्यक नींदा की सघनता व बाढ़ होने से उपयोगी घासें दब जाती हैं एवं चारागाहों की गुणवत्ता तथा उत्पादन क्षमता कम हो जाती है। अधिकाधिक चराई से भी उपयोगी घासें दब जाती हैं और अस्वादिष्ट खरपतवार बढ़ जाते हैं बहुधा शुष्क स्थानों में चराई आधिक्य से घास दब जाती है और नींदा बढ़ते हैं एवं नम स्थानों में अनावश्यक खरपतवारों की बाढ़ से घास दब जाती है। आग लगने से भी उपयोगी घासें कम हो जाती हैं और जो आग को सहन कर जाती हैं उनकी बाढ़ अधिक हो जाती है जैसे वे घासें जिनमें भूमिगत तने होते हैं उदाहरणार्थ कांसी, (*Imperata cylindrica*), कांस (*Saccharum spontaneum*) या झाड़ियाँ जैसे झरबेरी (*Zizyphus rotundifolia*) या लेनटाना (*Lentana Camara*)।

बीर व चारागाहों के प्रमुख नींदा

चारागाहों में अनेक प्रकार के खरपतवार पशुओं के द्वारा एवं अन्य नींदा विस्तारक माध्यमों से फैल जाते हैं। ये उपयोगी स्वादिष्ट घासों की वृद्धि को प्रभावित करते हैं। ऐसे खरपतवार जो पशुओं को स्वादिष्ट नहीं लगते निरंतर बढ़ते रहते हैं व उपयोगी घासों की वृद्धि कम हो जाती है। चारागाहों में नींदा नियंत्रण करने हेतु यह आवश्यक है कि प्रमुख नींदा की जानकारी हो। बीर व चरोखरों में प्रमुख रूप से चकोड़ा या पुंवार (*Cassia tora*), आधाशीशी (*Xanthium sturumerium*), छोटी गोखरू (*Acanthospermum hispidum*), (*Tephrosia purpurea*), बरयारी (*Sida* spp.) (*Leucas aspera*) (*Blumea* spp.), अद्धाझारा (*Achyranthes aspera*) आदि प्रमुख हैं (सारणी)। अभी तीव्र गति से चटक चाँदनी (*Parthenium hysterophorus*) भी चरोखरों में फैल रहा है। तथा अन्य नींदा की तुलना में यह बहुत ही खतरनाक नींदा है इसकी उत्पादन व वृद्धि क्षमता, अनेक परिवेशों में सुगज़्यता से प्रसारण, अत्यधिक स्पर्धा क्षमता तथा सभी ऋतुओं में वर्धनशीलता के कारण अन्य नींदा व उपयोगी घासों को बहुत ही प्रभावित कर रहा है।

बहुवर्षीय अस्वादिष्ट घासें भी फैल जाती हैं जिसे पशु कम खाते हैं या स्वादिष्ट घास न मिलने पर ही खाते हैं। चारागाहों में झाड़ियाँ भी तीव्रता से फैल रही है उनमें लेनटाना (*Lantana camara*) प्रमुख है। झरबेरी (*Zizyphus rotundifolia*), करोंदा (*Carisa carandus*) व अन्य झाड़ियाँ भी पाई जाती हैं। लेनटाना ऐसा पौधा है जिसकी पत्ती भेड़-बकरी या ऊँट भी नहीं खाते हैं। यह शीघ्रता से चारागाहों व रिक्त स्थानों को दबाता जा

रहा है। कंटीला नींदा ऊँट कटारा (*Echinopes echinatus*) हल्की-रेतीली मिट्टी के चरोखरों में अधिक पाया जाता है जिसे भी कोई पसन्द नहीं करता है। अक (*Calotropis procera*) भी अनेक चरोखरों में फैल जाता है जिसे कोई भी पशु पसन्द नहीं करते।

चारागाह व घास के क्षेत्रों की प्रमुख उपयोगी घासें

केलार	*Bothriochloa pertusa*
,,	*B. intermedia*
केल	*Dichanthium annulatum*
,,	*Dichanthium aristatum*
मुसेल	*Iseilema laxum*
गुनेर	*Ischaemum indicum*
दीनानाथघास	*Pennesetum pedicellatum*
गुनेर	*Themeda triandra*
कूसरघास	*Heteropogan contortus*
कालेर	*Apluda varia*
तिखाड़ी	*Symbopogon martinii*
रबरा	*Oplismanus burmannii*
दूब	*Cynodon dactylon*
घुड़चवा	*Chloris barbata*
फिरकतन्नी	*Dactyloctenium aegyptium*
	Aristida spp.
लिदरा	*Brachiaria raptens*
क्रेब घास	*Digitaria* spp.
बंदरा-बंदरी	*Setaria glauca*
अंजन घास	*Cenchrus ciliaris*
गिनी घास	*Panicum maximum*
मुर्दी	*Sehima nervosum*
हाथी घास	*Sorghum halepenes*

नींदा नियंत्रण की विधियाँ

मजदूरों के द्वारा

चारागाहों में प्रायः निंदाई नहीं करते हैं। केवल बीरों में ही बहुत कम क्षेत्र में यदि फसलों के बाद समय मिला तो निंदाई करते हैं। चारागाहों में हाथ से नींदा उखाड़ना या काटना बहुप्रचलित विधि है। जहाँ पर मजदूर सस्ते व

उपलब्ध है वहाँ पर सरलता से उखाड़े जाने वाले नींदा की निंदाई हाथ से ही होती है। यह विधि कड़े काष्ठीय पौधों को नष्ट करने में सफल नहीं है।

कई नींदा हाथ से निंदाई करने पर हानिकारक सिद्ध होते हैं जैसे पारथीनियम हिस्टीरोफोरस के कारण त्वचा में रोग उत्पन्न हो जाते है जैसे डरमेटाइटिस आदि। हाथ से निंदाई के द्वारा उस समय तो नींदा उखाड़ दिए जाते हैं परन्तु दूसरे नींदा फिर से निकल आते हैं व छोटे-छोटे पौधे शेष रह जाते हैं जो अतिशीघ्र ही बढ़ जाते हैं। चारागाहों में निंदाई बहुधा नहीं करते क्योंकि इसी समय खाद्यान्न फसलों में निंदाई की आवश्यकता होती है।

यांत्रिक नींदा नियंत्रण

भारत वर्ष के चरोखरों में नींदा नियंत्रण हेतु यांत्रिक विधि का प्रयोग नगण्य है। परन्तु यांत्रिक विधि से कम समय में अधिक क्षेत्र में नींदा नियंत्रण किया जा सकता है। चरोखर की गहरी जुताई कर लेनटाना व अन्य झाड़ियाँ जैसे झरबेरी आदि तथा बहुवर्षीय अनावश्यक घासें जैसे कांसी (*Imperata cylindrica*) व मौसमी खरपतवार जैसे चकोड़ा (*Cassia tora*) आदि का नियत्रंण किया जा सकता है।

यांत्रिक नियंत्रण केवल प्रारंभिक नींदा नियंत्रण (सफाई) में अधिक उपयोगी है। चारागाहों में यांत्रिक विधि से नींदा नियंत्रण औद्योगिक देशों में अधिक होता है जहाँ पर आय बहुत अधिक है ब्राजील, तायवान, थाइलैंड में यांत्रिक विधि से नींदा नियंत्रण किया जाता है।

मोइंग (Mowing)

मौसमी खरपतवारों का नियंत्रण पुष्प आने के पहले आवश्यकतानुसार दो-तीन बार मोअर (Mower) चलाकर किया जाता है। इस विधि से सीधे-खड़े बढ़ने वाले नींदा का नियंत्रण तो हो जाता है परन्तु जो भूमि की सतह पर बढ़ते हैं उनका नियंत्रण नहीं होता है। विदेशों में बहुत वर्षों तक चारागाहों में नींदा नियंत्रण की विधि ''मोइंग के द्वारा खरपतवारों को काटना'' ही उन्नत सिफारिश मानी जाती थी। लगातार ''मोइंग'' के द्वारा बहुवर्षीय खरपतवारों का भूमिगत संचित भोज्य पदार्थ समाप्त हो जाने से वे मर जाते हैं।

पुष्पन के पहले, प्रारंभिक अवस्था मोइंग के लिए उपयुक्त है। ''मोअर'' ट्रेक्टर के द्वारा चलाए जाते है। छोटा ''मोअर'' बैलों के द्वारा चलाया जा सकता है। छोटे डीजल इंजिन के द्वारा भी ''मोअर'' चलते हैं। हस्तचालित मोअर भी उपलब्ध हैं जो कम क्षेत्र के लिए उपयुक्त हैं। ''मोअर'' का उपयोग लान (Lawn) की दूब व नींदा काटने के लिए भारत वर्ष में अधिकतर शासकीय एवं व्यक्तिगत उद्यानों में अधिक होता है। इनका उपयोग चरोखरों एवं बीरों में प्रारज़्भिक अवस्था में जून-जुलाई में जब वर्षा प्रारज़्भ होती है एवं द्विदलीय नींदा शीघ्र वृद्धि कर घासों के ऊपर आ जाते हैं उस अवस्था में मोअर दो तीन बार चलाकर अधिकांश खरपतवार नियंत्रित किए जा सकते है। जैसे पुंवार (*Cassia tora*)।

''मोइंग'' से लाभ

(1) मोइंग के द्वारा कम खर्च होता है कृषक बैलों से चालित मोइंग मशीन खरीद सकते हैं।

(2) ''मोइंग'' अवांछनीय घासों एवं द्विदलीय दोनों प्रकार के नींदा को काटने में उपयुक्त है। इसलिए यह विधि वरणात्मक नहीं है।

(3) मोइंग विशेष रूप से मौसमी व द्विवर्षीय घासों के लिए बहुत उपयोगी है।

(4) इसके द्वारा दलहनी, तृण घासें जो चारे के रूप में प्रयोग होते हैं अधिकांश अप्रभावित रहते हैं या पुनर्वृद्धि कर लेते हैं।

''मोइंग'' से हानि

(1) अधिकांश क्षेत्रों में जो असमतल होते हैं वहाँ इसका उपयोग असंतोष जनक होता है।

(2) उपयोगी घासें जो बढ़ जाती हैं वे भी कट जाती हैं इस कारण चारे की हानि होती है।

(3) खरपतवार की एक विशेष ऊँचाई आने पर ही मोइंग की जा सकती है। इस अवस्था तक कई खरपतवारों में पुष्पन व बीज बन जाते हैं जो आगामी ऋतु में समस्या बने रहते हैं।

(4) जो क्षेत्र विभिन्न प्रकार के नींदा से ग्रसित हैं व विभिन्न अवस्था में अंकुरित होते हैं वहाँ पर असंतोष जनक प्रभाव होता है। वहाँ पर अनेक बार मोइंग की आवश्यकता होती है। इससे उपयोगी घास अधिक कट कर नष्ट होती है।

''नेब्रस्का कृषि अनुसंधान क्षेत्र'' के परिणामों (1950-55) से विदित हुआ है कि चरोखरों में मोइंग के द्वारा कुल घास का उत्पादन कम हो जाता है। केवल विशेष मौसमी खरपतवार ही नियंत्रित होते हैं। बहुवर्षीय झाड़ियाँ या पेड़ नियंत्रित नहीं किए जा सकते। जिन क्षेत्रों में मौसमी व द्विवर्षीय खरपतवार हैं वहाँ पर मोइंग बहुत उपयोगी है।

जैविक नियंत्रण (Biological control)

चरोखरों में पाए जाने वाले खरपतवारों का जैविक नियंत्रण प्रभावी नहीं है। यद्यपि इस क्षेत्र में अनुसंधान हुआ है एवं कुछ कीट जो लेनटाना व नागफनी पर आक्रमण करते हैं। नागफनी (*Opuntia inermis*) का आर्थिक रूप से प्रभावी नियंत्रण ''कक्टो ब्लासटिस केक्टोरम'' (*Catoblastis cactorum*) नामक कीट से किया जा सकता है। लेनटाना का आंशिक नियंत्रण एग्रोमाइजा लेनटानी (*Agromyza lantanae*), थाल्का आगरा (*Thalca agra*) एवं (*Teleonemia lantanae*) टीलियोनेमिया लेनटानी कीट के द्वारा मिला है। डॉ. जे.पी. तिवारी (1987) ने लेनटाना पर अमलबेल (*Cuscuta reflexa*) परजीवी पौधे को फैलाकर नियंत्रण पाया गया। इस परजीवी को चरोखरों में लेनटाना की झाड़ियों पर सुगमता से फैलाया जा सकता है।

जैविक नींदा नियंत्रण के क्षेत्र में शत प्रतिशत प्रभावी विधि अभी ज्ञात नहीं हुई है। इसका प्रमुख कारण है कि नियंत्रक जीव केवल एक विशेष प्रकार के खरपतवार पर ही प्रभावी होते हैं। अन्य अप्रभावित रहते हैं। नए नींदा का विस्तार रोकने हेतु इस दिशा में अनुसंधान आवश्यक है। चरोखरों में बढ़वार घासें जो बहुवर्षीय हों उन्हें ऊगाकर अन्य मंद वृद्धि दर वाली घासों व द्विदलीय खरपतवारों की बाढ़ अवरुद्ध कर सकते हैं।

रासायनिक नींदा नियंत्रण

भारत वर्ष में चरोखरों व घास के क्षेत्रों में रासायनिक नींदा नियंत्रण नहीं होता है। इसके अनेक कारण हैं। अधिकांश चरोखरों का क्षेत्र शासकीय है एवं शासन की ओर से नींदा नियंत्रण का कार्य नहीं होता है। चरोखरों में नींदा नियंत्रण हेतु जागृति नहीं है। व्यक्तिगत चरोखरों में भी रासायनिक नींदा नियंत्रण का प्रचलन एवं ज्ञान भारत

वर्ष के कृषकों एवं पशु पालकों में नहीं है या नगण्य है। विदेशों में रासायनिक विधि से चरोखरों व घास के मैदानों में नींदा नियंत्रण किया जाता है।

2, 4-डी एवं अन्य वरणात्मक नींदा नाशक की खोज हो जाने से विकसित देशों में चरोखरों व घास के मैदानों में भी नींदा नियंत्रण रासायनिक विधि से ही होता है। इन नींदा नाशकों से 80 से 90% द्विदलीय नींदा नियंत्रित हो जाते हैं।

उपचार विधि

मौसमी नींदा नियंत्रण हेतु 2,4-डी 0.75 से 1.0 कि.ग्रा./हे. का 500 से 600 लि. पानी में घोल बनाकर छिड़काव आवश्यकतानुसार वर्ष में तीन बार करें। पहला उपचार जून-जुलाई में खरपतवार ऊगने के बाद करें दूसरा अगस्त में और यदि नींदा बाद में भी अंकुरित होते हैं तो तीसरा उपचार सितम्बर-अक्टूबर में करें।

चारागाहों में रासायनिक नींदा नियंत्रण में लाभ

(1) लगातार चार-पाँच वर्ष तक रासायनिक नींदा नाशक का समय-समय पर प्रयोग करने से 75 से 90 प्रतिशत एक वर्षीय एवं बहुवर्षीय द्विदलीय नींदा नियंत्रित हो जाते हैं।

(2) उस क्षेत्र में जो ऊँचा-नीचा या अत्यंत पथरीला है जहाँ पर यांत्रिक या अन्य विधियाँ असफल रहती है वहाँ पर रासायनिक विधि ही एक मात्र नियंत्रण का उपाय है।

(3) रासायनिक नींदा नियंत्रण से चारागाह की उपयोगिता तथा घास की उत्पादकता कम नहीं होती।

(4) चारागाहों की उत्पादकता प्रथम वर्ष के उपचार से दूसरी वर्ष अधिक बढ़ जाती है क्योंकि खरपतवारों से ग्रसित क्षेत्र भी घास की वृद्धि के योग्य हो जाता है।

(5) कम समय में अधिक क्षेत्र का उपचार किया जा सकता है। मजदूरों की बहुत कम आवश्यकता है जो अन्य कृषि कार्यों में उपयोग हो सकते हैं।

हानि

(1) उपचार की उपयुक्त क्रांतिक अवस्था अन्य फसलों से मिलती है इससे अन्य फसलें भी प्रभावित हो सकती हैं।

(2) उपचार के लिए विशेष यंत्रों - स्प्रेयर की आवश्यकता होती है जो सामान्य कृषक को उपलब्ध नहीं है।

(3) नींदा नाशक का मूल्य किसी विशेष नींदा के नियंत्रण में अधिक होता है।

(4) 2, 4-डी व अन्य नींदा नाशकों से चरोखरों की दलहनी किस्म के स्वादिष्ट पौधे जो घास के साथ आवश्यक होते हैं वे मर जाते हैं। अनावश्यक घासों का भी नियंत्रण नहीं होता है।

उपचार के बाद चराई कब करें

ए.एच. मर्फी व साथी (1954), डी.एफ. बर्जलाफ एवं जे.डी. फर्रर (D.F. Burz Laff and J.D. Furrer (1955) तथा अन्य वैज्ञानिकों के अनुसंधान से यह विदित हुआ है कि 2, 4-डी या 2, 4, 5-टी आदि हारमोन

किस्म के नींदा नाशकों के छिड़काव के तुरन्त बाद पशुओं को चारागाहों में घास चरा सकते हैं क्योंकि ये नींदा नाशक विषैले नहीं होते हैं। यदि कोई पशु इनसे उपचारित चारागाह में चरने से मरता है तो वह किसी अन्य कारण या विषैले पौधों के चरने से मरा होगा।

चरोखरों में नींदा नियंत्रण हेतु विभिन्न विधियाँ का प्रयोग (प्रतिशत)

	कोई नियंत्रण नहीं	हाथ से नियंत्रण	यांत्रिक नियंत्रण	जलाना	चराई	जैविक	रासायनिक
दक्षिण पूर्वी एशिया	14	26	16	15	06	1	22
दक्षिण एशिया	26	43	01	14	08	1	07
अफ्रीका	19	35	11	26	02	0	07
मध्य एवं दक्षिण अमेरिका	06	27	19	26	04	0	18

भौगोलिक दृष्टि से गरीब देशों के चरोखरों में नींदा नियंत्रण बहुत कम किया जाता है। उनमें नींदा नाशक दवाओं का प्रयोग भी बहुत कम होता है। व्यवस्थित चराई व जैविक नींदा नियंत्रण भी बहुत कम है।

कुछ नींदा नाशक जो चरोखरों में विशेष नींदा नियंत्रण हेतु विभिन्न देशों में प्रयुक्त किए जाते है वे इस प्रकार है –

नींदा नाशक	देश	विशेष नींदा
आलाक्लोर	ताइवान	गोंदला, *Digitaria adscendens, D. Sericea*
		वनरागी (*Eleusine indica*) (*Ageratum*)
अट्राजीन	नाइजीरिया ताइवान	महकौआ, वनरागी, डिजिटेरिया
बूटाक्लोर	फिलीपीन्स	गोंदला (*Cyperus difforms*) जंगली चेंच,
		जलकुज़्भी (*Monochoria* spp.)
		नोनिया (*Portulaca*), स्फेनोक्लीया (*Sphenoclea zeylanica*)
2, 4–डी	नाइजीरिया फिलीपीन्स, ताइवान	गोंदला, दुधी (*E. hirta*), नोनिया, स्फेनोक्लीया
2, 4–डी +	ब्राजील	बबूल (*Acacia plumosa*), दादमर्दान (*Cassia occidentalis*)
		यूपेटोरियम (*Eupatorium squalidum*)
2, 4–डी +	ब्राजील	पायरोस्टीजिया वेनस्टा *Pyrostegia venusta*
2, 4, 5–टी		वरनोनिया पालीएन्थस (*Vernonia polyanthus*)
ग्लाइफोसेट	ब्राजील	यूफोर्बिया हिरटा, इमपेराटा ब्रासीलेन्सिस (*Imperata brasilensis*)
	नाइजीरिया, ताइवान	मिसकेन्थस फ़्लोरीडुलस (*Miscanthus floridulus*) (*Ageratum* spp.)

नींदा नाशक	देश	विशेष नींदा
लीनूरान	ताइवान	महकौआ, चौलाई, डिजीटेरिया एडसेन्डेन्स बनरागी, दुधी, नोनिया
पैराक्वाट	ताइवान	महकौआ, चौलाई, गोंदला, वनरागी, दुधी, नोनिया, डिजीटेरिया एडसेन्डेन्स

चरोखरों व बीरों में गोंदला

चरोखरों व बीरों में गोंदला वर्ग के नींदा भी पाए जाते हैं और घासों से भिन्न होते हैं तथा घास की तुलना में बहुत कम स्वादिष्ट होते हैं घास उपलब्ध न होने पर ही इस वर्ग के पौधों को पशु खाते हैं। इनकी अधिक वृद्धि होने से उपयोगी घास की उत्पादकता कम हो जाती है।

गोंदला के नियंत्रण हेतु अधिक बढ़ने वाली घासें व क्रमिक चराई प्रबंध से नियंत्रण किया जा सकता है।

नागर मोथा	*Cyperus alopecuris*
चूहा	*Cyperus iria*
,,	*Cyperus micro iria*
,,	*Cyperus triceps*
गोंदला	*Cyperus rotundus*
गोंदली	*Fimbristylis diphylla*
,,	*Fimbristylis* spp.
,,	*Kyllinga brevifolia*
सोंटा या	*Scirpus articulatus*
सरपत	*S. erectus*

रासायनिक विधि से नियंत्रण हेतु

2,4-डी 1.0 कि.ग्रा./हे. का नींदा ऊगने के 10 से 15 दिन बाद छिड़काव करें। घासें प्रभावित नहीं होती। परन्तु सभी मोथा वर्गीय नींदा पीले पड़ कर मर जाएंगे। कुछ मोथा वर्गीय स्पीसीस अगस्त में भी अंकुरित होती हैं इनका नियंत्रण व्यवस्थित चराई से ही हो जाता है। यदि घासों की बाढ़ उपयुक्त है तो ये मोथा वर्गीय स्पीस दब जाती हैं। जब घासों की चराई अधिक होती है तो उनकी वृद्धि इतनी अधिक नहीं होती है कि वे मोथा पर दबाव डाल सकें। इस स्थिति में मोथा अधिक बढ़ जाता है। इसको नियंत्रण करने हेतु 2,4-डी 1.0 ग्रा./हे. का छिड़काव अगस्त में पुनः किया जाए।

चरोखरों व बीर के स्वादिष्ट द्विदलीय खरपतवार (**Palatable dicot weeds which constute good grass-legume mixture in grasslands and grazing lands)**

	Aeschynomene indica
गुरगेहुंआ	*Alysicarpus vaginalis*

शेवरा	*Alysicarpus rugosus*
	Alysicarpus monilifer
बनतूर	*Atylosia*
चिपकनू	*Desmodium diffusum*
,,	*D. triflorum*
सलवन	*D. gangeticum*
भुंई शेवरा	*D. laxiflorum*
भुंई ज्वार	*Indigefera cordifolia*
	Indigefera linofolia
झुरझुरू	*Indigofera glandulosa*
वनगोभी	*Launaea aspleniifolia*
बक्ची	*Psoralea corylifolia*
वनमूँग	*Phaseolus trilobus*
तुरेल	*Rhynchosia capitata*
झिपरी	*Zornia diphylla*

चरोखरों के घास की कमी में खाए जाने वाले नींदा
(Weeds of grazing land which are eaten in scarcity of grasses)

कंधी	*Abutilon indicum*
गतिघुसी	*Alternanthera sessilis*
चौलाई	*Amaranthus spinosus*
बिलजा	*Caesulia axillaris*
मुर्गा	*Celosia argentia*
कनकी	*Commelina communis*
चेंच	*Corchorus aestuans*
चेंच, जूट	*C. trilocularis*
झुनझुनिया	*Crotalaria burhia*
,,	*Crotalaria* spp.
कनी	*Cyanotis axillaris*
घमरा	*Eclipta alba*
,,	*Eclipta prostrata*
दुधी	*Eupharbia geniculata*

विष्णु कांत	*Evolvoulus alsinoides*
सोनकड़ी	*Inula indica*
रक्सी	*Hibiscus micranthus*
वनभिंडी	*Hibiscus* spp.
करई-चेंच	*Ludwigia parviflora*
	Justicia diffusa; J. procumbens; J. simplex
कड्डुजीरा	*Lagascea mollis*
मालमेस्ट्रम	*Malvastrum coromandelianum*
दुरकुनू	*Merrimia emerginata*
दाड़ोन सिलामिली	*Sesbania bispinosa*
गुड़रिया	*Tridax procumbens*

Unpalatable weeds of grazing lands and grasslands

	खरपतवार	नींदा नाशक	दर
छोटी गोखरू	*Acanthospermum hyspidum*	2, 4 डी	1.0 कि.ग्रा./हे. उद्भवन के बाद 10 से 20 दिन तक
ममरी	*Anesomeles indica*	,,	
ऊँट कटारा	*Echinopes echinatus*	,,	
कटर्रा	*Argemone mexicana*	,,	
	Barleria cristata	,,	
पथरा चटा, पुनर्नवा	*Boerhaavia diffusa*	,,	
ब्लूमिया	*Blumea* spp.	,,	
चकौड़ा, पुंवार	*Cassia tora*	2, 4-5 टी	
	C pumila	,,	
हुल-हुल	*Cleome viscosa*	2, 4 डी	
क्रोटन	*Croton bonplandianum*	2, 4 डी	
सेंचूरियम	*Centaurium ramsissimum*	2, 4-5 टी	
बोथरी	*Chrozofora parvifolia*		
दुधी	*Euphorbia hirta*	2, 4 डी	
	Euphorbia hypersifolia	,,	
हीलियोट्रोपियम	*Heliotropium paniculatum*	2, 4 डी	
तालमखाना	*Hygrophylla spinosa*		

कुम्भा	*Leucas aspera*	"
	Leucas longifolia	"
बघनखा	*Martina annua*	"
बनतुलसी	*Ocimum sanctum*	"
पारथीनियम	*Parthenium hysterophorus*	2 कि.ग्रा./हे. उद्भवन के 10 से 20 दिन
रूलिया	*Ruellia* spp.	
सेनेसिओ	*Senecio nudicaulis*	
बरयारी	*Sida carpinifolia*	2, 4-5 टी
गोरखमुंडी	*Sphaeranthus indicus*	2, 4 डी
भटकटाई	*Solanum xanthocarpum*	"
अगिया	*Striga densiflora*	"
	Striga lutea	
उन्हाली	*Tephrosia purpurea*	"
गोखरू	*Tribulus terristris*	"
गोजिह्वा	*Trichodesma indica*	"
कुत्ता	*Triumffetta rhombiodea*	"
बनकपास	*Urena lobata*	
"	*Urena cyanuta*	
वरनोनिया	*Vernonia cineria*	"
आधाशीशी, आंधी	*Xanthium strumarium*	"

मौसमी द्विदलीय नींदा नियंत्रण

चरोखरों व बीरों में पाए जाने वाले अधिकांश द्विदलीय मौसमी नींदा 2,4–डी 1.0 से 2.0 कि.ग्रा./हे., 2,4,5–टी, 1.0 कि.ग्रा./हे. या एम.सी.पी.ए. 0.5 से 1.0 कि.ग्रा. के द्वारा नियंत्रित हो जाते हैं।

डालापान व ग्लाइफोसेट के द्वारा भी अधिकांश नींदा नियंत्रित हो जाते हैं। इसके द्वारा घासें भी नियंत्रित हो जाती हैं। घास की स्पीसीस व किस्म की उपयोगिता के आधार पर वे नींदा नाशक बहुत उपयोगी हैं। अट्राजीन 1.0 कि.ग्रा./हे. उद्भवन के बाद छिड़काव करने से अधिकांश अवांछनीय घासें, मोथा एवं द्विदलीय नींदा नियंत्रित किए जा सकते हैं। मौसमी नींदा के अंकुरण एवं उद्भवन के पूर्व वर्षा प्रारंभ होते ही जून–जुलाई में नींदा नाशक का छिड़काव कर सकते हैं। इससे नींदा अंकुरित नहीं होंगे केवल बहुवर्षीय घास व कुछ सहनशील मौसमी घासें ही अंकुरित होगी।

चूंकि चरोखरों की भूमि अधिकांश शासकीय है इसलिये शासन नींदा नियंत्रण का कार्य करें। नींदा नियंत्रण हेतु ट्रेक्टर चालित मोटर का प्रयोग कर सकते हैं। अधिक क्षेत्र में नींदा नाशकों का छिड़काव वायु–दूत से किया जा सकता है।

चरोखरों की झाड़ियाँ

कत्था	*Acasia catechu*
गंध बबूल	*Acasia fernaciana*
बसाका	*Adhatoda vasica*
आर	*Mimosa hamata*
ममरी	*Anesomelis indica*
पलास	*Butea monosperma*
दाद मर्दान	*Cassia occidentalis*
अक	*Calotropis procera*
करोंदा	*Carissa spinarum*
करोंदा	*Carissa opaca*
यूपेटोरियम	*Eupatorium odoratum*
धतूरा	*Datura metel*
दुलहन	*Ipomoea carnea*
बन अरंड	*Jatropha curcus*
लेनटाना	*Lantana camara*
नागफनी	*Opuntia dilenii*
,,	*Opuntia inermis*
पालीगोनम	*Polygonum* spp.
अंग्रेजी बबूल	*Prosopis juliflora*
धवई	*Woodfordia fruticosa*
झरबेरी	*Zizyphus mauritiana*
,,	*Z. nummularia*
मकोर	*Z. oenoplia*
झरबेरी	*Z. rotundifolia*
घोंट	*Z. zylocarpa*

अस्वादिष्ट घासें

रामसिर, रीड	*Phragmites karka*
गठुआघास	*Rottboellia exaltata*
	Saccharum arundinaceum
	S. bengalensis

मूंज	*S. munja*
	S. procerum
कांस	*S. spontaneum*

झाड़ियों व पेड़ों का नियंत्रण

अवांछनीय झाड़ियों व पेड़ों के नियंत्रण हेतु इनको काटकर 2, 4–डी, 2, 4, 5–टी या सिल्वेक्स का डीजल में घोल बनाकर ठूंठ के ऊपर से बहा दें जिससे पूरी ठूंठ गीली हो जाए।

अमोनियम सल्फोमेट की कणिकायें 1/2 अश (1 1/2 चज़्मच) प्रति इंच व्यास की दर से डालें।

मृदा निर्जमीकारक जैसे फेनूरान, मोनूरान, आरसेनिक, सोडियम क्लोरेट, सोडियम बोरेट, या इनका मिश्रण बनाकर प्रयोग करने से नियंत्रित हो जाते हैं। ये सूखे ही जड़ों के क्षेत्र में डाल दिये जाते हैं। इनका नियंत्रण विस्तृत रूप से वनों में नींदा नियंत्रण में दिया गया है विशिष्ट प्रकार के समस्या मूलक खरपतवारों का नियंत्रण भी पृथक दिया गया है। सामान्य खरपतवारों की रासायनिकों द्वारा नियंत्रण विधि परिशिष्ट में दी गई है जिनका पाठक अध्ययन करें।

ब्लेडेक्स H (2, 4, 5-T Ester 48%) 0.2% या 0.4% जल में घोल बनाकर ठूंठ को ग्रीष्म व वर्षाकाल में उपचारित करें।

टीडीबी ब्रश नाशक (2, 3, 6–टी बी.ए. 7.6% + 2, 4–डी 7.6% + 2, 4–D amine 17.5% + 2, 4, 5-T amine 8.3%) झाड़ियों को मारता है व पुन: वृद्धि रोकता है।

"वलय काट उपचार" (Girdle treatment) टोरडान 101 (tri-isopropanilamine Salt of 2, 4-डी 39.6% + Picloram 10.2%) का 1% जल में घोल बनाकर तना के चारों ओर "वलय काट" (Girdle) बनाकर उपचार करने से लेन्टाना व अन्य अनावश्यक झाड़ियों को नियंत्रित करते है। इसका उपयोग वर्षा ऋतु में करना चाहिए। ग्रीष्म में प्रभाव कम होता है।

नागफनी (*Opuntia* spp.)

सिल्वेक्स की अधिक मात्रा से नियंत्रित हो जाती है। उपचार के पहले नागफनी को कल्टीवेटर (Cultivator) से कुचल (Crush) देना चाहिए।

■■■■

38

वनों के प्रमुख नींदा व नियंत्रण
(Major Weeds of Forest and their Control)

इस समय भारत देश में 7.56 करोड़ हेक्टेयर वन क्षेत्र है जबकि स्वीकृत वन नीति के अनुसार 11 करोड़ हेक्टेयर क्षेत्र में वन होना आवश्यक है।

विकसित देशों की तुलना में भारत की स्थिति संतोषजनक नहीं है। कनाडा में 35%, पश्चिम जर्मनी में 28%, संयुक्त राज्य अमेरिका में 31%, सोवियत संघ में 41% और जापान में 67% वन क्षेत्र हैं। संयुक्त राष्ट्र संघ के कृषि एवं खाद्य संगठन के एक सर्वेक्षण के अनुसार भारत में 7.56 करोड़ हेक्टेयर में से केवल 5.2 करोड़ हे. वन ही उपलब्ध हैं। विश्व में वन क्षेत्र का औसत 30% है। विश्व की कुल आबादी की 15% जनसंज्या भारत में है। इसकी तुलना में भारत में वन केवल 2% क्षेत्र है। भारत में पशुओं की संज़्या सर्वाधिक है।

योजना आयोग के अनुसार देश में लगभग 5 करोड़ हेक्टेयर बंजर क्षेत्र है। इसमें वन लगाए जा सकते हैं। सड़कों, रेल लाइनों व नहरों के किनारे पेड़ लगाकर वनों का क्षेत्र विकसित किया जा सकता है। बढ़ती हुई आबादी को लकड़ी संबंधी आवश्यकता की पूर्ति हेतु यह आवश्यक है कि नए वन लगाए जाएँ। नए वनों को लगाने हेतु रोपणी में पौधे तैयार होते हैं तथा जब वे रोपने हेतु उपयुक्त हो जाते हैं तो उन्हें निर्धारित क्षेत्र में रोपित कर दिया जाता है।

इन वन पौधों के विकास में अवांछनीय पौधे, घासपात जिन्हें नींदा की संज्ञा दी जाती है – के कारण अधिक प्रभावित होते हैं तथा इन्हें सफल करने हेतु इनकी निंदाई करना आवश्यक है।

वन इकोसिस्टम में अनावश्यक झाड़ियों (Bushes), लताओं (Climbers) एवं ट्वाइनर्स (Twiners) तथा अन्य मौसमी व बहुवर्षीय खरपतवार पाए जाते हैं जो वन के उपयोगी (इमारती) पेड़ों को व उनके छोटे पौधों को अच्छादित कर लेते हैं जिससे उनकी वृद्धि प्रभावित होती है। इससे नई संतति को अत्यधिक क्षति होती है। उपयोगी पेड़ों व औषधीय पौधों के बीज मृदा में पक्कर गिरते हैं उनका अनावश्यक झाड़ियों व मौसमी खतपतवारों की सघनता होने से अथवा "अलीलो केम" के कारण बीजांकुरण प्रभावित होता है। यदि अंकुरण हो भी जाता है तब भी उनकी वृद्धि नींदा के साथ स्पर्धा के कारण कम होती है व अधिक स्पर्धा होने की स्थिति में पोषक तत्त्व, गैस व प्रकाश की कमी से मर भी जाते हैं। वनों में नींदा से होने वाली हानि की गणना प्रयोगिक रूप से नहीं हुई। वन लगाने हेतु उपयोगी पौधे, पौधशाला में तैयार किए जाते हैं। वहाँ पर भी नींदा से अधिक हानि होती है तथा पौधशाला की नींदाई में अधिक खर्च होता है पौधशाला में तैयार किए हुए पौधे जब वनों में प्रतिरोपित किए जाते हैं

तब 4-5 वर्ष तक नींदा स्पर्धा से उनकी वृद्धि प्रभावित होती है। अत: इस अवधि में उनकी निंदाई करना आवश्यक है।

दावानल अवरोधक (Fire break)

जंगलों में दावानल (Fire) से अत्यधिक क्षति होती है। इससे उपयोगी छोटे पौधे व बड़े सूखे पेड़ व इमारती लकड़ी जल जाती है। वनों में दावानल को रोकने हेतु एक निश्चित अंतर पर दावानल अवरोधक (Fire break) बनाए जाते हैं, जिससे आग पूरे वन में न फैले। अवरोधकों के द्वारा आग एक पट्टी से दूसरी में नहीं पहुंच सकती जिससे क्षति को रोका जा सकता है। (दावानल अवरोधक) सभी प्रकार के पेड़ पौधों व घासों को काटकर समय-समय पर साफ करते हैं जिससे आग साफ रास्ते को पार नहीं कर पाती व बुझ जाती है।

यंत्रों के द्वारा कटाई करने पर इन अवरोधकों में अनेक प्रकार के पौधे बहुधा बढ़ते रहते हैं। पेड़ों को काटने पर उनकी ढूंठों में कल्ले निकलकर पुनर्वृद्धि करते हैं। अत: दावानल अवरोधकों को अनेक बार साफ करने पड़ता है।

नींदा नाशकों के उपयोग से यह बहुत ही सरल व सस्ता हो जाता है तथा एक बार के उपचार से कई वर्ष तक पेड़ पौधे व घास नहीं ऊगती है। जैसे निर्जमीकारक नींदा नाशकों से उपचार करना तथा बड़े पेड़ों को काटकर ठूंठों का उपचार करना। (उपचार विधि आगे देखिये)

वन्य पौधशाला के प्रमुख नींदा

वन्य पौधशाला के नींदा साग-भाजी या अन्य पौधशालाओं से कुछ भिन्न होते हैं। वन्य पौधशाला के प्रमुख नींदा का अध्ययन करने से ज्ञात हुआ कि घासों के अतिरिक्त अनेक द्विदलीय मौसमी नींदा पौधशाला में ऊगते हैं। कुछ बहुवर्षीय नींदा भी इन पौधशालाओं को प्रभावित करते हैं।

बस्तर जिले में रावघाट वन्य पौधशाला (Forst Nursery of Raoghat Narayanpur) व दूसरी पौधशालायें जो जगदलपुर के आसपास है जिनमें सागौन (*Tectona grandis*), साल (*Shorea robusta*) एवं अन्य सामाजिक वानिकी के पौधे तैयार किए जाते हैं, का अध्ययन करने से नींदा की लगभग 50 प्रमुख स्पीसीस पाई गई।

सागौन की पौधशाला में गुनेर (*Themeda caudata*), डिजिटेरिया एडसेन्डेन्स, (*Digitaria adscendens*), एराग्रासटिस स्पासीस (*Eragrostis* spp.), वन रागी (*Eleusine indica*) सांवा (*Echinochloa colonum*), वाथरियोक्लोआ स्पासीस (*Bothriochloa* spp.) एवं दूब (*Cynodon dactylon*) प्रमुख घासों एवं द्विदलीय नींदा में सफेद मुर्गा (*Celosia argentia*), अह्वाझारा (*Achyranthus aspera*), महकौआ (*Ageratum conyzoides*), ब्लूमिया स्पीसीस (*Blumea* spp.), कडुजीरा (*Lagascea mollis*), भृंगराज (*Eclipta alba*), दुधी (*Euphorbia hirta*), स्कोपोरिया (*Scoparia dulcis*) तथा मूषककर्णी, दुरकुनु (*Merremia emarginata*) का बाहुल्य पाया गया।

वन पौधशाला में रासायनिक नींदा नियंत्रण

डेजोमेट 100–1000 कि.ग्रा./हे. बोनी के 3 से 4 सप्ताह पूर्व मृदा में मिलाकर मृदा धूमीकरण करना। यह विधि पूर्व में वर्णित की गई है धूमीकरण से अनेक नींदा के बीज मर जाएंगे। मिथाइल ब्रामोइड (Methyle bromiede) से भी मृदा धूमीकरण करते हैं। अन्य नींदा नाशक जैसे बूटाक्लोर 2.0 कि.ग्रा. हे., सिमाजिन 1.0, अट्राजिन 1.0, डाइयूरान 1.5, मोनूरान 1.5, या आक्साडायजान 1.0 कि.ग्रा./हे. बीज के अंकुरण के पूर्व उपचारित करें। इससे नींदा अंकुरित नहीं होंगे। पौधा ऊगने के पश्चात् केवल घास कुल के नींदा मारने हेतु हेलाक्सी फाप-मिथाइल या ज़्लूयेजीफाप-पी-बुटाइल 0.25 कि.ग्रा./हे. 3 से 4 सप्ताह की अवस्था पर छिड़काव करें। दूसरे वर्ष पुनः इनका लक्षित उपचार कतारों के मध्य में करें। यदि बहुवर्षीय नींदा हो तो ग्लाईफोसेट 2 कि.ग्रा./हे. का नींदा पर लक्षित पर्णोपचार करें। पैराक्वाट 1.0 कि.ग्रा./हे. से पर्णोपचार करने पर मौसमी नींदा नियंत्रित हो जाते हैं। पैराक्वाट से तृतीय व चतुर्थ वर्ष तथा आगे भी नींदा नियंत्रित करते रहें। चार-पाँच वर्ष बाद सागौन, साल व यूक्लिप्टस के पौधे बड़े हो जाते हैं व नींदा से दब नहीं पाते परन्तु लतायें व झाड़ियां जैसे लेंटाना इनको हमेशा क्षति पहुँचती है क्योंकि इनकी वृद्धि दर अधिक होती है। वे पेड़ों से लिपटकर शिखर पर आच्छादित हो जाती हैं। अतः इन्हें प्रतिवर्ष पेराक्वाट व ग्लाइफोसेट नींदा नाशक का लक्षित उपचार कर नियंत्रित करें।

यांत्रिक विधि

रोपड़ी में तथा नए वन रोपित करने के क्षेत्र को रोपने के पूर्व ट्रेक्टर आदि से गहरी जुताई कर मिट्टी पलटें। इससे अधिकांश नींदा के बीज मृदा में गहराई पर पहुँच जाएंगे जिससे वे अंकुरित नहीं हो पाएंगे। उपयोगी पेड़ों के बीज को अच्छी तैयार रोपणी में रोपने से अंकुरण व वृद्धि उचित होगी।

वन्य पौधशाला के प्रमुख नींदा (रावघाट-नारायणपुर बस्तर)

क्रेब घास	*Digitaria* spp.
एराग्रास्टिस	*Eragrostis* spp.
बनरागी	*Eleusine indica*
गुनेर	*Themeda caudata*
सांवा	*Echinochloa crusgalli*
वन कोदों	*Paspalidium flavidum*
रबरा	*Oplismenus burmannii*
मुरची धानुआ	*Ischaemum rugosum*
दूब	*Cynodon dactylon*
बाथरीयोक्लोआ स्पी.	*Bothriochloa* spp.

चौड़ी पत्ती वाले नींदा

चिपकनू	*Desmodium diffusum*

"	*D. gangeticum*
"	*D. laxiflorum*
"	*D. latifolia*
फ़्लेमिन्जिया	*Flamingia* spp.
बनतूर	*Atylosia scrabaeoides*
पुवार	*Cassia tora*
महकौआ	*Ageratum conyzoides*
गुड़रिया	*Tridax procumbens*
छोटी गोखरू	*Acanthospermum hispidum*
जंगली जूट, चेंच	*Corchorus trilocularis*
"	*C. aestuans*
"	*C. tridens*
कनकी	*Commelina jacobi*
भुई आंवला	*Phyllanthus niruri*
रंजिया	*Rungia elagens*
जस्टीसिया	*Justicia betomica*
कालमेघ	*Androraphis paniculata*
अत्रीलाल	*Peristrophe bicalyculata*
लेपीडेगेथिस	*Lepidagathis cristata*
मेंछल	*Triumfetta* spp.
रक्तकड़ारन	*Sida obtusifolia*
दुरकुनू	*Merrimia emarginata*
करई चेंच	*Ludwigia parvifolia*
महेवार	*Anesomelis ovata* Br.
लजालू	*Biophytum sensitivum*
स्लेजीनेला	*Slagenella* spp.
फर्न	Ferns
आर्किड	Terrestrial orchrid
पलासवेल	*Butea superba*
ट्रचीलोसपरमम	*Trachelospermum jasminoides*

सतावर	*Asparagus racemosus*
रामदतौन	*Smilax macrophylla*
अंगीठा	*Dioscoria pentaphylla*
अगीठा	*Dioscoria* spp.
पहाड़बेल	*Cissampelos pareira* L.
विदारी कंद प्यूरेरिया	*Pueraria tuerosa* (Roxb. ex Willd) D.C.
लताफर्न	*Climbing fern*

नोट - अधिकांश उपरोक्त नींदा का औषधीय उपयोग भी है।

वनों में पाई जाने वाली प्रमुख झाड़ियाँ

लेन्टाना केमरा *(Lantana camara)*, झरबेरी *(Zizyphus rotundifolia)*, करोंदा *(Carissa carandis)*, मकोर *(Zizyphus oenopalia)* घोंट, नागफनी (*Opuntia* spp.) आदि प्रमुख हैं।

लेन्टाना का प्रकोप अनेक वनों में समस्या बन गया। उत्तरीप्रदेश में हिमालय का वन्य क्षेत्र, राजस्थान तथा मध्यप्रदेश के वनों में इस झाड़ी की अधिक सघनता है। कटनी, सतना एवं रीवा के वन क्षेत्र के सर्वेक्षण से विदित हुआ है कि 80 से 90% क्षेत्र लेन्टाना झाड़ियों से आच्छादित है।

इस झाड़ी की नियंत्रण विधि ''विशेष नींदा'' की नियंत्रण विधियों में वर्णित है तथा जैविक नियंत्रण विधि ''जैविक नींदा नियंत्रण अध्याय में वर्णित है।

वनों के नींदा में अनेक प्रकार की लताएं प्रमुख हैं जिनमें से कुछ बड़े-बड़े पेड़ों को आच्छादित कर देती हैं। कुछ प्रमुख लताओं के उदाहरण इस प्रकार हैं।

आगरबेल	*Cuscuta reflexa* Roxb. Syn. *C. casatha*	मौसमी
गोकर्णी	*Clitoria ternatea* L.	बहुवर्षीय
गोकर्णी	*Clitoria ternatea* var. *Pilosula* Baker	मौसमी
गुठला	*Ipomoea coccinea* L.	मौसमी
बेलूकाजा	*Ipomoea pestigridis* L.	मौसमी
	Ipomoea eriocarpa L.	मौसमी
अनन्त बेल	*Hemidesmus indicus* Br.	बहुवर्षीय
	Cryptolepis buchanani Roem & Schult.	बहुवर्षीय
	Cryptolepis grundiflora Br.	बहुवर्षीय
उतरन बेल	*Daemia extensa* Br.	बहुवर्षीय
जगनथी झुटी	*Holostemma rheedei* Wall.	बहुवर्षीय

इकदुधी	*Dregea volubills* Benth	बहुवर्षीय
मुई दुधी	*Leptadinia reticulata* WEA	बहुवर्षीय
अगीठा	*Dioscoria acculiata*	बहु. (मौ.प्ररोह)
,,	*Dioscoria oppositifolia*	,,
,,	*Dioscoria bulbifera* L.	,,
,,	*Dioscoria floribunda*	,,
सतावर	*Asparagus racemosus* Willd	बहुवर्षीय
करकरी या किरकिचयाऊ	*Gloriosa superba* L.	बहु. (मौ. प्ररोह)
गुरबेल	*Tinospora cordifolia* Meirs.	बहुवर्षीय
वासनबेल	*Cocculus villosus* DC	बहुवर्षीय
पहाड़बेल	*Cissampelos pareira* L.	बहुवर्षीय
केवटी	*Ventilago calyculata* Tulasno	बहुवर्षीय
मकोर	*Zizyphus oenoplia* Mill.	बहुवर्षीय
जेन्दल	*Vitis repinda* W.F.A.	बहुवर्षीय
जंगली अंगूर	*Vitis linnaei* Wall.	(मौ. प्ररोह तंत्र)
डोकला	*Vitis latifolia* Roxb.	,,
तिफन कंद, डुकरिया	*Vitis setosa* Wall.	,,
वघाटे	*Capparis horrida* L.	बहुवर्षीय
	Aspidopterys cordata A. Fuss	मौसमी
कपालफोड़ी	*Cardiospermum halicacabum* L.	मौसमी
कवांच	*Mucuna pruriens*	मौसमी
पलासबेल	*Butea superba*	बहुवर्षीय
माहुल	*Bahunea vhali*	बहुवर्षीय
रामदतौन	*Smilax macrophylla*	,,
	Purarea tuberosa	,,
	Trechelospermum jasminoides	बहुवर्षीय
तोंदला, जंगली कुदरू	*Cephalandra indica* Naud.	बहुवर्षीय

नोट – अधिकांश उपरोक्त नींदा का औषधीय उपयोग भी है।

सागौन वन क्षेत्र के प्रमुख सह वृक्ष, झाड़ी लता एवं नींदा - एक प्रकरण अध्ययन
(सोनपुर कम्ज़ार्टमेंट नं. 303, गुडावेला ग्राम, नारायनपुर) बस्तर (म.प्र.)

नाम	वैज्ञानिक नाम	पौधों की संज्या क्वाड्रेट	उपस्थित के क्वाड्रेट की संज्या	%
सफेद शिरस	*Alibizia procera* Benth.	11	3	2.94
गति घुसी	*Alternanthera sessilis* DC	3	1	0.98
महकौआ	*Ageratum conyzoides* L.	1	1	0.98
ब्रिडेलिया	*Bridallia retusa*	2	2	1.96
पलास लता	*Butea superba*	2	2	1.96
अमलतास	*Cassia fistula*	1	1	0.98
चेंच	*Corchorus aestuans*	8	2	1.96
केवकंद (कास्टस)	*Costus* spp.	8	4	3.92
तीकुर	*Curcuma* spp.	29	6	6.09
डेडलाकेन्थस	*Dadlachanthus* spp.	10	4	3.92
चिपकनू	*Desmodium diffusum*	02	1	0.98
चिपकनू	*Desmodium* spp.	04	2	1.96
डिजिटेरिया	*Digitaria adscendens*	04	1	0.98
अगीठा	*Dioscoria* spp.	24	4	3.92
तेंदू	*Diospyrus* spp.	04	4	3.92
एराग्रास्टिस	*Eragrostis* spp.	01	1	0.98
	Flemingea spp.	02	1	0.98
फाल्सा, गंगेरूआ	*Grewia asiatica* L.	03	1	0.98
गिल्ची	*Cilchi*	01	1	0.98
जंगली अदरक	*Hedychium coronarium*	36	5	4.90
जस्टीसिया	*Justicia* spp.	08	3	3.92
मेलोटस	*Melotus* spp.	11	4	3.92
मेलिया आरीकुलाटा	*Mellia auriculata*	03	2	1.96
रबरा	*Oplismenus burmannii* Retz.	12	2	1.96
पालीगोनम	*Polygonum* spp.	02	1	0.98
वनकोदों	*Paspalidium flavidum*	09	2	1.96
रंजिया	*Rungia repens* Nees.	10	3	2.94
रूलिया	*Ruellia tuberosa*	05	1	0.98

नाम	वैज्ञानिक नाम	पौधों की संज़्या क्वाड्रेट	उपस्थित के क्वाड्रेट की संज़्या	%
पहाड़ बेल	*Sesumplos*	12	2	1.96
वरयारी	*Sida cordifolia*	04	1	0.98
स्पेथोलोबस	*Spatholobus* spp.	23	5	4.90
सागौन	*Tectona grandis*	02	2	1.96
इमली	*Tamaridus indicus*	01	1	0.98
फनूली	*Urena lobata*	19	6	6.08
वेंटीलेगो	*Ventilago* spp.	02	1	0.98
डुकरिया	*Vitex* spp.	19	6	0.98
फर्न	Fern	04	1	0.89
विदारी कंद	*Pueraria tuberosa*	13	4	3.92
डोटो कंद	Doto kand	40	8	7.84

वनों में यांत्रिक व हाथ से नींदा नियंत्रण

हँसिये व कुल्हाड़ी से कटाई करने पर, कुछ समय के लिए घासें व झाड़ियाँ नियंत्रित हो जाती हैं। प्रायः 1–2 महिने बाद उनमें पुनर्वृद्धि हो जाती है। यदि उपयुक्त समय पर नहीं काटा गया है तो पहले की अपेक्षा अधिक तीव्र गति से वृद्धि होती है। इसलिए कटाई अनेक बार करनी पड़ती है इस कारण से यह विधि लाभकारी नहीं है। झाड़ियां कटाने के बाद जड़ से खुदवाने से वे हमेशा के लिए समाप्त हो जाती हैं। परन्तु जिन झाड़ियों का जड़ से उत्पादन होता है उनका नियंत्रण बहुत कठिन हो जाता है क्योंकि जड़ों के अवशेषों से अनेक नई झाड़ियाँ उत्पन्न हो जाती हैं। जैसे झरबेरी (*Zizyphus rotundifolia*)। जिन झाड़ियों में काटने पर पुनः कोपलें उत्पन्न नहीं होती है, उनमें कटाई लाभकारी हो सकती है जैसे चिलाती या आर (*Mimosa hamata* Willd.) मृदा के 5 से.मी. नीचे से काटने पर यह हमेशा के लिए मर जाती है।

जब ये झाड़ियाँ प्रारम्भ में वनों में छोटी होती हैं। (36'' केनापी व्यास) वही कटाई का उपयुक्त समय होता है। अन्यथा जब अधिक फैल जाती हैं तो खर्च अधिक होता है व जड़ों का अधिक विस्तार हो जाने से पुनः जीवित हो जाती हैं।

ग्रबिंग (Grubbining)

झाड़ियों एवं पेड़ों को जड़ से खोदकर निकाल देते हैं। ऐसी स्पीसीस जिनकी जड़ों से नए पेड़ विकसित नहीं होते हैं उन्हें मृदा की ऊपरी सतह से 20 से.मी. काटकर नियंत्रित कर सकते हैं। जिनकी मूल भी नई वृद्धि करती हैं उनकी खुदाई अधिक गहराई तक करना चाहिए।

जिन स्पीसीस की ठूंठ पुनर्जीवित होती है उनको काटने के बाद नींदा नाशक से उपचार करें।

रेंज लेंड में झाड़ियों के यांत्रिक नियंत्रण हेतु केबलिंग (Cabling or chaining) बुलडोजिंग, जड़ की जुताई व डिस्किंग आदि विधियों का उपयोग करते हैं।

केबलिंग : झाड़ियों को मोटा तार या चेन (सांकल) से बांधकर दो ट्रेक्टरों द्वारा एक ही दिशा में खींचकर उखाड़ देते हैं। यह विधि बड़ी झाड़ियों व छोटे पेड़ों (3'' व्यास) के लिए उपयुक्त है। हल्की भूमि में यह विधि अधिक सफल होती है।

बुलडोजिंग मध्यम किस्म के पेड़ों के लिए उपयुक्त है। छोटी झाड़ियाँ उखड़ जाती हैं परन्तु उनको चुनकर एकत्रित करना चाहिए। बुलडोजर की ब्लेड की गहराई ऐसी निर्धारित की जाए जिससे झाड़ियाँ के तने के पुनर्जीवित होने वाले स्तर से नीचे कट जाए व धरातल को अधिक न काटे।

छोटी झाड़ियों की जड़ों की जुताई हेतु चेन ट्रेक्टर से गहरी जुताई करनी चाहिए। इसमें लेन्टाना (*Lantana camara*) आदि झाड़ियाँ गहरी जुताई कर नियंत्रित कर सकते हैं। जुताई के बाद इनकी जड़ों को मिट्टी से पृथक कर देना आवश्यक है। गहरी जुताई के बाद डिस्किंग करना भी आवश्यक है। इससे जो अवशेष पुनर्जीवित होते हैं वे भी मर जाते हैं। यह विधि वानिकी नर्सरी, नए प्लान्टेशन क्षेत्र अथवा पुराने वनों को नया रूप देने के पहले झाड़ियों की सफाई कर नियंत्रित करने हेतु उपयुक्त है।

चराई के द्वारा (Grazing) : भेड़ बकरियों के द्वारा चराई से झाड़ियों की वृद्धि नियंत्रित की जा सकती है। जैसे झरबेरी, करोंदा व मकोर आदि। गायों व अन्य पालतू जानवरों के द्वारा घासों व दालों वाले मौसमी व बहुवर्षीय झाड़ियों व पेड़ों को नियंत्रित कर सकते हैं परन्तु असमय व अत्यधिक चराई से वन के उपयोगी पौधों को भी हानि होती है। इस विधि से सभी अनावश्यक नींदा नियंत्रित नहीं हो पाते हैं।

जलाना (Burning) : झाड़ियों व छोटे पौधों को नियंत्रित रूप से जला कर नियंत्रण करना बहुत सरल है, परन्तु यह विधि हर स्थान में सफल नहीं होती है। जहाँ पर पुराने वनों को समाप्त कर नए वन रोपित करना हो तो सफाई करने की दृष्टि से जला देते हैं। इसमें बड़ी सावधानी रखने की आवश्यकता है।

लताओं, झाड़ियों व पेड़ों का रासायनिक नियंत्रण

प्रारंभिक समय में झाड़ियों व पेड़ों को बार-बार काटकर नियंत्रित करते थे क्योंकि ये कटी हुई ठूंठों से पुनः कल्ले निकल आते थे। उन्हें अनेक बार काटना पड़ता था। इस कारण से अनानश्यक झाड़ियों से पेड़ों को नियंत्रित करने हेतु रासायनिक पदार्थों की खोज की गई।

इस समस्या का सामना कैलीफोर्निया के वन व चारागाह अनुसंधान केन्द्र के वैज्ञानिकों आइकेनवेरी व साथी (1938) को उस समय करना पड़ा जब 750 कि.मी. लम्बा ''दावानल अवरोधक'' (Fire break) मजदूरों के द्वारा बनवाना पड़ा। इसको अनेक बार काटने पर भी नियंत्रित नहीं कर सके। इस समस्या से निपटने हेतु उन्होंने रासायनिक पदार्थों का परीक्षण किया।

ठूंठ की पुनः वृद्धि को रोकने हेतु घुलनशील आरसेनीकल्स, सोडियम क्लोरेट अमोनियम, थायोसाइनेट, साधारण नमक, या डीजल से उपचार पूर्व परीक्षणों में उपयोगी सिद्ध हुए है। डीजल का उपचार सबसे सस्ता व प्रभावी माना गया।

खड़े पेड़ व झाड़ियों को नियंत्रित करने हेतु अनेक रसायन जैसे सोडियम अरसीनेट (Sodium arsinat), कापर सल्फेट (Copper sulphate), अमोनियम बाइफ़्लूराइड (Ammonium bifluoride $NHuHF_2$), कापर नाइट्रेट (Cu $(NO_3)_2$ $3H_2O$), फारमेलिन (HCHO), निकिल क्लोराइड ($NiCl_2$. $6H_2O$), सोडियम क्लोरेट

($NaNlO_3$), एवं सोडियम साइनाइड ($NaCN$), एसीटिक एसिड (CH_3 $COOH$), अमोनियम सल्फेट (NH_4 HSO_4), कैल्शियम क्लोराइड ($CaCl_2$. $6H_2O$), फेरस सल्फेट ($FeSO_4$. $7H_2O$), सोडियम थायोसायनेट एवं जिंक क्लोराइड ($ZnCl_2$) उपयोग में लाए गये।

प्रमुख नींदा नाशक

2, 4–डी, 2, 4, 5–टी, सिल्वेक्स, बेन्जोइक अम्ल, पिक्लोराम एवं डाइकेम्बा झाड़ियों व मौसमी नींदा को नियंत्रित करते हैं चूंकि कुछ नींदा नाशक वरणात्मक हैं अत: एक से अधिक नींदा नाशक मिश्रण से उपचार करने से अधिकांश झाड़ियाँ नियंत्रित हो जाती हैं।

सामान्यत: झाड़ियाँ वृद्धि नियंत्रक किस्म के नींदा नाशकों के पर्णोपचार से नियंत्रित हो जाती हैं। नींदा नाशकों की प्रभाविता अंत: विकास प्रक्रिया (Phenology) पर आधारित रहती है। झाड़ियों में जब नई कोपलें विकसित होना बंद होती है व शीर्षस्थ वृद्धि मंद हो जाती है उस समय नींदा नाशक से अधिक प्रभावित होती हैं क्योंकि इस समय क्यूटीकल की परत नहीं जम पाती है या पतली होती है। इस अवस्था में भोज्य पदार्थ पर्णों से मूल की ओर अधिक प्रवाहित होती हैं।

नींदा नाशक भी प्रकाश संश्लेषित पदार्थों के साथ मूल में स्थानांतरित होते हैं। इसलिए नींदा नाशक के अधिक प्रभाव की संभावना रहती है।

सूखा की स्थिति में फिनाक्सी नींदानाशक का उपचार नहीं करना चाहिए क्योंकि उनका स्थानांतरण कम होता है। ग्रीष्म काल में भी जो झाड़ियां पतझड़ कर प्रसुप्त रहती हैं उस स्थिति में उपचार न करें। न्यू मेक्सीको में एक अध्ययन से विदित हुआ है कि वर्षा प्रारम्भ होने पर (अक्टूबर–मई) 39% प्रति इंच वर्षा मिलने पर मेक्साक्वाइट (*Prosopis juliflora* DC) का नियंत्रण बढ़ जाता है। यदि इसका उपचार उपयुक्त अवस्था के एक सप्ताह बाद कर दिया जाए तो 2, 4, 5–टी का प्रभाव बहुत कम हो जाता है।

सिलवेक्स (Silvix) 0.2 से 0.4% घोल काष्ठीय झाड़ियों व पेड़ों को नियंत्रित करने में इसकी विषाक्तता अधिक स्पीसीस में नहीं होती है पर्णोपचार करने में इसका 5–7.5% घोल डीजल में बनाना आवश्यक है।

जो स्पीसीस 2, 4–डी से नहीं मरती उन पर पिक्लोराम 0.5 से 1.0 कि.ग्रा. एवं 2, 4–डी 2 कि.ग्रा. के मिश्रण का 1000 लीटर पानी में घोल बनाकर पर्णोपचार करें।

झाड़ियों व पेड़ों को नियंत्रित करने हेतु रासायनिक दवाओं से उपचार की विधि
Methods of treating the brushes and trees with herbicides

झाड़ियों व पेड़ों को नियंत्रित करने हेतु नींदा नाशक उपचार की प्रमुख आठ (8) विधियाँ हैं। इन विधियों को उपयोग करने के पूर्व स्पीसीस की वृद्धि का पूर्ण ज्ञान होना आवश्यक है। अन्यथा उपचार का पूरा लाभ नहीं होगा।

(1) आधार मृदा उपचार	Basal soil treatment
(2) आधार तना उपचार	Basal trunk treatment
(3) परिवर्तित आधार उपचार	Modified basal treatment

(4) पर्णोपचार	Foliar treatment
(5) घाव या फ्रिल	Frill method
(6) काट या कप विधि	Notch or cup method
(7) ठूंठ उपचार	Cut stump treatment
(8) इन्जेक्शन विधि	Injection method

(1) आधार मृदा उपचार : इस विधि में झाड़ियों व पेड़ों के तनों के आसपास नींदा नाशक को मृदा में मिला देते हैं। यह नींदा नाशक वर्षा के जल के साथ जड़ों तक पहुंच जाता है व जड़ों द्वारा अवशोषित कर लिए जाते हैं जिससे वे नियंत्रित हो जाते हैं। इन नींदा नाशकों का उपचार वर्षा प्रारम्भ होने पर करते हैं।

आधार मृदा उपचार करने हेतु मोनूरान, फेनूरान, पिक्लोराम की कणिकायें (10 कि.ग्रा. सक्रिय अंश/हे.) प्रत्येक झाड़ियों के तनों के चारों ओर छिड़क देते हैं। जो वर्षा जल के साथ जड़ों तक पहुँच जाते हैं। प्रति झाड़ी 20 ग्रा. पिक्लोराम से उपचारित करते हैं।

(2) आधार तना उपचार : इस विधि में भू सतह से लगभग 30-40 से.मी. की ऊँचाई तक तना को नींदा नाशक दवा से सान्द्रित घोल बना कर उपचारित करते हैं। इसमें ऊपरी छाल को छीलकर तना के केम्ब्रियम स्तर को उपचारित करते हैं।

(3) परिवर्तित आधार उपचार : जब झाड़ियाँ सघन होती हैं व तनों तक पहुंचना कठिन होता है तब पहले पर्णोपचार कर शाखाओं व पत्रों को सुखा लेते हैं। इससे झाड़ियाँ बिरली हो जाती हैं। उसके बाद आधार तना उपचारित करते हैं।

(4) पर्णोपचार : झाड़ियों व पेड़ों की पत्तियों पर नींदा नाशक छिड़काव कर नियंत्रित करने की विधि को पर्णोपचार कहते हैं। जब पत्तियों की सक्रिय वृद्धि हो रही हो तभी छिड़काव करना चाहिए। पर्णोपचार के लिये नींदा नाशक का इमल्शन फारमूलेशन अधिक प्रभावी होता है क्योंकि पत्तियों में क्यूटीकल होता है। अधिक क्षेत्र में निगंत्रण हेतु वायुदूत से झाड़ियों पर छिड़काव कर नियंत्रण कर सकते हैं। 2, 4, 5-टी 0.2% व 2, 4-डी 0.4% के मिश्रित घोल (1:2) का पर्णो पर छिड़काव करते हैं (गांगुली, 1964, सेठ व डबराज, 1961)।

(5) घाव या फ्रिल विधि : सेप वुड (Sap wood) में तने के चारों ओर कुल्हाड़ी से घाव (फ्रिल Frill) बना देते हैं। छाल को निकालते नहीं है। ये घाव ऊपर से नीचे की ओर होते हैं। इनमें नींदा नाशक का सान्द्र घोल भर देते हैं।

(6) काट या कप विधि : इस विधि में तने के चारों तरफ जगह-जगह कुल्हाड़ी से घाव बना कर छाल को निकाल लेते हैं जिससे कप के आकार के घाव बन जाते हैं। तने की मोटाई के आधार पर 3 से 6 काट बनाए जाते हैं जिनमें नींदा नाशक का घोल भर देते हैं।

(7) ठूंठ उपचार : झाड़ियों या पेड़ों के तने के ऊपरी भाग को पूर्ण रूप से काट कर पृथक कर देते हैं तथा ठूंठ को नींदा नाशक के सान्द्र घोल का ब्रुश से पेन्ट कर देते हैं। इससे वे मर जाते हैं। यदि कुछ दिन में कल्ले निकले तो पुनः उपचारित कर दें। इसके उपचार हेतु 2, 4, 5 - टी तथा 2,4-डी 1.5 से 2% तेल या डीजल में घोल बनाकर 1:2 के अनुपात में मिश्रण उपयुक्त है।

(8) इन्जेक्शन विधि : तने में चीसिल से या अन्य हथियार से छेद बनाकर इन्जेक्शन द्वारा नींदा नाशक दवा भरने से नियंत्रित करते हैं। इस विधि का उपयोग 8 से.मी. या अधिक मोटाई के तनों में उपयोग करते हैं।

इन्जेक्शन विधि में 2, 4-डी या 2, 4, 5-टी का 4% घोल बनाकर 1 से 2 सी.सी. (C.C.) घोल/ इन्जेक्शन एक छिद्र में भर देते हैं। डाइकेंब्रा के 25-50% घोल का 0.5 से 1.0 मि.ली. प्रति इन्जेक्शन एक छिद्र में भरने से ये झाड़ियाँ नियंत्रित हो जाती है।

सामाजिक वानिकी में नींदा नियंत्रण

सामाजिक वानिकी के क्षेत्र में वृक्षारोपण करने के पूर्व व उसके बाद नींदा नियंत्रण करना आवश्यक है अन्यथा रोपे गए पौधों के साथ अनावश्यक नींदा के पौधों के द्वारा स्पर्धा होने से उनकी वृद्धि नहीं हो पाएगी। इस क्षेत्र में प्रमुख रूप से चकोड़ा (*Cassia tora*), गोखरू या आधाशीशी (*Xanthium strumarium*), बन जूट (*Corchorus olitorius*), छोटी गोखरू (*Achanthospermum hispidum*), घमेर (*Lagascea mollis*), चटक चांदनी (*Parthenium hysterophorus*), अनीसोमेलिस (*Anesomelis* spp.), लेन्टाना केमरा (*Lantana camara*) आदि एवं अनेक प्रकार की मौसमी लतायें व घासें स्पर्धा करती हैं।

रोपने के पूर्व बूटाक्लोर 2 से 2.5 कि.ग्रा., सिमाजिन, अट्राजिन 1 से 2 कि.ग्रा., डाइयूरान, मोनूरान 1.5 कि.ग्रा. या आक्साडायजान 1.5 कि.ग्रा./हे. नींदा ऊगने के पूर्व छिड़काव करने से नींदा अंकुरित नहीं होंगे। यदि कुछ नींदा अंकुरित होते हैं तो उनको पैराक्वाट 0.5 से 1.0 कि.ग्रा./हे. की दर से लक्षित छिड़काव कर नष्ट करें। इसके बाद अगली वर्षों में भी इन्हीं नींदा नाशकों को प्रयोग कर नियंत्रित कर सकते हैं।

कृषि वानिकी में नींदा नियंत्रण

कृषि वानिकी में नींदा नियंत्रण हेतु नींदा नाशक का प्रयोग फसल के अनुसार करना चाहिए। जिस फसल के साथ वृक्षारोपण किया जाता है उस फसल में अनुशंसा की गई विधियों को अपनाएं। यदि खेतों की मेढ़ों पर वृक्षारोपण किया गया है तो नियंत्रण हेतु हँसिये से कटाई या पैराक्वाट, ग्लाईफोसेट आदि का उद्भवन बाद लक्षित उपचार करें। उद्भवन पूर्व, अट्राजिन, मोनूरान, डाइयूरान, आक्साडायजान आदि का उपचार किया जा सकता है।

■■■■

दर्भक (लान), मैदानों, मार्गाधिकार, औद्योगिक/ अकृषकीय पड़ती क्षेत्रों में नींदा नियंत्रण
(Weed Control in Turf, Grounds, Rights-of-way, Industrial areas and Non-agricultural Lands)

दर्भक (Turf)

दर्भक का आर्थिक एवं सौन्दर्यीकरण में प्रयोगिक महत्त्व है। बगीचों में शाद्वल (Lawn), हवाई अड्डों, सैनिक छावनी क्षेत्र, जल अधिग्रहण क्षेत्र, खेल के मैदानों, आवास गृहों में शाद्वल या लान (Lawn) या दर्भक (Turf) के उचित निर्माण से मृदाक्षरण अवरुद्ध होता है व अग्नि दुर्घटना नहीं होती तथा सफाई व सौन्दर्य में भी वृद्धि होती है।

दर्भक हेतु दूर्वा (*Cynodon dactylon*) व गलीचा घास (*Zyosia japonica, Z. tenifolia*) व अन्य बहुवर्षीय घासें उपयुक्त हैं। प्रायः दूर्वा ही विभिन्न परिवेशों में कम खर्च पर अधिक प्रयुक्त की जाती है। इसकी वृद्धि धरातल पर होती है तथा प्रत्येक पर्व संधि से मूल प्रसारित होती है जो मृदा में बहुत गहराई तक जाती है। भूमि के अंदर राइजोमेटिक तना भी प्रसारित होते हैं। इसके ऊपरी प्ररोह भूमि पर फैलकर हरा कालीन व गलीचा की तरह सघन हो जाता है जिससे हवा व जल के प्रभाव से मृदाक्षरण अवरुद्ध होता है।

गलीचा घास (*Zyosia japonica, Z. tenifolia*) दर्भक/शाद्वल में अधिक सुन्दर दिखती है मुलायम होती है। परन्तु अधिक गर्मी सहन नहीं करती उचित जल निकास न होने से भी वर्षा ऋतु में मर जाती है तथा नींदा का अधिक प्रभाव होता है।

दर्भक में अनेक प्रकार के मौसमी व बहुवर्षीय नींदा ऊगते हैं। यदि उन्हें नियंत्रित न किया जाए तो वे दर्भक को समाप्त कर देते हैं तथा उस स्थान पर अनावश्यक खरपतवार की बाढ़ से सौन्दर्य नष्ट होगा, अग्नि दुर्घटना व अन्य व्याधियाँ उत्पन्न होगी।

दर्भक में प्रमुख रूप से मौसमी घासें जैसे सांवा (*Echinochloa crusgalli*), घुड़चवा *(Chloris barbata)*, क्रेब घास *(Digitara adscendens)* आदि वर्षा ऋतु में ऊगते हैं। गोंदला वर्ग के नींदा जैसे मौसमी गोंदला (*Cyperus iria, C. microiria Fimbristylis* spp.) तथा चौड़ी पत्ती वाले नींदा जैसे तिनपतिया या चिपकनू *(Desmodium diffusum)*, दुधी *(Euphorbia hirta, E. thymifolia, E. geniculata)*, भुंईज्वार *(Indigofera linifolia)*, विष्णुकांत *(Evolvulus alsinoides* L.), लिंडनबर्जिया इंडिका *(Lindenburgia indica)* ओल्डनलेन्डिया (*Oldenlandia* spp.), गुड़रिया (*Tridax procumbens*), गोरखमुंडी

(Sphaeranthus indicus), लतजीरा *(Lagascea mollis)*, महकौआ *(Agerathum conyzoides)*, गती घुसी *(Alternanthera sessilis)*, वनगोभी, *(Launea asplinifolia)*, एरीगेरान केनाडा-नेन्सिस *(Eregaron canadanensis)*, गाजरघास *(Parthenium hysterophorus)*, चकौड़ा *(Cassia tora)*, बरयारी *(Sida carpinifolia)*, नील (*Indigofera* spp.) टेफ्रोशिया *(Tephrosia purpurea)* आदि। बहुवर्षीय नींदा जैसे गोंदला *(Cypenus rotundus)*, केल *(Dichanthium annulatum)*, कांसी (*Imperata cylindrica*), कांस (*Saccharum spontaneum*), खट्टी बूटी आदि (*Oxalis corniculata, O. latifolia*) ऊग जाते हैं जिनका नियंत्रण करना बहुत कठिन होता है। यदि ये नींदा नियंत्रित नहीं किये जाते तब यही बहुवर्षीय नींदा दूब के स्थान पर ऊगने लगेंगे एवं दूब शनैःशनैः समाप्त हो जाएगी।

दर्भक में अत्यधिक चलना, खाद्य तत्त्वों की कमी होना, समुचित सिंचाई न करना, पानी का उचित निथार न होना आदि से भी दूब विनष्ट हो जाती है तथा नींदा का बाहुल्यता हो जाती है। अतः समुचित दर्भक बनाये रखने हेतु यह आवश्यक है कि जल व खाद्य पदार्थो के उचित प्रबंध के साथ-साथ नींदा को नियंत्रित किया जावे।

दर्भक में नींदा नियंत्रण की विधियाँ

दर्भक लगाने के पूर्व नींदा नियंत्रण (Weed control before planting the turf)

जहाँ पर दर्भक की रोपाई करना हो वहाँ पर सर्वप्रथम बहुवर्षीय नींदा की प्रजातियों को नष्ट करना आवश्यक है। रोपाई के पहले ग्रीष्मकाल में गहरी जुताई या खुदाई करके बहुवर्षीय नींदा जैसे गोंदला, कांसी, कांस, केल आदि के भूमिगत तनों को सुखा देना चाहिए। इसके लिए दो तीन बार जुताई करना आवश्यक है। यदि भूमिगत तने अधिक गहराई तक हों तो उन्हें खोद कर हाथ से चुन लेना चाहिए। बहुवर्षीय नींदा नष्ट करने के उपरांत क्षेत्र की सिंचाई करें। मौसमी व बहुवर्षीय नींदा को ऊगने दें। पुनः क्षेत्र की जुताई करें व ऊंगे हुए पौधों को नष्ट करें तथा बहुवर्षीय पौधों के भूमिगत तनों के अवशेष जो जल उपलब्ध होने से अंकुरित हो जाएंगे उन्हें चुनकर पृथक कर दें। पुनः सिंचाई कर जुताई करें तथा यह सुनिश्चित कर लें कि क्षेत्र में बहुवर्षीय नींदा समाप्त हो गए हैं। यदि मृदा अनुपजाऊ है तो गोबर की खाद या कम्पोस्ट पहली जुताई के पूर्व ही डाल दें परन्तु वह पूर्ण रूप से सड़ी हो तथा नींदा के बीजों से मुक्त हों।

इसके बाद यदि नींदा नाशक उपलब्ध हैं तो मृदा निर्जमीकारक जैसे- मिथाइल ब्रोमाइड या डेजोमेंट आदि के द्वारा उपचर कर मृदा धूमीकरण करके नींदा के बीज, भूमिगत तने, कंद एवं कुछ कीड़े, सूत्रकृमि आदि को नष्ट करें। इस उपचार के बाद पुनः क्षेत्र की जुताई बखराई करें। एवं 15 दिन बाद दर्भक की रोपाई या बिजाई करें। इस विधि से दर्भक लगाने के पूर्व बहुवर्षीय एवं मौसमी नींदा को नष्ट करें। पर्यावरण के तापक्रम के अनुसार दर्भक (Cynodon or Zyosia) की प्रजाति का उपयोग करें क्योंकि प्रत्येक प्रजाति की अनुकूलता में भिन्नता होती है। दर्भक की रोपाई ग्रीष्म व वर्षा ऋतु में करने पर वृद्धि अधिक होती है। शीत ऋतु में वृद्धि मंद गति से होती है।

दर्भक की रोपाई करने के पूर्व नींदा नाशक का छिड़काव

रोपाई करने के पूर्व नींदा नाशक का छिड़काव करने से दर्भक में नींदा नहीं ऊगते हैं तथा दर्भक की वृद्धि अधिक होती है। पेन्डीमिथेलिन 1.5 कि.ग्रा./हे., आक्सीज़्लोरफेन 0.36 कि.ग्रा./हे., अट्राजिन 2 कि.ग्रा./हे. या

डाइयूरान 1.5 कि.ग्रा./हे. 500 लि. जल में घोल बनाकर स्प्रेयर द्वारा छिड़काव करने से मौसमी नींदा दूर्वा के साथ नहीं ऊगेंगे तथा दूर्वा पर इनका कुप्रभाव नहीं होगा।

दर्भक (Lawn) रोपाई के बाद नींदा नाशक का उपचार कर नींदा नियंत्रण करना

दर्भक के साथ ऊगे हुए केवल चौड़ी पत्ती वाले मौसमी नींदा एवं गोंदला वर्ग के नींदा नियंत्रण हेतु 2,4-डी 0.5 से 1.5 कि.ग्रा./हे. या एम.सी.पी.ए. 0.5-1.0 कि.ग्रा. या फ़्लूराक्सीपिर 0.3 से 0.6 कि.ग्रा./हे. या क्लोरीमुरान इथिल 50 ग्रा. से 100 ग्रा./हे. की दर से किसी एक नींदा नाशक का छिड़काव करें।

यदि घास कुल के तथा चौड़ी पत्ती वाले मौसमी नींदा भी हैं तब अट्राजीन 2 से 3 कि.ग्रा./हे. या डाइयूरान 3 कि.ग्रा. 1 हे. या आक्सीफ़्लोरफेन 0.36 कि.ग्रा./हे. या आक्साडायजान 1.5 से 2 कि.ग्रा./ हे. की दर से जब नींदा 4 से 6 पत्ती की अवस्था पर हों छिड़काव करें। इससे ऊगे हुए नींदा मर जाएंगे तथा अगले एक-दो माह तक नींदा नहीं ऊगेंगे। अट्राजीन व 2,4-डी का मिश्रण 2,4-डी + एम.सी. पी.ए. + डाइयूरान का मिश्रण उपयोग करने से अधिक सक्षम नियंत्रण होगा। रोपाई के दो-चार वर्ष बाद यदि बहुवर्षीय घासें भी दर्भक में फैल गई हैं जैसे केल *(Dichanthium anulatum)*, एराग्रासटिस स्पीसीस, पेस्पेलम स्पीसीस, कांसी आदि के नियंत्रण हेतु गलाईफोसेट 1.0 कि.ग्रा./हे. के द्वारा पर्णोपचार करें। इससे अन्य मौसमी नींदा भी नियंत्रित हो जाएंगे। इस नींदा नाशक से दूब का प्ररोह भी मर जाएगा परन्तु 1-2 माह बाद दूब भूमिगत तनों से पुनः अंकुरित होकर फैल जाएगी। फ़्लूयेजी फाप-पी बुटाइल 0.25 कि.ग्रा./हे. की दर से बहुवर्षीय घासों का स्थानिक उपचार करके नष्ट कर सकते हैं।

यांत्रिक नींदा नियंत्रण

नींदा को यांत्रिक विधि से नियंत्रण करने हेतु शाद्वल-लवित्र (Lawn mower) से दर्भक कर्तन (Turf-cutting) करते रहने से अधिकांश मौसमी नींदा नियंत्रित हो जाते हैं।

बड़े क्षेत्रों में शक्ति चालित या बैलों से चलने वाले शाद्वल लवित्र चला सकते हैं। इसके चलाने हेतु मैदान का समतल होना आवश्यक है। नींदा के पुष्पन तथा फल बनने के पूर्व ही शाद्वल-लवित्र आवश्यकतानुसार चलाकर नींदा को नष्ट करें। इस यंत्र के चलाने पर भी कुछ नींदा की प्रजातियाँ जो मृदा की सतह पर फैलती हैं वे नियंत्रित नहीं हो पाती हैं उदा. चिपकनू (*डेसमोडियम डिफ़्यूजम)*, खट्टी बूटी, यूफोर्बिया हिरटा आदि। इन्हें नियंत्रण करने हेतु 2,4-डी 0.5-1.0 कि.ग्रा. या एम.सी.पी.ए. 0.5 कि.ग्रा./हे. का छिड़काव शाद्वल लवित्र चलाने के उपरांत किया जाए। मजदूरों के द्वारा हाथ से निंदाई करना अधिक खर्चीला होता है। दर्भक की उचित सिंचाई एवं खाद्य तत्त्वों की व्यवस्था करने से तथा निरंतर कर्तन करने से नींदा की वृद्धि कम होती है।

खेल के मैदानों, आवासीय क्षेत्रों तथा कार्यालयों के दर्भक में या अन्य पड़ती क्षेत्र में भी इन्हीं विधियों को सुविधानुसार तथा आसपास लगे पेड़-पौधों के आधार पर प्रयोग कर उचित नींदा नियंत्रण कर सकते हैं। नींदा फैलने के प्रतिबंधक उपाय अपनाना भी आवश्यक है। इसमें प्रमुख रूप से दर्भक का क्षेत्र आसपास के क्षेत्र से कुछ ऊँचा हो तथा उसके चारों तरफ जल निकास नालियाँ बनाई जाएं जिससे अन्य स्थानों का जल दर्भक में न पहुँच सके। इससे जल के साथ नींदा के बीज नहीं फैलेंगे तथा उचित जल निकास होने से दूर्वा की वृद्धि अधिक होगी।

मार्गाधिकार में नींदा नियंत्रण

विद्युत लाइन, टेलीफोन लाइन, सड़क के किनारे तथा रेल्वे की पटरियों के किनारे दोनों तरफ 3 मीटर से 15 मीटर तक अनावश्यक पौधों की वृद्धि को रोकना आवश्यक हो जाता है। इन पौधों के ऊगने से आग लगने तथा शीघ्र फैलने की संभावना बढ़ जाती है। कार्य करने में असुविधा होती है। पहुँचने में तथा सुधारने रखरखाव, जाँच करने आदि कार्यो में अनचाहे पेड़-पौधों के ऊगने से असुविधा होती है तथा कार्य सज़्न्न करने की लागत बढ़ जाती है। विद्युत लाइन के आसपास पेड़ झाड़ी, लताएँ आदि होने से विद्युत व्यवस्था भंग होने की संभावना बढ़ जाती है। अत: इन स्थानों को वनस्पति से मुक्त रखना आवश्यक हो जाता है। इन स्थानों में पौधों की अनेक किस्में पाई जाती है क्योंकि ये क्षेत्र असीमित होते है तथा अनेक प्रकार के मृदा, जल, ताप व पर्यावरण में भिन्नता वाले राज्यों में से रेल, सड़क, टेलीफोन, व विद्युत लाइनें जाती है। जिससे वहाँ के पौधों की प्रजातियों में भी भिन्नता होती है। अत: इन क्षेत्रों में नींदा नियंत्रण हेतु पर्याप्त वानस्पतिक ज्ञान होना आवश्यक है उसी के आधार पर दवाओं से उपचार की नींदा नियंत्रण की विधियों को अपनाया जा सकता है। प्राय: चार नियंत्रण की तकनीक है।

(i) समयानुसार हाथ से कटाई (Hand cutting)

(ii) वार्षिक या द्विवार्षिक कर्तन (Mowing)

(iii) यांत्रिक विधि बुलडोजिंग या डिस्किंग

(iv) रासायनिक नींदा नाशक से उपचार करना

इन विधियों का उपयोग मजदूरों की उपलब्धता तथा मजदूरी में होने वाले व्यय, यांत्रिक उपलब्धता तथा उनके चलने हेतु उपयुक्त क्षेत्र, रासायनिक दवा की उपलब्धता तथा उसका वनस्पति पर प्रभाव आदि घटकों के आधार पर करना चाहिए।

पेड़ व झाड़ियों को काटकर जला दिया जाता है तथा ठूंठों को बुलडोजर चलाकर उखाड़ देते हैं या नींदा नाशक दवा से ठूंठ का उपचार कर देते हैं। पेड़ व झाड़ियाँ समाप्त होने के बाद ट्रेक्टर चालित रोटरी मोअर से नींदा नियंत्रण करना सरल व लाभकारी होता है परन्तु यह पथरीली ऊंची-नींची भूमि में काम नहीं कर पाता है।

ट्रेक्टर के द्वारा जुताई व हेरो चलाकर भी नींदा को नियंत्रित कर सकते हैं क्योंकि मोअर चलाने से पौधों की पुनर्वृद्धि अधिक होती है तथा मोअर अनेक बार चलाना पड़ता है।

नींदा नाशक से उपचारित करना

पेड़ों को नियंत्रण करने हेतु 2,4-डी 6 कि.ग्रा. तथा 2,4,5-टी 6 कि.ग्रा./हे. के मिश्रण (1:1) का 400 लि. जल में घोल बनाकर पर्णोपचार करें। पिक्लोरम 0.54 कि.ग्रा. तथा 2,4-डी 2 कि.ग्रा. का 45 लि. जल में घोल बना कर छिड़काव करने से पेड़ व झाड़ियाँ नियंत्रित हो जाते हैं।

अकृषकीय पड़ती क्षेत्र में नींदा नियंत्रण

अकृषकीय पड़ती क्षेत्रों में अनेक प्रकार के बहुवर्षीय व मौसमी नींदा ऊगते हैं जैसे लेन्टाना, गोरखमुंडी, चकौड़ा, गाजरघास, आदि जो चरोखरों के क्षेत्र में वर्णित किए गए बहुतायत से फैल जाते हैं तथा उपयोगी घास को

दबा देते हैं। इससे पड़ती क्षेत्र की उपयोगिता ही कम हो जाती है। अतः इन क्षेत्रों में नींदा नियंत्रण करना आवश्यक है। चरोखरों में जो नींदा नियंत्रण की विधियाँ वर्णित की गई है। वही इस क्षेत्र में भी प्रयुक्त की जाती हैं।

औद्योगिक क्षेत्र में नींदा नियंत्रण

औद्योगिक क्षेत्र में अनेक प्रकार के नींदा यातायात के कारण रिक्त क्षेत्र में प्रसारित होते हैं। ये नींदा पर्यावरण को प्रदूषित करने के साथ-साथ आग लगने की संभावना को बढ़ाते हैं तथा वहाँ पर संग्रहीत सामग्री उपकरण आदि की गुणवत्ता दूषित करते हैं। उस क्षेत्र में कार्य करने वालों की कार्य क्षमता को कम करते हैं। औद्योगिक क्षेत्र में हाथ से या यांत्रिक विधि से खरपतवारों एवं झाड़ियों का नियंत्रण करना अधिक खर्चीला एवं कठिन कार्य है। वहाँ पर ऐसे नींदा नाशक दवाओं का प्रयोग किया जाए जिससे अनावश्यक पौधों का अंकुरण ही न हो। इन क्षेत्रों में मृदा निर्जमी कारक (Soil sterilents) का प्रयोग करने से ऊगे हुए पौधे एवं भविष्य में ऊगने वाले पौधे नियंत्रित हो जाते हैं। इनमें 2 वर्ग के नींदा नाशकों का प्रयोग करते हैं। जो मौसमी व बहुवर्षीय दो प्रकार के नींदा को नियंत्रित करते हैं।

कार्बनिक नींदा नाशक

मोनूरान - 25 से 75 कि.ग्रा./हे. जब नींदा बढ़ रहे हों।

प्रभाव - 6-18 माह तक रहता है।

डाइयूरान - 18 से 50 कि.ग्रा./हे. 1 से 2 वर्ष तक प्रभाव रहता है।

अट्राजिन, सिमाजिन - 5 से 10 कि.ग्रा./हे. उद्भवन पूर्व या बाद

ब्रोमेसिल - 13-25 कि.ग्रा./हे. वृद्धि के समय बिखेरना प्रभाव एक ऋतु तक रहता है।

अकार्बनिक नींदा नाशक

सोडियम क्लोरेट्स - 400 से 800 कि.ग्रा./हे. उद्भवन बाद व पूर्व 6 माह से 1 वर्ष तक प्रभाव

बोरेक्स - 400 से 700 कि.ग्रा./हे. उद्भवन पूर्व या उद्भवन बाद बिखेरना

बोरेक्स - 50 से 200 कि.ग्रा./हे. उद्भवन पूर्व या बाद एक मौसम तक प्रभाव

आर्सेनीकल्स

सोडियम आर्सेनाइट - 8.0 कि.ग्रा./हे. पानी के साथ घोल बनाकर छिड़काव

आर्सेनिक ट्राइआक्साइड - 600 से 1200 कि.ग्रा./हे. कणिकाएँ 5 से 8 वर्ष तक प्रभाव रहता है।

जलीय नींदा नियंत्रण (Aquatic Weed Control)

जल संसाधनों में तालाब, झील, नदी, नालों, झरने, नहरें, स्विमिंग पूल आदि में अनेक जलीय वनस्पति की वृद्धि होती है। यह वनस्पति जल-ईकोसिस्टम (water ecosystem) का बहुत ही आवश्यक अंग है। अनेक जलचर जीवों जैसे मछलियों, घोंघा आदि के भोजन के रूप में, जल में आक्सीजन की मात्रा बढ़ाना जीवन हेतु आवश्यक है। मनुष्यों के भोजन व औषधि के रूप में भी अनेक जलीय पौधे उपयोगी हैं। परन्तु जब बहुत से अनावश्यक पौधे जल संसाधनों में वृद्धि करते हैं तब मनुष्य को अनेक रूप से हानि पहुँचाते है। नींदा से नहरों में जल प्रवाह में रुकावट, हानिकारक जीवों को संरक्षण, नावों व जहाजों के आवागमन में रुकावट, जल आपूर्ति में बाधक, पीने के जल को प्रदूषित कर मनुष्यों में व पशुओं में रोग उत्पन्न करना, मनुष्यों के दैनिक कार्यों में अवरोध करना जलाशयों की सुन्दरता कम करना जलीय फसलों जैसे सिंघाड़ा, मछली पालन आदि को क्षति पहुँचाकर मानव समाज को अधिक हानि करते हैं। जलीय नींदा के लगभग 30-50% जल प्रवाह की गति कम होती है जिससे आसपास की भूमि दलदली हो जाती है। वाष्पोत्सर्जन के द्वारा जल की अधिक हानि होती है।

अनेक हानिकारक जलीय पौधे विदेशों से भारत में आए हैं। उदा: जलकुम्भी (Water hyacinth, *Eichhornia crassipes* Mart. Solms) एक शोभाकारी पौधे के रूप में अंग्रेज भारत वर्ष में लगभग 96 वर्ष पहले लाया गया था जो इस समय संपूर्ण देश के अधिकांश तालाबों, झीलों, नालों व नहरी क्षेत्रों में फैल कर समस्या बन गया है। जिसके नियंत्रण में अधिक श्रम, धनराशि व समय का अपव्यय होता है। विश्वास (1978) ने जिले बार जलाशयों में नींदा का अध्ययन कर यह पाया कि भारत वर्ष में 1965 से 1975 के बीच अधिक नींदा का प्रभाव बढ़ा है। नहरी क्षेत्र में रामबान (*Typha* spp.) समस्या बन गया है। इंदु मेहता (1977) के अध्ययन से विदित है कि चम्बल कमांड का लगभग 10000 हे. नहरी क्षेत्र कोटा में टाइफा से ग्रसित हो गया है। केरल का अधिकांश धान-क्षेत्र सेल्वीनिया (*Salvinia* spp.) से प्रभावित है (Unni, 1973)। आंध्रप्रदेश में रामचंद्रन व साथियों ने 19 जिलों के जलाशयों में नींदा का अध्ययन किया जिसमें से 5 जिलों में 60% अन्य 5 जिलों में 40 से 50% तथा शेष जिलों में 2 से 11% जलाशय नींदा से ग्रसित पाए गए। मध्यप्रदेश में जलीय नींदा से सिंघाड़ा की खेती तथा मछली पालन जलकुम्भी (*Eichhornia crassipes*), वनसिंघाड़ी (*Pistia*), कथीरा (*Azolla* spp.), पतेरी (*Lemna* spp.) बेशरम (*Ipomoea fistulosa*), पसई धान, लेंड़ी (Horse tail), एवं नारी भाजी से अधिक प्रभावित हुआ है।

जलीय नींदा से हानियाँ

(1) नहरी क्षेत्र विश्व में सबसे अधिक भारत में है एवं निकास नालियों में जल प्रवाह 30 से 40 प्रतिशत कम हो जाता है। इनके द्वारा नहरों व नालियों में टूट-फूट हो जाता है जिससे जल की रिसन (Ceapace) बढ़ जाती है। इससे, गंतव्य स्थान पर जल कम पहुँचता है। नींदा के द्वारा वाटर-गेट, साइफन वाल्व, स्प्रिंकलर हेड, ब्रिज पीयर पंप, पाइप लाइन आदि में जल प्रवाह अवरुद्ध हो जाता है। नहरों व नालियों के गेट अवरुद्ध होने से आस-पास के क्षेत्र में बाढ़ की स्थिति निर्मित हो जाती है।

(2) जलीय नींदा से उत्स्वेदन के द्वारा जल की अधिक हानि होती है। जल की सतह से वाष्पोत्सर्जन की तुलना में जलीय पौधों के द्वारा उत्स्वेदन में जल का क्षय अधिक होता है। टाइफा लेटीफोलिया, एकोरस क्लेमस, पोन्टेड्रिया, सिरपस मेलीडस एवं निफ़्क़िया ओडोरेटा के द्वारा क्रमशः 3.1, 2.5, 2.0, 1.2 व 1.9 गुना जलाशय की स्वतंत्र सतह से वाष्पीकरण की तुलना में अधिक होता है। ब्रेंजी व साथियों (1973) ने प्रतिपादित किया कि स्वतंत्र जल की सतह से वाष्पोत्सर्जन की तुलना में जल कुम्भी से 30 से 40 प्रतिशत, टाइफा से 60 से 70% तथा गोंदला (*Cyperus rotundus*) से 130 से 150% अधिक वाष्पोत्सर्जन उत्स्वेदन (Evapotranspiration) से होता है। सिंघाड़ा, वनसिंघाड़ा व नारी भाजी में अधिक उत्स्वेदन नहीं होता है।

(3) तैरने वाले, निर्गत, जलमग्न नींदा के द्वारा नाविकों को अधिक कठिनाई होती है। नावें व स्ट्रीमर चलाने में अवरोध होता है।

(4) शहर के बड़े तालाबों, फार्म के तालाबों आदि जलाशयों में जलीय नींदा जल की उपयोगिता को कम कर देते हैं।

(5) मछली पालन में निर्गत एवं तैरने वाले नींदा बहुत हानि पहुँचाते हैं। ये अधिकांश खाद्य तत्त्व ग्रहण कर लेते हैं तथा मछलियों को उपयोगी फाइटोप्लांक्टान (Phytoplankton) की वृद्धि अवरुद्ध हो जाती है। अधिक नींदा की वृद्धि होने के कारण प्रकाश की किरणें जल स्तर के नीचे न पहुँचने के कारण जल मग्न पौधों में प्रकाश संश्लेषण कम होने से आक्सीजन की कमी हो जाती है जिससे मछली उत्पादन में कुप्रभाव पड़ता है एवं मछली पकड़ने में बाधा उत्पन्न होती है।

(6) जलाशयों में निर्गत व तैरने वाले जलीय पौधों की अधिक वृद्धि से मच्छरों व अन्य कीटाणुओं को प्रश्रय मिलता है जिससे मलेरिया, फाइलेरिया (Filariasis), ज्वर (Encephalitis) आदि रोग फैलते हैं।

(7) जलीय नींदा से नदी, तालाबों, झीलों व तरणताल (स्विमिंग पूल) की सुन्दरता एवं मनोरंजक गुणवत्ता कम हो जाती है। जल प्रदूषित हो जाता है तथा दुर्गंध आती है।

(8) जल प्रदूषित होने से पीने के योग्य नहीं रहता है एनाबेना स्पीसीस (*Anabaena* spp.) से हेफीबर, अंतड़ियों में गड़बड़ी व डरमेटाइटिस हो जाता है।

(9) अनेक स्पीसीस के कारण पशुओं पर विषाक्त प्रभाव होता है उदाहरणार्थ माक्रोसिस्ट स्पीसीस (*Mycrocyst* spp.) व नील-हरित शैवाल से प्रदूषित जल के पीने से घोड़े, गाय, भेड़, बकरी, कुत्ते, खरगोश व मुर्गियों में विषाक्त प्रभाव होने से वे मर जाते हैं। इस शैवाल से मनुष्यों की अंतड़ियों में गड़बड़ी हो जाती है परन्तु वे मरते नहीं हैं।

जलीय नींदा का उपयोग

जलीय नींदा विभिन्न रूपों में मनुष्यों को उपयोगी है जैसे जलकुम्भी का बायोगैस, कागज व कार्ड सीट, प्रोटीन, खाद व मृदा सुधारक, मल्च (Mulch) शोभाकारी पौधे के रूप में उपयोग होता है। रीड (Phragmites) का उपयोग छप्पर, कुर्सी व चटाई बनाने में तथा जलाने में उपयोग किया जाता है। कमल व कमलनी के भूमिगत तने सब्जियों में प्रयुक्त होते हैं तथा शोभाकारी पौधे के रूप में ऊगाए जाते हैं। शैवाल के भी अनेक उपयोग हैं। (देखिए शैवाल के उपयोग) जलकुम्भी में 2.0 से 3.1% सूर्य-ऊर्जा संचित करने की क्षमता होती है तथा 100 से 150 मेट्रिक टन शुष्क पदार्थ प्रति वर्ष/हे. उत्पादित कर सकता है।

जलचर का भोजन

बदक, जल मुर्गी (Water Parrot), मछलियों को भोज्य वनस्पति के रूप में भी अनेक जलीय नींदा उपयोगी हैं।

जलमुर्गियाँ लेम्ना (*Lemna* spp.), स्पारोडेला (*Spirodella*) बुल्फिया (*Wolffia*), ईलियोकेरिस, बेलिसनेरिया, मेरियोफाइलम के पौधों को खाती हैं। ये कमल, सेजीटेरिया, लिम्नोबियम, पोन्ट्रेडया, पोटामोगेटान, ब्रासेनिया आदि के बीज तथा जलीय घासों के बीज को खाती हैं।

जैविक खाद (Biofertilizer)

अजोला (*Azolla microphylla A. mexicana*) एवं नील हरित शैवाल (*Anabaena*) वायुमंडलीय नत्रजन का स्थिरीकरण करने में सक्षम है। एक माइक्रोसिम्बियांट (Microsymbiont) (*Anabaena azollae*) भी इनसे बना है जो नत्रजन स्थिरीकरण करता है। इनका धान की कृषि में महत्त्वपूर्ण स्थान है तथा जैविक खाद के रूप में भी प्रयोग किया जाता है।

जलीय नींदा का वर्गीकरण

1	2	3	4
तटीय नींदा	सतह पर तैरने वाले नींदा	जलमग्न नींदा	निर्गत नींदा

तटीय व उथले जलीय नींदा (Shore and Ditch Bank weeds)

जल संसाधनों के तट पर ऊगने वाली स्पीसीस मीसोफाइट, अर्धजलीय किस्म (Semiaquatic) एवं जलीय (aquatic) दोनों प्रकार की होती है। अर्ध जलीय स्पीसीस नहरों, तालाबों या नदी-नालों के तट पर जल स्तर नीचे होने पर भी जीवित रहती है तथा ये एक वर्षीय या बहुवर्षीय दोनों किस्म की हो सकती हैं। ये स्पीसीस उथले जल में भी अपने अंगों में विशेष परिवर्तन कर जीवन च्रक पूर्ण कर लेती हैं।

(1) घासें

सांवा	ख	*Echinochloa colonum* - Jungle rice
बट्टा	ख	*Echinochloa crusgalli* var. *oryzicola* - water grass

गरू	ख	*Coix lachryma jobi*
	ख	*Leersia hexandra* - Cut grass
	ख	*Setaria magna* Griesb - Gaint foxtail
मुर्दी	ख	*Sehima nurvosum*
रीड	ब	*Phragmites communis* Trin - Common Reed.
करघा	ख	*Oryza sativa* L. Spontanea - Wild rice
	ख	*Panicum hemitomon* Schalt. Maidencane
पेराघास	ख	*Panicum purpurascens* Raddi - Paragrass
	ख	*Panicum repens* L. - Torpedograss
जलकोदों	ख	*Paspalum fluitans* (Ell.) Kunth - Water paspalum
जलदूब	ब	*Paspalum disticum* L. - Joint grass
गठुआ घास	व	*Ruttboelia exultata*
	व	*Hydrochloa* spp.

मोथा (Sedges)

मोथा	ख	*Cyperus serolinus* Roth Sedges umbrella plants
,,	ख	*Cyperus defformis* L. Sedges
,,	ख	*Cyperus sanguinolentus* Vahl. Sedge
,,	ख	*Cyperus brevifolius* Hassk.
,,	ख	*Cyperus compressus* L.
,,	ख	*Cyperus iria* L.
सिरपस	ख	*Scirpus hokarii* Ohwi -Bulrush or tule
,,	ख	*Scirpus lineolatus* Franchet Sav.
,,	ख	*Scirpus planiculmis* Fr. Sch.
,,	ख	*Scirpus triqueter* L.
,,	ख	*Scirpus tabernae* montani Gmel.
इलियोकेरिस	व	*Eleocharis kuroguwaai* Ohwi spike rush
,,	व	*Eleocharis acicularis* Roemet Schult.
,,	ख	*Eleocharis congesta* D. Don.
फिम्ब्रिटाइलिस	ख	*Fimbristylis miliacea* Vahl.
,,	ख	*Fimbristylis dicotoma* Vahl.
,,	ख	*Fimbristylis quinquingularis*

चौड़ी पत्ती वाले नींदा (broad leaf weeds)

पालीगोनियम	व	*Polygonium punctatum* Ell. Smart weed
,,	व	*Polygonium hydropiper* L.
,,	ब	*Polygonium hydropiperoides* Michaux
,,	ब	*Polygonium densiflorum*
रेननकुलस	र	*Ranunculus scleratus* L.
मगरमस्त	ख	*Corchorus fassicularis*
जल जूट	ख	*Corchorus capsularis*
	ख	*Corchorus astuens*
करई चेंच	ख	*Ludwigia parviflora*
तालमखाना	ख	*Astracantha longifolia*
ढेन्चा	ख	*Sesbahia acculeata*
	ख	*Aeschynomene indica*
बनपालक	र	*Rumex dentatus* L.
बेशरम	ब	*Ipomoea fistulosa*
नारीभाजी	ब	*Ipomoea aquatica*
कनकी	ब	*Commelina communis* L.
सालिक्स	ब	*Salix nigra* Marsh. Bluck Willow
चटकचाँदनी	ख र	*Parthenium hysterophorus* Congress grass
गतीघुसी	ख र	*Alternanthera sessilis* L.
बिलजा	ख र	*Caesulia axillaris*
जुसिया	ख र	*Jussiaea*
रोटाला	ख	*Rotala indica*
मलाकारा	ख	*Malachara capitata*
भृंगराज	ख	*Eclipta alba* Hassk.
गोरख मुंडी	ख र	*Sphaeranthus indicus*
	ख	*Marseilia*
	ख	खरीफ में पाए जाने वाले
	र	रबी में पाए जाने वाले
	ब	बहुवर्षीय

तैरने वाले नींदा (Floating weed)

वे नींदा, जो जल की ऊपरी सतह या अंदर तैरते हैं तथा एक स्थान से दूसरे स्थान पर जल प्रवाह के साथ या स्थिर जल में जल-तरंगों के साथ स्थानांतरित होते रहते हैं। इनमें कुछ स्पीसीस पहले मृदा में मूल के सहारे स्थिर रहती हैं बाद में स्वतंत्र हो तैरने लगती हैं जैसे - जलकुम्भी।

तैरने वाले नींदा (Floating weeds)

क्षेत्रीय नाम	बॉटनीकल नाम	सामान्य नाम
	Atternanthera philoxroides	
पतेरी	*Lemna* spp.	Common duck weed
स्पाईरोडेला	*Spirodela* spp.	Giant duck weed
जलकुम्भी	*Eichhornia crassipes* (Mart) Solms	Water hyacinth
,,	*Eichhornia azurea*	" "
,,	*Monochoria vuginalis*	""
बनसिंघाड़ी	*Pistia stratioties* L.	Water lettuce
साल्विनिया	*Salvinia rotundifolia* Willd.	Salvinia
कथीरा	*Azolla*	Water fern
वोल्फिया	*Wolffia* spp.	Water meal
,,	*Wolffiella* spp.	Wolffiella
नीलहरित शैवाल	*Anabaena* spp.	Blue-green algae
हरित शैवाल	*Cladophora* spp.	Cladophora
हरित शैवाल	*Hydrodictyon* spp.	Hydrodictyon
नील हरित शैवाल	*Microcystis* spp.	Microcystis

निर्गत नींदा (Emergent weeds)

ये नींदा उथले जल में ऊगते हैं। इनकी मूल या भूमिगत तने जल संतृप्त मृदा में स्थिर रहने की विशेष क्षमता रखते हैं। तथा प्ररोह तंत्र का अधिकांश भाग जल की सतह के ऊपर आ जाता है। ये नदी, नालों, नहरों, तालाबों, झीलों या अन्य जलाशयों के तटों पर 1-2 मी. की गहराई तक पाए जाते हैं जब जल स्तर नीचे होता है तब इनका अंकुरण हो जाता है। बाद में वर्षा ऋतु में जैसे-जैसे जल स्तर बढ़ता जाता है इनका प्ररोह तंत्र भी बढ़ता जाता है।

	Alternanthera philoxerodes (Mart.)	Alligator weed
पीली कुमुदनी	*Nelumbo lutea* (Willd.) Pers.	Yellow Nelumbo
	Nuphar luteum L.	Yellow cow lily
सुगंधित कुमुदनी	*Nymphaea odorata* Aition.	Fragrant waterlity

कमल	*Victoria regia*	
	Sagittaria trifolia L.	Arrow head
	Sagittaria aginashi Makino	"
	Sagittaria pygmaea Miq.	"
रामबान	*Typha latifolia* L.	Cat tail
,,	*Typha augustifolia* L.	"
,,	*Typha glauca* Codr.	"
	Limnobium spongia Steud.	Frogbit
	Pontedria lanceolata Nutt.	Pickerel weed
	Pontedria cordata L.	"
	Eleocharis acicularis (L.) R & S	Sleder pike rush
	Hydrocotyle umbellata L.	Water penny wort
	Brasenia schrebrri Gmelin	Water shield
सिंघाडा	*Trapa bispinosa*	Water chest nut
जलकेला	*Alisma plantago aquatica* L.	
,,	*Alisma caniliculatum* A Bret. Bouche.	

जलमग्न नींदा (Submerged weeds)

जलमग्न नींदा का पूरा प्ररोह तंत्र जल के अंदर ही रहता है। जड़ें नीचे भूमि में स्थिर रहती हैं। ये नींदा जल के प्रवाह को बहुत कम करते हैं। तैराकी, मछली पालन, बोट व नाव चलाने में बाधक होते हैं।

इलोडिया	*Elodea densa* (Plancha) Caspary.	Elodea
युट्रीकुलेरिया	*Utricularia*	Bladder wort
बड़ा आसरा	*Ceratophyllum demersum* L.	Coontail
,,	*Certophyllum echinatum* Gray	Coontail
बेलिसनेरिया	*Vallisneria americana* Michx.	Tapegrass
माइरियोफालम	*Myriophyllum spicatum* L.	Water milfoil
केबोज़्बा	*Cabomba* spp.	Fanwort
हाइड्रिला	*Hydrilla verticillata* Royle.	Hydrilla
पोटामोगेटान	*Potamogeton* spp.	Pond weed
नाजस	*Najas* spp.	Marine Naiad
मारियोफाइलम	*Myriophyllum brasiliense* Camb.	Parrot feather
रूपिया	*Ruppia maritima* L.	Ditch-grass
शैवाल लपूसरी	*Chara* spp.	Chara
शैवाल क्लेडोफोरा	*Cladophora*	Cladophora

जलीय नींदा नियंत्रण की विधियाँ

निरोधात्मक उपाय

(1) तालाब निर्माण की विधि : तालाब उस स्थान पर निर्मित करना चाहिए जहां पर तालाब में प्रदूषित निकास जल एकत्रित न हो। तालाब का आकार व गहराई बहुत अधिक न हो। गहराई पूरे तालाब में एक समान हो।

(2) उर्वरक : फार्म-तालाबों में जलीय नींदा की रोकथाम उचित उर्वरक देकर की जा सकती है। इससे मछलियों की पैदावार भी बढ़ती है। उर्वरक देने का उद्देश्य सूक्ष्म जीवों जैसे फाईटोप्लांक्टान एवं जू प्लांक्टान (Phytoplankton and Zoo plankton) की वृद्धि करना होता है, जिससे जल का गंदलापन (Turbidity) बढ़ जाता है। इससे प्रकाश की किरणें जल की निचली सतह तक कम पहुँचती हैं। इससे प्रकाश की उचित किरणों के अभाव में अधिकांश जलीय नींदा का अंकुरण नहीं होता तथा अनेकों जलीय नींदा की वृद्धि कम होती है या अवरुद्ध हो जाती है। उर्वरक देते समय ध्यान रहे कि तालाब में पहले से नींदा की वृद्धि न हो। यदि नींदा हो तो इन्हें यांत्रिक विधि या रासायनिक नींदा नाशक का प्रयोग कर नियंत्रित कर लें तभी उर्वरक दें अन्यथा सूक्ष्म जीवों की वृद्धि को अवसर नहीं मिलेगा। तालाब की देखरेख उचित करें व समय-समय पर उसमें उर्वरक देते रहें जिससे बड़ी वनस्पति की स्पीसीस की वृद्धि हो जाएगी।

जल स्तर को परिवर्तित कर

तालाबों व झीलों में जल स्तर को घटा-बढ़ा कर अनावश्यक नींदा को नियंत्रित किया जा सकता है तथा मछलियों का उत्पादन भी व्यवस्थित किया जा सकता है। तीन वर्ष तक जल स्तर अधिक रखने से डूब वाले नींदा नियंत्रित किए जा सकते हैं लेन्टज व साथियों (1964) के अनुसार प्रत्येक 3 या 4 वर्ष बाद जल स्तर कम करके लगभग तालाब के आधे क्षेत्र की तलहटी को सुखा देना चाहिए। इससे मकी-मृदा (Mucky soil) शुष्क हो जाएगी व दरारें बनेगी। इससे आक्सीजन का प्रवेश होकर कार्बनिक पदार्थों का आक्सीकरण हो सकेगा। इससे मत्स्य पालन उद्योग में भी सहायता मिलती है। नहरों में भी समय-समय पर जल प्रवाह बंद करने से बहुत से जलमग्न नींदा नहर सूखने पर मर जाते हैं जैसे सरेटोफाइलम, पोटामोगेटान आदि। शुष्क नींदा को जलाकर नष्ट कर देते हैं।

यांत्रिक विधि

(1) हाथ से उखाड़ना व कटाई : Hand pulling and cutting यह विधि उपयुक्त है किन्तु केवल उथले जल में किनारों पर ही उपयोगी है।

(2) मोअर (Mower) : जल के अंदर नींदा की कटाई करने वाले मोअर जलमग्न नींदा के नियंत्रण हेतु उपयुक्त हैं। कटे हुए नींदा किनारे पर एकत्रित कर ड्रेग लाइन या क्रेन से उठाकर सफाई करते हैं।

विशेष ड्रेगलान बकेट उपलब्ध हैं जिनके द्वारा जल कुम्भी आदि नींदा एकत्रित किए जा सकते हैं। इनका उपयोग नहरों या निकास नालियों की सफाई में अधिक होता है।

भारी सांकल या फ्रेम ड्रेग (Heavy chain or A Frame drag): इसका उपयोग जलमग्न लम्बे नींदा जैसे हाइड्रिला (Hydrilla) व सरेटोफाइलम (*Ceratophyllum demersum*) तथा निर्गत नींदा नियंत्रण हेतु

करते हैं। तलहटी पर घुमाते हुए चलाकर नींदा को काट देते हैं। कटे हुए नींदा एक जगह एकत्रित कर दिए जाते हैं। जिससे उनका प्रसार दूसरे क्षेत्र में न हो। इस विधि से लम्बे समय तक नींदा नियंत्रित नहीं होते क्योंकि कटे भाग से पुन: नींदा की वृद्धि हो जाती है। इसमें बड़ी शक्तिशाली बोटों या ''टर्टिल'' जो चैन या फ्रेम खींचने के लिए उपयोगी हो की आवश्यकता होती है। दो ट्रेक्टर जो नहरों के किनारे पर चलते हैं, के द्वारा भी चेन घुमाकर नींदा काटते हैं।

नींदा हार्वेस्टर (Weed Harvesters): नींदा हार्वेस्टर एक ऐसी मशीन होती है जो नींदा को जल में काटती है व एकत्रित कर एक जगह फेंक देती है। इसमें ''कटिंग बार'' (Cutting bars) लगे होते हैं जो नींदा को 1.5-3 मी. की गहराई से तलहटी में काटते हैं। इसमें एक बार्ग (Barge) सिस्टिम होता है जो कटे हुए नींदा को एकत्रित करता है तथा दूसरा स्थानान्तरित करने वाला बार्ग होता है जो कटे हुए नींदा को किनारे पर गिराता है। यह अधिक सघन क्षेत्र में उपयुक्त कार्य नहीं करता क्योंकि हार्वेस्टर कुछ ही मिनिटों में नींदा से भर जाता है तथा रिक्त करने में अधिक समय लगता है।

स्पेशल डिस्क हेरो (Special disc harrow) : नहरों के तट पर ऊगे हुए नींदा को नियंत्रित करने हेतु डिस्क की एक विशिष्ट डिजाइन निर्मित की जाती है, जिसका एक भाग समतल धरातल पर एवं दूसरा बगल में ट्रेक्टर के पीछे ढालू धरातल पर चलता है। जलीय नींदा नियंत्रण की सभी यांत्रिक विधियाँ बहुत महंगी होती हैं उनमें प्रयुक्त होने वाले यंत्र एवं मशीनें बहुत महंगी होती हैं तथा उनके द्वारा नींदा नियंत्रण व्यवस्था भी महंगी होने के साथ ही प्रभावी कम होती है क्योंकि अनेक जलीय नींदा पौधों के टूटे हुए टुकड़ों से भी वानस्पतिक वृद्धि कर अधिक फैल सकते हैं। यह विधि सभी जल संसाधनों में सरलता से प्रयुक्त नहीं हो पाती। नहरों व निकास नालियों में ही अधिक उपयोगी व प्रभावी ढंग से नियंत्रित कर सकते हैं।

जलाना (Burning) : जब जलीय क्षेत्र में जल स्तर कम हो जाता है तो अनेक नींदा सूख जाते हैं उन्हें आग लगाकर नियंत्रित करते हैं।

चरीघास एवं क्लोवर की रोपाई (Planting of pasture grasses and - clovers)

नहरों, तालाबों, झीलों या नदी-नालों के तटों पर चरी घास या अन्य उपयोगी चारे-पैरा घास लगाने से विभिन्न प्रकार के नींदा की वृद्धि नहीं हो पाती साथ ही पालतू पशुओं के हरी घास उपलब्ध होती रहती है।

विशेषत: सिंचाई परियोजनाओं में इसका अधिक महत्व है। ब्रूमग्रास (Broom grass) एवं क्रिस्टेड व्हीट घास कम नमी वाले तटों पर तथा स्ट्राबेरी क्लोवर (Straw berry clover) अधिक नमी वाले जल के निकट ऊगा सकते है।

खस (*Vetivaria zazinioides*) की रोपाई भी लाभकारी है। भारत वर्ष में इस दिशा में अनुसंधान आवश्यक है।

जैविक नियंत्रण (Biological control)

जैविक माध्यम से जलीय नींदा का नियंत्रण सफलता पूर्वक किया जा सकता है। मछली, स्नेल, कीट या रोगणुओं के द्वारा समस्या जनक जलीय नींदा का नियंत्रण किया जा सकता है।

1. Cyperus spp.

2. *Fimbristylis dichotoma* Vahl.

3. *Cyanotis axillaries* L.

4. *Malachara capitata*

5. *Rumes dentatus* L.

6. *Gratiola indica*

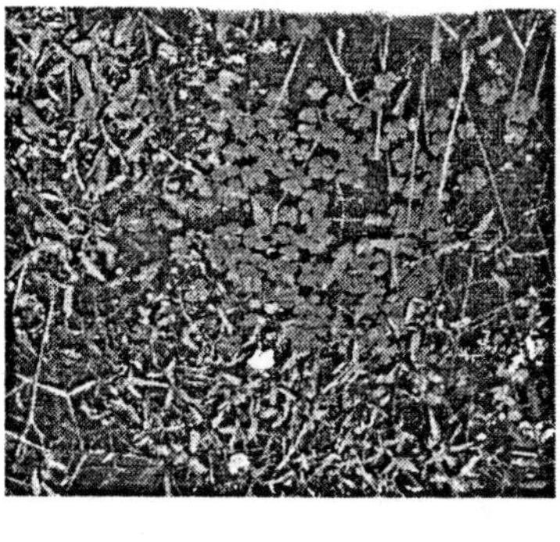

7. *Marsilea quadrifolia* L.

8. *Jussiaea*

9. *Ipomoea aquatica*

10a. *Eichhornia crassipes*

10b. *Eichhornia crassipes*

11. *Azolla* spp.

12. *Typha latifolia*

13. *Polygonum hydropiper* L.

14. *Hydrilla verticillata* Royle.

15. *Utricularia* spp. (Bladder wart)

कीड़ों के द्वारा (Insect)

परकिन्स (1974) ने नींदा को खाने वाले कीड़ों को चार वर्गों में विभक्त किया है।

(अ) पत्तियों को खाने वाले (*Cornops* spp.)

(ब) डंठल छेदक (*Acigona infusella* Wik) एवं इल्ली (*Neochetina* spp.)

(स) पत्तियों में सुरंग बनाने वाले (*Orthogalumna*)

(द) एक्वेन्जर स्पीसीस (*Dyscientus* spp.) जो दूसरी स्पीसीस के आक्रमण को बढ़ावा देते हैं।

एलीगेटर नींदा (*Alternanthera philoxeroides* (Mart.) Griesb.) के नियंत्रण हेतु तीन कीट उपयोगी है।

(1) एलीगेटर ज़्ली बीटिल (*Agasiches hygrophylla*)

(2) थ्रिपस (*Amynothrips andersoni*)

(3) माथ (*Vogtia malloi*)

जल कुज़्भी का नियंत्रण

ज़्ली बीटिल (*Agasiches hydrophylla*) साल्विनिया का नियंत्रण टिड्डा (Grass hopper *0paulinia acuminata* De.Geer.) ज़्लीबीटिल व लिमनिया अक्मीनाटा (*Limnaea*), अजोला भी टिड्डा के द्वारा नियंत्रण किया जा सकता है।

मछलियों के द्वारा : जलीय नींदा का नियंत्रण मछलियों से उपयुक्त होता है। सामान्यत: चीनी ग्रास कार्प (*Ctenopharyngoden idella* Vel.) के द्वारा अधिकांश जलमग्न नींदा नियंत्रित हो जाते हैं। यह तैरने वाले छोटे नींदा भी खाती है। एक ग्राम मछली का वजन बढ़ने के लिए 48 ग्राम हाइड्रिला की आवश्यकता होती है। एक हेक्टर क्षेत्र के नींदा नियंत्रण हेतु 75 मछलियाँ पर्याप्त हैं। देशी मछलियों में पंटिगस पलचेलस (*Puntius pulchellus*) भी नींदा नियंत्रण करने में सक्षम है। (देवराज़ व मनीसेरी 1979) 10 से 14 ग्राम की 10,000 फिंगरलिग्स तालाब में छोड़ने पर 25 से 50 कि.ग्रा./दिन लेम्ना व हाइड्रिला को खाती है तथा एक वर्ष में 90 से 180 क्विंटल जलीय नींदा खा जाती हैं। अन्य मछलियाँ जैसे तिलापिया (*Tillapia zilli, Tilapia quineesis*), सिल्वर कार्प (*Hypophthalmichthys molitrix*), सिल्वर डालरफिस (*Metynnis rocosevelti* Vahl.), कामन कार्प (*Cyprinus carpio* L.), गोल्ड फिस (*Carassius auratus*) भी जलीय नींदा नियंत्रण में सक्षम है।

घोंघा स्नेल (Snails) जलमग्न नींदा जैसे इलोडिया, बड़ा आसरा, पेटामोगेटान आदि तथा तैरने वाले नींदा की जड़े जैसे जलकुज़्भी व साल्विनिया एवं बनसिंघाड़ी की पत्तियों को खाते हैं। लगभग 20,000 घोंघे/हे. 2 से 3 महीने में अधिकांश जलीय नींदा खा जाते हैं। अमेरिका में स्नेल्स के दो जेनेरा मेरीसा (*Marisa*) व पोमेसिया (*Pomacea*) नींदा नियंत्रण में प्रयोग किए जाते हैं। उत्तीयवाराह व साथियों (1979) ने भारत में घोंघा की लिमनिया अकूमीनाटा (*Limnaea acuminata*) स्पीसीस साल्विनिया के जैविक नियंत्रण में उपयुक्त पाया है।

स्तनधारी जानवर : जलीय पौधों को स्तनधारी जानवर भी खाते हैं, जैसे समुद्री गाय या मेनेटी (*Trichechus* spp.) जलमग्न नींदा को खाती है। वयस्क मेनेटी 3 मी. लम्बी व 500 किग्रा. भारी होती है जो प्रतिदिन 25 किग्रा. जलीय वनस्पति खाती है। इसकी उम्र लगभग 50 वर्ष होती है प्रायः सभी प्रकार के जल में रह सकती है। ग्रीष्म काल में जब हरी घास का अधिक अभाव हो जाता है तब भैंसे व गायें भी तैरने वाले जलीय पौधों (जल कुम्भी) व निर्गत जलीय घासों को खाती है।

रोग (Diseases) : जलकुम्भी का नियंत्रण सूत्रिका झुलसन रोग जो मारास्मीलस इनोडरमा (*Marasmiellus inoderma* (Berk.) Sing) के द्वारा होता है तथा एक अन्य रोग जो अल्टरनेरिया इकोरनी (*Alternaria eichhorniae*) से होता है वह भी जल कुम्भी के नियंत्रण में सक्षम है।

नींदा नाशक दवाओं के द्वारा

हाथ से नियंत्रण या यांत्रिक एवं जैविक विधि से जलीय नींदा नियंत्रण की तुलना में नींदा नाशक दवाओं के द्वारा नियंत्रण करना बहुत प्रभावी, सरल व शीघ्र होता है तथा सस्ता भी होता है। परन्तु नींदा नाशक दवाओं के जल में अवशेषों का पशुओं व मानवोपयोगों में हानिकारक हो सकते हैं। उपयुक्त नींदा नाशक का चुनाव कर अवशेषों की समस्या हल की जा सकती है। जब नींदा की समस्या अधिक हो जाती है एवं अन्य कोई दूसरी विधि से नींदा नियंत्रण सम्भव न हो उस परिस्थिति में नींदा नाशक का महत्त्व अधिक बढ़ जाता है तथा जल में होने वाली अन्य हानियाँ गौण हो जाती हैं। अधिकांश नींदा नाशक अनुशंसित दर पर मछलियों को हानिकारक नहीं होते हैं। किन्हीं परिस्थितियों में विशेषतः मछली पालने वाले तालाबों में आवश्यक है कि कुछ नींदा नष्ट किए जाएँ व कुछ को बढ़ने दिया जाए। इस प्रकार का वरणात्मक नियंत्रण यांत्रिक विधि से नहीं हो सकता है केवल वरणात्मक नींदा नाशक ही सक्षम हैं। इससे लक्षित नींदा को मारकर उपयोगी नींदा को अधिक स्थान उपलब्ध किया जा सकता है।

तरण ताल, (Swimming pool) बड़े एक्वारिया (Aquaria), शोभाकारी मत्स्य सरोवर, फुहारा, परिभ्रमणकारी शीतल जल उपकरण आदि में काई के वरणात्मक नियंत्रण हेतु सिमाजिन 1.7 से 8.5 कि.ग्रा. / हे. का प्रयोग किया जाता है।

सरोवरों में काई व अन्य जलमग्न नींदा नियंत्रित करने में सिमाजिन 10 कि.ग्रा. या अधिक दर पर सक्षम है।

जलीय नींदा नियंत्रण का जलचरों पर प्रभाव

जल संसाधनों में यदि उपयुक्त नींदा नाशक उचित दर पर प्रयोग किया जाता है तब जलचरों पर कुप्रभाव की संभावना कम होती है। परन्तु जलीय नींदा के मर जाने से जलचरों के विशेषकर मछली, जलमुर्गी आदि के भोजन में कमी आने से उन पर अधिक प्रभाव पड़ता है।

जो नींदा नाशक मछली को अहितकर नहीं होते हैं वे शैवाल (Planktonic algae) को मार देते हैं। जिससे मछलियों के भोजन में कमी आ जाती है। परन्तु जिन नींदा नाशकों से शैवाल नहीं मरती है तथा अन्य नींदा को मारते हैं उनसे प्राप्त खाद्य तत्त्व अप्रभावी शैवाल को उपलब्ध होते हैं। जिससे उसकी वृद्धि अधिक होती है एवं मछली के भोजन में वृद्धि हो जाती हैं।

नींदा नाशक के प्रयोग के निम्न लाभ हैं –

(1) नींदा नाशक सभी पौधों तक पहुँच सकते हैं, अन्य विधियाँ सभी नींदा को नहीं मार पाती हैं।

(2) वर्ष में 1 या दो बार नींदा नाशक का छिड़काव करके नींदा नियंत्रित किया जा सकता है, जबकि यांत्रिक विधि से अनेक बार नियंत्रण करना पड़ता है।

(3) नींदा नाशक से मारने पर पौधे जल में ही सड़ जाते हैं जिससे खाद्य तत्त्वों की हानि नहीं होती।

(4) अन्य विधियों की तुलना में नींदा नाशक सस्ते होते हैं।

(5) समय की बचत होती है।

(6) वरणात्मक नींदा नियंत्रण कर उपयोगी पौधों को बचा सकते हैं एवं हानिकारक पौधों को मार सकते हैं जबकि यांत्रिक विधि से यह नहीं हो सकता।

जलीय क्षेत्रों में नींदा नाशक की प्रयोग विधि

जल संसाधनों में तैरने वाले व निर्गत पौधों को मारने हेतु नींदा नाशक का पर्ण छिड़काव किया जाता है ठीक उसी प्रकार जैसा खेतों में किया जाता है। इसके छिड़काव हेतु नाव या वोट, मोटर बोट का उपयोग किया जा सकता है। बड़ी झीलों या तालाबों में तथा उस क्षेत्र में जहाँ पर नींदा अधिक सघन होते हैं एवं नाव या बोट चलना कठिन हो वहाँ पर हेलीकाप्टर के द्वारा छिड़काव किया जा सकता है। भारत वर्ष में हैदराबाद में ''हिमायत सागर'' में जलकुम्भी के नियंत्रण हेतु सर्वप्रथम हेलीकाप्टर के द्वारा 2,4-डी का छिड़काव किया गया।

उपचार यंत्र

पावर स्प्रेयर या फुट स्प्रेयर के द्वारा तटीय नींदा को नियंत्रित करने में सरलता प्राप्त हो सकती है। जलाशय में नाव या बोट के द्वारा छिड़काव करने हेतु ''नेपसेक स्प्रेयर'' या पावर स्प्रेयर उपयुक्त होगा। मोटर बोट में फिट स्प्रेयर के द्वारा छिड़काव में सुगमता होगी। इसके द्वारा 20 से 200 लि./मिनिट छिड़काव किया जा सकता है।

जलमग्न नींदा नियंत्रण हेतु नींदा नाशक, जलाशय में ही मिलाए जाते हैं, जिससे पूरे जल का तनु घोल (Dilute solution) बन जाए। जो नींदा नाशक शीघ्र ही विसरण हो जाते हैं उनका सांद्र घोल इन्जेक्ट कर दिया जाता है परन्तु जिनका विसरण मंद होता है उनको जल में घोल बना कर इंजेक्ट करते हैं।

जिन जलाशयों में नींदा अति सघन होते हैं तथा नाव या बोट चलना कठिन हो वहाँ पर हेलीकाप्टर के द्वारा छिड़काव उपयुक्त होगा 60 से 70 कि.मी./घंटे की रफ़्तार से एक हेलीकाप्टर 200 से 250 हे. के जलाशय में एक दिन में छिड़काव कर सकता है।

नींदा नाशक कणिका

कणिका संरूपण का छिड़काव जलमग्न नींदा नियंत्रण हेतु किया जाता है।

सावधानियाँ

जलीय क्षेत्र में नींदा नाशक दवाओं का प्रयोग सतर्कता पूर्वक करना आवश्यक है क्योंकि अधिकांश दवाएं मछलियों को व अन्य जलीय जन्तुओं एवं पशुओं व मनुष्यों के लिए हानिकारक होती हैं।

मत्स्य पालन क्षेत्र में सम्पूर्ण जलाशय को एक ही समय उपचारित नहीं करना चाहिए क्योंकि एक समय उपचारित करने से पूरी वनस्पति एक साथ सड़ेगी जिससे जलाशय में आक्सीजन की कमी हो जाएगी परिणामत: मछलियाँ मर सकती हैं। अत: जलाशय के आधे भाग को पहले उपचारित करें उसके साफ हो जाने के बाद शेष भाग को उपचारित करें।

एक्रोलिन का उपयोग प्रवाहित जल में करें जहाँ पर मछलियाँ न हों। यह ज्वलनशील नींदा नाशक है अत: सावधानी पूर्वक प्रयोग करें।

नींदा नाशक की मात्रा ज्ञात करना

जलीय संसाधनों में नींदा नाशक छिड़काव हेतु नींदा नाशक की मात्रा जिस क्षेत्र विशेष में प्रयोग करना है उसके आधार पर ज्ञात करते हैं। तथा किस प्रकार के नींदा मारना है जैसे तैरने वाले या निर्गत नींदा को मारने हेतु पृथक मात्रा का उपयोग करते हैं। तथा उसी क्षेत्र में जलमग्न नींदा नियंत्रित करना है तो पृथक मात्रा उपयोगी होगी।

तैरने वाले या निर्गत नींदा हेतु

झील या तालाब के स्थिर जल में या नहरों या नालों के प्रवाहित जल में तैरने वाले व निर्गत नींदा नियंत्रण हेतु सतह के क्षेत्रफल के आधार पर नींदा नाशक की मात्रा ज्ञात करते हैं।

उदाहरण यदि 15 हे. के एक तालाब में जलकुम्भी के नियंत्रण हेतु 2,4–डी 4 कि.ग्रा.सक्रिय अंश/हे. की दर से उपचारित करना हैं तो एग्रोडान 48 ईसी. (व्यवसायिक पदार्थ) की कितनी मात्रा की आवश्यकता होगी?

$$\text{एग्रोडान 48 ई.सी. की मात्रा} = \frac{100 \times 4 \times 15}{48} = 125 \text{ लि.}$$

जल मग्न नींदा का स्थिर जल में नियंत्रण हेतु

स्थिर जल में जल मग्न नींदा के नियंत्रण हेतु नींदा नाशक दवा को सक्रिय पदार्थ के आधार पर, संपूर्ण तालाब या झील के जल का पी.पी.एम. डब्ल्यू में नींदा नाशक का घोल बनाने हेतु मात्रा ज्ञात कर छिड़काव करते हैं।

उदाहरण यदि 100 मी. लम्बी, 100 मी. चौड़ी व 1.5 मी. गहरी झील में 2, 4–डी (सक्रिय अंश) 0.6 पी.पी.एम. डब्ल्यू. की दर से उपचारित करना है तब 2, 4–डी की कितनी मात्रा की आवश्यकता होगी?

$$\text{नींदा नाशक की मात्रा (सक्रिय अंश) कि.ग्रा.} = \frac{\text{लम्बाई मी.} \times \text{चौडाई} \times \text{औसत गहराई} \times \text{पी. पी.एम. डब्ल्यू}}{1000}$$

$$\text{2, 4–डी की मात्रा किग्रा. (सक्रिय अंश)} = \frac{100 \text{ मी.} \times 100 \text{ मी.} \times 1.5 \text{ मी.} \times 0.6 \text{ पी. पी.एम. डब्ल्यू}}{1000} = 9.0 \text{ कि.ग्रा.}$$

एक लि. जल	=	100 घ. से.मी.होती है।
एक घन मी. जल	=	1000 लि. जल
झील में जल की मात्रा लि.	=	1000 × 100 × 100 × 1.5
	=	15,000,000 लि.

$\therefore$ 1 लि. जल का 0.6 पी.पी.एम.डब्ल्यू घोल बनाने हेतु 0.6 मि.ग्रा. 2, 4–डी की आवश्यकता होती है।

$\therefore$ 150,00,000 लि.जल हेतु = 0.6 × 150,00,000 मि.ग्रा.

या

$$= \frac{0.6 \times 15000000}{1000 \times 1000} \text{ कि.ग्रा.} = 9.0 \text{ कि.ग्रा.}$$

प्रवाहित जल में जलमग्न नींदा का नियंत्रण

नहरों आदि के प्रवाहित जल में जलमग्न नींदा नियंत्रण हेतु, नींदा नाशक की मात्रा ज्ञात करने के लिए नहर में जल–निकास की मात्रा (घन मी./से. या लि./से.) ज्ञात होना आवश्यक है।

जल निकास घन मी./से. = W × D × V × 0.9

W= नहर की चौड़ाई मी.

D = नहर की गहराई मी.

V = जल प्रवाह की गति मी./से.

यदि 20 मी. चौड़ी, 2 मी. गहरी नहर में जल प्रवाह की गति 1 मी./से. है तो उसकी जल निकास की मात्रा

= 20 × 2 × 1 × 0.9

= 36 घन मी./से.

$$\text{या} \quad \frac{20 \times 100 \times 2 \times 100 \times 100 \times 0.9}{1000} = 36{,}000 \text{ लि./से.}$$

यदि इस नहर के प्रवाहित जल में जलमग्न नींदा नियंत्रण 0.25 पी.पी.एम.डब्ल्यू. की दर से करना है तो किस दर से प्रति से. जल में नींदा नाशक इन्जेक्ट किया जाएगा तथा 20 कि.मी. लम्बी नहर के उपचार हेतु नींदा नाशक (2, 4–डी) की कितनी मात्रा की आवश्यकता होगी?

$\therefore$ 0.25 मिलिग्रा. 1 लि. जल में घोलने से 0.25 पी.पी.एम.डब्ल्यू. का घोल बनता है

$\therefore$ 36,000 लि.से. जल निकास हेतु

$$= \frac{0.25 \times 36{,}000}{1000} = 9 \text{ ग्रा./से.}$$

1 मी. की दूरी हेतु 9 ग्रा. 2, 4–डी की आवश्यकता है।

20 × 1000 मी. की दूरी हेतु

= 20 × 1000 × 9 ग्रा. = 180 कि.ग्रा.

उ. = 9 ग्रा./से. की दर से 180 कि.ग्रा. 2, 4–डी को इन्जेक्ट करना पड़ेगा।

जलीय नींदा की विभिन्न स्पीसीस के नियंत्रण हेतु नींदा नाशक दवाएं व उपचार विधि

नींदा नाशक	दर कि.ग्रा./हे. सक्रिय अंश	उपचार विधि	नियंत्रित होने वाली स्पीसीस
2, 4-डी	4.0	पर्णोचार	जल कुंभी *(Eichhornia crassi pes)* (Mort. Solms Lubach)
	,,	,,	*E. azurea*
	2	,,	*Monochoria vuginalis* Bresl.
	4.0	,,	*Limnobium spongia* (Bosc steud.)
	30-40 कणिकायें	,,	कमल (*Nelumbo lutea*)
2, 4-डी आइसो	8.0	,,	सेजीटेरिया (*Sagittaria*)
	30-40 कणिकायें	,,	कमलनी (*Nymphaea odorata*)
	कणिकायें		सुगंधित
	,,	,,	पीली कमलनी (*Nuphar lutem* L.)
	4-8	,,	पालीगोनम पंक्टेटम
			Polygonum punctatum; P. hydropiper L.; *P. hydropiperoides* Michaux.; *P. densiflorium*
	30-40 कणिकायें अधिक मात्रा घने व पुराने		ब्रासेनिया स्क्रेबरी (*Brasenia schrebrri* Gmelin)
	3 पी.पी.एम.डब्लू.	जल में इन्जेक्ट करना	सरेटोफाइलम *Ceratophyllum demersum* L.; *C. echinatum* Gray.
	20	पर्णों पर छिड़काव	माइरियोफइलम स्पीकेटम *Myriophyllum spicatum* L.
			माइरियोफाइलम *M. brasilience* Comb.
	20	कणिकायें	,, ब्रासीलीएन्स
	2-3	पर्णोपचार	बेशरम *Ipomoea carnia*
			नारीभाजी *Ipomoea aquatica*
	1-2	,,	जल जूट *Corchorus capsularis*
		,,	करई चेंच
		,,	ताल मखाना *Ludwigia parviflora*
		,,	भृंगराज *Eclipta alba* Hassk.

		,,	कनकी ***Commelina communis***
		,,	नागरमोथा ***Cyperus* spp.**
		,,	गोंदली ***Fimbristylis* spp.**
		,,	सिरपस ***Scirpus* spp.**
डाइक्वाट + कापर सल्फेट पेन्टाहाइड्रेट	18 + 22.00	जल में तलहटी से उपचार (जल में 50 पी.पी. एम. से अधिक हार्डीनेस होने पर)	इलोडिया डेन्सा ***Elodea densa* Planch** हाइड्रिला ***Hydrilla verticillata* Royle**
डाइक्वाट	0.5–1.0 पी.पी.एम. डब्ल्यू	स्थिर, जल में सतह के नीचे उपचार	सरेटोफाइलम ***Ceratophyllum demersum* L., *C. echinatum* Gray.**
	1–2 पी.पी.एम.	स्थिर जल में सतह से नीचे	केबोमलोआ ***Cabomloa***
	1–1.5 पी.पी.एम.	,,	पोटामोगेटान ***Potamogeton* spp.**
	0.25–0.5 पी.पी.एम.	,,	नाजस ***Najas quadalupensis* (Spreng.) Magnus**
	0.5 पी.पी.एम.	,,	रूपिया मारिटिमा ***Ruppia maritima* L.**
			इलियोकेरिस ***Eleocharis acicularis* L.**
			नागरमोथा ***Cyperus difformis***
			***C. sanguinolenthus* Vahl.**
			***C. brevifolius* Hassk.**
			***Cyperus* spp.**
			सिरपस ***Scirpus* spp.**
			गोंदली ***Fimbristylis* spp.**
डाइक्वाट	0.5–0.75	पर्णोपचार	साल्भीना ***Salvina rotundifolia* Willd.**
			हाइड्रोकाटिल ***Hydrocatyl umbellata* L.**
	0.25-1.0	,,	अजोला ***Azolla* spp.**
	पी.पी.एस.	,,	बुल्फिया ***Wolffia* spp.**
		,,	बुल्फिला ***Wolffiella* spp.**
	0.25-0.5	,,	युट्रीकुलेरिया ***Utricularia* spp.**
		,,	लिमनोबियम ***Limnobium spongia***
	5.0 पी.पी.एम.	स्थिर जल में इंजेक्ट करना	इलियोकेरिस ***Eleocharis acicularis* (L.) R. and S.**

	0.25–1.0 पी.पी.एम.	पर्णोपचार	लेम्ना *Lemna* spp.
	0.25–0.5 पी.पी.एम. यह अत्यधिक विषाक्त है।	पर्णोपचार	स्पारोडेला *Spirodella* spp.
डालापान	15.0	पर्णोपचार	रामबान *Typha latifolia* L. *T. augustifolia* L. *T. domingensis* Pers. *T. glauca* Godr.
डालापान + नींदा नाशक तेल	10 + 2.5	"	
	5–20	"	लीरसिया *Leersia hexandra* Swartz.
	"	"	गठिया घास *Ruttboelia exultata*
	5-10	"	सेटेरिया *Setaria magna* Griseb.
	15.0	"	रीड *Phragmites communis* Trin
	5-10	"	पेनीकम *Panicum hemitomon* Schult. *Panicum purpuruscens* Raddi. *Panicum repens*
		"	जलदूब *Paspalum distichum* L.
		"	क्लेडियम *Cladium jamaiicensis*
	2-5	"	सांवा *Echinochloa colonum*
	"	"	करधान *Oryza sativa* L. Spontanea
	"	"	मुर्दी *Sehima nurvosum*
	"	"	गरू *Coix lachryma jobi* हरित शैवाल
एन्डोथाल	1.5 पी.पी.एम.	स्थिर जल में सतह के नीचे इन्जेक्ट करना	क्लेडोफोरा *Cladophora* spp.
			हाइड्रोडिक्टियान *Hydrodictyon* spp.
			ओडोगोनियम *Oedogonium* spp.
			पिथोफोरा *Pithophora* spp.
	2-3 पी.पी.एम.	स्थिर जल में सतह के नीचे इंजेक्ट करना	सरेटोफाइलम *Ceratophyllum demersum* L.
	75–100 कि. कणिकायें	नींदा पर छिड़काव	रूपीया मेरीटिया *Ruppia maritima* L.

	100–150 कि.ग्रा. कणिकायें	''	पोटामोगेटान *Potamogeton* spp.
	150–200 कि.ग्रा. कणिकायें	''	हाइड्रिला *Hydrill verticillata*
	50–100 कि. कणिकायें	''	माइरियोफाइलम *Myriophyllum spicatum* L.
	2–3 पी.पी.एम.	नींदा पर छिड़काव	नाजस *Najas marina* L.
			Najas quadalupensis
	1.5 पी.पी.एम.	''	भेलिसनेरिया *Vallisneria*
	3–4 पी.पी.एम.	''	केबोज़्बा *Cabomba* spp.
एक्रोलीन	4–7 पी.पी.एम. डब्ल्यू.	जल में इंजेक्ट करना	यूट्रीकुलेरिया सरेटोफाइलम रूपीया
			मेरीटिमा पोटामोगेटान केबोज़्बा
	यह केवल सिंचाई की नहरों में जहां पर मछलियाँ न हो उपयोग करना चाहिए।		
सिल्वेक्स	8.0 कि.ग्रा.	पर्णोपचार	अल्टरनेन्था *Alternanthera philoxeroides* (Mert. Griesb.)
	6–8 कि.ग्रा.	''	सलिक्स *Salix* spp.
सिल्वेक्स	8 कि.ग्रा.	पर्णोपचार	सेजीटेरिया *Saggitaria* spp.
आइसोआक्टिल	''	''	
ईस्टर	''	''	रामबान *Typha* spp.
सिल्वेक्स + एन्डोथाल	2–4 पी.पी.एम.	स्थिर जल में सतह के नीचे इंजेक्ट करना	कमल *Nelumbo lutea* (Willd.)
			कमलनी *Nymphaea odorata* Aiton
		''	पत्ती कमलनी *Nuphar lutem* L.
		''	पोन्टेडेरिया *Pontederia lanceolata* Nutt.
		'' ''	'' *P. cordata* L.
सिल्वेक्स कणिकायें	20 कि.ग्रा.	नींदा पर छिड़काव	माइरियोफाइलम *Myriophyllum* spp.

शैवाल का नियंत्रण

नींदा नाशक	दर	विधि	नियंत्रित होने वाली स्पीसीस
		नील-हरित शैवाल	
कापर सल्फेट (पेन्टाहाइड्रेट)	0.25 पी.पी.एम.	मृदु जल में कठोर जल में	एनाबेना स्पीसीस *Anabaena* spp.
	50 पी.पी.एम. से कम		माईक्रोसिस्टिस स्पीसीस *Microsyetis* spp.
	1.0 पी.पी.एम.	कठोर जल में	
		हरित शैवाल	
	1.0–2.0 पी.पी.एम.डब्ल्यू.	मृदु जल में	कारा स्पीसीस *Chara* spp. क्लेडोफोरा स्पीसीस *Cladophora* spp.
	2–3 पी.पी.एम.डब्ल्यू.	कठोर जल में	हाइड्रोडिक्टीआन *Hydrodictyon* spp. नाइटेला *Nitella* spp. ओडोगोनियम *Oedogonium* spp. स्पाइरोगायरा *Spirogyra* spp.
यह मछलियों को हानिकारक है तथा मनुष्यों व अन्य स्तनधारी जीवों को बहुत कम हानिकारक है।			
क्यूट्रीन	22.5 लि. 45 लि.	मृदु जल में कठोर जल में	ऊपर दर्शायी सभी स्पीसीस हेतु

Source : Aquatic weed identification and control mannual published by Bureau of Aquatic plant Research and control. Florida Department of Natural Resources.

■■■■

41

समस्याजनक नींदा का नियंत्रण
(Control of Problem Weeds)

चिरैया बाजरा (फेलेरिस माइनर) का प्रकोप तथा उसका निदान

जब से गेहूँ की बौनी किस्में कृषकों ने ऊगाना शुरू किया है, तब से उनके खेतों में "चिरैया बाजरा" नामक एक खरपतवार की नवीन समस्या बढ़ती जा रही है। इस खरपतवार की समस्या कृषि प्रक्षेत्रों में भी भीषण रूप धारण कर चुकी है। चिरैया बाजरा का बीज कृषकों के खेतों में बौने गेहूँ के साथ प्रसारित हुआ है।

चिरैया बाजरा

चिरैया बाजरा का पौधा प्राय: गेहूँ के पौधे के अनुरूप ही होता है (चित्र 41.1)। वह खेत में गेहूँ के बीज के साथ ही ऊगता है एवं उसी के साथ साथ बढ़ता है। इसका पौधा एवं पत्तियाँ लगभग गेहूँ के पौधे जैसे ही होती है। इसलिए प्रारज़्भिक अवस्था में इसे आसानी से पहिचाना नहीं जा सकता और पौधे स्वच्छंदता से गेहूँ के पौधों के साथ बढ़ते हैं। यह खरपतवार गेहूँ को उपलब्ध होने वाले पोषक तत्त्वों का उपयोग करता है। इसलिए गेहूँ को मिलने वाले तत्त्वों में कमी हो जाती है और गेहूँ की वृद्धि में बाधा हो जाती है। ये पौधे बहुत सा स्थान घेर लेते हैं जिससे गेहूँ के पौधों को स्थान की कमी हो जाती है और उनमें कल्ले कम निकलते हैं। ये पौधे प्रकाश ऊर्जा का भी उपयोग करते रहते हैं। पौधों को उपलब्ध होने वाले भूमि जल का उपयोग ये पौधे करते हैं जिससे गेहूँ के पौधों की जल संबंधी आवश्यकता भी अपूर्ण रह जाती है। अत: इन सभी कारणों से इस खरपतवार के द्वारा गेहूँ की वृद्धि नहीं हो पाती एवं अंतत: उपज में 25 से 50% कमी हो जाती है।

चिरैया बाजरा का प्रकोप

इस खरपतवार का आक्रमण जिस क्षेत्र में एक बार हो जाता है उसमें यह बहुत ही ऊग्र रूप धारण कर लेता है। इसका प्रसार होने का मुज़्य कारण इसकी बालियों में अधिक बीज होना एवं प्राय: प्रत्येक बीज में अंकुरित होने की क्षमता का होना है अत: यह आवश्यक है कि खरपतवार का उन्मूलन प्रारज़्भ में ही कर दिया जाए जिससे भविष्य में यह दूसरे खेतों में हमला न कर सके। इस समस्या को सुलझाने हेतु इस पौधे की सही पहिचान, उसकी वृद्धि की अवस्थाओं एवं विनाश के संभाव्य तरीकों का ज्ञान आवश्यक है।

चित्र 41.1 *Phalaris minor* Retz. चिरैया बाजरा

चिरैया बाजरा की पहिचान

इसका पौधा गेहूँ के पौधे से मिलता जुलता है। तने की ऊँचाई 100-120 सें.मी. होती है। पत्ती 20 से 25 से.मी. लंबी तथा 1 से.मी. चौड़ी होती है। पत्तियों का आकार गेहूँ की पत्तियों जैसा ही होता है। गेहूँ की तुलना में इसकी पत्तियाँ बहुधा लंबी, संकरी व नुकीली तथा हल्के हरे रंग की होती है तथा लीग्यूल पाया जाता है। चिरैया बाजरा को तना के लाल रंग के आधार पर भली भांति पहिचाना जा सकता है जो कल्ले निकलने की अवस्था में तथा उसके कुछ दिन पूर्व या बाद में स्पष्ट रूपेण गेहूँ के पौधों से सावधानीपूर्वक भिन्न किया जा सकता है।

इसकी बालियों में सींकुर (Awns) नहीं पाए जाते हैं तथा बाली की लम्बाई 5-7 से.मी. होती है जो गेहूँ की बाली से बहुत छोटी एवं पूर्ण भिन्न होती है।

इसके दाने गेहूँ के दानों से छोटे व चपटे होते हैं अलसी के दानों से अधिक चौड़े तथा गोलाई लिए हुए होते है। इसकी बालों से दाने निकालकर चिड़िया शौक से खाती है।

वृद्धि अवस्थाएँ

इसकी वृद्धि लगभग गेहूँ के अनुसार ही होती है। गेहूँ के सदृश्य इसकी भी चार अवस्थाएँ होती है।

1. कल्ले

यह अवस्था बीज के ऊगने के 20-25 दिन के उपरांत आती है। इस समय 6-8 पत्तियाँ होती हैं। इस अवस्था के इसके पौधे गेहूँ के पौधे के समान ही होते हैं। बोने के 20 दिन उपरांत प्रति पौधे में 3-4 कल्ले साधारण रूप से

निकल आते हैं पौध सघनता कम होने पर कल्लों की संज़्या अधिक भी हो सकती है। इस अवस्था में इस खरपतवार का निदान तने के लाल रंग के आधार पर किया जा सकता है।

2. गभोट

इस अवस्था में भी इन पौधों व गेहूँ के पौधो में सादृश्य होता है। गेहूँ भी गभोट की अवस्था में रहता है इस अवस्था में ''बाली'' शीर्ष पत्ती के भीतर अविकसित अवस्था में रहती है।

3. बाली

इस अवस्था में बाली का विकास हो जाता है तथा वह पूर्ण रूपेण शीर्ष पत्ती के बाहर निकल आती है। ''बाली'' निकलने के 8–10 दिन के बाद एवं परागण के उपरांत पुमंग ''बाली'' के बाहर निकल आते हैं। 20–25 दिन बाद इनमें दाने भर जाते हैं। इस अवस्था में यह खरपतवार आसानी से गेहूँ की बालियों से भिन्न नजर आता है।

4. परिपक्वावस्था

इस अवस्था में बालियाँ प्रायः सूख जाती हैं व सफेद रंग की दिखाई देती हैं। दाने पक जाते हैं जिनका रंग मटमैला पीला होता है। अधिक पकने पर मटैला सा हो जाता है इसके दाने पककर अधिकांश खेत में ही विकीर्ण होते हैं।

खरपतवार का प्रसारण

इस खरपतवार का प्रसारण निज़ विधियों से होता है।

1. दानों का हवा द्वारा विकीर्णन

जब दाने पक जाते हैं तो वे हवा के झोकों से ही खेत में फैल जाते हैं जो कभी-कभी हवा के तीव्र प्रवाह से दूसरे खेतों में भी पहुँच जाते हैं।

2. गेहूँ के बीज के साथ

बाली के संपूर्ण बीज हवा द्वारा खेत में नहीं गिरते। कुछ दाने बाली में ही लगे रहते हैं तथा गेहूँ के साथ काट लिए जाते हैं। इस प्रकार ये बीज गेहूँ के बीज के साथ मिल जाते हैं। इसी दूषित बीज को विभिन्न कृषकों द्वारा जब खेतों में बोया जाता है तब ये बीज भी खेतों ऊग आते हैं और वहाँ फैल जाते हैं।

3. कृषि यंत्रों द्वारा

हल बखर, ट्रेक्टर आदि कृषि यंत्रों के साथ जो मिट्टी लग जाती है उस मिट्टी के साथ वे दूसरे खेतों में इन यंत्रों के माध्यम से पहुँच जाते हैं।

4. वर्षा तथा सिंचाई द्वारा

वर्षा के दिनों में जल के प्रवाह के साथ एक खेत से दूसरे खेत में खरपतवार के बीज सरलता पूर्वक पहुँच जाते हैं। जहाँ पर सिंचाई नहरों से होती है। वहाँ पर खासतौर से इस खरपतवार के बीज एक खेत से दूसरे में पहुँच जाते हैं।

प्रसारण रोकने के उपाय

1. गेहूँ का शुद्ध बीज अनिवार्य रूप से बोने के काम लाना चाहिए।
2. कृषि यंत्रों को एक खेत से दूसरे में ले जाते समय उन्हें उसी खेत में साफ करना आवश्यक है।
3. खरपतवार रहित खेत में खरपतवार युक्त क्षेत्र का जल नहीं पहुँचना चाहिए।
4. जिस खेत में यह खरपतवार हो उसकी दो बार निंदाई कर उसका पूर्ण उन्मूलन करना आवश्यक है।

उन्मूलन का तरीका

1. निंदाई द्वारा

इसके उन्मूलन का एक उपाय निंदाई है। यद्यपि यह पौधा प्राथमिक अवस्था में गेहूँ के पौधे के समान ही दिखाई देता है तथापि इसके तने का निचला भाग लाल दिखाई देता जो कि गेहूँ के तने के रंग से भिन्न होता है। अत: उसे कल्ले निकलने की अवस्था में ही गेहूँ के पौधों से सावधानीपूर्वक भिन्न कर समूल उखाड़ फेकना चाहिए। गभोट की अवस्था में इसे अलग नहीं करना चाहिए क्योंकि यह पूर्ण रूप से पृथक नहीं दिखता व गेहूँ के पौधों को निंदाई से हानि पहुँचती है। दूसरी बार निंदाई बाली निकलने पर करना चाहिए। इस अवस्था में इसके पौधे गेहूँ के पौधे से स्पष्ट रूप से तथा दूर से ही भिन्न नजर आते हैं। अत: इस अवस्था में इन पौधों को सरलता पूर्वक पहिचान कर उखाड़ फेंकना चाहिए। ध्यान रहे कि यह निंदाई इसके बीज बनने के पूर्व ही करना चाहिए। अन्यथा उसके बीज खेत में ही झड़ जाएंगे व निंदाई करना व्यर्थ हो जाएगा।

कृषक चिरैया बाजरा के प्रसारण रोकने हेतु पहले से ही सजग रहें तथा उसका प्रसारण न होने दें। जिन क्षेत्रों में यह पहुँच चुका है वहाँ पर शीघ्रातिशीघ्र निदाई कर उसका निदान करें।

2. स्टेल सीड बेड की विधि

इस विधि में जिस खेत में ''चिरैया बाजरा'' का प्रकोप विदित है उस खेत को खरीफ फसल काटने के बाद अक्टूबर या नवज़्बर माह में जुताई या बखराई कर दें। उसके बाद खेत में सिंचाई कर दें। इन क्रियाओं से ''चिरैया बाजरा'' व अन्य खरपतवार जैसे जंगली जई, बथुआ, सेंजी आदि अंकुरित हो जाएंगे। बतर आने पर कम गहराई पर बखर (Blade harrow) चलाकर ऊगे हुए नींदा को नष्ट कर दें। उसके बाद गेहूँ या अन्य रबी की दलहनें या तिलहनी फसलों को बोएं। इस प्रकार की गई बोनी में नींदा का घनत्व कम होगा। जब पहली सिंचाई होगी तब इसकी संज़्या अधिक बढ़ेगी इस अवस्था में फसल की अधिक सघनता के कारण स्पर्धा नहीं कर पाएगा व हानि कम होगी। जब बोनी में विलज़्ब हो गया हो जैसे धान की देर से पकने वाली किस्मों के बाद अनावश्यक समय

"स्टेल सीड बेड" तैयार करने में नहीं लगाना चाहिए क्योंकि स्टेल सीड बेड बनाकर बोनी करने में रबी की फसल 15 से 20 दिन पिछड़ जाती है। परिणामतः उपज में कमी हो जाती है जो चिरैया बाजरा की स्पर्धा की तुलना में अधिक होगी।

3. अधिक बढ़वार फसलों को ऊगाना

चिरैया बाजरा से प्रभावित क्षेत्र में ऐसी फसलें बोएं जिनकी वृद्धि दर अधिक हो तथा पौधों की बाढ़ चिरैया बाजरा से अधिक हो। जैसे जौ, जई, गेहूँ, बौनी किस्म - डब्लू एच 147, ऊची किस्म सी 306, मटर, सरसों या सूर्यमुखी। इससे प्रभावित क्षेत्र में मसूर, चना, तेवड़ा, बाकला उर्द, एवं अलसी भूलकर भी न बोएं क्योंकि इनकी बाढ़ कम होती है ये चिरैया बाजरा से स्पर्धा नहीं कर सकती व नींदा से दब जाती हैं।

4. बोनी सघन करें

बीज की मात्रा प्रभावित क्षेत्र में 25% अधिक बोएं। कतारों की दूरी कम कर दें। गेहूँ का 125 कि.ग्रा. बीज 20 सें.मी. या उससे भी कम दूरी (16 से.मी) पर बोएं। बोनी आड़ी व खड़ी कतारों में दोनों दिशाओं से करें। इससे फसल की सघनता बढ़ेगी तथा नींदा से स्पर्धा करने में आगे रहेगी।

5. उर्वरक कतारों में दें

गेहूँ एवं अन्य फसलें जो नींदा ग्रसित क्षेत्र में बोते हैं उनमें उर्वरक बीज के साथ मिलाकर कतारों में ही दें इससे दो कतारों के बीच में चिरैया बाजरा को तत्त्व कम मिलेंगे व उसकी वृद्धि कम होगी।

6. फसल चक्र अपनाएँ

जिस खेत में चिरैया बाजरा फैल गया है उसमें गेहूँ न बोकर बरसीम या लूसर्न या जई व बरसीम की मिश्र फसलें लें। इससे बार-बार कटाई होने पर चिरैया बाजरा भी कट जाएगी अंततः उसके बीज नहीं बन पाएंगे। 3 या 4 साल तक इन फसलों को बोने से चिरैया बाजरा बहुत कम हो जाएगी। उसके बाद उसमें मटर या अन्य कोई दलहन या तिलहन फसल बोएं और यदि कोई चिरैया बाजरा का पौधा दिखाई देता है तो उसे बालियाँ निकलने के पहले ही उखाड़ दें।

7. रासायनिक विधि

गेहूँ की फसल में- आइसोप्रोटुरान 1.0 कि.ग्रा./हे., मेथाबेंजथियाजूरान 1.5 कि.ग्रा./हे., टरबूट्रिन 800 ग्रा./हे., आक्साडाइजान 1.0 कि.ग्रा./हे., पेन्डीमिथेलीन 1.5 किग्रा./हे. या आक्सीक्लोरफेन 0.24 कि.ग्रा. की दर से बोनी के तुरन्त बाद और ऊगने के पहले 500 से 600 लि. पानी में घोल कर छिड़काव करने से चिरैया बाजरा का अंकुरण नहीं होता (देखें गेहूँ में नींदा नियंत्रण)।

आइसोप्रोटुरान 1.0 किग्रा. या मेटाक्जुरान 1.5 से 2.0 किग्रा./हे. 600 से 700 लि. पानी में घोल ऊगने के 15 से 20 दिन पर जब चिरैया बाजरा 2 से 3 पत्ती की अवस्था में हो छिड़काव करें। इससे चिरैया बाजरा मर जाएगी तथा गेहूँ पर विपरीत असर नहीं होगा। यदि चिरैया बाजरा की कल्ले वाली अवस्था आ जाती है तो नींदा नाशक की

अधिक मात्रा लगती है तथा प्रभाव मंद गति से होता है कुछ पौधे पुनर्जीवित हो जाते हैं। इसलिए नींदा नाशक का उपचार उपयुक्त समय पर करें। नींदा नाशक जब उपयोग करें उस समय भूमि में पर्याप्त नमी हो।

दलहनी व तिलहनी फसलों में

चिरैया बाजरा का प्रकोप उन दलहनी व तिलहनी फसलों में भी होता है जो सिंचित गेहूँ के फसल चक्र में आती है। इन फसलों में इसके नियंत्रण हेतु आसोप्रोटुरान 1.0 कि.ग्रा./हे. या मेथाबेन्जथियाजुरान 1.5 कि.ग्रा. बोनी के तुरन्त बाद व अंकुरण के पहले प्रयोग करना चाहिए। इन फसलों में ऊगने के बाद चिरैया बाजरा को नियंत्रित करने हेतु ज़्लूएजीफाप बुटाइल 0.24 किग्रा./हे. या हेलाक्सीफाप मिथाइल 0.24 कि.ग्रा./हे. की दर से 500-600 लि. पानी में 20 दिन के बाद छिड़काव करें।

कांस (*Saccharum spontenium*)

मध्यप्रदेश में कांस अत्यधिक समस्या जनक बहुवर्षीय घास कुल का नींदा है (चित्र 41.2)। यह बीज व भूमिगत तनों से प्रसारित होता है इसकी वृद्धि वर्षा ऋतु में अधिक होती है। शीतकाल व ग्रीष्मकाल में वृद्धि बहुत कम होती है। परन्तु फसलों को अधिक हानि पहुँचाता है। हाथ की निंदाई से यह नियंत्रित नहीं होता है।

चित्र 41.2 *Saccharum spontaneum* L. F. Gramineae

नियंत्रण की विधि

1. जुताई के द्वारा

ग्रीष्म काल (मई माह) में खेत की एक बार गहरी जुताई (15 से 20 से.मी.) करें। उसके बाद भूमिगत तनों को एकत्रित कर जला दें। जुताई के बाद 3-4 बार डकफुट हेरो 10 दिन के अन्तर में चलायें। वर्षा ऋतु में 1 बार डक फुट हेरो" चलाकर जो भी भूमिगत तने पुनर्जीवित हो उन्हें नष्ट कर दें। रबी में गेहूँ, जौ या मटर, की फसल ऊगायें एवं पुनः ग्रीष्म काल में गहरी जुताई कर शेष कांस को नष्ट कर दें। यह सबसे सस्ता व सरल उपाय है।

2. मचौआ द्वारा (Puddling)

जिस खेत में पानी भरने का साधन हो उसमें देशी हल से या ट्रेक्टर के द्वारा मचौआ (Puddling) कर धान को रोपा पद्धति से लें व वर्षा काल में पानी भर कर रखें। इस विधि से एक वर्ष में ही कांस नियंत्रित हो जावेगा। वर्षाकाल में जलमग्न रहने की दशा में भूमिगत तने मर जाएंगे। इस विधि से जवाहरलाल नेहरू कृषि विश्वविद्यालय के "खेरी फार्म" में कांस को नियंत्रित किया गया।

3. रासायनिक विधि (Chemical method)

ग्लाइफोसेट 2.4 से 3.0 कि.ग्रा. सक्रिय अंश/हे. (टी पाल के साथ) या डालापान 6 कि.ग्रा./हे. (टीपाल के साथ) या फ़्लूयेजीफाप पी बुटाइल 0.5 से 1.0 कि.ग्रा./हे. या हेलाक्सीफाप मिथाइल 1 से 1.5 किग्रा. सक्रिय अंश/हे. का वर्षा प्रारम्भ होने पर जून के अंतिम व जुलाई के प्रथम सप्ताह में जब नए कल्ले निकलते हैं उन पर पर्णोपचार करें। इन नींदा नाशक दवाओं को 500-600 लि. पानी में घोलकर स्प्रेयर द्वारा समान रूप से छिड़काव करें। यदि 1 माह के अन्दर नए कल्ले फिर से निकलें या कोई अनुपचारित कांस शेष बच जाता है तो उसे पुनः उपचारित करें।

गोंदला (*Cyperus rotundus* L.)

असिंचित व सिंचित दोनों दशाओं में यह बहुवर्षीय नींदा है जो फसलों को प्रभावित करता है (चित्र 41.3, 41.4)। गोंदला की वृद्धि बीज व भूमिगत छोटे कंद (गठानों) रूपी छोटे तनों से जो एक लम्बी श्रृंखला के रूप में मृदा की ऊपरी सतह के नीचे बढ़ते हैं। वायवीय तना, जो मृदा की सतह के ऊपर सीधा बढ़ता है, उसमें परत नहीं होती है तथा तिकोना होता है। पत्तियाँ आधार में मृदा के ऊपर होती हैं तना के शिखर पर लम्बे ब्रेक्ट्स पत्ती के आकार के होते है इन्फलोरेसेन्स भी शिखर पर होती है। इसकी वृद्धि वर्षाकाल में जून से सिंतबर तक अधिक होती है। पुष्पन भी इसी अवधि में होता है। शीत व ग्रीष्म ऋतु में वृद्धि मंद होती है तथा पुष्पन प्रायः नहीं होता। स्केप ऊपरी तना की वृद्धि नहीं होती। परन्तु पत्तियाँ पूरे वर्ष निकलती रहती हैं। इसका निंदाई कर नियंत्रण बहुत कठिन है क्योंकि ऊपरी तना व पत्तियाँ उखाड़ देने के एक दो सप्ताह बाद पुनः भूमिगत तना वृद्धि कर भू-सतह से ऊपर आ जाते है। सब्जियों की फसलों तथा धान, गेहूँ, सोयाबीन में अधिक समस्या है।

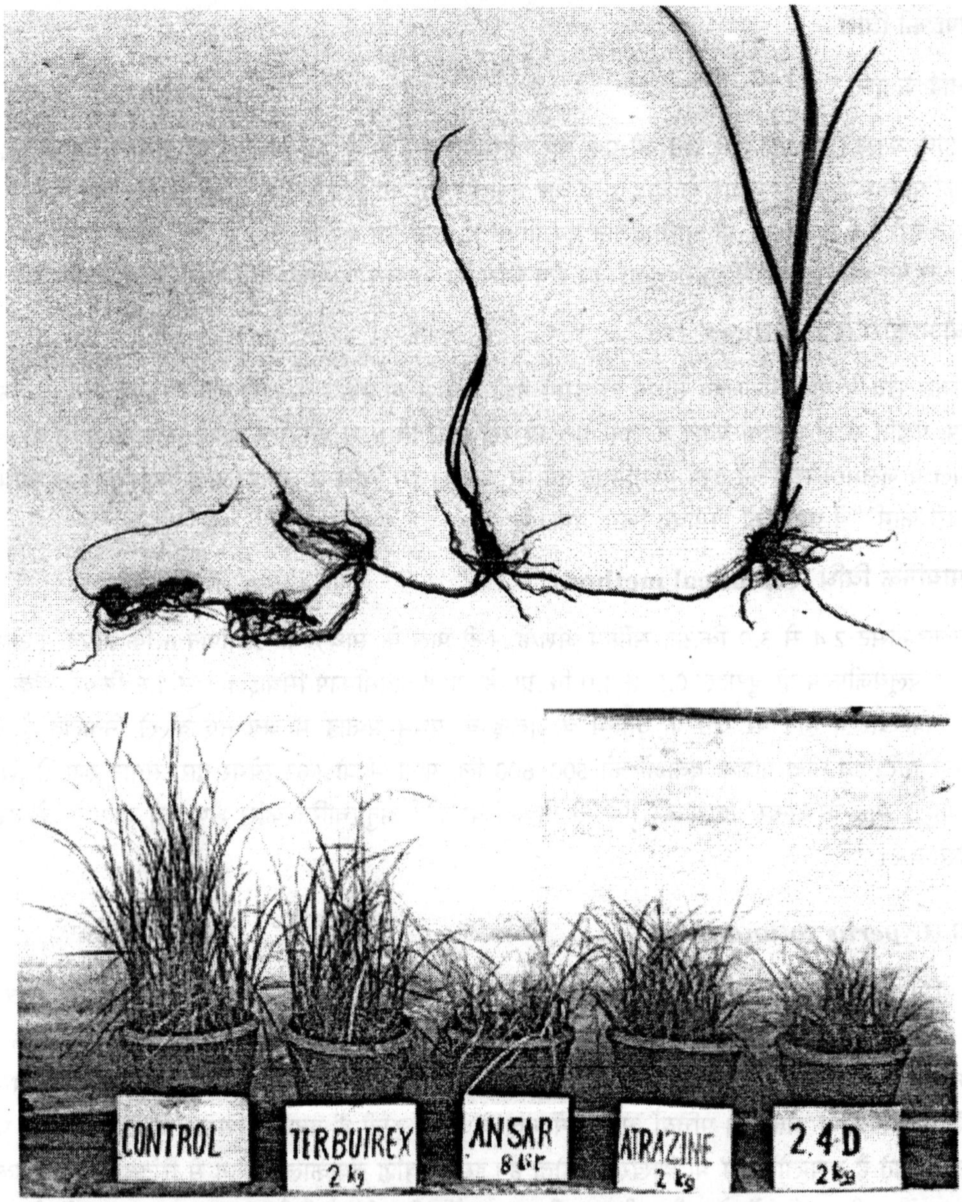

चित्र 41.3-4. साईप्रस रोटंडस पर नींदा नाशक दवाओं का प्रभाव

नियंत्रण विधि

सिंचित सघन कृषि में इसका नियंत्रण कठिन होता है।

1. ग्रीष्म काल में गहरी जुताई करने के बाद दो-तीन बार बखराई करने से भूमिगत तने सूख जाते है। शीत एवं वर्षा ऋतु में यह जुताई करने से नहीं मरता।

1. *Parthenium hysterophorus* L.

2. कसकुटा ट्राईफोलाई (*Cuscuta trifolli*)

3. 1. *Striga densiflora* 2. *Striga lutea*

2. मचौआ (Puddling) करने के बाद पानी भरकर रखने से भूमिगत तने सड़ जाते हैं। अतः रोपा पद्धति की धान लगाने से नियंत्रित किया जा सकता है।
3. स्पर्धा करने वाली फसलें जैसे मक्का, ज्वार, बाजरा, लोबिया, सनई, सोयाबीन, रामतिल, मूली एवं मूँग को गोंदला से ग्रसित खेत में ऊगाने से गोंदला की वृद्धि कम होती है। रबी में यह गेहूँ, जौ, एवं मटर से स्पर्धा नहीं कर पाता है तथा इन फसलों पर कुप्रभाव कम होता है।
4. कतारों में बोई जाने वाली फसलों में होइंग करने से इसकी स्पर्धा कम हो जाती है।

5. रासायनिक विधि

1. 2, 4-डी 1 से 2 कि.ग्रा./हे. की दर से छिड़काव करने से यह नियंत्रित हो जाता है जो भूमिगत तने पुनः वृद्धि करते हैं। उन पर 2, 4-डी के उपचार की पुनरावृत्ति करें। इसका प्रभाव नम मृदा में शुष्क मृदा की अपेक्षा अधिक होता है। धान, गेहूँ, जौ, ज्वार, बाजरा, मक्का, गन्ना एवं अन्य घास कुल की खड़ी फसलों में गोंदला नियंत्रित हेतु 2, 4-डी 0.5 कि.ग्रा./हे. का उपचार कर सकते हैं।
2. ग्लाइफोसेट 1. से 1.5 कि.ग्रा./हे. या
3. एम.एस.एम.ए. (अन्सार) 2 कि.ग्रा./हे. भी गोंदला को नियंत्रित करने में सक्षम हैं। परन्तु इनसे उपचार खड़ी फसल में नहीं करना चाहिए। जब खेत रिक्त हों तब उपचारित करें।

■■■■

42

विशिष्ट नींदा का परिचय व नियंत्रण विधि
(Description and Control of Special Weeds)

घार कुल (ग्रेमिनी) के नींदा

जंगली जई (*Avena fatua* L. and *A. ludoviciana* Dar.)

ये शाकीय, मौसमी, शीत ऋतु की घासें हैं। 1 से 1.5 मी. ऊंचा पौधा होता है जो प्रारंभिक अवस्थाओं में गेहूँ के पौधों से मिलता जुलता है एवं गेहूं की पारिस्थितिक दशाओं में इसकी वृद्धि अधिक होत है तथा गेहूँ, जौ व जई के साथ वृद्धि करता है। इन फसलों के स्थान पर अन्य फसलें बोनें से उनमें भी यह नींदा पाया जाता है। गेहूँ की अपेक्षा इसमें अधिक कल्ले होते है तथा प्रारंभिक अवस्था में फैलकर वृद्धि कते हैं। प्राकृतिक दशा में इसके बीज खेत में अनेक वर्षो तक प्रसुप्तावस्था में रहते है। खेत में वर्षा व ग्रीष्म ऋतु में अंकुरित नहीं होते है। शीत ऋतु में गेहूँ की बोनी के समय बीज अंकुरित होते है। तथा गेहूँ के साथ ही इसके पौधे बढ़ते रहते है। गेहूं के पकने के पहले इसके अधिकांश बीज पककर खेत में गिर जाते है तथा कुछ बीज गेहूँ के साथ भी काट लिये जाते हैं जो गेहूं के बीज के साथ मिलकर एक स्थान से दूसरे पर प्रसारित होते रहते हैं।

इसके नियंत्रण हेतु बोनी के पहले सिंचाई कर बीज को अंकुरित कर उन्हे कम गहराई पर बखर (Blade harrow) चलाकर नियंत्रित करें। फसल चक्र अपना कर आलू, बरसीम चरी या जई बोने से इसके नियंत्रण में सरलता होती है। नींदा नाशक जैसे मेटाजुरान 2.0 कि.ग्रा./हे. उद्‌भावन पूर्व या 1.2 कि.ग्रा. बोनी के 20 दिन बाद, या बेन्जोइल प्रापईथिल 1.0 कि.ग्रा 5 से 6 पत्ती की अवस्था पर या ट्रिलीकाक्सीडिम या मेथाबेन्ज थियाजुरान 1.0 कि.ग्रा. 15 से 20 दिन की अवस्था पर छिड़काव करने से नियंत्रित हो जाती है। सल्फोसल्फूरान 25 ग्रांम या क्लोडीनीफाफ्ट 60 ग्रा. या फिनाक्साप्राय 120 ग्रा. 20 दिन पर छिड़काव करें।

द्विदलीय फसलों में फ्लौजी काप बुटाइल 0.25 कि.ग्रा/हे. 15 से 20 दिन की अवस्था पर छिड़काव करने से नियंत्रित हो जाती है।

सांवा
(*Echinochloa crusgalli* (L.) Beauv, *E. colonum* (L.) Link, Barnyard grass)

सांवा की ये स्पीसीस शाकीय, पावस ऋतु में 1 से 2 मी. लम्बे व सीधे वृद्धि करते हैं। इसकी वृद्धि दर अधिक होती है। इनमें सी–4 माध्यम से प्रकाश संश्लेषण की क्रिया होती है। सिंचित दशा में शीत व ग्रीष्म ऋतु में भी कुछ बीज का अंकुरण होता है परन्तु पौध वृद्धि बहुत ही मंद होती है। खरीफ

की प्रायः सभी फसलों में सांवा प्रमुख नींदा है। परन्तु धान के क्षेत्र में यह बड़ी समस्या है। इकाइनोक्लोआकालोनम का अनुकूलन सामान्यतः नम क्षेत्रों में अधिक है तथा इसकी अनेक किस्मों का विकास हुआ है।

इनके नियंत्रण हेतु बोनी के पूर्व हेरो चलाकर नष्ट करें। मिट्टी पलटने वाले हल से गहरी जुताई करने पर इसके बीज अंकुरित नहीं होते है। ससय विधियों के द्वारा स्पर्धाशील फसलों को उगाना जैसे सोयाबीन, सनई, रामतिल आदि। कतारों में बोई गई फसलों मे "डबल व्हील" हो, जो सी.आई.ए.ई. भोपाल के द्वारा निर्मित किया गया है। बोनी के 10 से 15 दिन बाद तथा पुनः 7–15 दिन में पुनरावृत्ति करने से नियंत्रण हो जाता है। बैलो से चालित डोरा या कोल्पा या ट्रेक्टर से चलने वाले हैरों के द्वारा कतारों के बीच नियंत्रित हो जाता है। फ्लूक्लोरेलिन 1 से 1.5 कि.ग्रा., थायोबेनकार्ब 2 से 3 कि.ग्रा., बूटाक्लोर 2 से 2.5 कि.ग्रा., आक्सीफ्लोरफेन 200 कि.ग्रा., आट्राजिन 1 से 1.5 कि.ग्रा. उद्भावन पूर्व सिमाजिन. लिनूरान 1 से 1.5 कि.ग्रा. डाईयूरान 1.0 ग्रा. आलाक्लोर 1.5 से 20 कि.ग्रा. पाइप्रोफास 1.0 कि.ग्रा., अनीलोफास 400 से 500 ग्रा./हे. उद्भावन पूर्व, वरणात्मक रूप से अनेक फसलों में इसको नियंत्रित करने में सक्षम है।

उद्भावन के बाद प्रोपेनिल 2 से 2.5 कि.ग्रा. दो से चार पत्ती की अवस्था पर एवं सिनमिथेलिन 100 से 150 ग्रा. दो पत्ती की अवस्था पर धान में वर्णात्मक रूप से सांवा को नियत्रित करते हैं। सभी दलहनी, तिलहनी व सब्जियों की फसलों में फ्लूयेजीफाप पी–बुटाइल या हेलाक्सी फाप मिथाइल 250 से 500 ग्रा./हे. उद्भावन के 15 से 20 दिन बाद छिड़काव करने से नियंत्रित हो जाता है।

केल (*Dichanthium annulatum* Stafp. and *D. aristatum* Poir)

यह बहुवर्षीय घास है जो नम क्षेत्रों में अधिक पाई जाती है यह स्वादिष्ट घास है जो चरोखरों में चारे के लिए बहुत उपयोगी है। परन्तु यह खेतों में हानिप्रद नींदा के रूप में फसलों को प्रभावित करती है। यह बीज व भूमिगत तनों से फैलती है।

ग्रीष्म काल में गहरी जुताई व हैरोइंग करने से यह सरलता से नियंत्रित हो जाती है। आक्साडायजान, आक्सीफ्लोरफेन, पेन्डीमिथेलिन, टरबूट्रिन, अट्राजिन आदि से उद्भवन पूर्व उपचार करने से नियंत्रित हो जाती है। फ्लूयेजीफाप–पी–बुटाइल या हेलाक्सी फाप मिथाइल से उद्भवन बाद उपचार करने से नियंत्रित हो जाती है।

दूर्वा (*Cynodon dactylon* Pers)

यह शाकीय, बहुवर्षीय घास है। इसका तना भूमि की ऊपरी सतह पर फैलती है तथा प्रत्येक पर्व संधि से झकड़ा जड़े निकलती है।

यद्यपि इसकी वृद्धि सिंचित क्षेत्र में अधिक होती है तथापि इसमें भूखा सहन करने की क्षमता भी अधिक होती है। इसमें सी–4 माध्यम से प्रकाश संश्लेषण होता है। इसके भूमिगत राइजोमेटिक तने भी होते हैं जो अधिक गहराई पर होते है। इसका वर्धन ऊपरी तना (Runner) व भूमिगत राइजोमेटिक तना (Rhizomatic Stem) व बीज से होता है। जिस खेत में एक बार प्रसार हो जाता है नियंत्रण करना कठिन होता है। इससे खाद्य तत्वों का ह्रास होता है। अनेक रोगों व कीड़ों को अतिथेय के रूप में आश्रय देती है। इससे अलीलोकेम निकलते है जो अन्य पौधों व फसलों को हानि कर होते हैं।

यह सिंचित क्षेत्र में, बगीचों, सब्जियों व रोपणियों में समस्या जनम नींदा है। यह विश्व के 10 खतरनाक नींदा में से एक है। इसका मूल स्थान इन्डोमलेशियन क्षेत्र है यह समुद्र सतह से लेकर 2000 मीटर की ऊँचाइ तक प्रायः सभी प्रकार का मृदा में उगती है। इसमें मृदा संरक्षण क्षमता अधिक

है। इसके नियंत्रण की सरल विधि ग्रीष्म काल में ट्रेक्टर से एक गहरी जुताई के बाद 15 दिन के अंतर से दो बाद हेरो चलाने से यह नियंत्रित हो जाती है। वर्षा ऋतु में इस विधि से नियंत्रित नहीं किया जा सकता क्योंकि राइजोमेटिक तना सूखते नहीं है व पुनः वृद्धि करने लगते है। वर्षाऋतु में नियंत्रण करने हेतु खेत में मचौआ करके दो माह तक जलमग्न रखने से भी यह नियंत्रित हो जाती है।

रासायनिक विधि से दालों, तिलहनी व सब्जियों की फसलों में इसका नियंत्रण फ्लूयेजीफाप पी बुटाइल या हेलाक्सीफाप मिथाइल 250 ग्रा./हे. बोनी के 20 दिन बाद छिड़काव करने से इसकी वृद्धि अवरुद्ध हो जाती है। बोनी या रोपने के पहले पर्णो पर इसका 1.0 कि.ग्रा./है. की दर से छिड़काव करने पर इसका नियंत्रण हो जाता है। ग्लाइफोसेट 1.5 कि.ग्रा./हे. बोनी के पूर्व पर्ण छिड़काव करने से लगभग चार माह तक इसका नियंत्रण हो जाता है। डालापान पांच कि.ग्रा./हे. की दर से पड़ती क्षेत्र में पर्णोपचार करने से यह नियंत्रित हो जाती है।

काँसी (*Imprata cylindrica* (L.) Beauv, Spear grass, Congograss)

काँसी एक शाकीय, बहुवर्षीय समस्या जनक घास है जो बगीचों व खेतों में संपूर्ण भारत वर्ष में पाई जाती है। इसके राइजोमेटिक भूमिगत तने होते हैं जिनसे उसका वर्धन होता है। इसमें कांस जैसे सफेद रोमिल पुष्प परन्तु उससे बहुत छोटी पेनीकिल में होते है। बीज के द्वारा भी उसका वर्धन होता है। पुष्प मार्च अप्रेल में आते है।

इसके नियंत्रण की सरल व सस्ती विधि ग्रीष्म काल में ट्रेक्टर द्वारा जुताई कर दो तीन बार हैरो चलाना है। इससे भूमिगत तने शुष्क होकर मर जावेंगे। खरीफ ऋतुओं में मचौआ करके दो माह तक ज़लमग्न करने से भी यह मर जाती है। स्पर्धाशील फसल की सघन बोनी करने से भी इसकी वृद्धि कम हो जाती है। जिन फसलों में नत्रजन की अधिक आवश्यकता होती है उनसे भी नियंत्रित हो जाती है।

मक्का व सनई के द्वारा कांसी के प्रभाव को कम किया जा सकता है। द्विदलीय फसलों में फ्लूएजीफाप पी बुटाइल या हेलीक्सीफ मिथाइल 250 से 500 ग्रा./हे. बोनी के 20 दिन बाद छिड़काव करने से नियंत्रित हो जाती है। पड़ती क्षेत्र में ग्लाइफोसेट 1.5 कि.ग्रा./हे. पर्णोपचार 4 से 6 पत्ती की अवस्था पर करने से नियंत्रित हो जाती है। उपचारित क्षेत्र में सुबबूल (*Luceania leucocephala*) या ढेंचा (*Sesbania acculeata*) के चारे के लिए रोपना चाहिए।

बंदरा–बंदरी (*Setarla glaucas*)

यह खरीफ की शाकीय घास है जो प्रायः सभी फसलों में पायी जाती है। इसका नियंत्रण आक्साडायजान, आक्सीक्लोरफेन, पेन्डीमिथेलिन, फ्लुक्लोरेलिन, बूटाक्लोर, थायोबेनकार्ब, अट्राजिन, टरबूट्रिन, मेट्रीब्यूजिन आदि से उद्‌भवन पूर्व छिड़काव करने से हो जाता है। हेलीक्सीफाप मिथाइल या फ्लूयेजीफाप–पी–बुटाइल का उद्‌भवन बाद छिड़काव करने से नियंत्रित हो जाता है।

जलदूब (*Paspalum distichum* L., Jointgrass)

प्रमुख रूप से खरीफ की बहुवर्षीय घास है। जिसकी ऊँचाई 70 से 120 सें.मी. होती है तथा नम पारिस्थितिकी जो धान को उपयुक्त होती है उसमें अधिक वृद्धि करती है। इसकी वृद्धि पावस ऋतु में अधिक होती है। पुष्पन सितंबर–अक्टुबर में होता है। ग्रीष्म काल में गहरी जुताई करने के बाद ब्लेड हेरों से दो तीन बार बखराई करने से नियंत्रित हो जाती है। मचौआ करने पर यह नहीं मरती है।

डालापन 9 से 15 कि.ग्रा. ए.टी.ए. (अमीनोट्राइअजोल) 4.0 कि.ग्रा./हे. से पर्णोपचार करके पड़ती क्षेत्र में नियंत्रित कर सकते हैं। द्विदलीय फसलों में फ्लूएजी फाफ पी बुटाइल या हेलाक्सी फाप मिथाइल 250 ग्रा./हे. की दर से पर्णोपचार 20 से 25 दिन की अवस्था में करने से नियंत्रित हो जाती है।

जंगली ज्वार (*Sorghum halepense* (L.) Pers., Johnson grass)

यह खरीफ मौसम की बहुवर्षीय लम्बी घास है। इसमें काटने पर पुनर्वृद्धि अधिक होती है। जिस क्षेत्र में यह फैल जाती है। उसमें नियंत्रण करना कठिन हो जाता है यह बीज व राइजोम दोनों से वृद्धि करती है।

ग्रीष्मकाल में गहरी जुताई कर 15 दिन के अंतर से 2 से 3 बार हैरोइंग करने से यह नियंत्रित हो जाती है। ग्लाईफोसेट 4 से 6 कि.ग्रा./हे. से खरीफ के प्रारम्भ में पर्णोपचार करने पर पड़ती क्षेत्र में नियंत्रण हो जाती है। परन्तु यह अधिक महंगा पड़ता है। द्विदलीय फसलों में फ्लूएजी फाप बुटाइल या हेलाक्सीफाप मिथाइल 250 ग्रा./हे. से पर्णोपचार करने में नियंत्रित हो जाती है।

पेनीकम रिपेन्स (*Panicum repens* L., Torpedgrass or gingergrass)

यह बहुवर्षीय, शाकीय घास है। 30 से 60 से.मी. तना, सीधा तथा शाखायें झिल्लीदार पत्तियों से पेनीकिल के पास आच्छादित रहती है। इसके राइजोम गहराई पर होते है। यह नहरों के किनारे, नालियों, तथा धान के बंधानों व खेतों में अधिक फैलती है। यह कर्नाटक में अधिक समस्या जनक है। इसके राइजोम अधिक गहराई पर होने से खुदाई करने पर भी यह नियंत्रित नहीं होती।

ब्रोमोसिल 4.0 कि.ग्रा. टरबेसिल 4.0 कि.ग्रा. के साथ या ग्लाईफोसेट 4.0 कि.ग्रा. या डालापान 5.0 डालापान 5.0 कि.ग्रा. का छिड़काव करने के बाद ग्लाईफोसेट 4.0 कि.ग्रा./हे. का प्रारम्भिक अवस्था में छिड़काव करें। नींदा नाशक के उपचार के बाद अधिक जुताई बखाराई करने से यह नियंत्रित हो जाती है।

डिजीटेरिया (*Digitaria adscendens* Henr. Crabgrass)

यह खरीफ मौसम की घास है सिंचित क्षेत्र में रबी में भी ऊगती है परन्तु वृद्धि खरीफ में अधिक होती है। तना प्रारम्भ में फैलता है बाद में सीधा, कल्ले फैलने वाले, तना की ऊँचाइ 50 से 80 से.मी. होती है। आक्साडायजान, आक्सीफ्लोरफेन, डाइयूरान, बूटाक्लोर, आदि का उद्भवन पूर्व छिड़काव करने से नियंत्रित हो जाती है। ज्वार – बाजरा, रामतिल व सनई की फसल उगाने से इसका प्रभाव कम हो जाता है।

मुर्दी (*Sehima nurvosum*)

यह खरीफ की शाकीय फसल है जो धान की फसल में धान के साथ ही अंकुरित होती है व स्पर्धा करती है। इसमें कल्ले अधिक निकलते है। इसके बीजों का अंकुरण जुलाई से अगस्त तक होता है।

इसका नियंत्रण आक्साडायजान 1.0 या आक्सीफ्लोरेन 0.24 कि.ग्रा./हे. से उद्भवन पूर्व उपचार करने से हो जाता है। बूटाक्लोर या थायोबेन्कार्व से यह नियंत्रित नहीं होती है। प्रोपेनिल 2 कि.ग्रा. का 2 पत्तियों की अवस्था में उपचार करने से नियंत्रण हो जाता है। अन्य दलहनी व तिलहनी फसलों में

फ्लूयेजीफाप–पी.बुटाइल या हेलाक्सीफाप मिथाइल 0.25 कि.ग्रा./हे. से 15 से 20 दिन की अवस्था में छिड़काव करने से नियंत्रित हो जाती है।

बेशरम या नई दुलहन (*Ipomoea carnea* Jacq.) कुल – कन्भालमुलेसी

यह बहुवर्षीय झाड़ी है जो विदेश से हरे खाद के रूप में भारत में लाई गई थी। परन्तु बाड़ी (Fencing) के रूप में इसका विस्तार पूर्ण भारत में हुआ। अब यह एक समस्या जनक नींदा के रूप में बीज व शाखाओं के द्वारा फैल गया है यह शुष्क, अर्धजलीय व जलीय क्षेत्रों में वृद्धि करने में सक्षम है। कृषक मृदा क्षरण रोकने हेतु नालों में इसको रोपते है। गरीब लोग इसके शाखाओं का उपयोग झोपड़ी बनाने तथा ईंधन के रूप में करते हैं।

इसका नियंत्रण कटाई करके शाखाओं के उसी जगह पर सुखा कर आग लगाने से किया जा सकता है। रासायनिक विधि से नियंत्रण हेतु 2, 4–डी 2 से 3 कि.ग्रा./हे. 500 लि. जल में घोल कर छिड़काव करना चाहिए।

हिरनचरी (*Convolvulus arvenisis* L., Bind weed) कुल – कन्भालमुलेसी

यह पौधा या बहुवर्षीय, शाकीय, आरोही (Twiner) पौधा है। इसमें मूल तंत्र बहुत गहराई तक जाता है। इसके पर्ण सेजीटेट, पुष्प फनलाकार, गुलाबी सफेद होते हैं। तना कमजोर होता है जो सतह पर फैलता है तथा सहारा मिलने पर आरोहित हो जाता है। यह असिंचित व सिंचित क्षेत्र में रबी की फसलों का प्रमुख नींदा है इसके बीज मृदा में अनेक वर्षो तक प्रसुप्तावस्था में रह सकते हैं। सघन फसल में इसकी वृद्धि कम हो जाती है। पौध अवस्था में जब 5 पत्तियां हो, दो बार ब्लेडहेरो चला कर इसे नियंत्रित किया जा सकता है। गेहूँ, जौ या जई को अधिक बीज दर पर बोनी करने से तथा उर्वरक की पूर्ण अनुशंसित मात्रा देने से इसका नियंत्रण किया जा सकता है। उद्भवन बाद 2, 4–डी 0.75 कि.ग्रा. या एम.सी.पी.ए. 0.5 कि.ग्रा. या प्लूराक्सीपिर 0.40 कि.ग्रा./हे. का उपचार करने से इस नींदा को गेहूँ जौ या जई में नियंत्रित कर सकते हैं। उद्भवन पूर्व आक्साडायजान 1.0 कि.ग्रा. या आक्सीफ्लोरफेन 0.25 कि.ग्रा./हे. के द्वारा इसका नियंत्रण हो जाता है। हाथ से निदाई करने से यह पुनर्वृद्धि करती है तथा फसल के पौधो पर आरोहित होने से फसल को क्षति होती है।

दुरकुन् (*Ipomoea reniformis* Chcis Syn. *Merremia emarginata* B.P.)

कुल – कन्भालमुलेसी

यह खरीफ व रबी मौसम में पाया जाना वाला शाकीय नींदा है। यह भूमि पर रेंगकर फैलता है तथा पर्व संधि में मूल निकलती है। पत्ती गोलाकार, पुष्प पीले तथा फल द्विकोष्ठीय होते हैं तथा पूरा पौधा लाल होता है। यह बीज से फैलता है। इसका नियंत्रण 2, 4–डी 1.0 कि.ग्रा./हे. य एम.सी.पी.ए. 0.5 कि.ग्रा./हे. छिड़काव से किया जा सकता है।

फुलनी (*Anotis montholni* Hook) कुल – वियेसी

खरीफ का शाकीय नींदा है। सीधा बहुशाखित 20 से 30 से.मी., सरल पर्ण, पर्ण वृन्ती, पुष्प बैंगनी, साइम अनेक पुष्पीय। ज्वार, रामतिल, सोयाबीन की सघन फसल से नियंत्रित हो जाता है।

2, 4–डी या फ्लूराक्सी पिर से उद्भवन बाद उपचार करने से, आक्साडायजान, आक्सीफ्लोरफेन, पेन्डीमिथेलिस से उद्भवन पूर्व उपचार करने से नियंत्रित हो जाता है।

लेसुआ (*Digera arvensis* Forsk.) कुल – अमेरेन्थेसी

यह खरीफ ऋतु का मौसमी नींदा है। प्रारंभिक अवस्था में सफेद मुर्ग केश व चौलाई से मिलता जुलता है। तना 30 से 100 सें.मी. ऊँचा, शाखायें फैलने वाली, नीचे की शाखायें भू सायी पुष्प लाल अवृन्ती, लम्बी स्पाइक में होते है यह उपरिभूमि दशाओं में ज्वार, बाजरा, सोयाबीन, मूंगफली आदि में पाया जाता है। इसका बीजांकुरण वर्षा प्रारम्भ होने के बाद दो तीन बार होता है। स्टेल सीड बेड बनाकर बोनी करने से इसका अधिकांश नियंत्रण हो जाता है। आक्साडायजान 1.0 कि.ग्रा. या आक्सीफ्लोरफेन 0.24 कि.ग्रा./हे. का उद्‌भवन पूर्व या 2, 4–डी 1.0 कि.ग्रा. या एम.सी.पी.ए. 0.5 कि. ग्रा./हे. का छिड़काव उद्‌भवन वाद करने से नियंत्रित हो जाता है।

सफेद मुर्ग केश (*Celosia argentea* L., white cocks come) कुल – अमेरेन्थेसी

यह खरीफ मौसम का शाकीय 1 से 2.0 मी. सीधा–तना वाला चिकना पौधा है जिसमें गुलाबी शुभ्र पुष्प स्पाइक में शिखर पर निकलते है। खरीफ की फसलों में अच्छे जल निकास वाली मृदा में यह समस्या जनक नींदा है।

यह खरीफ फसलों के उद्‌भवन बाद एवं एक निंदाई होने के बाद भी अंकुरित होता है। इसका पुष्पन सितंबर से अक्टूबर में होता है तथा बहुत छोटे असंख्य बीज बनाता है जो खेत में ही विकीर्ण हो जाते हैं। यह रबी की फसलों में भी पाया जाता है परन्तु इस ऋतु में वृद्धि बहुत कम होती है।

मक्का व ज्वार इस नींदा को दबाने में सक्षम है। अट्राजिन, आक्सीफ्लोरफेन एवं पेन्डीमिथेलिन उद्‌भवन पूर्व छिड़काव करने से इसे नियंत्रित करते हैं। घास कुल की फसलों में 2, 4–डी, 1.0 कि.ग्रा. /हे. उद्‌भवन बाद छिड़काव करने से नियंत्रित हो जाता है।

चौलाई (*Amaranthus viridis* L., *Slender amaranths*)

यह मौसमी या बहुवर्षीय, सीधा या कभी–कभी डिकम्बेन्ट 1 से 1.5 मी. लम्बा शाकीय नींदा है। ट्रापीकल एवं सबट्रापीकल कटिबंध में इसका फैलाव है। यह बगीचे, सब्जियों व सस्यों में प्रमुख रूप से पाया जाता है। चौलाई शुष्क क्षेत्रों में कम नमी की दशा में भी वृद्धि करती है क्योंकि इसकी मूल की लम्बाई अधिक होती है। यह नींदा प्रत्येक मौसम में वृद्धि व पुष्पन करता है। इसकी अन्य स्पीसीम जैसे कटीला चौलाई (*Amaranthus spinosus*) भी समस्या जनक है।

"ब्लेड हैरो" बोनी के पहले चलाने से इसका नियंत्रण सुगमता से हो जाता है। फसलों में इस नींदा को नियंत्रण करने हेतु अट्राजिन 0.5 से 1.0 कि.ग्रा./हे. या भरनोलेट 2.2 कि.ग्रा. या आक्साडायजान 1.0 कि.ग्रा. या बूटाक्लोर 2.5 कि.ग्रा./हे. उद्‌भवन पूर्व छिड़काव करने से नियंत्रित हो जाती है। घास कुल की फसलों में 2, 4–डी 1.0 कि.ग्रा./हे. उद्‌भवन बाद छिड़काव करने से नियंत्रित हो जाती है।

नोनिया (*Portulaca oleracea* L.) कुल – पारटूलाकेसी

यह रबी व ग्रीष्म काल का शाकीय नींदा है इसके तना व पत्तियाँ मांसल होती है। पत्तियाँ अवृन्तीय, अभिमुख अननुपर्णी, पुष्प पीले, बीज सूक्ष्म, असंख्य, काले रंग के होते है। यह भूसायी होता है। सिंचित क्षेत्र में तथा सब्जियों में इसका आक्रमण अधिक होता है। इसको सब्जी के रूप में भी प्रयोग करते हैं।

गेहूँ की सघन फसल उचित उर्वरक के साथ बोने से इसका नियंत्रण हो जाता है। 2, 4–डी, 1.0 कि.ग्रा. या फ्लूराक्सीफिर 0.4 कि.ग्रा. से उद्भवन बाद उपचार करने से नियंत्रित हो जाता है। आक्साडायजान, आइसोप्रोटुरान 1.0 कि.ग्रा., आक्सीफ्लोरफेन 0.2 कि.ग्रा., पेन्डीमिथेलिन 1.5 कि.ग्रा., टरबूट्रिन 0.6 कि.ग्रा. से उद्भवन पूर्व उपचार करने से नियंत्रित हो जाता है।

गोजिव्हा (*Trichodesma indicum* Br.) कुल – बोराजिनी

खरीफ का नींदा शाकीय, रोमिल, हिस्पिड (Hispid) पौधा 1 से 1.5 मी., पर्ण हिस्पिड, पुष्प पीले, लाल होते है। चरोखरों व रिक्त स्थानों में अधिक पाया जाता है। इसका नियंत्रण उपरोक्त विधि से किया जा सकता है।

खट्टी बूटी (*Oxalis latifolia* L. Wood)

कुल – आक्जीलेडेसी (Sorrel or Wild garlic)

खट्टी बूटी बहुवर्षीय शाक है यह पहाड़ी क्षेत्र के खेतों में व सभी जगह के बगीचों, गमलों आदि में समस्या जनक नींदा है। बीज व छोटे–छोटे कंदों में इसका वर्धन होता है। लगभग 75 दिन तक इसकी वृद्धि मंद गति से होती है। उसके बाद से 175 दिन तक वृद्धि अधिक होती है। फसलों में इसके साथ स्पर्धा से 60 से 70% उपज में कमी होती है। (अटवाल व रामगोपाल, 1972)। सिमाजिन व ई.पी.टी.सी. दोनों 5 कि.ग्रा./हे. का उद्भवन पूर्व छिडकाव करने से इसका नियंत्रण हो जाता है। उद्भवन बाद 2,4–डी 1.25 कि.ग्रा. पैराक्वाट 0.6 कि.ग्रा./हे., 2, 4–डी 1.0 कि.ग्रा. पैराक्वाट 0.6 कि.ग्रा./हे. या आलाक्लोर 2.5 कि.ग्रा. उद्भवन पूर्व एवं 2,4–डी ई.ई. 0.8 कि.ग्रा./हे. उद्भवन बाद छिड़काव करने से उसकी वृद्धि 45 दिन तक अवरूद्ध हो जाती है (मुनीअप्पा व साथी, 1983)। आक्साडायजान 2.0 कि.ग्रा./हे. प्रारम्भ में एवं ग्लाइफोसेट 2.0 कि.ग्रा. 4 महीने बाद छिड़काव करने पर नियंत्रण प्रभावकारी होता है। इसकी एक स्पीसीस और भी बहुतायत से पायी जाता है जिसे आक्सालिस कोरियम्बोसा (*Oxalis corymbosa*) कहते हैं।

कटर्रा (*Argemone mexicana* L., Prickle poppy) कुल – पेपेमरेसी

यह मौसमी, शाकीय, सीधा तना, कांटे युक्त पतियां, पीला रस, पीले पुष्प, तथा कटीले फल जिसमें अनेको छोटे बीज होते है। इसका प्रसार अनेक प्रकार की मृदा में होता है परन्तु कम नत्रजन वाली हल्की मृदा में सामान्यतः यह बहुधा पाया जाता है।

रबी की फसल काटने के तुरन्त बाद बखर (हैरो) चलाने से नियंत्रित हो जाता है। रबी की फसलों में नियंत्रित हेतु फसल बोने के बाद व उद्भवन पूर्व आइसोप्रोटुरान, आक्साडायजान, या आक्सीफ्लोरफेन का छिडकाव करने से नियंत्रित हो जाता है। घास कुल की फसलों में 2, 4–डी का छिडकाव बोनी के 3 से 4 सप्ताह बाद छिड़काव करने पर यह मर जाता है। फसल कटने के बाद भी असहिष्णु फसलों में 2, 4–डी के द्वारा नियंत्रित किया जा सकता है।

बुधी (*Euphorbiaa geneculata* Orteg.) कुल – बूफोरबिवेसी

यह खरीफ का मौसमी शाकीय पौधा है जिसकी ऊँचाई 50 से 120 सेमी. तक होती है। तना खोखला, शाखायें डाईकाटोमस होती है तना व पत्तियों से तोड़ने पर सफेद, लेटेक्स निकलता है। पत्तियां सरल व पर्ण विन्साय विपरीत होता है।

इसका नियंत्रण स्टेल बेड के द्वारा किया जा सकता है ज्वार, बाजरा, कोंदो, कुटकी में 2, 4–डी या एम.सी.पी.ए. का उदभवन बाद उपचार करने से इसका नियंत्रण किया जा सकता है। आक्सीफ्लोरफेन या डाइयूरान का उदभवन पूर्व उपचार करने से अनेक फसलों में नियंत्रित हो जाती है।

छोटी बुधी (*Euphorbia hirta*) कुल – बूफोरबियेसी

यह खरीफ का शाकीय पौधा है परन्तु प्रत्येक मौसम में यह पाया जाता है। शुष्क क्षेत्र में अधिक होता है। इसकी ऊँचाइ 20 से 30 सेमी. होती है। उपरोक्त नींदा नाशकों से इसे भी नियंत्रित किया जा सकता है। सघन बढ़वार फसलें उगाकर सरलता से इसके प्रभाव को कम किया जा सकता है।

सोलेनम इलेग्मीफोलियम (*Solanum elueagnifolium* Cav., white horse neetle)

कुल – सोलेनेसी

यह बहुवर्षीय समस्याजनक नींदा तमिल नाडू में पाया जाता है। इसके भूमिगत तने 2 से 3 मी. तक पाये जातें है। इसका वानस्पतिक वर्धन तना या मूल के टुकड़ों से होता है। ज्वार की फसल उगाने से इसका प्रभाव कम होता है। डाइकेम्बा 1.92 कि.ग्रा./हे. से उद्भवन वाद पर्णोपचार करने से इसका नियंत्रण 2 महीने तक हो जाता है। 2,4 – डी 2.24 कि.ग्रा./हे. से पर्णोपचार करने से 80: नियंत्रण हो जाता है। ग्लाइफोसेट से पर्णोपचार करने पर इसका नियंत्रण हो जाता है।

मकोई (*Solanum nigrum* L., night shade) कुल – सोलेनेसी

यह खरीफ की फसलों का शाकीय नींदा है जो रबी की सब्जियों व अन्य सिंचित क्षेत्रों में भी पाया जाता है। यह मिर्च के पौधों से मिलता जुलता है। इसके पुष्प सफेद, फल बेरी गोल, लाल या काले रंग की होती है पत्तियाँ बुखार के उपचार में उपयोगी हैं। फल खाते हैं।

2, 4–डी या फ्लूराक्सीपिर से उद्भवन बाद उपचार करने से इसका नियंत्रण हो जाता है। आक्साडायजान 1.0, आक्सीफ्लोरफेन 0.24, पेन्डीमिथेलिन, मेट्रीब्यूजिन, टरबूट्रिन व अट्राजिन आदि से उद्भवन पूर्व उपचार करने से इसका अंकुरण नहीं होता है।

जंगली रसभरी (*Physalis minima* L.) कुल – सोलेनेसी

यह खरीफ फसलों का शाकीय नींदा है इसकी पत्ती बड़ी एकान्तर तना खोखला, शाखायें डाइकाटोमस तथा पुष्प एकल (Solitary) शीर्षस्थ पीले रंग के होते हैं। फल बाहय दल पुंज से पूर्ण रूपेण आच्छादित रहते है। इसके फलों को खाते हैं।

इसका नियंत्रण, आक्साडायजान 1.0, आक्सीफ्लोरफेन 0.24 या पेन्डीमिथेलिन 1.5 कि.ग्रा./हे. उदभवन पूर्व उपचार करने से हो जाता है। 2, 4–डी से इसका नियंत्रण नहीं होता है।

कनकौआ (*Commelina bengaliensia* L.) कामिलिनेसी

खरीफ का शाकीय नींदा है तना रोमिल, संधि उभरी हुई, भूसायी, पर्ण, अवृन्ती, स्पेथ लघु वृन्ती, प्रत्येक में दो पुष्प, वृन्त पुष्प नीले, पुंकेशर तीन होते हैं। भूमिगत पुष्पन भी इसमें होता हैं। यह खरीफ की उपरिभूमि फसलों में तथा कम वर्षा वाले क्षेत्र में अधिक होता है।

यह स्टेल–सीड बेड से नियंत्रित हो जाता है। 2,4–डी 0.5, 0.75 कि. या फ्लूराक्सीफिर 0.4 कि. ग्रा./ हे. उद्भवन बाद या आक्सीफ्लोरेफेन या मेट्रीब्यूजिन या टरबूट्रिन से उद्भवन पूर्व उपचार करने से नियंत्रित हो जाता है। आलाक्लोर 1.5, मेटोलाक्लोर 1.5 क्लोमाजोन 1.0 कि.ग्रा. या ब्यूटाक्लोर 2.0 कि.ग्रा./हे. उद्भवन पूर्व उपचार करने से भी नियंत्रित हो जाता है।

कनकी (*Commelina communis* L.)

कामिलिना की अन्य स्पीसीस है जो अधिक हानिकारक है। यह अधिक वर्षा वाले क्षेत्र व तथा धान के खेतों में अधिक पाई जाती है। इसका नियंत्रण भी उपर्युक्त उन्हीं नींदा नाशकों से किया जा सकता है।

लेन्टाना केमरा (*Lantana camara* var. *aculeata* Linn. Lantana)
कुल – भरबिनेसी

यह बहुवर्षीय झाड़ी है, जो सामान्यतः 5–6 मी. ऊँचाई तक बढ़ती है। इसका प्रसार बीज के द्वारा बहुत शीघ्र होता है। इसका उद्गम स्थान मध्य व दक्षिण अमेरिका हैं तथा वहां से यह सम्पूर्ण विश्व में समस्या मूलक झाड़ी के रूप में उभर कर आई है। यह विश्व के प्रमुख हानिकारक नींदा में से एक है। यह झाड़ी भारत वर्ष में लगभग सन् 1809 में शोभाकारी झाड़ी के रूप में लाई गई थी। अब यह संपूर्ण देश के वनों, चरोखरों, पड़ती भूमि व कास्त करने वाली भूमि विशेषकर बगीचों में समस्या बन गई है। चरोखरों में चारा उत्पादन बहुत अधिक प्रभावित हुआ है तथा वनों में उपयोगी इमारती पेड़ों के बीजों का अंकुरण हुआ है तथा पौधों की वृद्धि को अवरूद्ध किया है। गरीब जनता ईंधन व झोपड़ी की छावनी में इस झाड़ी का उपयोग करते हैं। अस्वादिष्ट होने से इसे कोई भी जानवर नहीं खाते हैं। अभाव होने पर इसके फल बकरियां खाती हैं।

देहरादून के वन अनुसंधान केन्द्र में सन् 1941 में केन्ब्रा (ऑस्ट्रेलिया) से एक कीट टिजिंड बग (*Teloeonemia scrupulosa*) लाकर लेन्टाना के नियंत्रण हेतु परीक्षण किया गया परन्तु उससे सफल नियंत्रण नहीं पाया वरन् सागौन पर इसका आकमण हो गया। इसके बाद सन् 1976 में केन्द्रीय जैविक नियंत्रण संस्था हैदराबाद में यह कार्य प्रारम्भ हुआ। मीरा गुप्ता व पंवार (1984) ने इस कीट को लेन्टाना पर छोड़कर परीक्षण किया परन्तु पत्ती खाने के बाद यह झाड़ी पुनर्वृद्धि करने लगी। स्पान्टाक्स, 2,4–डी व 2,4,5–टी के मिश्रण का छिड़काव करने से इसका नियंत्रण हो जाता है।

झरबेरी (*Zizyphus nummularia*) कुल रेम्हनी

यह बहुवर्षीय, काष्ठीय, कांटेदार झाड़ी है। खेतों में, मेढों पर, चरोखरों व वनों में बहुत ही हानिकारक झाड़ी है। पत्ती गोल, संवृतीय अनुपर्ण कांटे में परिवर्तित हो जाते हैं। यह नींदा यांत्रिक विधि से नियंत्रित बड़ी कटिनाई से होता है क्योंकि इसकी मूल अधिक गहरी होती है। मोल्ड बोर्ड प्लाऊ से ग्रीष्म काल में दो–तीन बार गहरी जुताई करने पर तथा मूल के टुकड़ों को चुनकर एकत्रित करने से यह नियंत्रित की जा सकती है। अन्यथा कुदाली या गेंती से समूल खोदकर ही यह नियंत्रित होती है।

मूल के छाल को छीलकर तने में 2,4–डी + 2,4,5–टी (स्पान्टाक्स) का लेप करने से यह नियंत्रित हो जाती है।

पथरचटा (*Boerhaavia repens* L.) कुल – निक्टाजिनी

भू सायी, खरीफ व रबी की शाकीय नींदा है। चरोखरों, रिक्त स्थानों व खेतों में पाया जाता है। पत्ती मोटी लाल–हरा रंग, पुष्प सफेद, लम्बे वृन्त पर पूरे वर्ष पुष्पित होता है। उपर्युक्त विधि से इसका नियंत्रण किया जा सकता है। इसका पौधा औषधीय गुण वाला होता है।

जंगली कपास (*Urena sinuta* L.) कुल – मालबेसी

यह खरीफ का शाकीय नींदा है जिसका तना सीधा, 1 से 3 मी. पर्ण फलक का कटाव मध्य से अधिक तथा पुष्प गुलाबी गुच्छों से, संपुट (Capsule) कांटेदार होते हैं। तना से रेशे निकलते हैं इसकी दूसरी स्पीसीस यूरेना लोबाटा इसके सदृश्य होती है परन्तु पर्ण फलक का कटाव मध्य पर्ण तक नहीं होता है। शेष गुण उपयुक्त स्पीसीस के समान होते हैं। यह चरोखरों रिक्त स्थानों व बगीचों में अधिक पाया जाता है।

2,4–डी 1.0 कि.ग्रा./हे. या फ्लूराक्सीपिर 0.4 कि.ग्रा./हे. से उद्‌भवन बाद उपचारित करने से नियंत्रित हो जाता है।

रक्सी (*Hibiscus panduraeformis* Burm.) कुल – मालबेसी

यह सीधा, 2 से 3 मी. उंचाई का सफेद रोमयुक्त शाकीय खरीफ का नींदा है। पत्ती रोमिल सफेदी लिए हरी होती है। पुष्प पीले जो मध्य में बैंगनी रंग के होते हैं। सम्पुट (Capsule) रोमिल होते हैं। यह खरीफ की फसलों, सब्जियों व बगीचों में प्रमुख रूप से पाया जाता है। 2,4–डी, 1.0 कि. ग्रा. या फ्लूरोक्सीपिर 0.4 कि.ग्रा./हे. उद्‌भवन बाद उपचार करने से इसका नियंत्रण हो जाता है।

साइडा कारपिनीफोलिया (*Sida carpinifolia* L.) कुल – मालमैसी

यह खरीफ का शाकीय नींदा है। पर्ण के किनारे आरीवत कटे हुए होते हैं। तना सीधा 0.5 से 0. 75 मी. सख्त, तथा रेशो निकलते हैं। इसका उपयोग झाडू बनाने में होता है। रिक्त स्थानों, चरोखरों, बगीचों व मेढ़ों पर अधिक पाया जाता है।

2,4–डी, या फ्लूराक्सीपीर से उद्‌भवन बाद उपचार करने से नियंत्रित हो जाता है।

ट्राइडेक्स प्रोकमबेन्स (*Tridax procumbens* L.) कुल – कम्पोजिटी

खरीफ व रबी का अर्ध भूसायी शाकीय नींदा है। सहपत्र पत्रीय होते हैं। पूरा पौधा रोमिल होता है। पुष्प पीले, मुंडक लम्बे वृन्त पर होते हैं। चरोखरों, बगीचों सब्जियों में, सामान्य रूप से पाया जाता है। इसका नियंत्रण 2,4–डी, फ्लूराक्सीपिर, आक्साडायजान, आक्सीफ्लोरफेन, पेन्डीमिथेलिन, बूटाक्लोर आदि से हो जाता है।

बिल्जा (*Caseulia axillaris* Roxb.) कुल – कम्पोजिटी

यह खरीफ का शाकीय नींदा है। जो 50 से.मी. से 1 मी. उंचा होता है। पत्ती के अक्ष में पुष्प–मुण्डक होता है। जिसका रंग सफेद या बैंगनी सफेद होता है। पत्ती एकान्तर लम्बी, व आरीवत किनारे होते हैं। तना का रंग बैंगनी होता है। इसका अंकुरण जुलाई से अगस्त माह में होता है तथा नम स्थान में इसके पौधे रबी की फसलों में भी दिसम्बर जनवरी तक वृद्धि करते रहते हैं। यह नम स्थानों में विशेषकर धान का प्रमुख नींदा है। अन्य फसलें जैसे – सोयाबीन, ज्वार आदि में भी पाया

जाता है। 2,4–डी 0.75 से 1.0 कि.ग्रा./हे. अंकुरण के 20 दिन बाद छिड़काव से धान ज्वार, बाजरा में इसका नियंत्रण किया जा सकता है। आक्साडायजान 1.0, ऑक्सीफ्लोरफेन 0.25 कि.ग्रा./हे. का उद्भवन पूर्व छिड़काव करने से इसका नियंत्रण हो जाता है।

गोखरू या आधाशीशी (*Xanthium strumarium*) कुल – कम्पोजिटी

यह खरीफ मौसम का सख्त शाकीय नींदा है इसके पत्ते एकान्तर बड़े तिकौने, खुरदुरे व शिरा विन्यास उभरा हुआ पामेट टाइप (Palmate veination) होता है। तना 1 से 2.5 मी. ऊंचा व बहुशाखित होता है। इसके मुण्डक एक लिंगी (Monoecious), शिखर (terminal) एवं अक्षीय (Eaxillary) रेसीम में होते हैं। फल का इन्बोलूकर हुक नुमा कांटों से आच्छादित रहता है। जो इसके प्रसार में सहायक होते हैं। अक्टूबर से दिसम्बर में पुष्पन होता है। धान के क्षेत्रों में यह रबी कमें वृद्धि करता है। धान के खेतों का जल सूखने के बाद इसका अंकुरण होता है तथा रबी की फसलों में हानि पहुंचाता है। म.प्र. में रायपुर, बिलासपुर में यह सितम्बर–अक्टूबर में अंकुरित होता है इसके फल में 2 बीज होते हैं। इसके फलों को कान से कस कर बांधने पर सिर का दर्द कम हो जाता है।

यह बगीचों, सब्जियों व ज्वार–बाजरा, सोयाबीन की फसलों में तथा रिक्त स्थनों में सामान्यतः पाया जाता है। इसका नियंत्रण 2,4–डी 0.5 से 1.0 कि.ग्रा. का उद्भवन बाद छिड़काव करने से हो जाता है।

घमेर या कड़ूजीरा (*Lagascea mollis* Cav.) कुल – कम्पोजिटी

यह खरीफ मौसम का बहु शाखीय शाक है इसका पौधा 1 से 2.5 मी. ऊंचाई तक बढ़ता है। पर्ण सिल्की, पुष्प मंडक गुच्छों में लम्बे वृन्त (Stalks), ब्रेक्ट्स ट्यूब बनाते हैं। पुष्प सफेद होते हैं। अगस्त से अक्टूबर तक पुष्पन होता हैं इसका उपयोग सिकाई में होता है। स्वादिष्ट घास के अभाव में गाय–भैंस इसको खाती है। सिंचित क्षेत्र में ग्रीष्म काल में भी यह पाया जाता है। यह नींदा बगीचों, सब्जियों, चरोखरों ज्वार, बाजरा व मक्का में पाया जाता है। 2,4–डी के द्वारा सरलता से नियंत्रित हो जाता है। उद्भवन पूर्व आक्सीफ्लोरफेन, आक्साडायजान या पेन्डीमिथेलिन से उपचार करने पर नियंत्रित हो जाता है।

गोरखमुडी (*Sphaeranthus indicus* L.) कुल – कम्पोजिटी

खरीफ व रबी का भूसायी, शाकीय नींदा हैं। यह धान के खेतों का प्रमुख नींदा है। इसके पूरे पौधे से तीव्र गंध आती है। तना व शाखायें पक्षीय, पर्ण रोमिल, मुंडक अक्षीय, शीर्षस्थ, समूह में पुष्प बैंगनी होते हैं।

2,4–डी 1.0 कि.ग्रा. या फ्लूराक्सीपिर 0.4 कि.ग्रा./हे. उद्भवन बाद या आक्साडायजान 1.0, आक्सीफ्लोरफेन 0.2, पेन्डीमिथेलिन 1.5 या बूटाक्लोर 2.5 कि.ग्रा./हे. से उद्भवन पूर्व उपचार करने से नियंत्रित हो जाता है।

घमरा व भृंगराज (*Eclipta alba* Hassk.) कुल – कम्पोजिटी

यह खरीफ मौसम का शाकीय नींदा है जो 20 से 40 से.मी. ऊंचा, तना सीधा या अर्ध भूसायी होता है। पर्व संधियों से जड़े निकलती है। वृन्त पर एक मुंडक होता है या दो असमान वृन्तों पर दो मुंडक होते हैं। यह नम स्थानों में अधिक पाया जाता है। सिंचित क्षेत्रों में विशेषतः सब्जियों में वर्ष भर

पाया जाता है। पत्ती गहरी हरी अभिमुख व पुष्प सफेद होते हैं। सामान्यतः जुलाई से दिसम्बर तक पुष्पित होता है। इसका रस बुखार में, बिच्छू के काटने पर, पत्तियां काजल बनाने तथा बाल काले करने व नये बाल ऊगाने व गोदना गोदने के काम आता है।

आक्साडायजान, आक्सीफ्लोरफेन, पेन्डी मिथेलिन, डाइयूरान, आइसोप्रोटूरान, बूटाक्लोर व थायोबेनकार्ब का उद्‌भवन पूर्व छिड़काव करने से इसका नियंत्रण हो जाता है। 2,4–डी फ्लूराक्सीपिर एवं प्रोपेनिल का उद्‌भवन बाद छिड़काव करने से यह नियंत्रित हो जाता है।

महकौआ (*Ageratum conzyoides* L.)

खरीफ का शाकीय सीधा बढ़ने वाला नींदा है परन्तु सिंचित क्षेत्र व बगीचों में वर्ष भर इसका अंकुरण होता है इसके पूरे पौधे से सुगंध आती हैं। 2,4–डी, आक्साडायजान, पेन्डीमिथेलिन, आक्सीफ्लोरफेन, बूटाक्लोर, अट्राजिन आदि से यह नियंत्रित हो जाता है।

कासनी या चिकोरी (*Cichorium intybus* L., Chicory) कुल – कम्पोजिटी

यह रबी का मौसम का शाकीय पौधा है तना 0.5 से 1.5 मी. लम्बा सीधा मूसला जड़ अधिक गहराई तक, पत्तियां सरल तथा आरीवत, पुष्प नीले, अक्षीय मुंडक में होते हैं। यह असंख्य छोटे बीज (सिपसेला) बनाते हैं जिनकी सुसुप्ता अवधि विभिन्न होती है। यह प्रत्येक मौसम में अंकुरित हो सकते हैं। कम वर्षा वाले क्षेत्रों तथा अच्छे जल निकास वाली मृदा में वर्षा ऋतु में भी फसलों में ऊगती है। यह बरसीम की फसल से अधिक संबंधित है क्योंकि इसके बीज बरसीम के बीज से मिल जाते हैं व बरसीम के बीज के साथ फैलते हैं। बरसीम के फसल चक्र में उगाने वाली अन्य फसलों में भी यह समस्या बन जाती है। बरसीम व लूसर्न की पारिस्थितिकी इस नींदा के लिये अधिक अनुकूल होती है। क्योंकि इसको नम शीत, तथा अर्ध छायाकार वातावरण अधिक अनुकूल होता है।

स्पर्धाशील फसलें जैसे गेहूँ, जौ या जई, रबी में तथा मक्का, ज्वार खरीफ में सघन बोनी कर अधिक उर्वरक देने पर इस नींदा को दबाने में सक्षम हैं। घास कुल की फसलों में बथुआ के समान इसका उपचार करें।

बरसीम में इसका नियंत्रण बूटाक्लोर 2.5 कि.ग्रा./हे. का उद्‌भवन पूर्व छिड़काव करने से हो जाता है। बरसीम के बीज को एक्टीभेटेड चारकोल से उपचारित कर बोनी करें।

निफेलियम (*Gnaphalium luteoablum* L.) कुल – कम्पोजिटी

यह रबी का अधिक रोमिल शाकीय नींदा है। सब्जियों में इसका प्रभाव अधिक होता है। इसका तना सीधा, 20 से 40 से.मी. मुंडक कोरियम्बोस होते हैं। पुष्प पीत–श्वेत होते हैं।

2,4–डी बूटाक्लोर, आलाक्लोर, मेटोलाक्लोर आक्साडायजान, आक्सीफ्लोरफेन, पेन्डीमिथेलिन, अट्राजिन, आइसोप्रोटूरान आदि से यह नियंत्रित हो जाता है।

सांक्स ओलेरेसियस (*Sonchus oleoraceous* L., show thistle) कुल – कम्पोजिटी

यह रबी की फसलों का शाकीय नींदा है। इसका तना खोखला होता है तथा पौधे से सफेद लेटेक्स निकलता है। पत्तियों व तने में ग्रंथीय रोम (Glandular hairs) होते हैं। मुंडक अम्बेल विन्यास में होता है। तथा पुष्पों का रंग पीला होता है।

इसका नियंत्रण गेहूँ या जौ की सघन फसल उचित उर्वरक के साथ उगाने से हो जाता है। 2,4–डी 1.0 कि.ग्रा. या फ्लूराक्सीपिर 0.4 कि.ग्रा./हे: का उद्‌भवन बाद छिड़काव करने से नियंत्रित हो जाता है। आइसोप्रोटूरान, आक्सीफ्लोरफेन, आक्साडायजान व पेन्डीमिथेलिन के उद्‌भवन पूर्व उपचार करने से नियंत्रित हो जाता है।

ब्रह्मदंडी (*Volutarella divaricata* Benth.) कुल – कम्पोजिटी

यह खरीफ व रबी का शाकीय नींदा है। शाखायें डाइकाटोमस होती है। ऊंचाई 20 से 50 सेमी होती है। पुष्प बैंगनी तथा मुंडक में ब्रेक्ट कटीले होते हैं। अगस्त से जनवरी तक पुष्पन होता है। यह खरीफ व रबी की फसलों के साथ अंकुरित होता है। तथा फसल से स्पर्धा करता है। व अन्त में फसल काटने में बाधक होता है।

इसका नियंत्रण 2,4–डी 1.0 कि.ग्रा. या फ्लूराक्सीपीर 0.4 कि.ग्रा. उद्‌भवन बाद या आक्साडायजान 1.0, पेन्डीमिथेलिन 1.5 कि.ग्रा. या आइसोप्रोटुरान 1.0 कि.ग्रा. का उद्‌भवन पूर्व उपचार करने से हो जाता है।

छोटी गोखरू (*Acanthospermum hispidum* DC.) कुल – कम्पोजिटी

इस नींदा का मूल स्थान ट्रॉपीकल अमेरिका है वहां से यह पूरे भारत वर्ष में व अन्य ट्रॉपिकल देशों में प्रसारित हो गया है। इसकी अनुकूलन क्षमता अधिक है तथा सभी प्रकार की मृदा वृद्धि करता है। यह मौसमी, रोमिल, शाकीय नींदा है जो खरीफ में अधिक वृद्धि करता है। पौधे की ऊंचाई 75 से. मी. से 1.2 मी. होती है। इसमें शाखाएं डाइकोटोमस विधि से बढ़ती है। पर्ण सरल व पर्ण–विन्यास विरूद्धावर्ती होता है। सामान्यतः यह खरीफ की फसलों, चरोखरों व वनों में अधिक फैलता है। इसके बीज का प्रसारण जानवरों व वाहनों के माध्यम से अधिक होता है। इसके बीज का अंकुरण कुछ समय बाद दो बार होता है। खेतों में स्टेल सीड बेड की विधि से इसे नियंत्रित किया जा सकता है।

मक्का, ज्वार, रागी कोदों आदि घास कुल की फसलों में 2,4–डी 1.0 कि.ग्रा./हे. से पर्णोपचार करने पर नियंत्रित हो जाता है।

ऊंटकटारा (*Echinops echinulus* DC.) कुल – कम्पोजिटी

यह खरीफ मौसम का एक वर्षीय कटीला शाकीय नींदा है। इसके पत्ते व मुंडक गें कांटे होते हैं। पौधा बहुशाखीय सीधा तना 1 से 1.5 मी. उंचा होता है। इसके पुष्प पीलापन लिये नीले रंग के मुंडक में होते हैं। यह शुष्क क्षेत्र में कम उपजाऊ भूमि में अधिक पाया जाता है। चरोखरों व रिक्त स्थानों में तथा खेतों की मेढ़ों पर यह बहुतायत से पाया जाता है। अक्टूबर से मई तक इसमें पुष्पन होता है। इसकी मूल सर्प तथा बिच्छू काटने पर काम आती है। यह पशुओं को अस्वादिष्ट नींदा है।

2,4–डी 1.0 कि.ग्रा. या फ्लूराक्सीपिर 0.4 कि.ग्रा. या पैराक्वाट 1.0 कि.ग्रा./हे. से उद्‌भवन बाद स्थानिक उपचार करने से इसका नियंत्रण हो जाता है।

बन गोभी (*Launea splaniifolia*) कुल – कम्पोजिटी

यह रबी का मौसमी शाकीय नींदा है इसके पर्ण कटावदार होते हैं तथा पौधे के विभिन्न अंगों को तोड़ने से दूध निकलता है। पुष्प पीले होते हैं। बनगोभी का मसूर, चना व गेहूँ की वृद्धि पर अलीलौपेथिक कुप्रभाव होता है। मसूर व चना इसके प्रभाव से मर भी जाते हैं।

इसका प्रभाव कम करने हेतु मटर, गेहूँ या जौ की सघन फसल अधिक उर्वरक के साथ उगाये। गेहूँ व जौ की फसल में 2,4–डी या फ्लूराक्सीपिर का बोनी के 20 से 25 बाद छिड़काव करें। दलहनी व तिलहनी फसलों में आइसोप्रोटुरान 1.0 कि.ग्रा./हे. या आक्साडायजान 1.0 कि.ग्रा./हे. का उद्‌भवन पूर्व छिड़काव करें।

जंगली कुसुम (*Carthamus oxyacantha* Bieb. Willd. safflower) कुल– कम्पोजिटी

यह रबी का शाकीय पौधा जो 1 से 1.5 मी. लम्बे सीधे तनें का होता है। यह कुसुम या करड़ी से मिलता जुलता है।

रबी में अधिक स्पर्धाशील किस्मों की अगेती बोनी करने से इस नींदा को दबाया जा सकता है। रबी फसलों की कटाई करने के शीघ्र बाद इस नींदा को बखर ब्लेड हेरो चलाकर नष्ट किया जा सकता है क्योंकि इस समय इसमें पुष्पन अवस्था होती है। बीज नहीं बन पाते हैं। यह घास कुल की फसलों में 2,4–डी के द्वारा नियंत्रित हो जाता है। अन्य फसलों में काटने के बाद 2,4–डी 1.3 कि.ग्रा. /हे. की दर से नींदा का पर्णोपचार करने से नियंत्रित हो जाता है।

यूपेटोरियम (*Eupatorium odoratum* L. Siam weed) कुल – कम्पोजिटी

यह बहुवर्षीय है वानस्पतिक अवस्था में शाकीय व मांसल तथा परिपक्वास्था में काष्ठीय 8 मी. ऊंचाई का पेड़ है। बीज सिपसेला के द्वारा इसका प्रसारण चरागाहों व बगीचों में होता है। यह दक्षिण भारत में समस्या जनक नींदा हैं यह विषैला पौधा जो जानवरों में ट्रेम्बिल्स तथा मनुष्यों में दुग्ध का चिपचिपापन उत्पन्न करता है।

इसका जैविक नियंत्रण टोक्सोप्टरा ओडेनी (Toxoptera odenae van der Goot) के द्वारा किया जा सकता है। सस्य विधि में सुबबूल (*Leucaena leucocephula*) को प्रभावित क्षेत्र में ऊगाने से यह नियंत्रित किया जा सकता है। इसकी शाखायें काटकर पौधों की ठूंठ पर डालकर उन्हें सूखने पर आग लगाने से अधिकांश नियंत्रित किया जा सकता है।

मेट्रीब्यूजिन 6.0 कि.ग्रा. या ग्लाइफोसेट 6.0 कि.ग्रा./हे. से पर्णोपचार करने से नियंत्रित किया जा सकता है। अट्राजिन 2 कि.ग्रा. आक्सीफ्लोरेफेन 0.4 कि.ग्रा. या डाइयूरान 1.5 से 2.0 कि.ग्रा./हे. का उद्‌भवन पूर्व उपचार करने से अंकुरण रोका जा सकता है।

अल्हागी केमेलोरम (*Alhagi camelorum* Fisch, Camel thorn) कुल – कम्पोजिटी

अल्हागी रबी मौसम का बहुवर्षीय नींदा है इसका प्रकोप हरियाणा, उतरप्रदेश एवं बिहार में अधिक है। इसकी सर्वाधिक वृद्धि रबी की फसल काटने के बाद अप्रैल माह में होती है।

स्पान्टाक्स 2.24 कि.ग्रा./हे. का सर्वाधिक वृद्धि के समय रबी की फसल काटने के बाद अप्रैल के अंतिम सप्ताह में छिड़काव करें। पुनः दूसरी बार भी इसका उपचार करें जिससे पौधे मर जावें।

सिरसियम आरवेन्स (*Circium arvense* (L.) Scop.) कुल – कम्पोजिटी

यह कटीला, रबी मौसम का बहुवर्षीय नींदा है जो पंजाब, हरियाणा व उतरप्रदेश में खेतों तथा बीरों व चरोखरों में अधिक समस्याजनक हैं। गिल व भाटिया (1984) के मतानुसार इसका केवल वानस्पतिक प्रसार राइजोम से होता है तथा इसके बीज किसी भी दशा में अंकुरित नहीं होते हैं। परन्तु राबिन्स व साथियों ने 1942 में इसका वर्धन बीज के माध्यम से पाया है।

यह नींदा डायोसियस (Dioecious) होता है। कुछ पौधे केवल नर व कुछ पौधे मादा पुष्प धारण करते हैं। इसलिए केवल मादा पुष्प धारण करने वाले पौधे ही यदि उचित समय पर परायण हो गया तो बीज बनाने में सक्षम होते हैं। यदि मादा पौधों से नर बहुत दूरी पर होते हैं तो परागण नहीं होता व बीज नहीं बन पाते।

इसके पौधों में राइजोमेटिक मूल तंत्र अधिक विकसित होता है तथा वानस्पतिक वर्धन में सहायक होता हैं। इसकी मूल 2 से 3 मी. गहराई तक जाती है तथा मूल के टुकड़े पृथक पौधा बनाने में सक्षम है।

निरन्तर दो वर्ष तक टिलेज क्रियाओं से इस नींदा को नियंत्रित किया जा सकता है। स्पर्धाशील फसलें जैसे गेहूँ, जौ या जई को प्रभावित क्षेत्र में उगाने से कुछ हद इसको दबा सकते हैं।

अल्फा अल्फा तथा लूसर्न को उगाने से नियंत्रित करने में अधिक सफलता मिलती है। यांत्रिक व सस्य विधियों को एकीकृत रूप में भी अपनाने से नियंत्रण पूर्ण सफल नहीं हो पाता।

इसका सफल नियंत्रण ऐसे नींदा नाशकों के उपचार से संभव है जो पर्णोपचार करने से मूल–तंत्र तक स्थानांतरित होते हैं। इसे 2,4–डी, डाइकेम्बा एवं पिक्लोराम से नियंत्रित किया जा सकता है। 2,4–डी ईथइल ईस्टर 0.36 कि.ग्रा., डाइकेम्बा 0.2 कि.ग्रा./हे. का मिश्रित उपचार करने से मात्र 2,4 डी की अपेक्षा अच्छा नियंत्रण होता है। आइसोप्रोटुरान 1.0 से 1.5 कि.ग्रा./हे. का छिड़काव कर गेहूँ में इसकों नियंत्रित कर सकते हैं (भाटिया व साथी, 1985)। गेहूं में पूर्ण नियंत्रण हेतु आइसोप्रोटूरान 1.0 कि.ग्रा. तथा डाइकेम्बा 0.4 कि.ग्रा./हे. के मिश्रण का छिड़काव अधिक प्रभावकारी है।

पुंवार या चकौड़ा (*Cassia tora* L.) कुल – सिसलपिनायडी

खरीफ का शाकीय नींदा है तना सीधा, 1 से 2 मी. संयुक्त पर्ण, पिन्नेट 3 से 5 जोड़े में, वृत के आकार में ग्रन्थि, पुष्प पीले, फली 10–15 से.मी. लम्बी, चौकोर, सेप्टेट हसियां के समान मुड़ी हुई होती है। पत्ती सब्जी के काम आती है। इस नींदा को जानवर नहीं खाते है। इसका प्रकोप रिक्त भूमि, चरोखरों, बगीचों व उनके आसपास के खेतों में होता है। इसका अन्य पौधों पर अलीलोपेथिक प्रभाव होता है।

2,4–डी या फ्लूराक्सीपिर से 2 से 4 पती की अवस्था पर उपचार करने से निगंत्रित हो जाता है।

गुरगेहूंआ (*Alysicarpus longifolia* DC. One leaf clover)

यह मौसमी, शाकीय 1 से 3 मी. लम्बाई का पौधा होता है पर्ण सरल 2.5 से 5.0 सें.मी. लम्बा ओबट्यूस, पुष्प एक लम्बी स्पाइक में सघन संलग्न रहती है। यह बीज के द्वारा फैलता है तथा खरीफ ऋतु का प्रमुख नींदा है फसल के अंकुरण के बाद लगभग 20–30 दिन तक इसके बीजों का अंकुरण होता रहता है। कभी–कभी पहली निंदाई के बाद इसके बीज अंकुरित होते हैं। इसकी अन्य स्पीसीस भी फसलों में हानि पहुंचाती है।

घास कुल की फसलों में 2,4–डी 1.0 कि.ग्रा./हे. का उद्भवन बाद 15 से 20 दिन पर छिड़काव करने से इसकी वृद्धि कम की जा सकती है। दलहनी व तिलहनी फसलों में आक्साडायजान 0.75 से 1.0 कि.ग्रा./हे. या आक्सीफ्लोरफेन 0.2 कि.ग्रा. या आलाक्लोर 2.0 कि.ग्रा./हे. का उद्भवन पूर्व छिड़काव करने से नियंत्रित हो जाता है।

बन मूंग (*Phaseolus trilobus* Ait.) कुल – पेपलियोनेटी

यह खरीफ की फसलों में लिपटकर बढ़ने वाला शाकीय नींदा है जो मूंग के पौधों के सामन होता है। इसके पर्ण संयुक्त त्रिपत्रीय, लीफलेट में 3 गहरे कटाव होते हैं। अनुपर्ण बड़े, पुष्प पीले तथा सघन मुंडक के समान होते हैं। फल्ली 3–6 से.मी. लम्बी व गोल होती है। सभी फसलों व चरोखरों में पाया जाता है। स्टेल सीड बेड बनाने में इसका नियंत्रण हो जाता है। 2,4–डी या फ्लूराक्सीपिर या क्लोरीमूरान इथिल से उद्भवन बाद उपचार करने से या आक्साडायजान आक्सीफ्लोरफेन, पेन्डीमिथेलिन, अट्राजिन या मेट्रीब्यूजिन से उद्भवन पूर्व उपचार करने से यह नियंत्रित हो जाती है।

झुरझुरू (*Indigofera glandulosa* Willd.) कुल – पेपलियोनेटी

खरीफ का बहुशाखित, शाकीय नींदा है। पर्ण तीन पत्री, रोमिल जिसमें ग्रन्थीय काला धब्बा (Dots) होते हैं। पुष्प गुलाबी, फली पक्षयुक्त (Serrated wings) दो बीज़ वाली होती है। यह खरीफ की उपरिभूमि फसलों में पायी जाती है। ज्वार या रामतिल की सघन फसल बाने से इसकी वृद्धि कम हो जाती है इसका नियंत्रण 2,4–डी या फ्लूराक्सीपिर के उद्भवन बाद छिड़काव करने से हो जाता है। आक्साडायजान 1.0 कि.ग्रा., आक्सीफ्लोरफेन 0.2 कि.ग्रा., पेन्डीमिथेलिन, अट्राजीन 2.0 या मेट्रीब्यूजिन 0.3 कि.ग्रा./हे. का उद्भवन पूर्व उपचार करने से नियंत्रित हो जाता है।

सिलामिली (*Sesbania aculeata* Pers.) कुल – पेपलियोनेटी

यह खरीफ का झाड़ीनुमा 2 से 3 मी. ऊंचा नींदा हैं। संयुक्त पर्ण 30 से.मी. तना व पर्ण वृत में सूक्ष्म कांटे, पुष्प अक्षीय लम्बी रेसीम में. पीले बैंगनी धब्बा युक्त, फली सकरी व 20 से 25 से.मी. होती है। यह हरी खाद व रेशे के उपयोग में आता है। यह खरीफ की सभी फसलों में वृद्धि को हानि पहुंचाता है।

2,4–डी 1.0 कि.ग्रा. या फ्लूराक्सीपीर 0.4 कि.ग्रा. उद्भवन बाद उपचार करने से नियंत्रित हो जाता है। आक्सीफ्लोरफेन, आक्साडायजान, अट्राजिन व मेट्रीन्यूजिन से उद्भवन पूर्व उपचार करने से नियंत्रित हो जाता है।

कठसोला (*Aeschynomene indica* L.) कुल – पेपलियोनेटी

झाड़ी नुमा खरीफ का नींदा है। सीधा तना, बहुशाखित, रोमिल, पत्ती संयुक्त, छोटे छोटे अपर्ण संवेदनशील, पुष्प अक्षीय पीले एवं लाल धारी युक्त तथा फल्ली में 6–10 बीज होते हैं। नमी वाले क्षेत्र प्रायः धान के खेतों में अधिक समस्या है। यह 2,4–डी से बाद की अवस्था में नियंत्रित नहीं होता। आक्साडायजान व आक्सीफ्लोरफेन का उद्भवन पूर्व उपचार करने से नियंत्रित हो जाता है। क्विनक्लोरेक 0.3 कि.ग्रा. का उद्भवन के बाद छिड़काव करने से नियंत्रित हो जाता है।

बक्ची (*Psoralia corylifolia* L.) कुल – पेपलियोनेटी

यह खरीफ का शाकीय नींदा है जिसका तना सीधा, गूब्ड 1 से 2 मी. होता है। पूरा पौधा काली ग्रन्थी युक्त, पर्ण सरल, रोमिल, पुष्प नीले, सघन रेसीम में, फली एक बीजीय, बीज काला होता है। बीज से प्राप्त तेल चर्म रोग को लाभकारी है।

इसका नियंत्रण 2,4–डी 1.0 कि.ग्रा. या फ्लूराक्सीपिर 0.4 कि.ग्रा./हे. से उद्भवन बाद उपचार करने से नियंत्रित हो जाता है। उद्भवन पूर्व, आक्साडायजान, आक्सीफ्लोरफेन या अट्राजिन से उपचार करने से नियंत्रित हो जाता है।

अकरी (*Vicia sativa* L.) कुल – पेपलियोनेटी

यह रबी की फसलों का प्रमुख नींदा है। जो पर्ण प्रतानों से फसलों पर आरोहण करता है। इसका तना कमजोर होता है पत्तियां संयुक्त तथा उपर की पत्तियां परिवर्तित होकर प्रतानों में परणित होती है। यह सामान्यतः रबी की सभी फसलों में सिंचित व असिंचित दशाओं में पाया जाता है।

आइसोप्रोटुरान 1.0 कि.ग्रा. उद्‌भवन पूर्व या उद्‌भवन बाद, पेंडमिथेलिन, आक्सीफ्लोरफेन उद्‌भवन पूर्व 2,4–डी या फ्लूराक्सीपिर से उद्‌भवन बाद उपचार करने से नियंत्रित हो जाता है।

सेंजी (*Melilotus* spp., Sweet Clover) कुल – पेपलियोनेटी

सेंजी रबी का मौसम का 1 से 2 मी. उंचाई तक सीधा बढ़ने वाला, संयुक्त (ट्राइफोलियेट) पत्ती का शाकीय नींदा है। इसकी दो स्पीसीस है। पीली सेंजी (*M. indica* (L.) All.) जिसके पुष्प पीले होते हैं तथा सफेद सेंजी (*M. alba* Desr.) जिसके पुष्प सफेद होते हैं तथा पौधे बड़े होते हैं। यह रबी की फसलों में संपूर्ण भारत वर्ष में पाया जाता हैं तथा फसल के बीज के साथ इसके बीज प्रसारित होते हैं जो खरीफ में प्रसुप्त रहते हैं।

सेंजी की टिलेज क्रियाओं से नियंत्रण करना कठिन है। गेहूं, जौ की सघन फसल उगाने से इसकी वृद्धि कम की जा सकती है, 2,4–डी, एम.सी.पी.ए., फ्लूराक्सीपिर या आइसोप्रोटुरान का उद्‌भवन बाद छिड़काव करने से नियंत्रित हो जाता है। दलहनी व तिलहनी तथा गेहू में उद्‌भवन पूर्व आक्साडायजान 1.0 कि.ग्रा., आइसोप्रोटुरान 1.0 कि.ग्रा. मेथाबेन्जथियाजूरान, मेटाजूरान 1.5 कि.ग्रा. या टरबूट्रिन 0.8 कि.ग्रा. /हे. का छिड़काव करने से नियंत्रित हो जाती है।

बन बटरी (*Lathyrus aphaca* L., Wild Pea) कुल – पेपलियोनेटी

यह रबी की आरोही मौसमी शाक है जो 0.5 से 1.0 मी. लम्बी होती है। इसके पर्ण प्रतानों (Tendrils) में परिवर्तित हो जाते हैं जो आधार पर आरोहण में सहायक होते हैं। अनुपर्ण रूपान्तरित होकर पर्ण का रूप ले लेते हैं। पुष्प पीले होते हैं यह रबी की फसलों में ऊगती है तथा उसी के साथ में काट ली जाती है कुछ बीज खेत में बिखर जाते हैं तथा कुछ फसल के बीज के साथ मिलकर प्रसारित होते रहते हैं। कृषक इसे हरी घास के रूप में चराते हैं।

बढ़वार फसलें जैसे गेहूं, जौ या सरसों को सघन बोनी कर इस नींदा का प्रभाव कम किया जा सकता है। चारे की फसलों जैसे बरसीम या जई निरंतर चार पांच वर्ष उगाने से इसका नियंत्रण हो जाता है। यह नींदा नाशकों से अप्रभावित रहती है। 2,4–डी 1.0 कि.ग्रा./हे. + 5 प्रतिशत गुड़ या फ्लूराक्सीपिर 0.5 कि.ग्रा./हे. गुड़ के घोल का 2 से 4 पत्ती की अवस्था पर छिड़काव करने से नियंत्रित हो जाती है। बाद में छिड़काव करने से नहीं मरती।

मुई शेवरा (*Desmodium laxiflorum* DC.) कुल – पेपलियोनेटी

यह सीधा बढ़ने वाला शाकीय नींदा है तना व शाखायें कोणीय (Groved), 1 से 2 मी. त्रिपर्णी 10–12.5 से.मी. अधःतल रोमिल, पुष्प बैंगनी या श्वेत, पर्व संधि पर अनेक पुष्प, फल्ली 2.5 से 4 सें.मी. लम्बी, जिसमें छोटे छोटे हुक होते हैं, व 6 से 10 बीज होते हैं। यह खरीफ की फसलों बगीचों व सब्जियों में पाया जाता है। इसका नियंत्रण उपरोक्त विधि से किया जा सकता है।

इसकी अन्य स्पीसीस भी पायी जाती हैं। जैसे – डेसमोडियम डिफ्यूसम, डेसमोडियम ट्राइफ्लोरम व डेसमोडियम गेन्गेटिकम।

झुनझुनिया (*Crotalaria nanna*) कुल – पेपलियोनेटी

यह खरीफ का मौसमी पौधा है जो 0.25 से 0.5 मी. उंचा छोटी सरल पत्तियों युक्त होता है। सामान्यतः यह सरगुजा जिला मध्यप्रदेश में कोदो, कुटकी, रागी की फसलों में अधिक ऊगता है। इसके बीज फसल के साथ मिल जाते हैं विषाक्त होने से मनुष्यों की मृत्यु तक हो जाती है। उद्भवन बाद 2,4–डी 0.75 से 1.0 कि.ग्रा./हे. की दर से उपचार करने पर इसका नियंत्रण हो जाता है।

बथुआ (*Chenopodium album* L. Commom lambs quarters) कुल – चिनोपोडियेसी

यह रबी मौसम का लालामी युक्त हरा, शाकीय पौधा है। इसकी ऊँचाई 1 से 1.5 मी., तना सीधा, एकान्तर, सरल पत्तियां तथा पुष्पन गुच्छ स्पाइक में नवम्बर से मार्च तक होता है। बथुआ रबी फसलों का बहुत ही सामान्य नींदा है। यह बहुत छोटे असंख्य बीज बनाता है जिनकी सुसुप्ता अवस्था अवधि विभिन्न होती है व कई वर्षों तक अंकुरित होते हैं। यह रबी की सभी फसलों में ऊगता है तथा फसलों के साथ काट लिया जाता है। एवं इसके बीज फसलों के बीज़ में मिश्रित होकर प्रसारित होते हैं।

गेहूं, जौ, जाई, सरसों की सघन बोनी करने से तथा अधिक उर्वरक देने से यह नींदा दब जाता है तथा फसल की वृद्धि दर पर कुप्रभाव नहीं हो पाता। स्टेल सीड–बेड बनाकर बोनी करना भी प्रभावी है। 2,4–डी 0.75 से 1.0 कि.ग्रा. या एम.सी.पी.ए. 0.5 कि.ग्रा. या फ्लूराक्सीपिर 0.5 कि.ग्रा./हे. उद्भवन बाद 2, से 4 पत्ती की अवस्था पर घास कुल की फसलों में छिड़काव कर नियंत्रित करना आर्थिक दृष्टि से लाभदायक है। आइसोप्रोटुरान 1.0 कि.ग्रा., मेथाबेन्जथियाजूरान 1.5 कि.ग्रा., मेटाक्जूरान 2.0 कि.ग्रा./हे. उद्भवन पूर्व या उद्भवन बाद नियंत्रित करने में सक्षम है। अन्य नींदा नाशक जैसे आक्सीफ्लोरफेन 0.2, आक्साडायजान 1.0 पेन्डीमिथेलिन 1.5 कि.ग्रा., टरबूट्रिन 0.8 कि.ग्रा./हे. का उद्भवन पूर्व छिड़काव करने से इसे नियंत्रित करते हैं।

तलिमखाना (*Hygrophylla spinosa* T. Anders) कुल – एकेन्थेसी

यह जलीय पारिस्थितिकी का खरीफ एवं रबीं का शाकीय, सीधा बढ़ने वाला, सफेद रोमयुक्त कांटेदार नींदा है। तने की ऊँचाई 75 से.मी. से 1.5 मी. अननुपत्री, पत्तियाँ लम्बी, होर्ल (Whorls) पर्ण विन्यास तथा पर्व सन्धि पर कांटे होते हैं। दलपुंज पीला–नीला द्विओष्टी (bilabilate), बीज (Hairy) होते हैं। यह तालाबों, नहरों के किनारे तथा धान के खेतों में पाया जाता है।

पैराक्वाट, डाइक्वाट, 2,4–डी व फ्लूराक्सीपिर से उद्भवन बाद उपचार करने से इसका नियंत्रण हो जाता है।

जस्टीसिया क्विनक्वनगुलेरिस (*Justicia quinquangularis* Koen.) कुल –एकेन्थेसी

यह खरीफ की फसलों का शाकीय नींदा है। इसका पौधा रोमिल नहीं होता। तना 50–75 से.मी., शाखायें 4 से 5 कोणीय, पत्तियां अवृन्तीय (Sessile) पुष्प शीर्षस्थ, लम्बी स्पाइक में होता है। सहपत्र (Bracts) चिकने एवं नोक रहित होते हैं।

प्रायः खरीफ की सभी फसलों में पाया जाता है। इसका नियंत्रण 2,4–डी या फ्लूराक्सीपिर, के उपचार से किया जा सकता है। आक्सीफ्लोरफेन, आक्साडायजान, पेन्डीमिथेलिन, मेट्रीब्यूजिन या अट्राजिन से उद्भवन पूर्व उपचार करने से नियंत्रित हो जाता है।

जल दुधी (*Oxystelma exculentum* Br.) कुल – एसलपियेडी

यह खरीफ व रबी की फसलों में पायी जाने वाली लिपटकर (Twinning) चढ़ने वाली लता है। पत्तियां लम्बी, सकरी एवं अभिमुख होती है। पुष्प बड़ा लाल सफेद रंग का होता है। कोरोनाद हरा होता है तथा फल के दो मुड़े हुए फालीकिल होते हैं। यह म.प्र. के हवेली क्षेत्र में रबी की फसलों में समस्याजनक नींदा है। 2,4–डी 1.0 कि.ग्रा. या फ्लूराक्सीपिर 0.4 कि.ग्रा./हे. से उद्‌भवन बाद उचार करने से इसका नियंत्रण हो जाता है।

गोखरू (*Tribulus terrestris* L., Bulls head or puncture wine) कुल – जाइगोफाइली

यह खरीफ का शाकीय नींदा है। रोमिल, पिन्नेट संयुक्तपर्णी, लघु पर्ण वृती, फल पंच कोणीय, काष्ठीय, कांटेदार जो 3 से 5 कोष्ठों में विभक्त होता है। इसके बीज 5 वर्ष तक अंकुरण क्षमता रखते हैं। यह चरोखरों, सब्जियों में व रेतीली मृदा की उपरिभूमि फसलों में अधिक पाया जाता है। इसमें सेपोनिन (Saponin) होता है जो जानवरों में लिवर रोग उत्पन्न करता है। यह मध्यप्रदेश व राजस्थान में सामान्य नींदा है।

स्पर्धाशील फसलें जैसे ज्वार, मक्का, रामतिल उगाने से यह नियंत्रित हो जाती है। 2,4–डी 1.0 कि.ग्रा., एम.सी.पी.ए. 0.5 कि.ग्रा./हे. या डीजल से नियंत्रित हो जाती है।

विषखापरो (*Trianthema portulacastrum*) कुल – एजोएसी

यह प्रमुख रूप से खरीफ फसलों का शाकीय नींदा है परन्तु सिंचित क्षेत्रों में रबी व ग्रीष्मकालीन फसलों में भी अधिक हानि पहुंचाता है। यह बहुधा अच्छे जल निकास वाली मृदा में अधिक वृद्धि करता है। यह नोनिया के पौधे से मिलता है परन्तु इसके पत्ते गोलाकार व उससे बड़े होते हैं। पुष्प बैंगनी गुलाबी रंग के होते हैं तथा फल पत्तियों के अक्ष में धसे हुए होते हैं बीज बहुत छोटे व काले होते हैं।

स्टेल सीड बेड विधि से बोनी करने पर इसकी संख्या बहुत कम हो जाती है। ज्वार व सोयाबीन खरीफ में, गेहूं व सरसों रबी में बोने से इस नींदा की वृद्धि कम कर सकते हैं। 2,4–डी 1.0 कि.ग्रा. या फ्लूराक्सीपिर 0.4 कि.ग्रा./हे. का उद्‌भवन बाद 2 से 4 पत्ती की अवस्था पर छिड़काव करने से नियंत्रित हो जाता है। अट्राजिन 1.5 कि.ग्रा., मेट्रीब्यूजिन 0.35, टरबूट्रिन 1.0, आक्साडायजान 1.0, आक्सीफ्लोरफेन 0.24 पेन्डीमिथेलिन 1.5 कि.ग्रा./हे. से उद्‌भवन पूर्व उपचार करने से नियंत्रित हो जाता है।

करई चेंज (*Ludwigia parvifolia*) कुल – ओनाग्रेसी

खरीफ का शाकीय नींदा है, 75 से 120 से.मी. ऊँचा, तना चौकोर, बहुशाखीय, पर्ण अभिमुख, पुष्प पीले होते हैं।

इसका नियंत्रण 2,4–डी 1.0 कि.ग्रा. या फ्लूराक्सीपिर 0.4 कि.ग्रा./हे. से उद्‌भवन बाद उपचार करने से नियंत्रित हो जाता है। आक्साडायजान 1.0, पेन्डीमिथेलिन 1.5 कि.ग्रा., आक्सीफ्लोरफेल, 0.2 बूटाक्लोर 2.5 या थायोबेनकार्ब 3.0 कि.ग्रा. से उद्‌भवन पूर्व उपचार करने से नियंत्रित हो जाता है।

■■■■

43

नींदा नाशक उपचार की विभिन्न विधियों में प्रयुक्त होने वाले यंत्र

(Equipments Used in Different Methods of Herbicidal Application)

नींदा नाशक के गुण व प्रभाविता, उसके संरूपण फसल की वरणात्मकता, उपचार करने वाले यंत्रों की उपलब्धता, आदि के आधार पर नींदा नाशकों के उपचार की अनेक विधियाँ है।

1. छिड़काव (Spraying)

पाऊडर व ई.सी. संरूपण को जल के साथ मिला कर छिड़काव करते हैं यह सबसे उपयुक्त विधि है जिसमें नींदा नाशक समान रूप से सही मात्रा में प्रयोग किये जा सकते हैं। छिड़काव यंत्रों में स्प्रिंकलर केन, हेडपंप, बेक पेक, फुट स्प्रेयर, पावर स्प्रेयर्स, ट्रेक्टर – माऊंटेड स्प्रेयर, वायुदूत (Air craft) स्प्रेयर प्रमुख है।

2. बिखराव (Spreading)

नींदा नाशक के कणिका संरूपण को प्रयोग करने के लिये खेत में समान रूप से बिखराव करते हैं। परन्तु कणिकाओं का बिखराव उतनी समानता से नहीं होता जितना जल के साथ पाउडर या ई. सी. संरूपण का छिड़काव समान रूप से होता है। कणिकाओं का बिखराव करने की दो विधियाँ हैं।

i. हाथ से बिखराव

ii. यांत्रिक स्प्रेयर से बिखराव

3. मृदा में इन्जेक्शन (Injection of Soil)

धूमीकारक नींदा–नाशकों को मृदा में इंजेक्ट करते हैं। इन्जेक्शन 1. हाथ से, 2. शक्ति चालित उपकरण से किया जाता है। धूमीकारक नींदा नाशक अधिक वाष्पीकृत होकर अधिक उड़नशील (Volatile) होते हैं। इससे उनके इन्जेक्शन में अधिक सावधानी रखना पड़ती है। तथा उपचारित क्षेत्र को वायु अवरोधक पॉलीथीन की चादर से ढ़कना पड़ता है। इससे उनका उपचार अधिक महंगा होता है।

SPRAY BOOMS & RIGS

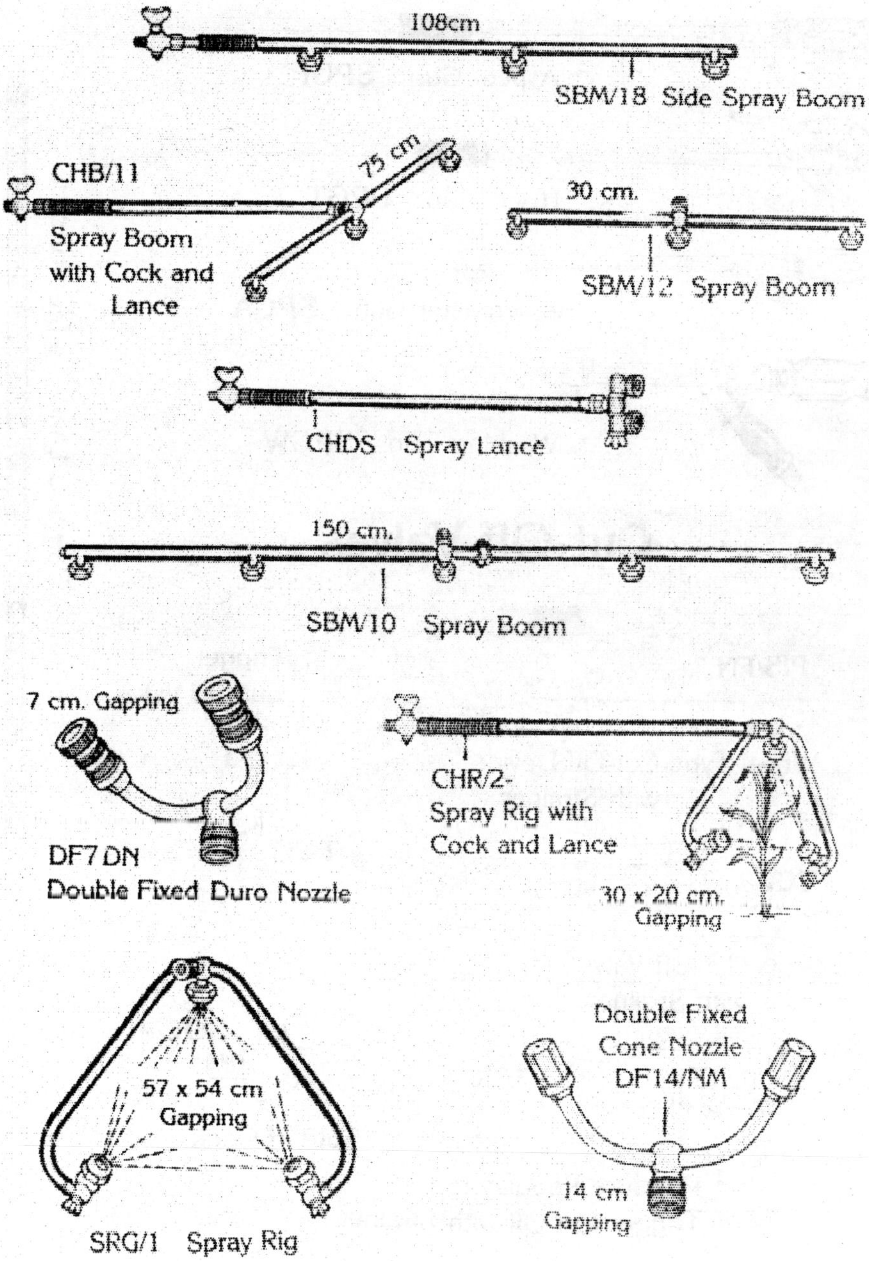

चित्र 43.1 छिड़काव यंत्र

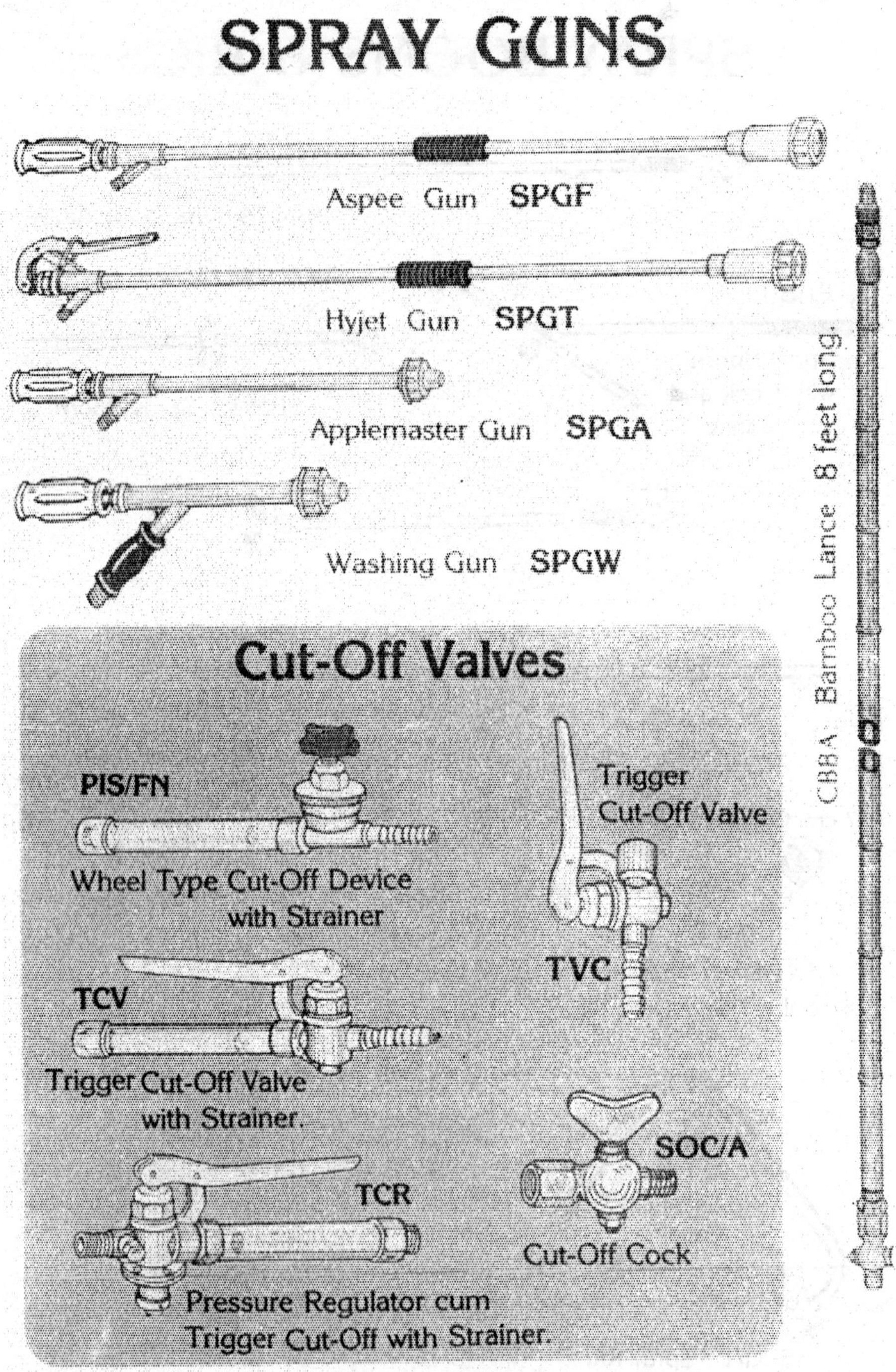

चित्र 43.2 छिड़काव यंत्र

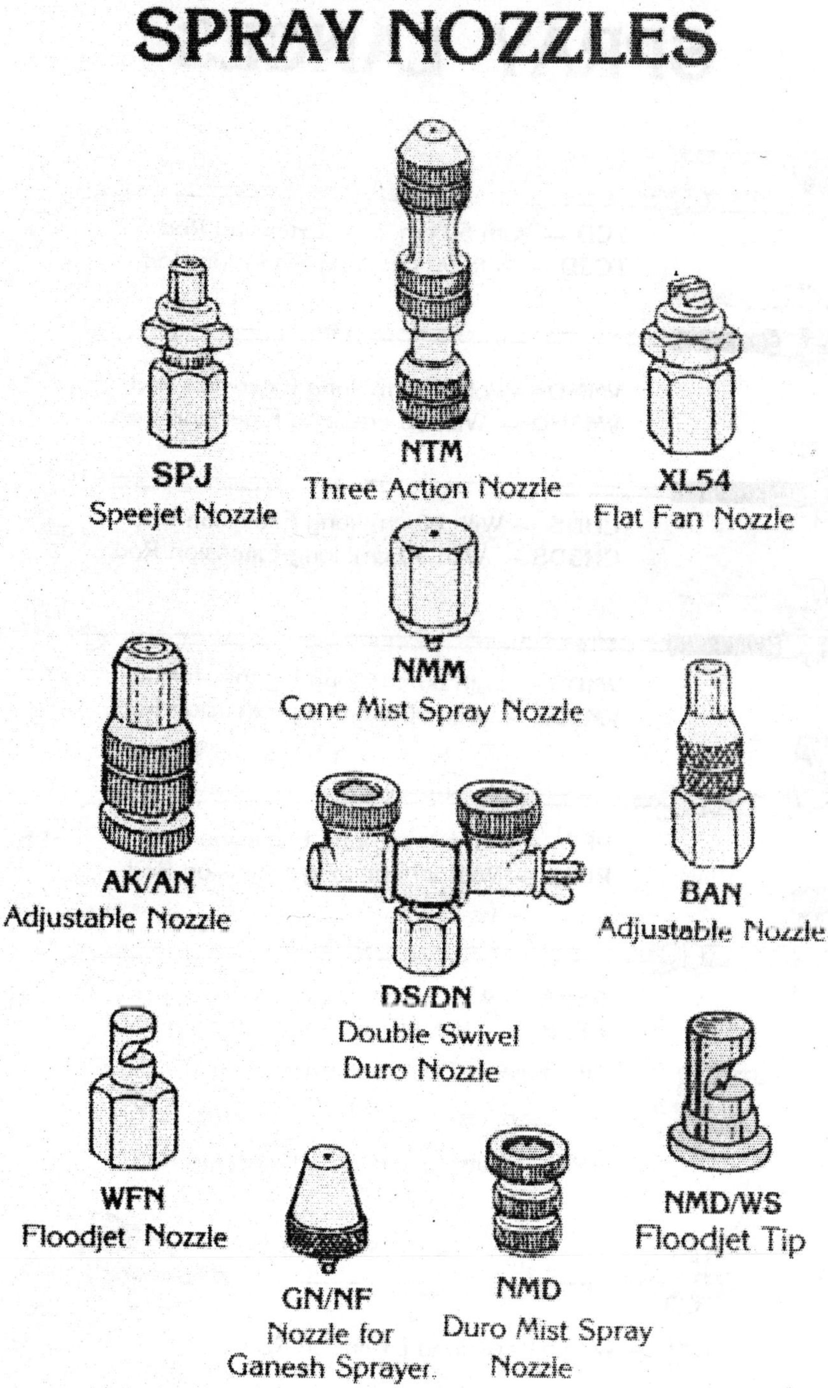

चित्र 43.3 छिड़काव यंत्र

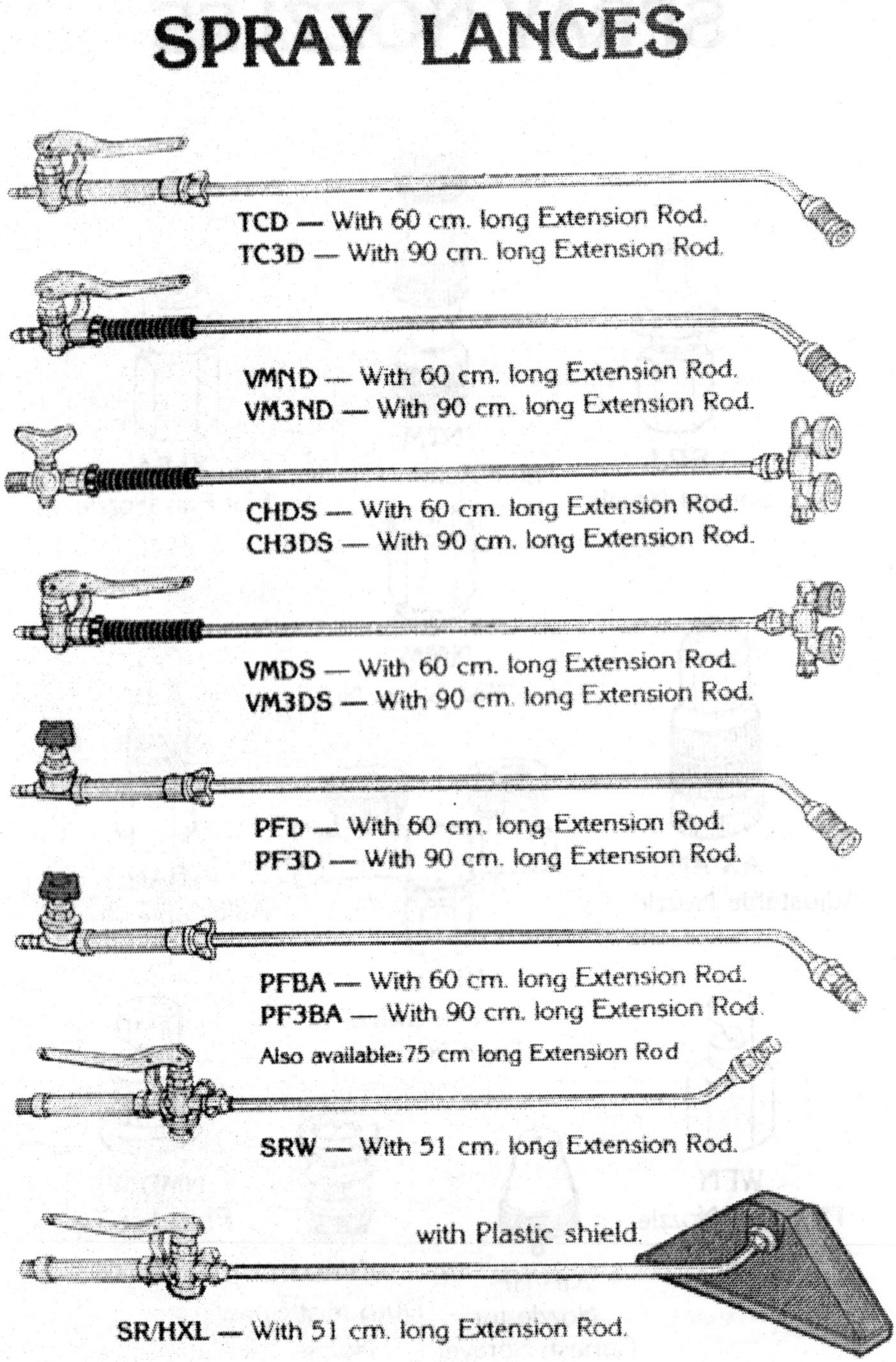

चित्र 43.4 छिड़काव यंत्र

4. धूली का भुरकाव (Dusting)

नींदा नाशक का धूली संरूपण शुष्क रूप से जल में मिलाये बिना ही प्रयोग किया जा सकता है। इनके भुरकाव के लिए उपयुक्त यंत्र

1. हस्तचालित डस्टर
2. शक्तिचालित उपकरण।

सफल नींदा नियंत्रण अथवा कीट या रोग नियंत्रण हेतु प्रारंभिक अवस्था में जितना उपयुक्त दवा चयन करना आवश्यक है उतना ही उसे अधिक प्रभावकारी बनाने के लिए उपचार यंत्र का चयन करना महत्वपूर्ण है। उचित यंत्र का चयन कर नींदा को समय रहते कम समय व लागत में अधिक प्रभावकारी ढंग से नियंत्रित किया जा सकता है। आजकल जो प्रचलित नींदा नाशक हैं उनमें से अधिक का छिड़काव या बिखराव किया जाता है। इसलिए छिड़काव यंत्र (स्प्रेयर) और बिखराव यंत्र (स्प्रेडर) का उपयोग किया जाता है। इसके अतिरिक्त दवाओं को द्रव व वाष्प रूप में बदलकर भी प्रयोग में लाया जाता है जिसके लिए इन्जेक्टर या वेपर जनरेटर का उपयोग किया जाता है।

अधिक क्षेत्र के लिए शीघ्र उपचार हेतु हवाई छिड़काव व भुरकाव का भी प्रयोग उपयुक्त पाया गया है। विभिन्न यंत्रों का वर्णन निम्नानुसार है।

छिड़काव यंत्र (स्प्रेयर)

इस यंत्र द्वारा घोल को बारीक कणों में विभाजित कर दबाब के साथ छिड़काव किया जाता है जिससे सीमित मात्रा और सान्द्रता की दवा अधिक क्षेत्र में छिड़की जा सके। मानव चलित स्प्रेयर सीमित क्षेत्र के लिए प्रयोग में लाए जाते हैं। छोटे छिड़काव यंत्र, जिनकी क्षमता एक लीटर तक होती है एक हाथ से ही नियंत्रित किए जाते हैं और हेन्ड स्प्रेयर के नाम से जाने जाते हैं। अधिक क्षेत्र के लिए निम्नलिखित स्प्रेयर प्रयोग में लाए जाते हैं।

स्टीरप स्प्रेयर

इसके द्वारा अलग पात्र में तैयार घोल का छिडकाव किया जाता है। स्प्रेयर के पम्प को हाथ द्वारा या पैर द्वारा चलाया जाता है छिड़काव के लिए लम्बे डिस्चार्ज पाइप का प्रयोग किया जाता है। इसे एक स्थान से दूसरे स्थान तक ले जाने के लिए हाथ या पहिये की ट्राली का उपयोग भी करते हैं।

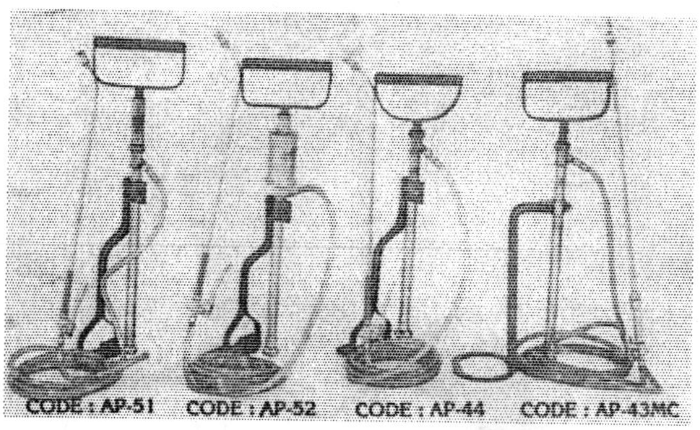

चित्र 43.5. स्टीरप स्प्रेयर

फुट स्प्रेयर (Foot Sprayer)

यह स्टीरप या बकेट स्प्रेयर के समान ही है इस स्प्रेयर में पैरों से चलाकर वायु दबाव उत्पन्न किया जाता है एक बर्तन में छिडकाव का घोल होता है जो सक्सन पाइप द्वारा पम्प के अंदर प्रवेश करता है तथा होर्स पाईप के माध्यम से लांस में पहुंचता है। एक मनुष्य पैर से स्प्रेयर को चलाता है तथा दूसरा लांस पकड़ कर छिड़काव करता है।

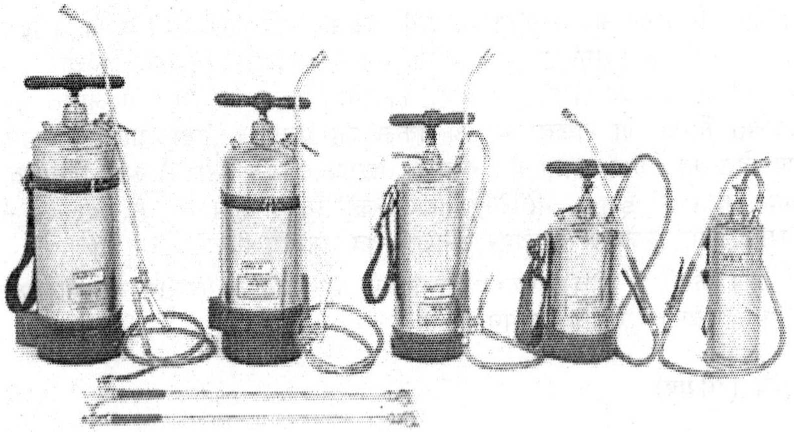

चित्र 43.6. स्टीरप स्प्रेयर

हेंड काम्प्रेशन (Hand Compression) स्प्रेयर

इस प्रकार के स्प्रेयर में हाथ की टंकी में हवा का दबाव उत्पन्न करते हैं इनकी टंकी की क्षमता 3.5 से 14 लीटर घोल की होती है। इनमें हाथ से पंप को चलाकर हवा का दबाब टंकी में उत्पन्न की पीठ पर लाद कर चलाते हैं। इससे टंकी में दबाब कम हो जाता है एवं कई बार पीठ से उतारकर पंप चलाकर पुनः पीठ पर लाद कर छिड़काव करते हैं। इससे प्रारम्भ में छिड़काव की मात्रा अधिक होती है एवं घोल के कणों का आयतन कम होता है जैसे दबाब कम होता है नोजल से बाहर निकलने वाली फुहार कम होती जाती है। इससे नींदा नाशक दवा का छिड़काव इन स्प्रेयरों से समान रूप से नहीं होता है। इनमें दबाव नियंत्रक (Pressure regulator) लगाना आवश्यक होता है।

चित्र 43.7. हेंड काम्प्रेशन

रॉकिंग स्प्रेयर (Rocking sprayer)

यह भी उपरोक्त स्प्रेयर के सिद्धान्त पर बना है परन्तु इसे हाथ से चलाकर उच्च दाब प्राप्त किया जा सकता है जिससे 30 मी. लम्बी लीड तक का प्रयोग किया जा सकता है तथा 5 मी. ऊँचे तक छिड़काव किया जा सकता है। यह झाड़ियों व छोटे पेड़ों पर छिड़काव हेतु उपयुक्त है।

चित्र 43.8. रॉकिंग स्प्रेयर

नेपसैक स्प्रेयर (Knapsack sprayer)

यह मानव चलित और शक्ति चालित होते हैं। जिन्हें मनुष्य पीठ पर या एक साईकिल के चक्र पर लाद कर ट्रॉली में रखकर संचालित कर सकता है ये 5 से 20 लीटर की क्षमता में उपलब्ध है। इनमें एक हाथ से पम्प चलाते हैं तथा दूसरे हाथ से छिड़काव करते हैं। इसमें शक्ति चालित स्प्रेयर 15 से 50 लीटर क्षमता तक के उपलब्ध है। जिन्हें पेट्रोल या डीजल इंजिन द्वारा चलाया जाता है। उच्च दाब व निम्न दाब के साथ छिड़काव की मात्रा के अनुसार विभिन्न प्रकार की नोजलों का प्रयोग किया जाता है। मध्यम से बड़े आकार के स्प्रेयर में एक से अधिक नोजल का निश्चित अंतर से प्रयोग करते हैं। जिसे बूम कहते हैं। इनमें दबाब निरंतर बना रहता है जिससे छिड़काव समान रूप से होता है।

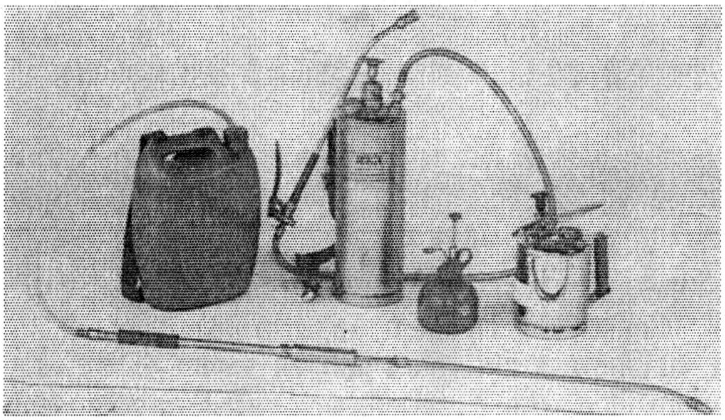

चित्र 43.9. नेपसेक स्प्रेयर

सेन्ट्रीफुगल ऊर्जा स्प्रेयर (Centrifugal Energy Sprayer)

नींदा नाशक या कीट नाशक की कम मात्रा को अधिक क्षेत्र में छिड़कने के लिए और भी छोटे विभाजित कणों की आवश्यकता होती है, जिसके लिए सेन्ट्रीफुगल ऊर्जा स्प्रेयर का उपयोग किया जाता है। इसमें हेन्ड केरिडमिस्ट स्प्रेयर (Hand held mist sprayer) व नेपसेक मिस्ट स्प्रेयर (Knap sack sprayer) प्रमुख है। प्रथम केवल 6.4 कि.ग्रा. वजन का होता है, जो विद्युत द्वारा संचालित होता है तथा हेली स्प्रेयर के नाम से मिलता है। दूसरे स्प्रेयर शक्ति चलित होते हैं जो 1.6 अश्व शक्ति के इंजिन द्वारा चलते हैं। इसे पीठ पर लाद कर 10 से 12 मीटर दूर तक छिड़काव किया जाता है। इससे उड़ते हुए कीड़ों को भी नष्ट किया जा सकता है।

नियंत्रित जलकण एवं सीधा संस्पर्श उपचार

सामान्यतः उच्च आयतन (High Volume) स्प्रेयर्स के द्वारा छिड़काव करने हेतु 200 से 1000 लीटर/हे. जल की आवश्यकता होती है। हाईड्रालिक स्प्रेयर्स के द्वारा हाई वाल्यूम स्प्रे किया जाता है। हाई वाल्यूम स्प्रे के द्वारा जल की अधिक आवश्यकता होने से उसकी क्षमता कम हो जाती है क्योंकि जल स्त्रोत खेत से दूर होने से अधिक समय व मजदूरी की आवश्यकता होती है। स्प्रेडिफ्ट की भी समस्या होती है जो उद्‌भवन बाद छिड़काव में अधिक कुप्रभाव फसलों पर डालती है। हाइड्रालिक स्प्रेयर के साथ इन समस्याओं के होने से विश्व भर में यह कोशिश की गई कि नियंत्रित जलकण (Controlled droplet) एवं सीधा संस्पर्श उपचार (Direct contact application) हेतु उपकरण बनाये जायें। जिससे जल की आवश्यकता 40 लि./हे. या इससे भी कम हो।

नियंत्रित जल कण उपचार

आधुनिक प्रयासों के फलस्वरूप नियंत्रित जल कण उपचार से अल्ट्रा लो वॉल्यूम (Ultra low volume) में नींदा नाशक का उपचार संभव हो गया है। नियंत्रित जल कण उपचार का तात्पर्य ऐसा उपयुक्त आयतन की जल – कण का बनना व लक्षित स्थान पर उपचार करने में सरलता हो नियंत्रित जल कण उपचार में अल्ट्रा लो वाल्यूम छिड़काव में लक्षित क्षेत्र के बहुत पास ही उपयुक्त साइज का जल कण बनता है जिससे नींदा नाशक का अधिक से अधिक प्रभाव केवल लक्षित क्षेत्र में ही होता है। मेक्किन्ले व साथी (Mckinely et al.) के अनुसार सूक्ष्म जलकण का प्रभाव बड़ी जल–कण की अपेक्षा अधिक होता है। नियंत्रित जलकण रोटरी–आटोमाइजर स्प्रेयर के द्वारा बनती है जो आधुनिक समय में अल्ट्रा लो वाल्यूम स्प्रेयर या कन्ट्रोल्ड ड्रापलेट (नियंत्रित जलकण) एप्लीकेटर (उपकरण) कहलाते हैं। नियंत्रित जल कण उपचार बहुत ही सूक्ष्म फुहार (Fine mist) उत्पन्न करने के लिये किया जाता है सम्पूर्ण पौधा इससे, उपचारित हो जाता है तथा पूर्ण अंगों पर नींदा नाशक के कण चिपक जाते हैं।

बड़े क्षेत्र को नियंत्रित करने के लिए शक्ति चलित या ट्रेक्टर चलित स्प्रेयर का प्रयोग किया जाता है। जिसकी क्षमता 50 से 200 ली. तक होती है। ट्रेक्टर चालित स्प्रेयर ट्रेक्टर के पावर टेक ऑफ द्वारा नियंत्रित किया जाता है। अधिक क्षेत्र को नियंत्रित करने के लिए हवाई छिड़काव का प्रयोग भी उपयुक्त पाया गया है। जो एयर क्राफ्ट या हेलीकॉफ्टर के द्वारा छिड़काव किया जाता है।

सी.डी.ए. विधि (Controlled Droplet Application) ट्रेक्टर के द्वारा संचालित अल्ट्रा लो वॉल्यूम क्राप स्प्रेयर का निर्माण केन्द्रीय कृषि इन्जीनियरी संस्थान ने किया है। माइक्रोमेक्स–3, सी.डी. ऑटोमाइजर का उपयोग किया जाता है। जिसकी रोटेशनल गतियां 2000, 3500 एवं 5,000 आर.पी.एम. होती है जो 250, 130 एवं 70 माइक्रान की जल कणिकायें बनाती हैं तथा नींदा नाशक, कीट

नाशक या फफूंद नाशक दवाओं के छिड़काव को उपयोगी है। इससे 15 से 64 ली. घोल की मात्रा/हे. छिड़की जा सकती है।

स्पेसीफिकेशन

1.	ल.चौ.ऊँ. (परिमाण) से.मी.	–	600 × 120 × 150
2.	टंकी की क्षमता ली.	–	70
3.	वजन कि.ग्रा.	–	60
4.	मटीरियल	–	एम.एस. (टंकी, फ्रेम व चक्र के लिये एच.डी.पी. सी.डी.ए. आटोमाजर के लिये)
5.	कीमत	–	रू. 18,000 = 00

क्षमता

1	क्षेत्र क्षमता हे./घण्टा	–	0.76
2	उपचार दर लि./हे.	–	15 से 64
3	स्वाथ की चौड़ाई (मी.)	–	5.5 से 6
4	संचालन दाब (कि.ग्रा./वर्ग से.मी.)	–	1.5 से 2.0
5	संचालन गति (मी./मि.)	–	25 से 30

नींदा नाशक का नियंत्रित जल कण उपचार अल्ट्रा लो वॉल्यूम स्प्रेयर जैसे हर्बी (Herbi) या माइक्रान हर्बी हेली स्प्रेयर के द्वारा भी किया जाता है हर्बी रोटरी आटोमाइजर है जिसमें घूमने वाली डिस्क (Spinning disc) होती है यह 2000 आर.पी.एम. (R.P.M.) की गति से घूमती है एवं 250 माइक्रान साइज के जल–कण निर्मित होते हैं।

नींदा नाशक का घोल प्लास्टिक की बाटल (2.5 ली.) (ऊपर से नीचे की ओर) से घूमने वाली डिस्क तक पहुँचाया जाता है। आटोमाइजर एक विद्युत मोटर से चलता है। मोटर एक बैटरी से संबंधित रहती है। जिससे विद्युत प्राप्त होती है। हर्बी के द्वारा 7 से 15 लि. घोल/हे. छिड़का जाता है। हर्बी के द्वारा 1.2 मी. चौड़ी पट्टी में छिड़काव होता है। तथा 1 मि.ली. घोल प्रति सेकण्ड हर्बी के द्वारा छिड़काव होता है।

नियंत्रित जल कण उपचार, पर्णोपचार करने हेतु बहुत उपयोगी है विशेषतः संवहनशील (सिस्टिमिक) नींदा नाशक जैसे 2,4–डी, 2,4,5–टी, एम.सी.पी.ए. डाइकेम्बा आदि। संस्पर्श नींदा नाशक (Contact herbicides) जैसे पैराक्वाट, ब्रोमाक्सीनिल आदि का इस विधि से छिड़काव करने में प्रभाव कम होता है। टेलर (1981) के अनुसार सामान्य छिड़काव की अपेक्षा नियंत्रित जल कण उपचार से नींदा नाशक का पर्णो पर अधिक जमाव होता है।

सीधा संस्पर्श उपचार (Direct Contact Application)

सीधा संस्पर्श उपचार में नींदा नाशक के घोल को पौधों की सतह पर किसी भी माध्यम से घिसकर (Rubbing) जैसे घोल में गीली, रस्सी, टाट पट्टी, बोरी की पट्टी नींदा की सतह पर से घसीटने से नींदा नाशक का घोल नींदा की पत्तियों की सतह पर चिपक जाता है जिससे वे मर जाते हैं। इस विधि में निम्नलिखित लाभ है :

1. उपचार शीघ्र हो जाता है।
2. उपचार में सरलता होती है। उपचार करने वाले की गति में अंतर होने पर प्रभाव में विशेष अंतर नहीं हो पाता जैसा कि नेपसेक स्प्रेयर से छिड़काव करने पर गति का प्रभाव पड़ता है।
3. स्प्रेयर की आवश्यकता नहीं होती। जहां पर स्प्रेयर से उपचार नहीं हो सकता वहां पर इस विधि का प्रयोग सरलता से हो सकता है।
4. ऐसे नींदा जो हाथ से निंदाई करने में हानिकारक होते हैं जैसे कंटीले नींदा तथा खुजली उत्पन्न करने वाले नींदा आदि।
5. स्थानीय रूप से इस विधि में उपयोगी उपकरण को बनाया जा सकता है।

सीधा संस्पर्श उपचार रिसर्कुलेटिंग स्प्रेयर, रोपविक एप्लीकेटर, रोलर एप्लीकेटर एवं नींदा नाशक ग्लोब, टाट पट्टी आदि से किया जाता है।

रिसर्कुलेटिंग स्प्रेयर

रिसर्कुलेटिंग स्प्रेयर के द्वारा नींदा नाशक के घोल का फसल से बड़े नींदा पर छिड़काव किया जाता है तथा जो घोल पौधों के संपर्क में नहीं आता या संपर्क में आने के बाद पर्णों पर स्थिर नहीं रहता उसको एकत्रित कर पुनः रिसर्कुलेटिंग स्प्रेयर के द्वारा छिड़काव किया जाता है।

रिसर्कुलेटिंग स्प्रेयर में पंपिग सिस्टम, प्रेसर रेग्यूलेटर, कट आफ बाल्व व होज सिस्टम होता है। स्प्रेयर एक ट्रेक्टर पर संलग्न रहता है। नींदा नाशक का जो घोल, नींदा के द्वारा अवशोषित नहीं होता वह 25 x 38 से.मी. के स्प्रे ट्रेप के द्वारा एकत्रित कर लिया जाता है। स्प्रे ट्रेप के द्वारा एकत्रित कर लिया जाता है। स्प्रे ट्रेप के द्वारा एकत्रित घोल पुनः ट्यूनिंग पंप के द्वारा स्प्रे टेंक में पहुंच जाता है। साधारणतः केवल 20 से 40 प्रतिशत नींदा नाशक घोल नींदा के द्वारा ग्रहण किया जाता है। शेष घोल का अपव्यय होता है। अतः रिसर्कुलेटिंग स्प्रेयर से घोल एकत्रित कर पुनः छिड़काव का प्रावधान होने से आर्थिक लाभ होता है।

सामान्य स्प्रेयर के द्वारा छिड़काव ऊपर से नीचे की ओर होता है जबकि रिसर्कुलेटिंग स्प्रेयर में सालिड जेट नोजल के द्वारा धरातल के समानान्तर (Horizontal) फुहार का छिड़काव होता है। रिसर्कुलेटिंग स्प्रेयर दो प्रकार के होते हैं –

1. बाक्स टाइप स्पेयर जिसमें दो या चार नोजल होती है जो कतारों की विपरीत दिशा में छिड़काव करती है। बाक्स ट्रेप में स्प्रे का घोल एकत्रित हो जाता है तथा पुनः टेंक में पहुंचा दिया जाता है।
2. ब्राड कास्ट टाइप – इसमें जेट नोजल के द्वारा फुहार की दिशा एक रबराइज्ड फाइबर पैड की ओर होती है जो शेष घोल को एकत्रित कर पुनः स्प्रे टेंक में भेजता है। इस प्रकार का स्प्रेयर ट्रेक्टर के सामने संलग्न होता है।

गेभार्त (1979) के अनुसार 100–200 लि. घोल/हे. छिड़काव होता है तथा 6.4 से 8 कि.मी. /घंटे रफ्तार उपयुक्त होती है।

रोपविक एप्लीकेटर

इस स्प्रेयर का आविष्कार डॉ. जे.ई. डाले (1980) ने यू.एस.डे.ए. स्टोनमिले, मिस्सी सिपी, यू.एस. अमेरिका में किया था। इस प्रकार के स्प्रेयर में एक टेंक में घोल रहता है तथा टेंक को नीचली सतह में अनेक नायलोन की रस्सी लगी होती है। इन रस्सियों में घोल रिस कर आता है इन रस्सियों को नींदा की सतह पर घसीटते हुए उपचार करते हैं। जिस प्रकार दीपक में बत्ती के द्वारा तेल खिंचता है उसी प्रकार इन रस्सियों से घोल खिंचता है व नींदा के पौधों को गीला कर देती है।

पर्णोपचार करने वाला नींदा नाशकों का उपचार इस प्रकार के स्प्रेयर से अधिक प्रभावी होता है जैसे 2, 4–डी, एम.सी.पी.ए., ग्लाइफोसेअ आदि। कतारों में बोई गई फसलों में केवल नींदा पद रोपविक स्प्रेयर से उपचार करना अधिक प्रभावी होता है। इस स्प्रेयर के निम्नलिखित लाभ है –

1. यह हाथ से चलने वाला बहुत ही साधारण कम खर्च का स्प्रेयर है। इसे कृषक स्वयं 5 मी. लम्बी रस्सी व एक टंकी से तैयार कर सकता है।
2. अधिक जल की आवश्यकता इस स्प्रेयर में नहीं होती है।
3. यह स्थानिक उपचार के लिए भी उपयोगी है।
4. नींदा नाशक के अवशेषों की संभावना कम हो जाती है क्यांकि जल का उपयोग कम होता है व नींदा नाशक "बाउन्स ऑफ" नहीं होता।
5. इस स्प्रेयर से ड्रिफ्ट की संभावना नहीं होती है अतः कतारों में केवल नींदा पर उपचार करने से फसल पर अवरणात्मक नींदा नाशक का भी कुप्रभाव नहीं होता है।
6. यह स्प्रेयर अनेक प्रकार की फसलों, विभिन्न कतारों की दूरी व परिस्थितियों में प्रयोग कर सकते है।

अमेरिका में विभिन्न प्रकार के रोपविक स्प्रेयर प्रचलित है। जैसे रोपविक्स, कार्पेट विक, पतली गुच्छ बत्तियों का पेड़, रोलर्स व इनके अनेक प्रकार के काम्बीनेशन के द्वारा निर्मित स्प्रेयर।

रोलर एप्लीकेटर

"रिसर्कुलेटिंग स्प्रेयर" के समान ही "रोलर एप्लीकेटर" फसलों से बड़ा नींदा के नियंत्रण में उपयोगी है। रोलर एप्लीकेटर से रोप विक की अपेक्षा नींदा पर घोल अधिक चिपकता है रोलर एप्लीकेटर से नींदा नाशक घोल की बूंदे टपकती है जो नींदा को गीला कर देती है। अधिकांशतः इस प्रकार के स्प्रेयर का प्रयोग लान में नींदा नियंत्रण हेतु किया जाता है। यह स्प्रेयर भारी होता है तथा. शक्ति चालित होता है। इसकी कीमत भी अधिक होती है।

हरबीसाइड ग्लोब

हरबीसाइड ग्लोब की रचना कठिन नींदा को नियंत्रित करने हेतु की गई है। यह स्थानिक उपचार हेतु उपयुक्त है। यह एक प्लास्टिक बेल्ट का होता है जिससे नींदा नाशक की टंकी लटकी रहती है। टंकी से एक नली व ग्लोब संलग्न रहता है। नियंत्रक कपाट प्रेसर वाल्व एवं स्पंज पेड इस ग्लोब में रहते है। एक अन्य ग्लोब दूसरे हाथ में रहता है जो टंकी से स्वतंत्र रहता है। टंकी से सम्बन्धित ग्लोब को हाथ से पहन कर हथेली को अंगुलियों से दबाने पर पेड में लगभग 1 मि.ली. घोल

ट्यूब के द्वारा रिस कर आता है तथा नींदा के पौधें के पकड़ने पर घोल नींदा में चिपक जाता है। इस विधि से नींदा के पौधे फसल में चुनकर उपचारित किये जाते हैं। जैसे गेहूं में जंगली जई के पौधों को इस विधि से उपचारित कर सकते हैं।

इलेक्ट्रोडायनामिक स्प्रेयर

आधुनिक छिड़काव की विधि में धोल को एक विद्युत क्षेत्र में प्रवेश कर आटोमाइज किया जाता है। जिससे घोल के कण विद्युत आवेशित हो जाते है। उच्च वोल्टेज की नोजल के सूक्ष्म छिद्र से घोल को तेजी से प्रवाहित किया जाता है जो बाहर निकल कर एक विद्युतीय क्षेत्र बनाकर लक्षित दिशा में उपचारित करता है। इसमें ड्रिफ्ट बहुत कम होती है, हवा तथा गुरुत्वाकर्षण का प्रभाव कम होता है, परिणाम बहुत ही अच्छे मिलते हैं। इस स्प्रेयर के घूमने व घर्षण वाले पुर्जे न होने से स्प्रेयर के रख रखाव में व्यय नहीं होता है (कोफी, 1981)। इस स्प्रेयर का उपयोग विदेशों में हो रहा है। आई.सी.आई. प्लांट प्रोटेक्शन डिवीजन यू.के. ने इस स्प्रेयर को इलेक्ट्रोडाइन स्प्रेयर के नाम से बनाया है।

लक्षित छिड़काव करने के उपकरण (Equipments for directed application)

कुछ नींदा नाशक फसलों को बहुत ही हानि कारक होते है तथा उनकी पत्ती या पूरे पौधों को जला देते हैं परन्तु नींदा को बहुत ही प्रभावकारी ढंग से नियंत्रित करते है। इस परिस्थिति में नींदा नाशक का लक्षित छिडकाव किया जाता है। इसमें फसलों के पौधों को छोडकर केवल नींदा के ही पौधों पर छिड़काव किया जाता है यह उन फसलों में बहुत सफल होता है जिनमें एक कतार से दूसरी कतार की दूरी अधिक होती है। यह विधि बगीचों में अधिक उपयोगी है। ज्वार, मक्का, अरहर, कपास, गन्ना आदि में भी यह उपयोगी है। सेम, टमाटर, भटे, कद्दू वर्गीय फसलों में भी जिनमें कतारों की दूरी अधिक होती है। इस प्रकार से छिड़काव किया जा सकता है।

नोजल के ऊपर एक संरक्षक (Hood) लगा होता है जिससे नींदा नाशक फुहार केवल लक्षित दिशा में निकलती है हवा से उड़कर फसल के पौधों पर नहीं पहुंचती। इस प्रकार फसल के पौधें प्रभावित नहीं होते हैं और नींदा के पौधे मर जाते हैं।

भुरकाव – यंत्र (डस्टर)

धुलि (Powder) के रूप में उपलब्ध नींदा नाशक व कीटनाशक के लिए भुरकाव यंत्र (डस्टर) का प्रयोग किया जाता है। भुरकाव यंत्र भी मानव चलित व शक्ति चालित होते हैं। मानव चालित डस्टर में पेकेज डस्टर, पुलिंजर डस्टर, ब्लो डस्टर, रोटरी डस्टर प्रमुख है। रोटरी डस्टर का प्रयोग खेती के लिए किया जाता है अन्य डस्टरों का उपयोग घरों व बागवानी में किया जाता है। इनकी क्षमता 400 ग्राम से 5 कि.ग्रा. है और कंधें पर टांग कर एक दिन में 0.4 से 1.2 हैक्टेयर में पौध संरक्षण किया जाता है। भुरकाव की मात्रा तथा इसका हवा के साथ अनुपात पर नियंत्रण करने के लिए हॉपर में व्यवस्था होती है शक्ति चालित डस्टर में निम्नलिखित प्रमुख है –

ट्रेक्शन डस्टर

इसकी क्षमता 20 से 25 कि.ग्रा. होती है जिनमें 30 से 40 से.मी. लम्बी ब्लैड होती है जिन्हें 2500 से 3000 चक्कर प्रति मिनिट पर चलाया जाता है इसमें 8 नोजल बूम तक का उपयोग किया जाता है।

इंजिन चालित डस्टर

इस प्रकार के डस्टर डीजल या पेट्रोल द्वारा संचालित किये जाते हैं जिन्हें हाथ या चके वाली ट्राली पर रखकर एक स्थान से दूसरे स्थान तक ले जाया जाता है। इसमें 1 से 3 अश्व शक्ति के इंजन प्रयोग किये जाते है जिनकी क्षमता 10 से 20 कि.ग्रा. होती है।

पावर टेक आफ डस्टर

यह ट्रेक्टर के पावर टेक आफ द्वारा चलाया जाता है जिसकी क्षमता 50 से 100 कि.ग्रा. तक होती है। इससे 1 से 9 कि.ग्रा. प्रति मिनिट का भुरकाव कर 12 हेक्टेयर प्रतिदिन तक कार्य किया जा सकता है और एक ही समय में 18 नोजल का प्रयोग कर 9 मीटर लम्बे बूम का प्रयोग किया जा सकता है। अमेरिकन स्प्रिंग एण्ड प्रेसिंग वर्क्स लि. द्वारा ऐसे भी मानव चालित निर्मित डस्टर हैं जिससे छिड़काव का कार्य भी किया जाता है जिसे मोटोराइट्नेपसेक स्प्रेयर के नाम से जाना जाता है।

फॉग, स्मोक व वेपर जनरेटर

इन यंत्रों द्वारा नींदा नाशक या कीट नाशक दवा को कम मात्रा से अल्प समय में अधिक से अधिक क्षेत्र का नियंत्रण किया जा सकता है। इसके द्वारा कीट नाशक से उडते हुए कीटों पर भी नियंत्रण संभव है।

इनका उपयोग बंद स्थानों में व उन स्थानों में जहां हवा का अधिक प्रवाह नहीं होता, किया जाता है। क्योंकि ये यंत्र कीट नाशक को कुहरा, धुआं व वाष्प रूप में परिवर्तित करते है इसलिये यह पौधे के प्रत्येक भाग के संपर्क में आती है तथा दवा का प्रभाव वहां के वातावरण में कुछ समय रहने के कारण कीट नियंत्रण का क्षमता अधिक बढ जाती है। ये यंत्र उन स्थानों में भी उपयोगी है जहां छिड़काव व भुरकाव में अधिक कठिनाई होती है।

अन्य पौध संरक्षण यंत्र

लौ–भेजक (Flame Thrower)

इसमें ज्वलनशील ईंधन या गैस का प्रयोग कर करीब 1100 डिग्री सेन्टीग्रेड ताप पर उत्पन्न कर उसकी लौ से नींदा के पौधे या एकत्रित कीट या नीचे उड़ते हुए कीट जैसे टिड्डीदल को जला कर नियंत्रित किया जाता है।

स्प्रेयर के प्रमुख भाग

स्प्रेयर के प्रमुख भाग इस प्रकार है :

1. पम्प (Pump)

स्प्रेयर के द्वारा घोल की फुहार बनाने हेतु पम्प के द्वारा वायु दबाव या तरल दबाव बनाया जाता है। अतः पम्प दो प्रकार के होते है। (1) वे पम्प जिनके द्वारा वायु दबाव उत्पन्न होता है। (Air Pump)। (2) वे पम्प जिनमें हाइड्रालिक (Hydraulic) या तरल दबाव उत्पन्न करता है। नींदा नाशक घोल को छिडकने के लिए 20 से 40 पौंड का दबाव प्रति वर्ग से.मी. की आवश्यकता होती है। अधिक दबाव होने से जलकण बहुत छोटे हो जाते है एवं हवा के साथ बहुत दूर तक उड़ सकते है। दबाव कम होने से जल की बूंदें बड़ी होती है तथा निकास की मात्रा कम होती है जिससे लक्षित क्षेत्र

पूर्ण रूप से उपचारित नहीं होता है। पम्प ऐसी धातु का बना होता है जिसमें जंग नहीं लगता तथा रासायनिक पदार्थों का कुप्रभाव नहीं हो। पम्प को चलाने हेतु शक्ति आदमियों, बैलों, मोटर इंजन आदि से प्रदान की जाती है।

टंकी (Tank)

छिड़काव पर घोल भरने हेतु स्प्रेयर में एक टंकी होती है इन टंकियों की क्षमता स्प्रेयर के प्रकार पर निर्भर करती है। नर्सरी एवं गृह वाटिका (Kitchen garden) में प्रयोक होने वाले स्प्रेयर्स की टंकी की क्षमता 0.5 से 6 लीटर की होती है हाथ से चलने वाले नेपसेक स्प्रेयर्स की टंकी की क्षमता 8 से 14 लीटर होती है। ट्रेक्टर से चलने वाले स्प्रेयर यंत्र की 400 लीटर ट्रेलर किस्म के स्प्रेयर की टंकी की क्षमता 1000 लीटर तथा ट्रक आरुढ यंत्र की टंकी की क्षमता 4000 से 5000 लीटर तक होती है। टंकी ऐसी धातुओं की बनी होती है जिनमें जंग (Rust) नहीं लगती। छोटे स्प्रेयर व नेपसेक स्प्रेयर की टंकियां प्लास्टिक की भी बनी होती है। हेंड काम्प्रेशन एवं नेपसेक स्प्रेयर्स की टंकियों के अंदर ही पंप होता है।

विलोडक (Agitator)

अनेक रासायनिक पदार्थ जैसे बेटेविल पाउडर का घोल नहीं बनता है। उनके कण जल में सस्पेन्शन बनाते हैं जो कुछ समय बाद तलहटी में बैठ जाते हैं। कुद द्रव रूप नींदानाशक इमलशन बनाते है जो कुछ समय बाद उपरी सतह पर तैरते है। अतः घोल में रसायन को घोल में समान रूप रखने हेतु टंकी में विलोडक लगाये जाते है। इनकी आकृति पंख के नुमा या अन्य आकृतियों में होती है। यांत्रिक विलोडक से घोल को हिलाने का कार्य होता रहता है तथा संस्पेशन या इमलशन घोल में सम रूप बना रहता है।

दबाव मापक (Pressure gauze)

हाथ से टंकी में पंप द्वारा हवा भरने पर कितना दबाव उत्पन्न हुआ यह दबाव मापक के द्वारा विदित होता है। यदि टंकी में दबाव नहीं होता तब उसे नोजल से निकलने वाली फुहार क दबाव को ज्ञात करने हेतु लगा देते है।

इसको लगाने से टंकी के अंदर निश्चित दबाव उत्पन्न करने के बाद ही छिड़काव करना चाहिए।

सक्शन पाइप (Suction)

जिन स्प्रेयर्स में पम्प टंकी के अंदर नहीं रहता है उनमें एक सक्शन पाइप होता है जिसके द्वारा घोल टंकी से खिंचता है तथा पम्प के द्वारा होज पाइप से होता हुआ लांस व नोजल तक पहुंचता है। यह प्लास्टिक या रबर का बना होता है।

होज (Hose)

ये रबर या प्लास्टिक के पाइप होते है। इसमें दबाव सहन करने की शक्ति 60 से 70 पौण्ड/वर्ग इंच होना चाहिए। क्योंकि छिड़काव करते समय इसमें घोल का दबाव बना रहता है। होज की भीतरी सतह तेल व रासायनिक रोधी पदार्थ का बना होता है जिससे दवाओं का प्रभाव इन पर न हो।

छन्नियाँ

छन्नियों का प्रयोग स्प्रेयर में आवश्यक है। टंकी में घोल भरने हेतु छन्नियों का प्रयोग करते हैं। जिनमें टंकी नहीं होती जैसे फुट स्प्रेयर या गटूर स्प्रेयर इनमें सक्शन पाइन में जहां से द्रव खींचता है वहां पर छन्नी लगी रहती है। किसी किसी नोजलों में भी छन्नी लगी रहती है। ऐसी छन्नियों के छिद्रों का आकार नोजल के छिद्र के आकार पर आधार होता है। छन्नियां लगाना आवश्यक है अन्यथा पाउडर के अध धुले बड़े कण या दूषित जल का कचरा नोजल या पम्प के किसी भाग या ट्रेगर आदि में फंस कर छिद्रों को अवरूद्ध कर देंगे जिससे घोल का प्रवाह बंद हो जावेगा।

नोजल (Nozzle)

स्प्रेयर के द्वारा छिडकाव करने में फुहार बनाने हेतु नोजल ही कार्य करते हैं। घोल जब अधिक दाब पर नोजल के छिद्र में से प्रवाहित होता है तब घोल छोटी छोटी बूंदों (20 से 30 माइक्रान) में विभक्त हो कर फुहार के रूप में निकलता है। नोजल पीतल, स्टेनलेस स्टील, अल्युमिनियम प्लास्टिक आदि की बनी होती है। वेटेविल पाउडर के छिड़काव से नोजल शीघ्रता से अपघर्षित (Abrusive) होने से घिसती है। छिद्र में कचरा अटकने से कील या पिन का उपयोग कर उसे खरोंचने से छिद्र का आकार बढ़ जाता है तथा वह खराब हो जाती है।

नोजल की किस्में

(1) **शंकु नोजल (Cone type nozzle)** – ये दो प्रकार की होती है। (अ) खोखला शंकु (Hallow cone) नोजल – इस नोजल से घोल की बूंदों का छिड़काव गोलाकार घेरे में होता है। तथा परिधि की ओर अधिक बूंदे गिरती है तथा केन्द्र में बहुत कम या नहीं गिरती है इससे छिड़काव समान नहीं होता है। (ब) ठोस शंकु (Solid cone) नोजल – इस प्रकार की नोजल से भी गोलाकार छिड़काव की बूंदे गिरती है। केन्द्र की तरफ अधिक बूंदे तथा परिधि की तरफ बूंदे कम संख्या में गिरती है। बूम पर इसका प्रयोग करने से छिड़काव उचित होता है।

(2) **फ्लेट फेन (Flat fan) नोजल** : इस प्रकार की नोजल के द्वारा छिड़काव की फुहार समान पट्टी के रूप में गिरती है। इस प्रकार की नोजल से छिड़काव करने पर बूंदों का हवा के साथ बहाव (क्तपजि) कम होता है। नींदा नाशक दवाओं का छिड़काव इसी प्रकार की नोजल से करना उचित है।

(3) **फ्लड जेट (Flood jet) नोजल** – इस प्रकार की नोजल से भी छिड़काव की फुहार एक तरफ समान पट्टी में बनती है परन्तु इसमें फुहार का घनत्व एक तरफ अधिक तथा दूसरी तरफ कम होता है। अतः स्वाथ (swath) की कुछ पट्टी को पुनरावृत्ति करते हुए छिडकाव (Overlappingh) करना आवश्यक है। इसका प्रयोग नींदा नियंत्रण में करते है। विशेषतः सड़क या रेल्वे लाइन के किनारे एक तरफ को फुहार फेंकने में उपयोगी है।

(4) **एडजस्टेबिल नोजल** – यह शंकु नोजल के सिद्धान्त पर ही बनी होती है। यह कोण पद्धति में किसी कोण पर फुहार छोड़ सकती है।

(5) **सिंगल स्वाइल (Swivel) नोजल** – इस प्रकार की नोजल के द्वारा 0–10 डिग्री कोण किसी भी क्षेत्र में छिड़काव किया जा सकता है। नोजल किसी भी दिशा में घूम सकती है।

(6) **डबल स्वाइल नोजल** – दो नोजल एक साथ होती है जिन्हें किसी भी दिशा में घूमा कर लक्षित फुहार फेंक सकते है। यह झाडियों या बड़े पेड़ों पर छिडकाव के उपयुक्त है।

(7) **ट्रिपिल एक्शन (Triple action) नोजल** – इस प्रकार की नोजल के द्वारा फुहार के शंकु की गोलाई को कम या अधिक किया जा सकता है। तथा बूंदों का आकार भी छोटा बड़ा किया जा सकता है। इसका प्रचलन अधिक बढ़ रहा है।

(8) **न्यून आयतन नोजल (Low volume nozzle)** – घोल की कम मात्रा का अधिक क्षेत्र में छिड़काव के लिए इस प्रकार की नोजल बनती है इनसे बहुत सूक्ष्म बूंदों की फुहार बनती है।

(9) **सेंट्रीफयूगल नोजल (Centrifugal or spinning or rotary nozzle)** – इस प्रकार नोजल का प्रयोग अधिक चिपचिपे (Viscus) घोलों के छिड़काव में करते हैं। जिससे उनका हवा में बहाव हवा या उत्क्रमण न हो।

(10) **ब्लास्ट नोजल (Blast or Shear)** – इस प्रकार के नोजल शक्ति चालित स्प्रेयर में लगती हैं। इसके द्वारा घोल को वायु की बूंदे बहुत छोटी होकर हवा के साथ छिड़काव फुहार बनकर निकलती है इससे उपचार करने में ड्रिफ्ट अधिक दूर तक फैलता है।

नींदा नाशक दवाओं के उपचार हेतु नोजल का चुनाव करना चाहिए। बूंदों का आकार नोजल की किस्म पर आधारित रहता है।

स्प्रेयर की सफाई

पानी में घुलनशील दवाओं के छिड़काव के बाद

पानी में घुलनशील बहुत से रासायनिक नींदा नाशकों के प्रयोग के बाद स्प्रेयर को शुद्ध पानी से कई बार साफ करना पर्याप्त है ध्यान में रहे कि पानी प्रत्येक बार बदला जाय। नींदा नाशक दवा के साथ जो निर्देश पत्र रहता है उसमें यदि कोई विशेष प्रकार के स्प्रेयर की सफाई की विधि दी हो तो उसे अपनाया जाय।

फिनाक्सी एसेटिक एसिड के छिडकाव के बाद

स्प्रेयर से फिनाक्सी एसेटिक एसिड (जैसे 2, 4 डी, सिलवेक्स आदि) का छिडकाव किया गया हो तो उसका उपयोग कीट नाशक या अन्य कोई दवा का छिड़काव करने में नहीं करना चाहिए। विशेषतः उन फसलों में जो इनसे प्रभावित होती हैं।

फिनॉक्सी एसेटिक एसेड नींदा नाशकों को साफ करने की पद्धति

(1) स्प्रेयर को मिट्टी के तेल से बार बार साफ (Rinse) करें।

(2) आधा से 1 कि.ग्रा. धोने का सोडा या लगभग 1 लि. अमोनिया का पानी में घोल बनाये तथा इसे स्प्रेयर में कई मिनिटों तक रहने दें व स्प्रेयर के पूर्ण रचनाओं में से बार बार प्रवाहित करें।

(3) लगभग 200 मि.ली. लीटर तरल शोधक (तरल साबुन) को 100 लि. पानी में घोल कर स्प्रेयर में से प्रवाहित करें।

अमाइन या अन्य पानी में घुलनशील नींदा नाशकों को साफ करने की विधि

(1) आधा से एक कि. ग्राम धोने के सोडा या लगभग एक लीटर अमोनिया (Household Ammonia) को 100 लि. पानी में घोलकर स्प्रेयर को साफ (Rinse) करें।

(2) उपर्युक्त घोल को स्प्रेयर में कुछ मिनिटों के लिए भरा रहने दें इसके बाद पंप को चालू करें व घोल स्प्रेयर में से कई बार प्रवाहित करें।

(3) स्प्रेयर को रिक्त करें।

(4) अब लगभग 200 मि.ली. तरल शोधक को 100 लि. पानी में घोलकर स्प्रेयर को पंप चलाकर साफ करें।

(5) अंत में शुद्ध पानी से स्प्रेयर को साफ (Rinse) करें।

स्प्रेयर को जंग व क्षयत्व से रोकना

स्प्रेयर को जंग लगने या क्षयत्व से रोकने हेतु आधा कप मोटर का जंगरोधक तरल का 4 ली. पानी में घोल बनाकर पंप चलाते हुए स्प्रेयर में से प्रवाहित करें। मिट्टी का तेल या अन्य ईंधन तेल जैसे डीजल आदि जंग लगने या क्षयत्व को नहीं रोक पाते।

■■■■

नींदा नाशक का छिड़काव करते समय ध्यान देने योग्य घटक
(Points for Consideration During Herbicides Spraying and Precautions)

बहुधा यह देखा गया है कृषक, कृषि विस्तार अधिकारी व विषय विशेषज्ञ कुशल नहीं होते हैं। नींदा नाशक के उपयोग करने में वे हर समय प्रश्न करते है कि नींदा नाशक के परिणाम सही नहीं आते, कभी फसल को हानि होती है या कभी खरपतवार नहीं मरते। इसका कारण यह है कि नींदा नाशक का छिड़काव सही मात्रा में, सही ढंग से नहीं होता। किसी निश्चित क्षेत्र के लिए किसी नींदा नाशक की सही मात्रा ज्ञात करना व उसको समरूप से पूरे क्षेत्र में छिड़काव करना अति आवश्यक है। यदि कही भी भूल हो गई तो प्रभाव विपरीत होते हैं। यदि नींदा–नाशक की मात्रा अधिक हो गई तो फसल को हानि होगी और यदि नींदा नाशक की मात्रा कम हो गई तो नींदा नहीं मरेंगे। या कहीं पर अधिक या कहीं पर कम या किसी क्षेत्र में कुछ भी नहीं इस प्रकार का छिड़काव हुआ तो वैसा ही प्रभाव खेत में दिखाई देगा।

नींदा नाशक का छिड़काव किस स्प्रेयर से करें

नींदा नाशक का उपयुक्त छिडकाव स्प्रेयर के बनावट पर भी आधारित रहता है। हेंउ काम्प्रेशन स्प्रेयर से छिड़काव में हमेशा त्रुटि होती है। जब एक बार हवा भरकर उसे पीठ पर रखकर चलाना शुरु करते हैं तो प्रारम्भ में टेंक के अंदर अधिक दबाव होने से द्रव का छिडकाव तीव्र गति से होता है। जैसे तैसे दबाव कम होता जाता है द्रव के छिड़काव की गति धीमी हो जाती है और अंत में बहुत ही कम हो जाती है इससे प्रारम्भ के कुछ समय तक छिड़के हुए क्षेत्र में अधिक नींदा नाशक की मात्रा जावेगी तथा बाद वाले उपचारित क्षेत्र में नींदा नाशक की मात्रा कम पहुंचेगी। इस प्रकार नींदा पर भी प्रभाव भिन्न भिन्न होगा। फुट स्प्रेयर से नींदा नाशक का छिड़काव करने से हवा का दबाव समरूप रहता है इससे द्रव के छिड़काव की गति भी कम होती है।

किस नोजल (Nozzle) का उपयोग करें

नींदा नाशक का छिड़काव हमेशा फ्लेट फेन नोजल (Flat Fan Nozzle) से करें। इससे छिड़काव पथ (Spray swath) सम व सीधा बनता है तथा आगे बढ़ते हुए छिडकाव करने से पट्टी समरूप से उपचारित होती है। समरूप स्थाथ "हालो कोन नोजल" या "सालिड कोन नोजल" से नहीं बनता एवं उपचारित पट्टी में समान रूप से नींदा नाशक की मात्रा नहीं पहुंचती इसलिये इस प्रकार

की नोजल को नींदा नाशक का छिड़काव करते समय लांस से निकाल कर फ्लेट फेन नोजल लगा लेना चाहिए।

नोजल की बनावट के आधार पर घोल के छिड़काव की मात्रा में भी भिन्नता होती है। किसी नोजल से कम छिड़काव होता है जैसे कोन टाइप नोजल तथा किसी से अधिक छिड़काव होता है जैसे 'फ्लेट फेन' नोजल।

नोजल की किस्म के आधार पर प्रति मिनिट छिड़काव की गति में अंतर

नोजल की किस्म	छिड़काव की मात्रा लि./मिनिट	बूँदों का माप
सालिड कोन टाइप	1.0	लो (Low volume)
फ्लेट फेन टाइप	2.0	हाई (High volume)
बूम 5 नोजल फ्लेट फेन	4.0	हाई (High volume)

प्रति हे. 600 लि. पानी छिडकाव के लिए समय –

	1 ली. छिड़काव का समय	600 ली. घोल के छिडकाव का समय
सालिड कोन टाइप	60 सेकन्ड	10 घंटे
फ्लेट फेन टाइप	30 सेकन्ड	5 घंटे
बूम 5 नोजल फ्लेट फेन	15 सेकन्ड	2.5 घंटे

ये अनुसंशोधन मरुति फुट स्प्रेयर के द्वारा किये गए हैं।

छिडकाव की मात्रा पंप के अंदर दबाव की भिन्नता के कारण अलग हो सकती है।

नींदा नाशक का छिड़काव कैसे शुरू करें

सर्वप्रथम छिडकाव प्रारम्भ करने हेतु निम्नलिखित आवश्यक सामग्री एकत्र करें;

(1) स्प्रेयर : फुट स्प्रेयर हो तो अच्छा है।

(2) घोल बनाने का बर्तन : ड्रम या पीपा, बाल्टी

(3) टेप : क्षेत्र मापने के लिये

(4) खूँटी : क्षेत्र निर्धारण के लिए

(5) रस्सी : छिड़काव के लिए पट्टी निश्चित करना

(6) पानी : घोल बनाने के लिए

(7) हेंड ग्लोब

(8) द्रव मापक (मेजरिंग सेलिंडर) या तराजू (बेलेंस)

(9) 1 ली. का डिब्बा या मग

(10) साबुन

यह आवश्यक है कि निश्चित क्षेत्र में नींदा नाशक के घोल की उपयुक्त मात्रा का छिड़काव हो अन्यथा उसके असर नहीं होंगे। छिड़काव समरूप से न होने के कारण स्प्रेयर की बनावट तथा प्रकार व नोजल के आधार पर स्प्रेयर से घोल छिड़काव की क्षमता में अंतर होता है। घोल के छिड़काव की मात्रा पर पंप के अंदर हवा के दबाव की न्यूनता या अधिकता का भी प्रभाव पडता है। घोल के छिड़काव की मात्रा पर छिड़काव करने वाले आदमी की चाल (Walking speed) का भी असर पड़ता है यदि आदमी की चाल तेज है तो एक निश्चित क्षेत्र में कम घोल लगेगा और यदि धीमी है तो अधिक लगेगा।

छिड़काव करते समय भूमि से नोजल की ऊँचाई का भी द्रव के छिड़काव में अंतर आ जाता है जो आदमी नोजल को भूमि के पास रखेगा तो एक इकाई क्षेत्र में अधिक घोल लगेगा तथा जमीन से अधिक ऊपर होने पर कम घोल से अधिक क्षेत्र में छिड़काव होगा क्योंकि स्वाथ की चौड़ाई बढ़ जाती है। अतः नोजल के ऊपर एक निश्चित लम्बाई को धागे से एक पत्थर बांध कर लटका दें जो जमीन की या फसल की सतह को छूता रहे इससे नोजल की ऊँचाई कम या अधिक नहीं हो पावेगी। उपर्युक्त कारणों से नींदा नाशक की मात्रा समान रूप से पूरे खेत में नहीं मिल सकती इसलिये नींदा नाशक का छिड़काव प्रारम्भ करने के पहले स्प्रेयर का अनुसंशोधन (Calibration) करना आवश्यक है।

जमीन की सतह से नोजल की ऊँचाई का छिड़काव पथ की चौड़ाई में अंतर के फलस्वरूप प्रति हे. द्रब की मात्रा पर प्रभाव

Variation in width of spray swath due to height of nozzzle from ground level and its consequence on quantity of spray solutuion per ha.

नोजल की सतह से ऊँचाई से.मी.	छिडकाव पथ की चौड़ाई से. मी. (फ्लेट फेन नोजल के द्वारा)	प्रति हे. छिड़काव पथों की संख्या (100 मी. x 100 मी.)	प्रति मिनिट 27. 7 मी. औसत चाल से एक पथ के लिये समय (मिनिट)	प्रत्येक छिड़काव पथ में द्रव की मात्रा ली.	600 ली./हे. की दर से छिडकाव का क्षेत्र हे.	प्रति हे. कम या अधिक द्रव की मात्रा लि.
25	60	166.6	3.6	7.2	0.50	600 अधिक
50	90	111.1	3.6	7.2	0.75	200 अधिक
75	120	83.3	3.6	7.2	1.00	–
100	150	66.6	3.6	7.2	1.25	109.5 शेष

नींदा नाशक की मात्रा ज्ञात करना

क्रियाशील अंश के आधार पर ज्ञात करना

मान लीजीये सोयाबीन में आक्साडायजान 0.75 कि.ग्रा. प्रति हे. की दर से छिड़काव करना है और आक्साडायजान बाजार में रोनस्टार 25 प्रतिशत ई.सी. के नाम से मिलता है। तो 3 हे. क्षेत्र में छिड़काव करने के लिए रोनस्टार की कितनी मात्रा लगेगी।

$$\text{पदार्थ मात्रा कि.ग्रा. या ली.} = \frac{\text{दर कि.ग्रा./हे.}}{1} \times \frac{100}{\text{बाजार में मिलने वाले पदार्थ में क्रियाशील अंश का प्रतिशत}} \times \frac{\text{खेत का क्षेत्र हे.}}{1}$$

$$= \frac{0.75}{1} \times \frac{100}{25} \times \frac{3}{1}$$

$$= 9.0 \text{ ली.}$$

स्प्रेयर का अनुसंशोधन या अंशाकन (Caliberation of Sprayer)

जिस स्प्रेयर से छिड़काव करना है उसमें फ्लेट फेन नोजल लगा लें। जहां तक संभव हो फुट स्प्रेयर ही नींदा नाशक के छिड़काव के लिए उपयोग में लावें (लघु कृषक के लिए)। दो स्वस्थ आदमी एक पांव से पंप चलाने के लिए व दूसरा लांस पकड़कर छिड़काव करने के लिए नियुक्त करें। अब एक बाल्टी में पानी भरें व स्प्रेयर की सक्शन नली पानी में डाले और पंप चलाकर यह देखें कि स्प्रेयर से घोल तो नहीं रिसता यदि कहीं भी खराबी हो तो उसे ठीक कर लें। इसके बाद टेप के द्वारा 10 मी. लम्बा व 2 मी. चौड़ा क्षेत्र नापकर खूंटी लगा दें। क्षेत्र को रस्सी लगाकर निर्धारति कर दें। अब एक बाल्टी में 5 ली. पानी भरें। केवल पानी का ही निर्धारित क्षेत्र (10 x 2 मी.) में छिड़काव करें। छिडकाव करने के पहले ही पंप चलाने वाले को एक सी रफ्तार से पंप चलाने को कहें तथा छिड़काव करने वाले से कहें कि एक सी चाल चले व नोजल को जमीन से एक सी ऊँचाई पर रखे व पूरे छिड़काव करते समय वही चाल व ऊँचाई रखें। कोई क्षेत्र बार–बार न छिड़के तथा कोई भाग बगैर छिड़का न बचे।

अब 10 मी. x 2 मी. क्षेत्र में पानी का छिड़काव उपर्युक्त बातें ध्यान में रखते हुए करें। इतने क्षेत्र में छिड़काव हो जाने के बाद आप देखते है कि बाल्टी में पानी शेष रह जाता है शेष बचे हुए पानी को फिर से नाप लें। मानले बचा हुए पानी 3.6 लि. है तो इसका अर्थ यह हुआ कि 10 मी. x 2 मी. क्षेत्र में उस स्प्रेयर के द्वारा व उस रफ्तार व विधि से छिड़काव करने पर 1.4 ली. पानी की मात्रा खर्च हुई। इस क्षेत्र में छिड़काव करने में लगे समय को भी मालूम कर लें।

इस प्रकार यदि एक हेक्टेयर क्षेत्र में छिड़काव करना है तो भी 1.4 ली./20 वर्ग मी. के हिसाब से पानी लगेगा। जिसकी मात्रा 700 ली./1 हे. होगी। जो इस प्रकार ज्ञात की जा सकती है।

$$\text{प्रति हे. क्षेत्र में आवश्यक पानी की मात्रा} = \frac{\text{छिड़काव प्रारंभ करने के पहले पानी की ली गई मात्रा (ली.)} - \text{छिड़काव करने के बाद पानी की बची हुई मात्रा (ली.)}}{\text{छिड़काव किया गया क्षेत्र}} \times \frac{10{,}000}{1}$$

$$= \frac{5-3.6}{10\times2} \times \frac{10{,}000}{1} = 700 \text{ ली.}$$

अब यह निश्चित हो गया कि इस स्प्रेयर के द्वारा ये आदमी इसी रफ्तार व विधि से छिड़काव करते है तो एक हेक्टर क्षेत्र में 700 ली. पानी लगेगा।

यदि 2 ली. बासालिन/हे. के हिसाब से छिड़काव करना है तो उसका 700 ली. पानी के साथ घोल बनाना पड़ेगा। यदि किसान के पास इतने बड़े ड्रम हों जिनमें 700 ली. पानी भर सके तो घोल एक साथ बना लिया जाय। खेत में 100 मी. लम्बी व 2 मी. चौड़ी पट्टियाँ बनाकर छिड़काव करें। प्रत्येक पट्टी में 14 ली. घोल छिड़कें (1.4 प्रति 10 x 2 मी. की दर से)।

यदि किसान के पास बड़ा ड्रम नहीं है तो पूरा घोल एक साथ नहीं बनाना चाहिए। उसके पास 15 ली. पानी की बाल्टी या पीपा हो तो उसके अनुसार ही घोल बनाया जाय।

100 मी. लम्बी व 2 मी. चौडी पट्टी के लिए 40 मि.ली. बासालिन की आवश्यकता होगी (2 ली. बासालिन/हे. की दर से) और इस पट्टी के लिए 14 ली. पानी की आवश्यकता होगी। अतः एक पीपा में 14 ली. पानी भरकी उसमें 40 मिली बासालिन को घोलें। घोलने के लिए लकड़ी के डंडे से घोल मिश्रित करें। इस प्रकार प्रत्येक (100 x 2 मी.) पट्टी में 14 ली. घोल का छिडकाव करें।

पट्टी की चौडाई कम ही रखें क्योंकि इससे छिड़काव बराबर होता है लम्बाई घटा बढ़ा सकते है। तथा उसके अनुसार घोल की मात्रा भी कम या अधिक कर सकते हैं। उचित यह होगा कि पट्टी की लम्बाई खेत की एक मेढ से सामने वाली दूसरी मेढ तक रखें। इस प्रकार पूरा खेत कई सीधी पट्टियों में विभक्त हो जावेगा। छिड़काव एक मेढ से शुरू किया जाय व वहां से दूसरी पट्टी में छिड़काव करते हुए वापिस लौटकर पहली मेढ तक आना चाहिए। एक मेढ से दूसरी मेढ तक लम्बी पट्टी का क्षेत्र ज्ञात कर लें और इसके लिए आवश्यक पानी व नींदा नाशक की मात्रा ज्ञात कर लें। यदि एक मेढ से दूसरी मेढ की लम्बाई अधिक है तो तब खेत के बीच में ही कोई स्थान निश्चित कर लें।

ट्रैक्टर द्वारा नींदा नाशक का छिडकाव

जिन कृषकों के पास ट्रेक्टर है वे 20–25 नोजल वाली बूम के द्वारा नींदा नाशक का छिडकाव कर सकते है। ट्रेक्टर के पीछे एक ड्रम में नींदा नाशक भर कर संलग्न कर तथा बूम से जोड़कर कम समय में सही ढंग से नींदा नाशक का छिड़काव कर सकते है। ट्रैक्टर के द्वारा बोनी के पहले या बोनी के साथ – साथ "सीडड्रिल" के पीछे बूम लगाकर या बोनी के तुरन्त बाद अथवा फसल उगने पर छिड़काव करना संभव है। बोनी के साथ साथ छिड़काव करना लाभकारी है क्योंकि दोनों क्रियायें एक साथ होती हैं।

एयर क्राफ्ट के द्वारा छिड़काव

विकसित देशों में एयर क्राफ्ट के द्वारा भी नींदा नाशक का छिड़काव होता है। इसका उपयोग सोयाबीन, गेहूं धान के खेतों में यहां भी कर सकते हैं। बोनी के पूर्व, बोनी के तुरन्त बाद या फसल उगने पर तीनों दशाओं में इसके द्वारा छिड़काव किया जा सकता है। शासन के द्वारा इसकी व्यवस्था कृषि विभाग अथवा कृषि विश्वविद्यालयों के माध्यम से की जा सकती है। जब भूमि की दशा ट्रैक्टर आदि चलने के लिए उपयुक्त न हो तो एयर क्राफ्ट बहुत ही उपयोगी सिद्ध होता है।

उदाहरणार्थ ब्राजील में सोयाबीन के खेत में बासाग्रान (बेन्टाजोन) का छिड़काव एयर क्राफ्ट के द्वारा करते हैं। बासाग्रान 1.75 लि./हे. का 40 ली. पानी में घोल बनाकर फसल की सतह से 2 से 3 मीटर की ऊँचाई से एयर क्राफ्ट द्वारा छिडकाव करते है। उड़ान की रफ्तार 90 मील प्रति घंटे रखते हैं।

44 नोजल लगाते है व छिडकाव का दबाव लगभग 2 – बार रखते हैं। जब हवा अधिक तेज हो तो एयर क्राफ्ट से छिडकाव नहीं करते।

नींदा नाशक या कीटनाशक दवाओं का उपयोग करते समय सावधानियाँ

फसलों के अधिकाधिक लाभ प्राप्त करने हेतु यह आवश्यक है कि फसलों के दुश्मन जैसे कि विभिन्न प्रकार के नींदा तथा कीड़ों व अन्य व्याधियों को समाप्त कर दिया जाय। आधुनिक कृषि में

इनसे फसल को बचाने के लिए रासायनिक दवाओं का जिन्हें "नींदा नाशक" व "कीट नाशक" कहते हैं का प्रयोग करना आवश्यक हो गया है तथा कुछ प्रबुद्ध कृषक वर्ग इनका प्रयोग करने भी लगा है। ये सभी रासायनिक दवाएं जहरीली होती है अतः इनके रखरखाव व प्रयोग करते समय कुछ निर्देशों का पालन करना अनिवार्य है जिससे संभाव्य दुर्घटना से बचा जा सके एवक प्रयोग करने वाले, तथा आस पास के अनजान व्यक्तियों, पालतू जानवरों तथा जिस फसल पर प्रयोग किया जा रहा है उन पर हानिकारक प्रभाव न हो। अतः कुछ सामान्य नियमों की जानकारी अत्यावश्यक है।

नींदा या कीटनाशक दवाओं का प्रयोग करते समय सामान्य तौर पर अधोलिखित निर्देशों का पालन करना आवश्यक है।

(1) नींदा नाशक या कीट नाशक दवाओं तथा इनकों छिडकने वाले उपकरणों को हमेशा बंद कमरे में ताला लगाकर रखना चाहिए। इनको धूप में नहीं रखना चाहिए। तथा खाने पीने की वस्तुओं के साथ न रखी जावे। बच्चों की पहुंच के बाहर हों। पालतू जानवरें तथा मूर्ख, दुर्बल, असक्त या पागलों की पहुंच के बाहर रखना अनिवार्य है।

(2) केवल उपयुक्त, सही, उच्च स्तर एवं उचित मार्का की ही दवा को खरीदें। सांद्र दवा को दूसरे डिब्बे में न बदलें।

(3) कम्पनी ने जो दवा के साथ निर्देश भेजे हैं उसको पूर्णरूप से पालन करें या विशेषज्ञ से सलाह लें।

(4) केवल सिफारिश की गई मात्रा का ही प्रति हे. उपयोग करें तथा उसी फसल विशेष में प्रयोग करें जिसको दवा की सिफारिश की गई है बिना किसी ज्ञान के दूसरी फसल में प्रयोग नहीं करना चाहिए। या यह समझना कि मात्रा अधिक देने से नींदा बिल्कुल ही नहीं उगेंगे ऐसा गलत है। ऐसा करने से फसल पर विपरीत प्रभाव पड़ेगा। दवा की मात्रा न अधिक और न ही कम होना चाहिए।

(5) अधिक दवा खरीद कर संग्रह न करें, क्योंकि इनका असर कुछ साल बाद कम होता जाता है।

(6) ये सभी दवायें जहरीली होती है अतः दवा के डिब्बे को मुंह से न खोले या डिब्बे से दवा को मुंह में नली लगाकर निकालने की कोशिश न करें।

(7) दवा को पानी में घोलते समय लकड़ी के डंडे का उपयोग करें। हाथ से दवा न घोलें। हाथ में रबर के दस्ताने (Hand Globes) पहिन कर ही दवा को घोलें।

(8) इन दवाओं का छिड़काव, या इनके उपकरणों का रख रखाव करते समय कभी भी कोई वस्तु खाना पीना सख्त वर्जित है।

(9) इन दवाओं का छिडकाव करते समय रबर के हेंड ग्लोब, पूरी आस्तीन की कमीज व पूरा पेंट पहिनना चाहिए। तथा अपरॉन भी पहिनना अनिवार्य है। आंखों में रंगीन चश्मा लगना चाहिए। लगभग पूरे शरीर को ढंके रहना चाहिए।

(10) पूरे दिन भर छिडकाव नहीं करना चाहिए। खासकर दोपहर के समय काम बंद कर देना चाहिए। सुबह व शाम का समय उपयुक्त है।

(11) दवाओं का छिडकाव स्वस्थ, जवान आदमी को करना चाहिए। जो आदमी किसी फोड़े या खुले घाव से पीडित हो उसे छिड़काव नहीं करना चाहिए। कम उम्र के बच्चों से भी यह काम नहीं करवाना चाहिए। किसी कम अक्ल के आदमी को भी यह काम नहीं सौंपना चाहिए।

(12) छिड़काव करते हुए नोजल में कचरा आदि आने पर उसे मुंह से न फूंके।

(13) छिडकाव अच्छे स्प्रेयर से ही करना चाहिए। यदि वह रिसता (leak) है या रुक रुककर चलता है तो उसे ठीक करनें के बाद ही उपयोग में लायें।

(14) शरीर के किसी भी अंग पर यदि हवा गलती से छिड़क जावे तो तुरन्त ही पानी व साबुन से कई बार धोयें।

(15) दवाओं का छिड़काव हवा की विपरीत दिशा में नहीं करना चाहिए। या जब हवा अधिक गति से चले तब भी छिडकाव न करें।

(16) छिडकाव कें बाद साबुन लगाकर नहाना अनिवार्य है तथा सभी कपड़े धोना चाहिए।

(17) छिड़काव करते समय या करने के बाद कोई जानवर उस क्षेत्र में न चरें। तथा उसके फल, बीज या पत्तों का निर्धारित समय के भीतर उपयोग न करें।

(18) दवाओं के पैकेट या डब्बों को जला दें या तोड़कर जमीन में गाढ दें। उनको किसी दूसरे उपयोग में नहीं लाना चाहिए व बिना तोडे फेंकना भी नहीं चाहिए।

(19) दवा छिडकने के उपयोग में लाये गये उपकरण जैसे स्प्रेयर, बाल्टी, नपना घट, डिब्बे आदि को उपयोग करने के बाद अच्छी तरह से साफ करें। इन चीजों को किसी दूसरे काम में न लावें।

(20) यदि दुर्घटनावश दवा के छिडकाव करते समय कोई लक्षण, जैसे उल्टी, चक्कर आदि आते हैं तो तुरन्त ही डाक्टर के पास जावें व उचित उपचार करावें।

(21) डाक्टर के पास, उस दवा का पैकैट या डब्ब अथवा उसके साथ आये हुए निर्देश को अवश्य ही साथ ले जावें क्योंकि प्रायः उनमें उस दवा का "एन्टीडोट" भी लिखा रहता है इससे डाक्टर को उपचार करने में मदद मिलेगी।

(22) दूसरी और कोई भी सावधानियां या निर्देश जो कंपनी ने या सरकार ने दिये हों उनका पालन करना अनिवार्य है।

उपर्युक्त नियमों की जानकारी, इन नींदानाशक या कीट नाशक दवाओं से संबंधित सभी वर्गों को जैसे इन दवाओं के विक्रेताओं, कृषि विस्तार अधिकारियों, कृषकों तथा कृषि मजदूरों को होना आवश्यक है तथा इनका शक्ति से पालन करना अनिवार्य है। किसी भी स्तर या स्थिति में लेश मात्र भी लापरवाही नहीं बरतना चाहिए। अन्यथा साधारण दुर्घटना से लेकर बड़ी से बड़ी दुर्घटना हो सकती है तथा जन धन की हानि का सामना करना पड़ेगा।

■■■■

नींदा नाशक दवाओं का विक्रय/उत्पादन करने वाली कम्पनियों के नाम व पता
(Herbicides Manufacturing and Trading Companies)

	कम्पनियों के नाम व पता	नींदा नाशक का व्यापारिक नाम	नींदा नाशक का सामान्य नाम
1.	मोन्सेन्टो केमीकल्स आफ इण्डिया लिमिटेड वाके फील्ड हाउस 11 स्प्राट रोड, बेलार्ड ईस्ट बाम्बे – 400 001	मेचेट 50 ई.सी. लासो 50 ई.सी. अभाडेक्स रोग ई.सी. ओराड्रम ई.सी. राऊंड अप	बूटा क्लोर आला क्लोर ट्राइअलेट प्रोपानिल मोलीनेट ग्लाइफोसेट
2.	पेस्टीसाइड इंडिया लिमिटेड 508 मानसरोवर 90 नेहरू पैलेसे, नई दिल्ली – 19		आइसोप्रोटुरान आइसोप्रोटुरान थायोबेनकार्ब अट्राजीन
3.	हरबी साइड्स लिमिटेड 14 प्रकाश अपार्टमेन्ट्स 5 असारी रोड दरियागंज नई दिल्ली 110 002	डिस्ट्रीब्यूटर	
4.	मास्काट एग्रोकेमिकल्स प्रा. लि. 93 111 फेस इंडस्ट्रीयल पीनिया, बैंगलोर – 560 058	नाक्वीड 80% डब्ल्यू पी. नाक्वीड 18% डब्ल्यू पी. नाक्वीड 36% ई.सी. नाक्वीड 72% ई.सी. नाक्वीड 4% ई.सी. मास्काट बूटाक्लोर 50 ई.सी.	2,4–डी सोडियम साल्ट 2,4–डी इथाइल ईस्टर 2,4–डी इथाइल ईस्टर 2,4–डी डाईमिथाइल अमाइनसाल्ट 2,4–डी ईथाइल ईस्टर बूटाक्लोर
5.	बास्फ इंडिया लिमिटेड 7 बसंत लोक, बसंत विहार नई दिल्ली 110 057	बासालिन 45 ई.सी. बासालिन + 2,4–डी बासाग्रान 48 ए.एस. बासाग्रान – पी.एल. 2	फ्लूक्लोरेलिन फ्लूक्लोरेलिन + 2,4–डी बेन्टाजोन 16% बेन्टाजोन + 34% प्रोपेनिल

कम्पनियों के नाम व पता	नींदा नाशक का व्यापारिक नाम	नींदा नाशक का सामान्य नाम
	लेडाक	20% बेन्टाजोन + 20% प्रोपेनिल
	फेसिट	क्विनक्लोरेक
	पोस्ट	सेथाक्सीडिम
	फोकस	साइक्लाक्सीडिम
	लेसर	20% ई.सी.
	स्ट्रेटास	
	लिहोसिन	क्लोरमेकाट क्लोराइड सी.सी.सी.
6. एग्रोमोर लिमिटेड मैसूर रोड बैंगलुरू – 560 025	बीडार 72% ई.सी.	2,4–डी डाइमिथाइल अमाइन साल्ट
	वीडोन 36% ई.सी.	2,4–डी ईथाइल ईस्टर
	वीडोन 18% डब्ल्यू.पी.	2,4–डी ईथाइल ईस्टर
	वीडेक्स 4% कणिकायें	2,4–डी ईथाइल ईस्टर
	कारमेक्स 80% डब्ल्यू.पी.	डाइयूरान
	लारेक्स	
	अंसार	एम.एस.एम.एस
7. मे एण्ड बेकर इंडिया लि. पोस्ट बाक्स नं. 9150 मुंबई – 400 025	टोलकन 50 डब्ल्यू.पी.	आईसोप्रोटूरान
8. हिन्दुस्तान सीबा गाइगी लि. एग्रीकल्चरल डिविजन खेतान भवन, 198 जे.टाटा रोड मुंबई 400 020	गेसाटाप डब्ल्यू.पी.	सिमाजिन
	गेसापेक्स 80 डब्ल्यू.पी.	अमीट्रीन
	इमरान 80 डब्ल्यू.पी.	टरबूट्रिन
	गेसागार्ड 80 डब्ल्यू.पी.	प्रोमेट्रिन
	डाइकूरान डब्ल्यू.पी.	क्लोरटालूरान
	एरीलान	आइसोप्रोटूरान
	टोल्कन 50	आइसोप्रोटूरान
	ग्रेमीनान 50	आइसोप्रोटूरान
	हुअल 50 ई.सी.	मेटोलाक्लोर
	साफिट 30 ई.सी.	प्रीतीलाक्लोर + सेफनर
	रिलाफ 50 ई.सी.	पाइप्रोफास
9. बायर इंडिया लिमिटेड एक्सप्रेस टावर्स, नरीमन पाइंट मुंबई 400 021	ट्राइबूनिल 70 डब्ल्यू.पी.	मेथाबेन्जथियाजूरान
	सिंकार 70 डब्ल्यू.पी.	मेट्रीब्यूजिन
	सिंकार 50 डब्ल्यू.पी.	मेट्रीब्यूजिन
	सिंकार 30 डब्ल्यू.पी.	मेट्रीब्यूजिन
10. नोसिल नेशनल आर्गेनो केमिकल्स इन्डस्ट्रीज लिमिटेड 95/ए अफासाहिब मराठा मार्ग प्रभादेवी, मुंबई 400 025	2,4,5–टी	2,4,5–टी
	डालापान	डालापान
	वीड ऑफ 41 ई.सी.	ग्लाईफोसेट
	बूटाक्लोर 50 ई.सी.	बूटाक्लोर
	वीडोन	2,4–डी
	नोसिलान 50 डब्ल्यू.पी.	आइसोप्रोटूरान
	मिराकुलान	एन.एन.ए.

कम्पनियों के नाम व पता	नींदा नाशक का व्यापारिक नाम	नींदा नाशक का सामान्य नाम
11. एक्सिल इंडस्ट्रीज लिमिटेड 184–87 एम.पी. रोड जोगेश्वरी, मुंबई – 400 102	ग्लाइसिल 41 ई.सी.	ग्लाईफोसेट
12. सेन्डोस इंडिया लिमिटेड सेन्डोस हाउस डॉ. एनीबिसेन्ट रोड़, वरली मुंबई – 400 018	डोसानेक्स 80 डब्ल्यू.पी. कोमीन (जलीय नींदा नाशक)	मेटाक्जुरान कापर इथीलीन डाई अमाइन काम्पलेक्स
13. रेलिस इंडिया लिमिटेड रेलिस हाउस, 21 सुखदेवाला रोड़, मुंबई – 400 001	अट्राट्राफ 50 डब्ल्यू.पी. धार 50% डब्ल्यू.पी.	अट्राजीन सिमाजिन, डालापान 2,4–डी आइसोप्रोटुरान
14. सर्ल इंडिया लि. 21 डी. सुखेडवाला मार्ग मुंबई – 400 001	डिस्ट्रीब्यूटर	
15. सिंथल पेस्टीसाइड्स 9/122 मोतीबाग जमनापुर, आगरा – 6	डिस्ट्रीब्यूटर	
16. श्री समृद्धि परामर्श आधारताल यूको बैंक के पास जबलपुर – 482 004 म.प्र.	डिस्ट्रीब्यूटर	
17. आई.सी.आई. इंडिया लि. खलीली सेन्टर सेकेन्ड मंजिल 144 मान्टीथ रोड चैन्नई – 600 008	ग्रामोक्जोन 20 ई.सी. रेगलान फरलोक्जोन 80 डब्ल्यू.पी. फ्यूजीलेड 12.5% ई.सी.	पैराक्वाट डाइक्वाट 2,4–डी सोडियम साल्ट फ्लूयेजीफाप–पी–बुटाइल
18. डोइलाइनको इन्टरनेशनल लि. छटवी मंजिल, मेरीडियन कमर्शियल टावर्स, विन्वसार प्लेस पो. बा. नं. 109 नई दिल्ली 110 001	डोपान गेलेंट 12.5 ई.सी. स्टारनि 20 ई.सी. टेन्डम ट्रेफलान 50 ई.सी. सोनालान 50 ई.सी. टोरेहान क्यूरान स्टार्नी + एम.सी.पी.ए. स्टार्नी + 2,4–डी	डालापान हैलाक्सीफाप मिथाइल फ्लूराक्सीपीर ट्रीडीफेन ट्रीडोफ्लूरेलिन इथलफ्लूरेलिन पिक्लोराम सिल्मेक्स फ्लूराक्सीपिर + एम.सी.पी.ए. फ्लूराक्सीपिर + 2,4–डी
19. अल्कली एण्ड केमिकल्स कॉरपोरशन ऑफ इंडिया लि. हेमल्टन हाउस, कनाट पैलेस नई दिल्ली	ग्रामोक्जोन 20 ई.सी. फरनोक्जोन 80% डब्ल्यू.पी. डालापान 80% डब्ल्यू.पी.	पैराक्वाट 2,4–डी सोडियम साल्ट डालापान सोडियम साल्ट

कम्पनियों के नाम व पता	नींदा नाशक का व्यापारिक नाम	नींदा नाशक का सामान्य नाम
20. कोरोमंडल इन्डेग प्रोडक्ट्स प्रा. लिमिटेड, 3, बीरबल रोड जंगपुरा एक्सटेंशन, नई दिल्ली 110 014 कोरोमंडल इन्डेग सुपर टेंक रोड चेतपुर, चैन्नई – 31	डेरलान 75 डब्ल्यू.पी. एरीलान डब्ल्यू.पी. टोल्कन 50 डब्ल्यू.पी. ग्रेमीनान 50 डब्ल्यू.पी. डेलक्लोर 50 ई.सी.	आइसोप्रोटूरान आइसोप्रोटूरान आइसोप्रोटूरान आइसोप्रोटूरान आलाक्लोर
21. टाटा फाइजन इन्डस्ट्रीज पेस्टीसाइड डिविजन 21 रेबलिन स्ट्रीट, मुंबई – 1	सिमाजिन 50 प्रोमोट्रिन 80 डब्ल्यू.पी0	सिमाजिन प्रोमेट्रिन
22. ग्रीन रोमोलूशन कारपोरेशन एफ 61 कीर्तिनगर नई दिल्ली 110 015 डिस्ट्रीब्यूटर	लासो 50 ई.सी. लासो 15 ग्रेन्यूल्स मेचेट 50% ई.सी. मेचेट 5% ग्रेनयूल्स बीडोन बीडार	आलाक्लोर आलाक्लोर बूटाक्लोर बूटाक्लोर 2,4–डी 2,4–डी
23. फार्म केमिकल्स लिमिटेड नेहरू हाऊस 4थी मंजिल बहादुरशाह जफर मार्ग नई दिल्ली 110 002	अंसार 529 ई.सी.	एम.एस.एम.ए.
24. डुपांट फार इस्ट 4–50 होटल रीजेन्सी भीकाजी कामा पैलेस रिंगरोड, नई दिल्ली 110 066	क्लासिक 25% डब्ल्यू.पी. एली 20% डब्ल्यू.पी. हाईभर 80 डब्ल्यू.पी. कार्मेक्स 80 डब्ल्यू.पी. क्रोभर 40% डब्ल्यू.पी. 40% भेल्पार डब्ल्यू.पी. 46.8% 13.2% टुपरसान 50% डब्ल्यू.पी.	क्लोरीमूरान इथिल मिथाइल ब्रोमेसिल डाईपुरान डाईपुरान ब्रोमोसिल डाईयूरान + हेक्साजियान साइड्रान
25. हेस्ट इंडिया लिमिटेड हेस्ट सेन्टर 54 ए सर मथुरादास बसनजी रोड़ चक्ला, अंधेरी पूर्व, पो.बॉ. 9478 मुंबई 400 099	एरीलान 75 डब्ल्यू.पी. ऐराजिन 30 ई.सी. अफालान 50 डब्ल्यू.पी.	आइसोप्रोटुरान अनीलोफास लीनूरान
26. हिन्दुस्तान इन्सेक्टीसाइड लि. हंस पवन पिंग तल मंजिल बहादुर शाह जफर मार्ग नई दिल्ली 110 002	हिलप्रोटूरान 50 डब्ल्यू.पी. हिल्टाक्लोर 50 ई.सी. हिल्टाक्लोर 5% ई.सी.	आइसोप्रोटुरान बूटाक्लोर बूटाक्लोर

कम्पनियों के नाम व पता	नींदा नाशक का व्यापारिक नाम	नींदा नाशक का सामान्य नाम
27. अतुल प्रोडक्ट्स लिमिटेड अतुल 396 020 जिला बलसाड, गुजरात	वीडातुल 80% डब्ल्यू.पी. वीडातुल 72% ई.सी. वीडेट 38 ई.सी. आइसोप्रोटुरान 50% डब्ल्यू. पी.	2,4–डी सोडियम साल्ट 2,4–डी डाईमिथाइल अमाइन 2,4–डी ईथाईल ईस्टर आइसोप्रोटुरान
28. गुजरात एग्रो इन्डस्ट्रीज कारपोरेशन लिमिटेड स्वेत उद्योग भवन हाईकोर्ट के पीछे, नवरंगपुरा अहमदाबाद – 380 014	डिस्ट्रीब्यूटर	
29. भारत पल्वराइजिंग मिल्स प्रा. लि. पोस्ट बॉक्स नं. 11481, श्री निकेतन, 14 क्वीन्स रोड़ चर्च गेट, मुंबई – 400 020 इंडिया	एम.सी.पी.ए. 40 ई.सी. हेक्सापान हेक्सानिल 35 ई.सी. हेक्साजिन 50 डब्ल्यू.पी. कारमेक्स 80% डब्ल्यू.पी. 2,4–डी 80% डब्ल्यू.पी. ट्रेफ्लान ई.सी. सोनालन ई.सी.	एम.सी.पी.ए. अमाइन साल्ट डालापान प्रोपानिल सिमाजिन डाइयूरान 2,4–डी सोडियम साल्ट ट्राइफ्लूरेलिन इथलफ्लूरेलिन
30. सर्ल (इंडिया) लिमिटेड 21–डी सुखदवाला मार्ग मुंबई – 400 001	डिस्ट्रीब्यूटर	
31. ल्यूपिन एग्रोकेमिकल्स इंडिया लिमिटेड, 159 सी एस.टी. रोड क्लीना सांताक्रूज (पू.) मुंबई – 400 098	रक्षक 50 डब्ल्यू.पी.	आइसोप्रोटुरान
32. रोन्पोल्निक एग्रोकेमिकल्स इंडिया प्रा. लिमिटेड मे. बेकर हाऊस, बर्ली मुंबई 400 025	रोन्सटार 25 ई.सी. टोल्कन 50 डब्ल्यू.पी. एसुलाक्स रोनाक्स केन ट्रांल	आक्साडायजान आइसोप्रोटुरान एसुलम एम.सी.पी.ए. एम.सी.पी.बी.
33. इन्डोफिल केमिकल्स लि. निरलान हाउस डॉ. एनीबिसेन्ट रोड पो.बॉ. नं. 91110 मुंबई – 400 025	कर्ब ब्लेअर 24 ई.सी. गोल 25 ई.सी. स्टेम एफ. 34 ई.सी.	प्रोनामिड एसीफ्लोरफेन आक्सीफ्लोरफेन प्रोपानिल
34. साइनामिड (इंडिया) निर्लोन हाउस, 254–डी 2 डॉ. एनीबिसेन्ट रोड पो.बॉ. नं. 9109 मुंबई – 400 025	स्टाम्प 30 ई.सी. स्टाम्प 3ः ग्रेन्यूल्स	पेन्डीमिथेलिन पेन्डीमिथेलिन

कम्पनियों के नाम व पता	नींदा नाशक का व्यापारिक नाम	नींदा नाशक का सामान्य नाम
35. यूनियन कार्बाइड	अमीट्रोल	अमीट्रोल
	इथरिल	इथेफान
	फोरेल	क्लोरोम्बिन
	बीडार एम.सी.पी.ए. ईस्टर	एम.सी.पी.ए.
	थिस्ट्राल	एम.सी.पी.बी.
	3–डी वीडोन	2,4–डी + सिल्भेकस + डाइकेम्बा
	वीडोन 2,4,5–टी.पी.	सिल्भेकस
	बीडोन 2,4,5–टी	2,4,5–टी
	यूसिल डब्ल्यू.पी.	मेथाबेन्ज थियाजूरान
36. इंड्रिन एक्स प्लोसब्रिस लिमिटेड एग्रोकेमिकल्स स्क्रीनिंग स्टेशन बेंगलुरू – 560 068	फ्लेक्स 25% ई.सी.	
37. मोतीलाल पेस्टीसाइड्स इ. लि. 305 मन्जूसी, 57 नेहरू पैलेस नई दिल्ली 110 019	क्लोरटोकेम 80% डब्ल्यू.पी.	क्लोरटोलूरान
38. नार्दन मिनरल्स लिमिटेड दौलताबाद रोड, गुड़गांव	धानुका 2,4–डी 34 ई.सी.	2,4–डी ईथाइल ईस्टर
39. विजय अनन्थ इंजीनियरिंग 82 ए अवनाशी रोड़ अन्नूर 638653 तमिलनाडू	किलर – 700	आर्सेनीकल मिश्रण
40. घरदा केमिकल्स	अनीलो गार्ड 30 ई.सी.	अनीलोफास
	अनीलो गार्ड प्लस	अनीलोफास 2,4–डी

संदर्भ साहित्य
References

Abdul, A.S.A. Kadil and Barlow, H.S. (1992) ed. Pest management and the Environment in 2000. C.A.B.I.N.T. Wallingford U.K.

Anonymous (1969) Principles of Plant and Animal control. Volume 2. Weed control Sub committee on weeds. National Academy of Science, Washington D.C.

Arora, R.K. *et al.* (1977) Weeds of North India. Ministry of Agriculture Govt. of India, New Delhi.

Ashton, F.M. (1973) Mode of action of Herbicides, Willey, New York.

Audus, L.J. (ed.) (1964) The Physiology and Biochemistry of herbicides. Academic Press, London.

Audus, L.J. (ed.) (1976) Herbicides : Physiology, Biochemistry and Ecology. Academic Press. London. Vol. 1 & 2.

Baker F.W.G. (1991) Tropical Grassy Weeds. C.A.B. International, Walling for oxon OX10 8DE, U.K.

Biswas, H.S. (Comp) Weeding tools and Implements of India. C.A.B.I., Bhopal

Burkhalter, A.B. Aquatic weed Identification and Control Manual. Ed. Bur Aquatic Plant Research and control. Department of Natural R trol Florida.

Burrill, L.C., Cardenas, J. and Locatelli (1976) Field Manual for s. C.A.B. Research. International Plant Protection Centre, Oregon, U.S

Champman, G.P. and Peat, W.E. (1992) An Introduction t Herbicides. International Wallingford U.K.

Crafts, A.S. (1961). The Chemistry and Mode of ress. Berkeley and Interscience Pub., New York.

Crafts, A.S. (1975). Modern Weed Control. Univ. C Los Angeles., California.

Crafts, A.S. (Ed.) (1983). Weed Control. Tata McGraw Hill. New Delhi.

Crafts, A.S. and Robbins, W.W. (1962) Weed Control. McGraw Hill, New York.

Fletcher, W.W. (1983) ed. Recent Advances in weed Research. C.A.B. International Wallingford U.K.

Fryer, J.D. and Evans, S.A. (eds) (1977). Weed Control Hand Book Vol. I. Principles, 6th edition. Black well Scientific Publications., Oxford.

Fryer, J.D. and Makepeace R. (ed.) (1970). Weed Control Hand Book. Vol. II Recommendations 6th ed. Review Reprint., Blackwell Scientific Publication. Oxford.

Fryer, J.D. and Matsunaka, S. (1977) Integrated control of weeds. Univ. of Tokyo Press. Japan.

Gruzdyev. G.S., Zinchenko, V.A., Kalinin, Slovtsow, R.I. (1983). The Chemical Protection of Plants. MIR Publishers. Moscow.

Gupta, O.P. and Lamba, P.S. (1978) "Modern Weed Science" Today and Tomorrow's, Printers and Publishers, New Delhi.

Hance, R.J. (1980) Interaction between Herbicides and the Soil. Academic Press, London.

Holm, L.G., Plucknett, D.L., Pancho, J.V. and Herberger, J.P. (1977). The Worlds Worst Weeds. Distribution and Biology. East-West Centre. Univ. Press. Hawaii.

Horper, J.L. (1960). The Biology of weeds, Oxford Blackwell Scientific Publication, London.

Hosamani, (1995) Striga (A noxious root parasitic weed) Royal printers. Banglore, India.

G.W. (1967) East African Weeds and their control. Oxford Univ. Press. don.

Jos. (1973) Manual of Weed Control. Researchco Publications, Delhi.

Julien, nd Singh, S. (1965) Weeds of Agricultural importance of India. and th ri. Plant Protection Bull. India.

Kasahara, Y. ed. Biological control of weeds : A world Catalogue of Agents Weeds. C.A.B. International Wallingford U.K.

Kaul, M.K. (198 eds of Japan. Illustrated. Yokendo Ltd. Tokyo.

Kearney, P.C. and ra of Kashmir Valley. Scientific, Jodhpur.

Dekker, New Yo

Kearney, P.C. and D.D. (eds) (1969) Degradation of herbicides, Marcel Degradation and Mod

D.D. (eds) (1975) Herbicides : Chemistry, Marcel Dekker, New York. Vol. 1 & 2 .

Khuspe, V.S., Subbaiah, R. and Mande, J.V. (1982) A Compendium of "Indian Weed Science Research" (1950-1981) In two volumes. Metropolitan, New Delhi.

King, L.J. (1974) Weeds of the World. Biology and control. Willey Eastern Private Ltd., New Delhi.

Klingman, G.C. (1961) Weed Control., as a Science Willey, Rice, E.L. (1975) Allelopathy, New York, New Delhi Academic Press, New York.

Kondap and Upadhyaay, U.C. (1985) Practical Manual of Weed Control. Oxford & IBH, New Delhi.

Kumar, H.D. (1977) Modern Concepts of Ecology, Vikas Publishing House pvt. Ltd., Delhi.

Maheshwari, J.K. (1963). The flora of Delhi. Council of Scientific and Industrial Res. New Delhi. Vol. 1 & 2.

Mathew, K.M. (1981). The flora of the Tamilnadu Carnatic Series (Vol. 1 to 4)

Misra, R. (1968) Ecology Work Book. Oxford & IBH, New Delhi.

Misra, R. and Puri, G.S. (1969) Indian Manual of Plant Ecology, English B.K., Store, Ferozpur.

Muzik, T.J. (1970) Weed Biology and Control. McGraw Hill, New York.

Pandey, S.C. *et al.* Research Methods in Plant Ecology, Bombay.

Rao, V.S. (1983) Principles of Weed Science.

Robbins, W.W., Craft, A.S. and Raynor, R.N. (1942) Weed Control. A Text Book and Nunual McGraw Hill Book Company, Inc. New York and London.

Salishbury, E. (1961) Weeds and aliens. London Collins.

Sen, D.N. (1981) Ecological approach to Indian Weeds - Geobios. International, Jodhpur India.

Shanmugavelu, K.G. (1985) Weed management of Horticultural Crops. Agro-Botanical Pubs. Bikaner.

Southern Weed Science Society (1977) Research Methods in Weed Science. IInd Edition. USA, Auburn Printing Inc., Auburn, Alabama.

Stevens R.W. (Ed.) (1971) Pesticides in the Environment. Vol. I & II, New York.

Swarbick, J.T. (1979) Basic Weed Science, Agricultural College, Australia.

Tadulingam, C. and Venkatanarayan, G. (1932) A Hand Book of some South India Weeds. Govt. Press, Madras, India.

Thakur, C. Weeds, in Indian Agriculture. Motilal Banarsidas Delhi.

Thakur, C. (1984) Weed Science, Metropoliten, New Delhi.

Weed Science Society of America (1983). Herbicide Hand Book. Fifth Ed. Pub. WSSA 309. W. Clark street Champaign Illinois.

Weed Science Society of America (1982) Adjuvants for Herbicides. Ibid.

Zimdahl, R.L. (1980) Weed-Crop Competition. A Review. Pub. United States by the International Plant Protection Centre, Oregon State Univ. Corvallis, Oregon, U.S.A.

Journals and Periodicals relating to Weed Science

Abstract of Meetings of Indian Society of Weed Science Hyderabad, India.

Abstracts and proceedings of Meetings of Weed Science Society of America, North Eastern weed Sci. Society, Southern Weed Science Society, Central Weed Science Society.

ARC Weed Research Organization Current Awareness list.

Indian Journal of Weed Science Indian Society of Weed Science.

PANS : Tropical pesticide Research. Head Quarters and Information Unit London U.K.

Pesticides Science Society of Chemical Industry London.

Pesticides : Colour Publication Pvt. Ltd. Bombay, India.

Proceedings of Asian-Pacific Weed Science Society Conferences. Univ. of Hawaii, Honolulu, U.S.A.

Proceedings of British Weed Control Conferences Droitwich, British Crop Protection Council. U.K.

Proceedings of Philippine Weed Control Conferences Philippenes.

Weed Research : European Weed Science Society, Blackwell Scientific Publication, Oxford U.K.

Weed Science : Weed Science Society of America Urbana, Illinois, U.S.A.

■■■■